航天科技图书出版基金资助出版

宇航光电子器件技术

夏君磊　王　巍　冯文帅　徐宇新　编著

中国宇航出版社
·北京·

图书在版编目（CIP）数据

宇航光电子器件技术 / 夏君磊等编著. -- 北京 : 中国宇航出版社, 2025. 6. -- ISBN 978-7-5159-2548-6

Ⅰ. V243

中国国家版本馆CIP数据核字第2025RR0534号

责任编辑 马　喆　　**封面设计** 王晓武

出版发行 中国宇航出版社

社　址 北京市阜成路8号　**邮　编** 100830

(010)68768548

网　址 www.caphbook.com

经　销 新华书店

发行部 (010)68767386　(010)68371900

(010)68767382　(010)88100613(传真)

零售店 读者服务部　(010)68371105

承　印 北京厚诚则铭印刷科技有限公司

版　次 2025年6月第1版

2025年6月第1次印刷

规　格 787×1092

开　本 1/16

印　张 34.75

字　数 846千字

书　号 ISBN 978-7-5159-2548-6

定　价 228.00元

航天科技图书出版基金简介

航天科技图书出版基金是由中国航天科技集团公司于2007年设立的，旨在鼓励航天科技人员著书立说，不断积累和传承航天科技知识，为航天事业提供知识储备和技术支持，繁荣航天科技图书出版工作，促进航天事业又好又快地发展。基金资助项目由航天科技图书出版基金评审委员会审定，由中国宇航出版社出版。

申请出版基金资助的项目包括航天基础理论著作，航天工程技术著作，航天科技工具书，航天型号管理经验与管理思想集萃，世界航天各学科前沿技术发展译著以及有代表性的科研生产、经营管理译著，向社会公众普及航天知识、宣传航天文化的优秀读物等。出版基金每年评审2次，资助30～40项。

欢迎广大作者积极申请航天科技图书出版基金。可以登录中国航天科技国际交流中心网站，点击“通知公告”专栏查询详情并下载基金申请表；也可以通过电话、信函索取申报指南和基金申请表。

网址：http：//www. ccastic. spacechina. com

电话：(010) 68767205，88530006

前　言

宇航科技推动了人类对宇宙认知的深化，促进了科学知识和技术的进步，提升了国防安全保障能力，带动了经济、社会的发展，成为当今最具引领性和综合影响力的应用科学技术领域之一。自20世纪50年代光电技术开始在宇航领域应用，随后得到快速发展，光纤通信、激光陀螺、光纤陀螺、激光探测、光纤传感、空间激光通信等光电技术和光电系统把宇航科技推向新的高度。量子通信和探测技术、激光推进技术、空间碎片的激光探测和清理技术等新型光电技术层出不穷，传统宇航机电系统正在向光机电一体化系统转变。

随着各类光电系统在宇航领域的广泛应用，各种光电子器件被大量地应用到宇航飞行器中，对用于宇航环境的光电子器件提出了抗辐射、耐热真空、长寿命、低功耗等要求。为了满足这些特殊要求，需要对光电子器件进行专门设计，并采用专用加工工艺、特种封装技术，甚至专用的测试评价技术。随着器件种类的增加和技术的不断积累，逐渐形成了宇航光电子器件的技术体系，宇航光电子器件逐渐成为光电子器件谱系中的一个重要分支。

本书作者所在的科研团队长期从事光纤陀螺、光纤传感与测量等宇航光电仪表及系统的研制工作，是国内较早系统地开展宇航光电子器件研究与工程应用的团队之一，根据宇航工程应用需求在器件设计、加工工艺、测试技术、可靠性技术、应用技术等各研制环节开展了大量基础性和创新性工作，实现了多种光电子器件在重大宇航任务的成功应用；制定了多项光电子器件的宇航标准和军用标准，为我国光电子技术在宇航领域的应用提供了重要保障；建立了宇航光电子器件失效分析与检测专业机构，促进了我国宇航光电子器件的质量保证技术和可靠性技术发展。在总结作者多年宇航光电子器件研究成果的基础上，同时吸纳国内外宇航光电子器件的先进研究成果，形成本书，旨在促进该领域的进一步发展，推动宇航系统技术的创新发展。

本书注重理论与实际相结合，从半导体物理和材料科学的基础理论出发，重点论述宇航光电子器件在宇航环境下的演变特性、演变机理和抑制措施。全书共分8章，第1章为宇航光电子器件概述，论述了光电子技术的发展及应用、典型宇航光电系统的发展及光电子器件的应用要求、宇航光电子器件的特点及发展趋势等。第2章论述了典型的宇航环境特点和典型环境效应，以及光电子器件为了适应宇航应用环境需要研究的可靠性技术。第

3、4、5、6、7、8章为典型光电子器件在宇航环境条件下的性能演变及抑制技术，包括半导体光源、固体光源、半导体光电探测器件、成像探测器件、电光调制器件、光纤组件、光无源器件及相关胶粘剂等。

本书第1、2章由王巍、夏君磊撰写，第3、5、7章由夏君磊、王巍撰写，第4章由夏君磊、冯文帅撰写，第6章由徐宇新、夏君磊撰写，第8章由冯文帅、夏君磊撰写。全书由王巍和夏君磊统稿。

在本书撰写过程中，于海成研究员、李晶研究员、丁东发研究员、李建军教授、安俊明研究员、王学锋研究员、向政研究员、任多立研究员对本书进行了审阅并提出了宝贵的修改建议。另外，张智华、索鑫鑫、李翠华、柳建春、周建伟、裴重阳、刘瑞丹、相艳荣等同事参与了本书部分技术内容的研讨、试验工作。作者谨向上述各位专家及同事对本书的大力支持与帮助表示衷心感谢。

本书的相关研究成果得到了军委装备发展部、国防科工局、中国航天科技集团有限公司、北京航天控制仪器研究所，以及国家重点基础研究发展计划和国防基础科研项目的大力支持，作者一并深表感谢！

由于作者知识水平和研究范围有限，书中疏漏和不妥之处在所难免，恳请读者批评指正。

作者

2025年5月

目　录

第1章

宇航光电子器件概述

宇航技术使人类能够进行太空探索，开发太空资源，深入认识宇宙的起源、演化和未来发展。通过宇航技术，人类可以在地球以外的宇宙空间观测和研究地球及其他星球、星系和宇宙中的各种现象，从而深化和拓展人类对宇宙的认知与理解。在宇航科学技术的发展过程中，需要解决许多复杂的科学问题和工程难题，这促进了科学技术的进步。卫星通信、卫星导航、卫星遥感等宇航技术的应用，为通信、交通运输、农业、气象预报、资源勘探等领域提供了重要支持，推动了社会经济的发展。当前，宇航技术对于国家安全的重要意义也日益凸显，其战略性地位已被全球所公认，成为当今最具引领性和综合影响力的科学技术领域之一。

20 世纪 50 年代，太阳能电池在美国“先锋一号”卫星上的应用拉开了光电技术在宇航领域蓬勃发展的序幕。20 世纪 80 年代，红外探测器在宇航领域的应用使美国获得了全球信息优势，随后的光纤通信、激光陀螺、光纤陀螺、激光探测、光纤传感、空间激光通信等光电技术和光电系统把宇航技术推向新的高度。近年来，量子通信和探测技术、激光推进技术、空间碎片的激光探测和清理技术等新型光电技术层出不穷，传统宇航机电系统正在向光机电一体化系统转变发展。

1.1 光电子技术的发展及应用

虽然光电子技术历史不长，但发展非常迅速，已经成为通信、显示、探测与感知、数据存储、新能源等领域的重要支撑技术，并应用于健康、医疗、电器、娱乐等人类日常生活的各个方面。光电子技术在宇航领域的应用也日益广泛，并已进入快速发展期，未来发展前景广阔。在光电子技术与宇航技术的结合和发展过程中形成了光电子器件新的分支——宇航光电子器件。宇航光电子器件为了适应宇航任务的特殊要求，需要具备良好的宇航环境适应性、高可靠性、长寿命、小体积、低功耗等特点。

1.1.1 光电子技术的发展

人类对光和电的认识可以追溯到2000多年前，但直到19世纪中期，一直都未发现两者之间有何联系。1860年前后，英国物理学家麦克斯韦（Maxwell）提出了电磁场的普遍方程组，即麦克斯韦方程组，据此他得出：电磁作用以波的形式传播，电磁波的传播速度与光的传播速度相同，并由此预言，光也是一种电磁波。1888年，德国物理学家赫兹通过实验发现电磁波和光波一样具有偏振、反射、折射和聚焦特性，证实了麦克斯韦关于光是一种电磁波的预言。1897年，英国物理学家汤姆逊从阴极射线的研究中证实了电子的存在，发现了电子，提出了原子模型。1899年，荷兰物理学家洛伦兹提出电子论，将物质的电磁特性归结为原子中电子的行为，解释了物质的极化、磁化、导电等现象以及物质对光的吸收、散射和色散现象，把宏观光学现象和微观电子行为联系起来。1902年，德国物理学家莱纳德发现了光电效应，即光照射到金属表面时会引起电子的发射。这一发现揭示了光与电子之间的直接相互作用，为光电子学的研究提供了重要的实验基础。爱因斯坦在1905年提出了光量子假设，认为光的能量是以离散的量子形式存在的，这一理论为光电子学的理论研究提供了基础，但光子（Photon）一词是美国化学家G. N. 路易斯在1926年提出的。20世纪40年代至50年代，光电二极管、光电倍增管等光电子器件相继出现，这些器件的发展推动了光电子学应用领域的拓展。但是直到20世纪60年代之前，光学和电子学仍然是两门独立的学科。

最早出现的光电子器件是光电探测器。1929年，L. R. 科勒制成银氧铯光电阴极，出现了光电管。在发现光电效应后，苏联的V. K. 兹沃雷金于1939年研制出实用的光电倍增管。20世纪30年代末，硫化铅（PbS）红外探测器问世，它可以探测到3 μm辐射光；40年代出现了用半导体材料制成的温差电型红外探测器和测辐射热计；50年代中期，可见光波段的硫化镉（CdS）、硒化镉（CdSe）、光敏电阻和短波红外硫化铅光电探测器投入使用。

1958年，美国的Ch. 汤斯与A. L. 肖洛将微波受激辐射的原理推广到红外和可见光波段，引入了激光的概念。1960年，美国的T. H. 梅曼研制出世界上第一台激光器——红宝石激光器。在随后的几年内，氦氖激光器、半导体激光器、钕玻璃激光器、氩离子激光器、CO_2激光器、YAG激光器、化学激光器、染料激光器也相继问世。激光器的出现不仅将光学和电子学联系在一起，而且快速促进了光学和电子学研究的广泛交叉，催生了激光物理、非线性光学、波导光学等新学科。

1964年，美国RCA公司发现了液晶的多种光电效应、宾主效应、动态散射效应和相移存储效应，为液晶显示器、液晶光开关等器件的研制奠定了技术基础。平板显示器技术以液晶显示器发展最快，其他平板显示器，包括等离子体显示器、有机电致发光显示器等也相继问世并不断发展。

1966年，英籍华人高锟等提出了实现低损耗光学纤维的可能性，为光纤通信开辟了道路。

20世纪70年代，光电子技术领域的标志性成果是低损耗光纤的实现、半导体激光器的成熟以及电荷耦合器件（CCD）的问世。1970年，美国研制出损耗为20 dB/km的石英光纤和室温下连续工作的半导体激光器，为光纤通信奠定了基础，这一年被公认为“光纤通信元年”。自此，光纤通信得到迅猛发展。到70年代中后期，日本、美国、英国开始建设光纤通信骨干网。

20世纪80年代，对超晶格量子阱结构材料和工艺的深入研究，推动了超大功率量子阱阵列激光器的出现；对光纤物理特性的深入研究，促进了利用光纤的偏振和相位敏感特性的光纤传感器的出现；对光纤非线性光学效应和色散特性的研究，形成了光孤子的概念；80年代末研制成功了掺稀土的光纤放大器与光纤激光器。80年代初，日、美、英等国的光纤通信骨干网相继建成。

20世纪90年代，光电子技术在通信领域取得了极大成功，各种器件和系统均大批量应用，形成了光纤通信产业。另外，光电子技术在光储存方面也取得了很大进展，光盘已成为计算机存储的重要手段，在CD、VCD出现后不久，DVD也于90年代中期走进了千家万户。在这个阶段，也开始了光计算机的研究。

20世纪60年代以来，半导体激光器和光纤技术取得重要突破，推动了光纤通信、光纤传感、光信息存储与显示、光计算以及光信息处理等技术的蓬勃发展，从深度和广度上促进了光学和电子学及其他相应学科（数学、物理、材料等学科）之间的相互渗透，形成了一个交叉的研究领域。为此需要引进一个名称来定义这一非常广泛的应用研究领域，曾经使用的名称有电光学（Electro - optics）、光电子学（Optoelectronics ）、量子电子学（Quantum electronics）、光波技术（Light Wave Technology ）、光子学（Photonics）等。随着时间的推移，现在用得较多的名词是“光电子学”和“光子学”[1]。

光电子学的内涵随着其快速的发展也在不断变化，以现在的研究状态其内涵可概括如下：它是研究以光子作为信息载体或能量载体的科学，主要研究光子如何产生、如何运动和转化以及与其他粒子如何相互作用。所谓光电子技术，主要是研究光子的产生、传输、调控和探测以及光子与其他物质相互作用的科学技术。

1.1.2 光电子技术的特点

光子和电子都是重要的信息载体。电子带负电，具有相互排斥性；而光子为中性，具有高度的相容性，并具有天然的并行处理与互连能力，用一个简单的透镜就可以用光速连接物像之间上百万个像素。电子可以在金属导线中顺畅地流动，但不能在绝缘介质中自由地传递；而光子却可以在绝缘介质中自由地通行。以光子为载体的信息处理技术展现出了独特的优势。

（1）更高的信息容量和传输效率

作为信息载体，光与电相比信息容量要大出几个数量级。例如，光的频率为10^{14}～10^{16} Hz，而处于微波波段的电磁波频率仅为10^{8}～10^{11} Hz；光子在光纤中能够直接传播上百千米以上，因此，前者可承载信息的容量至少比后者高出3～4个数量级。

用以荷载传送信号的电子或光子称为载子，一个载子可承载的信息量为信息效率。如果考虑到光子的波长、偏振、相位等编码维度及光子的统计特性等，光子的信息效率远远高于电子。例如，在光子学中，如果使用光的压缩态、光子数态等作光子源，量子噪声则有可能减小到极小值，光子的信息效率也将成量级地提高，这时，一个光子甚至具有承载成千上万个比特信息的能力。

（2）更快的响应能力

在信息领域，信息载体的响应能力是至关重要的，它是决定信息速率与容量的主要因素。在电子技术中，电子脉冲脉宽最小限度在纳秒量级，因此，在电子通信中信息速率被限定在 Gbit/s（10^9 bit/s）量级。对于光子技术来说，由于光子是玻色子，没有电荷，而且能在自由空间传播，光子脉冲宽度水平已达到小于 10 飞秒量级。因此使用光子作为信息载体，信息传输速率能够达到每秒几百 Gbit，甚至每秒几十 Tbit 都是可能的。如果使用大带宽的光纤作为传输媒质，就能够以如此高的速率将信息传输到几千千米或更远的距离以外。这样，获得的信息比特率与传输距离的乘积将是非常可观的，这对于电子技术来说是望尘莫及的。

（3）更强的并行能力

电子有电荷，因此电子与电子之间存在库仑作用力，这就使得它们彼此间无法交连。在电子技术中，两根导线如果交连，就会短路。所以，在电路中为了实现互连，就只能像搭“立交桥”那样，将其运行路线彼此隔离，这就使高密度、高速互连受限，成为限制电子信息速率与容量的一个主要因素。另外，在电子技术中，电子信号通常只能是串行提取、传输和处理，对于二维以上的信号，如图像信号等，只能通过扫描等手段将其转换为一维串行信号来处理，这是另一个限制电子信息速率和容量的主要因素。对于光子来说，光子无电荷，彼此间不存在排斥和吸引力，具有良好的空间相容性等。如通信中的波分复用技术，一根光纤中可以同时传输多路光信号；又如光学图像处理中，一个透镜就可以实现图像的傅里叶变换。

（4）更大的存储能力

不同于电子存储，光子除能进行一维、二维存储外，还能完成三维存储。再考虑频率维度等，可用于存储的参量很多，因此，光子具有极大的存储能力。一个存储器的容量极限是由单位信息量（bit）所需最小存储介质体积决定的，对于光来说，所需介质体积为其波长（λ）量级，因此，三维存储容量为（$1/\lambda$）^{3} 量级。如果使用波长约 500 nm 的可见光，光子的存储能力则可达到 10^{12} bit/cm^3 量级。三维存储除容量大外，另外一个显著特点是并行存取，即信息写入和读出都是“逐页”进行的，并且能与运算器并行连接，速度很快。加之光子无电荷，既能防电磁干扰，读取准确，又不产生干扰，具有保密性。此外，由于光在时间与空间上的特性，可形成反演共轭波，在自适应控制等信息处理领域有独到应用；还由于光子的自旋为 $\pm h$，导致出现偏振、双折射效应等，由此可产生一系列新的应用。

光子除了作为信息载体，当具有某种共同特征的大量光子集合成激光束时，还展现出其他特性，这些特性可应用于激光加工、激光测量等不同的领域。

（1）单色性

在普通光源中，单色性最好的是作为长度基准器的氪灯（Kr^{86}），它的谱线宽度为 4.7×10^{-3} nm，而激光谱线宽可达 10^{-9} nm，约为氪灯谱线宽度的500万分之一。采用稳频等技术还可以进一步提高激光的单色性。激光的单色性可用于标准计量、精密测量、光通信、光谱分析等领域。

（2）相干性

激光的单色性好，导致其具有良好的相干性。普通光源的相干长度约为1毫米至几十厘米，激光可达几十千米。光学传感、光学测量、光学探测、全息照相、全息存储等就利用了激光相干性好的特点。

（3）定向性

激光器发射的激光，是朝着一个方向射出的，光束的发散角极小，大约为0.001 rad，接近平行。1962年，人类第一次用激光照射月球，地球与月球的距离大约为38万千米，但激光在月球表面的光斑不到2千米。激光的这个特点使其可以用来进行精确的测距、测速和其他光学探测。由于激光的平行度好，激光可以汇聚到很小的一点，该特点可用于高密度光学存储和光学读取。利用该特点还可以实现激光武器和远距离能量传输。

（4）窄脉宽、高亮度

窄脉宽和高亮度是激光的两个相互关联的特性。当大量光子集中在一个极小的空间范围和时间范围内发出时，就可以得到非常高的能量密度。极小的时间范围是指激光脉冲的时间宽度很窄，激光脉冲宽度已经可达到皮秒（10^{-12} s）、飞秒（10^{-15} s）甚至阿秒（10^{-18} s）量级。由于脉冲宽度极窄，激光能够提供非常高的时间分辨率。该特性可用于超快光谱学、超快成像等科学研究领域。

激光是目前亮度最高的光源，只有氢弹爆炸瞬间强烈的闪光才能与它相比拟。太阳光亮度大约是 1.865×10^{9} cd/m^2，而大功率激光器的输出光亮度可以高出太阳光亮度7～14个数量级。所以，激光总能量虽不大，但由于能量高度集中，容易在某一微小点处产生高压和几万摄氏度甚至几百万摄氏度的高温。如果把强大的激光束汇聚起来照射到物体上，可使物体被照部分在不到千分之一秒的时间内产生几千万摄氏度的高温，即使最难熔化的物质在这一瞬间也会被气化。当激光脉冲宽度达到皮秒或飞秒级别时，在激光加工过程中，激光在分子振动的时间尺度上对物质产生影响，可以在很大程度上避免对分子整体热运动的影响（分子热运动是物质温度的微观本质），热效应明显降低，而加工精度大幅提高，因此可以利用激光束来切割、焊接以及在很硬的材料上打孔，医学上可以用激光做“光刀”，来切开皮肤、切除肿瘤，还可用激光“焊接”剥落的视网膜。利用强激光产生的高压还可引发核聚变，从而释放出巨大的核能，即可控核聚变。

光子作为信息载体、能量载体和探测/测量工具展现出了独特的优势，但其发展仍离不开电子技术。光的产生和探测都是通过电子的跃迁实现的，很多信息处理还无法实现全光处理，需要从光域转到电域进行处理。光子技术既是电子技术的突破，又是它的延拓与发展，它们彼此关联，互为依托。

1.1.3 光电子技术研究及应用领域

国家自然科学基金委员会将光学与光电子学划分为16个分支领域，即光学信息获取/显示/处理、光子与光电子器件、传输与交换光子器件、红外与太赫兹物理及技术、非线性光学、激光、光谱信息学、应用光学、光学和光电子材料、空间/大气/海洋与环境光学、生物/医学光学与光子学、能源与照明光子学、微纳光子学、光子集成技术与器件、量子光学、交叉学科中的光学问题。

光电子技术是涵盖光学技术、激光技术、电子技术、机电制造技术、材料科学技术等技术领域的综合性技术。光电子技术发展迅速，很快渗透到社会的各个行业，形成了多个发展潜力巨大的市场。光电子技术的应用大致可归纳为信息光电子和能量光电子两大领域。光电子在生物医学领域的应用具有特殊性，因此在此将其单独列为一个领域进行介绍。

(1) 信息光电子

①信息获取、感知

在信息获取、感知方面，最为典型的工具是人眼。光传感器则是人类感知世界的另一种方式。利用光电效应，光传感器能将携带探测信息的光信号转变成为电信号，实现检测光强、温度、应变、应力、角速度、线速度、振动和物质成分等；光传感器具有信号响应速度快、能实现非接触测量、性能可靠、探测精度和分辨率高等特点；光纤具备不带电、体积小、质量轻、易弯曲、抗电磁干扰、抗辐射性能好等特性，适用于易燃易爆、空间受严格限制及强电磁干扰等恶劣环境；半导体光敏器件具有体积小、质量轻、功耗低、便于集成等特点，可广泛应用于航空航天、通信、智能产品及自动控制等领域。超快激光器可以观察到各类物理学、化学和生物学的动态过程，如分子振动、解离和光合作用蛋白的能量转移等。

②信息传输

光通信已充分展现大容量、高速信息传输特点，成为当今社会信息传输的主要手段，并且仍然在快速发展，“光进铜退”成为全球信息技术产业的发展趋势，全光互联的终极目标正在逐步实现。空间激光通信也已经进入规模应用阶段，成为空间卫星互联网中高速、大容量信息传输的主要手段之一。利用LED灯光传输信息的可见光通信技术正在研究之中，该技术的发展目标是直接利用路灯、室内照明以及公共照明等已有的光输出来完成照明和信息传输双重任务。灯光上网的特点是低辐射、低能耗、低碳环保。

③信息计算/处理

自1965年美国科学家戈登·摩尔（Gordon Moore）提出“摩尔定律”（Moore's law）以来，摩尔定律一直是半导体行业发展的“黄金法则”。不过，随着半导体产业的迅猛发展，占据半导体产业核心位置的芯片制程已经接近物理极限。同时，由于人工智能（Artificial Intelligence，AI）的飞速发展，能耗和算力问题也变得越来越紧迫，人类亟须寻找新的信息处理技术以满足智能时代高算力、低耗能的需求。而在解决算力和能耗问题的诸多技术路线中，光计算凭借其高并行度、高能效比和高速度在构建大规模矩阵-矩阵并行计算系统时具有巨大的优势，正逐渐走向智能（算力）时代的核心位置。

光计算通常可分为模拟光计算和数字光计算。对模拟光计算而言，基于光学神经网络的矩阵运算是中短期可实现规模产业化的技术路径，切实解决AI算力需求与摩尔定律失效之间的矛盾。数字光计算是利用光和光学器件组成经典的逻辑门，构建类似传统数字电子计算原理的计算系统，通过复杂的逻辑门组合操作实现计算。

目前主流光计算架构按其技术路径大致可分为平面集成式和自由空间互连式。平面集成式方案主要基于马赫-曾德干涉仪、微环谐振器、波导调制器等基本单元器件实现矢量-矩阵乘法、导向逻辑、伊辛机、脉冲神经网络及储备池计算等；自由空间互连式光计算方案主要基于空间光场调制实现光学点乘、卷积、相关及光学神经网络等运算，包括矢量-矩阵乘法器、衍射光学神经网络、傅里叶光学滤波系统、智能超材料、阴影投影架构等。

此外，光子在量子信息领域已体现了应用的优越性，不管是光量子计算还是光量子通信和光量子测量，目前都取得了较快的进展。

④信息存储

随着数据量、信息密度的激增，以及对信噪比和误码率要求的提升，对高密度、大容量、轻便化的存储系统的需求越来越迫切。而伴随着半导体激光器的成熟，光存储技术的优势逐步凸显。未来，全球数据量将以指数级快速增长，低成本、超长期保存、超高密度光存储技术将代表信息存储的发展方向，而在众多路线中，全息光存储技术有望成为光存储未来的主流。

⑤信息显示

显示作为信息技术的重要组成部分，按原理可分为主动发光显示和被动发光显示。主动发光彩色显示技术就是利用相邻三个主动发光像素发出的三种独立的单色光进行混色后形成各种颜色。被动发光技术是通过透射、反射、散射、干涉等现象，对其他光源所发出的光进行调制，例如，液晶显示技术。如今，显示技术应用范围正在不断扩大，终端硬件也将随之升级变化，显示产业正在发生深刻变革。在主动显示技术领域，无机发光二极管显示技术（Inorganic Light - Emitting Diodes，iLED）被认为是继有机发光二极管显示技术（Organic Light - Emitting Diode，OLED）之后的下一代显示技术。iLED是Micro LED、Nano LED、量子点（Quantum Dot，QD）LED等以无机材料为光源的LED显示技术的统称。iLED技术以无机材料为光源，相较于有机发光技术（如OLED等），更耐湿气和氧气，并且在亮度（屏幕亮度）和功耗等方面具有一定的优势，可以拓展到更广泛的应用领域。尤其是随着元宇宙、智能驾驶等新兴产业的兴起，iLED将备受关注。

（2）能量光电子

光电效应是光子能量转化为电能的过程，基于该效应发明了太阳能电池（光伏）。光子本身具有一定能量，当大量光子在很短的时间内发射时，可形成很高功率的能量脉冲，光子的传输就是能量的传输，由此产生了激光加工、激光武器及激光传能。

①高效光电能量转换

以光伏技术为例，其发展大致分为三个技术代际：第一代硅基太阳能电池，主要指单晶硅、多晶硅及非晶硅作为吸光层的太阳能电池。但这些硅基材料电池的极限转换效率较低，如硅太阳能电池、普通单晶硅电池、HJT（Hereto－junction with Intrinsic Thin－layer）电池、TOPCon（Tunnel Oxide Passivated Contact）电池的极限转换效率分别为29.40%、24.50%、27.50%、28.70%，这大大限制了其发展空间。第二代多元化合物薄膜太阳能电池，主要包括砷化镓（GaAs）、磷化铟（InP）、铜铟镓硒（CIGS）、碲化镉（CdTe）太阳能电池。二代电池的优势在于，相比于间接跃迁型硅材料，直接跃迁型Ⅲ－Ⅴ族化合物半导体的光吸收能力更强。不过，多元化合物电池的基板材料昂贵，且含有诸多稀有元素，因此不利于大规模商业化生产。于是开发了第三代新型太阳能电池，主要包括钙钛矿太阳能电池、染料敏化太阳能电池和量子点太阳能电池。在上述技术路线中，钙钛矿是非常具备前景的候选材料。理论上讲，钙钛矿电池的极限转换效率区间为34%（单结钙钛矿）～68%（多结钙钛矿）间，总体高于硅基电池。此外，弱光响应好、温度系数低、理论成本低、应用场景多元也是钙钛矿作为第三代太阳能电池的优势。

②激光加工

激光可在1 ms内发射100 J的光能量，这些“能量光子”足以使大多数材料在短时间内熔化或气化，因此可完成一些机械、高温、高压等常规手段难以完成的加工。相比于传统机械加工，激光加工技术以非接触方式进行，加工过程能耗低、加工速度快、热影响小、适应性强及环保效益高，可加工高硬度、高脆性及高熔点材料，并可实现自动控制，在精密加工、复杂结构加工及批量自动化生产等领域具备明显优势。

③激光武器

利用激光的高能量和定向性特点制成的定向能武器即激光武器。激光武器用高能激光对远距离目标进行精确打击或执行导弹防御任务，具有快速、灵活、精确和抗电磁干扰等优异性能，在光电对抗、防空和战略防御中可发挥独特作用。战术激光武器是用于光电对抗和战术防空的激光武器，作用距离通常在数千米以内。低能激光干扰与致盲武器采用中小功率激光器，平均功率在万瓦级以下，主要以软破坏的方式干扰和破坏敌方的光电传感器和敌方士兵的眼睛。高能战术激光武器主要用于攻击作战目标，如飞机、战术导弹等。激光防空武器可对导弹导引头、整流罩进行软破坏，平均功率达100 kW以上，射程在10 km之内。用于对导弹壳体进行硬破坏时，平均功率需达1 000 kW。

④激光传能

激光可以光能的形式进行能量的无线传输，激光传能具有功率密度高、传输距离远、抗电磁干扰、方向性好等特点，在高电压、强电磁、静电、易燃易爆等恶劣环境中有显著的优势。利用激光传能可以为空间飞行器或探测器进行能量供应，如2001年Parise等人利用200 W的激光成功驱动了月球探测机器人[2]。利用激光传能可为无人机等小型飞行器进行供能，甚至可以实现激光动力飞行。美国洛克希德·马丁公司和激光动力公司利用激光充电系统令Stalker无人机在空中连续飞行了48 h[3]。将来激光传能还可能用于航天器之间的电力交换或者在太空建立太阳能电站，并通过激光把能量传输到地球。

（3）生物医学光电子

生物医学光电子一方面是利用先进的光子技术获取生物医学信息，如超分辨率成像、荧光成像、光学相干层析成像、光声成像等；另一方面是利用光与生物组织的相互作用来精准治疗疾病，如光动力疗法。此外，光遗传学在慢性疼痛、帕金森病等疾病中的临床研究都已经开展。

1.2　典型宇航光电系统的发展

光电技术在宇航领域的应用主要有3个方面：1）信息的探测获取、传输、处理和显示。包括红外成像系统、空间光纤/激光通信系统、空间量子通信/探测系统、光学惯性导航系统、光纤传感系统、激光探测系统等。2）能量输出。包括激光推进技术、空间碎片激光清理技术、激光武器等。3）能源获取。主要是太阳能电池。本书所述光电子器件主要针对第一个方面的应用，第二个方面应用的光电子器件和第一个方面有很多相似性，对一些特殊的高功率器件也做了简要的论述。由于太阳能电池相关技术自成体系，原则上不涉及。由于宇航领域光电系统的应用还处于蓬勃发展之中，本书将部分介绍涉及其发展历程中密切相关的典型应用。

在某些工程应用场合，将经典光学技术和以光电效应为基础的现代光电技术一起统称为光电技术，本书主要介绍现代光电技术，会涉及一些经典的光学原理和基础理论，但对于纯粹的经典光学技术和光学系统不进行专题介绍和讨论。

1.2.1　红外光电成像探测系统

宇航成像技术以电磁波作为媒介，根据电磁波波长可分为紫外（波段 0.05～0.38 μm）、可见光（波段 0.38～0.76 μm）、红外（波段 0.76～15 μm）、微波（波段 1 mm～1 m）成像技术。紫外波段的太阳光被低、中、高层大气分别强烈散射，并被大气中的臭氧等微量气体选择性吸收。大气紫外散射光谱对大气密度、大气臭氧、气溶胶及其他微量气体的密度和垂直分布极为敏感。因此，通过紫外光谱观测可以同时遥感整层大气密度和臭氧等的三维分布，在气象观测方面有重要用途。可见光是最早用来进行遥感的光谱段，也是当前常用的工作波段。近红外和中红外统称反射红外，多用于白天光学摄影。远红外称为热红外或发射红外，主要来自地物自身辐射，多用于夜间红外观测，如军事活动、地热、土壤温度、地质构造观测等。相较于可见光等成像技术，微波遥感具有不受光照和气象条件等限制可全天时、全天候对地观测的特点，可以透过地表或植被获取其掩盖的信息，具有很高的空间分辨率，在农、林、水或地质、自然灾害等民用领域具有广泛的应用前景。随着光谱和成像相关技术的提高，遥感影像发展也逐步向多光谱、高光谱演进，光谱波段细分程度越来越细。本节主要介绍光电技术特征明显的红外光电成像系统。

1.2.1.1　红外光电成像探测系统的发展历程

20世纪30年代，德国发明了响应在1～3 μm的PbS薄膜型光电导探测器。第二次世界大战后，美、英等国在此基础上进一步发展了 PbTe 和 PbSe 探测器。20 世纪 50 年代，英国发明了 InSb 探测器，这种响应在 3～5 μm 大气窗口、灵敏度很高、响应速度很快的探测器，立即被用于导弹制导、机载搜索跟踪等武器系统。在 8～14 μm 大气窗口，美国发展了 Ge:Hg 探测器，通过 Hg 的激发实现对 14 μm 以下波长的红外辐射探测。到 20 世纪 60 年代中期，对应于 1～3 μm、3～5 μm 和 8～14 μm 三个大气红外窗口，掌握了 PbS、InSb 和 Ge:Hg 三种高灵敏度的探测器技术。但是，Ge:Hg 探测器需要在 38 K 以下温度工作，而满足这个工作温度的制冷机在当时是非常昂贵的，所以需要寻找新的探测器材料，使其能够在液氮温度（77 K）下工作。1959 年发明的 HgCdTe 和随后发展的 PbSnTe 两种三元系合金半导体，通过组分的调节，可制备出在液氮温度下工作的高性能 8～14 μm 红外探测器。但因 PbSnTe 的介电常数大（接近 400），响应速度受到很大限制，更重要的是热膨胀系数很大（约为 20×10^{-6}/K），与硅的热膨胀系数失配太大，无法实现混成红外焦平面结构。而 HgCdTe 的介电常数约为 18，热膨胀系数约为 4.7×10^{-6}/K，相比之下较易实现混成焦平面结构。如今 HgCdTe 已经发展成为从短波红外到甚长波红外波段全覆盖、性能优良、广泛应用的红外探测器技术。

从 20 世纪 80 年代起，红外探测器技术实现了一次新的飞跃——红外焦平面阵列成像器件出现。为了获取目标物体的二维热分布，最早使用一个探测器在水平和垂直两个方向进行光学-机械扫描，后来发展成使用一维探测器线列进行并行扫描，对整个视场中的景物信息进行逐点采集，再还原成二维图像。扫描热成像技术以 HgCdTe 光导 180 元线列为代表，与低温杜瓦和前置放大器集成一体。进一步的发展是把探测器做成二维阵列，并且把这个阵列与探测器信号读出功能和部分信息处理功能集成到一个器件上，这种新型的器件称为红外焦平面阵列（Infrared Focal Plane Array，IRFPA）。二维凝视 IRFPA 通过探测器阵列的光电响应、Si 读出电路的信号读出和电子自扫描传输，将目标物体的热辐射分布特征转换成视频图像信号，从而实现成像探测、跟踪、制导等功能。

IRFPA 的出现，在红外探测器技术领域掀起了研究和发展的热潮。在传统探测器材料中，Pt:Si 肖特基势垒焦平面阵列由于均匀性好、与 Si 工艺兼容、成本低，所以一度被看好，但其灵敏度低，在军用领域的表现不尽如人意，在民用领域的价格又偏高，发展受到影响。在光电探测器中，InSb 和 HgCdTe 的焦平面阵列（Focal Plane Array，FPA）技术发展得最为成熟，尤其在高端军事、航天和遥感领域得到广泛应用。特别是 HgCdTe 的 FPA 技术取得的成就尤其突出。通过改变组分调控禁带宽度，截止波长 1.7～16.5 μm 的 HgCdTe FPA 能够常规生产，采用衬底去除工艺可将响应向短波延伸到 0.8 μm。HgCdTe FPA 可以达到极低的暗电流，这是探测极远目标极弱信号的重要条件，其阵列规模可以做到 2 K×2 K，通过拼接甚至可以实现 1.47 亿像元，每个像元的尺寸可以做到 10 μm 甚至更小，以实现极高的分辨率。HgCdTe FPA 可以实现短波、中波、长波之间各种双波段甚至三波段组合 FPA。20 世纪 90 年代，HgCdTe FPA 技术取得突破，现在已能够满足从弹道导弹防御、全球气候变化监视到宇宙暗物质探索等各种重大任务提出的严苛要求。但是，HgCdTe 还是面临着竞争者的挑战。在近红外（Near Infrared，NIR）和短波红外（Short - wave Infrared，SWIR）波段，InGaAs FPA 近年来发展很快，而且有重要的宇航应用。在同样截止波长和工作温度下，InGaAs 的暗电流有望比 HgCdTe 还小，而成本则明显要低。在甚长波红外（Very Long Wave Infrared，VLWIR）波段，GaAs/AlGaAs 量子阱红外光子探测器的性能与 HgCdTe 探测器相当，但其均匀性和生产成本均占优势。量子阱红外光子探测器利用的是多量子阱中电子能级之间的跃迁，量子效率较低是其缺点，现在正通过改善共振结构来提高，已经取得了实质性进展。另一种正在兴起的材料是 InAs/GaSb Ⅱ类超晶格。在这种能带跳空错开排列的人工晶格中，既可通过调整组分，也可通过改变尺寸来实现对能级控制的更大自由，在调节探测波长和优化器件性能方面比传统三维材料更灵活。把低维量子系统（包括量子线、量子点）的优点与三维半导体材料成熟的合成和制造工艺技术能力结合起来，是推进 InAs/GaSb Ⅱ类超晶格人工量子系统发展的捷径，具有超越 HgCdTe 的潜力。另外，非本征半导体 Si:X 阻挡杂质带探测器阵列在宇航红外工程 5～27 μm 波段有不可替代的应用，也一直在稳步发展[4]。

1.2.1.2 红外光电成像探测系统的发展趋势

红外成像探测技术问世以来，先后经历了多次现代局部战争的实战考验，其系统体制、理论、方法、技术和应用得到了很大发展，在各种应用领域的性能显著提高。军事上广泛应用于天基弹道导弹预警、机载/舰载红外搜索跟踪、机载导弹发射预警、机载/星载对地监测侦察、反导反卫动能拦截弹、空空导弹、空地导弹、反舰导弹、反装甲导弹精准制导等领域。

未来的红外成像探测技术将由目前集中式的信息获取、基于设备的探测模式、单频段单偏振方向的系统构成、基于统计的检测方法，向分布式信息获取、基于体系的探测模式、多频段多偏振方向的系统构成、自适应及智能化的工作模式、环境知识辅助的检测方法等方向拓展。同时，利用天基和临近空间等平台的红外成像探测技术，将得到更加广泛的重视。通过这些努力，最终实现更高性能的全新一代红外成像探测体制、装备、系统和体系。未来新型红外成像探测装备的主要特征将可能是：三维多视角布局（如立体网格探测；多站分布式/网络化红外成像探测）、多探测器复杂构型和高维信号空间处理（例如，跟踪后检测，距离-方位-多普勒-时间，方位-俯仰-光谱-偏振向等多维跟踪检测；全谱段、全偏振向、多信息源等构成的多维信号空间）。未来需要重点关注的研究方向有以下几方面[5]。

（1）新概念大视场高分辨率红外成像与探测技术

传统的成像系统受制于衍射的限制，为了实现高分辨率，孔径不断加大，体积、质量不断增大。为了保证足够大的视场，还需要研制大规格、小探测元尺寸的红外焦平面探测器。新概念计算成像系统采用自适应编码孔径成像等计算混合成像机制，取代常规的透镜式光学成像，综合利用光学系统、采样和图像重构技术实现大视场、高分辨率成像。

（2）新型多光谱红外成像/偏振红外成像技术

1）新型多光谱红外成像技术。常规多光谱成像由于谱段细分导致目标截获距离较近，近年来正发展既能形成用于目标截获和跟踪的二维全色图像，又能形成用于目标识别和分类的多光谱图像的新一代自适应光谱成像器，它将成为克服常规多光谱、超光谱成像缺点的有效途径之一。自适应多光谱红外成像采用智能化的超大规模集成化探测芯片，实现对多个波段上的光谱进行同时探测，并能够完成自适应谱段选择，以使局部背景和目标或所要识别的材料对比度最大，具有更高的空间分辨率、更强的目标识别能力、更高的工作速度、更小的体积和功耗、更低的成本。

2）红外与多光谱偏振成像探测技术。红外偏振成像技术是一种能提供除亮度、颜色之外的新型目标特性的成像传感器模式。地球表面和大气中的任何目标，在反射和发射辐射的过程中都会产生由它们自身性质和光学基本定律决定的偏振特性。不同物体或同一物体在不同状态下会产生不同的偏振信息，且与波长密切相关，形成偏振光谱。使用偏振成像探测手段可以在复杂辐射背景下检测出有用信号，以成像方式显示隐藏的军事目标。

（3）基于压缩感知的红外成像-信息处理、提取一体化技术

红外成像场合的最终需求是分类、识别、探测和跟踪信息等，现有系统通常需要先进行成像，再从图像出发进行后续处理。目前正在研究从测量数据直接进行分类、识别、检测和跟踪的处理方法。

（4）分布式协同组网敏感技术

为有效地解决复杂环境下的目标识别、多站无源测距及多对多拦截等问题，开始采用组网遥感传感器，用于弹道导弹防御系统，通过多拦截弹头的协同组网，实现高效拦截；以及用于时敏运动目标打击系统，通过多武器平台的协同搜索与跟踪网络提升作战效能。

（5）低成本、高性能红外成像技术

可见光探测器具有成本低、灵敏度高、无须制冷、技术成熟度高等优势，而且可以制备规格非常大、像素尺寸非常小的焦平面阵列，从红外波长变换到可见光波长的波长变换概念，将使这些低成本、性能优越的焦平面阵列用于探测红外波长的辐射。

（6）基于高拟真度建模和实时分布式场景生成的多波段红外成像仿真技术

为了适应未来多光谱敏感系统传感器谱段增加与成像处理能力提升的趋势，需要采用实时动态合成数据进行校验。这将导致实时产生这种合成数据的复杂性显著增大，需要场景生成和投影系统来提高性能和拟真度，以适应未来多光谱敏感系统的试验需求。

1.2.1.3 典型宇航红外光电成像探测系统

自然界中的物体大多在不停地向外辐射红外光，均属于红外光辐射源。红外成像技术就是将物体发出的红外热辐射转换为人类视觉可以分辨的图形和图像。典型空间遥感成像系统如图 1－1 所示[6]，红外成像的工作过程是：物体发出的红外辐射，首先经过大气传输到达红外成像光学系统。红外成像光学系统将接收到的红外辐射进行聚焦，经过聚焦后强度增大的红外辐射再进入红外探测器。红外探测器将红外辐射转换为电信号，从而进一步进行信号采集和处理，最终在输出显示器上显示出与物体表面温度分布相对应的灰度图像。

红外成像相比于可见光、激光以及雷达等成像方式，具有很多突出特点：首先，红外成像光学系统依靠物体自身发出的热辐射进行成像，而不需要借助任何外在光源，因此在

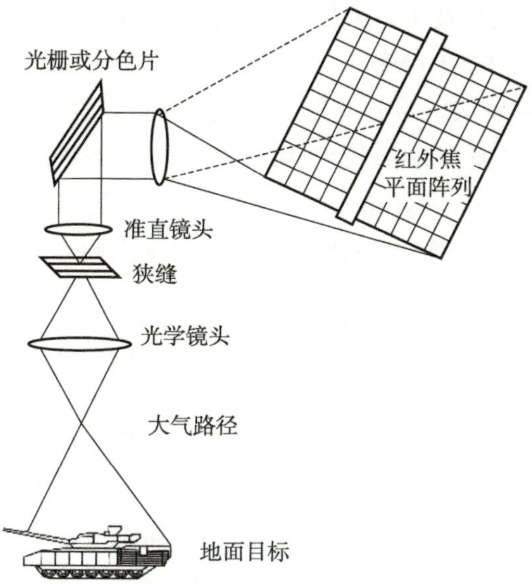

图 1-1 典型空间遥感成像系统结构示意图

微弱光线下仍然具有较好的成像能力，具有全天候工作的优点。并且，红外线的波长较长，而散射强度与入射光的波长成反比，因此红外光对于烟、雾霾、雨雪和沙尘等微粒产生的散射效应较弱，即红外成像对于不同的天气环境有着较强的适应能力和成像能力。此外，相较于激光、雷达等成像方式，红外成像具有很强的隐蔽性，这一点在军事应用中尤为重要。另外，红外成像系统能够无接触、非入侵式地对物体的热辐射成像，从而可以实现对活体生物进行实时成像，所以，在医学检测与成像中也有着重要的应用价值。

1.2.2 空间激光通信系统

1.2.2.1 空间激光通信系统的发展历程

对于卫星通信网，要达到实时通信就需要建立起星间链路，建立星间链路所采用的波段有两种选择：微波波段和光波波段。通信、对地观测、科学实验和载人航天器等要求有高速的数据传输率，这样才能保证信息的快速和实时传输。由于微波通信频段容量有限，难以满足该要求。另外，由于在有限的同步轨道资源里卫星的数量越来越多，微波通信系统间的干扰现象日趋严重。而利用激光建立星间链路不仅可实现很高的传输速率，还能减小终端体积和质量，同时具有很强的抗干扰能力和保密性，并可减少地面站，因此各航天国家都非常重视对空间激光通信的研究。

卫星星座通过激光星间链路可为用户提供移动通信、电视会议和多媒体等多种服务方式。卫星通信系统中激光星间链路的主要用途有两类：一是可建立用于移动通信和信息高速公路的全球卫星信息网络的低（中）轨卫星间的激光链路；二是可在静止轨道卫星间建立星间链路，以实现全球覆盖和信息实时传输。

美国、欧洲和日本分别于20世纪60、70、80年代相继开展了空间激光通信方面的研究工作。纵观空间激光通信的整个发展历史，可以将其划分为三个发展阶段。

第一阶段（从20世纪60年代到90年代），地面技术积累阶段。

1960年，激光器刚刚发明，尽管当时人类的太空活动也才诞生不久，但科学家们立刻敏锐地意识到空间激光通信的应用潜力。1970年，美国国家航空航天局（National Aeronautics and Space Administration，NASA）提出计划发射用于星间和星地光通信实验的同步卫星[7]，但直到90年代才开始光通信的在轨实验。在这个阶段，光通信的相关研究主要包含以下几个方面：

1）激光器和CCD探测器等光电子器件发明，为空间激光通信提供了最基本的技术保障。

2）开展了空间激光通信基础理论和技术研究。包括数学模型的建立和大气信道影响研究等。

3）开展了激光通信终端研制以及地面检测技术研究。如日本的光学轨道间通信工程试验卫星（Optical Inter - orbit Communications Engineering Test Satellite，OICETS）计划采用的GOAL（Ground Optical Assistance for LUCE）测试系统，以及欧洲空间局（European Space Agency，ESA）的半导体激光星间链路实验（Semiconductor Laser Inter - satellite Link Experiment，SILEX）计划采用的STB（System Test Bed）测试平台。

4）光学地面站的研究与建设。光学地面站的建设一方面为星地光通信提供了地面终端，另一方面为星载终端提供了地面验证的机会。其中最为典型的是ESA位于西班牙加那利群岛的光学地面站。它建立的最初目的是作为SILEX计划中高轨卫星ARTEMIS的地面测试终端，但在后来被广泛用于各种空间激光通信终端的地面验证。

第二阶段（从20世纪90年代至2021年前后），在轨试验验证阶段。

20世纪90年代中期，经过第一阶段的发展，空间激光通信理论和技术都逐渐完备，并且完成了大量的地面验证试验。1995年前后，日本的高轨卫星ETS - Ⅵ携带的光通信终端和美国喷气推进实验室（Jet Propulsion Laboratory，JPL）的地面站建立双向激光链路，完成世界首次星地激光通信，从此拉开了光通信在轨试验的序幕。空间激光通信发展进入第二阶段，多个国家的研究机构陆续进行了在轨试验。

2000年，NASA依托JPL完成了光通信演示系统试验，2013年，月球光通信演示计划（Lunar Laser Communications Demonstration，LLCD）实现了月球轨道与多个地面基站40万千米距离的激光双向通信。2017年，NASA创新型1.5U立方体卫星的“激光通信与传感器演示”（Optical Communications and Sensor Demonstration，OCSD）项目针对未来小型卫星的高速率激光数据传输技术进行验证，星地链路下行速率最高达2.5 Gbit/s。2021年，NASA进行了第一个端到端激光中继系统的激光通信中继演示试验（Laser Communications Relay Demonstration，LCRD），以1.2 Gbit/s的速率在地球与相距3.54×10^4 km的地球同步轨道之间传输数据。2023年，NASA发射了一颗探索性金属卫星Psyche，搭载激光通信终端（Deep - Space Optical communications，DSOC）进行深空激光通信试验，通信距离为 5.5×10^{7} km。

ESA 于 2001 年实施的 SILEX 项目，首次验证了低轨卫星至地球同步轨道卫星间通信。2016 年，欧洲数据中继卫星系统（European Data - Relay System，EDRS）的首个激光通信数据中继有效载荷 EDRS - A 进入地球静止轨道，同年 6 月，EDRS - A 与低轨卫星“哨兵- 1A”进行了激光通信。自 2016 年年底投入使用以来，EDRS - A 已经完成超过 20 000 次激光连接，可靠率高达 99.5%。

日本已经开展了一系列星地光通信演示验证，工程试验卫星（Engineering Test Satellite Ⅵ，ETS - Ⅵ，1995—1996）计划和 OICETS（2003/2006）计划都完成了激光通信测试，实现了世界首次低轨卫星与移动光学地面站间的光传输。日本的研究已经开始向空间激光通信终端小型化、轻量化、低功耗方向发展。2018 年，日本国家信息通信技术研究所（NICT）发射的超小型空间激光通信终端 VSOTA 质量不到 1 kg，且功耗较低，稳定性较好。2020 年 11 月，日本发射数据中继卫星 JDRS，进行高轨卫星对低轨卫星的光通信及中继验证，采用差分相移键控通信制式，通信速率为 1.8 Gbit/s。2021 年，日本计划开展高速通信与先进激光设备（High - speed Communication with Advanced Laser Instrument，HICALI）项目，促进下一代激光通信技术研究，并在低地球轨道上验证 10 Gbit/s 级光通信[8]。

2011 年，哈尔滨工业大学利用海洋二号卫星开展了我国首次星地激光通信链路的数据传输在轨测试，最高下行速率为 504 Mbit/s。2017 年，实践十三号卫星搭载的星地激光通信终端开展了我国首次高轨卫星对地高速激光双向通信试验，取得成功，40 000 km 星地距离最高速率 5 Gbit/s。2020 年 3 月，实践二十号卫星搭载的中国空间技术研究院研制的激光终端与云南丽江光学地面站建立了国际上首个正交相移键控相干星地激光通信链路，该系统的速率达到 10 Gbit/s。

第三阶段（2021 年前后至今），工程应用阶段。

2015 年，美国 SpaceX 公司宣布开始布局“星链”（Starlink）项目，已被批准部署 1.2 万颗卫星，未来规划 4.2 万颗。2021 年，“星链”项目的 10 颗极地轨道卫星正式使用星间激光通信技术，空间激光通信技术开始向产业化方向发展。2019 年，欧洲启动基于激光通信技术的“空间数据高速公路”系统 EDRS - D 阶段建设，计划于 2025 年发射并提供服务，届时将覆盖整个亚太地区。我国空间激光通信技术也已进入工程应用阶段，基于空间激光通信的卫星通信网络正在建设之中。

1.2.2.2 空间激光通信系统的发展趋势

近年来，空间激光通信技术飞速发展，许多技术难题逐步被攻克。例如，快速高精度指向、捕获、跟踪技术，大气湍流效应抑制及补偿技术，窄线宽大功率激光发射技术，低噪声光放大技术和高灵敏度 DPSK（Differential Phase Shift Keying）、BPSK（Binary Phase Shift Keying）、QPSK（Quadrature Phase Shift Keying）光接收技术等。纵观空间激光通信技术领域的发展，呈现以下趋势[9]。

(1) 高速率

空间激光通信的迅速发展主要表现在速率方面。随着空间激光通信高速调制解调和传输技术的快速发展，未来星地速率将达到 100 Gbit/s 以上。高速光通信采用 QPSK、QAM（Quadrature Amplitude Modulation）等高阶调制方式和 WDM（Wavelength Division Multiplexing）、TDM（Time Division Multiplexing）、OAM（Orbital Angular Momentum）等复用方式。

(2) 网络化

随着全球化和信息技术的发展，亟须突破可以不依托地面网络、无缝覆盖全球、高带宽和抗毁性能的空间网络，并要求其有适应多样性业务的能力。因此，依赖空间激光通信技术实现的天基宽带传送网络是必然发展趋势。空间激光通信技术逐渐从“点对点”模式向中继转发和构建激光通信网络的方向发展。

(3) 多用途

随着空间激光通信技术的逐渐成熟，空间激光通信调制速率高、传输距离远和能耗低的优点逐渐凸显，已广泛用于星间、星空、空空、空地等链路的宽带数据传输，并逐渐向深空、水下和地面接入通信扩展，如深空探测、探月工程、水下无线光通信等。

(4) 一体化

由于激光在高速通信和精密测距领域广泛应用，近年来激光测距与通信一体化技术越来越受到重视。一体化设计以高速通信为主，兼顾精密测距，使用同一束激光和硬件平台实现测距和信息传输，进而实现同一套设备完成测距和通信双重功能。

另外，为兼顾通信系统的可靠性与大带宽，光通信与微波通信将长期共存、互为备份。光波和微波通信技术的融合，也是目前研究的重点之一，主要包括光波与微波收发融合、数据处理融合、微波信号的光调制和产生等。逐渐成熟的微波光子技术，已经开始应用于雷达信号的激光传输和处理，未来在光波与微波融合通信系统中也将获得重要应用。

(5) 多谱段

随着多谱段激光技术的进步，从紫外到红外，甚至是太赫兹波段，均已出现了可应用的激光技术。由于各谱段在抗电磁干扰、云雾穿透能力、自组网等方面的优势各有不同，因此，未来空间激光通信将综合利用不同谱段通信系统的优势，大力发展紫外、可见、中红外、太赫兹等多谱段结合的通信模式。同时，加强多谱段通信的深入研究，以期通过多谱段联合应用来实现不同环境条件下的不间断无障碍通信。

1.2.2.3 典型的空间激光通信系统

典型的空间激光通信系统包括发射系统和接收系统。图 1-2（a）为相干通信发射系统的典型结构，主要由激光器、电光调制器、光放大器、发送端光学系统等组成。激光器发出的直流光信号首先经电光调制器将携带信息的电信号加载到光信号上，然后经光放大器对光信号进行功率放大，经放大的光再经光纤空间耦合器耦合进入发射镜头，将信号发射出去。图 1-2（b）为相干通信接收系统的典型结构，主要由接收端光学系统、偏振控制单元、低噪声前置光放大器、90°光混频器、平衡探测器以及数字信号采集处理模块组成[10]。为实现相干解调需要采用本振激光器作为信号电场的参考相位，为保证本振光与接收端收到信号光偏振状态一致，本振光与接收光信号在进入混频器之前都要经过偏振控制器。接收光信号和本振光通过90°光混频器进行混频，最后采用光电平衡探测器对混频后的电场进行探测，获得基带信号。

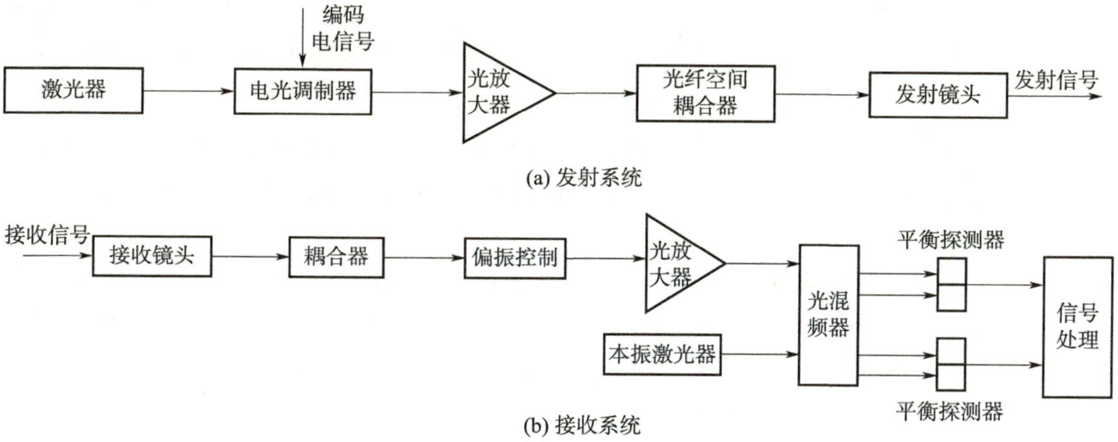

图1-2　典型的空间激光通信系统结构示意图

1.2.3　光纤传感系统

1.2.3.1　光纤传感系统的发展历程

光纤传感技术是以光波为载体、光纤为媒介、感知和测量外界物理量的传感技术。与传统传感器相比，光纤传感器具有灵敏度高、抗电磁干扰、电绝缘、抗腐蚀、本质安全、对被测物理量干扰小、便于复用和组网等特点。光纤传感技术的以上优点弥补了传统传感器的不足，拓宽了传感器的应用领域，被广泛应用于航空航天、军事装备、石油化工、电力系统、地球物理、安全监控等诸多领域。目前光纤传感器可测量的物理量包括：温度、压力、位移、应变、角速度、线加速度、流量、电场、磁场、电磁场和液位等[11]。

(1) 光纤光栅传感器的发展历程

1978年，Hill等人首次发现光纤的光敏效应并制成世界上第一根光纤光栅。在此基础上，Meltz等人[12]于1989年通过紫外光侧面写入技术，使光纤光栅的制作技术有了突破性进展，成功研制出第一只位于通信波段的光纤光栅传感器。从2001年至今，NASA已多次将光纤光栅传感系统应用于航天飞机机翼和推进剂贮箱等结构中对其结构进行健康监测，并与Luna公司合作开展了光纤光栅用于飞行器挠性结构变形监测技术的研究；ESA将光纤光栅用于卫星结构及有效载荷的监控，利用嵌入式和表贴式光纤光栅传感器实现复合材料结构以及载荷的监控。2001年，Ecke等人[13]研制了一套基于12个FBG传感器的空间分布式传感网，并对X-38宇宙飞船船体进行结构健康监测。2004年，Ogisu等人[14]利用压电陶瓷驱动器/FBG传感器，设计了一种针对新一代航天器先进复合材料的结构健康监测系统，该监测系统的 FBG 传感器在距离激励源 5 cm 的位置处能够实现对 300 kHz 弹性波的探测。2006 年，Mizutani 等人[15] 将 8 只 FBG 传感器粘贴在复合液氢罐表面，并对其在上升、下降过程中进行实时的应力测量。2008 年，Park 等人[16] 评估了 FBG 传感器在近地球轨道环境中的应用，将 FBG 阵列埋入碳纤维/环氧树脂复合材料中，研究了传感器在模拟近地球轨道环境（温度范围：−30～100 ℃，紫外辐射波长：约 200 nm，真空度：3.0×10^{-5} Torr）的热循环中反射谱和中心波长的变化。2010 年，Kim 等人[17] 展示了使用 FBG 传感器在模拟空间环境下测量样本热形变的可能性，试验温度范围为 20～40 ℃。2012 年，日本宇宙航空研究开发机构（Japan Aerospace Exploration Agency，JAXA）的 Takeda 等人[18] 将 FBG 当作应变仪测量碳纤维复合材料加筋板由冲击力引起的应变量，证明了光纤光栅不仅可用来测量温度和应变，同样也可以用于航天结构的损伤监测。

2016 年，北京航天控制仪器研究所将光纤光栅传感器用于卫星复合材料结构件固化过程的温度应变监测，为工艺改进提供试验数据支持，在室温至 165 ℃范围内、0～3 000 $\mu\varepsilon$ 应变范围内实现了对温度、应变的在线监测，同时，其研制的星载光纤光栅传感系统在轨期间对卫星舱内外的温度、应变进行了测量，是光纤光栅传感系统在我国卫星上的首次成功应用。2017 年，Steven L. Rickman 等人针对近地轨道航天器飞行过程中容易遭遇微流星体和轨道碎片撞击，利用粘贴 FBG 检测冲击应力波和残余应变的方法，实现了模拟微流星体和轨道碎片撞击的位置辨识[19]。2018 年，Ayad Kakei 等人利用 FBG 传感器的反射光谱和红外摄像机记录的热弹性响应，来检测玻璃纤维增强复合材料中的分层裂纹尖端的扩展，结果表明由 FBG 传感器响应预测分层裂纹尖端的扩展与热应力分析的结果一致[20]。

（2）分布式光纤传感器的发展历程

分布式光纤传感器利用光波在光纤中传输的特性，可沿光纤长度方向连续地传感被测物理量，光纤既是光波传输介质，又是被测物理量的传感介质。分布式光纤传感器解决了原有传感器只能进行单点测量的问题，并且具有测量空间范围大、结构简单、使用方便、性价比高等其他传感器无可比拟的优点。1977 年，Barnoski 等人成功研制出光时域反射计（Optical Time - Domain Reflectometer，OTDR），其以光纤后向瑞利（Rayleigh）散射光作为被测信号，用于光纤故障诊断[21]。1980 年，A. J. Rogers 利用单模光纤的偏振性对光纤所受到的电场、磁场、应变场、温度场等物理量的敏感性提出了偏振光时域反射测量技术（Polarization Optical Time Domain Reflectometry，POTDR）[22]。1983 年，Hartog 等利用液芯光纤的瑞利散射在数百米长度光纤上实现了温度的分布式测量[23]。1985 年，Dakin 等人提出利用拉曼散射效应测量沿光纤方向温度场的方法[24]，并开始了样机研制。同年，Hartog[25] 和 Dakin[26] 分别用半导体激光器作为光源，研制出基于拉曼散射的光纤温度传感器样机，实现了对温度场的分布式测量。1987 年，英国 York 公司推出了基于拉曼散射的分布式温度传感器产品。据报道，目前基于拉曼散射的分布式温度传感器产品的传感距离达到 30 km，温度分辨率达到 0.05 ℃，空间分辨率达到

2 m。

1989年，Horiguchi和Culverhouse等人发现了布里渊散射频移和温度、应变之间的关系，提出利用布里渊散射可以实现对温度和应变的分布式测量[27-29]。同年，Horiguchi提出了布里渊光时域分析（Brillouin Optical Time Domain Analysis，BOTDA）法[30,31]，1993年，Kurashima提出了基于光外差相干检测的布里渊光时域反射计（Brillouin Optical Time Domain Reflectometer，BOTDR）法[32]，这两种方法提高了布里渊散射谱的测量精度，解决了利用布里渊散射进行检测的可行性和准确性。

在BOTDR技术方面，英国南安普顿大学和York公司合作对BOTDR技术进行了广泛的研究[33]。1994年，日本NTT公司和Ando公司合作最先推出了商品化的BOTDR产品[34]。不久，英国Sensornet公司推出了DTSS系列BOTDR产品。目前，基于外差相干检测技术的BOTDR产品已经比较成熟，日本Ibaraki大学和Yokogawa Electric公司在提高产品的空间分辨率方面进行了深入的研究，而其他的一些研究机构也在尝试采用不同的光源或脉冲编码技术以降低成本和提高测量精度。

在BOTDA技术方面，瑞士的Omnisens公司推出了DITEST系列BOTDA产品，日本的Neubrex公司推出了NEUBRESCOPE系列BOTDA产品，加拿大的OZ Optics公司和Ottawa大学合作推出了DSTS系列BOTDA产品。目前空间分辨率优于1 m的单脉冲BOTDA光路方案和信号处理方法已经比较成熟。虽然OZ Optics公司和Neubrex公司已经推出空间测量分辨率为10 cm的BOTDA产品，但是由于BOTDA技术在提高空间测量分辨率上显现出巨大的潜力，更高空间测量分辨率的BOTDA仍然是光纤传感器领域研究最活跃的热点之一。

布里渊相关域分析（Brillouin Optical Correlation Domain Analysis，BOCDA）技术通过对泵浦光和探测光做同步的频率或相位调制，进一步提高了空间分辨率，采用该技术已经实现了1.6 mm的空间分辨率[35]。

（3）光纤陀螺仪的发展历程

光纤陀螺仪是基于Sagnac效应的角速度测量仪表[36]。1967年，法国科学家G. Pircher和G. Hepner首先提出了用多匝光纤线圈增大Sagnac效应而制成光纤陀螺的设想[37]。1976年，美国Utah大学Victor Vali和Richard W. Shorthill在实验室成功演示了第一个光纤陀螺，标志着光纤陀螺的真正诞生[38]。

20世纪70年代后期到80年代初，是光纤陀螺的研究初期，研究重点是对光纤陀螺的理论进行分析，提出不同的陀螺方案，提高灵敏度，并降低噪声。1978年，Cahill和Udd提出采用闭环相位补偿方案提高光纤陀螺的灵敏度，闭环概念的提出对光纤陀螺的发展有重要的理论价值和实用意义[39]。1983年，Burns研制了采用保偏光纤绕制光纤线圈的光纤陀螺，进一步提高了光纤陀螺的偏振性能，减小了偏振误差[40]。

20世纪80年代中期以后，光纤陀螺研究进入第二个阶段，重点是光纤陀螺方案的完善和性能的提高，同时光电子器件的成熟使光纤陀螺开始应用。1984年，Arditty、Bettini等采用数字阶梯电压驱动的Y波导多功能集成光学器件（简称Y波导），成功研制了数字闭环光纤陀螺[41]，标度因数误差小于 100×10^{-6}。1994 年，采用掺铒光纤光源的高性能光纤陀螺研制成功，陀螺光纤环直径为 14 cm，光纤长度为 3 km，在连续 72 小时的测试中，陀螺的零偏稳定性小于 0.000 57 (°)/h (1σ)[42]。

20 世纪 90 年代中期后，光纤陀螺的发展进入第三个阶段，已经应用于多个领域，同时各主要研制单位仍在进一步提高光纤陀螺的精度。2006 年，Honeywell 所报道的高精度光纤陀螺的零偏稳定性已达到 0.000 3 (°)/h (1σ)，随机游走系数达到 0.000 08 (°)/$h^{1/2}$[43]。2016 年，Honeywell 公司研发的“参考级”光纤陀螺样机，随机游走系数达到 1.6×10^{-5} (°)/$h^{1/2}$，100 s 积分周期的零偏稳定性约为 9.6×10^{-5} (°)/h (1σ)，可应用于计量学、地震学、结构传感领域，也可作为其他惯性测试设备的基准[44]。2023 年，北京航天控制仪器研究所研制了大型 Sagnac 光纤干涉仪（通常将尺寸超过 1m 的光纤陀螺仪称为光纤干涉仪）BFOI - 1500，其直径为 1.5m，积分时间为 1 h 的零偏稳定性为 9.7×10^{-7} (°)/h (1σ)，达到了国内外已报道 Sagnac 光纤干涉仪（光纤陀螺仪）用于角速度测量的世界最高水平[45]，该干涉仪在世界时精确授时、量子精密测量与导航、空间引力探测、表面科学和地震学等诸多领域具有广阔的应用前景。

1.2.3.2　光纤传感系统的发展趋势

（1）光纤光栅传感器的发展趋势

光纤光栅传感器虽然已广泛应用于很多行业，但其传感性能仍有待提高。为了进一步提高光纤光栅产品的测量精度，扩大应用范围，应对以下几个方面进行研究[46]。

1）光纤光栅传感器多参数同时测量的研究。目前，无论是军事还是民用工程结构监测领域，都需实时监测温度、应变等多个物理参数，只能够测量单一物理量的传统光纤光栅传感器已无法满足测量需求。选取特殊光纤进行光纤光栅刻写，使其呈现多个敏感系数不同的反射峰，并且采用合适的算法进行参数解耦，可实现光纤光栅传感器多参数的同时测量。同时，对于应变传感器而言，这种方式可以减小温度补偿法带来的误差，使得测量更加精确。

2）耐高温光纤光栅传感器的研究。普通光纤光栅传感器难以应用于高温环境，而在一些高温场合更需要结构健康的监测。目前，飞秒激光刻写光纤光栅、再生光纤光栅等特殊光纤光栅已经能够承受 1 000 ℃的高温环境，但耐高温的封装工艺和传感器布设方案仍然需要研究人员的不断探索。

3）光纤光栅传感器高可靠性的研究。由于工业施工现场环境比较恶劣，而光纤纤细易断，进一步提高光纤光栅及其传输光缆的机械强度显得尤为重要。

（2）分布式光纤传感器的发展趋势

分布式光纤传感器具有其独有的优势，并且在温度、应变、振动测量方面取得了令人瞩目的进展，广泛应用于航天飞行器健康监测、石油钻井、建筑物健康监测、管道健康监测等领域，并展示出了更广阔的前景，其未来的发展呈现如下趋势[47]。

1）实现单根光纤上多个物理参数的同时测量，如温度和应变，或多个化学参数的同时测量。

2）提高信号检测和处理系统的检测能力，提高测量的空间分辨率和降低测量的不确定度；提高测量系统的动态范围，缩短测量时间；同时降低信号调制解调和信号处理系统的复杂程度，降低成本，提高传感系统的实用性和扩大适用范围。

3）针对航天飞行器、强电磁干扰、易燃易爆、海底、石油钻井等特殊应用环境，研制具有良好环境适应性的光电子器件，从而提高传感系统在特殊环境下的适应性和可靠性。

4）分布式光纤传感技术和人工智能、模式识别技术、信息传输技术等多学科技术的融合，不断提高传感系统的综合工程性能和应用价值。

5）基于二维或多维的分布式光纤传感器网络将成为光纤传感器的研究方向。

（3）光纤陀螺的发展趋势

近年来，光纤陀螺的产业化发展进程十分迅速，应用领域不断拓展，市场占有率也在快速提升。随着军民用领域对先进导航与制导系统要求的不断提高，对高性能惯性仪表的综合性能要求也在日益提高。概括而言，光纤陀螺的未来发展趋势主要有以下几方面[48]。

1）向高精度、高可靠、长寿命方向发展。为满足未来宇航等领域对高性能光纤陀螺产品的需求，今后其使用精度、可靠性、寿命等指标还将进一步提升，国外应用表明，光纤陀螺在精度与寿命方面发展潜力很大，如国外光纤陀螺零偏稳定性指标优于 0.000 1 (°)/h (1σ)，随机游走指标可达 0.000 08 (°)/$h^{1/2}$，寿命可达 10 万小时甚至更长。

2）向轻小型、集成化方向发展。光纤陀螺直接输出数字信号，且电源体制简单，外形结构设计灵活，为光纤陀螺惯性系统的集成化及三轴一体化、小型化设计创造了条件。若与全数字式加速度计进行配合，可研制出全数字化的惯性系统产品，这对提高惯性系统的抗干扰能力、可靠性及智能化水平都有重要意义。光纤陀螺集成化的途径包括光路集成化和电路集成化两个方面。

3）向系列化、低成本、货架式、型谱化方向发展。为降低成本，提高产能，拓展应用，将逐步实现光纤陀螺产品的标准化、系列化、型谱化，使产品具备批量生产与货架式供应能力。

1.2.3.3　典型的宇航光纤传感系统

某航天器用分布式光纤光栅测量系统构成如图 1－3 所示[49]。光源完成光信号输出；光开关完成光源对各根传感头光纤的分时选通；光解调模块完成对反射光信号波长信息的解析；耦环集束器完成两个光源光信号的耦合与隔离。供电板主要完成对设备的供电，包括接收卫星平台的遥控指令完成对设备的加断电；将一次母线电源转换成设备使用的二次电源；在控制板的控制下，完成对两个光源的供电控制，完成对设备供电以及两个光源供电的遥测输出功能。控制板完成主要的控制功能，主要包括控制两块光源的切换与光开关通道的选通，读取光解调模块的数据并进行数据处理，与设备自身工作状态信息一起打包通过总线输出。底板完成控制板与供电板信号的互连，并且完成与设备外部接插件的连接。

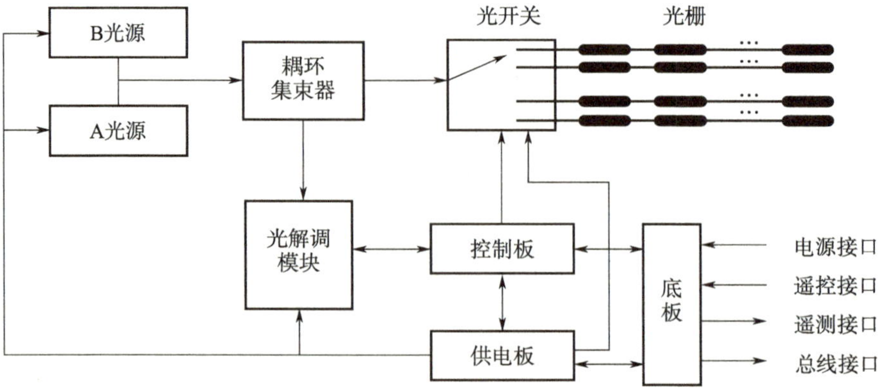

图 1-3 某航天器用光纤光栅测量系统结构示意图

1.2.4 激光武器系统

1.2.4.1 激光武器系统的发展历程

国际上，美、俄、英、德、法、以色列等发达国家都将高能激光武器作为其提升国家对外威慑和打击能力的重要手段。目前，俄罗斯的激光理论研究处于领先地位，美国和以色列在激光武器应用方面处于领先地位。苏联在冷战时期已开始发展空基乃至天基激光武器，陆基和海基激光武器已有多种型号装备，俄罗斯在苏联的基础上更是极力发展激光武器。而以英国、德国为首的欧盟国家也有发展激光武器的计划，英国军方计划到 21 世纪 20 年代中期，陆军和海军投入实战运用，到 21 世纪 30 年代配备到未来几代战斗机上；日本和韩国借助本国实力和与美国的军事战略伙伴关系，也积极发展相关技术并参与相关武器系统的研究；印度国防部则针对反卫星等需求提出了发展激光武器的计划[50,51]。

在激光对抗研究和工程应用领域，美国走在了世界前列。世界首台激光对抗装置于 1995 年在美空军怀特研究所完成研制并交付美国空军进行地面试验，该装置为机载系统，能自动分析、跟踪和干扰各种空射和地面发射的红外导弹。该对抗系统进行了 25 次外场试验，验证了该设备对威胁的自动捕获、分类和干扰能力，表明该装置能够对抗各型红外导弹。

20 世纪末，美国和以色列合作研制的车载“鹦鹉螺”战术大功率激光武器是一种典型的高能激光对抗系统。该系统用以拦截火箭弹、远程防御系统漏网的导弹、飞机、无人机等多种目标。它使用兆瓦级氟化氘中红外化学激光器，氟化氘激光器功率为 40 万瓦，发射口径 0.7 m，该系统在 5 km 内可将火箭弹击毁，能对付 10 km 内的战术飞行目标，可在 20 km 或更远处使导弹的导引头失灵。该系统已于 1999 年年底移交以色列进行试验，2000 年后已具备实战能力。

美国的 ABL 型机载大功率激光对抗装备于 20 世纪 90 年代启用，用于战区弹道导弹助推段防御及其他战术目标防御，具有反卫星能力。平台为波音 747-400 飞机，采用氧碘化学激光器，功率为 200 万～300 万瓦。该系统主要用于拦截助推段的战区弹道导弹，并有能力完成其他任务，如防御巡航导弹、压制敌方防空、保护高价值目标等。该系统自 1997 年开始研制作战样机，1998 年 8 月满足飞行要求的轻型模块输出功率已接近 30 万瓦，跟瞄精度达 0.1 微弧度，2002 年进行拦截导弹试验。2008 年装备了多架飞机，实现了战区作战能力。ABL 及其衍生项目虽然在指标上非常先进，但并未达到预期目标，如几十千米的作用距离远远达不到实际使用要求。

2009 年，波音公司首次演示验证了可以击落无人机的激光复仇者（Laser Avenger）武器系统。该系统使用的是车载 1 kW 固体激光系统，该系统可以在保护部队安全的同时消除无人机的威胁，还可处理简易爆炸装置和未爆弹药。激光复仇者也被设计安装在飞机的背面站台，拥有高达 10 kW 功率的红外激光器，旨在击落飞行中的无人机。为此设计了可以捕捉到中低空极小运动物体的复杂跟踪系统。

2009 年 3 月，诺斯罗普·格鲁曼公司在美国军方联合高功率固态激光器（Joint High Power Solid State Laser，JHPSSL）计划第 3 阶段演示了 105 kW 的激光束。这种能量的“武器级”激光器将能够从陆地、海上和空中平台上摧毁巡航导弹、火箭弹和炮弹。该公司可扩展模块化系统使用了 7 个约 15 kW 的“激光放大器链”，总持续时间超过 85 min。该系统的模块化设计可以直接将激光武器系统扩展到任务所需的功率水平以用于各种用途，包括针对空中、海上和陆基平台的部队保护和精确打击任务 。

2014 年，美国海军将采用光纤激光器的激光武器系统（LaWS）临时安装在杜威号导弹驱逐舰上，设想将其用于精确和隐蔽交战以及所谓的“渐进式杀伤”。海军还将其作为对抗无人机、导弹和成群小艇的一种手段。

2022 年 9 月，洛克希德·马丁公司宣布已向国防部交付了一台基于光谱组束技术的 300 kW 激光器。该激光器可集成到地面车辆或舰船上的激光武器系统，利用这些系统可防御火箭、火炮、迫击炮、巡航导弹、无人机和小型舰船等。

集成打击实验（Integrated Fight Experiment，IFX）计划是美国 21 世纪天基激光武器发展计划，计划将一台兆瓦级阿尔法氟化氢激光器发射到 400～480 km 高空，搭载天基激光武器的卫星将在 1 300 km 高轨运行，激光武器的有效杀伤距离为 4 000～5 000 km，可摧毁 9～11 km 高空的弹道导弹，实现对全球导弹发射井的覆盖，并对已发射导弹实施拦截。

另外，俄罗斯、法国、以色列、德国等各军事大国均有相应的研究和装备计划。法国空军的“阵风”战斗机装备了 Spectra 机载光电对抗设备，第一台样机于 1993 年交付，1994 年首次在“阵风”上进行试飞。该激光对抗系统用于对抗激光、红外以及雷达威胁，可在自动控制方式下同时干扰多个大功率威胁目标。俄罗斯在大单脉冲能量激光武器方面的研究也走在了世界前列，其机载激光反卫星武器项目在 2009 年启动，该项目以大单脉冲能量激光器为光源，以对方卫星光电载荷为攻击目标，以致盲对方探测器为目的。该项目在 2016 年完成了深度现代化。2018 年，俄罗斯声称其已完成击落敌卫星的新型激光武器项目研发工作，该系统将安装在一种新研制的飞机上。德国在 2012 年试验完成了一种 50 kW 功率的高能激光武器，该系统击落了 2 km 处的无人机。

1.2.4.2　激光武器系统的发展趋势

随着近年来技术研发的加速发展，激光武器表现出以下发展趋势[50,52]。

1）激光武器应用的研究方向逐步向实用性较强的战术激光武器转变。战术激光武器适用于多种作战任务，如防空、区域压制、空对空和空对地攻击等。其在未来战场上所面临的最大危险是各种精确制导武器的攻击，而精确制导武器50％以上采用光电制导装置。激光武器对精确制导武器的拦截是一个连续多阶段过程，包括在远距离致盲导引头的光电探测部分，中距离使导引头整流罩炸裂，破坏精确制导武器的导引头和气动外形，使其偏离目标，近距离上引爆其战斗部或烧毁其壳体等。

2）激光武器不断向小型化、实用化方向发展。化学激光器由于体积庞大、战场环境适应性差，其实用性受到限制；而光纤激光器、全固态激光器具有集成化、体积小、质量轻、无污染、可持续发光等特点，可适用于各种作战平台，受到各国高度关注。未来主要的技术发展方向是进一步提升固体激光武器的功率和集成度。

3）由单一平台向多种平台适配。陆基大功率激光对抗武器的发展最早也最为成熟，但受水汽、烟雾和沙尘影响，对视距外目标的打击是个难题。开发舰载、车载、机载、星载等不同平台动基座条件下的大功率激光武器是当前发展趋势之一。天基激光武器系统已被多国列入装备发展计划之中，将光电对抗领域的告警、跟踪、对抗等功能发展至太空是未来发展的一个重要目标。天基激光武器系统一旦研制成功，将成为重要的战术、战略打击手段。

4）突破实战化关键技术，进一步提高性能。激光对抗武器的干扰毁伤效果主要取决于跟踪瞄准精度、系统的功率密度、系统的光学控制水平三个方面，因此，如何提高这三项功能已成为该类武器的核心问题。跟踪瞄准精度的进一步提高需要提高跟踪系统的单像元分辨率、彻底解决大气抖动等影响。功率密度与激光光源息息相关，目前在控制系统体积、质量的条件下，须进一步提高光源功率密度至100 kW，甚至更高。系统的光学光束控制是光机学科中的关键内容，如何进一步实现系统的热控制、密封防尘控制、长期稳定性控制是该领域必须解决的问题。

1.2.4.3　典型的天基激光武器系统

典型天基高能激光武器系统组成如图1－4所示，主要由高能激光器系统，光束控制系统，精密瞄准跟踪系统，指挥、控制和数字处理系统，热控系统等子系统组成。

1）高能激光器系统是整个武器系统的核心，用于产生高功率激光束。激光输出能量和束散角是激光器的两个核心指标，激光远场处的激光能量密度与距离和束散角乘积的平方成反比，与激光器的初始输出能量成正比。提高激光器系统的效率、固态化水平以及实现高亮度输出都是激光器系统重要的发展方向。

2）光束控制系统用来消除输出波前误差、抖动误差和瞄准误差，是武器系统中的关键部件，起到将激光束准直、聚焦到目标上的作用。主要结构是大口径望远天线系统。使用较多的是施密特-卡塞格伦反射望远镜天线。反射镜的孔径越大，出射光的发散角越小。但是孔径过大，制造工艺困难，也不容易控制。反射镜制作还应考虑质量轻、耐强激光辐

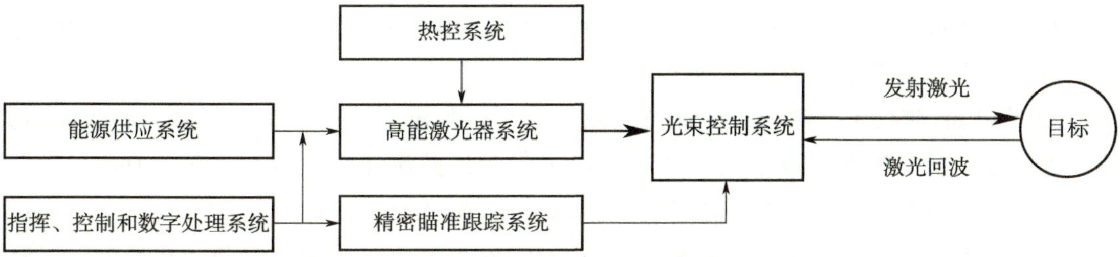

图1-4 天基高能激光武器系统结构示意图

射等问题。

3）精密瞄准跟踪系统用来捕获、跟踪目标，引导光束瞄准射击。系统首先利用低功率固体激光器发射信标光，对目标进行主动照明，实施精确的光学跟踪，并引导高功率激光束射向目标。激光武器系统是靠激光束直接击中目标并停留一定时间而造成破坏的，对瞄准跟踪的速度和精度要求很高。

4）指挥、控制和数字处理系统主要用来采集、存储和分析数据，提供战场管理，包括捕获和跟踪目标，并把信息传送给精密瞄准跟踪子系统，还包括杀伤效能评估等。

5）热控系统对激光系统进行热控管理，有效排出整个武器系统的发热，以保障火力时间内高功率和高光束质量输出。

6）能源供应系统供给整个武器系统所需的能源。

1.2.5 激光雷达系统

1.2.5.1 激光雷达系统的发展历程

经过世界各国多年的努力，激光雷达技术研究不断深入并日趋成熟，在军事上已用于弹道导弹防御、精密跟踪、制导、靶场测量、火控、振动遥测、侦察、水下探测等领域。在民用上，目前已应用于测绘、文化产业、工业设计、能源、交通等多个领域[53,54]。

（1）侦察成像激光雷达

激光雷达因其高精度、高分辨率、高自动化、高效率，以及多重反射特性的优势，测量时可同时获取地面及其表面植被、电力线路等覆盖物的精确三维坐标，已成为重要的侦察手段。1992年，美军演示了远距离使用主动三维成像激光雷达探测识别空中和地面的目标，其在Pack Tack吊舱中安装了CO_2激光雷达，发射机和接收机共用一个孔径，CO_2激光器的输出功率为100 W、光束发散度为100 mrad，采用的256像元焦平面凝视阵列的工作波段在3.8～4.5 μm，光束控制反射镜的分辨率为4 mrad，可利用距离剖面、目标外部变化、三维激光雷达成像和高分辨率红外成像实现目标识别。美国Le Siang公司研制的ILR100激光雷达，部署在待侦察区域上空飞行的航空器上，可在飞机显示器上实时显示获得的三维影像，或发送至地面站。

（2）水下目标探测激光雷达

激光雷达可分辨水下目标的形状和尺寸，具有一定的水下探测能力，而透水激光雷达系统可穿透水体测量水底的地形起伏。

20 世纪 60 年代末，第一个激光海水测深系统研制成功。迄今美国、澳大利亚和瑞典等国家都推出了实用型海洋激光雷达，发展了三代机载海洋激光雷达系统。1988 年，美军一艘护卫舰被水雷击沉，在此之后，美国 Kaman 航天公司开始研制 Magic lamp 机载水下探测激光雷达。该激光雷达发射机采用 Nd:YAG 激光器，使用蓝绿激光宽光束发射器，选用像增强 CCD 光电检测设备和精确脉冲定时发生器，具有与点阵扫描非成像激光雷达类似的扫描机构。Magic lamp 激光雷达可以在海面上 500 m 以下的高度工作，低空分辨率和信噪比较高而视场有限。探测时，只需使用机载激光器向海面发射激光脉冲，就可显示水下目标的形状等特征，实现快速探测目标并准确定位。Magic lamp 激光雷达在海湾战争期间成功地发现水雷，有效减小了美军的损失。

美国诺斯罗普·格鲁曼公司研制的 ALARMS 机载雷达探测系统，能够实时自动检测并显示可疑的水下目标，可以 24 h 工作，三维定位能力强，定位分辨率高。

（3）大气监测激光雷达

在高空投掷炸弹和其他兵器时会受到风的干扰。激光雷达可通过测量大气中颗粒的后向散射实时测量风场。利用这一特性，美国空军利用机载激光雷达测量飞机与地面间的实时风场，风场图按 100 m 分层，速度精度在 0.5 m/s 以内，通过调整投掷点，补偿风的影响，实现了从 3 000 m 以上高空的精确投掷。

此外，飞机后的紊流会给与其相遇的飞机造成一定危险，激光雷达能够在飞机与紊流相遇前对紊流阵风进行探测，为军用飞机提供安全保障。英国国防鉴定与研究局研制了能对飞机后微爆风切变和尾流速度进行测量的激光雷达，利用这种激光雷达实时监测飞行跑道，能够在保证安全的前提下增加飞机通过量。B-2 轰炸机配备的激光雷达，采用低截获概率激光发射机和激光接收机，能够检测飞机后有无暴露这种隐形轰炸机的凝结尾流，一旦探测到突然出现的凝结尾流，则立即报警。

1.2.5.2 激光雷达系统的发展趋势

（1）不断探索激光雷达的新体制

研究人员一直在探寻激光雷达技术的新体制，包括激光相控阵雷达、激光合成孔径雷达、激光雷达成像识别、扫描成像激光雷达、移动目标指示器激光雷达等，因此，开发新的激光雷达系统成为激光雷达的必然发展趋势。激光相控阵雷达是通过一组激光束相位分别对目标进行控制和合成。微波合成孔径雷达在战场侦察、监视、遥感和测绘等领域的应用已经取得成功，未来其在火控和制导领域将有广阔的应用前景。用激光信号代替微波信号的合成孔径激光雷达，因为其工作频率远高于微波，对运动速度相同的目标可产生更大的多普勒频移，因此，水平分辨率可明显提升。而且单脉冲的使用可测量瞬时多普勒频移，无须高频率发射脉冲。

(2) 不断拓宽覆盖范围

长期以来，激光雷达主要局限于中近程战术应用，延伸其探测距离一直是研究的主要目标之一，其技术途径不外乎提高激光雷达的功率孔径积，采用外差探测以提高接收灵敏度，在特定情况下加装合作目标等。

(3) 多传感器集成和多功能一体化

多传感器集成和多功能一体化在概念上虽然不尽相同，但其追求的基本目标是相同的，即提高对目标的探测性能并改善经济可承受性和适装性，因此，多传感器集成和多功能一体化已成为包括激光雷达在内的探测系统的重要发展趋势。将微波雷达、激光雷达（或测距机）、红外及可见光电视设备（甚至声传感器）集成到同一平台上共用伺服支架（甚至部分共用孔径）的火控系统、侦察系统、引导测量系统和制导系统已非常普遍。利用同一激光载波，通过波形控制和外差探测所构成的激光雷达可分别具有测距、跟踪和成像识别等多种基本功能。

(4) 探索新型辐射源

10.6 μm CO_2 激光和 1.06 μm Nd:YAG 激光一直是激光雷达主要采用的光源，已有许多成功的应用案例。20 世纪 90 年代之后，随着半导体激光器技术的成熟，其输出功率也在不断提高，降低了设备成本，使得以二极管激光器、二极管泵浦固体激光器为辐射源的激光雷达设备得到了迅速发展，成为激光雷达研究和发展的重点。二极管激光雷达以其功耗低、频率高、体积小、质量轻等特点，在近距离和空中成像方面具有较高的应用价值，且在直升机防坠毁、航天器交会对接等领域已得到应用。二极管泵浦固体激光器由于其泵浦效率比氙气灯高很多，从而使固体激光器在已经占据一定优势的基础上增加了高频率、高可靠性的优点，从而大大扩展了激光雷达辐射源的应用范围，固体激光辐射源已成为未来激光雷达辐射源的主要发展趋势，其中二极管泵浦 Nd:YAG 和 Tm/Ho/Nd:YLF 激光器是最有代表性的。二极管泵浦的固体激光器的成熟又使以其作为泵浦源的光参量振荡器得以迅速发展，光参量振荡器激光雷达也应运而生。这不仅得益于这种辐射源的全固态、高效率，还得益于其工作频率可调谐，尤其是可工作于人眼安全波段[55]。

1.2.5.3　典型的星载激光雷达系统

某星载激光雷达系统结构如图 1-5 所示[56]。系统主要分为光学发射单元系统、光学接收单元系统、信号探测单元系统、信号接收及控制单元系统。从光路上看，首先由激光器射出激光，通过调整反射镜将激光正入射到扩束器中，再从扩束器出射到反射镜上，通过扫描电机将激光反射到大气中，完成激光发射。由大气返回回波光信号通过望远镜接收，通过小孔光阑和目镜将回波光信号变成平行光，再通过信号探测光路将回波光信号分离出 532 nm 和 1 064 nm 两个探测通道，利用探测器将光信号转换成电信号，经过数据采集、滤波技术及数据分级技术将云和气溶胶垂直分布信息传送到地面控制中心。在计算与控制平台中主要控制内容包括控制激光器电源及触发，控制扫描电机上反射镜偏转，主要记录内容包括探测器信号大小、卫星姿态及位置信息等。

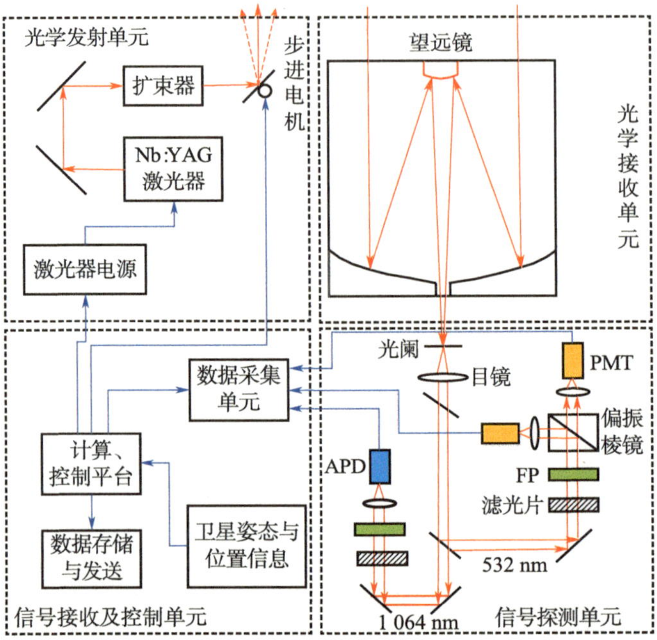

图 1-5　某星载高重频激光雷达系统结构示意图

1.3　宇航光电子器件及应用要求

1.3.1　宇航光电子器件的特点

随着各类光电系统在宇航领域的广泛应用，各种光电子器件被大量地应用到宇航飞行器中，由于宇航飞行器工作环境、工作特点的特殊性，对用于宇航环境的光电子器件提出了抗辐照、耐热真空、长寿命、低功耗等要求，有些应用场合还需要耐极低温度、耐大量级机械冲击等要求。为了满足这些特殊要求，需要对光电子器件进行专门的设计，采用专用加工工艺，专门的封装技术，甚至专用的测试评价技术。随着器件种类的增加和技术的不断积累，逐渐形成了宇航光电子器件的技术体系，宇航光电子器件逐渐成为光电子器件谱系中的一个重要分支。

宇航光电子器件从技术上讲是经过针对性设计和加工工艺，通过试验、评估，能够在整个任务周期内的宇航环境下按预定目标完成任务的光电子器件。由于宇航任务具有高风险和发射后难以维修的特点，且存在系统中光电子器件难以进行冗余设计的问题，为了降低已经识别出的风险，形成了一套光电子器件质量保证技术体系，从器件设计开始就尽量避免缺陷和质量隐患的引入，在任务执行前尽量排除一切质量隐患。因此，从质量保证技术的角度讲，宇航光电子器件是指建立了覆盖设计、制造、测试、试验、验收及质量管理全流程、全要素的技术标准体系，并按标准体系进行研制、试验、验收，确认能够满足宇航工程任务技术要求和质量保证要求的光电子器件。

1.3.2 宇航光电子器件的应用要求

宇航工程任务对光电子器件的特殊应用需求推动了宇航光电子器件技术分支的形成和技术体系的建立，除一般的性能指标外，宇航工程任务对宇航光电子器件的应用要求主要包括以下几个方面。

（1）宇航环境适应性要求

宇航环境和地面环境存在明显差异，宇航光电子器件首先要能适应宇航的特殊工作环境，在设计和工艺上采取必要的针对性措施，抑制环境对器件性能或可靠性的影响，如果不能抑制环境对器件的影响，就要采取外部的防护或补偿措施。

粒子辐射环境是引起空间飞行器故障的主要原因之一，是需要重点关注的宇航环境因素。辐射粒子主要来自地球辐射带、太阳宇宙射线和银河宇宙射线，包括电子、质子和少量重离子。这些辐射粒子会在半导体材料中产生两种效应，一是电离效应，二是位移效应。高能辐射粒子通过电离效应引起原子电荷激发，产生电子空穴对，即引入了非平衡载流子。半导体中载流子是可移动的，这些非平衡载流子最终将会复合，因此半导体材料中的电离效应通常是瞬态的或非永久性的。如果辐射粒子传递给半导体原子的能量足够大，原子将克服晶格的束缚，离开正常的晶格位置，形成位移缺陷，位移缺陷可在半导体的禁带中产生分立的缺陷能级，影响半导体中载流子的俘获、产生以及复合，位移效应的作用时间远大于电离效应，有很大比例的位移缺陷会成为永久缺陷。红外成像器件、CCD、半导体激光器等以电子跃迁和电子迁移为工作基础的器件，对辐射环境更加敏感。

真空环境对光电子器件的影响主要有两个，一是散热问题，二是真空放气效应。对于大功率光源等高发热器件，必须对真空条件下的散热能力、热能的转移传导部位等开展专门热控设计。有些光电子器件中采用紫外固化胶、热固化胶、硅橡胶等有机胶粘剂，这些胶粘剂中的一些可挥发成分在真空条件下会加速放气，或者材料发生分解放气，释放出的气体可能污染光学表面。除了真空放气污染，真空放气还会改变胶粘剂的内应力。对于空间光路原件如果采用有机胶粘剂进行固定，放气后胶粘剂的应力会引起元件的位置或方向改变，引起光功率的衰减甚至光路断路，因此，这种放气产生的移位效应是空间光路器件必须要考虑的。

航天器从研制、发射、在轨运行直到任务结束所经受的力学环境并不完全一致。不同的航天器，研制流程或任务也有区别，所受力学环境的种类和特性也会存在一定的差别，如返回式卫星比非返回式卫星多承受返回气动力/热环境和着陆冲击环境等。宇航光电子器件的力学设计应考虑航天器从制造到任务结束整个寿命周期的力学环境，不可忽略任何一个环节。在工程实际中，航天器设计师一般会根据任务需求，通过任务书给出具体的力学环境要求或力学试验验证要求。

宇航温度环境分两类，一类是舱内环境，舱内温度环境较好，飞行器正常工作状态下温度比较稳定，大约为 17～25 ℃；另一类是舱外环境，舱外的温度环境非常恶劣，一般在－100～100 ℃，在深空探测长期飞行时最低可低于－200 ℃，而且往往处于温度交替变化中，在低温情况下胶粘剂的应力非常大，胶粘剂本身可能出现断裂，甚至陶瓷、光纤等脆性材料在热应力作用下也可能出现断裂。

(2) 长寿命、高可靠要求

目前，近地轨道对地观测卫星的设计寿命一般为 2～5 年，地球静止轨道通信卫星的设计寿命一般可达 8～10 年，而且越来越多的卫星寿命要求达到 12～15 年或更久。工作于卫星上的通信系统、导航系统、成像系统大多都要在整个卫星寿命周期内不间断加电工作。这种工作模式首先要求器件性能不能有长期漂移，即使是非常小的漂移，甚至在日常测试中难以发现的趋势漂移，都可能经过长期的累积而威胁到器件的正常工作；其次要求器件不能有疲劳失效模式，如光纤微裂纹的疲劳断裂，轻微静电损伤在日后的疲劳失效，材料在温度或电应力环境下的粒子微观扩散和迁移等造成的失效。这些问题都需要在应用前识别出来并采取措施，还要通过严谨的测试、筛选、试验将存在缺陷的器件剔除掉。

宇航光电子器件在随航天器发射后，通常不可维修、不可更换，因此对器件的可靠性要求非常高。可靠性是指产品在规定时间内，在规定条件下，完成预定功能的能力，它包括结构的安全性、适用性和耐久性，通常用无故障工作时间（Mean Time to Failure，MTTF）或失效率来衡量。对于工作寿命为 8 年的长寿命卫星，所用元器件的工作失效率要求为 10^{-8}～10^{-9}，某些要求长期储存的战略武器的非工作状态失效率要求优于 10^{-9}。宇航光电子器件实现如此高的可靠性难度是非常大的，首先宇航光电子器件需要在各种复杂的宇航环境下很长的工作寿命周期中实现低的失效率；其次宇航光电子器件的种类多，批量少，应用少，一些低概率缺陷难以发现。为了实现如此高的可靠性，需要开展可靠性设计、可靠性试验、可靠性鉴定评估、失效模式与影响分析（Failure Mode and Effects Analysis，FMEA）等系统的可靠性保证工作。

(3) 小体积、轻质化、低功耗要求

航天器的空间有限，火箭的运载能力有限，发射成本很高，因此希望每次发射能够搭载尽量多的载荷，这就要求每个元器件体积要尽量小，质量要尽量轻。

卫星等航天器在轨工作期间的电力供应主要来自太阳能电池板，其能量供应是有限的，降低器件的功耗就能搭载更多的载荷，实现更多的功能，开展更多的科研项目。另一方面，降低器件功耗，提高了器件的能量利用效率，相应地会减少器件的发热。散热在空间真空环境下是一个大问题，因此减少器件发热，有利于提高系统性能稳定性，降低系统热设计难度。

(4) 质量保证要求

宇航任务发射成本高、风险大，对系统可靠性要求高，而整个系统的可靠性模型是大量元器件的串联模型，其可靠度是各个元器件可靠度的乘积，因此首先要保证每个元器件的高可靠性。为确保宇航系统使用的每个元器件都符合设计可靠性、质量要求，需要开展系统、全面、精细的质量保证工作。质量保证工作的首要任务是建立不同等级的元器件产品技术标准、规范。以标准为依据开展选用控制、监制、验收、复验筛选、失效分析、应用验证等质量保证工作，通过开展器件质量保证工作，提高器件的使用可靠性，同时在设计和工艺上采取改进措施，不断提升器件的固有可靠性。

1.4 宇航光电子器件种类及其关键技术

1.4.1 宇航光电子器件种类

光电子器件的种类繁杂，且分类方法多样，分类标准多样。在此列出了几大类器件和细分种类的一些应用较多的典型器件，见表 1-1。在此列出的大类器件包括：光源器件、光放大器件、成像探测器件、光电探测器件、光纤和光纤组件、光无源器件、光调制器件、光量子器件、真空光电器件、平板显示器和太阳能电池。在宇航领域，所列各大类器件几乎都有应用。在现代宇航系统中，真空光电器件应用量较少，且部分器件已经有可替代方案，因此这类器件在本书中不再论述。平板显示器只在载人航天领域有少量应用，太阳能电池几乎是各种空间飞行器的标配，但这两种器件自成体系，书中也不再赘述。量子器件随着量子技术的发展也开始在宇航领域应用，但量子器件大多还处于研制状态，尚未建立统一的标准体系，尚未体现出明显的宇航光电子器件特点，因此本书未进行专题论述。

表 1-1 典型的光电子器件

器件大类	细分种类	典型器件
光源器件	半导体光源	激光二极管(LD)、超辐射发光二极管(SLD)、发光二极管(LED)
	光纤光源	光纤激光器、光纤超荧光光源
	固体激光器	板条激光器、薄片激光器、热容激光器
	气体激光器	原子气体激光器、分子气体激光器、离子气体激光器、准分子气体激光器
光放大器件	半导体光放大器	行波式半导体光放大器、谐振式半导体光放大器
	光纤放大器	掺铒光纤放大器、掺镱光纤放大器、掺铥光纤放大器
	非线性效应光放大器	受激拉曼放大器、受激布里渊放大器
成像探测器件	红外光电及焦平面阵列探测器	光电导型探测器、HgCdTe 探测器、InSb 探测器、InGaAs 探测器、PtSi 探测器、量子阱探测器、超晶格探测器、量子点探测器
	电荷耦合器件	线阵 CCD 图像传感器、TDI 可见光 CCD 图像传感器、面阵 CCD 图像传感器
	CMOS 成像器件	无源像素 CMOS 图像传感器、有源像图像传感器、数字像图像传感器
光电探测器件	PIN 探测器	硅光电探测器、InGaAs 探测器、紫外探测器
	APD 探测器	线性模式 APD 探测器、盖革模式 APD 探测器
光纤和光纤组件	光纤	石英光纤、塑料光纤、光子晶体光纤、特种材料光纤
	光缆	野战光缆、海底光缆、系留和拖曳光电复合缆、舰载和机载光缆
	光纤环	保偏光纤环、单模光纤环

续表

器件大类	细分种类	典型器件
光无源器件	光耦合器	单模耦合器、保偏耦合器
	光纤光栅	布拉格光栅、长周期光栅、啁啾光栅
	光隔离器	偏振相关型光隔离器、偏振无关型光隔离器
	光偏振器	磨抛型光纤偏振器、晶体型光纤偏振器
	光延时器	单模光纤延时器、保偏光纤延时器
	光环行器	三端口光环行器、四端口光环行器
	光反射镜	金属膜反射镜、介质膜反射镜、法拉第旋转反射镜
	光开关	吸收型光开关、干涉型光开关、微机械型光开关
	光滤波器	介质膜滤波器、F-P 滤波器、MZI 型滤波器
	光波分复用器	熔锥型光纤波分复用器、介质膜型波分复用器、阵列波导光栅波分复用器
	光衰减器	吸收型光衰减器、干涉型光衰减器
	光分束器	熔锥光纤型分束器、平面波导分束器
	光连接器	单通道光连接器、多通道光连接器
光调制器件	电光调制器	硅基调制器、体铌酸锂调制器、薄膜铌酸锂调制器、Ⅲ-Ⅴ族半导体调制器、聚合物调制器
	声光调制器	拉曼奈斯型声光调制器、布拉格型声光调制器
	热光调制器	Mach-Zehnder 干涉型热光调制器、耦合热光调制器
光量子器件	量子光源	单光子源、纠缠光子源
	单光子探测器	超导纳米线单光子探测器、APD 单光子探测器
真空光电器件	光电倍增管	分立式倍增系统光电倍增管、微通道光电倍增管
	紫外光电管	充气紫外光电管、真空紫外光电管
	核辐射计数管	β 计数管、γ 计数管、X 计数管、αβγ 计数管
平板显示器	液晶显示器	TN 液晶显示器、STN 液晶显示器、TFT 液晶显示器
	等离子体显示屏	交流等离子体显示屏、直流等离子体显示屏
	电致发光显示器	无机电致发光显示器、有机电致发光显示器
	场致发光显示器	碳纳米管型、共面传导型、圆锥发射体型、弹道电子发射型
太阳能电池	硅太阳能电池	单晶硅太阳能电池、多晶硅太阳能电池、非晶硅太阳能电池、微晶硅太阳能电池
	砷化镓太阳能电池	单结太阳能电池、多结太阳能电池
	薄膜太阳能电池	非晶硅太阳能电池、碲化镉太阳能电池、硒铟铜太阳能电池
	聚光太阳能电池	硅聚光太阳能电池、砷化镓聚光太阳能电池
	热光伏电池	硅电池、锗电池、GaSb 电池、InAsSbP/InAs 电池、量子阱电池

1.4.2 典型宇航光电子器件关键技术

1.4.2.1 半导体光源关键技术

(1) 功率及电光转换效率提升技术

空间激光通信、激光武器、激光推进技术、激光太空碎片清理、激光雷达及探测等都需要激光器进一步提高功率[57]。输出光功率的提升，需要输入电功率的提升，如果不提高激光器的电光转换效率，就会产生大量的热，器件的冷却会成为一个大问题，而且器件的体积也会增大，散热问题有可能成为限制功率提升的主要障碍。目前单管半导体激光器的输出功率可达 10 W 量级，转换效率可达 40%～50%，最高可达 70%以上，通过管芯堆叠和合束，已实现连续输出百瓦至数千瓦的功率。

(2) 带宽提升技术

信号的调制主要有两种方式，通过外加调制器调制的外调制方式和电信号直接加载到激光器上的内调制方式（直调方式）。直调方式具有成本低、结构简单、体积小等优势，而被广泛采用。直调方式对激光器的带宽提出了较高要求，而且在实现高带宽的同时还要尽量降低啁啾，啁啾问题是直调方式用于模拟信号传输的主要障碍，而且在远距离光纤通信中，啁啾引起的色散将加剧信号畸变，也是系统难以容忍的。目前分布反馈激光器的调制带宽已达 30 GHz[58]，传输速率可达 56 Gbit/s[59]，垂直腔面发射激光器表现出更大的带宽潜力，传输速率已可达 71 Gbit/s[60]。

(3) 波长调谐技术

波分复用技术是光通信领域普遍采用的技术，如果采用固定波长激光器，则每个信道一个激光器，激光器的数量很多，成本高，体积大，而且网络的可扩展性、灵活性较差。引入可调谐半导体激光器，不仅可有效节省波分复用系统转换器，减少激光器及其他模块的数量，还可有效降低光通信网络成本，并且还能提供动态波长、控制网络流量、自动恢复波长等功能。除了光通信领域，可调激光器在激光探测、光纤传感领域也有迫切需求。目前国际上已可提供多款调谐范围大、线宽窄、输出功率高的可调谐激光器，但是在调谐速度方面，受限于谐振腔内的波长调谐机制，它们在光交换系统间隔 100 GHz 的情况下，很难将调谐速度控制在微秒量级以下。

(4) 光谱控制技术

光谱控制技术包括两个方面：一是波长控制，一是谱宽控制。光电对抗涉及的波段较宽，以中红外为主，向下延伸到紫外波段，向上延伸到远红外波段。光纤通信和光纤传感主要集中在近红外 1 260～1 675 nm 波段，气体传感器则根据气体不同会采用不同波段光源，空间激光通信则会用到 1 550 nm、1 064 nm、800 nm 等不同波段。不同的应用场合对光源的光谱要求差异也很大，相干通信要求光谱为 kHz 量级，光纤通信每个信道的谱宽为 0.2～20 nm 量级，光纤陀螺要求光谱宽度为 10 nm 量级，超连续谱则会达到 10^3 nm。此外，为了实现高性能的应用系统，还要求控制光谱形状。

1.4.2.2 红外光电成像探测器关键技术

（1）多色、多波段探测器技术

单一波长的红外焦平面探测器一旦受到同波段其他信号的干扰，就容易丧失其原有功能。而采用多波段红外焦平面探测器则可减小外界因素的影响，从而获取不同红外波段更加丰富的信息并有效提高图像获取效率。双色或多色红外探测器通过同时提取目标光谱信息和温度信息，降低误警率，提高识别率。

碲镉汞、量子阱和Ⅱ类超晶格红外探测器，前者通过调节组分，后两者通过调节组分、厚度或应变实现双色或多色红外探测，这三者也都能实现高性能大面阵的红外探测器，故在国际上被公认为第三代红外探测器的候选材料。

（2）高性能阵列规模提升技术

要提高成像系统的分辨率和目标识别能力，大幅度提高焦平面探测像元的集成度是一种重要的途径。在短波红外方面，美国 ROCKWELL 国际科学中心已经研制成 4 096 × 4 096 像元的特大型阵列[61]。

为控制探测器芯片的尺寸，扩大探测器规模的同时也应缩小探测元的尺寸。探测元面积减小使接收红外辐射的能量相应减小。如果探测器的热敏材料和读出电路没有采取相应的补偿措施，则焦平面探测器的热灵敏度必然降低。换言之，提高探测器的规模（即热图像的空间分辨能力）是以损失其热灵敏度为代价的。此外，探测器规模扩大，如果不增加输出端口，则必然减少积分时间，这也会影响探测器的热灵敏度。探测元的尺寸还受红外望远镜的相对孔径和工作波长的限制。在工作波长一定时，减小探测元的尺寸就需要增大红外望远镜的相对孔径，也就是增加焦平面上的照度。在选择红外焦平面探测器时，要分析具体应用条件，未必是探测器的规模越大越好[62]。

（3）低噪声信号处理技术

高灵敏度成像光谱仪对分辨率和信噪比要求都比较高。分辨率高则入射的有效辐射信号较弱，因此减少系统噪声和延长积分时间是提高信噪比的重要方法。但是在实际应用中，积分时间受限于光谱仪工作时的像元驻留时间，因此低噪声信息获取电路的设计以及抑制系统噪声至关重要。

（4）工作温度提升技术

室温工作的红外成像系统不仅可降低昂贵的制冷费用，而且可简化器件制作工艺，便于集成、轻便化。经过多年努力，红外探测器已从工作温度不到 100 K 的传统光子型半导体红外探测器发展到 200 K 左右的半导体超晶格量子点探测器，进而又发展到工作温度较高的半导体热探测器和超巨磁电阻热探测器等，探测器材料在其中起着至关重要的作用。

1.4.2.3 电光调制器关键技术

（1）带宽或调制速率提升技术

为了满足通信传输速率的快速提高和微波光子系统对大频率带宽的要求，不断提高调制带宽一直是调制器研制的首要任务。虽然光通信可以通过复用技术、高阶调制技术增大通信容量，但在光信道数量一定的情况下，要增大通信容量，需要提高单波调制速率，即提高调制器的基本调制速率。目前在薄膜铌酸锂（Lithium on Insulator，LNOI）芯片上已经实现了在小于 2 V 的半波电压下调制带宽超过 100 GHz[63]。

（2）长期稳定性提升技术

目前卫星寿命可达 12 年以上，星上通信系统、惯导系统、传感系统很多都需要长期不间断工作，这对器件的长期加电稳定性提出了较高要求。在铌酸锂基调制器中，由于材料中的可动离子在电场作用下发生迁移，引起强度调制器工作点的漂移。为了实现长期稳定工作，需要从材料和器件设计上抑制铌酸锂调制器的长期漂移。

（3）调制非线性抑制技术

光模拟信号处理对调制器的非线性要求较高。基于电子迁移、跃迁的物理效应，在外加调制电场作用下，往往同时产生相位调制和强度调制，形成啁啾。对于数字信号调制，对强度调制的容忍度较高，但对于模拟信号调制，啁啾会明显增加系统噪声。硅调制器和Ⅲ-Ⅴ族半导体调制器都具有体积小、便于集成等优势，但为了适应在模拟信号处理领域的应用，需要找到抑制其非线性效应的措施。

1.4.2.4 半导体 PIN 光电探测器关键技术

（1）低噪声技术

PIN 光电探测器噪声电压包括：光敏二极管暗电流，目前暗电流≤0.1 nA，通过筛选可以获得≤0.03 nA 的产品；反馈电阻的热噪声，这部分噪声与跨阻阻值和产品带宽相关，阻值越大噪声越大，带宽越大噪声越大；信号处理电路噪声与散粒噪声，主要与接收的光信号和光电转换效率相关。目前跨阻热噪声仍是光电探测器的主要噪声源，跨阻阻值要兼顾信噪比，要和光源的相对强度噪声统筹考虑。

（2）增益平坦技术

增益平坦度，为某一频段内光电探测器组件的线性度，相同带宽的器件，增益平坦度好的光电探测器，更有助于温度性能改善。减小内部电路寄生电容、杂散电容，提高信号阻抗匹配，可改善光电探测器组件增益平坦度。

（3）低反射损耗技术

大部分光源的光谱都对光反射敏感，光反射信号会导致激光振荡，主要表现为光谱的扰动、光源噪声。在光电探测器尾纤端面反射的光信号会增大噪声。通常将探测器尾纤端面磨抛成 8°斜面以减少反射，实现反射损耗不高于－35 dB。

（4）高饱和功率技术

在微波光子系统中，在输入光信号的功率很大时，如果光电探测器的饱和光功率足够大，它的输出电流也很大，那么就可以大大降低对后续电学放大模块和供电电源的依存度，降低系统的复杂度，大幅降低成本，同时提高整个系统的稳定性。

1.4.2.5 光纤关键技术

随着深空探测、对地观测以及遥感遥测等技术的快速发展，航天器系统内部各个单元之间需要交换的信息量也迅速增加，光纤通信系统具有信号损耗小、传输距离长、抗电磁干扰能力强等特点，在星内通信中发挥着重要作用。各类光纤传感器在航天器中的应用也越来越广泛，可实现航天器健康监测、导航制导、姿态控制等功能。光纤作为重要的传输介质，未来发展的关键技术主要有如下几方面。

（1）超低损耗石英光纤技术

更低的光纤损耗值意味着可以增大传输系统的信噪比及衰减冗余，从而支持更大的跨距和传输距离。超低损耗光纤是通过借鉴海缆纯硅芯光纤工艺，改变G.652光纤的生产工艺而得到的一种新型光纤，该光纤的纤芯采用纯二氧化硅，包层掺氟，最大限度地降低了光纤中的本征衰耗，从而得到比普通光纤更低的损耗值，日本住友电气工业株式会社的超低损耗光纤衰减值在1 566 nm处已降低到0.139 7 dB/km。

（2）石英光纤的细径化技术

光纤通信和光纤传感等光纤系统的潜在需求都是小型化、轻质化、高性能、高可靠。目前石英光纤的性能指标基本满足系统需求，核心问题是在保证可靠性的条件下实现细径化。在光纤陀螺等典型光纤传感器的牵引下，石英保偏光纤已经从早期的125/250 μm发展到今天普遍采用的60/100 μm，质量减小了77%，体积减小了84%，如果进一步将光纤直径缩减到40/80 μm，体积质量都将减小为最初的10%。

（3）光子晶体光纤的低损耗制备技术

光子晶体光纤具有抗辐照、温度稳定性好、非线性系数大等优势，但光子晶体光纤的损耗是限制其发展的瓶颈之一。随着光纤拉制纵向均匀性的提高和高纯SiO_2基质材料的应用，实芯光子晶体光纤的损耗不断降低。目前，日本日立光缆已将实芯PCF在$\lambda=1\ 550$ nm处的损耗降至0.205 dB/km[64]，这标志着实芯光子晶体光纤制造技术逐渐成熟。但空芯光子晶体光纤目前损耗仍然较大，带隙型空芯光纤损耗约为15～30 dB/km，反谐振式空芯光纤损耗约为5～10 dB/km，还有待进一步降低。为了降低光子晶体光纤的损耗，应继续研究光子晶体光纤制造工艺，确保光纤中的空气孔实际分布满足设计要求，还应在制棒及拉丝过程中有效去除OH^-。

1.5 宇航光电子器件技术发展趋势

宇航光电子器件种类繁多，性能各异，每个器件都有各自的发展脉络和发展趋势，在此仅从宇航工程应用的需求出发，从光电子器件技术整体发展的宏观视角总结提炼出各个器件未来发展趋势中呈现出的共同点。

（1）高性能器件技术

光电子器件是光电系统的基础，只有研制出性能优良的光电子器件，才能实现性能良好的光电系统。在光电系统不断追求更高性能的同时，面临着高性能光电系统应该配备何种器件的问题。该问题包括两个层次的含义，首先是光电系统需要什么样的器件，其次是器件能够达到的最佳水平是什么。例如在光纤陀螺中，为了降低光路中的寄生干涉，采用了宽谱光源，使光路噪声明显降低，然而光源的光谱又不能无限宽，这就要研究多大谱宽的光源可以将寄生干涉抑制到最低，而主波的相干度又处于可以接受的范围。光纤中的缺陷问题则属于器件极限性能的典型问题。光纤中的缺陷包括折射率不均匀、形状不均匀、材料不均匀、光纤扭转等，这些缺陷都应尽量避免，然而这些缺陷有没有一个最小极限，为了达到这个最小极限应该做哪些工作均是未来研究中需要回答的问题。

研究接近理论极限性能的光电系统必然要求具有理想化性能的器件。无论是现有器件性能的极限化追求，还是新原理器件的研究都需要一个长期的过程，在不能获得理想性能的器件之前，结合工程特点，选择抗扰动能力强的器件是现实可行的途径。

（2）新材料、新概念器件技术

各种光电系统的发展历程证明，光电子器件技术是支撑光电系统技术发展的基础，光电系统的突破往往以光电子器件的突破为先导。如半导体激光器和低损耗光纤的出现使光通信成为现实并快速推广应用；用超辐射发光二极管（SLD）宽谱光源代替窄谱激光器消除了光纤陀螺的很多误差源，使光纤陀螺迅速进入工程应用阶段；低双折射光纤的出现使光纤电流互感器工程化生产和广泛应用进程大大缩短；红外成像探测系统的发展历程几乎就是一部红外光电材料的发展史。从过去光电系统和光电子器件发展的历史看，新材料、新概念器件技术仍然是未来发展的重要方向，也是光电系统未来不断进步的重要动力源泉。

另外，从系统发展的需求看，在现有器件已经接近其性能极限或进一步提高性能的代价较高时，必须研发新型材料和新型器件来实现器件技术的持续进步。目前第三代半导体材料、基于人工设计微纳结构的超材料、第三代红外探测材料、拓扑光子技术都在快速发展，这些新材料将催生大量的新器件，如量子器件、太赫兹器件、非线性光学器件等新概念、新原理器件，这些基于新材料体系、新设计理念的新型器件将在很多应用领域带来跨越式的进步。

（3）先进光电子器件工艺技术

首先，光电子器件工艺技术标准化是未来发展的主要趋势，也是决定光电子技术未来发展程度的重要因素。光电子器件门类众多，材料体系多样，很难像微电子器件一样形成统一的工艺标准和加工平台，但即使是同一类光电子器件也没有统一的标准工艺和加工平台，各研制单位按自己的工艺生产，不同厂家器件的性能也存在差异，器件之间的可替代性差，在高可靠工程应用领域，新厂家器件的应用验证周期长，成本高。

其次，光电子工艺技术能力有待提升，目前工艺加工能力是限制光电子器件发展的主要困难之一。在芯片加工方面，微纳加工工艺处于“作坊式”研究状态，自动化程度低、加工精度不高、工艺稳定性差、产品良率低。在封装技术方面，国内通过进口器件进行模块组装，通过进口芯片进行低端封装的单位很多，但大多是利用国内低成本优势，从事的是技术含量不高的封装技术。器件的高性能封装技术能力欠缺，如高频器件的封装技术水平不高仍然是限制器件带宽的主要因素，低应力封装技术水平不高是限制器件稳定性和可靠性的主要因素。在工艺控制方面，工艺检测和监测手段欠缺，高端检测设备依赖进口，器件的缺陷难以在早期发现，无法满足宇航应用的高可靠性要求。

（4）多物理场仿真设计技术

目前光电子器件设计仿真软件还不能满足器件设计需求，仿真结果和工程实际偏差较大，导致设计-工艺反复迭代次数多，研制周期长、研发成本高。光电子器件设计的更大困难是多物理场仿真及物理场和物质微观结构相互作用的仿真。目前软件在多物理场耦合方面能力有限，主要是针对单一物理场的仿真，复杂的多场耦合及多场与物质相互作用还没有软件可以提供接近工程实际的仿真结果。而宇航光电子器件在工作原理上涉及多物理场耦合，在工作环境中也涉及多物理场综合作用，因此迫切需要多物理场仿真软件。如铌酸锂调制器的设计应考虑微波传输、光波传输，温度环境中晶体性能的变化、波导传输性能的变化，电磁场作用下材料中电荷的移动特性等，这包含射频电磁场、光频电磁场、静电场、温度场、应力场多物理场耦合以及多物理场与材料微观结构相互作用，实际工作时还会有外应力场、高能粒子场等物理场加入进来。因此，未来需要开发能准确描述多物理场耦合的仿真软件，提高仿真结果的可信度，提高器件设计效率。

（5）集成化技术

航天器对元器件的体积、质量、功耗要求是要做到尽量小，只有单个元器件做到小而轻，在同样空间体积、运载能力下才可以实现更多功能。宇航光电子器件的集成化是实现小体积、低功耗的主要途径。目前应用较多的是集成组装技术，如微光学元件空间光路组装集成技术，光电芯片和集成电路的集成封装技术，该类技术在目前技术条件下的可实现性较强，应用最广泛；不同芯片的混合集成技术也已开始应用，而且该技术进展较快，相信不久的将来会开始大规模应用；单片集成技术受到光电子器件材料体系繁多，各材料生长、加工工艺差异大的影响，还有很多基础性问题难以解决，该技术还有较长的路要走。

（6）可靠性评估及提升技术

宇航光电系统可靠性模型通常为串联模型，且光电子器件往往难以像电子器件那样进行冗余设计，光路任何一个环节发生质量问题，均会导致系统失效，只能通过提高光电子器件自身的固有可靠性来保证系统的可靠性。为了保证使用可靠性，一方面要提高元器件基础研究水平，深入研究各种光电材料在应用环境下的特性，深入研究加工工艺对材料特性的影响，深入研究工艺误差、工艺缺陷对器件性能的影响，深入研究器件失效模式和失效机理，在这些研究的基础上开展器件的可靠性设计优化、工艺技术改进，从而提高器件的本征可靠性。另一方面要通过可靠性试验技术对器件进行筛选和评估，提高器件的使用可靠性。目前可靠性试验的周期长，一次可靠性鉴定需要几个月的时间，时间和经济成本都很高，需要开展基于可靠性试验的可靠性评估及预测技术研究，通过不断积累可靠性试验数据来优化可靠性试验方案、优化可靠性预测模型，逐步提高可靠性试验方案的有效性和可靠性模型的可信度，不断提高预测能力，减少试验量，缩短试验周期，加速器件可靠性提升改进的速度。

第 2 章 宇航应用环境效应及光电子器件可靠性技术

空间环境可引起航天器材料、器件、结构等在轨性能退化甚至失效，是诱发航天器在轨故障的主要因素之一。美国国家地球物理数据中心统计了 1971—1986 年间 39 颗地球静止或准静止轨道卫星的在轨异常，结果表明，在由空间环境引起的卫星故障中，空间辐射环境诱发故障的比例高达 70%[65]。NASA 统计了 1974—1994 年间有记录的由空间环境引起的卫星异常和故障共 114 起，故障分类见表 2-1。北京航空航天大学和北京卫星环境工程研究所统计了我国 2000—2017 年发射的 120 个航天器的 2 593 例在轨故障，其中 50% 由空间环境所致，空间环境导致的故障中 51% 由单粒子效应所致，40% 由充放电效应所致[66]。为了降低在轨故障率，需加强空间环境与效应的研究，将空间环境工程纳入航天器任务设计、轨道选择、结构布局、材料与器件的选择和筛选、航天器在轨故障分析以及空间预报预警等各个环节，以提高航天器的在轨可靠性和寿命。

表 2-1 美国国家航空航天局统计的 1974—1994 年间空间环境引发的卫星故障分类

故障原因	故障数目	比例(%)
等离子体环境	41	36
带电粒子辐射环境	39	34.2
磁暴环境	2	1.8
太阳环境	6	5.3
流星体与碎片环境	11	9.6
中性大气环境	3	2.6
热环境	12	10.5
总计	114	100

航天器从总装完成到飞行任务结束整个生命周期内要经历地面环境、发射环境、空间环境（空间运行环境）和返回环境。狭义的宇航环境指航天器在轨运行环境，通常称为空间环境，即从航天器进入预定轨道到在轨工作期间所经受的各种环境。从环境要素来看，

空间环境包括真空、热、力学、电磁辐射、粒子辐射、微流星、磁场、微重力等环境。根据空间尺度，空间环境可划分为太阳系空间环境、恒星（其他）空间环境以及恒星际空间环境。在地球空间范围内，又可以进一步划分为磁层空间环境、电离层空间环境和中高层大气环境。从目前世界各国航天器工程实践来看，空间环境主要还是指从地球电离层到地球磁层边界的局部空间环境。此外，也有根据航天器运行轨道的不同将空间环境划分为低地球轨道（Low Earth Orbit，LEO）环境、中地球轨道（Medium Earth Orbit，MEO）环境、地球静止轨道（Geostationary Earth Orbit，GEO）环境、极地地球轨道（Polar Earth Orbit，PEO）环境等，这些环境通常是指对应轨道空间所有环境的统称。为了全面描述光电子器件的宇航环境适应性，本书所述宇航环境不仅包括空间环境还包括飞行任务全周期可能经历的相关环境。

2.1　宇航辐射环境及其效应

2.1.1　宇航辐射环境

2.1.1.1　银河宇宙射线

银河宇宙射线（Galactic Cosmic Ray，GCR）是来自太阳系以外的带电粒子，由能量极高、通量很低的带电粒子组成，其中质子占 85%，α 粒子占 14%，重离子占 1%，粒子能量为 $10^2 \sim 10^{14}$ MeV，通量为 2～4 $cm^{-2} \cdot s^{-1}$。在整个行星际空间，银河宇宙射线的分布被认为是相对稳定、各向同性的。

银河宇宙射线在行星际空间中传播时，受到行星际磁场的影响，其时间特性明显受到太阳活动的控制。特别是银河宇宙射线中的低能粒子，受太阳活动的影响最大，银河宇宙射线通量与当年太阳黑子数的关系如图 2-1 所示[67]，从图中可以看出，银河宇宙射线的通量与太阳黑子数呈负相关关系，在太阳黑子数较大时其通量较低，而太阳黑子数较小时通量较大。因此，银河宇宙射线的强度随时间变化受太阳 11 年活动周期的调制，在太阳 11 年活动周期里，1 GeV/u 以上的银河宇宙射线粒子流的能量会有 1～2 倍的变化。在太阳活动峰年，太阳风最强，行星际磁场也最强，此时银河宇宙射线通量被削弱的程度最大；在太阳活动谷年，通量被削弱的程度最小。在地球极区，由于磁力线垂直于地球表面，少数宇宙射线粒子可沿磁力线沉降到磁层内；极区以外，仅少量能量特别高的宇宙射线粒子能穿透地磁场屏蔽进入磁层内；其他绝大部分宇宙射线粒子均被地磁场所屏蔽，不会对地球轨道航天器造成威胁。因此，低地球轨道航天器在通过两极时受到的银河宇宙射线通量最大，在赤道时最小[68]。

2.1.1.2　太阳宇宙射线

太阳会随机喷发大量的高能质子、α 粒子以及一些重离子，称为太阳宇宙射线。最初认为这与太阳耀斑爆发相关，目前认为其与太阳的日冕物质抛射有关。喷射粒子流的主要成分为高能质子，因此这种现象又被称为太阳质子事件（Solar Proton Event，SPE）。大多数 SPE 持续 1～5 天，但也可能持续几个小时或者一个多星期。

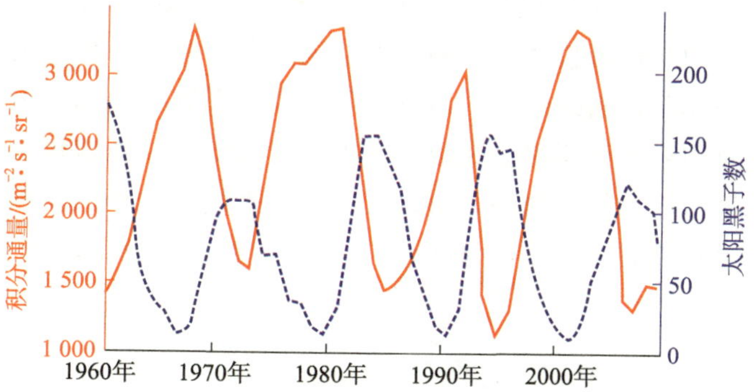

图 2-1　银河宇宙射线和太阳活动的关系

太阳宇宙射线粒子通量比银河宇宙射线一般高一个到几个数量级。太阳宇宙射线粒子能量范围一般从 10 MeV 到几十 GeV。太阳质子事件除产生大量质子外，还伴随少量的重离子。其中氦离子的通量比质子小 2 个数量级，其余低原子序数离子要比质子小 4～7 个数量级。高原子序数离子含量更少，比质子小 8～12 个数量级，总的趋势是重离子含量随原子序数增加而减少。由于太阳耀斑中的重离子含量非常少，其效应一般表现为单粒子效应[68]。

2.1.1.3　地球辐射带

太阳大气外层的日冕温度高达 10^6 K 以上，故日冕气体几乎被充分电离为离子和电子。由于正、负电荷间的平衡，太阳大气整体上呈中性，称为等离子体。日冕气体受到重力和粒子动能（导致压力梯度力）的竞相作用，在日冕低层基本上处于静态平衡。克服重力后日冕大气在压力梯度力作用下向外膨胀。随着日心距 r 的增大，由于下层非辐射能流的不断输入，日冕气体被进一步加热至高温，并在数个太阳半径之外的远处维持粒子的高速度。相反，重力（位能）却随着 r 的增大而急剧减小，势必在某一 r 值之后，粒子动能大于势能，导致日冕气体向外逃逸。这种由于高温日冕气体膨胀而连续不断发射的高速等离子体径向流称为太阳风[67]。

太阳风是由正离子和电子组成的等离子流。太阳风到达近地空间后，与地磁场相互作用，等离子体云不能穿越地磁场而转弯绕行，引起向日面地磁场结构的压缩，对应地磁场突然增强；地磁场在太阳风内形成地磁空腔，即形成所谓的地磁层，如图 2-2 所示[69]。在地磁层空间内的某些区域内，能量粒子的运动受到地磁场的约束，这个区域称为地球辐射带，也称范艾伦（Van Allen）辐射带。在地球辐射带存在着大量的被地磁场俘获的高能带电粒子，电子能量可达数 MeV，质子能量可达数百 MeV。它包括两个环形地带，分别称为内辐射带和外辐射带。内辐射带距地面较近，在赤道面上空的高度范围约为 600～10 000 km，中心位置高度约为 3 000～5 000 km（与粒子能量有关）。内辐射带的纬度范围约为±40°，其主要成分为质子和电子，以及少量的离子。内辐射带下边界高度随地磁场强度而变，在弱场区可低至 200 km，而在强场区可超过 1 000 km。外辐射带的分布范围较大，在赤道面其高度范围约为 10 000～60 000 km，中心位置约为 20 000～25 000 km，纬度约为±（50°～75°），其主要成分为电子。内辐射带的质子能谱受太阳活动影响较小；而外辐射带受太阳活动和地磁扰动的影响很大。太阳宇宙线绝大部分是太阳耀斑爆发的产物，对航天器的损伤作用是断续性的。地球辐射带粒子受到地磁场的约束，长期沿着以地磁偶极场为中心的对称环形面漂移。在数千千米高度轨道上，地球辐射带质子寿命可达若干年以上，对航天器造成持续性损伤，所以了解辐射带能量粒子的特性具有重要意义。内辐射带的主要粒子参数见表 2－2[68]。外辐射带的主要粒子参数见表 2－3[70]。

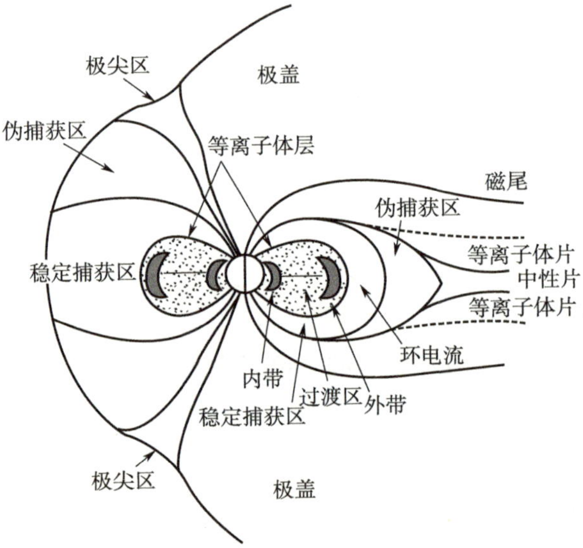

图 2－2　地球辐射带的结构示意图

表 2－2　内辐射带主要参数

粒子类型	能量范围/MeV	最大通量/($cm^{-2}\cdot s^{-1}$)	中心位置高度/km
质子	>4	$>10^6$	～5 000
	>15	$>10^5$	～4 000
	>34	$>10^4$	～3 500
	>50	$>10^3$	～3 000
电子	>0.5	$>10^8$	～3 000

表 2－3　外辐射带主要参数

粒子类型	能量范围/MeV	最大通量/($cm^{-2}\cdot s^{-1}$)	中心位置高度/km
电子	>0.5	$\sim1.0\times10^7$	～23 000
	>1.0	$\sim4.0\times10^6$	～22 000
	>2.0	$\sim7.0\times10^5$	～20 000
	>3.0	$\sim1.0\times10^5$	～15 000
质子	>1.0	$\sim4.0\times10^7$	～12 000
	>2.0	$\sim7.0\times10^6$	～10 000

在南大西洋上空，内辐射带延伸至较低高度，形成异常区（见图 2-3）[71]。一般情况下，磁倾赤道和地理赤道相当接近，但在南大西洋异常区［South Atlantic Anomaly，SAA，其中心在（45°W，30°S）附近］两者偏差为−17.5°，导致在此地区内辐射带接近于地球表面，下边界低至 200 km。在低纬度区的辐射带内地磁场呈弱异常或负异常，从而使其中粒子通量成百倍地增加。在轨道其他地区的质子通量远低于 10 $cm^{-2} \cdot s^{-1}$，而在异常区质子通量从 10 $cm^{-2} \cdot s^{-1}$ 增大至 10^3 $cm^{-2} \cdot s^{-1}$。相反，在东南亚地区地磁发生强异常或正异常的高度在 1 000 km 以上。当航天器飞越南大西洋异常区时，很容易受到辐射损伤而发生故障。在进行航天器轨道选择和防护结构设计时应充分考虑这一因素。

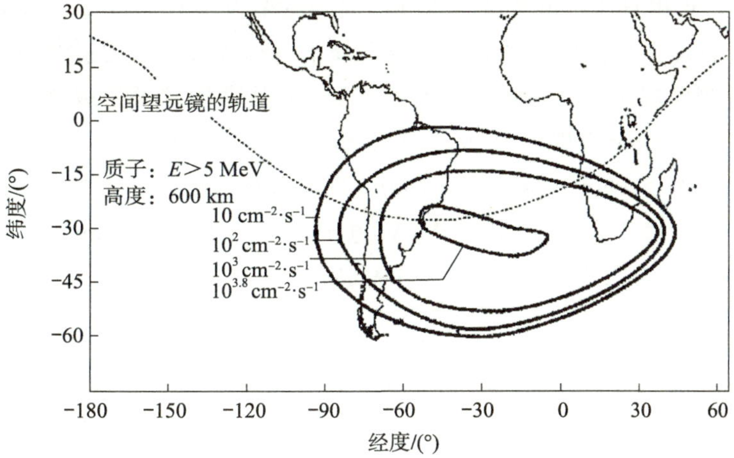

图 2-3　南大西洋异常区

2.1.1.4　月球辐射环境

月球上粒子辐射环境较为复杂，除了银河宇宙射线、太阳粒子事件以外，还有银河宇宙射线或太阳粒子事件与月壤产生的反照辐射，以及天然放射性核素。银河宇宙射线和太阳粒子事件与月壤作用均可能发生反照辐射，产生的次级粒子是月球表面中子最主要的来源，因此中子剂量受银河宇宙射线和太阳质子事件的影响较大。反照中子的能量一般在 1～20 MeV 之间，产生的反照中子会继续与土壤碰撞或衰变而损失能量，因此逸出月球表面的中子既有热中子又有快中子。不同辐射环境反照中子对有效剂量贡献不同，当辐射环境主要是银河宇宙射线时，反照中子对有效剂量的贡献约为 20%。太阳能量粒子（Solar Energetic Particle，SEP）占主导时中子对有效剂量的贡献约为 2%。月球上有天然放射性核素钍系、铀系、钾等，这些核素的衰变是月球上伽马射线的主要来源[72]。

美国克莱门汀号探测器在 30 km 的近月轨道对 0.6～8 MeV 的快中子能谱进行了观测。探测结果表明快中子的通量集中在较低能段，0.6～4.5 MeV 的快中子计数占总计数的 95%，并在 1.5 MeV 附近中子能谱达到峰值。

印度月船 1 号探测器记录了从地球轨道到月球轨道的辐射情况。当距月表 30 800～20 000 km 时对 1～10 MeV 的电子以及 17.5～200 MeV 的质子进行了观测，测得的平均剂量率为 12.76 μGy/h，平均通量为 3.14 / （cm^2 · s）。随着探测器飞行高度变低，由于月球自身对辐射的屏蔽作用，剂量率和粒子通量都显著减小。当运行轨道高度在 92～118 km 时，剂量率和通量都随高度增加而增加，即在 118 km 附近取得最大值，在 92 km 附近取得最小值，此时粒子通量在 1.8～3.0/ （cm^2 · s）之间浮动。

美国月球勘测轨道器对月球轨道电离总剂量以及剂量率进行了监测。在前 333 天，其探测到的电离总剂量只有 12.2 rad [书中将 rad（Si）统一简写为 rad]，比月球勘测轨道器任务预计的值低 2 个数量级（发射前预估值为 4.6 krad），这是由于当时正处于第 24 个太阳活动周上升期，没有强烈的太阳高能粒子事件发生，银河宇宙射线占主导地位。该探测器还进行了剂量率的测量，得出月球轨道高度为 50 km 时剂量率为 9.17～11.25 μGy/h。此外，通过数据分析确定了月球上反照质子的存在，反照质子是初级银河宇宙射线撞击月球产生的。

嫦娥一号探测器观测了月球轨道高度 200 km 处的高能粒子。观测表明，在此高度附近 4～400 MeV 高能质子通量约为 0.0031 $(cm^2 \cdot sr \cdot s \cdot MeV)^{-1}$，13～105 MeV 的 He 通量约为 7.45×10^{-4} $(cm^2 \cdot sr \cdot s \cdot MeV)^{-1}$，117～590 MeV 的 C 通量约为 1.11×10^{-5} $(cm^2 \cdot sr \cdot s \cdot MeV)^{-1}$，0.1～2 MeV 电子通量约为 41.0 $(cm^2 \cdot sr \cdot s \cdot MeV)^{-1}$，>2 MeV 电子通量约为 6.8 $(cm^2 \cdot sr \cdot s \cdot MeV)^{-1}$。

2.1.1.5　宇航轨道辐射环境

空间环境非常复杂，不同位置的辐射环境存在较大差异，但是在某一确定的高度下，其辐射环境处于一个相对稳定的水平，可以根据不同的飞行轨道来大概判断飞行器可能经历的辐射环境。

1）高度低于 500 km 的轨道环境：在低倾角低地球轨道上，主要的辐射环境是南大西洋异常区的地磁捕获带辐射，质子的能量范围为 1～100 MeV，电子的能量低于 5 MeV，注量率范围为 10～1 000/ （cm^2 · s），剂量率范围为 0.01～0.1 rad/min。倾角大于 57°的轨道由于要穿越高纬度地区，银河宇宙辐射和高纬度区捕获辐射的影响增大。南大西洋异常区地磁捕获辐射的影响比低倾角轨道小一些，但由于每日也要穿过南大西洋异常区，所以捕获辐射的剂量也占有较大比重。由于高纬度地区地磁屏蔽减弱，太阳粒子事件对通过该区域的飞行器将产生严重影响，成为飞行器辐射评估需要考虑的一个重要辐射区。

2）高度在 500～7 000 km，8 000～10 000 km 范围内的轨道环境：当飞行轨道倾角低于 60°时，可认为不受太阳粒子事件的影响，只受到少许银河宇宙辐射和地磁捕获辐射的影响。捕获辐射质子的能量范围是 1～1 000 MeV，电子的能量低于 5 MeV，注量率范围 10～1 000/ （cm^2 · s）。在银河宇宙辐射方面，以 0.1 GeV/核子～1 GeV/核子的粒子为主体，宇宙辐射包括质子、α 粒子以及碳、氧、钙、铁等重离子。3 600 km 高度是一个特殊的轨道，此时注量率约为 2×10^4/ （cm^2 · s）。

当飞行器轨道倾角高于 60°时，要考虑太阳粒子事件的影响，主要是高强度电磁辐射和高能带电粒子流，其成分主要是质子。太阳粒子事件质子注量大致为：能量大于 10 MeV 小于 30 MeV 时，注量 $10^{10}/cm^2$；能量大于 30 MeV 时，注量 $10^9/cm^2$。因此，在此范围内可主要看成是注量率小于 10^6/ （cm^2 · s）的太阳粒子事件。不考虑太阳粒子事件时，辐射剂量率在 0.035～0.3 rad/min。

3）高度在 7 000～8 000 km 范围内的轨道环境：此处质子的能量范围是 1～1 000 MeV，电子的能量低于 5 MeV。注量率约为 5×10^{3}/（cm^{2}·s），辐射剂量率在 0.02～0.3 rad/min。

4）高度在 10 000～60 000 km 范围内的轨道环境：可以认为不受到太阳粒子事件的影响，只受到银河宇宙辐射和地磁捕获辐射。捕获辐射电子的能量范围是 1～5 MeV，注量率为 10^{6}～10^{7}/（cm^{2}·s）。宇宙辐射可看成主要是含 0.1～1 GeV/核子的粒子，注量率在 2～4.5/（cm^{2}·s）之间；当考虑太阳粒子事件时注量率增至 10^{6}/（cm^{2}·s），辐射剂量率范围为 0.03～0.5 rad/min。

5）高度高于 60 000 km 的轨道环境：受到的辐射影响主要是宇宙辐射或太阳粒子事件。宇宙辐射可看成主要是 0.1～1 GeV/核子的粒子影响，注量率为 4/（cm^{2}·s）左右，大太阳粒子事件注量率为 10^{9}/（cm^{2}·s），特大太阳粒子事件辐射剂量率可达 0.5 rad/min 以上。

2.1.2　辐射效应

辐射对材料和器件造成的损伤效应从作用时间上看可分为长期效应和瞬态效应。长期效应指造成材料或器件性能发生长期改变，瞬态效应是指材料或器件在短时间内发生改变，但这种改变会很快恢复。从辐射粒子和物质发生相互作用的微观机理上看，主要是电离效应和位移效应。电离效应是指光子或带电粒子通过物质时和物质原子发生能量的全部或部分交换，物质原子获得能量后发生电离，产生带负电的电子和带正电的空穴。如果辐射粒子能量较高，和物质原子发生碰撞时，原子发生位移，则产生复合中心、陷阱或散射中心，这就是位移效应。不同粒子辐射发生的辐射效应不同，同种粒子辐射也会发生多种辐射效应，各种粒子的辐射效应如图 2-4 所示。

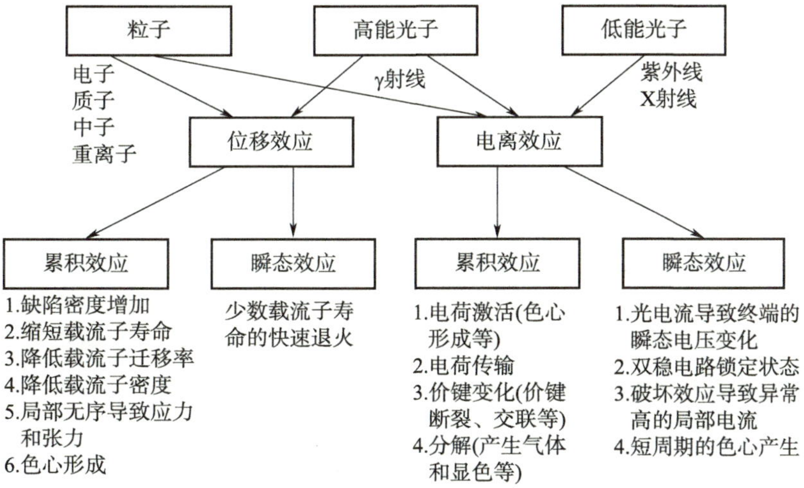

图 2-4　辐射粒子和辐射效应关系图

2.1.2.1 电离辐射效应

电离辐射效应根据光子能量和物质原子序数的不同可分为三种效应：1）当入射光子能量较低（$h\nu<1$ MeV）且原子序数较高时，主要发生光电效应，光子能量全部被被撞原子吸收而释放一个电子，释放的光电子能量为$h\nu-E_B$，E_B为该电子的结合能，如图2-5所示。光电效应随被撞原子的原子序数增加而增加，并随入射光子能量$h\nu$的增加而迅速减小。对于半导体的情形，束缚的价带电子被发射至带隙上面的导带，留下一个自由空穴，最终结果是产生一个自由电子空穴对。2）当光子能量较高（1.02 MeV以上）且原子序数高时，主要发生电子对效应，入射光子被高原子序数材料完全吸收，产生正负电子对，如图2-6所示。对于能量大于20 MeV的更高能量的入射光子，正负电子对的产生变得重要。3）当能量处于中间状态（100 keV到几MeV）且原子序数较低时，主要发生康普顿散射效应，此时，入射光子能量不被完全吸收，它与被撞原子的碰撞使部分能量被束缚电子吸收，从而产生一个自由的康普顿电子，入射光子本身成为能量较低的光子继续在材料中行进，如图2-7所示。如果此光子能量仍超过阈值，它可以再次被吸收产生一个二次电子空穴对[73]。

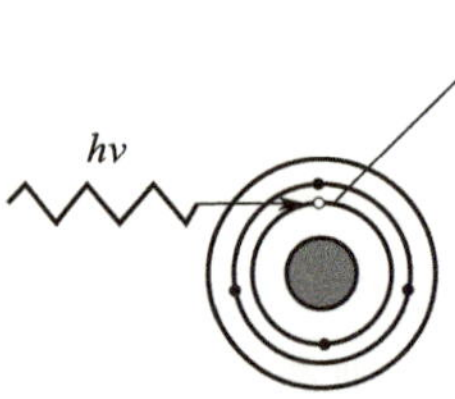

图2-5 光电效应示意图

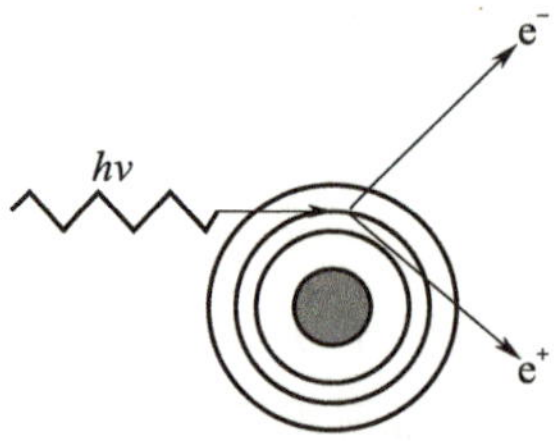

图2-6 电子对效应示意图

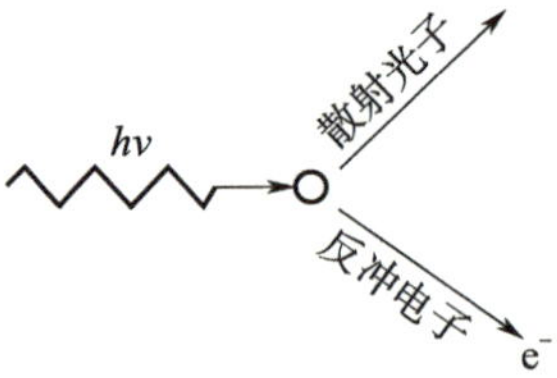

图2-7 康普顿散射效应示意图

2.1.2.2 位移损伤效应

如果辐射粒子的能量足够高，在和物质原子发生碰撞时，原子获得的能量足以使它脱离晶格的束缚，离开原来的晶格位置，形成一个空位和一个间隙原子（见图2-8）。对于较高能量及质量的辐射粒子发生位移效应的概率较高，原则上高能光子不能直接产生位移效应。但是对于平均电离能$E_{eh}>170$ keV的背散射康普顿电子，可以在半导体晶格中形成它们自己的级联损伤。另一方面辐射粒子只有一部分（<0.1%）沉积的能量产生位移，同时产生各种其他相互作用：离子的库仑-卢瑟福（Coulomb-Rutherford）型及弹性核相互作用。

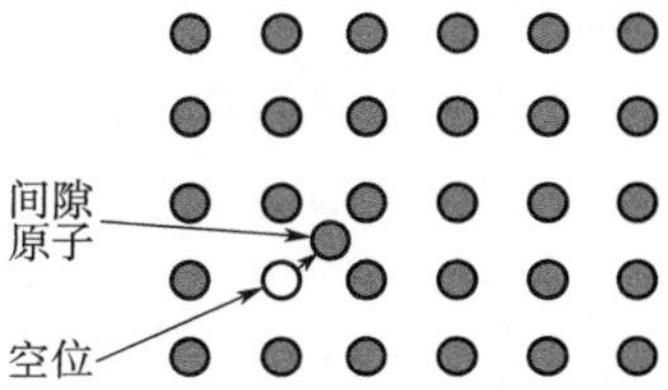

图 2-8　位移效应示意图

位移效应产生的晶格缺陷包括原子空位和间隙原子。通常原子空位与间隙原子成对出现，这就是弗伦克尔（Frenkel）缺陷对。两个相邻的空位形成的缺陷称为双空位。当空位间隙原子与其他杂质原子相邻时，可以产生其他类型的缺陷，这些缺陷称为缺陷杂质复合物。

在一种极端情况下，由辐射引起的缺陷离得很远，这种缺陷称为点缺陷或分离缺陷。例如具有 1 MeV 能量的电子和光子入射到固体材料里可以产生这种缺陷。在另外一种极端情况下，产生的缺陷离得很近，形成局部区域的混乱，这种缺陷称为缺陷群或混乱区域。一般情况下，入射的能量粒子既可以产生点缺陷也可以产生群缺陷。

一旦由于辐射产生缺陷，这些缺陷将会重新排序形成更加稳定的结构。例如，硅中的空位是不稳定的缺陷，在室温条件下是容易移动的，当空位产生后，它们在晶格中移动形成更加稳定的缺陷，如双空位和空位杂质复合物。这些缺陷影响半导体材料及其器件特性的效力主要依赖于具体缺陷的属性和在给定温度下缺陷形成后的时间。缺陷的重新排序也依赖于温度（热退火）和多数载流子的密度（注入退火）。缺陷的重新排序通常称为退火，这意味着损伤的数量和损伤的效力会被降低。一般情况下，随着时间的延续和温度的增高，缺陷的重新排序形成更加稳定的结构。

一般情况下，任何晶格周期性的扰动都可能在能带中产生新能级。辐射产生的缺陷同样形成新的能级，而且这些缺陷状态和中心对于半导体材料及其器件的电特性和光特性产生重要的影响。辐射引起的缺陷在带隙中会引起以下各种效应。

（1）热激发穿过禁带中间能级的电子空穴对的产生

这个过程可以视为价带电子到缺陷中心的热激发和随后的电子到导带的激发，因此产生了自由的电子空穴对。此过程可以视为该中心的空穴发射，随后电子发射。只有这些在能带之间的能级中心产生载流子；当能级位置在能带之间移动时，产生率按照指数下降。另外，只有当自由载流子密度比它的热平衡值低时，发射过程相对于俘获过程在缺陷能级占主导地位。因此，电子空穴对的产生在器件的耗尽区是很重要的，这些电子空穴对穿过能带之间由辐射引起的缺陷中心，这些中心的产生增加了热产生率，这也是泄漏电流增加的机制。

（2）电子空穴对的复合

辐射会引入新的缺陷中心，从而引起复合寿命缩短。一种自由载流子在缺陷中心被首先俘获，随后俘获异号载流子。与产生过程正相反，复合消除了电子空穴对。一般情况下，复合率依赖于缺陷中心密度、自由载流子密度、电子和空穴的俘获截面及能级位置。

(3) 典型浅能级中的载流子临时俘获

在这个过程中，一个载流子在缺陷中心被俘获，并且之后被释放，没有发生复合。一般情况下，多数载流子和少数载流子的俘获都会发生。辐射引起的陷阱在电荷耦合器件中降低了转移过程的效率。

(4) 由辐射引起中心的施主或受主的补偿

例如在 n 型材料中，位于深处的由辐射引起的受主补偿了来自施主的自由电子，减少了平衡多数载流子密度，这种载流子移除的过程将会引起器件和电路属性的改变。

(5) 通过缺陷能级势垒的载流子隧穿

这种由缺陷引起的隧穿过程能够在特定的情况下引起器件电流的增加。

(6) 辐射引起的缺陷作为散射中心并且引起载流子迁移率下降

载流子迁移率下降将会增加电离杂质的密度。与此类似，由辐射引起的电荷缺陷的产生也会引起迁移率下降。因为电离杂质散射相对于晶格散射占主要作用，所以在温度高于 300 K 时，这个效应会更加剧烈。

(7) 由于位移损伤诱发的载流子移除产生的类型转换

在体锗半导体材料中，受主的产生引起 n 型材料的电阻率增加，这将会导致最终转换为 p 型材料。

(8) 提高载流子热产生的有效性

当缺陷位于包含高电场区域时发生这种效应，该效应的产生机制是缺陷减少了载流子热产生的障碍。

2.2 真空、热环境及其效应

空间真空热环境诱发航天产品故障的机理非常复杂，除了温度过高、过低导致的损坏外，还包括真空放电、微放电（二次电子倍增效应）、性能退化、热疲劳失效、热应力断裂失效等。真空放电主要包括电弧、电晕等放电形式，稀薄气体被带电粒子碰撞、电离，最终击穿导致器件损坏；微放电是一种主要发生在微波器件金属表面上的真空谐振放电现象，可以产生严重的信号失调、噪声甚至失效；性能退化主要指半导体内部的固有缺陷在温度应力的影响下加速失效的过程；热疲劳失效主要指低周疲劳损伤，热膨胀系数不同的材料被多次热循环逐渐拉扯而导致的损坏，是焊点失效的主要形式之一；热应力断裂失效是由结构中不同材料之间热膨胀系数不同或存在大的热梯度造成热位移引起的，一般存在制造缺陷或设计缺陷时才会发生，主要发生在脆性材料、黏合层和复合材料上，属于一种典型的薄弱环节失效。

2.2.1 大气热环境

大气热环境是 LEO 和 PEO 高度的重要环境，对于其他轨道，气体密度太低，可以认为是真空环境。图 2-9 显示了大气温度随高度的典型分布。基于温度或组成的分布剖面或在该区域中起重要作用的物理过程，可将大气划分为几个特征区域或球层。与 LEO 和 PEO 航天器运行特别相关的是热层，它始于 85 km 高度，终于 1 000 km 高度。热层的特点是温度随着高度增加稳定上升，其实际结构十分依赖于太阳活动水平。在热层之上是外逸层，其温度较为恒定[73]。

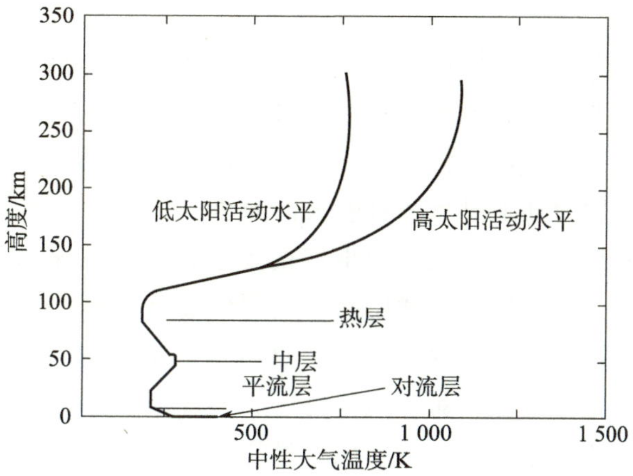

图 2-9　大气温度随高度的变化

对于大多数实际应用而言，LEO 和 PEO 高度的大气主要由原子氧组成（对于低外逸层温度，原子氢偶尔可以成为 500 km 以上的主导成分），并伴有少量的分子氧、分子氮和原子氢。这些成分的温度随高度增加大约呈指数变化，从 100 km 处的 100 K 到 1 000 km 处的 500～1 500 K，取决于太阳活动周期、纬度和地方时，在高水平地磁活动时可以升至 2 000 K。

2.2.2　热真空环境

在真空下，不存在空气的导热、对流，散热更为困难。在真空环境中除了辐射主要的传热方式是接触传热，它发生在两个相互接触的表面之间。真实表面粗糙度制约着两个表面间的接触状况，从微观上看，两个表面间只有一些点或局部区域接触。在大气环境中，缝隙间空气的导热会起到增大接触导热的作用；在真空下，对于大热耗组件通常需要增加导热填料以增强换热。同时，真空环境也具备优异的保温效果，航天器上使用镀铝膜、多层隔热组件等辐射隔绝方法可以获得更优异的隔热效果。

2.2.3　冷黑背景

当不考虑太阳及其附近行星的辐射时，太空背景辐射能量是很小的，而且在各个方向上是等值的，约为 5×10^{-6} W/m^2，相当于温度为 3 K 的绝对黑体辐射出的能量，所以宇宙空间的低温有时也用“冷”来表述。在空间飞行的卫星与星球相比，其相对尺寸太小，而且卫星到行星和星球的距离很大，所以从卫星表面发出的辐射能量不会再返回卫星，即宇宙空间吸收了卫星表面发出的所有辐射能，这类似于吸收系数等于 1 的绝对黑体的光学性质。这就是宇宙空间黑背景的含义，有时也简单用“黑”来表述。卫星上可伸缩性的活动机构，如太阳帆板、天线等，由于冷黑环境效应使展开机构卡死，影响其伸展性能；卫星上某些有机材料在冷黑环境下会老化和变脆，影响材料的性能[68]。

2.2.4 空间外热流

对于地球轨道航天器，空间外热流主要包括太阳辐射、地球红外辐射及反照。对于空间探测器，根据情况还要考虑其他行星的热辐射及反照。太阳在波长 0.3～2.5 μm 范围内的热辐射相当于 60 000 K 黑体辐射，这一辐射直接对航天器辐射加热，是航天器在轨飞行遇到的最大外热流，同时还通过反照对航天器加热。

反照是指地球、月球及行星对太阳辐射能的反射。由于地球-大气对不同波段的吸收性质不一样，反射的成分也不同，地球反照的光谱分布很复杂，在航天器热计算中一般仍采用太阳光谱分布，并假定为漫反射，遵从兰贝特（Lambert）定律。地球反照率是航天器热平衡计算中的一个重要参数，对于地球轨道航天器，目前一般取为 0.30～0.35。对于深空探测环绕器等，计算中还应当考虑其他行星的反照率。

地球、月球及行星表面吸收太阳能后转化成热能，又以长波的方式辐射到空间，称这部分辐射能为地球、月球及行星红外辐射。由于地球本身的热惯性和航天器在轨周期的热惯性，地球红外辐射的变化很小，在计算中可将地球简化为 250 K 左右绝对黑体辐射进行计算，月球可简化为白天最高约 390 K、黑夜最低约 105 K 的黑体。

空间外热流会直接影响航天器的在轨热控制情况，在地面进行热平衡设计时应综合考虑各种外热流的影响[68]。

2.2.5 真空紫外辐射效应

在轨飞行的航天器暴露在太阳紫外辐射总能量的作用之下。紫外光的波长较短，紫外光子的能量较高，单个真空紫外辐射光子的能量足以打断多种有机物的化学键，许多有机材料在经历太阳紫外辐射暴露后性能发生很大变化。航天器在轨飞行时，很难将紫外辐射损伤与其他损伤机制加以区分。实验室测试证实，通常航天器在轨服役寿命期内，许多材料的太阳吸收比值将经历 0.01 数量级或更大的变化[68]。

2.2.6 真空放气效应

航天器在发射或者在轨运行过程中，可能受到材料出气过程的污染。除了纯度极高的材料，一般材料都含有一定量的挥发性组分，存在于材料表面或分散于材料体内。这些挥发性物质可能源于不适当的催（固）化剂/树脂比例，或者不适当的固化工艺等。在高真空环境下，一旦材料表面的电吸附作用得以消除，出气分子将脱离材料表面沿弹道轨迹逃逸并撞击其他表面。沉积污染的元过程一般每次只涉及一个气体分子，故称为分子污染（Molecular contamination）。如果出气分子沉积到热控涂层或敏感光学器件的表面上，将引起严重的退化效应。

实验数据表明，材料的真空放气过程随时间呈指数变化，或与时间无关。这取决于出气过程的机制，涉及脱附、扩散和分解。脱附是由物理或化学作用而吸附的表面分子的释放过程。扩散源于热运动的均匀化过程。当具有足够的热能时，材料内部的气体分子可扩散至表面并蒸发到周围的局域环境内。分解涉及化学反应过程，是使化合物分解成两个或更多的单质。分解形成的单质分子可通过脱附或扩散而出气。上述的每一个过程都取决于多种因素，如激活能（表面分子键合能大小的量度）和温度（热量或动能大小的量度）。每一过程都由特定的激活能范围决定，并遵从不同的时间依赖关系。脱附和扩散过程对能量的要求较低，成为出气过程的主要机制。一般脱附有利于从材料表面清除污染层，通常只涉及很小的总质量损失；而扩散机制能够导致有机材料分子逸出，涉及有机物的总质量，可能引起较大的总质量损失[67]。

2.3　力学环境及其效应

航天器从研制、发射、在轨运行直到任务结束各阶段所经受的力学环境差异明显。不同的航天器研制流程或任务所受力学环境的种类和特性也会存在一定的差别，如不同的运输方式（汽车、火车、轮船和飞机）使航天器承受不同的运输环境、返回式卫星因其返回地面须比非返回式卫星多承受一类返回气动力/热环境和着陆冲击环境等。总之，航天器力学环境试验设计和分析应覆盖航天器从制造到任务终止整个寿命周期，不可忽略任何一个环节，否则可能导致部组件的失效甚至整个任务的失败。

航天器力学环境按照频率范围大致可分为准静态加速度环境、类周期振动环境、瞬态环境（低频瞬态环境和高频瞬态环境）、随机振动环境和噪声环境等[68]。

（1）准静态加速度环境

火箭发动机或航天器发动机稳定工作时，产生的推力将使飞行速度或飞行姿态发生变化，此时所产生的线加速度或角加速度变化缓慢，接近于稳态，因此称为准静态加速度环境。整个火箭飞行过程中最大纵向加速度一般出现在一子级发动机工作结束前，有助推器的火箭出现在助推器分离前，二子级和三子级发动机工作产生的加速度相对较小。

（2）类周期振动环境

运载火箭或者航天器上周期性振源产生的振动环境称为类周期振动环境。这类振动源多为运动部件，比如动量轮、太阳帆板驱动组件等。由于各类运动部件的速率并不相同，其影响也应逐一分析。特别是当某些运动部件的频率与结构的某阶谐振频率比较接近时，可能引起局部响应的放大，应在设计阶段予以避免。

（3）瞬态环境

能使运载火箭或航天器的运动状态产生突然变化的激励称作瞬态环境。除发射过程中各种飞行事件可产生瞬态环境外，着陆、展开锁定、地面运输、装卸也可以产生这种瞬态环境。瞬态环境只有几秒钟或毫秒级的时间历程，一般比结构系统的自然振动的衰减时间短。瞬态环境可分为低频瞬态环境和高频瞬态环境。

1）低频瞬态环境。低频瞬态环境的频率范围一般介于 0～100 Hz，主要由火箭发动机点火、关机、级间分离等事件造成。另外，在地面运输、装卸时以及返回航天器返回制动、开伞、着陆等事件也会产生低频瞬态环境。通常，针对发射过程中航天器经受的最严重的几个特征状态（如起飞、最大动压、助推级分离前、助推级分离后、一二级分离前、一二级分离后），需要将运载火箭和航天器组合在一起开展动态耦合载荷分析，也称星箭耦合分析，对瞬态环境时间历程进行冲击响应谱分析计算，作为制定航天器正弦振动试验条件的依据。

2）高频瞬态环境。高频瞬态环境的频带很宽，其频率上限可达 100 kHz 以上，主要是指运载火箭或航天器上的火工品装置工作时产生的爆炸冲击环境以及微流星体/空间碎片超高速撞击引起的动力学环境等。与低速的机械冲击不同，高频瞬态环境主要影响近场区域，并在冲击源附近结构响应的加速度时间历程中呈现高过载值衰减型振荡，且持续时间极短，然后以应力波的形式在结构中传播。在结构传播的响应近似于大量复杂衰减正弦波的叠加，响应加速度幅值随着与冲击源距离增加而迅速衰减，并在十几毫秒内衰减到最大响应的百分之几。高频瞬态环境的时间历程十分复杂，针对系统级分离、解锁冲击试验，往往采用真实的电爆装置记录加速度时间历程，然后在 100～10 000 Hz 频率范围内采用 1/6 倍频程或更小的频率间隔进行响应谱分析，作为制定航天器部件级冲击谱试验条件的依据。

（4）随机振动环境

运载火箭和航天器承受的主要随机振动环境来自发射段，特别是火箭发动机燃烧不稳定产生的推力脉动。大型液体火箭发动机的推力脉动值为推力的 1%～2%，固体发动机的推力脉动值比液体发动机要大。推力脉动通过箭体结构向上传递，最终通过星箭对接面传给航天器。一级液体火箭发动机通过箭体结构传递时，能量逐渐损失，尤其高频部分，由于循环次数多，能量损失也多，推力脉动传递到安装在整流罩内的卫星时只剩下很少的能量，一般 400～500 Hz 以上的推力脉动就已经很弱。实际上，箭体结构本身起到了滤波作用。二级和三级发动机工作也会产生推力脉动，此时由于脉动源距卫星越来越近，随机振动的影响也越来越显著。此外，航天器的随机振动环境很大一部分源于从整流罩传递过来的声振环境。这两种随机振动环境综合在一起可作为制定随机振动条件的依据，通常频率范围为 20～2 000 Hz，以随机加速度谱密度的形式表征。

（5）噪声环境

航天器发射过程中的遥测数据表明，运载火箭起飞和最大动压飞行阶段出现相当高的振动峰值，是由火箭发动机排气噪声和飞行气动噪声引起的。噪声环境由两条途径作用在航天器上：一条是通过整流罩内的声场直接作用在航天器表面，另一条则通过星箭对接面传递。这种通过空气途径和机械途径传递给航天器的振动能量是航天器产生随机振动的主要原因。噪声的频率范围一般集中在 20～10 000 Hz，通常用 1/3 倍频程或倍频程的分贝谱来描述。

根据星箭力学环境的时频特征进行分类，见表 2-4。

表 2－4　宇航力学环境分类

力学环境种类	相关事件
准静态加速度	总装、火箭飞行、卫星轨控、卫星姿控等
类周期振动	运输、纵向耦合振动、微振动等
瞬态振动	运输、火箭起飞、助推器分离、整流罩分离、发动机开/关机、级间分离、星箭分离、火工品工作、在轨操作、着陆、微流星体/空间碎片撞击等
随机振动	运输、发动机工作、贮箱液体晃动、微振动
噪声	火箭起飞、气动噪声、返回/进入

2.4　其他环境及其效应

2.4.1　中性大气环境

地球大气随着高度的增加越来越稀薄，其压力也越来越低，而在 200～700 km 高度上，气体总压力为 10^{-5}～10^{-7} Pa，环境组分有 N_2、O_2、Ar、He、原子氢（H）及原子氧（O）等，其中绝大部分为原子氧。空气中的氧气在太阳紫外辐射的作用下形成的原子氧，是低地球轨道影响航天器的主要环境因素之一。

尽管在 LEO 上中性气体成分非常稀薄，但对地球轨道上以 8 km/s 高速运行的航天器仍会造成重大影响，气体原子对航天器的撞击会增加气动阻力，气体原子与航天器相互作用还会产生辉光效应，对光学载荷的功能可能造成影响。而气体中残存的原子氧也会对航天器表面材料产生剥蚀和腐蚀效应，造成材料性能退化等。

2.4.1.1　辉光效应

1983 年，美国 STS－3 航天飞机在飞行中第一次目睹了辉光现象，即航天器在接近外表面处发生光辐射现象。辉光发生在航天器速度方向表面，颜色为橙红色，峰值波长约 700 nm。辉光分布在航天飞机表面约 10 cm 厚度，并向运动相反方向延伸了 3 m 左右。

航天器辉光现象的物理机制比较复杂。这种可见辉光现象的最可能原因是轨道上原子氧与吸附在航天飞机表面的 NO 高速撞击，形成激励态的 NO_2^*，NO_2^* 从航天飞机表面解吸附时，将激励能转换成光子，恢复为基态的 NO_2。

辉光现象会对航天器光学有效载荷的遥感观测造成较大的影响。为了减小辉光现象的影响，可在航天器外表面使用不易产生辉光的材料。但实际上仅通过选择材料来解决辉光现象比较困难，因为不易产生辉光的材料更容易受到原子氧的攻击，反之亦然。对于 LEO 航天器，通常将遥感设备的方向调整到指向尾迹方向，或允许在出现辉光现象时降低图像质量。

2.4.1.2　原子氧剥蚀效应

大量空间飞行试验及地面模拟试验的结果表明，原子氧对航天器表面的高温氧化、高速撞击会使大部分有机材料严重剥蚀，产生质量损失，使光学、热学、电学及力学参数退化，造成结构性材料强度下降、功能性材料性能变差。原子氧氧化剥蚀过程还会造成航天器敏感表面的污染。原子氧造成航天器表面的退化程度与表面接受的原子氧束流通量成正比，同时与材料的原子氧反应系数有关[68]。

（1）原子氧对聚合物材料的作用效应

绝大部分聚合物材料对原子氧效应都很敏感。聚酰亚胺（Kapton）是一种航天器常用有机高聚物薄膜，被广泛用在空间站的电力系统上。Kapton 膜单面或双面暴露在原子氧环境中，表面剥蚀严重，如果不加保护，在几个月至 1 年时间内就会完全消失，危及航天器供电系统。Kapton 试样在原子氧暴露试验前，表面平滑没有缺陷，外观呈浅棕黄色、透明。经原子氧辐照 13 h 后，Kapton 试样表面发生了明显的变化：透明度变差，颜色加深至褐色，且表面变得粗糙，凸凹不平，呈现出“地毯”状形貌。

（2）原子氧对金属材料的作用效应

大部分金属暴露在原子氧后会生成致密的金属氧化膜，这层金属氧化膜具有很强的原子氧防护性能，会阻止原子氧与下面金属层的进一步氧化反应。

对原子氧比较敏感的金属有银、锇。锇暴露于原子氧环境后生成挥发性的四氧化锇气体，使新鲜的锇表面不断暴露出来，继续与原子氧发生作用。银与原子氧作用后生成疏松的氧化银层，受轨道高速原子氧粒子流冲击后，原子氧会穿透疏松的氧化银层进入银基底，与下面的银继续反应。氧化银层在高速原子氧粒子流的冲击下还可能剥落，使下面的银表面裸露出来。

（3）原子氧对热控材料的作用效应

热控材料是航天器重要的表面功能性材料。热控材料有热控漆、多层隔热材料、二次表面镜、铝光亮阳极氧化等多种类型，每类材料又有很多品种和牌号。

热控漆由黏结剂和颜料粒子混合而成，由于不同漆的黏结剂及颜料粒子的种类和比例不同，其在原子氧环境下的变化也有差别。热控漆在原子氧环境下会出现质量损失，其太阳吸收率可能增加，导致热控设计出现偏差。

柔性二次表面镜、镀铝聚酰亚胺、Beta 布等热控材料在原子氧环境作用下，出现厚度损失、表面粗糙度值增加、漫反射系数变大、太阳吸收率增加等现象，原子氧剥蚀还可能导致二次表面镜的铝镀层或银镀层与基底材料剥离，造成镜面反射率消失等现象。

铝光亮阳极氧化类材料在原子氧环境中的稳定性比较好，暴露于原子氧环境后太阳吸收率不变或略有增加。

（4）原子氧对润滑材料的作用效应

空间润滑材料通常有油、油脂、固体润滑膜等。油、油脂暴露于原子氧环境后会发生氧化，碳、氢等成分与氧反应生成挥发性气体，使润滑材料结构成分发生变化，润滑性能下降甚至失效。通常，结构设计时应考虑润滑面的密封性，避免油、油脂直接与空间环境发生作用。二硫化钼是空间常用的固体润滑膜，其与原子氧环境作用后会生成氧化钼，摩擦系数变大，润滑性能变差。因此，固体润滑膜的结构设计也应避免润滑面受到原子氧的作用。

(5) 原子氧对密封材料的作用效应

密封结构通常有密封圈、橡胶板、垫圈、对接机构的密封表面等，材料一般有橡胶、金属、聚合物等。原子氧对密封面的剥蚀程度主要由密封材料的性能决定。一般密封面与原子氧不接触或接触部分很少，通常不会对密封材料造成严重损伤。载人航天器及空间站的密封对接面可能暴露在原子氧环境中，因此需对密封材料和密封结构的原子氧环境适应性进行分析和试验验证。

(6) 原子氧对陶瓷材料的作用效应

银、铝太阳反射器面为了避免空间环境的损伤，通常覆盖一层透明玻璃态陶瓷材料，如一氧化硅、二氧化硅、氟化镁等。这些材料表现出优异的抗原子氧性能，原子氧反应系数比聚合物低 3 个数量级以上。

2.4.1.3　污染效应

污染是外来物质对空间系统及其运行产生不利影响的一系列过程。污染物定义为在航天器表面或其前方的任何外来物质。污染物可以是分子排出物，也可以是固体或液体颗粒。虽然有时很难明确区分气态和颗粒状表面污染物（如霜和水蒸气），但可以认为气态污染物是由空间材料排放出来的，或者在航天器表面冷凝出来的单个中性原子、分子或离子。气体污染物可通过在光学表面冷凝或吸收表面通过的光而降低系统性能。通常，用于航天器结构的材料既能吸附也能释放挥发性成分。低气压环境大幅加剧了这些出气污染物在航天器不同表面间的转移。

推进系统和姿态控制系统是污染物的重要来源。特别是，尽管羽流中的微粒被限制在羽流核心的狭窄区域内，但一些气体仍可能从喷嘴出口平面向前流动，并撞击暴露的表面。以推进系统产生的污染物为例，固体火箭发动机排放 Al_2O_3 颗粒和气态 HCl、H_2O、CO、CO_2、N_2、H_2 等；双推进剂发动机排放硝酸肼、H_2O、CO_2、N_2O、N_2O_4、NO_2、NO、CO、CH_4 和 H_2；单推进剂发动机产生 N_2H_4、NH_3、N_2、H_2、O_2 和 $C_6H_5NH_2$。

除了推进系统外，像航天飞机这样的航天器还会周期性地释放水，导致水蒸气和冰粒子在局部高度集中，以及气体不断从高压舱泄漏。航天飞机上的测量结果表明，水的出气速率在 0.2～0.5 g/s，快速蒸发系统可以释放高达 10 g/s 的水。

污染可能出现在航天任务的所有阶段：地面段（航天器制造、组装及与运载火箭对接时），发射段和入轨段（在轨早期、长期任务期间或在轨后期），以及航天器返回系统的恢复期。与这些阶段相关的污染过程同样复杂：颗粒污染，气体污染引起的航天器充电效应，以及航天器辉光和表面侵蚀。这些过程可以通过降低分辨率、光的透过率、热控性能和表面电导率而显著降低暴露在空间环境中的系统的性能，这些又反过来会缩短任务寿命和降低数据质量。例如，如果决定应用天基激光系统，那么光学表面的微小、长期变化，可能会导致系统灾难性的后果。热控表面吸收率的微小变化将降低其热控有效性，并最终导致热控系统乃至整个航天器失效。因此，随着航天器对环境影响越来越敏感，污染的不利影响将会越来越严重。

分子污染物将在不同程度上降低光学系统的性能。热控表面和光学元件对污染物特别敏感。凝结在光学表面上的分子污染物会根据波长和污染物性质吸收和散射入射光，从而降低光学系统的信噪比。一般来说，污染物的吸收系数在紫外波段最高，在可见光波段最低，在红外波段中等[73]。

2.4.2 等离子体环境

宇宙中的物质，99%以等离子体状态存在，等离子体物质广泛地存在于宇宙空间之中。太阳是距离人类生存空间最近的空间等离子体源，太阳本身就是一个高温等离子体火球。当出现色球爆炸时，太阳将发射出强大的由质子和电子组成的等离子体云，以太阳风的形式向周围空间运动，当太阳风等离子体运动到地球磁场附近时，其与地球磁场相互作用形成了地球周围的磁层。在磁层里充满了各种能量的等离子体，大部分航天器在这个区域里活动。

根据人类目前航天活动的空间范围，等离子环境通常特指日地空间内的等离子体环境，一般是能量低于 100 keV 的等离子体，其主要成分为电子和质子，并含有少量其他正离子，如 α 粒子、氧离子等。空间等离子体环境按照离地球由近到远依次为电离层等离子体环境、磁层等离子体环境、太阳风等离子体环境。

空间等离子体环境可以影响任何轨道上的航天器。在地球附近，等离子体是冷而稠密的，但是随着离地球越来越远，等离子体密度显著下降。然而，尽管其密度下降，等离子体的平均能量一直到 GEO 都在不断增加，最终过渡到磁层外的太阳风等离子体。

等离子体环境对航天器或载荷具有复杂的、破坏性的影响。主要的等离子体效应来自航天器表面电荷的缓慢积累，这种源自周围等离子体环境的表面电荷积累，即所谓的表面充电，会产生由航天器表面延伸至空间的静电场并导致一些不利的影响：

1）发生表面电弧放电引起表面损伤；还会在电子学系统中产生电磁干扰，引起感应电流；产生光辐射；提高放电局部的等离子体密度；

2）加重航天器表面污染，进而导致表面材料热学及光学性能的改变；

3）引起航天器地电位的移动，进而引发空间带电粒子探测器的相关问题；

4）在航天器部件和材料上形成库仑力，以及改变航天器的阻力系数和电磁力矩。

除上述问题外，还有一些不太明显的效应。对于载人航天器来说，特别关注的是两个交会的航天器（航天飞机与空间站，或舱外活动的航天员与航天飞机）之间不等量充电会导致彼此之间产生破坏性的电流，这会引起电弧放电、电路烧毁以及其他安全事故。从航天器表面持续流出或流入的电流会造成航天器电功率泄漏。当航天器周围存在一个大的人工等离子体时，它可以严重改变航天器的结构地，使航天器表面放电，干扰航天器的通信收发链路。

电荷向航天器表面的加速运动也是值得关注的。具有较高能量的离子与航天器表面碰撞可引起与退化有关的表面化学反应，或者表面溅射以及污染，而电子与航天器表面碰撞则可以增强电子发射以及中性气体从表面脱附。

低轨航天器尾迹区的等离子体使其很容易被探测到。此外，航天器周围发射或产生的等离子体可以改变或增强其在远场探测器中的识别特性。航天器周围的等离子体云也可以成为电磁波或静电波的源。虽然这些波可以对星上电子系统产生干扰，但它们与周围环境的相互作用也会揭示大量关于周围介质的物理信息[73]。

2.4.3　微流星体环境

微流星体通常是指发源于彗星和小行星带，并在空间高速运动的固态粒子。微流星体可分为偶发性微流星体和群发性微流星体两类。偶发性微流星体是独立出现的，时间和方向没有明显的规律性，彼此间没有关系，约占微流星体总数的 75%。群发性微流星体是由彗星所引起的成群出现的微流星体，约占微流星体总数的 25%。群发性微流星体包括近彗星微流星体和远彗星微流星体。当母彗星运行到近日点时发生的微流星体，称为近彗星微流星体，其他阶段发生的微流星体称为远彗星微流星体。

每个流星体群（包含微流星体）内流星体的运动速度、方向大致相同，当流星体群与地球相交时，由于透视效应，从地球上看流星体群好像是从一个辐射点发出来的，因此，通常以辐射点所在方位的星座来命名流星体群。太阳系内与地球轨道交叉的流星体群有 500 多个。

在地球引力场作用下，通过地球附近的微流星体运行轨道会向地球方向弯曲，使地球周围的微流星体通量增加，这种效应称为汇聚效应。地球引力的汇聚因子会随高度变化而变化，距地球表面高度 100 km 处的微流星体通量比行星际空间的通量大一倍，随着高度的增加，微流星体通量逐渐趋于行星际空间的强度[68]。

2.4.4　空间碎片环境

空间碎片是指轨道上的或重返大气层的无功能人造物体，包括其残块和组件。1961 年，美国搭载着“子午仪-4A”卫星的“雷神”火箭在分离后的 77 min 上面级发生爆炸，分解为至少 298 块可跟踪碎片，使当时可观测人造空间目标的数量增加了 3.5 倍，从此，空间碎片开始占可观测空间目标的大多数。

2022 年 3 月 ESA 发布的数据：定期追踪并记录的碎片物体数量大约 30 820 个，导致碎片破裂、爆炸、碰撞或异常事件约 630 多次，地球轨道上所有空间物体的总质量超过 9 900 t。统计模型估计的在轨碎片中有 36 500 个大于 10 cm 的物体，有 1 000 000 个 1 cm 到 10 cm 的物体，有 1.3 亿个 1 mm 到 1 cm 的物体。

空间碎片主要来源于失效航天器、运载火箭末级箭体、任务相关碎片、解体碎片和特殊碎片几个方面，其中解体碎片所占比例达到 53.2%，非解体性空间碎片主要来源于固体火箭发动机燃烧所产生的残渣。厘米级以上的空间碎片主要源于末级运载火箭、失效航天器、任务废弃物、解体碎片、钠钾冷却剂等；毫米级空间碎片主要源于航天器表面老化剥落碎片、溅射物、三氧化二铝残渣、钠钾冷却剂、解体碎片等；微米级空间碎片则主要来源于航天器表面老化剥落、三氧化二铝粉尘、溅射物等。空间碎片的主要成分是铝、铝合金、锌、钛等金属的氧化物，部分为航天员产生的钠、钾成分的废物及电子产品产生的含铜、银等成分的碎片，平均密度为 2.8 g/cm^3。

据统计，约 50%的空间碎片分布在偏心率小于 0.01 的近圆轨道上，偏心率小于 0.05 的空间碎片约占 90%。在 LEO 区域、MEO 区域和 GEO 区域已编目的空间碎片数量比例分别为 75.2%、8.3%和 9.4%。其中空间碎片在 LEO 区域轨道高度 700～1 100 km 附近有最大的分布密度，峰值分布集中在倾角 98°的太阳同步轨道区域附近[68]。

2.5 典型行星环境

地月星系空间是目前人类空间探索的主要空间，前面各节主要介绍的是地月星系的空间环境特点，随着宇航技术的不断发展，人类的探索范围已经超出了地月星系，各种探测器已经登陆火星和太阳系小行星并采样返回，各种探测器对金星、木星进行了探测，旅行者 1 号已经飞出了太阳系，对地月星系以外星体的环境研究和探测越来越多，因此，本节将简要介绍火星环境、金星环境和小行星环境。

2.5.1 火星环境

火星作为太阳系中从内到外的第四颗行星，和地球存在着很多相似之处。火星以前很有可能和现在的地球一样，只不过经过若干亿年的长期演化变为现在的状态。因此探索火星的地质与气候变化的原因，对研究地球自然演变方向和保护地球地质气候条件具有重大意义。经过多年对火星的探索研究，在火星上发现了有水存在的证据，而且间接推测出了火星可能存在有机物分子，这对生命起源和地外生命的研究具有重要意义。火星上没有类似地球的全球偶极磁场，所以太阳风高能粒子可以直达火星表面，对火星进行探测，有助于人类进一步研究行星磁场演变，以及磁场对行星的演化过程的影响。

2.5.1.1 辐射环境

由于火星大气层厚度只有地球大气层的百分之一，而且火星不存在全球性磁场。因此，来自宇宙空间的高能粒子可以直接穿过火星大气层到达火星表面，其轨道和表面辐射水平远高于地球。火星辐射环境的最主要因素是来自银河宇宙辐射和太阳能量粒子的带电粒子，其成分主要包括：质子、电子、α 粒子和重离子。火星轨道辐射粒子来自银河宇宙射线和太阳能量粒子的带电粒子，而火星表面辐射不仅包括来自银河宇宙射线和太阳能量粒子的初级带电粒子，还包括初级带电粒子与火星大气层以及地面土壤作用后生成的二次粒子——中子和 γ 射线[74]。

表 2-5 列出了“好奇号”火星巡视器在 2012—2013 年间对火星轨道和表面的辐射探测结果，可以看到，无论是在火星轨道还是在火星表面，辐射环境主要由 GCR 引起，而 SEP 只占极少部分且与 SEP 的事件次数和粒子能量有很大关系。通过对比环火星轨道 360 天的辐射总剂量与火星表面 500 天的辐射总剂量，可以得出火星表面的辐射强度远小于火星轨道的辐射强度。

表 2-5　2012—2013 年“好奇号”巡视器辐射探测结果

探测位置	GCR 辐射剂量率/(mGy/day)	GCR 总辐射剂量率/(msV/day)	SEP 辐射剂量率/(mGy/event)	SEP 总辐射剂量率/(msV/event)
火星轨道	0.464	1.84	1.2～12.9	1.2～19.5
火星表面	0.210	0.64	0.025	0.025

2.5.1.2　电离环境

高于火星表面 120 km 的上空是大气电离层。该区域大气主要成分是 CO_2，通过光致电离作用产生自由电子。火星上空没有 E 型或 F_2 型电离层，但在 20～90 nm 的波段内，在太阳紫外辐照单位光学深度附近形成了一个 F_1 型离子峰。就在 130 km 高度的下方，F_1 型离子密度达到一个约 $10^5\ cm^{-3}$ 的峰值（其中 90% 是 O_2^+，10% 是 CO_2^+）；在更高的上空，在 225 km 处有一个 $10^3\ cm^{-3}$ 的 O^+ 密度峰值。“海盗号”探测到：F_1 型峰值附近（130 km）的离子温度约为 150 K；175 km 高度附近表观外大气层温度达到 210 K；在 175 km 上方，出现了中性气体；在 250 km 高度，离子温度快速上升到 1 000 K。“海盗号”探测器对不同大气层高度的离子密度进行了探测，在地面也用大气模型进行了计算分析，图 2-10 所示的是两种情形下不同大气层高度所对应的离子密度剖面对比[75]。

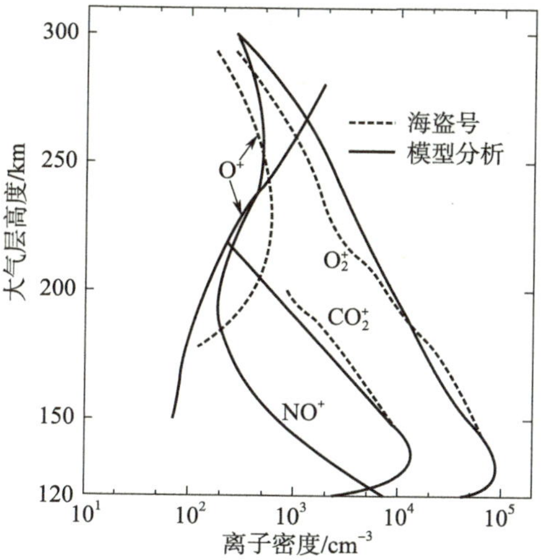

图 2-10　“海盗号”探测结果和大气理论模型所获得的火星大气离子密度对比

2.5.1.3　大气和热环境

火星大气层很薄，难以通过大气运动传递表面的热量，所以其表面温度变化较大。“海盗号”的两个着陆点夏季的平均温度为 −60 ℃，昼夜温差约 50 ℃；冬季平均温度达 −120 ℃，昼夜温差达 100 ℃，使得 CO_2 冻结成白色沉积物，形成极冠。由于极冠的季节性循环，表面总气压波动达 30%。“海盗号”对着陆场的大气温度（指距离火星地表面 1.6 m 高处的大气，因为大气温度低于表面土壤温度）进行了测量，图 2-11 为“海盗号”着陆场的大气温度日变化，其中图 2-11 (a) 所示为着陆场夏季 1 个太阳日的大气温度变化；图 2－11（b）所示为着陆场在赤道春分时火星大气和表面日温度变化[75]。图 2－12 为火星大气的温度剖面图[76]。图 2－13 为火星低层大气在夏季中纬度地带上的名义平均温度剖面。

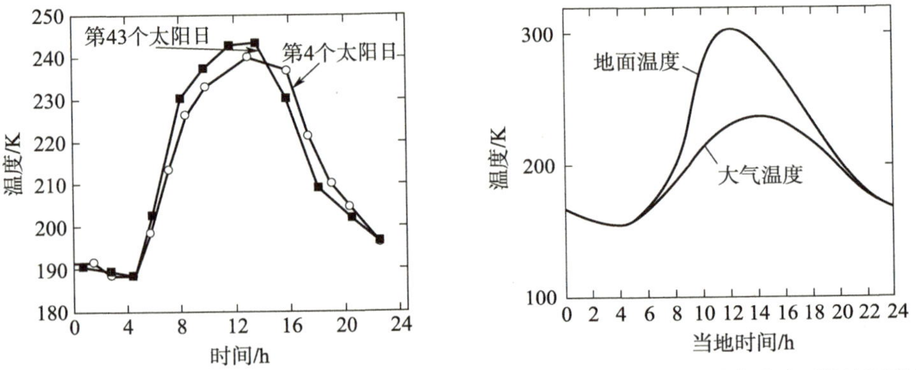

(a)“海盗号”着陆场的日温度变化　　(b) 在赤道春分时火星大气和表面的日温度变化

图 2－11　“海盗号”着陆场的日温度变化

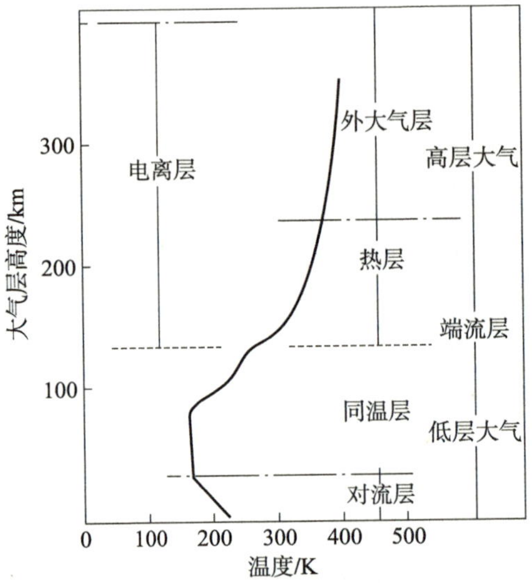

图 2－12　火星大气的温度剖面

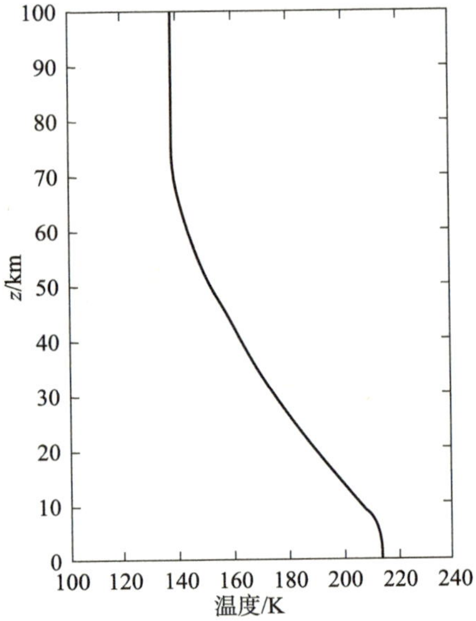

图 2－13　火星低层大气在夏季中纬度地带上的名义平均温度剖面

2.5.2　金星环境

以地球和太阳为参照，深空探测可分为向内飞行和向外飞行两种。金星作为地内行星的代表，是众多地外行星甚至外太阳系天体的一个重要对照和参考。地内行星探测是人类对整个太阳系认识过程中不可或缺的重要部分。

与水星和火星一样，金星是一颗类地行星，其体积和质量与地球十分相近，故又常被称为地球的姊妹星。科学研究发现，约 30 亿年前金星与地球极为相似，经过星际演化，形成了现在的状态，研究金星对人类预测地球的未来有很高的参考价值。通过探测金星，可显著拓宽人类的空间视野，加深对宇宙的理解；通过金星与地球的比较，能从比较行星学的角度认识、使用和保护地球。

2.5.2.1　大气及温度环境

金星周围有一层稠密的被加热至高温的气体云层。在金星表面（平均半径约 6 051.5 km 处），温度高达 737 K。在近表面低层大气，温度梯度为 8.06 K/km。表面大气层的平均压力约为 95.0 bar，相应的气体密度为 66.47 kg/m^3。大气成分主要为二氧化碳（体积分数为 0.965±0.008）和氮气（体积分数为 0.035±0.008）。其他大气组分的体积分数小于 0.001，分别为：二氧化硫（0.02%）、氩（0.007%）、氖（0.001%）和水（0.01%）。金星大气的温度和压力沿高度的分布如图 2－14 所示[67]。

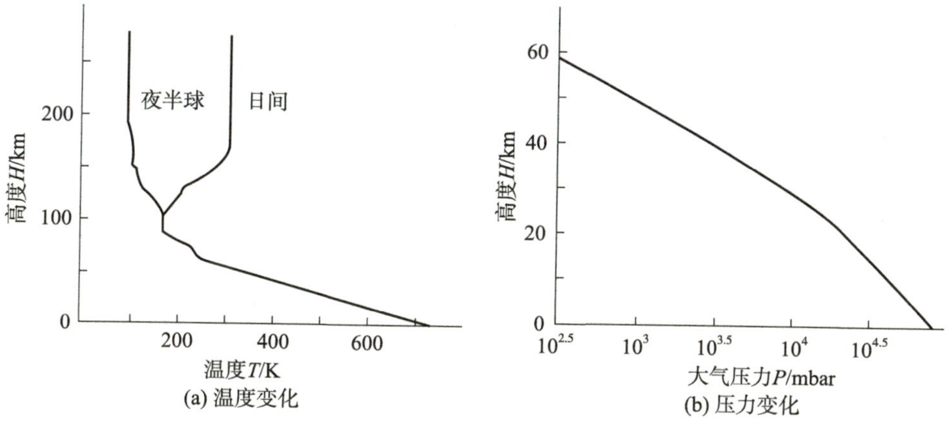

图 2－14　金星大气温度和压力沿高度的变化

2.5.2.2　电离环境

金星电离层的离子密度主要取决于太阳活动的水平。在约 140 km 高度上，白天的最大离子密度约大于 5×10^5 cm^{-3}。但是，在约 500 km 高度上，离子密度的分布轮廓快速截止，并且呈现电离层顶，即构成将太阳风和电离层等离子体分割开来的边界。金星夜间电离层一直延伸至更大的高度（数千千米），但其电子密度的峰值低于 10^4 cm^{-3}。测量结果表明，夜间电离层的电子密度降低与从金星日间迁移过来的离子相关。金星电离层的化学组分主要为 O^+，O_2^+，CO_2^+ 和质量数约为 29 的离子簇（$NO^+ + CO^+ + N_2^+$）。

图 2－15（a）为太阳活动低年，150～450 km 高度范围内总离子密度（O^+，H^+ 和 O_2^+）沿高度的分布情况。可以看出，在给定的条件下，离子的总密度较小。在 140～150 km 高度范围，离子密度呈数量级增加。电离层的温度随高度分布的测量值如图 2－15（b）所示，可以近似地表示为[67]

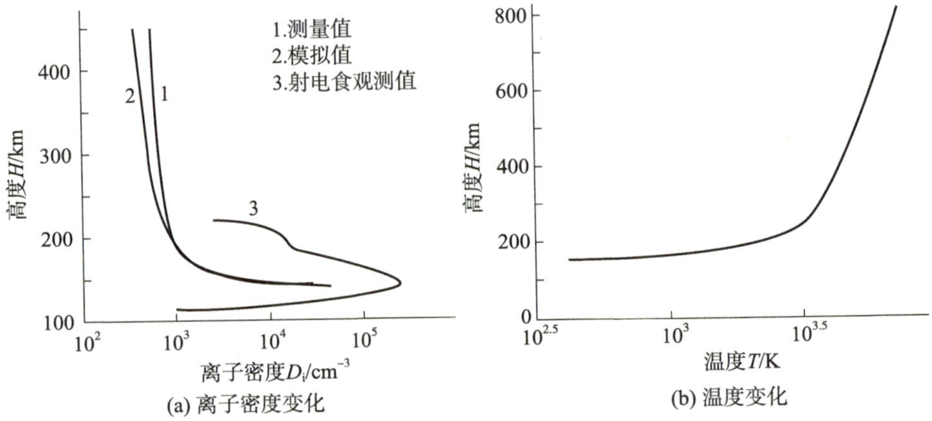

图 2-15　日间金星电离层的总离子密度和温度随高度的分布

$$\lg T_e = 3.471 - \frac{1\,921.9}{(H - 98.078)} + 8.525\,7H \tag{2-1}$$

式中，T_e 为温度（K）；H 为高度（km）。

2.5.3　小行星环境

小行星是指围绕太阳运行，体积和质量比行星和矮行星小，且不易释放出气体和尘埃的天体。实际上，除了行星、彗星、天然卫星以及被国际天文学联合会（International Astronomical Union，IAU）认定为矮行星的天体之外，太阳系中其他绕太阳公转的天体都可被称为小行星。小行星在太阳系中分布广泛，位于太阳系各处的小行星的环境特性不尽相同。本节主要是对小行星的共性环境特征进行介绍。

2.5.3.1　辐射环境

由于没有大气和自身强磁场的保护，小行星的表面直接暴露于周围的辐射环境中。在小行星所处的宇宙空间，其表面受到的辐射按来源可以划分为两类：一类来源于太阳，包括太阳的电磁辐射，以及太阳风和太阳能量粒子等的电离辐射；另一类来源于太阳系之外，即银河宇宙射线等[77]。

2.5.3.2　流星体环境

除了宇宙空间中已经存在的流星体，许多“活动的”小行星本身也会向周围环境中抛射物质，这些物质也相当于流星体。“冥王号”（OSIRIS-REx）在进入小行星 Bennu 的轨道后，其搭载的相机拍到了 Bennu 的十几次喷发事件，每次都会喷射出数十甚至上百颗颗粒物，颗粒粒径从毫米级到厘米级，亦可能存在超出仪器探测能力的更小的粒子。而在地基观测中观测到一类被称作主带彗星的小天体，在靠近近日点时会像彗星般向外喷射物质，但目前对其喷射出物质的具体属性尚不明确[77]。

2.5.3.3　热环境

小行星表面的热环境取决于多种因素，如太阳辐射、附近天体的反射辐射、表面地形、表面物质的热物理特性等。最直观反映出小行星表面热环境特性的是温度，携带有热红外相机的探测计划也曾对一些小行星表面的温度进行直接探测。除了温度之外，热惯量也是衡量小行星表面热环境的重要指标，它代表了小行星表面物质阻止温度变化的能力，其定义为 $\Gamma=\sqrt{\rho c\kappa}$（$\rho$ 为物质的密度，c 为比热容，κ 为热导率）。热惯量是控制小行星表面温度日变化和季节变化的关键特性，也反映出小行星表面物质的物理特性、年龄及碰撞历史，见表 2-6[78]。一般对小行星表面热惯量的估算是由地基或环绕探测数据结合小行星热模型计算得到的[77]。

表 2-6　典型小行星的热惯量与表面物理情况之间的关系

热惯量/($J \cdot m^{-2} \cdot s^{-0.5} \cdot K^{-1}$)	表面物理情况	典型小行星
约 10	非常蓬松，高孔隙度(约 80%)	谷神星
约 50	细砂(d<100 μm)	月壤
100～200	砂质风化层(d 约为 mm 量级)	小行星(433)Eros 的土壤
200～400	小石块(d 约为 cm 量级)	小行星(25143)Itokawa 上的平坦区域(Muses-C Region)
400～1 000	巨石、岩石碎片(d<m 量级)	小行星(25143)Itokawa 上地形高低不平的区域

2.6　宇航光电子器件可靠性技术

宇航光电子器件一旦随飞行器发射进入工作状态将难以维修和更换，如果出现质量问题，轻则影响飞行任务的完成程度，重则导致整个飞行任务的失败，而且飞行器成本、发射成本、时间成本都很高，因此宇航任务对光电子器件的可靠性要求非常高。其与常规光电子器件的主要区别在于特殊应用环境下的可靠性以及长寿命周期的可靠性。为满足宇航任务高可靠、长寿命要求，必须开展宇航级可靠性设计、试验和评估等方法的研究，重点针对上述特殊宇航环境开展可靠性研究。

光电子器件的可靠性技术通常包括可靠性设计与分析技术、可靠性鉴定与评价技术、可靠性筛选及试验技术等内容。器件设计可靠性是其固有可靠性的保证，环境适应性设计是器件可靠性设计的重要内容，通常辐射环境、真空及热环境、力学环境等特殊环境下的耐受能力是可靠性设计的重点。可靠性试验是指为分析、评价产品的可靠性而进行的各种试验的总称，它的作用是通过对试验结果的统计分析和失效分析，评估产品的可靠性，找出可靠性的薄弱环节，提出改进建议，以便提高产品的可靠性。当然也可以根据光电子器件的可靠性试验及评估结果，给出其在某些应用领域的限制使用条件。

2.6.1　宇航光电子器件可靠性设计技术

2.6.1.1　任务剖面及可靠性要求

（1）任务剖面

宇航光电子器件设计前应对器件应用的任务剖面进行分析和确认。任务剖面是指产品完成规定任务周期内所经历的事件和环境描述。一般包括以下方面：

1）识别器件的工作状态：包括但不仅限于通光/电状态、通光/电特性的标称值和极限值、安装及接口要求等；

2）识别器件全寿命周期所处环境的条件及时间：贮存及工作条件，温度、湿度、力学、辐射、热真空等环境的条件及经历时间，全寿命时间等；

3）造成任务失败或严重故障的定义：关键指标及失效判据，失效模式及影响分析（Failure Mode and Effect Analysis，FMEA）等。

（2）可靠性要求

根据器件任务剖面分析，提出器件设计的可靠性要求，包括可靠性定性要求、定量要求和工作项目要求。可靠性工作项目要求一般是在产品研制过程中要求采取的可靠性设计措施或可靠性分析工作，以保证和提高产品可靠性。如降额设计、环境防护设计、热设计、故障树分析、耐久性分析等[79]。

1）工作及贮存寿命要求：对于宇航应用，目标值应不低于服役要求值的 3 倍。

2）环境适应性要求：确定高低温贮存、温度循环、温度冲击、湿度、热真空、机械振动、机械冲击、辐射、工作寿命等项目试验条件，项目应覆盖所有任务剖面可能遇到的环境，环境应力及时间应满足任务剖面要求，各项目可采用增大试验应力来达到缩短试验时间的加速方法，如温度范围、温变速率、总剂量及剂量率等，加速因子应满足理论及实践模型。

3）器件极限使用额定值：额定值的设定应根据任务剖面分析可能遇到的最坏情况。

2.6.1.2 宇航光电子器件可靠性设计技术

（1）设计准则

1）优先选用成熟的工作原理、材料、结构及设计方法，技术成熟度应在 5 级以上；

2）满足用户对器件在宇航环境应用的功能要求、环境适应性要求、可靠性要求；

3）设计过程中应选用合适的仿真设计软件，并通过工艺试验对参数进行修正；

4）优先选用已在空间环境获得验证的材料与工艺，对新材料及新技术的应用应充分论证；

5）器件正常工作条件应满足一定的降额等级；

6）综合考虑器件的功能、可靠性、风险、经济性等因素，进行设计权衡。

（2）设计及验证流程

宇航光电子器件可按以下流程进行设计及验证：

1）设计及验证流程按图 2-16 进行；

2）设计过程应进行 FMEA，识别设计中的薄弱环节和关键项目，迭代改进设计；

3）验证过程中出现的失效应进行失效分析（Failure Analysis，FA），找到失效原因并改进设计；

4）针对验证过程中出现的问题重新设计后，原则上应按完整流程重新验证，但允许对重新设计的环节进行影响分析，选择关联项目进行验证，验证结果补充到原验证报告中。

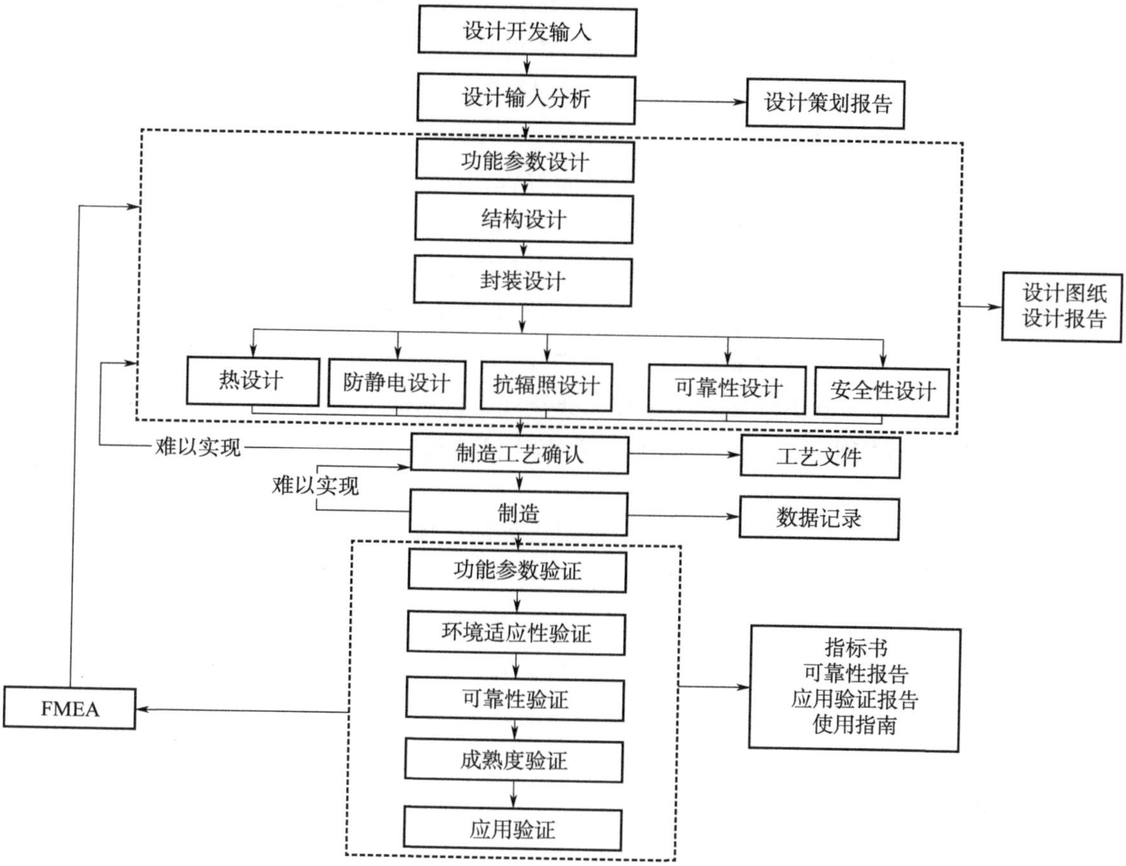

图 2-16　宇航光电子器件可靠性设计及验证流程图

(3) 宇航应用可靠性相关的设计内容

1) 针对温度特性设计：a) 光电子器件内部焊料及有机粘接材料熔化温度应高于器件工作温度，且在工作温度范围内保持结构稳定，光路中光功率变化及偏振变化在指标允许范围内。b) 封装材料在温度变化中热膨胀系数的失配应不影响封装的稳定性，气密封装器件光纤应经过金属化处理，金属化光纤通过金属焊料与管壳焊接封装，封装后应保证器件的气密性和在各种环境下耦合的稳定性。c) 有源光电子器件应选择热稳定性好、耐温范围宽、功耗低的内部元器件，半导体器件结温应满足降额设计要求。d) 对于有源发光类光电子器件应设计散热路径，包括导热散热路径和辐射散热路径；带制冷器可温控的发光器件，应对内部热沉厚度及材料、内部结构热阻、热敏电阻参数、制冷器参数、接触面积、内部器件布局等进行设计，确保器件工作温度范围内输出光稳定性满足要求。e) 针对真空条件下工作的有源器件，应对热传导进行专门设计。

2) 针对力学特性设计：a) 器件内部元件粘接及光路结构耦合应保证在力学条件下不开裂，微小结构弹性变形不会造成指标超差且在力学条件消除后可恢复。b) 采用螺钉安装的器件如半导体激光器或 SLD 光源，管壳底部平整度和安装孔位置容差应保证在螺钉安装前后光功率变化率不超过 2%。c) 针对器件的力学试验条件要求，对器件内部光纤悬空段长度进行设计，确保悬空段在力学试验中不出现共振断裂。d）对于熔融拉锥器件（耦合器、波分复用器等）拉锥参数如氢氧气体流量、火焰温度、拉伸速度、拉伸长度、点胶点位置等进行设计，避免锥区断裂失效，如有更严酷的力学条件要求，内部封装应考虑抗振措施，如填充保护。

3）针对辐射特性设计：a）选用抗辐射能力较强的内部元件。b）采用抗辐射光纤做器件尾纤，如包层掺氟的纯石英纤芯光纤。c）有源半导体芯片采用抗辐射能力更强的半导体材料（如宽禁带半导体材料），并通过管芯结构设计提高抗辐射能力，如设计多层掩埋异质结结构的激光器芯片，半导体器件进行薄氧化层和隔离区设计。d）对有源发热光电子器件进行温控设计，减少器件在辐射中产生的热效应造成的性能下降或损伤。e）高分子材料在辐射中容易发生降解，尽量避免在器件中使用高分子材料或选择辐射性能不稳定的材料。f）通过其他设计达不到抗辐射要求，可通过抗辐射防护设计提高器件抗辐射性能，例如采用屏蔽材料（如铅片和钽片）。

4）其他可靠性设计：a）管壳密封焊接区以外的金属外表面应满足抗腐蚀要求，外引线或引出端材料应满足焊接性和抗腐蚀要求。b）管状胶封无源器件（如拉锥型光纤耦合器、波分复用器、隔离器等）采用防挤压、耐腐蚀、防污染的金属管，尾纤根部封装胶材料采用防腐蚀、性能稳定、挥发性满足宇航应用要求的有机胶。c）若器件内部元件易受气体腐蚀或氧化，需对器件进行气密封装。气密封装使用金属、玻璃或陶瓷（或由它们组合）密封。气密封装器件内部元件粘结推荐使用共晶焊。如采用共晶焊较困难（芯片面积大或结构复杂），可以使用导电胶等有机材料，但内部气体成分及水汽含量需满足要求。气密封装器件内部禁止使用干燥剂。

2.6.2 宇航光电子器件可靠性试验技术

2.6.2.1 可靠性筛选试验项目及条件

在光电子器件批量生产中，难以做到大量产品全部零缺陷。一些人为的误差很难完全避免；各种原材料、辅助材料、工艺条件和设备状况等也会发生变动；设计上的潜在缺陷等因素都可能导致个别器件提前失效，使其寿命远低于该批产品的平均寿命。在器件使用之前，必须先要通过可靠性筛选试验剔除具有隐藏缺陷的器件。可靠性筛选是保证正式使用产品具有较高可靠性水平的一项重要措施。

光电子器件的筛选效果与筛选条件有密切关系，需要科学地制定筛选项目、筛选应力、筛选试验时间和关键参数控制要求，并制定合理的失效判断标准，才能最大可能淘汰“次品”，保证“优品”的使用可靠性。制定宇航光电子器件可靠性筛选条件的原则如下：

1）分析光电子器件筛选试验项目与失效机理的关系。不同类型的光电子器件、不同厂家或采用不同材料、结构、工艺流程生产的器件，其失效机理不尽相同，很难制定一个统一的可靠性筛选条件。一般情况下应把简单的、时间短的、代价小的、最易引起器件主要失效机理的试验项目安排在前面来进行。光电子器件筛选试验项目与失效机理的关系参见表 2 - 7[80]。

表 2-7　光电子器件筛选试验典型项目与失效机理的关系

失效机理＼试验项目	封装前镜检	温度循环	恒定加速度	细检漏	粗检漏	颗粒碰撞噪声检测筛选	功率老化	X 射线检查	可见光检查	振动疲劳	随机振动	机械冲击	高温贮存	工作寿命
芯片劣化	—	○	—	—	—	—	○	—	—	—	—	—	○	○
键合松动或断开	○	○	○	—	—	—	○	○	—	○	○	○	○	○
键合位置不当	○	○	—	—	—	—	○	○	—	○	○	○	○	○
芯片粘接强度不够	—	○	○	—	—	—	—	—	—	○	○	○	○	○
金属化缺陷	○	—	—	—	—	—	○	—	—	—	—	—	—	○
氧化层缺陷	○	○	—	—	—	—	○	—	—	—	—	—	—	○
芯片/光纤裂纹	○	○	—	—	—	—	—	○	○	○	○	○	○	○
制造错误	○	○	○	—	—	—	○	○	—	○	○	○	○	○
管壳缺陷	○	○	—	○	○	—	—	○	—	○	○	—	—	—
密封性不良	—	○	—	○	○	—	—	○	—	—	—	—	—	—
内部多余颗粒缺陷	○	—	—	—	—	○	—	—	—	—	—	—	—	—
胶体气泡	○	○	—	—	—	—	—	—	—	—	—	—	○	○

备注：表中○表示筛选试验有效性强；—表示筛选试验有效性弱或无。

2）根据光电子器件可靠性和环境应力摸底试验，掌握其失效分布规律与筛选条件的关系，筛选应力不能超过器件的使用应力上限。

3）根据设计、结构及制备工艺特点，制定筛选条件。比如力学环境应力筛选需要结合器件的结构特点、可靠性薄弱环节确定力学应力施加方向。

4）根据系统使用性能及环境要求制定筛选条件。典型的是温度和力学环境性能要求，不同应用领域，差异较大；对于长期贮存使用，需筛选器件密封性和控制内部水汽含量水平。

筛选通常需要对同一批次所有的器件进行试验检测，根据具体的评判标准来确定通过筛选的产品是否满足应用要求，提高产品的使用可靠性。光电子器件的性能参数很多，在筛选试验过程不一定对所有的性能参数进行检测，通常是针对关键参数、容易变化的参数进行检测，比如光功率。光电子器件筛选一般都是按批次进行的，筛选结束后，要计算批次筛选合格率，如果筛选合格率不满足要求，整批产品不可以交付使用。在某些筛选试验前后，规定某些关键参数的变化量指标，这种试验技术是一种精密筛选技术，是通过控制参数变化来提高产品使用可靠性的技术。对于宇航高可靠性应用要求的光电子器件可采用精密筛选方法，例如对半导体光源进行高温贮存、高温老炼、温度循环等筛选试验前后，控制输出光功率的变化量。不同应用质量等级要求、不同精度用光电子器件的筛选试验条件、器件性能参数检测项目和失效判据会不同。有些高可靠光电子器件，在生产工艺过程中还需增加一些筛选措施，如生产过程的无损键合强度检测筛选、可见光内部检查、管壳密封前的高温烘烤、芯片老炼、内部目检等。光电子器件密封后进行的典型筛选试验项目及条件可参考表 2-8。

表 2-8　光电子器件筛选试验典型项目及条件

序号	项目	条件
1	外观检查	GJB 548C 方法 2009.1
2	性能初测	常温测试
3	高温贮存	GJB 150A，85 ℃/48 h
4	低温贮存	GJB 150A，−55 ℃/48 h
5	温度循环	温度范围：−55～+85 ℃；升降温速率：10 ℃/min； 两端停留时间：15 min；循环次数：20 次
6	随机振动	GJB 548C 方法 2026.1，10～2 000 Hz，0.04 g^2/Hz，5 min/次，3 次/轴，3 轴
7	高温老炼	GJB 548C 方法 1015A.1，70～85 ℃/96～168 h
8	密封性筛选	GJB 548C 1014.2 条件 C
9	高低温工作	如−45～+70 ℃
10	性能终测	常温检测

2.6.2.2　可靠性鉴定试验项目及条件

光电子器件可靠性鉴定试验是判定其性能优劣和可用性的重要内容，也是系统用户和制造单位最为关心的问题。国内外光纤通信用光电子器件均有完善的可靠性试验项目规范和标准。宇航光电子器件空间应用环境条件和光通信领域有较大区别，因此在可靠性鉴定试验项目及条件方面也有所不同。如针对空间应用，就必须评估器件在热真空、抗辐射、长时间连续工作等环境下的可靠性。有源光电子器件和无源光电子器件相比在工作原理及工作方式、生产工艺、材料和封装形式等方面存在较大差异，可靠性鉴定试验项目和条件也有所不同。

光电子器件完整的鉴定试验包含项目很多，但作为评估可靠性的鉴定试验项目可根据具体应用要求来制定必要的可靠性鉴定试验项目及条件。可靠性鉴定试验一般具有破坏性，所有试验的样品不能作为正式产品应用。试验前后要进行性能测试，根据试验样品的失效判据，判定产品失效情况，并进行统计分析，给出是否通过试验考核的结论。可以分组进行不同的试验项目，试验样本数量及失效数量要有明确要求。分组越少，也就是同一组样品需要做多项试验，串行开展，实际上对器件的可靠性要求更高，评估结果可信度更强。串行试验周期长，扩大样本数量和分组数，并行试验可以节省试验时间，如高温贮存和低温贮存可以用两组样品同时进行试验。

宇航光电子器件可靠性鉴定试验项目主要包括机械完整性、性能耐久性和特殊环境适应性三个方面，典型试验项目及条件可参考表 2－9[81]。

表 2－9　宇航光电子器件可靠性鉴定典型试验项目及条件

类别	试验项目	试验条件	样本数(失效数)
机械完整性	机械冲击	1 500 g/0.5 ms,5 次/轴,3 轴	6(0)
	扫频振动	20 Hz－2 000 Hz－20 Hz,峰值加速度 20 g,4 min/次,3 次/轴,3 轴	6(0)
	随机振动	20 g,10 Hz－2 000 Hz,5 min/次,3 次/轴,3 轴	6(0)
	热冲击	ΔT＝100 ℃,0～100 ℃或 ΔT＝115 ℃,－45～70 ℃,两端停留时间 15 min,转换时间≤10 s,循环次数:20 次	6(0)
	尾纤(裸纤)拉力	2N,3 次,5 s/次	3(0)
性能耐久性	高温老炼	75 ℃,1 000 h	6(0)或 11(0)
	高温贮存	最大贮存温度,如 85 ℃,2 000 h	6(0)或 11(0)
	低温贮存	最低贮存温度,如－55 ℃,1 000 h	6(0)或 11(0)
	温度循环	－55～85 ℃,500 次	6(0)或 11(0)
	湿热试验	85 ℃/85%RH,500 h	6(0)

续表

类别	试验项目	试验条件	样本数(失效数)
特殊环境适应性	内部水气含量	$\leqslant 5\times10^{-3}$	3(0)
	抗静电值(ESD)	$\geqslant$500 V	3(0)
	稳态总剂量辐射（γ 射线）	总剂量$\geqslant$100 krad(Si)，剂量率：1～10 rad(Si)/s	3(0)
	中子辐射（选做项目）	总注量$\geqslant 1.0\times10^{13}$ 个/cm^2，注入流量率：10^{10}～10^{12} 个/(cm^2 · s)	3(0)
	热真空温度循环	真空度小于 10^{-3} Pa，温度：−40～60 ℃，升降温速率：1 ℃/min，升降压$\leqslant$10 kPa/min，两端温度保持 30 min	6(0)或 11(0)
	热真空贮存	真空度小于 10^{-3} Pa，温度：75 ℃，升降压$\leqslant$10 kPa/min，试验时间 500 h	6(0)或 11(0)

2.6.3　宇航光电子器件寿命预计及评估技术

确定产品的寿命分布一般有两种方法，一是根据其物理背景来确定，即产品的寿命分布与产品的类型关系不大，而与其所承受的应力情况、产品的内在结构及其物理、化学、机械性能有关，与产品发生失效时的物理过程有关。通过失效分析，证实产品的失效机理与某种类型分布的物理背景相接近时，由此确定它的寿命分布。另一种方法是通过寿命试验和使用情况统计分析，获得产品的失效数据，用统计推断的方法来判断它属于何种分布。通常将失效率或寿命（Mean Time to Failure，MTTF）指标作为光电子器件的可靠性指标。

寿命是光电子器件的一项非常重要的可靠性指标，宇航光电子器件寿命通常要求在 10 万小时以上，可通过高温贮存（或高温高湿）、高温加速试验来预计器件在使用温度下的寿命。加速试验通过提高应力水平，加速产品失效进程，从而在相对不太长的时间内获得高温下的失效分布和试验时间，再根据寿命预计模型计算指定温度下的器件寿命。

光电子器件的寿命包含工作寿命和贮存寿命两种，对于某些武器系统应用，主要是关注器件的贮存寿命，而对于宇航系统（如卫星）长时间连续工作的应用，主要是关注器件的工作寿命。光电子器件的工作寿命和贮存寿命是两个概念，有源光电子器件在工作和非工作状态下的寿命有差异，而对于无源光电子器件，两者基本是一致的。在光电系统中，除光纤寿命服从威布尔分布之外，其他光电子器件寿命一般服从指数分布。光电子器件的寿命评估可选择阿列纽斯（Arrhenius）模型为其应力-寿命模型[82]。

（1）阿列纽斯寿命模型

阿列纽斯寿命模型是基于物理的与温度有关的模型，适用于以温度为应力的加速老化试验，可根据加速老化温度 T_1 下的寿命 $\overline{L}(T_1)$ 推算出使用温度 T_2 下的寿命 $\overline{L}(T_2)$，两者之间的关系为

$$\overline{L}(T_2)=\overline{L}(T_1)\mathrm{e}^{\frac{E_a}{k}\left(\frac{1}{T_2}-\frac{1}{T_1}\right)} \tag{2-2}$$

上式被称为阿列纽斯方程，式中 k 为玻耳兹曼常数，T_1 和 T_2 都是已知的，唯一需要确定的参数是激活能 E_a。对式（2-2）两边取对数可以将阿列纽斯模型绘制成应力-寿命模型的线性曲线

$$\ln[\overline{L}(T_2)] = \ln[\overline{L}(T_1)] + \frac{E_a}{k}\left(\frac{1}{T_2} - \frac{1}{T_1}\right) \tag{2-3}$$

根据式（2-3），至少做三个温度点的加速老化试验，才能够拟合出激活能 E_a，然后根据寿命估计模型得到它们的寿命估计值。

阿列纽斯方程中，定义加速系数为 $A_F = e^{\frac{E_a}{k}\left(\frac{1}{T_2}-\frac{1}{T_1}\right)}$，温度采用绝对温度来表示。假设加速温度为 85 ℃，则换算到室温 23 ℃下的加速系数为

$T_2 = 296\ \mathrm{K}(23\ ℃)$，$T_1 = 358\ \mathrm{K}(85\ ℃)$，$k = 8.62\times10^{-5}\ \mathrm{eV/K}$，$A_F = e^{6.7875E_a}$

当激活能 $E_a = 0.65$ eV 时，$A_F = 82.4$；当激活能 $E_a = 0.35$ eV 时，$A_F = 10.8$。

如果考虑湿度加速影响因素，可对阿列纽斯模型进行修正，则加速系数 A_F 为[83]

$$A_F = \exp\left\{\frac{E_a}{k}\left(\frac{1}{T_2} - \frac{1}{T_1}\right) + \eta \times (\mathrm{RH}_1^n - \mathrm{RH}_2^n)\right\} \tag{2-4}$$

式中，η 为湿度因子；n 为相对湿度因子；RH_1 为加速试验湿度；RH_2 为工作环境湿度。参考标准 IEC62005-2，湿度因子 η 取 5×10^{-4}，相对湿度因子 n 取 2。

（2）寿命（MTTF）计算

光电子器件加速寿命预计试验一般采用定时截尾试验方案。评定光电子器件寿命时，平均寿命越大越好，因此在设计过程只需考虑寿命的置信水平下限，寿命置信水平下限的公式为

$$\theta_L = \frac{2 \times t \times A_F}{\chi_\alpha^2(2r+2)} \tag{2-5}$$

式中，t 为全部样本加速试验累计时间；r 为试验总样本的失效数；$1-\alpha$ 为置信度水平，通常取 80%；$\chi_\alpha^2(2r+2)$ 的值可查 χ^2 分布的上侧分位数表得到。

假设某光电子器件加速寿命预计试验样本共计 11 只，在 +85 ℃环境下加速试验时间为 5 000 h，失效数 r 为 0，取置信度为 80%，器件激活能取 0.65 eV，则该器件在 23 ℃下的 MTTF 单边置信下限为

$$\mathrm{MTTF} = \frac{2 \times 11 \times 5\,000 \times 82.4}{\chi_{0.2}^2(2)}\ \mathrm{h} = 2\,815\,781\ \mathrm{h} \tag{2-6}$$

和 MTTF 相关的一个可靠性参数为随机失效率，产品的随机失效率计算公式为[84,85]

$$\lambda = 10^9 N\gamma / t_{\mathrm{tot}} \tag{2-7}$$

式中，N 为产品失效数；t_{tot} 为产品总的器件小时数；γ 为置信度系数。γ 值按下式计算

$$\gamma(60\%C.L.):\gamma = \mathrm{CHIINV}(0.4, 2N+2)/2N \tag{2-8}$$

$$\gamma(90\%C.L.):\gamma = \mathrm{CHIINV}(0.1, 2N+2)/2N \tag{2-9}$$

式中，CHIINV 函数可得出卡方分布的单尾概率的逆运算，60%和 90%为产品失效率的置信度。

假设当产品随机失效率 $\lambda=10^{-6}$，即 $MTTF=10^6$ h 时，工作 10 年后，100 只器件中可能会失效的器件总数量为

$$n_f=\frac{10\times365\times24}{10^6}\times100\text{ 只}=8.8\text{ 只} \tag{2-10}$$

也就是：器件工作 10 年后，器件的存活率（可靠度）为 91.2%。同样情况下，当器件随机失效率提高 1 个数量级，即 $\lambda=10^{-7}$ 时，10 年后，100 只器件中可能会失效的器件总数量仅为 1 只，器件的可靠度为 99%。

（3）加速寿命预计试验设计

在进行加速寿命预计试验设计时，主要是确定置信度水平、试验样本数量、加速试验条件、激活能、寿命预计期望值、预计试验时间等内容。表 2-10 为假设器件在 23 ℃时 MTTF 预计期望值为 100 万小时、置信度为 80%时，设计的加速寿命预计试验方案。

表 2-10 光电子器件加速寿命预计试验方案设计

激活能	试验温度：+85 ℃，试验时间：5 000 h，所需样本数量		试验温度：+85 ℃，试验时间：2 000 h，所需样本数量	
	失效数=0	失效数=1	失效数=0	失效数=1
0.35	31	57	78	141
0.65	4	9	10	21

由表 2-10 可知，通过增加样本数量可缩短试验时间。另外提高试验温度，实际上就是增大加速系数，也可缩短试验时间，但不能超过器件的承受条件。激活能是器件加速寿命预计试验的关键参数，激活能越大，加速寿命试验样本数量和试验时间可大幅度减少。激活能也是阿列纽斯方程的首要参数，与器件的失效模式和失效机理有关，一旦确定，阿列纽斯方程可在两个温度之间提供加速寿命计算。

2.7 宇航光电子器件质量保证技术

产品质量保证是以航天质量文化和质量体系为基础，为使宇航产品实现规定的质量特性要求，在产品研制、生产、飞行试验全过程中，围绕产品质量保证要素，有组织、有计划开展的一系列技术与管理相结合的质量活动及采取的质量控制措施，通过系统的策划、必要的资源配置和有效的过程管控，保证产品质量达到规定的目标，满足应用要求。宇航光电子器件质量保证工作主要包括选用控制、监制验收、复验筛选、破坏性、物理分析、失效分析、应用验证等内容[86,87]，通过开展器件质量保证工作，提高器件的使用可靠性，同时采取改进措施，不断提升器件的固有可靠性。

2.7.1 选用控制

元器件及原材料选用控制是宇航光电子器件质量保证的源头，通过合理的选用，在宇航光电子器件产品设计时即最大限度地关注元器件及原材料配套和生产环节中可能产生的质量、进度与成本问题，有效控制元器件及原材料配套风险。宇航任务根据不同研制阶段

及不同部位选用适合质量等级的元器件，元器件及原材料选用控制应遵循以下原则：

1）元器件及原材料的性能、质量等级应满足宇航产品的应用要求；

2）优先在元器件及原材料优选目录、选用目录中选择，超目录选用应履行审批手续；

3）优先选择有成功飞行经历的元器件，当必须选择无飞行经历的元器件时，应经充分验证，并办理审批手续；

4）最大限度压缩元器件及原材料的品种规格和供应商；

5）选择有发展前景的元器件及原材料，避免选择落后的元器件及原材料；

6）优先选择国产元器件及原材料；

7）选择保障性良好的供应商，关注所选元器件及原材料的经济性。

2.7.2　监制验收

监制与验收是指元器件使用方技术及质量人员到承制方，依据技术规范及条件，对生产中的元器件进行质量检验、控制和对提交的完成生产的合格品进行验收，并了解和监督承制方的质量管理情况。元器件下厂监制与验收工作一般由使用单位或委托专业元器件质量保证机构人员按要求进行。

按照宇航元器件质量管理要求，需要对宇航光电子器件进行下厂监制与验收。监制内容主要包括：1）对产品生产线状态进行确认，如生产线发生搬迁，需检查搬迁后的生产线鉴定材料；2）检查被监制器件的设计、工艺的质量控制情况及原材料质量保证情况，必要时，可要求出示相关材料证明；3）根据生产文件生产参数量化控制要求，检查落实的过程记录；4）检查被监制器件主要生产工序的质量控制措施；5）了解生产过程中发生的质量问题及采取的纠正措施；6）检查生产设备、仪器的校验情况；7）器件封帽前内部目检。

内部目检可参考 GJB 548B—2005《微电子器件试验方法和程序》中方法 2010.1 内部目检（单片）和方法 2017.1 内部目检（混合电路），但需要在该标准基础上根据光电子器件特点制定监制细则。制定包括光路空间耦合部位、光纤、玻璃晶体及芯片、器件内部各种功能用胶、多余物等方面的方法及合格判据。

当发现监制产品存在批次性缺陷、严重缺陷，或生产过程质量控制存在问题并直接影响到批次产品质量时，应停止监制检验工作，并拒收该批次产品，监督承制单位进行处理改进，对新批次再次监制时，还应对整改措施落实情况进行检查。

元器件质量一致性检验合格后，方可开展下厂验收工作。下厂验收内容主要包括：1）元器件生产全过程质量管理与控制情况，如产品技术状态、工艺、关键设备及人员、原材料等质量管控情况。特别应详细了解元器件在生产过程中发生的质量问题、处理和分析结果及其纠正措施，并查验有关质量报告、分析和试验报告。2）元器件文件审查，包括筛选试验报告、工艺流程卡、质量一致性检验报告和产品合格证，必要时应审查鉴定检验报告。有要求时，还应审查产品数据包和多媒体记录材料是否满足采购规范要求。3）与承制方共同完成验收试验。根据采购规范要求完成相关试验，当检测试验项目不能在承制方进行时，可在双方认可的单位进行。

当元器件存在严重质量隐患、筛选或质量一致性检验（或鉴定检验）未通过、筛选试验合格率不达标、DPA 试验不通过、验收试验不通过等情况时，应拒收此批次器件。对于验收未通过的元器件，若通过失效分析确认属于非批次性问题，且能够通过针对性筛选进行剔除，同时能保证针对性筛选的试验方法不会对元器件的质量和可靠性产生不良影响，则允许在完成针对性筛选后重新验收，并做重新验收记录，且只准重新验收一次。验收试验可以采取全检或抽检方式实施，宇航光电子器件典型验收试验项目包括常温主要性能测试、高低温性能试验、随机振动性能试验等。

2.7.3 复验筛选

复验主要分为入库复验、装机前复验和超期复验。核心是依据技术规范及标准，制定复验测试规范，明确复验测试项目、条件和要求，每类复验的项目及内容有所不同。根据复验结果判定该批器件是否合格。对宇航光电子器件而言，入库复验测试项目通常包括温度性能测试、常温主要性能参数测试等；装机前复验一般按照装机复测条件进行光电性能参数测试，确认是否符合要求；超期复验是指超过有效贮存期后，对其进行复验。超期复验项目通常包括温度性能及常温性能测试、抽样进行例行试验、再次 DPA 检验、寿命试验等复验内容。宇航光电子器件的有效贮存期一般为 2～5 年。

补充筛选是指元器件承制方进行的筛选不能满足宇航应用要求时，由使用方或其委托单位在承制方筛选基础上进行的筛选，是对元器件筛选工作的补充和验证。重点是制定补充筛选试验项目、条件及要求，器件补充筛选合格率不满足要求时，应分析处理，必要时拒收产品。随着承制方生产及试验能力的提升，补充筛选的工作项目逐步减少，原则上元器件筛选工作均由承制方完成，使用方不再承担补充筛选工作。

2.7.4 破坏性物理分析

破坏性物理分析（Destructive Physical Analysis，DPA）是评价元器件可靠性的有效手段之一，其目的是验证元器件的设计、结构、材料和生产质量是否满足预定用途或有关规范的要求。DPA 可以在元器件投入使用前，揭示出常规筛选中不易剔除的缺陷。当 DPA 发现存在潜在批次性缺陷时，可作为拒收缺陷批产品的依据。DPA 项目主要有外部目检、内部目检、芯片剪切强度试验、键合强度试验、颗粒碰撞噪声检测、密封粗检漏、密封细检漏、内部气体成分分析、X 射线照相检查、扫描电镜检查等。GJB 548B—2005《微电子器件试验方法和程序》中有相应的试验方法和条件，但对于带尾纤光电子器件，因自身结构特点，不能完全参照引用，需要进行针对性研究分析，确定检测方法及判定标准，主要包括以下方面：1）因器件带尾纤，光纤出孔处因尾管空隙和涂覆层吸附，会影响粗检漏的气泡判断和细检漏的氦质谱检漏判断，需要在放置时间、气泡特点、漏率等方面根据器件特点确定。2）光电子器件内部通常有晶体材料和粘胶工艺，需在芯片剪切的方法和判据方面根据器件特点确定。3）器件内部有光纤与光纤、光纤与芯片等的空间耦合，在内部目检方面需要根据器件特点修改。部分光电子器件内部光路出/入射端模场较小，甚至只有几微米，在内部多余物控制、组装元件及材料的一致性和对称性等方面要求更高。

2.7.5 失效分析

光电子器件在生产、测试、装配、应用过程中发生的失效，均应开展失效分析，找出失效原因和机理，确定失效性质，并由有关责任单位采取针对性纠正措施，确保器件的固有可靠性和应用可靠性满足宇航应用要求。失效分析应遵循以下原则：1）全面性原则，定位造成器件失效的所有失效模式，对所有失效模式进行失效机理和失效原因分析；2）准确性原则，对确定的失效模式，通过多种分析途径和方法确定和验证分析结论，结论应具有准确性和排他性；3）安全性原则，失效分析过程中不应对器件引入新的失效模式；4）顺序原则，按照对器件损伤程度的大小，先进行非破坏性分析，后进行破坏性分析；5）效率原则，保证分析全面和准确的前提下，减少不必要的分析流程和措施。

光电子器件除常规失效外，带光纤尾纤及存在内部空间光路的光电子器件常发生以下失效模式，需进行准确失效分析：1）光纤断裂失效，根据光纤断面扫描电镜分析结果，确认发生断裂原因，如光纤原有缺陷生长断裂、拉力断裂、扭转力断裂、操作断裂、疲劳断裂等。2）耦合移位，残余应力如热胀冷缩造成耦合对准位置偏移、外加应力造成管壳变形或出纤尾管偏移进而引起耦合移位、器件内部粘接胶体空洞或开裂造成耦合移位、非对称结构及粘接组装造成耦合移位等。3）有源器件芯片失效，半导体材料内固有暗点、暗线造成载流子非辐射复合、激光腔面光学灾变损伤（COD）、静电损伤、过电应力损伤等。4）器件内部光路中芯片出光（收光）端面、晶体、透镜、膜片、光纤端面等被有机物、水渍沾污或被多余物掩蔽造成光透过率下降等。

2.7.6 应用验证

针对新型或新研光电子器件，需开展应用验证工作，来确定产品针对特定应用要求的符合程度和适用性。宇航光电子器件应用验证是对元器件在宇航系统应用前开展的一系列试验、评估和综合评价等工作，以确定光电子器件研制的成熟度和在宇航任务中应用的适用度，并通过综合分析、评价得出可用度[86]。元器件应用验证工作一般包括以下要素，可根据元器件的研制状况、应用要求合理选择：1）生产厂评价；2）结构分析；3）评估试验；4）地面以及飞行阶段应用验证试验。

所有试验和检验提供的样品器件应为通过设计鉴定的正样产品。元器件应用验证典型试验有以下几项。

（1）功能性能测试分析

对光电子器件进行功能性能测试分析，包括测试覆盖性分析和不同条件的测试及结果分析。测试覆盖性分析应包含性能指标测试和测试环境的分析；不同条件的测试是指对一定数量的器件进行不同工作条件及温度的测试，并对结果进行分析。

（2）结构分析

光电子器件的固有可靠性是由其结构设计和生产控制所决定的，器件的结构中包含着许多重要的可靠性信息。结构分析是通过一系列破坏性和非破坏性检验、分析和试验，对元器件的设计、工艺和材料等满足评价要求和相关项目运行要求的能力做出早期判断，是对宇航应用元器件进行可靠性评价的重要技术之一。元器件结构分析实施的三个关键环节分别是结构单元分解、结构要素识别和结构判别与评价，根据各个评价结果给出最终对元器件的评价结论[88]。光电子器件主要为长方体和圆柱体两种封装形式，内部元件的组装固定及粘接方式对其性能稳定性和可靠性有较大影响，通常需要结合机械结构和材料学知识进行分析。比如对内部光纤的悬臂梁结构特性进行分析，从而判断其承受力学条件的能力。

（3）极限评估

宇航元器件极限评估是指分析元器件应用中所关注的功能、性能和可靠性与产品规范要求之间的裕度和余量，以及在设计、材料和工艺方面的潜在缺陷，采用高加速应力和持续应力的试验方法以获得极限条件下的适应能力，评估光电子器件在热、力、电、辐射等环境应力作用下可承受的应力极限值和失效模式，综合评价元器件的极限耐受能力[89]。极限评估结果可用于元器件的性能改进和任务应用降额设计分析。

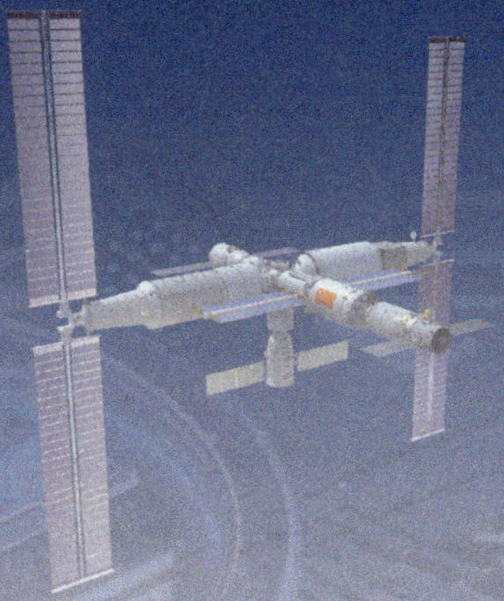

第3章 半导体光源在宇航环境条件下的性能演变及抑制技术

半导体光源具有体积小、效率高、功耗低等特点，非常适合宇航光电系统应用。除了成像探测和太阳能电池之外，半导体光源几乎被各种宇航光电系统所采用，如光纤通信、激光通信、光纤传感、量子信息等。半导体光源材料一般采用Ⅲ-Ⅴ族化合物，经过半个多世纪的发展，其波长覆盖范围从深紫外发展到远红外波段，输出功率从毫瓦级到千瓦级以上。如 GaAs 基器件的发光波长范围为 610～1 300 nm。其中 InGaP/InGaAlP 量子阱激光器的激射波长范围为 610～700 nm，主要应用于激光显示等领域；(In)Ga(Al)As/AlGaAs 量子阱激光器的激射波长范围为 700～1 100 nm，在固态激光泵浦（Nd:YAG）、光纤激光泵浦和工业加工等领域有广泛应用；如果 GaAs 基 InGaAs/GaAs 量子点激光器引入 N 元素，其激射波长可以拓展到 1 300 nm 附近。InP 基四元化合物 $Ga_xIn_{1-x}As_yP_{1-y}$ 通过调节 x、y 两个组分变量可实现发光波长范围为 0.92～1.68 μm，覆盖了两个石英玻璃光纤通信窗口 1 310 nm 和 1 550 nm，前者对应于光纤零色散窗口，而后者对应于光纤最小传输损耗窗口，是光纤通信系统的核心器件。在短波长方向上，氮化镓（GaN）可和氮化铟（InN）、氮化铝（AlN）形成三元或四元化合物，禁带宽度可在 0.7～6.2 eV 之间调节，波长覆盖整个可见光区及部分紫外光区。通过调节 In 的含量，InGaN 可覆盖 365～1 770 nm 波长，通过调节 Al 的含量，AlGaN 可覆盖深紫外至绿光波段（220～530 nm），是绿、蓝、紫及紫外半导体激光器的重要材料。在 2～4 μm 波段范围内，则主要是碲化物材料，其器件在气体探测和有机物成分分析中起到了重要作用。基于单极性量子阱级联技术的器件进一步将波长延伸到远红外直至太赫兹波段，是实现工业气体检测、大气污染监测、易燃易爆危险品的安全检查以及防恐防爆的重要手段。

半导体光源材料体系多样、结构种类繁多，输出特性各异，本章将以介绍半导体光源共性的原理和特性为主，重点介绍近红外波段半导体光源在宇航环境条件下的性能演变和抑制技术。半导体光放大器在原理、结构上和半导体光源类似，在本章一并介绍。

3.1 半导体光源及放大器技术

3.1.1 半导体中的光子-电子相互作用

按照光辐射和吸收的量子理论，物质发射光和吸收光的过程都是与构成物质的原子（或分子、离子等）在其能级之间的跃迁联系在一起的。光场与物质原子辐射间的作用有三种基本过程，即光的自发辐射、光的受激辐射和受激吸收。对于一个包含着大量原子的物质体系，这三种过程同时存在且不可分割。

1）受激吸收：处在低能级 E_1 上的电子，在频率为 ν、能量为 $h\nu=E_2-E_1$ 的外来光子的激励下（h 为普朗克常数），吸收一个光子并受激跃迁到高能级 E_2，形成电子-空穴对的过程称为光子的受激吸收，如图 3-1（a）所示。受激吸收是光电导、光探测器的工作原理。

2）自发辐射：在热平衡条件下或者电流激励下，处在高能级 E_2 上的电子是不稳定的，它会自发地跃迁到低能级 E_1，并且发射一个能量为 $h\nu=E_2-E_1$ 的光子（本书公式中的字母仅在首次出现时进行说明，在本小节中重复出现时不再对其说明），这就是电子的自发辐射，如图 3-1（b）所示。如果半导体处于激励状态，导带占有的电子密度很高，此时发生自发辐射的概率很高，大量的导带电子从各个能级的导带跃迁到价带的电子均产生光辐射，从而使这种光源的光谱很宽；同时，因为光子的辐射方向是任意的，所以只有很少的光子能在预想的方向上辐射，因此这种光源的亮度较低，光子的辐射是自发和独立进行的，随时都在发生。它们辐射出的光波方向和相位都不一致，波列的偏振方向和传播方向也是随机分布的。显然原子自发辐射出来的光波是非相干光，自发辐射具有宽光谱、低强度、低定向性、非相干性的特性。

自发辐射是半导体发光二极管（Light - Emitting Diode，LED）的工作基础。即使在半导体激光器中也可能存在一定比例的自发辐射分量。

3）受激辐射：处在高能级 E_2 上的电子，在能量为 $h\nu=E_2-E_1$ 的外来光子的激励下受激跃迁到低能级 E_1，并发射出与外来激励光子频率、相位、偏振方向和传播方向都相同的光子，这种发射称为受激辐射，如图 3-1（c）所示。相对于自发辐射，外来激励光子激发了一个带有相同频率（波长）光子的辐射，这个特性保证了所得到的辐射光的光谱宽度较小。同时受激辐射光子都在同一个方向传播，它们都为输出光作出贡献，因此受激辐射光亮度高。另外所有受激光子的发射方向都与激发它们的光子发射方向相同，受激光有很好的定向性。由于受激辐射光子是在外来光子的激励下辐射的，这两种光子是同步的，在时间上是一致的，相位相同，所以受激辐射是相干的。与自发辐射相比，受激辐射具有窄光谱、高输出功率、强定向性和相干性特点。

受激辐射是半导体激光器（Laser Diode，LD）、半导体光放大器（Semiconductor Optical Amplifier，SOA）的工作基础。超辐射发光二极管（Super Luminescent Diode，SLD）则介于 LD 和 LED 之间，自发辐射和受激辐射共存。

显然，上述三种过程是相互联系但又有区别的。受激吸收与受激辐射是互逆的跃迁过程，而受激辐射与自发辐射的区别在于这种辐射跃迁中是否有外来光子的参与。而且，在实际的光电子器件中，可能并存两种或三种跃迁过程，只是在一定条件下某一跃迁过程占主导地位。

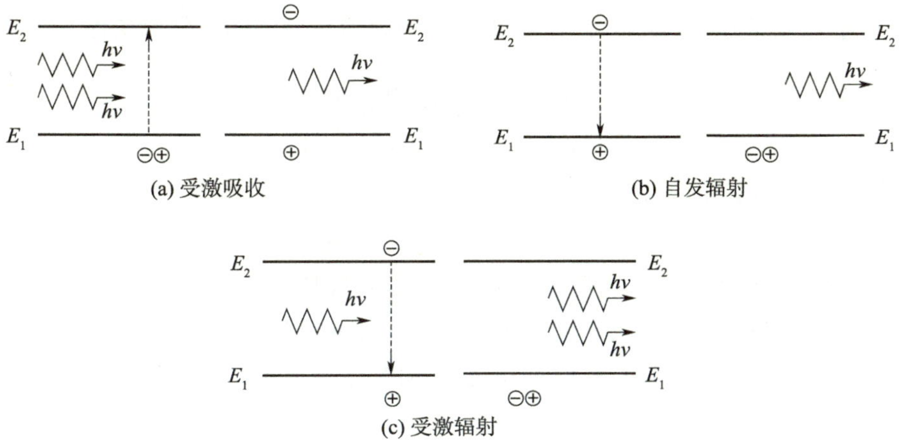

图 3 - 1　半导体中光子与电子相互作用的基本过程

3.1.2　半导体激光器工作原理

光通过介质时，与低能量和高能量原子能级的耦合会产生“受激辐射”和“受激吸收”两个相反的过程，前者使入射光增强，后者使入射光减弱。为了能产生受激辐射光，必须满足受激辐射速率大于受激吸收速率的条件，即

$$E_{F2}-E_{F1}\geqslant E_2-E_1=h\nu \tag{3-1}$$

式中，E_{F2}、E_{F1} 分别为导带中电子和价带中空穴的准费米能级。上式表明，半导体中产生受激辐射的必要条件是对应非平衡电子和空穴的准费米能级之差大于受激辐射的光子能量。此时有源介质就能形成粒子数反转分布，吸收系数变为负数，半导体材料由光吸收介质变成了增益介质。但是要获得持续的激光输出，还须将此增益介质置于光学谐振腔内，使光波在两个腔面之间形成谐振，实现激光的持续放大和选模。

半导体激光器谐振腔的谐振条件包括振幅条件和相位条件两个部分。振幅条件决定了半导体激光器的阈值，相位条件决定了半导体激光器谐振波长的精细结构。对于给定的法布里-珀罗（Fabry - Perot，F - P）半导体激光器而言，假设长度为 L、传播常数为 β 的谐振腔内，光波导模式的电场在谐振腔后端面（$z=0$）处和前端面（$z=L$）处的功率反射率分别为 R_b、R_f，并把正向传播的光场 $E_+(x,y,z)$ 和反向传播的光场 $E_-(x,y,z)$ 写成

$$E_+(x,y,z)=E_+(x,y,0)\exp[(\Gamma g-\alpha_i)z+\mathrm{i}\beta z] \tag{3-2}$$

$$E_-(x,y,z)=E_-(x,y,0)\exp[-(\Gamma g-\alpha_i)z-\mathrm{i}\beta z] \tag{3-3}$$

式中，Γ 为波导限制因子；α_i 为谐振腔内损耗；g 为增益系数。

在波导端面，利用腔面上的边界条件可得

$$E_{+}(x,y,0)=\sqrt{R_b}E_{-}(x,y,0) \tag{3-4}$$

$$\sqrt{R_f}E_{+}(x,y,L)=E_{-}(x,y,L) \tag{3-5}$$

阈值激射时，将边界条件和光场方程联立，消去电场可得

$$\sqrt{R_bR_f}\exp[2(\Gamma g_{\text{th}}-\alpha_i)L+2\mathrm{i}\beta L]=1 \tag{3-6}$$

由上式等号左边实部为 1，虚部为 0，可得振幅的阈值条件和相位阈值条件

$$\Gamma g_{\text{th}}=\alpha_i+\frac{1}{2L}\ln\frac{1}{R_bR_f} \tag{3-7}$$

$$2\beta L=2m\pi(m=1,2,\cdots) \tag{3-8}$$

相位阈值条件（3-8）可写为

$$2n_gL=m\lambda(m=1,2,\cdots) \tag{3-9}$$

式中，g_{th} 为阈值增益系数；n_g 为群折射率；λ 为激光波长。

从振幅的阈值条件可以看出，如果半导体激光器在谐振腔中能够激射发光，要求总的增益大于总的损耗。总的损耗包括腔内损耗 α_i 和腔面反射引入的镜面损耗 α_m 两部分。镜面损耗为

$$\alpha_m=\frac{1}{2L}\ln\frac{1}{R_bR_f} \tag{3-10}$$

则式（3-7）可写为

$$\Gamma g_{\text{th}}=\alpha_i+\alpha_m \tag{3-11}$$

由振幅阈值条件可知，当激光器达到阈值时，光子从每单位长度介质所获得的增益必须足以抵消介质对光子的吸收、散射等内部损耗和从腔面的激光输出等引起的损耗。显然，尽量减小光子在介质内部的损耗，适当增加增益介质的长度和对非输出腔面镀高反射膜都能降低激光器的阈值增益。

由阈值相位条件（3-9）可得谐振腔内波长的纵模间隔为

$$\Delta\lambda=\frac{\lambda^2}{2n_gL} \tag{3-12}$$

纵模间隔的角频率形式为

$$\Delta\omega=\frac{2\pi}{2L\dfrac{\partial\beta}{\partial\omega}}=\frac{\pi c}{Ln_g} \tag{3-13}$$

式中，ω 为光波角频率；β 为光波传播常数；c 为真空光速。

由上式可以看出，纵模间隔与腔长成反比。由于半导体激光器的腔长很短，通常为 200～300 μm，所以它的纵模间隔 $\Delta\lambda$ 比气体和固体激光器要大得多。由上式可知，谐振腔允许存在的纵模是一个无穷的系列。激光器中到底能出现哪些纵模，还要由激光介质的增益谱宽和谱展宽机制等条件决定。如图 3-2 所示，只有那些增益达到阈值条件而又被谐振腔允许的波长才能形成激光振荡。尽管纵模间隔很大，但是由于半导体激光器的增益谱比较宽，所以半导体激光器通常仍是多纵模振荡。

定义谐振腔内的光子密度为 $S(V)$，V 为谐振腔体积，则谐振腔内光波的能量为

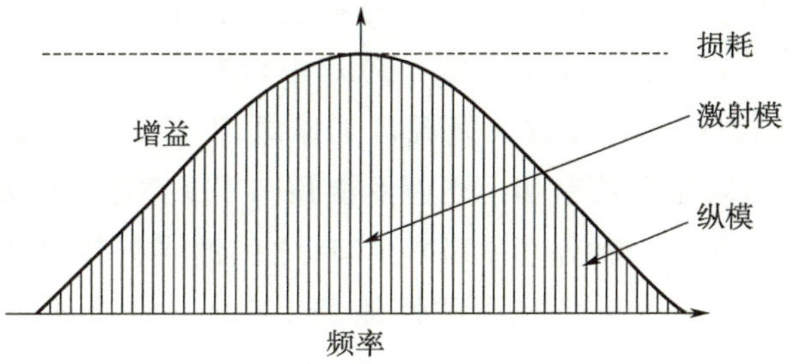

图 3－2　半导体激光器的增益谱

$$E_V = \int \hbar\omega S(V)\mathrm{d}V \tag{3-14}$$

式中，$\hbar = \dfrac{h}{2\pi}$；h 为普朗克常数。谐振腔内的光波能量随着半导体激光器的腔面出射形成镜面损耗，若光的群速度为 υ_g，则能量损耗速度为 $\upsilon_g\alpha_m$，半导体激光器发射激光的功率为

$$P = E_V\upsilon_g\alpha_m = \upsilon_g\alpha_m\hbar\omega\int S(V)\mathrm{d}V \tag{3-15}$$

谐振腔内沿 $+z$ 方向传播的光，在 $z=L$ 处的镜面处反射率为 R_f，透射率为 $1-R_f$，则

$$P_f = \frac{E_V\upsilon_g\alpha_m}{1+\sqrt{\dfrac{R_f}{R_b}}\dfrac{1-R_b}{1-R_f}} = \frac{\upsilon_g\alpha_m\hbar\omega\int S(V)\mathrm{d}V}{1+\sqrt{\dfrac{R_f}{R_b}}\dfrac{1-R_b}{1-R_f}} \tag{3-16}$$

同理，$-z$ 方向输出光功率和光子密度的关系为

$$P_b = \frac{E_V\upsilon_g\alpha_m}{1+\sqrt{\dfrac{R_b}{R_f}}\dfrac{1-R_f}{1-R_b}} = \frac{\upsilon_g\alpha_m\hbar\omega\int S(V)\mathrm{d}V}{1+\sqrt{\dfrac{R_b}{R_f}}\dfrac{1-R_f}{1-R_b}} \tag{3-17}$$

由式（3－17）可知，半导体激光器的阈值电流和输出功率与腔面的功率反射率 R_b、R_f 密切相关。因而，可以对反射率进行优化设计，从而改善半导体激光器的性能。一般而言，通过芯片解理出来的晶面有着天然的反射率（约为 0.32）。但在很多应用中，希望前方的输出功率能够增大，即使后方几乎没有输出功率也没有关系。这时可以通过腔面镀膜技术，在后腔面蒸镀高反射膜，使得 R 趋近于 1，同时在前腔面蒸镀减反射膜来增加功率输出。

3.1.3　半导体光源的分类

半导体光源根据结构和发光特性的不同，大致可分为半导体激光器（LD）、半导体发光二极管（LED）和超辐射发光二极管（SLD）。

LD、LED 和 SLD 在发光原理和器件结构上相似，它们都属于电注入发光器件，通过注入载流子使电子-空穴复合发光。三者的不同点在于：LD 采用光学谐振腔，是一种受激辐射的发光器件，发出的激光具有良好的时间和空间相干性，光谱宽度小，光束发散角小；LED 则是自发辐射发光的非相干光源，芯片中没有谐振腔，输出光谱较宽，相干性低；SLD 是一种自发辐射的单程光放大光源，工作原理和 LED 类似，在本质上是一种高度优化的 LED。SLD 的高输出功率和小光束发散角与 LD 类似，但是其宽输出光谱和低相干性又与 LED 类似，因而是一种介于 LED 和 LD 之间的半导体光源，同时具备了较高的输出功率和较宽的输出光谱。SLD 光源的性能和 LED、LD 有相似之处，但也存在不同点[90-92]。在几何结构上它与 LD 相似，但是没有内构的光学正反馈机制，所以不会因为受激辐射而产生激光。在低注入电流时，SLD 与 LED 十分相似，但是在高注入电流时 SLD 的输出功率以高线性度急剧上升。

半导体激光器种类很多，可按照材料、器件结构、发射波长、输出功率等不同方面进行分类。其中，按照有源区结构一般可分为同质结、异质结和量子阱激光器，近年来，随着激光器技术的发展，量子线、量子点、量子级联等激光器的研制也都取得了巨大进步。按照谐振腔结构可将激光器分为 F－P 腔、分布反馈式（Distributed Feedback，DFB）、分布布拉格反射式（Distributed Bragg Reflector，DBR）、垂直腔发射激光器（Vertical－Cavity Surface－Emitting Laser，VCSEL）等类型的激光器。

F－P 激光器利用半导体材料在谐振腔两端的解理面形成反射镜，与增益介质形成的光波导共同构成 F－P 谐振腔。F－P 谐振腔制备工艺简单，但是这种谐振腔最大的弱点是不能产生稳定的单波长激光，即它支持多波长谐振。DFB 激光器的基本结构是在激光器的谐振腔内，沿谐振腔长度方向制作一个布拉格光栅，从而起到波长选择的作用。DBR 激光器采用布拉格光栅作为反射镜，既利用光栅的反射功能又利用其选频功能。DBR 激光器和 DFB 激光器的主要区别在于布拉格光栅的位置，DBR 激光器的光栅位于有源区的两端，DFB 激光器的光栅直接刻制在有源区上。

3.1.4 半导体光源组件的结构及封装

由于芯片结构、发光特性及应用需求不同，封装的结构和方式也不同，常用的半导体光源封装形式主要有双列直插式封装、蝶形封装和同轴封装三种。

（1）双列直插式封装

双列直插式封装结构的电极引线呈双列分布在管壳底部两侧，垂直向下。这种管壳使用、检查、调换方便，管壳与盖板通常使用密封性好、方便焊接的镀金可伐材料。可在内部封装半导体制冷器、热敏电阻、背向探测器、处理电路等。

（2）蝶形封装

蝶形封装与双列直插封装方式相比，最直观的区别是管脚在管壳的两侧，由于外形近似于蝶形，因此被称为蝶形封装。

蝶形封装和双列直插式封装光源只是在管壳的外部结构上存在区别，在内部组装结构上基本相同，典型的组件结构如图 3－3 所示，在金属管壳内部，除光源管芯外，通常还配置其他元件，包括以下几项。

①热敏电阻

热敏电阻是光源组件中敏感组件内部温度的元件。其“阻值-温度”特性曲线一般是负系数的。

②金属化光纤（尾纤）和连接器

金属化光纤用于将半导体芯片辐射的光耦合输出，耦合端面多加工成锥状或圆球透镜状，封装在光源组件内部的部分表面镀金属，以便于焊接固定和气密封装。

③热电制冷器

热电制冷器（Thermoelectric Cooler，TEC）是一种半导体热电元件，通过改变电流的极性达到加热或冷却的目的，通过控制电流大小改变加热或冷却的功率，实现管芯温度的稳定。

④金属支架

光源组件封装耦合时，用来固定金属化光纤的元件，通过激光焊接机焊接在热沉上。

⑤热沉

光源组件封装时，连接在管芯和热电制冷器之间的金属块，材料有铜、镍、氮化铝、金刚石等，用于扩大管芯的散热面积，并起到金属化光纤固定平台的作用。

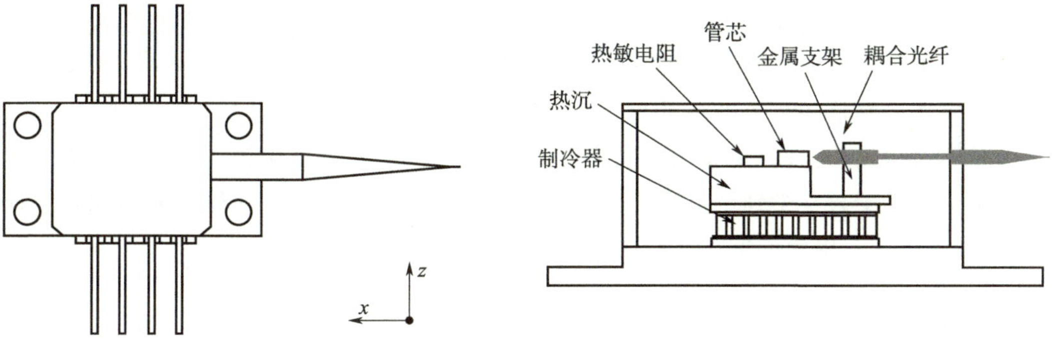

图 3－3　蝶形封装光源结构示意图

（3）同轴封装

同轴封装通常称为 TO 封装，是半导体光源及探测器组件常用的一种封装形式。在同轴封装结构中，激光器芯片位于轴中心。光的输出根据不同的应用需求有两种方式：光窗输出和光纤输出。光窗输出和光纤输出同轴封装结构示意图如图 3－4 所示[93]。

同轴输出封装结构主要包括：TO 管座、内套、透镜座、外套及光学准直系统，各部件之间一般用胶粘剂连接。光窗输出结构总光束经过准直系统准直后由光窗直接输出，而在光纤输出结构中，光束经准直聚焦后由端面耦合入光纤，由光纤输出。

3.1.5　半导体光源的主要性能参数及特性

光源是光电应用系统中光信号的源头，光源的特性对光电系统性能往往起到关键作用，而且不同的应用领域对光源特性的要求差异很大。光源功率稳定性决定了通信的误码

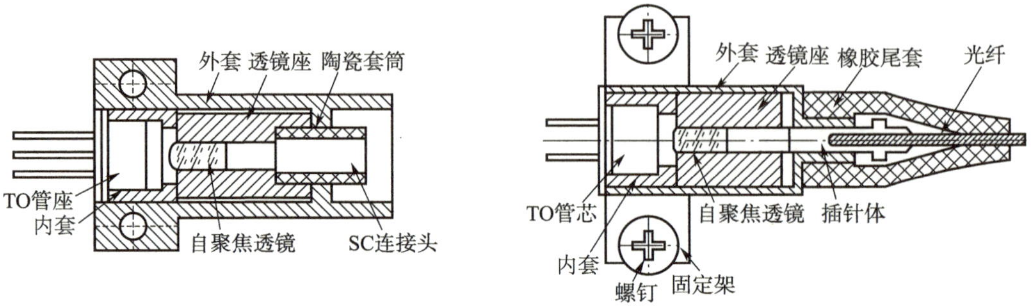

(a) 光窗输出　　(b) 光纤输出

图 3-4　同轴封装激光器结构示意图

率，光源的谱宽决定了光信号的相干性，光源的偏振度和干涉信号中的直流分量、光路的偏振噪声等相关；光源的噪声特性和调制特性是微波光子系统中重点关注的特性，直接决定了系统的带宽和噪声水平；光源的远场特性是空间激光通信、大功率激光等领域深入研究的特性。

3.1.5.1　光功率特性

图 3-5 给出了 LED、SLD 和 LD 的 $P-I$（输出光功率-驱动电流）特性曲线，在低注入电流（小于阈值电流）时，由于自发辐射占优势，LED、SLD 和 LD 的 $P-I$ 曲线十分相似，输出功率都是随注入电流的增大而线性增加；当注入电流超过 LD 的阈值电流时，由于受激辐射占优势，LD 的输出光功率急剧上升；而对于 SLD 来说，由于没有光学谐振腔，自发辐射光子只是受到了单程的受激光放大，所以没有像 LD 那样明显的拐点（阈值电流），但随着注入电流的增大，输出光功率也呈现线性增加的趋势。

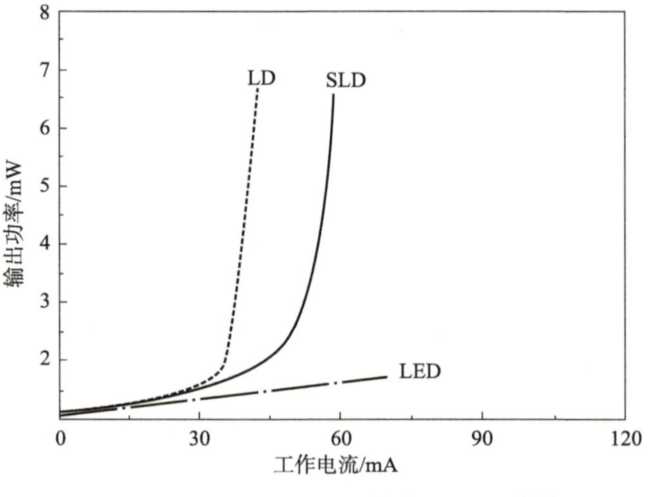

图 3-5　LED、SLD 和 LD 的典型 $P-I$ 曲线

（1）LD 的输出功率

LD 的输出光功率是驱动电流的函数[94]，即

$$P = P_{\text{th}} + \frac{\eta_d h\nu}{e}(I - I_{\text{th}}) \tag{3-18}$$

式中，P、I 分别为激光器的输出光功率和驱动电流；P_{th}、I_{th} 分别为相应的阈值功率和阈值电流；$h\nu$、e 分别为光子能量和电子电荷；η_d 为微分量子效率。由上式可以看出，当注入电流超过阈值电流 I_{th} 时，受激辐射光功率随着电流增大而线性增大。

激光器的阈值条件说明，只有谐振腔里的增益增大到能够克服损耗，才能建立起稳定的光振荡，输出谱线尖锐、方向性好的激光，而增大增益的方法就是加大半导体激光器的注入电流，因此阈值的大小决定着器件的功耗，也就决定着器件的连续工作时间和使用寿命，阈值低，则功耗低，连续工作时间就长，使用寿命就长。在通信领域，激光器的阈值直接影响系统的信号调制性能，如果阈值高，则同时要提高信号中的直流分量，才能减少信号的失真，提高调制性能，而且从功耗的角度看，直流成分高的系统，其功耗一定较高，这样对系统运行的稳定性是一个影响。

（2）LED 的输出功率

LED 的工作特性与其所用的材料和具体的结构密切相关，其输出功率直接取决于有源区的有效电子密度，而电子密度又是表面复合速率、有源层厚度、载流子扩散长度以及有源层自身吸收速率的函数。因此，LED 的输出光功率可以表示为驱动电流和电子密度的函数[6]，即

$$P = \frac{\eta h\nu}{e} I \tag{3-19}$$

式中，I 为驱动电流；η 为量子效率。由上式可以看出，LED 为非阈值器件，LED 输出光功率与注入电流成正比，而实际器件都会出现明显的非线性，通常根据需要采用一些线性化电路技术（如预校准线性化或者负反馈）使 LED 获得线性工作特性。

（3）SLD 的输出功率

当驱动电流大于阈值电流时，SLD 光源管芯输出功率的经验表达式为[95]

$$P = S_0 \exp\left[\frac{-(T-25)}{T_1}\right]\left[I - I_0 \exp\left(\frac{T-25}{T_0}\right)\right] \tag{3-20}$$

式中，I_0 为 25 ℃下的阈值电流；S_0 为 25 ℃下的 $P-I$ 曲线斜率；T 为工作温度；T_0 为阈值电流特性的特征温度；T_1 为 $P-I$ 曲线斜率特性的特征温度。该模型只适用于驱动电流大于阈值电流、温度范围小（10～30 ℃）的情况，高温使用时 T_0、T_1 均需修正。该指数模型可用于静态分析，不适合高低温启动等动态过程的性能分析。

3.1.5.2　效率特性

半导体激光器是将电能直接转换为光能的光发射器件。与固体、气体激光器相比它具有很高的转换效率。根据不同的应用场合，可采用不同的效率表示形式。

（1）功率效率

功率效率表征激光器将电功率转换为输出光功率的效率 η_p

$$\eta_p = \frac{P_{em}}{IV + I^2 R_s} = \frac{P_{em}}{\frac{IE_g}{e} + I^2 R_s} \tag{3-21}$$

式中，P_{em} 表示输出光功率；I 为工作电流；V 为激光器 PN 结的正向压降；R_s 为串联电阻（包括半导体材料的体电阻和电极的欧姆接触电阻）。对于理想的激光器，当达到阈值以后，PN 结的结电压 V 保持不变，近似为 E_g/e，E_g 为带隙能量。这样，加在激光器上的正向电压为

$$V_a \approx \frac{E_g}{e} + IR_s \tag{3-22}$$

通过测量激光器的电压-电流（$V-I$）曲线，可以估算 R_s。提高功率转换效率的关键是尽可能产生良好的欧姆接触，减少 R_s。改善管芯散热环境，降低工作温度也有利于功率转换效率的提高。

（2）内量子效率

半导体电子与空穴的复合分为辐射复合、非辐射复合。内量子效率定义为辐射复合产生的光子数与复合载流子总数之比。半导体中非辐射复合主要包括：异质结界面态的复合、缺陷和杂质复合及俄歇复合。俄歇复合对长波长激光器的影响很严重，在其他激光器中可以忽略。这样，注入载流子的寿命 τ_{eff} 可表示为

$$\frac{1}{\tau_{\text{eff}}} = \frac{1}{\tau_r} + \frac{2v_r}{d} + \frac{1}{\tau_{nr}} \tag{3-23}$$

式中，τ_r 为载流子辐射复合寿命；τ_{nr} 为载流子非辐射复合寿命；v_r 为晶格失配造成的界面复合速度，它正比于晶格失配程度；d 为有源区的厚度。内量子效率 η_i 为

$$\eta_i = \left(1 + \frac{2v_r\tau_r}{d} + \frac{\tau_r}{\tau_{nr}}\right)^{-1} \tag{3-24}$$

（3）外微分量子效率

外微分量子效率 η_d 定义为激光器达到阈值以后，单位注入载流子产生的光子数，即

$$\eta_d = \frac{\dfrac{(P_{em} - P_t)}{h\nu}}{\dfrac{(I - I_{\text{th}})}{e}} \tag{3-25}$$

式中，P_t 是对应阈值电流的功率输出。因 $P_t \ll P_{em}$，故可将上式简化为

$$\eta_d = \frac{\dfrac{P_{em}}{h\nu}}{\dfrac{(I - I_{\text{th}})}{e}} \tag{3-26}$$

因为 $h\nu \approx E_g \approx eV_a$（$V_a$ 为外加正向电压），上式可进一步简化为

$$\eta_d = \frac{P_{em}}{\dfrac{(I - I_{\text{th}})}{V_a}} \tag{3-27}$$

考虑到激光器发射的光功率 P_{em} 正比于 $\frac{1}{2L}\ln\frac{1}{R_fR_b}$，有源区产生的光功率正比于 $\frac{1}{2L}\ln\frac{1}{R_fR_b} + \alpha_i$，则有

$$\eta_d = \frac{\dfrac{1}{2L}\ln\dfrac{1}{R_f R_b}}{\dfrac{1}{2L}\ln\dfrac{1}{R_f R_b}+\alpha_i} = \eta_i\left(1+\frac{2L\alpha_i}{\ln\dfrac{1}{R_f R_b}}\right)^{-1} \tag{3-28}$$

式中，L 为谐振腔的腔长；R_f 、R_b 为腔面反射率；α_i 为谐振腔内部损耗，包括自发辐射复合再吸收产生的损耗，有源区内自由载流子吸收损耗，光子逸出有源层产生的散射、吸收等损耗。

3.1.5.3　光谱相关特性

光谱特性的表征参数包括中心波长、峰值波长、平均波长、光谱宽度和光谱调制度等参数。

中心波长是指在光源的输出光谱中最大输出功率半值点对应的两波长的平均波长。即图 3 - 6 中所示的 λ_c 位置，其中 λ_1 和 λ_2 就是最大功率半值点所对应的两波长，中心波长 $\lambda_c = \dfrac{\lambda_1+\lambda_2}{2}$。

峰值波长是指在光源的输出光谱中，对应最大输出功率的光谱波长，即图 3 - 6 中所示的 λ_p 位置。

平均波长是指光源所有光谱分量的加权平均值，可以表示为

$$\lambda_{\text{mean}} = \frac{\sum \lambda_n \cdot P_n}{\sum P_n} \tag{3-29}$$

式中，λ_n 为第 n 个波的波长；P_n 为第 n 个波的功率。

光谱宽度是指在光源的输出光谱中，最大峰值功率下降 3 dB 处对应的两波长间距，即 3 dB 带宽，如图 3 - 6 所示，光谱宽度 $\Delta\lambda = \lambda_2 - \lambda_1$。

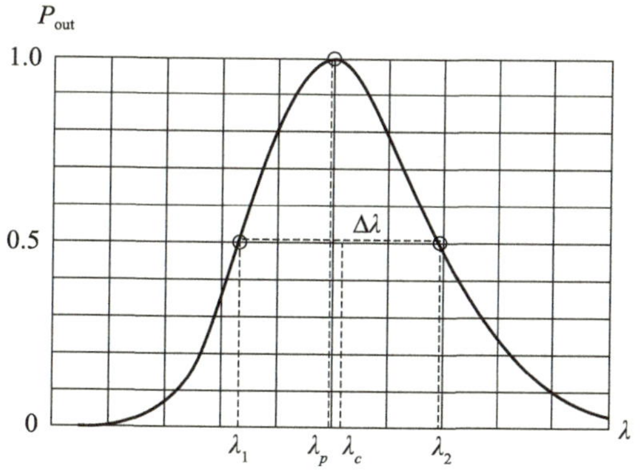

图 3 - 6　SLD 光源输出光谱

光谱调制度（Spectrum Modulation）也称为光谱波纹（Ripple），是指光源光谱中周期性波动的范围，以 dB 为单位，如图 3 - 7 所示。

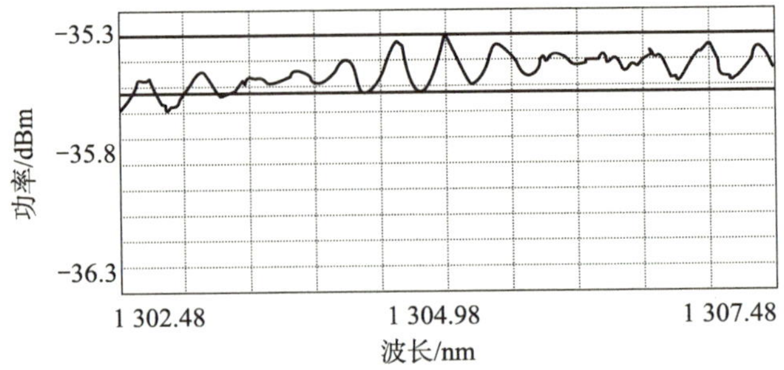

图 3-7　光谱调制度示意图

3.1.5.4　相干特性

光的干涉程度可以通过空间相干性和时间相干性定性地说明。空间相干性描述干涉源尺寸对干涉效果的影响，当干涉源尺寸较大时，不同部位的光在同一干涉点发生干涉时的相位差不同，从而降低了干涉条纹的可见度。时间相干性描述的是干涉源的光谱宽度对干涉效果的影响，当干涉源为非单色光源，发出含有多个波长的光时，每个波长都会形成自己独立的干涉条纹，不同波长间除零干涉级外，其他干涉级位置并不相同，从而降低了干涉条纹的可见度。当在光纤内发生干涉时，由于光纤的直径较小，可以忽略空间相干性，而只考虑时间相干性。

设同一光源发出的光分成两束后经过不同的传输路径后发生干涉，两束光到达干涉点的光场为

$$E_1(t)=\sqrt{I_1}A(t) \tag{3-30}$$

$$E_2(t-\tau)=\sqrt{I_2}A(t-\tau) \tag{3-31}$$

式中，I_1、I_2 分别为两束光的光强；$A(t)$、$A(t-\tau)$ 分别表示两束光波的时变部分；τ 为两束光之间的时延差。

两光束的干涉光强度为

$$\begin{aligned} I &= \langle [E_1(t)+E_2(t)]\cdot[E_1(t)+E_2(t)]^*\rangle \\ &= \langle [\sqrt{I_1}A(t)+\sqrt{I_2}A(t-\tau)]\cdot[\sqrt{I_1}A(t)+\sqrt{I_2}A(t-\tau)]^*\rangle \\ &= I_1\langle A(t)\cdot A(t)^*\rangle + I_2\langle A(t-\tau)\cdot A(t-\tau)^*\rangle + \sqrt{I_1I_2}\langle A(t)\cdot A(t-\tau)^*\rangle + \\ &\quad \sqrt{I_1I_2}\langle A(t-\tau)\cdot A(t)^*\rangle \end{aligned} \tag{3-32}$$

定义归一化相干函数为

$$\gamma(\tau)=\frac{\langle E_1(t)\cdot E_2(t-\tau)^*\rangle}{\langle E_1(t)\cdot E_1(t)^*\rangle\langle E_2(t)\cdot E_2(t)^*\rangle} \tag{3-33}$$

则干涉光强度可表示为

$$I=I_1+I_2+2\sqrt{I_1I_2}\,\mathrm{Re}[\gamma(\tau)] \tag{3-34}$$

同一光源的两束光的干涉除了和两光束之间的相位差有关外，还和光源的光谱有关。

一旦确定了光源的光谱就可以确定两束光的相干函数。以下列出了几种常用光谱和其归一化相干函数。

（1）高斯型光谱

$$a^2(f)=\frac{2\sqrt{\ln 2}}{\sqrt{\pi}\Delta f_h}e^{-\left[2\sqrt{\ln 2}\frac{(f-\bar{f})^2}{\Delta f_h}\right]^2} \tag{3-35}$$

对应的相干函数为

$$\gamma(\tau)=e^{-(\pi\Delta f_h\tau/2\sqrt{\ln 2})^2}e^{i2\pi\bar{f}\tau} \tag{3-36}$$

式中，Δf_h 为光谱半高半宽；$\bar{f}$ 为光谱中心频率。

（2）洛仑兹光谱

$$a^2(f)=\frac{2(\pi\Delta f_h)^{-1}}{1+\left(2\frac{f-\bar{f}}{\Delta f_h}\right)^2} \tag{3-37}$$

对应的相干函数为

$$\gamma(\tau)=e^{-\pi\Delta f_h|\tau|}e^{i2\pi\bar{f}\tau} \tag{3-38}$$

（3）矩形光谱

$$a^2(f)=\frac{1}{\Delta f_h}\text{rect}\left(\frac{f-\bar{f}}{\Delta f_h}\right) \tag{3-39}$$

对应的相干函数为

$$\gamma(\tau)=|\text{sinc}(\Delta f_h\tau)|e^{i2\pi\bar{f}\tau} \tag{3-40}$$

相干函数可以精确地定量描述光波之间的相干性，实际应用中还用到两个定性描述相干性的参数：相干时间和去相干时间。定义相干函数 $\gamma(\tau)$ 的均方根半宽（1σ 半宽）为输入光的相干时间 τ_c，其定义式为

$$\tau_c=\frac{\int_{-\infty}^{+\infty}\tau^2\Gamma_c^2(\tau)d\tau}{\int_{-\infty}^{+\infty}\Gamma_c^2(\tau)d\tau} \tag{3-41}$$

式中，Γ_c 为对称型功率谱密度 $a^2(f)$ 的傅里叶逆变换。

定义功率谱密度的均方根半宽为

$$\Delta f^2=\frac{\int_{-\infty}^{+\infty}(f-\bar{f})^2[\alpha^2(f)]^2d\tau}{\int_{-\infty}^{+\infty}[\alpha^2(f)]^2d\tau} \tag{3-42}$$

对于光波频段有

$$\tau_c\Delta f=\frac{1}{4\pi} \tag{3-43}$$

相干长度可定义为

$$L_c=c\tau_c \tag{3-44}$$

用频率表示的光谱均方根半宽 Δf 和用波长表示的光谱均方根半宽 $\Delta\lambda$ 之间的关系为

$$\Delta f = \frac{c\Delta\lambda}{\bar{\lambda}^2} \tag{3-45}$$

则相干长度可用波长表示为

$$L_c = \frac{1}{4\pi}\frac{\bar{\lambda}^2}{\Delta\lambda} \tag{3-46}$$

光波失去相干性所需的传播时间（长度），即去相干时间（长度），定义为

$$\tau_{dc} = \frac{1}{\Delta f_{\mathrm{FWHM}}} \tag{3-47}$$

式中，Δf_{FWHM} 为光谱的半最大值全宽，相应的去相干长度为

$$L_{dc} = c\tau_{dc} \tag{3-48}$$

相干时间和去相干时间都是实际应用中经常采用的描述相干性的量，但这两个量都只能定性地说明光的相干性，通常情况下可认为当时间间隔小于相干时间时，光具有良好的相干性，而当时间间隔超过去相干时间时，光波则失去相干性。

3.1.5.5 偏振特性

光源的偏振特性与增益区介质结构密切相关，可以是偏振平行于结平面的 TE 模（或垂直于结平面的 TM 模）偏振占主导地位，也可以是偏振无关的，前一种常称为高偏振光源，后一种称为低偏振光源。一般高偏振光源消光比可达 10 dB 以上，低偏振光源的消光比则可低于 1.0 dB。对于 LD 来说，一般输出光为单一的 TE 模或 TM 模，属于高偏振光源。

衡量光源偏振特性的主要指标为偏振度和消光比。偏振度的计算公式为

$$P = \frac{|P_{\mathrm{TE}} - P_{\mathrm{TM}}|}{P_{\mathrm{TE}} + P_{\mathrm{TM}}} \times 100\% \tag{3-49}$$

式中，P_{TE}、P_{TM} 分别为 TE 模和 TM 模的功率。

消光比指的是 SLD 光源辐射光的 TE 模和 TM 模的功率之比，即

$$\mathrm{ER} = -10\lg(P_{\mathrm{TE}}/P_{\mathrm{TM}}) \tag{3-50}$$

3.1.5.6 远场特性

半导体激光器输出的光场分布可以用近场和远场特性来描述。光强在激光器谐振腔出射面上的光强分布称为近场分布，在距离输出腔面一定距离（$d \gg \lambda$）处光强在空间的分布称为远场分布。

半导体激光器光场也可分为纵模和空间模两种模式特性，通常用纵模表示沿谐振腔传播方向上的驻波振荡特性，空间模表示沿谐振腔面方向上的场型分布，描述输出光束轴线上某处的光强分布，即远场分布。空间模式又分为横模和侧模两种分布，如图 3-8 所示。侧模反映有源区中平行于 PN 结方向光场的空间分布，主要取决于谐振腔宽度、边壁材料及其制作工艺；横模表示与 PN 结垂直方向上电磁场的空间分布。由于有源层厚度很小，根据平板波导原理，在横向 LD 都能保证单横模输出；而在侧向，由于其宽度相对较大，因而可能出现多侧模。如果在这两个方向上都为单模，则输出为理想的 TE_{00} 模，此时光

强峰值在光束中心呈“单瓣”。这种光束的发散角小，亮度高，能实现与单模光纤的高效率耦合，也便于聚焦，这对激光器的应用是非常有利的。相反，若 LD 工作在多侧模下，则其发光面上的光场（即近场）在侧向表现出多光丝，不但会使近场光斑跳跃，也会使远场分布变得复杂。

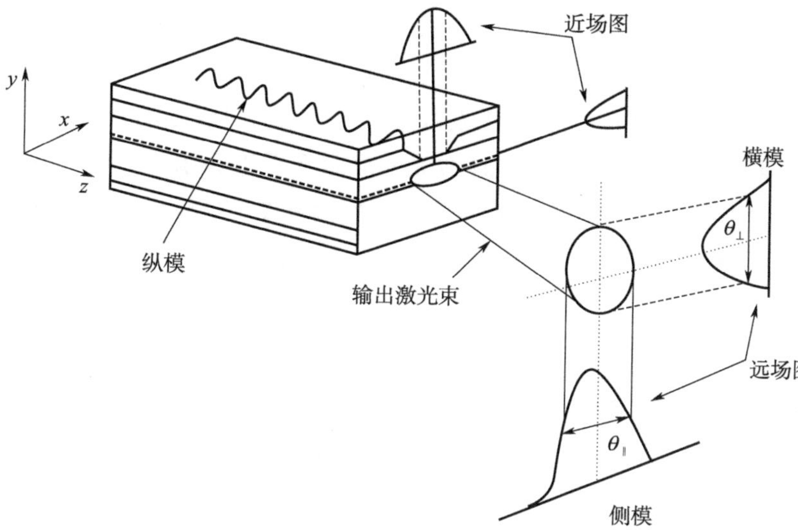

图 3-8　激光器远场分布示意图

激光器的远场特性和光束发散角直接相关。光束发散角定义为垂直和平行于结平面两个方向上的输出功率半最大值全宽对应的角度。激光器的光强远场分布可表示为[96]

$$I(\theta) \propto \frac{k_1^2}{(k_1^2 + k_0^2 \sin^2\theta)^2} \tag{3-51}$$

式中，θ 为半发散角；k_1 为衰减常数；$k_0 = 2\pi/\lambda$，λ 为波长。由该式可得出垂直结方向（横模）的发散角为

$$\theta_\perp = 0.2k_1\lambda \tag{3-52}$$

对于芯层折射率为 n_2，包层折射率为 n_1 的对称平板波导有源区，垂直发散角为

$$\theta_\perp = \frac{\dfrac{4.05(n_2^2 - n_1^2)d_a}{\lambda}}{1 + \left[\dfrac{4.05(n_2^2 - n_1^2)}{1.2}\right]\left(\dfrac{d_a}{\lambda}\right)^2} \tag{3-53}$$

当有源层厚度 d_a 很小时（$d_a \ll \lambda$），上式可简化为

$$\theta_\perp \approx 4.05(n_2^2 - n_1^2)\frac{d_a}{\lambda} \tag{3-54}$$

当有源层 d_a 较大，可以和波长比拟，但激光器仍工作在基横模时，垂直发散角为

$$\theta_\perp = \frac{1.2\lambda}{d_a} \tag{3-55}$$

由于半导体激光器在侧向有较大的有源区宽度 W，其发散角较小，可表示为

$$\theta_{\parallel} \approx \frac{\lambda}{W} \tag{3-56}$$

对于光纤耦合输出激光器，激光器发散角会影响耦合效率，对于空间传输激光，发散角会影响远端的探测接收。对于远距离传输激光，光束质量因子 M^2 是一个常用的衡量指标

$$M^2 = \frac{\pi d_0 \theta}{4\lambda} \tag{3-57}$$

式中，d_0 为激光束的束腰直径；θ 为光束发散角。对光束质量较好的光束，M^2 接近于 1，若 $M^2 > 1.5$ 则光束质量较差。由于半导体激光器通常在垂直和水平方向的发散角不同，因而在两个方向有不同的质量因子。光束质量因子综合考虑了束腰半径和远场发散角，避免了单一参数判据带来的不确定性。

3.1.5.7　动态特性

(1) 电光延迟

激光器施加方波电脉冲后载流子密度和光子密度的响应曲线如图 3-9 所示[96]。最初光子密度很低，载流子密度迅速增加。在 t_d 时刻载流子密度达到激射阈值 N_{th}，随着受激发射增强，谐振腔内的光子密度急剧增加。同时增加的受激发射又阻止载流子密度进一步增加。再经时间 t_n 后，光子密度达到稳态值 S_{st}，此时载流子密度开始下降。因为这时载流子密度仍保持高于阈值 N_{th}，光子密度还继续增加，再经时间 t_N，载流子密度降到阈值，此后载流子的继续降低使受激发射停止而载流子密度又开始重新开始增加。如此重复的结果形成如图 3-9 所示的阻尼振荡。

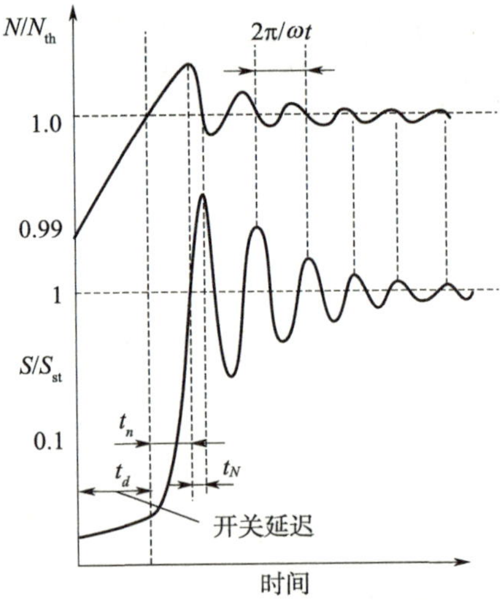

图 3-9　激光器加电后载流子密度（上）和光子密度（下）随时间的瞬态变化过程

激光器加电后经过时间 t_d 才出现光的激射，这称为电光延迟效应。电光延迟效应会压缩激光器的输出光脉冲，如果注入的脉冲电流宽度与电光延迟时间非常接近会对激光器的调制输出产生影响，甚至失效。

（2）弛豫振荡

在光源启动或调制时，在恒定电流的注入瞬间，光子输出经历一个振荡的过程最后达到稳态输出，这种现象称为弛豫振荡。

激光器的调制响应为[96]

$$S_1(\omega_m)=\frac{-\left(\dfrac{J_1}{ed_a}\right)a_g S_0}{\omega_m^2-\dfrac{\mathrm{i}\omega_m}{\tau_r}-\mathrm{i}\omega_m a_g S_0-\dfrac{a_g S_0}{\tau_p}} \tag{3-58}$$

式中，J_1 为调制信号电流幅值；d_a 为有源区厚度；S_0 为光子信号的直流分量；τ_r 为电子的自发辐射复合寿命；ω_m 为调制频率；$a_g=\Gamma R_{st}$，R_{st} 为受激发射速率，Γ 为光限制因子；τ_p 为光子寿命。

上式分母取最小值时可得极限频率为

$$\omega_r=\left[\frac{\alpha_g S_0}{\tau_p}-\frac{1}{2}\left(\frac{1}{\tau_r}+\alpha_g S_0\right)^2\right]^{\frac{1}{2}} \tag{3-59}$$

图 3-10 为不同类型有源区激光器的调制响应曲线，由图中可以看出，当调制频率大于 ω_r 时，激光器的响应急剧下降，激光器无法正常工作。

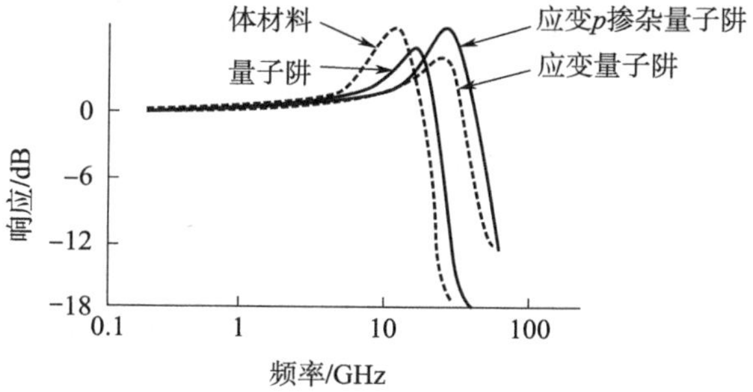

图 3-10　不同类型有源区激光器的调制响应曲线

弛豫振荡的存在严重地影响激光器高频调制特性，在调制频率接近弛豫振荡频率 ω_r 时会产生共振，产生调制失真，当调制频率超过弛豫振荡频率时调制将无法进行。因此弛豫振荡频率决定了激光器调制的最大频率。由 ω_r 的表达式可以看出，有三种方式可以增加弛豫振荡频率：1）增加微分光增益系数（如采用量子阱结构或应变量子阱结构使激光器冷却）；2）降低光子寿命（如缩短腔长）；3）提高光子密度（如增加注入电流）。

（3）码型效应

在用两个连续的脉冲序列对激光器进行轻度调制时，第一个脉冲的延迟时间较长，因而幅度和宽度较小，而第二个脉冲的延迟时间较短，幅度和宽度较大，这种现象称为码型效应。这是因为第一个电流脉冲过后，有源层中的电子通过复合回到初始值，需要一个相应于自发复合寿命时间 τ_r 的过程。如果两个脉冲间隔小于 τ_r，则第二个脉冲到来时，前一个电流脉冲注入的电子并未完全复合消失，使得有源层中的电子密度大于第一个电流脉冲到达时的值，从而延迟时间缩短，导致输出光脉冲的幅度和宽度增加，如图 3-11 所示。码型效应的特点是在脉冲序列的多个“0”码之后出现的“1”码，其幅度显著下降，调制速率越高，码型效应越明显。

抑制码型效应最简单的方法是提高直流偏置电流，当直流偏置电流在阈值附近时，脉冲过后的有源区里电子密度变化不大，从而使延迟时间和幅度基本上变化不大。

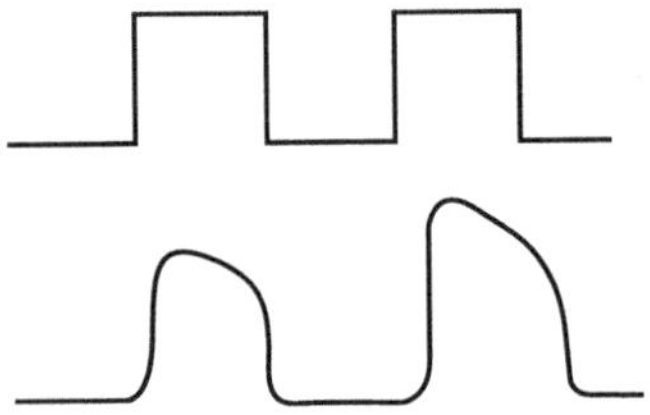

图 3-11　码型效应示意图

(4) 频率啁啾

单纵模激光器在高速强度调制时，注入有源区的电子密度不断变化，导致折射率的变化，使激光器的输出波长和强度同时发生变化，在调制脉冲的上升沿向短波长漂移，在调制脉冲的下降沿向长波长漂移，从而使输出谱线展宽，这种动态谱线加宽现象叫作啁啾(Chirp)。

为了分析频率的变化关系，可通过速率方程推导出光子密度 S 随时间变化的方程

$$\frac{\partial S}{\partial t}=\Gamma g(N)\upsilon_g S-\frac{S}{\tau_p}+\frac{\Gamma\beta N}{\tau_r} \tag{3-60}$$

式中，Γ 为光限制因子；$g(N)$ 为增益系数；υ_g 为群速度；τ_p 为光子寿命；β 为自发辐射因子；N 为载流子密度；τ_r 为自发发射寿命。

当半导体激光器直接调制时，载流子密度发生变化，随之折射率 $n=n'+\mathrm{i}n''$ 的实部 n' 变为 $n'+\Delta n'$，折射率的变化又引起发射光频率变化 $\Delta\nu$，且 $\frac{\Delta n'}{n'}=\frac{\Delta\nu}{\nu}$，折射率虚部变化为 $\Delta g=\frac{4\pi\Delta n''}{\lambda}$，因此，发光频率变化量为

$$\Delta\nu=\frac{1}{2\pi}\frac{\mathrm{d}\phi}{\mathrm{d}t}=\frac{\alpha\Gamma g_0\Delta N}{4\pi} \tag{3-61}$$

其中

$$\alpha=\frac{4\pi}{\lambda}\frac{\frac{\mathrm{d}n}{\mathrm{d}N}}{\frac{\mathrm{d}g}{\mathrm{d}N}}=\frac{4\pi}{\lambda g_0}\frac{\mathrm{d}n'}{\mathrm{d}N}$$

因此，可以得出影响频率啁啾的主要因素有：线宽增长因子 α、光限制因子 Γ 和微分增益系数 g_0 等。频率啁啾和线宽增长因子成正比，同时提高微分增益系数可以减小线宽增长因子，因此可以采用量子阱或应变量子阱结构提高微分增益系数。由于频率啁啾和光限制因子也成正比，所以也可以通过调整量子阱个数和限制层厚度来改变光限制因子。

3.1.5.8　噪声特性

半导体激光器在工作时，自发发射的偶然性使光场的相位起伏并造成输出激光有一定的谱线宽度，同时还不断地改变着光场的强度和相位。激光器输出强度的起伏表现为光强度噪声，而相位起伏表现为光相位（频率）噪声。它们都来源于激射过程本身的量子特性。这些噪声给半导体激光器的实际应用带来诸多问题，如在模拟通信系统中，强度噪声将导致系统的信噪比下降；在相干通信系统中，相位（频率）噪声将使光源的谱线变宽，降低接收机的灵敏度。

噪声是一种随机过程，具有不可预测性。在实际信号传输过程中，带有噪声的信号表现出不同的噪声性质。理想情况下，振幅、频率与相位恒定的光场，可表示为

$$V(t)=A_0\sin(2\pi\nu_0 t+\phi_0) \tag{3-62}$$

式中，A_0 为光波振幅；ν_0 为光波频率；t 为时间；ϕ_0 为光波初始相位。

而在实际中，因受泵浦源、自发辐射、环境振动以及热扰动等影响，输出激光会叠加噪声，此时光场则变为

$$V(t)=[A_0+\Delta A(t)]\sin\{2\pi[\nu_0+\Delta\nu(t)]t+\phi_0+\Delta\phi(t)\} \tag{3-63}$$

式中，$\Delta A(t)$ 为强度噪声；$\Delta\nu(t)$ 为频率噪声；$\Delta\phi(t)$ 为相位噪声。相位为频率的时间积分，频率噪声可以转化为相位噪声，二者本质相同。因此，激光器噪声主要分为两类：强度噪声与相位（频率）噪声。

在工程技术中广泛采用功率谱密度（Power Spectral Density，PSD）函数分析噪声。激光频率噪声在时域上表现为频率抖动 $\Delta\nu(t)$，根据维纳-辛钦（Wiener - Khinchin）定理，频率噪声的功率谱密度函数可表示为其自相关函数的傅里叶变换，即

$$S_\nu(f)=\int_{-\infty}^{\infty}\Gamma_\nu(\tau)\mathrm{e}^{\mathrm{i}2\pi f\tau}\mathrm{d}\tau \tag{3-64}$$

式中，$\Gamma_\nu(\tau)=\langle\Delta\nu(t)\Delta\nu(t+\tau)\rangle$ 为频率抖动的自相关函数。

强度噪声通常归一化为单位功率下的功率波动，称为相对强度噪声，相对强度噪声表示为

$$\mathrm{RIN}=\frac{S_P(f)}{\overline{P}^2} \tag{3-65}$$

式中，$S_P(f)$ 为激光强度噪声功率谱密度；$\overline{P}$ 为平均功率。

（1）相对强度噪声

光强度噪声产生于自发发射涨落。相对强度噪声的大小与偏置水平有直接的关系。在低于阈值的情况下，相对强度噪声随着注入电流的增大而略有减小，在阈值附近具有最大值。当注入电流大于阈值以后，相对强度噪声反比于偏置水平，也就是激光器的工作电流越高，相对强度噪声越低，而噪声谱则更宽了。强度噪声的功率谱密度的分布（噪声功率随频率的变化）曲线有一个谐振峰值，如图 3 - 12 所示。峰值对应的频率为弛豫振荡频率。频率的范围从一到几十吉赫兹，与载流子的寿命 τ_r、光子的寿命 τ_p 和注入电流有关。

假定增益涨落和自发发射涨落不相关，则光强度噪声与输出光功率的平均值之间满足

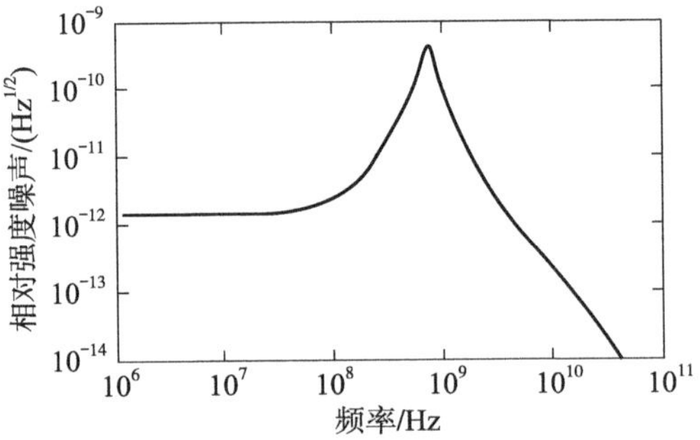

图 3-12　强度噪声的功率谱密度分布

关系 $S_p \propto P^m$。在自发发射区，自发发射涨落所引起的强度噪声占主导地位，此时 $m=2/3$，即 $S_p \propto P^{\frac{2}{3}}$。在阈值附近的超辐射区，增益涨落会严重影响输出光功率的稳定，此时 $S_p \propto P^4$。在激光区，吸收系数的涨落对输出光功率涨落的贡献很小，则强度噪声主要由增益涨落对往返于谐振腔内光子的作用而引起，即 $S_p \propto P^{0\sim1}$。

光强度噪声主要是由光子在腔内的动力学行为造成的，而载流子涨落是引起光强度噪声的主要因素，通常测量的光强度噪声大多都是由载流子涨落造成的。另外，电流源的电流涨落，激光器的自身加热作用或外部环境温度引起的涨落，量子效率的涨落都会产生光强度噪声，还有载流子迁移率的涨落也是产生光强度噪声的原因之一[97]。

（2）相位噪声

光相位噪声主要产生于自发发射光子相位的随机性以及随机发生的场强和介质折射率的变化。相位噪声的大小与相干光束之间的光程差成正比，即随着光程差的增加，相位噪声也线性增大，这主要是由于激光发射波长的涨落而引起的。在阈值以上，相位噪声与驱动电流几乎无关，即随着驱动电流的增大相位噪声的变化并不明显。如图 3-13 所示，在低频段，相位噪声随着频率的增加而减小。在宽的频率范围内，相位噪声的功率谱密度在弛豫频率处也有一峰值，这与强度噪声的功率谱密度是一致的，这个峰值是由于材料折射率的变化引起的，并使输出光信号的线宽展宽[98]。

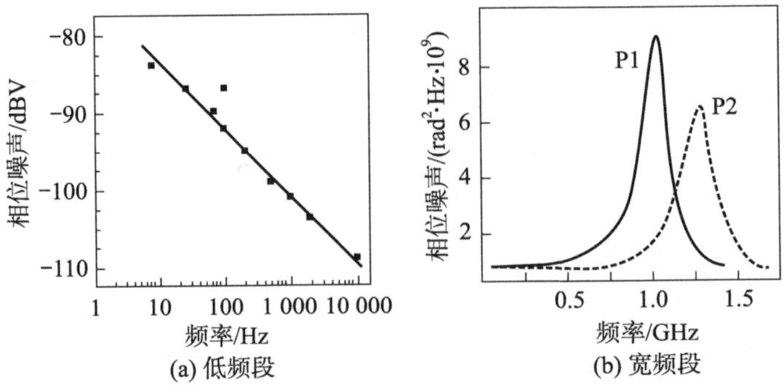

图 3-13　相位噪声与频率的关系

3.1.6 半导体光放大器技术

半导体光放大器和激光器并无本质区别，都是在外部能量注入或泵浦下，对受激发射光子进行放大，所不同的是激光器是对谐振腔内增益介质内部所产生的光子的放大，而光放大器是对外部注入的光子进行放大。早期的法布里-珀罗半导体激光放大器（FP-SOA）是将外来光信号耦合进半导体激光器的后端面，使外来光子在谐振腔内引起光子受激发射、振荡和放大。因为 F-P 腔本身的谐振特性决定着 FP-SOA 只能使外来光子波长对准谐振主模才能获得最大增益，这对 FP-SOA 芯片的温度稳定性要求太高而难以应用。解决办法就是去除谐振腔效应（即对解理面进行理想增透），外来光子在半导体增益介质宽的增益谱内均能得到放大，在这种结构中外来光子只是在增益介质内行进过程中得到单程放大，这就是目前普遍应用的行波半导体光放大器（TW-SOA）。图 3-14 为 LD、FP-SOA 和 TW-SOA 的结构示意图[99]。

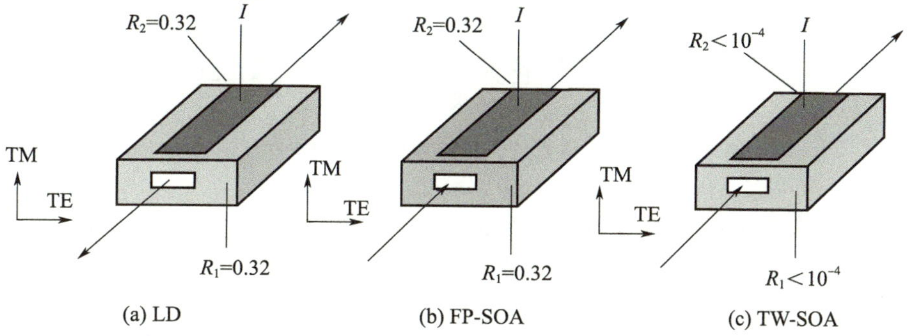

图 3-14　半导体激光器和光放大器的结构比较

3.1.6.1 增益及增益带宽

通常希望光放大器有宽且平坦的增益谱，以便有更多的波长可被放大并且每个波长能从光放大器尽可能获得相同的增益。

外来光信号在半导体光放大器中获得的单程增益表示为

$$G_s = \exp[(\Gamma g - \alpha_i)L] \tag{3-66}$$

式中，Γ 为光场限制因子；L 为 SOA 有源区长度；g 和 α_i 为增益系数和损耗系数。但实际的半导体光放大器两端面仍旧有一定的剩余反射率，本身可形成一个 F-P 腔，外来光信号很难获得完全单程放大，有一定的谐振效应。半导体光放大器的腔增益 $G(G=P_{\text{out}}/P_{\text{in}})$ 可表示为

$$G = \frac{G_s(1-R_f)(1-R_b)}{(1-G_s\sqrt{R_f R_b})^2 + 4G_s\sqrt{R_f R_b}\sin^2[\pi(\nu-\nu_0)/\Delta\nu]} \tag{3-67}$$

式中，R_f、R_b 为两端面反射率；ν_0 为增益谱的中心频率；ν 为输入光的频率；$\Delta\nu = c/2n_g L$ 为纵模间隔，n_g 为群折射率。半导体光放大器的小信号增益谱一般平坦且宽，3 dB 增益谱宽一般有 50～70 nm，甚至有的可以达到 90～100 nm。对于典型长度 250～500 μm，中心

波长 1 550 nm 的半导体光放大器，若增益谱宽 70 nm，增益带宽内大约有 56～112 个模。图 3-15 是半导体光放大器的自发辐射谱，在自发辐射谱线上可以看到许多的"毛刺"，这是因为放大器两端面镀增透膜没有达到完全增透所造成的，从"毛刺"的深浅可以大致判断出镀膜质量的好坏。两端面剩余反射率越低，曲线越光滑。这里所谓的"毛刺"实际上是腔增益调制。增益调制的深度由 G_s、R_f、R_b 决定，若 $R_f = R_b = 0$，增益调制为 0，自发辐射曲线光滑，没"毛刺"。实际的半导体光放大器端面反射率不可能做到完全增透，因此具有有限的增益调制。

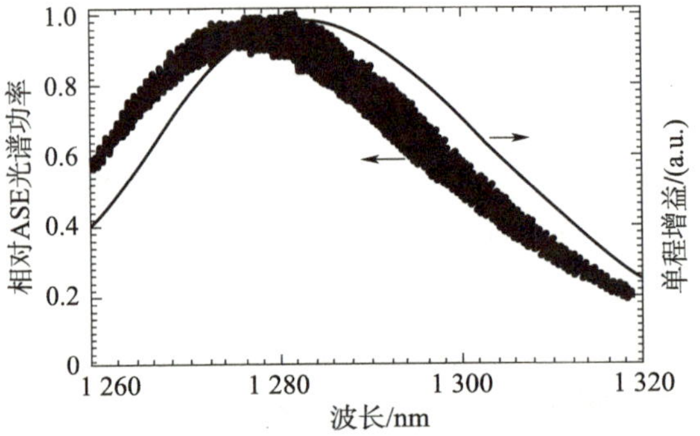

图 3-15　半导体光放大器的单程增益谱和自发辐射谱

半导体光放大器中存在着增益饱和现象，在注入电流恒定时，输入信号光功率较小时，随着输入光功率的增加，输出光功率相应增加，增益为常数，但当输入光功率较高时，增益就会出现饱和甚至发生下降。这是因为大的输入光信号使过量的载流子参加受激辐射复合而得不到及时补充。定义饱和输出功率为 P_s，即电流恒定时，输入信号增大使增益值从未饱和值减小 3 dB 时所对应的光放大器的输出光功率。考虑到增益饱和现象，可以得到半导体光放大器的输出功率 P_{out}

$$P_{out} = G_s P_{in} \exp\left[-(G-1)P_{in}/P_s\right] \tag{3-68}$$

式中，G_s 为单程小信号增益；G 为半导体光放大器腔增益；P_{in} 为输入光功率。现在一般的半导体光放大器的饱和输出功率都能做到 10 dBm 以上。增益饱和现象是对半导体光放大器影响较大的一种增益饱和现象，此外，还存在另一种增益饱和现象：在输入光信号一定时，半导体光放大器的增益随着注入电流的增加而增加，输出功率也相应的增加，但注入电流增加到某一个值后再增加，增益不但不增加反而下降。这种饱和现象是由于受到载流子增益恢复时间限制造成的[100]。

3.1.6.2　动态增益特性

当没有随时间变化的光信号输入时，SOA 有源区内载流子密度和光子密度会达到一个动态平衡的稳定状态；但是当有一束脉冲光注入时，这个平衡就被打破了，载流子在脉冲持续的时间内大量被消耗；当脉冲通过后，在电泵浦和受激吸收等作用下，载流子会经历一个缓慢的恢复过程，以达到之前的稳定状态（见图 3-16）。载流子恢复时间即定义为载流子密度从稳态值的 10%恢复到 90%所需的时间。

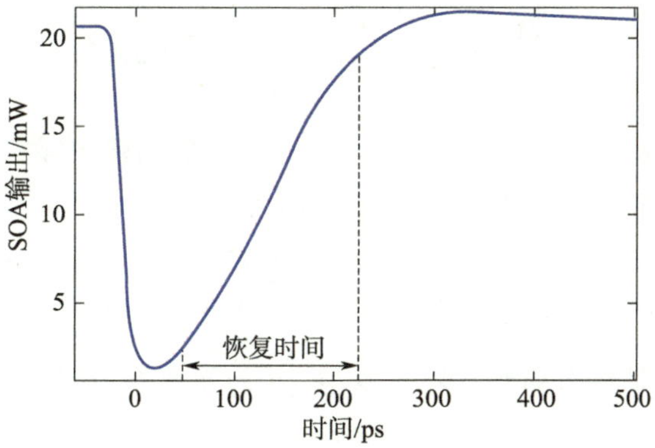

图 3 - 16　光脉冲通过后载流子恢复过程示意图

在半导体增益介质中，受激辐射发生在导带底与价带顶之间。带边消耗的载流子通过带内的快速（亚皮秒量级）松弛得到补充，这是一个快的动态增益过程。这种机制虽不利于产生高增益，但对于高速小信号的调制和全光信号处理却是需要的。在这种应用中，希望有短的增益建立时间和短的增益恢复时间。

高速光信号作用到半导体光放大器，是光子“调制”光子，不应存在延时响应。然而，输入的光脉冲前沿引起增益介质内强的受激发射，同时伴随带内载流子瞬间大量消耗进而产生增益压缩，要恢复到初始增益将受下式所表示的带内松弛时间的限制，其中空穴的带内松弛时间较导带电子的松弛时间长得多。

$$\frac{1}{\tau_{\text{in}}}=\frac{1}{2}\left(\frac{1}{\tau_c}+\frac{1}{\tau_V}\right) \tag{3-69}$$

式中，τ_{in} 为带内载流子松弛时间；τ_c 、τ_V 分别为导带和价带的载流子松弛时间。这种时间的分散性和积累导致增益恢复时间有一个长的拖尾。这种慢的增益恢复对基于半导体光放大器的高速光信号处理有不利影响，可以通过在半导体光放大器后级联中心波长相对于连续光（探测光）中心波长有一定蓝移失谐量的带通滤波器等外部措施来减小增益恢复时的影响，使全光信号处理速度达到 320 Gbit/s 以上[99]。

3.1.6.3　噪声特性

半导体光放大器对光信号进行放大的同时也对输入信号的噪声进行了放大，半导体放大器的噪声特性在工程应用中需要重点关注。放大器的噪声特性用噪声指数来衡量，噪声指数定义为放大器输入信号信噪比 SNR_{in} 和输出放大信号信噪比 SNR_{out} 之比，即

$$\text{NF}\equiv\frac{\text{SNR}_{\text{in}}}{\text{SNR}_{\text{out}}} \tag{3-70}$$

半导体光放大器的噪声由增益介质内电子与光子相互作用所产生的光强与相位的随机起伏所致。半导体光放大器增益介质所固有的能带结构和较强的自发发射，使得其噪声较大。半导体光放大器的噪声可通过量子力学的多模速率方程和光子统计来分析。假设输入光噪声处于散粒噪声极限，接收机量子效率为 1，电带宽为 Δf ，则输入信噪比为

$$\mathrm{SNR}_{\mathrm{in}}=\frac{P_{\mathrm{in}}^{2}}{(\hbar\omega)^{2}\left(\frac{P_{\mathrm{in}}}{\hbar\omega}\right)\Delta f}=\frac{P_{\mathrm{in}}}{\hbar\omega\Delta f} \tag{3-71}$$

式中，$\hbar$ 为约化普朗克常数；ω 为光波角频率。光放大器的输出噪声主要由放大的散粒噪声和自发辐射与光信号的拍频噪声构成，输出噪声为

$$\mathrm{SNR}_{\mathrm{out}}=\frac{\eta_i\eta_o P_{\mathrm{in}}}{[1+2(G-1)\eta_o n_{sp}\chi]\hbar\omega\Delta f} \tag{3-72}$$

式中，η_i 、η_o 为光放大器输入和输出耦合效率；G 为光放大增益；$\chi=\frac{(1+R_1G)}{(1-R_1)}$ 为过量噪声因子，R_1 为放大器输出腔面的剩余反射率；$n_{sp}=\frac{n}{n-n_0}$ 为粒子数反转参数，n 和 n_0 分别为注入载流子和透明载流子密度。由输入和输出信噪比可得放大器的噪声系数为

$$\mathrm{NF}=\frac{\mathrm{SNR}_{\mathrm{in}}}{\mathrm{SNR}_{\mathrm{out}}}=\frac{\frac{1}{\eta_o}+2n_{sp}(G-1)\chi}{G\eta_i}\approx 2n_{sp}\chi \tag{3-73}$$

对理想的行波半导体光放大器，设有完全的粒子数反转，即 $n_{sp}=1$，同时 $R_1=0$，$\eta_i=1$，则可得到散粒噪声极限的 3 dB 噪声系数。而实际情况并非理想，NF 为 7～8 dB，这比 EDFA 的噪声系数高出 2 dB 左右。为了降低半导体光放大器的噪声系数，可以采用低维量子半导体增益介质尽量减少自发辐射噪声，也可以采取减少端面剩余反射的措施，如采用锥形结构的模斑转换器提高输入端的耦合效率[99]。

3.2 半导体光源在辐射环境条件下的性能演变及抑制技术

半导体光源常用的 GaAs 基和 InP 基材料都是对辐射敏感的材料，辐射电离效应会对材料中的载流子产生影响，辐射位移效应会在材料中引入缺陷和杂质能级，这些都会对光源性能产生瞬态或永久影响。为保证半导体光源能够在宇航环境下长期、稳定工作，需研究光源在各种辐射环境下的演变规律，针对应用环境要求对器件进行必要的抗辐射加固，包括光源的抗辐射设计和抗辐射防护。宇航环境中的辐射粒子主要包括质子、电子、中子和 γ 射线，相应地要研究各粒子辐射环境下光源性能的演变规律。

3.2.1 半导体光源在辐射环境条件下的性能演变理论模型

辐射环境对半导体光源的影响如果通过搭载实验来验证评估，将花费大量的时间和成本，通常通过地面模拟辐射环境进行实验评估。地面模拟实验也需要花费大量时间，更大的问题是，即使通过地面实验获得了半导体光源在辐射环境中的演变规律，仍不能深入了解其演变机理，不能采取有效的抗辐射设计加固措施。因此有必要从理论上建立半导体材料在辐射环境下的演变动力学模型，在光源宏观性能指标和微观机理之间建立定量或半定量的数学关系，不但可以预计各种光源在辐射环境下的演变规律，为辐射实验验证方法和实验条件提供指导，而且可以为抗辐射加固设计提供理论基础。

辐射对半导体材料的影响从相互作用机理上可分为电离效应和位移效应。辐射粒子通过电离效应引起电荷激发，产生电子–空穴对，即引入了非平衡载流子。半导体中载流子是可移动的，这些非平衡载流子最终将会复合，因此半导体材料中的电离效应通常是瞬态的或非永久性的。如果辐射粒子传递给半导体原子的能量足够大，晶格原子将克服周围原子的束缚，离开正常的晶格位置，形成位移缺陷，位移缺陷可在半导体的禁带中产生分立的缺陷能级，影响半导体中载流子的俘获、产生以及复合，这就是位移效应，位移效应的作用时间远大于电离效应，有很大比例的位移缺陷会成为永久缺陷。

3.2.1.1　电离效应理论模型

在一定辐射速率下，电离辐射使半导体光源有源区中的过剩载流子不断产生，又由于漂移和直接复合、间接复合等作用，过剩载流子不断消失。有源区中的过剩载流子密度不断变化的动力学过程可通过速率方程来描述。

载流子和光子密度速率方程为

$$\frac{\mathrm{d}N}{\mathrm{d}t}=-\Gamma GS-\frac{N}{\tau_{\mathrm{s}}}+\frac{J}{de} \tag{3-74}$$

$$\frac{\mathrm{d}S}{\mathrm{d}t}=\Gamma GS-\frac{S}{\tau_{\mathrm{ph}}}+\frac{C_s N}{\tau_{\mathrm{s}}} \tag{3-75}$$

式中，N 为载流子密度；Γ 为有源层光限制因子；G 为增益系数；J 为注入电流密度；d 为有源层厚度；e 为电子电量；τ_{ph} 为光子寿命；C_s 为激光振荡模的光子比率；S 为腔内光子密度；τ_{s} 为自发发射光子寿命。

辐射激发形成的电子–空穴对在光源中形成光电流。在光源内由辐射电离产生的载流子只与总吸收剂量有关，宇航环境中的剂量率一般在 10 Gy/s 以下，在这种剂量率辐射条件下辐射激发的载流子产生率可表示为[101]

$$g=g_0\dot{D} \tag{3-76}$$

式中，g_0 为载流子产生系数；$\dot{D}$ 为辐射剂量率。电离辐射产生的光电流起到了在有源区注入载流子的作用，使光功率增加。另外，电离辐射在量子阱内直接产生的过量载流子复合也发射光子。因此有源区的载流子方程中应增加电离辐射所致的过剩载流子项，则式（3－74）可写为

$$\frac{\mathrm{d}N}{\mathrm{d}t}=-\Gamma GS-\frac{N}{\tau_{\mathrm{s}}}+\frac{J}{de}+g_0\dot{D} \tag{3-77}$$

在光源处于稳态激射状态下，载流子密度和光子密度处于平衡状态，即 $\mathrm{d}N/\mathrm{d}t=0$，$\mathrm{d}S/\mathrm{d}t=0$。这时式（3－77）和式（3－75）变为

$$0=-\Gamma GS-\frac{N}{\tau_{\mathrm{s}}}+\frac{J}{de}+g_0\dot{D} \tag{3-78}$$

$$0=\Gamma GS-\frac{S}{\tau_{\mathrm{ph}}}+\frac{C_s N}{\tau_{\mathrm{s}}} \tag{3-79}$$

假定激光器单模激射，并考虑其稳定状态，若忽略增益饱和，则最大增益 $G_{\max}$ 能够用载流子密度 N 的线性函数近似

$$G = G_{\max} = A(N - N_0) \tag{3-80}$$

激光器注入电流小于阈值电流时（$J \leqslant J_{\text{th}}$），$C_s$ 很小，可以忽略。此时根据式（3-79）可得 $S=0$ 或 $\Gamma G = 1/\tau_{\text{ph}}$。式（3-78）、式（3-79）中的受激发射项和受激复合项可以近似为 0，因此可得到

$$N = \frac{J}{de}\tau_s + g_0 \tau_0 \dot{D} \tau_s \tag{3-81}$$

$$S = C_s \tau_{\text{ph}} \left(\frac{J}{de} + g_0 \dot{D}\right) \tag{3-82}$$

在阈值以下，载流子的密度随注入电流 J 的增加而增加，此时输出为自然发射的荧光。$\Gamma G = 1/\tau_{\text{ph}}$ 等同于激射条件。可得阈值载流子密度 N_{th} 与阈值电流密度 J_{th} 关系式

$$N_{\text{th}} = N_0 + \frac{1}{\Gamma A \tau_{\text{ph}}} \tag{3-83}$$

$$J_{\text{th}} = \frac{de}{\tau_s} N_{\text{th}} \tag{3-84}$$

激射开始后（$J > J_{\text{th}}$），可以认为 $N = N_{\text{th}}$，$\Gamma G = 1/\tau_{\text{ph}}$，考虑到上述条件，将式（3-78）、式（3-79）联立，解得电离辐射条件下激光器腔内光子密度为

$$S = \tau_{\text{ph}} \left[\frac{C_s J_{\text{th}} + (J - J_{\text{th}})}{de}\right] + \tau_{\text{ph}} g_0 \dot{D} \quad J \geqslant J_{\text{th}} \tag{3-85}$$

$$S = \tau_{\text{ph}} \frac{C_s J_{\text{th}}}{de} + \tau_{\text{ph}} g_0 \dot{D} \quad J < J_{\text{th}} \tag{3-86}$$

式（3-85）和式（3-86）中第一项均为未受辐射影响时激光器的光子密度，在这里设其为 S_0，则两式可统一表示为

$$S = S_0 + \tau_{\text{ph}} g_0 \dot{D} \tag{3-87}$$

将上式代入式（3-16）得谐振腔内沿 $+z$ 方向传播的光功率为[102]

$$P = \frac{\upsilon_g \alpha_m \hbar\omega \int S(V)\,\mathrm{d}V}{1 + \sqrt{\frac{R_f}{R_b}}\frac{1-R_b}{1-R_f}} = \frac{\upsilon_g \alpha_m \hbar\omega S V}{1 + \sqrt{\frac{R_f}{R_b}}\frac{1-R_b}{1-R_f}} = \frac{\upsilon_g \alpha_m \hbar\omega S_0 V}{1 + \sqrt{\frac{R_f}{R_b}}\frac{1-R_b}{1-R_f}} + \frac{\upsilon_g \alpha_m \hbar\omega V \tau_{\text{ph}} g_0 \dot{D}}{1 + \sqrt{\frac{R_f}{R_b}}\frac{1-R_b}{1-R_f}} \tag{3-88}$$

式中，第一项为辐射前的输出光功率，第二项为辐射引起的瞬态光功率变化，由上式可以看出，辐射引起的光功率瞬态响应和剂量率成正比。为了更直观地表示辐射瞬态光功率响应，上式可写为

$$P = P_0 + K_P \dot{D} \tag{3-89}$$

式中

$$P_0 = \frac{\upsilon_g \alpha_m \hbar\omega S_0 V}{1 + \sqrt{\frac{R_f}{R_b}}\frac{1-R_b}{1-R_f}} \tag{3-90}$$

$$K_P = \frac{v_g \alpha_m \hbar\omega V \tau_{\text{ph}} g_0}{1+\sqrt{\frac{R_f}{R_b}}\frac{1-R_b}{1-R_f}} \tag{3-91}$$

K_P 为辐射瞬态电离效应光学增益因子，在低剂量范围内可以认为 K_P 是不受辐射影响的常数，反映该类型激光器受瞬态电离影响大小。K_P 越大，激光器光功率受瞬态电离效应影响越大，反之则越小。从 K_P 的表达式中可以看出：

1）输出镜的反射率越大，α_m 越小，K_P 越小，输出光功率受瞬态电离效应影响越小；

2）有源区体积 V 越大，K_P 越大，因此减小有源层厚度可降低电离效应的影响；

3）激射波长越长，光子能量 $\hbar\omega$ 越低，K_P 越小，即长波长激光器抵抗电离辐射效应的能力更强。

3.2.1.2　位移效应理论模型

位移效应主要发生在质量较大的质子、中子、离子辐射过程，而质子辐射实验表明，辐射对激光器的影响主要体现在阈值电流和输出光功率两个性能参数上，本节将从理论上说明辐射位移效应对阈值电流和输出光功率的影响。

（1）位移效应的阈值电流密度模型

阈值电流密度可以用阈值载流子密度来表示，其方程如下[103]

$$J_{\text{th},0} = \frac{ed}{\eta_{i,0}}\left(\frac{N_{\text{th}}}{\tau_0} + BN_{\text{th}}^2 + CN_{\text{th}}^3\right) \tag{3-92}$$

式中，e 为电子电荷；d 为有源层厚度；$\eta_{i,0}$ 为辐射前内部量子效率，它是有源区内的电流与注入电流的比值；N_{th} 为达到阈值电流时的载流子密度；τ_0 为辐射前非辐射载流子寿命；B 为二次复合系数；C 为俄歇系数。

大量的辐射实验研究结果表明辐射后阈值电流增加。阈值电流的损伤大部分是由于辐射引入了非辐射复合中心。外部斜率效率可以定义为

$$\eta_d = \eta_i \frac{\alpha_m}{\alpha_i + \alpha_m} \tag{3-93}$$

式中，α_m 为镜面损耗；α_i 为内部损耗系数。

在宇航环境辐射剂量范围内，外部量子效率在辐射后只有轻微的影响，甚至没有变化。在一级近似下，可以假设辐射导致的内部光散射、吸收损失可以忽略，因此内部量子效率不变。通过式（3－92）和式（3－93）可以证明这个假设是正确的。可以看到如果辐射过程中导致 η_i 的变化，则 η_d 也会有很大变化，而这与实验结果是矛盾的。因此 η_i 并不受辐射的影响。

另一方面辐射可能会引起 α_i 的变化

$$\frac{\Delta\eta_d}{\eta_d} = -\frac{\Delta\alpha_i}{\alpha_m + \alpha_i} \tag{3-94}$$

由式（3－94）可以推断出在辐射过程中内部损耗变化并不明显，只有在大注量（$>10^{14}$ p/cm^2）辐射条件下，捕获中心引起自由载流子不可忽略的补偿，这种补偿直接导致载流子寿命下降。辐射后载流子寿命 τ_Φ 和辐射注量的关系为[104]

$$\frac{1}{\tau_\Phi}=\frac{1}{\tau_0}+K_\tau\Phi \tag{3-95}$$

式中，τ_0、τ_Φ 分别为辐射前后的载流子寿命；K_τ 为载流子寿命的辐射损伤因子；Φ 为辐射剂量。

结合式（3-92）和式（3-95），可以得到阈值电流密度和辐射剂量之间的关系[105]

$$J_{th}=J_{th,0}+eLK_\tau N_{th}\Phi \tag{3-96}$$

令 $K_J=eLK_\tau N_{th}$，则辐射后的阈值电流密度可写为

$$J_{th}=J_{th,0}+K_J\Phi \tag{3-97}$$

辐射位移效应会使得激光器的阈值电流密度增加。假设电流密度在有源区面内是均匀的，则阈值电流密度和阈值电流的关系为

$$I=JS_a \tag{3-98}$$

式中，S_a 为有源区面积。由此得出辐射对阈值电流的影响模型

$$I_{th}=I_{th,0}+K_JS_a\Phi=I_{th,0}+K_I\Phi \tag{3-99}$$

式中，$K_I=K_JS_a$。

（2）位移效应的光功率模型

阈值电流的变化直接影响激光器的输出光功率的大小，因此辐射对阈值电流的损伤必然要反映到输出光功率上。通过对光子和载流子速率方程联立求解的方法，并引入阈值电流变化因素，可建立辐射位移效应影响下的输出光功率模型，通过模型反映出微观参数和辐射效应之间的关系。

当激光器处于激射状态，即 $J>J_{th}$ 时，由电子和光子速率方程（3-78）和（3-79）可求得光子密度为

$$S=\frac{\tau_{ph}}{de}[C_sJ_{th}+(J-J_{th})] \tag{3-100}$$

将式（3-97）代入上式可得

$$S=\frac{\tau_{ph}}{de}[C_sJ_{th,0}+(J-J_{th,0})]+\frac{\tau_{ph}}{de}K_J(C_s-1)\Phi \tag{3-101}$$

式中，第一项为辐射前的腔内光子数，第二项为辐射引起的腔内光子损伤项。设 S_0 为未辐射时的腔内光子数，即

$$S_0=\frac{\tau_{ph}}{de}[C_sJ_{th,0}+(J-J_{th,0})] \tag{3-102}$$

则式（3-101）可改写为

$$S=S_0+\frac{\tau_{ph}}{de}K_J(C_s-1)\Phi \tag{3-103}$$

将上式代入式（3-16）得谐振腔内沿 $+z$ 方向传播的光功率为

$$P=\frac{v_g\alpha_m\hbar\omega\int S(V)\mathrm{d}V}{1+\sqrt{\frac{R_f}{R_b}}\frac{1-R_b}{1-R_f}}=\frac{v_g\alpha_m\hbar\omega SV}{1+\sqrt{\frac{R_f}{R_b}}\frac{1-R_b}{1-R_f}}$$

$$=\frac{v_g\alpha_m\hbar\omega S_0V}{1+\sqrt{\frac{R_f}{R_b}}\frac{1-R_b}{1-R_f}}+\frac{v_g\alpha_m\hbar\omega V\tau_{\mathrm{ph}}K_J(C_s-1)\Phi/(de)}{1+\sqrt{\frac{R_f}{R_b}}\frac{1-R_b}{1-R_f}} \tag{3-104}$$

式中，第一项为辐射前的输出光功率，设其为 P_0，则式（3 - 104）可写为[106]

$$P=P_0-\frac{v_g\alpha_m\hbar\omega S_a\tau_{\mathrm{ph}}K_J(1-C_s)/e}{1+\sqrt{\frac{R_f}{R_b}}\frac{1-R_b}{1-R_f}}\Phi \tag{3-105}$$

式中，S_a 是有源层的面积。定义光功率损伤因子为

$$K_P=-\frac{v_g\alpha_m\hbar\omega S_a\tau_{\mathrm{ph}}K_J(1-C_s)/e}{1+\sqrt{\frac{R_f}{R_b}}\frac{1-R_b}{1-R_f}} \tag{3-106}$$

则式（3 - 105）可写为

$$P=P_0+K_P\Phi \tag{3-107}$$

位移效应光学衰减因子 K_P 与有源层面积成正比，与阈值电流密度损伤因子 K_J 成正比。

对于 LED，如果二极管中以扩散电流为主，则输出光功率和辐射剂量的关系为[107]

$$(P_0/P_\Phi)^{2/3}-1=K\tau_0\Phi \tag{3-108}$$

如果二极管中以 SCR 复合电流为主，则输出光功率和辐射剂量的关系为

$$(P_0/P_\Phi)^{1/3}-1=K\tau_0\Phi \tag{3-109}$$

式中，P_0、P_Φ 分别为辐射前后输出光功率；K 为辐射损伤系数；τ_0 为辐射前载流子寿命；Φ 为辐射剂量。

3.2.2　超辐射发光二极管在辐射环境条件下的性能演变

辐射对 SLD 的影响主要表现为 $P-I$ 曲线的变化，即在注入电流恒定时，光源的输出功率随辐射剂量的增大而减小。SLD 的光谱较宽，辐射对光谱的影响并不明显。

3.2.2.1　电子辐射环境条件下的性能演变

电子辐射相当于在半导体芯片材料中注入载流子，注入的载流子一方面会干扰有源区的跃迁和复合，另一方面注入电子还会在绝缘层界面产生电荷累积，发生电离损伤。

（1）高能电子辐射环境条件下的性能演变

图 3 - 17 为电子辐射条件下典型无封盖 1 310 nm 超辐射发光二极管光源输出光功率随高能电子辐射注量的变化，电子能量为 1 MeV，电子注量率为 $1.52\times10^8/(\mathrm{cm}^2\cdot\mathrm{s})$。由图中可以看出，辐射开始后，光源的输出光功率逐渐降低，当电子注量达到 $3.0\times10^{12}/\mathrm{cm}^2$ 后，输出光功率衰减加快。当电子注量为 $3.0\times10^{12}/\mathrm{cm}^2$ 时，光源输出光功率下降了 3.46%；

当电子辐射总注量达到 $1.0\times10^{13}/cm^2$ 时，光源输出光功率下降了 7.2%。

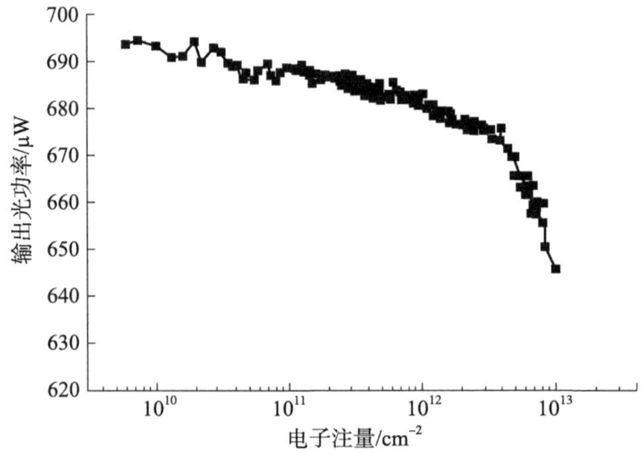

图 3-17　SLD 光源输出光功率随高能电子辐射注量的变化

（2）低能电子辐射环境条件下的性能演变

图 3-18 为典型无封盖 1 310 nm SLD 光源在低能电子辐射时输出光功率随电子辐射注量的变化，电子能量为 110 keV，注量率为 $9.0\times10^9/(cm^2\cdot s)$。辐射开始后，光源输出光功率缓慢下降，在电子注量为 $1.02\times10^{13}/cm^2$ 时，光功率下降 1.02%。随着电子注量的增大，输出光功率出现阶跃式下降。后经分析，是由于光源管芯粘接在过渡热沉上，材料为绝缘体，在辐射过程中，低能电子不断地沉积在绝缘体上，当电子的辐射总注量累积到一定程度后，即会发生充放电效应，造成发光二极管管芯损伤，导致输出光功率急剧下降。当电子辐射总注量不超过 $1.0\times10^{13}/cm^2$ 时，从 SLD 光功率衰减程度上来看，高能电子辐射影响比低能电子辐射大[108]。

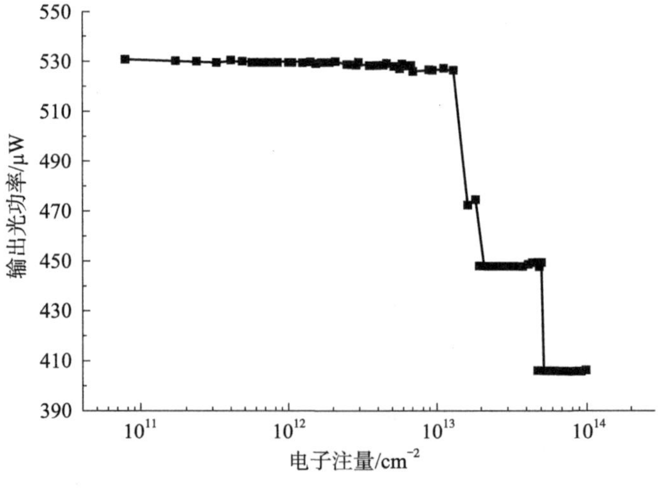

图 3-18　SLD 光源输出功率随低能电子辐射注量的变化

3.2.2.2　中子辐射环境条件下的性能演变

图 3-19 为典型量子阱 SLD（MQW-SLD）和双异质结 SLD（DH-SLD）在中子辐射前后的 $P-I$ 曲线，中子能量为 1 MeV，$n/\gamma=6.1\times10^{9}$/rad（Si），注量为 $6\times10^{13}\sim1\times10^{14}/\text{cm}^2$。经过相同条件的辐射后，注入电流 100 mA 时，量子阱 SLD 的光功率下降了 12.5%，同等条件下的双异质结 SLD 下降了 20%[109]。

中子辐射前后激光器的输出功率满足[110]

$$(P_0/P_\Phi)^{2/3}-1=\tau_0 K\Phi \tag{3-110}$$

式中，P_0 和 P_Φ 分别为中子辐射前后激光器的输出功率；τ_0 为少子寿命；K 为中子辐射损伤系数；Φ 为辐射注量。由该式可知辐射引起的输出功率变化量 $(P_0/P_\Phi)^{2/3}-1$ 和辐射注量成线性关系，斜率 $\tau_0 K$ 代表辐射损伤程度。图 3-20 为量子阱 SLD 和双异质结 SLD 在中子辐射后 $(P_0/P_\Phi)^{2/3}-1$ 和 Φ 的关系，可以看到两种 SLD 都成线性关系，只是量子阱 SLD 的斜率要小于双异质结 SLD，这说明量子阱 SLD 比双异质结 SLD 有更强的抗中子辐射能力。

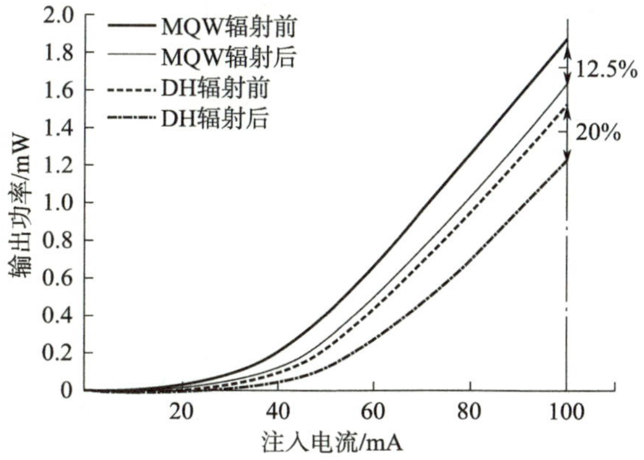

图 3-19　量子阱 SLD 和双异质结 SLD 在中子辐射前后的 $P-I$ 曲线

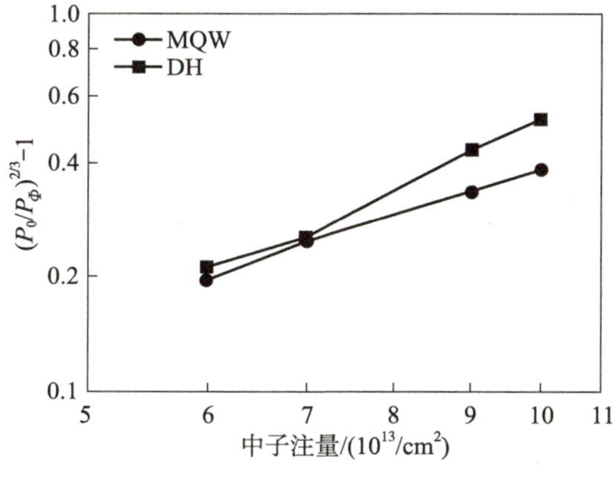

图 3-20　辐射引起的输出功率变化量 $(P_0/P_\Phi)^{2/3}-1$ 随中子注量 Φ 的变化

图 3－21 为典型量子阱 SLD 在 $6\times10^{13}/cm^2$ 注量的中子辐射前后的 $I-V$ 曲线。同等注入电流下辐射后的电压更小，这是由于辐射位移效应引入了非辐射复合中心造成的。随着注入电流的增大，辐射效应引起的电压变化减小，即辐射的损伤效应减弱，这是因为大注入电流具有缺陷退火效应[109]。

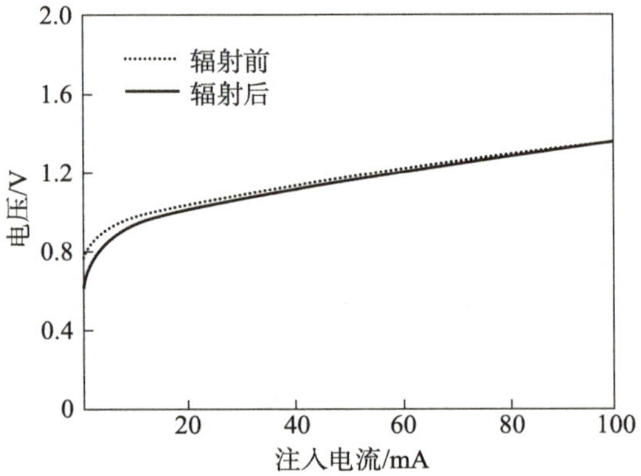

图 3－21　量子阱 SLD 在中子辐射前后的 $I-V$ 曲线

表 3－1 列出了典型量子阱 SLD 和双异质结 SLD 在中子辐射前后的中心波长和光谱宽度[109]。由表中数据可以看到辐射前后两种 SLD 的中心波长几乎都没有变化，光谱宽度最大变化了 0.9 nm，该变化量处于测试误差范围内，因此，该中子辐射条件对光源的光谱特性几乎没有影响。

表 3－1　中子辐射前后 SLD 光源的中心波长和光谱宽度

	中子注量/cm^{-2}	中心波长/nm		光谱宽度/nm	
		辐射前	辐射后	辐射前	辐射后
量子阱光源 1	1×10^{14}	1 304	1 304	56.2	55.6
量子阱光源 2	1×10^{14}	1 307	1 307	55.3	54.9
双异质结光源 1	1×10^{14}	1 291	1 291	45.6	44.7
双异质结光源 2	1×10^{14}	1 291	1 291	44.7	44.6

3.2.2.3　质子辐射环境条件下的性能演变

图 3－22 为质子辐射典型双异质结 SLD（DH－SLD）和量子阱 SLD（QW－SLD）的 $P-I$ 特性曲线，质子能量为 1 MeV 和 350 keV，注量为 $1\times10^{12}/cm^2$。两种光源在注入电流相同时，1 MeV 能量质子辐射下的输出光功率明显高于 350 keV 能量下的输出光功率，说明 350 keV 能量质子辐射对 SLD 的损伤更加严重。在质子注量为 1×10^{13} p/cm² 时，观察到同样的情形（见图 3－23）。另外，注量为 1×10^{13} p/cm² 的 350 keV 质子辐射后，DH－SLD 几乎没有光输出，而同样的能量和注量质子辐射后，QW－SLD 还有一定的光功率输出，说明 QW－SLD 的抗辐射能力优于 DH－SLD。这是由于量子阱结构增大了载流子的限制，提高了

注入电流的密度，从而提高了器件的增益，其抗质子辐射能力更强[111]。

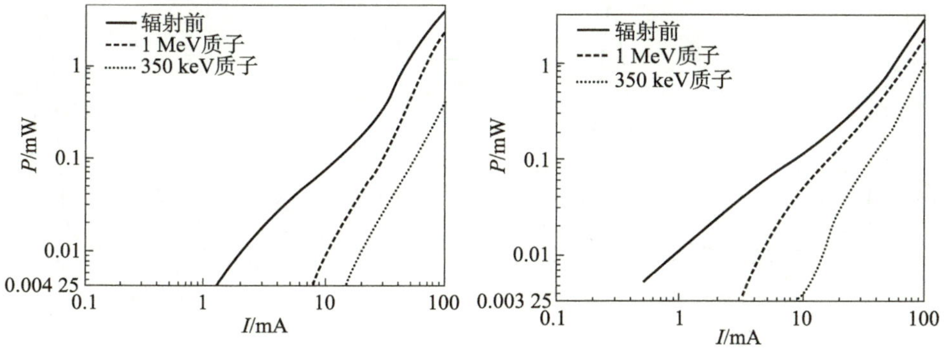

(a) DH-SLD　　(b) QW-SLD

图 3-22　注量为 1×10^{12} p/cm² 质子辐射前后 SLD 的 *P*-*I* 特性对数曲线

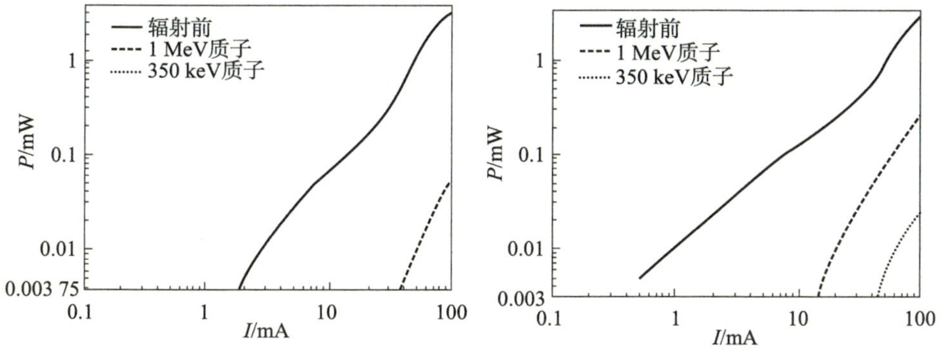

(a) DH-SLD　　(b) QW-SLD

图 3-23　注量为 1×10^{13} p/cm² 质子辐射前后 SLD 的 *P*-*I* 特性对数曲线

相同注量下，350 keV 能量质子辐射对于输出光功率的影响更加严重，这可以从 TRIM 软件的模拟结果得到解释。图 3-24（a）、（b）分别为 350 keV 和 1 MeV 能量的质子从器件上表面入射后，质子在材料中的射程分布。可见，相同注量辐射下，当能量为 350 keV 时，质子射程主要分布在有源区 InGaAsP 层，即辐射造成的损伤缺陷主要在有源区，这些损伤缺陷在材料中起非辐射复合中心的作用，降低了少数载流子的寿命，从而降低了输出光功率。而 1 MeV 能量的质子辐射样品后，质子射程更深，主要分布在 InP 衬底中，有源区受位移损伤的程度小，所以对输出光功率的影响没有 350 keV 能量质子大。

3.2.2.4　γ 射线辐射环境条件下的性能演变

SLD 光源对 γ 射线辐射并不敏感，发射光谱的中心波长、光谱宽度和光谱纹波几乎都没有影响。对输出光功率的影响也不明显。图 3-25（a）为典型 SLD 光源输出光功率随辐射剂量的变化曲线，在 0～500 krad（Si）剂量范围内，SLD 的功率基本保持不变。图 3-25（b）为典型 SLD 光源辐射前后的 *P*-*I* 曲线，辐射前后的 *P*-*I* 曲线几乎重合。这是因为该剂量引起的非辐射复合中心缺陷密度还不足以引起少数载流子的寿命变化，所

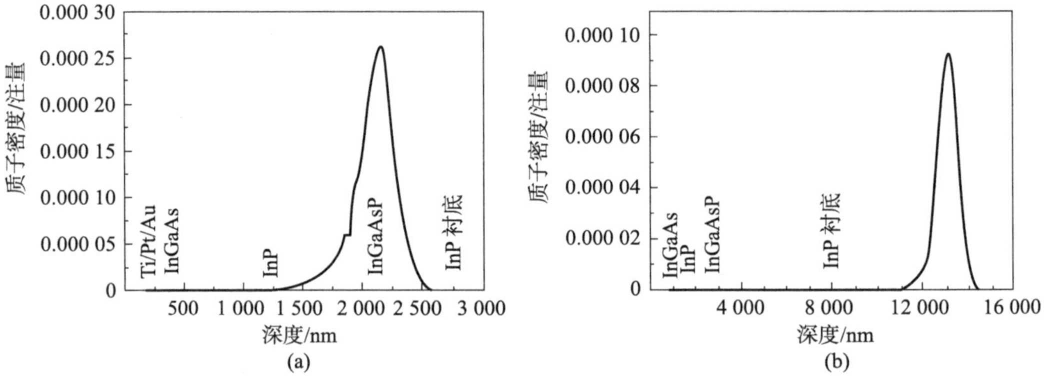

图 3-24　能量为 350 keV（a）和 1 MeV（b）的质子在 SLD 管芯材料中的分布

以在该剂量范围内，SLD 的性能几乎不变。图 3-26 为 1×10^{6} rad（Si）辐射前后典型 SLD 光源的 $I-V$ 曲线，两者几乎完全重合，这也证明辐射产生的缺陷密度很低，不足以引起光源的电离辐射损伤[112]。

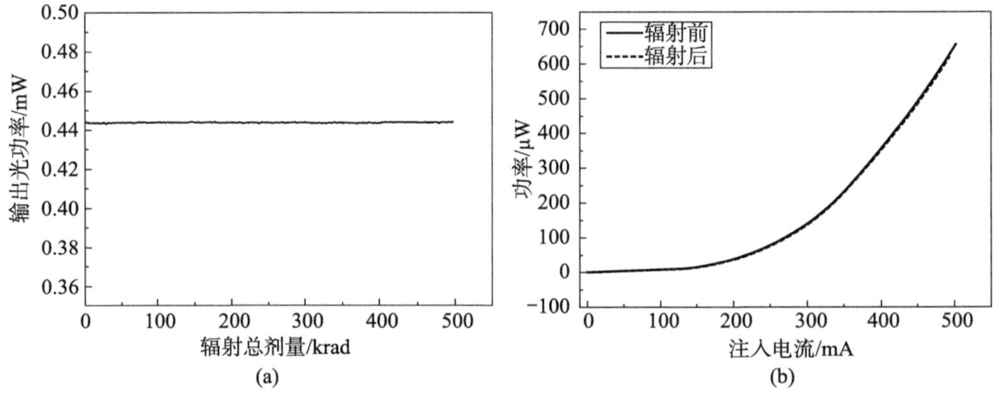

图 3-25　输出光功率随辐射剂量的变化曲线（a）及辐射前后的 P-I 曲线（b）

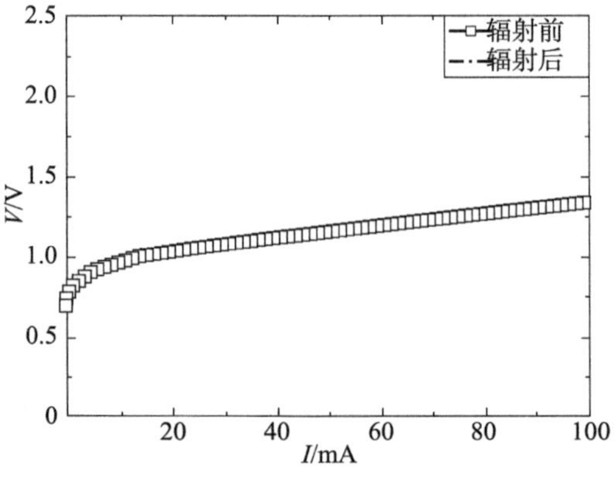

图 3-26　辐射前后 SLD 的 $I-V$ 曲线

对于有源区本来就存在缺陷的器件，γ 射线辐射会呈现出另外的结果。图 3-27 为典型 835 nm AlGaAs/GaAs 材料 SLD 经过 24 Mrad（GaAs）的 γ 射线辐射后再进行老炼实验，实验条件为 140 mA，25 ℃，老炼过程中部分 SLD 的功率急剧衰减。材料研究表明功率衰减的 SLD 有源区出现明显的缺陷，这可能是有源区本来就存在的缺陷，在 γ 射线辐射的激发下缺陷进行了重排，形成了足以影响光功率的缺陷簇[113]。

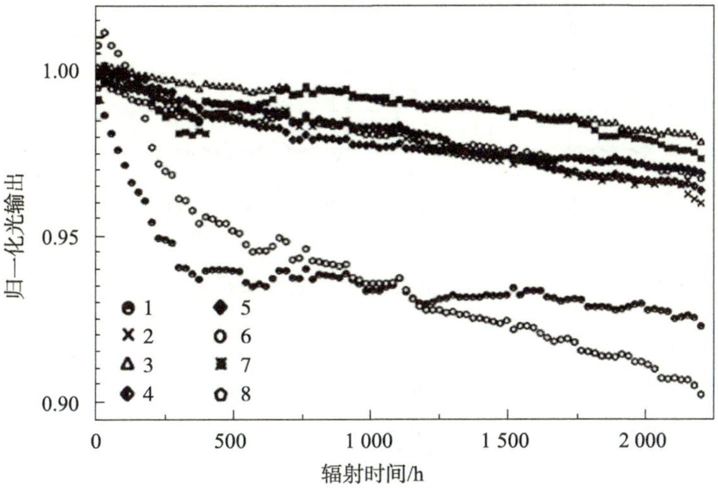

图 3 - 27　经过辐射实验后的 SLD 在老炼过程中输出光功率的变化

3.2.3　激光二极管在辐射环境条件下的性能演变

辐射对 LD 的影响较为复杂，辐射可以在带隙中产生缺陷能级，影响载流子的复合，另外辐射电离效应也会影响有源区的载流子密度，这些效应表现为光源阈值电流的变化和光谱的变形。

3.2.3.1　电子辐射环境条件下的性能演变

（1）电子辐射产生的瞬态影响

电子辐射相当于在激光器有源区注入了附加载流子。图 3 - 28 为典型 670 nm AlGaInP 双异质结半导体激光器中电子辐射脉冲引起的光电流瞬态响应。电子辐射脉冲为 20～25 ns，剂量率为 10^{12} rad(Si)/s。在双异质结结构中，n 阱两侧的电场将辐射电子限制在阱中并发生复合，另外，衬底中的辐射电子也在电场的作用下漂移到有源区，增加了载流子密度。当电子辐射剂量率较低，且激光器注入电流较低时，辐射注入载流子的增加，会增加输出光功率。图 3 - 29 为激光器注入电流为 33 mA 时，10^{10} rad(Si)/s 剂量率的电子辐射脉冲引起的激光器输出功率的瞬态增加[114]。

当电子辐射剂量率较大，且激光器注入电流较大时，注入载流子的增加，不但不能增大激光器功率，反而会降低光功率。图 3 - 30 为激光器注入电流为 88 mA，剂量率为 3×10^{11} rad(Si)/s 和 2×10^{12} rad(Si)/s 时的光功率瞬态响应，随着剂量率的增加，光功率的衰减量增大。这是因为辐射导致的附加载流子密度超过了掺杂浓度，干扰了激光器正常工作。一方面，附加载流子密度的增加导致载流子寿命缩短，受激复合速率下降，自发辐射增加，发射光的相干性下降，激光器像发光二极管一样工作；另一方面，附加载流子的

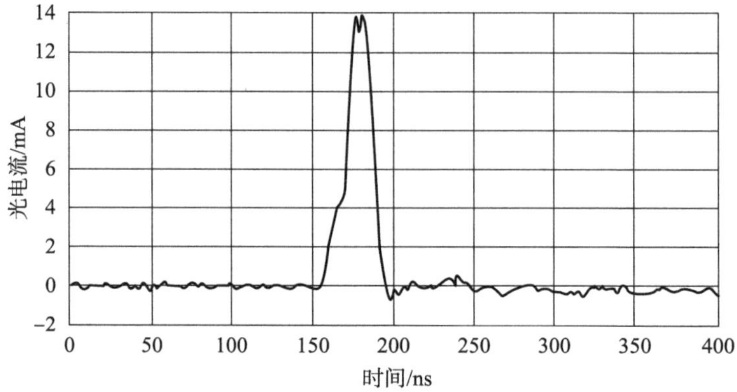

图 3-28　电子辐射的电流瞬态响应

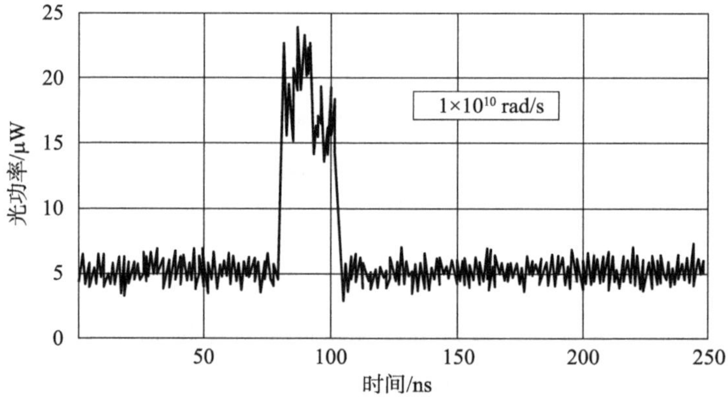

图 3-29　电子辐射的光功率瞬态响应

注入引起波导区折射率的下降，腔内光损耗增加[114]。

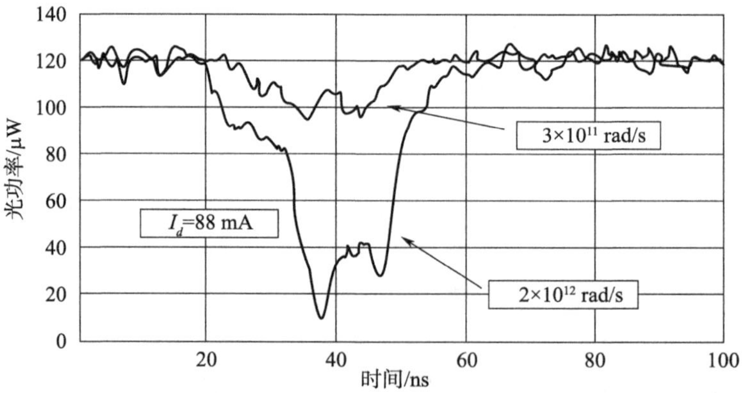

图 3-30　大注量率大注入电流时的功率衰减

(2) 电子辐射产生的非瞬态影响

1 MeV 和 2 MeV 能量电子辐射前后典型 1 310 nm 量子点激光器 $P-I$ 特性变化如图

3-31 所示。随着电子辐射注量的增加，1 310 nm InAs/GaAs 单层量子点激光器阈值电流逐渐增大，同时，在相同电流处的光功率逐渐减小，斜率下降。电子辐射下 1 310 nm 量子点激光器阈值电流随辐射剂量的变化如图 3-32 所示。当电子辐射剂量较小时，激光器阈值电流增加迅速，是由于电离辐射产生许多缺陷，受激辐射所需的载流子迅速被这些缺陷中心俘获，导致阈值迅速升高，当电子剂量达到 1×10^7 rad 时，阈值电流增大变得缓慢，是因为辐射导致的缺陷随着辐射剂量的增加慢慢接近饱和状态，阈值的增大趋势变缓[115]。

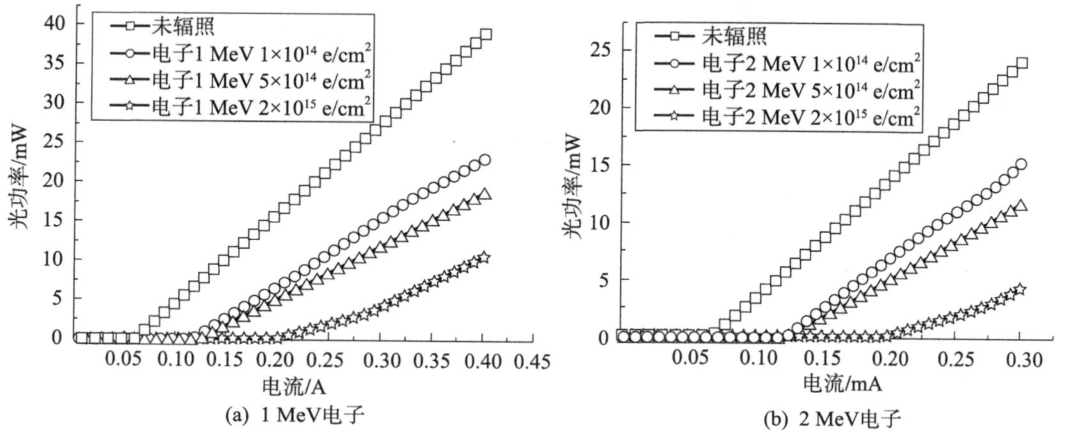

图 3-31　不同能量电子辐射条件下 LD 的 $P-I$ 曲线

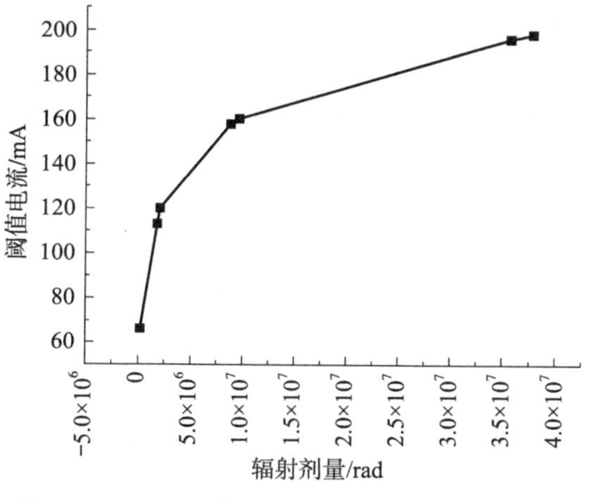

图 3-32　LD 阈值电流随电子辐射剂量的变化

电子辐射下典型 1 310 nm 量子点激光器斜率效率随辐射剂量的变化如图 3-33 所示。在辐射剂量较小时斜率效率迅速下降，当电子辐射剂量超过 1×10^7 rad 之后，下降的趋势变缓[115]。

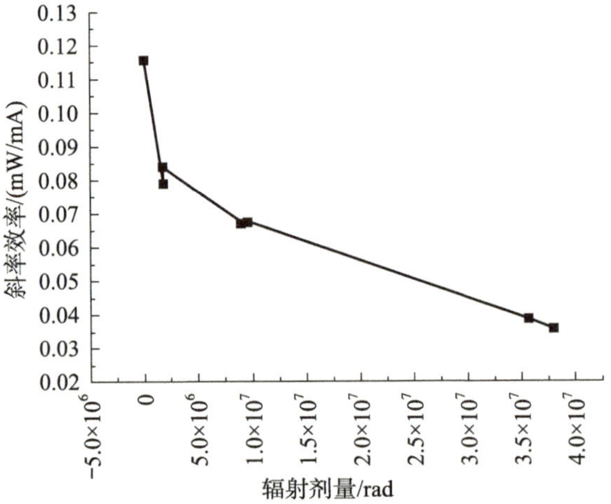

图 3-33　LD 斜率效率随电子辐射剂量的变化

3.2.3.2　中子辐射环境条件下的性能演变

中子辐射对激光器的影响主要体现为阈值电流的增大。图 3-34 为典型 1 310 nm InGaAsP 量子阱激光器在不同中子注量下的 $P-I$ 曲线。当注量较小时阈值电流增大幅度较小，但当注量大于 1×10^{14} n/cm^2 时，阈值电流急剧增大。对斜率效率的影响也呈现类似的趋势，在注量小于 1×10^{14} n/cm^2 时，辐射对斜率效率的影响很小，几乎可以忽略；当注量大于 1×10^{14} n/cm^2 时，斜率效率略有增大。图 3-35 为材料辐射前后的深能级瞬态谱（Deep Level Transient Spectroscopy，DLTS），可以发现经过 1×10^{16} n/cm^2 辐射后，在带隙中间位置附近出现了两个空穴陷阱 $H_1(E_v+0.25$ eV) 和 $H_2(E_v+0.49$ eV)，这两个深能级被认为和 Ga 空位有关。辐射后阈值电流增大，光功率下降的原因是中子辐射在有源区产生了晶格缺陷，这些缺陷降低了载流子非辐射复合寿命和迁移率[116]。

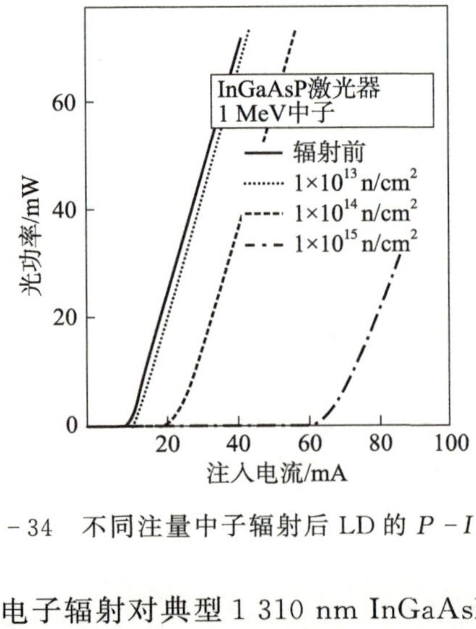

图 3-34　不同注量中子辐射后 LD 的 $P-I$ 曲线

图 3-36 为中子辐射和电子辐射对典型 1 310 nm InGaAsP 量子阱激光器 $P-I$ 特性影

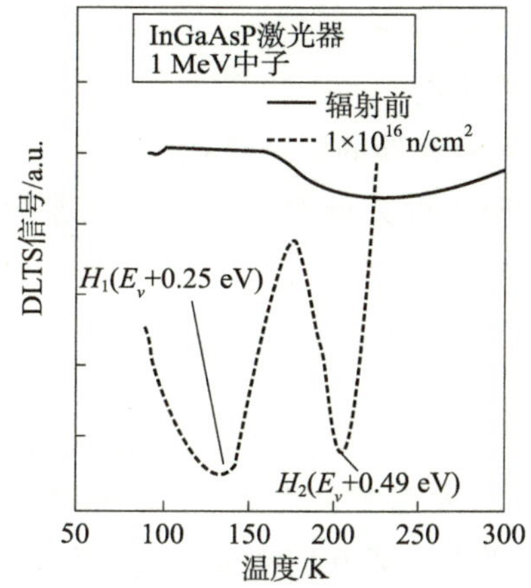

图 3－35　辐射前后的深能级瞬态谱

响的对比。由测试结果根据式（3－111）计算两种辐射源的功率辐射损伤因子 K_P

$$P_{\Phi}=P_0+K_P\Phi \tag{3-111}$$

式中，P_0、P_{Φ} 分别为辐射前后的输出光功率。两种辐射条件下的功率辐射损伤因子列于表 3－2。两种辐射源在有源区的非电离能量损失（Non－ionizing Energy Loss，NIEL）计算值也列于表 3－2。由表中数据可以看到，两种辐射源的功率辐射损伤因子相差约 3 个数量级，非电离能量损失也相差 3 个数量级，所以中子辐射对激光器的损伤远远大于电子辐射，这是因为中子的质量远大于电子，其与原子撞击形成缺陷的概率要大得多[116]。

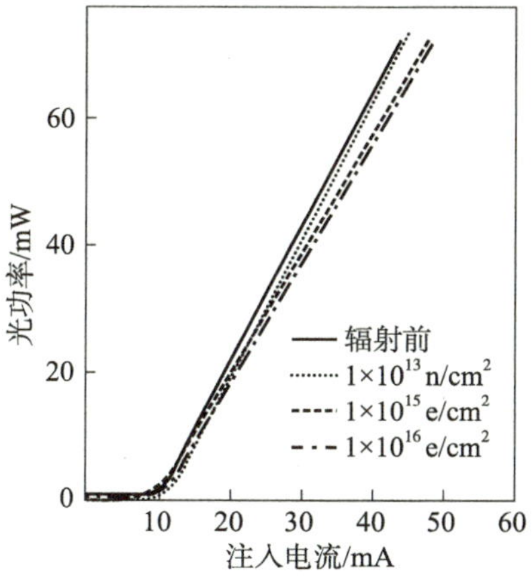

图 3－36　中子辐射和电子辐射对 LD $P-I$ 特性影响的对比

表 3－2　1 MeV 中子和 1 MeV 电子辐射的 K_P 和 NIEL 值

	K_P	NIEL/(MeV · cm²/g)
1 MeV 中子	-3.4×10^{-13} (n^{-1} · mW · cm²)	0.8×10^{-3}
1 MeV 电子	-6.4×10^{-16} (e^{-1} · mW · cm²)	1.8×10^{-6}

3.2.3.3　质子辐射环境条件下的性能演变

（1）辐射条件对辐射结果的影响

不同的质子辐射实验条件对激光器的影响存在明显不同。首先是质子入射方向（见图3-37），在相同辐射条件下不同入射方向时，典型激光器阈值电流的辐射损伤因子见表3-3。阈值电流辐射损伤因子 K_I 定义为

$$\frac{I_{th,\Phi}}{I_{th,0}}=1+K_I\Phi \tag{3-112}$$

式中，$I_{th,\Phi}$ 为经过注量 Φ 辐射后的阈值电流；$I_{th,0}$ 为辐射前的阈值电流。损伤因子越大，说明辐射造成的阈值电流增大越多。由表3-3中数据可以看到，损伤因子由大到小依次为沿PN结方向、平行于PN结方向和垂直于PN结方向。因为对于相同的辐射注量，辐射损伤程度与辐射能量在有源区的沉积量有关。有源区的长度方向≫有源区宽度方向≫有源区厚度方向，这意味着质子在不同方向入射时，和有源区作用的距离不同，能量沉积也不同。长度方向尺寸最大，能量沉积最多，厚度方向尺寸最小，能量沉积最少[117]。

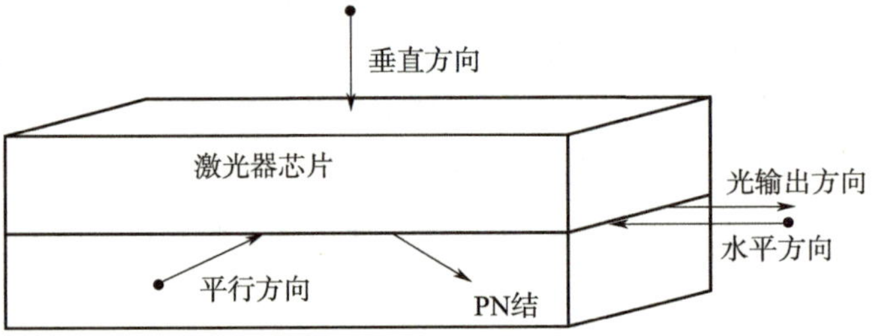

图3-37　质子入射方向示意图

表3-3　不同温度下各入射方向的阈值电流损伤因子（10^{-15} cm^2/p）

偏置电流/入射方向	10 ℃	30 ℃	50 ℃
35 mA/水平入射	2.40	2.31	2.59
35 mA/平行入射	2.31	2.29	2.02
35 mA/垂直入射	1.52	1.70	1.94
短接/水平入射	3.55	3.58	3.56
短接/平行入射	3.26	3.49	3.46
短接/垂直入射	2.99	3.35	3.58

同样注量不同能量的质子辐射在器件有源区内产生的位移缺陷密度不同。图3-38为采用TRIM软件计算出的2 MeV和5 MeV质子在InGaAsP材料中空位产生率随质子穿透深度的变化关系[118]。由图可见，2 MeV质子只要能够到达有源区，2 MeV质子产生的空位数就要比5 MeV质子产生的空位数多。因此2 MeV质子产生的非辐射复合中心数目比5 MeV质子多，少子寿命下降更加显著，导致阈值电流增大更多。从图3-38还可以看

出，5 MeV 质子在穿透激光二极管过程中，在相对较大距离内空位产生率基本相同，而 2 MeV 质子的空位产生率随穿透深度变化很大。因此器件结构尺寸的微小差别对 5 MeV 质子辐射效应的影响不大，而对于 2 MeV 质子辐射效应的影响可能很大。这就是参数相同的激光器在 5 MeV 质子辐射下退化结果相似，而 2 MeV 质子辐射下损伤结果有较大差异的原因。

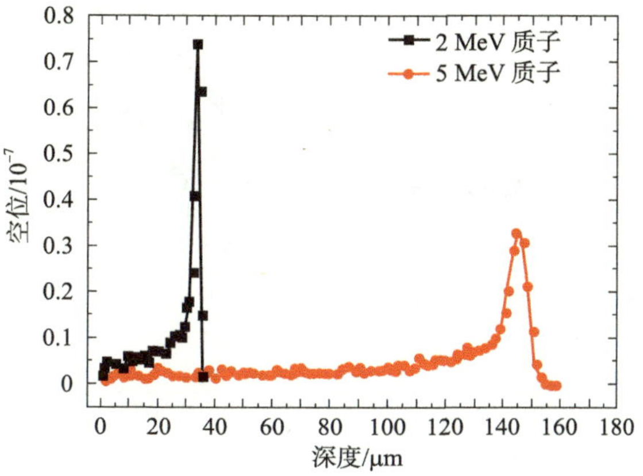

图 3-38　不同能量质子在 InGaAsP 材料中的穿透深度

（2）质子辐射对激光器性能的影响

因为质子的库仑散射截面更大，质量也更大，理论上质子辐射比中子辐射和电子辐射对激光器的损伤更严重。

图 3-39 和图 3-40 为处于不同的工作状态的典型激光器辐射前后的 $P-I$ 曲线，质子能量为 200 MeV，注量率为 $4\times10^{8}\sim1.5\times10^{10}$ p/cm²/s。所用器件为 780 nm MQW GaAs/GaAlAs 激光器。图 3-39 为激光器的正负电极均接地，处于短路状态，图 3-40 为注入电流 35 mA 时的工作状态。两种状态下阈值电流均随辐射注量的增大而增大，辐射对斜率效率影响较小，在低注量（$\leqslant1\times10^{13}$ p/cm²）辐射时略增大，在高注量辐射时轻微下降。图 3-41 给出了不同温度下两种状态的激光器阈值电流随辐射注量的变化情况。由于电流的退火作用，有注入电流的激光器的辐射诱导阈值电流增量明显小于短接状态的激光器。10 ℃和 50 ℃下阈值电流随辐射注量的变化趋势类似，在高温下两种状态的激光器辐射诱导阈值电流增量差异比低温更大。图 3-42 给出了温度因素对辐射后归一化功率（辐射后功率/辐射前功率）的影响，由图可见，温度越高，辐射后的归一化功率越低，且温度越高，归一化功率随质子注量衰减得越快[117]。

（3）辐射对不同有源区结构激光器的影响

半导体激光器原理结构包括 PN 结结构、量子阱结构和量子点结构等，不同的结构工作原理，结构尺寸差异较大，因此不同结构在辐射环境的演变规律也不同。图 3-43 为不同 InGaAs/GaAs 量子点结构和 InGaAs 量子阱结构激光器荧光峰值强度随辐射注量的变化曲线[119]。质子注量范围为 $1.3\times10^{11}\sim3.5\times10^{13}$ p/cm²，注量率约为 6×10^{12} p/cm²/s，能量为 1.5 MeV。实验结果表明，当质子注量为 3.5×10^{13} p/cm² 时，量子点激光器的荧

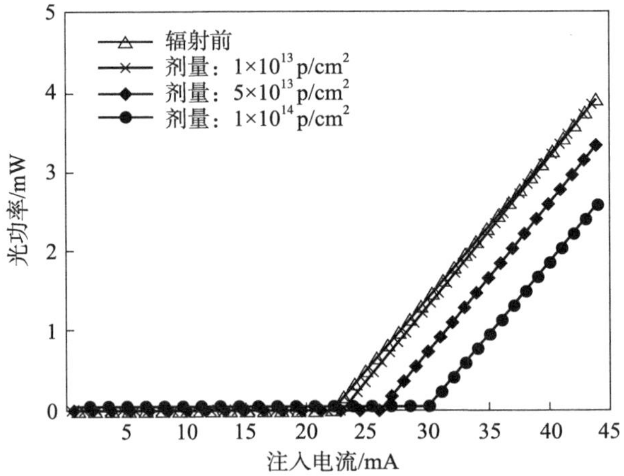

图 3-39　短接状态下质子辐射对 LD $P-I$ 特性的影响

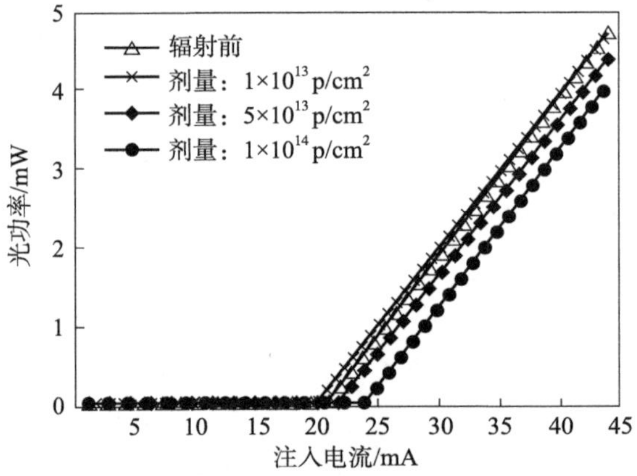

图 3-40　注入电流为 35mA 时质子辐射对 LD $P-I$ 特性的影响

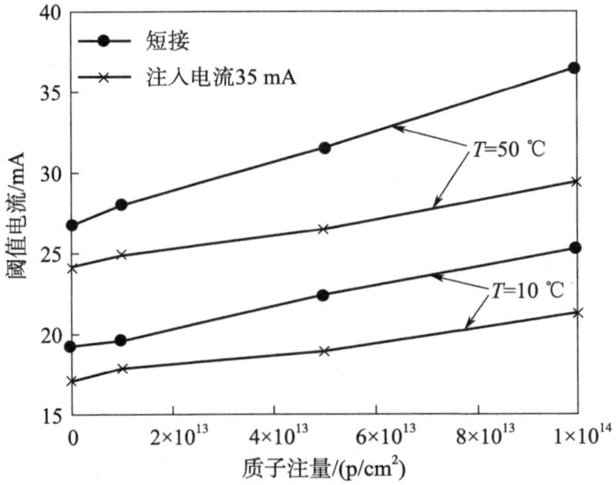

图 3-41　不同温度下短接和加电状态下阈值电流随质子注量的变化

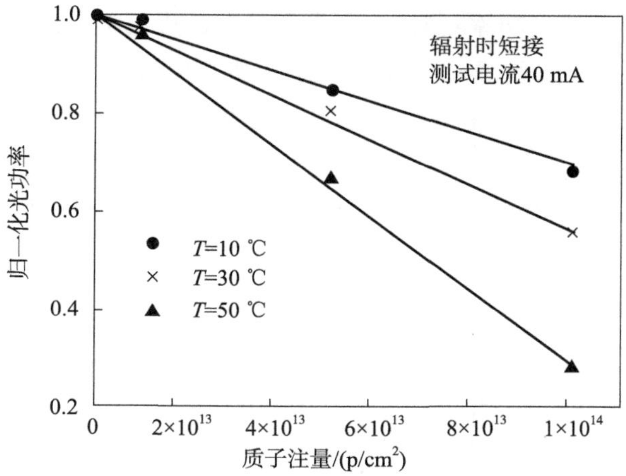

图 3-42　不同温度下归一化光功率随质子注量的变化

光峰值强度较辐射前下降了约 50%，而量子阱激光器的荧光峰值强度仅为辐射前的 1/30 左右。这是因为在量子点激光器中，载流子被限制在一维量子点内，只有辐射缺陷在量子点内或量子点附近时，才会影响载流子寿命。在量子阱中，载流子被限制在二维平面内，辐射在二维平面内产生缺陷的概率明显大于量子点，因此辐射对量子点激光器的影响更小。同理，三种结构中体材料激光器受辐射的影响最大，抗辐射能力最弱[120,121]。

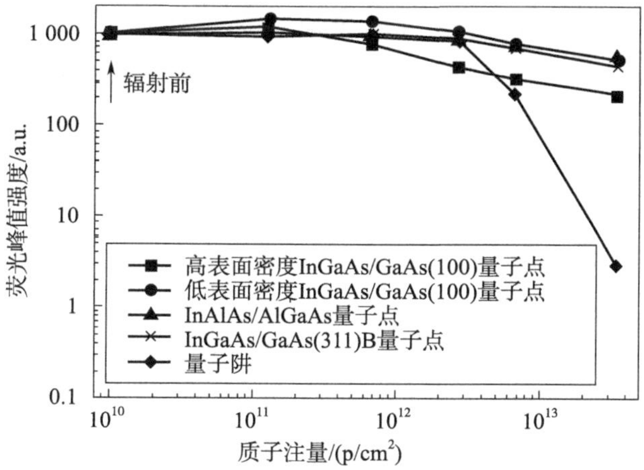

图 3-43　量子点结构和量子阱结构激光器荧光峰值强度随辐射注量的变化

(4) 注入电流对辐射损伤的退火效应

在质子辐射过程中，激光器的注入电流会减弱辐射引起的光功率衰减，这被称为“偏置退火”效应。图 3-44 表示典型 780 nm GaAs/AlGaAs 多量子阱激光器在辐射过程中，相对光功率随时间的变化过程[122]，阶段Ⅰ为温度稳定阶段，注入电流为 35 mA。阶段Ⅱ为辐射阶段，质子注量率为 1.45×10^{10} p/cm²/s，总注量为 6×10^{10} p/cm²。阶段Ⅲ为偏置退火阶段，注入电流为 35 mA。相对光功率定义为

$$P(t)=P_0+\Delta P(1-e^{-t/\tau}) \tag{3-113}$$

式中，P_0 为辐射结束后的光功率；ΔP 为常数；t 为退火时间；τ 为退火时间常数。相对光功率在辐射的初始阶段急剧降低，降低到某个最小值后，光功率开始回升，光功率的这种回升是由于注入电流的退火作用。在退火过程的初期，大概 100 s左右的时间内，退火时间常数 $\tau_1=50$ s，光功率快速恢复。经过初始阶段的快速恢复后，恢复速度变慢，退火时间常数 $\tau_2=1\ 000$ s，在第三阶段，恢复速度变得更慢，退火时间常数 $\tau_3=(1.5\sim2)\times10^4$ s。

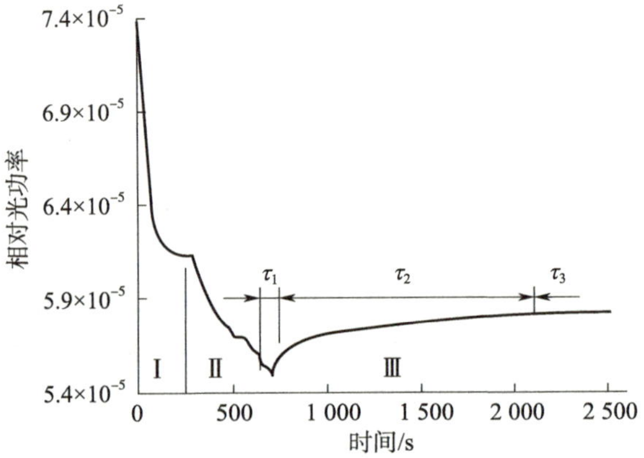

图 3-44　辐射过程及退火过程中相对光功率随时间的变化

注入电流的退火效应是因为注入电流通过复合增强的缺陷反应（Recombination Enhanced Defect Reactions，REDR）将辐射产生的缺陷湮灭。REDR 是指当通过辐射缺陷能级发生电子跃迁时，能量沉积在缺陷上，引起缺陷局部温度升高，激活了缺陷，使缺陷具有更快的移动速度或反应速度。

空位-间隙原子对等缺陷在室温下由于 REDR 可以非常快速地被退火，这是在退火初始阶段功率快速恢复的主要来源。在退火效应的第二阶段，独立空位和独立间隙原子等较难湮灭的缺陷以较慢的速度恢复。在退火效应的第三阶段，杂质相关缺陷等更难湮灭的缺陷缓慢恢复。另一种和缓慢退火有关的机理可能是缺陷由中性区扩散到有源区。错位缺陷很难被湮灭，如质子辐射引起的 As 错位缺陷需要 600 ℃才能湮灭，所以这些缺陷难以通过电流退火消除。

3.2.3.4　γ射线辐射环境条件下的性能演变

γ射线辐射对 AlGaAsP、AlGaAs、GaInAsP/InP 等不同材料的影响表现出明显不同的趋势。图 3-45 为γ射线辐射对不同材料（不同波长）激光器 $P-I$ 特性的影响。对于 850 nm 激光器，在 1.5 MGy 的剂量下阈值电流约下降 5.25%，而斜率效率增加了 12%（15 ℃）。对于 1 310 nm 激光器，不同温度下 0.52 MGy 剂量的γ射线辐射引起的阈值电流变化很小。但在同样剂量下斜率效率下降明显，约下降 14.8%（15 ℃）。1 550 nm 激光器和 1 310 nm 激光器的变化趋势类似，不同温度下 0.52 MGy 剂量的γ射线辐射引起的阈值电流变化很小。但在同样剂量下斜率效率下降 9.52%（15 ℃）[123]。

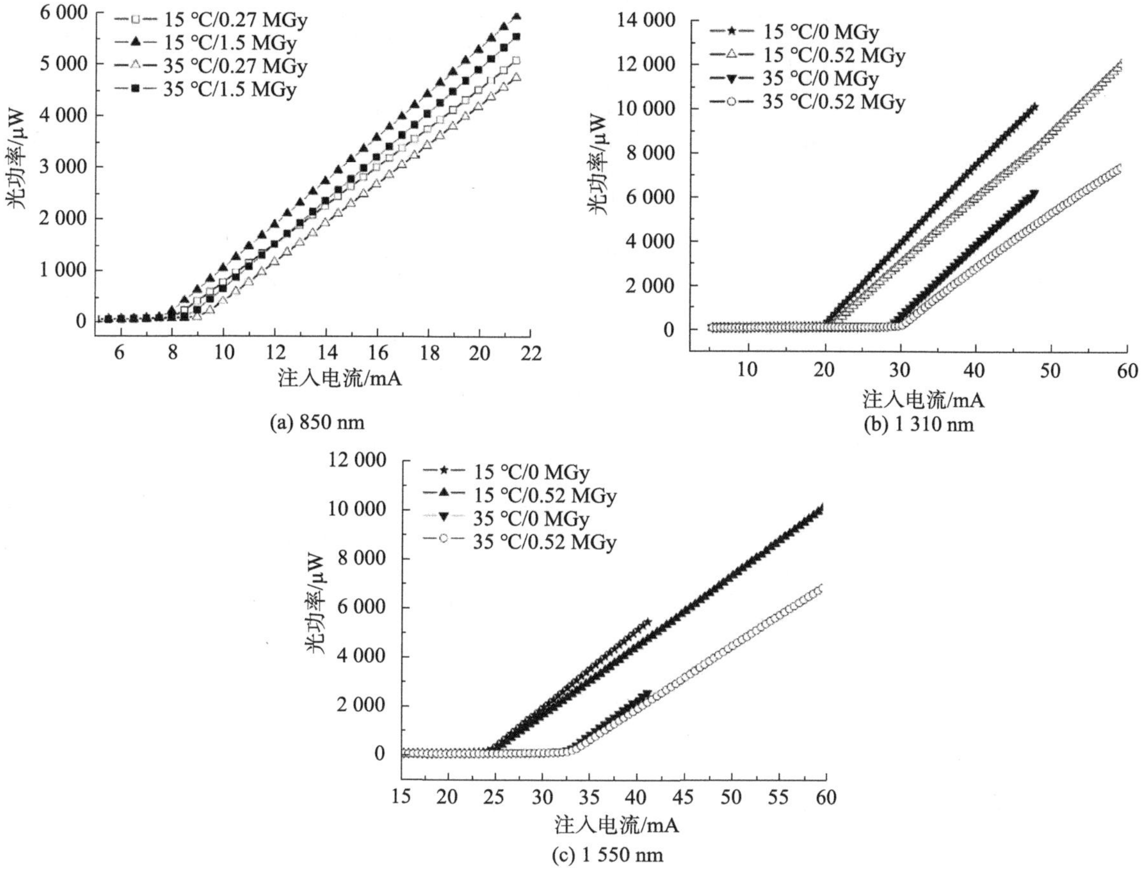

图 3-45　不同波长激光器在 γ 射线辐射条件下 $P-I$ 曲线的变化

γ 射线辐射对典型 1 550 nm 半导体激光器输出光谱的影响如图 3-46 所示。图 3-46（a）为辐射前注入电流为 6mA 时 LD 输出的光谱图，其阈值电流为 4.6 mA，可见此时 LD 有很好的激光输出，当辐射剂量达到 1×10^4 rad（Si），注入电流为 6 mA 时的光谱如图 3-46（b）所示，此时 LD 输出光谱的质量变差，出现许多尖峰；当辐射剂量达到 1×10^5 rad（Si），注入电流为 6 mA 时的光谱如图 3-46（c）所示，LD 不再输出激光，为荧光输出[124]。

辐射对典型 LD 输出光谱峰值波长的影响如图 3-47 所示，辐射使峰值波长发生“蓝移”（向短波方向移动），此现象与理论相符。峰值波长随注入电流增加而增加的幅度变小，最大辐射剂量下，变化幅度为 0.010 nm/mA。当工作电流为 26 mA 时，LD 峰值波长随辐射剂量的变化如图 3-48 所示，辐射剂量小于 5×10^4 rad（Si）时，峰值波长急剧减小，辐射剂量大于 5×10^4 rad（Si）后，变化趋于饱和。与辐射前相比，最大剂量下峰值波长减小了 0.128 nm[124]。

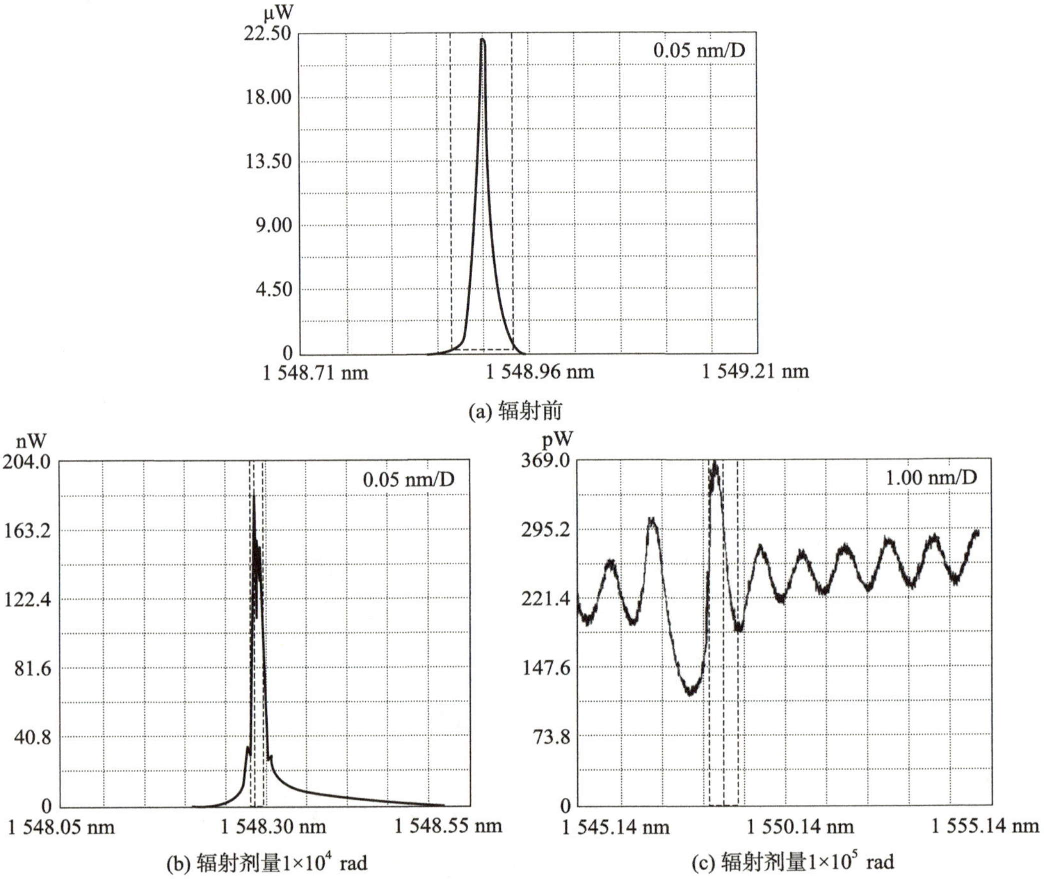

图 3-46　注入电流为 6 mA 时不同剂量辐射的光谱

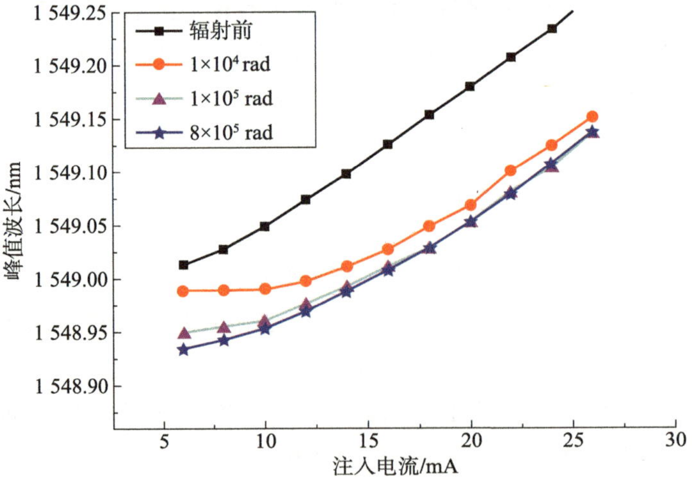

图 3-47　不同辐射条件下峰值波长随注入电流的变化

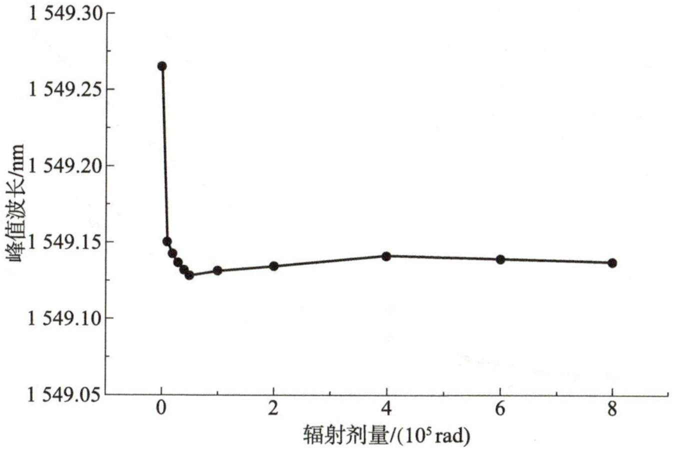

图 3-48　峰值波长随辐射剂量的变化

3.2.4　半导体光源抗辐射加固技术

宇航辐射环境对半导体光源的损伤是不可忽略的，尤其是在舱外环境、高轨环境和长期在轨飞行环境中，辐射是影响光源性能和寿命的主要因素，需要对光源进行抗辐射加固设计，同时采取外部抗辐射防护措施。

（1）有源区材料结构设计

辐射实验表明，不同的有源区结构抗辐射能力存在明显差别，理论结果和实验结果都表明量子点激光器、量子阱激光器、异质结体材料激光器的抗辐射能力依次减弱，因此在激光器设计时优先选择量子点结构有源区。

（2）增镀腔面保护膜

辐射实验表明，当辐射粒子沿有源区方向入射时对光源的损伤最大，因此通过在腔面增镀抗辐射保护膜，尽量减少辐射粒子进入有源区的概率，就可以降低辐射损伤。腔面保护膜设计主要是膜系材料的选择，保护膜材料不但要抗辐射而且不能对腔面反射率造成不良影响。

SRIM 软件模拟的 10 keV～10 MeV 能量下质子和氦离子在单层半导体材料二氧化硅、三氧化二铝、二氧化钛和二氧化锆中射程分布如图 3-49 和图 3-50 所示，可以看出，对于质子和氦离子，二氧化锆比其他三种材料具有更好的抗穿透能力，二氧化硅的抗穿透能力最弱，而且明显低于其他材料；同时 10 MeV 质子在四种材料的入射深度分布为几百微米，而氦离子在其中的分布只有几十微米，可以看出同样能量大小的质子穿透能力要明显高于氦离子。在设计腔面介质膜的时候可以采用二氧化锆材料来提高器件对质子和氦离子的抗辐射能力[125]。

为进一步研究提高器件的抗辐射能力，对两层材料组成的腔面介质膜进行模拟研究。将单层 3 μm 二氧化锆和由 1.5 μm 二氧化锆与 1.5 μm 二氧化钛组成的双层材料进行离子辐射模拟对比。400 keV 质子在单层膜中粒子射程不到 2 μm，粒子主要分布在 1～1.8 μm

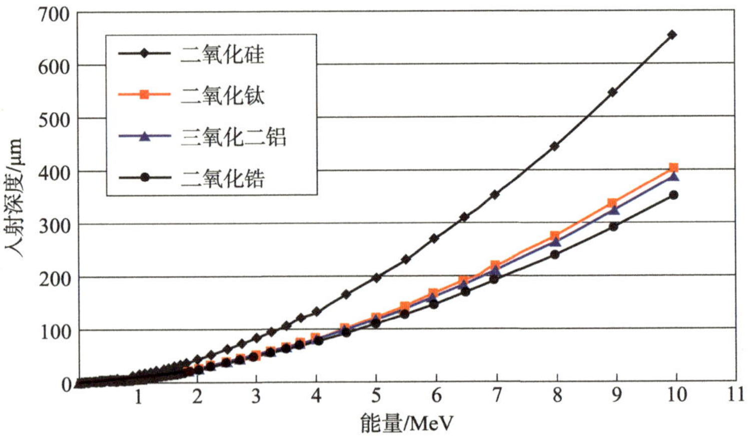

图 3-49　质子在不同材料中的射程分布

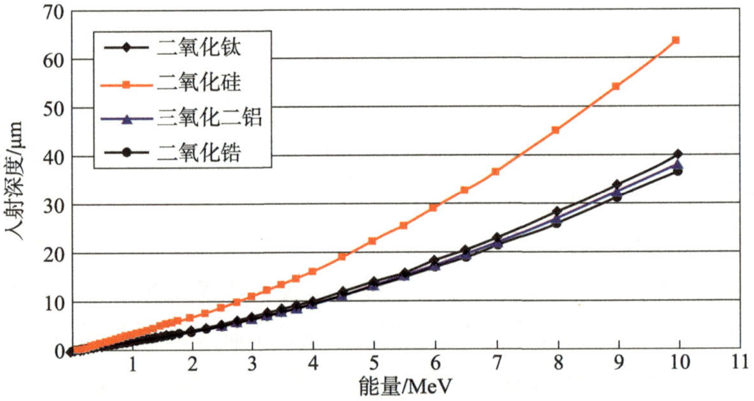

图 3-50　氦离子在不同材料中的射程分布

之间，而质子在双层膜中射程已经接近 3 μm，粒子分布主要集中在 1.6～2.8 μm 之间，由此可知，单层二氧化锆抗辐射能力更强。

图 3-51 是增镀 $Y_2O_3-ZrO_2$ 膜和无增镀膜的光源在能量为 1.8 MeV，注量为 $1\times10^{16}/cm^2$ 和 $2\times10^{16}/cm^2$ 的电子辐射环境下的 $P-I$ 特性对比。辐射前各器件性能相近，$P-I$ 曲线表明有 $Y_2O_3-ZrO_2$ 膜的激光器，辐射后的阈值电流明显小于无保护层光源，斜率效率明显高于无保护层光源。由此证明 $Y_2O_3-ZrO_2$ 膜明显提高了激光器的抗电子辐射能力[126]。

(3) 增设钝化层

采用抗辐射钝化膜的方法是较为常用的抗辐射措施，一般采用 Al_2O_3 膜、Si_3N_4 膜、磷硅玻璃膜、SiO_2 多层复合膜。和 SiO_2 膜相比，Al_2O_3 膜的抗辐射性能高 1 个数量级，因为 Al_2O_3 膜内部有大量的空隙缺陷，显著增加了辐射产生的电子-空穴对的复合概率，提高了抗辐射性能。另外，Al_2O_3 膜的介电常数是 SiO_2 的 2 倍，相同情况下 Al_2O_3 膜的辐射诱导阈值电压漂移只有 SiO_2 膜的一半。

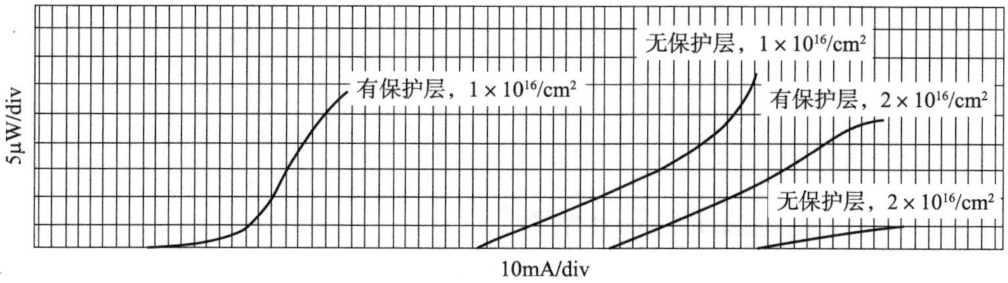

图 3-51　Y_2O_3-ZrO_2 膜对电子辐射抵抗能力对比

(4) 改进封装技术

通过更改器件的结构提高器件的抗辐射能力毕竟有限，更改结构会对器件的性能造成一定的影响，在不影响器件性能的情况下可以采取被动防护的方法提高器件的抗辐射能力。

①管壳上涂敷抗辐射涂层

管壳上镀一层原子序数较高的重金属铅或钽，可以起到辐射屏蔽作用。另一种方法是将钨片烧结在陶瓷管壳的外表面，将可伐合金（Kovar）烧结在管壳的内表面，可以大大提高器件的抗辐射能力。

②增加屏蔽材料

对于降低单位屏蔽厚度的剂量而言，高 Z 材料（如钨、钽等）是屏蔽一次电子辐射的优选材料，同时高 Z 材料还是屏蔽光子（如外大气层核反应产生的二次辐射或瞬时 γ 射线）的优选材料；但对于降低单位质量的剂量而言，低/中等 Z 材料（如可伐）通常是优选材料。

从器件的全金属化封装和抗辐射要求综合考虑，利用 SRIM 软件模拟了质子和氦离子在 Al、Au 和可伐合金中离子能量与射程分布的关系如图 3-52 和图 3-53 所示，由图可以看出，10 MeV 质子在各种材料中穿透深度可达到几百微米，而相同能量的氦离子穿透深度不到 70 μm，通过比较粒子在各种材料中的穿透深度可知，可伐合金和 Au 材料对质子和氦离子具有很强的抗辐射能力，0.245 mm 的可伐合金就可以承受 10 MeV 质子辐射，因此在器件封装的时候采用可伐合金作为封装管壳，并在其表面覆盖一层 Au，能够很好地提高器件抗辐射能力[125]。

③倒装结构

由于 InP 材料本身具有优越的抗辐射能力，而且芯片 P 面外延层厚度大约只有几微米，InP 衬底厚度约为 90 μm，因此可以将常规的芯片正装烧结方式（P 面向上）改为倒装（P 面向下），当粒子从器件正面辐射进入器件时，将首先穿透约 90 μm 厚的 InP 衬底层，在一定程度上有效地阻挡了粒子对器件有源层的损伤，提高了器件的抗辐射能力。

由 SRIM 软件模拟结果可知，正装时，当质子能量达到 500 keV 时，质子在器件有源层造成的非电离能损值最大，即质子造成器件辐射损伤最大；而采用倒装结构时，质子能

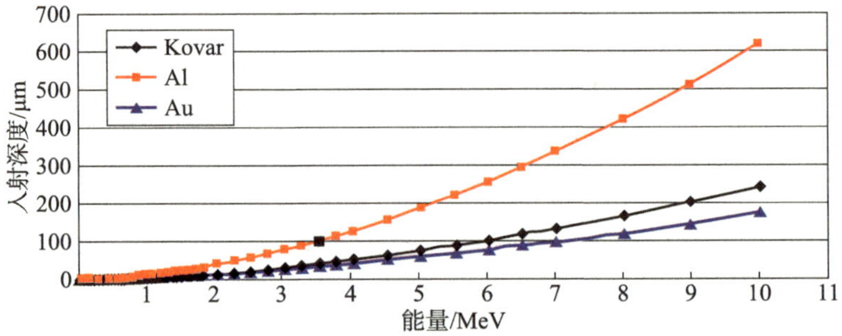

图 3-52　质子在不同屏蔽材料中质子能量与射程分布的关系

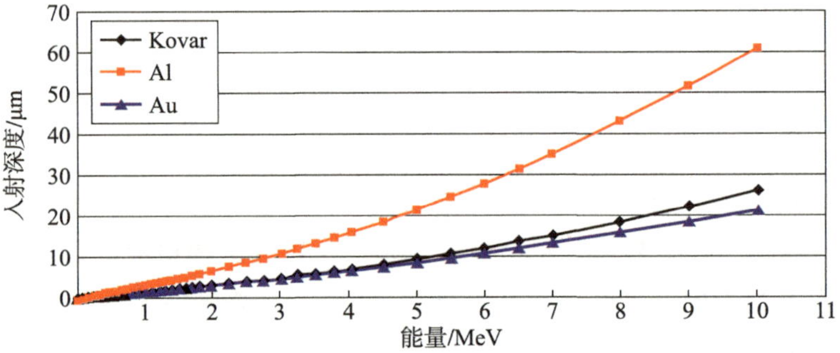

图 3-53　不同材料中氦离子能量和射程分布的关系

量为 3 MeV 时仍无法对器件有源层造成损伤，且当质子能量达到 3.5 MeV 时才对有源层造成损伤，大幅提高了器件的抗辐射能力。

④真空封装

采用真空封装的方式，可以避免管芯内的部分气体的辐射效应对器件的影响，采用的真空度为 $1\times10^{-1}\sim1\times10^{-2}$ mmHg，理论上真空封装比惰性气体封装的抗辐射能力更强。

(5) 提高激光器的注入电流

提高激光器的注入电流，可以增强退火效应，让一些非永久性辐射缺陷尽快湮灭。理论上，注入电流越大，则退火速度越快。

(6) 增加激光器的工作温度

由于“退火”是热激活效应，不同的工作温度对退火速度也有影响。有实验表明在 20 ℃、40 ℃温度下，14 h 内实现的退火恢复率约为 20%，在 60 ℃温度下退火恢复率高达 65%。

3.3　半导体光源在热环境条件下的性能演变及抑制技术

相比于固体激光器和光纤激光器，半导体激光器的电光转换效率更高，可达 40%～50%，即便如此仍会有 50%～60%的电能转换为热能，在宇航热真空等环境下如果散热效果不佳，会造成芯片温度升高，直接影响半导体激光器的阈值电流密度、输出功率、微分量子效率等一系列性能，并可能导致半导体激光器寿命和可靠性的下降，甚至会损毁芯片。另外，宇航应用时可能会面临极冷、极热以及冷热交替的外部热环境，因此，在控制内部散热的同时，还要考虑外部热环境的影响。

3.3.1 半导体光源的热特性

（1）半导体光源内部热源

半导体激光器的热源主要有 3 个：1）在电流注入有源区后，电子与空穴的非辐射复合释放的热量；2）激光器达到阈值后，有源区内光子吸收的相关过程，包括自发辐射复合再吸收，自由载流子吸收，其他对光子的散射、衍射、吸收等产生的热；3）注入电流增大后，由欧姆损耗产生的焦耳热[127]。

①非辐射复合

非辐射复合就是复合电子–空穴对的能量转变成声子的过程。这个过程的强度与 $1-\eta_i$ 成比例，η_i 为内量子效率。非辐射复合发生在其与辐射复合相竞争的有源区内。因而可给出热功率密度

$$q_{NR}=\frac{1}{d}UJ(1-\eta_i) \tag{3-114}$$

式中，d 为有源区厚度；U 为二极管压降；J 为电流密度。

②辐射再吸收

有源区产生的辐射有相当部分被再吸收。假定这个过程产生的热在空间上是均匀的，其功率密度可表示为

$$q_{RA}=\frac{J}{d_r}\frac{(h\nu)_{av}}{e}\eta_i(1-\eta_0) \tag{3-115}$$

式中，$(h\nu)_{av}$ 为吸收光子的平均能量；e 为基本电荷；d_r 为谐振腔厚度；η_0 为光提取效率，定义为在单位时间内，器件发射的光子数与有源区内产生的总光子数之比。

许多激光二极管谐振腔的厚度约等于有源区的厚度，$d_r=d$。所以在整个有源区内产生的热功率密度可表示为

$$q_A=\frac{1}{d}UJ(1-\eta_e) \tag{3-116}$$

式中，η_e 是外量子效率。在上述关系推导过程中，运用了吸收光子平均能量的近似公式

$$(h\nu)_{av}\approx eU \tag{3-117}$$

由于外量子效率取决于电流密度，这样，运用外微分量子效率 η_d 就更加方便了，所以[128]

$$q_A=\frac{1}{d}U[J_{th}+(J-J_{th})(1-\eta_d)] \tag{3-118}$$

式中，J_{th} 是阈值电流密度。由于外量子效率中自发辐射所占比例很小，在这里已被忽略。

③辐射转移

在异质结器件中，有源区内各向同性的自发辐射很容易地穿过低吸收系数的非有源区，即发生辐射转移，辐射在有源区外部被吸收，也就是说在衬底的上部和顶层被吸收。考虑到这个因素，在这两层中包含着附加的两个热源，所以式（3-118）变成

$$q_A = \frac{1}{d}U\left[J_{\mathrm{th}}(1-f_r\eta_{sp})+(J-J_{\mathrm{th}})(1-\eta_d)\right] \tag{3-119}$$

式中，η_{sp} 是自发辐射的内量子效率；f_r 是辐射转移系数

$$f_r = K_f \sin^2(\theta_c/2) \tag{3-120}$$

式中，对于同质结 $K_f=0$，单异质结 $K_f=1$，双异质结 $K_f=2$，θ_c 表示全内反射角。

（2）大功率半导体激光器的热耗散功率

对于功率小的半导体激光器，激光器处在发热与散热的交替过程中，不会造成大的热积累或大的温升。然而对于大功率半导体激光器，即使器件的电光效率可达到40%～50%甚至更多，但当Bar条的驱动电流达到 50 A 甚至 60 A 时，单个 Bar 条功率就达到 40～50 W 甚至更大，这时就有 25 W 甚至更多的能量转变成了热能，而 Bar 条接触传热的面积典型值是 10 mm×1 mm，因此单位面积上的热流密度非常大。

当半导体激光器达到稳定工作状态时，可视其为二极管与电阻的串联，如图 3-54 所示。其中，GL 是光振荡器，R_s 是串联电阻。工作电压可表示为 $V_a \approx \frac{E_g}{e}+IR_s$，则电功率可表示为

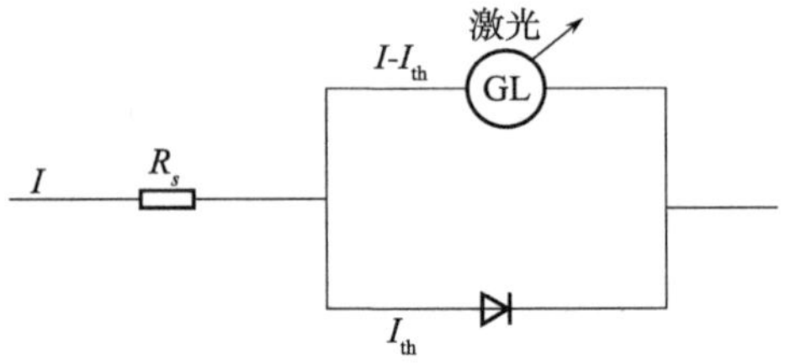

图 3-54　半导体激光器等效电路

$$P = IV_a = IE_g/e + I^2R_s = P_{em} + (IE_g/e - P_{em}) + I^2R_s \tag{3-121}$$

假设所加电功率 P 一部分转换为光功率 P_{em}，其余全部生成热 P_T。这样，上式可表示为

$$P = P_{em} + P_T = P_{em} + (IE_g/e - P_{em}) + I^2R_s \tag{3-122}$$

则热功率可以表示为

$$P_T = P_{T1} + P_{T2} = (IE_g/e - P_{em}) + I^2R_s \tag{3-123}$$

热功率包括两部分：P_{T1} 和 P_{T2}。P_{T1} 包括非辐射复合产热、光吸收损耗产热，主要取决于激光器的外微分量子效率。P_{T2} 为欧姆热，取决于激光器工作电流与串联电阻。同时，由式（3-21）可将热功率表示为

$$P_T = \frac{IE_g}{e} - P_{em} + I^2R_s = (1-\eta_p)P \tag{3-124}$$

式中，η_p 为功率效率；P 为注入电功率。

(3) 大功率半导体激光器的热阻

热阻是大功率半导体激光器中一个很重要的参数，是衡量激光器散热性能的物理量，其定义式为

$$R_T = \Delta T / P_T \tag{3-125}$$

式中，ΔT 为热耗散功率在半导体激光器中产生的温升；P_T 为热耗散功率。如果考虑如图 3－55 所示的一维情况，即假设 Bar 条 P－N 结产生的废热仅沿 x 方向以热传导的方式传递，则热阻可按下式进行计算

$$R_T = \frac{L}{K}\frac{1}{A} \tag{3-126}$$

式中，L 为热沉厚度；K 为热导率；A 为有效传热面积。

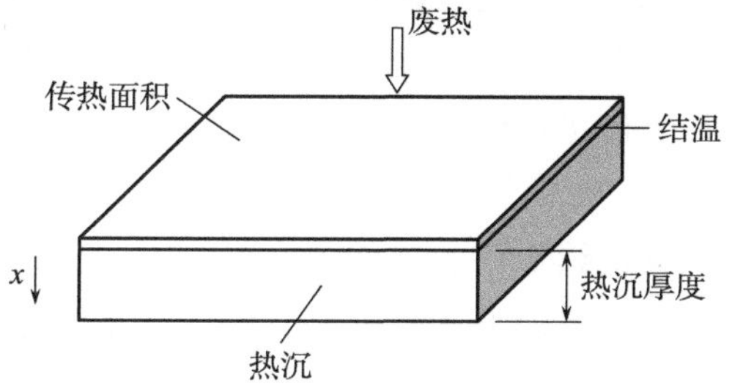

图 3－55　激光器一维热传导模型

半导体激光器的热阻除了与 Bar 条自身的热阻有关外，还与所使用的热沉、芯片与热沉的接触状况等有关。因此，大致可将激光器的热阻分为 3 部分：Bar 条自身的热阻 R_b、焊料层热阻 R_s、热沉热阻 R_h。激光器的热阻 R_T 应表示为以上 3 部分之和，即，$R_T = R_b + R_s + R_h$。

激光器模块中，热源位于有源区，所产生的热量流经封装组件构成的热传导路径进入热沉中，然后被带走。整个过程中，热量流动的动力在于有源区与热沉之间的温度差，而有源区温度直接关系到器件的稳定和寿命。因为难以直接控制有源区的温度，只能间接通过控制热沉的温度对其加以控制。有源区温度 T_1 与热沉温度 T_2 的关系为

$$T_1 = T_2 + P_T R_T \tag{3-127}$$

激光器正常工作情况下，其有源区发热量 P_T 一定，降低有源区温度 T_1 通常有两个办法：一是减小 T_2 的值，但是在实际激光器工作中，如果热沉温度低于 15 ℃，其表面容易结霜，对于激光器稳定工作不利，因此 T_2 通常大于 15 ℃；二是减小有源区到制冷热沉之间的热阻 R_T ，这是激光器热结构优化的核心。

表 3－4 给出了几种常用热沉的热阻[129]。从表中可以看出，无源热沉因其热容量的限制热阻比较大，适用于小功率激光器；简单有源热沉、水锤式热沉、大通道热沉等热阻也相对较高，适用于中等功率的激光器；而微通道热沉热阻远小于无源热沉热阻，大约是几十甚至上百分之一，如微通道热沉热阻是无源热沉热阻的 1/50～1/200，其散热能力高，比较适合于大功率半导体激光器阵列的散热。

表 3-4 几种常用热沉热阻

热沉名称	热阻/(℃ · cm²/W)
无源热沉	0.5～2
简单有源热沉	0.1～0.5
水锤式热沉	0.09
大通道热沉	0.05
微通道热沉	0.01

实际上，大功率半导体激光器在封装时，由于衬底本身较厚且热导率较低，有较大的热阻，因此采用衬底朝上的倒装焊方式焊接管芯。量子阱 P 面外延层材料和焊料的总厚度很薄，约为 2～3 μm，在焊接效果好的情况下，整个激光器的热阻主要来源于热沉热阻。因此如何设计热沉，使其热阻值尽可能小，减小激光器的总热阻，对于激光器稳定可靠工作非常重要。

(4) 大功率半导体激光器连续工作的条件

大功率半导体激光器能否在室温下连续工作，主要是器件的温升问题。根据前面热阻的定义，得出器件的温升的表达式

$$\Delta T = R_T P_T \tag{3-128}$$

另外，阈值电流与温度满足如下关系式

$$I_{th}(T) = I_{th}(T_s)\exp\left(\frac{\Delta T}{T_0}\right) \tag{3-129}$$

式中，T 和 T_s 分别为芯片温度和环境温度；T_0 为阈值电流特征温度。

激光器连续工作的条件是 $I(T) > I_{th}(T)$。图 3-56 给出了由式 (3-129) 得到的 $I_{th}(T)$ 随 ΔT 变化的曲线（考虑 $R_s=0$ 情况），以及不同 $R_T(R_{T,1} < R_{T,2} < R_{T,3})$ 时，对应的 $I(T)$ 随 ΔT 变化的三条直线。该图表明，随着 R_T 的增大，出现了三种情况：如果曲线和直线相交，则交点决定了 ΔT；如果曲线和直线相切，则切点决定了 ΔT_m（即所容许的最高温升）；如果曲线和直线分离，则激光器不能连续工作。

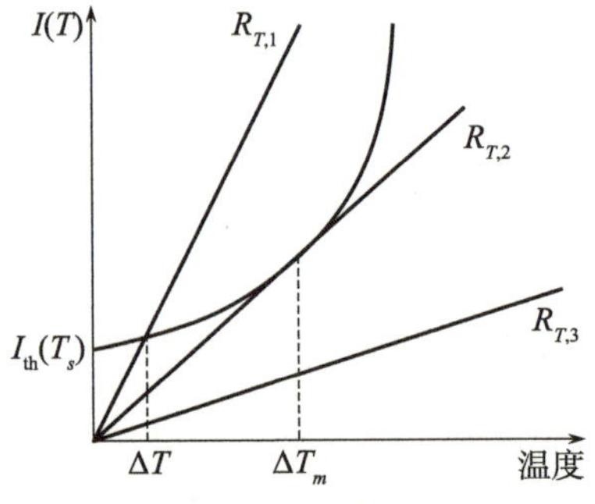

图 3-56 半导体激光器的温升可能出现的三种情况

3.3.2 半导体光源在热环境条件下的性能演变

半导体带隙宽度是温度的函数，材料折射率也是温度的函数，激光器谐振腔长为温度的函数，载流子复合速率是温度的函数，这些因素导致光源的输出波长、阈值电流，输出功率、调制特性随温度变化，影响光源在工程应用环境下的稳定性。

(1) 激光器波长和温度的关系

激光器的发射波长首先和有源材料的禁带宽度有关。发射波长 λ_e 接近于带隙波长 λ_g ，而带隙波长与禁带宽度 E_g 满足如下关系

$$\lambda_e \approx \lambda_g = \frac{hc}{E_g} \tag{3-130}$$

上式对温度求导得

$$\frac{\mathrm{d}\lambda}{\mathrm{d}T} = \frac{hc}{E_g^2} \frac{\mathrm{d}E_g}{\mathrm{d}T} \tag{3-131}$$

E_g 随温度的变化规律为

$$E_g(T) = E_g(T_0) - b_e(T - T_0) \tag{3-132}$$

式中，b_e 取值由有源区材料决定；T_0 为激光器的理想工作温度；$E_g(T_0)$ 为温度为 T_0 时的带隙能量；$E_g(T_0) = hc/\lambda_0$，其中 λ_0 为温度为 T_0 时的激光波长。

将式 (3-132) 代入式 (3-131)，并将式 (3-131) 两边对温度积分，整理得到激射波长随温度变化的表达式为

$$\lambda(T) = \frac{\lambda(T_0)}{1 - \dfrac{b_e(T - T_0)\lambda(T_0)}{hc}} \tag{3-133}$$

温度变化除了影响带隙能量外，对激光器材料的折射率和谐振腔长度也会产生影响。已知由折射率和腔长决定的激光模式选择公式为

$$\lambda = 2nL/q \tag{3-134}$$

式中，n 为有源区材料的折射率；L 为谐振腔长；q 为模数。

由于热胀冷缩现象，温度变化引起腔长的变化，变化规律可表示为

$$L(T) = L(T_0)\left[1 + \alpha(T - T_0)\right] \tag{3-135}$$

式中，$L(T_0)$ 为温度为 T_0 时的腔长；α 为材料的热膨胀系数。

材料的折射率也会随温度的变化而改变，变化规律为

$$n(T) = n(T_0)\left[1 + k(T - T_0)\right] \tag{3-136}$$

式中，$n(T_0)$ 为温度为 T_0 时的折射率；k 为折射率变化的温度系数。

将式 (3-134) 两端对温度求导，并将式 (3-135) 和式 (3-136) 代入，对温度积分后整理得到谐振腔谐振波长随温度的变化规律为

$$\lambda(T) = \lambda(T_0)\frac{2k\alpha L(T_0)}{q}(T - T_0)^2 + \left[\frac{2kL(T_0)}{q} + \frac{2k\alpha L(T_0)n(T_0)}{q}\right](T - T_0) \tag{3-137}$$

综合考虑温度对激射波长和谐振波长的影响，最终导致激光器输出波长的变化，激光波长随温度变化规律可表示为

$$\lambda(T)=\frac{\lambda(T_0)}{1-\dfrac{b_e(T-T_0)\lambda(T_0)}{hc}}+\lambda(T_0)\frac{2k\alpha L(T_0)}{q}(T-T_0)^2+ \left[\frac{2kL(T_0)}{q}+\frac{2k\alpha L(T_0)n(T_0)}{q}\right](T-T_0) \tag{3-138}$$

忽略上式中的小量，化简后得到激光波长随温度变化规律

$$\lambda(T)=\lambda(T_0)+\lambda(T_0)\left[\frac{b_e\lambda(T_0)}{hc}+\frac{k}{n(T_0)}+\alpha\right](T-T_0) \tag{3-139}$$

图 3-57 为典型激光器波长随温度变化的曲线，波长基本和温度呈线性关系。一定的温度范围内，LD 的禁带宽度随着温度的变化成线性变化，波长随着温度的升高而红移[130]。

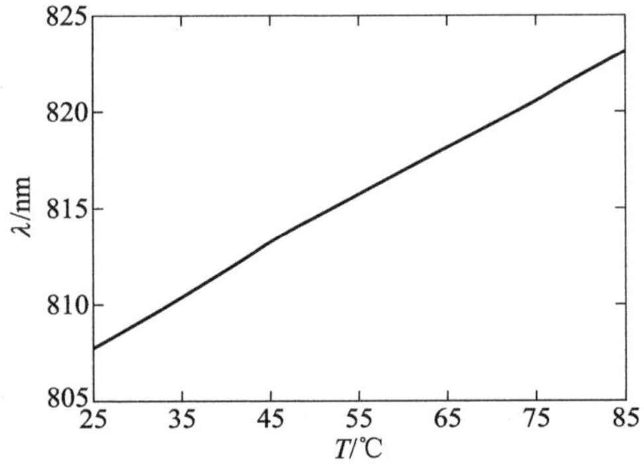

图 3-57 激光器波长随温度的变化

(2) $P-I$ 特性与温度的关系

温度对 $P-I$ 特性的影响主要有以下两个方面：1）温度升高将会导致有源区对载流子和光子限制能力下降，阈值电流随之升高而效率随之降低；2）温度升高特别是有源区内温度升高还将导致各种非辐射复合的增强，使内量子效率降低，也会引起激光器阈值电流和效率的恶化。

阈值电流与温度的关系主要取决于增益系数随温度的变化。随温度升高，损耗系数增加，漏电流增加，内量子效率降低，这些都使阈值电流增加。根据实验测定，阈值电流 J_{th} 和斜率效率 η_d 随温度的变化满足指数关系

$$J_{\mathrm{th}}(T)=J_{\mathrm{th}}(T_r)\exp\left(\frac{T-T_r}{T_0}\right) \tag{3-140}$$

$$\eta_d(T)=\eta_d(T_r)\exp\left(-\frac{T-T_r}{T_0}\right) \tag{3-141}$$

式中，T_r 为室温；$J_{\mathrm{th}}(T_r)$ 为室温下的阈值电流密度；T_0 为特征温度，标志着阈值电流受温度影响的强弱。

图 3-58 为典型 1.3 μm 激光器在不同温度下的 $P-I$ 测试曲线，激光器的阈值电流随着温度的升高逐渐变大，并且 $P-I$ 曲线的斜率随温度升高逐渐变小，即斜率效率逐渐变小[131]。图 3-59 为典型 808 nm 激光器阈值电流和外微分效率随温度的变化曲线[132]，更直观地给出了阈值电流和外微分效率随温度的变化趋势。图 3-60（a）为典型 1.3 μm SLD 光源在不同温度下的 $P-I$ 曲线，SLD 光源的斜率效率随温度升高迅速下降。工程实际应用的 SLD 通常都在内部安装了热敏电阻和 TEC 制冷器，通过外部温控电路对管芯温度进行闭环控制，这样就大大降低了温度对 SLD 输出特性的影响。图 3-60（b）为典型有温控 SLD 在不同环境温度下的 $P-I$ 曲线，可以看到，各温度下的 $P-I$ 曲线几乎重合。

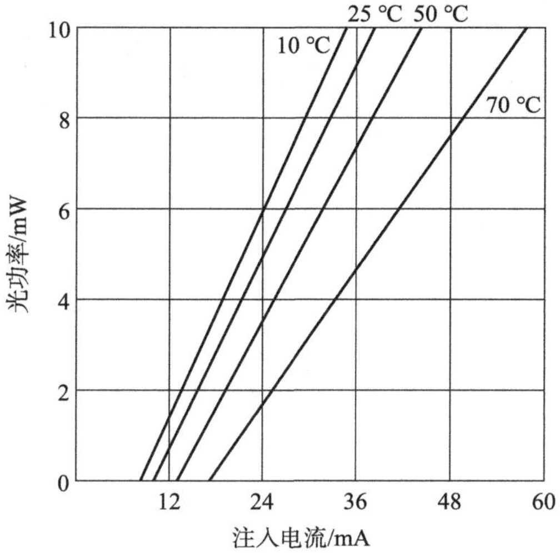

图 3-58　1.3 μm 激光器在不同温度下的 $P-I$ 曲线

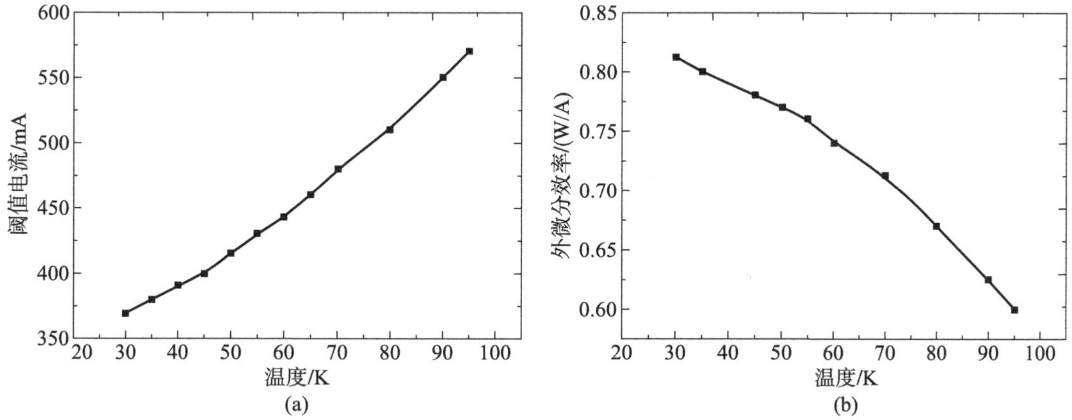

图 3-59　808 nm 激光器阈值电流（a）和外微分效率（b）随温度的变化

由于电光转换效率的降低以及阈值电流的升高，LD 功率也相应地降低

$$P_{\text{out}}(T)=\eta_d(T)\frac{h\nu}{e}[J-J_{\text{th}}(T)] \tag{3-142}$$

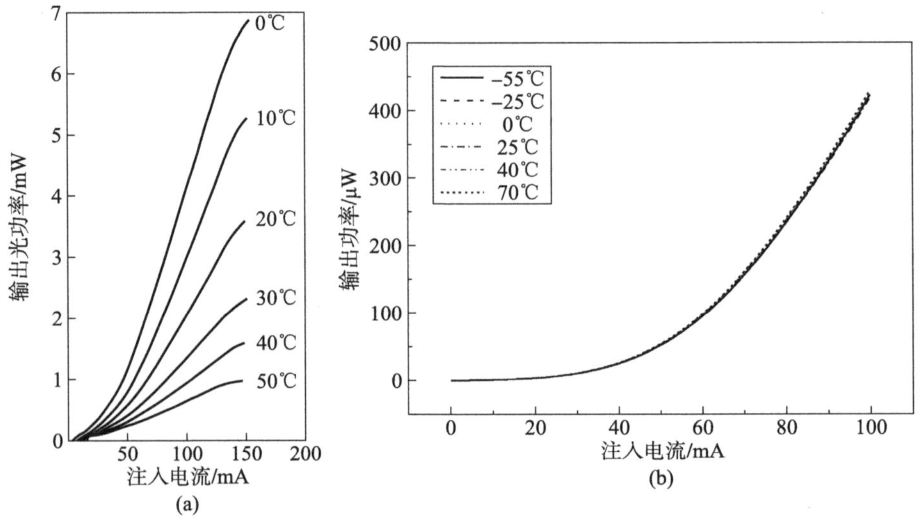

图 3-60　1.3 μm SLD 光源无温控（a）和有温控 SLD（b）时在不同温度下的 $P-I$ 曲线

由式（3-140）～（3-142）可知，T_0 越大，阈值电流受温度的影响越小。温度越高，LD 阈值越大，外微分量子效率越低，因此高温下的电光转换效率也就越低，最终导致光功率降低。图 3-61 为典型 808 nm 激光器输出功率随温度的变化曲线，和理论分析一致[133]。

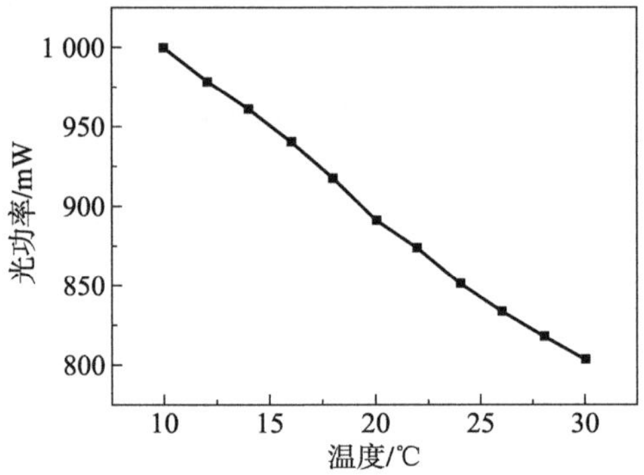

图 3-61　808 nm 激光器输出功率随温度的变化曲线

（3）调制特性和温度的关系

激光器速率方程如下

$$\frac{\mathrm{d}N(t)}{\mathrm{d}t}=\frac{I}{eV}-\frac{N}{\tau_n}-\frac{g_0(N-N_r)}{1+\varepsilon S}S \tag{3-143}$$

$$\frac{\mathrm{d}S(t)}{\mathrm{d}t}=\frac{\Gamma g_0(N-N_r)}{1+\varepsilon S}S+\frac{\Gamma\beta N}{\tau_n}-\frac{S}{\tau_p} \tag{3-144}$$

$$\frac{\mathrm{d}\phi(t)}{\mathrm{d}t}=\frac{1}{2}\alpha\left[\Gamma g_0(N-N_r)-\frac{1}{\tau_p}\right] \tag{3-145}$$

式中，S、N 为有源区光子和电子密度；ϕ 为光场相位；I 为注入电流；e 为电子电量；V 为有源区体积；τ_n 、τ_p 分别为电子和光子寿命；N_r 为透明载流子密度；Γ 为有源区光限制因子；α 为线宽增益因子；β 为自发辐射因子；ε 为增益压缩因子；g_0 为增益系数。在速率方程中只有透明载流子密度和增益系数与温度有关。即

$$g(T)=g_0\exp(-T/T_0) \tag{3-146}$$

$$N_r(T)=N_{r0}\exp(-T/T_0) \tag{3-147}$$

将式（3－146）和式（3－147）代入速率方程即可研究激光器的弛豫振荡特性和温度的关系。

图 3－62 为根据上述模型计算的有源区光子密度在不同温度下的弛豫特性，光子密度与温度成负相关变化。随着温度的升高光电延迟时间将延长，此时可以根据需求加入合适的直流偏置电流，以减少光电延迟时间，这样便可以提高调制速率[134]。

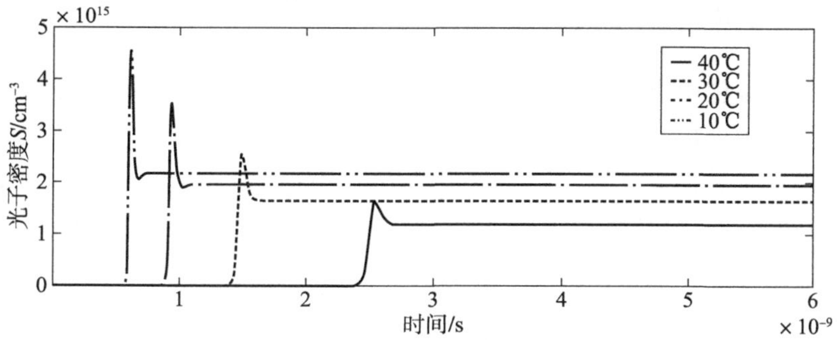

图 3－62　温度对激光器瞬态响应的影响

在注入电流和调制幅度相同的情况下，温度变化对激光器频率响应的影响如图 3－63 所示。由图中可知，温度越高，激光器的调制带宽越小，调制的中心频率越低[135]。

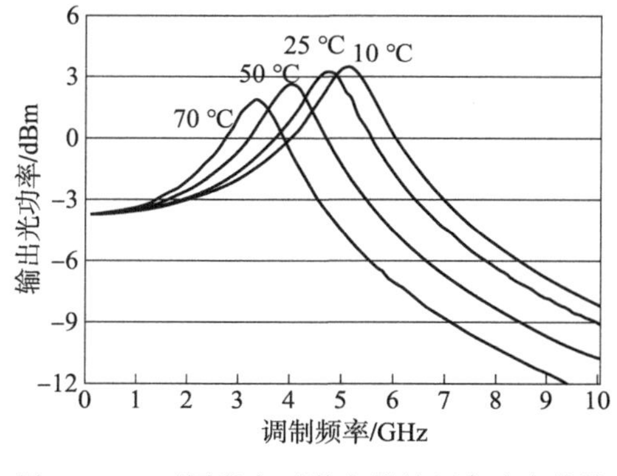

图 3－63　不同温度下激光器的频率响应曲线

图 3－64 反映了相同脉冲调制下温度对激光器啁啾特性的影响，在脉冲上升和下降沿光波频率会出现偏移，偏移大小反映了啁啾大小。由仿真结果可知温度越高激光器的瞬态啁啾越大[135]。

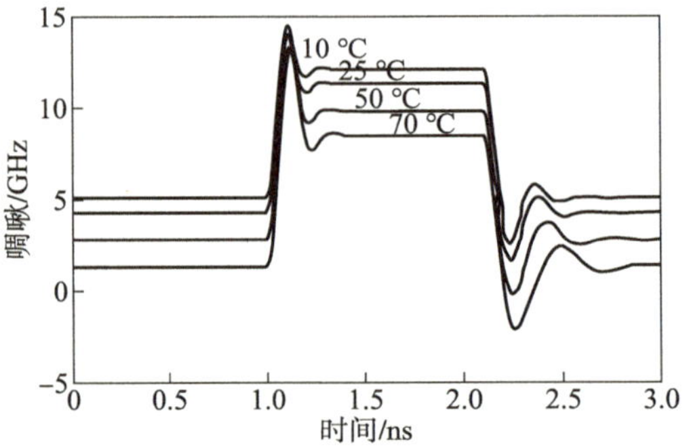

图 3-64　不同温度下激光器的啁啾特性曲线

3.3.3　半导体光源热效应的抑制技术

半导体光源是温度敏感器件，光源的温度变化来自内、外两方面，即自身发热和外部环境影响。抑制光源的内部热效应首先要尽量减少光源内部发热，即提高激光器的发光效率，让尽量多的能量转换为光输出，尽量少的能量转化为热能。但激光器效率不可能达到1，发热是不可避免的，既然发热不可避免，就要考虑将热能尽快散发出去，避免热量积聚在有源区，需采取相应的散热措施。光源外部环境的温度往往是不可控的，为了获得在温变环境下的稳定输出，通常在光源内设置热电制冷器，对光源芯片温度进行闭环控制是工程应用中常用的温度效应抑制方法，但这种方法受限于 TEC 的功率，当光源发热功率较大时，需采用风冷、水冷等散热方式。

（1）减少激光器自身发热的措施

提高激光器斜率效率，提高电光转换效率，可减少激光器电热的转换。由斜率效率公式（3-28）可知，斜率效率与谐振腔内损耗、腔长、反射镜面透射率、内量子转换效率有关。

采用多量子阱结构是提高斜率效率的有效方法。量子阱激光器中，有源层内处于导带与价带的子能级上的载流子将产生复合，并遵从 $\Delta n=0$ 定则。但是在这之前必须有载流子注入并被量子阱收集。通常，注入载流子要经过包层才进入有源势垒层，但是只有当电子和空穴的平均自由程（L_e 和 L_h）小于量子阱厚度 d 时，注入载流子才会有效地被收集入势阱内，并经声子散射而集聚于低量子态。若 d 小于 L_e 和 L_h，则注入载流子将扩展入包层并在该层内发生复合，这样的单量子阱结构不能有效收集载流子，因而不易获得量子阱中低受限态间载流子复合的受激发射。采用多量子阱结构，利用较薄的势垒层把多个单量子阱连起来，在此结构中，注入载流子可以通过隧道效应被分别收集于量子阱内，从而保证了受激发射发生在有源区的受限态之间。这样，多量子阱激光器不仅具有常数态密度的特点，而且有源区的量子阱总厚度由各个量子阱厚度之和决定，这就使有源区填充载流子的数量大大增加了。载流子限制加强，使得复合概率增加，提高了内量子效率，从而提高了斜率效率。

阈值电流密度 J_{th} 与透明电流密度 J_0、腔长 L、腔面反射率 R_b 和 R_f、增益因子 β、

谐振腔内损耗 α_i 、内量子效率 η_i 、光学限制因子 Γ 有关，其关系可表示为

$$J_{th}=\frac{J_0}{\eta_i}\exp\left(\frac{\alpha_i+\frac{1}{2L}\ln\frac{1}{R_fR_b}}{\Gamma\beta J_0}\right) \tag{3-148}$$

下面以量子阱激光器为例对阈值电流密度表达式中各参量分别进行具体分析。

①透明电流密度

透明电流密度越小，阈值电流密度越小。透明电流密度与透明载流子密度相关。理论上，当导带电子和价带空穴的有效质量相等而且越小时透明载流子密度越低。透明电流密度 J_0 与透明载流子密度 N_{tr} 的关系表示为

$$J_0=\frac{eN_{tr}L_z}{\Gamma_{sp}} \tag{3-149}$$

式中，L_z 为阱宽；Γ_{sp} 为阱里载流子的自发发射寿命。从公式看出 Γ_{sp} 越大，J_0 越小；N_{tr} 越小，J_0 越小；J_0 还和阱宽有关。N_{tr} 和 Γ_{sp} 与价带空穴的有效质量有关，价带空穴的有效质量越小，N_{tr} 越小，Γ_{sp} 越大，从而 J_0 越小。因此应变量子阱通过减小空穴有效质量可以减小激光器的阈值电流密度。垒层厚度会影响阱中空穴的有效质量。当垒层厚度减小时，J_0 减小，而且阱宽 L_z 窄时更明显。如果量子阱激光器中的材料组分已固定，阱宽便不能改动，可采取减小垒层厚度的方法来减小 J_0。

②光学限制因子

光学限制因子表征激光器结构对光场限制的有效程度，其定义为限制在中心层内的光辐射能量与激光器产生的光辐射总能量之比。光学限制因子越大，阈值电流密度越小。不同的激光器结构，其光学限制因子不同。对半导体激光器来说，垂直方向为多层波导结构，包括量子阱层、势垒层、波导层和限制层。各层的厚度、波导层的形状、限制层的折射率都会对 Γ 产生影响。

势垒层越宽光学限制因子越大，阈值电流密度越小；但势垒层越宽将导致势垒层内的自发辐射复合所消耗的载流子越多，从而透明电流密度将增大。

最大的光学限制因子对应于一个波导厚度，当大于或小于这个值时 J_{th} 会增大，但波导薄时增大更快，因此在最优化波导厚度或稍大时可获得小的阈值电流密度。

限制层的折射率大时，光学限制因子小，同时会造成载流子从量子阱中泄漏出去，增大激光器的阈值电流。可通过降低限制层的折射率来降低阈值。

③腔长

当腔长增加时阈值电流密度减小。在短腔长时激光器的腔面损耗项 $(1/L)\times\ln(1/R_fR_b)$ 起主要作用；当腔长较长时内损耗 α_i 起主要作用，因此阈值电流密度随腔长 L 增加减小得越来越缓慢。

④谐振腔内损耗和内量子效率

由式（3-24）知，内损耗越小，内量子效率越大，阈值电流越小。降低内损耗、提高内量子效率需要提高材料的生长质量和优化掺杂分布。

（2）温控技术

目前，激光器的主要散热温控方法包括：热沉散热、半导体制冷器控温、风冷散热、大通道水冷散热、自然对流散热等传统方法，以及微通道散热、热管散热等新型散热方法。

①热沉散热

热沉散热利用热导率较高的金属块将激光器所产生的热量带走，然后热沉通过对流、传导、辐射的方式将热量散掉，这是一种最简单的散热方式，在实际工作的时候经常会使用铜或者氮化铝作为热沉，但热沉的散热效率较低，适用于发射功率较小的激光器，对于发热量较高的高功率激光器不能满足散热要求。热沉散热方法主要是热沉材料的选择，一方面，热沉材料应是热的良导体，不产生污染，且与激光器管芯的物理性质相匹配，主要是热膨胀系数匹配；另一方面，还应具有易于加工、与激光器管芯容易焊接、可靠性高等特点。几种常用热沉材料的热学参数及特点见表 3-5[136]。

表 3-5　几种常用热沉材料的热学参数及特点

	热导率/(W/mK)	热膨胀系数/(10^{-6}/℃)	可加工性	材料成本	毒性	电阻
无氧铜	389	16.6	好	低	无	低
氧化铍	250	6.3	好	高	有	高
铜钨合金(90∶10)	200	6.4	差	高	无	低
CVD 金刚石	1 500	11.4	好	高	无	低
硅	140	2.6	好	低	无	半导体
氮化铝	180	4.0	好	低	无	低

②热电制冷器控温

半导体热电制冷器（TEC）是利用珀耳帖（Peltier）效应实现制冷或加热的半导体器件。珀耳帖效应是指当电流以不同方向通过双金属片所构成的结时发生吸热或放热效应。当半导体制冷器冷热端的温差一定时，半导体制冷器的制冷量与工作电流成正比。如图 3-65 所示，当半导体制冷器注入电流时，在半导体制冷器两端将产生一定量的温差。半导体制冷器具有如下特点：无机械运转部件，故无噪声、无振动、无磨损、寿命长、可靠性高；体积小、质量轻、制冷速度快；在适当条件下允许可逆操作用于加热；控温精度高；无废物产生，对环境无污染等。

图 3-66 为典型 TEC 温控 SLD 光源在不同环境温度下的功率、平均波长和光谱的变化。可以看到，通过温控，SLD 光源的光功率、平均波长在－55～70 ℃范围内仍有轻微的波动，但波动幅度非常小。在该温度范围内的光谱形状几乎没有变化，只是峰值功率有轻微的变化，所以，TEC 温控方法对 SLD 光源的温度稳定性起到了非常好的提升作用。

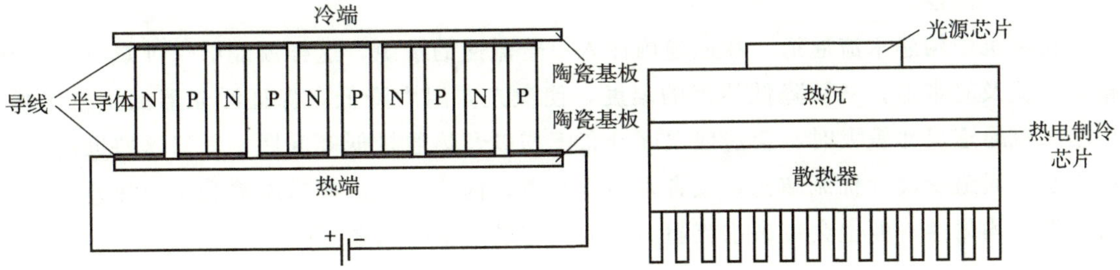

图 3-65　热电制冷器工作原理及安装方式

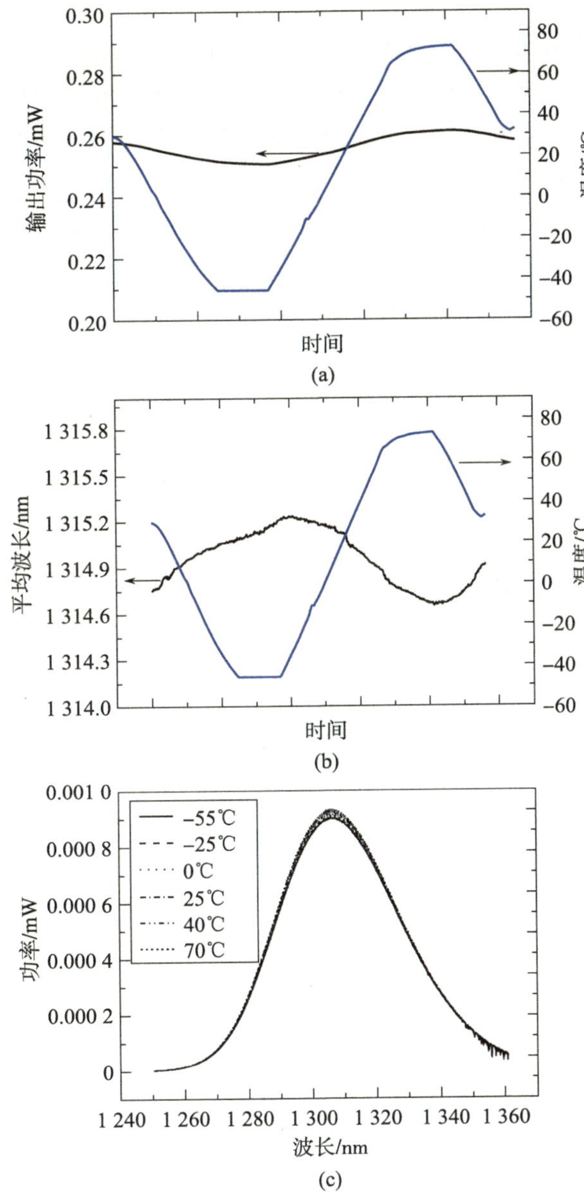

图 3-66　采用 TEC 温控的 SLD 光源在不同环境温度下的功率（a）、平均波长（b）和光谱（c）

③水冷温控

在热沉中构建水流通道，在通道内注入一定流速的水源，这样就能够保证热沉中的热量被水流及时带走，从而降低热沉的温度，使激光器温度降低，保证激光器的正常工作。但当水流通道尺寸较大时，会造成温度分布不均以及热通量低等问题。针对这些问题，可以在水流通道中设计扰流结构，或者采用微通道结构热沉。这些措施提高了散热效率，改善了温度均匀性，但也会带来水流阻力加大、容易堵塞等问题[137,138]。

3.4 半导体光源在静电环境条件下的性能演变及防护技术

半导体光源无论是基于 PN 结结构、量子阱结构还是量子点结构，材料的尺度都较小，通常在纳米到微米量级，这种小尺度的材料结构是静电敏感结构。从光源的生产到使用的各个环节都可能引起静电损伤，无论地面静电环境损伤还是宇航静电环境损伤对于半导体光源都是需要重点关注的。

静电放电（Electro - Static Discharge，ESD）对半导体光源造成的损伤分为潜在性缓慢失效和突发性完全失效两种类型。其中，潜在性失效指的是发生静电放电损伤的时候，光源性能参数并无明显退化，但已经形成内在损伤，会导致其在之后的工作中出现严重的参数退化现象。突发性完全失效指的是静电放电时直接导致器件功能失效，具体表现为输出功率明显下降或无光输出等。对于宇航应用，潜在性损伤是需要重点关注的，因为这种损伤在地面试验中难以发现，但损伤会影响器件的寿命或可靠性，在轨运行期间才发生致命失效。

3.4.1 半导体光源受到静电放电后的性能演变

半导体激光器本身可以看成是二极管，在遭受超过其所能承受的反向电压冲击时会出现击穿现象，即在半导体激光器的有源区发生击穿。下面以 1 300 nm InGaAsP/InP 半导体激光器为例，说明静电放电对其性能的影响[139]。

激光器对正向静电电压的承受能力较强，对于 1 300 nm InGaAsP/InP 半导体激光器可承受 10^4 V 以上的正向电压，但对反向静电电压的承受能力较弱。

图 3 - 67 为典型 InGaAsP/InP 半导体激光器输出功率和反向电流随静电脉冲幅度的变化过程，当正向静电电压达到约 15 kV 时，激光器发生失效，而当加反向静电电压时，电压达到 2 400～2 600 V 时激光器就发生失效。

图 3 - 68 为典型 InGaAsP/InP 激光器在施加反向静电应力前后的性能变化。由图（a）可以看到，经过反向 2 400 V 的静电应力后，光功率几乎没有变化。经过反向 2 500 V 的静电应力后，激光器的阈值电流由 20 mA 增大到 40 mA，注入电流 30 mA 时的光功率大约下降了 2 个数量级。经过反向 2 600 V 的静电应力后，注入电流 30 mA 时的光功率大约下降了 5 个数量级。由图（b）可以看到，经过反向 2 400 V 的静电应力后，$I-V$ 曲线几乎没有变化。施加反向 2 500 V 的静电应力时，激光器的电阻随着静电应力的增大而减

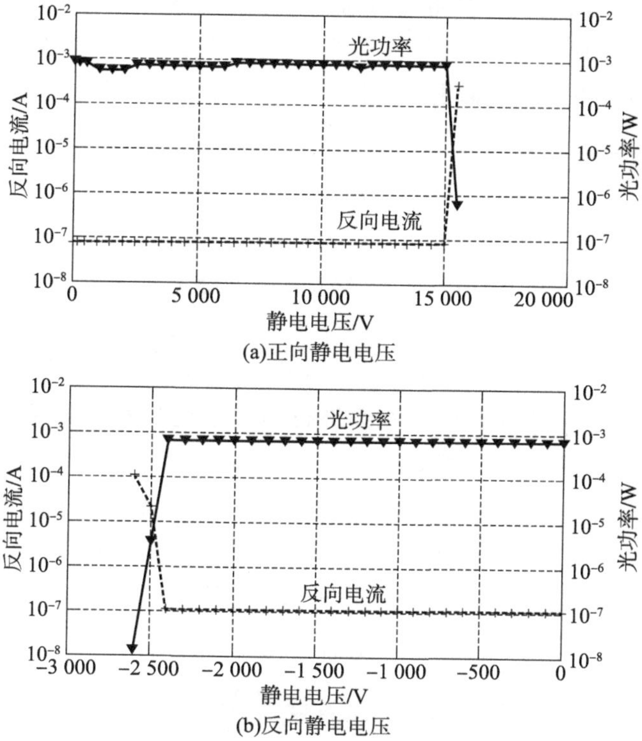

图 3－67　激光器输出光功率和反向电流随静电电压的变化

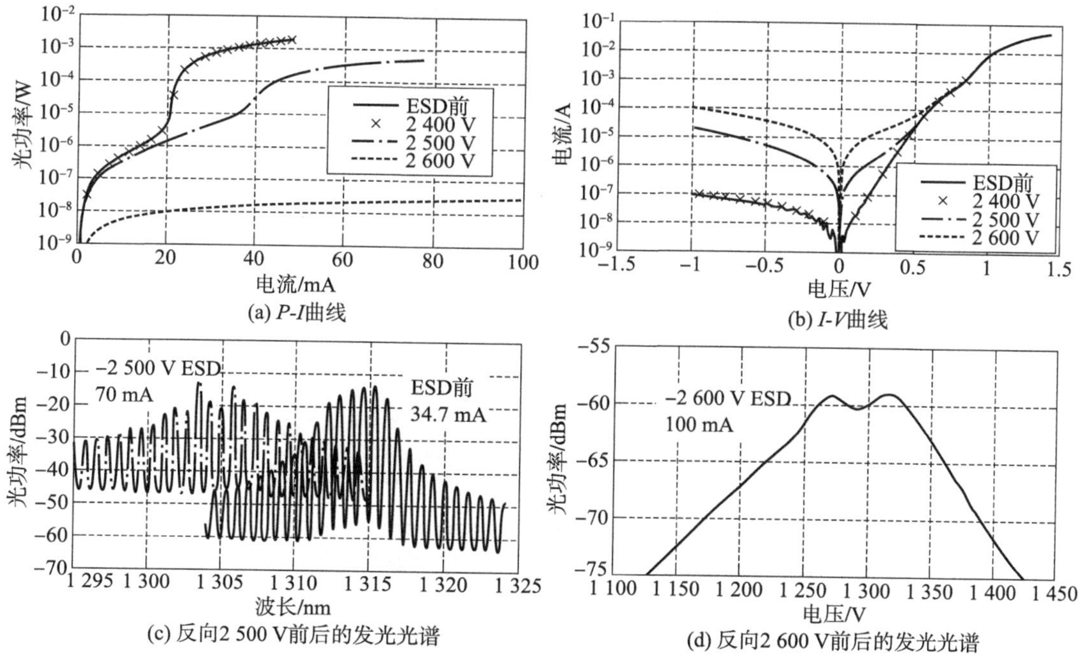

图 3－68　InGaAsP/InP 激光器在施加反向静电应力前后的性能对比

小。图（c）为施加反向 2 500 V 静电应力前后的发射光谱，可以看到施加静电应力后光谱出现约 10 nm 的蓝移。图（d）为施加反向 2 600 V 静电应力后的发射光谱，可以看到施加静电应力后激光器已不能发生激射，发射光谱为宽带连续谱。

3.4.2　半导体光源静电损伤机理

3.4.2.1　静电引起腔面灾变损伤

图 3-69 为典型 1.3 μm GaInAsP/InP DFB 激光器的管芯结构，激光器腔长 300 μm，端面为解理面。对激光器施加不断增大的静电电压，直至激光器发生退化。对施加应力后的管芯进行电致发光显微成像，如图 3-70 所示。由图像可以看到，有源区在距腔面 30 μm 的区域内光强下降。对发生退化的腔面进行扫描电镜观察，发现腔面的损伤发生在有源区的中心，正好和光发射区域相对应，这和腔面灾变（Catastrophic Optical Damage，COD）现象是非常相似的。随后的实验也证明静电损伤程度和光子密度有关，光子密度越大，静电引起的损伤也越大。由这些实验现象可以推断，静电损伤使有源区端面处的光吸收增强，温度升高，引起材料熔化，即发生了类似腔面灾变的效应[140,141]。

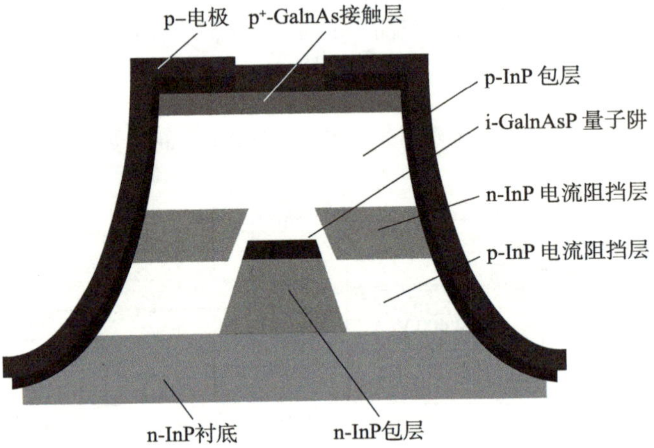

图 3-69　1.3 μm GaInAsP/InP DFB 激光器管芯结构

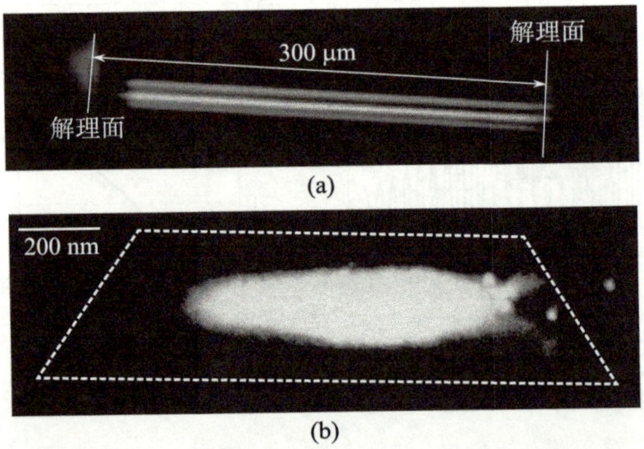

图 3-70　静电打击后有源区的电致发光照片（a）和端面损伤照片（b）

3.4.2.2　静电引起材料击穿

对集成 Ag 基反射镜的垂直结构 GaN 基发光二极管芯片（见图 3-71）施加 ESD 冲击，观察其静电失效的现象并对失效演变的过程进行研究。结果表明，LED 芯片经过 ESD 冲击后，内部会随机出现 ESD 损伤黑点。随着 ESD 电压逐渐增大，此 ESD 损伤黑点逐渐演变成为静电击穿孔（见图 3-72）。

图 3-71　集成 Ag 基反射镜的垂直结构 GaN 基 LED 芯片结构

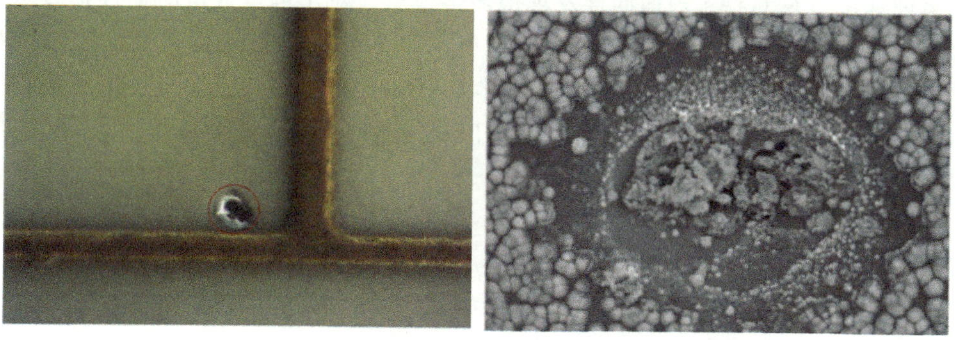

图 3-72　芯片表面的静电击穿孔及击穿孔的显微照片

图 3-73 为同一晶圆上有、无 ESD 损伤黑点的 LED 芯片的 $I-V$ 特性曲线。可见，芯片上无 ESD 损伤黑点时，其 $I-V$ 特性与典型的正向导通反向截止的二极管特性相符，芯片的 PN 结未遭到破坏；当芯片上出现 ESD 损伤黑点时，其 $I-V$ 曲线正向开启电压趋近于 0，正反向漏电流大幅增加，$I-V$ 曲线表现出接近电阻的特性，说明此时芯片 PN 结已被击穿，LED 芯片已基本丧失二极管所具有的单向导通性。

对静电击穿溢出物进行能谱成分分析，结果表明，溢出的物质中含有 Ga、Ag、Pt。根据芯片材料组成可知，金属 Ga 来自 GaN，金属 Ag 来自 Ag 基反射镜，金属 Pt 来自 Cr/Pt 保护层。所以可以推断，静电放电不但击穿了 Ag 基反射镜而且击伤了位于 Ag 基反射镜下方的 Cr/Pt 保护层。ESD 损伤初期在光学显微镜下表现为一个黑点，这是由 Ag 基反射镜受到静电放电的破坏，进而反射率下降引起的[142,143]。

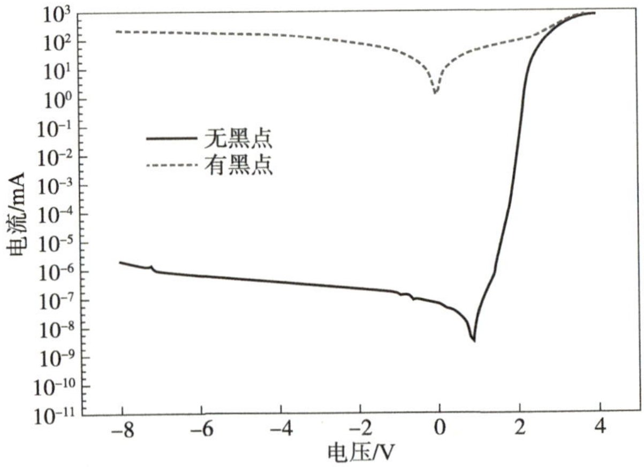

图 3-73　有黑点和无黑点 LED 芯片的 $I-V$ 特性曲线

3.4.2.3　静电引起脊型台损伤

图 3-74 为典型 GaAs 基 980 nm 大功率半导体激光器芯片结构示意图，图 3-75 为该激光器经静电放电腐蚀掉芯片表面电极层后的显微图像。可以看到，脊的边缘有明显熔毁点。且腐蚀钛层后在 GaAs 表面同样发现很多熔毁点。对于静电放电时器件损毁点最先出现在脊型台边缘的原因可推断为：在反向大电压下，脊型台边缘位置处由于两侧材料特殊，即一侧为金属，另一侧覆盖着绝缘层材料，所以此处电场很强。且由于在器件工艺制作过程中，脊型台处要经过腐蚀处理，所以该处缺陷较多，在静电作用下更容易被击穿[144,145]。

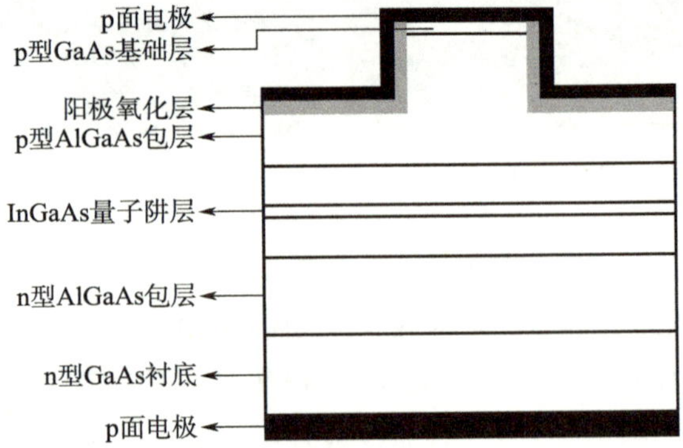

图 3-74　GaAs 基 980 nm 大功率半导体激光器芯片结构示意图

3.4.2.4　静电引起氧化层损伤

对于如图 3-76 所示的典型 850 nm GaAs 基 VCSEL 激光器施加 200～1 000 V 的静电应力后，部分激光器的漏电流增大，部分激光器的性能没有变化，但在随后的老化过程中，所有激光器都表现出相同的失效模式。

材料结构分析表明，施加静电应力后，在氧化窗口内边缘产生多个斑点缺陷（见

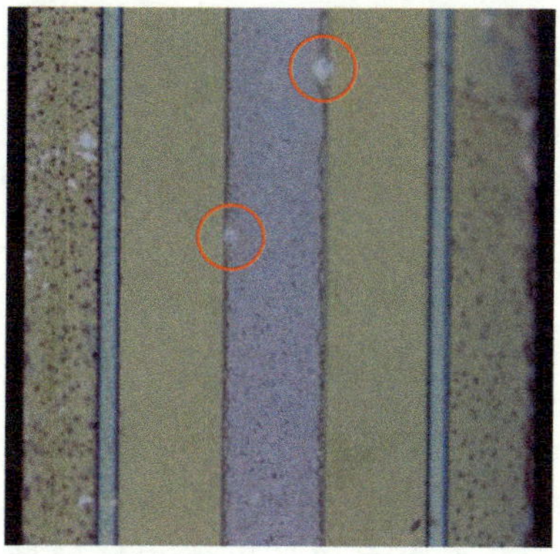

图 3-75　静电放电腐蚀电极层后的芯片表面

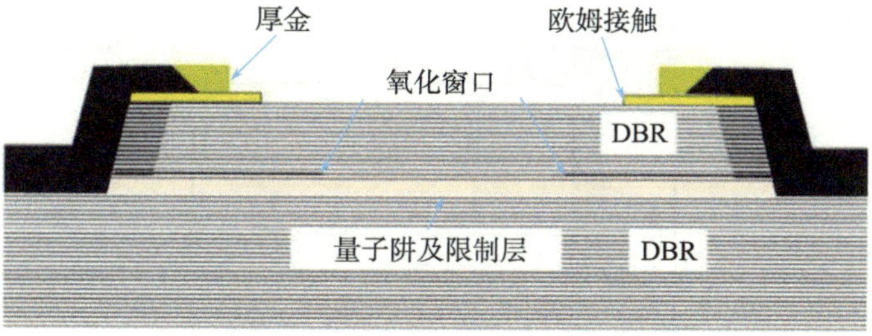

图 3-76　GaAs 基 VCSEL 激光器的芯片结构示意图

图 3-77），并且缺陷数量随着应力的增加而增多。这些缺陷本身完全处于 PN 节的耗尽层，不足以对器件的电学特性产生影响，这些缺陷处于光腔的边缘，也不应该对光学性能产生明显影响。然而这些缺陷周围的有源层存在大量的位错，这些缺陷很可能作为成核中心，在激光器的工作过程中，把周围的位错缺陷积聚成暗线缺陷。

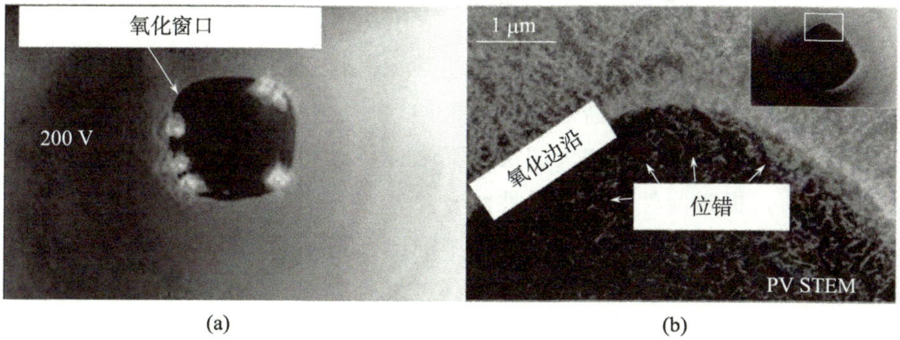

图 3-77　施加静电应力后，氧化窗口内边缘的斑点缺陷（a）和斑点周围的位错（b）

除了在氧化窗口边缘产生斑点缺陷，在氧化窗口外部也存在斑点缺陷，这些斑点往往和氧化层穿孔有关，穿孔处形成熔融态，冷却后由于含有掺杂杂质形成寄生 PN 结，构成漏电通路，漏电流的增加相应地导致光功率的衰减[146,147]。

3.4.3 半导体光源静电防护技术

静电损伤是半导体光源性能退化或失效的主要原因之一，在研制和使用过程中需要采取多种措施进行防护，如器件结构的改进、制备工艺的改进、防护电路的设计及器件的防静电防护等。

（1）改善器件结构

利用超晶格结构产生的二维电子气横向电阻较小的特点，在量子阱下插入超晶格电流扩展层，可以更有效地分散电流。电流越分散，局部电流密度越小，发光二极管就具备越好的抗静电性能[148,149]。图 3-78 为含有超晶格电流扩展层的 GaN 基发光二极管的典型结构[148]。

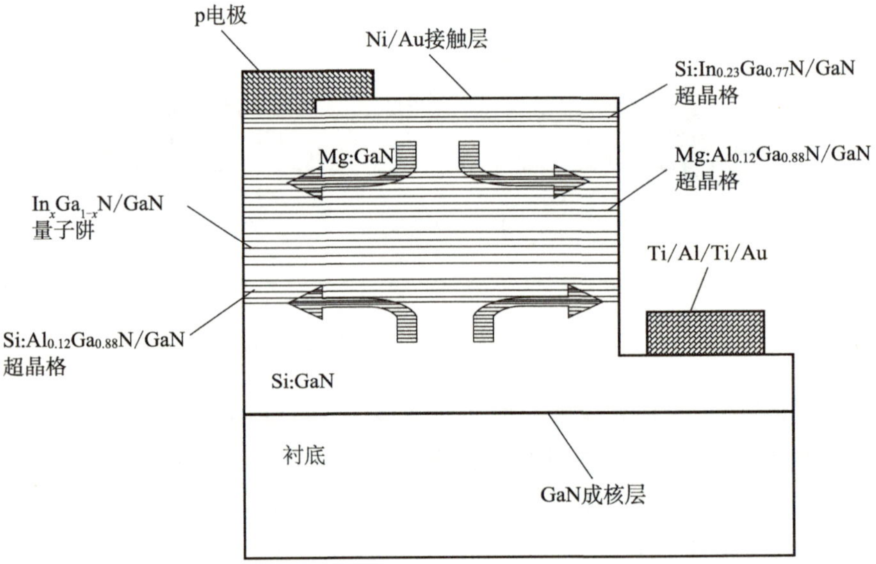

图 3-78　生长有 AlGaN/GaN 超晶格结构的 GaN 基 LED 芯片结构示意图

由于生长工艺或者晶格失配等原因，可能某一材料层中缺陷密度较大，而且这种缺陷可能在热应力、电应力作用下不断地生长，延伸到临近材料层，直至到达电接触层，成为静电击穿的通道。可以在缺陷密度大的层与其临近层之间插入低缺陷或无缺陷层，从而阻断缺陷的延伸生长，提高器件的抗静电性能[150,151]。

实验表明，边发射大功率半导体激光器中静电损伤主要发生在脊型台边缘位置。通过增大脊型台边缘的角度，减少电场集中现象，可以有效地提高器件的抗静电损伤能力，从而提升器件可靠性和使用寿命[144]。

（2）改善工艺

在器件工艺方面，主要需要改善两方面：一是减少外延中的缺陷，二是减少制作脊型台时产生的缺陷。

①减少外延中的缺陷

减少外延缺陷，主要是优化外延生长工艺和减少器件制作工艺中缺陷产生。由于在外延生长过程中，会在有源区产生缺陷，其中包含暗线缺陷和暗点缺陷，这些有源区的缺陷会直接影响器件的工作特性和使用寿命。在半导体光源广泛采用的异质结或量子阱结构中，不同材料的界面位置易于产生空位、失配位错、间隙原子等缺陷，所以在外延生长过程中需进行工艺优化以减少器件有源层内的缺陷，从而提高半导体激光器的可靠性。

在制作工艺过程中，须尽量减少不必要的杂质引入或机械损伤。由于杂质会在外延材料中产生复合中心，使载流子的寿命缩短，迁移率下降；氧原子的加入会破坏器件的晶格稳定性，使其晶格发生紊乱等。在器件制作的最后阶段，磨片减薄、解理和封装压焊等机械操作或多或少都会产生机械损伤，操作中也需要严格遵守操作规范，减少器件损伤。

对于不必要的杂质应尽量避免，但有时需要设计合适的掺杂提高器件的抗静电性能。不同材料界面缺陷的一个重要来源是晶格失配，为了减少晶格失配，需要通过掺杂调节材料的晶格常数，减少界面材料缺陷。

②减少制作脊型台时产生的缺陷

根据实验和模拟计算发现，脊型台位置对应的有源区容易在遭受静电打击时最先被击穿，这与脊型台腐蚀工艺中在边缘产生较多缺陷有关。所以，在半导体激光器制作过程中，需尽量避免在外延层中增加缺陷。同时，提高绝缘层材料的生长质量，也有助于提高器件的抗静电打击能力。

(3) 静电保护电路

半导体光源还可配置静电保护电路，防止在使用过程中静电对半导体光源的伤害。为了减小体积，静电保护电路通常和光源芯片集成在一起。图 3-79 为一种内置反向保护二极管的设计方案。该方案充分利用了 LED 本身即有二极管伏安特性的特点，利用其自身作其自身的保护二极管，不需借助额外结构，简单易行。同时，充分利用了 LED 可以倒装封装的特点，把面积很大的电极放在下方，透过蓝宝石衬底发光，减少了电极遮挡面积，增加了有效发光面积，提高了出光效率[152]。

在 GaN 基发光二极管芯片中集成肖特基二极管（芯片结构如图 3-80 所示）[153] 可以起到对反向放电电流分流作用。发光二极管与肖特基二极管反向并联，静电反向放电电流通过器件时，大部分由肖特基二极管支路流过，不对发光二极管造成损伤；而正向电压下发光二极管正常工作时，肖特基二极管处于反向截止状态，不会对发光二极管造成影响。

倒装结构适用于可共晶焊接的大尺寸 LED，首先制备相应尺寸的硅基板，并在其上制作共晶焊接电极的金导电层和引出导电层。然后，利用共晶焊接设备将大尺寸 LED 芯片与硅基板焊在一起。由于 LED 是焊接在硅底板上的，可以在硅基板上集成背对背连接的齐纳二极管，作为静电防护二极管，其结构如图 3-81 所示，图 (a) 表示发光二极管倒装焊接在硅基板上。集成了两个背靠背齐纳二极管的硅基板结构如图 3-81 (b) 所示。图中 3 区与 4 区构成 1 号齐纳二极管，4 区与 5 区构成 2 号齐纳二极管，两二极管背靠背串

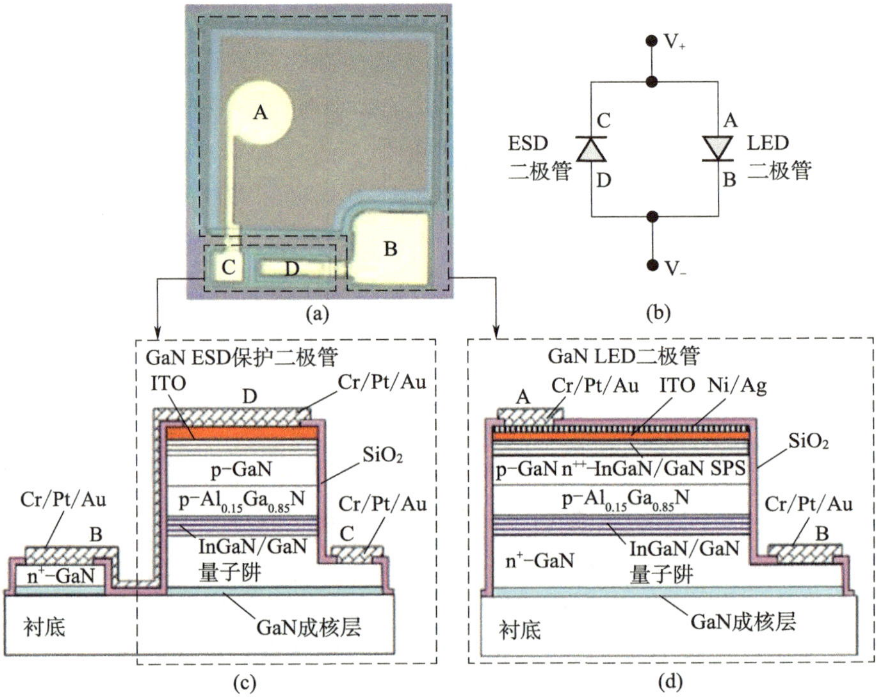

图 3-79　GaN 基 LED 上集成 ESD 保护二极管的结构示意图

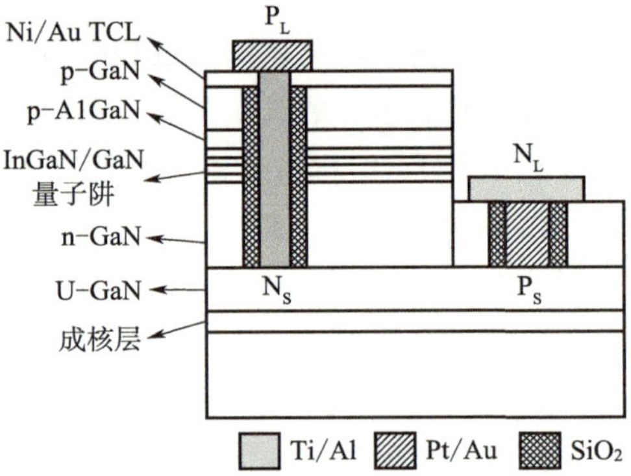

图 3-80　集成肖特基二极管的 LED 芯片结构

联。凸点 1 与 LED 正极相连，凸点 2 与 LED 负极相连。4 区被隔离区 n^+ 沉降层完全包围，凸点 1 下面的 6 区为 n^+ 区，是凸点 1 与 5 区的电流通路。

采用这种并联背靠背齐纳二极管作为 LED 静电保护电路，能够有效地避免 LED 的静电损伤并提供过电压保护，这种集成方案节约了空间，工艺成熟，制作简单，成本低，在生产中被广泛采用。

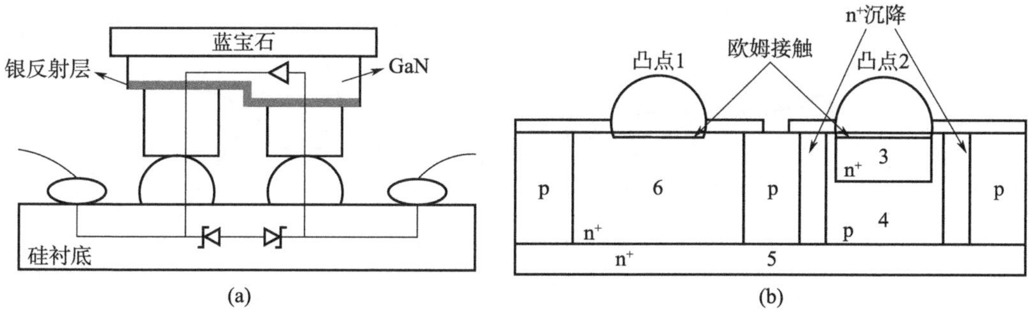

图 3-81　在 GaN 基 LED 的硅基板上集成齐纳二极管的结构示意图

(4) 静电防护措施

在日常生产中，静电普遍存在，所以需要在生产操作和器件使用、运输、存储过程中采取静电防护措施：

1) 在制造、封装、测试过程中，操作台需带有静电防护装置；

2) 由于空气湿度过低容易产生静电，需把生产环境湿度控制在合理范围；

3) 生产过程中所有的操作台和仪器设备需做到良好接地；

4) 生产过程中使用离子风机；

5) 操作人员须做好相应的防静电措施；

6) 在器件储存阶段，需要将器件管脚短接。

3.5　半导体光源在真空环境条件下的性能演变及抑制技术

目前成熟的半导体光源材料主要是 GaAs 和 InP 等。这些器件的材料外延生长、芯片加工、腔面镀膜等很多工序都是在真空状态下进行的，宇航用半导体光源的封装也大多是气密封装的，因此，理论上半导体光源在真空状态下是可以正常工作的，地面热真空实验也证实了这一点。图 3-82 为典型 SLD 光源在真空环境下输出光功率和平均波长随温度的变化曲线。虽然光功率和平均波长随温度都有轻微的变化，但这种变化幅度和常规温度条件下的波动几乎没有差别，这说明真空环境对气密封装的 SLD 光源没有产生明显影响。

虽然半导体光源通常为气密封装，但是，气密封装都是有一定漏率的，在长期的真空环境中工作，光源内部最终将成为和外部工作环境相同的真空，需要研究光源在长期真空环境下的演变规律和机理。当激光二极管直接暴露于真空环境工作时，腔面光灾变是发生较多的失效模式，在 808 nm 激光器和 980 nm 激光器中都呈现出此类失效模式。图 3-83 所示为未进行气密封装的 808 nm 激光器在大气环境和真空环境下长期工作时，输出功率随工作时间的变化[154]。由图中可以看到，输出功率为 40W 时间歇工作 1 000 h 后，在大气环境中激光器输出功率几乎没有衰减，而工作在 10^{-5} Torr 真空环境下的激光器，几乎全部都在 500 h 内就发生了光功率的急剧衰减或明显衰减。通过扫描电镜可以看到真空环境下发生衰减的激光二极管的腔面发生损伤，在管芯端面 AR 膜表面存在明显的突起。采

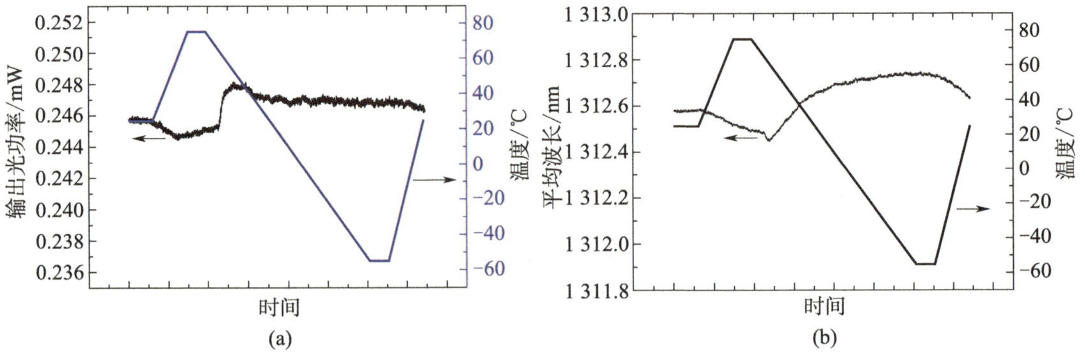

图 3-82　气密封装 SLD 光源在真空环境下输出光功率（a）和平均波长（b）随温度的变化

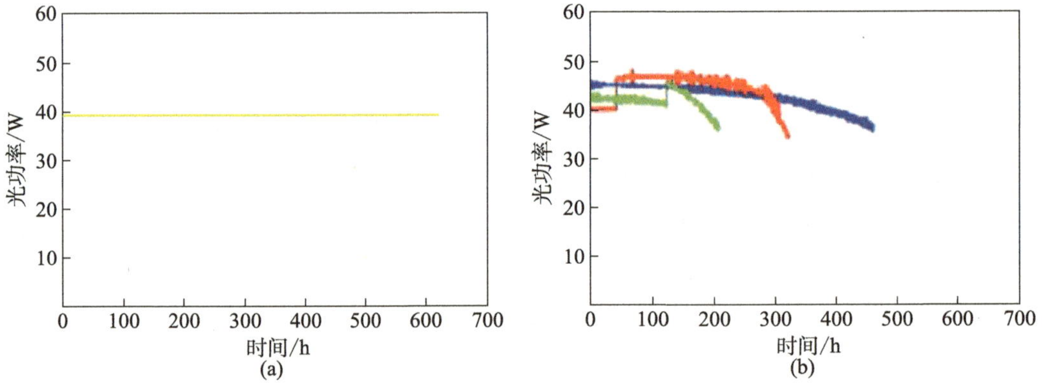

图 3-83　在大气环境下（a）和真空环境下（b）激光器二极管输出功率随时间的变化

用聚焦离子束处理后可以看到，这些突起物会延伸到管芯内部，深度约几微米，该延伸区域呈锥形（见图 3-84）。

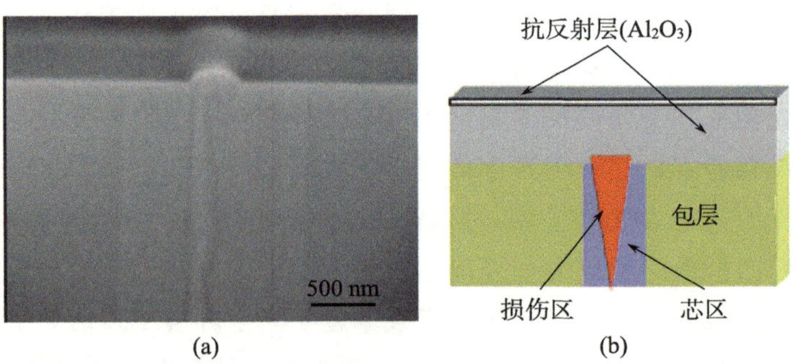

图 3-84　真空环境下失效器件管芯的端面突起和延伸结构显微照片（a）及示意图（b）

根据详细的微观材料分析可以推断激光二极管在真空下的失效机理为：在真空状态下，碳氢化合物会在半导体激光器增透膜表面形成外来的碳层。然后由于碳热还原 Al_2O_3，降低了增透膜的透射率，导致半导体激光器和增透膜之间局部温度升高。局部温度的迅速升高促进金属层迁移，形成较大的金簇，成为深能级的捕获中心和/或催化部位，从而导致半导体激光器发生腔面灾变。而碳层的形成与周围环境或气氛有关，在真空环境下要比在有氧参与的环境下更加容易形成。

气密封装和非气密封装 980 nm 激光二极管在空气和真空下的长期工作也表现出和上述 808 nm 激光二极管类似的变化规律。如图 3－85 所示，非气密封装 LD 在真空下工作 1 000～2 000 h 后工作电压突然上升，输出光功率急剧下降，而气密封装器件工作 5 000 h 后仍然没有明显变化[155,156]。通过对密封和非密封 LD 进行飞行时间二次离子质谱分析，没有发现额外的多余物。利用 SEM 对发光区域进行成像，发现金属化表面出现裂纹，并且在发光区有一个阴影。这种现象是由封装引入的失效机制导致的：局部高温导致散热不够，形成温度正反馈。用原子力显微镜发现是一个凸起物，并且存在气化的气泡。用透射电镜看到发光区存在环形物，这是由于在真空环境下，无任何对流传热，导致局部点温度过高，超过 GaAs 的熔点。

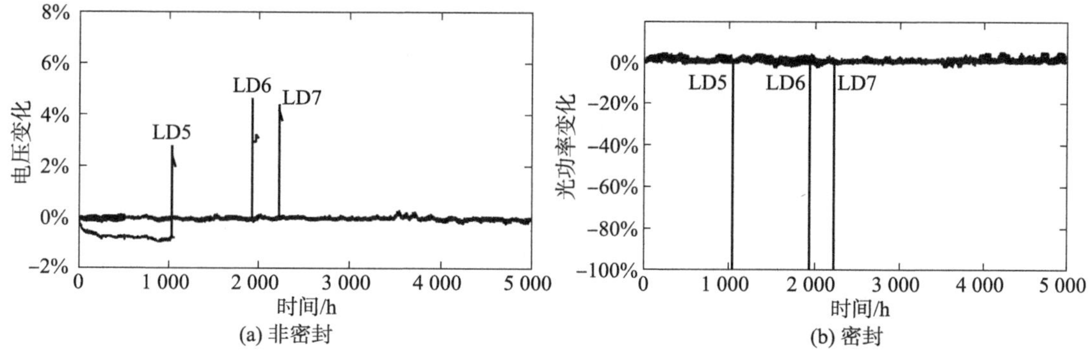

图 3－85　密封与非密封 980 nm LD 在真空环境下的工作电压和输出功率随时间变化

从上面分析来看，由于封装和使用过程中难免会引入一些有机污染物，以及激光二极管封装、散热的特点，宇航用激光器完全在真空下运行，仍然存在一定风险。因此，宇航用激光器应采用气密封装，降低在真空环境下引入损伤的风险。对一些长寿命的激光二极管，气密封装的漏率必须足够低。实验结果表明，对于 10 年的真空工作寿命，5×10^{-8} atm · cc/s 的漏率略显不足，当漏率达到 10^{-10} atm · cc/s 时可支撑 10 年的真空工作寿命[155]。

3.6　半导体光源在力学环境条件下的性能演变及抑制技术

光电系统随宇航飞行器可能经历运输、发射、在轨飞行、返回、着陆等具有不同力学特点的过程，有些力学环境是非常恶劣的，如火箭飞行过程的振动、发射和着陆过程的力学冲击，这些力学环境对器件性能稳定性和可靠性都是严峻考验，需要对器件在各种力学环境下的特性和失效机理进行分析并采取针对性的抑制措施。图 3－3 为典型的半导体光源蝶形封装结构，本节将以这种结构为例进行力学性能分析。

蝶形封装半导体光源在力学条件下的失效模式主要为光功率下降甚至无光功率输出，

造成此失效模式的机理主要有以下 6 种：

1）光纤微裂纹在力学条件下逐步生长直至断裂；

2）器件内部金丝键合点开裂或金丝断裂；

3）器件珀耳帖制冷器 PN 结在力学条件下开裂或破损；

4）器件内部制冷器、热沉、管芯、热敏电阻等内部元件焊料开裂或分层；

5）器件内部金属化光纤与镍管焊接开裂及 Ω 支架焊接开裂；

6）管壳在力学条件下变形或 Ω 支架焊接后形变造成耦合移位。

其中，机理 1）～5）通常和器件制造缺陷有关，可通过制造过程的工艺过程控制避免缺陷的发生或通过筛选试验剔除有缺陷的器件。第 6）种情形是在实际应用的力学环境下发生概率较高的一种。在力学环境下发生耦合移位的因素主要有两种。

1）安装面不平整引起的耦合移位。由于管壳底面与安装面不平整或 4 个安装孔应力不均匀，造成管壳变形，进而使得器件内部管芯与光纤耦合位置发生相对位移或偏转，造成尾纤输出光功率衰减。图 3-86（a）为管壳底面形变量与耦合点位移的关系，图 3-86（b）为耦合偏移量与光功率衰减的关系。管壳底部形变量 0.006 mm 可造成耦合点移位 0.56 μm，对应的光功率衰减为 10%左右。

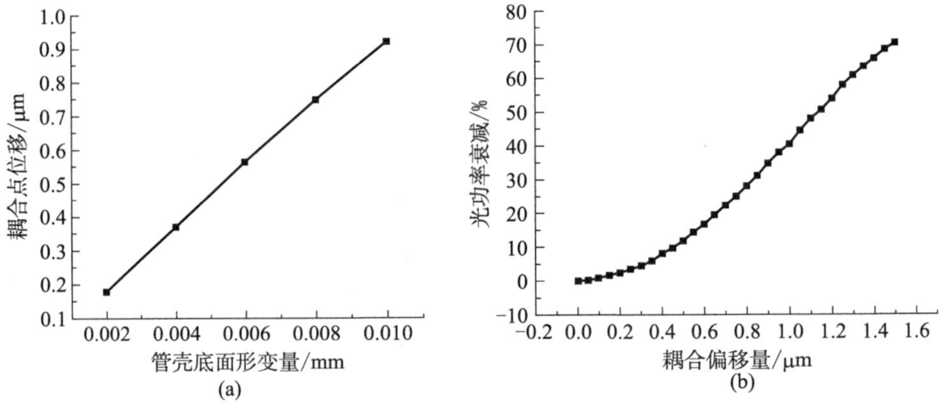

图 3-86　耦合点位移随器件管壳底面形变的变化（a）及光功率衰减随耦合点偏移量的变化（b）

2）随机振动、力学冲击条件下，造成耦合点移位。当器件底面和安装面完全平整、安装时也不引入管壳变形时，一般随机振动和机械冲击环境下器件的输出是稳定的，但这是理想情况，在工程应用中，器件的管壳由于安装环境和安装应力总会引入管壳的安装变形，并且这种变形在力学环境下可能会被放大。对带有初始管壳变形的蝶形封装光源进行力学仿真，分别计算在 20 g 随机振动、1 500 g 半正弦冲击下的耦合移位量。计算结果表明，随机振动条件下耦合位移量非常小，最大位移仅为 3.7×10^{-5} μm，光功率基本不变。实际随机振动实验结果如图 3-87 所示，实验结果和计算结果吻合，光功率在振动过程中保持稳定，几乎不受振动环境影响。

仿真结果表明沿 X、Y、Z 方向施加机械冲击时耦合点分别位移 0.008 μm、0.645 μm、0.385 μm，通过该位移量计算的光功率变化为：X 方向几乎不发生变化，Y 方

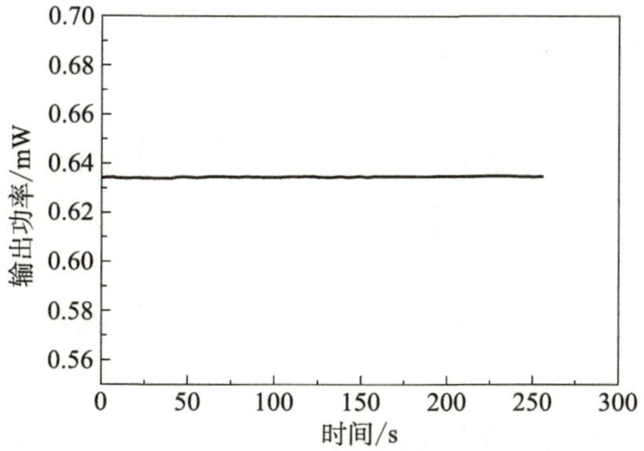

图 3-87　随机振动过程中的输出功率

向和 Z 方向变化量为 20% 和 5% 左右。实际机械冲击实验过程中光源光功率的变化如图 3-88 所示。在施加机械冲击时光功率发生瞬态下降，并且在冲击结束后迅速恢复为原值，瞬态变化量和计算结果基本吻合。机械冲击前后的光功率未发生变化。因此当该光源用于积分时间较长的过程时，这种瞬态跳变不会影响使用。但当用于高速测量等响应时间很短的场合时要注意这种瞬态变化带来的影响。

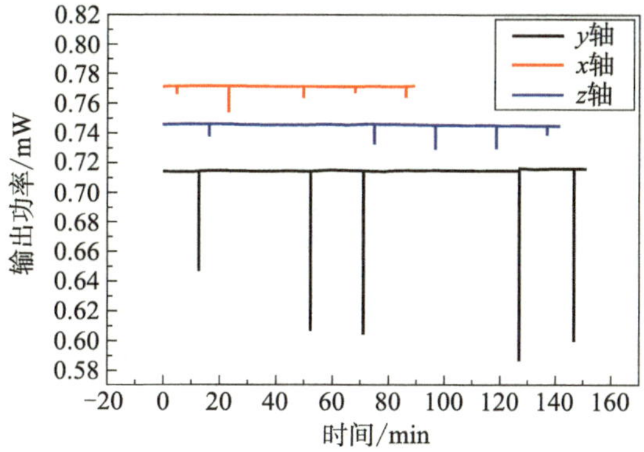

图 3-88　机械冲击过程中的输出功率

针对耦合点移位可采取如下抑制措施：

1）如果光纤通过 Ω 支架激光焊接固定，应确保激光焊点应力对称分布。采用双 Ω 支架可提升耦合强度；采用玻璃焊料焊接或采用透镜耦合时，应确保固化方式及条件，不会引入不均匀应力。

2）光纤出纤孔尾管焊接除保证气密性外，应确保管壳外施加的应力不能传递到器件内部耦合位置。

3）管壳底板强度及平整度应能确保管壳在螺钉安装后不影响耦合移位的形变。在工程应用中，管壳底板采用散热和强度性能优良的材料，如钨铜，底部和安装面加工平面度要求不大于 0.01 mm，4 个安装孔采用相同力矩值对角安装，可较大程度降低安装造成的耦合移位。

3.7　典型光源性能对应用系统的影响及抑制技术

微波光子技术是微波技术与光子技术结合的一门新兴技术，微波光子链路是接收微波信号并提供微波信号输出，实现微波信号在光域传输、处理的链路，是微波光子系统的基础物理构成，具有带宽大、体积小、质量轻、损耗小、抗电磁干扰、色散低等多方面优点，因此被广泛应用到电子对抗、雷达、遥感探测、光纤通信、微波通信、有线电视等领域。

微波光子链路根据调制方式的不同，可以分为直接调制和外调制链路。直接调制（简称直调）链路结构简单，但噪声特性难以提高；外调制链路具有更好的噪声特性，然而由于外调制链路增加了调制器件，使链路结构复杂，并且难以控制。

直调链路是将射频信号直接加在半导体激光器上，激光器发出调幅光信号，即将射频信号通过激光器直接转化为光信号，经过光纤传输后，由光电二极管转换为射频信号，其原理如图 3－89 所示。激光器作为电光转换器件的工作原理如图 3－90 所示，射频信号调制激光器的注入电流，注入电流和输出光功率成线性关系，因此输出光信号为频率与输入射频信号相同的调幅信号。

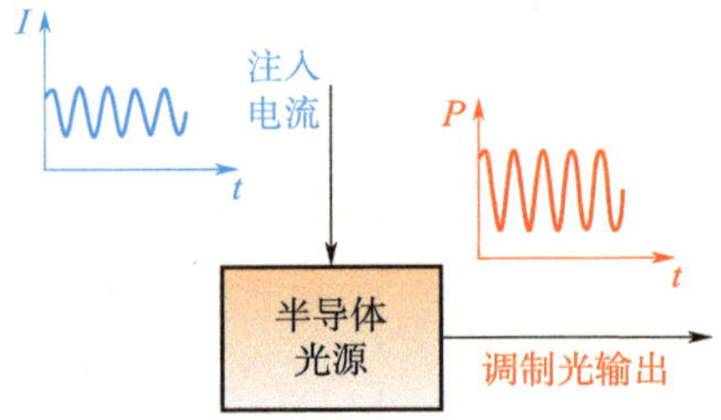

图 3－89　直调微波光子链路结构示意图

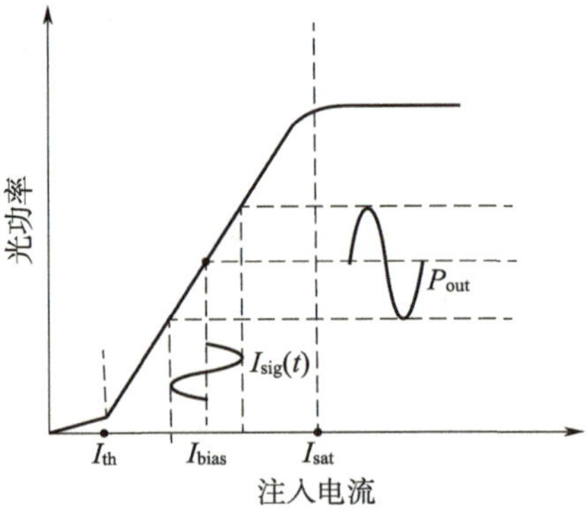

图 3－90　激光器电-光信号转换原理图

链路的增益是链路的基本参数，它与激光器转换效率、光纤的损耗、探测器转换效率、激光器和探测器的阻抗，以及链路的负载有关。图 3－91 为忽略了系统频响的直调链路小信号模型[157]。

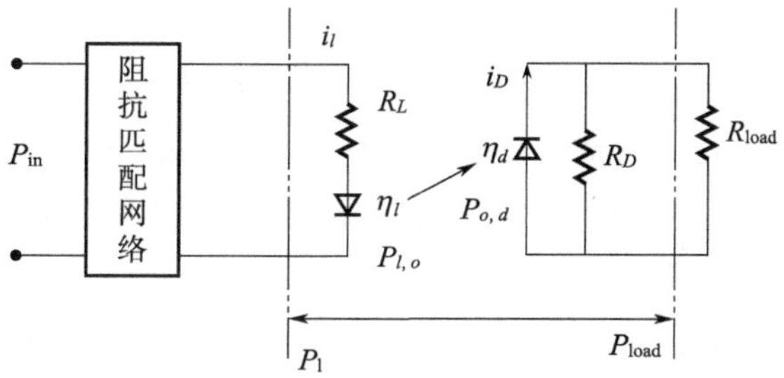

图 3-91　直调微波光子链路小信号模型

设输入阻抗匹配网络的射频功率为 P_{in}，则耦合到半导体激光器的射频功率为

$$P_1=\left[1-\left(\frac{R_0-R_L}{R_0+R_L}\right)^2\right]P_{in}=\frac{4R_0R_L}{(R_0+R_L)^2}P_{in} \tag{3-150}$$

式中，R_0 是匹配网络的本征阻抗；R_L 是半导体激光器的阻抗。假设通过半导体激光器的电流为 i_l，$i_l=\sqrt{P_1/R_L}$，则激光器的发光功率为

$$P_{l,o}=\eta_d i_l=\eta_d\sqrt{\frac{4R_0}{(R_0+R_L)^2}P_{in}} \tag{3-151}$$

式中，η_d 为激光器的微分量子效率。

激光器发射的光信号耦合到光纤中，通过光纤传输到光电二极管上后，转换为光电流。若光纤的光透过率为 α_o，光电探测器的转换效率为 r_D，那么，光电探测器输出的光电流为

$$i_D=\alpha_o r_D P_{l,o} \tag{3-152}$$

光电流经过光电探测器电阻 R_D 和负载电阻 R_{load} 后，得到需要的射频信号的功率为

$$P_{load}=\left(i_D\frac{R_DR_{load}}{R_D+R_{load}}\right)^2/R_{load}=\frac{i_D^2R_D^2R_{load}}{(R_D+R_{load})^2} \tag{3-153}$$

通常链路的固有增益用 g_i 表示，其定义为传输到匹配负载的功率 P_{load} 与源功率 P_{in} 的比值，即

$$g_i=\frac{P_{load}}{P_{in}} \tag{3-154}$$

将式（3-151）、式（3-152）和式（3-153）代入式（3-154）得到直调微波光链路的固有增益为

$$g_i=\alpha_o^2\eta_d^2r_D^2\frac{4R_0}{(R_0+R_L)^2}\frac{R_D^2R_{load}}{(R_D+R_{load})^2} \tag{3-155}$$

由式（3-155）可见，直调微波光子链路的增益和激光器斜率效率的平方成正比。斜率效率下降将引起链路增益的急剧降低，斜率效率每降低 1 dB，则增益降低 2 dB。另外，链路增益的降低随之还会引起链路噪声系数的增大。

直调链路的噪声系数为

$$NF = 10\lg\left(1 + \frac{1}{g_i} + \frac{\langle i_D \rangle^2 10^{\frac{RIN}{10}} R_{load}}{2g_i kT} + \frac{2e\langle i_D \rangle R_{load}}{g_i kT}\right) \tag{3-156}$$

式中，RIN 为相对强度噪声；k 为玻耳兹曼常数；T 为温度。

设本征阻抗 R_0 为 50 Ω，激光二极管的阻抗 R_L 为 5 Ω，探测器的电阻 R_D 为 1 000 Ω，负载阻抗 R_{load} 为 50 Ω，探测器的效率为 0.85 A/W。计算得链路增益 g_i =－12.56 dB，则可得出微波光链路的噪声系数。

若光电流 $\langle i_D \rangle$ 为 2mA，光纤的损耗 α_0 为 0.8，则在相对强度噪声不同的情况下，链路噪声系数与激光器斜率效率的关系如图 3－92 所示，可见随着激光器斜率效率的提高，链路的噪声系数降低。以 RIN=－150 dBc/Hz 为例，当激光器的转换效率为 0.2W/A 时，链路的噪声系数为 36.7 dB，当激光器的转换效率为 0.4 W/A 时，链路的噪声系数降为 30.7 dB。也就是说，激光器的转换效率提高 3 dB 的情况下，链路的噪声系数将下降 6 dB[158]。

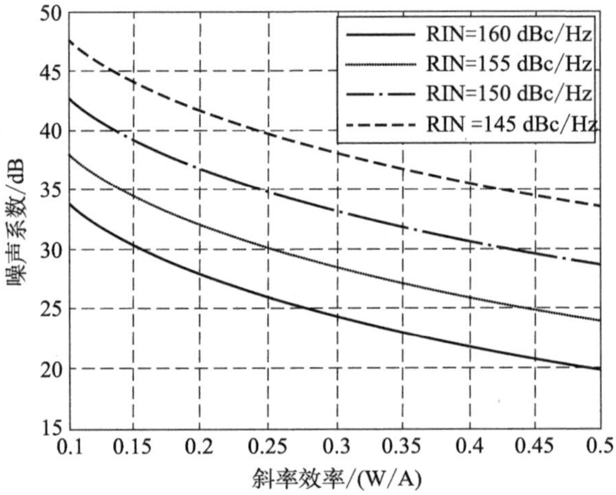

图 3－92　链路噪声系数和激光器斜率效率的关系

为了降低链路噪声，需要尽量提高激光器的电光转换效率，提高激光器转换效率的方法参见 3.4.3 节。然而在辐射环境下和高温环境下都会导致激光器转换效率下降，这就需要对激光器进行抗辐射加固或抗辐射防护（参见 3.3.3 节）；微波光子系统通常采用半导体激光器，为了抑制高温对半导体激光器转换效率的影响，可对激光器进行温控（参见 3.4.3 节）。

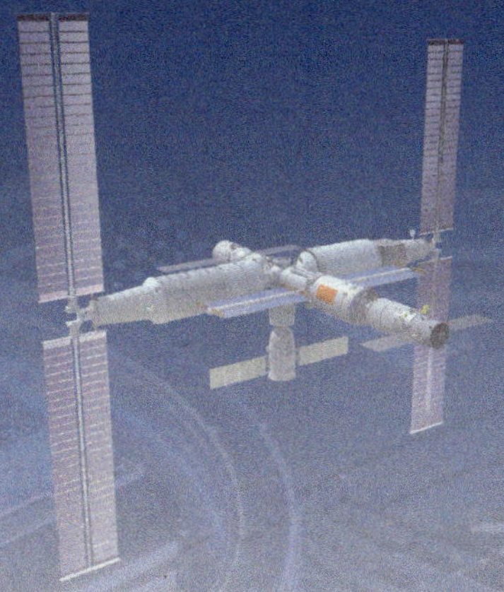

第4章 固体光源在宇航环境条件下的性能演变及抑制技术

固体激光器从发光的机理上可分为两类：一是激光介质中掺杂离子的直接发光；二是通过非线性效应获得特定波长的激光。直接发光固体激光器是以掺杂离子的晶体、玻璃、陶瓷或光纤作为工作物质的激光器。激光介质通常是在基质材料中掺入少量的激活离子，激光跃迁发生在激活离子的不同工作能级之间。从激光基质材料的形态上可分为两类：块状介质和光纤。激活离子的元素可分为四类：三价稀土金属离子、二价稀土金属离子、过渡金属离子和锕系金属离子。目前应用较多的激光介质包括红宝石、钕玻璃、掺钕钇铝石榴石（Nd^{3+}:YAG）及稀土掺杂光纤等。利用非线性光学效应可以将直接发光的固体激光进行频移，获得直接发光难以实现的波长，从而有效地扩展激光波段。常用的非线性效应包括二阶的和频、差频、光参量振荡以及三阶的受激拉曼散射、受激布里渊散射等。与其他种类的激光器相比，固体激光器的特点是输出能量大、峰值功率高、结构紧凑、牢固耐用，广泛应用于激光测距、激光雷达、激光制导、激光通信、激光武器、激光加工等领域。

固体激光器多采用光泵浦，泵浦光源主要有闪光灯和半导体激光二极管或其他激光器。闪光灯泵浦的主要问题是转换效率太低，大量泵浦能量变成废热，不仅造成极大的能量浪费，而且，废热引起热应力和热透镜效应，导致光束质量严重变差。激光二极管的输出谱线很窄，因而可实现与固体激光工作物质的光谱匹配，而且激光二极管具有电光转换效率高、寿命长、体积小、质量轻等突出优点，是一种宇航领域广泛采用的泵浦光源。本章首先介绍直接发光的激光二极管泵浦固体激光器即全固态激光器（Diode Pumped Solid State Laser，DPSLL），然后介绍另一种快速发展的固体激光器——光纤激光器，最后简单介绍基于非线性效应的固体激光器。

4.1 全固态激光光源技术

4.1.1 直接发射固体激光器工作原理

固体激光器和半导体激光器在工作原理上存在两个明显的不同，一是泵浦方式不同，半导体激光器是电泵浦方式，通过电能把粒子泵浦到激发态，而固体激光器是光泵浦方式，即通过吸收光子能量实现粒子激发。第二个不同是激发粒子不同，半导体激光器是把电子激发到高能级，而固体激光器是把离子激发到高能级。

以四能级激光介质为例，其能级结构及转移过程如图 4－1 所示，四能级系统一般以 E_2 和 E_1 作为激光上、下能级。当受到泵浦光泵浦时处于基态 E_0 的粒子将跃迁到高能级 E_3 上，能级 E_3 上的粒子寿命很短，很快热弛豫到亚稳能级 E_2 上，能级 E_2 上的粒子寿命较长，而室温下能级 E_2 上的粒子集居数接近于0，因此很容易在能级 E_2 和 E_1 之间形成粒子数反转，能级 E_2 上的粒子受激跃迁到能级 E_1 上形成激光振荡。能级 E_1 上的粒子很快热弛豫到基态 E_0，以保持能级 E_1 上粒子集居数近似为 0，激光阈值很低。

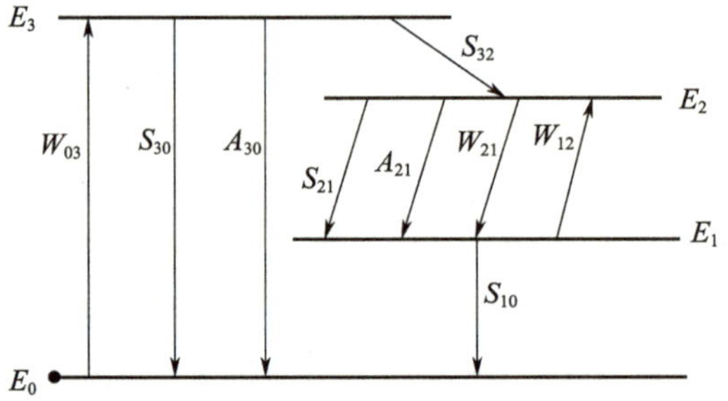

图 4－1 四能级系统能级结构及转移过程示意图

激光介质受光泵浦产生受激辐射后，再借助谐振腔实现激光谐振，实现腔内放大和选模，这在原理上和半导体激光器是相同的。

4.1.2 全固态激光器种类与结构

4.1.2.1 激光增益材料

作为固体激光器增益介质的激光晶体材料，其性能的优劣直接影响 DPSSL 的发展。激光晶体的性质主要由两方面来决定：基质晶体材料和所掺杂的激活离子。

现有的激光基质材料主要有晶体、玻璃和陶瓷等。其中晶体基质材料仍占主导地位，常用的晶体基质材料有：蓝宝石、石榴石（钇铝石榴石 YAG、钆镓石榴石 GGG、钆钪石榴石 GSGG）、氧化铝（YAP）、硫化物（LOS）、钒酸钇（YVO_4）、红宝石（Al_2O_3）等。

迄今为止，激光掺杂离子主要包括：1）稀土离子，如 Nd^{3+}，Yb^{3+}，Er^{3+}，Pr^{3+}，

Tm^{3+}，Eu^{3+}，Dy^{2+}，Sm^{2+} 等；2）锕系离子，其与稀土离子相似，但具有放射性；3）过渡金属离子，如 Cr^{3+}，Ti^{3+}，Co^{2+}，Ni^{2+} 等。

掺杂离子和基质材料通过互相组合的方式，形成各种性能参数的激光晶体介质，目前比较常见的激光介质有：Nd：YAG、Nd：YVO_4、Yb：YAG、Nd：YLF、Nd：YAP、Er:YAG、Tm:YAG 等。

4.1.2.2 全固态激光器的泵浦结构

DPSLL 的激光物质形状有棒状、薄片、板条等，本节以棒状工作物质激光器为例介绍 DPSLL 的基本结构。泵浦的耦合方式分为直接端面泵浦、光纤耦合端面泵浦和侧面泵浦[159]。

（1）直接端面泵浦

直接端面泵浦是小功率激光二极管泵浦固体激光器常用的方式，其典型结构如图 4－2 所示。

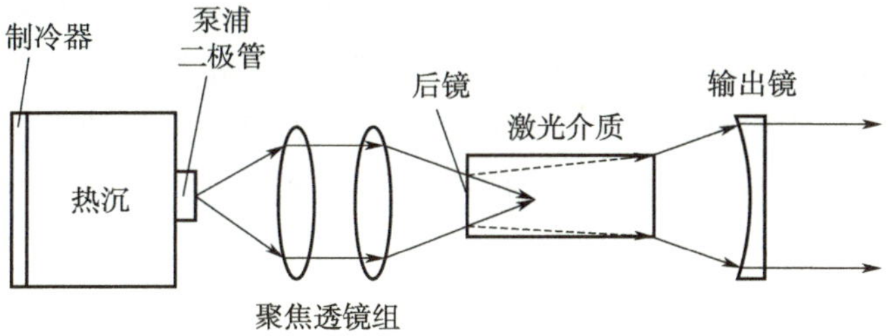

图 4－2　直接端面泵浦的典型结构

该结构主要由 LD 泵浦源、耦合光学系统和固体激光腔三部分组成。耦合光学系统将泵浦光高效率地耦合到固体工作物质上。谐振腔一般采用半外腔或半内腔结构，即在固体工作物质的泵浦耦合端面上镀对固体激光波长全反而对泵浦光波长增透的双色膜，使该端面成为固体激光器谐振腔的全反端，输出镜对固体激光波长具有适当的透过率。

与其他两种泵浦方式相比，直接端面泵浦具有结构最紧凑、整体效率最高等特点。效率高的原因是，在泵浦激光模式不太差的情况下，耦合光学系统高效率地将泵浦光耦合到激光介质中，耦合损失少。另一方面，泵浦光具有一定的模式，固体激光振荡模式与泵浦光模式关系密切，匹配效果好，激光介质对泵浦光的利用率较高。

直接端面泵浦的缺点之一是端面的尺寸限制了泵浦光的功率，从而限制了固体激光器的输出功率。原因在于激光二极管阵列的发射孔径与其发射功率成正比，不易将发射孔径大的泵浦光有效耦合到尺寸较小的端面上。

（2）光纤耦合端面泵浦

这种泵浦方式是将泵浦光经光纤或光纤束耦合到固体工作物质中。典型结构如图 4－3 所示。该结构与直接端面泵浦相比增加了一个耦合光学系统和耦合光纤两部分。光束质量较差的泵浦光经过一段光纤传输后，光束质量得到改善。由于泵浦光与振荡激光在空间上有很好的匹配，故泵浦效率较高。耦合光纤可以隔离激光二极管与固体激光器之间的热传导，减轻热效应的相互影响，使激光器输出较好的模式。此外，LD 泵浦光与光纤耦合比与工作物质直接耦合容易，可降低对器件的调整要求。

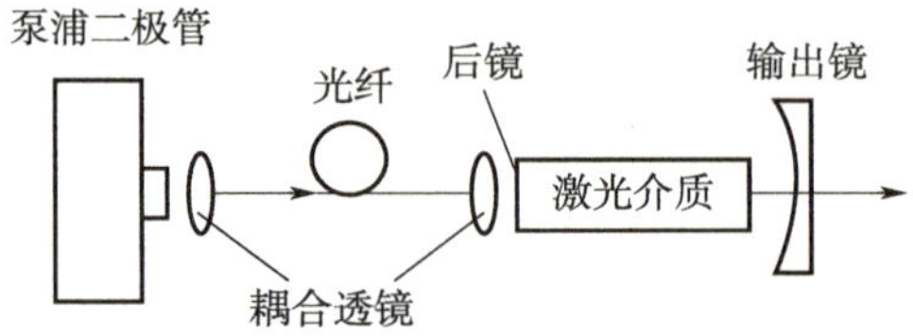

图 4-3　光纤耦合端面泵浦的典型结构

（3）侧面泵浦

侧面泵浦固体激光器激光头是由三个二极管泵浦模块围成一圈组成泵浦源，每个泵浦模块又由带微透镜的二极管线阵组成（见图 4-4）。该装置采用玻璃管巧妙设计了泵浦腔和制冷通道。玻璃管的表面大部分镀有泵浦光的高反膜，剩余的部分呈 120°镀有三条泵浦光增透膜，这样便形成了一个泵浦腔。二极管激光泵浦源发出的三路光束通过整形透镜汇聚到这三条镀增透膜的狭长区域内，然后透过玻璃管的管壁被晶体吸收。由于玻璃管大部分区域镀有高反膜，使得泵浦光进入泵浦腔以后，便在其中来回地反射，直至被晶体充分地吸收，而且在晶体的横截面上形成了均匀的增益分布。

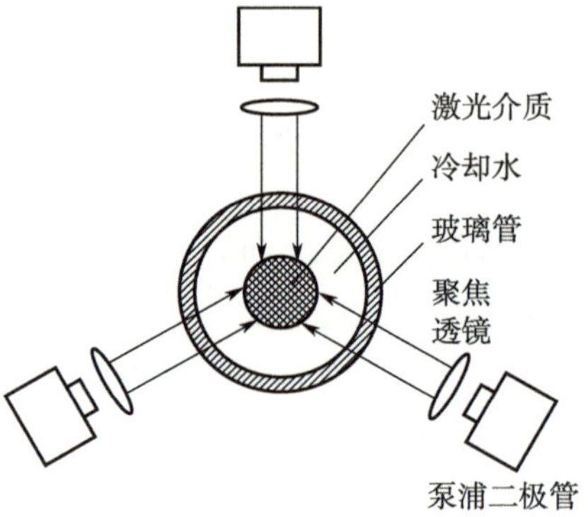

图 4-4　LD 侧面泵浦的典型结构

4.1.2.3　典型的全固态激光器

尽管 LD 泵浦的全固态激光器转换效率较高，但随着泵浦功率的提高，仍会产生大量的余热，传统的棒状激光介质不利于散热，为增大激光介质的表面积-体积比，相继出现了薄片激光器、热容激光器。此外，还有一种广泛应用的板条激光器。

（1）薄片全固态激光器

薄片激光器的核心是薄片激光工作物质，其直径具有毫米量级（取决于对输出功率或能量的要求），而典型厚度在 100～200 μm 范围（由材料性能、掺杂浓度和泵浦设计等因素决定）。由于薄片介质的厚度远小于直径，所以，当废热从薄片介质的一个表面导出时，热流的距离非常短，即使用大的泵浦能量也不会在盘片产生大的温度梯度；此外，激光功率由薄片另一个表面输出，因此，热流可以看作是沿平行于激光方向、几乎均匀的轴向一维热流，这样就会显著降低热透镜效应，使得横向温度梯度、光束传播截面上的相位畸变实现最小化。因此薄片激光器能有效去除增益介质的热沉积，在获得高功率激光输出的同时，保持高效率和高光束质量。

(2) 热容全固态激光器

热应力造成激光介质破坏，从而限制了固体激光器的最大平均输出功率。通常，泵浦光通过表面进入工作介质，冷却也是通过表面进行的。常规工作时泵浦和冷却是同时进行的，工作介质表面的温度比内部的低，表面受到拉应力，如图 4-5 (a) 所示。热容激光器是间歇工作的，在泵浦期间不对工作介质冷却，工作介质“储能”，激光发射停止后的间歇期间才对工作介质冷却，然后进入下一个循环。因此激光工作期间工作介质表面的温度比内部的高，表面受到压应力，如图 4-5 (b) 所示。由于固体激光工作介质抗压远大于抗拉，因此，热容模式工作时，工作介质可承受比常规工作高几倍的平均功率，而不会因热应力造成破坏。由于间歇时间制冷，可以采用自然风冷，整体结构减小。

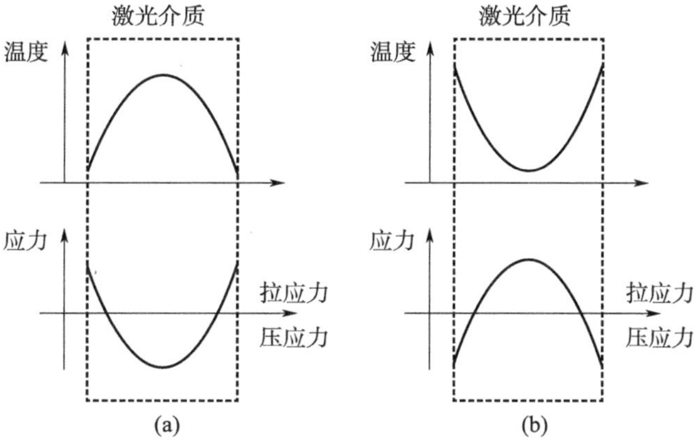

图 4-5　普通模式 (a) 和热容模式 (b) 工作时工作介质内的温度和应力分布

(3) 板条全固态激光器

板条激光器的增益介质为板条形状。一般激光板条在一个方向上比在其他方向上明显要薄。对于二极管泵浦，边缘泵浦或横向泵浦更适合。高功率激光二极管的高空间相干性，使得它可以通过相对狭窄的边缘注入全部泵浦光。该泵浦二极管可以直接放置在板条边，二者之间没有任何光学元件。由于大的面不必是透明的，多种冷却机制可供采用，包括内部有水通道的金属热沉的传导冷却，热沉内部的水通道使可能含污染物的冷却水远离光学表面。

除了冷却和泵浦在不同位置的优点外，这种几何结构提供了一个沿宽度方向的长吸收路径，从而允许使用一个非常薄的板条，而不影响泵浦光的吸收效率。此外，还可以减小材料的掺杂浓度，并增加泵浦光的强度，这使得它更容易使用准三能级增益介质。在泵浦侧镀反射膜，只通过窄缝注入泵浦光，可进一步提高泵浦的吸收效率和均匀性。

4.1.3 全固态激光器主要性能参数及特性

全固态激光器的很多性能指标及特性与半导体激光器类似，在此仅介绍和半导体激光器不同的主要性能指标和特性。

4.1.3.1 脉冲特性

描述激光器脉冲特性的指标主要包括以下几种。

（1）激光重频

对于脉冲激光器，激光重频（重复频率）是指单位时间内有规律地输出激光脉冲数（每秒钟脉冲重复出现的次数，单位 Hz）。一定输出功率下，重频低，则对应的脉冲能量高；相反，重频高，则对应的脉冲能量低。低重频激光器适合非线性等领域的研究，高重频激光器则在高速采样领域有优势。

（2）脉冲宽度

对于脉冲激光器，脉冲宽度指单个脉冲的持续时间，是一个时间衡量单位，有毫秒、纳秒、皮秒、飞秒等量级。量级越小，激光持续时间越短。

（3）峰值功率

峰值功率代表单个脉冲所能达到的最高功率，单位为瓦特（W）。

（4）脉冲能量

脉冲能量是指单个脉冲携带的激光能量，是峰值功率与脉冲宽度的乘积，单位为焦耳（J）。

连续光激光器在长时间范围内输出功率较为平均，这使得其峰值功率普遍较低。与连续激光不同，脉冲光激光器可实现极短的脉冲宽度和超高的脉冲能量等，从而开拓出大量新的应用领域。实现激光器脉冲输出的主要方式有两种：调 Q 技术和锁模技术。

（1）调 Q 技术

普通固体激光器输出为一系列振幅不均匀且无规则变化的尖峰脉冲，输出脉宽为几百微秒到毫秒量级且峰值功率只有几十千瓦量级。通过增加泵浦能量只能造成尖峰数目的增加和尖峰脉冲序列分布的时间范围加宽，对提高激光脉冲峰值功率没有帮助。所以这种激光脉冲结构限制了普通固体激光器应用，因为脉冲激光精密测距、高速摄影、激光雷达等很多应用领域都要求激光器能够输出高峰值功率的激光脉冲。

在激光器中，用品质因子（Q 值）来表示光学谐振腔的特性。谐振腔 Q 值定义为

$$Q=\frac{\text{腔内存储的能量}}{\text{单位时间损耗的能量}}=2\pi\nu\frac{W}{\delta Wc/nL}=\frac{2\pi nL}{\delta\lambda} \tag{4-1}$$

式中，L 为谐振腔的长度；ν 为谐振频率；c 为真空光速；n 为谐振腔内介质的折射率；λ 为光波长；W 为腔内存储的能量；δ 为光在腔内传播一个单程时的损耗。由该式可以看出，品质因子 Q 和谐振腔的损耗 δ 为反比关系，损耗越小，Q 值越高，激光器阈值越低，越易形成激光振荡。

为了克服自由振荡情况下由于弛豫振荡现象造成的激光器输出峰值功率较低、时间特

性差的缺点，采用调 Q 技术可得到高的峰值功率和窄的单个脉冲。它的基本原理是使激光器谐振腔的品质因子 Q 值（或损耗 δ）按照特定规律进行变化。

调 Q 脉冲建立过程中，反转集居数 Δn 与光子数 N 的变化规律如图 4-6 所示。在 $t<0$ 时，泵浦光激励工作物质使反转集居数 Δn 不断增长，至 $t=0$ 时刻，反转集居数增加到 Δn_i，但是由于 Δn_i 小于阈值 $\Delta n_t'$，所以不能输出激光，此时只有由自发辐射产生的少量光子，光子数 N_i 很少。在 $t=0$ 时刻，阈值降至 Δn_t，由于 Δn_i 比 Δn_t 大得多，所以腔内光子数 N 迅速增加。同时，受激辐射又使反转集居数迅速减少，到 $t=t_p$ 时刻，$\Delta n=\Delta n_t$，腔内光子数不再增加，N 达到最大值 N_m。当 $t>t_p$ 时，由于 $\Delta n<\Delta n_t$，腔内光子数 N 迅速减少。当 N 又减小至 N_i 时，此时 $\Delta n=\Delta n_f$，激光巨脉冲熄灭，于是，在激光器中就形成了一个调 Q 激光巨脉冲输出。

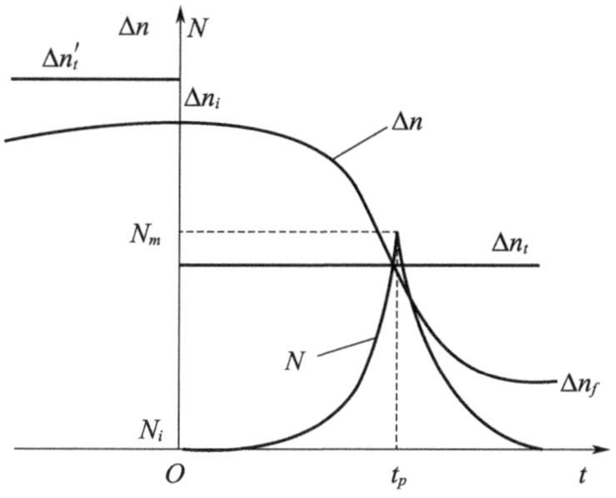

图 4-6　调 Q 过程反转集居数及光子数随时间的变化

综上所述，谐振腔的损耗 δ 和品质因子 Q 值成反比关系，因此通过主动控制谐振腔的损耗 δ 的变化可以相应地改变 Q 值。所以，可通过谐振腔的损耗调制来实现激光器调 Q。

调 Q 技术可分为主动调 Q 技术和被动调 Q 技术。主动调 Q 是利用晶体的物理效应来控制激光谐振腔的损耗，从而实现对谐振腔 Q 值的调制。常用的主动调 Q 方式有电光调 Q、声光调 Q 等。主动调 Q 的可控性强、稳定性高、获得的峰值功率也更高。被动调 Q 开关不需要外加电源驱动装置，也就不必另外设计复杂的外加电路和激光器结构，且饱和吸收物质可与工作物质生长在同一晶体中，体积大大减小，整个系统较易进行微型化设计，使用维护简便。

（2）锁模技术

调 Q 技术可以压缩激光脉冲宽度，得到脉宽为毫微秒量级、峰值功率为千兆瓦量级的激光巨脉冲。锁模技术是进一步对激光进行特殊的调制，强迫激光器中振荡的各个纵模的相位固定，使各模式相干叠加以得到超短脉冲的技术。采用锁模技术，可得到脉宽为飞秒量级、峰值功率高于 T 瓦量级的超短激光脉冲。锁模技术使激光能量在时间上高度集中，是目前获得高峰值功率激光的主要手段[160]。

①主动锁模

在谐振腔内插入一个调制频率 $\nu = c/(2L)$ 的调制器，对激光输出进行振幅或相位调制，实现各个纵模振动同步，叫作主动锁模。

(a) 损耗内调制锁模

如图 4－7 所示，在谐振腔中插入一个电光或声光损耗调制器，设调制周期 $T_m = 2L/c$，调制频率 $\nu_m = c/(2L)$（恰为纵模频率间隔）。因为调制器给出周期性的光损耗，所以如果在某一时刻 t，光经过调制器时由于调制器损耗，有一部分光被损耗掉。光在腔内往返一次，又回到调制器，即在一个周期后的 $T_m + t$ 时刻再次经过调制器，光再次损耗一部分。再经 $2T_m$，$3T_m$… 如此延续，这部分光被损耗掉。只有通过调制器时损耗为 0 的光，才能不断地被放大而增长起来，因此得到周期为 T_m 的窄脉冲输出。

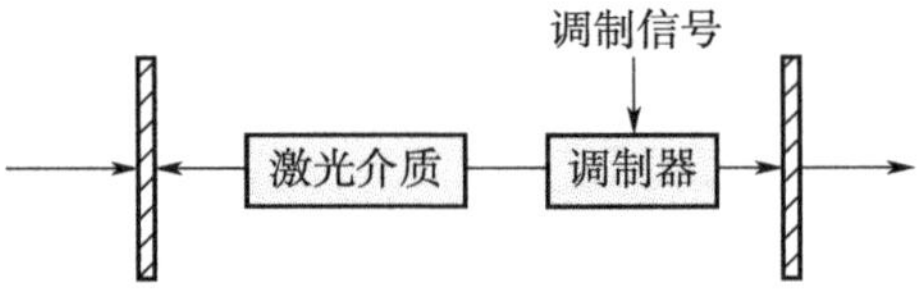

图 4－7　锁模调制结构示意图

从模式耦合的角度还可以进一步说明损耗调制锁模的原理。由于调制器所加电压周期性地变化，所以通过调制器的各个模式的振幅也周期性地变化。如果激光器中增益曲线中心频率 ν_0 处的模首先振荡，其调制后的电矢量为

$$E(t) = [E_0 + E_m \cos(2\pi\nu_m t)]\cos(2\pi\nu_0 t) = E_0[1 + M\cos(2\pi\nu_m t)]\cos(2\pi\nu_0 t) \tag{4-2}$$

式中，E_m 为调制信号振幅；E_0 为未调制时的光电场振幅；$M = E_m/E_0$，称为振幅调制度，它的大小决定于调制信号的大小。将上式展开得

$$E(t) = E_0\cos(2\pi\nu_0 t) + \frac{1}{2}ME_0\cos[2\pi(\nu_0 - \nu_m)t] + \frac{1}{2}ME_0\cos[2\pi(\nu_0 + \nu_m)t] \tag{4-3}$$

上式表明，经过调制，使得中心纵模不仅含有原来的频率 ν_0 而且还含有两个边频 $\nu_0 \pm \nu_m$。这两个边频光具有与中心模式相同的初相位。因调制频率 ν_m 恰好等于相邻纵模频率间隔，所以 $\nu_0 \pm \nu_m$ 正好等于相邻两纵模频率。这就是说，在激光器中，一旦形成 ν_0 的振荡，将同时激起两个相邻模式的振荡。而这两个相邻模受调制器调制的结果，又将产生新的边频 $\nu_0 \pm 2\nu_m$ 振荡……直到将增益曲线内所有可能的纵模都激发起来。由于各纵模的相位锁定，输出光能量相干叠加，从而形成超短脉冲。

(b) 相位内调制锁模

如果在谐振腔中插入一个电光相位调制器，也可达到锁模的目的。设光振幅 E_0 不变，相位以频率 ν_m 变化，即

$$E(t) = E_0\cos[2\pi\nu_0 t + \beta\sin(2\pi\nu_m t)] \tag{4-4}$$

式中，β 为相位调制度。则由贝塞尔函数公式，上式可写成

$$E(t)=E_0\{J_0(\beta)\cos(2\pi\nu_0 t)+J_1(\beta)\cos[2\pi(\nu_0+\nu_m)t]-J_1(\beta)\cos[2\pi(\nu_0-\nu_m)t]+J_2(\beta)\cos[2\pi(\nu_0+2\nu_m)t]+J_2(\beta)\cos[2\pi(\nu_0-2\nu_m)t]+J_3(\beta)\cos[2\pi(\nu_0+3\nu_m)t]-J_3(\beta)\cos[2\pi(\nu_0-3\nu_m)t]+J_4(\beta)\cos[2\pi(\nu_0+4\nu_m)t]+J_4(\beta)\cos[2\pi(\nu_0-4\nu_m)t]+\cdots\} \tag{4-5}$$

进一步考虑到模式耦合的作用，相位调制后也能激起带宽内的所有边频光同步振荡，实现锁模。

②被动锁模

在激光腔内插入一个有饱和吸收特性的染料盒，也能起到锁模的作用。可饱和染料的吸收系数是随光强的增强而下降的。激光器内，随着泵浦光对工作物质的激励，各个纵模都会局部发生，光场就会由于它们的叠加而在强度上略有起伏。当某些纵模偶然地得到相干加强出现光场较强的部分，其他部分则较弱。这些较强的部分通过染料被吸收得少，损耗不大。较弱的部分通过染料，被吸收得多，反而更被减弱。光场多次通过染料，强处和弱处明显地被区别开来，最终造成这些强处（纵模相干加强处）以窄脉冲的形式被选出来，这就是被动锁模的基本原理。

4.1.3.2　频率稳定性

激光器因受到周围环境各种因素的扰动，输出的激光频率不是稳定的，而是随时间变动，通常用频率的稳定性和重复性来表征频率稳定的程度。

频率稳定性通常指激光器在连续运转时，在一定的时间间隔内平均频率 $\bar{\nu}$ 与该时间内频率的变化量 $\Delta\nu$ 之比，即

$$S=\frac{\bar{\nu}}{\Delta\nu} \tag{4-6}$$

显然，变化量 $\Delta\nu$ 越小，则 S 越大，表示频率的稳定性越好。在技术上有时也把 S 的倒数称为稳定度，即

$$S^{-1}=\frac{\Delta\nu}{\bar{\nu}} \tag{4-7}$$

频率重复性是表示激光器在不同的时间、地点等条件下频率重复或再现的精度。如采用相同稳频方法的两个激光器，尽管激光器结构和运转条件等都相同但输出频率也可能不相同，或在同一地点测量不同时刻的频率时测量结果也可能不完全相同。由于每次所稳定的频率值有微小的差别，则会使测量的数值不准确。把这种在不同地点、时间、环境下频率的变化程度称之为频率重复性，表示为

$$R_\nu=\frac{\delta\nu(\tau)}{\bar{\nu}} \tag{4-8}$$

式中，$\delta\nu$ 表示在不同情况下的频率变化量；$\bar{\nu}$ 为不同条件下测量的平均频率或同一台激光器的标准频率（或原始工作频率）。由此可见，频率的稳定性和重复性是两个不同的概念。所以对一台稳频激光器，不仅要看其稳定性，还要看它的频率重复性。

激光器的输出频率与折射率和腔长有关。在实际使用中，激光器所处的环境并非恒定不变，LD 注入电流的波动、温度的起伏以及外界的振动等都会使激光器内部元件的折射

率或腔长发生改变，进而导致频率漂移

$$\Delta\nu_q = -qc\left(\frac{\Delta L}{2nL^2} + \frac{\Delta n}{2n^2L}\right) = -\nu_q\left(\frac{\Delta L}{L} + \frac{\Delta n}{n}\right) \tag{4-9}$$

即

$$\left|\frac{\Delta\nu_q}{\nu_q}\right| = \frac{\Delta L}{L} + \frac{\Delta n}{n} \tag{4-10}$$

式中，ν_q 为光频率；L 和 ΔL 分别为谐振腔腔长和腔长变化；n 和 Δn 分别为折射率和折射率变化；c 为光速；q 为常数。

如果不采取稳频措施，输出频率将会随时间无规则起伏，严重影响激光器的使用。因此，可采取恒温、隔声、隔振等被动稳频措施以减小激光器折射率、腔长的波动，被动稳频后激光频率的长期稳定度可以达到 10^{-7} 量级。然而，这些被动稳频方法并没有提高激光器本身的抗干扰能力，一旦环境变化频率仍会漂移。此外，一些应用场景难以实现恒温、隔声、隔振的工作条件，被动稳频的作用十分有限。为了克服这种缺陷，实现更高量级的频率稳定，必须对激光器进行主动稳频。

主动稳频技术就是选取一个稳定的参考频率标准，当外界影响使激光频率偏离标准频率时，能设法鉴定出来，再通过控制系统自动调节腔长，将激光频率恢复到标准频率上。主动稳频的方法很多，大致可分为两类。一类是用原子谱线中心频率曲线进行稳频，其中常见的有兰姆凹陷稳频法和基于塞曼效应的双频稳频法；另一类是利用外界参考频率作为标准进行稳频，包括无源腔稳频法和饱和吸收稳频法。前者装置较简单，稳定度为 10^{-9} 量级，后者装置较复杂，但稳定度高，可达 10^{-12} 以上量级。

4.1.3.3 转换效率

固体激光器运转时，转换效率低是需要重点解决的问题。在工程实际中固体激光器的转换效率通常用总体效率 η_t 衡量。总体效率定义为激光输出与泵浦源的电输入之比。对于连续激光器和脉冲激光器，其总体效率分别表示为

$$\eta_t = \frac{P_{\text{out}}}{P_{\text{in}}} = \left(1 - \frac{P_{\text{th}}}{P_{\text{in}}}\right)\frac{\nu_{21}}{\nu_p}\eta_L\eta_c\eta_{ab}\eta_1\eta_{\text{cou}} \tag{4-11}$$

$$\eta_t = \frac{E_{\text{out}}}{E_{\text{in}}} = \left(1 - \frac{E_{\text{th}}}{E_{\text{in}}}\right)\frac{\nu_{21}}{\nu_p}\eta_L\eta_c\eta_{ab}\eta_1\eta_{\text{cou}} \tag{4-12}$$

式中，P_{out} 、P_{in} 分别为光输出和电输入功率；E_{out} 、E_{in} 分别为光输出和电输入能量；P_{th} 、E_{th} 分别为阈值功率和阈值能量；ν_p 、ν_{21} 分别为激活离子吸收的光频率和发射激光频率；η_L 为泵浦源的电光转换效率；η_c 为聚光腔的聚光效率；η_{ab} 为激活离子的吸收效率；η_1 为激活离子由激发态向上能级跃迁的量子效率；η_{cou} 为输出耦合效率。

4.2 光纤光源及放大器技术

与半导体光源器件相比，光纤光源器件输出功率高、温度稳定性好、输出光谱稳定、偏振相关性低、外界环境影响较小、使用寿命长，在空间激光通信、光纤通信、光纤陀

螺、激光加工、信号处理、医学诊断、光学层析等领域应用广泛。根据光纤光源的发光原理可分为超荧光光源和光纤激光器。光纤放大器在原理和结构上与超荧光光纤光源非常类似，因此本节一并介绍。

4.2.1 光纤超荧光光源

光纤超荧光是掺杂光纤在激光泵浦下产生的介于荧光与激光之间的一种过渡状态，称为放大的自发辐射（Amplified Spontaneous Emission，ASE）。为了获得不同波段的超荧光输出以满足各个领域的需求，在光纤中掺杂不同的稀土元素，如 Er^{3+}、Pr^{3+}、Yb^{3+} 等。其中，掺铒光纤光源是发展更为成熟的光纤光源。

4.2.1.1 掺铒光纤超荧光光源的基本原理

图 4-8 为典型的铒离子（Er^{3+}）三能级结构简图。掺铒光纤中超荧光产生的过程就是自发辐射、受激辐射、受激吸收三种跃迁过程共同作用的结果，当掺铒光纤被 980 nm 泵浦光泵浦时，随着泵浦光功率的变化，掺铒光纤可处于三种不同的状态：

1）当泵浦功率较低时，基态能级粒子数 N_1 大于激发态能级粒子数 N_2，粒子数正常分布，掺铒光纤中只存在自发辐射荧光。

2）随着泵浦功率的增强，N_2 逐渐增加，自发辐射的粒子数逐渐增加，它们之间的相互作用也逐渐加强。当 $N_2 > N_1$ 以后，粒子数呈反转分布，在极强的相互作用下，单个粒子独立的自发辐射逐渐变为多个粒子协调一致的受激辐射，这种由于掺铒光纤对自发辐射的放大所产生的辐射称为“放大的自发辐射”。当泵浦光足够强时，在掺铒光纤中特定方向上的“放大的自发辐射”将大大加强，这种加强了的辐射称为“超荧光”。

3）若把掺铒光纤置于谐振腔中，当泵浦光很强时，掺铒光纤中辐射放大增益将完全抵消系统的损耗，此时，便形成自激振荡，产生激光。

使掺铒光纤处于 2）状态，制作出的无谐振腔的光源器件即为掺铒光纤超荧光光源。

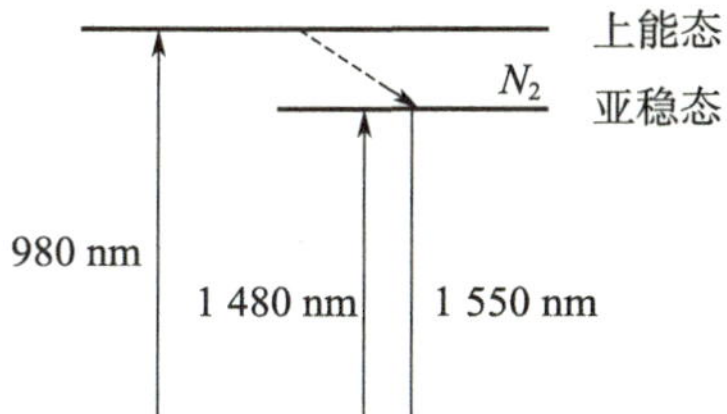

图 4-8　铒离子三能级结构简图

4.2.1.2 掺铒光纤超荧光光源的组成与结构

掺铒光纤光源是一个非谐振器件，一般包含泵浦光源、波分复用器（Wavelength Division Multiplexer，WDM）和掺铒光纤（Erbium Doped Fiber，EDF），而没有传统的光学谐振腔。泵浦光源通常为半导体激光器，提供使粒子数反转的泵浦光；WDM 一方面将泵浦光功率耦合进掺铒光纤，另一方面将自发辐射超荧光耦合输出。掺铒光纤光源工作时，通过光学端面泵浦将掺铒光纤中的铒离子泵浦到高能级上，发生自发辐射，自发辐射光子被纤芯俘获，沿光纤传播时被不断放大，建立一个大的光学增益。

根据有无光反射镜和输出光与泵浦光方向的异同掺铒光纤超荧光光源可分单程前向、单程后向、双程前向、双程后向等结构类型[161]，如图 4－9 所示。如果掺铒光纤两端面均是非反射性的，称为单程结构，单程结构分为单程前向结构和单程后向结构。单程前向结构光源的输出光相对于泵浦源来说是同向进行的，用的是掺铒光纤中前向放大自发辐射，典型光路结构如图 4－9（a）所示。单程后向结构光源与单程前向的区别是输出光相对于泵浦光来说是逆向传输的，典型光路结构如图 4－9（b）所示。如果 EDF 端面中有一端是非反射性的，而另一端是高反射的光纤反射镜，称为双程结构。根据输出光相对于泵浦光的方向，双程结构分为双程前向结构和双程后向结构，典型光路结构如图 4－9（c）和图 4－9（d）所示。与单程结构相比，双程结构具有明显的优势：双程前向结构的光源，反射镜在泵浦光的输入端，它充分利用了前向和后向的放大自发辐射，因而可以获得较大的输出功率。对于双程后向结构掺铒光纤光源，光源泵浦效率高、平均波长对泵浦功率和温度的依赖性低、光源达到稳定的工作状态所需掺铒光纤较短，是广泛采用的光源结构。

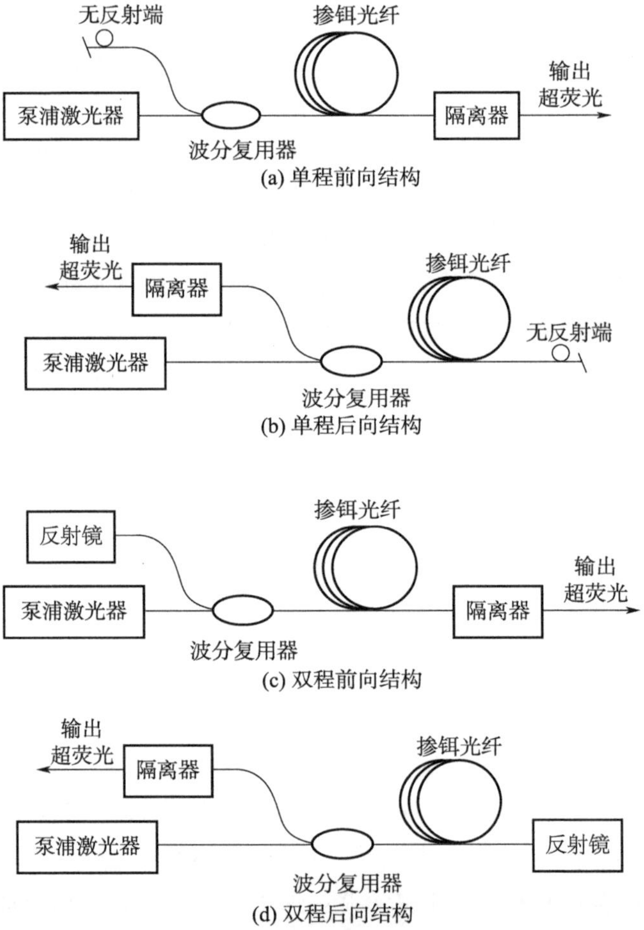

图 4－9　掺铒光纤光源的典型结构示意图

4.2.1.3　光纤光源的主要性能参数及特性

掺铒光纤超荧光光源的主要性能参数包括：输出功率、平均波长、光谱宽度、相对强度噪声、相干性、光谱平坦度、偏振度等。掺铒光纤光源的性能参数和半导体光源有很多相似之处，本节将在上一章半导体光源基础上针对掺铒光纤光源的特点进行补充介绍。

（1）输出功率

掺铒光纤超荧光光源的输出功率特性包括输出功率及其稳定性。与 SLD 光源相比，掺铒光纤超荧光光源的输出光功率及其稳定性大幅提高，从而具有三方面主要优点：1）高输出功率可以有效提高系统的信噪比；2）在同样的输出功率下可以降低驱动电路的功耗；3）能够在高输出功率前提下降额使用，可有效延长器件的使用寿命。采用 980 nm 波长的泵浦激光器对掺铒光纤泵浦，该波长正好对应铒离子的吸收峰，斜率效率高，能得到较高的输出功率。在同样的注入电流水平下，掺铒光纤超荧光光源的输出功率可达到 SLD 的 10 倍以上，稳定性也大幅提升。

（2）平均波长稳定性

由于铒离子能级的稳定性远高于半导体材料能带的稳定性，因此掺铒光纤超荧光光源比 SLD 光源具有更好的光谱稳定性。SLD 光源平均波长漂移的典型水平为 400×10^{-6}/℃，为了达到 10×10^{-6} 的波长稳定性，需要将超辐射发光二极管的工作温度控制在 0.025 ℃范围内，这在工程中是难以实现的。而高斯型光谱掺铒光纤超荧光光源在常温下的波长漂移一般小于 5×10^{-6}，在 −40～70 ℃温度范围内，波长漂移一般小于 20×10^{-6}。

4.2.2　光纤放大器

无论是光纤通信还是空间激光通信，随传输距离的增加光信号出现逐渐衰减甚至会出现截止失真的情况，因此，在信号发射时或在传输过程中需要对信号进行放大。光纤放大器是指以光纤为增益介质实现光信号放大的一种放大器。

根据增益机理的不同，目前光纤放大器主要分为两类：一类基于光纤的非线性效应，利用受激散射机制实现光的直接放大，如光纤拉曼放大器和光纤布里渊放大器；另一类是采用掺杂光纤，如稀土掺杂光纤，利用受激辐射机制实现光的直接放大。基于非线性效应的光放大原理将在 4.3 节介绍，本节主要介绍稀土掺杂光纤放大器。

根据掺入稀土离子的不同，稀土掺杂光纤放大器主要包括以下几种。

（1）掺铒光纤放大器（Erbium Doped Fiber Amplifier，EDFA）

EDFA 的放大波段主要在 1 550 nm 附近，它正好处于单模光纤的低损耗窗口，与现有光通信系统的波长相匹配。

（2）掺镨光纤放大器（Praseodymium Doped Fiber Amplifier，PDFA）

现在世界上已经铺设的光纤绝大多数是常规光纤 G652，它的零色散波长在 1 310 nm 处。掺镨的氟光纤放大器恰在 1 310 nm 波长窗口具有优良的放大性能，因此可满足该波段的应用需求。

（3）掺铥光纤放大器（Thulium Doped Fiber Amplifier，TDFA）

TDFA 的增益在 1 450～1 485 nm 波段，仅覆盖了石英单模光纤低损耗窗口 S 波段的一部分，因此通常与放大带宽在 C 波段的 EDFA 配合使用。泵浦方式主要是采用 1.05 μm 波长的激光源，为了得到更大的功率转换效率，多采用双波长泵浦方式。

掺铒光纤放大器是目前广泛应用的光纤放大器，与传统半导体放大器相比，掺铒光纤放大器具有如下优点：1）工作波长在 1 550～1 560 nm 范围，与光纤的最小损耗窗口一致；2）增益高，带宽大，噪声低；3）对泵浦功率的要求低，泵浦效率高；4）工作稳定性好，放大器增益特性与光纤的偏振态无关，对温度不敏感。本节将重点介绍掺铒光纤放大器。

4.2.2.1 掺铒光纤放大器工作原理

掺铒光纤放大器的原理是利用高功率的 LD 作为泵浦光源，光纤中的稀土元素离子在泵浦光作用下，由基态跃迁到激发态，出现粒子数反转分布，当有信号光输入时，在受激辐射效应作用下，产生大量与输入信号光完全相同的辐射光，从而使信号光得到放大。

EDFA 的基本光路组件一般包括掺铒光纤、泵浦源、光波分复用器、光隔离器等器件。图 4－10 为 EDFA 的三种典型结构。图 4－10（a）为正向泵浦结构，泵浦激光器在掺铒光纤的输入端，信号光和泵浦光经 WDM 合成一束，在掺铒光纤中同向传输；图 4－10（b）为反向传输结构，泵浦激光器在掺铒光纤的输出端，信号光和泵浦光在掺铒光纤中反向传输；图 4－10（c）为双向泵浦结构，掺铒光纤两端各有一个泵浦激光器。

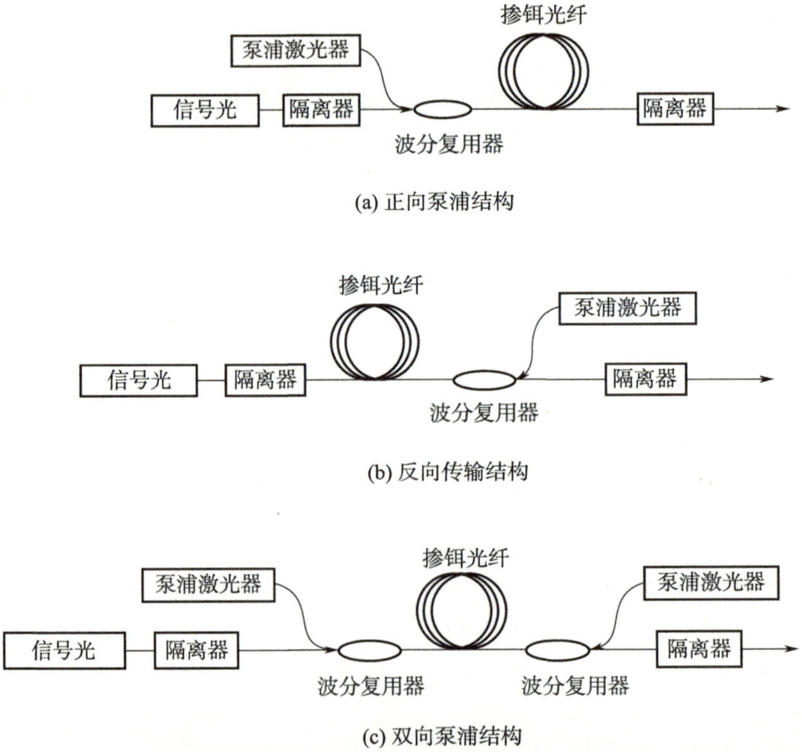

图 4－10　EDFA 的典型光路结构示意图

正向泵浦结构中，输入的光信号和泵浦光信号的注入方向一致，该结构的 EDFA 具有良好的噪声特性，但容易达到增益饱和，使得其放大的光信号功率不高。反向泵浦结构中，信号光和泵浦光分别从掺铒光纤的两端注入，在掺铒光纤中的传输方向相反，该结构的 EDFA 相比于前向放大方式，输出功率会有所提高，但噪声系数也会增大。双向泵浦结构中，在前两者的基础上额外增加一只 980 nm 泵浦光源，两台泵浦源的泵浦方向相反。该结构的 EDFA 可以使注入的泵浦光均匀分布于掺铒光纤中，故而其输出功率是三种泵浦方式中最高的，但结构也是最复杂的，成本也最高。

4.2.2.2　光纤放大器的主要性能参数及特性

光纤放大器应用非常广泛，对于不同的应用领域，对光纤放大器的指标、特性有不同的要求。光纤放大器的主要指标包括增益、增益带宽、增益平坦度、饱和增益和饱和输出功率、噪声系数等。

（1）增益

光纤放大器的输出光信号功率和输入光信号功率的比称为增益，单位为 dB，即

$$G = 10\lg\left(\frac{P_{\text{out}}}{P_{\text{in}}}\right) \tag{4-13}$$

式中，P_{in}、P_{out} 分别为放大器的输入和输出光信号功率。在实际测量中，由于会掺杂一些噪声功率，所以不能把直接测得的输入和输出功率作为计算增益的参数，需要去除一定的噪声功率。

（2）增益带宽

光纤放大器的增益带宽以 3 dB 带宽来定义，即增益谱降至极大值的一半（3 dB）处所对应的光谱宽度。

不同光纤放大器的增益展宽的谱型也不一样。以 EDFA 为例，增益带宽由 EDFA 的展宽机制和能级结构所决定，所以对于一定长度的光纤，在不考虑其损耗的情况下，粒子的反转数目决定了光纤放大器的工作带宽。EDFA 的增益谱型并不是一定的，可以通过把不同波段的 EDFA 组合在一起，从而获得较大的增益带宽，满足整个通信波段的放大需求。

（3）增益平坦度

在理想放大器的给定带宽内增益维持恒定，但实际上在带宽内增益会有起伏变化。在输入信号波长不同时，光放大器对各波长信号的放大效果不同，造成增益谱的波动。在给定的 1 530～1 560 nm 的 30 nm 带宽内 EDFA 的增益谱波动很大，在 1 530 nm 附近或 1 550 nm 附近会出现增益的最大值，在 1 540 nm 附近会出现增益的最低值，增益差值甚至会达到 8 dB 以上。光纤放大器增益平坦度定义为在整个可用波长带宽范围内最大增益与最小增益的差值。

在长距离传输波分复用系统中，较差的增益平坦度容易造成各个信道之间的光功率和信噪比各不相同，从而使得增益高的信道容易出现光功率饱和与非线性效应，而在增益低的信道中出现光信噪比恶化等现象。

(4) 饱和增益和饱和输出功率

EDFA 中，输入信号功率与输出信号功率并不完全呈线性关系，而是存在饱和趋势。饱和输出功率是描述输入和输出信号之间关系的参量，它代表了放大器的最大输出能力。在小信号工作区，增益与信号光输入功率的大小无关，恒为常数。但是当输入功率增大到超出小信号工作区时，增益将随输入功率的增大而变化。对于恒定的泵浦光功率，随着输入信号光的增大，ASE 光也相应地增大，上能级粒子数的增加将因不足以补充消耗而逐渐减小，增益也将不能维持初始值不变，并逐渐下降，即发生增益饱和。当增益下降到小信号增益峰值（G_{max}）的一半时（3 dB）称为饱和增益 G_{sat}，饱和增益对应的输出功率称为饱和输出功率 P_{sat}^{out}，即

$$G_{sat}=\frac{G_{max}}{2} \tag{4-14}$$

$$P_{sat}^{out}=G_{sat}P_{sat}^{in} \tag{4-15}$$

式中，P_{sat}^{in} 为输入饱和光功率。

(5) 噪声系数

叠加在信号光中的噪声在经过光放大器时同样会被放大，造成输出信号中信噪比下降，信噪比下降程度用噪声系数 NF 表示，定义为放大器的输入信噪比 SNR_{in} 与输出信噪比 SNR_{out} 之比，即

$$NF=10\lg\frac{SNR_{in}}{SNR_{out}} \tag{4-16}$$

EDFA 的主要噪声来源有信号光的散弹噪声、信号光与自发辐射之间的拍频噪声、ASE 本身不同频率光波间的拍频噪声以及 ASE 光的散弹噪声。通常，大部分 ASE 间的拍频噪声可以利用窄带光滤波器滤除，放大器的噪声主要取决于信号光与 ASE 之间的拍频噪声，根源来自随机的自发辐射。自发辐射噪声叠加到信号光上，导致被放大光信号的信噪比恶化。

4.2.3 光纤激光器

光纤激光器因在光学模式、输出功率、使用寿命等方面的优点，已成为新一代固体激光器的代表，广泛应用于通信、工业加工、光纤传感、激光探测与测量、导航制导、激光武器等领域。

和半导体激光器相比，光纤激光器具有如下特点：1）具有较小的发散角和较高的光束质量因子；2）可以实现高功率输出；3）抗环境干扰能力强，通常具有较长的寿命；4）可实现更宽的波长调谐范围。

和传统的固体激光器相比，光纤激光器具有如下特点：1）可实现高效率的光泵浦，且在高功率运转时仍能保持高光束质量；2）散热性好；3）封装和维护比较简单，对环境相对不敏感，且可以实现高度集成化。

4.2.3.1 光纤激光器的基本原理

光纤激光器的基本工作原理与传统固体激光器类似，由泵浦源、增益介质、谐振腔三

大基本部分构成。与采用块状晶体的固体激光器的区别是，光纤具有波导结构，对内部的光场有良好的限制作用，能够控制模场的形状，输出激光的光束质量较高。

图 4-11 为常见的法布里-珀罗线性腔（F-P 腔）激光器，它的谐振腔是利用两片反射镜和光纤本身的波导结构形成的。在线性腔光纤激光器中，可以把反射介质膜直接镀到光纤的研磨抛光端面上，或者把外加腔镜直接对接到光纤端面上以避免衍射损耗。这种结构的优点是损耗很小，但由于介质膜对光纤端面的缺陷极为敏感，所以当激光器工作在较高功率时容易损坏介质膜。另一种结构是直接在光纤两端刻写布拉格光栅作为反射腔镜，使其对激光波段有较高反射率，而对泵浦光波长是透明的，这样可以做成全光纤化的激光器；布拉格光栅的另一个优点是由于光栅具有频率选择性及可调谐性，从而能够获得单纵模、窄线宽、可调波长的激光输出。

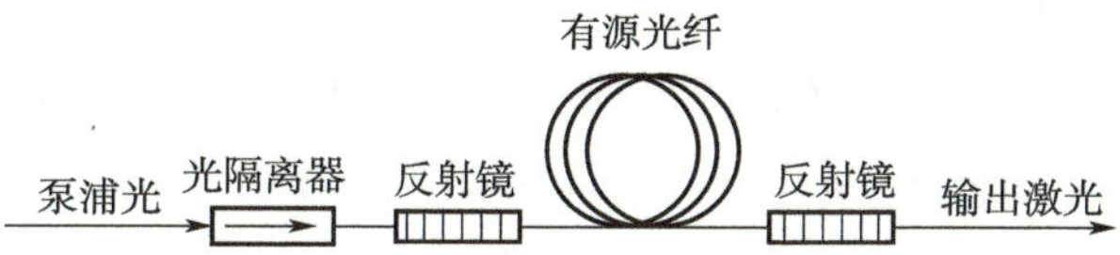

图 4-11　线性腔光纤激光器的结构示意图

图 4-12 为环形腔光纤激光器。最简单的环形腔光纤激光器可由波分复用器的两端通过一段掺杂光纤连接在一起而成，但这种简易的激光器通常难以稳定运行。为保证输出激光的功率及光谱稳定性，可以在环腔中加入光隔离器以使激光器单向运转，同时加入偏振控制器来调节信号光的偏振态使其处于本征偏振态，或者直接使用保偏光纤构成谐振腔。

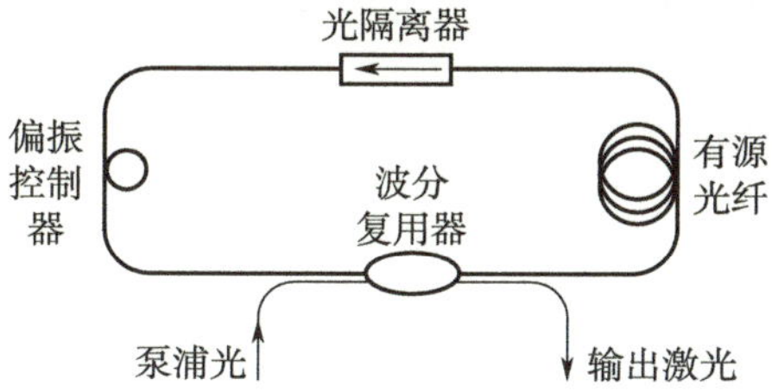

图 4-12　环形腔光纤激光器的结构示意图

另外还有许多其他谐振腔形光纤激光器，但本质上都是线性腔及环形腔的复合结构。例如将两个 F-P 腔耦合在一起，这种复合腔可用于压窄激光器的线宽。其他常用结构还有福克斯·史密斯复合腔，它使用耦合装置（半透半反镜或光纤耦合器）将两个或更多的线性腔耦合在一起，在其中产生的激光振荡会产生类似“超模”的效果，可用于实现光束相干合成。

4.2.3.2　光纤激光器的分类

光纤激光器分类方法较多，根据产生光的时间特性，光纤激光器可以分为连续光光纤激光器和脉冲光光纤激光器。

(1) 连续光光纤激光器

连续光激光器一般工作在多模状态，其宽带增益特性使其很容易调谐。连续光激光器一个重要发展方向为单纵模、窄线宽方向，实现方式包括使用电控光纤腔内标准具或利用光纤光栅，以及利用光纤非线性效应等。除了追求窄线宽，高功率连续输出也是重要发展方向，这方面工作主要集中在掺 Yb 光纤激光器上，增益介质一般为模场面积较大的掺 Yb 双包层大模场光纤、光子晶体光纤以及其他微结构光纤。

(2) 脉冲光纤激光器

光纤激光器是产生短脉冲和高峰值功率的重要激光系统，调 Q、锁模以及两种方式结合的脉冲光纤激光器是实现脉冲输出的主要手段。

根据光纤激光器采用的增益介质可分为以下几种。

①稀土掺杂石英光纤激光器

用于制作稀土掺杂石英光纤激光器的稀土元素有 Er、Nd、Yb、Tm、Ho、Dy、Eu、Sm、Dr 和 Pr 等。以常用的掺 Er 光纤激光器为例，其输出波长在 1.55 μm 波段，具有宽带可调谐能力。由于石英光纤的最低损耗窗口正对应于 1.55 μm 波段，因此，掺 Er 光纤激光器对光纤通信尤为重要。掺 Yb 光纤激光器是 1.0～1.2 μm 的通用光源。Yb 具有相当宽的吸收带（800～1 064 mn）以及相当宽的发射带（970～1 200 nm），故泵浦源选择非常广泛。高掺杂的 Yb 光纤中不会出现类似 Er 光纤中的浓度淬灭现象，并且泵浦光和激光都没有复杂的激发态吸收，使得激光效率提高。如果 Er 和 Yb 共同掺杂，Yb 作为激活离子将会使 1.55 μm 的 Er 光纤激光器的性能得以提升。其他的掺杂光纤激光器，如 1.4 μm 波段的掺 Tm 光纤激光器，可以作为光通信光源；2 μm 工作的掺 Ho 光纤激光器主要用于医疗领域。

②非线性效应光纤激光器

非线性光纤激光器与掺杂光纤激光器不同，它是利用光纤中的非线性效应实现波长的转化。主要有受激拉曼散射光纤激光器和受激布里渊散射光纤激光器。这类激光器突出的优点是具有比稀土掺杂光纤激光器更高的饱和功率，更大的输出波长范围。

③单晶光纤激光器

单晶光纤激光器所用光纤是由红宝石、Nd:YAG、Cr:Al_2O_3:$LiNbO_3$、Yb:$LiNbO_3$ 以及 Nd:MgO:$LiNbO_3$ 等单晶材料拉制成的，单晶光纤具有更高的热导率、更小的非线性效应系数，理论上具有更高的极限输出功率。特别是 $LiNbO_3$ 单晶光纤及其器件在倍频激光器中有着较大的潜在应用价值，但目前 $LiNbO_3$ 单晶光纤的制备技术还不够成熟。

④塑料光纤激光器

在塑料光纤激光器中，增益由纤芯或包层中充入的染料或掺杂稀土离子提供。一种用 N_2 分子激光器泵浦的 POPOP [1，4-双（5-苯基-2-恶唑基）苯] 塑料光纤激光器是采用聚苯乙烯作纤芯，聚异丁烯甲脂作包层的光纤激光器，其发射波长为 410～420 nm。其他一些材料如偶氮等亦可用作增益介质并带来某些可调谐性。塑料光纤中也可以掺杂稀土元素，例如掺杂铕元素可制作出掺铕塑料光纤放大器。但塑料光纤由于损耗较大及制作工艺等问题，还未得到有效的应用。

4.3　基于非线性效应的固体激光器技术

虽然直接发射技术有很多优点，但是受限于材料本身的特性，只能获得某些特定波段的激光输出，难以满足不同领域的各种应用要求。利用非线性激光技术可以将直接发射产生的激光进行频移，从而有效地扩展激光波段。在激光制导、激光雷达、激光探测、光电对抗等领域有着广泛应用。

对于非线性频率转换技术而言，一般要求基频光具有较高的峰值功率，所以基频光一般是峰值功率较高的脉冲激光。非线性频率转换特性主要是由非线性材料决定的，对于非线性光学材料一般要求：1）具有大的非线性系数，因为大的非线性系数对激光功率的要求会相对低一些，从而满足一些低功率激光波长的频率转换；2）良好的光学特性，包括良好的光学均匀性、宽的透光范围，易于实现相位匹配等；3）较高的抗损伤阈值；4）容易获得的非线性材料，生产成本低。

4.3.1　基于差频效应的固体激光器

当两束功率足够高且具有一定频率差的激光束入射到非线性晶体时，可以产生一束新的激光束，其频率刚好为两束入射激光的频率差，此过程称为差频产生。它属于二阶非线性过程。差频产生需要同时满足能量守恒和动量守恒

$$\begin{cases}\omega_i=\omega_p-\omega_s\\ \Delta k=k_p-k_s-k_i\end{cases}\tag{4-17}$$

式中，ω_p 、ω_s 、ω_i 分别为泵浦光、信号光和闲频光的频率；k_p 、k_s 、k_i 分别为泵浦光，信号光和闲频光的波矢。一般而言，三束光是共线的，故矢量可简化成标量；如若三束光是非共线的，则上式不可简化为标量表达式。以上动量守恒条件对应的就是相位匹配条件。利用差频方法产生的可调谐中红外激光被广泛应用于光谱学领域，主要优点是方案灵活、没有阈值、可调谐范围宽、可实现脉冲或者连续波输出。差频的线宽主要由泵浦光的线宽决定，因此选用合适的泵浦源差频可以实现窄线宽的中红外输出，以满足高分辨率光谱分析的需要。

4.3.2　基于光参量振荡的固体激光器

光参量振荡器（Optical Parametric Oscillator，OPO）利用非线性晶体的混频特性来实现频率变换，其显著优点是不受泵浦光波长限制，可宽范围、高精度、多方式调谐。光参量放大过程实质上为一个差频产生的三波混频过程。在差频过程中，每湮灭一个高频率的光子，同时产生两个低频光子，然后在三波混频过程中这两个低频信号获得增益。一般而言，单程光学参量放大的增益很小。为提高转换效率，可将晶体放在谐振腔内，泵浦光

和信号光沿腔轴输入，而通过腔镜镀膜能使一定频率的光在腔内振荡。谐振腔的引入使得谐振光在腔内多次往返，大大延长了参量放大的路程。在泵浦光的作用下，其能量不断得到放大，提高了增益，所以可以降低对泵浦功率的要求。实际上只要泵浦光功率密度超过阈值，不需从外界输入信号光就能输出两束低频光，这两束低频光是从腔内的噪声中生长起来的。这样的器件称为光学参量振荡器。在参量振荡器中两束低频光常称为信号光和闲频光。光学参量振荡器的增益来自二阶非线性晶体中参与相互作用的电磁场，非线性介质在这个过程中不参与能量的净交换。

将参量放大晶体放入由两个腔镜组成的光学谐振腔当中，在参量增益的作用下信号光或（和）闲频光形成谐振。若腔镜镀膜仅使得信号光和闲频光中的一个能够发生振荡，则称之为单谐振光参量振荡器。如果谐振腔使得信号光和闲频光两者都能振荡，则称为双谐振光参量振荡器。在双谐振条件下，信号光和闲频光同时在光学谐振腔内振荡，阈值较低。但要维持双谐振的条件，要求泵浦光具有单一频率，同时要有效地控制腔镜以维持谐振，因而双谐振光参量振荡器可调性低、稳定性差。单谐振的方式虽然振荡阈值相对较高，但是其腔体设计简单、转换效率高、振荡条件相对宽松、稳定性好，因而实际中大多选用单谐振光参量振荡器。

根据腔形结构不同，光参量振荡器可分为外腔式和内腔式。外腔式光参量振荡器是指将 OPO 腔放在泵浦腔之外，两腔相互独立，如图 4－13 所示。它可以利用成熟的商品化激光器作泵浦源，只需对参量光谐振腔进行单独调整，所以稳定性较高，缺点是振荡阈值较高，要求泵浦源功率足够高。正因如此，外腔式光参量振荡器多选用有效非线性系数较大的准相位匹配晶体。内腔式光参量振荡器是指将参量谐振腔置于泵浦谐振腔之内，充分利用腔内的高功率密度，因而阈值降低、转换效率提高，且用一般双折射相位匹配材料就可以实现 OPO 输出，使成本大大降低，而且结构紧凑，易于实现小型化。图 4－14 给出了两种常用的内腔式光参量振荡器腔形结构：图（a）为耦合腔，图（b）为共享腔。耦合腔是目前内腔式 OPO 用得较多的形式，其特点是在腔内加一个耦合镜把泵浦光腔和 OPO 光腔分开，使泵浦光和参量光分别在两个腔中振荡。因此可以对两个腔分别进行设计，优化纵向、横向耦合，缺点是腔内镜片增大了损耗，提高了阈值，且给激光器调整、固定带来困难。共享腔的特点是泵浦光与参量光共用一个谐振腔，共用腔的腔内没有镜片，减少了固有损耗，结构简单，便于调整，稳定性好，缺点是参量光传输要经过腔内所有器件，因此对这些器件镀膜提高了要求，增加了成本和实现难度。

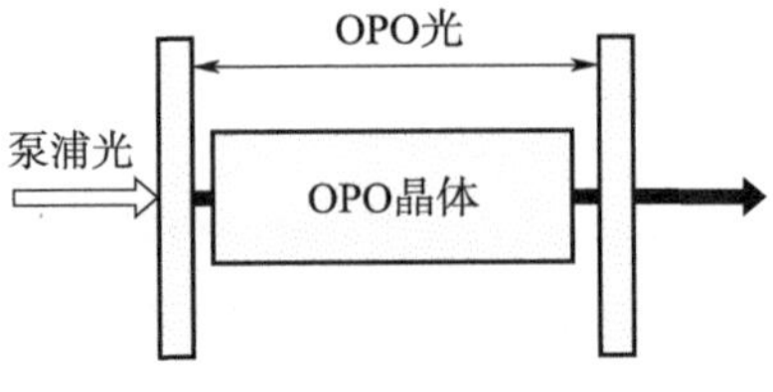

图 4－13　外腔式 OPO 结构示意图

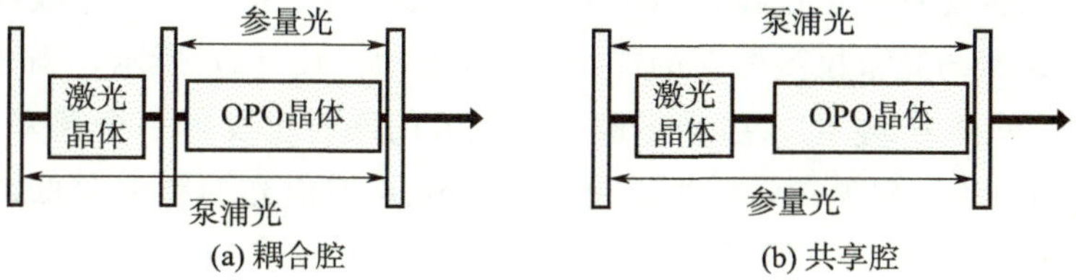

图 4-14　内腔式 OPO 结构示意图

4.3.3　光参量放大激光器

光参量过程的本质与差频过程类似，如果只有一种强的高频泵浦光单独入射到非线性晶体中，信号光和闲频光从非线性晶体内的噪声光子开始产生并放大，这就是光参量产生。如果将一束高频泵浦光及一束弱的低频信号光同时注入非线性晶体中，在晶体中将产生新的闲频光，并且信号光与闲频光同时得到放大，即参量放大技术（Optical Parametric Amplification，OPA）。在参量放大过程中，一方面可以对入射的信号光进行有效的种子放大；另一方面，在参量过程中产生新的频率的激光，实现了频率的下转换。

对于连续或调 Q 脉冲的参量过程，其单程的非线性增益是较小的，难以实现有效的参量放大过程。但是，对于大能量高峰值功率的超短脉冲而言，利用光参量放大的高增益性在增益饱和点进行放大可以得到稳定的、大能量的飞秒中红外激光输出。由于参量放大器不存在实际的能级，其增益不是来源于能级间的受激辐射跃迁，而是由非线性介质中光波之间的能量耦合而产生，光参量放大器与传统的激光放大器相比具有许多优势，如宽的放大带宽、高的增益、无自发辐射放大、低的温度效应、宽的调谐范围等。因此，光参量放大技术迅速成为获得高能量、高功率飞秒中红外激光的主要手段。

应用 OPA 技术可将中红外激光脉冲放大到很高的功率水平，然而受限于晶体的损伤阈值，其输出功率难以有大的突破。啁啾脉冲放大（Chirped Pulse Amplification，CPA）技术与 OPA 技术相结合，即啁啾脉冲光参量放大技术大幅提升了超短中红外激光的功率水平，成为激光技术领域的一个重要方向。啁啾脉冲放大技术将一个超短激光脉冲经光栅或者棱镜系统展宽为纳秒级啁啾脉冲，将时域上展宽的脉冲在放大系统中放大，提升其功率或能量水平，将放大的啁啾脉冲再次通过光栅或棱镜将其压缩成超短脉冲[162]。

4.3.4　拉曼激光器与拉曼放大器

4.3.4.1　拉曼散射原理

拉曼散射是光与物质相互作用时的一种非弹性散射现象，部分光能量转移到介质分子上，散射光频率小于入射光频率，两者频率差等于分子内部振动或转动频率，因而可以实现激光的非线性频率变换。

拉曼散射主要由介质的三阶非线性效应引起。当泵浦光子与物质相互作用时，产生散射光的同时放出或吸收一个声子，对应的拉曼散射分别称为斯托克斯（Stokes）散射或反斯托克斯散射。根据能量守恒定律，散射光与入射光的能量差应等于吸收或放出的声子能量。图 4-15 为典型的受激拉曼散射的能级图。如图 4-15（a）所示，当分子处于下能级（基态）$\nu=0$ 时，频率为 ω_L 的入射光子被分子吸收的同时也发射一个频率为 ω_S 的散射光子和频率为 ω_R 的声子，根据能量守恒 $\omega_S=\omega_L-\omega_R$ ，散射光的频率变低，该过程称为斯托克斯散射。如图 4-15（b）所示，当分子处在激发态（$\nu=1$）时，频率为 ω_L 的入射光子被分子吸收的同时也发射一个频率为 ω_{AS} 的散射光子，并且分子由激发态降回基态，根据能量守恒定律 $\omega_{AS}=\omega_L+\omega_R$ ，散射光的频率变高，该过程称为反斯托克斯散射。

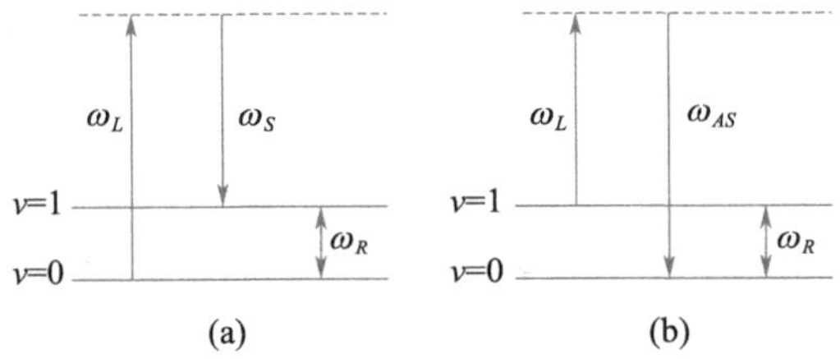

图 4-15　受激拉曼散射的能级图

此外，由于拉曼散射的波长无关特性，当能量为 $h\nu_P$ 的泵浦光入射到拉曼晶体后，会产生频率为 ν_{S1} 的一阶斯托克斯光，当一阶斯托克斯光达到一定的强度时，就作为二阶斯托克斯散射的泵浦光，产生二阶斯托克斯光，如图 4-16 所示。依此类推，该过程称为级联受激拉曼散射。

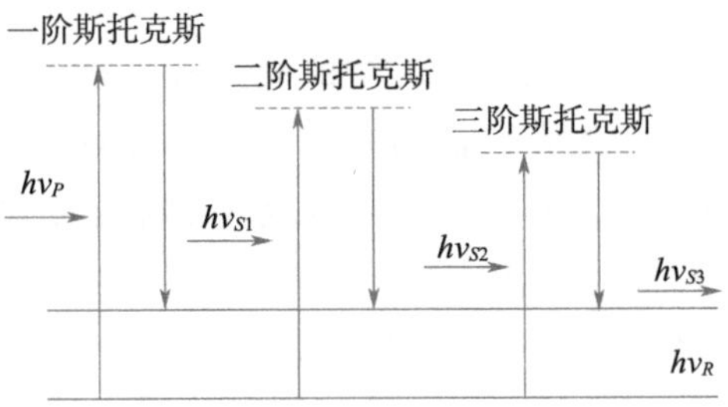

图 4-16　级联受激拉曼散射机理

晶体材料对于辐射场的响应时间是一个有限值，一般用分子振动的弛豫时间 T_2 表示

$$T_2=\frac{1}{\pi c\,\Delta\Omega_R} \tag{4-18}$$

式中，c 为真空中的光速；$\Delta\Omega_R$ 为自发拉曼散射的增益谱宽。

一般拉曼晶体的增益谱宽为几或十几/厘米，所以 T_2 值约为几皮秒。从响应时间上区分，受激拉曼散射有两种类型：一种是泵浦光脉冲的脉宽 τ_P 比分子振动的弛豫时间 T_2 长很多，即 $\tau_P\gg T_2$，称为稳态受激拉曼散射，常用的纳秒量级的激光器作泵浦源时为稳态受激拉曼散射；另一种是泵浦光脉冲的脉宽 τ_P 比分子振动的弛豫时间 T_2 短很多，即 $\tau_P\ll T_2$，称为瞬态受激拉曼散射，常用的皮秒量级的激光器作为泵浦源时应考虑为瞬态受激拉曼散射。

对于稳态受激拉曼散射，一阶斯托克斯光强的表达式为

$$I_S(l)=I_S(0)\exp(g_S I_L l) \tag{4-19}$$

式中，I_L 为泵浦光强度；l 为拉曼介质的长度；I_S 为斯托克斯光强度；g_S 为拉曼散射增益系数，它的大小决定了材料受激拉曼散射的阈值；g_S 的表达式为

$$g_S=\frac{8\pi c^2 N}{h\omega_L^3 n^2 \Delta\nu_S}\frac{\mathrm{d}\sigma}{\mathrm{d}\Omega} \tag{4-20}$$

式中，N 为单位体积内介质的分子数密度；$\mathrm{d}\sigma/\mathrm{d}\Omega$ 为自发拉曼散射截面；ω_L 为泵浦光角频率；n 为拉曼介质折射率；c 为真空中的光速；$\Delta\nu_S$ 是拉曼谱线宽度；h 为普朗克常数。

可以看到，稳态时的拉曼增益系数正比于自发拉曼散射截面 $\mathrm{d}\sigma/\mathrm{d}\Omega$。对于不同的固体晶体材料，$N$ 具有相同的数量级，所以，高的稳态散射增益系数往往取决于材料既具有窄的拉曼线宽又具有大的散射截面。自发拉曼散射谱的峰值强度 $\sum \mathrm{peak}$ 可以用来表示 $\mathrm{d}\sigma/\mathrm{d}\Omega(\Delta\nu_S)^{-1}$ 的大小

$$\sum \mathrm{peak} \propto \frac{\mathrm{d}\sigma}{\mathrm{d}\Omega}(\Delta\nu_S)^{-1} \tag{4-21}$$

瞬态情况下，不考虑泵浦光的耗尽，散射光光强可表示为

$$I_S(l)=I_S(0)\exp\left(-\frac{\tau_P}{T_R}\right)\times\exp\left\{2\left[I_P\tau_P l\frac{\lambda_P\lambda_S^2}{\hbar^2 n^2}\left(\frac{\mathrm{d}\sigma}{\mathrm{d}\Omega}\right)\right]^{1/2}\right\} \tag{4-22}$$

式中，T_R 为拉曼振动模的退相时间；λ_P、λ_S 分别为散射光和泵浦光波长；I_P 为泵浦脉冲峰值光强。从上式可以看到，瞬态拉曼增益系数与泵浦脉冲能量 $I_P\tau_P$、拉曼晶体长度 l 和自发拉曼散射截面 $\mathrm{d}\sigma/\mathrm{d}\Omega$ 的平方根成正比，与拉曼谱线宽度 $\Delta\nu_S$ 无关。拉曼介质瞬态拉曼增益系数可以由自发拉曼谱线强度的积分值来表征，表示为 $\sum_{\mathrm{int}} \approx \mathrm{d}\sigma/\mathrm{d}\Omega$。因而晶体的拉曼增益系数可以由自发拉曼散射光谱来确定。

4.3.4.2　拉曼激光器

拉曼激光器可实现更宽波段范围内的特定波长激光输出，具有高功率、高效率、高光束质量和结构紧凑等特点，在光纤通信、光纤传感、激光探测、光电对抗、环境污染监测、遥感等领域有着重要应用价值，超快拉曼激光器在基础科学研究、生物医疗、分子光谱学等领域显示出独特优势。

(1) 固体拉曼激光器

与气体和液体拉曼介质相比，固体拉曼介质粒子浓度高（$10^{22}\sim10^{23}\ \mathrm{cm}^{-1}$）。因而固态拉曼介质体积很小，拉曼增益高，转换效率可达 70%。此外，固体拉曼介质还具有热传导性能好、光学和力学性能好、稳定性好及易于和全固态激光技术相结合等优点，固体拉曼介质正逐渐取代气体和液体拉曼介质，成为常用的拉曼介质。随着人工合成材料技术的迅猛发展，越来越多性能优异的人工拉曼晶体被发现，大大促进了固体拉曼激光技术的研究和发展。目前，采用较多的拉曼晶体有硝酸盐［$Ba(NO_3)_2$］、碘酸盐（$LiIO_2$）、钒酸盐（YVO_4、$GdVO_4$ 和 $LuVO_4$）、钨酸盐［$KGd(WO_4)_2$、$BaWO_4$、$CaWO_4$、$KY(WO_4)_2$、$PbWO_4$、$SrWO_4$、$KLu(WO_4)_2$ 和 $KGd(WO_4)_2$］和钼酸盐（$SrMoO_4$ 和

$CaMoO_4$）等。

根据激光工作物质与拉曼增益介质的相对位置不同将固体拉曼激光器分为外腔式、内腔式、耦合腔式、自拉曼式、折叠腔式和微腔式拉曼激光器。图 4 - 17 为四种典型的固体拉曼激光器结构。外腔式、内腔式、耦合腔式结构和图 4 - 14 中 OPO 激光器结构相似，各结构特点也类似。在上述三种腔结构中，都需要用激光介质和拉曼介质两块晶体产生。如果在拉曼晶体中掺入稀土离子，晶体会同时具备产生基频激光和拉曼激光的特性，这种晶体称为自拉曼晶体，自拉曼激光器结构如图 4 - 17（d）。自拉曼激光器的腔结构更为简单紧凑，腔内元器件更少，减少了腔内损耗，降低了拉曼阈值，提高了光光转换效率。但需要同时考虑自拉曼晶体内基频光和泵浦光、基频光和拉曼激光的模式匹配，腔模优化比较困难。同时由于激光产生和拉曼转换过程都在同一块晶体内，晶体的热效应更为严重。

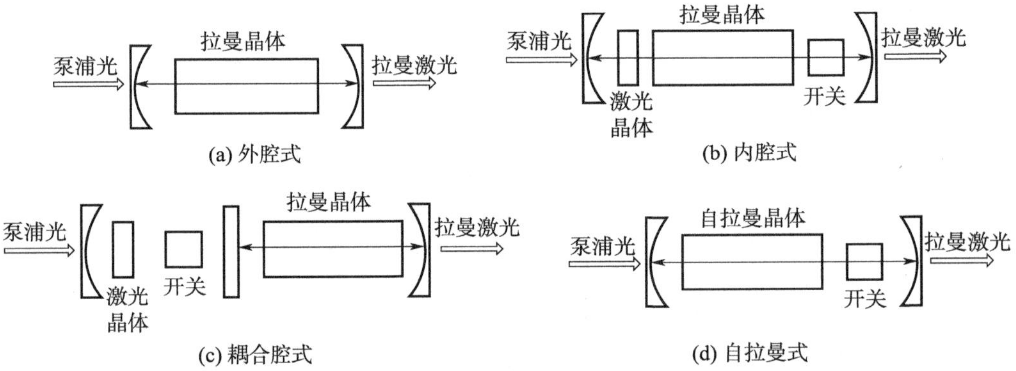

图 4 - 17　固体拉曼激光器典型结构示意图

（2）光纤拉曼激光器

光纤拉曼激光器以光纤作为增益介质，具有光束质量好、转换效率高、散热性好、体积小、质量轻等优点。

典型的拉曼光纤激光器由抽运光纤激光器、高反光纤光栅、拉曼增益光纤和输出耦合光纤光栅组成。图 4 - 18 为典型的拉曼光纤激光器的结构示意图[163]，该激光器由 1 070 nm 的 Yb 光纤激光器抽运产生 1 120 nm 的拉曼激光。抽运光与信号光的波长间隔由所采用的石英光纤的拉曼频移量决定。在激光的输出端，熔接了一个 1 070/1 120 nm 的波分复用器（WDM），以滤除剩余的 1 070 nm 抽运光。在拉曼光谐振腔和抽运光之间，加入了两个 1 070/1 120 nm 波分复用器，以隔离来自高反光纤光栅后向传播的 1 120 nm 激光。采用了高反光栅的同时还需要使用两个波分复用器来进行隔离的主要原因是光纤光栅的带宽有限，而拉曼光纤激光器中激光光谱会随着功率的提高迅速展宽，因而从光栅光谱的两边泄漏。泄漏的信号光若不经过隔离直接进入抽运光纤激光器，会影响抽运光纤激光器的性能。

通过级联拉曼频移可实现特殊波长的光纤拉曼激光。图 4 - 19 为输出波长为 1 480 nm 的基于嵌套光栅对的级联拉曼光纤激光器。抽运源为输出波长为 1 117 nm 的掺 Yb 光纤激光器，经过了 1 175 nm、1 239 nm、1 310 nm、1 390 nm 和 1 480 nm 共 5 级拉曼频移。

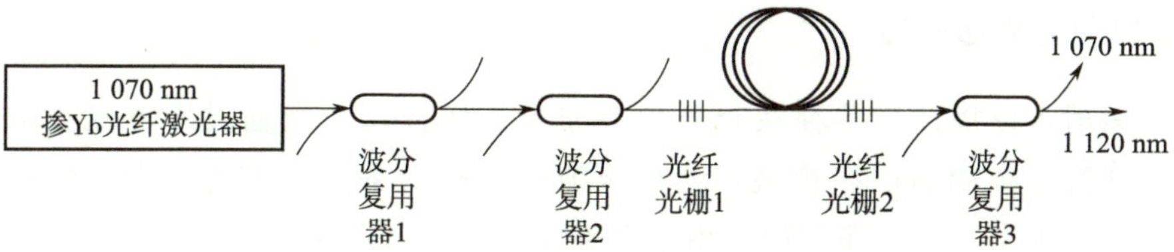

图 4-18　典型的高功率光纤拉曼激光器结构

该拉曼激光器中使用长周期光栅将抽运激光与拉曼振荡器隔离，克服了光谱展宽导致的后向激光泄漏问题。另外，该拉曼激光器中还采用了拉曼滤波光纤，抑制了 1 580 nm 附近的下一阶拉曼频移，从而可以采用较长的增益光纤，大幅提高了拉曼转化效率[164]。

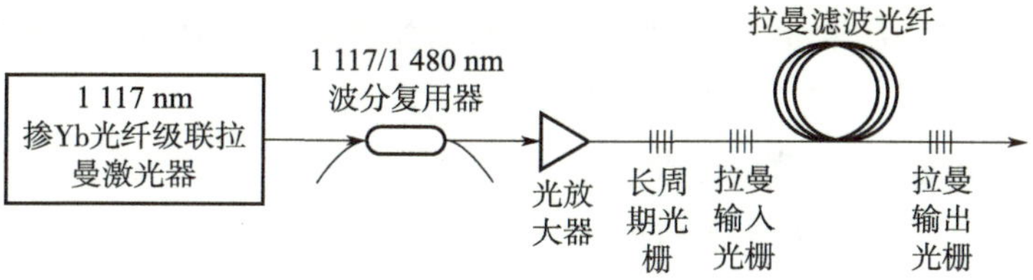

图 4-19　基于嵌套光纤光栅对的级联拉曼光纤激光器结构示意图

4.3.4.3　光纤拉曼放大器

基于受激拉曼散射原理，在光纤中同时传输低频的信号光与高频强泵浦光，当二者的频率差处于该增益光纤的拉曼增益谱带宽范围内时，会产生受激拉曼散射，使得部分泵浦光的功率转移到频率更低的信号光中，从而实现对信号光的放大。

光纤拉曼放大器有如下特性：1）它的增益波长与泵浦波长有关。从理论上讲，在选择适当的泵浦光源时，可以在任何波段实现信号的放大。因此拉曼放大器不仅可以实现 EDFA 无法实现的波段放大，还可以通过多个泵浦光源组合得到远大于 EDFA 的增益带宽。2）无需其他放大介质。由于增益介质就是传输光纤自身，因此，对于那些不便设置中继器的光纤通信系统来说，具有很好的应用前景。3）良好的噪声性能。拉曼放大器的放大是沿光纤分布而不是集中作用，光纤中各处的信号光功率都比较低，因此噪声较小。在超长距离传输时，为了保证较好的信噪比会使用拉曼放大器。拉曼放大器的缺点是放大效率比较低，需要的泵浦光功率比较高，并且增益平坦度优化比较复杂。

光纤拉曼放大器的光路结构可分为集总式放大结构和分布式放大结构。集总式放大结构一般选择具有高增益系数性质的特殊光纤，增益光纤的长度较短，对信号光进行集总式放大，这种放大器通常需要高功率的泵浦光源。分布式光纤拉曼放大器因其分布式放大、结构简单、灵活性强等优势被广泛应用。该类型放大器的增益介质就是传输光纤，传输光纤可达到数十千米。同时，因具有分布式放大的特点可以使光纤中每个部分的信号光都被放大，光纤各处的信号光功率较低，输入信号功率和泵浦功率要求较低，从而有效地抵制了高功率带来的高非线性效应，减少了噪声干扰，提高了信噪比。分布式拉曼放大器的光路结构和 EDFA 类似，同样存在图 4-10 中的三种典型结构。

4.3.5 布里渊光纤激光器

布里渊散射可以描述为一种在介质内泵浦光与斯托克斯光通过声波发生的非线性过程。泵浦光通过电致伸缩产生声波，然后声波引起折射率的周期性调制，形成布拉格光栅，并且泵浦光被布拉格光栅衍射，由于多普勒频移与以声速移动的光栅有关，散射光产生了频率下移，而这个频移量由非线性介质决定。在量子力学中，这个散射过程可以看成是一个泵浦光子的湮灭，同时产生一个斯托克斯光子和一个声子。由于在散射过程中能量和动量必须守恒，从而三个波之间的频率和波矢满足以下关系

$$\Omega_B = \omega_p - \omega_s \tag{4-23}$$

$$k_A = k_p - k_s \tag{4-24}$$

式中，Ω_B 为声波频率；ω_p 和 ω_s 分别为泵浦光和斯托克斯光的频率；k_p 和 k_s 分别是泵浦光和斯托克斯光的波矢。

声波频率 Ω_B 和波矢 k_A 满足标准色散关系

$$\Omega_B = v_A |k_A| \approx 2v_A |k_p| \sin(\theta/2) \tag{4-25}$$

式中，v_A 为声速；θ 为泵浦光与斯托克斯光之间的夹角，其中 $k_p = k_s$。上式表明，斯托克斯光的频移与散射角有关，更准确地说，在后向（$\theta = \pi$）时 Ω_B 有最大值，在前向（$\theta = 0$）时 Ω_B 为零。在单模光纤中，只有前、后两个相关方向，因此，SBS 仅发生在后向，而且后向的布里渊频移为

$$\nu_B = \Omega_B/(2\pi) = 2n_p v_A/\lambda_p \tag{4-26}$$

上式用到了 $|k_p| = 2\pi n_p/\lambda_p$，$n_p$ 是泵浦波长 λ_p 处的模式有效折射率。对于石英光纤，在 $\lambda_p = 1\ 550$ nm 处的频移 $\nu_B \approx 11.1$ GHz。

尽管式（4-25）预测布里渊散射仅发生在后向，但是在单模光纤中自发布里渊散射在前向也能够产生，这是因为由于声波的波导特性削弱了波矢选择规则，结果前向产生了少量的斯托克斯光，这一现象称为导向声波布里渊散射[165]。

与以掺铒光纤作为增益介质的光纤激光器不同，布里渊光纤激光器（Brillouin Fiber Laser，BFL）以普通单模光纤为增益介质。泵浦光注入单模光纤，通过受激布里渊散射效应产生后向的斯托克斯光，满足谐振条件的斯托克斯光在腔内形成振荡放大，最终形成布里渊斯托克斯激光，布里渊斯托克斯光频率与泵浦光频率具有布里渊频移 ν_B 的频率差。入射泵浦光波长和光纤的性质共同决定了布里渊频移的大小。只要泵浦光满足一定的阈值条件，由于级联受激布里渊散射效应，低阶斯托克斯光能不断激发高阶斯托克斯光，最终产生波长间隔相等的多波长布里渊激光。

由于单模光纤的布里渊增益系数较小（约 2×10^{-11} m/W），泵浦光单次通过单模光纤激发 SBS 的效率不高。通过使谐振腔满足泵浦耦合谐振条件可以充分利用泵浦光对布里渊斯托克斯激光进行放大。以图 4-20 所示的谐振腔为例，BFL 的各端口光振幅满足

$$|E_3|^2 + |E_4|^2 = (1-\gamma_0)(|E_1|^2 + |E_2|^2) \tag{4-27}$$

式中，γ_0 是耦合器的耦合强度损耗；$E_i\,(i=1\sim4)$ 是第 i 端口光场的复振幅。耦合器输出端

口的光场复振幅为

$$|E_3|^2=(1-\gamma_0)^{1/2}[(1-k)^{1/2}E_1+\mathrm{j}k^{1/2}E_2] \tag{4-28}$$

$$|E_4|^2=(1-\gamma_0)^{1/2}[\mathrm{j}k^{1/2}E_1+(1-k)^{1/2}E_2] \tag{4-29}$$

式中，k 是强度耦合系数。E_2 和 E_3 满足如下关系

$$E_2=E_3\exp(-\alpha L/2)\exp(\mathrm{j}\beta L) \tag{4-30}$$

式中，β 是光纤中的光波传输常数；$\alpha/2$ 是光纤振幅损耗系数；L 是腔长。当谐振腔满足耦合谐振条件时，E_4/E_1 的实部与虚部均为 0，根据上述四式可得到谐振条件

$$\beta L=q2\pi-\pi/2 \tag{4-31}$$

$$k_r=(1-\gamma_0)\exp(-\alpha L) \tag{4-32}$$

式中，q 是任意整数；k_r 是满足谐振条件时的耦合系数。BFL 要求谐振腔严格满足谐振条件，否则会导致激光器不能稳定工作。实际构造 BFL 时，通常采用反馈控制电路实时调节谐振腔长度以保证 BFL 总能满足谐振条件。

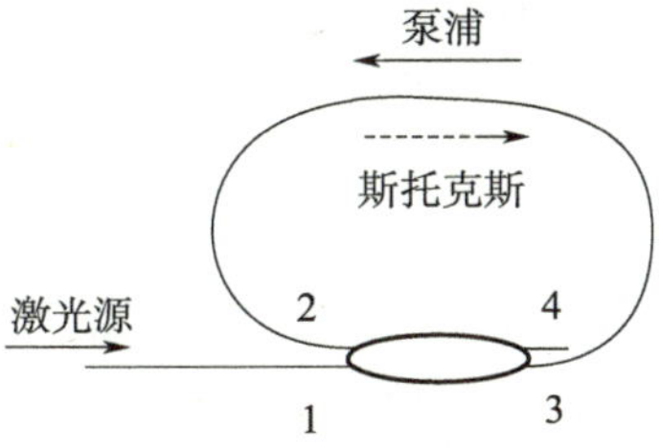

图 4-20　交叉耦合型环形谐振腔

BFL 具有独特的超窄线宽特性，它能够将线宽较宽的布里渊泵浦光转换为窄线宽布里渊斯托克斯光。窄带布里渊增益谱是 BFL 天然的选频与线宽压缩机制。布里渊泵浦光的线宽 $\Delta\nu_p$ 与布里渊斯托克斯激光的线宽 $\Delta\nu_S$ 之间满足比例关系[166]

$$\Delta\nu_S=\frac{\Delta\nu_p}{\left(1+\dfrac{\pi\Delta\nu_B}{-c\ln R/nL}\right)^2} \tag{4-33}$$

式中，$\Delta\nu_B$ 为单模光纤布里渊增益谱宽；L 是光纤长度；c/n 为光纤中的光速；R 是 BFL 腔的振幅反馈系数。一个全光纤谐振腔的精细度很容易达到 100 的量级，即上式的分母可以达到 10^4 量级。入射线宽为几十千赫兹的布里渊泵浦光，理论上可以输出线宽为几个赫兹的斯托克斯激光。

4.4　全固态激光器在宇航环境条件下的性能演变及抑制技术

4.4.1　全固态激光器在辐射环境条件下的性能演变及抑制技术

全固态激光器的辐射敏感部件主要有两个：泵浦二极管和激光介质。泵浦二极管的辐射特性可参照第 3 章的相关内容，本节主要介绍激光介质的辐射特性。

宇航环境中的辐射可能使得激光晶体内部形成色心，从而降低激光输出功率和斜率效

率，各种激光增益介质都表现出类似的衰减，只是不同成分的增益介质的衰减程度不同。

图 4 - 21 为典型 Nd:YAG 与 Nd:YLF 晶体斜率效率随 γ 射线辐射剂量的变化，实验中采用 800 nm 泵浦源。辐射前 Nd:YAG 与 Nd:YLF 的斜率效率分别为 59%与 60%，随着辐射剂量由 0 增大到 50 krad，两种晶体的斜率效率快速下降，当辐射剂量继续增大时，斜率效率的衰减逐渐变缓并趋于饱和。Nd:YAG 经过 600 krad 辐射后的斜率效率下降为 46%，Nd:YLF 经过 100 krad 辐射后的斜率效率下降为 37%[167]。

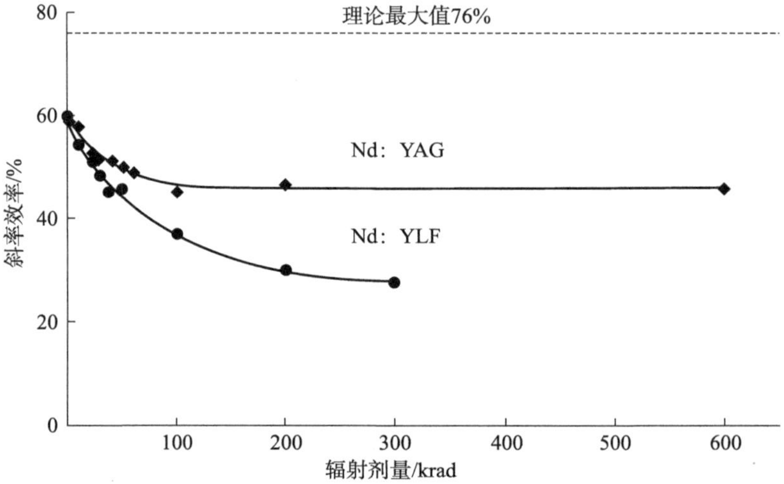

图 4 - 21　激光介质斜率效率随辐射剂量的变化

图 4 - 22 为掺杂 Pr、Er、Nd、Ce 和 Ce+Nb 的 YAG 材料在经紫外辐射（氙灯）后的附加吸收带，由图中各种掺杂 YAG 的吸收变化可知 Er:YAG 对紫外辐射最不敏感。紫外辐射对各种激光介质的影响都相对较小，因为紫外辐射引起的色心是不稳定的，会很快衰减[168]。

图 4 - 23 为典型 CTH:YAG（Cr:Tm:Ho:YAG）经 1 500 ℃预退火后再经 γ 射线辐射后激光器的斜率效率曲线。经 10^5 Gy 的 γ 射线辐射后，由于色心的形成，激光器的输出有明显的下降，辐射后的激光器经过几个 135.2 J 脉冲泵浦或者在空气中 400 ℃退火 8 h 后激光器的输出都有明显的恢复，但没能恢复到辐射前的水平[168]。

图 4 - 24 为未经预退火处理的 Er：YAG 经 γ 射线辐射前后的激光器斜率效率曲线，未经预退火处理的 Er:YAG 经 10^5 Gy 和 5×10^4 Gy 辐射后在相同泵浦能量下输出能量都明显增加，即斜率效率变大，且变化量相近。辐射后的材料在空气中 400 ℃退火 3 h 后，斜率效率几乎恢复到辐射前的水平[168]。

Kaczmarek 详细分析比较了辐射对 Nd:YAG 和 Ce:Nd:YAG（0.05%原子分数的 Ce 和 1%原子分数 Nd）晶体的影响，包括吸收光谱等。实验结果表明，辐射对吸收光谱的影响主要集中在紫外和可见波段，而对 808 nm 泵浦的吸收带影响很小[169]。T. Ogawa 等详细测试了 1 μm 波段掺 Nd 晶体的辐射特性，图 4 - 25 所示为通过 70 MeV 质子辐射后，不同晶体的 1 064 nm 光透过率随辐射剂量的变化，可以看到，各种晶体的透过率几乎都没

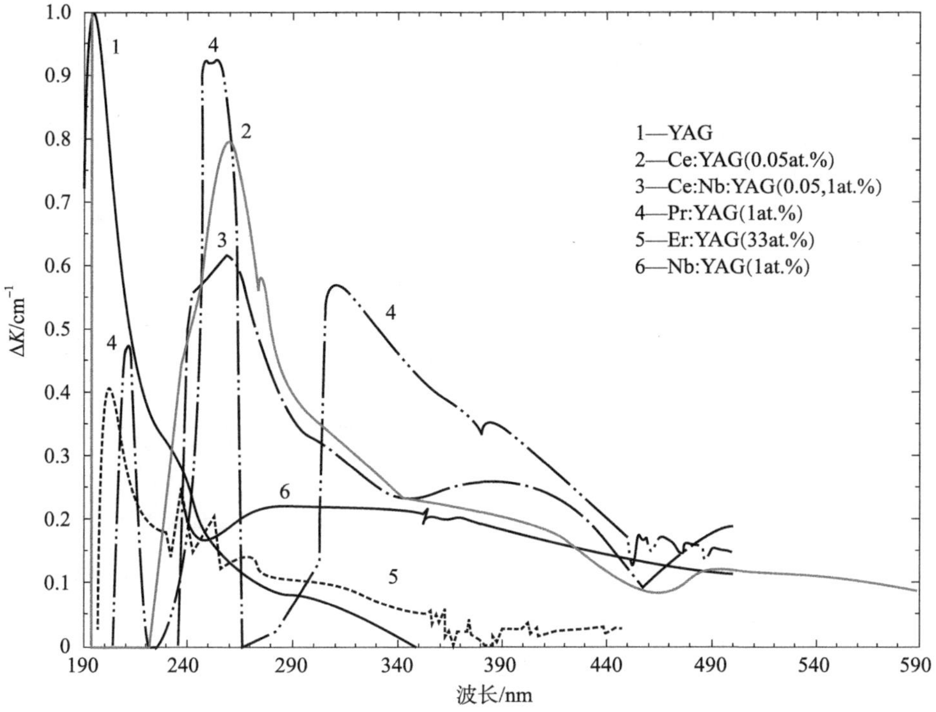

图 4－22　掺杂 Pr，Er，Nd，Ce 和 Ce+Nb 的 YAG 材料经紫外辐射后的附加吸收带

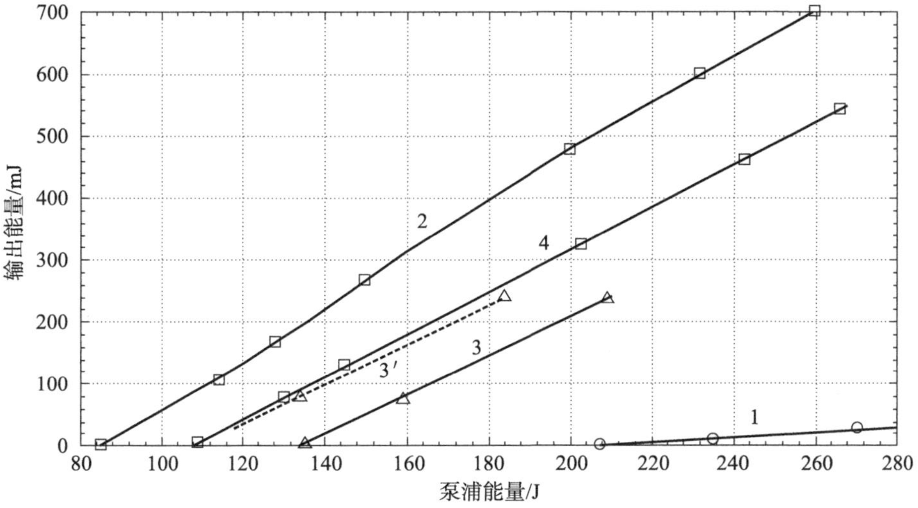

图 4－23　CTH:YAG 在 γ 射线辐射前后输出能量随泵浦能量的变化

1—退火前；2—空气中 1 500 ℃退火后；3—10^5 Gy γ 射线辐射后；3′—10^5 Gy γ 射线辐射和几个 135.2 J 脉冲泵浦后；4—空气中 400 ℃退火 8 h 后

有变化[170]。

图 4－26 为掺杂 1%（原子分数）Nb 的 Nd:YAG 激光器在 600 krad γ 射线辐射前后的斜率效率变化。当泵浦光为连续光时，辐射后激光器的斜率效率发生明显降低，由辐射

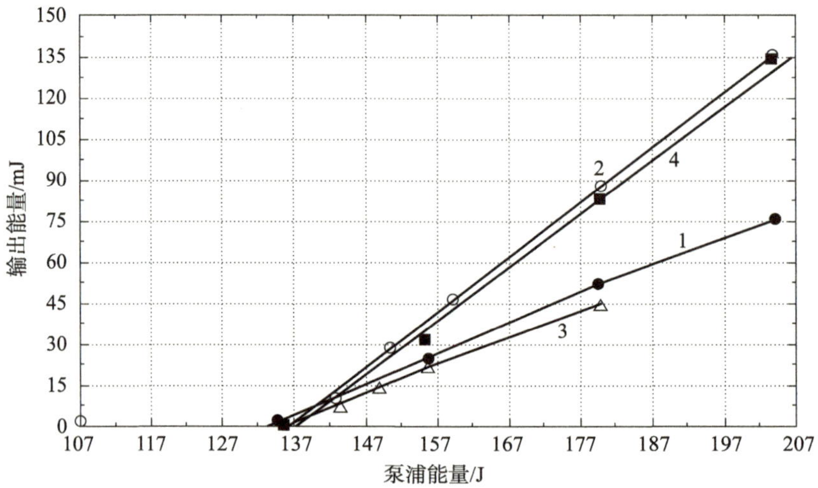

图 4-24　Er:YAG 在 γ 射线辐射前后输出能量随泵浦能量的变化

1—辐射前；2—10^5 Gy γ 射线辐射后；3—空气中 400 ℃退火 3 h 后；4—5×10^4 Gy γ 射线辐射后

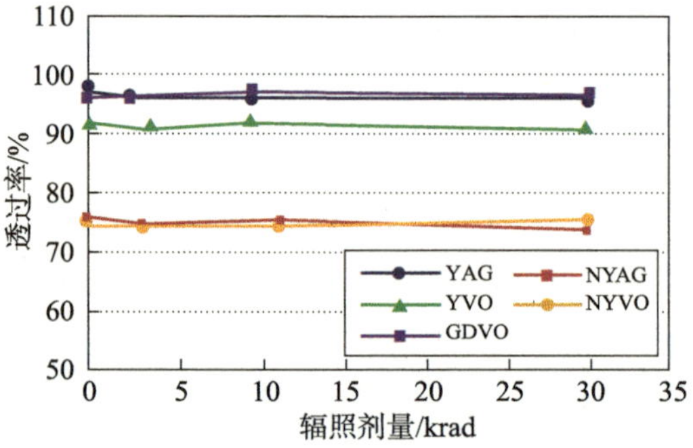

图 4-25　不同晶体 1 064 nm 光透过率随辐射剂量的变化

前的 68%降为辐射后的 54%。但当泵浦光为脉冲光时，辐射前后斜率效率几乎没有变化，始终保持在 58%。并且质子辐射实验也表现出类似的变化规律[167]。

图 4-27 (a) 为掺 0.05%（原子分数）Cr^{3+} 的 Cr:Nd:YAG 晶体在经过 100 krad γ 射线辐射前后的斜率效率变化。从图中可以看出，辐射前的激光斜率效率为 58%，辐射后略有下降，斜率效率降为 53%，大约降低了 10%。图 4-27 (b) 为掺 1%（原子分数）Cr^{3+} 的 Cr:Nd:YAG 晶体在经过 500 krad γ 射线辐射前后的斜率效率变化，由图中可以看到即使经过 500 krad 的辐射后斜率效率几乎没有变化[167]。图 4-28 为 Nd:YAG 和掺 Cr^{3+} 的 Nd:YAG 在辐射前后的透射光谱。由图中可以看到，掺 Cr^{3+} 的 Nd:YAG 辐射前后透射光谱变化较小[171]。以上两个实验结果表明，掺 Cr^{3+} 可以提高 Nd:YAG 的抗 γ 射线辐射性能，其他研究也得到了相同的结论[172,173]。

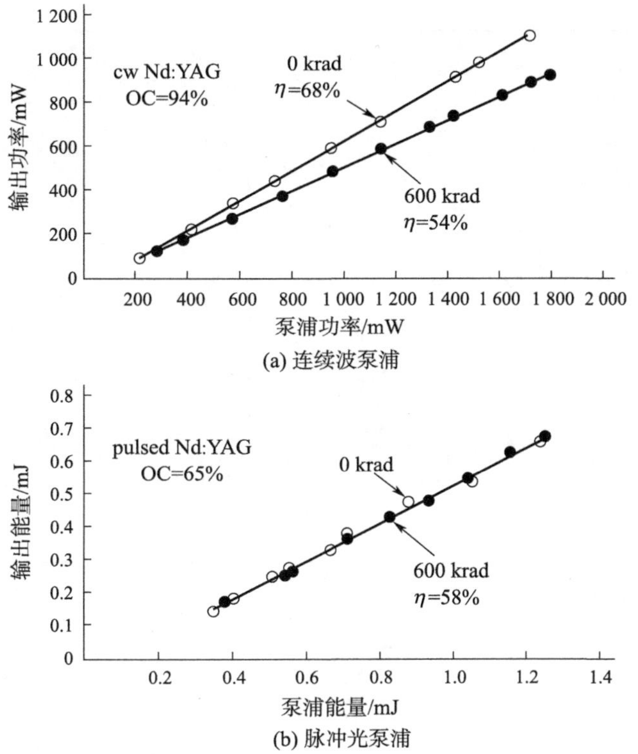

图 4-26　Nd:YAG 晶体在 γ 射线辐射前后的斜率效率

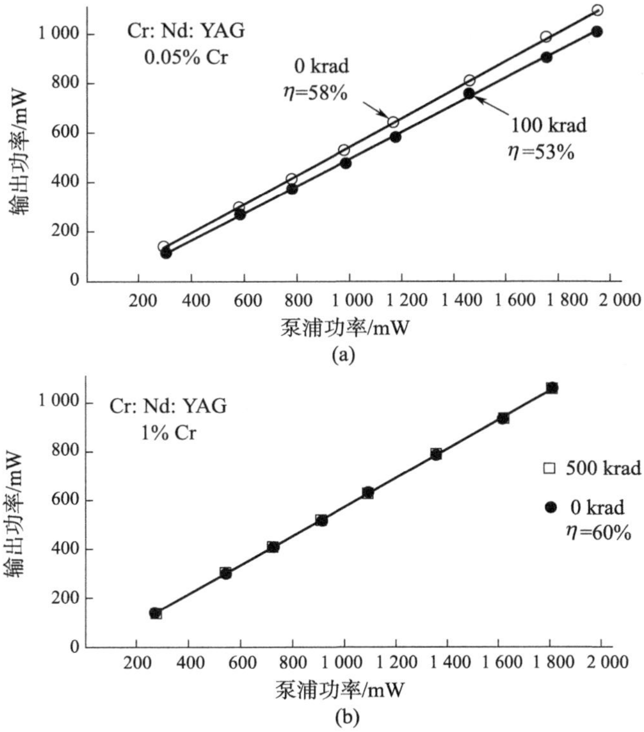

图 4-27　掺 0.05% Cr^{3+} 的 Cr:Nd:YAG 晶体（a）和掺 1%Cr^{+3} 的 Cr:Nd:YAG 晶体（b）在 γ 射线辐射前后的斜率效率

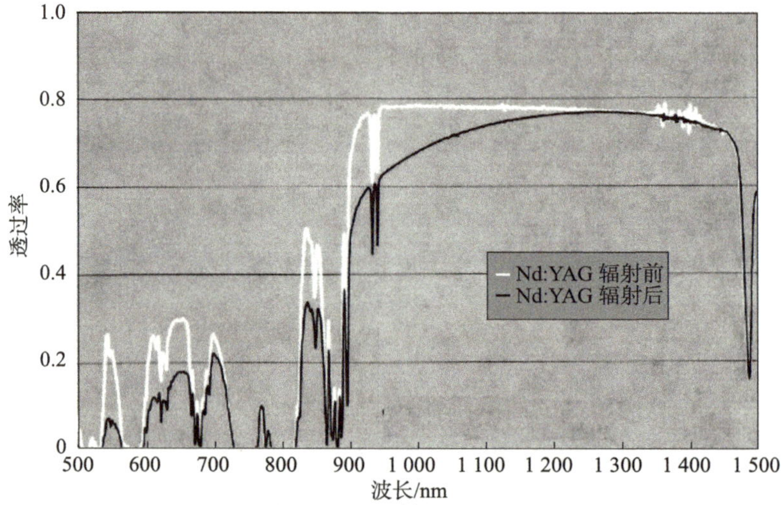

(a)

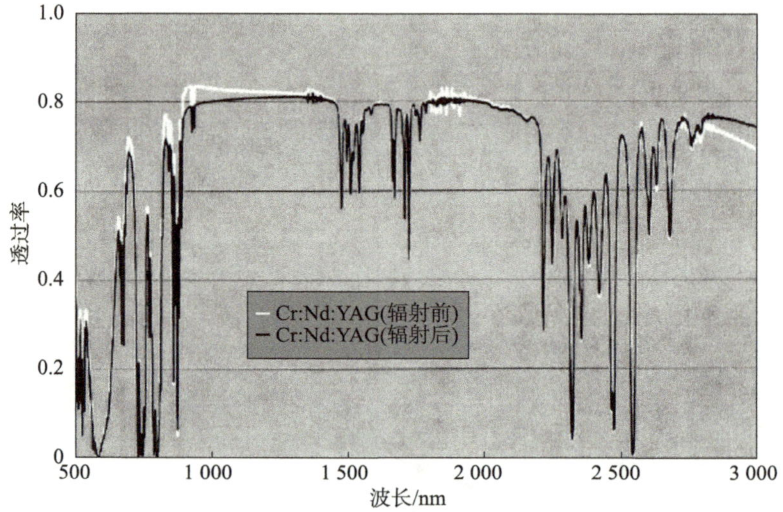

(b)

图 4-28　Nd:YAG（a）和掺 Cr^{3+} 的 Nd:YAG（b）在 γ 射线辐射前后的透射光谱

由上述分析可知，目前常用的 Nd:YAG 通过掺 Cr^{3+} 可以有效提高晶体的抗辐射能力，而其他激光晶体的辐射特性有待进一步研究确认。值得关注的是，随着激光陶瓷的快速发展，激光材料在掺杂特性、复合结构等方面具有更多灵活性和多样性，从而可以为宇航应用激光器提供更多的材料选择。

4.4.2　全固态激光器在热环境条件下的性能演变及抑制技术

影响全固态激光器的热环境主要来自其自身发热，内部发热原因包括：1）泵浦带与激光上能级之间的光子能量差以热的方式散逸到基质晶格中，造成量子亏损；2）抽运能带的非辐射跃迁使这部分能量转化为热；3）激光下能级与基态之间的能量差转化为热；4）泵浦光波长发生漂移，不能被掺杂离子全部吸收，不匹配的泵浦光转换成热；5）激光跃迁内的荧光过程的量子效率小于 1，所以除了产生激光能量外，其余的能量由于激光淬灭而产生热，即量子荧光效应；6）激光产生的受激辐射，一部分被激光介质再吸收变为热能，即工作物质内部损耗产生热量。

泵浦激光二极管和激光介质是两个对温度非常敏感的部件。激光二极管波长随温度会发生约 0.3 nm/℃的漂移，导致泵浦波长和激光介质吸收峰失配加剧，更多的泵浦光不能被吸收而转化为热量。内部发热产生的温度梯度将导致激光介质的非均匀膨胀，从而引起热应力。当激光介质的温升超过晶体允许的极限时，热应力将会使晶体炸裂。非均匀热应力使得各向同性的介质变成各向异性，形成应力双折射。此外，在非均匀热膨胀和热应力作用下将使介质发生非均匀色散，形成热透镜效应。热透镜效应和各向异性使输出光束发生畸变以及退偏效应。

4.4.2.1　热透镜效应

在外部散热系统及泵浦光的不均匀分布共同作用下，晶体内部温度呈梯度分布，致使晶体折射率分布不均匀，进而产生热透镜效应，严重影响激光器效率及光束质量。

激光晶体的热透镜焦距是光学谐振腔设计的一个重要参量，其主要由三部分构成：温度折射率差引起的热焦距 f_{ther}，应力双折射产生的热焦距 $f_{r,\theta}$，晶体端面热膨胀引起的热焦距 f_e。总的热透镜焦距为

$$f_T=\frac{1}{1/f_{\text{ther}}+1/f_{r,\theta}+1/f_e} \tag{4-34}$$

（1）温度折射率差热透镜焦距

晶体内温度分布不均，导致折射率分布不均，由此引起的振荡光附加相位差分布可表示为

$$\Delta\varphi(x,y)=\frac{2\pi}{\lambda}\frac{x^2+y^2}{2f}=\frac{2\pi}{\lambda}\frac{r^2}{2f} \tag{4-35}$$

式中，λ 为波长；f 为高斯光束的共焦参数；r 为径向距离，$r^2=x^2+y^2$。由折射率和相位的关系可得到温度折射率差热透镜焦距公式

$$f_{\text{ther}}=\frac{\pi K(T)\omega_p^2}{P_{\text{in}}\eta_H(\mathrm{d}n/\mathrm{d}T)\left[1-\exp(-\alpha l)\right]} \tag{4-36}$$

式中，P_{in} 为泵浦光功率；η_H 为光热转换效率；$K(T)$ 为导热系数；ω_p 为晶体内泵浦光半径；α 为泵浦光吸收系数；l 为激光晶体长度。

（2）应力双折射热透镜焦距

在激光晶体中，由于温度的不均匀分布，其内部热应力通过光弹效应引起折射率发生变化，激光晶体由各向同性材料变为各向异性材料，进而产生双折射。该折射率变化可表示为

$$\Delta n_r=-\frac{1}{2}n_0^3\frac{\alpha_0 Q}{K(T)}C_r r^2 \tag{4-37}$$

$$\Delta n_\theta=-\frac{1}{2}n_0^3\frac{\alpha_0 Q}{K(T)}C_\theta r^2 \tag{4-38}$$

式中，C_r 和 C_θ 为激光晶体径向和切向的弹光系数；Q 为热量；α_0 为热膨胀系数；n_0 为介质折射率。

由应力双折射引起的折射率变化为

$$\Delta n(r,z)_{r,\theta}=-\frac{1}{2}n_0^3\frac{\alpha_0}{K(T)}C_{r,\theta}\frac{2\alpha P_{\text{in}}\eta_H[1-\exp(-\alpha l)]}{\pi\omega_p^2}r^2 \tag{4-39}$$

其热透镜焦距可表示为

$$f_{r,\theta}=\frac{\pi K(T)\omega_p^2}{2n_0^3\alpha_0C_{r,\theta}P_{\text{in}}\eta_H[1-\exp(-\alpha l)]} \tag{4-40}$$

(3) 晶体端面形变热透镜焦距

激光晶体端面形变效应是因为在应力和温度双重作用下，晶体端面位置处膨胀畸变成为凸面，使晶体端面具有类似于凸面镜的效果。

端面形变引起的热透镜焦距可表示为[174]

$$f_e=\frac{1}{2(n_0-1)}\cdot\frac{\pi K(T)\omega_p^2}{\alpha_0r_0P_{\text{in}}\eta_H[1-\exp(-\alpha r_0)]} \tag{4-41}$$

式中，r_0 为激光晶体膨胀部分的长度，这里取晶体的半径。

(4) 三种热透镜效应的比较

图 4－29 为温度折射率差、应力双折射及晶体端面热膨胀三种原因引起的热透镜焦距对比图[175]。从图中可以看到，温度折射率差引起的热透镜效应要远大于后两种因素。因此，在计算激光晶体内部热效应时，通常可不考虑应力双折射及端面热膨胀等因素所产生的热透镜效应。

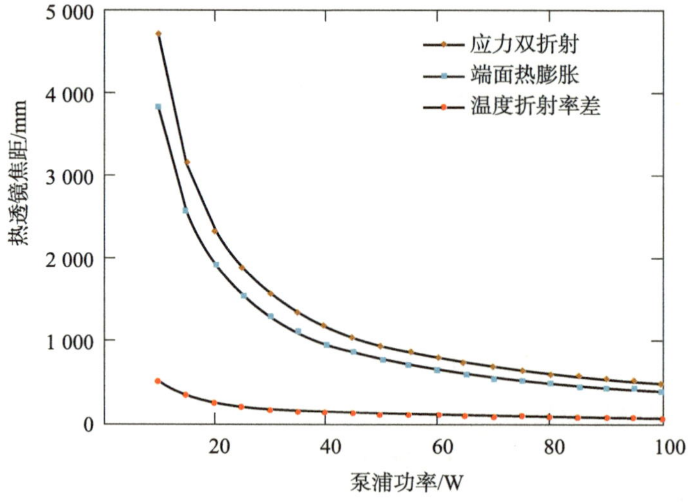

图 4－29 温度折射率差、应力双折射及晶体端面热膨胀热透镜焦距随泵浦功率的变化

4.4.2.2 全固态激光器在热环境条件下的性能演变

各种温度效应最终都反映为激光器输出特性的变化，包括输出功率的变化、输出波长的漂移、光束发散角及光束质量的变化等[176]。

(1) 温度对激光输出功率的影响

图 4 - 30 为输出激光功率随激光介质温度的变化。可以看到，激光输出功率随晶体温度升高而下降，这可能是因为晶体对泵浦光和振荡光的吸收随温度变化，也可能是因为晶体增益系数随温度而变化。如果激光晶体的吸收谱线随晶体温度而发生漂移，则会导致泵浦光峰值波长与晶体吸收波长的失配，使激光器输出功率下降。激光晶体对振荡激光的重吸收如果随晶体温度而变化，相当于腔内损耗系数发生改变，也会使激光器输出功率变化。而晶体增益系数随温度而变化，则直接导致输出激光功率的变化。

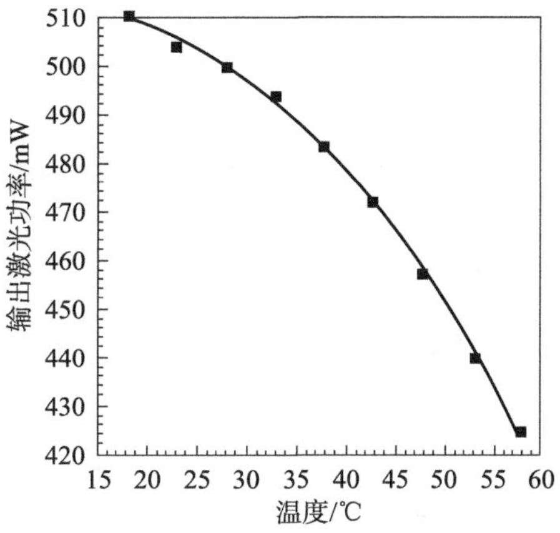

图 4 - 30　输出激光功率随激光介质温度的变化

(2) 温度对激光波长的影响

激光器输出频率为谐振腔长和激光介质折射率的函数，两者皆随温度而变化，因此，输出光频率和温度的关系可表示为

$$\frac{\mathrm{d}\nu}{\mathrm{d}T}=-\nu\left(\frac{1}{n}\frac{\partial n}{\partial T}+\frac{1}{L}\frac{\partial L}{\partial T}\right) \tag{4-42}$$

式中，ν 为输出激光频率；n 为激光介质折射率；$\partial n/\partial T$ 为激光介质折射率温度系数；$\frac{1}{L}\frac{\partial L}{\partial T}$ 为谐振腔的热膨胀系数；L 为谐振腔腔长。

图 4 - 31 为典型 1 064 nm Nb:YAG 激光器输出光波长随温度的变化曲线，从图中可以看到，输出峰值波长随温度的升高而增大，激光介质温度由 15 ℃升高到 55 ℃，输出峰值波长从 1 064.1 nm 增大到 1 064.3 nm，即输出光频率减小了 53 GHz。

(3) 温度对激光发散角的影响

由于晶体长度比谐振腔的长度小得多，所以可以按照一般稳定球面空腔来计算光束的发散角，即

$$\begin{aligned}\theta_{1/2}&=0.939\left[\frac{\lambda^2(2L-R_1-R_2)^2}{4L(R_1-L)(R_2-L)(R_1+R_2-L)}\right]^{1/4}\\&=0.939\left[\frac{\lambda^2(2L-2f_T-R_2)^2}{4L(2f_T-L)(R_2-L)(2f_T+R_2-L)}\right]^{1/4}\end{aligned} \tag{4-43}$$

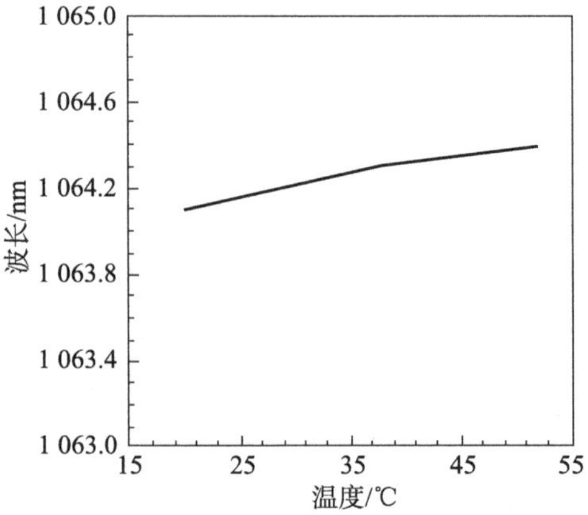

图 4－31　输出光波长随激光介质温度的变化

式中，$\theta_{1/2}$ 为半功率点发散角；R_1 为热透镜等效的晶体左端凹反射镜的曲率半径，$R_1 = 2f_T$；R_2 为输出镜曲率半径；f_T 为热透镜焦距。

根据式（4－43）可以得到热透镜焦距与光束发散角的关系如图 4－32 所示。再根据式（4－36）泵浦光功率与热透镜焦距的关系，就可以得到输出光发散角与泵浦光功率的关系，如图 4－33 中实线所示，图中的实点为实验测量数据。

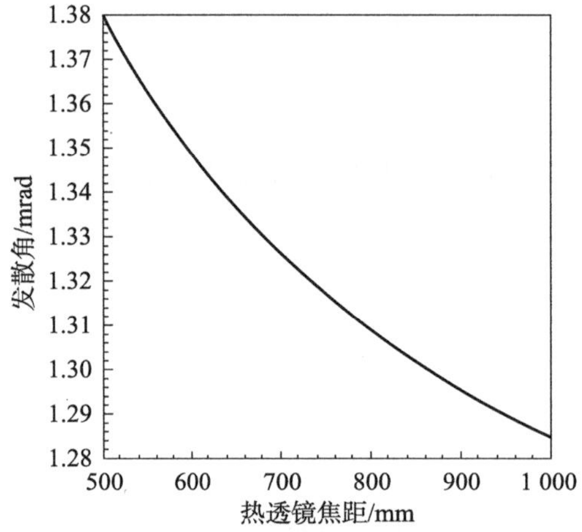

图 4－32　发散角随热透镜焦距的变化

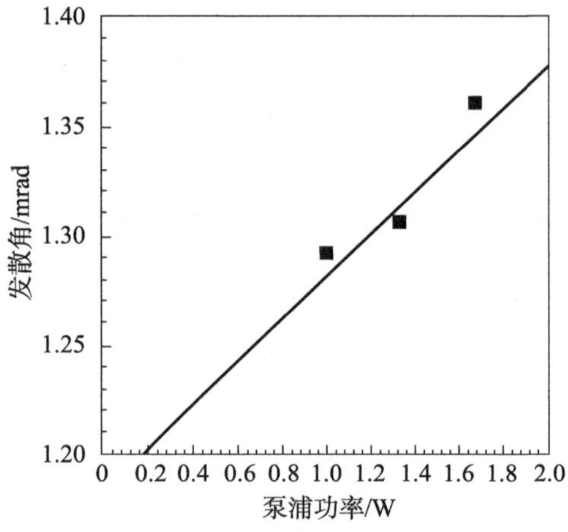

图 4－33　发散角随泵浦功率的变化

（4）温度对光束质量因子 M^2 的影响

由式（3－57）可知，M^2 因子和激光束的束腰直径和发散角有关。束腰直径可通过测量激光束的远场直径并根据高斯光束的传播公式计算得到。图 4－34 为束腰直径随激光介质温度的变化，从图中可看到，随温度的升高，束腰直径不断减小。图 4－35 为由上述束腰直径和发散角数据计算所得 M^2 因子随温度的变化，可以看到，随晶体温度的升高，M^2 因子减小，表明随温度升高光束质量有所改善。

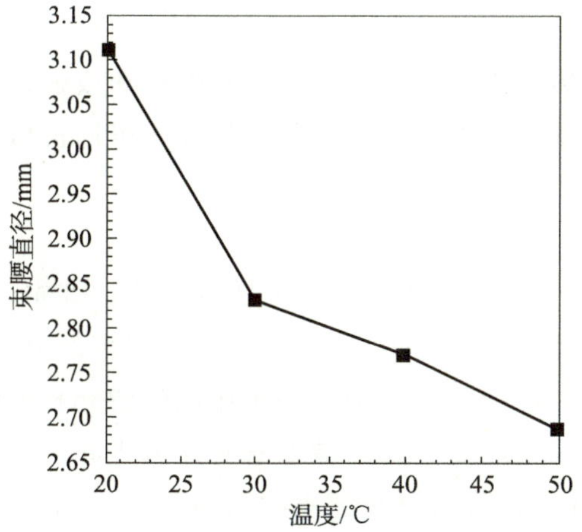

图 4－34　束腰直径随激光介质温度的变化

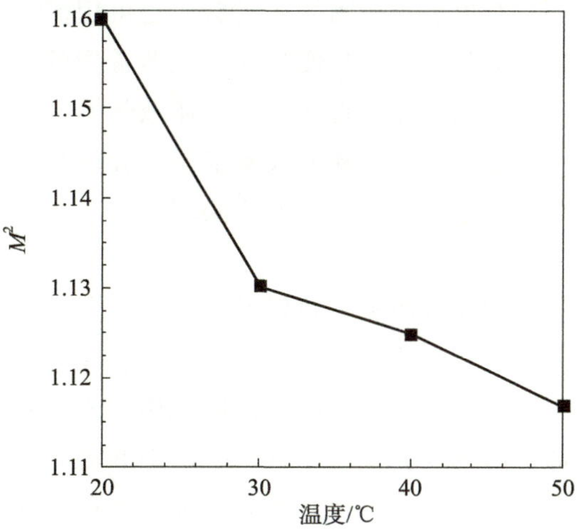

图 4－35　M^2 因子随激光介质温度的变化

（5）温度对弛豫振荡频率的影响

弛豫振荡频率随激光介质温度的变化如图 4－36 所示，随着激光介质温度的升高弛豫振荡频率不断降低，这是因为激光介质的上能级寿命随晶体温度而改变所导致的。

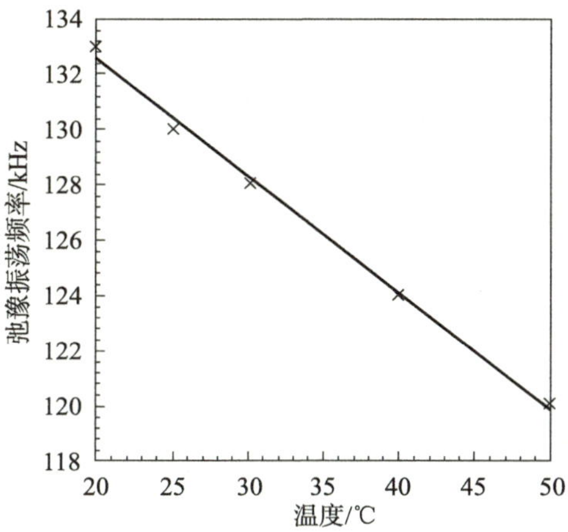

图 4－36　弛豫振荡频率随激光介质温度的变化

4.4.2.3　全固态激光器热效应的抑制技术

固体激光器的光泵浦热效应严重妨碍了激光输出功率（能量）的进一步提高，并使光束质量劣化，在实际工作中应当采取必要的措施来消除或减小热效应。常用的补偿光泵浦固体激光器热效应的措施有：冷却和滤光、光学补偿、采用散热性能好的工作介质等。

（1）冷却和滤光

①冷却

使用流动液体冷却剂是通常使用的冷却方式。常用的冷却液是水，它的优点是热容量大，热传导系数大，体胀系数小，黏度小，化学性能稳定，不易被强紫外辐射分解。

对中小功率固体激光器，也可用流动空气、氦气或氮气冷却。其中，以强迫空气冷却方式更为简单，是便携式激光器常用的冷却方式。

将激光介质直接装在固体散热器（热沉）上，热传给散热器后，再由自然冷却或强迫冷却散热。该冷却方式要求激光介质与散热器结合紧密，以形成良好的热传导，可用机械固定、焊接或胶合等方法实现。

②滤光

闪光灯的宽带辐射谱中仅有一小部分被激活离子吸收，其余大部分转变成热。其中，尤以紫外辐射的危害更大，它会使工作物质产生色心，因此应当滤去光谱中的有害部分。主要的滤光方法有两种，即使用滤光液和滤光玻璃。在冷却剂中加入一定比例的滤光材料即可配制成滤光液。它兼有冷却和滤光作用。采用滤光玻璃做成的玻璃管套在激光介质或泵浦源上，也可达到滤光目的。其中，JB_6，JB_7，JB_8 硒镉玻璃可滤去波长小于 0.5 μm 的光，掺铈石英玻璃可吸收波长小于 0.3 μm 的紫外光，并发出可见荧光，不仅有滤光作用，还可提高效率。掺铈和钐的玻璃尺寸小于 0.3 μm 和 1 μm 时紫外吸收系数大，用于 Nd:YAG 和钕玻璃激光器，既可滤去紫外成分又可消除退泵浦。

（2）光学补偿

①热透镜效应的补偿

补偿热透镜效应的简单方法是修磨端面。例如，在工作时呈正热透镜效应的介质，将激光棒的两个端面磨成曲率半径相匹配的凹面。但这一方法常受到使用条件的限制，为实现对热透镜效应的动态补偿，可使用基模动态热稳定腔，在一定泵浦功率范围内，输出光束远场发散角等参数不随泵浦参数变化，或者变化很小。

②热致应力双折射和退偏效应的补偿

补偿热致应力双折射和退偏效应的基本原理是使沿棒的径向和切向偏振分量的光通过棒和光学元件后有相同的相位延迟，这可用偏振旋转方法来实现。例如，在一个激光振荡器中用两根性能相同的棒串接，在两根棒中间放置一个 90°石英偏振旋转器。石英旋转器将激光电场的两个分量都做 90°旋转，于是在第一根棒中沿径向偏振的分量将在第二根棒中沿切向偏振，因此在第一根棒中引起的相位差被第二根棒所抵消。对单棒工作激光振荡器，在棒与后反射镜间置一个 $\lambda/8$ 波片，也可获得 90°的偏振旋转。此外，还可采用 Porro 棱镜腔实现对热致应力双折射和退偏效应的补偿[177]。

（3）增益介质的选择

对增益介质的选择，除了关注能级结构、发射截面及带宽等性能外，热导率是需要重点考虑的参数。热导率越高，散热时间越短，其有效工作时间越长，对于高功率工作非常重要。

对于确定的晶体材料，可通过改变介质形状、结构提高其散热性能，如用板条、管状或薄片结构代替棒状结构。

4.5　光纤光源及放大器在宇航环境条件下的性能演变及抑制技术

光纤光源及放大器中两个核心的组成部分是泵浦激光器和有源光纤。泵浦源通常为半导体激光器，宇航环境下其性能的演变可参考第 3 章的内容。所以本节将主要介绍有源光纤在宇航环境下尤其是辐射环境下的演变规律、演变机理和抑制措施，以及光纤光源及放大器作为一个整体，其系统性能在宇航环境下的演变规律、演变机理和抑制措施。

4.5.1　有源光纤在辐射环境条件下的性能演变及抑制技术

4.5.1.1　有源光纤在辐射环境条件下的性能演变

光纤在生产过程中不可避免地会产生微观缺陷，如悬挂键、过氧基及其他微小杂质的缺陷，在受到空间高能粒子如质子、电子、中子和 γ 射线等辐射时，光纤中的缺陷结构捕获电子或空穴后会形成新的点缺陷结构，在光纤中形成新的波长吸收中心，即色心。普通石英光纤中色心主要由无桥氧、硅硅键，以及本身存在的磷、硼等元素的掺杂缺陷捕获辐射产生；而有源光纤中除了掺杂荧光离子外，为了提高掺杂荧光离子的溶解度、改善光纤荧光特性会共掺杂铝、硼等元素，这些元素在辐射条件下形成的色心是有源光纤光源性能改变的主要原因。本节以掺铒光纤为例介绍有源光纤在辐射环境下的性能演变机理及抑制技术。

（1）γ 射线辐射环境条件下的性能演变

① γ 射线辐射对损耗的影响

在 γ 射线辐射实验中，将掺铒光纤分成 2 组（1＃和 2＃），分别施加不同的辐射剂量，辐射参数见表 4－1。辐射导致光纤损耗增加，损耗的增加量称为辐射诱导损耗。掺铒光纤辐射诱导损耗与辐射时间的关系如图 4－37 所示[178]。1＃掺铒光纤承受的辐射剂量率是 2＃掺铒光纤的 2 倍，因此在相同辐射时间下，1＃掺铒光纤承受的辐射总剂量为 2＃掺铒光纤的 2 倍，可以看到，相同辐射剂量下 1＃掺铒光纤辐射诱导损耗也为 2＃掺铒光纤损耗的 2 倍。由此可知，辐射剂量率对辐射诱导损耗的影响并不明显，辐射诱导损耗主要与光纤受到的辐射总剂量有关。

表 4－1　不同组光源中掺铒光纤的辐射参数

掺铒光纤	长度	辐射剂量	辐射剂量率
1＃	9 m	100 krad	0.2 rad/s
2＃	9 m	50 krad	0.1 rad/s

② γ 射线辐射对吸收谱的影响

辐射前后掺铒光纤的吸收光谱如图 4－38 所示[178]。图中曲线 1 为辐射前掺铒光纤的吸收光谱，近红外光波段有两个吸收峰，分别对应于铒离子的两个跃迁能级：980 nm（$^4I_{15/2}\rightarrow{}^4I_{11/2}$），1 530 nm（$^4I_{15/2}\rightarrow{}^4I_{13/2}$）；曲线 2 为 50 krad 辐射后掺铒光纤吸收光谱，曲线 3 为拟合得出的光纤背景损耗曲线。由曲线 3 可以看到，辐射后，掺铒光纤整个红外波段光谱范围内光损耗有所增加，从短波段到长波段光纤背景损耗逐渐减小。1 550 nm 波段处掺铒光纤辐射前后表现出几乎相同的吸收光谱，这表明铒离子在 1 550 nm 波段的吸收特性在 50 krad 辐射剂量水平下几乎不受影响。

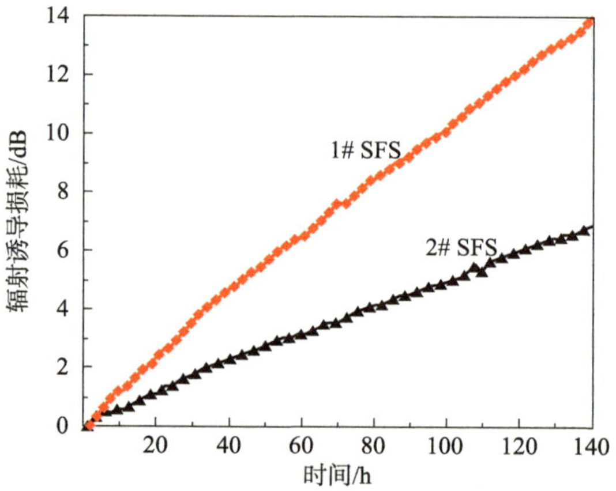

图 4-37　掺铒光纤辐射诱导损耗随辐射时间的变化

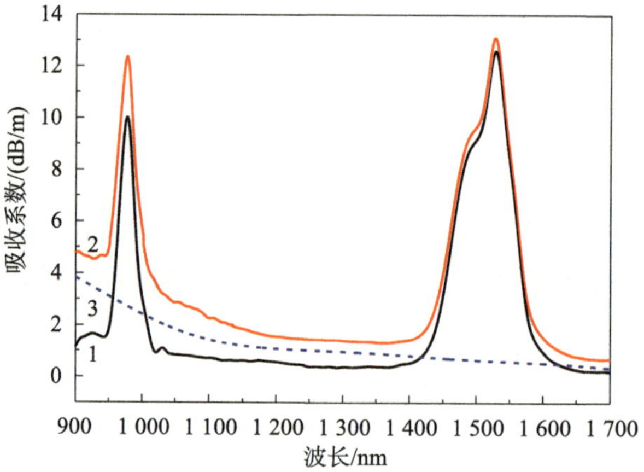

图 4-38　辐射前后掺铒光纤的吸收光谱

1—辐射前；2—辐射后（50 krad）；3—光纤背景损耗

辐射前后掺铒光纤 980 nm 波段吸收光谱如图 4-39（a）所示。可以看到与辐射前相比，980 nm 波段光纤吸收光谱形状有所改变。为了便于比较，将 980 nm 波段吸收光谱用 974 nm 吸收峰值功率归一化，该波段辐射前后掺铒光纤归一化吸收光谱如图 4-39（b）所示。可以看到，辐射前后掺铒光纤 980 nm 波段归一化吸收光谱吸收峰值对应波长几乎完全重合，吸收光谱的底部有所展宽。这是由于辐射后掺铒光纤的吸收光谱是光纤中铒离子吸收光谱和光纤背景损耗的叠加，辐射对铒离子吸收光谱影响较小，而对 980 nm 波段处掺铒光纤背景损耗影响较大，因此与辐射前相比光纤吸收光谱形状有所改变[178]。

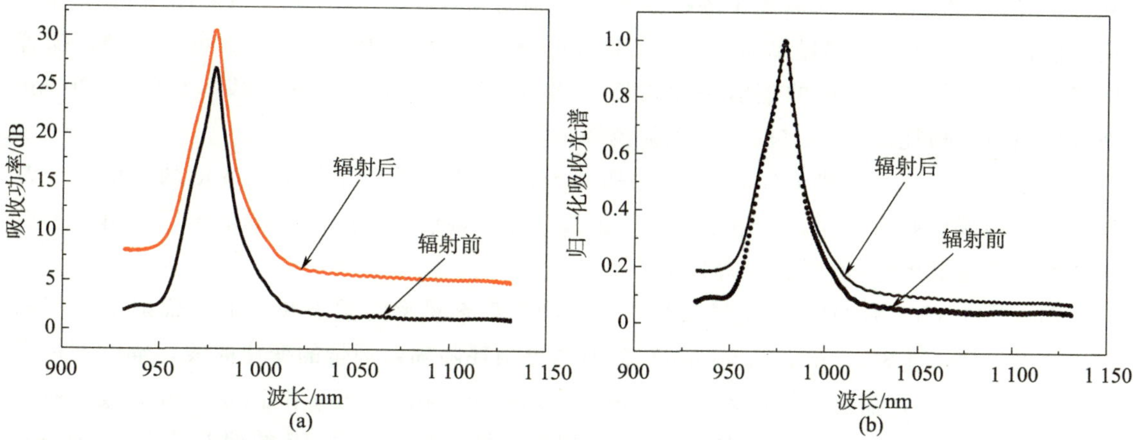

图 4-39　辐射前后掺铒光纤在 980 nm 波段的吸收光谱（a）和归一化吸收光谱（b）

③ γ 射线辐射对荧光谱的影响

辐射前后掺铒光纤荧光谱如图 4-40（a）所示[178]。实验中采用 980 nm 泵浦源，掺铒光纤长 2 m，辐射总剂量 50 krad。为了便于对比，将荧光谱用 1 530 nm 峰值处功率密度归一化，辐射前后掺铒光纤归一化荧光谱如图 4-40（b）所示。可以看到辐射后掺铒光纤荧光谱在 1 530 nm 短波段处与辐射前几乎完全重合，在 1 560 nm 长波段处较辐射前相比略有增加，光谱形状几乎没有改变。这表明在 50 krad 辐射剂量下，光纤中的铒离子荧光特性受辐射影响很小。这可能与掺铒光纤中掺杂的 Al_2O_3 有关。辐射环境下，掺铒光纤中 Al_2O_3 会在 Er^{3+} 周围形成一层溶剂化保护层，由于自身形成的电屏蔽，很大程度上削弱了外界辐射场对铒离子吸收光谱和荧光谱的影响。

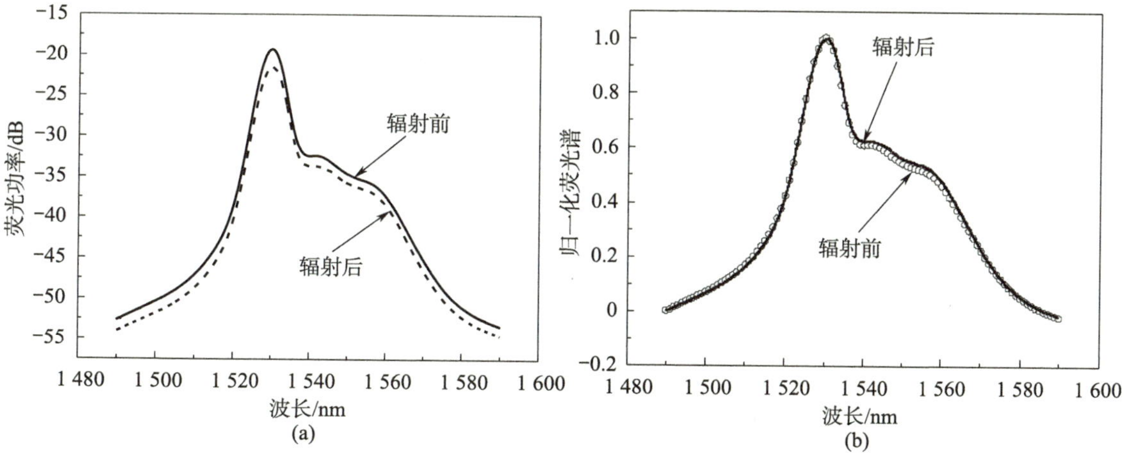

图 4-40　辐射前后掺铒光纤的荧光谱（a）和归一化荧光谱（b）

（2）质子辐射环境条件下的性能演变

图 4-41（a）为两种不同型号掺铒光纤（HE980 和 HG980）在质子辐射下，不同波段（980 nm、1 300 nm、1 550 nm）光的辐射诱导损耗随辐射剂量的变化曲线[179]，掺铒

光纤 HE980 和 HG980 的铒离子的掺杂浓度分别为 $4.5\times10^{24}/m^3$ 和 $1.5\times10^{25}/m^3$。辐射质子能量为 63 MeV，剂量率为 1 100 rad/min，辐射总剂量为 200 krad。可以看到，随着辐射剂量的增加，各波段的辐射诱导损耗均逐渐增大，且增大速率也基本相同；980 nm 波段辐射诱导损耗最大，1 550 nm 辐射诱导损耗最小。

通过对比发现，虽然 HG980 光纤中铒离子是 HE980 光纤中铒离子浓度的 3 倍，二者质子辐射敏感度基本相同。该结果表明决定掺铒光纤辐射敏感度的并不是光纤中铒离子掺杂浓度，而是其他组分（如 Al 等）的掺杂浓度。

图 4－41（b）为 HE980 型掺铒光纤在相同辐射剂量率的质子和 γ 射线辐射下对不同波段（980 nm、1 300 nm、1 550 nm）辐射诱导损耗随辐射剂量的变化曲线，辐射剂量率为 1 100 rad/min，辐射总剂量为 200 krad。结果表明，在 980 nm 和 1 300 nm 波段，质子和 γ 射线对该掺铒光纤具有类似的辐射诱导损耗特性（小于 10 krad 的偏差是由于 980 nm

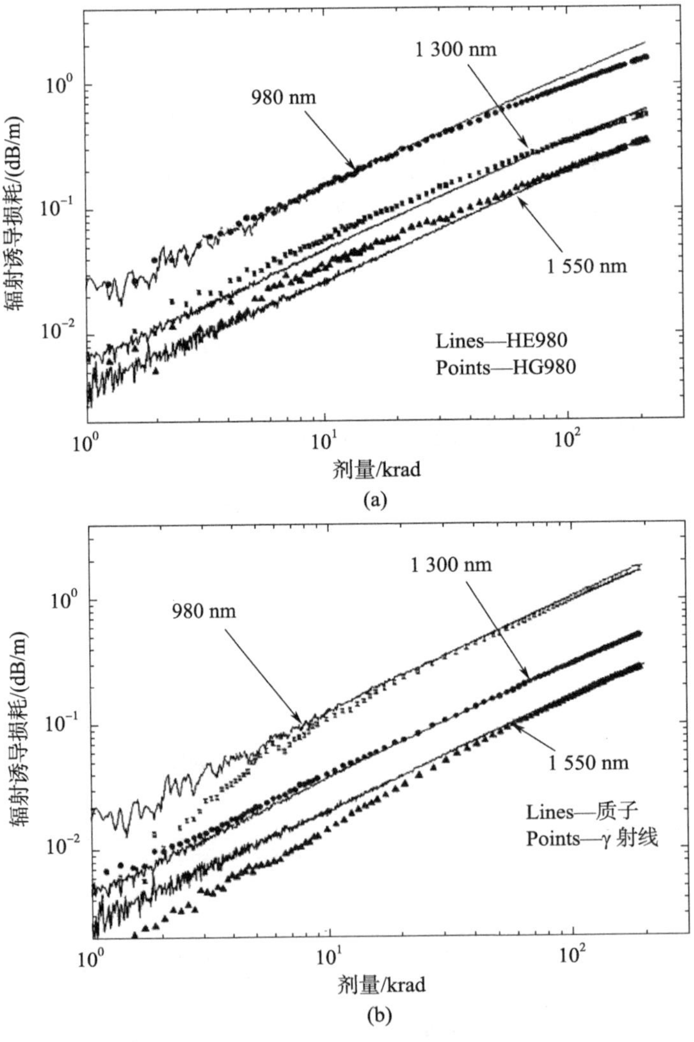

图 4－41　掺铒光纤辐射诱导损耗随质子辐射剂量的变化（a）及质子和 γ 射线辐射下掺铒光纤辐射诱导损耗随辐射剂量的变化（b）

激光器的输出不稳定性导致的)。对于 1 550 nm 波段，小于 60 krad 时二者损耗偏差略大，这是由于低辐射剂量下辐射诱导损耗较小，测试误差导致的。总的来说，在相同剂量率的质子和 γ 射线辐射下，三个波段的损耗曲线表现出近似一致的变化趋势。

(3) 电子辐射环境条件下的性能演变

图 4-42 为不同型号掺铒光纤 (Lycom R47001 和 experimental) 在电子辐射下不同泵浦光 (980 nm 和 1 550 nm) 的辐射诱导损耗随辐射剂量的变化曲线[180]。辐射剂量率为 40 rad/s，总剂量为 100 krad。实验中，泵浦光功率为 90 mW 和 700 mW。图中可以看到，随着辐射剂量的累积，不同掺铒光纤的辐射诱导损耗逐渐变大；980 nm 波段辐射诱导损耗大于 1 550 nm 波段。90 mW 泵浦的光纤中在 60 krad 处出现损耗下降的现象是由于电子加速器关闭，光褪色效应辐射诱导损耗略微下降。总的来说，两种光纤在电子辐射下表现出较为近似的损耗变化趋势，100 krad 总剂量内，辐射诱导损耗近似线性增加。

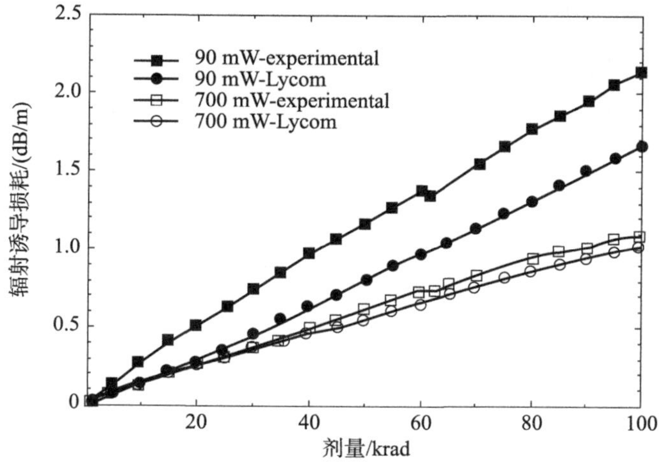

(a)

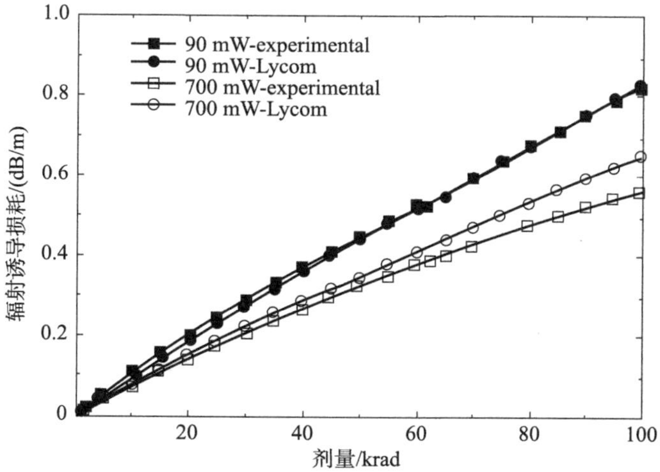

(b)

图 4-42　掺铒光纤在 980 nm (a) 和 1 550 nm (b) 泵浦时辐射诱导损耗随电子辐射剂量的变化

相比于小泵浦功率光纤 (90 mW)，大泵浦光功率 (700 mW) 时掺铒光纤的辐射诱导损耗更低，且 980 nm 波段光损耗较 1 550 nm 波段降低更明显。上述现象表明泵浦光功率越高，光褪色效率越高；传输光波长越短，褪色效果越明显。

另外研究表明，纤芯中掺杂锗会降低光褪色作用。由于本实验两种光纤均为掺锗光纤，虽然采用了较高的泵浦功率（700 mW）以提高光褪色效率，但与非掺锗光纤相比，实验中由光褪色效应导致的辐射诱导损耗下降并不明显。

（4）中子辐射环境条件下的性能演变

图 4-43 为典型掺铒光纤在中子辐射下 1 550 nm 波段的功率输出特性[181]。中子能量为 1 MeV，注量为 5×10^{13} n/cm^2（中子注量相当于高轨道 15 年位移效应的辐射总剂量），掺铒光纤中 Er^{3+} 密度为 $10^{25}/m^3$。从图 4-43 可以看出，在 1 535～1 565 nm 波长信号光范围内，中子辐射后掺铒光纤的信号光输出功率衰减了约 15～18 dB。相同光纤的电子辐射实验中信号光输出功率衰减了 2～7 dB，实验结果对比表明，掺铒光纤中子辐射诱导损耗是电子辐射的 10～20 倍。

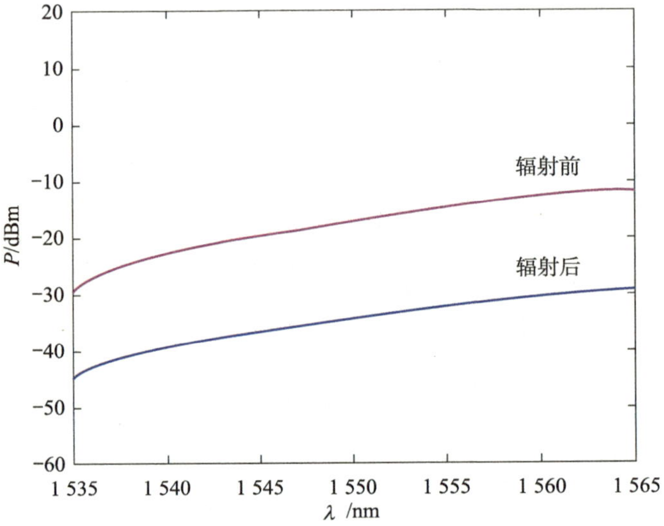

图 4-43　掺铒光纤在中子辐射下 1 550 nm 波段的损耗特性

4.5.1.2　有源光纤在辐射环境条件下的性能演变机理

辐射对石英基光纤性能的影响主要包含 4 个方面：1）辐射诱导吸收。色心的形成导致光纤的辐射诱导吸收增加，严重影响光纤的传输和增益性能。2）辐射诱导发光（RIE）。RIE 包含色心的发光和切伦科夫发光，这些发光信号作为噪声使得信噪比下降。3）辐射诱导折射率变化。大剂量粒子辐射诱导石英玻璃的折射率和密度增大，且增大值与纤芯和包层中的掺杂元素有关，同时辐射诱导折射率变化使得光纤数值孔径发生改变，进而影响光纤模式和光束质量。4）辐射诱导涂覆层降解。大剂量粒子辐射使得光纤涂覆层的高分子链断裂（即降解），具体表现为涂覆层变黄变脆，光纤的机械强度降低，涂覆层与外包层的界面损耗增加。值得注意的是，通常在大剂量辐射条件（>MGy）下光纤中才表现出明显的辐射诱导发光、辐射诱导折射率变化、辐射诱导涂覆层降解。在宇航等小剂量辐射环境（≤1 kGy）中，辐射诱导吸收是制约光纤抗辐射性能的主要因素[182]。

（1）粒子辐射与石英玻璃的相互作用

从微观原子尺度看，粒子辐射对石英光纤的破坏主要包含两个方面：原子移位和电离破坏。其中原子移位产生氧空位和间隙氧原子；电离破坏产生电子型色心和空穴型色心。由于电离破坏所需能量阈值（≤8 eV）远低于原子移位所需能量阈值（≥10 eV），因此电离破坏是粒子辐射对石英光纤的主要破坏机制。图 4 - 44（a）是粒子辐射破坏石英玻璃 Si - O - Si 网络的模型。图 4 - 44（b）所示为铝单掺石英玻璃的辐射诱导吸收谱。研究表明紫外波段的两个吸收峰起源于电子型色心（Si - E′和 Al - E′），可见光波段和近红外波段的两个吸收峰起源于空穴型色心（如 Al - O - OHC）。由此可见，电子型色心和空穴型色心是导致石英基光纤辐射诱导吸收强度急剧增加的主要原因。

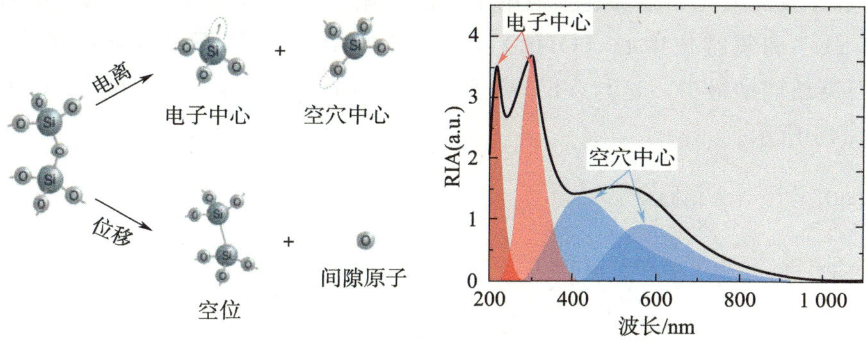

(a) 粒子辐射破坏石英玻璃中Si-O-Si网络的模型　(b) 铝单掺石英玻璃的辐射诱导吸收谱

图 4 - 44　粒子辐射与石英玻璃的相互作用

色心的产生主要包括 5 个阶段[183,184]：1）粒子辐射阶段。2）原子移位和电子-空穴对产生阶段。该过程通常是瞬态的，该过程能否发生主要取决于粒子能量。对于石英玻璃而言，使氧原子和硅原子发生原子移位的能量阈值分别为 10 eV 和 18 eV，因此通常氧空位缺陷比硅空位缺陷要多得多。高纯 SiO_2 玻璃禁带宽度约为 8 eV，因此纯石英玻璃产生电子-空穴对色心的能量阈值约为 8 eV。由于紫外光的能量通常低于 8 eV，故只能产生光致分解缺陷（Photolytic Detects）。3）激发态弛豫和复合阶段。间隙原子与原子空位复合导致弗兰克尔缺陷湮灭，电子-空穴对可以通过辐射跃迁和非辐射跃迁两种方式复合，前者产生发光信号，后者将能量转化成热传递给晶格。4）载流子俘获和缺陷形成阶段。没有复合的空穴和电子在粒子辐射过程中可以自由移动，称为载流子。载流子可能被 SiO_2 玻璃中的各种格位（如辐致分解缺陷、预先存在缺陷、杂质离子等）俘获，导致电子型和空穴型色心形成。在辐射过程中，原子核从一个间隙位置扩散到另外一个间隙位置，称为间隙扩散；原子核从一个平衡态位置扩散到一个原子空位，导致一个新空位的产生，称为空位扩散。空位扩散所需能量远小于间隙扩散所需能量，因此空位扩散是原子核扩散的主要机制，且原子核与空位的互扩散往往会导致新的缺陷产生。5）扩散限制阶段。辐致分解碎片（如 H^0 原子）在扩散过程中倾向于与各种类型的电子型和空穴型色心发生化学反应，形成更加稳定的缺陷（如≡Si—H，≡Si—OH 等），或者自身通过二聚反应形成稳定分子

（H_2，Cl_2，O_2 等），导致载流子扩散过程被钉扎，即扩散被限制。此外，杂质俘获缺陷、原子移位缺陷及二聚反应生成物（如 H_2）在辐射过程中有可能进一步发生化学反应，生成更加稳定的缺陷，导致扩散过程被进一步钉扎。自俘获缺陷通常是一种亚稳态缺陷，它可以依靠自由扩散离子的电荷补偿变为稳定缺陷。间隙原子和空位在大剂量辐射条件下倾向于各自聚集在一起，从而产生胶体和气泡，导致空位和间隙原子的扩散过程被钉扎。

（2）辐射诱导稀土离子变价和氧空穴色心形成

有源光纤的辐射敏感性远高于无源光纤，且有源光纤辐致暗化机理目前尚不完全清楚。为了增加稀土离子在石英基质中的溶解度，调控纤芯折射率，通常需要在有源光纤纤芯中引入多种共掺离子，如 Al^{3+}、P^{5+}、Ge^{4+}、F^- 等，这些共掺离子的选择和其共掺比例都会影响有源光纤的辐射敏感性。

原位紫外激发荧光光谱和连续波电子顺磁共振（CW-EPR）谱测试结果表明[185]，辐射引入的 Yb^{2+} 和氧空位中心（OHC）对在 Yb^{3+}/Al^{3+} 共掺石英玻璃中最多，在 Yb^{3+}/P^{5+} 共掺石英玻璃中最少，这与 Yb^{3+} 离子配位基团的电荷量有关。Yb^{2+} 和 OHC 对形成模型如图 4-45 所示。

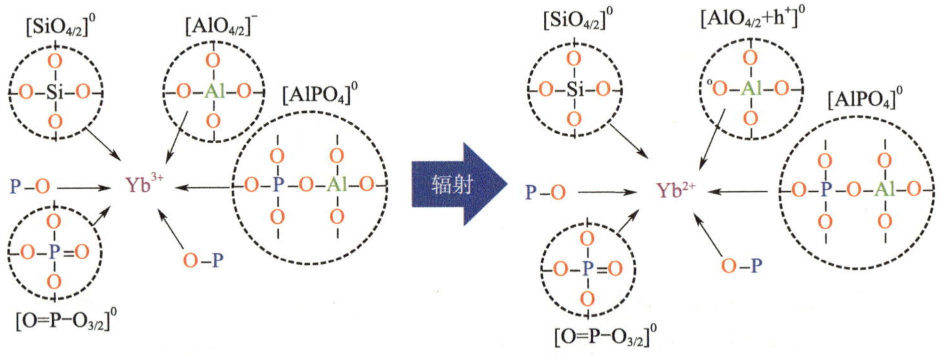

图 4-45　Yb^{3+} 掺杂石英玻璃中辐致色心形成模型

在 Yb^{3+}/Al^{3+} 双掺石英玻璃中，Yb^{3+} 周围主要是 $[SiO_{4/2}]^0$ 和 $[AlO_{4/2}]^-$ 基团。电负性的 $[AlO_{4/2}]^-$ 在辐射过程中容易俘获一个空穴（即释放出一个电子）变成 Al-OHC，释放出的电子被 Yb^{3+} 俘获，从而大量 Yb^{3+} 被还原为 Yb^{2+}。因此，Yb^{3+}/Al^{3+} 双掺石英玻璃的抗辐射性能较差。其化学反应过程可表示为

$$[AlO_{4/2}]^- + Yb^{3+} \xrightarrow{h\nu} [AlO_{4/2} + h^+]^0 + Yb^{2+}\ [AlOHC]$$

在 Yb^{3+} 单掺石英玻璃中，Yb^{3+} 主要配位于 $[SiO_{4/2}]^0$ 基团。电中性的 $[SiO_{4/2}]^0$ 在辐射过程中不易得失电子，在辐射过程中只有少量 Yb^{3+} 被还原为 Yb^{2+}。因此，与 Yb^{3+}/Al^{3+} 双掺石英玻璃相比较，Yb^{3+} 单掺石英玻璃的抗辐射性能更优。

在 Yb^{3+}/P^{5+} 双掺石英玻璃中，Yb^{3+} 周围主要是 $[O=PO_{3/2}]^0$ 基团（即 $P^{(3)}$ 基团）。$P^{(3)}$ 基团的 O=P 双键在辐射过程中非常容易断裂，起到吸收射线能量的作用，此外，在辐射过程中 O=P 双键同时扮演电子俘获中心和空穴俘获中心的角色，辐致 Yb^{2+} 和稳态 P-OHC 对明显减少。因此，与 Yb^{3+} 单掺或 Yb^{3+}/Al^{3+} 双掺石英玻璃相比，Yb^{3+}/P^{5+} 双

掺石英玻璃的抗辐射性能更好。需要注意的是，由 O=P 双键电离产生的 P_1 色心吸收峰位于 1.6 μm 处，该色心会严重恶化 Yb^{3+} 离子的发光性质。

在 $Yb^{3+}/Al^{3+}/P^{5+}$ 三掺石英玻璃中，随着 P 和 Al 共掺比例 $R_{P/Al}$（0.25→2）的增加，辐射引入的 Yb^{2+} 和 OHC 对逐渐减少，玻璃的抗辐射性能逐渐改善。当 $R_{P/Al}<1$ 时，铝和磷优先形成电中性的 $[AlPO_4]^0$ 单元，并环绕在 Yb^{3+} 离子周围，多余的铝主要以电负性的 $[AlO_{4/2}]^-$ 单元环绕在 Yb^{3+} 离子周围。Yb^{3+} 和 $[AlO_{4/2}]^-$ 在辐射过程中分别俘获电子和空穴，导致大量 Yb^{2+} 和 Al-OHC 形成。当 $R_{P/Al}=1$ 时，Yb^{3+} 周围主要是电中性的 $[AlPO_4]^0$ 基团，$[AlPO_4]^0$ 与 $[SiO_4]^0$ 结构类似，在辐射过程中不易得失电子。因此，铝和磷等掺杂在一定程度上可以提高掺 Yb^{3+} 石英玻璃的抗辐射性能。当 $R_{P/Al}>1$ 时，绝大部分铝和磷优先形成电中性的 $[AlPO_4]^0$ 结构单元，处于远离 Yb^{3+} 离子的位置，而多余的磷主要以电中性的 $[O=P-O_{3/2}]^0$（即 $P^{(3)}$）结构环绕在 Yb^{3+} 离子周围。此时，Yb^{3+} 离子的局部结构与 Yb^{3+}/P^{5+} 双掺石英玻璃中的局部结构类似。因此，辐射引入的 Yb^{2+} 和 P-OHC 对相对于 $R_{P/Al}\leqslant 1$ 样品明显减少，玻璃的抗辐射性能明显改善。

在辐射过程中，正电性的稀土离子通常俘获电子使自身被还原，负电性的配位基团通常失去电子，即俘获空穴，形成 OHC。目前，稀土离子变价（$RE^{3+}\rightarrow RE^{2+}$）和 OHC 形成被普遍认为是有源光纤辐射诱导损耗增大的根本原因。除 $Yb^{3+/2+}$ 离子外，粒子辐射诱导 $Ce^{4+/3+}$、$Sm^{3+/2+}$、$Eu^{3+/2+}$、$Er^{3+/2+}$、$Tm^{3+/2+}$ 等稀土离子发生价态变化也已被研究发现。

4.5.1.3　有源光纤抗辐射加固技术

一般而言，辐射抑制有被动防护技术和主动辐射抑制技术。被动防护技术是通过外壳的重金属屏蔽来提高其抗辐射性能，但是这样会造成额外的质量增加。因此通过主动辐射抑制技术来提高光纤器件本身的抗辐射能力是更为理想的方法。主动辐射抑制一般可以分为两类：主动阻止色心形成和对已形成的色心进行主动恢复，包括光纤组分调节、预处理、后处理等典型方法[186-188]。

(1) 光纤组分调节

通过调整光纤掺杂元素或者优化掺杂物的掺杂比例，来减少辐射时光纤中色心和缺陷的形成，从而提高光纤的抗辐射能力。

①优化共掺剂比例

由于稀土元素在纯 SiO_2 基质中很难溶解，因此为了增加稀土离子在光纤中的含量，提高增益光纤的光学性能，需要加入共掺剂，如 Al、P、Ge 等。然而，单独掺杂某一种共掺剂时，上述每种共掺剂在辐射之后都会形成相应的点缺陷，有可能成为辐射诱导损耗的主要来源。研究表明将多种共掺剂同时掺杂有利于提升有源光纤的抗辐射性能，但是多种共掺剂之间也存在着互相影响，掺杂量过多还会导致拉丝难度提高、光纤热负载上升、折射率剖面凹陷等一系列问题。更重要的是，现有的掺杂工艺难以精准控制各掺杂组分的含量，仅能在一定范围内进行调节。所以，想要通过优化掺杂元素组分提高光纤的抗辐射性能不仅需要合理调配掺杂含量，还需要提升掺杂技术成熟度，从而在提高有源光纤抗辐射性能的同时保证其光学性能不变。

②掺变价离子

含有金属杂质的石英光纤具有较差的抗辐射性能，在高功率激光作用下或者高能粒子辐射过程中，光纤材料因多价金属离子的存在一般会出现新的吸收色心，引起更大的吸收损耗。但是并非所有的多价金属离子在光纤中都会降低光纤的抗辐射性能，某些多价金属离子在辐射过程中，能够跟辐射诱导电离的电荷反应进行价态转换，从而给光纤的辐射反应提供缓冲空间，消除部分色心，提高光纤的抗辐射性能。

能够提高掺杂光纤抗辐射性能的变价离子有很多，其中 Ce、Ti 和 Pb 都已证明对无源玻璃的抗辐射能力有增强作用[189]。不同变价离子的抗辐射性能与其氧化还原势有关，研究发现 Ce 离子在玻璃中的抗辐射性能最佳[190-192]。这是因为 Ce 是变价离子，在玻璃网络结构中能同时存在 Ce^{3+} 和 Ce^{4+}，这一特性使 Ce 离子可以给出电子或接收电子。一般认为，Ce^{3+} 能俘获空穴，使硅酸盐玻璃中由于缺陷与空穴结合而形成的色心消失并形成 $Ce^{3+(+)}$；Ce^{4+} 能俘获电子形成 $Ce^{4+(-)}$，使得电子与缺陷结合而成的色心消除，提高有源光纤的抗辐射能力[193-195]。此外，Ce^{3+} 和 Ce^{4+} 本身的吸收带主要位于紫外区域，它的价态变化不影响长波段的透过率，适量掺杂对 Er^{3+} 和 Yb^{3+} 的发光性能无明显影响。但是掺 Ce 会导致纤芯数值孔径上升，降低转换效率。同时掺 Ce 还会导致光纤内部温度升高，影响光纤的传输性能，因此应该对 Ce 的掺杂量进行优化，探索出平衡抗辐射能力和光纤固有性质的最优掺杂比例。为了解决掺 Ce 离子所致的掺镱光纤性能下降问题，研究了碱金属离子的掺杂。研究表明，Na^{+}、Li^{+} 具有良好的延缓掺镱光纤达到平衡态暗化附加损耗的作用，且不会对光纤激光性能产生明显影响，可作为加强掺镱光纤抗光子暗化能力的有效方法。掺杂碱金属离子抑制光子暗化效应的机理在于其可与 Yb 离子形成稳定的局部电荷环境，进而稳定 Yb 离子的价态，减少因电荷转移形成的空穴或者电子色心缺陷，从而降低光子暗化效应或者辐致衰减效应。

(2) 光纤预处理

预处理是指在有源光纤应用之前，对其进行特殊处理，降低辐射敏感度，包含预辐射、特殊气体加载等方法。

①预辐射

对有源光纤预辐射，经过一段时间光纤性能基本恢复后，光纤再受到辐射时的敏感性会降低，即辐射硬化现象。预辐射与未预辐射处理的光纤同时受到同剂量同速率的辐射时，后者的辐射诱导损耗比前者高 2～3 倍[196,197]。这是因为辐射会与玻璃基质中最为活泼的格点反应，产生较稳定的晶体结构，从而降低俘获电子-空穴对的能力，抑制色心的产生。虽然预辐射使光纤初始损耗和固有损耗有所增加，但能改善光纤在后续辐射环境下的稳定性。

②特殊气体加载

特殊气体加载预处理是指在高温或者高压条件下，促使某种气体扩散进光纤中，所用气体可以是 H_2，D_2或 O_2[198]。

对掺铒光纤进行高压载氢是一种有效的抗辐射加固手段。掺铒光纤载氢后，辐射条件下氢气分子分裂成氢原子，氢原子代替自由电子与光纤基质中的缺陷形成稳定的化合物，减少了色心的生成，降低了辐射诱导损耗。基于此项技术的掺铒光纤是普通有源光纤在太空中工作寿命的 5～10 倍。

对于掺镱光纤，载气处理抑制光子暗化的机理如图 4 - 46 所示，Yb^{3+} 离子在电荷转移吸收带作用下与氧配位发生电子传递，进而形成 O^{+} 空穴相关色心和二价 Yb^{2+} 离子，诱发光子暗化附加损耗，载氢/载氘引入的 H_2/D_2 会与这些色心反应生成 $-OH/-OD$，它比辐致色心的化学键更加稳定，因此通过载氢处理，可以消除 O^{+} 空穴相关色心，从而减少点缺陷的数量，是目前较为有效的抗辐射手段之一。

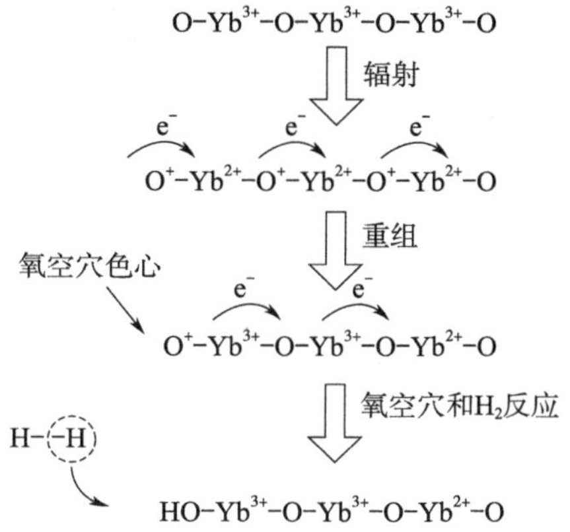

图 4 - 46　载氢处理抑制光子暗化空穴相关色心的原理示意图

载气处理也有不足之处：1）H_2 或 D_2 在大气环境中容易从光纤中逸出，从而光纤失去抗辐射性能。为防止气体外溢还需在表面涂覆密封碳涂层或碳化硅涂层，工艺较复杂，难度较大。2）如果光纤中的加载气体浓度太高，H_2（1.24 μm）或 D_2（1.71 μm）分子在近红外区域的强吸收会明显降低增益。3）对于载氧处理，为了获得较好的抗辐射效果，要平衡好产生的缺氧缺陷和过氧缺陷。4）高温载气会明显破坏涂覆层的力学性能。因此，需要对气体类型、载气时间、载气浓度、载气压力等参数进行优化，在抗辐射效果与光纤固有参数之间找到平衡点。

（3）光纤后处理

基于“漂白”效应的抗辐射方法是一种广泛关注的主动防护技术。光纤中色心是由光纤材料俘获了带电粒子形成的，在热、光等作用下色心会得到恢复，甚至消除，这一过程称为“漂白”。可将色心的变化分解为产生、漂白和再生成三个过程，可表示为[199]

$$N_0 \xrightarrow{k_c} N \underset{k_d}{\overset{k_a}{\rightleftharpoons}} N_p \tag{4-44}$$

式中，N_0 为在玻璃基质中可产生缺陷从而形成色心的粒子数密度；N 为已经形成的色心粒子数密度；N_p 为玻璃基质中色心通过释放电子“漂白”后的缺陷；k_c 为新的色心的生成速率；k_a 和 k_d 分别为已生成色心的“漂白”和再生成速率；光纤的辐射损耗特性由 k_c、k_a

和 k_d 共同决定。

整个过程可表示为

$$\frac{\mathrm{d}N}{\mathrm{d}t}=k_c\dot{D}N_0+k_d\dot{D}N_p-k_a\dot{D}N \tag{4-45}$$

式中，$\dot{D}$ 代表辐射剂量率。辐射环境下，当色心的生成速率等于色心的减少速率时，上述过程达到动态平衡；通过调节 k_a、k_c 和 k_d 之间的比例关系可以降低辐射对光纤的影响。基于“漂白”效应的主动抗辐射加固技术主要有三种：气氛漂白、热漂白和光漂白[200,201]。

①气氛漂白技术

对辐射后的光纤进行高压载气处理，称为气氛漂白，相关研究表明，漂白后光纤的损耗谱和激光斜率效率与未辐射光纤的损耗谱和激光斜率效率相差不大；且随辐射剂量的增加，漂白效果并没有明显变差，但是对于宇航应用气氛漂白法难以实施。

②热漂白技术

热漂白是一种褪色效率较高的后处理抗辐射技术，是指通过加热的方法加快光纤中晶格损伤的恢复效应。在一定温度范围内，升高温度会使光纤辐射诱导损耗下降，甚至回到辐射前的水平，这种现象称为热漂白。热漂白效果与温度成正比关系，需要加热到很高的温度（300 ℃）才能产生明显的漂白效应，将温度升高到 600 ℃以上时，具备彻底漂白光纤的能力。然而，如此高的温度会对光纤涂覆层及其他光学器件造成伤害，因此，该方法难以在工程中应用。

③光漂白技术

当光纤中存在一定功率的激光时也有助于辐射诱导损耗的恢复，即光漂白。光漂白法可以实现全光纤化，具备在线实时操作的能力。目前对掺镱光纤光子暗化具有良好漂白效果的波长包括 355 nm、405 nm、532 nm、543 nm、550 nm 和 633 nm 等。但目前光漂白后光纤激光器功率恢复量均在 mW 量级，对于 kW 级高功率光纤激光器，光漂白的作用不明显。

值得注意的是，光漂白法的效率相对较低，所需时间较长，并且所引起的恢复不足以弥补辐射产生的损耗，总体表现仍然是辐射诱导损耗渐渐增加，同时大功率漂白光源的引入可能会破坏某些光纤系统的正常工作。对有源光纤进行长时间高功率激光泵浦，很可能会造成光暗化效应，由此产生的色心会导致有源光纤的背景损耗增加，降低光纤输出功率。因此，需要探索出最优化的光漂白参数，如漂白光波长、功率、通光时间等，在实现最佳漂白效果的同时避免对光纤其他性能的影响。

（4）基于重金属屏蔽的被动抗辐射技术

基于重金属屏蔽的被动抗辐射技术是指利用重金属钽片或铅等防护材料屏蔽光源中各光学器件以降低辐射的影响[202]。不同厚度铅屏蔽下掺铒光纤光源的辐射诱导损耗特性如图 4－47 所示。

屏蔽铅板厚度分别为 3 mm 和 5 mm，分别对应图中曲线 1 和 2，γ 射线辐射剂量率为 6.5 rad/s。辐射大约持续 45 h，过程中存在三次停止辐射测量点。图 4－47 表明，铅板对高能辐射粒子有一定的屏蔽作用，但屏蔽作用较弱，尽管增加铅板厚度能起到更好的抗辐

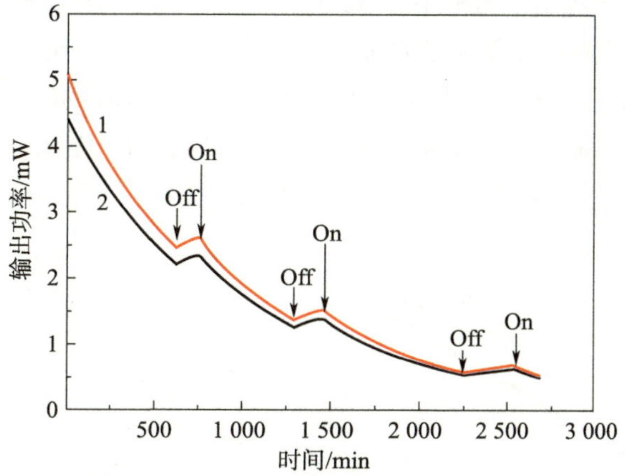

图 4-47　环形铅屏蔽结构光源输出功率随辐射剂量的变化曲线

射作用，但仅仅依靠铅板屏蔽并不能抑制光损耗的增加；此外，这种抗辐射技术会大大增加光源质量。

表 4-2 总结了上述各种抗辐射技术的优缺点。

表 4-2　各种抗辐射技术的优缺点

抗辐射技术	优点	缺点
重金属屏蔽	方法简单，成本低	抗辐射效果差，增加系统质量
高压载氢	具有一定的抗辐射效果	工艺复杂，技术难度大
抗辐射光纤	具有一定的抗辐射效果	成本高，工艺复杂，技术难度大
热漂白	方法简单，抗辐射效果明显	高温造成光学器件损伤
光漂白	方法简单、适用性强、抗辐射效果明显	增益恢复量较小

4.5.2　光纤超荧光光源在宇航环境条件下的性能演变及抑制技术

4.5.2.1　掺铒光纤超荧光光源在辐射环境条件下的性能演变及抑制技术

辐射对掺铒光纤的影响主要为损耗的增加，反映到掺铒光纤光源中表现为光源功率下降，另外损耗的增大会影响不同波段光的增益特性，表现为光源输出光谱的变形。

(1) γ 射线辐射条件下的性能演变

辐射实验采用双程后结构光纤光源，实验中仅将掺铒光纤放入辐射环境，系统中掺铒光纤长 9 m，γ 射线辐射剂量率为 0.1 rad/s，辐射总剂量为 50 krad。

① γ 射线辐射对损耗的影响

光源辐射诱导损耗和平均波长随辐射剂量的变化分别如图 4-48 (a)、(b) 所示[178]。由图 4-48 (a) 可以看到，辐射诱导损耗随着辐射剂量增加单调增加，50 krad 辐射剂量后光源辐射诱导损耗约为 5 dB。在整个辐射过程中，1 550 nm 波段辐射诱导损耗随辐射剂量增加并非线性增加，在 0～35 krad 区间，辐射诱导损耗变化率在 0.238～0.086 dB/krad 之间变化；在 35～50 krad 区间辐射诱导损耗随辐射剂量增加几乎呈线性增加，拟合增长速率为 0.086 dB/krad。辐射过程中光源平均波长的变化如图 4－48（b）所示，随着辐射剂量的增加，光源平均波长往短波长方向移动，且波长下降速率逐渐减小。在 0～35 krad 区间，光源平均波长变化 4.3 nm，平均变化率为 123×10^{-6}/krad；在 35～50 krad 区间，平均波长变化 0.25 nm，平均变化率仅为 17×10^{-6}/krad。

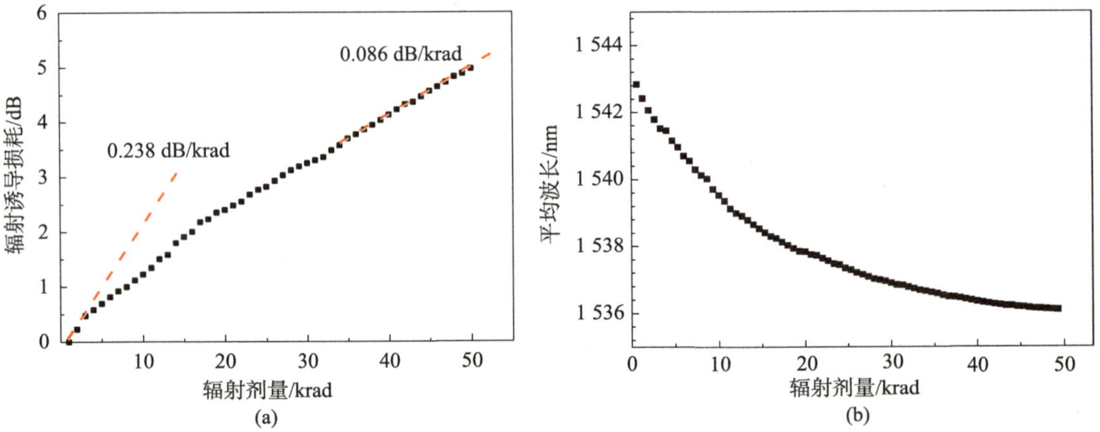

图 4－48　光纤光源辐射诱导损耗（a）和平均波长（b）随 γ 射线辐射剂量的变化

② γ 射线辐射对光谱的影响

图 4－49 为不同辐射剂量下光源的输出光谱，可以看到，随着辐射剂量的累积，光谱中各波段功率逐渐降低且在长波段处降幅更大。辐射剂量为 0～35 krad 时，随着辐射剂量的增加，1 560 nm 波段功率衰减速率较 1 530 nm 波段更快；辐射剂量为 35～50 krad 时，各波段功率衰减速率几乎相同，光源输出光谱形状相对稳定[178]。

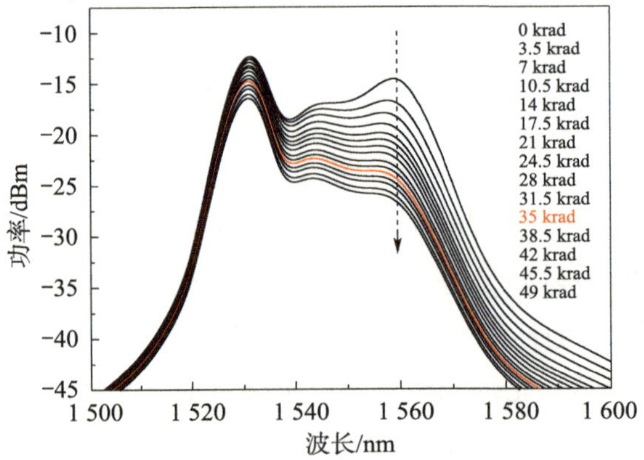

图 4－49　不同辐射剂量下光纤光源的输出光谱

1 550 nm 光波段是掺铒光纤中 Er^{3+} 的吸收谱峰值和荧光谱峰值波段（有源波段），在辐射环境下光谱损耗不仅包括掺铒光纤的背景损耗特性，还表现出掺杂光纤所特有的有源波段损耗特性。1 530 nm 波段既对应铒离子荧光谱的增益峰，又对应吸收谱的吸收峰，对于双程后向结构的掺铒光纤光源，掺铒光纤前端的铒离子对后向传输的 1 530 nm 超荧光有重吸收作用，从而增加了 1 560 nm 波段输出光功率，光源最终输出光谱形状由 1 530 nm 波段和 1 560 nm 波段的增益决定。因此，在 0～50 krad 辐射总剂量下，双程后向结构光源输出光谱的演变可分为以下两个阶段：

1）辐射剂量为 0～35 krad 时，掺铒光纤中辐射色心的形成对后向荧光谱中 1 530 nm 波段和 1 560 nm 波段表现出几乎相同的背景损耗；然而，由于掺铒光纤中前向超荧光被整段光纤强烈损耗，被反射镜反射后继续被光纤强烈损耗，导致铒离子重吸收作用越来越弱，表现为 1 560 nm 波段光信号增益效率明显降低。

2）辐射剂量为 35～50 krad 时，随着辐射致色心进一步增多，前向 980 nm 泵浦光和前向信号光在光纤中传播很短的距离就被消耗殆尽，光纤中前端铒离子对反射回的前向信号光的重吸收作用变得非常弱。此时光源输出主要为后向超荧光，光谱接近铒离子的本征荧光谱，光谱中 1 530 nm 增益峰占主导地位，各波段光功率密度的降低主要来自光纤的背景损耗，辐射过程中光源输出光谱形状和辐射诱损耗变化速率稳定。

③ γ 射线辐射对噪声的影响

图 4－50 为两种辐射剂量率（0.083 rad/s 和 0.008 3 rad/s）下典型掺铒光纤光源输出光噪声标准差的变化曲线。辐射剂量率为 0.008 3 rad/s，累积辐射剂量为 5 krad（Si）时光源没有在辐射过程中遭到严重损伤，噪声标准差随时间呈现出先增大后减小的趋势。大辐射剂量率下变化明显快于小辐射剂量率，其中大辐射剂量率下噪声在辐射时间为 9 h 时达到最大，而小辐射剂量率下则是在 90 h 附近，因此可以发现，辐射剂量率提高 10 倍，到达最大噪声所需时间缩短到原来的 1/10。如图 4－51 所示，光噪声标准差随辐射剂量的变化也呈现出先增大后减小的趋势。当把辐射时间换算成辐射剂量后，发现光噪声的标准差与总剂量相关，随剂量累加到约 2.5 krad 附近出现最大值，而后逐渐减弱。

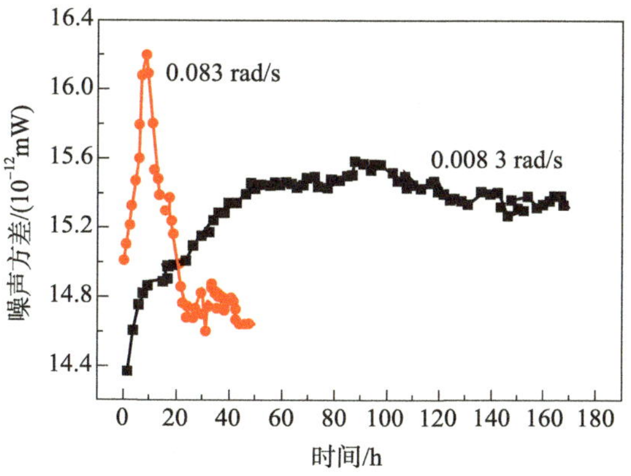

图 4－50　不同辐射剂量率下掺铒光纤光源输出光噪声方差随辐射时间的变化

从上述结果分析，长时间的辐射会使光源中产生与色心沉积相反的机制，从而使光源在后期的辐射环境中输出噪声趋于稳定，这对在辐射环境中工作的光源是非常有利的，这种结果可能是光致褪色效应的结果[203]。

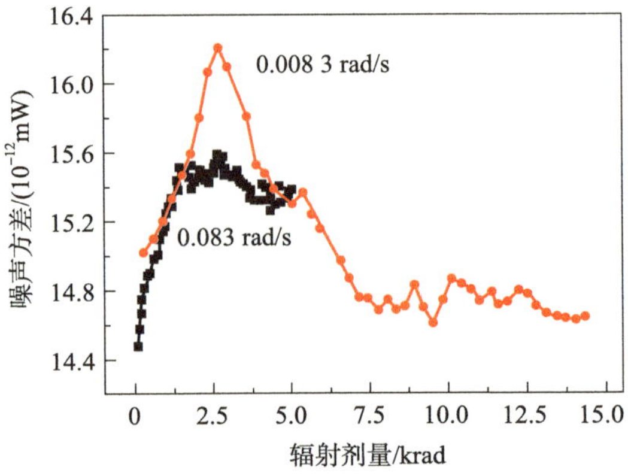

图 4-51　光源光信号噪声方差随辐射剂量的变化

（2）掺铒光纤光源抗辐射加固技术

针对辐射环境条件下掺铒光纤光源的性能演变特点可采取以下 3 种措施对掺铒光纤光源进行抗辐射加固：

1）采用边缘截止滤波器滤掉随辐射剂量变化剧烈的 1 560 nm 波段光谱，保留相对稳定的 1 530 nm 波段光谱作为输出；

2）实时监测光源的输出光功率，通过闭环负反馈控制技术对辐射时 980 nm 泵浦光损耗进行补偿，保证掺铒光纤中参与泵浦作用的 980 nm 泵浦光功率的稳定；

3）利用闭环负反馈控制技术增大光纤中 980 nm 泵浦光功率，增强"光漂白"效率。

图 4-52 为抗辐射掺铒光纤光源的典型结构。光源采用单程后向结构，980 nm 泵浦激光器输出泵浦光通过 WDM 进入掺铒光纤，边缘滤波器起截止滤波作用，根据光源光谱辐射特性，优化其通带滤波范围为 1 510～1 537.5 nm；滤波器传输光谱如图 4-53（a）所示，滤波后光源输出光谱如图 4-53（b）所示[178]。图 4-54 是抗辐射掺铒光纤光源的驱动控制系统结构。探测器监控光源输出功率的变化，由 $I-V$ 转换电路产生的光电压信号作为反馈量被取回与预先通过 CPU 和 D/A 设定好的参考量对比后产生控制信号，控制信号调节泵浦激光器的驱动电流以补偿辐射下 980 nm 泵浦光的损耗，从而保持掺铒光纤光源输出特性的稳定。

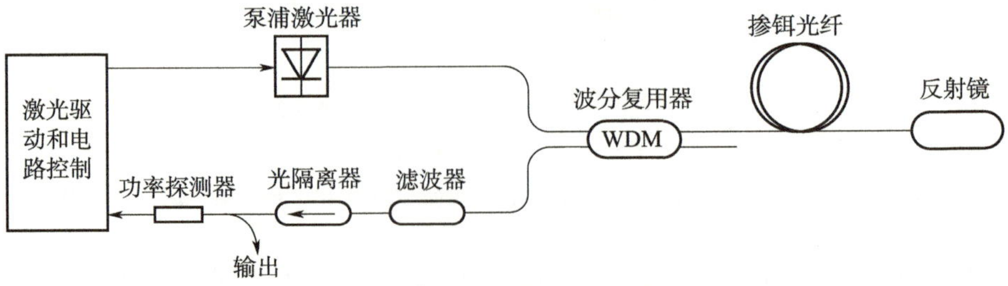

图 4-52　抗辐射掺铒光纤光源典型结构

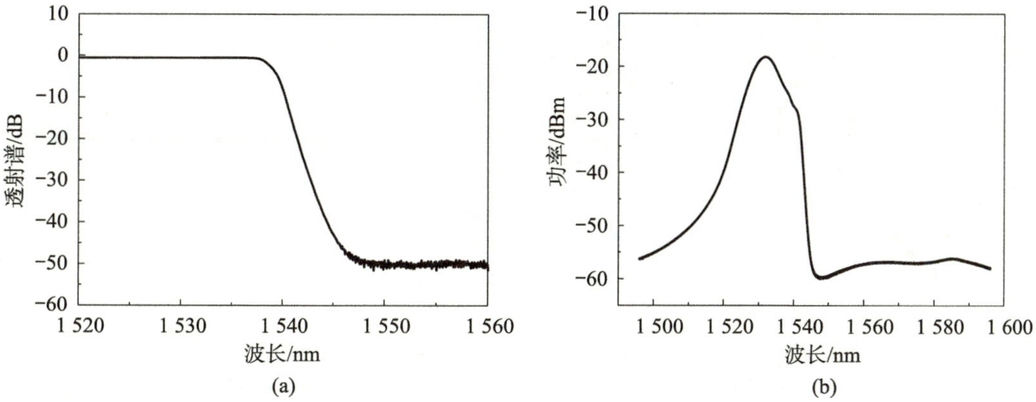

图 4－53　抗辐射掺铒光纤光源中边缘滤波器的透射谱（a）和滤波后光源输出的高斯型光谱（b）

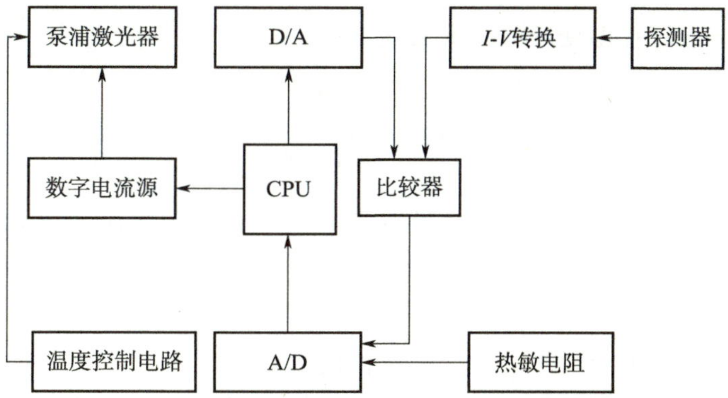

图 4－54　抗辐射掺铒光纤光源的驱动控制系统结构

对上述抗辐射光源进行 γ 射线辐射实验，辐射剂量率为 0.1 rad/s，辐射总剂量为 50 krad。不同辐射剂量下掺铒光纤光源输出光谱和输出功率变化如图 4－55 所示。图 4－55（a）为不同辐射剂量下掺铒光纤光源输出光谱，由于光谱变化很小，各光谱曲线重叠在一起，分析计算得平均波长以 12.5×10^{-6}/krad 的变化速率向短波长移动；辐射环境中光源输出光功率变化如图 4－55（b）所示，辐射结束后光源输出功率变化小于 5%；与采用抗辐射措施前相比，光源平均波长和输出功率稳定性均大约提高 10 倍[178]。

4.5.2.2　掺铒光纤超荧光光源在热环境条件下的性能演变及抑制技术

掺铒光纤超荧光光源的一个主要特点是输出波长的温度稳定性，同样是宽谱光源的超辐射发光二极管输出波长随温度的变化率是（300～500）$\times10^{-6}$/℃，而掺铒光纤超荧光光源的波长随温度的变化率小于 10×10^{-6}/℃。虽然掺铒光纤超荧光光源的波长温度稳定性良好，但仍然受到掺铒光纤、泵浦源等影响。

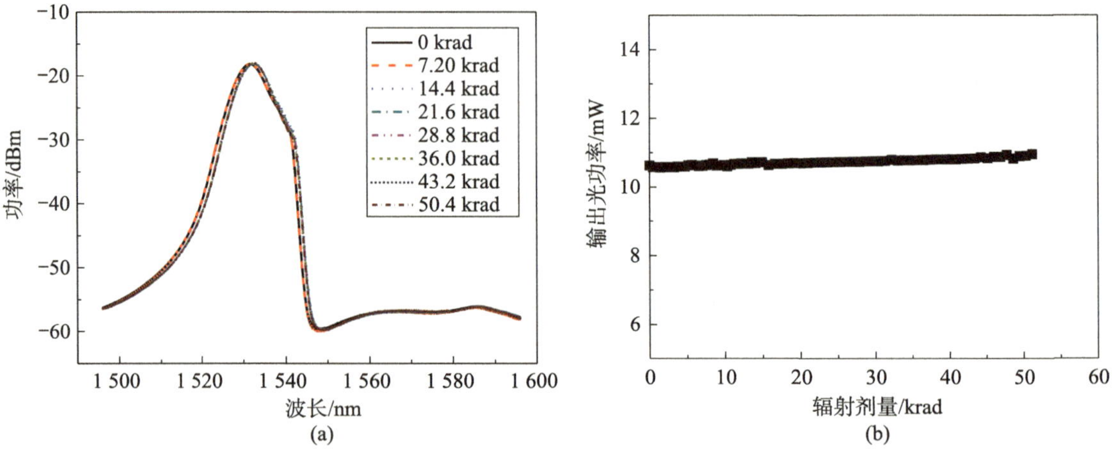

图 4-55　不同辐射剂量下光源的输出光谱（a）和光功率随辐射剂量的变化（b）

（1）掺铒光纤光源在温变环境下的演变

掺铒光纤超荧光光源平均波长随温度的变化可以表示为[36]

$$\frac{\mathrm{d}\bar{\lambda}_s}{\mathrm{d}T}=\frac{\partial\bar{\lambda}_s}{\partial T}+\left(\frac{\partial\bar{\lambda}_s}{\partial\lambda_p}\right)\left(\frac{\partial\lambda_p}{\partial T}\right)+\left(\frac{\partial\bar{\lambda}_s}{\partial P_p}\right)\left(\frac{\partial P_p}{\partial T}\right) \tag{4-46}$$

式中，$\bar{\lambda}_s$ 为铒源平均波长；λ_p 为泵浦激光器波长；P_p 为泵浦激光器功率；T 为温度。式中右边第一项是由掺铒光纤温度特性导致的固有的平均波长的变化，第二项和第三项是泵浦波长和泵浦功率导致的平均波长的变化。

①温变环境下泵浦波长对平均波长稳定性的影响

典型掺铒光纤超荧光光源平均波长和泵浦波长之间的关系如图 4-56 所示。从图中可以看出极值点位于 978.5 nm 附近，在极小值 978.5 nm 的两侧，掺铒光纤光源的平均波长与泵浦激光器的中心波长基本呈线性关系，对应变化关系小于 0.02 nm/nm，假定泵浦激光器中心波长的温度系数为 400×10^{-6}/℃，只需激光器管芯的温度稳定性控制达到 1 ℃，就可以保证掺铒光纤光源的平均波长稳定性优于 5×10^{-6}。如果平均波长稳定性要求达到 1×10^{-6}，则要求泵浦激光器的温度控制水平达到 0.2 ℃。

②温变环境下泵浦功率对平均波长稳定性的影响

掺铒光纤光源的平均波长随泵浦激光器光功率的变化对应关系典型值约为 50×10^{-6}/mW，如果要保证掺铒光纤光源平均波长的稳定性达到 10×10^{-6}，泵浦激光器的输出光功率稳定性需达到 0.2 mW，对于近年来高精度的应用场合，如波长稳定性达到 1×10^{-6}，则要求泵浦激光器的光功率稳定性在 0.02 mW 水平，尤其是在高低温环境下，这对于泵浦激光器而言，是较高的要求。在泵浦激光器输出光功率高于 50 mW 的情况下，泵浦激光器的输出光功率变化对掺铒光纤光源平均波长稳定性的影响系数逐渐降低，但提高泵浦激光器输出光功率的同时，会引起掺铒光纤光源光谱宽度的减小，实际中需兼顾系统对谱宽的要求。

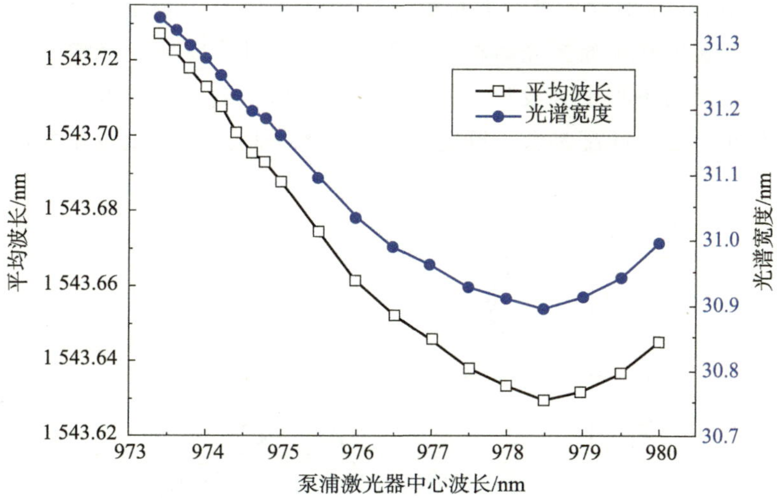

图 4－56　掺铒光纤光源平均波长、光谱宽度随泵浦激光器中心波长的变化

③温变环境下掺铒光纤长度对平均波长稳定性的影响

掺铒光纤固有热系数，即式（4－46）中的第一项，由每种掺铒光纤超荧光光源中吸收和辐射的相对重要性，以及这些过程的光谱随温度的漂移所决定。图 4－57 是泵浦功率为 100 mW 时，不同的掺铒光纤长度下，测得的掺铒光纤固有热系数导致的平均波长漂移的试验曲线。从图 4－57 中可以看出：

1）当掺铒光纤的长度为 12 m 时，由掺铒光纤的固有热系数导致的平均波长随温度的漂移特性基本上呈线性关系，斜率为$-5.3\times10^{-6}/℃$；

2）当掺铒光纤的长度为 8 m 时，由掺铒光纤的固有热系数导致的平均波长随温度的漂移则呈现正的温度系数关系，斜率为 $5.5\times10^{-6}/℃$。

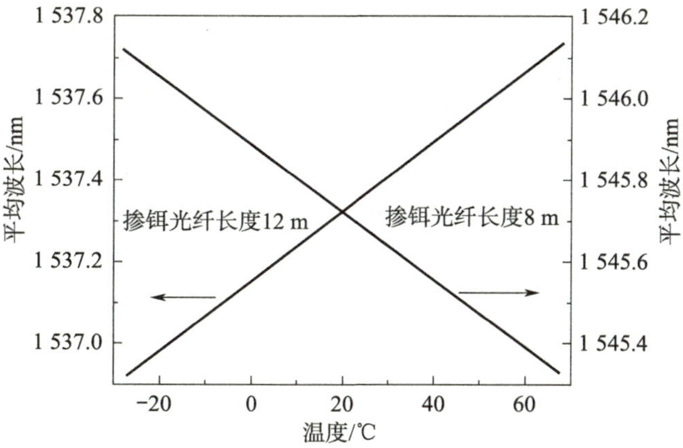

图 4－57　掺铒光纤的固有热系数导致的平均波长漂移

图 4－58 是不同温度条件下，泵浦功率为 100 mW，泵浦波长为 976.4 nm 时，光源的平均波长稳定性随掺铒光纤长度变化的试验曲线。从图 4－58 中可以看出，随着掺铒光纤

长度的变化，在 10.5 m 附近，平均波长稳定性经过 0/℃点，稳定性最优。在实际中，还需要兼顾掺铒光纤长度和泵浦激光器输出功率对掺铒光纤光源输出光谱形状和稳定性的影响，同时，考虑泵浦功率和中心波长、光纤长度、反射率等对平均波长稳定性的相互抵消补偿作用，优化相互之间匹配参数，既能获得较高的平均波长稳定性指标，又具有较好的工程适用性。

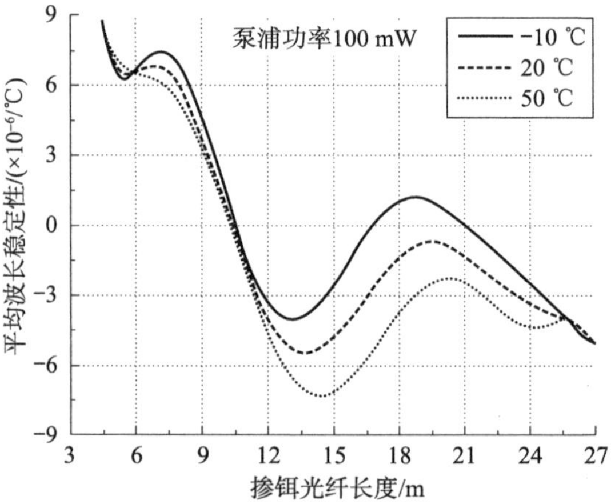

图 4-58　超荧光掺铒光纤光源平均波长稳定性随掺铒光纤长度的变化

根据上面的分析，通过掺铒光纤光源的参数优化设计，将掺铒光纤光源的温度控制放宽至 0.5 ℃，就能达到 1×10^{-6} 的波长稳定性。另外，由于三项贡献的符号不同，所以通过适当地选择这些条件，这三项的贡献可以部分抵消，从而进一步提高波长稳定性，放宽对温度和泵浦功率稳定性的要求。

（2）掺铒光纤光源在热真空环境下的演变

典型掺铒光纤光源在真空环境中的平均波长和输出功率随温度的变化如图 4-59 所示。可以看到，热真空不同温度条件下掺铒光纤光源工作正常。随着温度由－55 ℃升高到 70 ℃，光源平均波长在 1 560.04～1 560.12 nm 间波动，稳定度约为 51×10^{-6}；光源输出功率最高 1.72 mW，最低 1.52 mW，变化约 11.6%。该真空温变环境下光源输出参数变化量与大气温变环境下光源输出参数变化量相当，因此真空环境对掺铒光纤光源的影响不明显。

（3）掺铒光纤光源在温变环境下的演变抑制技术

提高掺铒光纤超荧光光源温变环境适应性，需要解决温变环境中其平均波长变化和功率变化的问题，可采取以下措施：

1）针对平均波长变化的问题，通过对掺铒光纤超荧光光源铒纤长度、泵浦功率、反射镜反射率等的参数值的优化设计，几种因素的影响可以部分或全部抵消，从而达到减小光源平均波长变化的目的；

2）针对平均波长变化的问题，对掺铒光纤超荧光光源的输出光谱进行滤波，滤除长波长分量，保留 1 530 nm 波段，温变环境中，1 530 nm 波段光谱更加稳定，从而提高光源平均波长稳定性；

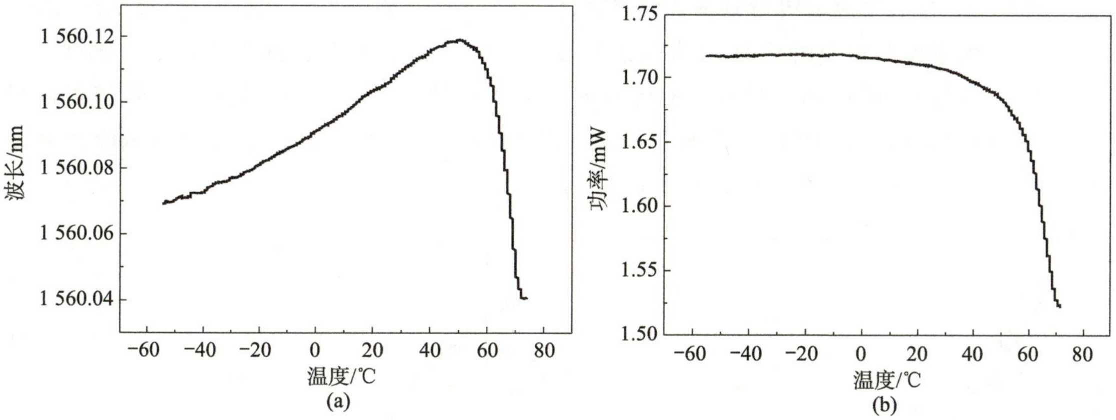

图 4-59　掺铒光纤光源在真空环境下平均波长（a）和输出功率（b）随温度的变化

3）针对输出功率变化的问题，可以筛选出温变条件下功率稳定性更高的器件装配光源；另外也可以采用光功率自动控制技术对光源的输出光功率进行闭环反馈控制，将光功率稳定在初始水平。

4.5.3　光纤放大器在宇航环境条件下的性能演变及抑制技术

4.5.3.1　掺铒光纤放大器在辐射环境条件下的性能演变及抑制技术

掺铒光纤的损耗由于辐射产生的色心而增大，反映到光纤放大器中表现为增益的下降和噪声的升高。当辐射剂量较大时，EDFA 甚至会丧失放大功能。

（1）γ 射线辐射环境条件下的性能演变

图 4-60 为采用不同掺铒浓度光纤的 EDFA 增益随 γ 射线辐射剂量的变化[204]。由图可见，EDFA 增益与辐射剂量呈近似线性递减关系。但不同掺杂浓度的光纤增益随辐射剂量衰减速度明显不同，当辐射剂量为 40 krad 时，高掺杂浓度（$17\times10^{24}/m^3$）EDFA1 的增益仅下降了 1.41 dB；而低掺杂浓度（$5.35\times10^{24}/m^3$）EDFA2 的增益随辐射剂量下降明显加剧，在辐射剂量为 40 krad 处，增益已降至 0.4 dB，降幅高达 15.88 dB。高浓度掺铒光纤放大器表现出更强的抗辐射能力，且随着辐射剂量的增加这种优势更加突出。

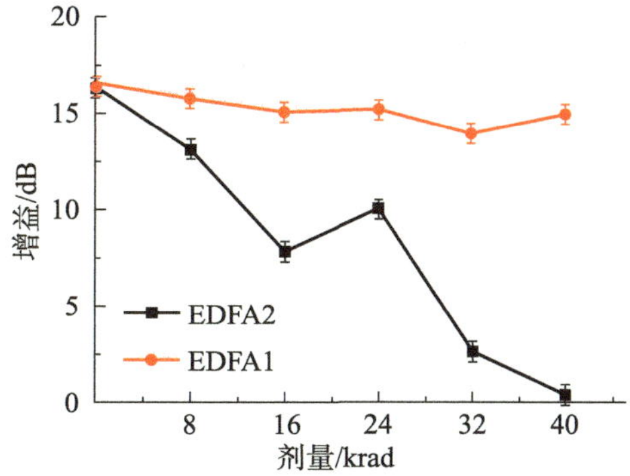

图 4-60　不同掺铒浓度光纤的 EDFA 增益随辐射剂量的变化

图 4-61（a）为典型铒镱共掺光纤放大器（Erbium-Ytterbium Doped Fiber Amplifier，EYDFA）弛豫振荡噪声峰值处的功率谱密度（PSD）随辐射剂量的演化情况，图 4-61（b）为中频段的光噪声功率谱密度随辐射剂量的演化情况[205]。可以看到，随着辐射剂量的增加，弛豫振荡噪声 PSD 与辐照前相比下降了 119.593 nW·Hz^{-1}，中频段的噪声 PSD 平均值与辐照前相比下降了 128.277 pW·Hz^{-1}。

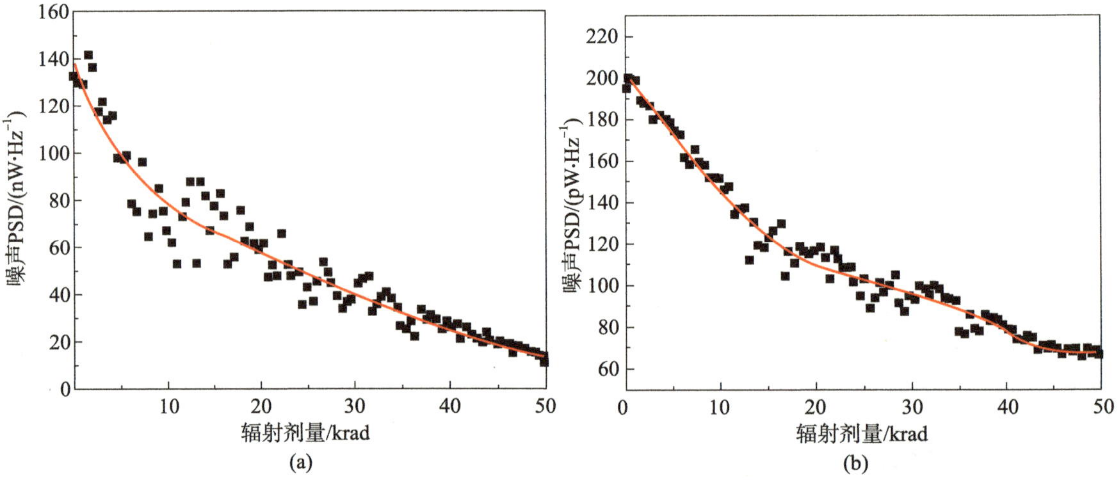

图 4-61　EYDFA 弛豫振荡噪声 PSD（a）和中频段噪声 PSD（b）随辐射剂量的变化

图 4-62 为辐照过程中典型 EYDFA 输出光谱的演化过程[206]。可以看到输出激光的中心波长稳定在 1 550.08 nm，表明辐射不会改变激光的峰值波长。从图中还可以看到，辐射剂量分别为 12.5 krad、25 krad、37.5 krad、50 krad 时，与辐射前相比，中心波长峰值功率依次降低了 0.866 dB、2.237 dB、3.319 dB、4.632 dB，同时，1 543～1 549 nm 及 1 550～1 565 nm 范围内的放大自发辐射噪声光谱也随着辐射剂量的增加而相应地降低。

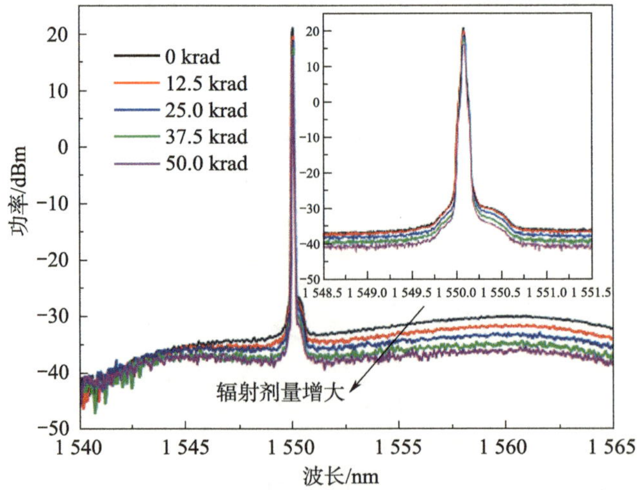

图 4-62　EYDFA 输出光谱随辐射剂量演化规律

光纤放大器在低频段通常存在强烈的弛豫振荡噪声，这是作为输入信号源的光纤激光器的弛豫振荡噪声被光纤放大器放大导致的。图 4-63（a）为辐照前后弛豫振荡噪声峰值处 PSD 随输出功率 P 的变化情况，图 4-63（b）为辐照前后中频段的光噪声 PSD 随输出功率 P 的变化情况。图中实点为实测数据，实线为使用公式 $\alpha P^2+\beta P+\gamma$ 对实验结果的拟合曲线。拟合公式中第一项对应相对强度噪声，第二项对应散粒噪声，第三项对应热噪声。图 4-63（a）中通过拟合得到的二次项系数 α 与辐照前相比增大了 1.625×10^{-4} nW·mW^{-2}·Hz^{-1}，一次项系数 β 与辐照前相比减小了 0.900 pW·mW^{-1}·Hz^{-1}。图 4-63（b）中通过拟合得到的二次项系数 α 与辐射前相比增大了 3.122×10^{-4} pW·mW^{-2}·Hz^{-1}，一次项系数与辐射前相比减小了 0.035 pW·mW^{-1}·Hz^{-1}。经过 γ 射线辐射，弛豫振荡噪声 PSD 和中频段光噪声 PSD 中的光相对强度噪声系数 α 均有所增大，而光散粒噪声系数 β 均有所减小[206]。散粒噪声下降的原因为辐射后放大器输出功率下降。

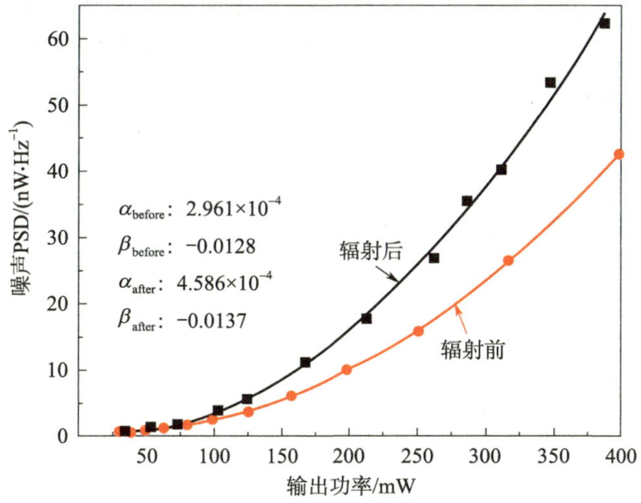

(a)

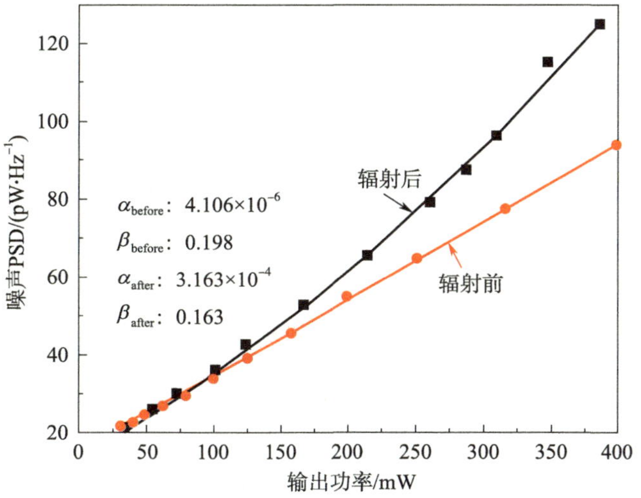

(b)

图 4-63　辐射前后 EYDFA 弛豫振荡噪声 PSD（a）和中频段噪声 PSD（b）随输出功率 P 的变化情况

相对强度噪声的表达式为

$$\mathrm{RIN}=\frac{[\delta P(t)]^2}{P^2}=\frac{2I_{\mathrm{RIN}}^2(t)}{I_D^2 B} \tag{4-47}$$

式中，$\delta P(t)$ 表示输出光功率的波动值；P 为输出光功率的平均值；B 为探测器的检测带宽；I_D 是探测器生成的光电流的平均值；$I_{\mathrm{RIN}}(t)$ 表示输出光功率波动经光电探测器转变为的光电流波动值。由式（4-47）可知，当 P 的下降程度远高于 $\delta P(t)$ 下降程度时，所得相对强度噪声值会升高。由图 4-62 看出，在辐照过程中输出信号光功率和自发辐射噪声功率均随辐射剂量增加而下降，但信号光功率同比下降更多，这解释了辐射后相对强度噪声增大的原因。因此光纤放大器在宇航应用中需要注意对相对强度噪声的抑制。

（2）质子辐射环境条件下的性能演变

载 H_2/D_2 是提高有源光纤抗辐射性能的有效方法，但 H_2/D_2 会随时间不断地外溢，抗辐射性能不断衰减。为了解决该问题提出了孔辅助碳涂层有源光纤（Hole-Assisted Carbon Coated，HACC），即在有源光纤的包层中增加若干沿光纤轴向的通孔用于载 H_2/D_2，并且在光纤包层外面增加碳涂层，防止 H_2/D_2 的外溢。采用不同光纤的掺铒光纤放大器随质子辐射剂量的增益变化特性如图 4-64 所示[207]。三种 EDFA 分别采用的光纤为掺杂 D_2 的 HACC EDF（HACCw D_2 EDFA），未掺杂 D_2 的 HACC EDF（HACCwo D_2 EDFA）和抗辐射丙烯酸酯涂层 EDF（RTAC EDFA），各种掺铒光纤参数见表 4-3。质子能量为 63 MeV，剂量率为 15 rad/s，辐射注量约 7.5×10^{11} p/cm^2，相当于总剂量 100 krad。

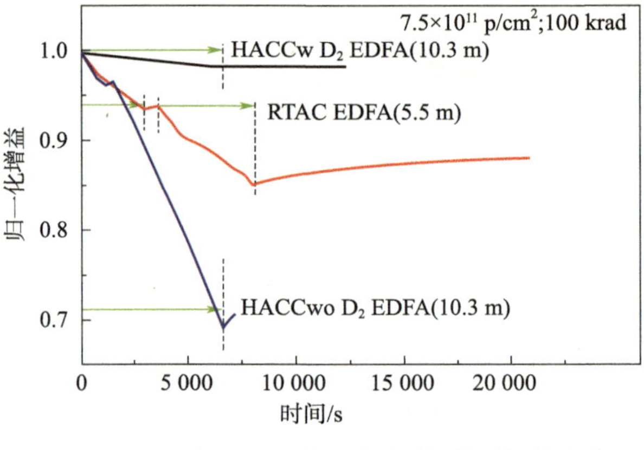

图 4-64　三种 EDFA 增益随质子辐射时间的变化

表 4-3　三种掺铒光纤主要参数

	HACCw D_2	HACCwo D_2	RTAC
Er(dB/m@1532 nm)	16	16	25
Al/Er 比	41	41	41
Ge 含量(%at)	～2.8	～2.8	～2.8

续表

	HACCw D_2	HACCwo D_2	RTAC
掺 Ce	是	是	否
载 D_2	是	否	否
光纤长度	10.3 m	10.3 m	5.5 m

从图 4－64 可以看到，质子辐射开始后，三种 EDFA 增益随即开始下降。除了几处辐射停止和辐射剂量率变化处，三种 EDFA 增益几乎随着辐射剂量线性减小。三种 EDFA 中，增益变化最小的是增益光纤中掺杂 D_2 的 EDFA（HACCw D_2 EDFA），100 krad 辐射剂量后增益仅下降 1.7%；增益光纤中未掺杂 D_2 的 EDFA（HACCwo D_2 EDFA）100 krad 辐射剂量后增益下降 31%；抗辐射 EDFA（RTAC EDFA）100 krad 辐射剂量后增益下降 15.3%。可见采用掺 D_2 的 HACC EDF 的 EDFA 具有更好的抗辐射性能。

（3）中子辐射环境条件下的性能演变

实验表明 EDFA 的增益特性受中子辐射影响明显[208]。实验所用 EDFA 的参数见表 4－4，中子能量为 400 keV～4.5 MeV，注量率为 1.1×10^7 n/s，辐射剂量为 0.2 Gy、1 Gy 和 200 Gy。

表 4－4　中子辐射实验用 EDFA 参数

泵浦吸收截面 α_p	2.9 dB/m
信号吸收截面 α_S	1.3 dB/m
增益饱和系数 g_S	1.314 dB/m
波长 λ	1 550 nm
饱和功率 P_s	1 mW
重叠因子 Γ	0.43

辐射前不同泵浦功率下 EDFA 的增益如图 4－65（a）所示，可以看到，随着泵浦功率的增加，EDFA 增益逐渐增加，泵浦功率小于 60 mW 时，EDFA 增益增加较快（增益曲线斜率较大）；泵浦功率大于 60 mW 后，随着泵浦功率增加，EDFA 中激发态铒离子数趋于饱和，EDFA 增益增加变缓（增益曲线斜率减小）。

不同剂量（0.2 Gy、1 Gy、200 Gy）中子辐射对 EDFA 增益的影响如图 4－65（b）所示。可以看到，在不同泵浦功率下，EDFA 增益随着辐射剂量的增加而降低。在 0.2 Gy 和 1 Gy 辐射剂量下，辐射对增益影响不明显，增益曲线几乎重合。在 200 Gy 辐射剂量下，增益曲线整体下降。泵浦功率小于 60 mW 时，辐射后 EDFA 增益衰减相对较小；泵浦功率大于 60 mW 时，辐射后 EDFA 增益衰减较大。最大泵浦功率 137 mW 处，EDFA 增益衰减最大，由辐射前的 17.5 dB 下降到 14.7 dB。

（4）电子辐射环境条件下的性能演变

实验表明，在对 EDFA 进行 5 krad 电子辐射时，辐射前后增益和噪声系数随输入功

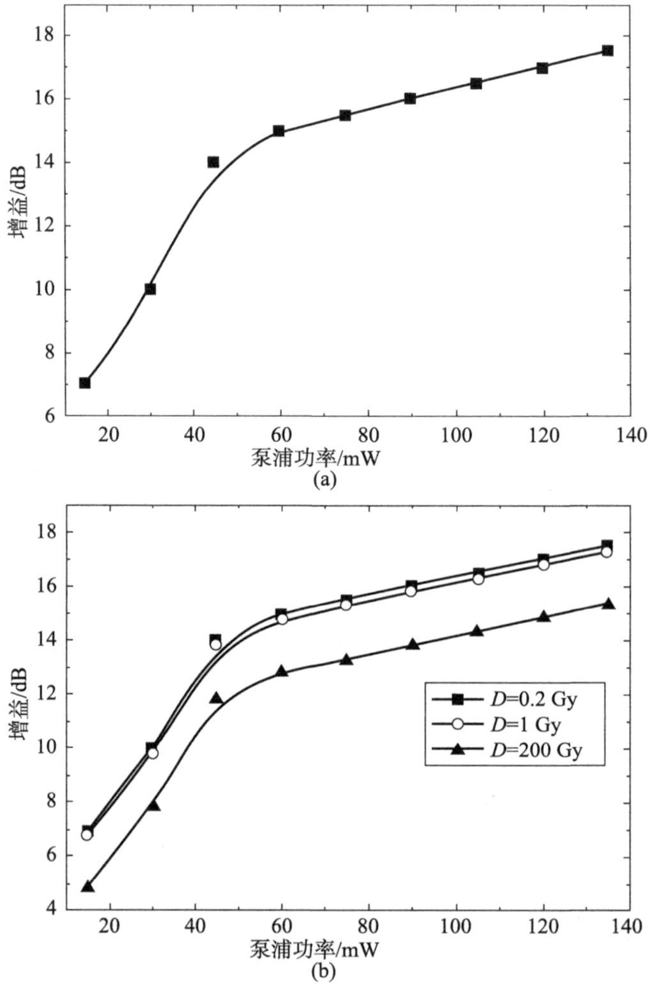

图 4-65　中子辐射前（a）和辐射后（b）EDFA 增益随泵浦功率的变化

率的变化曲线基本上一致，表明该辐射剂量对增益和噪声影响不明显[209]。

在 100 krad 电子辐射总剂量下，典型 EDFA 输出性能的演变情况如图 4-66 所示。图 4-66（a）为辐射前后 EDFA 增益随输入功率的变化。从图中可以看出，EDFA 在 100 krad 电子辐射后增益受到的影响比较大，在各输入功率下增益均为负值，丧失了放大能力。图 4-66（b）为辐射前后 EDFA 噪声系数随输入功率的变化。从图中可以看出，100 krad 辐射后 EDFA 的噪声系数明显变大，并且输入功率增大时噪声系数的增量也较大。图 4-66（c）为辐射前后 EDFA 输出功率随输入功率的变化。可以看到，5 krad 辐射前后相差不大，而在 100 krad 辐射后，EDFA 受损严重，无法实现放大功能。经过静置退火后输出功率得到明显恢复，但仍然无法达到放大输出的能力。

（5）EDFA 抗辐射加固技术

EDFA 抗辐射加固技术主要还是掺铒光纤的抗辐射加固，在系统设计上主要有以下几个方面：

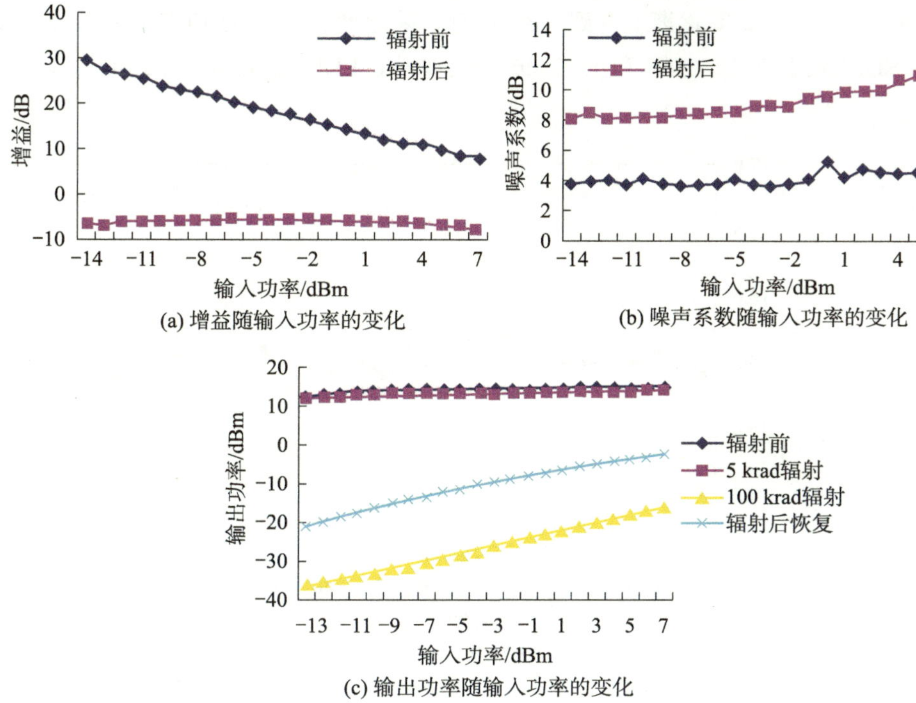

图 4-66　100 krad 电子辐射前后掺铒光纤放大器输出性能的变化

1）因为长波长光纤的增益衰减小于短波长光纤，应尽量选择波长为 1 550 nm 的光纤，在系统发射端，可采用 DFB 激光器与 EDFA 相结合的方案；

2）采用“光漂白”抗辐射技术，在系统发射端增加漂白激光器，构成双光源抗辐射 EDFA 结构，通过耦合器将信号光和漂白光同时注入 EDFA（见图 4-67）；

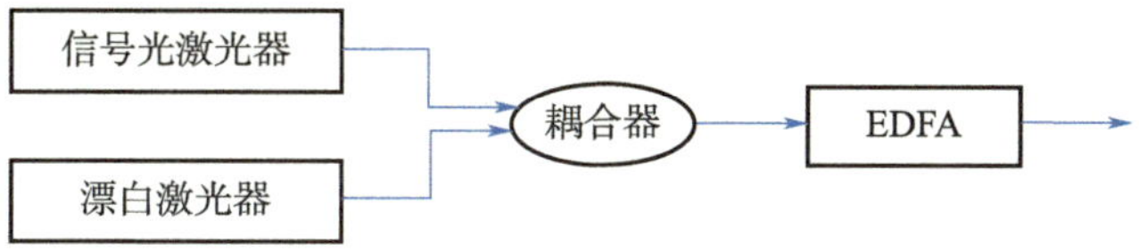

图 4-67　双光源抗辐射 EDFA 结构示意图

3）对 EDFA 进行适当的热控设计，避免低温下辐射损伤的加剧效应。

4.5.3.2　掺铒光纤放大器在热环境条件下的性能演变及抑制技术

增益是表征掺铒光纤放大器性能的重要参数，在实际应用中，温度是影响光学放大器增益性能的重要因素。

（1）EDFA 增益随温度的演变

EDFA 系统中，温度影响 Er^{3+} 吸收截面和发射截面，从而导致放大器增益的变化。图 4-68 是 980 nm 激光泵浦下不同掺铒浓度的 EDFA 增益随温度的变化[210]，信号光以单波长 1 550 nm 输出，信号光输入功率为 −2.1 dBm，泵浦功率为 107.6 mW。可以看出，两种不同浓度的光纤 EDF1（铒离子浓度 $12.33\times10^{24}/m^3$）和 EDF2（铒离子浓度 5.76×

$10^{24}/m^3$）在温度从－115 ℃逐渐上升到＋85 ℃时，采用两种光纤的 EDFA 增益随温度的变化均较小，EDF1 增益在 15.3 dB 和 15.7 dB 之间波动，EDF2 增益在 14.8 dB 和 15.1 dB 之间波动。

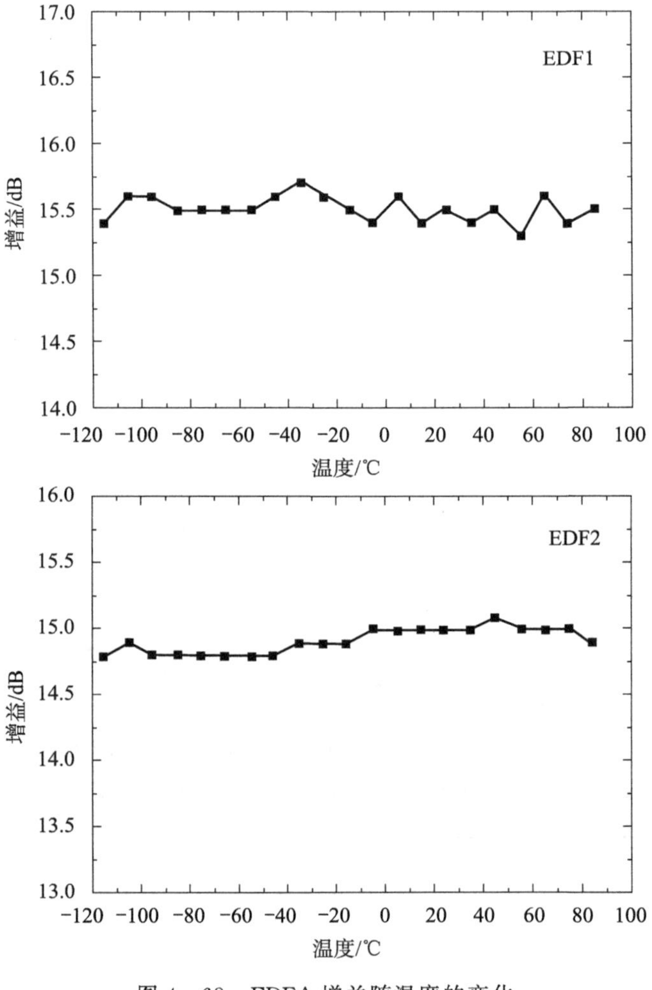

图 4－68　EDFA 增益随温度的变化

图 4－69 为总输入功率为－2 dBm 时不同温度（35 ℃、50 ℃、75 ℃）下典型 EDFA 的增益谱。EDFA 采用 980 nm 和 1 480 nm 两级泵浦结构，泵浦功率分别为 210 mW 和 176 mW。图中还给出了各个温度下最小二乘法拟合的增益（直线）。由图 4－69 可知，当温度由 35 ℃提高到 75 ℃时，在 1 570～1 582 nm 波段，增益随温度的变化斜率由正转负，但平均增益仅减小了 0.3 dB。当输入功率降为－20 dBm 时，并没有出现斜率符号反转。尽管不同工作状态下 1 570～1 582 nm 波段的增益谱随温度的变化方式不尽相同，但在整个 L 波段的大部分波长范围内，其增益总是随温度的升高而减小，且增益斜率与温度之间具有良好的线性关系，因此可通过温度建模对 EDFA 输出进行温控或进行温度补偿，降低温度对性能的影响[211]。

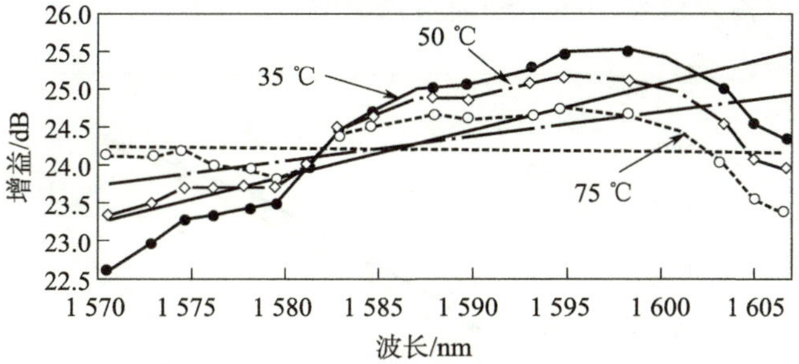

图 4-69　EDFA 增益随温度的变化

(2) 在不同温度下 EDFA 增益随输入信号功率的演变

进一步分析温度对 980 nm 泵浦的 EDFA 增益的影响，图 4-70 对比分析了保持泵浦功率不变时低温（−196 ℃）、室温（+20 ℃）和高温（+125 ℃）下典型 EDFA 增益随输入信号功率的变化，从图中可以看出在 EDF2 处于室温和高温时，对应的 EDFA 增益随输入信号功率的变化几乎保持一致，对于低温下的 EDF2，输入信号功率在−5～0.3 dBm 区间时，EDFA 增益与室温高温保持一致，而对于更小输入信号功率时，低温下的 EDFA 增益整体下降，与室温相比，最大差距达到 1.1 dB。这说明温度较低且信号光输入功率较小时 EDFA 的增益会有所下降[210]。

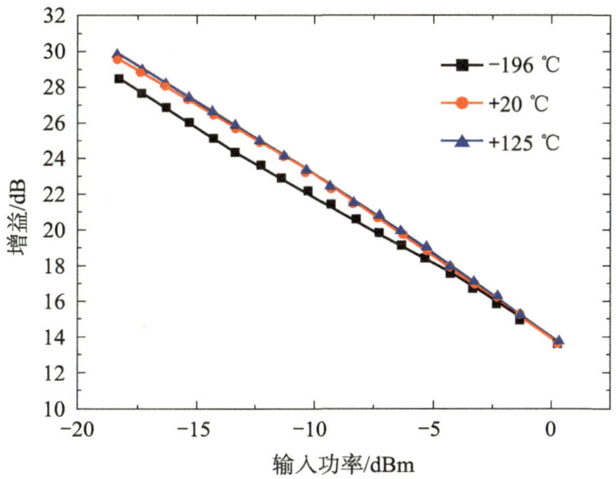

图 4-70　不同温度下 EDFA 增益随输入信号功率的变化

(3) 在不同温度下 EDFA 增益随泵浦功率的演变

图 4-71 为典型 EDFA 在低温（−196 ℃）和室温（+20 ℃）下增益随泵浦功率的变化[210]。图 4-71（a）中信号光的输入功率为 0.4 dBm，可以看到，低温下对应的 EDFA 增益要普遍高于室温，且随着泵浦功率的增大，差距在减小，增益差从开始的 0.7 dB 逐渐下降到零，说明不同的泵浦功率，EDFA 增益受温度影响的程度不同。图 4-71（b）中对于信号光输入功率为−23 dBm 时，EDFA 增益则出现相反方向变化，低温下对应的 EDFA 增益普遍低于室温，随着泵浦功率的增大，增益差从 0.4 dB 上升到 0.7 dB，温度

对 EDFA 增益影响因输入信号功率不同而有所差异。

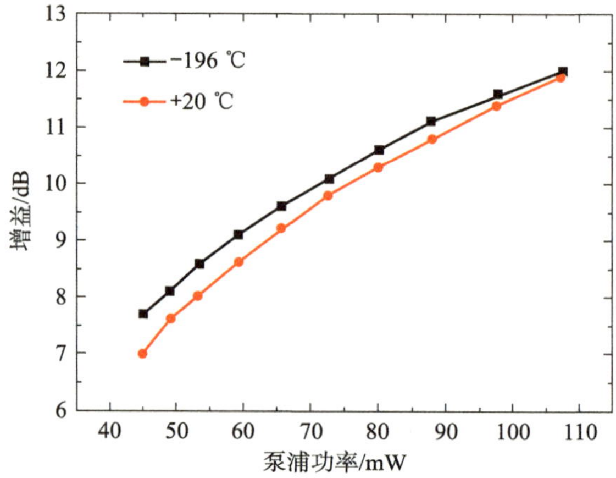

(a) 输入信号功率0.4 dBm

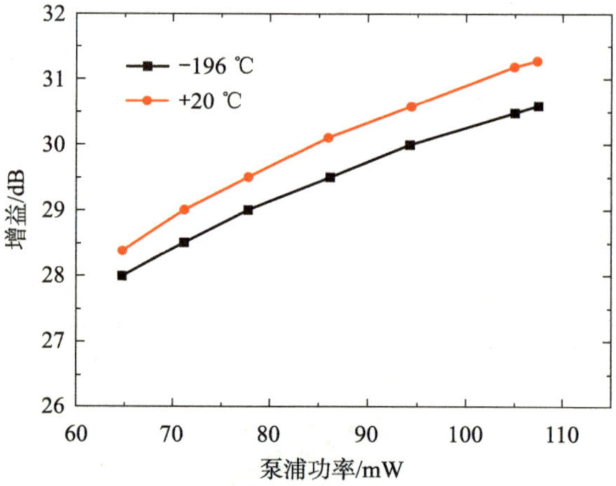

(b) 输入信号功率-23 dBm

图 4-71　不同温度下 EDFA 增益随泵浦功率的变化

4.5.4　光纤激光器在宇航环境条件下的性能演变及抑制技术

4.5.4.1　光纤激光器在辐射环境条件下的性能演变及抑制技术

(1) 光纤激光器在辐射环境条件下的演变

图 4-72 为辐射用线性腔光纤激光器光路示意图，通过光纤合束器将泵浦光耦合进增益光纤中，分别采用 976 nm 和 915 nm 激光器作为泵浦源研究辐射对激光器输出性能的影响。增益光纤采用的是 20/400 μm 掺镱光纤，光纤长度约为 7 m，在 976 nm 泵浦光吸收系数为 1.2 dB/m；在 915 nm 泵浦光吸收系数为 0.4 dB/m，使用的光纤长度约为 21 m。采用高反光纤光栅和 10%反射的低反光栅构成激光谐振腔[212]。

976 nm 和 915 nm 泵浦光纤激光器输出功率随 γ 射线辐射剂量的变化如图 4-73 (a) 所示。随辐射剂量增加，两种泵浦波长下的输出功率均快速衰减，并且 915 nm 泵浦激光器的衰减量明显比 976 nm 泵浦激光器大，辐射剂量为 0.9 krad、4.9 krad、7.8 krad、

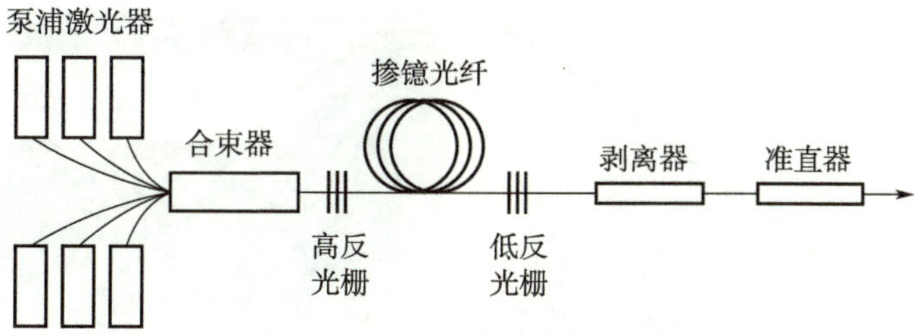

图 4-72　辐射用光纤激光器光路示意图

12.4 krad 时，915 nm 泵浦激光器输出功率衰减量分别为 976 nm 泵浦激光器的 8.1 倍、4.7 倍、4.4 倍和 3.8 倍。单位长度有源光纤在不同辐射剂量下的辐射诱导损耗如图 4-73 (b) 所示，不同辐射剂量下，对于单位长度有源光纤，915 nm 泵浦激光器与 976 nm 泵浦激光器的功率辐射诱导损耗几乎一致，从放大的插图可见，损耗差值低于 0.05 dB。对于该有源光纤，单位长度有源光纤在单位辐射剂量下对于光纤激光器输出功率的辐射诱导损耗约为 0.025 dB/krad。这也说明图 4-73 (a) 中两泵浦波长下输出功率衰减差异主要是由光纤长度不同引起的。

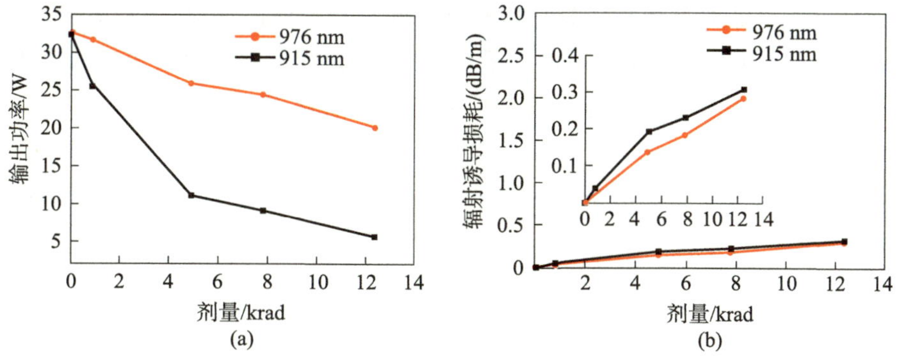

图 4-73　(a) 976 nm 与 915 nm 泵浦光纤激光器输出功率随辐射剂量的变化；
(b) 单位长度有源光纤的辐射诱导损耗随辐射剂量的变化，插图为主图放大图

图 4-74 (a) 为两种泵浦源辐射前后的 $P-I$ 曲线，可见辐射前后两种泵浦源的 $P-I$ 曲线基本重合，说明辐射对 976 nm 和 915 nm 泵浦源的输出功率基本无影响。图 4-74 (b) 为激光器输出激光的光谱，可知激光波长为 1 080 nm，无放大自发辐射、受激拉曼和荧光现象，说明辐射对光纤激光器输出波长特性基本无影响。这也说明，辐射后光纤激光器功率下降主要是由有源光纤中色心的产生造成的，增加有源光纤长度会加大色心产生概率，导致辐射诱导损耗更大。因为所需有源光纤更短，所以 976 nm 泵浦光纤激光器具有更强的抗辐射性能。

(2) 光纤激光器辐射抑制系统技术

除了提高有源光纤自身的抗辐射能力，在实际应用中还应综合考虑空间环境和应用参数等对光纤激光器性能的影响，从系统层面来提升抗辐射能力。

图 4－74　辐射前后 976 nm 与 915 nm 泵浦源的 $P-I$ 曲线（a）和辐射后光纤激光器输出光谱（b）

增益光纤是高功率光纤激光器系统的关键组成部分，直接决定着泵浦吸收率、增益特性以及热负载分布等。理论和实验研究均表明，增益光纤长度越长，辐射影响越显著，因为光纤越长，总辐射诱导损耗越大，而激光器输出功率是损耗与增益等各因素综合平衡的结果，因此在增益光纤选型时需综合考虑辐射诱导损耗。

在对应用于空间环境的光纤激光器进行设计时，应考虑整个任务周期的总辐射剂量，在设计层面降低光纤激光器整机的辐射敏感度，同时与各种抗辐射方法相结合。对于掺镱光纤激光器而言，相比于 915 nm 泵浦，采用 976 nm 泵浦所需的增益光纤长度更短，有利于宇航应用。泵浦方式对空间环境下的光纤激光器输出功率也有显著的影响[213-215]。高功率光纤激光器常用的泵浦方式有 3 种：前向泵浦、后向泵浦和双向泵浦。对于高功率掺镱光纤激光器，初步研究表明后向泵浦结构具有更好的抗辐射能力，但还需要结合充分的实验进行验证。

4.5.4.2　光纤激光器在热环境条件下的性能演变及抑制技术

光纤激光器中的半导体泵浦激光器的发射波长会随温度变化发生漂移，从而与增益光纤的吸收谱失配，最终导致输出效率下降。并且泵浦激光器输出功率本身也随温度变化，从而会进一步降低光纤激光器的稳定性。此外，有源光纤吸收谱受温度影响较大，光纤对泵浦光的吸收在不同温度下具有明显的差异，有源光纤的吸收发射截面会随温度变化，光纤光栅的中心波长对温度敏感。总之，温度是影响光纤激光器性能的重要因素。温度对光纤激光器的阈值、斜率效率、输出功率以及输出波长等特性都会产生直接影响。

图 4－75 是在 32 ℃、60 ℃和－25 ℃温度下典型光纤激光器输出光功率与 980 nm 泵浦激光器驱动电流的关系[216]，可以看到，3 种不同温度下，激光器输出功率随着泵浦激光器驱动电流增大均呈线性增大。在三种温度下，激光器阈值差别不大，阈值点泵浦驱动源电流分别为 59.5 mA、62.4 mA 和 61.6 mA，斜率效率分别为 0.592、0.526 和 0.661。高温情况下激光器阈值最高，斜率效率最小，这主要是由于高温情况下，光纤中活性粒子运动加剧，导致更多被激发到高能级的粒子以自发辐射的形式跃迁到低能级，在同样的泵浦功率下，受激辐射跃迁的粒子数相对减少，输出激光功率降低。

泵浦激光器驱动电流固定在 200 mA，输出激光波长与温度的关系如图 4－76 所示。

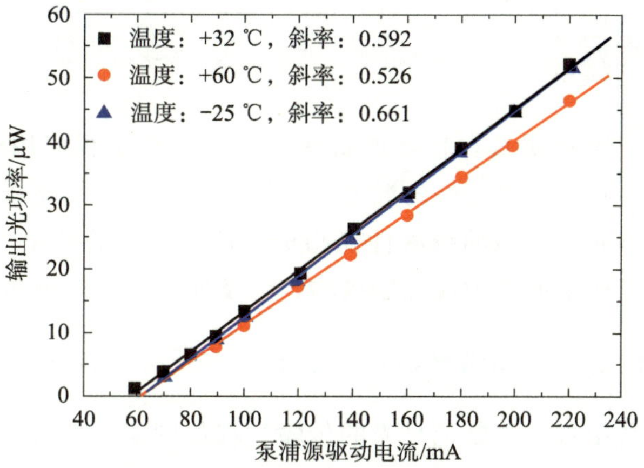

图 4－75　光纤激光器在不同温度下的 $P-I$ 曲线

可以看到，激光器输出波长与温度呈线性变化关系，随着温度的升高，激光器输出波长向长波长方向移动。拟合结果表明，在温度范围－25～60 ℃内，波长随温度变化系数为 0.010 9 nm/℃[216]。

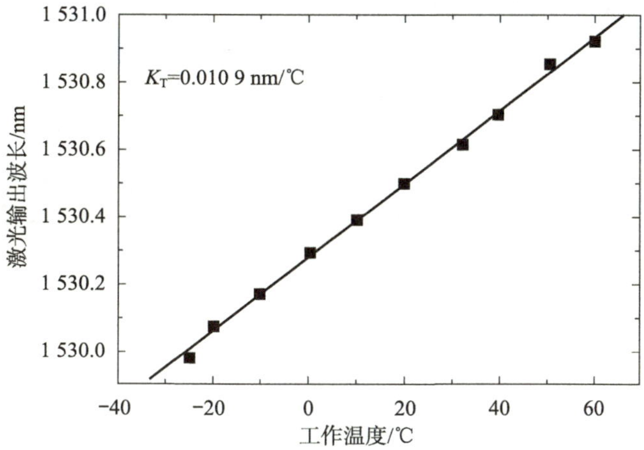

图 4－76　光纤激光器输出波长随温度的变化

提高光纤激光器的温度稳定性，拓宽光纤激光器的工作温度范围可从以下几个方面考虑：1）降低泵浦激光器的温度敏感性，如通过体布拉格光栅、温控及采用多波长泵浦激光器等措施降低中心波长对温度的依赖性。还可以通过控制泵浦激光器的驱动电流来保证光纤激光器在一定温度范围内工作保持稳定。2）通过增益光纤结构设计、光纤器件导热等措施改善有源光纤增益特性随温度的变化。3）研究横向模式不稳定和受激拉曼散射等效应在宽温度范围内的变化机理并采取抑制措施。4）光纤激光器的输出波长受构成激光谐振腔的光纤光栅的温度特性影响明显，可以采用处理光纤光栅传感器的温度效应的类似技术，解决光纤激光器的温度效应问题。

4.6 典型固体光源及放大器性能对应用系统的影响及抑制技术

固体激光器中的激光介质具有较好的抗辐射性能，在工程应用中热管理是其关键技术。稀土掺杂光纤器件具有相对较好的温度稳定性，但抗辐射性能较差，在工程应用中需要重点关注：辐射影响光纤光源的哪些性能指标，这些指标的变化对系统产生哪些影响、影响程度多大，是否需要采取防护或抑制措施，以及如何进行防护和抑制等。

4.6.1 光纤放大器性能对空间激光通信系统的影响及抑制技术

空间激光通信系统中直接调制信号光的传输过程如图 4－77 所示，图中 P_{in} 为半导体激光器发出的信号光功率，G_B 为 EDFA 的增益，G_A 为 APD 探测器的增益，P_T 和 P_R 分别为发射端的发射功率以及接收端的接收功率，θ 为光束发散角，Z 为空间激光通信系统的链路长度，ω 为光束在接收端处的光斑半径，D 为接收孔径。可以看出，光信号首先由半导体激光器发出，然后经 EDFA 进行功率放大，放大后的信号光通过发射天线压缩发散角后被发射出去，再经过链路距离 Z 的传输被接收天线接收，最后 APD 将接收到的信号光转化为电信号，从而完成整个信号传输过程。

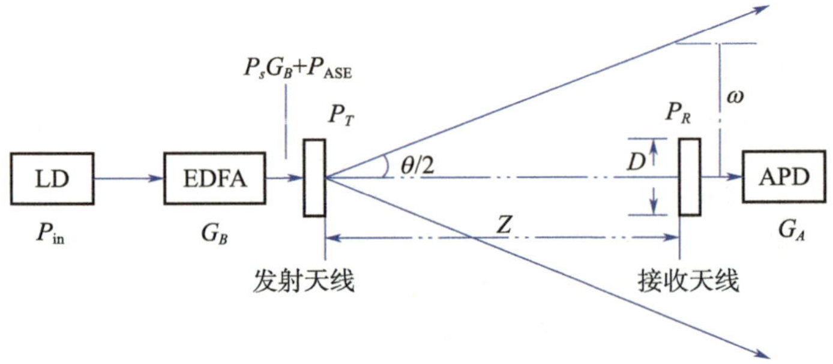

图 4－77 空间激光通信系统发射端信号光的传输示意图

(1) EDFA 噪声及增益对空间激光通信系统噪声特性的影响

当 EDFA 作为功率放大器应用于空间激光通信系统的发射端时，半导体激光器（LD）发出的信号光经过 EDFA 放大后，输出光将由信号光和 EDFA 自身的 ASE 噪声光叠加而成，接收端的 APD 光电探测器将输入光信号和光噪声转换为光电流。

考虑信号光光强为高斯分布的情况，由于发射端与接收端的距离比较远，发射端可以认为是一个点光源。虽然信号光经过长距离传输后还是保持高斯型的光强分布，但是因为接收端的接收孔径与信号光束在接收端的光斑半径相比非常小，所以在接收孔径范围内可以认为是均匀分布。如果考虑完全对准的情况，接收孔径处的平均光强可以认为是高斯光束中心处的光强，通过数学方法可以知道高斯光斑的中心光强是光斑平均光强的 2 倍，由图 4－77 的几何关系可知，空间激光通信系统的平均接收功率 P_R 与平均发射功率 P_T 的关系为

$$P_R = 2P_T \frac{(D/2)^2}{\omega^2} = \frac{P_T D^2}{2\omega^2} \tag{4-48}$$

式中，$\omega = \theta Z/2$。为了方便分析，上式可写为如下形式

$$P_R = \frac{2P_T D^2}{(\theta Z)^2} \tag{4-49}$$

引入 EDFA 后，光电探测器实际所接收到的光功率为

$$P_R = (P_{\text{in}} G_B + P_{\text{ASE}}) \tau_T \frac{2D^2}{(\theta Z)^2} \tau_R = P_{\text{in}} G_B \tau_T \frac{2D^2}{(\theta Z)^2} \tau_R + P_{\text{ASE}} \tau_T \frac{2D^2}{(\theta Z)^2} \tau_R \tag{4-50}$$

由于是星间传输，可不考虑信号光在空间的传输损耗，式中 P_{ASE} 为 EDFA 的自发辐射噪声功率；τ_T 为发射天线的光学透射率；τ_R 为接收天线的光学透射率。式（4－50）中的第一项为探测器接收到的信号光的功率，第二项为探测器接收到的由 EDFA 引入的 ASE 噪声功率。

假设 ASE 总光场是光频 $\nu_s + k\delta\nu$ 内随机相位为 ϕ_k 的 $2M$ 个独立辐射模叠加，且考虑星间光束发散产生的传输损耗时，由式（4－50）可以知道输入光探测器上的信号光电场 E_s 和噪声光电场 E_{ASE} 为[217]

$$E_s(t) = \sqrt{2P_{\text{in}} G_B \tau_T \frac{2D^2}{(\theta Z)^2} \tau_R} \cos(2\pi\nu_s t) \tag{4-51}$$

$$E_{\text{ASE}}(t) = \sqrt{2N_0 \delta\nu \tau_T \frac{2D^2}{(\theta Z)^2} \tau_R} \sum_{k=-M}^{M} \cos[2\pi(\nu_s + k\delta\nu)t + \phi_k] \tag{4-52}$$

式中，ν_s 为信号光频率；$N_0\delta\nu$ 为在带宽 $\delta\nu$ 内的平均 ASE 光功率；M 为 EDFA 的光学带宽 $B_0/2\delta\nu$ 取整数。通过式（4－51）和式（4－52）可以得到信号光强和带宽 $\delta\nu$ 内的噪声光强分别为

$$|E_s(t)|^2 = P_{\text{in}} G_B \tau_T \frac{2D^2}{(\theta Z)^2} \tau_R \tag{4-53}$$

$$|E_{\text{ASE}}(t)|^2 = N_0 \delta\nu \tau_T \frac{2D^2}{(\theta Z)^2} \tau_R \tag{4-54}$$

如果光电探测器的量子效率为 100%，则光电探测器输出的瞬时光电流可以表示为

$$i(t) = \frac{e}{h\nu_s} [E_s(t) + E_{\text{ASE}}(t)]^2 \tag{4-55}$$

将式（4－51）和式（4－52）代入式（4－55）后，可以得到

$$i(t) = \frac{2e}{h\nu_s} P_{\text{in}} G_B \tau_T \frac{2D^2}{(\theta Z)^2} \tau_R \cos^2(2\pi\nu_s t) + \frac{4e}{h\nu_s} \sqrt{\left(P_{\text{in}} G_B \tau_T \frac{2D^2}{(\theta Z)^2} \tau_R\right)\left(N_0 \delta\nu \tau_T \frac{2D^2}{(\theta Z)^2} \tau_R\right)}$$
$$\sum_{k=-M}^{M} \cos[2\pi(\nu_s + k\delta\nu)t + \phi_k] \cos(2\pi\nu_s t) + \frac{2e}{h\nu_s} N_0 \delta\nu \tau_T \frac{2D^2}{(\theta Z)^2} \tau_R \left\{\sum_{k=-M}^{M} \cos[2\pi(\nu_s + k\delta\nu)t + \phi_k]\right\}^2 \tag{4-56}$$

由上式可以得出平均信号光电流和平均 ASE 噪声光电流分别为

$$I_s = \frac{e}{h\nu_s} P_{\text{in}} G_B \tau_T \frac{2D^2}{(\theta Z)^2} \tau_R \tag{4-57}$$

$$I_{\mathrm{ASE}}=\frac{e}{h\nu_s}N_0\delta\nu\tau_T\frac{2D^2}{(\theta Z)^2}\tau_R=\frac{e}{h\nu_s}P_{\mathrm{ASE}}\tau_T\frac{2D^2}{(\theta Z)^2}\tau_R \tag{4-58}$$

为了方便分析增益 G_B 对通信系统的影响，令

$$I_s^{\mathrm{in}}=\frac{e}{h\nu_s}P_{\mathrm{in}}\tau_T\frac{2D^2}{(\theta Z)^2}\tau_R \tag{4-59}$$

I_s^{in} 为半导体激光器发出的信号光没有经过放大到达光电探测器产生的电流，则式（4-57）可以写为

$$I_s=G_BI_s^{\mathrm{in}} \tag{4-60}$$

由式（4-56）可以知道，第一项表示的是信号光电流，第二项表示的是信号光与ASE光的拍频噪声电流，第三项表示的是ASE光与ASE光之间的拍频噪声电流，所以后面两项是由EDFA产生的噪声，通过自相关函数以及傅里叶变换可以计算出相应的噪声功率密度。

在光纤通信系统中，当EDFA的光学带宽为 B_0，光电探测器带宽为 B_e 时，信号与ASE之间的噪声功率以及ASE与ASE之间的噪声功率可以表示为[218]

$$\sigma_{s-\mathrm{ASE}}^2=2G_BI_s^{\mathrm{in}}I_{\mathrm{ASE}}\frac{B_e}{B_0} \tag{4-61}$$

$$\sigma_{\mathrm{ASE-ASE}}^2=\frac{1}{2}I_{\mathrm{ASE}}^2\frac{B_e(2B_0-B_e)}{B_0^2} \tag{4-62}$$

如果这里的 I_s^{in} 和 I_{ASE} 的大小由（4-58）和式（4-59）决定，那么式（4-61）和式（4-62）在这里也可以直接被用来表示空间激光通信接收端处的光电探测器接收到的信号光与ASE光的拍频噪声以及ASE光与ASE光之间的拍频噪声功率。但是式（4-61）和式（4-62）是基于PIN类型的光电探测器给出的关系式，若空间激光通信系统采用APD作为光电探测器，则需要考虑APD的增益和量子效率，此时，式（4-61）和式（4-62）可写为

$$\sigma_{s-\mathrm{ASE}}^2=2G_A^2F\eta^2G_BI_s^{\mathrm{in}}I_{\mathrm{ASE}}\frac{B_e}{B_0} \tag{4-63}$$

$$\sigma_{\mathrm{ASE-ASE}}^2=\frac{1}{2}G_A^2F\eta^2I_{\mathrm{ASE}}^2\frac{B_e(2B_0-B_e)}{B_0^2} \tag{4-64}$$

式中，G_A 为APD的平均增益；η 为APD量子效率；F 为APD的附加噪声因子。

除了上述这两种噪声外，在光信号检测过程中还存在总光电流的散粒噪声和接收机的热噪声。考虑到空间激光通信中还存在背景噪声，接收端的散粒噪声可表示为

$$\sigma_{\mathrm{shot}}^2=2G_A^2Fe\eta B_e(G_BI_s^{\mathrm{in}}+I_{\mathrm{ASE}}+I_b) \tag{4-65}$$

式中，I_b 为背景噪声在APD中产生的电流。

接收机热噪声为

$$\sigma_{\mathrm{th}}^2=\frac{4kTB_e}{R} \tag{4-66}$$

式中，k 为玻耳兹曼常数；T 为温度；R 为接收机负载电阻。

则落在探测器电带宽 B_e 内的总噪声功率为

$$\sigma_d^2 = \sigma_{s-\mathrm{ASE}}^2 + \sigma_{\mathrm{ASE-ASE}}^2 + \sigma_{\mathrm{shot}}^2 + \sigma_{\mathrm{th}}^2$$
$$= 2G_A^2 F\eta^2 G_B I_s^{\mathrm{in}} I_{\mathrm{ASE}} \frac{B_e}{B_0} + \frac{1}{2} G_A^2 F\eta^2 I_{\mathrm{ASE}}^2 \frac{B_e(2B_0 - B_e)}{B_0^2} + 2G_A^2 Fe\eta B_e (G_B I_s^{\mathrm{in}} + I_{\mathrm{ASE}} + I_b) + \frac{4kTB_e}{R} \tag{4-67}$$

式中，除热噪声外其他噪声分量均受 EDFA 增益和 EDFA 中 ASE 噪声的影响。

(2) EDFA 增益衰减对空间激光通信系统误码率的影响及抑制技术

EDFA 引入空间激光通信系统后，接收端处的光电探测器由于 ASE 噪声的存在会导致通信系统的通信质量受到一定程度的影响。除此之外，EDFA 的增益还会随着辐射剂量的增加而减小，导致信号强度下降，信噪比降低，误码率升高。

为了方便分析，通信系统采用开关键控（On - Off Keying，OOK）强度调制和 APD 直接探测的接收方式，且忽略卫星振动以及指向偏差等其他影响因素，只考虑信号光和 ASE 噪声对整个空间激光通信系统的影响。

误码率的定义为

$$\mathrm{BER} = P(1|0)P(0) + P(0|1)P(1) \tag{4-68}$$

式中，$P(1 \mid 0)$、$P(0 \mid 1)$ 分别表示“0”被误判为“1”和“1”被误判为“0”的概率；$P(0)$、$P(1)$ 分别表示系统发射“0”码和“1”码的概率。采用高斯分布近似时条件概率 $P(1 \mid 0)$ 和 $P(0 \mid 1)$ 可以表示为

$$P(1|0) = \frac{1}{\sigma_0\sqrt{2\pi}} \int_D^{\infty} \exp\left[\frac{(m_0 - x)^2}{2\sigma_0^2}\right] \mathrm{d}x \tag{4-69}$$

$$P(0|1) = \frac{1}{\sigma_1\sqrt{2\pi}} \int_{-\infty}^{D} \exp\left[\frac{(m_1 - x)^2}{2\sigma_1^2}\right] \mathrm{d}x \tag{4-70}$$

式中，m_0、m_1 分别为“0”和“1”对应的平均光电流；σ_0 和 σ_1 分别为相应于平均电流的平均方差；D 为判决电平。

在比较低的误码率情况下可以令 $P(1 \mid 0) = P(0 \mid 1)$，则可以得到 Q 值为

$$Q = \frac{m_1 - m_0}{\sigma_0 + \sigma_1} \tag{4-71}$$

由信噪比与误码率的高斯尾函数形式的关系，通常信噪比可以表示为

$$\mathrm{SNR} = \frac{(m_1 - m_0)^2}{\sigma_0^2 + \sigma_1^2} \tag{4-72}$$

误码率可通过 Q 值计算得到[219]

$$\mathrm{BER} = \frac{1}{2}\mathrm{erfc}\left(\frac{Q}{\sqrt{2}}\right) \tag{4-73}$$

对于采用 EDFA 和 APD 探测器的空间激光通信系统，在 OOK 强度调制直接检测的条件下，进一步考虑 APD 的增益 G_A 和量子效率 η 、背景噪声产生的电流 I_b 以及暗电流 I_{dc} 的影响，m_1、m_0、σ_1、σ_0 的表达式分别为

$$m_1 = G_A\eta(G_B I_s^{\text{in}} + I_{\text{ASE}} + I_b) + I_{dc} \tag{4-74}$$

$$m_0 = G_A\eta(I_{\text{ASE}} + I_b) + I_{dc} \tag{4-75}$$

$$\sigma_1^2 = 2G_A^2 F\eta^2 G_B I_s^{\text{in}} I_{\text{ASE}} \frac{B_e}{B_0} + \frac{1}{2}G_A^2 F\eta^2 I_{\text{ASE}}^2 \frac{B_e(2B_0 - B_e)}{B_0^2} + 2G_A^2 Fe\eta B_e(G_B I_s^{\text{in}} + I_{\text{ASE}} + I_b) + \frac{4kTB_e}{R} \tag{4-76}$$

$$\sigma_0^2 = \frac{1}{2}G_A^2 F\eta^2 I_{\text{ASE}}^2 \frac{B_e(2B_0 - B_e)}{B_0^2} + 2G_A^2 Fe\eta B_e(I_{\text{ASE}} + I_b) + \frac{4kTB_e}{R} \tag{4-77}$$

在辐射环境中，EDFA 增益 G_B 会随着辐射剂量的增加而减小，所以空间激光通信系统误码率需要结合辐射环境下 EDFA 的增益变化特性才能进行分析。

对于单波长空间激光通信系统，辐射环境中单波长 EDFA 增益特性可表示为

$$\frac{\mathrm{d}P_s}{\mathrm{d}z} = \left[g_s \frac{\frac{\sigma_{sa}\Gamma_s}{h\nu_s A}P_s + \frac{\sigma_{pa}\Gamma_p}{h\nu_p A}P_p}{\left(\frac{\sigma_{sa}\Gamma_s}{h\nu_s A} + \frac{\sigma_{se}\Gamma_s}{h\nu_s A}\right)P_s + \left(\frac{\sigma_{pa}\Gamma_p}{h\nu_p A} + \frac{\sigma_{pe}\Gamma_p}{h\nu_p A}\right)P_p + \frac{1}{\tau}}\right] - a_s\left[1 - \frac{\frac{\sigma_{sa}\Gamma_s}{h\nu_s A}P_s + \frac{\sigma_{pa}\Gamma_p}{h\nu_p A}P_p}{\left(\frac{\sigma_{sa}\Gamma_s}{h\nu_s A} + \frac{\sigma_{se}\Gamma_s}{h\nu_s A}\right)P_s + \left(\frac{\sigma_{pa}\Gamma_p}{h\nu_p A} + \frac{\sigma_{pe}\Gamma_p}{h\nu_p A}\right)P_p + \frac{1}{\tau}}\right]P_s - a_{rads}P_s \tag{4-78}$$

$$\frac{\mathrm{d}P_p}{\mathrm{d}z} = \left[g_p \frac{\frac{\sigma_{sa}\Gamma_s}{h\nu_s A}P_s + \frac{\sigma_{pa}\Gamma_p}{h\nu_p A}P_p}{\left(\frac{\sigma_{sa}\Gamma_s}{h\nu_s A} + \frac{\sigma_{se}\Gamma_s}{h\nu_s A}\right)P_s + \left(\frac{\sigma_{pa}\Gamma_p}{h\nu_p A} + \frac{\sigma_{pe}\Gamma_p}{h\nu_p A}\right)P_p + \frac{1}{\tau}}\right] - a_p\left[1 - \frac{\frac{\sigma_{sa}\Gamma_s}{h\nu_s A}P_s + \frac{\sigma_{pa}\Gamma_p}{h\nu_p A}P_p}{\left(\frac{\sigma_{sa}\Gamma_s}{h\nu_s A} + \frac{\sigma_{se}\Gamma_s}{h\nu_s A}\right)P_s + \left(\frac{\sigma_{pa}\Gamma_p}{h\nu_p A} + \frac{\sigma_{pe}\Gamma_p}{h\nu_p A}\right)P_p + \frac{1}{\tau}}\right]P_p - \frac{(1\,550 - \lambda_0)^2}{(980 - \lambda_0)^2}a_{rads}P_p \tag{4-79}$$

$$a_{rads} = cR^{1-f}D^f \tag{4-80}$$

$$G_B = 10\lg\left[\frac{P_s^{\text{out}}(D)}{P_s^{\text{in}}}\right] \tag{4-81}$$

式中，P_s、P_p 和 P_a 分别表示信号光功率、泵浦光功率以及放大的自发辐射噪声（ASE）功率；σ_{sa} 和 σ_{se} 是信号吸收截面和发射截面；σ_{pa} 和 σ_{pe} 是泵浦的吸收截面和发射截面；Γ_s 和 Γ_p 是信号光和泵浦光模场与掺杂 Er^{3+} 分布之间的重叠积分；ν_s、ν_p 分别为信号光和泵浦光频率；a_p、a_s 分别为泵浦光和信号光在光纤中的吸收系数；A 为纤芯的有效面积；g_s、g_p 为信号光和泵浦光在光纤中的增益系数；a_{rads} 为掺铒光纤经过辐射后信号光产生的辐射损耗系数；τ 为自发辐射寿命；λ_0 为输出波长；R 是辐射速率；D 是辐射剂量；c 和 f 是与辐射条件和光纤材料等有关的参数。

由式（4-80）可知，只需要通过一组 EDFA 的辐射实验数据，确定式（4-80）中的待定系数 c 和 f 后，就可以得到该 EDFA 所用掺铒光纤的辐射诱导损耗系数与辐射剂量的关系，进一步通过式（4-78）～式（4-81）就可得到采用该 EDFA 的增益与辐射剂量的关系。

以下通过一个典型的激光通信系统说明 EDFA 在辐射环境下的性能演变对系统的影响[220]。通信系统参数：信号光波长为 1 550 nm，发射功率设定为 10 mW，光束束径为 20 cm，光束发散角为 30 μrad，接收天线孔径为 0.2 m；发射天线系统的光学透射率为 0.75，接收天线系统中用于通信子系统的光学透射率为 0.45（考虑 APD 和 CCD 两路分光的影响），卫星间距离为 4 000 km。APD 的参数见表 4-5。辐射前的 EDFA 增益 G_B 为 14.00 dB，即信号光经过 EDFA 放大后发射端的信号发射功率在 250 mW 左右。式（4-80）中的系数为 $c=0.586\ 0$，$f=1.610\ 7\times10^{-4}$，辐射剂量为 20 krad。

表 4-5　APD 探测器参数

峰值波长	1 550 nm
平均增益	10
暗电流	1 nA
有效噪声温度	300 K
附加噪声因子	$G^{0.7}$
量子效率	0.7
负载电阻	50 Ω

由式（4-78）～式（4-81）得出 EDFA 的增益随辐射剂量的变化如图 4-78 所示。从图中可以看出该 EDFA 经过 20 krad 剂量辐射后，增益下降 3.68 dB。结合上面的典型指标，信噪比与误码率随辐射剂量的变化如图 4-79 和图 4-80 所示。由图 4-79 可以很明显看出，EDFA 在没有受到辐射前，空间激光通信系统的信噪比达到了 33.80 dB；而 EDFA 在经过 20 krad 剂量辐射后，系统信噪比则下降到 18.62 dB，整个辐射过程下降 15.18 dB。由于 APD 接收到的信号光功率远远大于 ASE 噪声功率，所以 EDFA 作为功率放大器引入空间激光通信发射端时，信号光和 ASE 光共同产生的散弹噪声将是 EDFA 引入的三种噪声中的主要噪声。

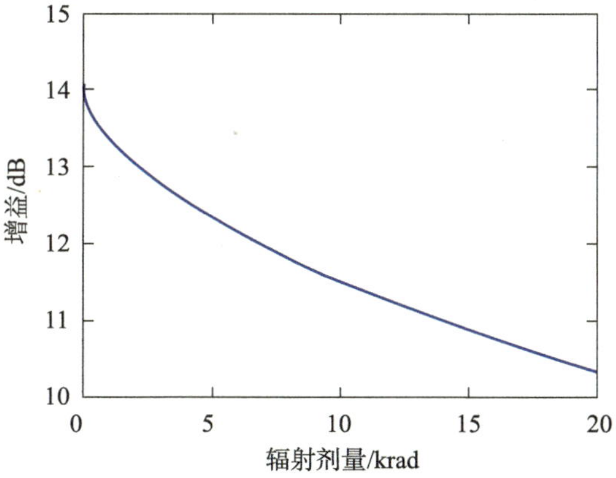

图 4-78　增益随辐射剂量的变化

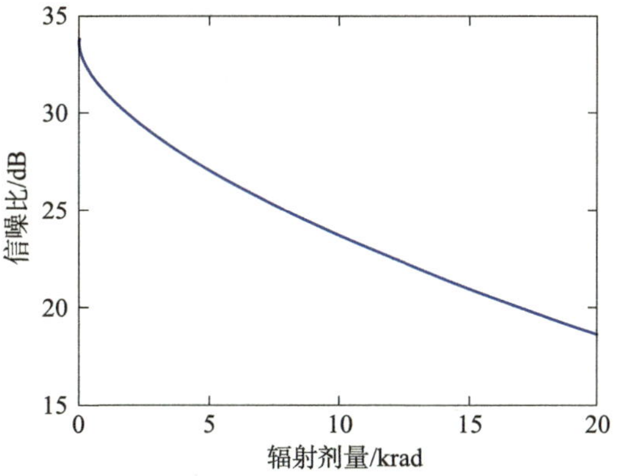

图 4-79　信噪比随辐射剂量的变化

以上是从信噪比的角度来分析辐射环境中 EDFA 性能演变对通信系统的影响，而衡量通信系统最直观的参数还是误码率。由图 4-80 可以看出，在辐射刚开始时误码率上升得比较快，随后虽然误码率还是随着辐射剂量的增加而增大，但是上升的速率明显开始减缓。通信系统在经过 20 krad 剂量辐射后，误码率由 10^{-34} 量级上升到 10^{-9} 量级。

阈值是直接影响误码率大小的决定性因素，可通过改变阈值的方法来降低系统的误码率。图 4-81 是系统误码率随判决阈值的变化曲线。当判决阈值为 4.8×10^{-8}A 时，误码率为 10^{-6}，而当判决阈值降为 3×10^{-8}A 时，误码率则降为 10^{-14}，可见，在辐射环境中运行一段时间后，根据辐射的损伤情况，调整判决阈值可以有效地提高系统的性能[221]。

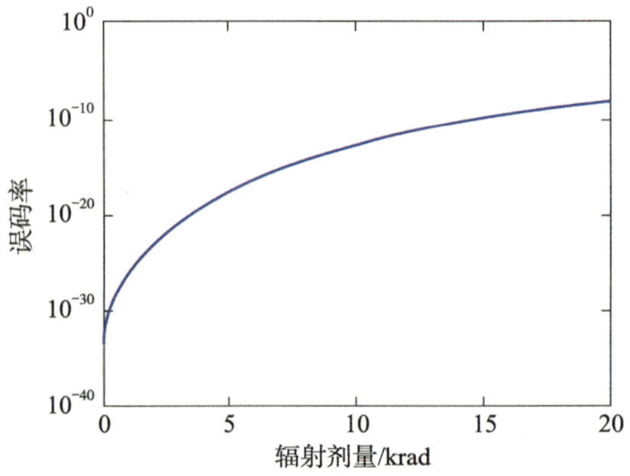

图 4-80　误码率随辐射剂量的变化

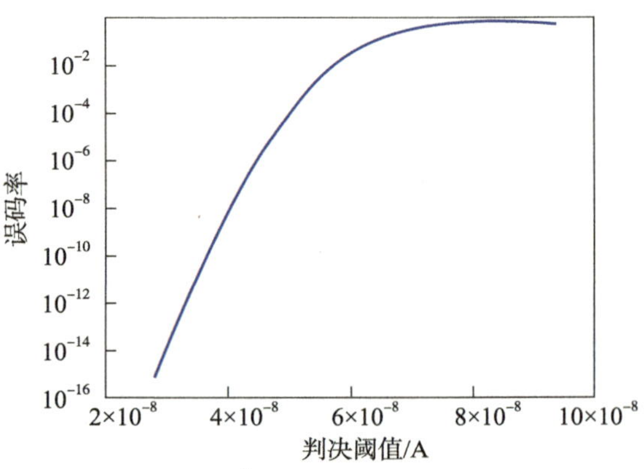

图 4-81　误码率随判决阈值的变化

4.6.2　掺铒光纤超荧光光源性能对光纤陀螺的影响及抑制技术

光纤陀螺是目前空间飞行器广泛采用的惯性传感器。图 4-82 为典型的光纤陀螺光路示意图。其主要由掺铒光纤光源、Y 波导、保偏光纤环、单模光纤耦合器、光电探测器和滤波器组成。光源发出的光经耦合器后被 Y 波导分为两束，两束光分别沿光纤环相向传输，当存在角运动时，陀螺光纤环中顺时针和逆时针传输的两束光之间由于 Sagnac 效应会产生相位差

$$\phi_s = \frac{2\pi LD}{\lambda c}\Omega \tag{4-82}$$

式中，L 为光纤环长度；D 为光纤环平均直径；λ 为光平均波长；c 为真空中的光速；Ω 为角速度。

两束光经过 Y 波导合束后发生干涉，到达探测器的干涉光强为

$$I = I_0(1+\cos\phi_s) \tag{4-83}$$

式中，I_0 为到达探测器的平均光强；ϕ_s 为 Sagnac 相移。因此根据到达探测器的光强变化即可获知角速度。通常为了提升陀螺仪的性能，需要在 Y 波导处施加电信号产生调制相位以及反馈相位，实现数字闭环的信号处理。

掺铒光纤光源受到空间辐射作用，随着辐射剂量累积，光源输出功率、光谱宽度、平

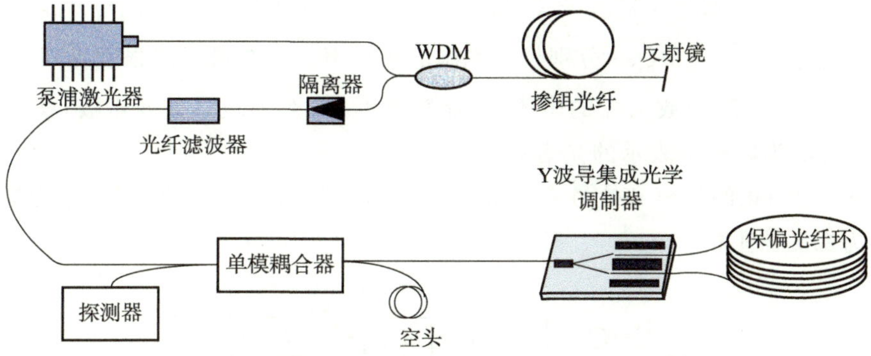

图 4-82　典型的光纤陀螺光路示意图

均波长均会发生变化，从而对光纤陀螺的性能产生影响。

(1) 掺铒光纤光源波长漂移对陀螺标度因数的影响

定义陀螺标度因数

$$K=\frac{2\pi LD}{\lambda c} \tag{4-84}$$

则式（4-82）可变为

$$\phi_s=K\Omega \tag{4-85}$$

对式（4-84）求微分，陀螺标度因数变化量为

$$\mathrm{d}K\approx-\frac{2\pi LD}{\lambda^2 c}\mathrm{d}\lambda \tag{4-86}$$

可以看到，辐射环境对光源波长 λ 的影响会导致陀螺标度因数的改变；通常情况下，λ 随着辐射剂量的累积向短波长方向移动，因此陀螺标度因数会逐渐变大。

(2) 掺铒光纤光源功率及谱宽变化对陀螺噪声性能的影响

对于一个采用方波信号调制的闭环光纤陀螺，方波调制信号的幅值为 $\pm(\phi_0/2)$，光纤陀螺的本征频率 $f_0=1/(2\tau)$ 作为调制频率（τ 为光通过光纤环的传输时间，即渡越时间），从而产生 $\Delta\phi(t)=\pm\phi_0$ 的偏置调制。陀螺静止时，偏置工作点功率为

$$I(0,-\phi_0)=I(0,\phi_0)=I_0(1+\cos\phi_0) \tag{4-87}$$

此时陀螺输出是一条直线，当陀螺以旋转角速率 Ω 旋转时，引起 Sagnac 相位差 ϕ_s，则输出变成一个与调制方波同频的方波信号

$$I(\phi_s,\phi_0)=I_0[1+\cos(\phi_s+\phi_0)] \tag{4-88}$$

$$I(\phi_s,-\phi_0)=I_0[1+\cos(\phi_s-\phi_0)] \tag{4-89}$$

方波信号相邻半周期调制态功率之差为

$$\Delta I(\phi_s,\phi_0)=I_0[\cos(\phi_s-\phi_0)-\cos(\phi_s+\phi_0)]=2I_0\sin\phi_s\sin\phi_0 \tag{4-90}$$

通过检测 $\Delta I(\phi_s,\phi_0)$ 产生与 Sagnac 相位大小相等、符号相反的反馈相位 ϕ_{FB}，使总相位差 $\phi_s+\phi_{FB}$ 被控制在零位上，从而实现光纤陀螺的闭环控制。

除光源强度噪声外，陀螺探测器上的噪声还包括热噪声和散粒噪声，总的噪声电流均方波动可表示为

$$\langle \Delta i_n^2 \rangle = \langle \Delta i_{\mathrm{th}}^2 \rangle + \langle \Delta i_{\mathrm{sh}}^2 \rangle + \langle \Delta i_{\mathrm{RIN}}^2 \rangle = 2e\langle i \rangle B_e + 4\,kTB_e/R + \langle i \rangle^2 B_e/\Delta\nu \quad (4-91)$$

式中，$\langle \Delta i_{\mathrm{th}}^2 \rangle$、$\langle \Delta i_{\mathrm{sh}}^2 \rangle$、$\langle \Delta i_{\mathrm{RIN}}^2 \rangle$ 分别代表光源的热噪声、散粒噪声和强度噪声；$\langle i \rangle$ 为探测器上的平均光电流；R 为放大器的电压-电流转换电阻；k 为玻耳兹曼常数；T 为温度；B_e 为检测带宽；$\Delta\nu$ 为以频率表示的光谱宽度。

图 4－83 为简化的噪声和信号在陀螺系统方框图前向通道中的分布，η 为探测器的响应度，R_L 为探测器阻抗。

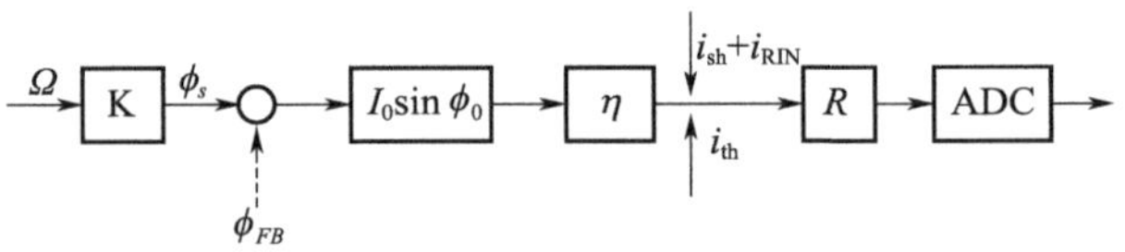

图 4－83　光纤陀螺系统中信号和噪声的分布图

对于上述相位检测过程，陀螺旋转时探测器上检测到绝对光功率变化为 $I_0\sin\phi_s\sin\phi_0$，对应光电流的变化为

$$i = \eta I_0 \sin\phi_0 \sin\phi_s \approx \eta I_0 \sin\phi_0 \phi_s \quad (4-92)$$

小旋转速率时 $\phi_s \approx 0$，$\sin\phi_s \approx \phi_s$。于是，各噪声与输入信号、探测器电压增益的关系可表示为

$$V_D = iR + (i_{\mathrm{th}} + i_{\mathrm{sh}} + i_{\mathrm{RIN}})R \quad (4-93)$$

表示为功率的形式为

$$P_D = i^2 R + (\langle \Delta i_{\mathrm{th}}^2 \rangle + \langle \Delta i_{\mathrm{sh}}^2 \rangle + \langle \Delta i_{\mathrm{RIN}}^2 \rangle)R \quad (4-94)$$

上式中第一项为探测器上实际检测信号的功率，第二项为探测器上宽谱光源噪声的功率。当噪声功率等于检测信号功率时，得到光纤陀螺的测量极限[222]，令

$$i^2 R = (2e\langle i \rangle B_e + 4\,kTB_e/R + \langle i \rangle^2 B_e/\Delta\nu)R \quad (4-95)$$

对于施加偏置相位 ϕ_0 的闭环光纤陀螺，探测器上平均电流 $\langle i \rangle = \eta I_0(1+\cos\phi_0)$。由式（4－95）计算得到光纤陀螺最小可检测相移为

$$\phi_{\min} = \frac{1}{\sin\phi_0}\sqrt{\left(\frac{2e(1+\cos\phi_0)}{\eta I_0} + \frac{4kT}{\eta^2 R I_0^2} + \frac{(1+\cos\phi_0)^2}{\Delta\nu}\right)B_e} \quad (4-96)$$

转化为旋转角速率形式为

$$\Omega_{\min} = \frac{\lambda c}{2\pi LD\sin\phi_0}\sqrt{\left(\frac{2e(1+\cos\phi_0)}{\eta I_0} + \frac{4kT}{\eta^2 R I_0^2} + \frac{(1+\cos\phi_0)^2\lambda^2}{c\Delta\lambda}\right)B_e} \quad (4-97)$$

式中，$\Delta\lambda$ 为以波长表示的光谱宽度；$\Omega_{\min}$ 为仅考虑光源噪声时光纤陀螺能检测的最小旋转角速率，两边同时除以 $\sqrt{B_e}$ 即得到光源单位带宽内噪声所引起的随机游走系数 RWC

$$\mathrm{RWC} = 60 \cdot \frac{180}{\pi}\frac{\lambda c}{2\pi LD\sin\phi_0}\sqrt{\frac{2e(1+\cos\phi_0)}{\eta I_0} + \frac{4kT}{\eta^2 R I_0^2} + \frac{(1+\cos\phi_0)^2\lambda^2}{c\Delta\lambda}} \quad (4-98)$$

可以看到，光纤陀螺随机游走系数与光源的功率和谱宽密切相关，辐射环境对光源功率和谱宽的影响会导致陀螺随机游走系数的改变。热噪声和散粒噪声引起的随机游走系数

与光纤陀螺偏置工作点的光强成反比，随着辐射剂量的增加光源光功率减小，会导致陀螺随机游走系数增大；相对强度噪声引起的随机游走系数与光源有效谱宽成反比，随着辐射剂量的增加光源有效谱宽 $\Delta\lambda$ 通常会变小，也会导致陀螺随机游走系数增大。

为了抑制辐照环境下或者长期通电环境下掺铒光纤光源的功率衰减以及平均波长漂移，进而改善光纤陀螺零偏和标度因数性能劣化问题，光纤陀螺光路系统可采用光功率自动控制的 1.53 μm 或 1.56 μm 波长的高斯谱掺铒光纤光源方案，实时监测掺铒光纤光源的光功率变化并实现全周期的自动控制；为了提升全光路的光谱稳定性，可在陀螺光路输出端探测器的前方增加高斯谱滤波器，进一步抑制由 Y 波导和光纤环等器件引起的陀螺平均波长变化问题。抑制掺铒光纤光源性能演变的光纤陀螺技术方案如图 4-84 所示。

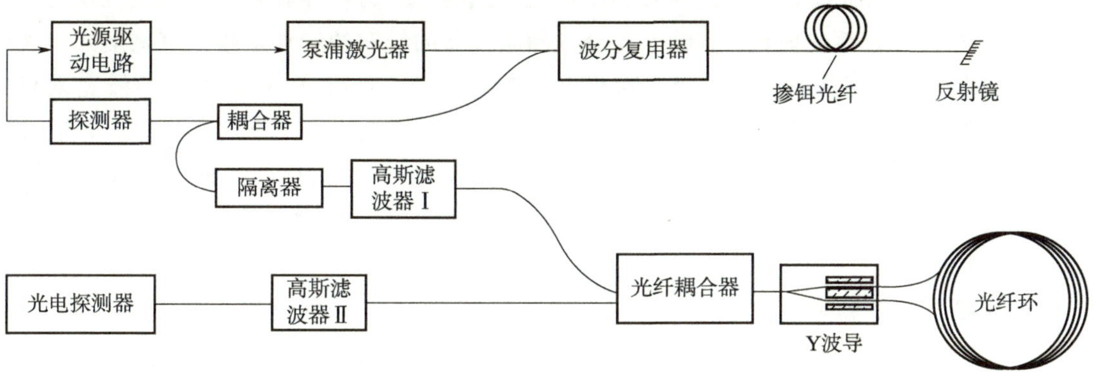

图 4-84　抑制掺铒光纤光源性能演变的光纤陀螺技术方案示意图

4.6.3　光纤激光器性能对多普勒测速系统的影响及抑制技术

激光相干多普勒测速仪（LDV）因其测量精度高、范围广、分辨率高、响应快、无须接触待测物等优点被广泛应用。测量原理基于光学多普勒效应，即当相干光照射待测物体时，若待测物体与光源之间发生相对运动，则反射回来的光波频率会发生频移，频率偏移量的大小和待测物移动的速度大小相关。实际测量时，由于无法保证相干光的入射角为 90°，需要考虑光束入射的方向和待测物体移动方向。

激光相干多普勒测速仪中的窄线宽激光器的输出光一部分作为本地参考光，另一部分作为探测光照射到待测物体上。从待测物体散射回的信号光与本地参考光通过相干混频后，即可检测出多普勒频移产生的中频信号，该信号频率就是物体移动产生的多普勒频移，其具体值和待测物体的移动速度、大小、探测光方向与物体移动方向的夹角有关。待测物体的移动速度可以通过下式计算得到

$$V=\frac{\lambda\Delta f}{2\cos\theta} \tag{4-99}$$

式中，V 为待测物的速度；Δf 为多普勒频移；λ 为激光的波长；θ 为激光的方向和待测物运动方向的夹角。

对于采用平衡探测器的探测方案，相干接收的本振参考光的光场可以表示为

$$E_L = E_0 \exp[\mathrm{i}(\omega t + \phi_{LO})] \tag{4-100}$$

待测物散射信号光的光场为

$$E_s = \sqrt{R(\tau)} E_0 \exp[\mathrm{i}(\omega + \Delta\omega_{AOM} + \Delta f)t + \phi_s] \tag{4-101}$$

式中，E_0、ω 、ϕ_{LO} 分别为本振参考光波振幅、角频率和初始相位；ϕ_s 为待测物散射信号光的初始相位；$\Delta\omega_{AOM}$ 为加入声光调制器引入的频移；Δf 为待测物体移动引起的频移；$R(\tau)$ 为物体的反射率。

相干系统中，本振光和信号光的干涉光强可以表示为

$$I_{hd} = (1+R)E_0^2 + 2RE_0^2 \cos[(\Delta\omega_{AOM} + \Delta f)t + \phi_\varepsilon] \exp\left(-\frac{1}{2}\Delta\omega\tau_d\right) \tag{4-102}$$

式中，$\Delta\omega$ 是激光器的线宽；τ_d 是信号和本振光的延时；ϕ_ε 为外界影响引起的相位变化。式（4－102）中相干探测光电流 I_{hd} 的交流分量随激光器的线宽的增加呈指数衰减形式。理论上线宽变化引起探测信噪比的改变，随着空间散射回光的延时 τ_d 和激光器的线宽乘积的增加呈指数形式衰减。对测得的信号做傅里叶变换，得到光的频率 $\Delta\omega_{AOM} + \Delta f$ ，通过加入声光调制器将探测中心频率频移到中频段，以此减小外界干扰。此外，根据多普勒效应，物体靠近光源移动时，探测到的频率变大，Δf 为正值；反之，物体远离光源运动时，Δf 为负值。

典型相干多普勒测速仪如图 4－85 所示。光源可采用布拉格反射型光纤激光器（External Cavity Distributed Bragg Reflector Fiber Lasers，DBRFL）和半导体外腔窄线宽激光器（External Cavity Laser Diode，ECLD），两种激光器的频率噪声曲线如图 4－86 所示[223]。可见，DBRFL 的频率噪声水平低于 ECLD 的频率噪声 25 dB 以上，但在弛豫振荡频率 1.3 MHz 处，DBRFL 存在频率噪声峰。

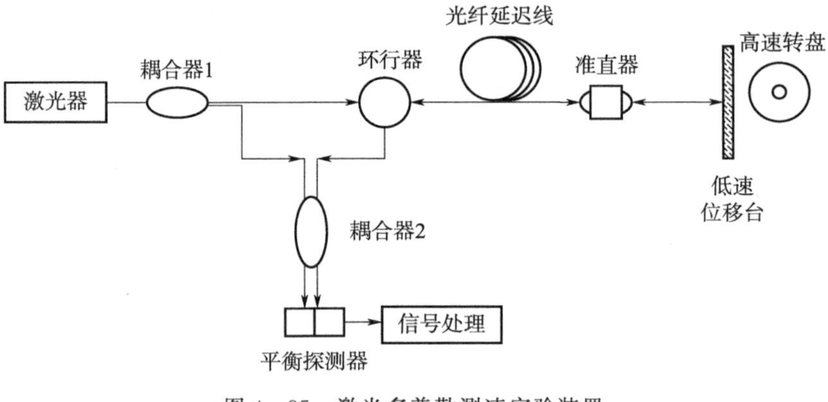

图 4－85　激光多普勒测速实验装置

利用低速的高精度电动位移平台和高速的转盘设置两种待测物运动模式，测试两个不同线宽激光器对测速系统的影响。图 4－87 为两种光源测量静止物体时的拍频信号频谱[223]。待测物距离为 3 m，其延时为 30 ns。拍频信号位于 80 MHz，中心线频率宽度小于 10 Hz。可见，使用 ECLD 作为激光源时的拍频噪声功率水平约为－87 dBm；DBRFL 作为光源时的拍频噪声功率水平约为－92 dBm；与 ECLD 相比，当使用 DBRFL 作为光源

时，系统噪声低 5 dB 以上。

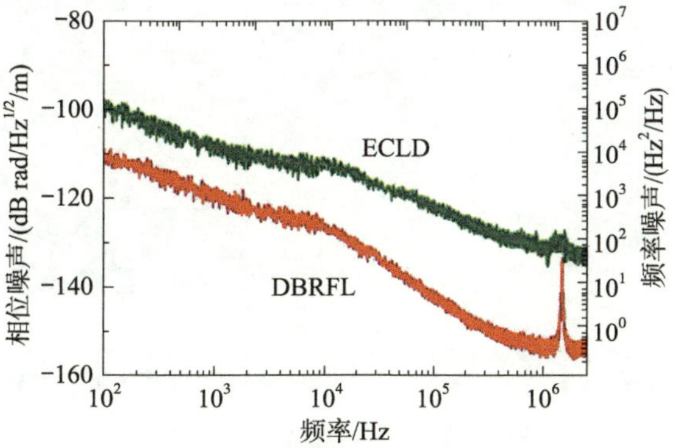

图 4-86　ECLD 和 DBRFL 的频率噪声谱

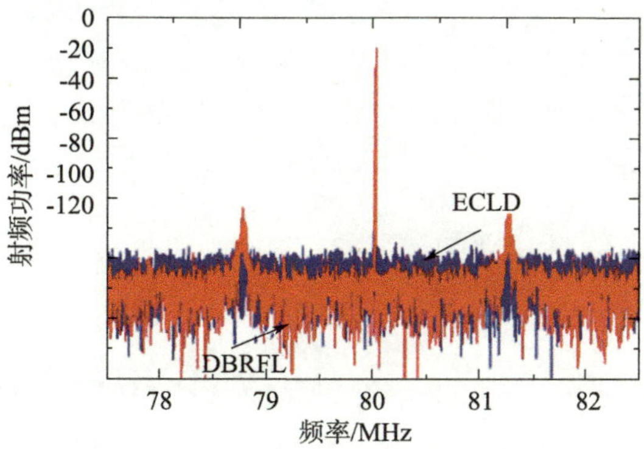

图 4-87　激光多普勒测速系统噪声

当测量移动物体时，测量频移信号的信噪比如图 4-88 所示[223]。以 ECLD 作为光源时，测速信号的信噪比为 30 dB，如图 4-88（a）所示；以 DBRFL 作为光源时，测速信号的信噪比为 35 dB，如图 4-88（b）所示，相较于 ECLD 高出 5 dB。

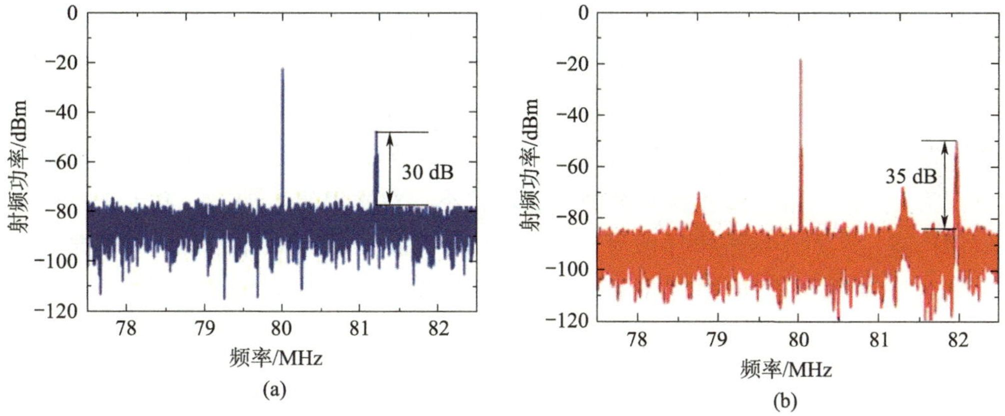

图 4-88　ECLD（a）和 DBRFL（b）作为光源时的测速信噪比

DBRFL 作为光源时，拍频噪声在距离中心频率约 1.3 MHz 处有两个探测边峰，这是由 DBR 激光器弛豫振荡噪声引起的，通过自注入锁定技术即可消除。注入锁定后激光器噪声整体下降约 4 dB，中心线变窄，低频噪声下降，1.3 MHz 处弛豫振荡峰噪声被完全抑制。

第5章 半导体光电探测器件在宇航环境条件下的性能演变及抑制技术

半导体光电探测器具有体积小、质量轻、抗振动、效率高、功耗低、寿命长以及光谱范围宽等优点，是实现光信号探测的重要载体，在空间光纤通信、激光通信、光纤传感、激光探测、量子信息等领域广泛应用。按照工作波段，光电探测器分为红外光电探测器、可见光光电探测器和紫外光电探测器。可见光波段、近红外波段光电探测器常用材料为铟砷化镓（InGaAs）、硅、锗等。硅基光电探测器是典型的可见、近红外波段光电探测器，其波长响应范围为 0.4～1.1 μm。锗的带隙小于硅，光更容易将电子从价带激发到导带，波长响应范围为 0.4～1.7 μm；InGaAs 基探测器是典型的近红外波段光电探测器，波长响应范围为 1～1.7 μm，该型探测器的暗电流较小，在常用的 1.31 μm 和 1.55 μm 两个波段中应用广泛。相对于传统半导体材料（Si、Ge、GaAs），紫外探测器材料禁带较宽。其中，Ⅲ族氮化物是宽禁带半导体材料的主要代表之一，包括氮化镓（GaN）、氮化铟（InN）、氮化铝（AlN）以及由它们组成的三元或四元合金化合物材料，如 AlGaN、AlInN、InGaN 和 AlGaInN 等。氮化镓（GaN）和氮化铝（AlN）的禁带宽度分别为 3.44 eV 和 6.13 eV，对于两者组成的三元化合物 AlGaN，通过调节 Al 的组分，禁带宽度可在 3.44～6.13 eV 之间连续变化，对应的波长范围为 200～365 nm。

半导体光电探测器按照器件结构主要分为 PN 结结构光电探测器、PIN 结构光电探测器、肖特基二极管结构光电探测器、金属-半导体-金属（Metal - Semiconductor - Metal，MSM）结构光电探测器、雪崩光电二极管（Avalanche Photodiode，APD）光电探测器、场效应光电晶体管光电探测器以及光电三极管光电探测器等。本章主要介绍应用较多的 InGaAs 基 PIN 结构探测器和 Si 基 APD 探测器。

5.1 PIN 型光电探测器技术

PIN 结构在零偏压或者非常小的偏压下便可以被耗尽，并且在不同偏压下其耗尽区域均可以保持稳定；PIN 结构中较宽的耗尽区在一定程度上降低了热激发暗电流的产生；

PIN 结构还缩短了载流子渡越时间，使探测器具有较大的带宽。因此，PIN 型探测器作为一种高速、低暗电流、低噪声、高量子效率的器件非常符合光通信和光传感系统的应用要求。

5.1.1　PIN 型光电探测器的工作原理

5.1.1.1　光电流的产生

图 5 - 1 为 PN 结光电二极管的基本结构和能带结构示意图。当光照射在 PN 结上，光子能量大于材料禁带带隙能量时，材料中价带电子吸收光子能量后跃迁到导带，并在价带形成一个空穴，产生光生电子空穴对，在耗尽区外的 n 区内产生的光生空穴和耗尽区外的 p 区内产生的光生电子作为少数载流子，通过扩散到达耗尽区，与耗尽区中产生的光生电子空穴对一起在电场的作用下向两侧电极漂移，产生光电流，通过测量光电流，实现对入射光功率的探测。

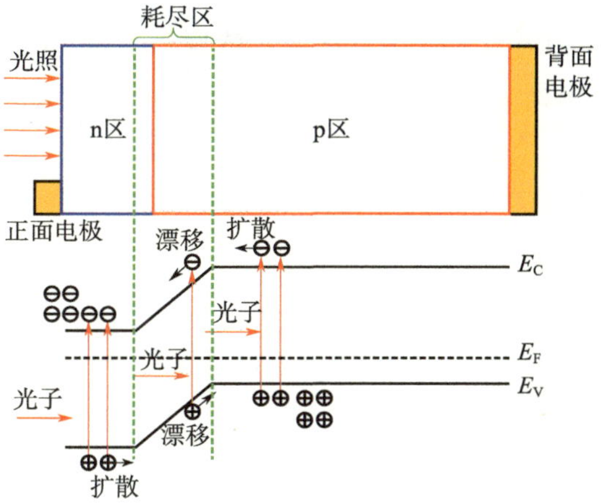

图 5 - 1　PN 结光电二极管结构及能带结构示意图

为提高探测效率和响应速率，在 PN 结光电二极管的基础上，通过在 p 型区和 n 型区之间加入高阻本征层（I 区），实现了 PIN 结构的光电二极管。PIN 结光电二极管的结构及能带结构如图 5 - 2 所示，I 区相对于 p 区和 n 区而言是高阻区，PN 结的内建电场集中在 I 区，形成高电场区，从而使 PN 结之间的距离拉大，结电容变小，在反向偏压作用下，耗尽层扩展到整个 I 区。由于 I 区的存在，击穿电压不再受基体材料的限制，低电阻率的基体材料可获得高的反向击穿电压，这使得 PIN 结二极管可使用高反向偏压。由于 I 区的存在，而 p 区和 n 区都非常薄，入射光子主要在 I 区内被吸收，产生电子-空穴对，在强电场的作用下快速移动，所以载流子的渡越时间非常短。

当 PIN 结加反向偏压时，载流子的扩散电流 I_{diff} 为[224]

$$I_{\text{diff}}=eA\left(\frac{D_p p_n}{L_p}+\frac{D_n n_p}{L_n}\right)\left[\exp\left(\frac{eV}{kT}\right)-1\right] \tag{5-1}$$

式中，e 表示电子电荷；A 表示扩散区域面积（耗尽区宽度 W 与厚度 d 的乘积）；D_n 和 D_p

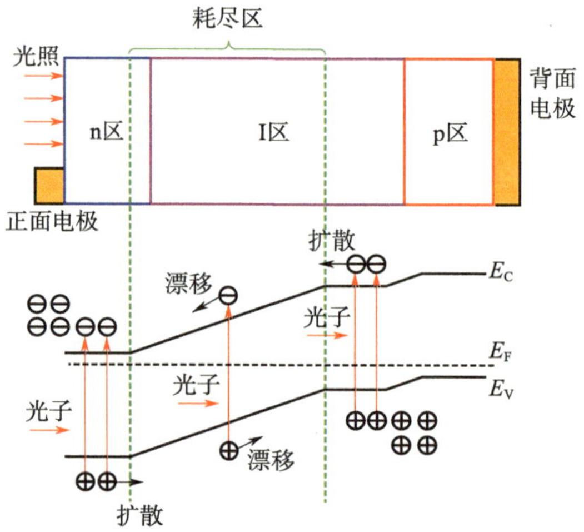

图 5-2　PIN 结光电二极管结构及能带结构示意图

分别表示电子和空穴的扩散系数；p_n 为 n 区空穴浓度；n_p 为 p 区电子浓度；V 为反向偏压；k 为玻耳兹曼常数；T 为温度。电子和空穴的扩散长度 L_n 和 L_p 为

$$L_n = \sqrt{D_n \tau_n} \qquad L_p = \sqrt{D_p \tau_p} \tag{5-2}$$

式中，τ_n 和 τ_p 分别表示电子和空穴的寿命。

载流子的产生-复合电流 I_{gr} 为[224]

$$I_{gr} = \frac{eAWn_i}{2\tau}\left[\exp\left(\frac{eV}{2kT}\right) - 1\right] \tag{5-3}$$

式中，τ 表示耗尽区载流子寿命。

耗尽区宽度为

$$W = X_n + X_p + X_i = \left[\frac{2\varepsilon}{e}\frac{N_a + N_d}{N_a N_d}(V_{bi} + V + V_i)\right]^{\frac{1}{2}} + X_i \tag{5-4}$$

式中，X_n 、X_p 分别为耗尽区在 n 区和 p 区的展宽；X_i 为 I 区的宽度；ε 为介电常数；N_a 为受主浓度；N_d 为施主浓度；V 为偏置电压；V_i 为 I 区的压降；V_{bi} 为内建电势[225]

$$V_{bi} = \frac{kT}{e}\ln\frac{N_a N_d}{n_i^2} \tag{5-5}$$

式中，n_i 为常温下的本征载流子浓度。

当 PIN 结加反向偏压达到一定值（耗尽电压）时，其整个 I 区将会被完全耗尽，因为 p 区和 n 区都是重掺杂区，耗尽区两侧的展宽可以忽略不计。因此，可以将耗尽区的宽度等效为 I 区的宽度，即 $W = X_i$。

当光垂直 n 区入射时，空间电荷区的光生电流为

$$-I_i = eA\eta\frac{\Phi_p}{h\nu}(1-r)\exp(-\alpha W_n)\left[1-\exp(-\alpha W)\right] \tag{5-6}$$

式中，η 为本征量子效率；Φ_p 为入射光子通量；α 为吸收系数；W_n 为 n 区厚度；r 为 n 区表面反射率；h 为普朗克常数；ν 为入射光子频率。

PIN 结二极管的输出电流为光生电流、扩散电流和产生-复合电流之和，即

$$
\begin{aligned}
I_{pd} &= -I_i + I_{\text{diff}} + I_{gr} \\
&= eA\eta \frac{\Phi_p}{h\nu}(1-r)\exp(-\alpha W_n)\left[1-\exp(-\alpha W)\right] + \\
&\quad eA\left(\frac{D_p p_n}{L_p}+\frac{D_n n_p}{L_n}\right)\left[\exp\left(\frac{eV}{kT}\right)-1\right]+\frac{eAWn_i}{2\tau}\left[\exp\left(\frac{eV}{2kT}\right)-1\right]
\end{aligned} \tag{5-7}
$$

5.1.1.2　光电流的前置放大

PN 结和 PIN 结等不具有内部放大机制的半导体光电二极管产生的光电流通常较小，需要通过前置放大电路将信号放大并转化为电压信号以方便后续的信号处理。前置放大器的作用是不失真地放大探测的电信号和保证噪声最小，一般采用场效应晶体管。前置放大器的设计一般是从阻抗匹配着手，通过负反馈满足输入与输出阻抗匹配，并兼顾电路噪声特性、带宽特性和增益特性。前置放大器主要有三种基本类型：高阻抗放大器、低阻抗放大器和跨阻抗放大器。低阻抗放大器结构简单，但噪声大，灵敏度低。高阻抗放大器具有低噪声、高灵敏度的特点，但带宽窄、动态范围小。跨阻抗放大器具有灵敏度高、信噪比高、带宽大等特点，被广泛采用。

典型跨阻抗前置放大器的等效电路如图 5 - 3 所示。这种放大器实际上就是一种通过负反馈电阻给放大器输入端提供负反馈的高增益高阻抗放大器。

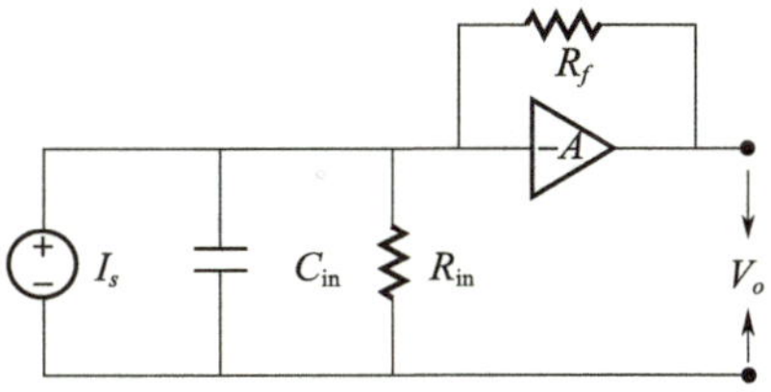

图 5 - 3　跨阻抗放大器等效电路

反馈放大器的电流-电压转移函数为

$$
H_{fe}(\omega)=\frac{V_o(\omega)}{I_s(\omega)}=\frac{-A}{1+\dfrac{A}{R_f}+\dfrac{1}{R_{in}}+j\omega C_{in}}\approx\frac{-A}{\dfrac{A}{R_f}+\dfrac{1}{R_{in}}+j\omega C_{in}} \tag{5-8}
$$

式中，V_o 为输出电压；I_s 为输入电流；C_{in} 为等效输入电容；R_{in} 为等效输入电阻；R_f 为反馈电阻；ω 为信号频率；A 为放大器中的中频电压增益，一般 $A \gg 1$，$\dfrac{A}{R_f} \gg \dfrac{1}{R_{in}}$，因此上式可简化为

$$
H_{fe}(\omega)\approx\frac{-A}{\dfrac{A}{R_f}+j\omega C_{in}}=\frac{R_f}{1+jR_f\omega C_{in}/A} \tag{5-9}
$$

则反馈前置放大器的带宽可近似表示为

$$
\omega_{of}=\frac{A}{R_f C_{in}} \tag{5-10}
$$

在式（5－8）中，令 $R_f \to \infty$，则放大器为无反馈情况，其频率特性为

$$H(\omega)=\frac{-AR_{in}}{1+j\omega R_{in}C_{in}} \tag{5-11}$$

其带宽为

$$\omega_o=\frac{1}{R_{in}C_{in}} \tag{5-12}$$

一般 $R_f < R_{in}$，所以比较式（5－10）和式（5－12）可得

$$\omega_{of} \gg \omega_o \tag{5-13}$$

即反馈前置放大器的带宽远远大于无反馈前置放大器的带宽。与高阻抗前置放大器相比，反馈前置放大器带宽展宽不止 A 倍（因为一般 $R_f < R_{in}$），且与放大器的增益成正比。

从式（5－13）可得放大器在有反馈和无反馈的两种情况下，低频增益和带宽的乘积相等，即

$$H_{fe}(0)\cdot\omega_{of}=R_f\cdot\frac{A}{R_fC_{in}}=\frac{A}{C_{in}} \tag{5-14}$$

$$H(0)\cdot\omega_o=AR_{in}\cdot\frac{1}{R_{in}C_{in}}=\frac{A}{C_{in}} \tag{5-15}$$

式（5－14）、式（5－15）表明反馈前置放大器的带宽增加了，放大器的频率响应得到改善，但是增益却降低了，因为增益带宽乘积不变。

由以上分析可知，减小 C_{in} 的值，可以增加放大器的带宽，降低噪声。当 R_{in} 和 C_{in} 一定时，放大器的带宽和放大器闭环增益成正比。但是，也不能无限制地通过增大开环增益来增大带宽，因为它受到两方面因素的限制：1）由于放大器密勒电容的存在，增大放大器增益的同时也增大了密勒电容的影响，使之成为影响带宽的主要因素，总的 C_{in} 增加，从而减小了放大器的带宽，增大了放大器的噪声；2）为了达到高增益，需增加并联反馈环内放大器的级数，对于宽带和高速应用来说，会引起放大器附加的传播延迟和相位偏移，而一定的增益和相位裕量方可保持放大器稳定工作，所以相位裕度的减小会引起电路性能的不稳定。随着比特率和带宽的增加，放大器的级数和开环增益需要适当地降低。因此为了减小密勒电容对放大器带宽的影响，同时保持电路性能的稳定，应适当选择放大器的增益。

5.1.2 PIN 型光电探测器的主要性能参数及特性

PIN 型光电探测器的性能参数主要包括响应度、比例系数、灵敏度、动态范围、带宽、反射损耗、饱和光功率，以及决定器件灵敏度的暗电流、噪声特性等。

（1）响应度和量子效率

光电探测器的主要功能是实现光电信号的转换，转换效率由响应度来衡量，即输出光电流 I_{out} 和输入光功率 P_{in} 的比值，可表示为

$$R=\frac{I_{out}}{P_{in}} \tag{5-16}$$

量子效率从微观角度描述光电转换效率，定义为光电探测器产生的光生载流子数与总的入射光子数之比，即

$$\eta = \frac{I_{out}/e}{P_{in}/(h\nu)} \tag{5-17}$$

式中，h 为普朗克常数；ν 为入射光子频率。

(2) 比例系数

比例系数是衡量光电探测器组件中 PIN 光电二极管响应度和前置放大器综合特性的参数，定义为组件输出电压变化量与输入光功率变化量之间对应关系。比例系数 K 为

$$K = \frac{V_1 - V_2}{P_1 - P_2} \tag{5-18}$$

式中，V_1 为输入光功率为 P_1 时的电压；V_2 为输入光功率为 P_2 时的电压。

比例系数与 PIN 光电二极管的响应度、跨阻的关系为

$$K = RR_f \tag{5-19}$$

式中，R 为探测器组件的 PIN 光电二极管的电流响应度（单位为 A/W）；R_f 为探测器组件前置放大器的跨阻。

(3) 灵敏度

灵敏度也称为最小可探测光功率，是衡量光电探测器组件微弱光信号探测能力的参数，定义为光信号功率与噪声功率之比 $S/N=1$ 时，入射到光电探测器上的光功率值。在已知探测器组件噪声电压的情况下，灵敏度可表示为

$$R_e = 10\lg(6V_n/K) \tag{5-20}$$

式中，R_e 为灵敏度；V_n 为光电探测器组件的噪声电压值；K 为光电探测器组件的比例系数。

(4) 动态范围

动态范围是衡量光电探测器组件能够测量的最小到最大光功率的范围，分别测出其线性响应的最大光功率（饱和光功率）和最小光功率（灵敏度），两者之差即为动态范围。

(5) 带宽

带宽是衡量光电探测器信号频率响应特性的参数，定义为光电探测器组件幅频特性曲线下降 3 dB 所对应的频率宽度。

(6) 反射损耗

反射损耗是衡量光信号后向返回程度的参数，反射损耗越大，光信号的利用率越低，探测器组件的比例系数也就越小。

(7) 饱和光功率

当入射光功率超过一定值时，光电二极管的光电流和光功率将不成正比，而产生非线性失真。随着光功率的增大，探测器组件的输出电压逐渐趋于饱和。入射光功率增加，光电流增大，负载 R_L 上的压降增大，使得光电二极管上实际压降减小，内建电场变弱，导致光生载流子的漂移速度减慢，响应度下降。当入射光功率达到一定值时，光电二极管上的压降降为 0，此时的光电流为 I_{max}，偏压 V 全部降在负载 R_L 上，此时的光功率为饱和

光功率 P_{max} ，即

$$P_{max}=\frac{I_{max}}{R}=\frac{V}{RR_L} \tag{5-21}$$

饱和光功率不但与 PIN 光电二极管有关还和探测器的前置放大器有关。

（8）暗电流

暗电流是指在没有光照时流过探测器的电流，实质上是反向偏置 PN 结的漏电流，这个电流与光信号无关，成为光信号的暗背景信号。暗电流的大小与器件的材料和器件的制作工艺相关。暗电流是饱和电流、产生电流和表面漏电流的总和。在光电探测器内部结构中，I 层全耗尽，而 p^+ 、n^+ 层是重掺杂，而且很薄，少数载流子在其中的扩散长度短，少数载流子的浓度又低，故饱和电流可忽略不计。

（9）噪声

PIN 光电探测器组件中的噪声源很多，应用中重点关注其在光电转换过程中信噪比的改善情况，而组件的输出信噪比与探测器接收到的光功率相关，故将噪声源按与光功率的相关性不同进行分类。

①散粒噪声

光电探测器组件中的散粒噪声包括暗电流散粒噪声和光子散粒噪声，前者是由于热激发作用而随机产生的电子所造成的扰动，这种噪声存在于所有光电探测器中；后者是探测器在光照时，由于每一瞬间到达探测器的光子数是随机的，光激发载流子产生的起伏噪声。由于暗电流相对信号光一般很小，仅考虑光子散粒噪声，即

$$e_{n1}^2=2ei_{dc}R_f^2\Delta f \tag{5-22}$$

$$i_{dc}=\frac{e\eta}{hc/\lambda}P \tag{5-23}$$

式中，e 为电子电荷；R_f 为跨阻放大器的跨阻；i_{dc} 为探测器的平均电流；Δf 为检测带宽；P 为探测器接收到的平均光功率（W）；η 为探测器的量子效率；c 为真空中的光速；λ 为光波长；h 为普朗克常量。检测带宽一定时，散粒噪声的均方根与光功率的均方根成正比。

②电路内部噪声和跨阻热噪声

双极型晶体管、场效应管和集成运算放大器都有其固有的内部噪声源，前置放大电路内部噪声主要取决于第一级场效应管的噪声水平。通常场效应管的内部噪声折算到输入端，用电流噪声密度 i_i 和电压噪声密度 e_i 表示。放大器完成一定放大功率还需接入外围电阻，任何一个处于绝对零度以上的电阻中，载流子的无规则热运动都会引起电阻两端的电压起伏，称为热噪声。电路内部噪声和跨阻热噪声为

$$e_{n2}^2=(i_i^2R_f^2+4\,kTR_f+e_i^2)\Delta f \tag{5-24}$$

式中，k 为玻耳兹曼常数；T 为环境温度。场效应管的 i_i 一般为 1～100 fA/Hz；e_i 一般为几个 nV/Hz。

③ $1/f$ 噪声

几乎所有光电探测器中都存在 $1/f$ 噪声。它主要出现在大约 1 kHz 以下的低频区，与光辐射的调制频率 f 成反比，故称为低频噪声或 $1/f$ 噪声。其功率谱密度可表示为

$$i_n^2 = A i_{dc}^{\beta} \Delta f / f^{\nu} \tag{5-25}$$

式中，常数 A 由器件结构特性决定，$\beta \approx 2.0$，$\nu \approx 1$。光电探测中 $1/f$ 噪声表示为

$$e_{n3}^2 = A \ln\left(\frac{f_2}{f_1}\right) i_{dc}^2 \tag{5-26}$$

式中，f_1、f_2 分别为光电探测器组件带宽的下限频率和上限频率。检测带宽一定时，$1/f$ 噪声的均方根与光功率成正比。

假设以上各噪声是彼此独立的，则 PIN 光电探测器组件总噪声为

$$e_n = \sqrt{e_{n1}^2 + e_{n2}^2 + e_{n3}^2} \tag{5-27}$$

④噪声与接收光功率的关系

PIN 光电探测器组件接收的光功率为零时，输出噪声主要包括电路内部噪声及跨阻热噪声；PIN 光电探测器组件接收的光功率不为零时，输出噪声中除前两种噪声外还包括了散粒噪声、输入光相对强度噪声和 $1/f$ 噪声。光功率小于 1 μW 时，输出噪声以散粒噪声为主，当光功率大于 10 μW 时，相对强度噪声和 $1/f$ 噪声比重增大[226]。

5.2　APD 型光电探测器技术

相比于 PIN 二极管，APD 增加了倍增区域，通过设计芯片外延结构的掺杂分布使得 APD 工作在较高反向偏压时倍增区处于高场强区域，通过碰撞电离效应实现光电流的倍增放大。因此，相比于 PIN 型探测器，APD 型探测器具有更高的灵敏度和增益带宽，在空间激光通信尤其是量子信息领域有其独特优势。

5.2.1　APD 型光电探测器的工作原理

5.2.1.1　APD 的工作原理

APD 是一种利用内光电效应和雪崩倍增效应实现光信号探测和放大的器件。APD 早期的设计为在 PIN 器件的 I 区（此处为轻掺杂的 p 区，又称为 π 区）与 n^+ 区之间增加一个作为雪崩区（或倍增区）的 p 型层，形成 $n^+p\pi p^+$ 结构，如图 5－4（a）所示。

当外加反偏电压增大时，p 区耗尽区展宽并拉通至 π 区（故此结构又称为拉通型），π 区的电场近似均匀，为光子吸收的主要区域，光生电子空穴对分离后，电子在电场作用下以饱和漂移速度向 n^+ 区移动，在雪崩区中，光生电子经高电场加速不断获得能量，当能量增益足以激励电子穿越禁带宽度 E_g 时，处于高能导带的电子与晶格振动碰撞，将电子动量传至价带电子使其激发为导带电子，更为直观地描述为高能电子获得足够高的能量，同价带电子碰撞使其电离，产生新的载流子（称为二次载流子），新的载流子在高电场中重复上述过程，产生大量的空穴电子对，这个过程称为雪崩倍增，最终 APD 的光响应度可达到 PIN 器件的 M 倍，其中 M 称为增益或倍增因子。图 5－5 为在 APD 中一个电子进入倍增区触发碰撞电离的过程。

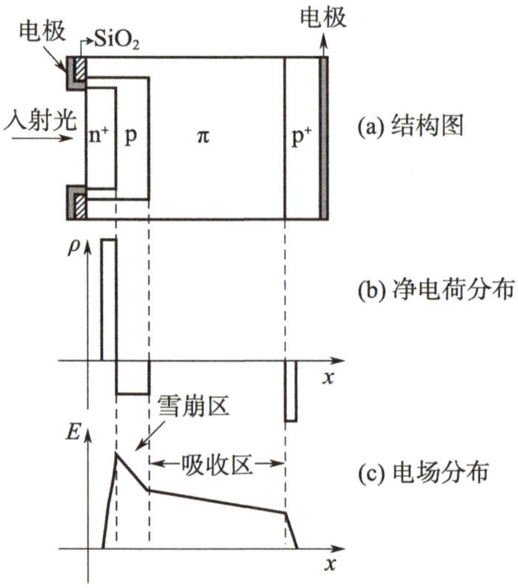

图 5-4　APD 原理图

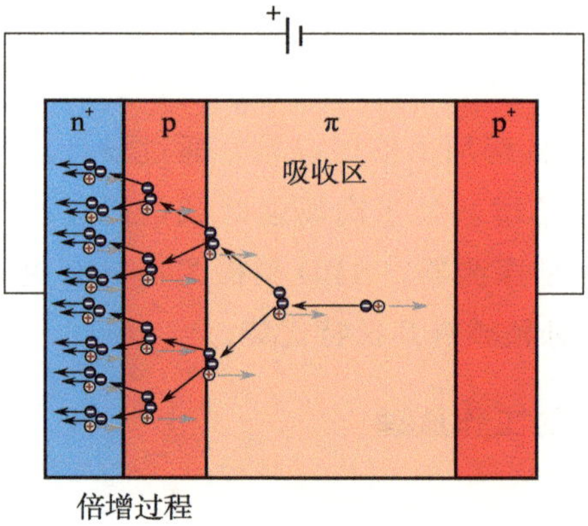

图 5-5　APD 中的碰撞电离示意图

5.2.1.2　APD 的芯片结构

APD 的核心结构是 PN 结，它的结构从最开始的 PN 结结构、PIN 结结构，到吸收（A）、倍增（M）分离结构（Separate Absorption and Multiplication，SAM），再到现在广泛采用的吸收、渐变（G）、电荷（C）、倍增分离结构（Separate Absorption，Grading，Charge，and Multiplication，SAGCM），经过多种结构的发展变化。

（1）PN 结、PIN 结结构 APD

PN 结、PIN 结型 APD 的结构示意图和电场分布图如图 5-6 所示。PN 结电场的峰值位于 PN 结界面处，因此发生碰撞电离最剧烈的地方在 PN 结突变结界面处。由于 PN 结电场的分布不均匀，导致该结构 APD 工作时的峰值电场较高，引起较大的隧穿暗电流。在 PN 结结构的基础上，提出 PIN 结型 APD，是在重掺杂的 p 区和 n 区之间引入轻掺杂的 I 区作为器件的吸收区和倍增区。由于 I 区宽度较大，所以耗尽区的电场相对均匀。

PIN 结结构的 APD 有较高的量子效率和较快的响应速度。但由于其光吸收和载流子倍增发生在同一区域，很难满足用带隙较窄的材料实现长波段探测的同时减小器件的噪声，且其工作电压较高。

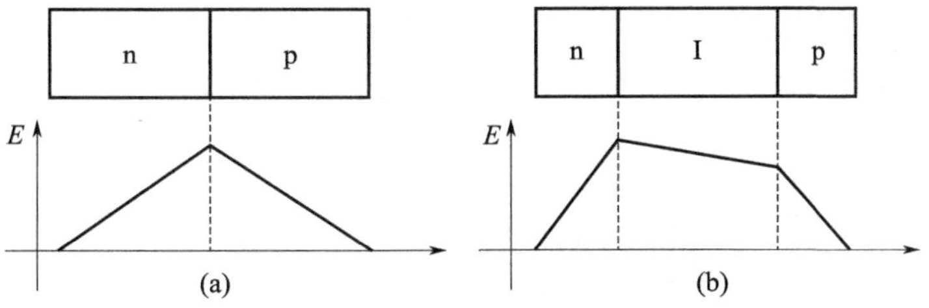

图 5－6　PN 结（a）和 PIN 结（b）型 APD 的结构示意图和电场分布图

（2）吸收、渐变、电荷、倍增分离结构 APD

SAM 结构 APD 的结构如图 5－7（a）所示。SAM 结构 APD 具有倍增区和吸收区分离的特点。入射光子被吸收层吸收后，产生电子空穴对，由于内部电场的作用，电子和空穴向相反的方向运动，可以实现纯空穴或纯电子电流注入高场区触发雪崩效应。由单一载流子触发的雪崩效应可以减少载流子碰撞电离的随机性，进而减小附加噪声。另外，利用半导体异质结结构，可以用带隙较窄的半导体作为 APD 的吸收层，以满足长波段探测的需求，而用带隙宽的半导体作为倍增层，这样可以减少载流子隧穿，减小 APD 的暗电流。另外，SAM 结构 APD 的性能与倍增层的宽度和掺杂浓度有密切的关系。若倍增层掺杂浓度过高，会导致吸收层电场太低，使器件的响应速度降低，若掺杂浓度太低，则会使得吸收层电场过高，器件的工作电压也过高。

在 SAM 结构 APD 中，通常吸收区为窄带隙材料，倍增区为宽带隙材料，这导致了吸收区与倍增区之间的带隙差形成势垒，使得载流子不能轻易地越过，降低了 APD 的带宽。为了使能带更平滑，便于载流子快速越过异质结界面，在倍增层和吸收层之间引入了组分渐变层，如图 5－7（b）所示，带隙介于吸收区材料与倍增区材料之间，以消除二者之间的带隙差，这就是吸收、渐变、倍增分离（Separate Absorption，Grading and Multiplication，SAGM）结构 APD，该结构提高了器件的响应速度。

为了便于调节倍增区和吸收区的电场分布，在 SAM 结构的基础上还提出了吸收、电荷、倍增分离（Separate Absorption，Charge，and Multiplication，SACM）结构 APD，如图 5－7（c）所示，在轻掺杂区引入很薄的重掺杂电荷层可以精确控制 APD 内部电场的分布。电荷层的作用是调节吸收区和倍增区的电场分布，使得吸收层的电场强度足够高以分离光生电子空穴对，又不至于太高而产生大的隧穿暗电流，同时保证倍增层的电场足够高，满足载流子碰撞电离的需要。这种结构的 APD 具有暗电流小，量子效率高和响应速度快等优点。

SAGCM 结构是 SAGM 结构和 SACM 结构的综合，结构如图 5－7（d）所示，同时引入了电荷层和渐变层，既解决了 SAGM 结构在高电场下的隧穿电流问题，也解决了 SACM 结构中异质结区的势垒问题。目前，SAGCM 结构已经成为广泛采用的主流结构。

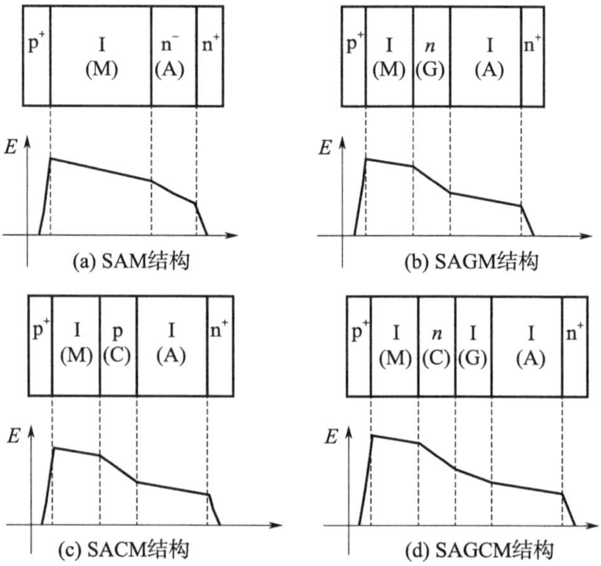

图 5-7　APD 的典型结构和电场分布示意图

（3）谐振腔增强型 APD

以上几种结构的 APD 很难满足器件同时有较高量子效率和较快响应速度的要求。因为当器件的吸收层厚度减小时，相应地，载流子的渡越时间也会减少，有助于提高器件的响应速度。然而，要提高器件的量子效率，就要增大吸收层厚度以保证入射的光子在吸收层中被充分吸收。因此，对于同一器件的吸收层，难以同时满足具有高响应速度和量子效率的要求。为了解决这一问题，引入谐振腔结构。图 5-8 为谐振腔增强型（Resonant Cavity Enhanced，RCE）APD 结构示意图[227]，可以看到，在光电二极管的顶部和底部都增加了布拉格反射镜。载流子可以在 DBR 结构中多次反射，相当于拓展了吸收层的厚度，提高了吸收层的吸收系数。因此，采用谐振腔结构可以在保证量子效率的情况下尽量减薄吸收层，提高器件的响应速度。

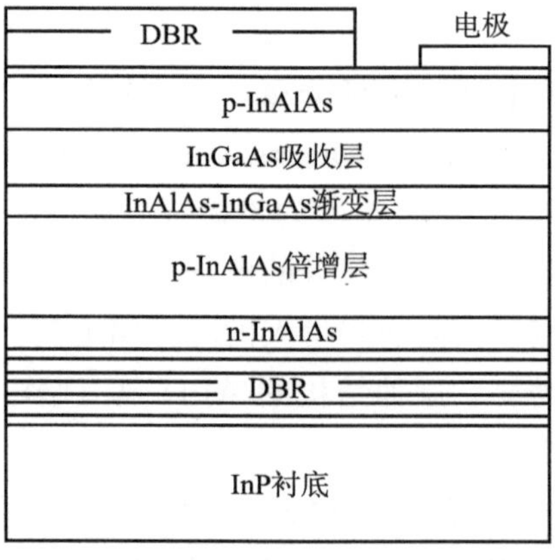

图 5-8　谐振腔增强型 APD 芯片结构示意图

5.2.2　APD 型光电探测器的工作模式

APD 有两种工作模式，一是线性模式（Linear Mode，LM），二是盖革模式（Geiger Mode，GM）。其中线性模式主要应用在高速光通信中，而盖革模式具有更高的光子检测灵敏度，可以实现单光子分辨率的检测。

盖革模式和线性模式工作的 APD 在芯片外延结构上没有明显差别，主要区别在于其工作条件，即两种模式对应的工作电压不同。拉通电压 V_{PT} 定义为当空间电荷区扩展到吸收层时的反偏电压值，在电流上表现为光电流从无到有的变化。随着反偏电压的增大，发生雪崩击穿时，载流子发生剧烈的碰撞电离，倍增增益趋于无穷大，此时对应电压 V_{br} 称为击穿电压或雪崩电压。如图 5-9 所示为 APD 的典型 $I-V$ 曲线。在拉通电压与击穿电压之间工作即为线性模式 APD，其增益具有一个固定值，一般在 10～1 000 之间，并且随着反向偏压增大而增大。而工作在击穿电压之上时即为盖革模式。工作在盖革模式的 APD 处于自持式雪崩的状态，其增益通常都非常大（如 10^5～10^6），对应的光电流也非常大。此时的器件如果不控制工作的时间，会由于电流过大导致雪崩击穿。为了保护器件需要通过外部电路控制工作的电压，常用门控电路进行电压调控，当偏压超过击穿电压一定幅值（V_{ex}）时，便立即降低幅值至击穿电压之下的线性模式区域，并外接淬灭电路使得电流迅速变小防止击穿。

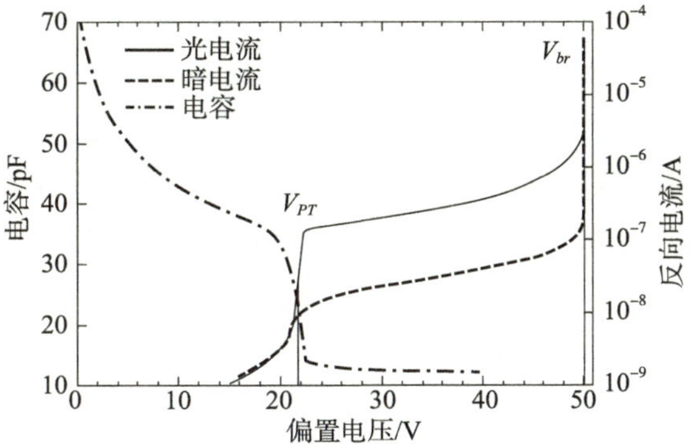

图 5-9　APD 探测器的典型 $I-V$ 特性曲线

线性模式 APD 具有稳定的倍增，所以可以通过其光电流大小来检测出光信号的强弱，而盖革模式在同一门内检测信号无论多少个光子均只能产生一个光电转化的脉冲计数。线性模式 APD 的工作是偏压为恒定的偏置，其检测响应重复频率仅受器件的带宽影响。而盖革模式探测器往往需要工作在门控电路上，其门控的时间由器件及淬灭电路的死时间以及降低后脉冲的需求所决定，相比于线性模式重复频率要小得多。

5.2.3　APD 型光电探测器的主要性能参数及特性

APD 型光电探测器的部分性能参数定义与 PIN 型光电探测器是相同的，本节主要在 PIN 型探测器特性参数基础上介绍线性模式和盖革模式下 APD 型光电探测器的一些特有参数特性。

5.2.3.1 线性模式 APD 型探测器的主要性能参数及特性

(1) 倍增因子

APD 的倍增因子，也称为增益，定义为最终输出的光生电流与倍增前的光生电流之比，即

$$M=\frac{I_P}{I_{P0}} \tag{5-28}$$

式中，I_P 是雪崩光敏二极管倍增时的输出电流；I_{P0} 是无倍增时的输出电流。APD 的光电流是指 APD 在反向偏置工作条件下，由于入射光产生光生载流子然后在强电场作用下发生雪崩效应而产生的电流。光电流的大小与 APD 的偏置电压、入射光波长、环境温度等有关。实验证明，M 可由下面的经验公式近似表示

$$M=\frac{1}{1-\left(\frac{V_R}{V_{br}}\right)^n} \tag{5-29}$$

式中，V_{br} 为击穿电压；V_R 为外加反向电压；n 为与器件材料有关的常数，对于锗 APD，$n=2.5\sim 8$，对于硅 APD，$n=1.5\sim 4$。倍增因子 M 反映了 APD 对光电流的放大能力，即 APD 的倍增因子越大，探测器对信号的放大能力越强。

(2) 附加噪声因子

光电探测器在工作过程中必然会产生噪声，包括热噪声、散粒噪声等。雪崩光电二极管的工作基础是雪崩效应，雪崩效应具有随机性，这种碰撞电离事件的随机性，导致了增益的不稳定性，因此器件在发生倍增后光电流会有更大的起伏，导致 APD 产生一种额外的随机噪声，称为附加噪声。APD 的主要噪声来源就是附加噪声，其他噪声与附加噪声相比要小得多，基本可以忽略。附加噪声因子 F 定义为关于增益的函数，表示为

$$F(M)=\frac{\langle M^2\rangle}{\langle M\rangle^2} \tag{5-30}$$

APD 的局域碰撞电离模型[228] 认为电子和空穴的碰撞电离系数 α 和 β（定义为载流子在单位距离内发生碰撞电离的次数）只是关于电场的函数。并且，在增益一定时，APD 的附加噪声因子也只与电子和空穴的碰撞电离系数之比 k_{eff} 有关，可以表示为

$$F(M)=k_{\text{eff}}M+(1-k_{\text{eff}})\left(2-\frac{1}{M}\right) \tag{5-31}$$

若 $\alpha>\beta$，则 $k_{\text{eff}}=\beta/\alpha$；若 $\alpha<\beta$，则 $k_{\text{eff}}=\alpha/\beta$。由上式可以看出，APD 的附加噪声因子 F 是关于增益 M 和 k_{eff} 值的函数。图 5-10 表示在不同 k_{eff} 值下的附加噪声因子随增益的变化关系[229]，图中实线为利用式（5-31）计算得到的不同 k_{eff} 值时附加噪声因子与增益的关系曲线。图中的方块符号表示附加噪声因子的实测值。从图中可以看出，F 随着增益 M 的增大而增加，并且，在相同的增益下，随着 k_{eff} 值的减小，即电子和空穴的碰撞电离概率差别越大，附加噪声因子 F 越小。因此，在选择 APD 倍增层材料时，应选择电子和空穴电离系数差异较大的材料，或者通过合理的 APD 结构设计，增加（或抑制）其中一种载流子的碰撞电离，以减小 k_{eff} 值，从而减小 APD 的附加噪声因子。另外，应尽

量使电离系数高的载流子触发雪崩效应，例如 InP 基 APD，由于空穴的电离系数大于电子，所以常常利用纯空穴电流注入高场区发生碰撞电离。

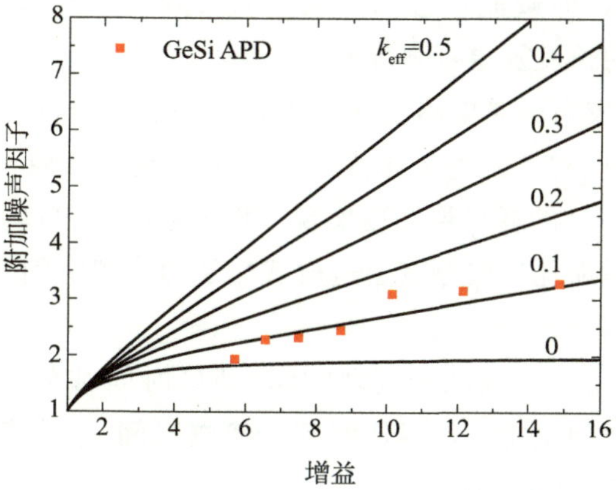

图 5-10　APD 附加噪声因子 F 与雪崩增益 M 的关系

（3）噪声

雪崩光电二极管的噪声主要包括散粒噪声、附加噪声和负载电阻的热噪声，即

$$\overline{i_n^2}=2e(I_d+I_P)M^2F\Delta f+\frac{4kT\Delta f}{R_L} \tag{5-32}$$

式中，第一项为散粒噪声和雪崩附加噪声对总噪声的贡献，I_d 为暗电流；I_P 为光电流；Δf 为检测带宽。第二项为负载电阻的热噪声，k 为玻耳兹曼常数；T 为温度；R_L 为负载电阻。

因此，雪崩二极管的输出信噪比为

$$\mathrm{SNR}=\frac{I_P^2M^2}{2e(I_d+I_P)M^2F\Delta f+\dfrac{4kT\Delta f}{R_L}} \tag{5-33}$$

上式表明，输出信噪比与雪崩增益密切相关。随着反向电压的增大，M 增大，信号功率增加，散粒噪声也增加，但热噪声不变，总的信噪比会增高。当反偏电压进一步增加后，散粒噪声增加很多，而信号功率的增加减缓，总的信噪比又会下降，因此存在一个最佳信噪比下的 M 值。显然，最佳雪崩增益 M_{opt} 与热噪声水平相关，在确定 M_{opt} 时要考虑负载电阻和放大电路输入端等效电阻产生的噪声，通常由实验确定。

（4）响应速度

响应速度是雪崩光电二极管工作在线性模式时的另外一个重要指标，特别是对应用在通信系统的 APD 来说，响应速度非常重要。APD 的响应速度由以下几个方面决定：

1）光生载流子从吸收层渡越到雪崩层的时间。在器件设计时让吸收层全部处于耗尽层中，使载流子通过电场加速渡越到倍增区去，而不是通过速度较慢的扩散过程进入倍增区。如果吸收层没有完全耗尽，由于扩散过程的各向同性，会有很大一部分载流子不能进入到倍增区，明显影响探测效率。另外载流子的渡越时间与吸收层带隙和倍增层带隙间的差紧密相关，如果 APD 中没有过渡层，吸收层和倍增层间有大的带隙差，会让载流子在通过吸收层和倍增层间的界面时被俘获，俘获后再缓慢地释放出来，这样大大降低了

APD 的带宽。通过在吸收层和倍增层间加入过渡层，减小了带隙间的差别，减小了载流子被俘获的概率，较好地解决了载流子在界面被俘获再缓慢释放导致的问题。

2）雪崩建立的时间，即载流子进入雪崩区的时间到所有载流子离开倍增区的时间。雪崩建立时间与倍增区的长度及电场强度有关。

3）对雪崩速度影响较大的是电路的 RC 时间，C 是 APD 的端接电容，R 是负载电阻。端接电容与 APD 所加偏压有关，电压越大，端接电容越小。减小端接电容还可以通过减小 APD 的面积、增加 APD 的耗尽层厚度实现，不过减小 APD 的面积会造成光和 APD 光敏面的耦合效率降低。增加耗尽层厚度会造成载流子的渡越时间变长，因此在解决这个问题时需要综合考虑这些因素。

APD 的响应速度由耗尽层载流子渡越时间、RC 时间常数、耗尽层外载流子扩散时间、雪崩建立时间四个时间决定。耗尽层载流子渡越时间 t_{tr} 为载流子以饱和漂移速率 v_s 渡过宽度为 L_D 耗尽层所需要的时间，即

$$t_{tr}=\frac{L_D}{v_s} \tag{5-34}$$

RC 时间常数为器件电容充放电的时间，表示为

$$t_{RC}=(R_S+R_L)C \tag{5-35}$$

式中，R_S 是 APD 的串联电阻；R_L 是负载电阻；C 是 APD 的电容，主要为结电容。

耗尽层外载流子扩散时间 t_D 是耗尽层外载流子扩散到耗尽层所需的时间，由载流子在耗尽层外的扩散距离 l_0 和少子扩散系数 D 决定

$$t_D=\frac{l_0}{2.4D} \tag{5-36}$$

雪崩建立时间 t_a 是雪崩光电二极管的载流子碰撞电离所持续的时间。载流子的碰撞电离的次数决定了雪崩建立时间

$$t_a=\tau\langle M\rangle \tag{5-37}$$

式中，τ 为本征响应时间，其数值取决于电子空穴电离系数比 k_{eff}，k_{eff} 值越大，雪崩建立时间越长。

根据式（5-34）～式（5-36）可知，前三个常数同 APD 耗尽区的宽度有很大的关系。耗尽区宽度越大耗尽层载流子渡越时间 t_{tr} 越长、RC 时间常数 t_{RC} 越短，因而在设计高速 APD 时，需要确定哪个时间常数起决定性作用。

雪崩二极管工作时加有很高的反向偏压，不仅结电容很小而且光生载流子在结区的渡越时间也很短，所以响应速度很快。一般硅 APD 的响应时间为 0.05～2 ns。

（5）线性度

线性度是描述探测器的输出信号随入射光信号功率之间偏离线性变化程度的参数。当输入光功率较低时，输出电流随着输入光功率的上升而线性上升；当输入光功率较高时，输出电流偏离线性变化的理想电流趋势。线性度可用输出电流对理想电流的压缩度描述，其表达式如下

$$C = 10\lg\left(\frac{I}{I_{\text{ideal}}}\right) \tag{5-38}$$

式中，I 表示实际输出电流；I_{ideal} 表示理想电流。C 越小表示线性度越差。

5.2.3.2　盖革模式 APD 型探测器的主要性能参数及特性

（1）暗计数率

工作在盖革模式下的 APD 即为单光子雪崩二极管（Single - Photon Avalanche Diode，SPAD）。由于自持式雪崩效应，暗电流基本上与光电流处于同一量级，此时暗电流指标对于盖革模式下的单光子甄别来说意义不大。取而代之的是在无光条件下，APD 单位时间内触发自持式雪崩的次数，即暗计数率（Dark Count Rate，DCR）。暗计数本质上是由于器件的暗电流所引发的自持式雪崩效应，但不同的是并非所有种类暗电流都会触发暗计数。能触发暗计数的暗电流需要其载流子输运过程中通过有源区的倍增层，然后以一定雪崩击穿概率触发暗计数。而像暗电流中的表面暗电流对于平面型 SAGCM 结构 APD 来说并不会流过上述的倍增区，所以并不会触发暗计数。同样的，在 p 电极层附近和 n 电极层附近复合或者是产生横向扩散电流等也不会通过上述倍增区。按照产生的机理，暗计数的物理机制可以分为 3 种[230]：

1）热激发产生的载流子复合，其主要是由本征层的本征载流子间接复合过程所产生，热激发的暗计数密度 N_{th} 主要与本征载流子浓度 n_i 和少子的 SRH 复合寿命 τ_{SRH} 相关，可表示为

$$N_{\text{th}} = \frac{n_i}{\tau_{\text{SRH}}} \tag{5-39}$$

2）由价带的电子直接隧穿到导带的带间隧穿（Band - to - Band Tunneling，BBT），BBT 过程的隧穿暗计数密度与材料参数的关系为

$$N_{\text{BBT}} = \sqrt{\frac{2m_r}{E_g}}\ \frac{e^2F^2}{4\pi^3\hbar^2}\exp\left(\frac{\pi\sqrt{m_rE_g^3}}{2\sqrt{2}\,e\hbar F}\right) \tag{5-40}$$

式中，m_r 是导带有效质量 m_c 和光生空穴有效质量 m_{1h} 的约化质量；q 为电子电荷量；$\hbar$ 为约化普朗克常数。可见，N_{BBT} 主要与带隙 E_g 和电场强度 F 相关，且 N_{BBT} 与电场呈类指数型变化，所以 BBT 过程主要发生在高场区的倍增层。

3）缺陷俘获隧穿（Trap - assistedTunneling，TAT），一些缺陷的能级处于价带和导带的中间位置，缺陷俘获效应使得电子由价带隧穿到缺陷俘获能级，缺陷俘获能级再隧穿到导带。

假设价带隧穿到缺陷俘获能级，缺陷俘获能级隧穿到导带具有相同的概率。若缺陷体密度为 N_{Trap}，平均缺陷能级所导致的两个隧穿过程的能带差为 E_{B1}、E_{B2}，则 TAT 激发暗计数密度为

$$N_{\text{TAT}} = \frac{\sqrt{\frac{2m_r}{E_g}}\ \frac{e^2F^2}{4\pi^3\hbar^2}N_{Trap}\exp\left(-\frac{\pi\sqrt{m_{1h}E_{B1}^3}+\pi\sqrt{m_cE_{B2}^3}}{2\sqrt{2}\,e\hbar F}\right)}{N_v\exp\left(-\frac{\pi\sqrt{m_{1h}E_{B1}^3}}{2\sqrt{2}\,e\hbar F}\right)+N_c\exp\left(-\frac{\pi\sqrt{m_cE_{B2}^3}}{2\sqrt{2}\,e\hbar F}\right)} \tag{5-41}$$

式中，N_v 和 N_c 为价带和导带的载流子（电子）体密度。N_{TAT} 主要受电场影响，也受到缺陷能级以及缺陷密度影响，其主要发生在高场强区域的倍增层。

（2）光探测效率

与线性模式的 APD 不同，SPAD 探测时除了考虑光吸收率之外还需要考虑光生载流子是否有效渡越，是否有效触发雪崩击穿。SPAD 的光探测效率（Photon Detection Efficiency，PDE）可以分为 4 个部分[231]：外部光路到芯片整体的耦合效率 η_{coup}，外量子效率 η_{ext}，光生载流子注入倍增区的概率 η_{coll}，载流子在倍增层的雪崩概率 P_a。探测器在系统级应用时的探测效率为 PDE$=\eta_{coup}\times\eta_{ext}\times\eta_{coll}\times P_a$。耦合效率与外光路的设计及光敏面尺寸相关，往往可以达到 80%甚至 90%以上。SPAD 的外量子效率可以表征为

$$\eta_{ext}=\eta_i(1-R_r)e^{(-\alpha_0 d_2)}\left[1-R_p e^{(-2\alpha w_a)}-(1-R_p)e^{(-\alpha w_a)}\right] \tag{5-42}$$

外量子效率 η_{ext} 与内量子效率 η_i、入射通过增透膜的反射率 R_r、吸收层的吸收系数 α、吸收层厚度 w_a、APD 的 p 电极的反射率 R_p，以及吸收层外的其他材料吸收 $e^{(-\alpha_0 d_2)}$ 相关。其中，影响较大的是吸收层吸收系数 α 和厚度 w_a，以及 p 电极的反射率 R_p。增大厚度 w_a 和反射效率 R_p 均可以大幅提升吸收效率。

（3）后脉冲效应

当发生一个有效计数时，会有大量的载流子流过倍增层，缺陷可以在雪崩碰撞电离过程中俘获载流子。俘获的载流子往往不会立即释放，具有一定去俘获寿命，在去俘获后才会释放为自由载流子。而探测器往往工作在门控模式，当缺陷俘获寿命较长，去俘获产生的自由载流子可能会在下一个或者下几个门控下才被释放。缺陷俘获释放后的自由载流子注入到倍增层被电场加速并触发雪崩击穿计数，而引发错误的光子计数，这一现象即为后脉冲效应（Afterpulsing）。

后脉冲概率 P_{ap} 是用来衡量 SPAD 后脉冲效应的一个指标，定义为在一定的门控周期内由前一个光子触发的有效计数所产生的后脉冲计数的概率。由于载流子是在倍增层大量倍增（倍增因子$>10^5$），所以缺陷俘获的过程主要发生在倍增层，P_{ap} 主要取决于缺陷的密度和整体缺陷的活化能。优化后脉冲的一种方法是从材料入手优化倍增层的晶体质量。另一种方法是减少一次光子探测导致的有效计数中流过 APD 器件的总电荷量，进而减少在相同缺陷密度和活化能下被俘获的总数。对于 SPAD，后脉冲概率与非材料因素的关系为[232]

$$P_{ap}\propto(C_d+C_p)\times\int_0^{\delta}V_{ex}(t)\mathrm{d}t\times e^{-\tau_d/\tau} \tag{5-43}$$

式中，C_d 为探测器的结电容；C_p 为由于工艺、封装外接电路所引入的总寄生电容；δ 为一次有效计数对应的雪崩持续时间；V_{ex} 为门控工作下的过偏压值，即偏置电压与雪崩电压之差；τ_d 为探测器淬灭信号上升、下降沿时间与延迟时间之和；τ 为被缺陷所捕获载流子的平均寿命。所以除了材料参数外，还可以通过降低寄生电容、减少雪崩持续时间、降低过偏压值、增加死时间等方案降低器件的后脉冲概率。

（4）死时间

死时间定义为光子触发雪崩后，探测器不能继续对入射光子进行响应的时间，包括淬

灭时间和恢复时间。探测器工作在盖革模式时，通常使用淬灭电路降低偏置电压来抑制雪崩，并恢复偏置以便探测下一个光子。死时间限制了光子的探测能力。死时间太长会导致时间间隔非常小的光子不能被检测，死时间越短，越多光子能被检测到。淬灭电路的设计决定了死时间的长度，因此，电路设计过程中，需要尽量减少淬灭电路的淬灭时间和恢复时间。

（5）时间分辨率

时间分辨率用于表征探测器准确地探测光子到达的时间。时间分辨率定义为光子到达探测器与光电转换后输出脉冲的时间间隔，也称为时间抖动。时间分辨率通常用时间响应分布的半最大值全宽来描述。在探测器中，时间分辨率由两个时间组成，一是由于耗尽区光子引起的雪崩，其分布较窄；二是由于光生载流子扩散而引起的雪崩，其分布较宽。

5.3　PIN 型光电探测器在宇航环境条件下的性能演变及抑制技术

PIN 型光电探测器是典型的 PIN 结型半导体器件，是一种对辐射非常敏感的半导体器件。空间辐射会影响其光电响应、增大宇航光电系统中光接收端的噪声，使得信噪比降低。在强辐射作用下，甚至可能引起光电探测器的饱和或永久损伤，影响到光电系统的可靠性。PIN 光电探测器具有较好的温度稳定性，但当温度较高时仍然会引起暗电流、响应度等不可忽视的变化。此外，PIN 探测器通常采用双列直插封装结构，力学分析表明，探测器的光耦合特性和封装结构的可靠性使得这种探测器具有良好的力学环境适应性。

5.3.1　PIN 型光电探测器在辐射环境条件下的性能演变及抑制技术

5.3.1.1　光电二极管在辐射环境条件下的性能演变理论模型

（1）辐射对暗电流的影响模型

光电二极管的暗电流可表示为[233]

$$I_D = I_{SAT}[\exp(eV/kT) - 1] \tag{5-44}$$

式中，I_{SAT} 为光电二极管反偏饱和电流；e 为电子电量；V 为反向偏置电压；k 为玻耳兹曼常数；T 为绝对温度。

常温不考虑辐射时，反向饱和电流 I_{SAT} 为常数，取决于掺杂粒子种类及浓度。受空间辐射后，光电二极管的反偏饱和电流可表示为

$$I_{SAT} = \frac{en_i^2}{N_D}\frac{D_p}{\sqrt{D_p\tau_\Phi}}\coth\left(\frac{W_n}{\sqrt{D_p\tau_\Phi}}\right) \tag{5-45}$$

式中，n_i 为本征载流子浓度；N_D 为施主掺杂浓度；τ_Φ 为 n 区受辐射后少数载流子寿命；W_n 为光电二极管 n 区的宽度；D_p 为空穴扩散系数。

辐射后的暗电流可表示为

$$I_D=\frac{en_i^2}{N_D}\frac{D_p}{\sqrt{D_p\tau_\Phi}}\coth\left(\frac{W_n}{\sqrt{D_p\tau_\Phi}}\right)[\exp(eV/kT)-1] \tag{5-46}$$

I_{SAT} 受本征激发和辐射共同影响，当温度不变，辐射注量增加时器件本征载流子浓度、寿命都会受到影响，从而影响器件的暗电流变化。

将式（3－95）代入式（5－46）可以得到光电二极管暗电流与辐射注量的关系

$$I_D=\frac{en_i^2}{N_D}D_p\sqrt{\frac{1+K_\tau\Phi\tau_0}{D_p\tau_0}}\coth\left(W_n\sqrt{\frac{1+K_\tau\Phi\tau_0}{D_p\tau_0}}\right)[\exp(eV/kT)-1] \tag{5-47}$$

式中，τ_0 为辐射前载流子寿命；K_τ 为载流子寿命辐射损伤系数；Φ 为辐射剂量。

在特定温度下，n_i、W_n、D_p、K_τ 为定值，可以发现光电二极管暗电流随着空间辐射注量的增加而增大。

（2）辐射对响应度的影响模型

辐射环境中的高能粒子及射线入射到光电器件材料中产生电离效应和位移效应，会影响载流子的寿命、在材料中的扩散长度、浓度以及迁移率。位移效应产生的晶格缺陷及缺陷群在材料价带与导带之间形成新的能级，可作为复合中心降低光电二极管的响应度。辐射引起半导体材料电参数变化会直接影响器件的发光效率、响应速度。光电二极管响应度可表示为[234]

$$R=\frac{I_{SCR}+I_{diff,p}+I_{diff,n}}{P_O} \tag{5-48}$$

式中，I_{SCR} 为器件空间电荷区的光电流；$I_{diff,p}$ 和 $I_{diff,n}$ 分别为 p 区和 n 区载流子产生的扩散电流；P_O 为入射光功率。

辐射会在器件内部产生界面态及陷阱电荷，会影响光电二极管空间电荷区的光电流以及两端扩散电流。空间电荷区光电流是器件光电效应的主要电流部分，辐射感生的界面态及陷阱电荷对光电效应产生的少数载流子具有去除效应，去除的本质为光生电子与带正电的界面态及陷阱电荷进行复合，该过程的去除率为 K_n，导致光生电子并不会在电场的作用下进行反向运动参与形成光电流。对于 p 面入射 PIN 结构，由式（5－6）得辐射后空间电荷区光电流为

$$I_{SCR}=-eA\eta\Phi_pK_n\exp[-\alpha(d_p-W_p)][1-\exp(-\alpha W)] \tag{5-49}$$

式中，A 为器件有源区表面积；η 为本征量子效率；Φ_p 为入射光子通量密度；α 为材料吸收系数；d_p 为 p 区宽度；W_p 为器件的 p 区耗尽层宽度，$W=W_n+W_p+d_i$ 是空间电荷区的宽度；W_n 为器件的 n 区耗尽层宽度；d_i 为 I 区宽度。

辐射作用后，载流子受辐射去除可表示为

$$n_\phi=n_0-K_n\Phi \tag{5-50}$$

式中，n_ϕ 和 n_0 分别为少数载流子辐射后及辐射前的浓度值；Φ 为辐射注量。将式（5－50）代入式（5－49）可得到空间电荷区光电流与辐射注量的关系

$$I_{SCR}=-eA\eta\Phi_p\frac{n_0-n_\phi}{\Phi}\exp[-\alpha(d_p-W_p)][1-\exp(-\alpha W)] \tag{5-51}$$

由上式可知，空间电荷区光电流会随辐射注量的增加而降低，从而降低传感器的光强

响应能力。

光电二极管 p 区和 n 区两端的扩散电流 $I_{\text{diff},p}$ 和 $I_{\text{diff},n}$ 分别表示为

$$I_{\text{diff},p}=eA\Phi_p\frac{\alpha L_n}{\alpha^2L_n^2-1}$$
$$\left\{\frac{\left(\dfrac{S_nL_n}{D_n}\right)-\exp[-\alpha(d_p-W_p)]\left[\dfrac{S_nL_n}{D_n}\cosh\left(\dfrac{d_p-W_p}{L_n}\right)+\sinh\left(\dfrac{d_p-W_p}{L_n}\right)\right]}{\dfrac{S_nL_n}{D_n}\sinh\left(\dfrac{d_p-W_p}{L_n}\right)+\cosh\left(\dfrac{d_p-W_p}{L_n}\right)}-\alpha L_n\exp[-\alpha(d_p-W_p)]\right\}\tag{5-52}$$

$$I_{\text{diff},n}=eA\Phi_p\frac{\alpha L_p\exp[-\alpha(d_p-W_p+W)]}{\alpha^2L_p^2-1}$$
$$\left\{\alpha L_p-\frac{\dfrac{S_pL_p}{D_p}\left[\cosh\left(\dfrac{d_n-W_n}{L_p}\right)-\exp[-\alpha(d_n-W_n)]\right]+\sinh\left(\dfrac{d_n-W_n}{L_p}\right)+\alpha L_p\exp[-\alpha(d_p-W_p)]}{\dfrac{S_pL_p}{D_p}\sinh\left(\dfrac{d_n-W_n}{L_p}\right)+\cosh\left(\dfrac{d_n-W_n}{L_p}\right)}\right\}\tag{5-53}$$

式中，d_n 为 n 区厚度；L_n 、L_p 分别为电子和空穴的扩散长度；D_n 、D_p 分别为电子和空穴的扩散系数；S_n 、S_p 分别为电子和空穴的复合速率。

当光照为 P_O 的光照射光电器件时，考虑半导体表面材料的透过率 T，h 为普朗克常数，ν 为光子频率，则到达器件有源区的光子注量为

$$\Phi_p=\frac{P_OT}{h\nu}\tag{5-54}$$

辐射引起半导体材料少数载流子扩散长度的影响可表示为

$$\Delta\left(\frac{1}{L^2}\right)=\frac{1}{L_\Phi^2}-\frac{1}{L_0^2}=K_L\Phi\tag{5-55}$$

式中，L_0 为辐射前载流子扩散长度；L_Φ 为辐射后载流子扩散长度；K_L 为载流子扩散长度辐射损伤系数。根据上式明显可以看出载流子扩散长度随辐射注量增加而减小。将式（5－55）得到的辐射后载流子扩散长度 L_n 和 L_p 代入式（5－52）、式（5－53）中，可以得出光电二极管 p 区和 n 区两端的扩散电流 $I_{\text{diff},p}$ 和 $I_{\text{diff},n}$ 随辐射注量的增加而减小。

联立式（5－48）～式（5－55），可以得到光电二极管响应度与辐射注量 Φ 之间的关系，在一定条件下器件的光响应度随着辐射注量的增加而下降。

5.3.1.2　PIN 型 InGaAs 光电探测器在辐射环境条件下的性能演变及抑制技术

本节将以 PIN 型 InGaAs 光电探测器为例介绍其在辐射环境下的演变机理和加固措施。PIN 型 InGaAs 光电探测器的典型芯片结构如图 5－11 所示。

（1）辐射对暗电流的影响

为了获得高灵敏度的光信号探测能力，PIN 光电二极管的暗电流需要保持在很低的水平。图 5－12 给出的是不同粒子、不同剂量辐射前后 PIN 光电二极管的暗电流随反向偏压的变化情况[235]。采用的质子能量为 2 MeV 、中子能量为 14 MeV。结果表明，各种粒子、

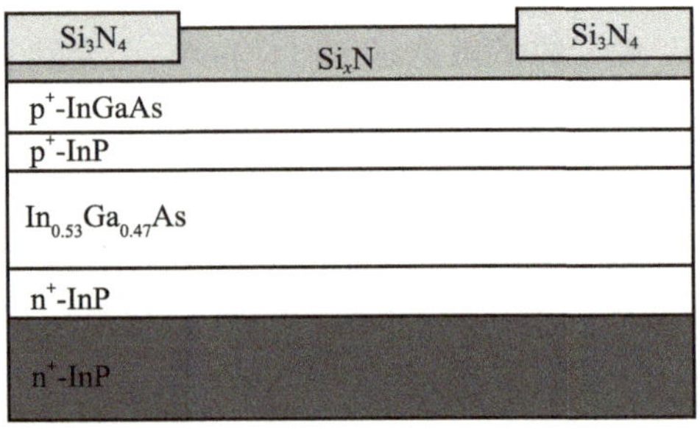

图 5-11　PIN 光电二极管芯片结构示意图

各辐射剂量辐射后 PIN 光电二极管的暗电流均显著增加。不同粒子辐射后的结果表明，质子辐射后的暗电流比 γ 射线辐射后的暗电流大 3～4 个数量级，中子辐射后的结果介于前两者之间。质子和中子辐射后，暗电流增大意味着 PIN 光电二极管可探测的最小光功率显著增大，这将降低探测器的灵敏度。

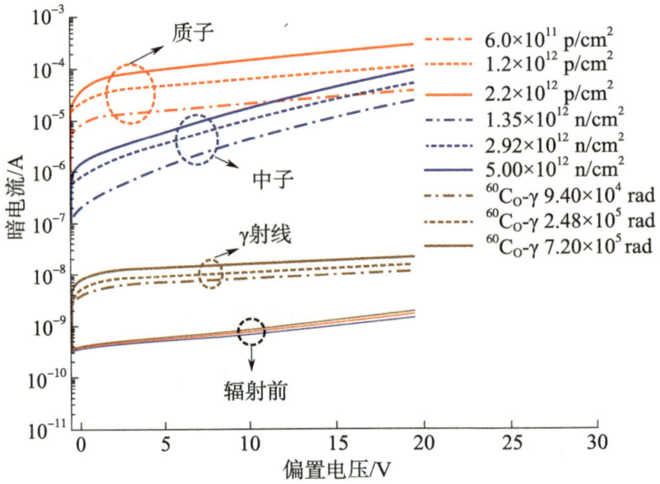

图 5-12　质子、中子和 γ 射线辐射后 PIN 光电二极管的暗电流随偏置电压的变化

质子和中子造成 PIN 光电二极管更严重的辐射损伤主要是位移损伤引起的：质子和中子与 InGaAs 本征层的晶格原子发生弹性碰撞，产生空位-间隙原子对，从而在禁带中产生各种缺陷能级；缺陷能级作为复合中心，使得本征层耗尽区中的少数载流子寿命缩短；而耗尽区势垒的产生复合电流与载流子寿命成反比，导致非辐射复合电流增大。从图 5-12 中还可以看出，随着反偏电压的增大，暗电流曲线逐渐变得平坦并趋于饱和。这主要是由于辐射引入的缺陷逐渐被电荷占据，产生复合电流趋向饱和状态。从暗电流随反偏电压增大至逐渐饱和的过程可以得出，在所加偏压范围内没有发生缺陷辅助的隧道效应。如果发生该效应，随着辐射剂量的增加，缺陷密度进一步增大，缺陷辅助的隧道电流将成为暗电流的重要来源，暗电流将会急剧上升，饱和趋势会被破坏。

图 5-13 和图 5-14 分别给出了在不同反向偏压条件下（5 V、12 V、15 V），暗电流

随中子和质子辐射剂量的变化[235]。可以看出，暗电流随位移损伤剂量的增加而增大，暗电流与中子辐射剂量基本成线性关系。然而随着反向偏压增大，暗电流与质子位移损伤剂量逐渐偏离线性关系，且曲线斜率明显大于中子辐射下的情况，这可能是由于质子沉积的电离辐射在本征层界面处产生正电荷累积和界面态，这种表面电荷会缩短少数载流子的寿命，还会增加载流子表面复合速度，从而进一步增大漏电流，当电离总剂量足够高时甚至可在器件表面形成漏电通道。

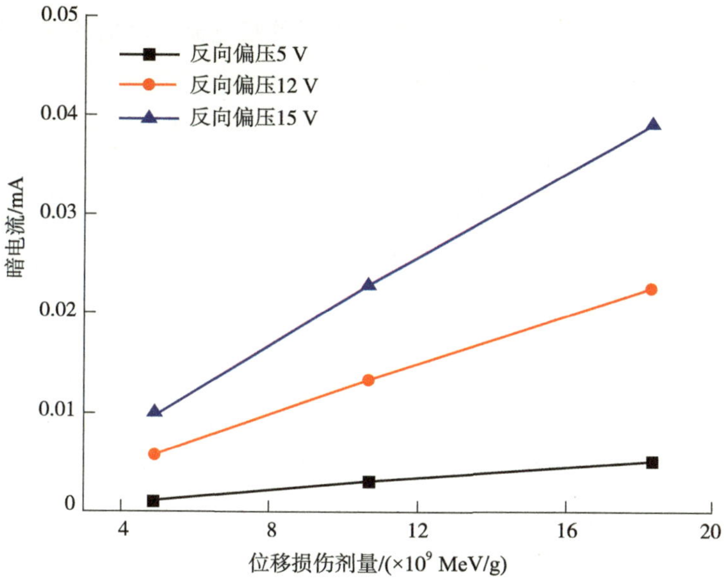

图 5-13　不同反向偏压下 PIN 光电二极管暗电流随中子位移损伤剂量变化

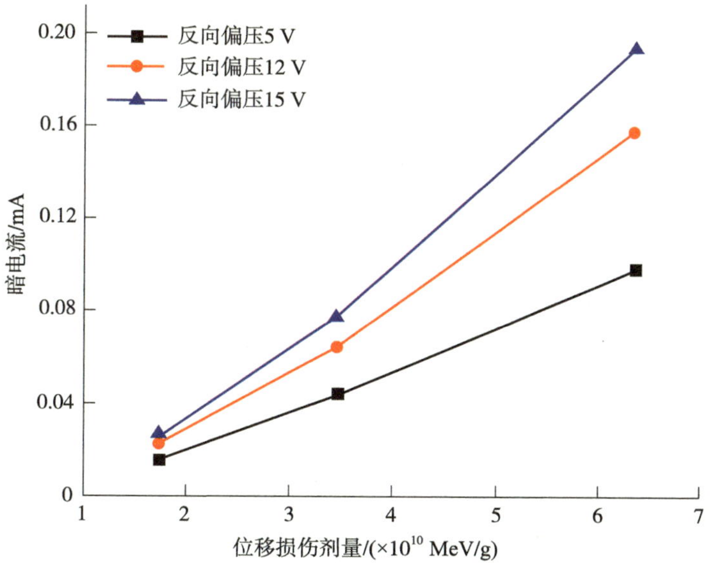

图 5-14　不同反向偏压下 PIN 光电二极管暗电流随质子位移损伤剂量变化

（2）辐射对光电流的影响

图 5－15、图 5－16 和图 5－17 给出了在 10 V 反向偏压下，质子、中子和 γ 射线辐射前后 PIN 光电二极管的输出光电流随入射光（1 550 nm）功率的变化[235]。其中的光电流数据为实测值，并未扣除器件的暗电流部分。可以看到，除了图 5－15 中能量为 2 MeV、注量为 2.2×10^{12} p/cm^2 的质子辐射后光电流变化曲线，其余曲线基本呈现线性变化趋势，即光电流与入射光功率基本成正比关系（在探测器饱和前），并且，在同样的入射光功率条件下，质子辐射后的光电流最大，而 γ 射线辐射后的光电流最小。这是由于 PIN 光电二极管在质子辐射后的暗电流远远大于 γ 射线辐射后的暗电流，增加的暗电流叠加在光电流之上，造成质子辐射后的光电流变得非常大。

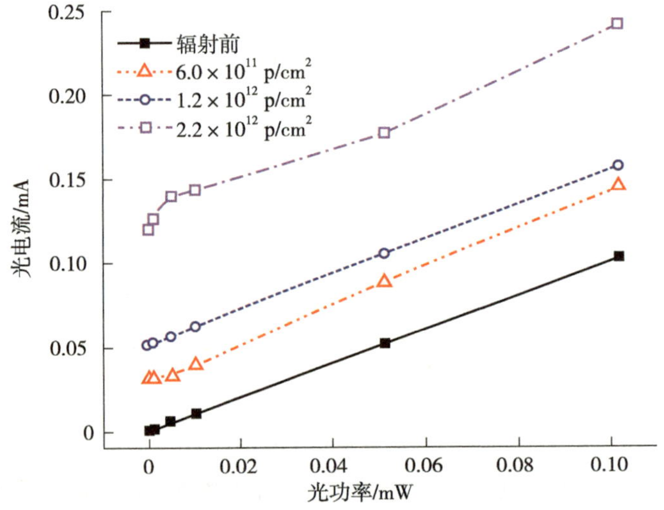

图 5－15　2 MeV 质子辐射前后 PIN 光电二极管的光电流随入射光功率的变化

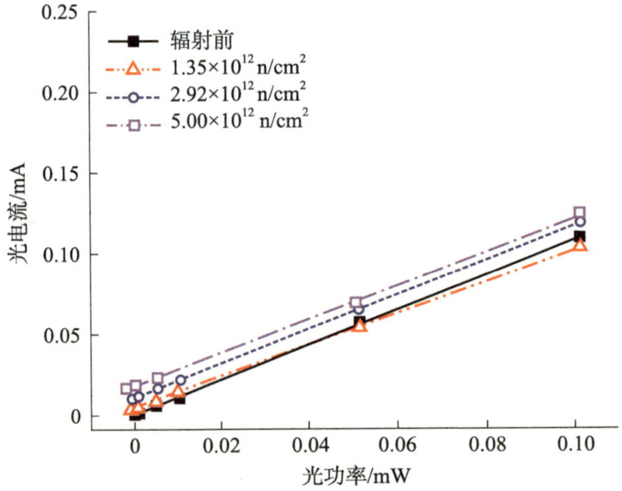

图 5－16　中子辐射前后 PIN 光电二极管的光电流随入射光功率的变化

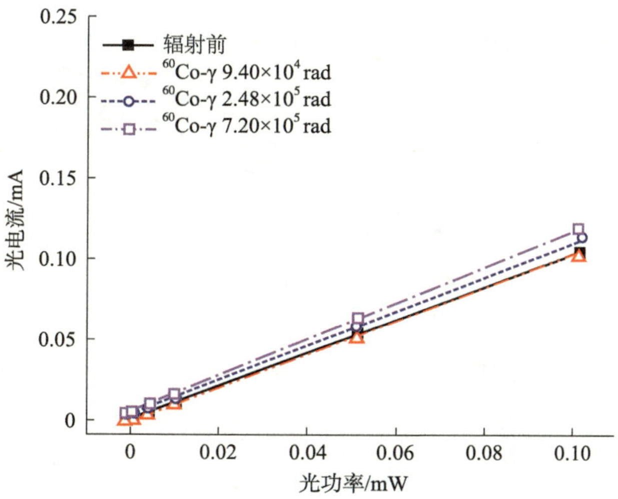

图 5-17　γ 射线辐射前后 PIN 光电二极管的光电流随入射光功率的变化

对 3 种辐射源辐射前后的光电流曲线进行线性拟合，获得光电流曲线的斜率（见表 5-1），可以看出不同辐射源辐射前后的 PIN 光电二极管的光电流曲线斜率基本相同，表明单位入射光功率产生近似等量的光电流，也就是说上述三种辐射对于 PIN 光电二极管的光电流影响不大。

表 5-1　PIN 光电二极管在不同辐射源辐射前后光电流曲线斜率变化

中子辐射注量/cm^{-2}	曲线斜率/(A·W^{-1})	质子辐射注量/cm^{-2}	曲线斜率/(A·W^{-1})	γ 辐射剂量/rad(Si)	曲线斜率/(A·W^{-1})
0	1.07	0	1.01	0	1.03
1.35×10^{12}	0.97	6.0×10^{11}	1.06	9.40×10^{4}	1.01
2.92×10^{12}	1.07	1.2×10^{12}	1.04	2.48×10^{5}	1.00
5.00×10^{12}	1.06	2.2×10^{12}	1.06	7.20×10^{5}	1.08

（3）辐射对光谱响应的影响

图 5-18～图 5-20 给出了在 10 V 反向偏压下，质子、中子和 γ 射线辐射前后，在 850～1 650 nm 波段范围，PIN 光电二极管的光谱响应[235]。

光谱响应度是光电探测器在各光波长下的响应度，一般利用单色光源入射到探测器上，然后测量探测器的响应电流而获得。图 5-18～图 5-20 中不同波长入射光产生的光电流已经扣除了相应的暗电流部分，可以看出，在 InGaAs PIN 光电二极管的光谱响应范围下限附近，二极管的光谱响应很微弱，质子和中子辐射后，在 850 nm 波长处，光电流非常微弱，无法与暗电流区分开来，因此图 5-18 和图 5-19 均未给出 850 nm 处的光谱响应数据；除质子辐射后光谱响应度有轻微的变化外，中子和 γ 射线辐射对 PIN 光电二极管的光谱响应度影响很小，与辐射对光电流的影响结果基本一致。

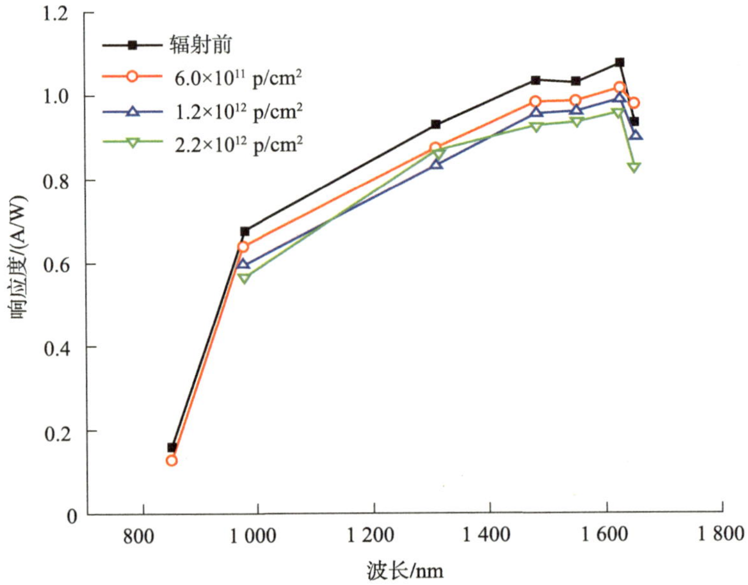

图 5-18 质子（2 MeV）辐射前后 PIN 光电二极管的光谱响应度

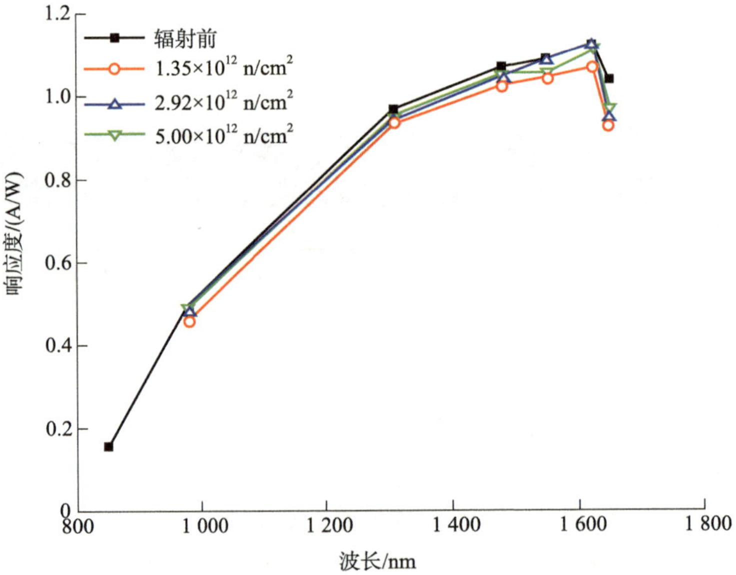

图 5-19 中子（14 MeV）辐射前后 PIN 光电二极管的光谱响应度

（4）辐射对 $C-V$ 特性的影响

图 5-21 和图 5-22 给出了不同粒子辐射前后 PIN 光电二极管反向电容-电压（$C-V$）特征曲线，测量频率分别为 1 MHz 和 10 MHz。曲线分为高电容区和低电容区，分别对应的是沟道累积态和耗尽态[235]。

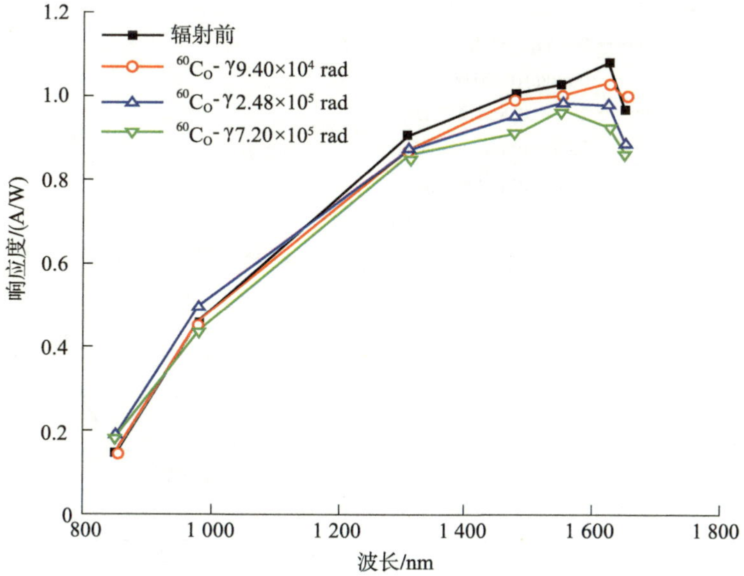

图 5－20　γ 射线辐射前后 PIN 光电二极管的光谱响应度

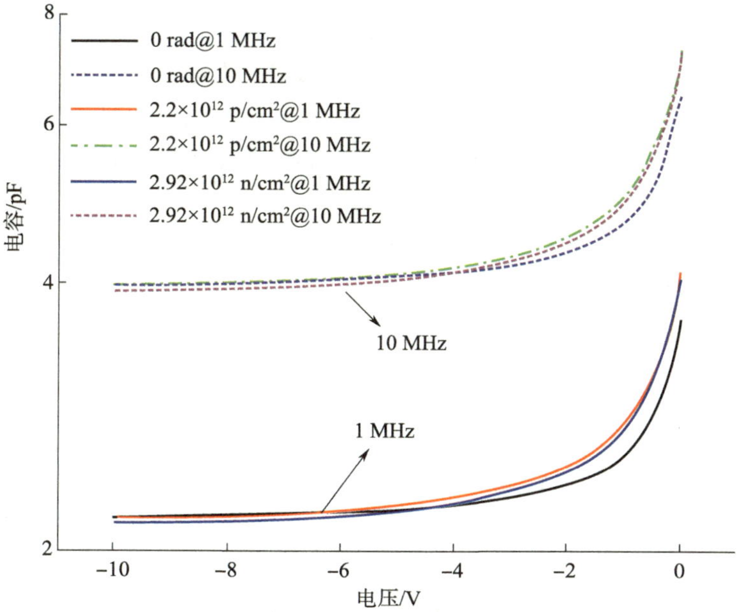

图 5－21　PIN 光电二极管在质子、中子辐射前后的 $C-V$ 特征曲线

由图 5－21 可以看出，测量频率为 1 MHz 时，质子和中子辐射后，在 0 V 偏压下沟道累积区的电容从 3.63 pF 增加到 4.13 pF；当反偏电压增加到 5 V 以上，质子和中子辐射后的 $C-V$ 特征曲线将会与辐射前的 $C-V$ 曲线重叠成同一条曲线，并且电容基本不再发生变化，接近恒定值。这是由于随着反偏电压的增大，辐射引入的缺陷基本被电荷占据，产生复合电流趋向饱和，耗尽区宽度接近最大值，从而 PIN 器件电容趋于最小值，这

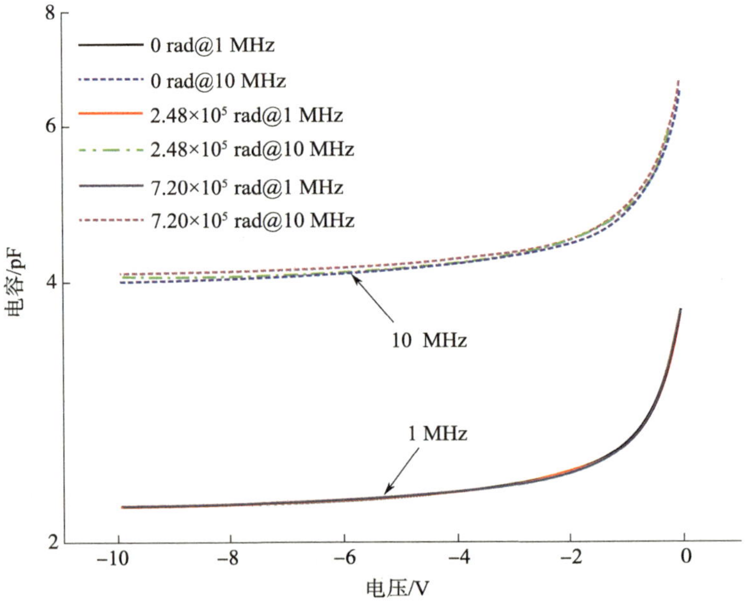

图 5－22　PIN 光电二极管在 γ 射线辐射前后的 $C-V$ 特征曲线

与随着反偏电压增大暗电流趋向饱和的机理是一致的。

由图 5－22 可以看出，γ 射线辐射后，InGaAs PIN 光电二极管的电容基本没有发生变化。电容增大将会恶化 PIN 光电二极管的带宽特性和响应速度，将导致高速通信系统中的光信号探测能力下降，因此，在空间辐射环境下保持 PIN 二极管相对较小的电容是非常重要的。

5.3.2　PIN 型光电探测器在热环境条件下的性能演变及抑制技术

5.3.2.1　光电二极管在热环境条件下的性能演变模型

(1) 温度对 PN 结的影响

本征载流子 n_i 的浓度相对于杂质浓度可以忽略不计，因此，一般工作条件下的 PN 结中热产生多数载流子的贡献可以忽略。然而，当温度升高到一定值，本征载流子浓度 n_i 与净掺杂水平可比拟时，热载流子对 PN 结工作的影响不可忽略。本征载流子浓度 n_i 可以写为

$$n_i = \sqrt{N_c N_v} \exp\left[-E_g/(2kT)\right] \tag{5-56}$$

其中，N_c 为导带的有效状态密度；N_v 为价带的有效状态密度；E_g 为禁带宽度；k 为玻耳兹曼常数；T 为温度。从式中可以看出，n_i 强烈依赖于温度。N_c 与 N_v 也受温度影响，其与温度的关系为

$$N_c = 2\left(\frac{m_n^* kT}{2\pi\hbar^2}\right)^{3/2} \tag{5-57}$$

$$N_v = 2\left(\frac{m_p^* kT}{2\pi\hbar^2}\right)^{3/2} \tag{5-58}$$

式中，m_n^* 为电子的态密度有效质量；m_p^* 为空穴的态密度有效质量。对于非简并半导体，等效态密度 N_c 和 N_v 为[236]

$$N_c = 2.51 \times 10^{19} \left(\frac{m_n^*}{m_0}\right)^{3/2} \left(\frac{T}{300}\right)^{3/2} \tag{5-59}$$

$$N_v = 2.51 \times 10^{19} \left(\frac{m_p^*}{m_0}\right)^{3/2} \left(\frac{T}{300}\right)^{3/2} \tag{5-60}$$

式中，m_0 为电子的质量。

$Ga_xIn_{1-x}As$ 的禁带宽度 E_g 随材料组分 x 和温度 T 的变化关系为[237]

$$E_g(x,T) = 0.42 + 0.625x - \left(\frac{5.8}{T+300} - \frac{4.19}{T+271}\right) \times 10^{-4} T^2 x - \frac{4.19 \times 10^{-4}}{T+271} T^2 + 0.475x^2 \tag{5-61}$$

$Ga_xIn_{1-x}As$ 材料中本征载流子浓度随材料组分和温度的变化可表示为[224,238]

$$n_i(x,T) = 4.82 \times 10^{15} \left(\frac{m_p^* m_n^*}{m_0^2}\right)^{3/4} T^{3/2} e^{-\varepsilon/2} \times \left(1 + \frac{3.75}{\varepsilon} + \frac{3.2812}{\varepsilon^2} - \frac{2.4609}{\varepsilon^3}\right)^{1/2} \tag{5-62}$$

式中，$\varepsilon = E_g/kT$。

温度升高到一定值时，热生载流子的贡献不可忽略。半导体整体是呈电中性的，因此正电荷数目应该与负电荷数目相等。而电子和电离的受主是带负电的，空穴和电离的施主是带正电的，对于均匀掺杂的平衡态半导体，假设全部杂质都已经电离，可以得出

$$p_0 + N_D = n_0 + N_A \tag{5-63}$$

式中，n_0 为电子浓度；p_0 为空穴浓度；N_A 为受主掺杂浓度；N_D 为施主掺杂浓度。

在非简并半导体中

$$n_0 p_0 = n_i^2 \tag{5-64}$$

代入式（5-63）中可以写成

$$\frac{n_i^2}{n_0} - n_0 + N_D - N_A = 0 \tag{5-65}$$

对于 n 型半导体，解得 n_0 为

$$n_0 = \frac{N_D - N_A}{2} + \left[\left(\frac{N_D - N_A}{2}\right)^2 + n_i^2\right]^{1/2} \tag{5-66}$$

$$p_0 = -\frac{N_D - N_A}{2} + \left[\left(\frac{N_D - N_A}{2}\right)^2 + n_i^2\right]^{1/2} \tag{5-67}$$

在高温效果不明显时，$N_D - N_A \gg n_i$，上式就简化为

$$n_0 = N_D - N_A \tag{5-68}$$

同理，对于 p 型半导体，有

$$p_0 = \frac{N_A - N_D}{2} + \left[\left(\frac{N_A - N_D}{2}\right)^2 + n_i^2\right]^{1/2} \tag{5-69}$$

$$n_0 = -\frac{N_A - N_D}{2} + \left[\left(\frac{N_A - N_D}{2}\right)^2 + n_i^2\right]^{1/2} \tag{5-70}$$

(2) 温度对光电二极管暗电流的影响

暗电流是衡量光电二极管性能的一个重要参量，较大的暗电流会使光电器件的噪声加剧，进而降低灵敏度和接收光信号的信噪比。

光电二极管的暗电流主要有6个来源：扩散电流、隧穿电流、产生-复合电流、碰撞电离电流、Frankel-Poole电流、表面漏电流。其中对温度依赖性比较大的暗电流是扩散电流和产生-复合电流。

光电二极管的扩散电流密度为

$$J_{\text{diff}}=e\left(\frac{D_n n_p}{L_n}+\frac{D_p p_n}{L_p}\right)=e\left(\frac{D_n}{L_n N_A}+\frac{D_p}{L_p N_D}\right)n_i^2=e\left(\frac{D_n}{L_n N_A}+\frac{D_p}{L_p N_D}\right)N_c N_v \exp\left(-\frac{E_g}{kT}\right) \tag{5-71}$$

式中，D_n 为电子的扩散系数；D_p 为空穴的扩散系数；p_n 为 n 区空穴浓度；n_p 为 p 区电子浓度；L_n 为电子扩散长度；L_p 为空穴扩散长度；k 为玻耳兹曼常数。由上式可知扩散电流和温度的倒数 $1/T$ 呈指数关系，因此扩散电流受到温度的强烈影响，以至于可以忽略温度对 D_n、D_p、L_n、L_p、N_c、N_v 和 E_g 的影响。扩散电流密度 J_{diff} 随温度变化的比例为

$$\frac{\frac{\mathrm{d}J_{\text{diff}}}{\mathrm{d}T}}{J_{\text{diff}}}=\frac{\frac{\mathrm{d}\exp[-E_g/(kT)]}{\mathrm{d}T}}{\exp[-E_g/(kT)]}=\frac{E_g}{kT^2} \tag{5-72}$$

对于室温下的硅器件，上式变为

$$\frac{E_g}{kT^2}=\frac{1.12\ \text{eV}}{1.38\times10^{-23}\ \text{J/K}\cdot 1.6\times10^{-19}\ \text{eV}\cdot(300\ \text{K})^2} \tag{5-73}$$

也就是说，温度每变化1 ℃，扩散电流密度 J_{diff} 就变化14%。

光电二极管的产生-复合电流密度为

$$J_{gr}=W\frac{en_i}{\tau_g}=W\frac{e\sqrt{N_c N_v}}{\tau_g}\exp\left(-\frac{E_g}{2kT}\right) \tag{5-74}$$

式中，W 为耗尽层宽度；τ_g 为存在深能级复合中心时的载流子寿命。

由式（5-71）可知，J_{diff} 正比于 n_i^2，由式（5-74）可知，J_{gr} 正比于 n_i，因此 J_{gr} 受温度变化的影响明显小于 J_{diff}。

5.3.2.2 PIN型InGaAs探测器在热环境条件下的性能演变

温度对PIN型InGaAs探测器的影响主要表现为暗电流和电流响应度随温度的变化。暗电流随温度的变化会引起零位电压的变化和噪声的变化，噪声的变化又会引起灵敏度的变化及动态范围变化。零位电压、噪声及灵敏度等为探测器组件的性能指标，除了受暗电流影响还受到前置放大电路的影响，因此本节主要介绍暗电流和电流响应度在热环境下的演变规律。

图5-23为不同温度下典型PIN型探测器暗电流在大气环境和真空环境下随温度的变化。可以看到，真空环境和大气环境探测器响应度随温度的变化趋势和变化量几乎相同，−55～30 ℃低温下探测器暗电流在0.1～0.9 nA范围，表现出较好的稳定性。30～75 ℃范围内，随着温度的升高，探测器暗电流逐渐增大。这是因为随着温度的升高，电子空穴

的寿命变短，少数载流子的扩散系数变大，而且界面复合速度变大，导致产生-复合电流、扩散电流和表面暗电流增大，因此光电探测器的暗电流随温度升高而增大，暗电流的增大会导致探测器的噪声增大，这表明探测器在高温下微小信号检测能力会下降。

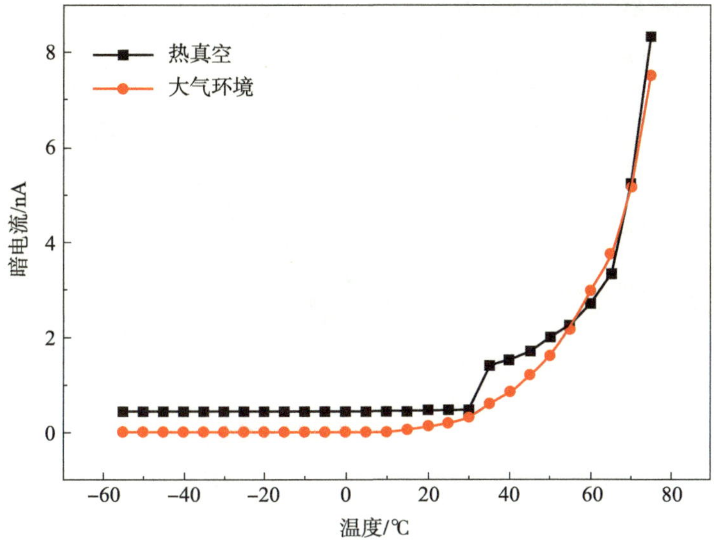

图 5－23　暗电流在大气环境和真空环境下随温度的变化

图 5－24 为大气环境和真空环境下典型 PIN 型探测器电流响应度随温度的变化。可以看到，真空环境和大气环境下探测器响应度变化趋势和波动量几乎相同，均随温度升高而增大。探测器材料中存在吸收缺陷，在空间电荷区电场作用下，这些缺陷作为陷阱会束缚光生电子，被束缚的光生电子通过隧道效应复合，因而对光电流没有贡献。当温度较高时，光生电子具有较大动能，很难被陷阱束缚。温度较低时，材料缺陷对光生电子空穴对的束缚增强，更多的光生电子被俘获并复合，光电流降低，相应的响应度较小。

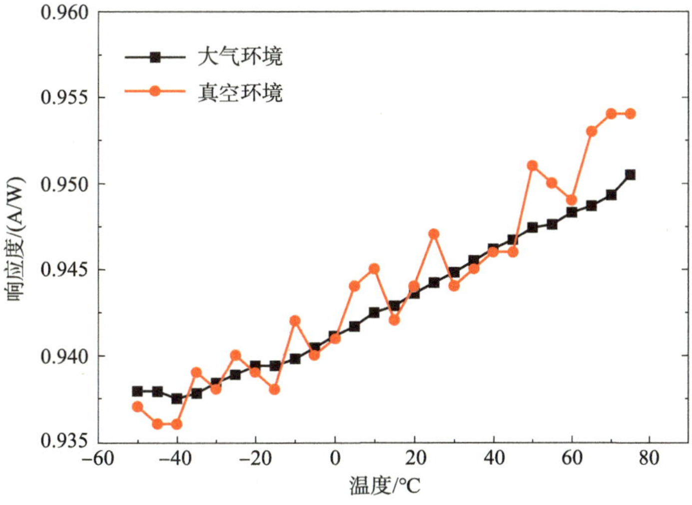

图 5－24　电流响应度在大气环境和真空环境下随温度的变化

图 5－25 为不同温度下典型 PIN 型探测器零位电压的变化情况。探测器零位电压与暗电流和前置放大电路的温度特性有关，图中可以看到真空环境和大气环境下探测器响应度变化趋势一致，零位电压随着温度升高而升高，－55 ℃探测器零位电压最低约为－1.73 V，75 ℃探测器零位电压最高约为－1.62 V。

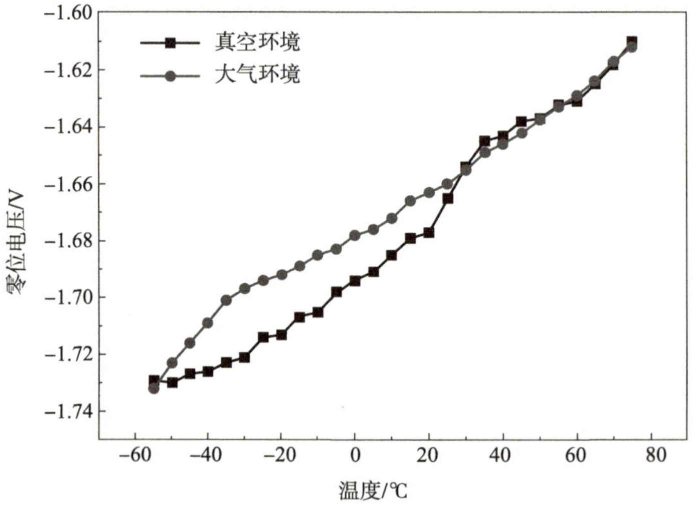

图 5－25　探测器零位电压在大气环境和真空环境下随温度的变化

5.3.3　PIN 型光电探测器在力学环境条件下的性能演变及抑制技术

光电探测器在力学环境下的性能需要重点关注两个方面：1）光纤在力学环境下的断裂风险。因为石英光纤是典型的脆性材料，当受到振动、冲击时，光纤在机械应力作用下会变形，当形变超过光纤承受能力时，光纤会发生断裂。2）在力学环境下光纤和芯片之间的相对位移。当受到机械应力时，光纤、光纤固定结构、探测器壳体都会发生变形，光纤和芯片之间发生位移，影响探测芯片接收到的光纤出射光的效率，即影响探测器的响应度。

（1）机械冲击环境下的性能演变

双列直插封装结构（见图 5－26）是光电探测器常用的一种封装结构，对该结构典型探测器施加 x、y、z 三个方向的半正弦机械冲击，峰值加速度 1 500 g，脉冲宽度 0.5 ms。仿真结果见表 5－2。由仿真数据可知，冲击过程中管壳外尾纤部位的最大应力发生在管壳外的尾管根部，并且，x 轴冲击时尾纤所受冲击应力最大，最大应力为 24.15 MPa；管壳内裸纤部位的最大应力发生在 x 轴方向，应力为 3.0 kPa，石英的抗弯强度一般大于 50 MPa，所以冲击产生的应力不会对光纤造成损伤。镍管的抗压强度一般为 350～550 MPa，抗拉强度为 380 MPa，抗弯强度为 100 MPa，冲击产生的应力也不会对镍管造成机械损伤。机械冲击还会使管壳内光纤发生位移，由表 5－2 可知，沿三个方向冲击时，光纤位移量均小于 0.1 μm。对于模场直径 10 μm 的单模光纤耦合对准 75 μm 的光敏二极管，正常对准时，耦合点位移小于 10 μm 都不会对光耦合效率产生明显影响，因此机械冲击造成的耦合点位移不会影响探测器光电响应性能。

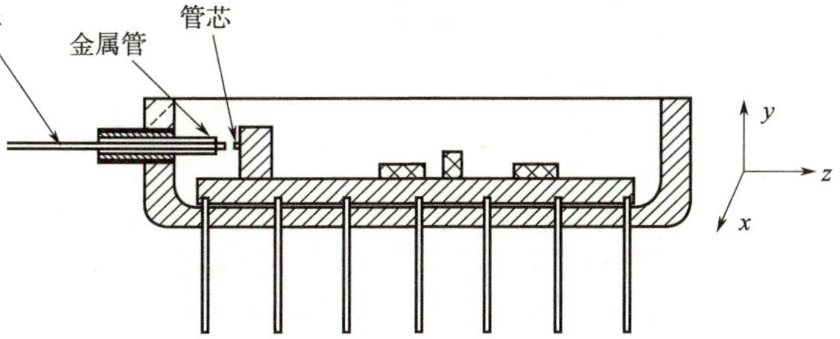

图 5-26　双列直插封装结构探测器结构及振动方向

表 5-2　机械冲击仿真结果

1 500 g 机械冲击方向	管壳外光纤变形量/mm			最大应力/MPa
	y 轴	x 轴	z 轴	
y 轴	3.0×10^{-2}	3.3×10^{-3}	3.0×10^{-3}	22.88
x 轴	3.3×10^{-3}	2.9×10^{-3}	3.0×10^{-3}	24.15
z 轴	5.0×10^{-4}	4.8×10^{-5}	5.9×10^{-5}	0.40
1 500 g 机械冲击方向	管壳内光纤位移量/mm			最大应力/MPa
	y 轴	x 轴	z 轴	
y 轴	9.0×10^{-5}	—	—	1.7×10^{-3}
x 轴	—	9.8×10^{-5}	—	3.0×10^{-3}
z 轴	—	—	3.0×10^{-7}	3.0×10^{-5}

(2) 随机振动环境下的性能演变

双列直插光电探测器的可靠性鉴定试验中典型的随机振动条件为：功率谱密度 0.3 g^2/Hz，加速度总均方根 20 g。

基于有限元法对组件抗振动性能进行仿真，施加功率谱密度为 0.3 g^2/Hz，加速度总均方根为 20 g 的随机振动，谱型如图 5-27 所示。通过有限元分析可获得产品频率谐振点，确定是否对振动有放大效应。谐振频率分析结果表明组件谐振频率在 4 000 Hz 以上，产品主要部位振动量级见表 5-3，表中数据表明产品各部位对振动无明显放大效应。

表 5-3　随机振动仿真结果

振动方向	输入振动量级/g	镍管振动量级/g	管脚振动量级/g	裸纤振动量级/g
y 轴	20.719	22.421	20.719	20.719
x 轴	20.719	22.482	20.719	20.719
z 轴	20.719	20.719	21.186	20.714

在上述随机振动条件下，各部位的振动位移和形变应力见表 5-4。在随机振动激励下探测器的最大应力点出现在沿 z 轴振动时管壳外尾纤处，最大应力为 0.74 MPa，此处光

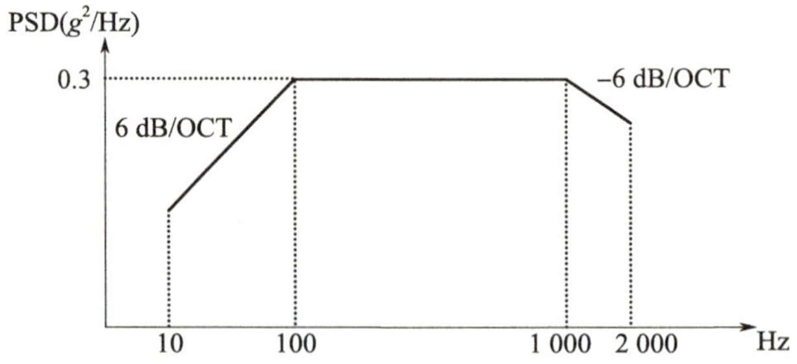

图 5-27 随机振动谱型

纤被镍管保护，该应力不会对镍管造成损伤；管壳内光纤最大应力为 0.04 kPa，该应力不会对光纤产生损伤。可见随机振动在各部位产生的应力较小，不会对器件造成损伤。随机振动激励下镍管的最大变形为 0.43 μm，耦合点最大位移为 1.4 nm，如此小的位移对耦合效率的影响可以忽略。

表 5-4 随机振动仿真结果

振动方向	管壳外光纤变形量/mm			最大应力/MPa
	y 轴	x 轴	z 轴	
y 轴	4.3×10^{-7}	4.6×10^{-8}	1.0×10^{-9}	0.335
x 轴	7.9×10^{-9}	1.2×10^{-7}	5.9×10^{-8}	0.468
z 轴	4.2×10^{-9}	5.9×10^{-8}	4.2×10^{-7}	0.740
振动方向	管壳内光纤位移量/mm			最大应力/MPa
	y 轴	x 轴	z 轴	
y 轴	1.3×10^{-9}	—	—	1.8×10^{-5}
x 轴	—	2.3×10^{-11}	—	0.3×10^{-6}
z 轴	—	—	1.4×10^{-9}	4.0×10^{-5}

以上分析了探测器光学性能在力学环境下的演变规律，以及器件中的力学薄弱环节——光纤在力学环境下承受的应力及发生机械损伤的可能性。除此之外，力学环境下还要考虑探测器电路基板本身及其和管壳之间粘接强度的承受能力、金丝键合点在力学环境下的疲劳和脱焊等问题。

对于光纤的受力分析可知，光纤在振动或冲击环境下最大应力点出现在管壳内、外镍管根部区域，通常在封装壳内外侧光纤和镍管接触部位用焊料或粘接剂形成圆弧倒角以提高产品抗冲击性能。基板与封装壳间的固定通常采用环氧胶粘接，在大量级冲击作用下存在脱落的可能，通过二次点胶加固后的产品可以经受 5 000 g 机械冲击。

综上可知，通过合适的管壳结构设计、基板粘接工艺和选择力学性能合格的光纤就基本可保证探测器在常规力学环境下的稳定工作，在实际的力学应力筛选试验中也验证了这一点，在力学应力试验中筛除的器件很少。

5.4　APD 型探测器在宇航环境条件下的性能演变及抑制技术

5.4.1　硅 APD 型探测器在辐射环境条件下的性能演变及抑制技术

雪崩光电二极管利用光电效应将入射光信号转换成半导体器件内的光电子，并可以通过雪崩击穿过程对光电子进行雪崩式的放大。正是因为内部存在雪崩放大过程，APD 对能引起附加电荷的电离辐射效应和引入缺陷能级的辐射位移效应更敏感。APD 探测器对温度也比较敏感，增益、响应度、暗电流、噪声等效功率等参数都会受到温度的影响。

5.4.1.1　硅 APD 型探测器在辐射环境条件下的性能演变

（1）γ 射线辐射环境条件下的性能演变

图 5－28 为典型硅基 APD 在不同剂量（0 kGy、1 kGy、10 kGy、100 kGy）γ 射线辐射后暗电流随归一化偏置电压的变化特性[239]。辐射剂量率为 1.5 Gy/s。辐射时其中一只 APD 器件通电（偏置电压 125 V），其余器件不通电。图中可以看到，在不同偏置电压下，APD 暗电流均随辐射剂量的增加而增大，这是由于 γ 射线辐射在 APD 结构中产生电离损伤，从而增大了器件表面漏电流。100 kGy 辐射剂量下通电测试的器件较不通电器件的暗电流劣化更加严重。$C-V$ 测试表明，当偏置电压小于拉通电压 V_i（约 40 V）时，暗电流主要由表面和 p 区漏电流产生，变化较小；当偏置电压大于 V_i 时，倍增层和 π 区拉通，暗电流明显增大。在不通电辐射的各器件中，当偏置电压大于 V_i（约 40 V）时，各辐射剂量下暗电流劣化均不明显。

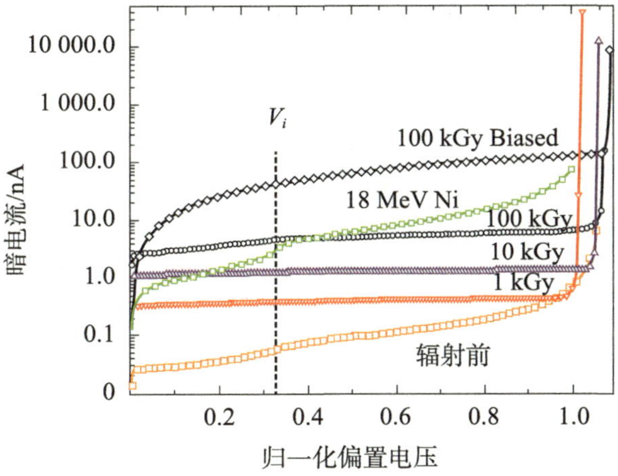

图 5－28　硅基 APD 在不同剂量 γ 射线辐射后暗电流随归一化偏置电压的变化

APD 量子效率主要与探测器表面反射和钝化层吸收有关。图 5－29 为不同钝化层材料（SiO_2 和 Si_3N_4）的典型硅基 APD 在 5.5 Mrad γ 射线辐射及退火后的量子效率曲线[240]。可以看到，在小于 700 nm 的短波段辐射后量子效率下降明显，而辐射对长波段的量子效率影响很小。辐射后 SiO_2 钝化层的 APD 量子效率下降较多（最大降幅超过 40%），Si_3N_4

钝化层的 APD 量子效率下降较少（最大降幅约 20% ）。经过两个月常温退火，SiO_2 钝化层的 APD 量子效率恢复较小，Si_3N_4 钝化层的 APD 量子效率几乎完全恢复。与 SiO_2 钝化层相比，Si_3N_4 具有更好的抗辐射特性。

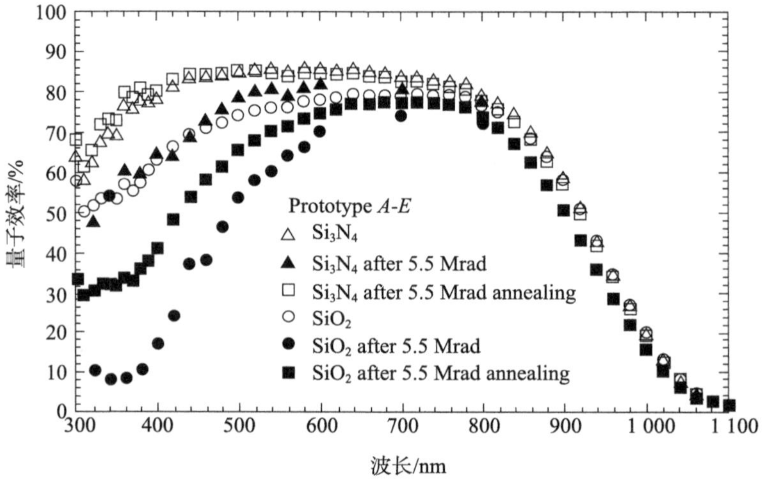

图 5-29 不同材料钝化层的 APD γ 射线辐射后及退火后的量子效率曲线

（2）质子辐射环境条件下的性能演变

图 5-30（a）为 82 MeV 质子辐射前后典型硅基盖革模式 APD 探测器暗电流与偏置电压的关系[241]，质子总注入量为 10^{10} p/cm^2。可以看到，质子辐射后，探测器暗电流明显增加。图中第一个数据点对应的电压为击穿电压，辐射前后击穿电压的变化很小，小于 50 mV。研究表明，APD 暗电流 ΔI 与质子注入量 Φ 存在如下线性关系

$$\frac{\Delta I}{V}=\alpha\times\Phi \tag{5-75}$$

式中，V 是探测器有源区体积；α 是暗电流损伤系数，与温度有关，温度每升高 8 ℃ α 约增大一倍。质子辐射导致暗电流增加，这可能是由于质子沉积的电离辐射在本征层产生正电荷，这种表面电荷会缩短少数载流子的寿命，从而增大漏电流。辐射后一段时间，暗电流劣化会得到部分恢复，整体来讲，电流损伤系数 α 与辐射粒子能量和类型有关。

图 5-30（b）为 82 MeV 质子辐射前后典型硅基 APD 探测器暗记数与偏置电压的关系。可以看到，质子辐射后，探测器暗计数明显增加。APD 每产生一个电荷即会产生一次暗脉冲，则 APD 的暗计数和辐射剂量的关系可表示为

$$\Delta N=\frac{\Delta I}{e}=\frac{\alpha\times V\times\Phi}{e}=\frac{\alpha\times S\times G\times P_G(U)\times\Phi}{e}\Delta l \tag{5-76}$$

式中，e 为电荷电量；S 为 APD 有源区面积；Δl 为 APD 有源区深度；G 为几何因子；$P_G(U)$ 为器件单元被有源区内载流子激活概率。

图 5-31（a）为 82 MeV 质子辐射前后典型硅基 APD 探测器信号幅值与偏置电压的关系。可以看到，在较低过电压下（$V-V_B<2$ V），探测器的信号幅值受质子辐射影响较小，辐射后下降不到 10%，但随着偏置电压的继续增大，辐射前后信号幅值的差异也逐渐

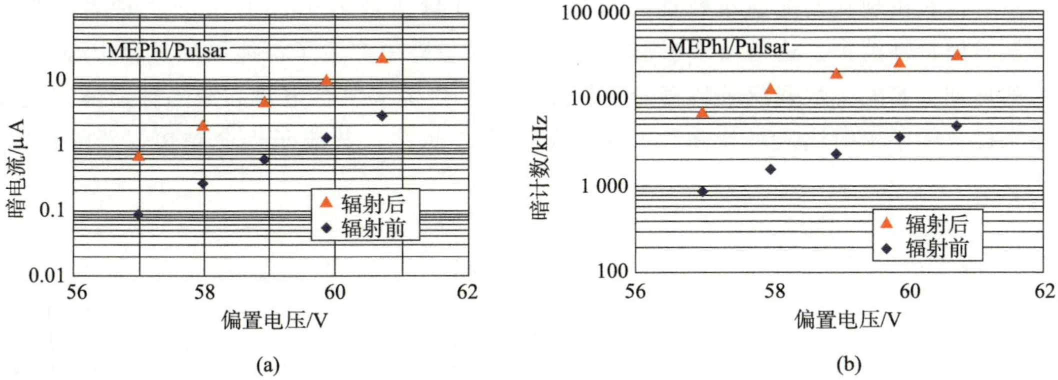

图 5-30　质子辐射前后 APD 探测器暗电流（a）和暗计数（b）随偏置电压的变化

增大[241]。

高暗计数 APD 难以准确独立测量光子探测效率和附加噪声因子 F，但可以测量二者的比值，即

$$\mathrm{PDE}^{*}=\frac{\mathrm{PDE}}{F}=\frac{A^{2}}{(\sigma_{A}^{2}-\sigma_{P}^{2})N_{\gamma}} \tag{5-77}$$

式中，A 为光源去除基底后的幅值；σ_{A}^{2} 为光信号的变化量；σ_{P}^{2} 为基底的变化量；N_{γ} 为光脉冲内的光子数。

图 5-31（b）为质子辐射前后典型 APD 探测器探测效率 PDE* 与偏置电压的关系。可以看到辐射前后探测效率变化很小（小于 2%），这可能是由于探测效率对电压变化不太敏感[241]。

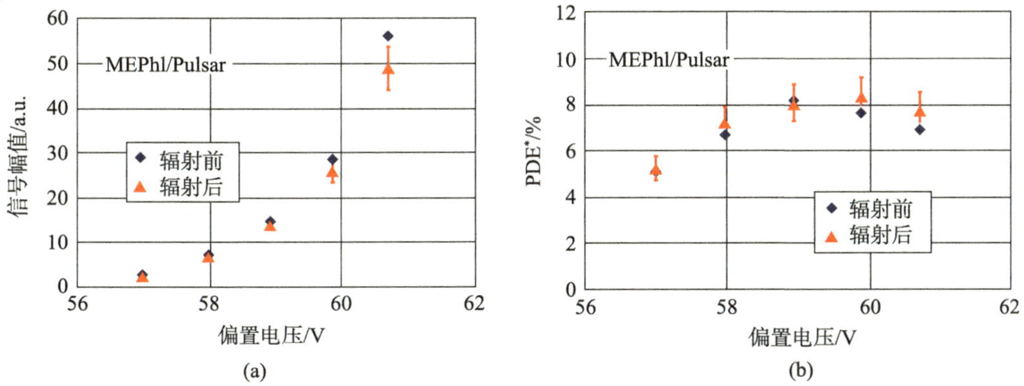

图 5-31　质子辐射前后 APD 探测器增益（a）和 PDE*（b）随偏置电压的变化

（3）中子辐射环境条件下的性能演变

图 5-32 为不同注量中子辐射前后典型硅基 APD 的暗电流 $I-V$ 特性[242]。辐射前，两个硅基 APD 具有相同的光响应特性，当电压超过雪崩点后，探测器暗电流急剧增加。辐射后，器件暗电流明显增加，随着中子注入量增大，APD 雪崩特性逐渐消失。在注入剂量达到 $1.0\times10^{12}\ \mathrm{n/cm^{2}}$ 时，探测器被软击穿，随着反偏电压增加暗电流增大，在电压

雪崩点并没有出现陡峭的盖革特性。当中子注入计量达到 1.0×10^{13} n/cm^2 或者更高时，探测器雪崩特性消失。这是由于中子辐射后，材料带隙中产生了深能级的复合中心，复合中心的增加会影响少数载流子的寿命，从而增加了热生成复合电流和缺陷辅助隧穿电流。一般来说，中子辐射注入量越高，产生的复合中心越多，载流子寿命越短，器件暗电流越大。

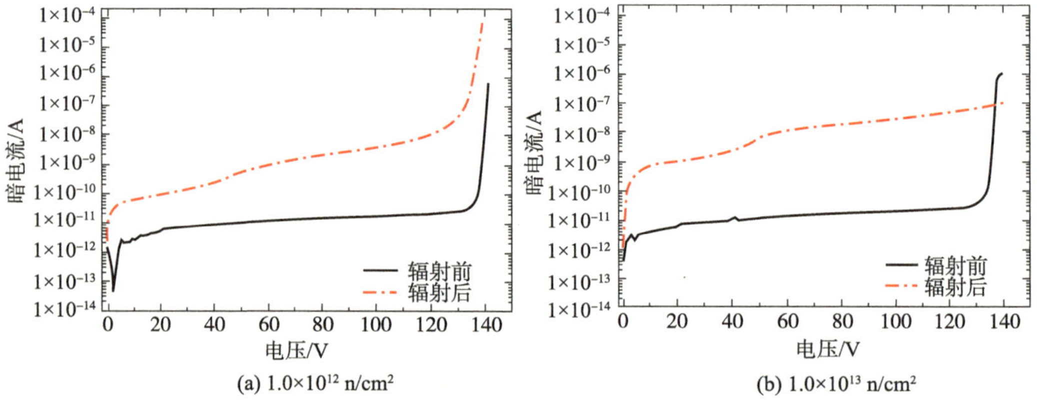

图 5-32　不同注量中子辐射前后 APD 的暗电流 $I-V$ 特性

图 5-33 为不同注量中子辐射前后典型硅基 APD 在 500 nm 和 700 nm 的增益特性[242]。中子注量为 1.0×10^{12} n/cm^2，反偏电压大于 40 V 时，探测器增益略微变大。中子注量达到 1.0×10^{13} n/cm^2 和 1.0×10^{14} n/cm^2 时，偏置电压越高，探测器增益降低得越多。硅基 APD 中电场分布可以通过改变倍增层的掺杂浓度（N_m）调节。N_m 过高，达不到拉通状态，导致吸收层电场强度过小；相反，N_m 过低，倍增层雪崩场较弱，碰撞电离效率较低。因此，对于硅基 APD 来说，存在一个最优化 N_m。中子辐射的一个主要影响是导致有效掺杂浓度的改变。一般来讲，由于载流子去除效应，随着中子辐射注量增加，有效掺杂浓度逐渐减小。在注入剂量达到 1.0×10^{12} n/cm^2 时，有效掺杂浓度轻微减小，吸收层电场强度轻微增加，导致倍增层光电子增加，增益变大。当中子注量达到 1.0×10^{13} n/cm^2 和 1.0×10^{14} n/cm^2 时，有效掺杂浓度进一步减小，碰撞电离效率越来越低，器件增益降低。

（4）电子辐射环境条件下的性能演变

图 5-34 为电子辐射前后两种硅基 APD 探测器（Hamamatsu-t1 和 t2）光探测效率（PDE）和增益与偏置电压的关系[243]。电子能量为 28 MeV，电子注入量为 8×10^{10} e/cm^2。可以看到，各偏置电压下，辐射前后 APD 的探测效率和增益没有明显变化，辐射前后变化量在实验误差范围内（约 15%）。

图 5-35 为注入量为 8×10^{10} e/cm^2 的 28 MeV 电子辐射前后两种典型 APD 探测器暗电流和暗计数率特性。可以看到，经电子辐射后暗电流和暗计数率明显增加[243]。

为了便于比较不同厂家不同类型的探测器抗辐射能力，定义归一化暗计数变化量

$$\Delta N_{\text{norm}}=[N_{\text{after}}(U)-N_{\text{before}}(U)]/A/\text{PDE}(U) \tag{5-78}$$

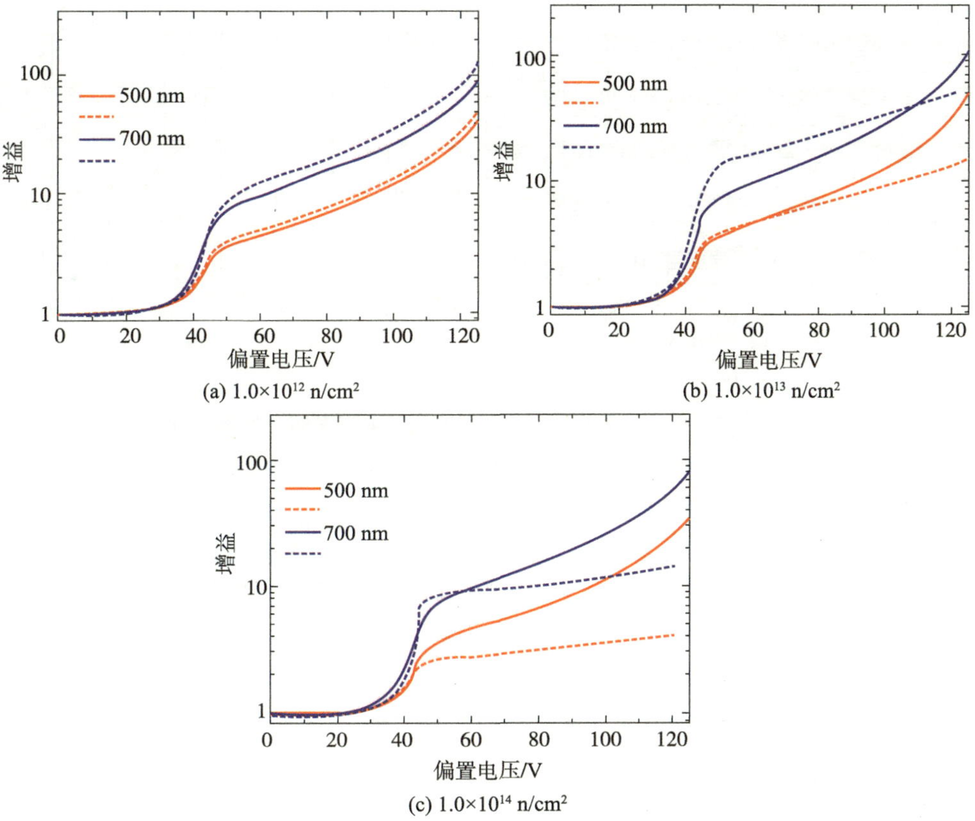

图 5－33　不同注量中子辐射前（实线）后（虚线）APD 的增益特性

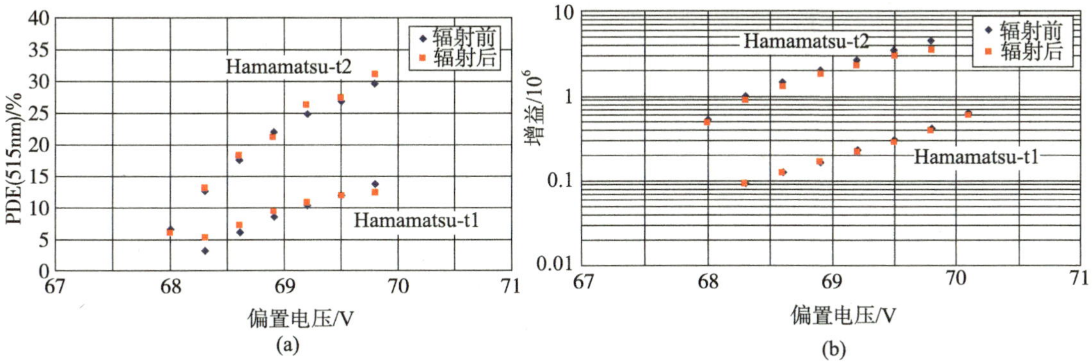

图 5－34　电子辐射前后 APD 探测器 PDE（a）和增益（b）与偏置电压的关系

式中，$N_{\text{before}}(U)$ 和 $N_{\text{after}}(U)$ 分别为辐射前后的暗计数；A 为光敏面积；PDE(U) 为探测效率。图 5－36 列出了不同厂家不同类型探测器的归一化暗计数变化量。实验中的 8 款探测器中有 5 款探测器的 ΔN_{norm} 在较宽的 PDE 范围（5%～20%）内基本处于同一水平，约为 60～110 kHz/%/mm²，这可能是因为这些器件具有类似的耗尽层厚度。还有三款探测器的 ΔN_{norm} 随 PDE 变化剧烈，PDE 由 12%增大到 20%时，最大的 ΔN_{norm} 由 300 增大到 700，这可能和探测器类型有关[243]。

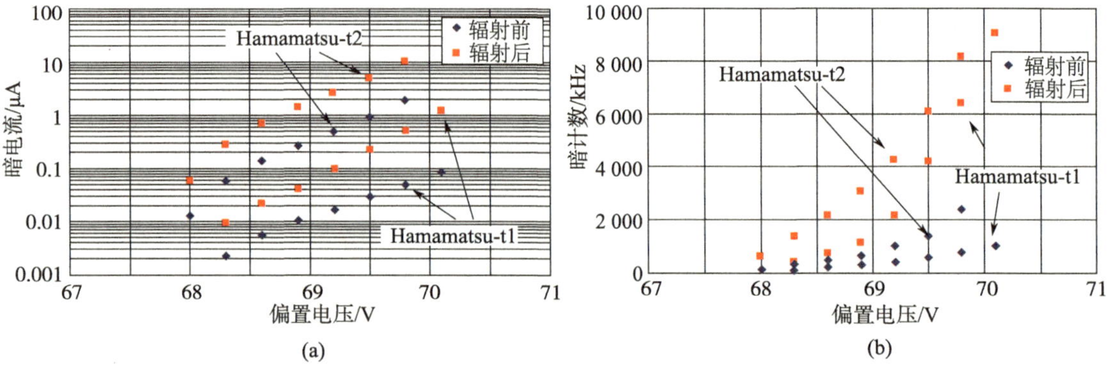

图 5-35　电子辐射前后 APD 探测器暗电流和暗计数率特性

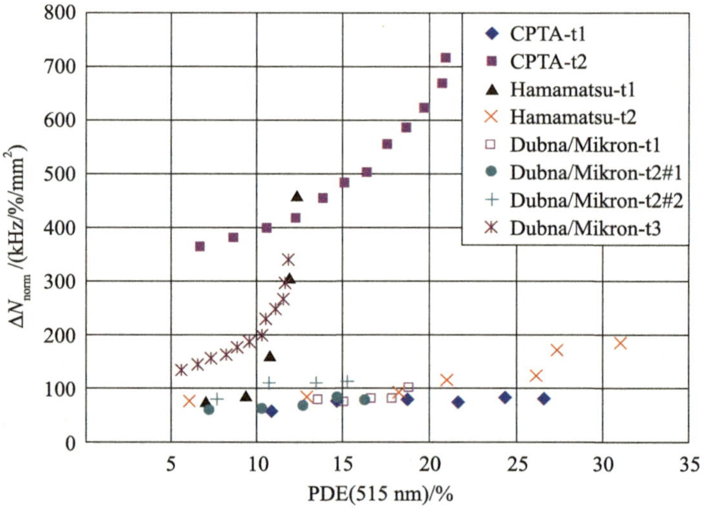

图 5-36　电子辐射对不同类型探测器归一化暗计数的影响

5.4.1.2　硅 APD 型探测器抗辐射加固技术

根据辐射测试结果，硅 APD 单光子探测器在没有抗辐射措施的情况下难以满足空间量子通信等高精度探测的应用要求，需要进一步提高硅 APD 单光子探测器的抗辐射性能。提高 APD 探测器的抗辐射性能，可以从机械结构和光电子学两方面来进行考虑。在结构方面，增加金属屏蔽层可降低在轨期间卫星内部光电器件受到的辐射剂量。图 5-37 显示了在高度 500 km、倾角 97.4°的太阳同步轨道上，不同厚度铝层屏蔽后所受地球辐射带质子在不同能量位置的积分通量（其中积分通量定义为大于该能量粒子注量的总和）[244]。1 mm 的铝屏蔽层可以有效降低小于 10 MeV 的低能质子剂量，但是继续增加铝屏蔽层厚度，屏蔽效果增加不明显。对于航天器这类对载荷质量敏感的应用场景，采用较厚的辐射屏蔽层不太现实。根据 SPENVIS 软件在线计算结果，12 mm 厚的铝和 2 mm 的钽金属屏蔽层可将硅 APD 单光子探测器受到的辐射剂量降低至原来的 40%。相应地，通过增加金属屏蔽，将硅 APD 单光子探测的在轨暗计数辐射增量从 241 cps/天降低到了约 96 cps/天。虽然得到了较大幅度的降低，但是对于量子通信来说，该暗计数增量仍然无法满足要求，需要进一步提高探测器的抗辐射性能。目前可用于提高其抗辐射性能的措施包括：1）降低 APD 工作温度[245,246]；2）高温退火[247,248]；3）激光退火[249] 等。

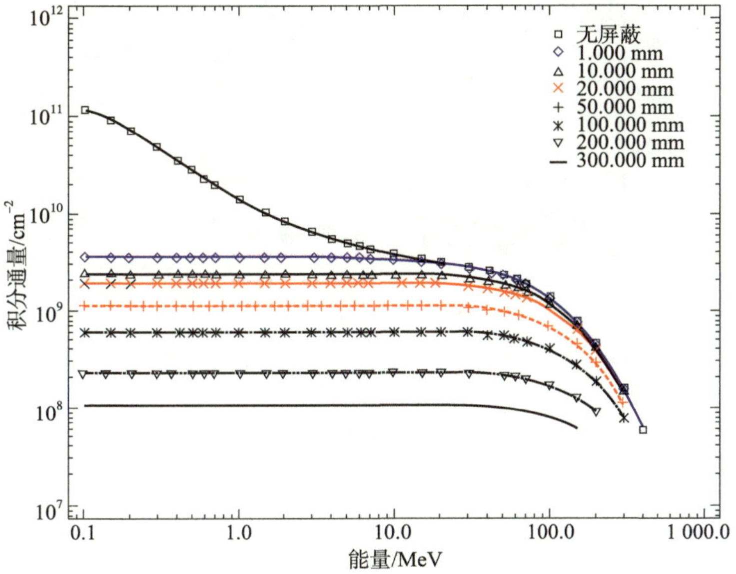

图 5-37　不同厚度铝屏蔽层所受到的地球辐射带质子在不同能量的积分通量

硅 APD 工作于线性模式下的暗电流和工作于盖革模式下的暗计数随工作温度的降低呈指数下降，暗计数过雪崩电压斜率 S 和温度的关系可表示为[250]

$$S = \alpha \exp(\beta T) \tag{5-79}$$

式中，α 和 β 是由 APD 材料结构特性决定的参数，由测试得到。对辐射后的典型探测器（Sample＃4）进行降温实验，实验结果如图 5-38 所示[244]，S 随温度的降低呈指数下降。探测器的暗计数随着过雪崩电压的上升呈线性增加，其斜率随着温度的下降呈指数下降，和式（5-79）描述一致。在相同的过雪崩电压下，温度每降低 10 ℃，APD 暗计数可降低至原来的 38%；从−12 ℃ 降低到−60 ℃，暗计数可降低至原来的 0.93%。结合 12 mm 厚的铝和 3 mm 的钽金属屏蔽措施，在−60 ℃工作温度，15 V 过雪崩电压工作条件下，硅 APD 单光子探测器在轨期间辐射暗计数增量预期值约为 0.89 cps/天。

APD 受到辐射损伤后，晶格内部原子的热运动趋向于恢复到损伤前的状态，即退火。这个过程在辐射过程中和辐射后都一直在进行，而高温可以加快退火速度。APD 辐射损伤后，通过高温退火可以快速降低辐射导致的高暗计数，但退火一段时间后高温退火的效果不再明显，甚至暗计数可能轻微上升。对辐射后的 APD（Sample＃2 和 Sample＃3）进行高温退火测试，如图 5-39 所示[244]，高温退火可有效降低辐射损伤导致的暗计数，但随着退火时间的增加，退火效果不再明显，Sample＃2 的暗计数反而有轻微增加。降低 APD 工作温度和高温退火具有实现简单、有效等优点。此外，还可通过激光退火降低

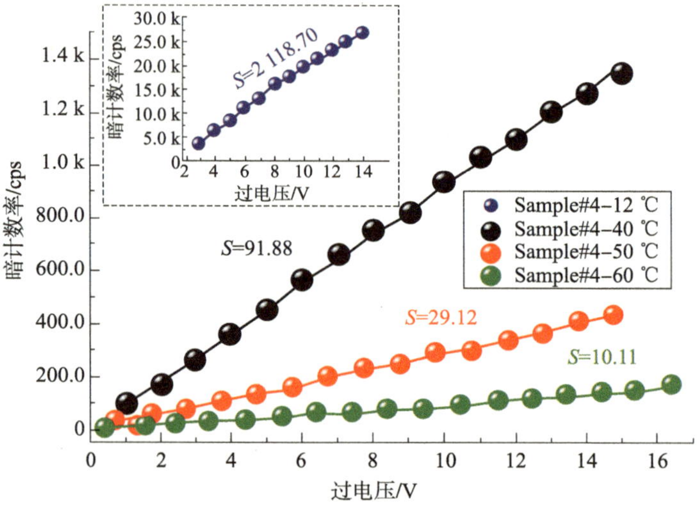

图 5-38　辐射后 APD 探测器在不同温度下及不同过雪崩电压下的暗计数率

APD 的辐射损伤暗计数，但是由于需要瓦量级的激光功率，会增加在轨探测器的设计复杂度，且功率太高容易烧毁探测器。

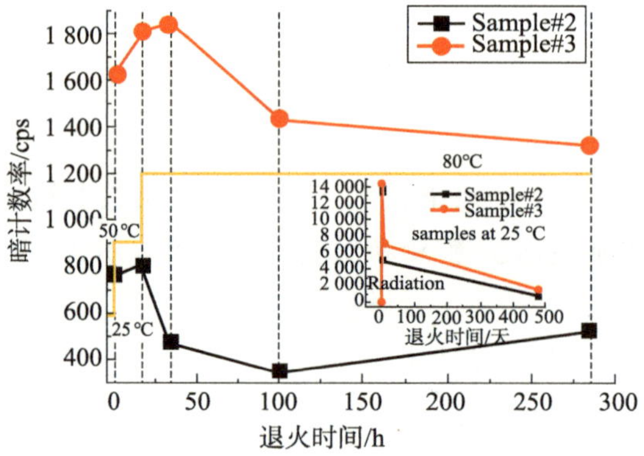

图 5-39　APD 探测器辐射后暗计数率在不同温度下的退火过程

5.4.2　硅 APD 型探测器在热环境条件下的性能演变

硅 APD 型探测器对温度非常敏感，击穿电压、偏置电压均随温度大幅变化，即偏置电压恒定时，探测器增益随温度大幅变化。附加噪声因子和响应度都为增益的函数，因此探测器噪声、响应度也均随温度变化。

（1）温度对增益、附加噪声因子的影响

为了得到同样的增益系数，不同的工作温度就要加不同的偏置电压。增益选择不同，外加偏置电压也不同，得到的偏置电压随温度变化曲线有很大差别。图 5-40 是典型硅基 APD 探测器在保持固定增益 25 时，实验测得反向偏置电压与温度的关系曲线，可以看出，在−40～60 ℃范围内，温度与偏置电压近似为线性关系[251]。

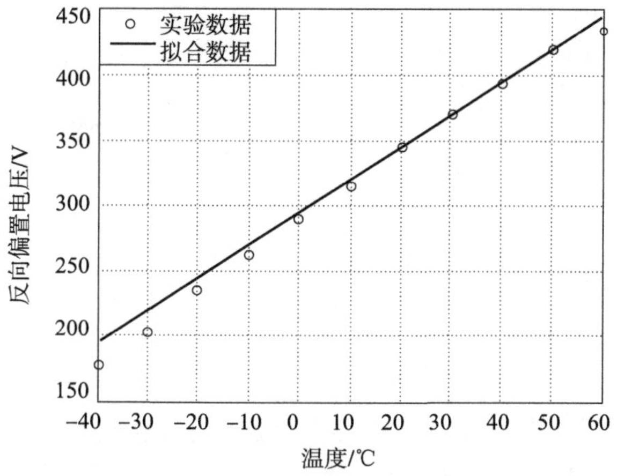

图 5-40　探测器增益为 25 时偏置电压随工作温度的变化

增益与击穿电压的关系如式（5-29）。击穿电压与温度有关，当工作温度升高时，击穿电压会增大，这是因为温度升高使晶格散射作用增强，减小了载流子的平均自由程，载流子在较短的距离内要获得足够大的能量引起电离产生电子-空穴对，需要更强的电场，因而提高了击穿电压。图 5-41 是根据图 5-40 与式（5-29）得到的击穿电压与器件工作温度之间的关系曲线[251]。击穿电压随温度变化明显，在 −40～60 ℃范围内变化了约 250 V。对于工作在线性模式的 APD，在温度降低时，击穿电压下降，可能出现偏置电压超过击穿电压而进入盖革模式，导致系统不能正常工作。对于工作于盖革模式的 APD，因为温度升高，击穿电压升高，可能出现偏置电压低于击穿电压而进入线性工作模式，严重时会丧失单光子探测能力。

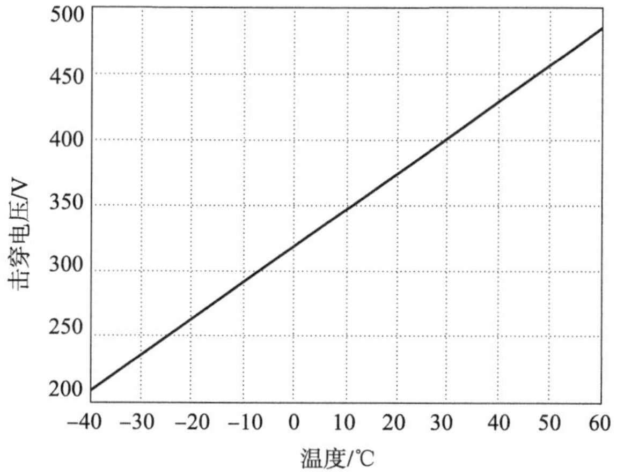

图 5-41　击穿电压随工作温度的变化

根据以上分析，可以得到探测器增益 M 随温度变化曲线，如图 5-42 所示[251]，在固定偏压下，随着温度的降低，增益会越来越大，当外加偏压接近击穿电压时，增益趋近于无穷大，此时 PN 结将发生击穿现象。

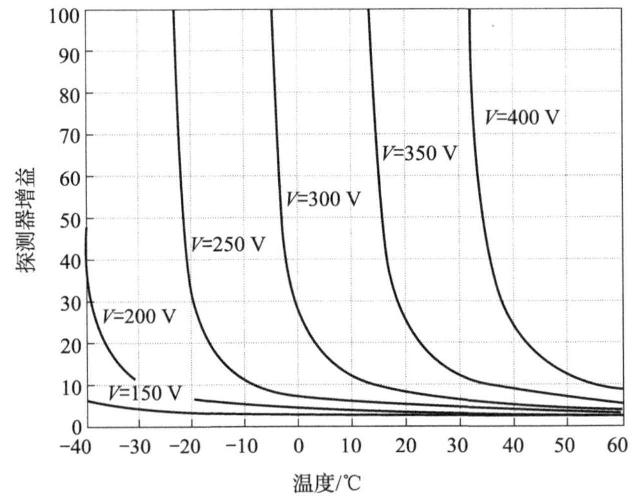

图 5-42　增益随工作温度的变化

图 5-43 给出了附加噪声因子 $F(M)$ 随温度变化的曲线[251]。增益越小，附加噪声因子越小，因此，附加噪声因子和增益具有类似的变化趋势，即随着温度的降低越来越大。

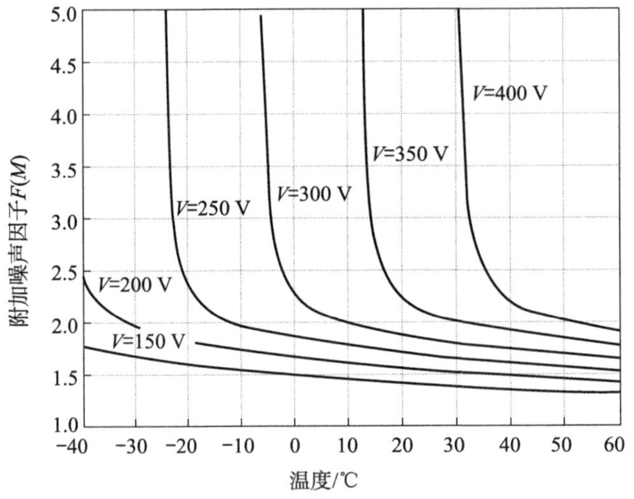

图 5-43　附加噪声因子随温度的变化

（2）温度对响应度的影响

对于有增益的光电探测器，其响应度可表示为[252]

$$R_T = M\frac{\eta e}{h\nu} \tag{5-80}$$

式中，η 为探测器量子效率；e 为电子电荷；h 为普朗克常数；ν 为光子频率；M 为探测器增益。

拉通型 APD 的量子效率表达式为

$$\eta=\frac{(1-r_1)\left[1-\exp(-\alpha(\lambda,T)w)\right]\{1+r_2\exp\left[-\alpha(\lambda,T)(w+2d_2)\right]\}\exp\left[-\alpha(\lambda,T)d_1\right]}{1-r_1r_2\exp\left[-2\alpha(\lambda,T)(w+d_1+d_2)\right]} \tag{5-81}$$

式中，r_1、r_2 分别为器件前后表面的反射率；d_1、d_2 分别为前后接触区的有效厚度；$\alpha(\lambda,T)$ 为特定波长和温度下的光吸收系数；w 为吸收区厚度。由上式可知，由于 $\alpha(\lambda,T)$ 是波长和温度的函数，所以量子效率随波长和温度变化。对于特定波长的入射光，η 只随环境温度变化。

雪崩区中 x 处的雪崩增益 $M(x)$ 表示为[253]

$$M(x)=\frac{\exp\left[-\int_x^w(\alpha-\beta)\mathrm{d}x'\right]}{1-\int_0^w\alpha\exp\left[-\int_{x'}^w(\alpha-\beta)\mathrm{d}x''\right]\mathrm{d}x'} \tag{5-82}$$

式中，α 和 β 分别是电子和空穴的电离系数；w 为雪崩区厚度。在环境温度高于 22 ℃的情况下，α 和 β 分别为[254]

$$\alpha=6.2\times10^5\exp\left[-(1.05\times10^6+1.3\times10^3T)/E\right] \tag{5-83}$$
$$(2.4\times10^5\,\mathrm{V/cm}<E<5.3\times10^5\,\mathrm{V/cm})$$

$$\beta=2.0\times10^6\exp\left[-(1.95\times10^6+1.1\times10^3T)/E\right] \tag{5-84}$$
$$(2.0\times10^5\,\mathrm{V/cm}<E<5.3\times10^5\,\mathrm{V/cm})$$

式中，E 为电场强度。

从式（5－82）到式（5－84）可知雪崩增益是环境温度和偏置电压的函数。由于量子效率和雪崩增益均是温度和偏压的函数，所以 APD 的响应度随温度变化。

探测器响应度不仅与探测器结构参数有关，偏压和温度的变化会引起光生载流子穿越倍增层触发雪崩的概率的改变，从而影响探测器的响应度。

图 5－44 是特定温度下，某型号探测器响应度随偏置电压变化曲线。根据该响应曲线，可以得到在特定偏置电压下响应度随温度的变化曲线，如图 5－45 所示。由图 5－45 可以看出，在特定偏压下，探测器响应度随着温度降低而升高，可见，降低工作温度是提高探测器响应度的有效方法[251]。

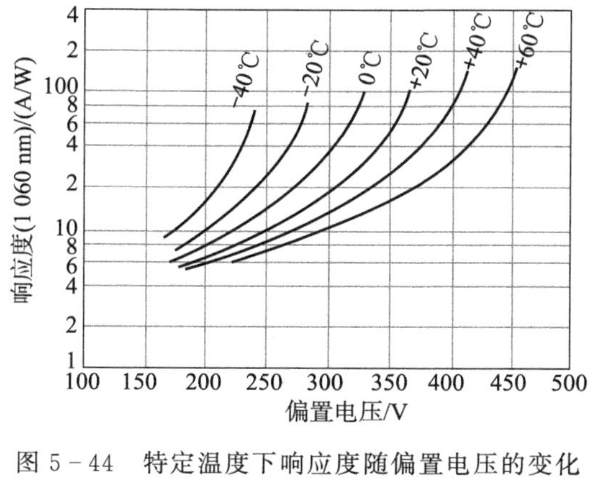

图 5－44 特定温度下响应度随偏置电压的变化

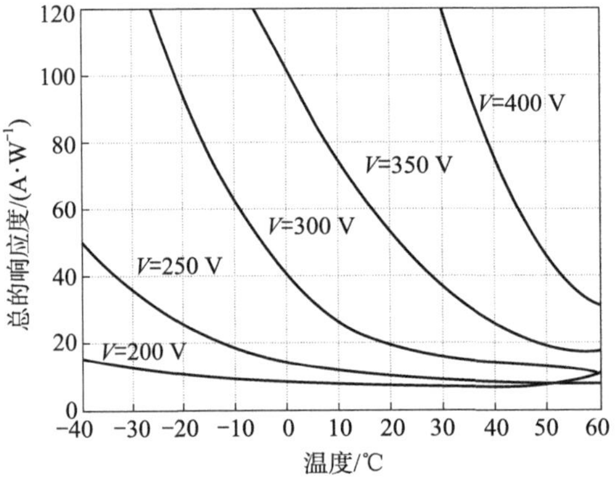

图 5－45 特定偏压下响应度随温度的变化

（3）温度对暗电流的影响

雪崩二极管的暗电流主要由表面漏电流 i_{du} 和体电流 i_{dm} 组成

$$i_d = i_{du} + M i_{dm} \tag{5-85}$$

表面漏电流产生机理比较复杂，主要由表面产生-复合电流、表面隧穿电流和表面沟道电流组成。表面漏电流在数值上远远小于体电流，且表面漏电流是一个与倍增无关的量，故其作用可忽略不计。

对于雪崩二极管来说，体电流主要由随机热噪声电流和隧穿电流组成。热噪声电流是由于热激发使结区电子从价带跃迁到导带，它们随着温度降低呈指数下降，热噪声电流可表示为[255]

$$i_T = AT^2(-E_\phi/kT) \tag{5-86}$$

式中，A 是常数；E_ϕ 是功函数；k 是玻耳兹曼常数；T 是绝对温度。对于高反偏电压下的半导体器件，由于电场的作用，载流子通过隧道效应进入倍增区产生雪崩形成隧穿电流。随着 APD 制造工艺的提升，隧穿电流已经得到有效控制，目前高质量的 APD 中隧穿电流已到了可以忽略的程度。所以探测器的暗电流主要是随机热噪声电流。对于硅半导体，功函数 $E_\phi=0.06$ eV，根据式（5－85）和式（5－86），可以得到在增益 $M=1$ 的情况下，探测器暗电流随温度变化的曲线如图 5－46 所示[251]。

（4）温度对噪声等效功率的影响

由暗电流引起的探测器的暗噪声可表示为

$$\overline{i_n^2} = 2ei_d \Delta f M^2 F(M) \tag{5-87}$$

式中，Δf 为探测器检测带宽；$F(M)$ 为附加噪声因子。

探测器的噪声等效功率为

$$P_{\text{NEP}} = [2ei_d \Delta f F(M)]^{1/2} M/R \tag{5-88}$$

式中，R 为探测器响应度。

由以上分析可知，温度是影响噪声等效功率的重要因素，可以通过改变工作温度来改

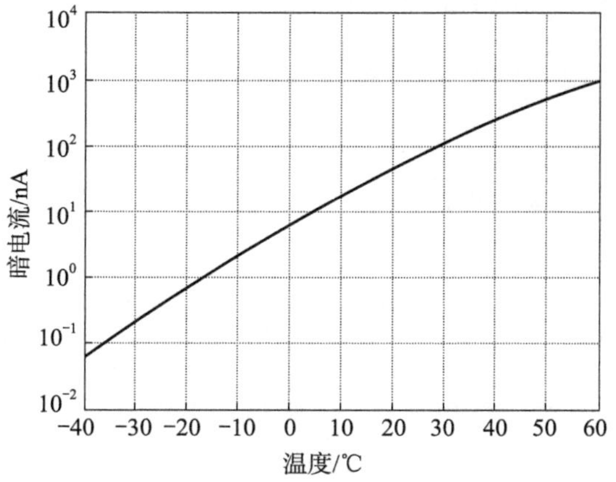

图 5-46　增益为 1 时探测器暗电流随温度的变化

变等效功率的大小。当系统带宽 $\Delta f=30$ MHz，并采用控制电路使探测器增益稳定在 25 时，可以计算得到探测器噪声等效功率随工作温度的变化值，如图 5-47 所示[251]。当工作温度由 60 ℃降到−40 ℃时，探测器的等效噪声功率降低为原来的 10%，可见，降低工作温度是降低等效噪声功率的有效方法。

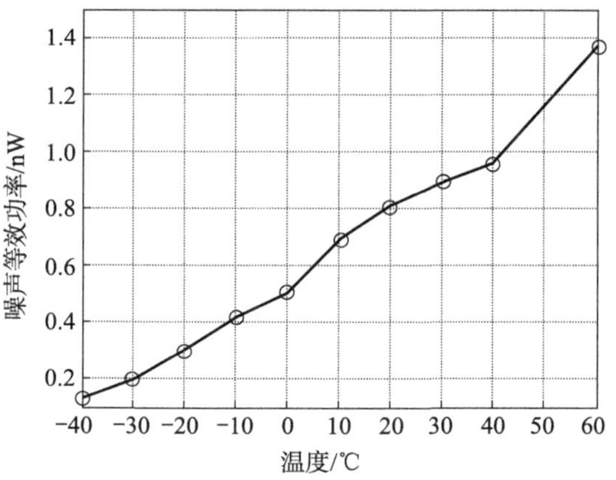

图 5-47　等效噪声功率随工作温度的变化

5.5　典型探测器性能对应用系统的影响及抑制技术

半导体光电探测器是光通信、光传感、光探测系统中必不可少的器件，探测器起到光电转换的功能，通常位于光路的末端，信号处理电路的开端，其性能往往对系统整体性能起到决定性作用。接收信号非常微弱的光传感系统可采用 PIN 探测器，不但要求其灵敏度高、响应的线性度高，而且要求其动态范围大；光通信系统可采用 PIN 探测器或线性模式 APD 探测器，对探测器的要求主要是响应速度高、灵敏度高等。量子通信可采用盖革模式 APD 探测器，要求探测器暗计数低、探测效率高、恢复时间短等。本节选择典型的光电系统，说明探测器对系统性能的影响机理和抑制技术。

5.5.1 PIN 型探测器性能对空间激光通信系统的影响及抑制技术

对于光强调制/直接检测（IM/DD）工作模式的空间激光通信系统，在不考虑空间辐射效应的情况下，系统误码率由噪声电压与高、低电平叠加造成。将光电接收机的噪声概率密度视为高斯分布，其误码率公式为

$$\mathrm{BER}=\frac{1}{4}\left[\mathrm{erfc}\left(\frac{D-I_0^0}{\sqrt{2}\sigma_0}\right)+\mathrm{erfc}\left(-\frac{D-I_0^1}{\sqrt{2}\sigma_1}\right)\right] \tag{5-89}$$

式中，I_0^0 为辐射前 0 码时的平均光电流；I_0^1 为辐射前 1 码时的平均光电流；σ_0 为 0 码时的光电流方差；σ_1 为 1 码时的光电流方差；D 为判决阈值

$$D=\frac{\sigma_1 I_0^0+\sigma_0 I_0^1}{\sigma_0+\sigma_1} \tag{5-90}$$

辐射条件下，PIN 光探测器的光电流减小，暗电流增大，仅考虑探测器辐射效应，则空间电离辐射条件下的系统误码率损伤模型为

$$\mathrm{BER}=\frac{1}{4}\left[\mathrm{erfc}\left(\frac{D-I_1^0+\Delta I_{\mathrm{dark}}}{\sqrt{2}\sigma_0}\right)+\mathrm{erfc}\left(-\frac{D-\Delta I_{\mathrm{dark}}-I_1^1}{\sqrt{2}\sigma_1}\right)\right] \tag{5-91}$$

式中，I_1^0 和 I_1^1 分别为辐射后 0 码和 1 码的平均光电流；ΔI_{dark} 为辐射引起的暗电流增量。5.3.1 节已给出暗电流和辐射剂量之间的关系，因此通过上式可计算辐射剂量对误码率的影响。

图 5-48 为不同辐射条件下误码率随辐射剂量的变化曲线[256]，可见，在各种粒子辐射条件下，误码率均随辐射剂量的增加而增大。50 MeV 质子和 10 MeV 质子辐射条件下，当辐射剂量分别为 5×10^4 Gy 和 8×10^4 Gy 时系统误码率达到 10^{-6}，而在电子与 γ 射线辐射下辐射剂量为 $5\times10^5\sim6\times10^5$ Gy 范围内的误码率亦达到 10^{-6}。空间辐射效应在 IM/DD 工作模式下表现为 0、1 码电流的改变。对于 0 码，辐射效应主要体现为暗电流的增加，虽然光电流的减小可以起到一定的补偿作用，但效果并不明显，最终接收 0 码时的电流较辐射前显著增大；对于 1 码，光电流减小的补偿作用较 0 码显著，尤其表现在产生暗电流较小的 γ 射线辐射和电子辐射条件下。

考虑 IM/DD 工作模式的判决原理，系统误码率增大是由 0 码电流升高以及 0、1 码电流之间差距减小导致。因此，选择适当的阈值能够降低空间辐射对系统误码率的影响。图 5-49 所示为辐射注量为 10^9 cm^{-2} 时，系统误码率随着判决阈值的变化趋势，误码率随判决阈值的增大先降低后升高，误码率存在最小值，即存在最优的判决阈值。当判决阈值取 5.7×10^{-7} A 时，误码率约为 10^{-9}，较原判决阈值 4.3×10^{-7} A 时降低约 4 个数量级。可见，判决阈值的选取，对于系统误码率有较为显著的影响，通过对系统所受辐射损伤程度的判断，对判决阈值进行有针对性的调整，能够较好地降低误码率，提高通信质量[257]。

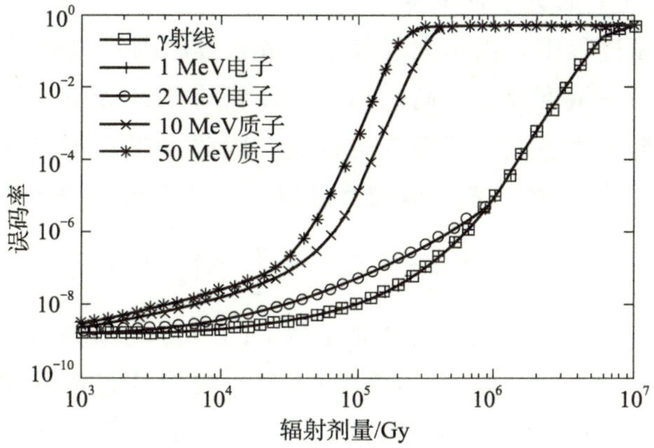

图 5-48　误码率的辐射特性曲线

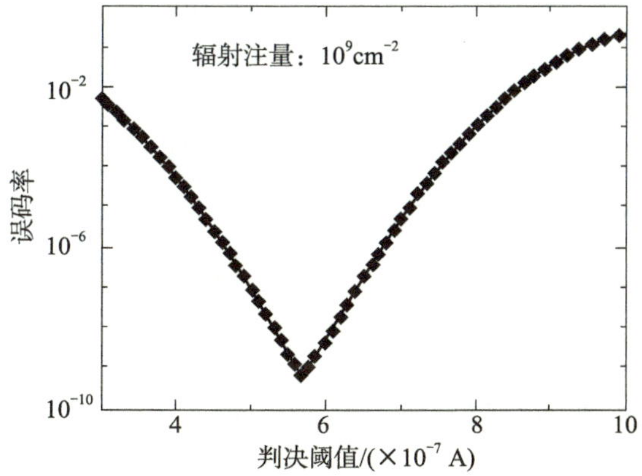

图 5-49　误码率随判决阈值的变化趋势

5.5.2　APD 型探测器的性能对 CO_2 探测激光雷达系统的影响

CO_2 是造成全球性气候变暖的主要因素，准确探测全球各地 CO_2 的浓度有着深刻的意义。传统的观测手段，如地面观测站等，只能进行单点检测，无法在全球范围内进行探测。探测范围可以覆盖全球的卫星能够有效解决这个问题，而以自身发射激光代替太阳光的主动式星载激光雷达可以实现 24 h 连续工作。光电探测器作为雷达接收系统的重要部分，它的探测性能对激光雷达系统探测精度有着很大的影响。

为了提高对 CO_2 的探测精度，可采用积分路径差分吸收（IPDA）激光雷达。差分吸收技术的主要原理是激光器发射两束激光，其中一束激光的波长靠近 CO_2 吸收谱的吸收峰，称为 on-line，这束激光被 CO_2 强烈吸收；另一束激光的波长靠近 CO_2 吸收谱的吸收谷，称为 off-line，这束激光的作用是作为参考光。激光器发射的这两束激光在地球表面被反射，反射光被激光雷达接收系统接收。由于 on-line 与 off-line 两束激光在大气传输过程中，大气的吸收系数不一样，通过对比两束激光的衰减程度，可以得到大气中 CO_2

的含量，即 CO_2 在大气中的分子柱浓度。

激光在大气层传输过程中，由于大气吸收、散射等原因，星载激光雷达接收到的光信号相当微弱，因此检测灵敏度要求很高。相比较传统的 PIN 光电二极管探测器，雪崩二极管（APD）探测器有着灵敏度高、增益高等优点，因此，在激光雷达中被广泛采用。

星载 CO_2 激光雷达接收到的来自地表反射信号的功率可以表示为

$$P_{on/off}=Q\frac{E_{on/off}}{t}\frac{A}{L^2}\times T_{opt}T_{atm}\exp\left[-2\int_0^L n(r)\sigma_{on/off}(r)\mathrm{d}r\right] \tag{5-92}$$

式中，$P_{on/off}$ 为 on-line/off-line 回波信号的光功率；$E_{on/off}$ 为激光雷达发射的 on-line/off-line 脉冲激光的能量；Q 为硬目标的反射系数；t 为回波信号有效脉冲长度；A 为望远镜接收面积；L 为地表目标到激光雷达的距离；T_{opt} 和 T_{atm} 分别为系统光学效率和大气传输效率（双程效率，不包括 CO_2 吸收气体）；$n(r)$ 为距离为 r 处的 CO_2 分子数浓度；$\sigma(r)$ 为距离 r 处对应的 CO_2 吸收截面（cm^2/molecule）。

定义 ΔOD 为单位面积上 on-line 与 off-line 由于 CO_2 的吸收产生的差分光学厚度，即

$$\Delta OD=\int_0^{P_{ground}}(\sigma_{on}-\sigma_{off})n(r)\mathrm{d}r \tag{5-93}$$

由流体静力学方程和理想气体状态方程，可得

$$\Delta OD=\int_0^{P_{ground}}X_{CO_2}(p)\times\frac{\sigma_{on}(p)-\sigma_{off}(p)}{\left(1+\frac{m_{H_2O}}{m_{dryair}}X_{H_2O}\right)m_{dryair}g}\mathrm{d}p \tag{5-94}$$

式中，X_{CO_2} 为在干燥空气中 CO_2 混合比；m_{H_2O} 与 m_{dryair} 分别为水分子的质量与干燥的空气分子的平均质量；X_{H_2O} 为水分子在空气中所占的比值；P_{ground} 为地面气压；g 为重力加速度。

定义权重函数

$$\mathrm{WF}=\frac{\sigma_{on}(p)-\sigma_{off}(p)}{\left(1+\frac{m_{H_2O}}{m_{dryair}}X_{H_2O}\right)m_{dryair}g} \tag{5-95}$$

由上式可以得到大气层顶到地表间整个积分路径 CO_2 平均混合比（柱线浓度）X_{CO_2}

$$X_{CO_2}=\frac{\Delta OD}{2\int \mathrm{WF}(p)\mathrm{d}p}=\frac{1}{2\int \mathrm{WF}(p)\mathrm{d}p}\ln\frac{E_{on}}{E_{off}}\frac{P_{off}}{P_{on}} \tag{5-96}$$

在利用星载 IPDA 激光雷达反演大气中 CO_2 柱线浓度的时候，由于激光器频率不稳定、功率不稳定等因素，使得星载 IPDA 激光雷达反演得到的 CO_2 柱线浓度和实际柱线浓度有所偏差。IPDA 激光雷达的误差主要分为两类：系统误差和随机误差。此节主要分析由于探测器的非线性带来的系统误差以及探测器输出信号噪声带来的随机误差。

（1）APD 探测器非线性度对反演 X_{CO_2} 的误差分析

在反演 X_{CO_2} 的过程中，认为 off-line 与 on-line 的电压比值即为回波信号的功率比。然而，探测器存在着一定的非线性效应。因此，探测器的非线性度会引起系统误差。此节

利用实测的 APD 探测器非线性响应曲线和 CO_2 浓度反演式（5-96）来计算在一定地表反射率范围内，针对多脉冲反演时激光器能量抖动在±5%，探测器非线性响应给 CO_2 浓度反演结果带来的影响。

由式（5-96）可知，在反演大气 CO_2 柱线浓度 X_{CO_2} 时，需要计算大气权重函数在整个大气层的积分，它与大气温度和压力密切相关，最终计算柱线浓度 X_{CO_2} 需要获得不同高度大气湿度分布。

假设大气中 CO_2 的柱线浓度为 4×10^{-4}，则由式（5-96）可知，在一定天气条件下，E_{on}/E_{off}，P_{off}/P_{on} 为定值，由于发射的 E_{on} 与 E_{off} 能量近似相等，则

$$\frac{P_{off}}{P_{on}}=4.386\ 6 \tag{5-97}$$

在实际应用时，使用探测器的响应信号代替入射信号，即

$$X'_{CO_2}=\frac{\Delta OD}{2\int WF(p)\mathrm{d}p}=\frac{1}{2\int WF(p)\mathrm{d}p}\ln\frac{E_{on}}{E_{off}}\frac{V_{off}}{V_{on}} \tag{5-98}$$

式中，X'_{CO_2} 是利用探测器输出电压反演得到的 CO_2 浓度；V_{off} 与 V_{on} 分别表示 off-line 与 on-line 回波信号的输出电压。探测器输出电压与输入光功率之间不是完全线性关系，V_{off}/V_{on} 与 P_{off}/P_{on} 不一致，导致反演结果存在偏差，这个误差被称为非线性误差。

CO_2 浓度探测 IPDA 激光雷达的发射信号为一组脉冲（包括 350 个 on-line 脉冲与 350 个 off-line 脉冲），由于激光功率不稳定等因素，激光发射端发射的光功率有 5%的抖动。通过实测数据由探测器输出的 on-line 回波信号电压 V_{on} 可得到 on-line 回波信号光功率 P_{on}，又由式（5-97）得到 P_{off}，同样可得到 V_{off}，代入式（5-98），可得到一对脉冲信号反演得到的 CO_2 柱线浓度。在 V_{on}（1±5%）的范围内随机取 350 个点，得到 350 个反演的 X'_{CO_2}。这 350 个 X'_{CO_2} 的平均值与实际值 X_{CO_2} 之差即为探测器非线性引入的系统误差。

On-line 回波信号电压幅值在 280～980 mV 范围内时，探测器非线性引起的 CO_2 柱线浓度误差分布如图 5-50 所示。此范围内误差均小于 7×10^{-7}，最小约 1×10^{-7}。

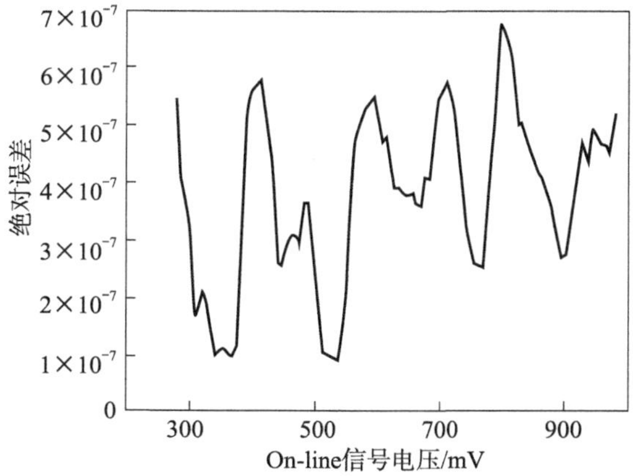

图 5-50　On-line 回波响应电压在 280～980 mV 范围时，探测器非线性引起的绝对系统误差

(2) 探测器带来的随机误差分析

随机误差主要由噪声产生，并与回波信号功率的大小有关。光电探测器的噪声主要来源是散粒噪声、热噪声、$1/f$ 噪声、产生复合噪声等。对于 APD 而言，它的输出信噪比为

$$\mathrm{SNR}=\frac{M\alpha P}{\sqrt{2eM^2\Delta f(\alpha FP+I_d)+\dfrac{4kT_{dw}\Delta f}{R_L}+I_{\mathrm{AMP}}^2}} \tag{5-99}$$

式中，M 为 APD 增益；α 为未被增益的探测器的响应；F 为附加噪声因子；e 为电子电量；P 为入射光功率；R_L 为反馈电阻；Δf 为电子带宽；I_d 为暗电流；k 为玻耳兹曼常数；T_{dw} 为 APD 内部工作温度；I_{AMP} 是放大电路引入的电流。相对随机误差 RRE 可以表示为

$$\mathrm{RRE}=\frac{\Delta(\Delta OD)}{\Delta OD}=\frac{\Delta X_{\mathrm{CO_2}}}{X_{\mathrm{CO_2}}}=\frac{1}{2\Delta OD\sqrt{N}\,\mathrm{SNR}} \tag{5-100}$$

式中，N 是反演 CO_2 柱线浓度需要的平均脉冲次数，在重复频率 50 Hz 以及星载测量水平分辨率 50 km 时，取脉冲次数 $N=350$。

由于探测器的各个噪声不相关，可以得到

$$\frac{1}{\mathrm{SNR}}=\sqrt{\left(\frac{1}{\mathrm{SNR_{on}}}\right)^2+\left(\frac{1}{\mathrm{SNR_{off}}}\right)^2} \tag{5-101}$$

式中，$\mathrm{SNR_{on}}$ 与 $\mathrm{SNR_{off}}$ 分别表示 on-line 回波信号与 off-line 回波信号的信噪比。在计算探测器总的信噪比时，根据实测数据由 V_{on} 可得到 P_{on}，由 P_{on} 可得到 P_{off}。根据实际测量由 P_{on}、P_{off} 可分别得到 $\mathrm{SNR_{on}}$ 与 $\mathrm{SNR_{off}}$。联立式（5-100）和式（5-101）可得 on-line 信号响应电压在 280～980 mV 范围内探测器噪声引起的随机误差，如图 5-51 所示。由图可知，探测器 on-line 信号响应电压在 280～980 mV 之间时，由探测器噪声引起的随机误差小于 6×10^{-7}。

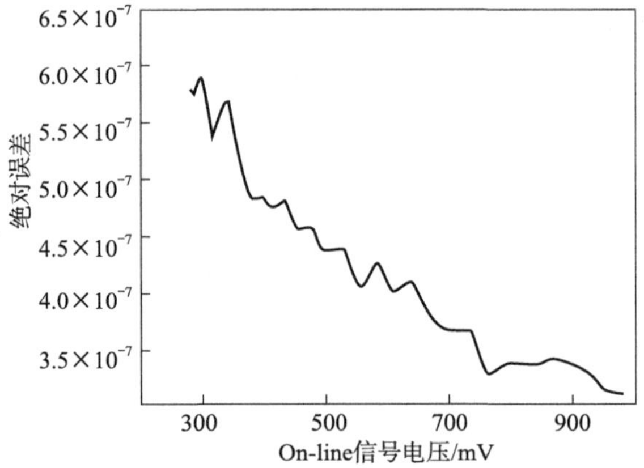

图 5-51　On-line 信号响应电压在 280～980 mV 范围内，探测器噪声引起的绝对随机误差

(3) 探测器综合误差分析

探测器造成的随机误差和系统误差之间通常是独立的，因此由探测器引起的综合误差

为两者平方之和的均方根。在探测器响应电压在 280～980 mV 范围内时，由于探测器响应的非线性以及噪声引入的总误差如图 5-52 所示，结果表明 on-line 信号响应电压在 280～980 mV 范围内，探测器造成的总误差小于 8×10^{-7}[258]。

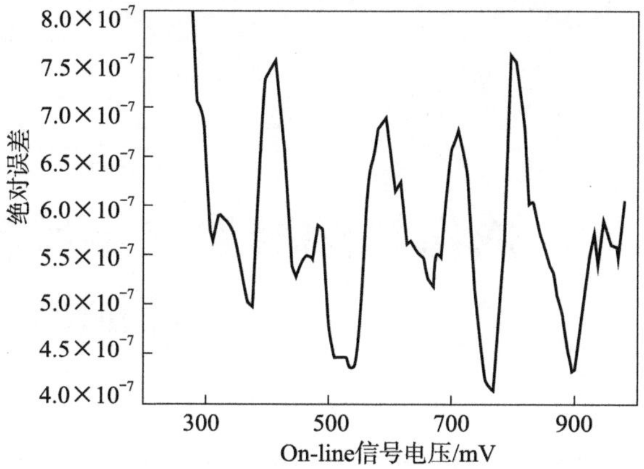

图 5-52　On-line 回波响应电压在 280～980 mV 范围内的综合误差

第 6 章

成像探测器件在宇航环境条件下的性能演变及抑制技术

宇航用成像探测器（图像传感器）具有宽空间和宽光谱分辨成像的特点，从卫星等空间平台上采用先进的全景扫描、多光谱和超光谱图像传感器对地球表面目标进行探测、识别并精确确定其位置，具有突出的应用价值和重要意义。同时还可用于空间天文探测研究。宇航领域的光电成像探测器件主要在可见光和红外波段，此外还有 X 射线和紫外波段的应用。在可见光波段主要是硅基的 CCD（Charge Coupled Device）和 CMOS（Complementary Metal Oxide Semiconductor）探测器，在红外波段主要是红外焦平面阵列探测器。红外焦平面阵列探测器由于探测波段的不同以及发展历史原因，采用的材料种类较多，如 HgCdTe、InGaAs、InSb 等，以及量子阱、量子点和超晶格等微结构材料。本章重点介绍 CCD、CMOS 成像器件和应用较多的 HgCdTe 红外焦平面阵列器件。

6.1 CCD 和 CMOS 成像器件技术

1969 年 10 月，美国贝尔实验室的维拉 · 玻意耳（W. S. Boyle）和乔治 · 史密斯（G. E. Smith）发明了 CCD，CCD 最初用作半导体记忆装置。1970 年 4 月，玻意耳和史密斯提出把该器件组成线阵或面阵用于成像，CCD 成像器件由此诞生。随后 CCD 成像器件被用于 NASA 在登月之前的月球表面勘测过程中，通过电脑将 CCD 得到的图像信息进行数字处理后，剔除了宇宙射线的干扰，从而获得了清晰的图像。CCD 成像器件有着无残影、体积小、抗磁场、寿命长、灵敏性强、抗振动、畸变小等特性。CCD 不仅能把光信号转换为电荷，且能够储存和转移电荷，也能够取出储存的电荷，进而改变电压，是非常优异的成像器件。

20 世纪 90 年代初，CCD 成像技术已经用于数码成像，但在宇航用 CCD 大型相机的研制过程中，存在能耗大和需要很多支持芯片两个问题，美国 JPL 的 Eric R. Fossum 发现如果能够消除在成像阵列中反复转移电荷的需要，则这两个问题均可解决，于是就诞生了 CMOS 有源像素传感器（Active Pixel Sensor，APS）。1993 年 4 月，JPL 的首个有源像素 CMOS 芯片诞生。作为一个全系统的 CMOS 图像传感器（CMOS Image Sensor，CIS），它包含模数转换器、定时脉冲转换器、存储器、逻辑寄存器、图像阵列，通常将整个图像系统高度集成在一块芯片上。CMOS 器件与大规模集成电路生产工艺相同，可实现低成本。从原理上而言，CMOS 的信号是以点为单位的电荷信号，而 CCD 是以行为单位的电流信号，前者更为敏感，速度更快，更为省电。CCD 的优势在于成像质量好，但由于制造工艺复杂，制造成本居高不下，特别是大型 CCD，价格高昂。

6.1.1　CCD 成像器件工作原理

CCD 成像器件包含光敏区域和传输区域。一幅图像通过成像透镜投射到由电容器阵列组成的光敏区域，每个电容器上积累的电荷与入射到其上的光通量成正比。由于对应图像的亮暗分布不同，对应的 MOS 电容器（像素）所积累的电荷不同，从而形成图像的潜影。而移位寄存器组成的传输区域将光敏区域积累的电荷按照特定的方式依次转移，最终进入电荷放大器，将电荷量转换为对应的电压信号。在数字系统中，这些电压信号将通过模数转换形成数字信号；在模拟系统中，则通过低通滤波形成连续的模拟信号，经处理后用于传输、记录、显示等。

以下将以 P 型 Si - CCD 为例说明 CCD 的工作原理[259]。

（1）光电转换

当一定波长的光子入射到 P 型硅时，P 型硅价带的电子将吸收光子的能量而跃迁至导带，产生新的电子-空穴对，称为光生电荷。光电效应产生的电子被势阱所收集，空穴则被排斥出耗尽层。

（2）电荷存贮

构成 CCD 的基本单元是 MOS 结构。如图 6 - 1（a）所示，在栅极施加正偏压 V_g 之前，P 型半导体中空穴（多数载流子）的分布是均匀的。当栅极施加正偏压 V_g（此时 V_g 小于 P 型半导体的阈值电压 V_{th}）后，空穴被排斥，产生耗尽层，如图 6 - 1（b）所示。如偏压继续增加，耗尽层将进一步向半导体体内延伸。当 $V_g > V_{th}$ 时，半导体与绝缘体界面上的电势 V_s 变得如此之高，以至于将半导体体内的电子（少数载流子）吸引到表面，形成一层极薄的（约 $10^{-2}\mu m$）但电荷浓度很高的反型层，如图 6 - 1（c）所示。反型层电荷的存在表明了 MOS 结构存储电荷的功能。然而，当栅极电压由零突变到高于阈值电压时，轻掺杂半导体中的少数载流子很少，不能立即建立反型层。在不存在反型层的情况下，耗尽层将进一步向体内延伸。而且，栅极和衬底之间的绝大部分电压降落在耗尽层上。如果随后可获得少数载流子，那么耗尽层将收缩，表面势下降，氧化层上的电压增加。

电子之所以被加有栅极电压 V_g 的 MOS 结构吸引到氧化层与半导体的交界面处，是因为那里的势能最低。在没有反型层电荷时，势阱的“深度”与栅极电压呈线性关系，如图 6 - 2（a）所示空势阱的情况。图 6 - 2（b）为反型层电荷填充 1/3 的势阱时，表面势收缩。当反型层电荷足够多，使势阱被填满时，表面势降到两倍费米能级大小，此时，表面

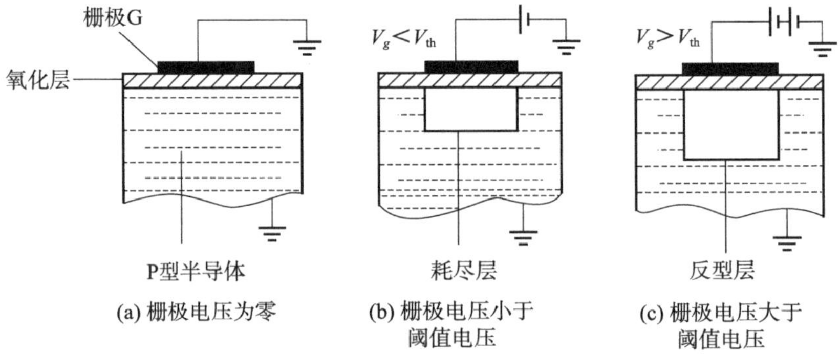

图 6-1　单元 CCD 栅极电压变化对耗尽层的影响

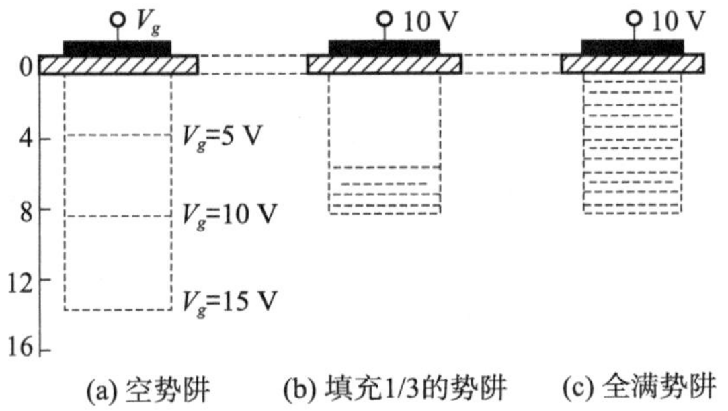

图 6-2　单元 CCD 栅极势阱填充示意图

势不再束缚多余的电子，电子将产生“溢出”现象。

（3）电荷转移

CCD 中电荷从一个栅极转移到另一个栅极的过程如图 6-3 所示。取 CCD 中四个彼此相邻的栅极来说明。假设开始时有一些电荷存储在偏压为 10 V 的第①个栅极下面的深势阱里，其他栅极上均加有大于阈值的较低的电压（例如 2 V）。设图 6-3（a）为零时刻（初始时刻），t_1 时刻后，各栅极上的电压变为如图 6-3（b）所示的情况，第①个栅极仍保持为 10 V，第②个栅极上的电压由 2 V 变到 10 V，因这两个栅极靠得很近（几微米），两个栅极下的势阱将合并在一起。原来在第①个栅极下的电荷变为这两个栅极下势阱所共有，如图 6-3（c）所示。若此后栅极上的电压变为如图 6-3（d）所示的情况，第①个栅极电压由 10 V 变为 2 V，第②个栅极电压仍为 10 V，则共有的电荷转移到第②个栅极下的势阱中，如图 6-3（e）所示。由此可见，深势阱及电荷包向右移动了一个位置。

可见，随着上述三相电压的不断变化，各个栅极下的电荷包就能沿半导体表面按一定方向移动。通常把 CCD 栅极分为几组，并施加同样的时钟脉冲。CCD 的内部结构决定了使其正常工作所需的相数。如图 6-3 所示的结构需要三相时钟脉冲，其波形如图 6-3（f）所示，这样的 CCD 称为三相 CCD。三相 CCD 的电荷耦合（传输）必须在三相交叠脉冲的作用下才能以一定的方向，逐个单元地转移。

需要指出的是，CCD 栅极间隙必须很小，电荷才能不受阻碍地自一个栅极转移到相

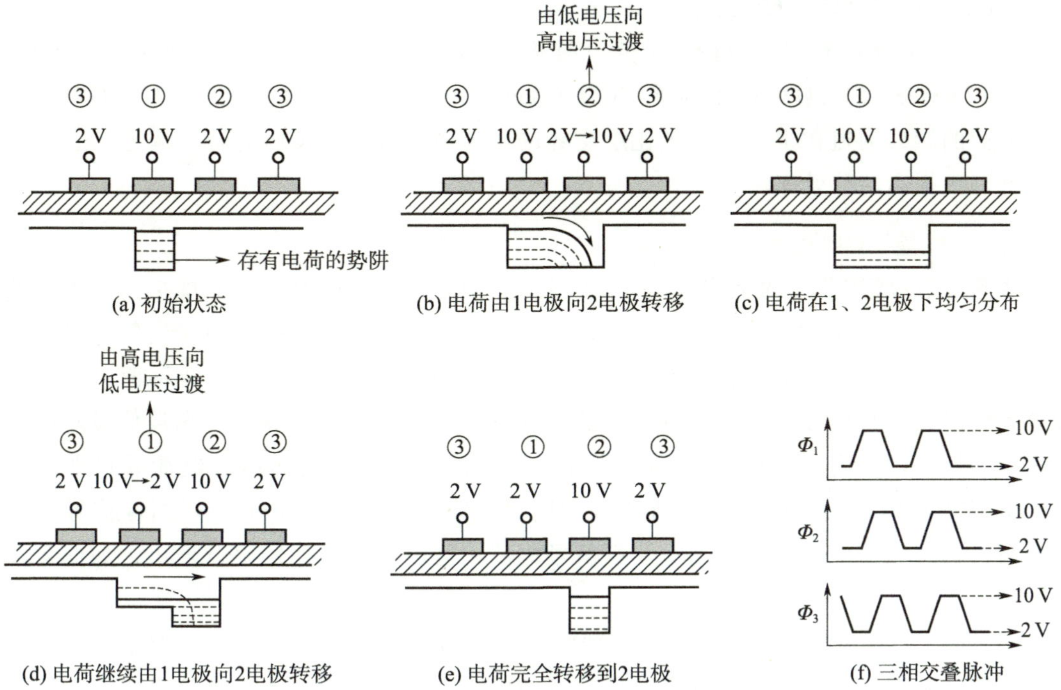

图 6－3　CCD 中电荷的转移过程

邻栅极下。如果栅极间隙比较大，两相邻栅极间的势阱将被势垒隔开，不能合并，电荷也不能从一个栅极向另一个栅极转移。上述过程是一种电荷耦合过程，故称这种器件为电荷耦合器件。

6.1.2　CCD 成像器件的类型及结构

电荷耦合成像器件是一类可将二维光学图像转换为一维时序电信号的功能器件，由光电探测器阵列和 CCD 移位寄存器两个功能单元组成。探测器阵列的基本原理与单元探测器类似，作用是获得电荷图像，CCD 移位寄存器则实现信号电荷的转移输出。根据结构的不同，电荷耦合成像器件分为线阵和面阵两大类型，其中线阵器件可以直接接收一维光信息，而在接收二维光信息时，需要借助机械扫描机构才能转换为完整的二维光学图像信息；面阵器件则可以直接接收一维或二维的光学图像信息。

CCD 的类型有很多，而且也有很多分类方法。以电子为信号电荷的 CCD 称为 N 型沟道 CCD，简称为 N 型 CCD。而以空穴为信号电荷的 CCD 称为 P 型沟道 CCD，简称为 P 型 CCD。由于电子的迁移率（单位场强下的运动速度）远大于空穴的迁移率，因此，N 型 CCD 比 P 型 CCD 的工作频率高得多。

此外，CCD 按驱动脉冲的相数分，有二相 CCD、三相 CCD 和四相 CCD。值得注意的是，通常所说的 CCD 的位数的位，不是对应一个栅极。对于三相 CCD 来说，电荷包转移了三个栅极是时钟脉冲的一个周期，把这三个栅极称为 CCD 的一个单元，或 CCD 的一位，也就是通常所说的一个像元。显然，对于二相 CCD 来说，两个栅极为一位；对于四相 CCD 则一位就是四个栅极。

CCD 按电荷转移的沟道位置分，有表面沟道 CCD（Surface - channel Charge - Coupled Device，SCCD）和体沟道 CCD（Body Charge Coupled Device，BCCD）。SCCD 信号电荷的转移沟道在半导体与氧化层交界的半导体表面；BCCD 的转移沟道在表面下一定深度，可提高转移效率。

6.1.2.1　线阵 CCD 成像器件

线阵 CCD 成像器件的结构如图 6 - 4 所示。图 6 - 4（a）为一种单排结构，用于低位数 CCD 传感器。它的光敏单元与 CCD 移位寄存器分开，用转移栅控制光生信号电荷向移位寄存器转移，一般使信息转移时间远小于摄像时间（光积分时间）。转移栅关闭时，光敏单元势阱收集光信号电荷，经过一定的积分时间，形成与空间分布的光强信号对应的信号电荷图形。积分周期结束时，转移栅打开，各光敏单元收集的信号电荷并行地转移到 CCD 移位寄存器的相应单元内。转移栅关闭后，光敏单元开始对下一行图像信号进行积分。而已转移到移位寄存器内的上一行信号电荷，通过移位寄存器串行输出，如此重复上述过程。

图 6 - 4（b）为一种双排移位寄存器结构。光敏单元在中间，其奇、偶单元的信号电荷分别传送到上、下两列移位寄存器后串行输出，最后合二为一，恢复信号电荷的原有顺序。这种方案的优点是光敏单元有较高的密度，转移次数减少一半，可提高转移效率，改善性能。

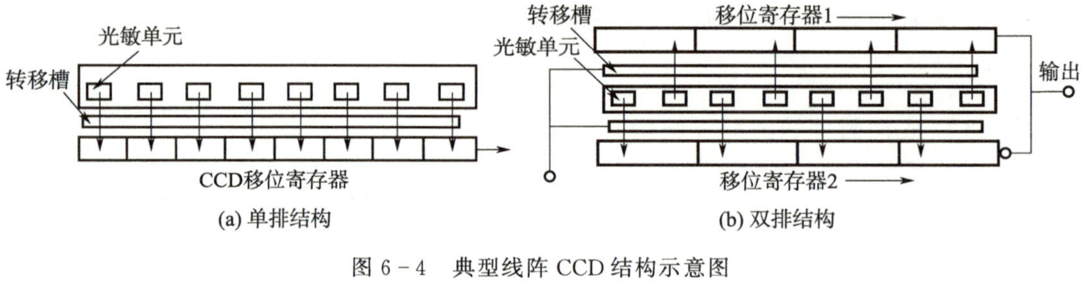

图 6 - 4　典型线阵 CCD 结构示意图

6.1.2.2　面阵 CCD 成像器件

图 6 - 5 为面阵 CCD 成像器件结构。图 6 - 5（a）为帧传输方式（Frame Transfer CCD）结构，其光敏区和存储区是分开的。在积分周期结束时，利用时钟脉冲将整帧信号转移到读出存储区。然后整个帧的信号再向下移动，进入水平读出移位寄存器而串行输出。这种结构需要一个与光敏区同数量的存储区，芯片尺寸大是其缺点，但单元结构简单，容易实现多像元化，还允许采用背面光照来增加灵敏度。

图 6 - 5（b）为行间传输方式（Inter Line Transfer CCD）结构，其光敏阵列与存储阵列交错排列。光敏阵列采用透明电极，以便接受光子照射。垂直存储移位寄存器与水平读出寄存器为光屏蔽结构。这种方式芯片尺寸小，电荷转移距离比帧传输方式短，具有较高的工作频率，但单元结构复杂，且只能采用正面投射图像，背面照射会产生串扰而无法工作。

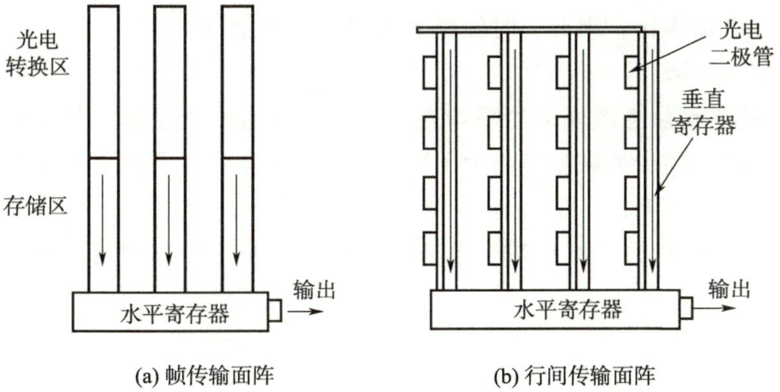

图 6-5　典型面阵 CCD 结构示意图

6.1.3　CCD 成像器件的主要性能参数及特性

CCD 成像器件的性能参数包括两方面：光敏单元的性能参数和 CCD 电荷转移单元的性能参数。光敏单元性能可参考第 5 章相关内容，本节主要介绍 CCD 电荷转移单元的性能参数。

（1）电荷转移效率和转移损失率

电荷包从一个势阱向另一个势阱中转移，不是立即地和全部地转移。为了描述电荷包转移的不完全性，引入电荷转移效率（Charge Transfer Efficiency，CTE）和损耗率，在一定时钟脉冲驱动下，设电荷包的原电量为 Q_0，转移到下一个势阱时电荷包的电量为 Q_1，则转移效率 η 为[260]

$$\eta = Q_1/Q_0 \tag{6-1}$$

相应地，定义电荷转移损耗率 ε 为未转移的电荷占电荷包原电量的比例，即

$$\varepsilon = \frac{Q_0 - Q_1}{Q_0} = 1 - \eta \tag{6-2}$$

设 CCD 共有 n 次转移，则总的转移效率为

$$\eta_{\text{total}} = \frac{Q(n)}{Q} = \eta^n = (1-\varepsilon)^n \approx 1 - n\varepsilon \tag{6-3}$$

一个单位为 1 的脉冲信号，经过 n 次转移损失之后，若 $\varepsilon = 0$ 即无损，其转移效率为 1。对二相 CCD，若移动 m 位，则 $n = 2m$，如 $\eta = 0.999$，$m = 512$，最后输出的电荷量将为初始电荷量的 36%，可见信号衰减比较严重。若要保证总效率在 90% 以上，要求转移效率必须达到 0.999 9 以上。如果转移效率太低，那么器件的位数就受到限制。

（2）工作频率

CCD 利用极板下半导体表面势阱的变化来储存和转移信号电荷。它必须工作于非热平衡态。时钟频率过低，深耗尽状态向平衡状态过渡，热生载流子就会混入信息电荷包中，使信息电荷量发生变化而引起失真。时钟频率过高，电荷包来不及完全转移，势阱形

状就会发生变化，这样，残留于原势阱中的电荷就必然多，损耗率就必然大，减小了输出信号幅值，降低了信噪比。因此，时钟频率被限制在一定范围内。

①时钟频率的下限 f_L

f_L 取决于非平衡热生载流子的平均寿命 τ，一般为毫秒量级，此处非平衡载流子一般是由热激发所产生的少数载流子。为了避免其对信号电荷的影响，电荷包在相邻两电极之间的转移时间 t 应小于 τ，即 $t < \tau$。

对于时钟周期为 T 的三相 CCD，电荷包从前一个势阱转移到后一个势阱所需时间为 $T/3$，则

$$\tau > \frac{T}{3} = \frac{1}{3f} \tag{6-4}$$

$$f_L > \frac{1}{3\tau} \tag{6-5}$$

对于二相 CCD，有

$$f_L > \frac{1}{2\tau} \tag{6-6}$$

由于热产生的附加电荷是积累的，经多次转移就可观了。如果要求热产生的少子注入小于信号处理能力的 1%，对于表面 CCD 和三相 CCD，运行频率要求高于 10 kHz，这就是 CCD 工作的频率下限。

② 时钟频率的上限 f_H

信息电荷的转移，不外乎是通过漂移运动和扩散运动。尽管绝大部分的信息电荷是靠漂移运动传输的，但决定弛豫时间的是扩散运动。扩散运动是载流子无规则热运动的结果，由于无规则的热运动，载流子经过时间 t 后的平均位移 l 为

$$l = \sqrt{Dt} \tag{6-7}$$

式中，D 为扩散系数。

如果电极长度为 L，则电极间的转移所需的时间 τ_D 为

$$\tau_D = L^2/D \tag{6-8}$$

假如只考虑扩散运动，原先在电极下的信息电荷量 Q_0 随时间呈指数衰减，即

$$Q(t) = Q_0 \exp(-t/\tau_D) \tag{6-9}$$

若 $L = 10\ \mu\text{m}$，$D = 10\ \text{cm}^2/\text{s}$，则 $\tau_D = 10^{-9}$ s。如果要求损失率 $\varepsilon < 10^{-4}$，则时间周期 T 应满足

$$\exp(-t/\tau_D) = \exp(-T/\tau_D) < 10^{-4} \tag{6-10}$$

即

$$T > 10\tau_D = 10^{-8}\ \text{s} \tag{6-11}$$

对于三相 CCD，时钟频率为

$$f_H = \frac{1}{3T} < 3.3 \times 10^7\ \text{Hz} \tag{6-12}$$

（3）电荷储存容量

CCD 电荷储存容量 Q 表示在电极下的势阱中能容纳的电荷量，等于时钟脉冲变化幅值电压 ΔV 与氧化层电容 C_{ox}（忽略耗尽层电容 C_d，因为 $C_{ox} \approx 10C_d$）的乘积，即

$$Q = C_{ox}\Delta V \tag{6-13}$$

若 SiO_2 氧化层的厚度为 d_{ox}，栅电极面积为 A_d，则每一个电极下的势阱中，最大电荷储存容量为

$$N_{\max} = \frac{C_{ox}\Delta V}{e} = \frac{\varepsilon_0 \varepsilon_{ox}}{q d_{ox}} \Delta V A_d \tag{6-14}$$

式中，ε_0 为真空介电常数，ε_{ox} 为 SiO_2 的介电常数。电荷储存容量越大，处理电荷能力越强，动态范围越好。

（4）CCD 的噪声

噪声是 CCD 器件的一个重要性能指标。通常认为 CCD 中有以下 5 个噪声源[260]。

①电荷转移损失噪声

设代表信号电荷的载流子数为 N_s，填底电荷的载流子数为 N_{s0}，传输损失为 $\varepsilon(t)$，转移时间为 t_s，$t_s > \tau_c$，τ_c 为少数载流子被俘获前的寿命，在上述条件下参加传输的总载流子数为 $N_s + N_{s0}$，平均每次转移残留下来的载流子数为 $\varepsilon(t)(N_s + N_{s0})$，这些残留的电荷或者跟随信号电荷一起传输，或者跟随后一个信号电荷一起传输，这样，前一个信号电荷的增加或减少，与后一个信号电荷的减少或增加的电荷量是相同的，这部分电荷的起伏所引起的噪声称为转移噪声或传输噪声，在经历了 N 次转移后总的转移噪声为

$$N_{n,s} = 2\left[\varepsilon(t) N (N_s + N_{s0})\right]^{1/2} \tag{6-15}$$

②背景电荷引入的噪声（填底电荷引入的噪声）

若填底电荷是由于光或热激发而产生的，填底电荷的平均载流子数为 N_{s0}，则背景电荷所产生的噪声为

$$N_{n,b} = \sqrt{N_{s0}} \tag{6-16}$$

若填底电荷是电注入产生的，则可根据奈奎斯特定理给出其等效电路，得出背景电荷所产生的噪声为

$$N_{n,b} = \frac{1}{q}\sqrt{kTC} \tag{6-17}$$

式中，C 为势阱电容；k 为玻耳兹曼常数；T 为温度。

③界面态俘获噪声

当沿着 CCD 定向传输电荷时，Si 与 SiO_2 界面的界面态被周期地充满和抽空，平均来说，它们每一周期均被充满或抽空到相同的水平（信号电荷保持不变时）。这样，就存在着均方根涨落，这种均方根涨落可表示为

$$N_{n,\mathrm{interf}} = \sqrt{1.4\, kTN_{ss} A_d N_g} \tag{6-18}$$

式中，N_{ss} 为界面态的面密度；N_g 为电极数目；A_d 为一个栅极的面积。

④输出放大器噪声

放大器的带宽是由输出的 RC 时间常数决定的，与以上讨论的背景电荷引入噪声中的电注入填底电荷的热噪声完全相同，所以均方根载流子的起伏为

$$N_{n,\text{ample}}=\frac{1}{q}\sqrt{kTC_{Pf}} \tag{6-19}$$

式中，C_{Pf} 为 CCD 输出端与放大器的耦合电容，也称 CCD 的输出电容。

⑤光电子散粒噪声

光电子散粒噪声是输入 CCD 的光子流所产生的噪声。因为入射的光子流是随机变化的，所以在 CCD 系统中的一个势阱中，在 Δt 时间内收集的光生载流子数也是有起伏的，所引起的噪声称为光电子散粒噪声。

假设电荷包中的光生载流子总数为 N_s，由于 N_s 的随机变化，则在单位像素中的光电子散粒噪声为

$$N_{n,\text{photo}}=\sqrt{N_s}=\sqrt{H_i t\eta A_{\text{eff}}} \tag{6-20}$$

式中，H_i 为图像的辐照度（光子数/cm^2 · s）；t 为帧时间或电荷积分时间；η 为量子效率；A_{eff} 为像敏面的有效面积。

（5）光谱特性

CCD 的工作波长主要由 MOS 电容器的材料性质决定。能否产生光生电荷由入射光子能量 $h\nu$ 与半导体禁带宽度 E_g 的关系决定。对于硅材料，E_g 为 1.12 eV，则 λ_g 为 1.11 μm，此即硅材料的 CCD 工作波长的上限，波长高于该上限的光由于无法导致电子跃迁而不能产生光生电荷。但也不是所有波长小于 λ_g 的光都属于硅 CCD 的工作波长。对于硅 CCD 而言，由于硅在波长为 380 nm 以下的紫外波段的吸收系数大，其穿透能力弱，因而进入不了衬底，在该波段成像比较困难，这就是其工作波长的下限。

用纯半导体硅做衬底的 CCD，其光谱响应曲线在背面光照时与硅光电二极管一样，其光谱响应范围为 0.4～1.11 μm（见图 6-6），响应的峰值波长也基本为 0.8～0.9 μm。背面光照能得到高而均匀的量子效率，是因为器件背面没有复杂的电极结构。短波长处的响应减小是体内和背部表面复合造成的；长波长处的响应减小则是由于红外透过减薄的衬底引起不完全吸收。

背照器件应用时衬底需减薄到小于一个分辨单元的尺寸，通常要求小于 30 μm。这是因为绝大部分可见光在硅片表面下 4 μm 处已被吸收，少数光生载流子必须扩散到衬底正面的势阱位置。为了不使载流子因横向扩散而损失空间分辨率，器件就必须减薄。通常衬底减薄只在光敏区进行，为了保持一定的机械强度，光敏区四周留有加强环，也可作为焊点层。此外，背部表面必须保持积累状态，以尽量减小载流子在表面复合的概率。一般还附加有表面抗反射层，以减少入射光能的损失。背面光照方式虽有优越性，但因为工艺难度大，且还受到器件结构的限制，目前只在帧转移型 CCD 成像器件中使用。

正面光照的光谱响应曲线如图 6-6 所示。由于 CCD 的正面布置有很多电极，这些电极对入射光的吸收反射和散射作用，使得正面光照的灵敏度比背面光照时低。图中曲线有

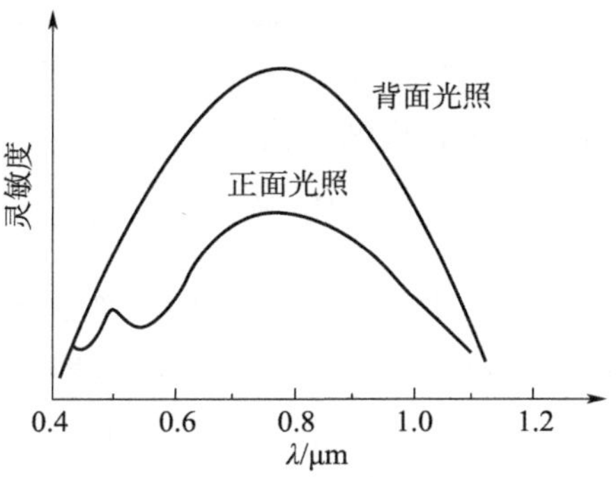

图 6－6　CCD 的光谱响应

起伏，是多次反射引起某些波长的光产生干涉现象所致。其中，蓝光（0.42～0.45 μm）损失最大，黄光（0.56～0.59 μm）次之[259]。

（6）分辨率

分辨率表征成像器件对物像中明暗细节的分辨能力，一般有两种表示法[259]。

①极限分辨率

极限分辨率是在一定的测试条件下定义的。当以一定性质的鉴别率图案（100%对比度的专门的测试卡）投射到 CCD 光敏面时，在输出端观察到的最小空间频率（即用眼睛分辨的最细黑白条纹对数），就是该器件的极限分辨率。分辨率通常用每毫米黑白条纹对数（单位为线对/mm）或每帧电视行数（单位为 TVL）表示。

CCD 是离散采样器件，根据奈奎斯特采样定理，一个成像器件的最高空间频率等于它的空间采样频率的一半，这个频率称为奈奎斯特极限频率。如果某一方向上的像元间距为 a，则该方向上的空间采样频率为 $1/a$（线对/mm），它的最大空间频率为

$$f_{\max}=\frac{1}{2a}\text{（线对/mm）} \tag{6-21}$$

设线阵 CCD 光敏区总长度为 l，用 l 乘以式（6－21）两端，可以得到 CCD 的最大分辨率为

$$f_{\max}l=\frac{1}{2a}l=\frac{N}{2} \tag{6-22}$$

其中，N 为 CCD 的位数。对 2 048 位线阵 CCD，其 $N=2\ 048$，故得

$$f_{\max}l=\frac{2\ 048}{2}=1\ 024 \tag{6-23}$$

即 2 048 位线阵 CCD 最多可分辨 1 024 对线。

②调制传递函数

目前一般采用调制传递函数（MTF）来表示分辨率。调制传递函数指输出调制度 M_{out} 与输入调制度 M_{in} 之比，即

$$\text{MTF}=\frac{M_{\text{out}}}{M_{\text{in}}}\times 100\% \tag{6-24}$$

或者说调制传递函数是调制度与空间频率的关系。当输入正弦光波（即一个确定的空间频率的物像投射在 CCD 上）时，如图 6－7（a）所示，CCD 的输出也将是随时间变化的一种正弦波，如图 6－7（b）所示，设波峰为 A，波谷为 B，则可得调制度 M 为

$$M=\frac{(A-B)/2}{(A+B)/2}=\frac{A-B}{A+B} \tag{6-25}$$

在调制恒定的条件下，可以画出调制深度与空间频率的关系曲线，如图 6－7（c）所示，通常用零空间频率下的值进行归一化，得到无量纲量即调制传递函数 MTF。由图 6－7（c）可知，MTF 随空间频率的增高而减小。由于 MTF 表示的是转移过程前后调制度 M 的比值，它与图像的形状、尺寸、对比度、照度等无关。

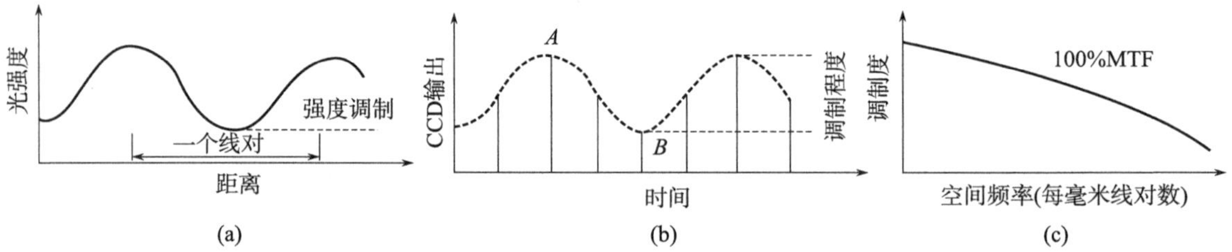

图 6－7　调制深度和空间频率

（7）暗电流

在正常工作的情况下，MOS 电容器的工作状态是瞬态的，处于非平衡态。然而随着时间的推移，由于热激发而产生的少数载流子使系统趋向平衡。因此，即使在没有光照或其他方式对器件进行电荷注入的情况下，也会存在暗电流。

在器件中可能有许多单元存在每平方厘米几百纳安的局部暗电流密度，该暗电流的来源是体内杂质，杂质产生引起暗电流的能带间复合中心。这些杂质可能是原始硅材料中就有的，也可能是在器件制造过程中引入的。所以，为了减小暗电流，应采用缺陷尽可能少的晶体。

在 CCD 阵列中，局部产生大暗电流的地方，多数会出现暗电流的尖峰。对每个器件而言，产生暗电流尖峰的缺陷总是出现在相同位置的单元上。可利用信号处理技术，把出现电流尖峰的单元位置存储在可编程只读存储器（Programmable Read－only Memory，PROM）中，读出时只除去该单元的信号，并立刻读取相邻单元的信号值，就能消除暗电流尖峰的影响。

（8）动态范围

CCD 成像器件的动态范围是指其输出的饱和电压与暗场下噪声峰-峰电压之比，即[259]

$$动态范围=V_{sat}/V_{Np-p} \tag{6-26}$$

其中，V_{sat} 为输出饱和电压；V_{Np-p} 为噪声的峰-峰值。

动态范围也可定义为 CCD 势阱中可存储的最大电荷量和噪声决定的电荷量之比。

（9）功耗

信号电荷包存储在 CCD 势阱中，如果不做重复和更新，则信号电荷包将最后消失。因此，要使 CCD 正常工作，就要消耗功率，以形成势阱，驱动电荷沿沟道转移等。CCD 的片上功耗主要消耗在三个方面[261]：1）电荷包在沟道中运动的耗散功率；2）形成耗尽层的耗散功率；3）越过势垒的耗散功率。

目前，大部分驱动电路尚未集成在 CCD 的同一基片上，但驱动电路自身也有功耗，比较上述片上功耗，称这部分功耗为片外功耗。在方波驱动情况下，可简单地等效成串联 RC 电路，R 为输出电阻，C 为某一驱动相的电容。此外，驱动周期脉冲每作用一次，要经历充、放电各一次。因此，每一相驱动的平均功率耗散为

$$\overline{P} = CV_p^2 f_c \tag{6-27}$$

式中，V_p 为驱动脉冲幅度；f_c 为脉冲频率。如果 CCD 的相数为 n_{cp}，则总的片外耗散功率应为各相耗散功率之和，即

$$\overline{P} = n_{cp} CV_p^2 f_c \tag{6-28}$$

片外功耗通常是片上功耗的数十倍，所以 CCD 的功耗主要是片外功耗。

6.1.4　CMOS 成像器件技术

CMOS 型成像器件利用 CMOS 集成电路的工艺来制作，与大规模集成电路工艺兼容，获得了极大发展。制造工艺技术的推动，特别是固定图像噪声消除电路的采用以及结构的改进，使得它在彩色成像领域得到广泛应用。

根据像素上电路不同，CMOS 成像器件结构形式有两类：无源像素（Passive Pixel Sensor，PPS）及有源像素。按照感光元来区分，有光电二极管感光元和 MOS 感光元。目前，实用化的成像器件一般采用有源像素结构。APS 像素结构有以下几种：基于 PN 结光电二极管的 APS、基于 MOS 光电门的 APS、基于掩埋型光电二极管的 APS[260]。

6.1.4.1　有源像素结构

（1）基于 PN 结光电二极管的 APS

基于 PN 结光电二极管的 APS 是由 PN 结光电二极管上连接放大用 MOS 晶体管栅极实现的，单元结构如图 6－8 所示。预先利用复位晶体管复位电源电压后，光电二极管才开始储存光电转换的信号电荷。由于光电二极管在复位后出现逆向偏压的状态，发挥等价晶体管的作用，随着光生电荷的积累，光电二极管的电压改变。放大晶体管将该电压放大输出到列信号线。此像素构造，单位像素的元件数较少，具有可直接利用 CMOS 工艺制造的优点。

该结构 APS 的工作过程如下：

1）开始储存，PN 结无电荷，此时行复位线为低电平；

2）PN 结进行光电信号的积累，其电压被放大晶体管放大；行选择线为高电平，把电压加到列信号线上，在水平移位缓存器作用下，依次移出；

3）行复位线为高电平，把电荷抽走；

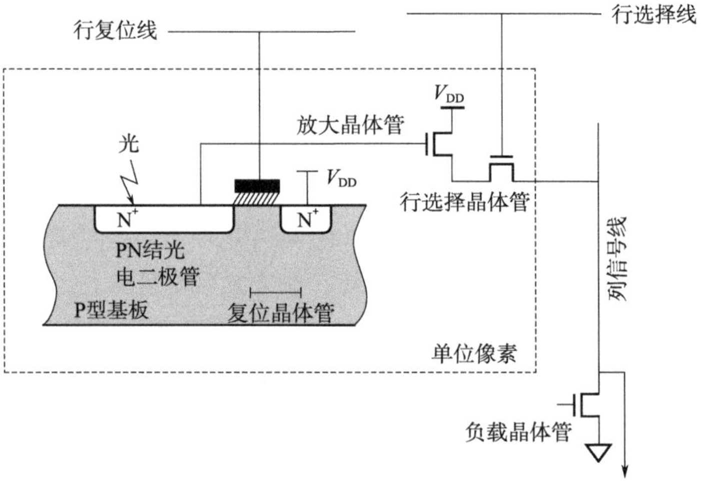

(a)

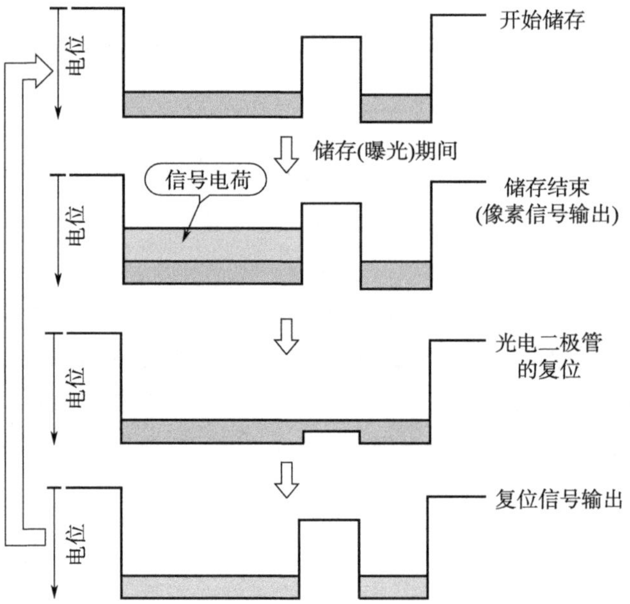

(b)

图 6-8 基于 PN 结光电二极管的 APS 结构（a）与动作的电势分布图（b）

4）行复位线又为低电平，回到 1）。

（2）MOS 光电门方式

基于 MOS 光电门的 APS 结构如图 6-9 所示，是将在光电门进行光电转换的信号电荷传送到读出栅极 T_x，形成浮置扩散层（Floating Diffusion，FD），并把 FD 的电压变化用放大晶体管放大后输出。

该结构 APS 的工作过程如下：

1）T_x 为固定电平，行复位线为低电平，行读出线为高电平，光照射到 MOS 二极管

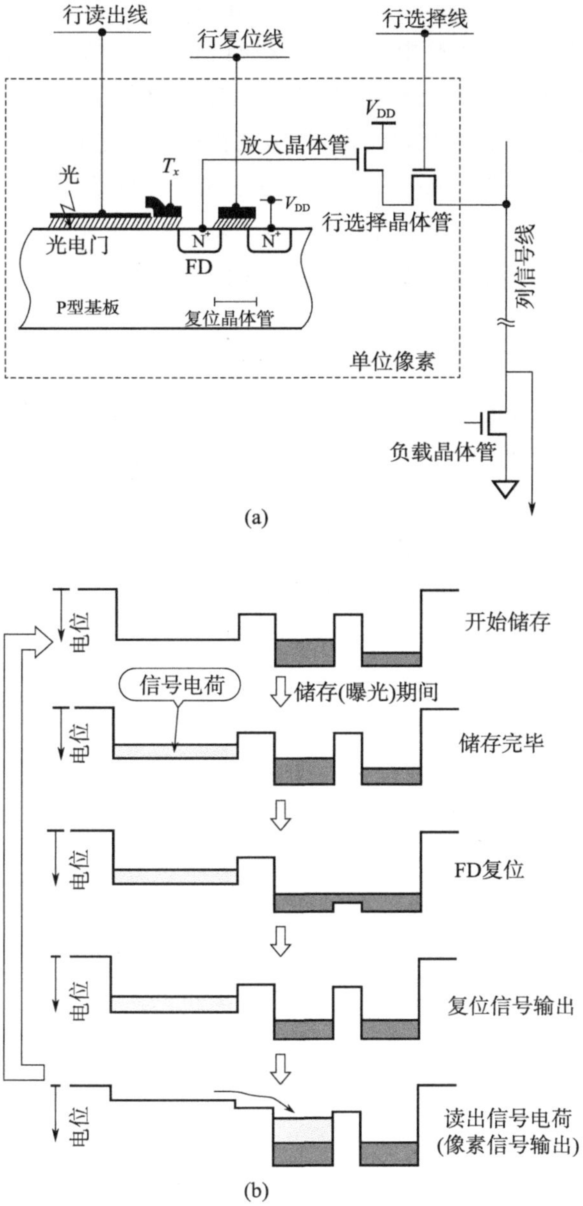

图 6-9　基于 MOS 光电门的 APS 结构（a）与动作的电位分布图（b）

上，光电荷积累在 MOS 的势阱中，进行光电信号积累；

2）在光电信号积累的同时，进行上一帧积累信号的读出。行选择线为高电平，该行的信号电压通过放大晶体管放大，加在该行的负载晶体管上，然后水平移位缓存器依次开启，把该行的信号电压输出；

3）该行信号输出完毕后，待该行的储存时间到了，行复位线为高脉冲电平，把上一帧积累在 FD 处的信号电荷抽走到电源 V_{DD} 中；

4）把行复位线置为低电平，准备接受新的电荷包；

5）行读出线由高电平变为低电平，把积累在 MOS 二极管的信号电荷包转移到 FD 中。转移完成后，行读出线变为高电平，准备进行新一帧的信号积累，回到 1）的状态。

关于信号输出的动作顺序，预先复位 FD，当输出复位信号后，立刻从储存完毕的光电门通过 T_x 读出信号电荷输出像素信号。该方式的优点在于，FD 的噪声可通过像素信号与复位信号的相关双取样（Correlated Double Sample，CDS）动作去除。然而，由于在光电门上覆盖控制电势的电极，虽然仅形成薄薄一层，但因电极材料影响吸收光的感光度，尤其造成波长较短的蓝光感光度下降，以及标准 CMOS 制造工艺必须追加光电门薄电极的制作步骤等问题。

（3）基于掩埋型光电二极管的 APS

基于掩埋型光电二极管的 APS 在 CCD 成像器件中常常被采用，如图 6－10 所示。与 CCD 成像器件一样，掩埋型光电二极管可以实现低暗电流，并且没有如光电门一样的电极材料吸收光的现象。当然，不产生复位时的热噪声，也与使用光电门方式相同，不过光电二极管单位面积的饱和信号电荷量与其他方式相比也偏低。此外，一般认为在读出动作时，光电二极管具有易残留信号电荷出现残像的缺点。

该结构 APS 的工作过程如下：

1）行读出线为低电平，行复位线为低电平，光照射到 PN 结二极管上，光电荷积累在 PN 结的势阱中，进行光电信号积累；

2）在光电信号积累的同时，进行上一帧积累信号的读出。行选择线为高电平，该行的信号电压通过放大晶体管放大，加在该行的负载晶体管上，然后水平移位缓存器依次开启，把该行的信号电压输出；

3）该行信号输出完毕后，待该行的储存时间结束之前，行选择线为低电平，行复位线为高脉冲电平，把上一帧积累在 FD 处的信号电荷抽走至电源 V_{DD} 中；

4）把行复位线变为低电平，准备接受新的电荷包；

5）行读出线为高电平，把积累在 PN 结二极管中的光生电荷包转移到 FD 中。转移完成后，行读出线变为低电平，准备进行新一帧的信号积累，回到 1）的状态。

针对以上三种像素结构，可通过暗电流、饱和信号量、光谱响应特性及噪声等特性进行定性对比，见表 6－1。通过对比可知，对于一般的照相机而言，比较与感光度和信噪比关系最密切的暗电流特性，掩埋型光电二极管方式最优。

表 6－1　各像素构造的特征

	暗电流	储存电容	蓝光感光度	kTC 噪声
PN 结光电二极管	差	优	优	差
MOS 光电门	中等	优	中等	优
掩埋型光电二极管	优	中等	优	优

6.1.4.2　CMOS 成像器件

CMOS 成像器件的光电转换原理与 CCD 基本相同，其光敏单元受到光照后产生光生

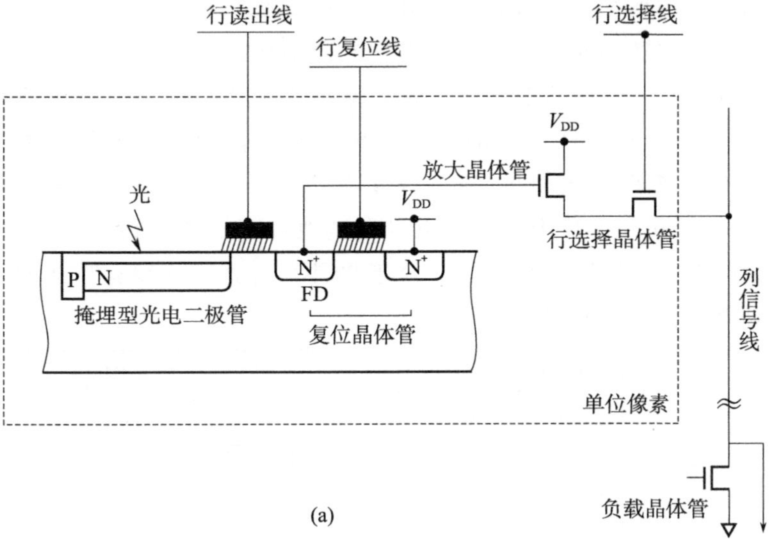

(a)

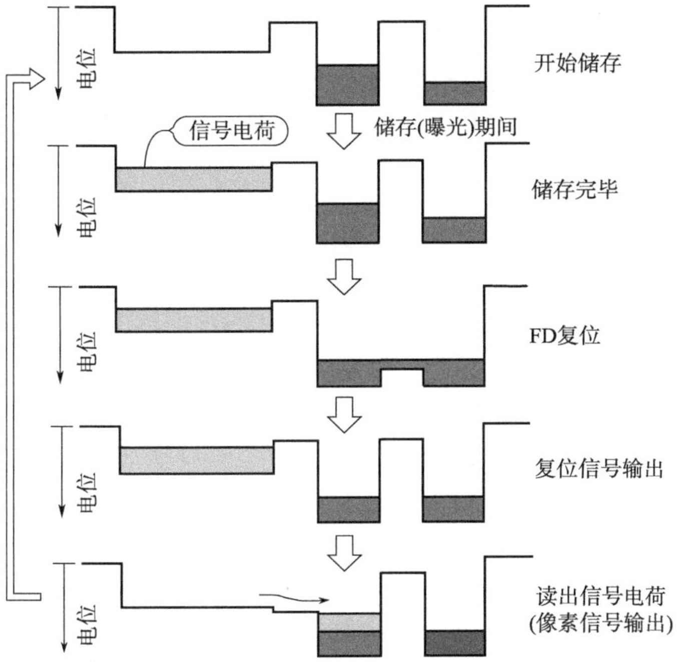

(b)

图 6-10　基于掩埋型光电二极管的 APS 结构（a）与动作的电位分布图（b）

电子。而其信号的读出方法却与 CCD 不同，每个 CMOS 成像器件的像元都有自己的缓冲放大器，而且可以被单独选址和读出。

图 6-11 所示为 CMOS 成像器件组成框图，它的主要部分是像敏单元阵列和 MOS 场效应管集成电路，而且这两部分是集成在同一硅片上的[262]。

图 6-11 所示的像敏单元阵列按 X 和 Y 方向排列成方阵，方阵中的每一个像敏单元都

有它在 X、Y 方向上的地址，并可分别由两个方向的地址译码器进行选择；每一列像敏单元都对应于一个列放大器，列放大器的输出信号分别接到由 X 方向地址译码控制器进行选择的模拟多路开关，并输出至输出放大器；输出放大器的输出信号送到 A/D 转换器进行模数转换，经预处理电路处理后通过接口电路输出。图中的时序信号发生器为整个 CMOS 成像器件提供各种工作脉冲，这些脉冲均可受控于接口电路发来的同步控制信号。在 CMOS 成像器件的同一芯片中，还可以设置其他数字处理电路。例如，可以进行自动曝光、非均匀性补偿、白平衡处理等，甚至于将具有运算和可编程功能的 DSP 器件集成在一起，形成具有多种功能的器件。

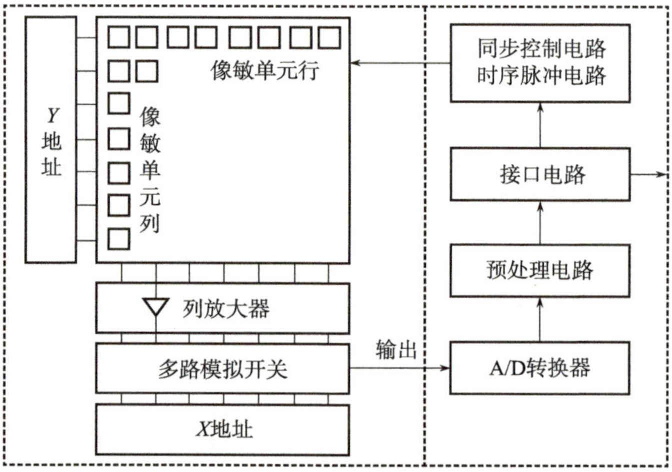

图 6-11　CMOS 成像器件的原理框图

6.1.5　CCD 和 CMOS 成像器件对比

CMOS 和 CCD 成像器件在结构和工作方式上的差别，使得它们在应用中也存在很大不同，主要体现在以下几个方面[261]。

1）驱动脉冲电路：CMOS 芯片内部集成了驱动电路，大大简化了外围硬件设计，同时也降低了系统功耗；

2）集成度：CMOS 成像器件可将光敏元件、图像信号放大器、信号读取电路、模数转换器、图像信号处理器及控制器等集成到一块芯片上；

3）读取速度：CCD 信号输出速度较慢，CMOS 成像器件在采集光信号的同时就可以取出电信号，还能实时处理各单元的图像信息，速度比 CCD 成像器件快很多。目前高速成像器件多为 CMOS 成像器件；

4）功耗：CMOS 光电传感器使用单一电源，耗电量非常少；

5）价格：从目前的市场看，CCD 器件的价格要远远高于 CMOS 器件；

6）带宽：CMOS 具有低的带宽，并增加了信噪比；还有一个固有的优点是防模糊（Blooming）特性，在像素位置内产生的电压先是被切换到一个纵列缓冲区内，再被传送到输出放大器中，由于电压是直接被输出到放大器中去的，因此，不会发生传输过程中的电荷损耗以及随后产生的图像模糊现象；不足之处是每个像素中放大器的阈值电压都有着细小差别，这种不均匀性会引起“固定模式噪声”；

7）访问灵活性：CMOS 具有可通过编程对局部像素图像进行随机访问的优点，因而在只采集很小区域的窗口图像时，可以获取很高的帧频，这是 CCD 无法做到的；

8）填充系数：CMOS 的每个光敏元都集成了较多的器件，单个像素的填充系数远低于 CCD。

6.2　红外焦平面阵列探测器技术

红外焦平面阵列由按一定规则排列的红外感光元件和信号处理单元组成，集光电转换和信号读取处理于一体。入射的红外光经光学系统聚焦在感光元件上。感光元件将接收到的红外辐射能量变为电信号。信号处理单元负责对电信号进行积分放大、采样保持，最终通过输出缓冲和多路传输系统将其送达监视系统，从而显示出与实际景物相对应的红外图像。红外焦平面阵列探测器具有较强的抗干扰能力，隐蔽性能好，跟踪、制导精度高等优点，广泛用于空间探测系统进行气象观察、环境/灾害监测、导弹制导和导弹预警等。

6.2.1　红外焦平面阵列探测器的种类

凝视成像要求把红外探测器做成二维阵列，置于成像系统的焦平面上，因此这种器件称为红外焦平面阵列。IRFPA 根据实现方式和应用特性可分为多种类型。

（1）根据制冷方式分类

红外焦平面阵列可分为制冷型和非制冷型。制冷型红外焦平面目前主要采用杜瓦瓶/快速起动节流制冷器集成体或杜瓦瓶/斯特林循环制冷器集成体。由于背景温度与探测温度之间的对比度决定探测器的理想分辨率，所以为了提高探测器的精度就必须大幅度地降低背景温度。当前制冷型的探测器其探测率可达到约 10^{11} cm $Hz^{1/2}W^{-1}$，而非制冷型的探测器约为 10^9 cm $Hz^{1/2}W^{-1}$，相差 2 个数量级。不仅如此，其他性能也有很大的差别，如前者的响应速度是微秒级而后者是毫秒级。

（2）按照结构形式分类

红外焦平面阵列器件由红外探测器阵列部分和读出电路部分组成。因此，按照结构形式分类，红外焦平面阵列可分为单片式和混成式两种。其中，单片式的读出电路和探测器都使用相同的材料，集成在一个硅衬底上。混成式是指红外探测器和读出电路选用不同的材料，并混合集成在一起，如红外探测器使用 HgCdTe，读出电路使用 Si。混成式主要分为倒装式和 Z 平面式两种。

（3）按成像方式分类

红外焦平面阵列分为扫描型和凝视型两种，其区别在于扫描型一般采用时间延迟积分（TDI）技术，采用串行方式对电信号进行读取；凝视型则利用了二维成像，无须延迟积分，采用并行方式对电信号进行读取。凝视型成像速度比扫描型成像速度快，但是其需要的成本高，电路也很复杂。

（4）根据波长分类

宇航用红外焦平面器件通常需通过大气层对地球表面目标进行探测，只有穿过大气层的红外线才会被探测到。三个重要的大气窗口为：1～3 μm 的短波红外、3～5 μm 的中波红外、8～14 μm 的长波红外，由此产生三种不同波段的探测器。

6.2.2 红外焦平面阵列探测器的结构

现在，单片集成技术主要应用于用硅材料制造的成像器件，如可见-近红外波段的 Si-CCD 平面阵和 Si-CMOS 成像器，3～5 μm 波段的 Pt-Si 肖特基势垒成像器，以及非制冷的 Si 微测辐射热计阵列。混成技术则应用于从近红外、中红外、热红外直至远红外的绝大多数高性能成像阵列。

混成式红外焦平面阵列器件中探测器阵列芯片由 InSb、HgCdTe、QWIP、InGaAs、InAs-GaSb SLS、Si：（Ga，As，In，Sb）IBC 或其他红外敏感材料制成，读出电路由硅材料制成。探测器芯片和读出电路通过特殊的封装技术实现机械和电学连接。

目前广泛采用的两种混成式结构为倒装式混成结构和 Z 平面结构。图 6-12 所示为倒装式结构，该结构是在探测器阵列和硅多路传输器上分别预先做上铟柱，然后通过两边的铟柱将探测器阵列正面的每个探测器与多路传输器一对一地对准配接起来。采用这种结构时，探测器阵列既可用前照式（光子穿过透明的硅多路传输器），也可用背照式（光子穿过透明的探测器阵列衬底）[4,260]。

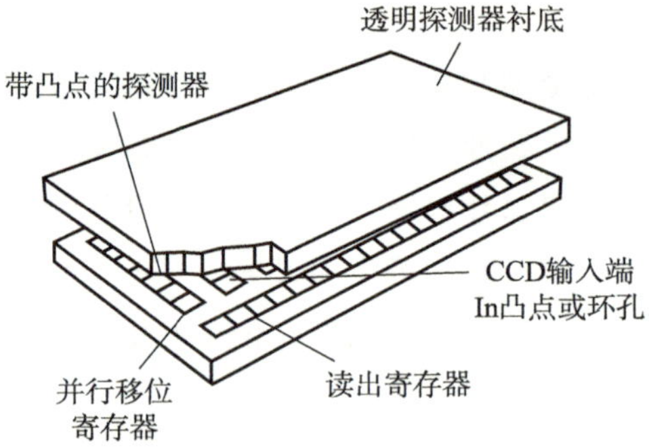

图 6-12 倒装式混成结构示意图

图 6-13 为 Z 平面结构。其工艺过程是将许多集成电路芯片一个一个地层叠起来形成一个三维的“电子楼房”，因此将其命名为 Z 平面结构。探测器阵列被置于层叠集成电路芯片的侧缘，每个探测器具有一个通道。由于附加了许多集成电路芯片，所以在焦平面上可以完成许多信号处理功能，如前置放大、带通滤波、增益和偏移修正、模数转换以及某些图像处理功能。然而，为了把探测器做得很小，就必须把硅集成电路芯片减得很薄，而减薄技术限制了 IRFPA 最终的分辨率。

与单片结构相比较，混成结构有以下优点：1）探测器芯片和读出电路芯片分开，可以对探测器阵列和读出电路阵列的性能分别进行优化，以各自最优的性能加以结合，达到

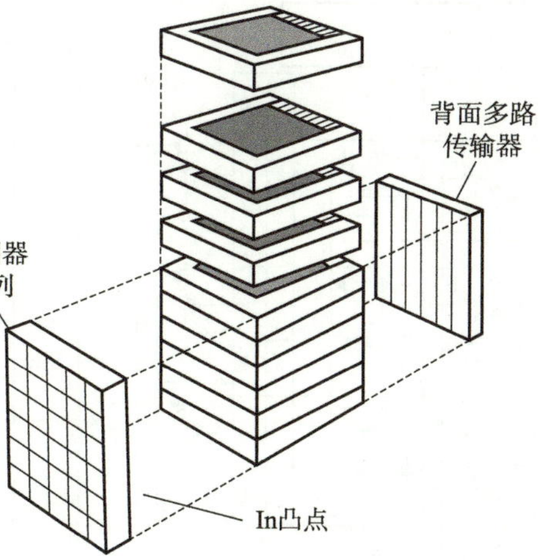

图 6-13　Z 平面结构示意图

焦平面阵列总体性能的优化；2）可以增加多路传输器用于信号处理的面积；3）可以实现几乎 100%的光学填充因子；4）可以充分利用光电二极管高阻抗、低功耗、低 $1/f$ 噪声、易于实现多路传输等特点，构建包含巨大数量像元的大规模二维阵列。由于光电二极管可以在轻微反偏下具有更高的阻抗，可以同低噪声 Si 读出前置放大电路实现更好的电学匹配。混成结构使得全二维成像阵列成为构建凝视传感器系统的核心器件[4,260]。

6.2.3　红外焦平面阵列探测器的工作原理

以如图 6-14 所示的 InSb 光伏探测器和 CMOS 开关阵列多路传输器通过铟柱互连构成的背照射红外焦平面阵列为例，简述焦平面阵列的光电响应和信号读出过程。

红外辐射透过衬底材料进入光电二极管，形成光电流。光电流通过铟柱传导到 Si 读出电路的输入级。以图 6-14 上的像元（i，j）为例，注入管 $M_1(i, j)$ 允许光电流注入，在积分电容器 $C(i, j)$ 上积累，积分时间为 T，形成信号电压 $V(i, j)$。当 X 方向移位寄存器 R_x 的移位脉冲到达第 i 列，开关 $M_2(i, j)$ 打开，$C(i, j)$ 上的电压传递出去，到达放大管 $M_4(j)$ 的栅极。当 Y 方向移位寄存器 R_y 的移位脉冲到达第 j 列时，开关 $M_3(i, j)$ 打开，放大管 $M_4(j)$ 得到漏极电压而运作，其栅上的信号电压耦合到源极，以 V_o 输出到数据总线上。接着复位管 $M_5(j)$ 加栅压，使复位电压到达 $C(i, j)$ 上，该像元复位，一次读出过程结束。通过这种顺序寻址读出，二维阵列上的响应信号，变成输出总线上按时间顺序的串行数据。这些模拟信号经过后续的模拟/数字转换，成为数字化的串行数据，可进行进一步的数据处理，最终形成二维热图像[4]。

6.2.4　红外焦平面阵列探测器的主要性能参数及特性

单元红外探测器的特性参数大都可以适用于红外焦平面阵列。但是红外焦平面阵列性能的评价有其特殊性和复杂性，因为：1）信号不能在探测器上直接读出，而要经读出电路读出，其耦合效率影响输出；2）焦平面器件不是响应按时间调制过的目标信息，而是

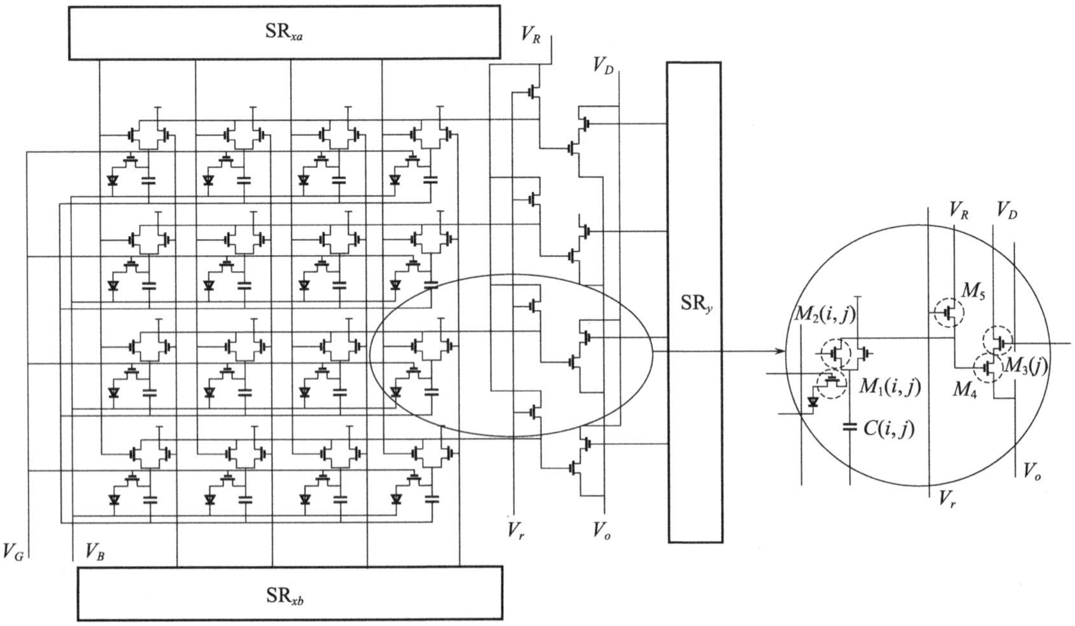

图 6-14 坐标寻址二维阵列读出电路电原理示意图

采用凝视工作模式，相应地，“积分时间”成为一个重要参数；3）一个焦平面上有成千上万甚至上百万个像元，必须采用统计方法，用平均值及其偏差来表示其性能参数；4）成千上万个像元性能不一致，产生了非均匀性问题，非均匀性对焦平面成像影响很大，必须加以处理；5）非均匀性、背景光子通量、暗电流、读出噪声都对焦平面有重要影响；6）红外焦平面阵列主要应用方式是热成像，所以还需要引入一些有关光学成像的参数[4]。

为了更好地表征多元和焦平面红外探测器的品质，根据新发布的国家标准和行业共识，介绍几项焦平面阵列的基本特性参数，光电探测芯片本身的性能参数不再赘述。

（1）焦平面阵列规模（Format，size）和像元总数（Pixel amount）

指红外焦平面阵列的总行数 M 与总列数 N，其乘积 $M \times N$ 既表示其排列格式，也表示像元总数。

（2）像元尺寸（Pixel pitch）

指红外焦平面阵列上单个像元的尺寸。由于绝大多数焦平面阵列的像元都是正方形的，以相邻像元的中心距表示像元尺寸。

（3）积分时间（Integration time）

指在帧周期或行周期内，探测器像元接受辐照产生信号电荷的有效时间，或者说像元对辐射信号进行积分的时间，记为 t_{int}，单位为 s。多数红外焦平面阵列的积分时间为 ms 或 μs 量级。积分时间的概念与摄像机中的曝光时间类似。积分时间越短，响应速度越快；积分时间越长，信号越强，探测器的灵敏度越高。

（4）帧周期（Frame time，Frame period）

也称帧时间，指二维红外焦平面阵列输出信号中相邻两帧信号起始点的间隔时间，也就是一帧像元信号读出所需的时间，记为 T_{frame}，单位为 s。

(5) 帧频 (Frame frequency)

指二维焦平面阵列在 1 s 时间内的信号输出帧数，有时记为 $\dot{F}$，单位为 Hz。帧频是帧周期的倒数，即

$$\dot{F}=1/T_{\text{frame}} \tag{6-29}$$

(6) 行周期 (Line period)

指红外焦平面阵列输出信号中相邻两行信号起始点的间隔时间，尤指一维线列焦平面一行像元信号读出所需的时间，单位为 s。

(7) 像元速率 (Pixel rate，Data rate)

像元速率（也称读出速率，数据率）是红外焦平面像元信号读出的速率，指单位时间读出的像元数，单位为 Hz，读出速率与探测器的驱动时钟脉冲频率有关。在读出过程中，每个时钟周期读出 1 个像元的输出信号，所以读出速率等于驱动时钟的频率。红外焦平面阵列的最高读出速率受探测器的响应时间及读出电路的输出负载等因素影响。

(8) 电荷容量 (Charge capacity，Charge handling capacity)

指红外焦平面阵列每个像元能容纳的最大电荷数，记为 Q 或 N_w，习惯上用电子数表示。光敏元能够收集到的光生电子数受到电荷容量的限制，当目标辐射超过焦平面像元的电荷容量时，像元输出信号会达到饱和。

(9) 饱和辐照功率 (Saturation irradiance power)

指在一定帧周期或行周期条件下，红外焦平面阵列像元输出信号达到饱和时的最小辐照功率，记为 P_s，单位为 W。饱和辐照功率与探测器的有效积分时间呈现负相关，积分时间越长，则饱和辐照功率越小。在指定的积分时间下，饱和辐照功率由电荷容量决定。

(10) 像元响应率 (Pixel responsivity)

焦平面在一定帧周期或行周期条件下，在动态范围内，像元每单位辐照能量产生的输出信号电压称为像元响应率，即

$$R_v(i,j)=V_s(i,j)/P \tag{6-30}$$

式中，V_s 为像元 (i,j) 的信号电压；P 为像元受辐照功率。响应率单位为 V/W。

(11) 焦平面阵列平均响应率 (Mean responsivity)

焦平面阵列上所有有效像元响应率的平均值称为焦平面阵列平均响应率

$$\overline{R_v}=\frac{1}{MN}\sum_{i=1}^{M}\sum_{j=1}^{N}R_v(i,j) \tag{6-31}$$

实际计算的时候，往往把那些无效的像元排除在外。无效像元是指响应率非常低或者噪声特别高的像元，俗称死像元和过热像元。

(12) 焦平面阵列响应率非均匀性 (Nonuniformity of responsivity)

焦平面阵列上各个像元的响应率不完全一致，通常存在某种程度的非均匀性。响应率非均匀性用响应率的相对标准偏差（即响应率的标准偏差 σ 除以平均响应率）来衡量，即

$$U_R=\frac{\sigma}{\overline{R_v}}=\frac{1}{\overline{R_v}}\sqrt{\frac{1}{MN-1}\sum_{i=1}^{M}\sum_{j=1}^{N}[R_v(i,j)-\overline{R_v}]^2} \tag{6-32}$$

在计算中也排除了无效像元。与响应率参数一样，红外焦平面阵列的探测率、噪声、暗电流等参数及其均匀性均应用平均值及其标准偏差来表示。

(13) 固定图形噪声 (Fixed pattern noise)

红外焦平面阵列在均匀辐射条件下，各有效像元输出电压的非均匀性对红外图像质量的影响，可视为具有二维空间分布的一种噪声，称为空间噪声。空间噪声也称为固定图形噪声，主要包含响应率非均匀性和暗电流非均匀性对应的噪声，它并不是随时间无序变化的量。响应率非均匀性产生的空间噪声正比于曝光量（积分时间）。像元量子效率的差异、窗口不同部位透射、FPA 结构、制作工艺过程等均可造成 FPA 像元响应率非均匀。暗电流非均匀性产生的噪声与曝光量（积分时间）无关，对低对比度图像质量的影响更为显著。

经过非均匀性校正还残存的固定图形噪声，称为残余固定图形噪声 (Residual Fixed Pattern Noise，RFPN)。

(14) 有效像元率 (Operability)

红外焦平面阵列中能够有效工作的像元比率称为有效像元率。有效像元率等于像元总数扣除无效像元后剩余的有效像元数占总像元数的百分比，即

$$N_{ef}=\left(1-\frac{d+h}{M\times N}\right)\times 100\% \tag{6-33}$$

式中，$d+h$ 为无效像元（包括死像元和过热像元）总数。

(15) 噪声等效温差 (Noise Equivalent Temperature Difference，NEDT)

红外探测器的 NEDT 表示红外辐射使其输出的信号等于其均方根噪声时对应的等效黑体温度变化量。一般认为 NEDT 是红外系统的参数，然而在系统没有损失的情况下，探测器的 NEDT 和系统的 NEDT 是相同的。噪声等效温差的定义式可写为

$$\mathrm{NEDT}=\frac{V_n}{V_s}\frac{1}{\left(\frac{\partial\phi}{\partial T}\right)/\phi} \tag{6-34}$$

式 (6-34) 可理解为在指定场景温度 T 下，辐射通量 ϕ 使探测器产生信号 V_s，场景温度的微小变化 ΔT，引起辐射通量相应变化 $\Delta\phi$，该辐射通量的微小变化使输出信号的微小变化 ΔV，正好等于均方根噪声电压 V_n，则该温度微小变化量就是噪声等效温差 NEDT。

上面定义的是一个探测元的 NEDT，要表征焦平面阵列的噪声特性，也必须使用阵列的平均值及其标准偏差。其计算方法和响应率的情况一样。

(16) 动态范围 (Dynamic range)

动态范围指红外焦平面阵列的像元在均匀辐射条件下，饱和辐照功率 P_{sat} 与噪声等效功率 NEP 的比值，常以 dB 为单位，即

$$\mathrm{DR}=20\lg(P_{sat}/\mathrm{NEP}) \tag{6-35}$$

也可以由饱和信号电压 V_{sat} 与平均噪声电压 $\overline{V_N}$ 计算得到，即

$$DR = 20\lg(V_{\text{sat}}/\overline{V_N}) \tag{6-36}$$

动态范围反映了红外焦平面的最大非饱和信号与最小可探测信号之比，是探测器设计的重要参数。实际应用中关注的是整个阵列的平均动态范围。

(17) 光学填充因子 (Optical fill factor)

光学填充因子定义为像元敏感区面积 A_{det} 与像元几何面积 A_{pixel} 之比，即

$$ff = A_{\text{det}}/A_{\text{pixel}} \tag{6-37}$$

一个 FPA 上的所有探测器元不可能完全无间隔连续地布排。每一个探测器元必须与其邻近的探测元互相电隔离，且单独地和读出电路输入端相连。所以敏感元的面积实际小于像元面积。这个小于 1 的填充因子影响红外照相机的某些性能，如空间分辨率和 MTF。

(18) 串音 (Crosstalk)

当信号光子只是入射到多元或焦平面阵列探测器的某一个像元上时，理想情况下探测器的其他像元应该没有信号输出。但实际情况并非如此。由于像元对相邻像元的串扰，相邻像元引起的信号与本像元信号之比，称为该像元对相邻像元的串音。

像元对相邻像元的串音有三种来源：光串音、电串音及光电串音。光串音是由探测器内部和外部的光反射、折射及散射引起的；光电串音主要与光生载流子的横向扩散有关；电串音产生的原因较多，如电极引线间的耦合电容、探测器共有衬底接触区电势分布、电荷转移损失及积分电容放电不完全等，都可能引起电串音。串音将降低系统的调制传递函数，使探测器的整体性能下降，使红外图像变得模糊。

(19) 焦平面阵列调制传递函数 (MTF)

定义同 6.1.3 节。

6.3 CCD 成像器件在宇航环境条件下的性能演变及抑制技术

6.3.1 CCD 成像器件在辐射环境条件下的性能演变及抑制技术

CCD 器件是一种包含 MOS 电容、MOS 逻辑元件和 MOS 线性元件的高集成度器件，辐射损伤特性表现尤为复杂。随着 CCD 结构日益复杂、集成度日益提高和性能的不断优化，器件越来越接近于理想探测器件，但是其本身却更加容易受到辐射的损伤。对于高性能 CCD，宇航环境辐射可造成其性能下降、寿命缩短，甚至可造成器件失效。

6.3.1.1 CCD 成像器件在辐射环境条件下的性能演变理论模型

辐射损伤效应建模方法有两种。一种方案是直接依据辐射损伤参数（如辐射诱导产生的缺陷能级、缺陷密度和俘获截面等），在微观缺陷理论基础上建立辐射损伤效应模型。另一种是应用经验公式，将辐射参数（如入射粒子能量、辐射注量等）与器件内部电参数（如少数载流子寿命、多数载流子浓度、载流子迁移率等）联系起来，从而建立辐射效应模型进行数值模拟计算，得到器件辐射前后的特性。实际工程应用中，往往需要两种方法的综合应用。

(1) 体态缺陷模型

高能辐射粒子可能在 Si 材料内引起晶格原子错位，产生空位-填隙原子对，形成复合中心。其中，部分缺陷被复合，部分在体内迁移，与其他缺陷、杂质、掺杂原子形成稳定的缺陷团，其能级处于能隙之间。在耗尽层中引入的缺陷能级引起电子热运动跃迁，导致暗信号增大；在器件转移沟道中引入的陷阱，俘获信号电荷，从而导致电荷转移效率降低。该过程可分别用暗电流体态模型和电荷转移效率体态模型描述。

①暗电流体态模型

半导体中的载流子在时刻不断地产生和复合。在热平衡时产生和复合相对平衡，电子浓度 n 和空穴浓度 p 满足 $np=n_i^2$ ，n_i 为本征载流子浓度。在非热平衡情况下，这种相对平衡被打破，若载流子浓度超过热平衡时的值，将造成净复合；若载流子浓度低于平衡值，净复合为负值，也就是此时为净产生。CCD 处于深耗尽状态时就属于后一种情况。

由于半导体缺陷在禁带中引入附加能级，使电子更容易从价带跃迁进入导带或由导带进入价带，因此缺陷能级在载流子复合和产生过程中起着重要作用。复合和产生存在四种可能的过程，即电子俘获、电子发射、空穴俘获和空穴发射。

电子从导带落到缺陷能级上的过程，称为缺陷俘获电子的过程。单位体积、单位时间内俘获的电子数称为电子俘获率。当缺陷密度小于非平衡载流子密度或当多子俘获率大于少子俘获率时，缺陷电荷态所受到的扰动很小（接近为零），空穴和电子的非平衡密度基本相等。这时，两种载流子都以相同的速率衰减，这个过程称为复合。

电子俘获率与导带中的电子浓度 n 和空的缺陷能级浓度 N_t 成正比，可写为

$$r_a=v_{\mathrm{th}}\sigma_n n N_t(1-f) \tag{6-38}$$

式中，v_{th} 为载流子的热速度；σ_n 为由缺陷能级性质决定的电子俘获截面；f 为电子占据缺陷能级的概率，在热平衡时

$$f=\frac{1}{1+\exp[(E_t-E_F)/kT]} \tag{6-39}$$

式中，E_t 为缺陷能级；E_F 为费米能级；k 为玻耳兹曼常数；T 为温度。

电子发射过程是与电子俘获相对的过程，需要提供能量才能使电子跃迁至导带。单位体积、单位时间由缺陷能级激发到导带的电子数称为电子发射率。电子发射率与被电子占据的缺陷能级浓度成正比，其表达式为

$$r_b=e_n N_t f \tag{6-40}$$

式中，e_n 为发射概率，它是单位时间内电子从其所在能级跃迁至导带的概率，与温度有关。

类似于电子过程，空穴的俘获率为

$$r_c=v_{\mathrm{th}}\sigma_p p N_t f \tag{6-41}$$

空穴的发射率为

$$r_d=e_p N_t(1-f) \tag{6-42}$$

式中，σ_p 为空穴俘获截面；e_p 为空穴发射概率；p 为空穴浓度。

热平衡时，$r_a=r_b$ ，并且

$$n = n_i \exp[(E_i - E_F)/kT] = N_c \exp[(E_c - E_F)/kT] \tag{6-43}$$

式中，n_i 为本征载流子浓度，其值为 $n_i = \sqrt{N_c N_v}\exp(-E_g/kT)$；$E_i$ 为禁带中线能级；N_c、N_v 分别为导带和价带的有效能态密度；E_c 为导带底能级；E_g 为半导体禁带宽度。

从而可得

$$e_n = v_{\mathrm{th}}\sigma_n N_c \exp[-(E_c - E_t)/kT] = v_{\mathrm{th}}\sigma_n n_i \exp[(E_t - E_i)/kT] \tag{6-44}$$

从此式可看出 e_n 不是费米能级的函数，因而该式也适用于非热平衡态。

同理可得到

$$e_p = v_{\mathrm{th}}\sigma_p N_v \exp[-(E_t - E_v)/kT] = v_{\mathrm{th}}\sigma_p n_i \exp[(E_i - E_t)/kT] \tag{6-45}$$

式中，E_v 为价带顶能级。

对于非平衡态，四个过程的发生率应满足

$$r_a - r_b = r_c - r_d \tag{6-46}$$

从而可得到非平衡态的电子占据概率 f 为

$$f = \frac{\sigma_n n + \sigma_p n_i \exp[(E_i - E_t)/kT]}{\sigma_n\{n + n_i \exp[(E_i - E_t)/kT]\} + \sigma_p\{p + n_i \exp[(E_i - E_t)/kT]\}} \tag{6-47}$$

据此可得到净复合率为[263]

$$U = r_a - r_b = r_c - r_d = \frac{-\sigma_n\sigma_p v_{\mathrm{th}}(pn - n_i^2)}{\sigma_n\{n + n_i \exp[(E_i - E_t)/kT]\} + \sigma_p\{p + n_i \exp[(E_i - E_t)/kT]\}} \tag{6-48}$$

在深耗尽状态下，在耗尽层中，$p \ll n_i$ 和 $n \ll n_i$，于是

$$U \approx \frac{-\sigma_n\sigma_p v_{\mathrm{th}} N_t n_i}{\sigma_n \exp\left(\frac{E_t - E_i}{kT}\right) + \sigma_p \exp\left(\frac{E_i - E_t}{kT}\right)} = -\frac{n_i}{2\tau_0} \tag{6-49}$$

其中

$$\tau_0 = \frac{\sigma_n \exp\left(\frac{E_t - E_i}{kT}\right) + \sigma_p \exp\left(\frac{E_i - E_t}{kT}\right)}{2\sigma_n\sigma_p v_{\mathrm{th}} N_t} = \frac{C_0}{N_t} \tag{6-50}$$

式中，τ_0 称为耗尽区内的有效寿命。C_0 是方便应用而引入的参数，其与体态密度无关，定义为

$$C_0 = \frac{\sigma_n \exp\left(\frac{E_t - E_i}{kT}\right) + \sigma_p \exp\left(\frac{E_i - E_t}{kT}\right)}{2\sigma_n\sigma_p v_{\mathrm{th}}} \tag{6-51}$$

热平衡时 $U=0$；当 $U>0$ 时，载流子复合占主导地位；当 $U<0$ 时，载流子发射占主导地位，$-U$ 代表净发射率。

CCD 工作于深耗尽状态，其暗电流来源主要有三个：1）耗尽区内位于禁带中的缺陷能级带来的电子热运动跃迁；2）半导体基片无电场区向耗尽区的扩散；3）Si/SiO_2 界面附近由界面态产生的电子热运动跃迁。前两项主要和位移缺陷有关，其中第一项暗电流源对暗电流增加值贡献更大。第三项主要由电离效应引起。为了方便建模，通常认为这三种电子来源相互独立，将它们分别处理。

辐射电离损伤诱发的界面态和氧化层陷阱电荷是与能量相关的缺陷态，须在整个能级范围内进行积分来求得载流子产生率，即

$$G=\int_{E_v}^{E_c}\frac{\sigma_n\sigma_p v_{\mathrm{th}}D(E_t)n_i}{\sigma_n\exp\left(\frac{E_t-E_i}{kT}\right)+\sigma_p\exp\left(\frac{E_i-E_t}{kT}\right)}\mathrm{d}E_t \tag{6-52}$$

式中，$D(E_t)$ 为与能量相关的缺陷态面密度。

位移损伤诱发的体缺陷在耗尽层中引起电子热运动跃迁导致暗信号增大。位移损伤诱发的是单个隔离的缺陷态来增大体 Si 中的热产生率，不需要像电离损伤诱发的缺陷态那样在整个能级范围内进行积分来求得载流子产生率。

耗尽区内缺陷能级带来的电子热运动跃迁，其电子产生率为

$$G=-U=\frac{n_i}{2\tau_0} \tag{6-53}$$

对暗电流的贡献为

$$J_g=qGx_d=\frac{qx_d n_i}{2\tau_0} \tag{6-54}$$

式中，x_d 为耗尽层厚度。

在 CCD 有效区内，高能粒子位移效应引入的 N_t 并非均匀分布，从而 τ_0 不是常数，暗电流的电流密度变为[264]

$$J_g=qn_i\int_0^{x_d}\frac{1}{2\tau_0}\mathrm{d}x=\frac{qn_i}{2C_0}\int_0^{x_d}N_t\,\mathrm{d}x \tag{6-55}$$

②电荷转移效率体态模型

在转移沟道内，缺陷引入的附加体态 N_t，俘获电子数 n_t 随时间 t 变化关系为[264]

$$\frac{\mathrm{d}n_t}{\mathrm{d}t}=\sigma_n v_{\mathrm{th}}n_e(N_t-n_t)-\sigma_n v_{\mathrm{th}}n_t N_c\exp(-E/kT) \tag{6-56}$$

式中，等式右边第一项为电子俘获过程，n_e 为电子密度；σ_n 为电子捕获截面；v_{th} 为载流子的热速度；N_t 为缺陷能级的浓度；n_t 为缺陷能级上的电子浓度。第二项为电子发射过程，N_c 为导带的有效能态密度；$E=E_t-E_i$，E_t 为缺陷能级，E_i 为禁带中线能级；k 为玻耳兹曼常数；T 为温度。转换为时间常数，上式可简化为[265,266]

$$\frac{\mathrm{d}n_t}{\mathrm{d}t}=\frac{N_t-n_t}{\tau_t}-\frac{n_t}{\tau_e} \tag{6-57}$$

其中

$$\tau_t=\frac{1}{\sigma_n v_{\mathrm{th}}n_e} \tag{6-58}$$

$$\tau_e=\frac{\exp(E/kT)}{\sigma_n v_{\mathrm{th}}N_c} \tag{6-59}$$

达到稳态时

$$n_t=\frac{N_t}{1+\tau_t/\tau_e} \tag{6-60}$$

一旦达到稳态，缺陷俘获的电荷量为

$$q_t = \int_{V_s} q n_t \mathrm{d}V = \int_{V_s} \frac{qN_t}{1 + (N_c/n_e)\exp(-E/kT)} \mathrm{d}V \tag{6-61}$$

式中，V_s 为信号电子在势阱中占据的体积。积分式中分母的第二项远小于 1，所以

$$q_t \approx \int_{V_s} qN_t \mathrm{d}V \tag{6-62}$$

即信号电子占据区域内的所有缺陷能级基本都俘获了电子。可以认为检测电荷包到来以前区域内的缺陷能级均是空的，电荷包到来后区域内的所有缺陷能级均俘获了电子。

但是在高时钟频率下，陷阱没有足够的时间捕获电子而全部填满。当信号电荷包转移时，第一个电极下的电荷急剧减少，经时间 t' 后，捕获电荷的发射占据主导地位，在时间 $T_0 - t'$ 内发射的电子向前转移加入信号电荷包，尚未发射不能随信号转移的电荷为[265]

$$\Delta q = qN_t V_s \exp\left[-(T_0 - t')/\tau_e\right] \tag{6-63}$$

式中，$T_0 = 1/(mf_c)$ 为 m 相 CCD 的转移时间；f_c 为时钟频率。因为 $t' \ll 1/f_c$，上式可简化为

$$\Delta q = qN_t V_s \exp\left[-T_0/\tau_e\right] \tag{6-64}$$

对于 m 相 CCD，如果信号电荷包后跟随 n_z 个空的电荷包，则上式捕获电荷的变化量，即电荷的净损失量为

$$\Delta Q = qN_t V_s \exp(-T_0/\tau_e)\left[1 - \exp(-n_z m T_0/\tau_e)\right] \tag{6-65}$$

从而，体态 $\int_{V_s} N_t \mathrm{d}V$ 所导致的 CTE 损失率为

$$\mathrm{CTI} = \frac{\Delta Q}{N_{\mathrm{test}}} = \frac{N_t}{N_{\mathrm{test}}} qV_s \exp(-T_0/\tau_e)\left[1 - \exp(-n_z m T_0/\tau_e)\right] \tag{6-66}$$

式中，N_{test} 为检测电荷包电子数。

（2）表面态和界面态模型

电离效应导致的损伤是由于辐射粒子径迹附近的原子被电离，产生大量电子-空穴对，沟道及衬底区域由于掺杂而存在大量载流子，所以电子-空穴对迅速复合，对 CCD 性能不产生影响；而栅介质 SiO_2 内产生的电子-空穴对则会大量残留，由于电子的迁移率远大于空穴的迁移率，因此电子在感生电场或外加电场的作用下迅速逃逸，剩余大量带正电的空穴，称为氧化物陷阱电荷，氧化物陷阱电荷缓慢移动到 Si - SiO_2 界面处形成界面态。这些界面态具有很高的热电子-空穴对产生率，从而使表面暗电流增大。

辐射感生界面态密度为[267]

$$\Delta N_{it} = 1.077 \times 10^7 T_{ox} \Phi^{2/3} \tag{6-67}$$

式中，ΔN_{it} 为电离辐射产生的单位面积界面态密度；T_{ox} 为氧化层厚度；Φ 为辐射剂量。

界面态导致的表面暗电流密度 J_s 为[268]

$$J_s = \frac{1}{2} q n_i \pi k T \sqrt{\sigma_n \sigma_p}\, v_{\mathrm{th}} N_{ss} \tag{6-68}$$

式中，n_i 为本征载流子浓度；σ_n、σ_p 分别为电子和空穴的俘获截面；v_{th} 为载流子的热速度；$N_{ss} = \Delta N_{it}/T_{ox}$ 为辐射感生界面态密度。

电离辐射导致 MOS 结构器件的界面态增加与辐射累积总剂量呈线性关系，因此引起表面暗信号增加的陷阱数量与辐射剂量呈线性关系，即电子俘获截面为辐射剂量的一次函数，即

$$\sigma_n = \alpha \Phi \tag{6-69}$$

式中，α 为比例系数。上述表面暗电流密度与辐射剂量的关系式（6－68）可进一步简化为

$$J_s = \beta \Phi^{5/3} \tag{6-70}$$

$$\beta = 5.385 \times 10^6 \alpha q n_i \pi k T v_{th} \tag{6-71}$$

电离效应在 Si/SiO_2 界面处引入大量界面态，导致器件暗电流急剧增加，这种暗电流源一般可通过 MPP 工作模式对其进行大幅度抑制，从而使其产生的影响降低到体暗电流的水平。

当采用埋沟工艺时，CCD 电荷转移沟道内少数载流子不受电离损伤产生的氧化物电荷和 $Si-SiO_2$ 界面电荷影响，因此表面态和界面态对电荷转移效率的影响较弱。

6.3.1.2　CCD 成像器件在辐射环境条件下的性能演变

CCD 成像器件的抗辐射能力较弱，对电离效应和位移效应都很敏感，辐射会引起器件暗电流和暗电流非均匀性上升，电荷转移效率下降等。

（1）γ 射线辐射环境条件下的性能演变

γ 射线主要发生电离损伤，电离损伤对 CCD 的暗电流、电荷转移效率和平带电压都有直接影响，平带电压的漂移又会引起噪声的增大。

①对暗信号的影响

在无光照条件下，探测器的输出信号随积分时间线性增加，通过改变积分时间，测量对应的输出信号，然后以积分时间为横坐标，输出信号为纵坐标，进行线性拟合，拟合直线的斜率定义为探测器在单位时间的暗信号。图 6－15 为典型探测器的暗信号随 γ 射线辐射剂量变化的曲线[269]，剂量率为 10 rad/s，从图中可以看出，随着辐射剂量的增加，暗信号逐渐升高，这是因为 γ 射线辐射的电离效应损伤破坏了 Si 和 SiO_2 之间的周期晶格结构，在电极和栅氧化层之间形成陷阱电荷，进而导致高密度界面态（处在价带和导带之间的禁带中的中间能级）的产生。这些界面态作为复合中心使暗电流增大。

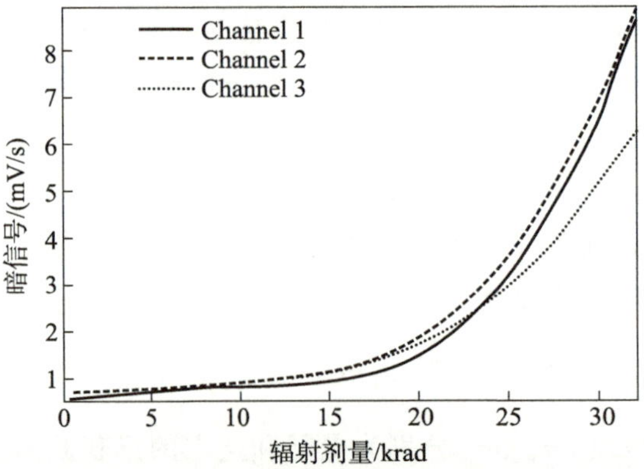

图 6－15　暗信号随 γ 射线辐射剂量的变化

当总剂量达到 30 krad 时，在无辐射场的实验室中测量发现暗信号突然增大，并且随着加电时间的增加，CCD 输出的势阱从 12 个测试像元开始，逐一向后变大，直至所有像元变成饱和[269]。这是由于位移辐射在 CCD 的 Si 禁带内诱发体缺陷产生，进而形成新的产生复合中心，导致暗电流尖峰出现。

②对电荷转移效率的影响

在理想状态下，近似认为一个势阱中的电荷包可以完全、快速地转移到下一个势阱中，但是在实际工作中，电荷包在势阱之间的转移都是有损失的，尤其在引入辐射缺陷的情况下，CCD 的电荷转移效率随着辐射剂量的增加而降低。未经辐射时，CTE 可以达到 0.999 98～0.999 99；CCD 受辐射后，在电荷转移过程中，沟道中由辐射损伤诱发的缺陷将俘获一部分电荷包里的载流子，有时候被俘获的载流子将被释放到下一个电荷包中，而不是原来的电荷包，因此辐射会造成电荷转移损失。由于电荷转移损失，导致 CCD 的响应度（见图 6-16）和饱和输出电压（见图 6-17）也要相应地随辐射剂量的增大而减小[269]。

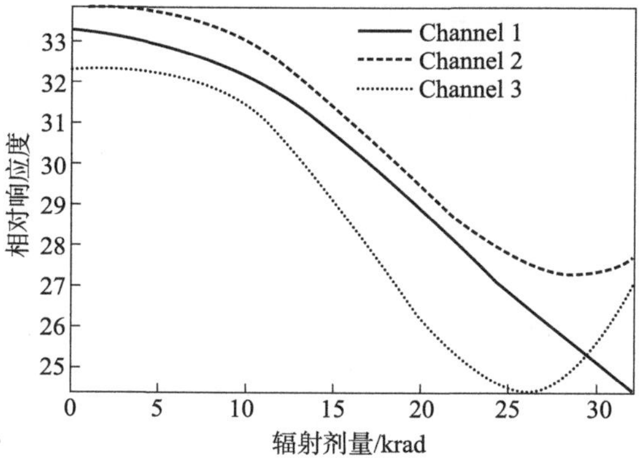

图 6-16　CCD 相对响应度随 γ 射线辐射剂量的变化

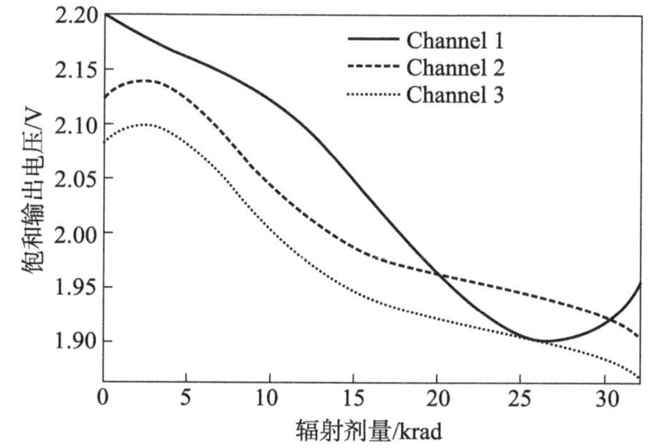

图 6-17　CCD 饱和输出电压随 γ 射线辐射剂量的变化

③对噪声的影响

由于 MOS 结构器件本身的特点，界面态陷阱电荷和氧化物陷阱电荷的增加，都会导致平带电压（V_{FB}）发生变化。对于 CCD，当它在一定的偏置电压下工作时，如果平带电压发生漂移，受影响较大的是输出放大电路。平带电压漂移可引起阈值电压（V_{th}）发生漂移，它们都随着辐射总剂量增加而增大。当阈值电压漂移很大时，说明已经有大量的界面态出现。平带电压和阈值电压发生漂移将导致 CCD 转移寄存器的最佳工作偏置电压漂移，CCD 输出放大器非线性工作，读出噪声增加。典型 CCD 暗噪声随总剂量增加的变化如图 6－18 所示[269]。

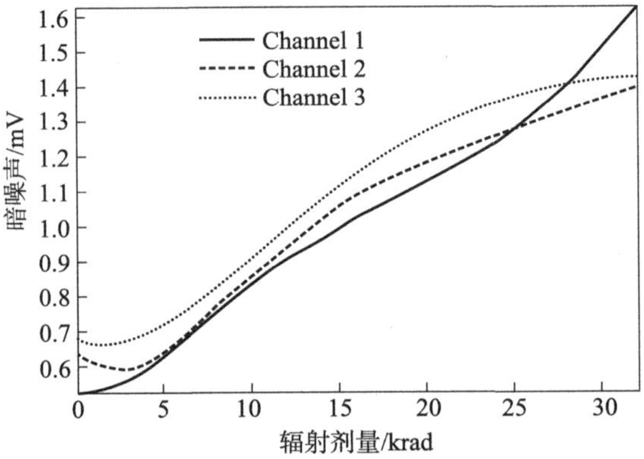

图 6－18　CCD 暗噪声随 γ 射线辐射剂量的变化

（2）质子辐射环境条件下的性能演变

典型 CCD 暗信号随质子注量的变化如图 6－19 所示，质子能量为 10 MeV，注量率为 5×10^7/（cm^2·s）。从图中可以看出，暗信号随质子注量增加迅速增大 3 个数量级。CCD 暗信号对质子入射导致的电离效应及位移效应均非常敏感，电离效应产生的界面态导致电子更容易从价带跃迁到导带，引起 CCD 表面暗信号增大；位移效应产生能级位于硅禁带中心附近的缺陷，该缺陷作为产生中心产生大量的电子-空穴对，引起 CCD 体暗信号增大。暗信号在常温及高温退火过程中的变化如图 6－20 所示。从图中可以看出，暗信号在常温退火初期迅速恢复，这表明一些质子辐射在 Si－SiO_2 界面和埋沟区域产生的不稳定的缺陷迅速复合，随常温退火时间延长，暗信号几乎保持不变也证明了这一点。100 ℃高温退火过程中暗信号少量恢复，这是由于温度升高导致常温下稳定的缺陷进一步复合，主要是随着热激发电子能量增加，导致 Si－SiO_2 界面处部分带正电的界面态与电子复合消失[268]。

质子辐射导致 CCD 电荷转移效率的典型变化曲线如图 6－21 所示。随着质子注量增大，电荷转移效率退化非常明显，与质子注量近似呈线性关系。辐射后 CCD 电荷转移效率退化的原因主要是：1）电离效应产生的 Si－SiO_2 界面态导致少数载流子密度降低；2）位移效应产生的浅能级缺陷导致少数载流子密度降低及少数载流子迁移率降低。实验中采用埋沟工艺的 CCD，由于信号电荷包储存在埋沟中，不与 Si－SiO_2 界面直接接触，因此电荷转移效率退化的主要原因是位移损伤。图 6－22 是辐射后常温及高温退火实验过程中的 CCD 电荷转移效率的变化。从图中可以看出，常温及 100 ℃高温退火过程中电荷转移效率没有明显变化，表明对常温及 100 ℃高温敏感的“氧化物陷阱电荷-界面态竞争过程”对电荷转移效率没有影响[268]。

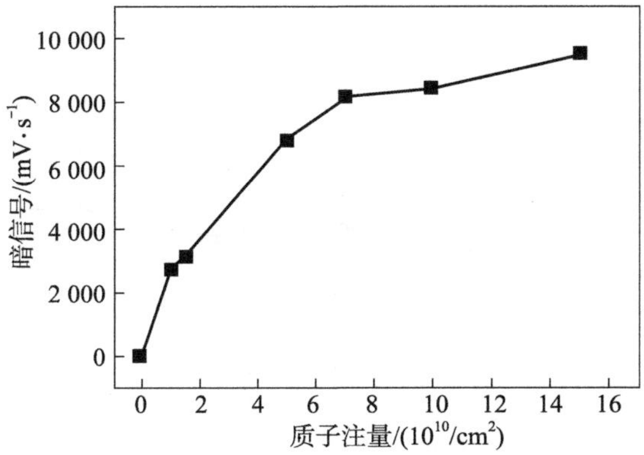

图 6-19　CCD 暗信号随质子注量的变化

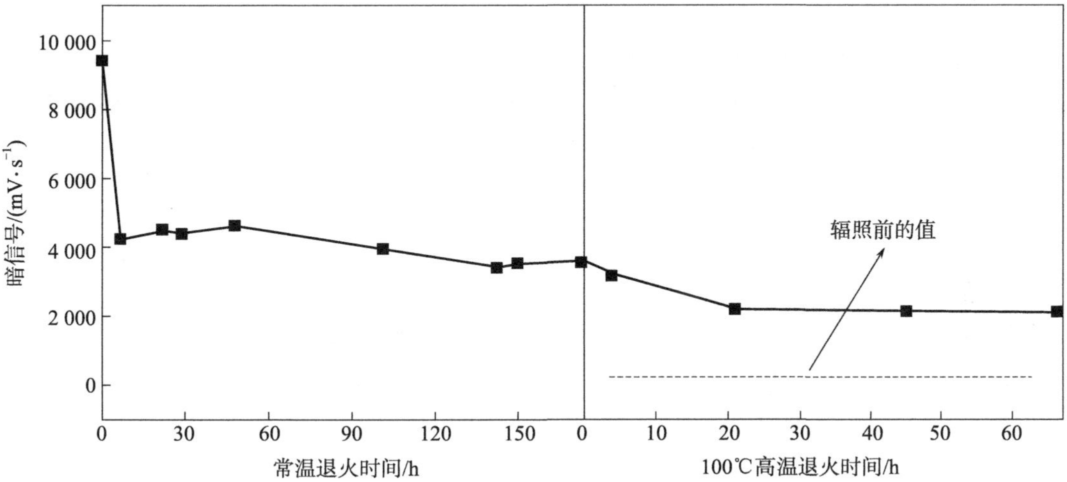

图 6-20　在不同退火温度下 CCD 暗信号随退火时间的变化

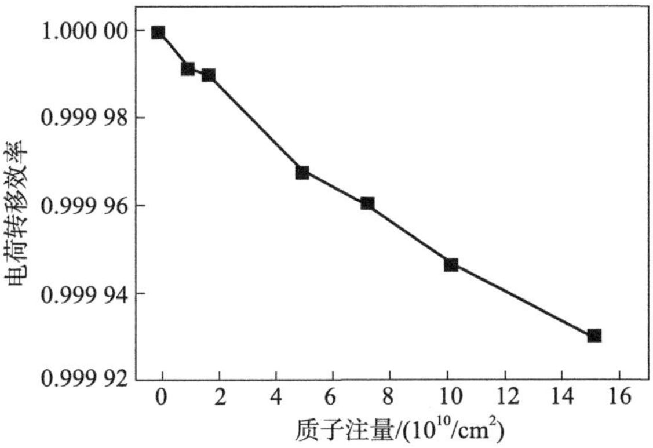

图 6-21　CCD 电荷转移效率随质子注量的变化

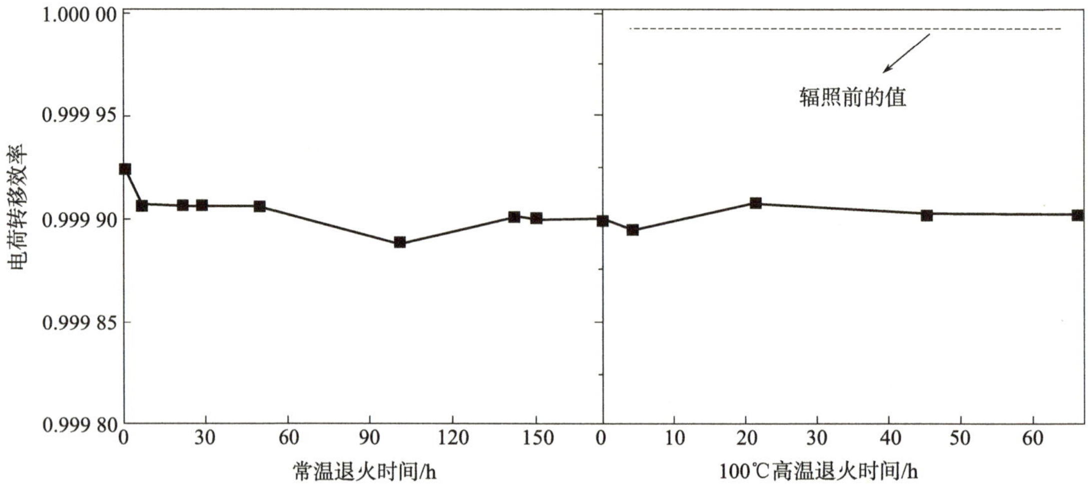

图 6-22　在不同退火温度下 CCD 电荷转移效率随退火时间的变化

当采用能量为 3 MeV 的质子，注量率分别为 6.5×10^7/（$cm^2\cdot s$）（2#）和 0.921×10^7/（$cm^2\cdot s$）（6#）辐射时，不同注量率对暗信号和电荷转移效率的影响并没有表现出明显的不同（见图 6-23、图 6-24）。在辐射后的室温退火过程中，两种注量率辐射的器件表现出几乎完全相同的变化趋势[270]。

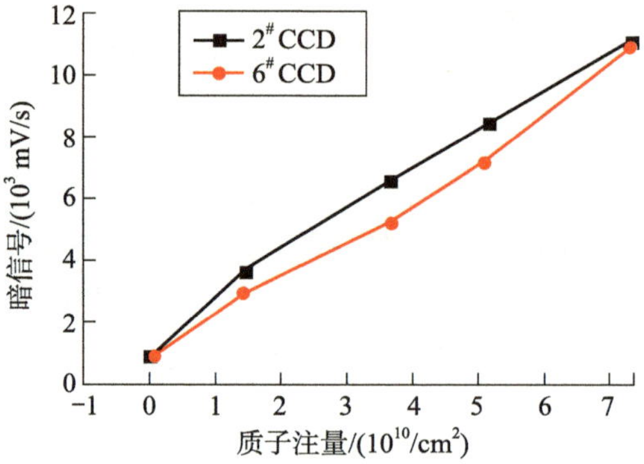

图 6-23　不同注量率下 CCD 暗信号随质子注量的变化

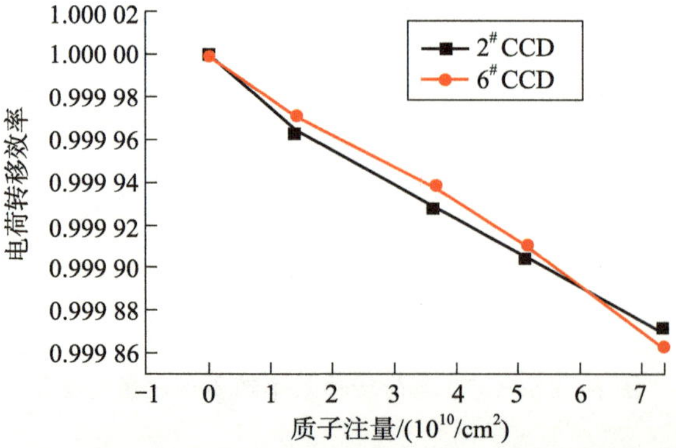

图 6-24　不同注量率下 CCD 电荷转移效率随质子注量的变化

(3) 中子辐射环境条件下的性能演变

中子辐射主要发生位移效应，位移效应引入的体态缺陷会引起暗信号增加、转移效率下降，但对饱和输出电压影响不大[27,272]。

①中子辐射对暗信号的影响

图 6-25 为典型 CCD 器件受平均能量为 1.05 MeV 的中子辐射过程中暗信号的变化，可以看出，随着中子注量的增加，暗信号几乎呈线性增大。

暗信号非均匀性又称为固定图像噪声，指在无光照条件下，在单位积分时间内，器件光敏区各像元产生的输出信号与输出信号平均值的偏差。图 6-26 给出了暗信号非均匀性随中子注量的变化关系，从图中可以看出，中子注量越大，暗信号非均匀性就越大。位移损伤造成的晶格缺陷可直接导致暗信号及像元的非均匀性，暗信号非均匀性会一步步传输到后一级去，降低信噪比，导致成像质量退化。因此，在器件工程应用时，辐射导致的暗信号非均匀性对器件性能影响较大。

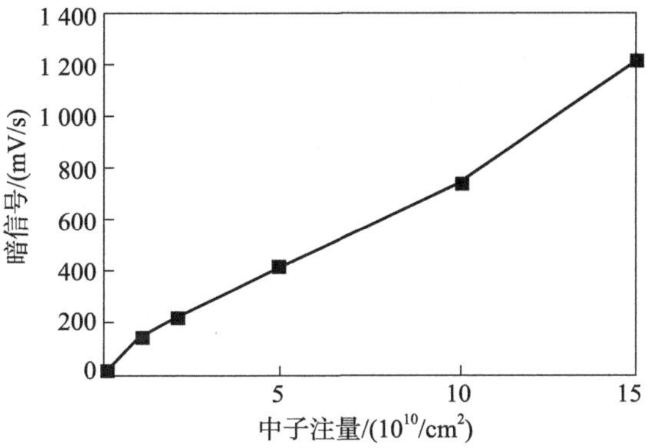

图 6-25　暗信号随中子注量的变化

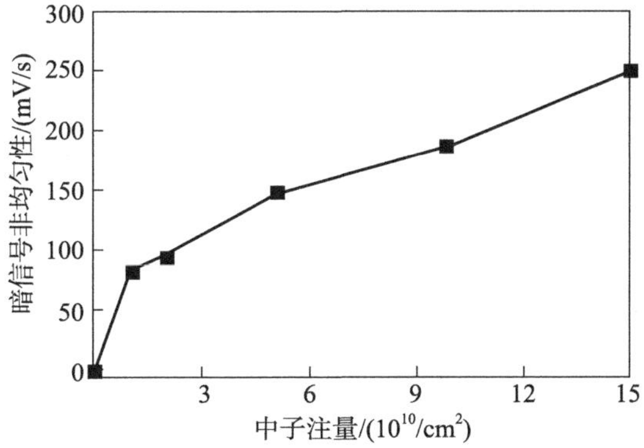

图 6-26　暗信号非均匀性随中子注量的变化

②中子辐射对电荷转移效率的影响

图 6-27 给出了典型 CCD 器件电荷转移效率随中子注量的变化关系，从图中可以看出，随着中子注量的增大，器件电荷转移效率逐渐减小。当中子注量大于 $2\times10^{10}/cm^2$

时，电荷转移效率迅速降低，由初始值 0.999 96 退化到 0.999 87。对于实际应用的 CCD，像素的信号电荷需经过几千次电荷转移才能到达器件输出端口，电荷转移效率的退化将会导致器件信号电荷严重衰减，致使动态范围减小，并且引起像素间的差异变大。

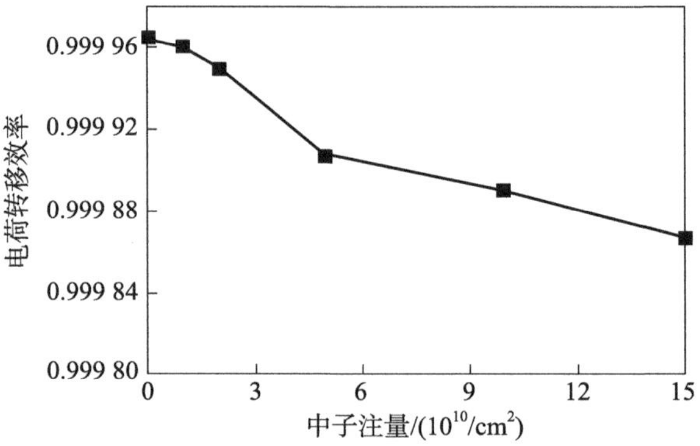

图 6-27　电荷转移效率随中子注量的变化

③中子辐射对饱和输出电压的影响

饱和输出电压是指 CCD 在正常工作条件下输出信号的最大值，它表征了 CCD 所能响应信号的最大值。它主要由器件耗尽层深度和 CCD 片上放大器增益决定，耗尽层深度和放大器增益均与外加栅压有关。因此饱和输出电压的变化可以反映栅极阈值电压的漂移信息。图 6-28 给出了典型 CCD 饱和输出电压随中子注量的变化关系，从图中可以看出，饱和输出电压的抗中子能力较好，当累积中子注量达到 $15\times10^{10}/\mathrm{cm}^2$ 时，其退化程度仍可以忽略。

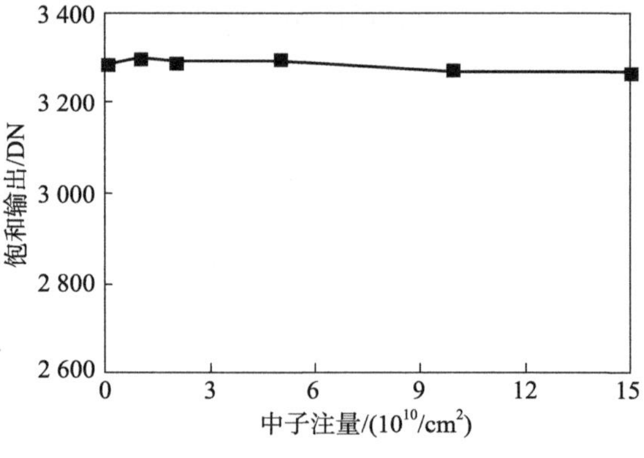

图 6-28　饱和输出电压随中子注量的变化

(4) 电子辐射环境条件下的性能演变

图 6-29 为典型 CCD 暗电流增量随 20 kV 电子注量的变化曲线。暗电流随电子注量的增大而增大，但很明显以电子注量 $1\times10^9/\mathrm{cm}^2$ 为分界点，线性增大的斜率分为两个阶段，分界点之前暗电流增量随电子注量变化较慢，当注量大于 $1\times10^9/\mathrm{cm}^2$ 时斜率明显增大，当注量达到 $4\times10^9/\mathrm{cm}^2$ 时暗电流的增量大约为饱和电流的 6%。通过测试 2×

$10^9/cm^2$ 电子辐射前后的脉冲高度分布（Pulse Height Distribution，PHD）可知，辐射前后 PHD 没有发生明显变化，即没有造成芯片的增益损伤[273]。

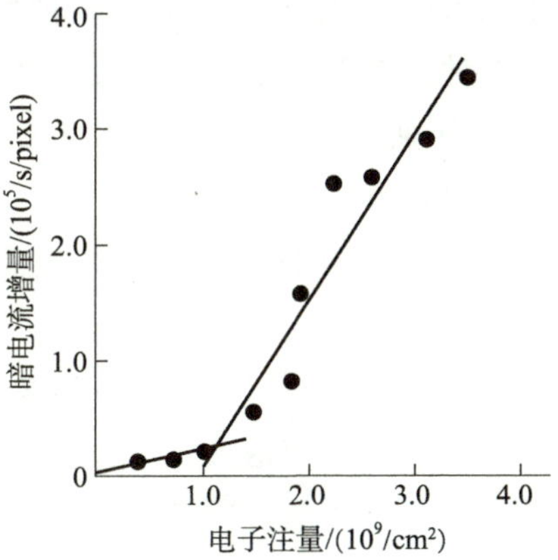

图 6-29　暗电流增量随电子注量的变化

总剂量辐射和电子辐射都主要发生电离效应，但两种辐射对 CCD 的影响并不完全相同。比较平均能量为 1.25 MeV 的 γ 射线和能量为 1 MeV 的电子辐射引起功耗电流变化的异同，图 6-30 为典型 CCD 功耗电流增量随吸收剂量的变化关系。由图中可知，随着吸收剂量的增加，CCD 的功耗电流出现明显增加，辐射粒子不同，增加的幅度不同。当吸收剂量为 50 Gy 时，电子辐射产生的电流增量开始高于 γ 辐射产生的电流增量；当吸收剂量达到 300 Gy 时，电子辐射产生的功耗电流增量近似为 γ 辐射的两倍[274]。

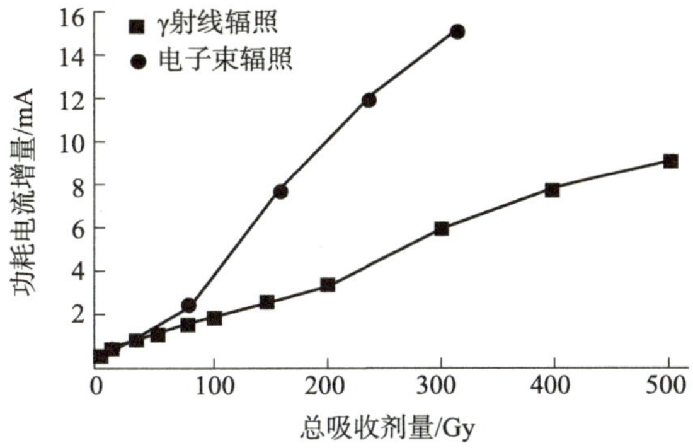

图 6-30　γ 射线和电子两种辐射源下功耗电流增量随吸收剂量的变化

6.3.1.3　CCD 成像器件抗辐射加固技术

随着 CCD 在不同辐射环境下的广泛应用，CCD 抗辐射加固技术也不断发展。通过对 CCD 制造工艺、器件结构、工作模式等方面进行专门设计，有效地提高了 CCD 的抗辐射能力。可提高 CCD 抗辐射性能的措施如下[275,276]：

1）埋沟式 CCD 可以有效降低界面态对转移效率的影响。早期的 CCD 为信号电荷在表面沟道中转移的表沟 CCD，由于栅介质层和 Si 层间界面态的影响，导致 CTE 减小，表面暗电流增大，因而设计了信号电荷在埋沟道中转移的埋沟 CCD，大大减小了界面态的影响。随后又沿埋沟中心制造一条凹槽使 CCD 抗辐射能力比普通埋沟 CCD 提高两倍以上。

2）MPP（Multi-Pinned-Phase）工作模式可大幅抑制器件表面暗电流的产生率。采用 MPP 工作模式使 CCD 工作时呈表面反型状态，或采用抖动驱动（Dither Clocking）工作模式，均可以抑制因电离损伤而诱发增大的表面暗电流；通过采用“胖 0”（Fat Zero）工作模式可以减少 CCD 的电荷转移效率损失。

3）硅片选用〈100〉晶向，栅氧化前用 HCl 蒸气腐蚀表面或者先长厚氧化层，再腐蚀掉以减少表面缺陷。

4）氧化条件选用 1 000 ℃干氧氧化或采用 850 ℃下烧氢氧化制备栅氧化层。

5）选择最佳退火条件，如在惰性气体中退火。

6）在不影响器件击穿电压的前提下尽量减薄氧化层厚度。

7）采用双层绝缘层，如 MOS 结构。

8）干氧氧化时避免掺 HCl，但氧化前可用 HCl 处理氧化炉。

9）SiO_2 薄膜避免掺磷。

10）防止钠和氢的玷污。

11）适当增加多晶硅栅的厚度。

12）尽量避免栅氧化后的高温过程。

13）尽量减少栅氧化后干刻蚀工序。

电离效应产生的氧化层电荷在室温下是相当稳定的，实验表明，10 年内仅减少百分之几。为了减少氧化层电荷可对其进行“退火”。从本质上讲，氧化层正电荷的退火方式可分三类，即将空穴从陷阱中激发出来、注入电子使之与被陷阱俘获的空穴复合以及引入固定的负电荷进行补偿。

（1）热激发退火

在纯氮或含有少量氧的氮气中，进行（900～1 200)℃×（15～20）min 的退火，或 250～300 ℃数小时的退火处理，可将大量空穴从陷阱中激发出来，导致氧化层电荷大为减少。但高温退火对于宇航应用并不适用。在空间中，可考虑利用紫外光或激光照射退火。

（2）正栅压退火

将 CCD 器件多次或长时间施加正栅压，可使辐射建立的氧化层电荷显著减少。此方法利用隧道效应将电子由衬底注入氧化层，使之与氧化层中被陷阱俘获的空穴复合。此方法对于 n 型衬底的器件比 p 型的更有效，但 CCD 器件大多是 p 型衬底。

（3）补偿退火

在氧化层内引入适当的电子陷阱中心，则在辐射期间，中性电子陷阱俘获电子，形成固定的氧化层负电荷，使氧化层净正电荷减少。SiO_2/Si 界面附近的电子陷阱的存在虽然对补偿辐射建立的氧化层正电荷特别有效，但在常规环境下却可能出现可靠性问题。

另外，减薄 CCD 的氧化层厚度，并增加一层氮化物作绝缘层，可有效减少栅绝缘层中由于辐射电离效应而建立的正电荷。

对于一些稳定的位移效应缺陷，其退火温度很高，在宇航环境下对其进行退火处理是难以实现的，屏蔽防护成为避免或减轻辐射损伤的必要手段，同时也可采取诸如降低器件工作温度等措施来减弱辐射损伤的影响。对 CCD 通常采用的防护措施有：在光学镜头的前端增加防止高能粒子进入的防护层；将光路设计成折返式；在 CCD 外围设置至少等效铝厚度为 3 mm 的屏蔽层（在 500 km 轨道高度时）等。

6.3.2　CCD 成像器件在热环境条件下的性能演变及抑制技术

探测器厂商给出的出厂测试报告一般是 −20 ℃时探测器的光电参数，宇航空间环境极端复杂，其工作温度通常与厂家标定 CCD 芯片性能参数时的温度不同。由于不同温度下 CCD 芯片的某些性能参数如暗电流和近红外波段的光谱响应不一样，故厂家给出的性能指标不一定能满足实际环境的应用要求，通常仅具有参考意义。

6.3.2.1　温度对暗信号的影响

CCD 成像器件噪声在时间域上主要包括光子散粒噪声、读出噪声和暗电流噪声，空间域上包括暗场条件下固定图形噪声和光照条件下图形噪声。由于空间域上分布的图像噪声通过预先测量后可进行图像补偿，在计算 CCD 成像系统信噪比时，通常只考虑 CCD 时间域上的随机噪声。光子散粒噪声可通过对多帧图像平均耦合来降低，读出噪声可通过采用相关双采样技术来减小。暗电流噪声属于热生电子噪声，CCD 正常曝光过程中，暗电流和光生电流同时累积于势阱，暗电流起伏增加了 CCD 总噪声，同时暗电流占用了势阱的部分容量，导致用于存放有用信号电子的空间变小。CCD 的动态范围上限取决于探测器满阱电荷容量，下限受到各种噪声的限制。暗电流噪声受 CCD 工作温度影响较大，对 CCD 制冷可使热生电荷生成速率降低，从而提高 CCD 的信噪比和动态范围。

图 6 - 31 为典型 CCD 探测器暗电流随温度变化的曲线，由图中可看出 CCD 温度较高时暗电流随温度的变化非常明显，温度每升高约 6.5 ℃，暗电流增加 1 倍，20 ℃下的暗电流是 0 ℃时的 6.93 倍左右，工作温度在 3～9 ℃之间，积分时间为 1 s 时，暗电流随温度变化率约为 28 ℃$^{-1}$，这说明暗电流对工作温度有很强的依赖性。暗电流与温度之间的关系表示为

$$Q_d = Q_{d0} \times 122 \times T^3 \times \exp(-6\,400/T) \tag{6-72}$$

式中，Q_{d0} 为 20 ℃下测量的暗电流；Q_d 为工作温度 T（单位 K）时测量的探测器暗电流。

暗信号非均匀性也随温度变化，不同温度下典型 CCD 的暗信号非均匀性如表 6 - 2 所示。CCD 工作在较高温度时由于热噪声的随机性，整个像面的暗信号响应非均匀性将不能忽略，对 CCD 降温可有效降低暗信号非均匀性。CCD 温度为 20 ℃时，暗电流电子数为 39 247.79 electrons · (pixel/s)$^{-1}$，暗信号非均匀性为 81.65，随着温度的降低暗信号非均匀性呈指数下降，当工作温度降低到 0 ℃时，暗电流电子数降为 5 665.86 electrons · (pixel/s)$^{-1}$，暗信号非均匀性降为 11.26[277]。

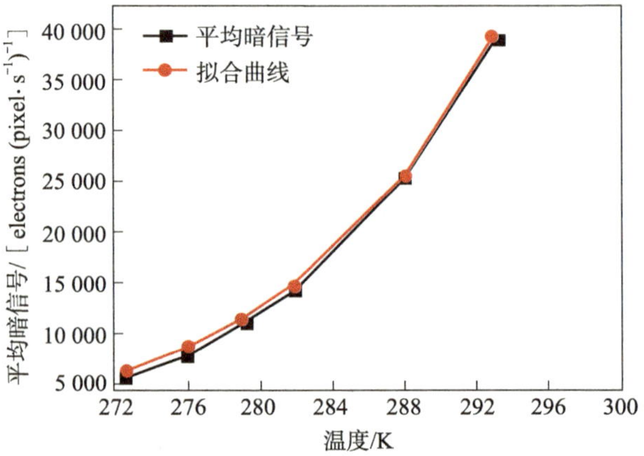

图 6-31 探测器暗电流电子数随温度的变化

表 6-2 CCD 暗信号非均匀性随温度变化情况

温度/℃	0	3	6	9	15	20
V_{DEV}	11.26	16.09	23.26	28.91	50.29	81.65
暗电流电子数/[electrons·(pixel/s)$^{-1}$]	5 665.86	8 025.70	11 242.97	14 373.90	25 388.76	39 247.79

6.3.2.2 温度对量子效率的影响

量子效率定义为在特定波长光照下，入射光子在器件像元中产生并被收集的光电子数与入射光子数的比值，它表征了面阵 CCD 对不同波长入射光的敏感程度。量子效率 η 的表达式为

$$\eta(\lambda)=\frac{S_{out}}{g}\times\frac{\frac{hc}{\lambda}}{IAT_{exp}} \tag{6-73}$$

式中，S_{out} 为光照下探测器有效像元输出的灰度值；g 为图像采集系统增益；h 为普朗克常数；c 为光在真空中的传播速度；λ 为入射光波长；A 为单像元面积；I 为探测器光敏面接收到的绝对辐照度；T_{exp} 为曝光时间。

量子效率也是温度的函数，温度降低引起硅的能隙变宽，使光生电荷跃过能隙的概率变小，量子效率相应降低，这种温度的影响具有波长依赖性，近红外波段尤其明显。在不同温度下对典型 CCD 在 400～940 nm 波长范围的量子效率进行测试，测得的量子效率曲线如图 6-32 所示。对探测器在不同波长下的量子效率的温度变化率进行统计，如图 6-33 所示，探测器的工作温度从 0 ℃升高到 15 ℃，400～700 nm 的量子效率相差 1%左右，考虑到连续可调谐单色照明光源系统自身定标不确定度约 1.03%，则可见波段的量子效率基本不受温度的影响。而 810 nm 波长的温度影响变化率为 0.299 3%/℃，15 ℃范围内总的光谱响应度波动为 4.49%；900 nm 波长的温度影响变化率为 0.457 5%/℃，15 ℃范围内总的光谱响应度波动为 6.86%；940 nm 波长的温度影响变化率为 0.458 6%/℃，

15 ℃范围内总的光谱响应度波动为 6.878%。这说明近红外波段的量子效率受温度影响较大。由此可见，控制探测器工作温度的稳定性非常重要，CCD 成像器件在系统应用前需增加温度补偿系数校正以消除温度变化影响[277]。

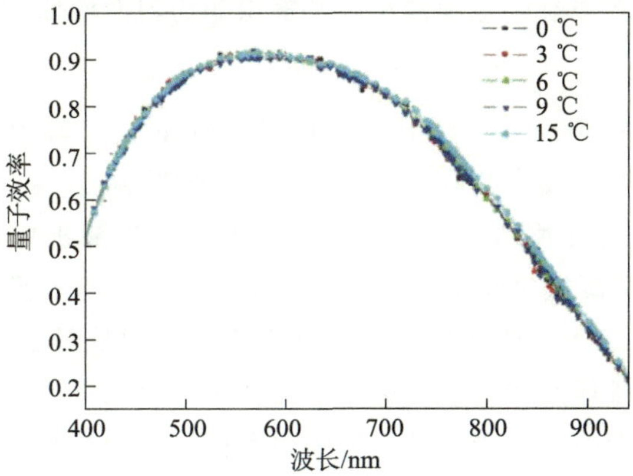

图 6－32　不同工作温度下的探测器量子效率

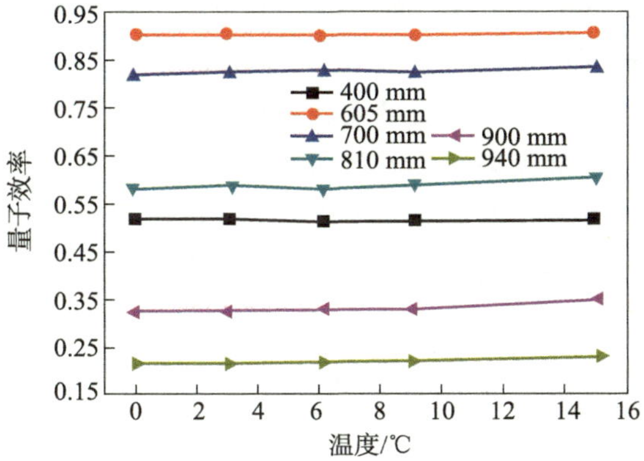

图 6－33　不同波长下量子效率的温度变化率

6.4　CMOS 成像器件在宇航环境条件下的性能演变及抑制技术

随着半导体工艺的进步，CMOS 成像器件性能得到了显著提升，因其低功耗、高集成度、较强的抗辐射能力等诸多优势，在星敏感器、天文观测及空间遥感等领域正逐渐取代 CCD 成像器件，在宇航领域发挥了重要作用。

6.4.1　CMOS 成像器件在辐射环境条件下的性能演变及抑制技术

对于应用于宇航环境的光电器件，由于辐射会在器件材料内部形成界面态及陷阱电荷导致非辐射复合增加，对于光电二极管辐射会导致其产生瞬时光电流，使其暗电流明显上升、光响应度下降。对于金属－氧化物-半导体场效应管（Metal－Oxide－Semiconductor

Field - Effect Transistor，MOSFET)，辐射会导致其阈值电压漂移、暗电流增加、跨导下降、亚阈值电流增加等物理过程。此外，辐射还会影响传感器内部的电路电子系统，使其产生干扰。辐射在各功能单元产生的上述损伤，反映到 CIS 的宏观性能包括：暗电流增加、光强探测率降低、光强响应范围减小以及输出非均匀性增加等[278]。

6.4.1.1 MOSFET 在辐射环境条件下的性能演变模型

CMOS 有源像素包括两部分：光电二极管和 MOSFET。辐射对光电二极管的影响在上一章已经介绍过，本节主要介绍辐射对 MOSFET 的影响。

图 6 - 34 为 n 沟道增强型 MOSFET 结构示意图。当漏极电压 $V_{DS}=0$ 且栅极电压 $V_{GS}>0$ 时，即在栅极和源极之间加正向电压，相当于栅极与 p 型衬底之间形成平行板电容器，电容器（介质为 SiO_2）内产生由栅极垂直于 p 型衬底的强电场，但不会产生 I_G。该垂直电场吸引电子而排斥空穴，使衬底中空穴被排斥而剩下不能移动的受主负离子，形成耗尽层的同时强电场会将衬底中少数电子吸引到栅极下的衬底表面。当 V_{GS} 达到一定强度时，强场吸引的电子会在栅极下侧的衬底表面形成 n 型沟道，使导电沟道刚刚形成的栅源电压称为阈值电压 V_{th}。当 $V_{DS}>0$ 时可以形成漏极电流 I_D，随着 V_{GS} 的增加导电沟道加宽，I_D将增强。当 $V_{GS}>V_{th}$ 且为一固定值时分析漏极电压 V_{DS}对漏极电流 I_D 的影响。若 V_{DS} 较小，栅极和漏极间的电压 $V_{GD}=V_{GS}-V_{DS}>V_{th}$，$V_{DS}$ 基本均匀降落在导电沟道里，以源极和衬底为参考漏极反向电压最大、耗尽层最宽、沟道最窄，但在漏极处会有沟道存在，其宽度随着 V_{DS} 增加而减小；在源极反向电压为 0 时沟道最宽，此时沟道呈电阻特性，I_D随着 V_{DS} 增加而增加。当 V_{DS} 变大使 $V_{GD}=V_{GS}-V_{DS}=V_{th}$ 时，V_{DS} 增加使漏极处沟道的态势减小到预夹断水平时，此时漏极电流 I_D基本饱和。当 V_{DS} 增加到使 $V_{GD}=V_{GS}-V_{DS}<V_{th}$ 时，预夹断变长且伸向源极的方向，V_{DS} 增加量几乎都降落在随之加长的夹断沟道上，I_D 基本不再随着 V_{DS} 的增加而增加。

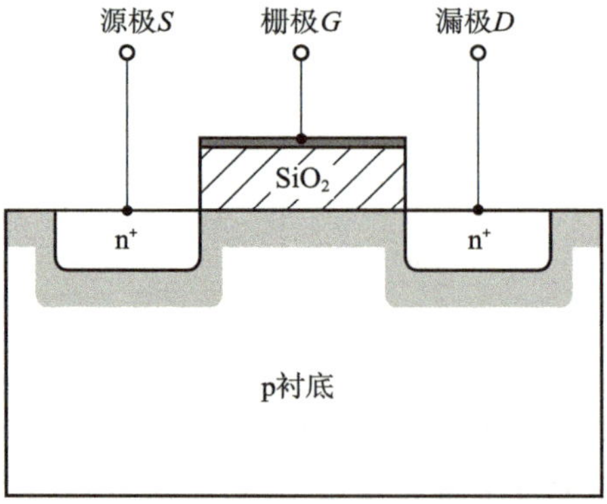

图 6 - 34 n 沟道增强型 MOSFET 结构示意图

(1) 辐射对 MOSFET 暗电流的影响

MOSFET 器件的暗电流为

$$I_d=I_{d0}\frac{W}{L}\Phi\left[1-\exp(-qV_{DS}/kT)\right] \tag{6-74}$$

式中，W 和 L 分别为沟道的宽度和长度；Φ 为受辐射环境影响因子；q 为电子电量；k 为玻耳兹曼常数；T 为温度。

$$\Phi = \exp\left[q(V_{GS} - V_{\text{th}})/(nkT)\right] \tag{6-75}$$

$$I_{d0} \approx n\mu_{n0}C_{ox}(kT/q)^2 \tag{6-76}$$

式中，μ_{n0} 为器件材料的电子迁移速率；C_{ox} 为氧化层电容；n 为亚阈值斜率。由于辐射的作用 MOSFET 电子迁移率及其阈值电压都会发生漂移，影响场效应管正常的暗电流，辐射剂量较大时会导致器件无法正常工作。

（2）辐射对 MOSFET 阈值电压的影响

电离辐射对 MOSFET 影响的另一个表现为阈值电压 V_{th} 偏移。基于 n 沟道增强型 MOSFET 的阈值电压漂移为[267]

$$\Delta V_{\text{th}} = -\frac{q}{C_{ox}}\Delta Q_{ot} + \frac{q}{C_{ox}}\Delta Q_{it} = \Delta V_{ot} + \Delta V_{it} \tag{6-77}$$

式中，ΔQ_{ot} 为辐射在场效应管中产生的正电荷；ΔQ_{it} 为辐射在场效应管单位面积上产生的界面态感生电荷；ΔV_{ot} 是空间电荷导致的阈值电压漂移；ΔV_{it} 是界面态电荷导致的阈值电压偏移。

式（6－77）中的空间正电荷为[267]

$$\Delta Q_{ot} = qNd_{ox}F(E,\xi)F_t\Phi \tag{6-78}$$

式中，N 为 1 cm^3 SiO_2 吸收 1 Gy（SiO_2）辐射剂量产生的空穴密度；$F(E，\xi)$ 为与电场 E 和辐射粒子能量 ξ 相关的空穴的生成率，其大小取决于电场及辐射能量；Φ 为辐射注量；d_{ox} 是氧化层的厚度；F_t 是制备参数。

把 $C_{ox} = \varepsilon_{ox}\varepsilon_0/d_{ox}$ 代入，则 ΔV_{ot} 可表示为

$$\Delta V_{ot} = -\frac{(qd_{ox})^2}{\varepsilon_{ox}\varepsilon_0}NF(E,\xi)F_t\Phi \tag{6-79}$$

式中，ε_{ox} 为二氧化硅介电常数；ε_0 为真空介电常数。

辐射产生的界面态导致的阈值电压漂移为

$$\Delta V_{it} = q\Delta Q_{it}/C_{ox} = q^2\Delta N_{it}/C_{ox} \tag{6-80}$$

式中，ΔN_{it} 为辐射引起的界面态正电荷浓度，其和辐射剂量的关系为

$$\Delta N_{it} = Kd_{ox}\Phi^{2/3} \tag{6-81}$$

式中，K 为比例系数，将式（6－81）代入式（6－80）则有

$$\Delta V_{it} = \frac{(qd_{ox})^2}{\varepsilon_{ox}\varepsilon_0}K\Phi^{2/3} \tag{6-82}$$

将式（6－79）和式（6－82）代入式（6－77），可得到辐射环境下 MOSFET 的阈值电压漂移为

$$\Delta V_{\text{th}} = \Delta V_{ot} + \Delta V_{it} = \frac{(qd_{ox})^2}{\varepsilon_{ox}\varepsilon_0}\left[K\Phi^{2/3} - NF(E,\xi)F_t\Phi\right] \tag{6-83}$$

式中，$\dfrac{(qd_{ox})^2}{\varepsilon_{ox}\varepsilon_0}$ 为器件受辐射后的阈值电压漂移系数。

(3) 辐射对 MOSFET 迁移率及跨导的影响

空间辐射环境所引起的电离效应可造成 MOSFET 的迁移率降低。辐射后的迁移率为[267]

$$\mu_{\phi}=\frac{\mu_0}{1+a\Delta Q_{it}} \tag{6-84}$$

式中，μ_0 为辐射前的迁移率；α 为经验参数。

辐射前器件的源漏电流可表示为

$$I_{D,0}=\frac{\mu_0 C_{ox}W}{2L}(V_G-V_{\mathrm{th},0})^2 \tag{6-85}$$

如果仅考虑辐射对迁移率的影响，则辐射后的源漏电流可表示为

$$I_{D,\phi}=\frac{\mu_{\phi} C_{ox}W}{2L}(V_G-V_{\mathrm{th},\phi})^2 \tag{6-86}$$

由于辐射引入陷阱电荷，场效应管沟道迁移率降低，从而影响其源漏电流以及探测器的响应能力，即降低探测器的探测灵敏度、减小探测器的光强可探测范围。

场效应管辐射前后的漏极输出电流比可以表示为[267]

$$\frac{I_{D,\phi}}{I_{D,0}}=\frac{\mu_{\phi}}{\mu_0}\left(\frac{V_G-V_{\mathrm{th},\phi}}{V_G-V_{\mathrm{th},0}}\right)^2 \tag{6-87}$$

式中，$I_{D,0}$、$I_{D,\phi}$ 为场效应管辐射前后漏端的输出电流值；μ_0、μ_{ϕ} 为辐射前后沟道载流子平均迁移率；$V_{\mathrm{th},0}$ 和 $V_{\mathrm{th},\phi}$ 分别为辐射前后的阈值电压。

式（6-84）表明，辐射引起的界面态会降低迁移率，式（6-83）表明，辐射引起的缺陷会增大阈值电压，两者都会降低 MOSFET 的驱动能力，从而影响传感器的探测能力。

(4) 辐射对 $1/f$ 噪声及亚阈值电流的影响

辐射产生的界面态会对硅材料中载流子进行无规则俘获，使其特征时间常数分布较宽，噪声谱与频率成反比关系，导致器件中 $1/f$ 噪声增大，影响器件在低频范围信号处理功能。此外，辐射还会导致场效应管的亚阈值电流增加。

6.4.1.2　CMOS 成像器件在辐射环境条件下的性能演变

辐射会引起 CIS 的暗电流（暗信号）及暗电流的非均匀性上升、响应度下降、噪声升高、信噪比下降等一系列不利影响，是宇航用 CMOS 成像器件需要重点研究的内容。

(1) 电子辐射环境条件下的性能演变

图 6-35（a）和图 6-35（b）分别是典型 CIS 在非工作和工作状态下其暗电流随电子辐射剂量的变化。非工作状态传感器在 1×10^5 rad 剂量时其暗电流输出灰度值为 8，累积剂量达到 5×10^5 rad 时灰度输出值为 15，此时器件的暗电流为本底测试值的 7.5 倍；工作状态下的传感器暗电流输出在剂量小于 1×10^5 rad 时没有明显变化，当辐射剂量由 1×10^5 rad 增大到 5×10^5 rad 时暗电流灰度值迅速上升至 32，增大了 15 倍。工作状态下器件暗电流较非工作状态下暗电流大，主要因为在电场作用下，更多的电子可以摆脱陷阱的束缚，即电子释放率会大幅提高，因而会导致光电二极管势阱俘获更多的电子，宏观表现为器件的暗电流增大，高剂量时更为明显[278]。

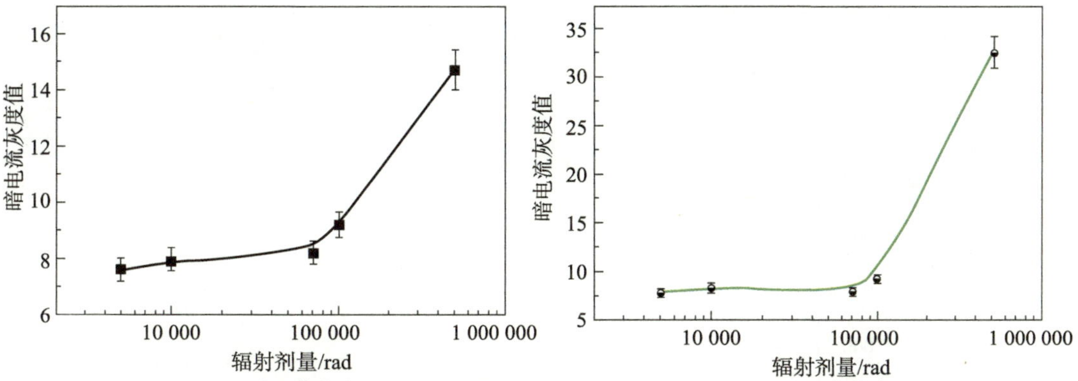

图 6-35　电子辐射对传感器暗电流输出的影响

辐射结束后对传感器进行两个月的退火观察。图 6-36 为典型器件暗信号退火过程，辐射实验后其暗信号迅速增大，约两三天后达到峰值而随后暗电流回落，两周后暗电流明显回落，30 天后趋于稳定，但暗电流没能恢复到辐射前的水平[278]。

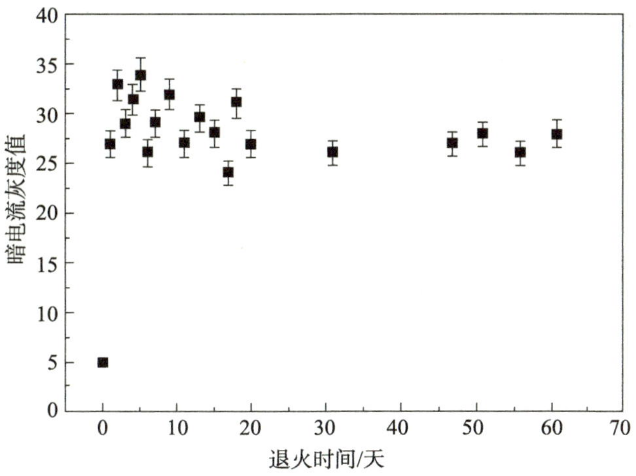

图 6-36　CIS 暗信号的退火过程

图 6-37 为典型 CIS 暗信号非均匀性随辐射剂量的变化曲线。可以看出，暗信号非均匀性随辐射剂量的变化趋势和暗电流的变化趋势类似。辐射剂量小于 7×10^4 rad 时器件的暗信号非均匀性变化较小，辐射大于 1×10^5 rad 时，非均匀性迅速增大[278]。

图 6-38 为典型 CIS 在退火实验过程中暗输出非均匀性随时间的变化曲线。辐射后由于滞后效应传感器暗输出非均匀性先迅速上升，在其后一周时间内出现较大波动但整体呈下降趋势，约 30 天后传感器暗输出非均匀性逐渐趋于稳定[278]。

CIS 暗输出非均匀性的产生主要受以下两个因素影响：

1）高能辐射电子通量的均匀性差异。入射高能电子通量存在均匀性差异会在半导体材料中产生浓度差异的陷阱电荷及界面态，从而引起传感器探测的图像出现“闪烁点”，

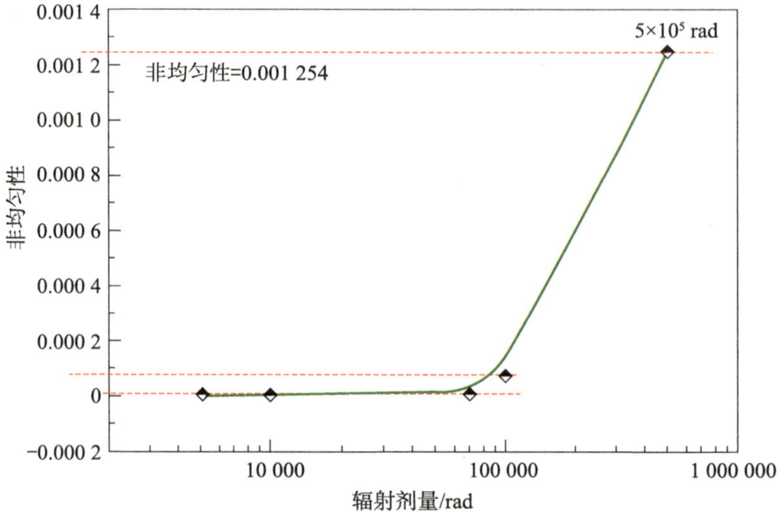

图 6-37　CIS 输出非均匀性随电子辐射剂量的变化

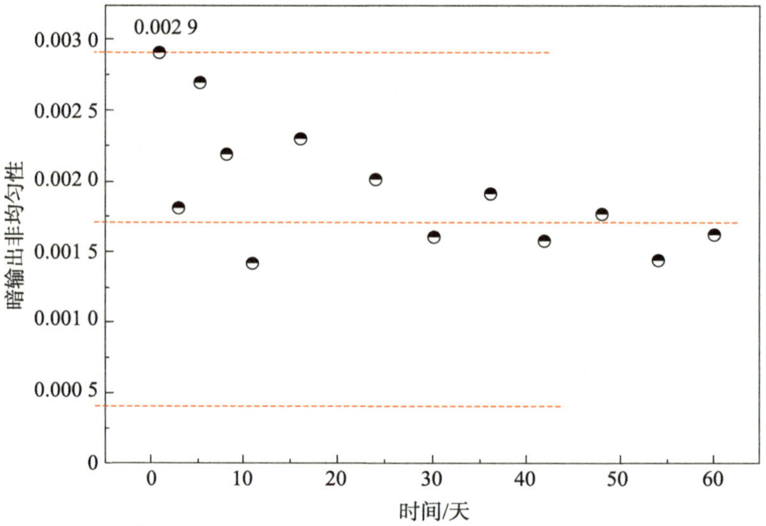

图 6-38　辐射后 CIS 暗输出非均匀性的退火过程

其暗输出非均匀性呈增大趋势。

2）器件半导体材料掺杂浓度的微观差异。光电探测器在制作过程中，由于工艺水平、工艺不稳定性等因素使半导体掺杂浓度存在微观差异，在高能粒子注入后不同区域的 Si/SiO_2 界面层电势以及载流子迁移率等物理特性存在差异性。

图 6-39 为典型 CIS 在工作状态下的光强响应随辐射剂量的变化曲线。从辐射开始到辐射剂量为 7×10^4 rad 时光强响应曲线变化幅度较小，光强响应曲线斜率变化较小，当辐射剂量达到 1×10^5 rad 时光强响应曲线变化幅度逐渐增大，辐射累积剂量达到 5×10^5 rad 时光强响应曲线变化幅度明显，输出灰度值明显下降，光强响应曲线斜率明显变小，整体

呈向下偏移趋势。图 6-40 为典型 CIS 处于非工作状态不同辐射剂量下的光强响应曲线。处于非工作状态的传感器随着辐射剂量的增加，光强响应曲线变化幅度较小，曲线整体略微向下偏移，其斜率基本没有变化，性能受辐射影响较小[278]。

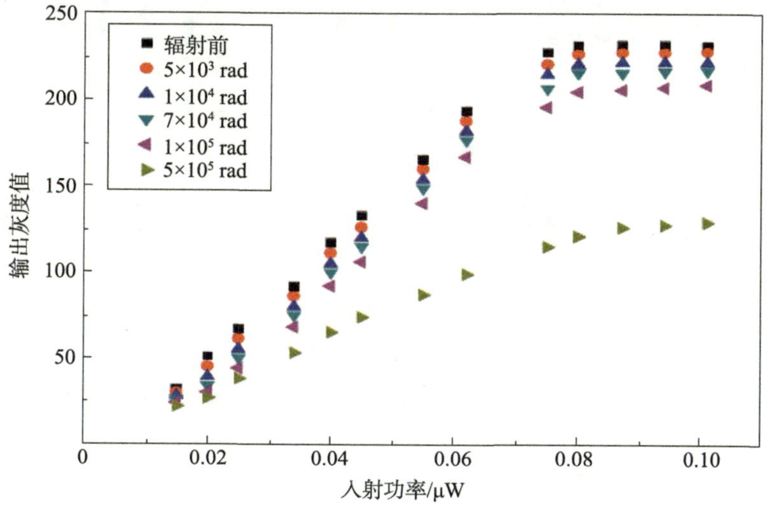

图 6-39　CIS 在工作状态不同电子辐射剂量下的光强响应曲线

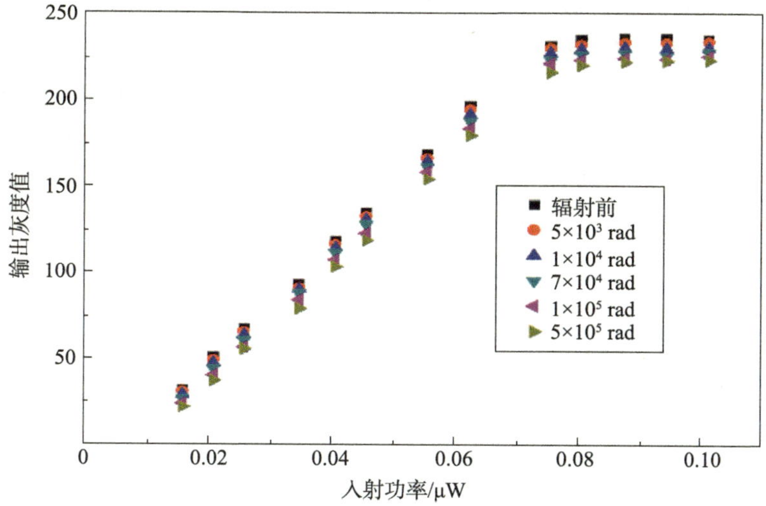

图 6-40　CIS 在非工作状态不同电子辐射剂量下的光强响应曲线

图 6-41 为辐射时处于工作状态的 CIS 辐射后光强响应的退火过程，辐射后传感器的光强响应能力先迅速恶化，随着退火时间的增加其光强响应能力有所恢复，约两周后趋于稳定，但无法恢复到辐射前传感器的探测水平。退火 50 天后 CIS 的光强响应范围恢复到辐射前的 70%左右[278]。

(2) 在 γ 射线辐射环境条件下的性能演变

下面以典型 0.18 μm CMOS 工艺 4T 钳位光电二极管（Pinned Photodiode，PPD）成

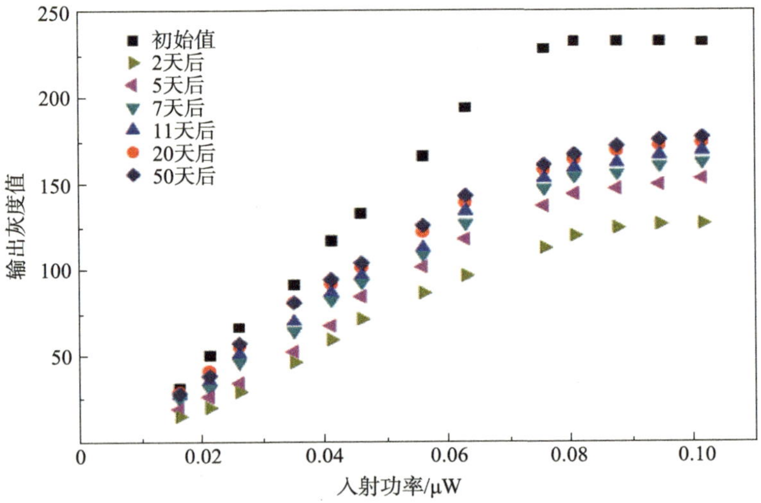

图 6-41　CIS（辐射时处于工作状态）辐射后光强响应的退火过程

像器件为例说明 γ 射线辐射环境条件下的演变[279]。

图 6-42 为 CIS 的暗电流随 γ 射线辐射剂量的变化。辐射剂量率为 3 rad/s。由图中可知，当辐射剂量小于 50 krad 时，暗电流随辐射剂量的增加而缓慢增加，当辐射剂量超过 50 krad 时，暗电流随辐射剂量的增加而急剧增大。这是因为总剂量损伤的累积效应。电离辐射造成界面态和捕获正电荷密度的增加，相应地，暗电流的生成速度增大。当辐射剂量较小时，空间电荷区没有延伸到金属前介质层（Pre-Metal Dielectric，PMD）和浅沟槽隔离区（Shallow Trench Isolation，STI），所以辐射产生的暗电流较小。当总剂量较大时，辐射产生的捕获正电荷通过改变 PPD 的静电势使空间电荷区延伸到 PMD 和 STI，而辐射产生的界面态会形成扩散电流。

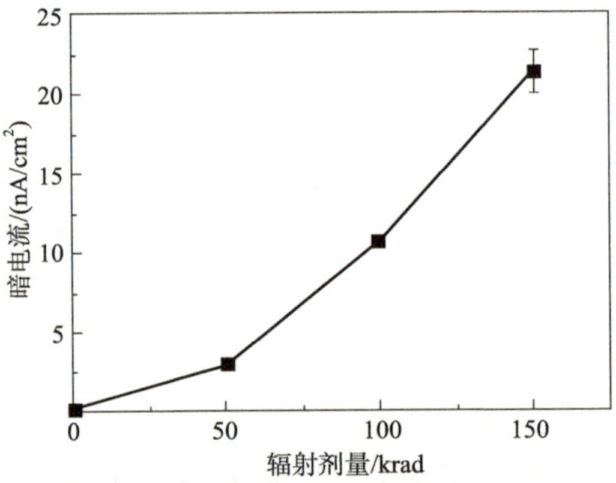

图 6-42　暗电流随 γ 射线辐射剂量的变化

随机噪声为无光照时两个相邻像素之间输出的差异。随机噪声包括暗电流噪声、散粒噪声、输出放大器噪声和复位噪声。随机噪声随辐射剂量的变化如图 6-43 所示。随机噪声随辐射剂量的增加而明显增大。造成随机噪声增大的主要原因是暗电流的增大和暗电流非均匀性的增大。辐射在源随器中产生的捕获正电荷和界面态也会使随机噪声增大。

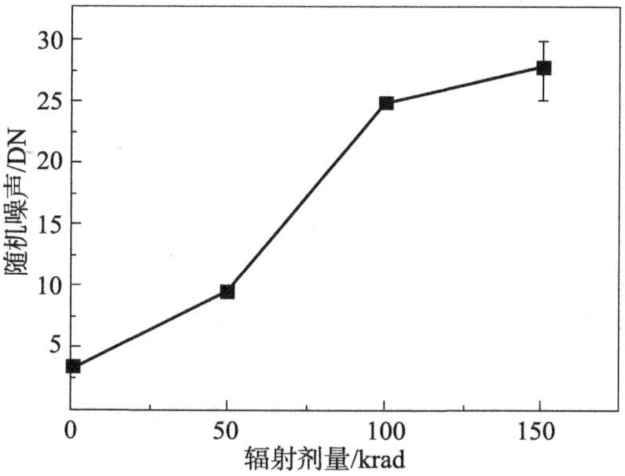

图 6-43　随机噪声随 γ 射线辐射剂量的变化

总剂量辐射不仅导致暗信号的增大而且会引起暗信号的非均匀性增大。图 6-44 为暗信号非均匀性随辐射剂量的变化。当辐射剂量超过 50 krad 时，暗信号随辐射剂量的增加而明显增大。电离效应在 CIS 中的损伤多样而复杂，在相同辐射条件下，CIS 像素产生的损伤并不相同，当辐射剂量较小时，辐射产生的缺陷较少，对非均匀性影响不明显，当辐射剂量较大时，这种影响开始明显增大。

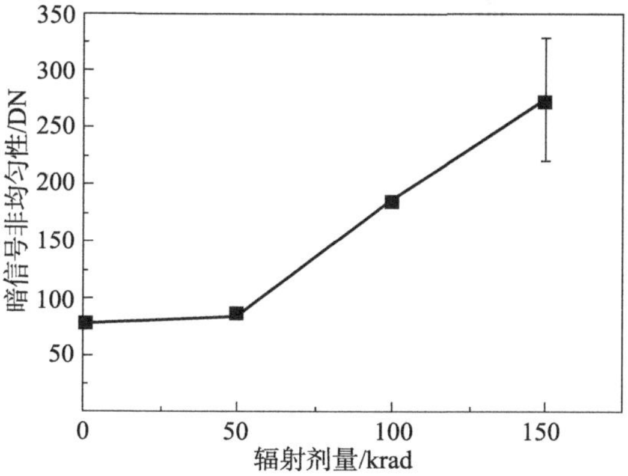

图 6-44　暗信号非均匀性随 γ 射线辐射剂量的变化

图 6-45 为光子响应非均匀性随辐射剂量的变化。当辐射剂量大于 50 krad 时，光子响应的非均匀性随辐射剂量的增加而明显增大，这是因为电离辐射产生的捕获正电荷和界面态等缺陷会捕获信号电荷，然后再释放出去，这增加了信号电流的波动，并且随着辐射剂量的增大，电离缺陷数量的增加，引起的信号电流波动也会增大。

系统总增益表征了入射光信号和系统输出电信号之间的转化效率。系统总增益随辐射剂量的变化如图 6-46 所示。当辐射剂量大于 50 krad 时，系统总增益随辐射剂量增加而快速降低。总增益和收集节点电容和源随器的增益有关。收集节点电容包括光电二极管电容和

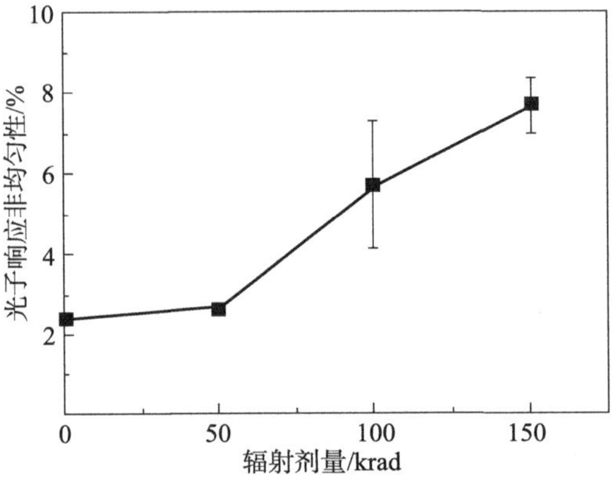

图 6-45　光子响应非均匀性随 γ 射线辐射剂量的变化

节点的寄生电容（源随器中 MOSFET 门电容＋复位晶体管的 MOSFET 电容＋互联电容）。总增益随辐射剂量下降主要来源于和氧化物绝缘层耗尽程度有关的 PPD 电容的变化。

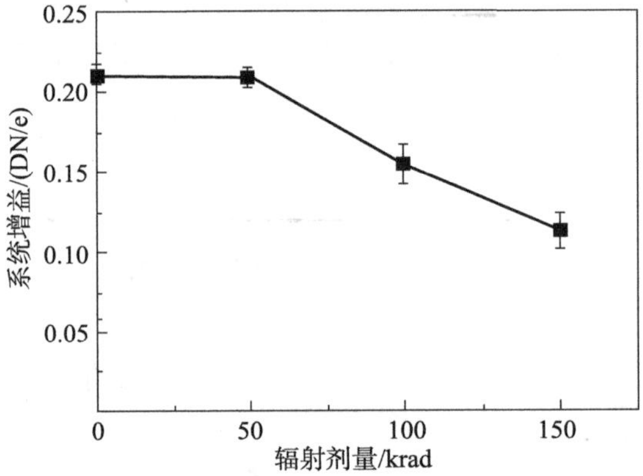

图 6-46　系统增益随 γ 射线辐射剂量的变化

饱和输出为所有像元都处于光饱和时的输出信号。因为饱和输出取决于满阱容量和系统总增益，因此饱和输出呈现出和系统总增益类似的下降趋势。饱和输出随辐射剂量的变化如图 6-47 所示。

理论上信噪比由满阱容量决定，实际上空间噪声对总噪声的贡献也很大，特别是光子响应非均匀性是最大信噪比的主要限制因素。前面已经提到饱和输出随辐射剂量的增加而降低，随机噪声和光子响应非均匀性都随辐射剂量的增加而增加，所以最大信噪比随辐射剂量的增加而降低。信噪比随辐射剂量的变化如图 6-48 所示。

动态范围为饱和输出和背底噪声的比值，前面的结果表明饱和输出随辐射剂量的增加而降低，同时暗噪声随辐射剂量的增加而增大，所以动态范围随辐射剂量增加而降低。动态范围随辐射剂量的变化如图 6-49 所示。

量子效率为入射到光电二极管表面的光子数和产生的图像信号电子数的比值。量子效率为入射光波长的函数。图 6-50 为 CIS 经 150 krad 辐射前后的量子效率谱，由图可知，

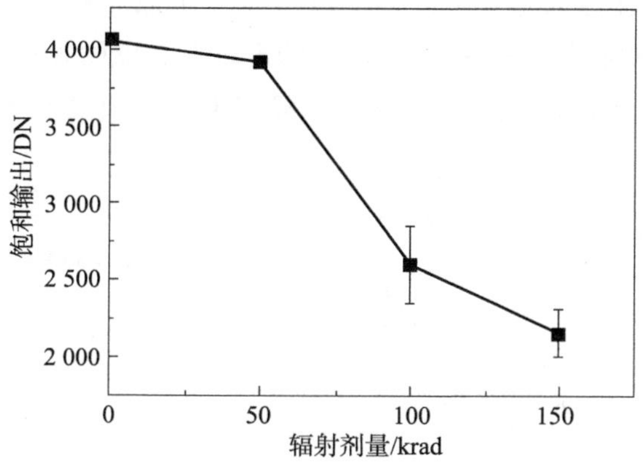

图 6-47　饱和输出随 γ 射线辐射剂量的变化

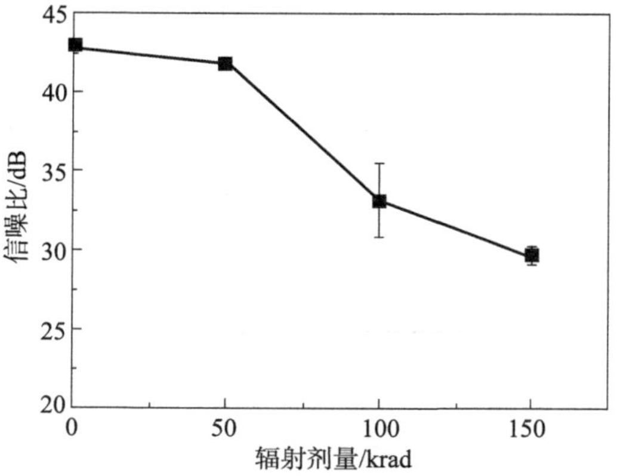

图 6-48　信噪比随 γ 射线辐射剂量的变化

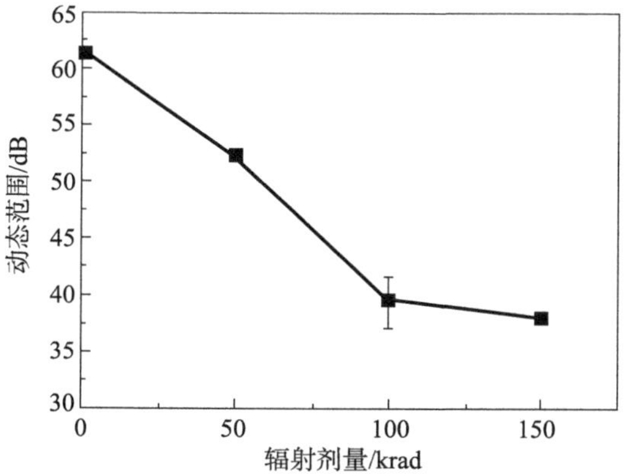

图 6-49　动态范围随 γ 射线辐射剂量的变化

经辐射后各波长的量子效率均有所下降。影响量子效率的因素主要有两个，首先是光撞击损耗，即光子在到达光敏区之前的损耗，如光电二极管前面光学系统的透射损耗和反射损耗等。辐射在 PMD 和 STI 产生的捕获正电荷与界面态密度的增加，导致光生载流子的损耗明显增大。其次，在耗尽区外产生的光生载流子在扩散到耗尽区之前就可能发生复合，光生载流子不能100％被收集。在特定波长下 CIS 的光响应度和量子效率成正比，因此辐射后 CIS 的光响应度变化和量子效率的变化趋势类似。响应度随辐射剂量的变化如图 6－51 所示。

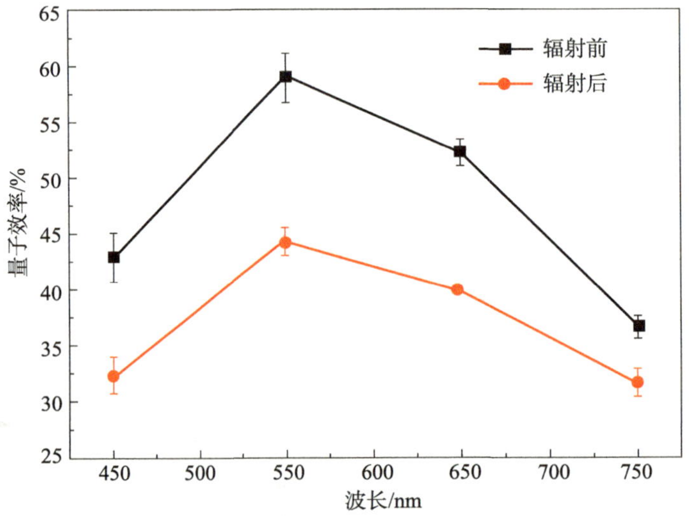

图 6－50　量子效率随 γ 射线辐射剂量的变化

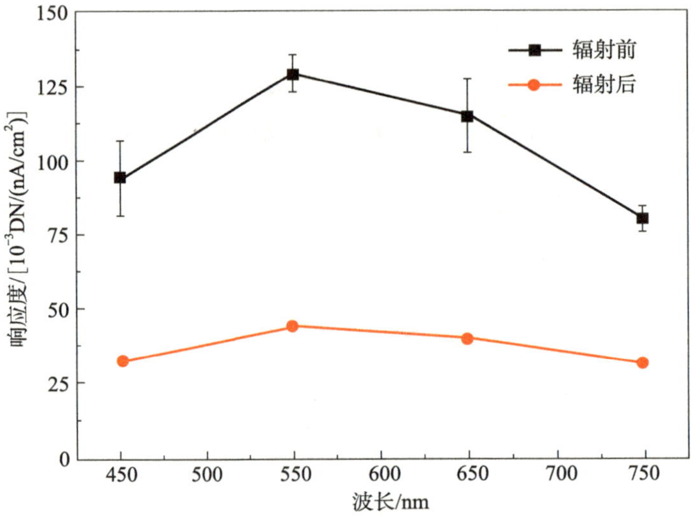

图 6－51　响应度随 γ 射线辐射剂量的变化

（3）在中子辐射环境条件下的性能演变

下面以基于 0.5 μm N 阱 CMOS 工艺的典型 3T CIS 为例说明其在中子辐射环境条件下的性能演变[280]。

①暗信号随中子注量的变化

中子辐射导致 CIS 暗信号的变化趋势如图 6－52 所示，从图中可以看出随着中子注量的增加，暗信号总体呈上升趋势；当中子注量小于 $2\times10^{10}/cm^2$ 时，CIS 的暗信号略有下降；当中子注量大于 $2\times10^{10}/cm^2$ 时，暗信号随着辐射注量的增大而迅速增大。

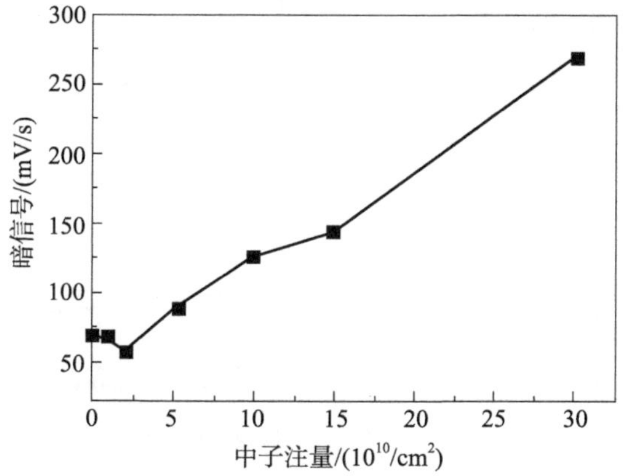

图 6-52 暗信号随中子注量的变化

试验中入射中子的平均能量为 1 MeV，与硅相互作用时主要发生弹性散射作用。中子在弹性散射碰撞中，将部分能量传递给晶格，如果这部分能量大于位移所需能量，则造成原子离开晶格位置，位移原子称为初级反冲原子。该初级反冲原子离开原位后在晶格中移动，成为晶格中的间隙原子，同时原子的原位置形成空位，此时为点缺陷；如果初级反冲原子具有两倍以上的位移阈能，那么在它停下来之前能使第二个原子位移，形成双空位缺陷；当初级反冲原子的能量更高时，产生级联缺陷，这些缺陷部分被复合，部分在体内迁移，与其他杂质、缺陷、掺杂原子形成稳定的缺陷团。在一次弹性散射碰撞后的中子平均能量为

$$E = E_0 \frac{1+r}{2} \tag{6-88}$$

$$r = \left(\frac{A-1}{A+1}\right)^2 \tag{6-89}$$

式中，E_0 为中子初始能量；A 为相对原子质量。由此可知，1 MeV 中子传递给硅晶格原子的平均能量约为 70 keV，而初级粒子产生率与其能量成平方反比关系，即能量为 E 的初级粒子的产生率为 $1/E^2$。由此得出 1 MeV 中子入射 CIS 后在体硅内产生位移缺陷初级粒子的能量分布，如图 6-53 所示，从图中可以看出，位移缺陷初始反冲能绝大部分都小于 100 eV。对硅原子而言，初始反冲能约为 2 keV，只产生点缺陷，反冲能在 2～12 keV 之间可形成缺陷团，当反冲能大于 20 keV 后，会形成树状缺陷结构，在各树状缺陷（包括点缺陷）末梢是终端缺陷团。因此可以认为 1 MeV 中子在体硅内主要产生点缺陷，只有极少数的缺陷团和缺陷簇。中子辐射产生的点缺陷在耗尽区中形成新的产生-复合中心，使价带的电子更容易跃迁至导带，促进了电子-空穴对的产生，增大了由于热运动激发的载流子密度，中子注量越大，产生的缺陷能级越多，耗尽区载流子寿命越短，载流子通过能级跃迁的概率越大，从而使 CIS 体暗信号越大。

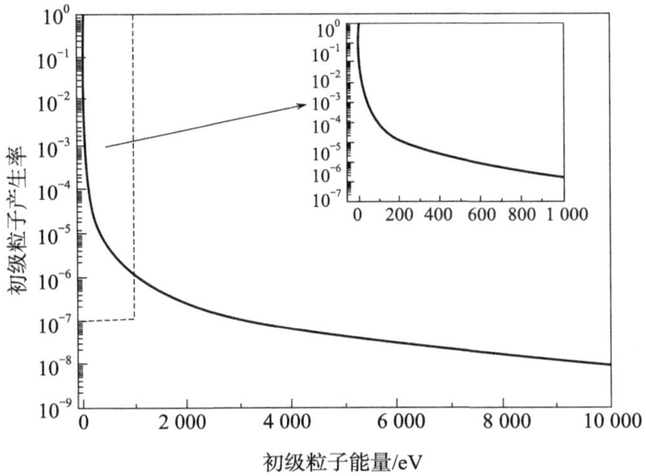

图 6-53 1 MeV 中子入射 CMOS APS 后初级粒子产生率与其能量分布

②暗信号非均匀性随中子注量的变化

位移损伤造成的晶格缺陷可直接导致暗信号及像元的非均匀性，在器件具体应用时，固定图像噪声会一步步传输到后一级去，降低信噪比，影响动态范围。图 6-54 给出了暗信号非均匀性随中子注量的变化关系，从图中可以看出随着中子注量的增加，暗信号非均匀性逐渐增大。当中子注量小于 $2\times10^{10}/cm^2$ 时，暗信号非均匀性缓慢增大，随着中子注量的增大，其退化程度显著增加，之后趋于平缓。实验所用 CIS 在像素后端处理电路中采用了相关双采样技术，使像素放大器间的偏差可以忽略不计，因此暗信号非均匀性的增大主要来自像素间暗信号增大的非均匀性。

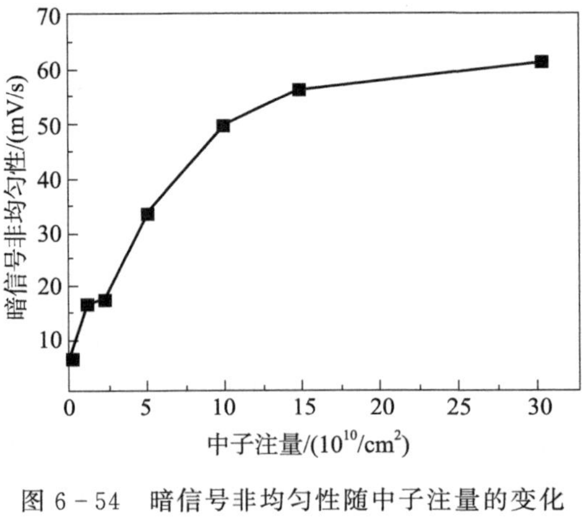

图 6-54 暗信号非均匀性随中子注量的变化

③饱和输出电压随中子注量的变化

饱和输出电压随中子注量的变化关系如图 6-55 所示（纵轴为 A/D 转换后直接得到的数字信号值），从图中可以看出，随着中子注量的增加，饱和输出电压基本保持不变，这表明饱和输出电压对位移效应不敏感。MOSFET 是以多数载流子工作的器件，对中子

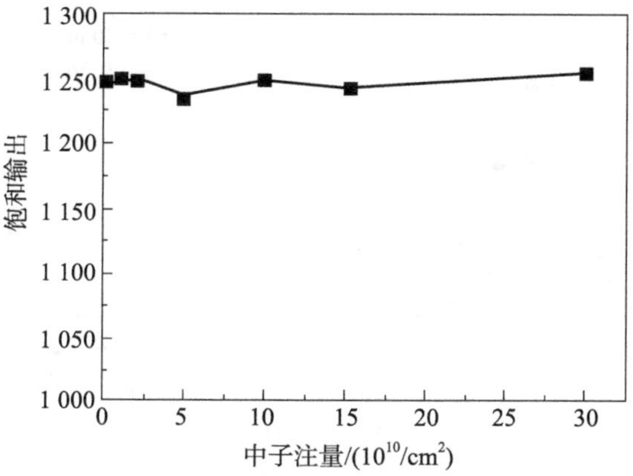

图 6－55　饱和输出电压随中子注量的变化

辐射不敏感，即使中子注量高达（10^{14}～10^{15}）/cm^2，MOSFET 主要电参数变化也很小，因此像素单元后端数字电路部分不会发生显著的退化，由此可知中子辐射对器件饱和输出电压的影响主要来自光敏区光电二极管的辐射损伤。

由前面分析可知，中子辐射在耗尽区内产生大量的点缺陷，产生的缺陷中心主要为：P－V 中心、V－V 中心和 V－O 中心。P－V 中心为 n^+ 层内的掺杂原子磷与空位结合后形成稳定缺陷，V－V 中心为体硅中两个空位相互结合，V－O 中心为 SiO_2－Si 界面附近的氧原子与空位相结合。虽然这些能级可以捕获信号电子，但这些缺陷能级俘获、发射电子有一定的频率响应，高频情况下体缺陷能级上的电子来不及跟随信号变化，CMOS APS 的工作时序为高频信号，所以对光电二极管的耗尽区电容没有影响，光电二极管复位后的电量 Q 不变，满阱容量不变，因此 CMOS APS 饱和输出电压基本保持不变。

④像素单元输出电压随中子注量的变化

图 6－56 所示为不同积分时间下像素单元输出信号随中子注量的变化关系，积分时间为 20 ms 和 30 ms。从图中可以看出当中子注量小于 $5\times10^{10}/cm^2$ 时，像素单元输出信号退化较快，随着中子注量的增大，像素单元输出信号的衰减逐渐趋于平缓。

像素单元输出信号的退化表明器件响应度的退化，即响应度随着中子注量的增加而减小。像素单元受中子辐射后，在体硅内产生大量的点缺陷，一方面，在光生载流子漂移的过程中，耗尽区的缺陷能级将作为复合中心，使部分光生载流子在漂移的过程中复合，减少了到达 PN 结两端的光生载流子数量，导致响应度减小；另一方面，耗尽区附近的点缺陷使光生载流子寿命缩短，导致载流子的扩散长度减小，从而使耗尽区附近的光生载流子扩散至耗尽区，被收集的效率下降，引起响应度降低。

（4）在质子辐射环境条件下的性能演变

下面以基于 0.18 μm CMOS 工艺的典型 4T CIS 为例说明其在质子辐射环境条件下的性能演变[281]。

图 6－57 为不同积分时间下平均暗信号随质子注量的变化，质子能量分别为 3 MeV 和 10 MeV。由图中可知，平均暗信号随质子注量的增加而增加，增长积分时间会降低暗信

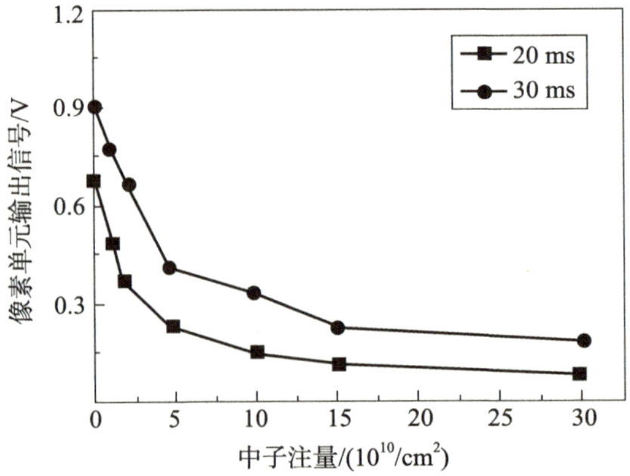

图 6-56　像素单元输出电压随中子注量的变化关系

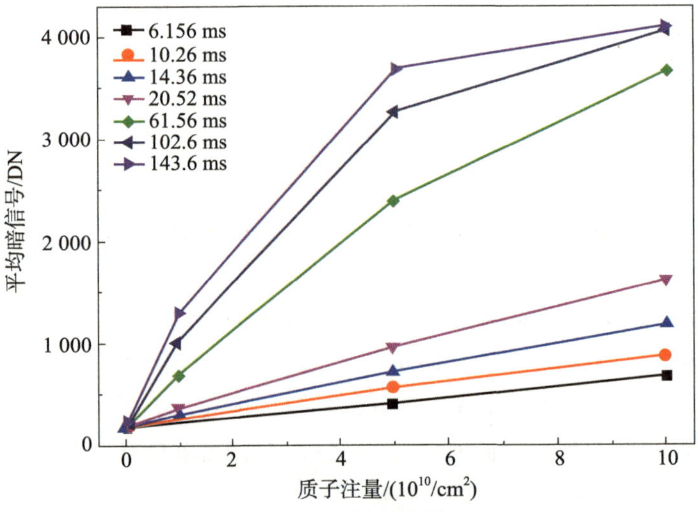

(a) 3 MeV

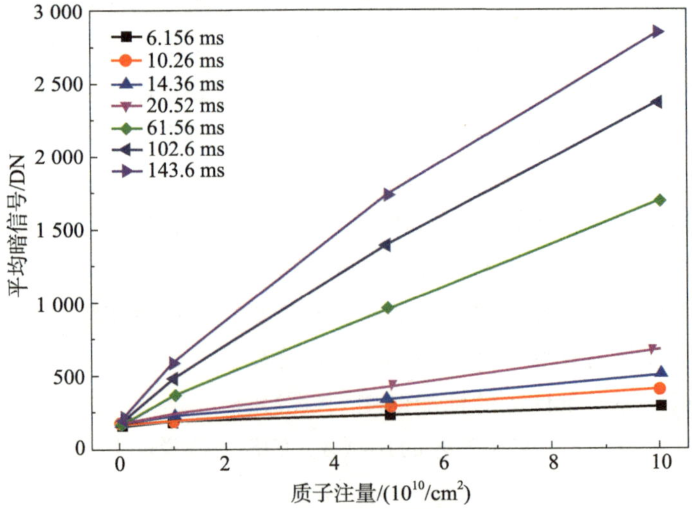

(b) 10 MeV

图 6-57　不同积分时间下平均暗信号随质子注量的变化

号在较高质子注量时的增长速度。两种质子能量（3 MeV，10 MeV）对暗信号的影响类似，10 MeV 质子对器件的影响略小。图 6－58 为不同积分时间下暗信号非均匀性随质子注量的变化。由图中可知，当积分时间较短时，暗信号非均匀性随质子注量的增加而增大，积分时间较长且质子注量较大时，暗信号非均匀性会出现下降。上述这些变化是因为质子辐射对像素造成损伤，部分像素出现了饱和。

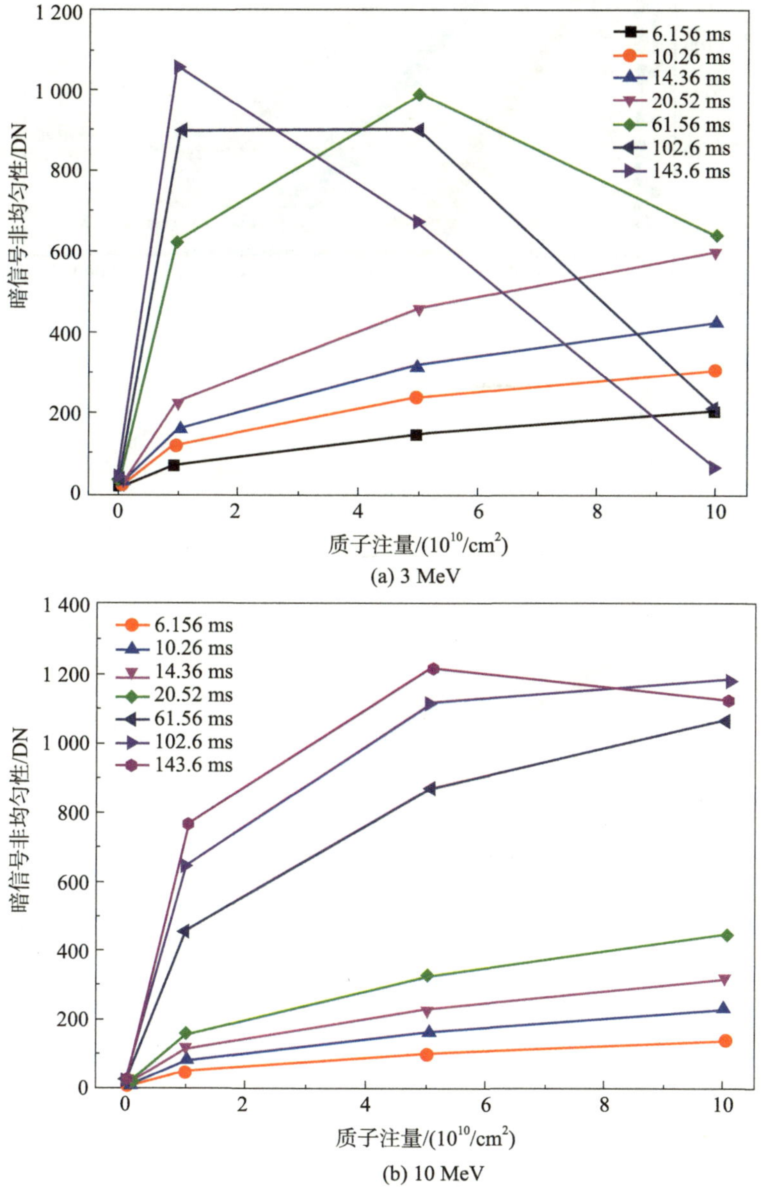

图 6－58　不同积分时间下暗信号非均匀性随质子注量的变化

图 6－59 为不同剂量、不同能量质子辐射后的暗信号分布。由图中可知，当质子注量较低时，受辐射影响的像素较少，随着质子注量的增加，大多数像素都会因受到质子辐射

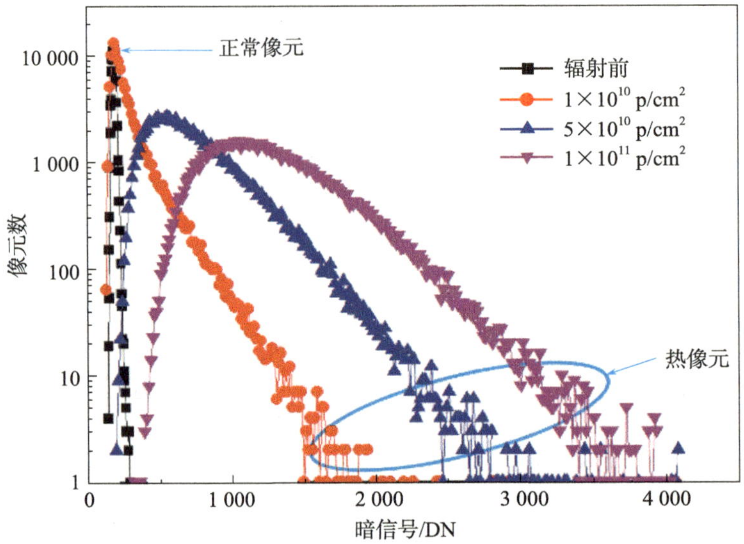

(a) 3 MeV

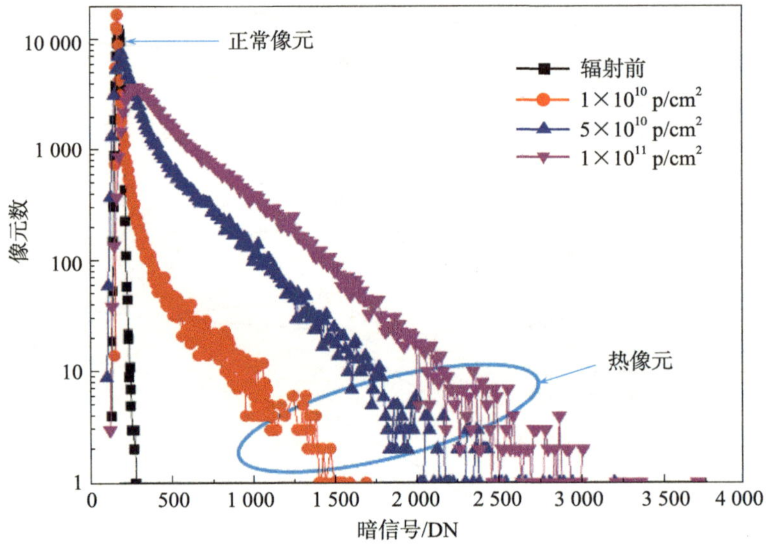

(b) 10 MeV

图 6－59　不同注量质子辐射后的暗信号分布

损伤，其暗信号明显增大。10 MeV 质子辐射后暗信号分布明显比 3 MeV 质子窄，对 CIS 的影响较小。

（5）CMOS 成像器件的单粒子效应

不同于其他 CMOS 集成电路，CMOS 成像器件有其专用的像素单元，而且像素周边集成了更加复杂的外围电路。因此 CIS 对单粒子效应更加敏感，也呈现出不同于其他 CMOS 集成电路的表现形式。CIS 的单粒子效应主要分为单粒子瞬态（Single Event Transient，SET）、单粒子翻转（Single Event Upset，SEU）、单粒子中断（Single Event Functional Interrupt，SEFI）和单粒子闩锁（Single Event Latch－up，SEL）。

①单粒子瞬态

单粒子瞬态效应有两种表现形式：一种是连续几个像素灰度值增加，但增加的灰度值较小。这种瞬态亮点只出现在当前图像中，无固定位置，不是永久损伤。瞬态亮点是由质子和硅直接电离产生电子空穴对被像素收集引起，辐射后就消失。因为质子的线性能量传递（LET）值很小，所以单个质子电离电荷很少。

另一种现象是亮斑和不同形状的亮线，这些现象只出现在当前图像中，被称为瞬态亮斑和亮线，如图 6－60 所示。瞬态亮斑覆盖 10 个左右像素单元，中间像素灰度值最大，边缘灰度值逐渐减小。当发射的次级粒子射程小于一个像素长度，次级粒子最终只经过一个像素，并停留在像素内，这个像素就是亮斑中灰度值最大的像素。同时，次级粒子产生的电子空穴对经过漂移、扩散运动被四周像素单元收集。采集图像中瞬态亮线方向不同，这是因为产生次级粒子发射方向是随机的。瞬态亮线长度从小于 1 个像素长度到 30 个左右像素，这由次级粒子射程和发射方向决定[282]。

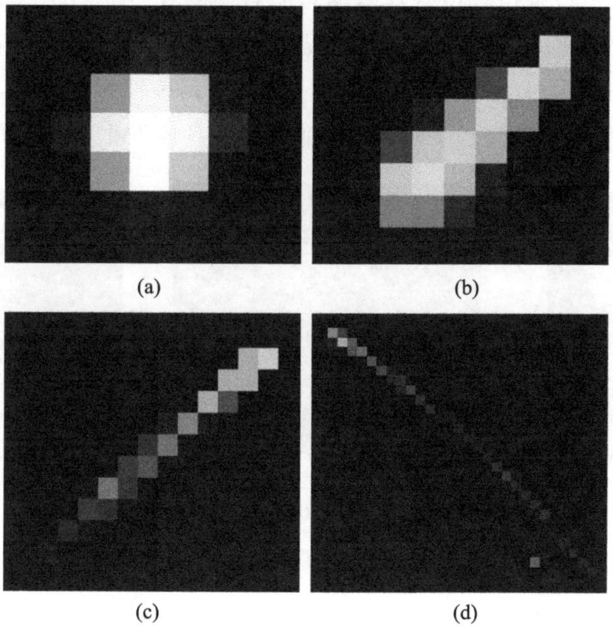

图 6－60　质子诱导单粒子瞬态亮斑（a）和不同形状的单粒子瞬态亮线（b），（c），（d）

这些瞬态现象是由于质子在硅中发生核反应引起，高能质子核反应经常导致发射光子、轻粒子和一些重反冲原子。这些发射粒子在硅中的射程不同，入射方向也是随机的。轻带电粒子，如 α 粒子，硅中射程达几毫米。除了射程高，相比重反冲原子，轻带电粒子 LET 值较低，沉积电荷不足以影响多个粒子穿过像素的周边像素，表现在图像中就是细而长的亮线，由此可以推断图 6－60（d）是由射程大的轻带电粒子引起。50 MeV 质子与硅发生核反应产生的高 Z 重核反冲原子包括 Mg、Al、Na 等，核反应产生的这些重离子最大 LET 值不超过 11 MeV/（mg/cm^2），根据 SRIM 仿真可得，它们在硅中射程在几十微米范围。这些重离子会在穿过的路径上产生大量电子空穴对，影响多个周边像素，但是这些重离子的射程较短，表现在图像上就是粗而短的亮线。当发射重离子角度几乎垂直于像素单元表面，或者发射的重离子射程很小，这种情况表现在图像上就是亮斑。

②单粒子翻转和功能中断

对于 CIS，如果粒子辐射导致其内部集成的寄存器出现翻转，就有可能会引起采集图像出现异常。CIS 中不同寄存器功能不同，不同寄存器出现翻转后导致的图像异常也不同，所以可以通过分析图像异常类型推断出发生了何种寄存器出现翻转。如果一些重要寄存器发生翻转，并导致图像出现全局异常，且异常图像无法自动恢复，导致采集图像一直完全失真，这种现象被称为功能中断。而对于其他寄存器翻转，会导致局部图像异常，这被称为单粒子翻转。

某商用 CIS 的重离子辐射试验结果表明：在 LET 高达 67.8 MeV/（mg/cm^2），辐射注量达到 1.4×10^7 p/cm^2 时，CIS 没有发生 SEFI，但发生了 SEU。当该 CIS 寻址方式为一幅图像寻址时，出现两种图像异常，如图 6-61 所示。分析认为图 6-61（a）中一部分像素灰度值变暗是由于行置位移位寄存器翻转所致。图 6-61（b）中局部灰度值达到饱和是由于可编程增益放大器（Programmable Gain Amplifier，PGA）寄存器或者多路选择器出现翻转所致。当 CIS 寻址方式为行寻址时，只观察到一种图像异常，如图 6-61（c）所示，分析认为多种原因可能导致这一现象，难以定位具体发生翻转的寄存器[283]。

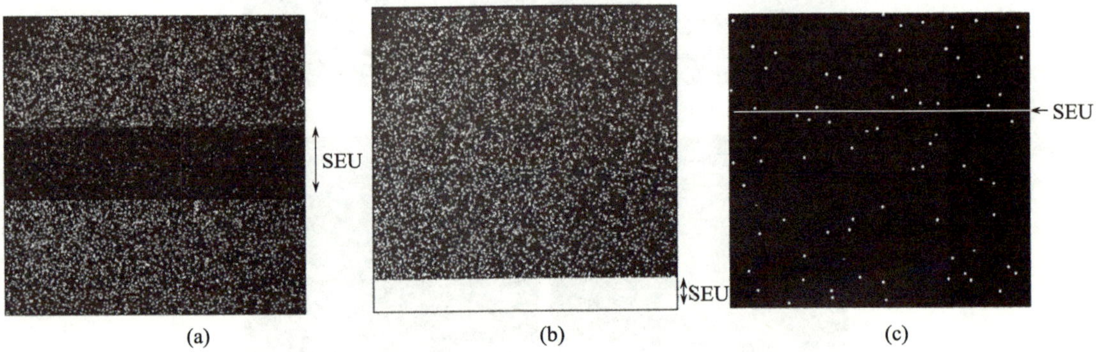

图 6-61　单粒子翻转导致异常图

③单粒子闩锁

单粒子闩锁会导致 CIS 工作电流升高，采集图像异常，器件功能失效，是对 CIS 危害非常严重的一种单粒子效应。对商用 4T CIS 器件进行的重离子辐射试验中发现如图 6-62 所示的两种 SEL 现象[284]，分析认为这两种异常分别是由行、列译码器的电平转换电路发生闩锁导致，闩锁阈值在 15.9～40.4 MeV/（mg/cm^2）。

6.4.1.3　CMOS 成像器件的抗辐射加固技术

CMOS 成像器件抗辐射加固方法主要从像元、模拟读出电路和数字控制电路三部分进行考虑，以满足宇航高可靠性和长寿命的应用要求[285]。

（1）像元抗辐射加固技术

像元抗辐射加固技术包括两个方面：一方面，应避免耗尽区与 STI 区接触，因为普通

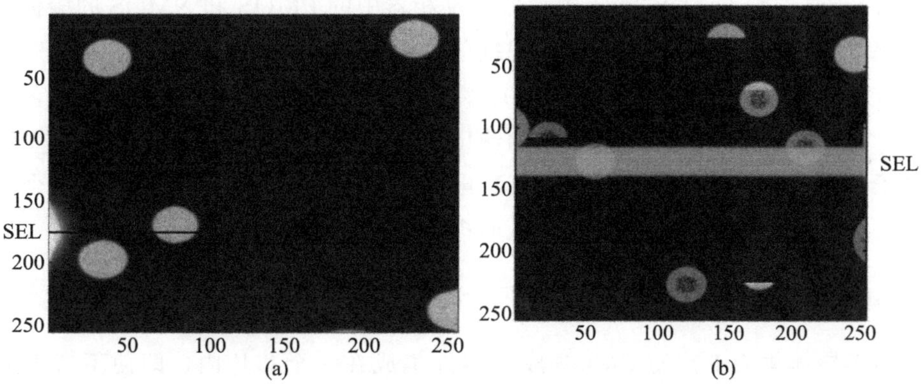

图 6-62　行（a）、列（b）电平转换电路闩锁导致异常图

像元的掩埋光电二极管和浅沟槽隔离区接触，总剂量辐射效应会在接触的地方引入界面态陷阱电荷，产生较大的寄生暗电流，因此抗辐射加固像元在版图设计时，在掩埋光电二极管和浅沟槽隔离区之间留出一段距离，以减少界面态，从而抑制总剂量辐射效应引起的暗电流增加。另一方面，应尽量避免悬浮扩散结（Floating Diffusion，FD）与 STI 接触，普通像元结构中的悬浮扩散结和浅沟槽隔离层完全接触，总剂量辐射效应会在接触的地方引入界面态陷阱电荷，产生较大的寄生暗电流。因此抗辐射加固像元在版图设计时，可把一部分悬浮扩散结远离浅沟槽隔离层并用环形栅包围，对比普通像元结构设计减少了悬浮扩散结和浅沟槽隔离层接触面积，从而减少辐射引起的界面态陷阱电荷。

（2）模拟电路部分的抗辐射加固技术

模拟电路主要由 MOS 管组成，从版图设计层面可采用环形栅结构，该结构中 MOS 管的源区和漏区被栅极完全分隔，抑制了漏电通路的形成，从而达到抗辐射加固的目的。

器件间漏电一般通过保护环/漏版图结构消除，通过在 MOS 管附近制作保护环/漏稳定衬底/N 阱电势，可以抑制相邻管之间漏电通路的形成，当环境辐射非常严重时，甚至可设计成双环结构保护。

（3）数字电路部分的抗辐射加固技术

单粒子效应一般发生在数字电路中，引起的辐射损伤与电路类型、入射粒子能量和角度等多种因素有关。如 CMOS 成像器件的地址解码器中 MOS 管因为单粒子入射产生的电荷收集导致瞬态势能变化，引起址选通时出现错误跳变，以及模数转换器件出现单粒子闩锁效应。

从版图设计考虑，对电路版图中的敏感节点进行保护或隔离，提高器件抗单粒子的可靠性。比如使用保护环和保护漏版图结构，该结构可以有效降低电路中敏感节点吸收的单粒子效应电荷量，阻止电荷扩散，避免发生单粒子锁定效应。又如采用版图交错设计技术可增加电路中敏感节点间距离，避免芯片内出现导致单粒子翻转效应的 PNPN 寄生结构。

从电路设计考虑，一方面采用互为冗余节点的内部互锁结构加固技术（Dual

Interlocked Storage Cell，DICE)，锁存器将反相器中的 PMOS 和 NMOS 的栅极分离，使其内部锁存节点互为冗余节点，从而实现抗单粒子翻转加固。

另一方面，可采用三模冗余结构（Triple Modular Redundancy，TMR)，它是对原始电路进行 3 倍复制，并对三组输入电路的输出用表决电路进行多数表决，任意一组输入电路受到粒子轰击而产生单粒子损伤时，表决电路的表决功能可保证有两个或两个以上电路工作正常，整体电路功能仍保持正常，从而提高电路的可靠性。

6.4.2 CMOS 成像器件在热环境条件下的性能演变及抑制技术

目前的半导体集成工艺使 CMOS 成像器件集成在一个芯片内，即使不考虑外界温度环境的影响，器件自身连续工作后也会引起光敏面温度上升，给图像探测、传输带来困难。在通常的照明条件下，CMOS 成像器件的光电流大约为 10^{-15} A 量级，这种小信号电流非常容易受到环境扰动的影响。

6.4.2.1 MOSFET 在热环境条件下的性能演变理论模型

CMOS 有源像素包括两部分：光电二极管和 MOSFET。温度对光电二极管的影响在上一章已经介绍过，本节主要介绍温度对 MOSFET 的影响。

(1) 温度对 MOSFET 阈值电压的影响

MOSFET 的阈值电压 V_{th} 是反映 MOS 管性能的重要特性指标，是使沟道开始导电的最小栅压。对于 MOSFET 而言，阈值电压可以表示为

$$V_{\text{th}}=\frac{\Phi_{MS}}{q}+2\phi_f-\frac{Q_f}{C_{ox}}-\frac{Q_{it}(2\phi_f)}{C_{ox}}-\frac{Q_B(2\phi_f)}{C_{ox}} \tag{6-90}$$

式中，C_{ox} 为氧化层电容；Φ_{MS} 是栅的功函数 Φ_M 与 P 型半导体的功函数 Φ_S 之差；Q_f 是固定的氧化层电荷，和 SiO_2 中紧靠 Si/SiO_2 界面处的 Si^+ 离子相关；Q_{it} 是界面陷阱电荷，和 Si/SiO_2 界面处的界面态相关；Q_B 是耗尽区电荷或体电荷，和沟道源端处 Si 耗尽区中的受主或施主相关。式中第一项代表栅与 P 型半导体之间的接触电势差，可以表示为

$$\frac{\Phi_{MS}}{q}=\frac{kT}{q}\ln\frac{N'_D N'_A}{n_i^2} \tag{6-91}$$

式中，N'_D 和 N'_A 表示半导体净掺杂浓度。由于 $\ln n_i^{-2}$ 与系数 kT/q 随温度的变化呈相反的变化趋势[286]，可看作其没有温度依赖性。ϕ_f 为费米势，即 P 阱区费米能级到禁带中央的距离，$2\phi_f$ 是 P 型沟道产生反型层所需要的电压。费米势的表达形式为

$$\phi_f=\frac{kT}{q}\ln\frac{N'_A}{n_i} \tag{6-92}$$

由以上关系式可以看出，MOSFET 阈值电压 V_{th} 的温度特性主要由费米势 ϕ_f 决定，ϕ_f 可以近似看作随温度升高而线性减小的函数[287]。阈值电压 V_{th} 随温度的升高而近似线性地降低。

温度与阈值电压的关系为

$$V_{\text{th}}=P_0T+Q_0 \tag{6-93}$$

式中，常数 $P_0=-2.4\times10^{-3}$，$Q_0=1.72$（在 25～250 ℃温度范围内）。通常 MOSFET 增强型阈值电压会以 1.5～2 mV/℃的速率随温度的升高而减小。阈值电压的变化不会对电路的性能产生特别显著的影响，而重掺杂衬底器件的阈值电压对温度变化的反应要比轻掺杂器件敏感。

（2）温度对 MOSFET 迁移率的影响

环境温度还对 MOSFET 的迁移率产生影响，迁移率的经验公式为[288]

$$\mu=\frac{\mu_0}{1+\theta(V_{GS}-V_{\mathrm{th}}-V_{\mathrm{ch}})} \tag{6-94}$$

式中，V_{ch} 是沟道电压，即沟道中给定点处相对于源极的电压，是沿沟道方向位置的函数；μ_0 是在阈值 $V_{GS}=V_{\mathrm{th}}$ 时源端 $V_{\mathrm{ch}}=0$ 处的沟道迁移率；θ 是测量得到的经验值，取决于杂质浓度、衬底偏置和氧化层厚度等。

MOSFET 的迁移率是由晶格散射、电离杂质散射和表面漫反射机构决定。其中晶格散射（声子散射）主要受温度影响。声子的能量分布和具有给定能量的声子的浓度取决于压力波的振幅，温度越高，晶格振动越强，散射增强，迁移率就减小。

温度每升高 100 ℃载流子的迁移率约减小 40%，因此在栅压不变的情况下，漏极电流随温度的升高而线性下降，高温下整个电路的电流消耗也会有相当程度的降低，最高运算速度也会成比例下降。阈值电压和迁移率的变化还会影响漏极电流和跨导。

（3）温度对 MOSFET 漏电流的影响

当栅压 V_{GS} 高于阈值电压 V_{th} 时，MOSFET 的导电沟道中就会产生电流，加在源漏极的电压 V_{DS} 越大，电流也会越大。当 $V_{DS}<V_{GS}-V_{\mathrm{th}}$ 时，MOSFET 处于非饱和状态，此时漏电流为

$$I_D=\frac{W\mu C_{ox}}{L}\left[(V_{GS}-V_{\mathrm{th}})V_{DS}-\frac{V_{DS}^2}{2}\right] \tag{6-95}$$

式中，L 是沟道长度；W 是沟道宽度。

当漏源电压继续加大，$V_{DS}>V_{GS}-V_{\mathrm{th}}$ 时，MOSFET 处于饱和状态，则饱和漏电流为

$$I_D=\frac{W\mu C_{ox}}{2L}(V_{GS}-V_{\mathrm{th}})^2 \tag{6-96}$$

从式中可以看出，漏电流中与温度 T 相关的量只有阈值电压 V_{th} 和载流子迁移率，因此 MOSFET 漏电流的温度特性是由阈值电压 V_{th} 和载流子迁移率 μ 的温度特性共同决定的。由上面的分析可知，阈值电压 V_{th} 随温度增加线性降低，迁移率也随温度的增大而降低，但是两者对温度的敏感程度并不相同。MOSFET 的漏电流 I_D 在升温过程中几乎线性减小，增大栅极电压 V_{GS}，漏电流 I_D 减小速率会变慢[289]。

对于 CMOS 成像器件中起信号放大作用的 MOSFET 来说，它的栅极连接光电二极管的输出端，光电二极管的输出电流随温度的增加比 MOSFET 的漏电流随温度下降的程度要大得多。因此对于复合了光电二极管的 MOSFET，输出的漏电流实际上是由光电二极管的输出电流来主导的。

(4) 温度对 MOSFET 亚阈值电流的影响

MOSFET 在工作电压低于阈值电压时，也会产生漏电流，漏电流的大小取决于传输门器件沟道在等待状态下的关断程度，而关断程度又取决于 MOS 管的栅极电压和阈值电压。即使在栅压等于阈值电压的情况下，漏极电流也不会真正等于 0。虽然低于阈值时的电流很小，但是在由多个晶体管集成的电路中，亚阈值电流也会造成非常可观的功耗，甚至引起器件升温，因此并不能忽略温度对亚阈值电流的影响。

亚阈值电流对温度非常敏感，由载流子数目决定的电流具有同样的规律，因此亚阈值电流可以表示为

$$I_D = I_0 \exp\left[q(V_{GS} - V_{\text{th}})/(nkT)\right] \tag{6-97}$$

式中，I_0 是阈值 $V_{GS} = V_{\text{th}}$ 时的电流。

在亚阈值区，MOSFET 的源漏电流主要来源于载流子的扩散运动，因此亚阈值电流会在升温过程中逐渐变大。

(5) 温度对 MOSFET 跨导的影响

通过控制 MOSFET 栅压可以改变源漏电流，在漏极电压不变的情况下，源漏电流随栅压的变化量称作跨导 g_m，MOSFET 工作在饱和区时的跨导 g_m 可以表示为

$$g_m = \mu C_{ox} \frac{W}{L}(V_{GS} - V_{\text{th}}) \tag{6-98}$$

由上式可以看出，跨导随温度的变化关系取决于 MOSFET 载流子迁移率和阈值电压的温度变化关系。因此，跨导 g_m 在升温过程中呈下降趋势。

(6) MOSFET 的低温工作特性

MOSFET 在低温条件下工作时会表现出更为优异的特性，低温条件一般是指低于室温（300 K）。对于给定的栅压，MOSFET 在低温工作时的电流会比室温条件下的要高，跨导 $g_m = \partial I_D / \partial V_{GS}$ 增大，载流子迁移速率提高。MOSFET 源漏极的掺杂浓度在环境温度降低时会保持稳定，而衬底的载流子浓度降低，因此在低温环境下源漏电容减小。温度越低，引起同样的漏极电流所需的栅压变化越小。

6.4.2.2　CMOS 成像器件在热环境条件下的性能演变及抑制技术

(1) 温度对 CMOS 成像器件暗电流的影响

CIS 的噪声主要产生在像元中的光电二极管和 MOSFET 及其外围电路，其中 CIS 暗电流的变化由光电二极管主导。

光电二极管的暗电流是关于温度的强函数，它随着绝对温度的倒数的增大呈指数减小。从室温开始，每升高 10 ℃，暗电流约增加一倍。光电二极管产生的几种暗电流中，扩散电流和产生-复合电流对温度的依赖性最大，但两种暗电流随温度升高而增大的程度也并不相同。实际工作的 CIS 在每个阶段不只是某一种特定暗电流存在，不同温度暗电流的主导成分也不同，因此总暗电流在升温过程中单调增大，但是不同温度范围内，暗电流的产生机理有所不同，在低温段主要是产生复合电流，在高温段主要是扩散电流。

暗电流和温度的关系为[290]

$$I_d = A_{d,\mathrm{gen}} \cdot T^{3/2} \cdot \exp\left(-\frac{E_g}{2kT}\right) + B_{d,\mathrm{diff}} \cdot T^3 \cdot \exp\left(-\frac{E_g}{kT}\right) \tag{6-99}$$

式中，$A_{d,\ \mathrm{gen}}$，$B_{d,\ \mathrm{diff}}$ 为和温度无关的系数。图 6－63 为典型探测器的扩散电流、产生-复合电流和总暗电流与温度的关系。在实际器件中，总暗电流和温度的相关性取决于系数 $A_{d,\ \mathrm{gen}}$ 和 $B_{d,\ \mathrm{diff}}$。

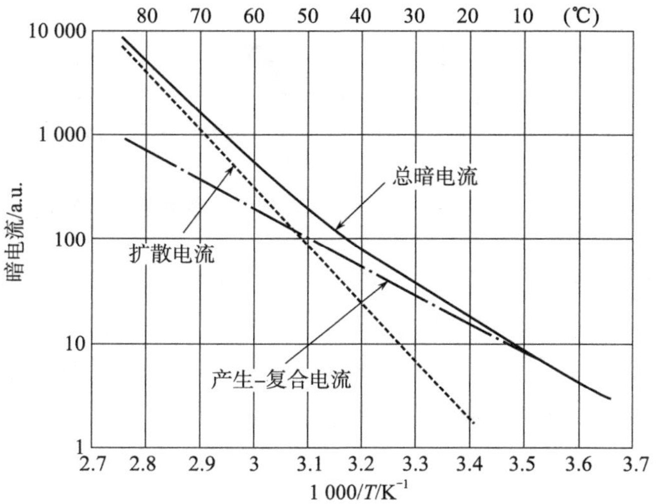

图 6－63　典型探测器的暗电流与温度的关系

（2）温度对 CMOS 成像器件输出非均匀性的影响

CMOS 成像器件的输出非均匀性来源于器件制作工艺缺陷、半导体材料掺杂浓度微观差异等因素造成的载流子扩散长度、光子吸收深度以及像元的大小等差异。CIS 在工作中若受到温度的作用，会导致半导体载流子迁移率等物理特性的变化，就会产生相应的热噪声，由于工艺和半导体材料的问题，使得在相同条件下每个像元输出的噪声并不一样，造成输出的非均匀性。温度场不均匀性也会造成输出的非均匀性，较高温度位置处的像元将产生较高的漏电流，比低温度位置的像元更亮。

图 6－64 为典型 CIS 在无光照信号时非零像元个数占全部像元比例随自发热引起的温度变化之间的关系曲线[291]。在温度升高的初始阶段，非零像元个数几乎没有增加，当达到一定温度时，非零像元个数的比例迅速增加，当温度较高时，接近 100％，即 CIS 的噪声基本遍布所有像元点。

（3）温度对 CMOS 成像器件转换增益及光强响应的影响

CMOS 成像器件的转换增益是表示每一个对输出电流有贡献的光电子使成像器件输出图像灰度值增加的量。载流子在电场作用下的加速运动过程中，尽管不断地从电场获得动能，但与此同时也因为各种散射而持续损失能量，最终的效果就导致载流子具有一定的平均漂移速度。在晶体中，任何破坏周期势场的因素都可以引起载流子的散射，如电离杂质、中性杂质等对载流子的散射作用。此外，晶格振动也使严格的周期势场发生偏离，使载流子发生散射（声学波形变势散射、长光学波畸变势散射和长光学波极化势散射）。对

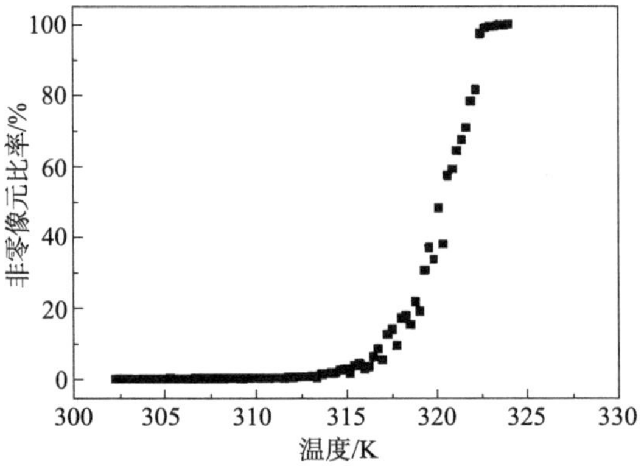

图 6-64　非零像元个数占全部像元比例随温度的变化

于 Si、Ge 等非极性晶体，声学波形变势散射占主导地位。随着温度的升高，晶格振动加剧，声子数目增多，增强了散射载流子的作用，从而使得载流子迁移率在高温下降低。MOSFET 的跨导也是随着温度的升高而降低，因此导致 CIS 的读出电路增益降低从而转换增益随温度的升高而下降。随着环境温度的升高，CIS 暗电流等噪声也随之升高，反映到图像则显示为输出背景灰度值增加，信号信噪比降低，此时入射到像敏面上的光斑识别难度加大，由温度引起的背景噪声越强，成像器件光响应范围越小。图 6-65 给出了典型钳位二极管的转换增益随温度的变化情况。从图中可以看出，二极管的转换增益随温度升高呈下降的趋势[292]。

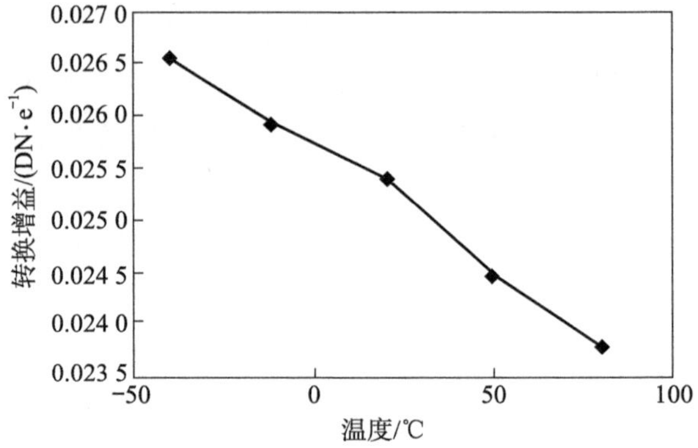

图 6-65　不同温度下的转换增益

典型探测器的光响应曲线如图 6-66 所示，可以看到器件的饱和输出随温度升高而逐渐下降。图 6-67 为典型器件满阱容量随温度的变化关系。随着温度的升高，器件满阱容量下降[292]。

满阱容量是像素单元光电二极管对光生电子的最大容纳能力。其表达式为

$$K_{FWC}=(V_{pinning}-V_{blooming})\times C_{PPD} \tag{6-100}$$

由上式可知，因为钳位电压 $V_{pinning}$ 和溢出电压 $V_{blooming}$ 只与器件工艺参数和偏置有关，因此可以排除温度对它们的影响，只有 C_{PPD} 与温度有关。C_{PPD} 结电容包含底面结电容和侧

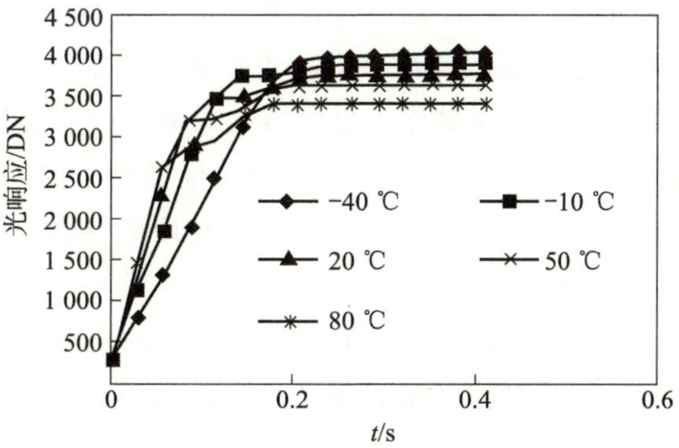

图 6-66　不同温度下器件的光响应曲线

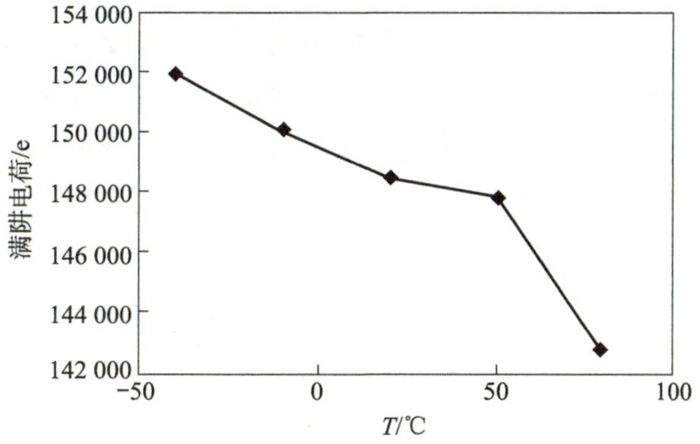

图 6-67　满阱容量随温度的变化

壁结电容两部分，其表达式如下

$$C_{\mathrm{PPD}}=C_A A+C_P P \tag{6-101}$$

$$C_A,C_P=\sqrt{\frac{q\varepsilon_0\varepsilon_{\mathrm{Si}}}{2}\left(\frac{N_A N_D}{N_A+N_D}\right)}\ (V_{bi}-V)^{-1/2} \tag{6-102}$$

式中，C_A 、C_P 分别为单位底面积和单位侧壁面积的结电容；A 、P 分别为上下面面积和侧壁面积；ε_0 是真空中介电常数；$\varepsilon_{\mathrm{Si}}$ 是硅的介电常数；N_D 是 N 型掺杂浓度；N_A 是 P 型掺杂浓度；V_{bi} 是 PPD 内建电势；V 是加在 PPD 上的电压。

由式（6-101）和式（6-102）可知，C_{PPD} 与 $(V_{bi}-V)^{-1/2}$ 成正比。随着温度升高，本征激发加剧，少数载流子增加，使得 PN 结宽度变小，即内建电场 V_{bi} 减小，因此 C_{PPD} 随温度的升高而增大，相应地，满阱容量随温度升高而增大。但实验结果发现，满阱容量随着温度的升高而减小。这是因为满阱容量是通过饱和输出计算得到的，而转换增益随温度变化对饱和输出的影响要大于满阱容量随温度变化对饱和输出的影响，因此导致测得的满阱容量随着温度的升高而减小。

6.4.2.3　CMOS 成像器件在热环境条件下的可靠性

对于宇航用 CIS，环境温度变化是影响可靠性的一个重要因素。CIS 中的核心器件光电二极管和 MOSFET 长时间工作在高温条件或者温度变化量过大时，器件电流增益、阈值电压等性能会受到影响，这些温致变化会进一步影响光电器件的工作可靠性。

在 MOSFET 中，氧化层的作用是作为电容器的介质，控制晶体管源漏极之间的电荷转移，氧化层电荷的存在会严重影响 MOSFET 的功能特性。MOSFET 的源极或漏极会通过栅极氧化层向栅极界面传输电荷，高温与强电场的作用，会给电子提供能穿越 $Si-SiO_2$ 界面的能量。$Si-SiO_2$ 界面的空态俘获电子并使它们保持在氧化层中，使 MOSFET 的阈值电压产生永久性变化。氧化层界面存在的永久性俘获电子建立了一个抑制氧化层界面电子流动的电场，使电子流过氧化层界面的速率降低。这种失效机理会使电路速度变慢，导致功能失效。

光电二极管和 MOSFET 与环境中其他介质接触时可能会引起静电放电，静电会损伤 MOSFET 的栅氧化层，导致器件氧化层产生裂缝或使器件局部熔化，引起表面器件的微小炸裂，还可以导致空洞、凹坑，从而引起短路或开路。温度升高可很大程度上降低器件静电放电电阻。光电二极管的静电损伤一般发生在反向偏置条件下，表现为光电二极管性能失效退化。在 25～125 ℃范围内，静电损伤失效电压随温度升高而降低。

当温度高于 100 ℃时，MOSFET 的氧化层内和器件-氧化层界面存在可移动的电荷离子，离子电流会在升温过程中增大，而随着温度继续升高，离子电流开始减小，当温度高于 200 ℃时，离子电流降到可以忽略的程度。离子电荷相对 $Si-SiO_2$ 接触面的位置，决定了其影响阈值电压的有效性。这种失效具有可逆性，一般在 150～200 ℃范围内，失效后还可以部分或者全部恢复器件特性。

离子电荷从偏置的金属导体沿着氧化层或通过器件表面的潮气横向扩展，导致晶体管有源区之外形成反型层，在两个扩散区之间形成了一条导电路径或使 PN 结延伸形成一个高漏电区，导致相邻导体间的漏电。电荷扩散速率随温度的升高而增加，通常在 150～200 ℃可以观察到[291]。

6.5　碲镉汞红外焦平面器件在宇航环境条件下的性能演变及抑制技术

碲镉汞探测器对电离辐射非常敏感，电离辐射损伤可以使电活性缺陷累积，导致碲镉汞电导率发生变化，漏电流增加和时间响应变慢等。位移损伤在碲镉汞材料中主要是引入施主，可能是 Hg 空位，这些施主同时也是 SHR 复合中心，位移缺陷引入的这些俘获陷阱，将缩短少子的寿命，导致暗电流增加。

（1）质子辐射环境条件下的性能演变

图 6－68 为典型中波红外探测器质子辐射前后暗电流和温度倒数的阿列纽斯曲线，辐射条件为 63 MeV 质子，质子注量率为 $10^{10}/cm^2/s$，辐射剂量为 100 krad（Si）。由曲线可得到活化能。辐射前后低温段的活化能没有变化，高温段的活化能由辐射前的 96 MeV 减小为 74 MeV，对应于量子效率由 62％降为 51％[293]。

图 6－69 为典型长波红外探测器 100 krad（Si）质子辐射前后暗电流和活化能的变

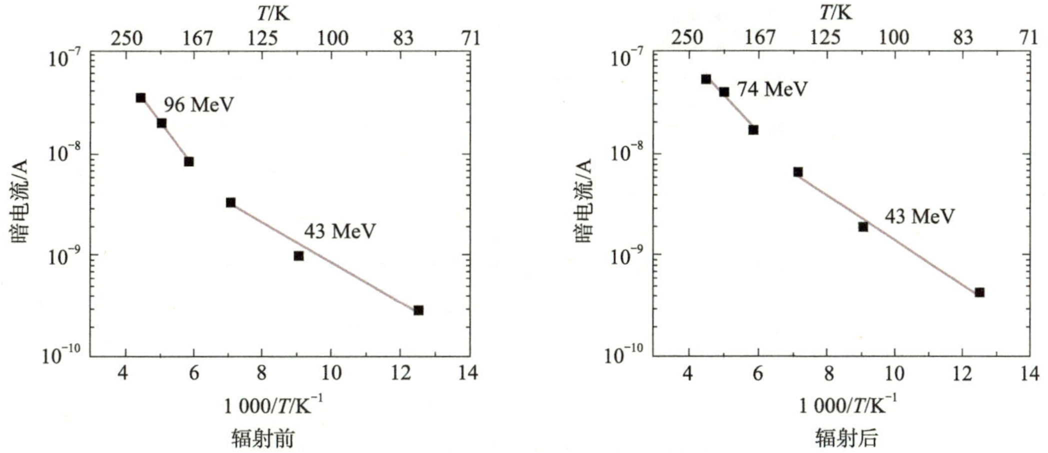

图 6－68　中波红外探测器辐射前后活化能的变化

化[293]。由图中可知，辐射后暗电流由 10^{-8} 增大到 10^{-7} A，大约增大了 1 个数量级，活化能由辐射前的 40 MeV 减小为 19 MeV，约降为辐射前的一半。然而量子效率变化较小，由辐射前的 53%减小为 50%。

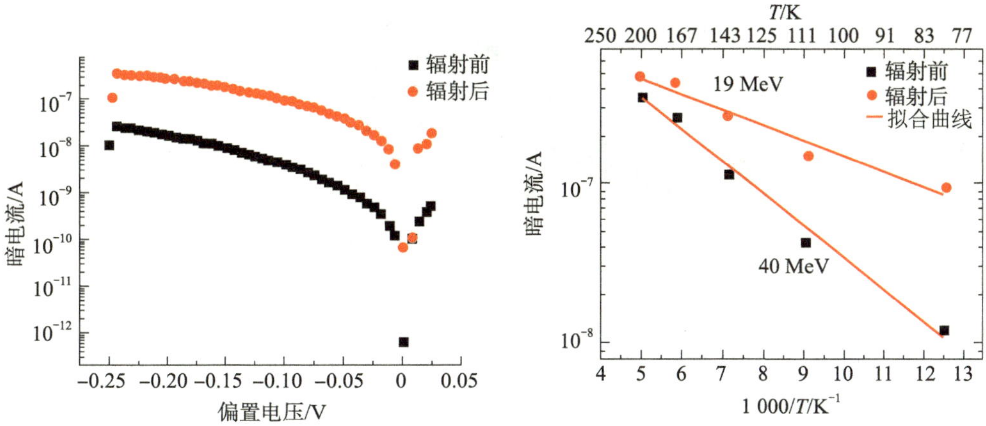

图 6－69　长波红外探测器辐射前后暗电流和活化能的变化

图 6－70 是采用上述中波红外探测器的焦平面阵列在 30 krad 剂量辐射前后噪声等效温差的变化。噪声等效温差由辐射前的（19.5±4.7）mK 变为辐射后的（20.3±6.8）mK，这一变化小于测量误差，因此该辐射剂量对焦平面阵列的影响可以忽略[293]。

（2）γ 射线辐射环境条件下的性能演变

光伏器件 $R-V$ 曲线在分析其暗电流机理中起着重要的作用。将实验中获得的 $I-V$ 曲线对电压 V 微分后取倒数，可以得到典型长波和中波器件的 $R-V$ 曲线随辐射剂量的变化，如图 6－71 和图 6－72 所示。从图中看出，随着辐射剂量的增加，长波和中波器件表现出不同的抗辐射能力。长波器件的反偏电阻随着剂量增加而急剧降低。相比之下，中波

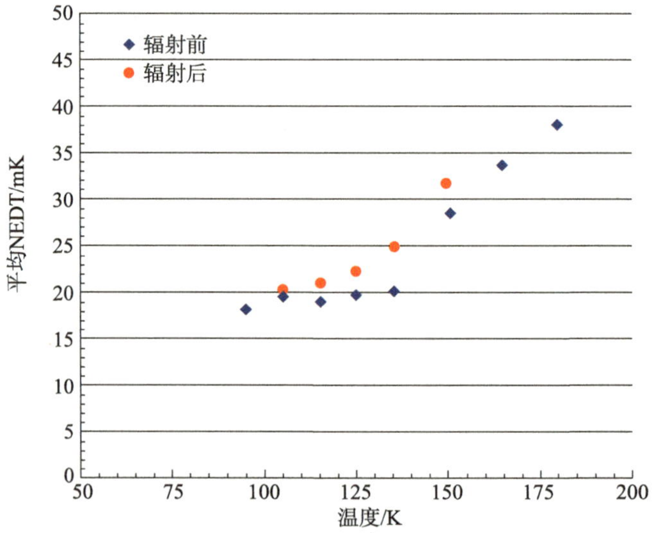

图 6－70 中波红外焦平面阵列探测器辐射前后噪声等效温差的变化

器件反偏电阻随辐射剂量增加变化不如长波明显，辐射的影响主要表现在电阻值的扰动增加[294]。

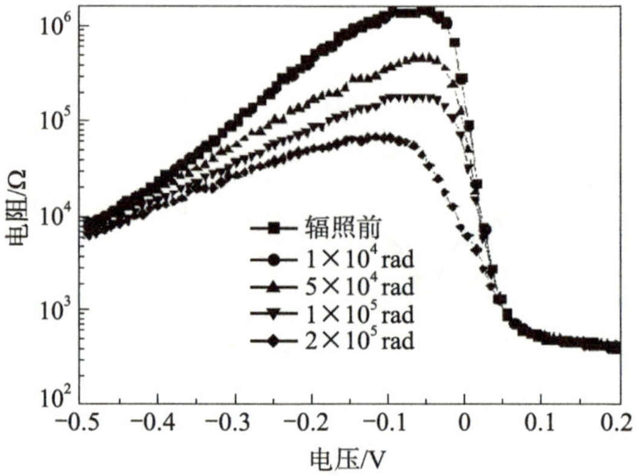

图 6－71 长波红外探测器 $R-V$ 曲线随辐射剂量的变化

两种器件的制备工艺过程完全相同，唯一不同的是其材料的禁带宽度不同。对长波器件的 $R-V$ 曲线进行数值拟合和参数提取，发现随着辐射剂量增加，器件的产生-复合少子寿命逐渐降低，缺陷密度逐渐增加，增大了产生-复合电流，从而导致其零偏电阻随辐射剂量增加而降低。相比之下，中波器件材料的载流子迁移率比长波器件低，掺杂浓度比长波器件高，同时其禁带宽度几乎是长波器件的两倍，使得中波器件的辐射效应要明显弱于长波器件，具有更强的抗辐射能力。

图 6－73 和图 6－74 给出了典型长波和中波器件辐射后反向偏压 0.2～0.5 V 范围内器件的暗电流随时间的退火过程。从图中可以看出，辐射停止后器件的暗电流都增大，但暗电流随停止时间的变化趋势有所不同。对于长波器件，经过 3×10^5 rad 剂量的辐射后，虽

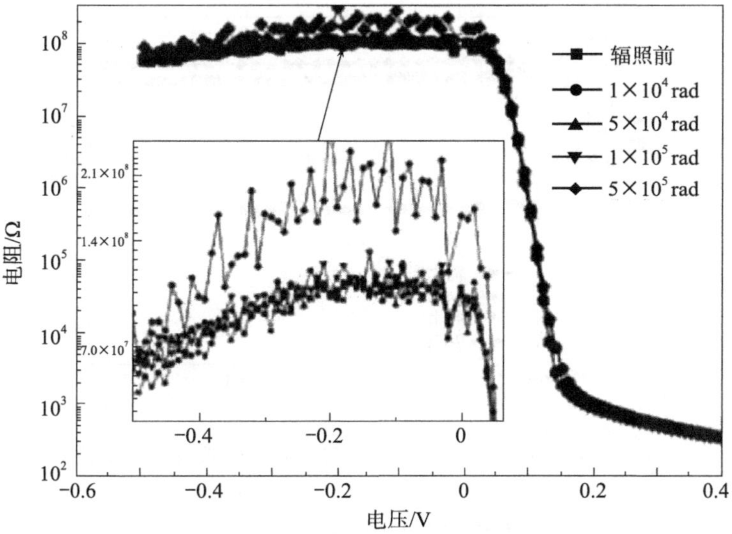

图 6-72　中波红外探测器 $R-V$ 曲线随辐射剂量的变化

然器件的暗电流增大，但暗电流有在短时间内恢复到辐射前的趋势。对于中波器件，经过 1×10^7 rad 剂量的辐射后，器件的暗电流同样增大，但辐射停止很长时间后只有轻微的恢复。这一对比说明实验中 γ 辐射对于长波器件引起的损伤较大程度是暂时的，而对于中波器件引起的损伤主要是永久的[295]。

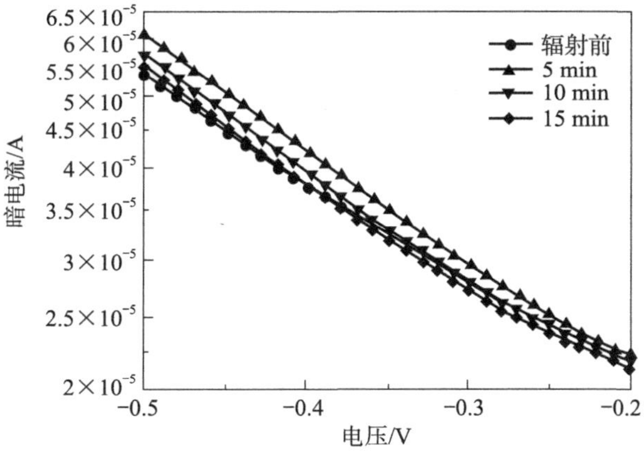

图 6-73　长波红外探测器辐射后暗电流随时间的变化

实验中，中波和长波器件的辐射剂量不同，长波器件的辐射剂量较低，当停止辐射后，由于电离效应产生的非平衡载流子，以及位移效应所产生的缺陷主要为暂态损伤，因此大部分缺陷中心在较短的时间内消失而恢复到平衡状态，不足以对器件产生严重的影响，因此器件的暗电流在辐射停止后的较短时间内就得到很大程度的恢复。而对于中波器件，其辐射剂量远大于长波器件，此时辐射产生的损伤主要为永久损伤，因此辐射停止后很长时间（96 h）器件的暗电流仍无法恢复。对于应用于辐射环境中的红外探测器，可以

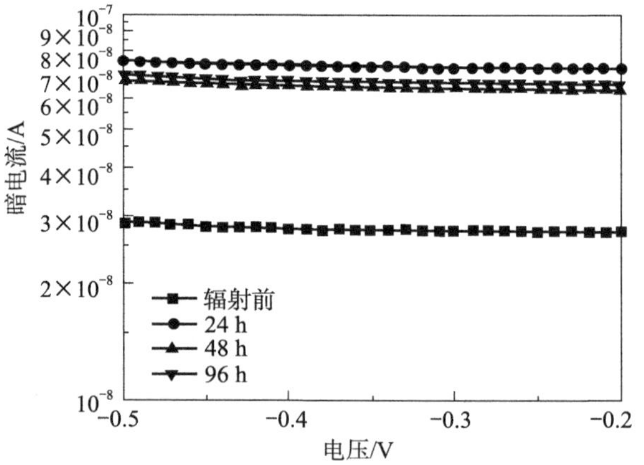

图 6－74　中波红外探测器辐射后暗电流随时间的变化

根据这一现象利用定时开关机来提高器件的工作寿命。

(3) 电子辐射环境条件下的性能演变

电子对碲镉汞辐射时，主要影响来源于电荷之间的库仑作用，而非经典弹性碰撞模型；其次，电子的质量很小，如果能量又高，相对重离子而言其穿透性强，即与晶格的碰撞截面小，其对晶格的影响主要发生在弹道的末端。因此电子辐射对碲镉汞的影响主要是通过长程库仑作用的位移损伤，产生的缺陷大多是点缺陷。

图 6－75 是典型器件在电子辐射前后光谱响应的变化。辐射剂量分别为 2×10^2 Gy，4×10^3 Gy，4×10^4 Gy，5×10^5 Gy。当辐射剂量比较小时，没有观测到器件性能有明显变化。当辐射剂量达到 10^4 Gy 量级时，器件性能才开始出现变化。从图 6－75 可以看出，辐射后短波段的光谱响应明显降低。实验中光是从正面入射，即通过钝化层入射。短波段的响应降低可能有两个原因：1）电子辐射在晶格中产生缺陷，短波段光的散射有所增强。虽然电子辐射主要产生点缺陷，但在室温下，这些缺陷大多可以移动，在迁移过程中，它们可以互相结合，也可以与辐射前存在的其他缺陷结合，最后形成较大并且相对稳定的缺陷团，这些缺陷团对特定波段的光有较强的散射。2）接近表面处的载流子复合速度增大，使产生的光生过剩载流子来不及扩散到结区便发生了复合，而光伏器件的光生电子空穴对必须扩散到结区才能对信号有贡献。电子在碲镉汞中的碰撞截面较小，所以容易深入表面以内，这可能产生以下影响：在钝化层和碲镉汞间的界面处产生界面态；在碲镉汞中产生缺陷能级。根据间接复合模型，这些界面态和缺陷能级很容易起到复合中心的作用而使载流子的复合速度增大。另外，同其他粒子辐射一样，电子也在碲镉汞中引入施主缺陷，电子的浓度增加，使俄歇复合加强[296]。

虽然辐射后短波段的光谱响应降低，但光谱的响应峰值波长和截止波长没有发生移动，这说明即使电子对碲镉汞晶体产生位移损伤，但对其能带结构却没有明显的影响，即该短波器件在宇航环境中工作即使受到相当剂量的电子辐射，其探测波段也不会发生移动。

电子辐射以后器件伏安特性变差，反向暗电流有所增大，如图 6－76 所示。实验中所用的光伏器件的结区是通过在 p 型碲镉汞衬底上进行 B 离子注入形成，属浅结 PN 结，在

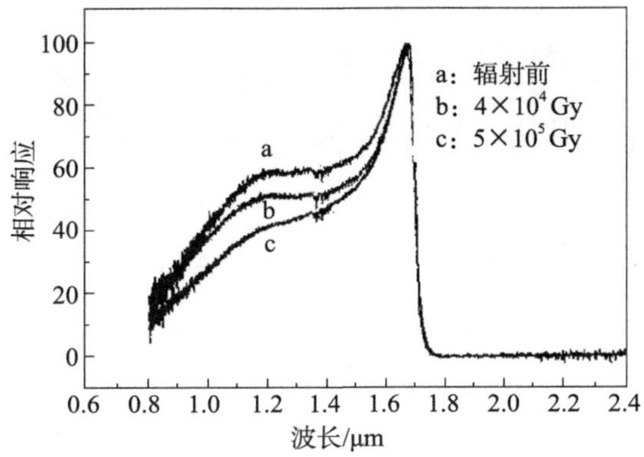

图 6－75　辐射前后器件的响应光谱

考虑通过 PN 结的暗电流时，可以忽略 n 区的扩散电流。根据 Monte Carlo 模拟，1 MeV 电子在碲镉汞中的射程约为 10 μm，这说明大部分入射电子停留在结区或穿过结区而形成 $N^{+}-N-P$ 型结。由于电子辐射引入施主型缺陷，这样电子的浓度急剧增大，结果可能使得 n 区和结区厚度都有所增加。辐射前，由于结区厚度很小，采用耗尽层近似，故可忽略结区的产生-复合电流，同时由于器件表面有良好的钝化层，使得表面漏电可以忽略。而在辐射后，不但结区厚度增加，而且引入了大量的缺陷，提供了产生-复合中心，这样势必使辐射后结区的产生-复合电流大大增加。虽然电子大部分穿过钝化层，但也有一部分电子沉积在钝化层尤其是钝化层与碲镉汞间的界面，在该处形成辐射损伤，又使辐射后的表面漏电也有所增加。总的来看，随着辐射剂量的增大，器件的反向暗电流逐渐增大，动态零偏电阻有减小的趋势，影响幅度与器件的质量有关[296]。

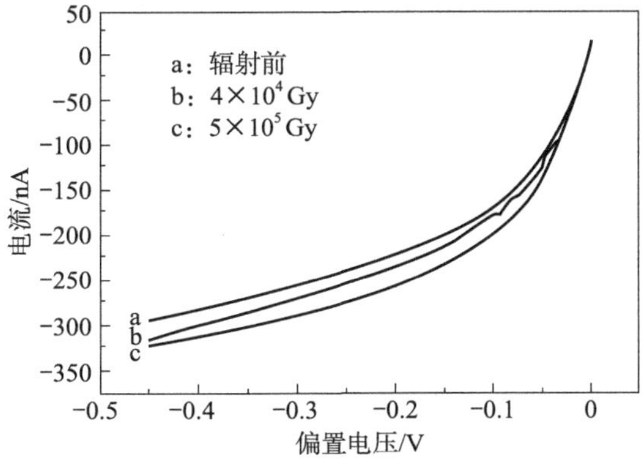

图 6－76　辐射前后器件反向偏压下暗电流的变化

表 6－3 给出了不同剂量辐射后探测性能的变化，表中 D_{bb}^{*} 为黑体探测率，D_{p} 为峰值探测率。可以看出，辐射前后器件的优值因子 $R_{0}A$ 有减小的趋势，器件的信号变化不大，但器件的噪声随着辐射剂量的增大而增大。实验已经表明，随着辐射剂量的增大，器件的反向暗电流逐渐增大，这是器件噪声增大的主要原因。综合信号、噪声的变化、器件的探测率也随着辐射剂量的增大而逐渐下降[296]。

表 6-3　不同剂量辐射后器件探测性能的变化

辐射剂量/Gy	R_0A / ($\Omega \cdot cm^2$)	信号/mV	噪声/μV	D_{bb}^* / ($cm \cdot Hz^{1/2} \cdot W^{-1}$)	G 因子	D_p^* / ($cm \cdot Hz^{1/2} \cdot W^{-1}$)
辐射前	3.46×10^3	1.60	24	1.72×10^9	99	1.71×10^{11}
4×10^4	3.04×10^3	1.70	32	1.37×10^9	99	1.35×10^{11}
5×10^5	2.70×10^3	1.40	59	6.13×10^8	93	5.70×10^{10}

(4) 抗辐射加固技术

在 HgCdTe 材料中，Hg 是不稳定的，容易蒸发出去，从而改变探测器的性能。为了控制隧道漏电和结漏电，防止合金组分随时间分解，需要对其表面进行钝化，钝化也起到了抗辐射加固的作用。事实上，早期的加固方法大多是引入一层钝化绝缘层材料，如阳极硫化物或者沉积一层 SiO_2。

ZnS 是早期 n-on-p 光伏探测器常用的钝化层，但是 ZnS 有一个缺点，即它对于俘获电荷太敏感，以至于用 ZnS 钝化的 HgCdTe 器件即使在 3×10^3～5×10^4 rad 这样的低剂量辐射下也呈现出性能衰退现象，因此，对于兼顾抗辐射性能，ZnS 做钝化层是不合适的。后来采用了 CdTe，与 ZnS 或早期所用的其他钝化材料相比，CdTe 与 HgCdTe 的兼容性更好。由此获得了高性能的探测器和均匀性好（只有少数盲元）的阵列器件。早期的探测器主要是 n-on-p 器件，随着 CdTe 钝化技术的发展，器件结构也从 n-on-p 转向 p-on-n 结构。p-on-n 结构与 CdTe 钝化的结合，提高了 HgCdTe 器件的抗辐射性能。经过 CdTe 钝化的 HgCdTe 探测器可以耐受 1 Mrad 的辐射。这就意味着，芯片整体的抗辐射加固效果已不再由 HgCdTe 材料限制，而取决于读出电路（Read-Out Integrated Circuit，ROIC）的加固效果。在制冷型系统中，HgCdTe/ROIC 工作在低温下，与室温下相比，这时电离辐射效应对 ROIC 的影响要更严重，因为它使氧化物中的缺陷电荷增加了。通过使用加固设计和亚微米工艺，ROIC 在低温下也可以耐受 1 Mrad 的辐射，如同在室温下的性能那样，只是其加固成本较高[297]。

6.6　典型成像探测器性能对应用系统的影响

本节以空间激光通信系统中跟踪瞄准用 CMOS 探测器测量误差对跟踪性能的影响为例说明成像器件特性与应用系统的关系。

星间激光通信链路开始建立的初期，受到星历预报误差、卫星平台振动以及在轨姿态控制精度等因素的影响，发射端和接收端之间会存在一个较大的初始瞄准偏差角，需通过捕获对初始瞄准偏差角进行补偿，以提高光通信终端的对准精度。捕获完成后，星间激光链路进入跟踪阶段。跟踪是指跟踪子系统根据跟踪探测器上的光斑信息给出误差信号驱动控制回路对入射光方向进行瞄准的过程。跟踪的目的是在卫星平台振动和星间相互运动的影响下，尽量将接收光斑保持在精跟踪探测器中心。高稳定、高精度的跟踪是星间激光链路可靠通信的保障。

根据星上环境以及任务需求的不同，跟踪可以分为单向跟踪和双向闭环跟踪。单向跟踪是指通过质心算法对精跟踪探测器接收到的入射光光斑质心进行定位，从而输出光斑的方位（AZ）和俯仰（EL）位置偏差信号，并将其等比例转换为相应的控制电压，进而对接收端天线法向进行实时调节，实现对发射端的对准。星间激光通信系统的跟踪性能是由精跟踪子系统决定的，精跟踪子系统通常分别对方位角和俯仰角两个方向进行独立的闭环跟踪，如图 6－77 所示。

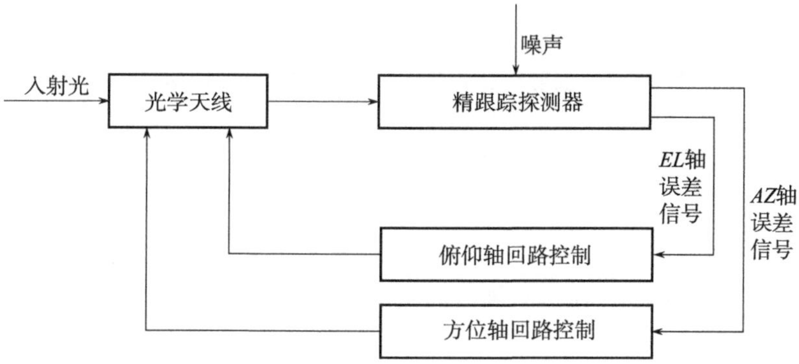

图 6－77　跟踪回路结构示意图

理想跟踪情况下，接收光的入射方向与接收天线法向平行，入射光束聚焦在经接收端光学系统共轴校准的精跟踪探测器的中心，此时不输出位置偏差信号。而在实际过程中，受接收端卫星平台的振动以及星间相对运动的影响，接收光的入射方向相对接收端天线法向存在一个偏差角，此时位置探测器上光斑质心会偏离精跟踪探测器的中心，精跟踪探测器会输出位置偏差信号。

在接收端卫星上，以 CMOS 探测器校准中心为原点，分别以 AZ 和 EL 正方向为 x 轴和 y 轴正方向建立右手坐标系如图 6－78 所示。假定发射端卫星所在位置的方位角和俯仰角为（θ_{AZ}，θ_{EL}），根据几何光学，可得探测器上接收光斑质心的真实位置为

$$\begin{cases} x_0 = f\tan\theta_{AZ} \\ y_0 = f\tan\theta_{EL} \end{cases} \tag{6-103}$$

式中，f 为星间激光通信系统接收光路等效焦距。

设此时在探测器噪声的影响下，CMOS 探测器对光斑质心位置的估计为（$\overline{x}$，$\overline{y}$）。为了研究 CMOS 探测器误差对跟踪性能的影响，假定跟踪回路控制精度足够高，能够完全抑制卫星平台振动引入的干扰。此时在 CMOS 探测器给出的位置偏差信号驱动下，接收端天线法向（ϕ_{AZ}，ϕ_{EL}）应满足以下关系

$$\begin{cases} \phi_{AZ} = \arctan\left(\dfrac{\overline{x}}{f}\right) \\ \phi_{EL} = \arctan\left(\dfrac{\overline{y}}{f}\right) \end{cases} \tag{6-104}$$

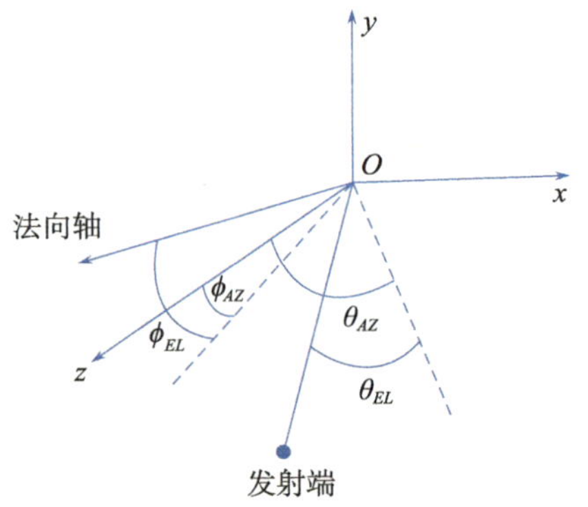

图 6－78　发射端卫星相对于接收端卫星坐标系示意图

定义接收端在方位和俯仰方向的跟踪误差角分别为

$$\begin{cases}\psi_{AZ}=\theta_{AZ}-\phi_{AZ}\\ \psi_{EL}=\theta_{EL}-\phi_{EL}\end{cases}\tag{6-105}$$

定义 CMOS 探测器在 x 轴和 y 轴方向的误差分别为

$$\begin{cases}\Delta x=x_0-\overline{x}\\ \Delta y=y_0-\overline{y}\end{cases}\tag{6-106}$$

将式（6－103）和式（6－104）代入式（6－105）中，并进行小角度近似，可得单向跟踪时跟踪误差角与精跟踪探测器测角误差的关系为

$$\begin{cases}\psi_{AZ}\approx\dfrac{x_0-\overline{x}}{f}=\dfrac{\Delta x}{f}\\ \psi_{EL}\approx\dfrac{y_0-y}{f}=\dfrac{\Delta y}{f}\end{cases}\tag{6-107}$$

光通信系统的跟踪性能是指当系统处于稳定跟踪阶段时跟踪误差角的统计特性。系统跟踪性能的好坏取决于跟踪误差角方差的大小。下面将讨论 CMOS 探测器测角误差影响下跟踪误差角的概率密度函数。

在像元内部随机噪声的影响下，CMOS 探测器对聚焦光斑的质心在 x 轴和 y 轴方向的定位误差相互独立，服从均值为 0、方差为 σ_{DN}^2 的高斯分布，其中 σ_{DN}^2 为

$$\sigma_{DN}^2=\frac{\sigma_{PSF}^2}{\mu I_{RD}}+\frac{(2N_T+1)^2(N_T+1)N_Ta^2}{3}\frac{\sigma_{\text{Noise}}^2}{\mu^2 I_{RD}^2}\tag{6-108}$$

式中，σ_{PSF} 为聚焦光斑的高斯等效半宽；I_{RD} 为 CMOS 探测表面接收到的总光强；N_T 为 CMOS 精跟踪子窗口的半宽；μ 为 CMOS 探测器响应；a 为 CMOS 探测器像元间隔；σ_{Noise} 为 CMOS 探测器单个像元的内部所有噪声之和，即除入射光产生的散弹噪声之外的暗电流噪声、量化噪声等。

由于通常情况下跟踪子系统中方位误差和俯仰误差的控制回路是相互独立的，那么根据 CMOS 探测器误差的统计特性可知，单向跟踪时系统在方位和俯仰方向的跟踪误差角 ψ_{AZ} 和 ψ_{EL} 是相互独立、零均值、等方差的高斯随机变量。

因此，在 CMOS 探测器误差的影响下，系统跟踪误差角 ψ_{Te} 的大小是一个服从 Rayleigh 分布的随机变量。根据式（6－107）可得 ψ_{Te} 的概率密度函数为

$$f(\psi_{Te})=\frac{\psi_{Te}}{\sigma_{Te}^2}\exp\left(-\frac{\psi_{Te}^2}{2\sigma_{Te}^2}\right) \tag{6-109}$$

其中

$$\psi_{Te}=\sqrt{\psi_{AZ}^2+\psi_{EL}^2}$$

$$\sigma_{Te}^2=\frac{1}{f^2}\sigma_{DN}^2=\frac{1}{f^2}\left[\frac{\sigma_{PSF}^2}{\mu I_{RD}}+\frac{(2N_T+1)^2(N_T+1)N_Ta^2}{3}\frac{\sigma_{\text{Noise}}^2}{\mu^2 I_{RD}^2}\right]$$

跟踪误差角的方差 σ_{Te}^2 是表征系统跟踪性好坏的重要参量，根据 Rayleigh 分布的特性可知，当 σ_{Te}^2 越大时，系统跟踪误差角大于某一系统允许的最大跟踪误差的概率也越大，表示此时系统跟踪性能越差[298]。

第7章 电光调制器件在宇航环境条件下的性能演变及抑制技术

电光调制器是光通信系统、光传感系统、微波光子系统等多种光电系统的重要器件。通信系统通过调制器将直流信号转换为数字信号，光纤传感系统为了将微弱信号提取出来通常通过调制器对信号进行调制或反馈控制，微波光子系统通过调制器将微波信号转换为光信号，或者通过调制器在光域进行微波信号的产生和处理，光相位相关测量检测系统通过调制器调节相位并将相位信息转化为可直接检测的光强信息。在各种应用系统中，电光调制器实际上是一个相位-功率转换器件或者电-光转换器件，直接决定了系统在工程应用中的性能。

目前工程应用的电光调制器材料主要有：铌酸锂（$LiNbO_3$）、硅和Ⅲ-Ⅴ族化合物半导体（InP、GaAs）。不同材料调制器的物理效应也不相同，$LiNbO_3$ 调制器基于线性电光效应［泡克耳斯（Pockels）效应］；Si 调制器主要基于等离子色散效应；而 InP、GaAs 基调制器主要基于量子限制 Stark 效应，属于电吸收调制器。铌酸锂调制器可以实现几乎完美的相位调制，频率啁啾很弱，是模拟信号调制的首选，但铌酸锂调制器的体积较大，成本较高。InP 和 Si 调制器的体积较小，便于集成，但相位调制和强度调制往往同时发生，其调制线性度要低于铌酸锂调制器。值得关注的是，近年来薄膜铌酸锂（Lithium Niobate on Isolator，LNOI）调制器取得了快速发展，其不仅继承了铌酸锂材料良好的线性电光效应优点，而且可实现更大的带宽，更低的半波电压以及和 InP、Si 等材料类似的体积，是一种具有良好发展前景的电光材料。本章主要介绍目前常用的 $LiNbO_3$ 电光调制器和硅基电光调制器。

7.1 铌酸锂电光调制器技术

7.1.1 铌酸锂晶体的电光效应

外加电场引起介质折射率改变，从而影响光波在介质中的传播特性，这种物理现象称为电光效应。介质折射率的变化与外加电场的关系通常可写为

$$\Delta n = \gamma E + \kappa E^2 + \cdots \tag{7-1}$$

式中，E 为外加电场强度；γ 为泡克耳斯电光系数；κ 为克尔（Kerr）电光系数。γ 和 κ 由介质本身的特性决定。如果折射率的变化与电场强度的一次方成正比，则称为泡克耳斯效应或线性电光效应，如果折射率的变化与电场强度的平方成正比，则称为克尔效应或二次电光效应。除具有反演对称中心的晶体外，大部分晶体都有线性电光效应，而二次电光效应存在于所有晶体中。与线性电光效应相比，二次效应很微弱，因此在电光调制应用中，常忽略二次效应。使用 $LiNbO_3$ 和 $LiTaO_3$ 晶体制成的调制器就是基于线性电光效应工作的。

在外加电场作用下，晶体的折射率椭球方程为

$$\sum_{i,j}\left[\left(\frac{1}{n^2}\right)_{ij} + \Delta\left(\frac{1}{n^2}\right)_{ij}\right]x_i x_j = 1 \tag{7-2}$$

式中，$\Delta\left(\frac{1}{n^2}\right)_{ij}$ 是由外加电场引起的 $\left(\frac{1}{n^2}\right)_{ij}$ 的增量，在主轴坐标系中可以表示为

$$\Delta\left(\frac{1}{n^2}\right)_{ij} = \sum_{k=1}^{3}\gamma_{ijk}E_k \tag{7-3}$$

式中，E_k 为外加电场分量；γ_{ijk} 为晶体电光系数张量的元素。在电光系数张量 γ_{ijk} 中，$\gamma_{ijk} = \gamma_{jik}$，利用下标简写法（11→1，22→2，33→3，23（32）→4，31（13）→5，12（21）→6）将 3×3×3=27 个元素简写成 6×3=18 个元素。式（7－3）用矩阵形式可表示为

$$\begin{bmatrix}\Delta\left(\frac{1}{n^2}\right)_1 \\ \Delta\left(\frac{1}{n^2}\right)_2 \\ \Delta\left(\frac{1}{n^2}\right)_3 \\ \Delta\left(\frac{1}{n^2}\right)_4 \\ \Delta\left(\frac{1}{n^2}\right)_5 \\ \Delta\left(\frac{1}{n^2}\right)_6\end{bmatrix} = \begin{bmatrix}\gamma_{11} & \gamma_{12} & \gamma_{13} \\ \gamma_{21} & \gamma_{22} & \gamma_{23} \\ \gamma_{31} & \gamma_{32} & \gamma_{33} \\ \gamma_{41} & \gamma_{42} & \gamma_{43} \\ \gamma_{51} & \gamma_{52} & \gamma_{53} \\ \gamma_{61} & \gamma_{62} & \gamma_{63}\end{bmatrix} \cdot \begin{bmatrix}E_x \\ E_y \\ E_z\end{bmatrix} \tag{7-4}$$

利用电光张量矩阵得到外加电场时晶体折射率椭球方程的普遍表达式为

$$\begin{aligned}&\left[\left(\frac{1}{n^2}\right)_{11} + \gamma_{11}E_x + \gamma_{22}E_y + \gamma_{13}E_z\right]x^2 + \left[\left(\frac{1}{n^2}\right)_{22} + \gamma_{21}E_x + \gamma_{22}E_y + \gamma_{23}E_z\right]y^2 + \\ &\left[\left(\frac{1}{n^2}\right)_{33} + \gamma_{31}E_x + \gamma_{32}E_y + \gamma_{33}E_z\right]z^2 + 2\left[\gamma_{41}E_x + \gamma_{42}E_y + \gamma_{43}E_z\right]yz + \\ &2\left[\gamma_{51}E_x + \gamma_{52}E_y + \gamma_{53}E_z\right]xz + 2\left[\gamma_{61}E_x + \gamma_{62}E_y + \gamma_{63}E_z\right]xy = 1\end{aligned} \tag{7-5}$$

由于晶体的对称性，电光张量矩阵的电光系数大部分为零，只有少部分有量值，所以在实际应用中上式可得到简化。$LiNbO_3$ 和 $LiTaO_3$ 晶体的电光系数张量矩阵为

$$\begin{bmatrix} 0 & -\gamma_{22} & \gamma_{13} \\ 0 & \gamma_{22} & \gamma_{13} \\ 0 & 0 & \gamma_{33} \\ 0 & \gamma_{42} & 0 \\ \gamma_{42} & 0 & 0 \\ -\gamma_{22} & 0 & 0 \end{bmatrix} \tag{7-6}$$

只考虑电场沿 z 轴方向的情况，即 $E=E_z$，$E_x=E_y=0$。$LiNbO_3$ 晶体的折射率椭球方程可表示为

$$\left(\frac{1}{n_o^2}+\gamma_{13}E_z\right)x^2+\left(\frac{1}{n_o^2}+\gamma_{13}E_z\right)y^2+\left(\frac{1}{n_e^2}+\gamma_{33}E_z\right)z^2=1 \tag{7-7}$$

式中，n_o 为寻常光（o 光）折射率；n_e 为非寻常光（e 光）折射率。上式无交叉项，仅有 x、y、z 的二次项，所以外加电场方向沿晶体 z 轴方向时，折射率椭球只发生了形变，其主轴的方向不变，晶体仍然是单轴晶体，保持各向异性。由于 $\gamma_{13}E_z \ll 1/n_o^2$，$\gamma_{33}E_z \ll 1/n_e^2$，上式改写为

$$\frac{x^2+y^2}{(n_o+\Delta n_o)^2}+\frac{z^2}{(n_e+\Delta n_e)^2}=1 \tag{7-8}$$

式中

$$\Delta n_o=-\frac{1}{2}n_o^3\gamma_{13}E_z \qquad \Delta n_e=-\frac{1}{2}n_e^3\gamma_{33}E_z \tag{7-9}$$

晶体折射率椭球变化后，主轴方向的寻常光折射率为 $n_o'=n_o+\Delta n_o$，非寻常光折射率为 $n_e'=n_e+\Delta n_e$。

同理，当电场方向沿 x 方向时，折射率椭球方程为

$$\frac{1}{n_o^2}(x^2+y^2)+\frac{1}{n_e^2}z^2-2\gamma_{22}E_xxy+2\gamma_{42}E_yzx=1 \tag{7-10}$$

当电场方向沿 y 方向时，折射率椭球方程为

$$\left(\frac{1}{n_o^2}-\gamma_{22}E_y\right)x^2+\left(\frac{1}{n_o^2}+\gamma_{22}E_y\right)y^2+\frac{z^2}{n_e^2}+2\gamma_{42}E_yyz=1 \tag{7-11}$$

可见在以上两种电场作用下，折射率椭球不仅发生了形变而且其主轴方向也发生了变化，通过转动坐标变换可得新主轴坐标系下的主折射率。

7.1.2　铌酸锂电光调制器的种类

$LiNbO_3$ 电光调制器从功能上可分为相位调制器和强度调制器。从电极结构上分为集总电极调制器和行波电极调制器。从波导制作工艺上分为钛扩散调制器和质子交换调制器。典型的集总电极调制器是 Y 型波导相位调制器，简称 Y 波导。典型的行波电极调制器是强度调制器，把高速电信号加载到光信号上，实现电信号到光信号的转换。根据晶圆材料结构的不同可分为体铌酸锂调制器和薄膜铌酸锂调制器。体铌酸锂调制器一般采用扩散波导结构，其结构如图 7－1 所示。薄膜铌酸锂波导的结构如图 7－2 所示。在基底晶圆

上有一层二氧化硅薄膜，在二氧化硅薄膜上为铌酸锂薄膜，通过刻蚀等工艺在铌酸锂薄膜上加工出脊型波导，波导的尺寸通常在几百纳米量级。

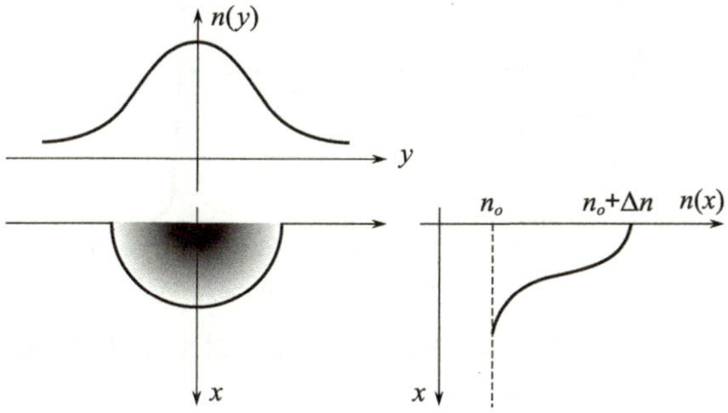

图 7－1　扩散波导结构及折射率分布

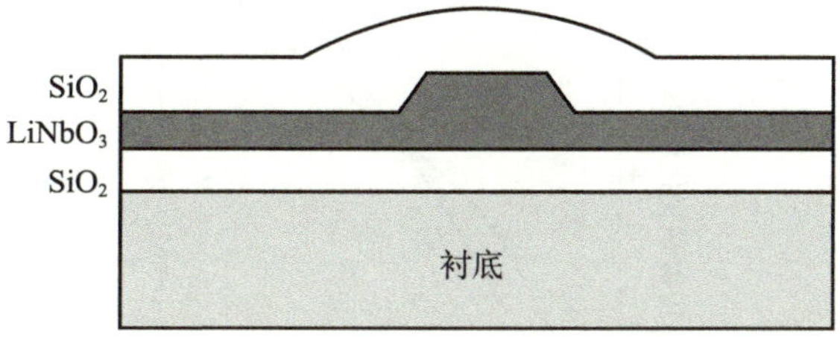

图 7－2　薄膜铌酸锂波导结构

$LiNbO_3$ 电光调制器因为波导的制备工艺不同，其调制性能存在明显的差别。质子交换 $LiNbO_3$ 调制器的特点是具备偏振功能，质子取代 Li^+ 进入 $LiNbO_3$ 晶体后使得 z 轴的折射率（寻常光折射率 n_o）增大，而 x/y 轴的折射率（非寻常光 n_e）减小，如图 7－3 所示[299]，使得沿寻常轴方向偏振的光截止，波导中只能传输一个偏振态，因此质子交换波导调制器不但具有相位调制功能，还具有起偏/检偏功能。Ti 扩散 $LiNbO_3$ 电光相位调制器和质子交换 $LiNbO_3$ 电光相位调制器的区别在于 Ti 扩散进入 $LiNbO_3$ 后，两个偏振轴方向的折射率同时增大（见图 7－4）[300]，所以 Ti 扩散 $LiNbO_3$ 调制器可以传输两个偏振态，通过电光效应可对两个偏振态同时进行调制。但是电极总是以某一偏振轴为主要调制轴进行设计的，电场在两个偏振轴向的分量不同，而且两个偏振轴方向的电光系数不同，通过 Ti 扩散 $LiNbO_3$ 调制器的两个偏振态会累积不同的相位调制，所以 Ti 扩散 $LiNbO_3$ 调制器可用于偏振态间的相位调制。

7.1.3　集总电极铌酸锂电光调制器技术

集总电极 $LiNbO_3$ 调制器的典型器件是采用质子交换工艺的 Y 波导相位调制器（Y 波导），广泛应用于光纤陀螺、光纤传感和光学测量等领域，本节主要介绍 Y 波导。

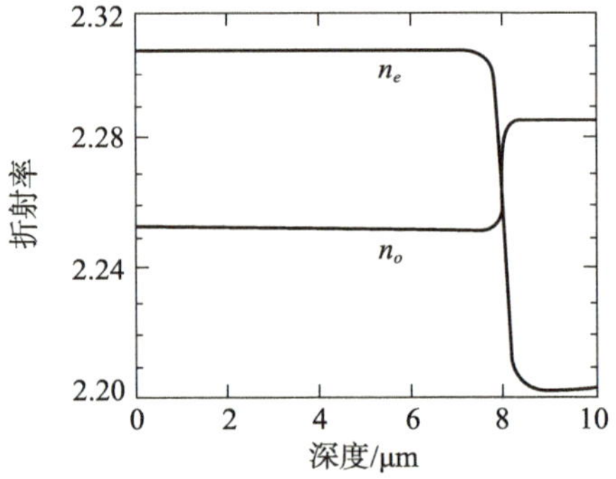

图 7-3　质子交换 $LiNbO_3$ 波导中非寻常折射率和寻常折射率的分布

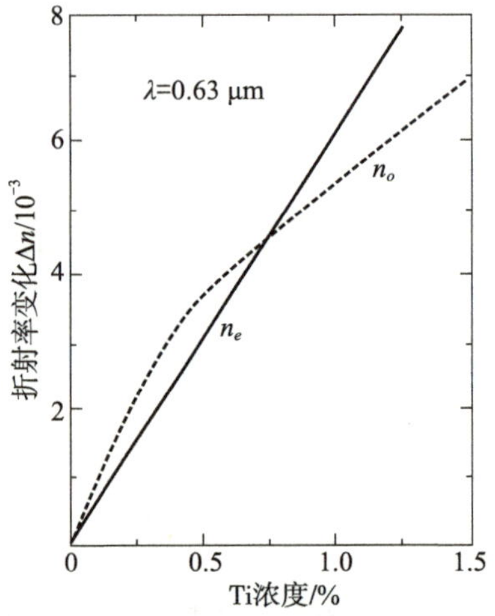

图 7-4　折射率随 Ti 掺杂浓度的变化

7.1.3.1　Y 波导的工作原理

Y 波导（也称多功能集成光学器件）由 Y 型光波导、电极和输入/输出光纤构成，结构如图 7-5 所示。通常采用 x 切 y 传 $LiNbO_3$ 晶体和质子交换工艺制备。为了获得较好的调制性能，波导被做成单模，并通过光纤耦合输入和输出。当调制信号施加在波导两侧的电极时，利用晶体的电光效应可实现对光信号的相位调制。质子交换波导只能传输一个偏振态，所以器件具有起偏/检偏功能。波导为 Y 型分支结构，正反向传输时可实现分光/合光功能。

7.1.3.2　Y 波导的主要性能参数及特性

（1）损耗

$LiNbO_3$ 调制器的插入损耗主要来源于传输损耗和光纤-波导耦合损耗。光纤-波导的耦合损耗包括光纤与波导间模场匹配损耗和两者之间的偏离损耗。传输损耗主要与光波导材料和制备工艺有关。

①波导传输损耗

波导传输损耗由两个因素决定：一是光在波导中的模场设计，另一因素是波导的加工

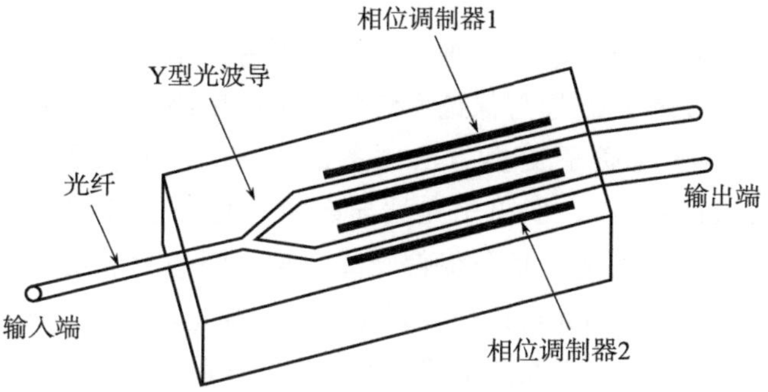

图 7-5　Y 波导结构示意图

工艺。波导中的模场设计实际是波导折射率分布的设计，而波导的折射率分布是由掺杂离子（H^+ 或 Ti^{3+}）在波导中的浓度分布决定的，因此波导的模场设计是通过掺杂离子的浓度分布设计实现的。通过设计掺杂量、波导宽度、扩散的温度和时间、扩散的气氛等因素控制掺杂离子的浓度分布。

②弯曲损耗

如图 7-5 所示，输入波导与两个输出波导间由曲线型分支波导进行连接，分支波导的结构不同，插入损耗也不同。对弯曲分支波导区的弯曲半径、曲线形状进行优化设计是降低插入损耗的手段之一。

③分支损耗

在 Y 型光波导的分支处，由于张角的不同，其插入损耗也不同，分支波导的传输损耗随张角的增大而增大。而为了防止两个交叉点模式转换和辐射损耗，分支张角应尽量小，但受器件长度限制分支张角又不能无限小，一般分支张角的设计值为 1.0°左右。

④光纤-波导耦合损耗

光波导中光波的输入和输出都要通过耦合光纤实现。产生耦合损耗的原因主要有：一是光纤和波导是否具有良好的对准状态，二是耦合界面的反射，三是光纤模场和波导模场之间的失配。其中光纤波导的模场失配损耗在耦合损耗中占主要地位。

（2）偏振相关损耗

偏振相关损耗为器件两个正交偏振态的插入损耗之差。偏振相关损耗来源于两个方面：传输损耗的偏振相关性差异和耦合损耗的偏振相关性。降低偏振相关损耗应实现两个正交偏振模式的传输损耗尽量相同，且两个正交偏振模式的模场尺寸应尽量相同，此外，两个模式在空间位置上应当重叠，保证两个模式和耦合尾纤的耦合效率尽量相同。

（3）分光比

分光比为 Y 波导两输出端口的光功率之比。Y 波导中分支波导的对称结构理论上可以实现精确的 3 dB 分光，但光刻掩膜工艺、波导加工工艺引起的分支波导不对称、光纤的耦合对准等因素都会引入分光比误差。主要通过选择合适的工艺方法和严格地控制工艺参数来减小这些误差。目前 Y 型 $LiNbO_3$ 相位调制器的分光比误差一般小于 3%。

(4) 偏振串音

偏振串音为调制器输出波导端口两偏振态的光功率之比。$LiNbO_3$ 相位调制器的偏振串音主要由光波导消光比和光波导与保偏光纤的对轴精度决定，而光波导的消光比主要与制备光波导工艺有关。采用质子交换方法制备的 $LiNbO_3$ 光波导的消光比可达到 55～70 dB，是非常理想的偏振器件，但由于光波导需通过光纤进行耦合输入与输出，因此调制器尾纤的偏振串音由波导的传输轴与保偏光纤主轴之间的对准角度误差决定。

对质子交换光波导，其输出光可近似为理想的线偏振光，当波导的传输轴和保偏光纤慢轴的对准角度误差为 θ 时，光功率在两个偏振轴的分量分别为 $\cos\theta$ 和 $\sin\theta$。如要求偏振器尾纤的偏振串音小于－30 dB，光波导与保偏光纤的对轴角度误差应小于 1.8°；如要求偏振器尾纤的偏振串音小于－40 dB，光波导与保偏光纤的对轴角度误差应控制在 0.6°以内。

(5) 半波电压

对于某一偏振态，相移为 π 时对应的调制电压称为半波电压，TE 模的半波电压为

$$V_\pi = \lambda G/(n_e^3 \gamma_{33} L\Gamma) \tag{7-12}$$

式中，G 为电极间距；L 为电极长度；Γ 为电场和光场的重叠积分因子；n_e 为 TE 模（e 光）折射率；λ 为波长；γ_{33} 为 z 向电光系数。

由上式可知，相位调制器的半波电压主要由电极结构和电光重叠积分因子 Γ 决定。电光重叠积分因子是描述外加电场对光波的作用效率的物理量，其表达式为

$$\Gamma = \frac{G}{V}\iint E_e(x,y)\cdot |E_o(x,y)|^2 \mathrm{d}x\mathrm{d}y \tag{7-13}$$

式中，$E_o(x, y)$ 为归一化光波电场的分布函数；$E_e(x, y)$ 为外加电场的分布函数；积分仅限于电光作用区域。由式（7－12）可知，增加电极长度和加大电光重叠积分因子 Γ 都能降低调制器的半波电压。而增加电极长度会增加器件长度和电极电容，电容与调制带宽成反比，因此应综合考虑器件尺寸、带宽和半波电压的要求。

(6) 背向反射

光在集成光学芯片端面的反射会在应用系统中形成干扰，因此要尽量降低器件的背向反射。减小背向反射的主要方法有：一是在光纤或波导的端面淀积一层抗反射膜；二是将光纤与波导的端面按一定的角度耦合。第一种方法对背向反射的抑制有限（约为 30 dB），工艺也复杂。而将光纤与波导的端面按一定的角度斜抛是消除背向反射的较为简单和有效的方法[301]。随着端面角度的增大，背向反射减小。在防止反射光耦合进反向光路的同时，也要保证透射光和前向光路之间的耦合效率，因此也要对光纤端面进行斜抛。

(7) 调制波形畸变

调制器的电极和铌酸锂晶体之间通常生长一层 SiO_2 作为缓冲层，以避免金属电极对光波的吸收。由 $LiNbO_3$ 调制器和光开关等直流漂移的研究可知，$LiNbO_3$ 晶体和电极之间的 SiO_2 薄膜在器件的生产制作过程中极易受到 OH^- 和碱金属离子的污染，在 SiO_2 薄膜中形成大量的可移动电荷。调制器施加调制信号时 SiO_2 薄膜中的可移动电荷在电场的作用下会发生移动，在 $LiNbO_3$ 晶体中产生感应电场，如图 7－6 所示。当给调制器施加方波调制信号时，在电压施加过程中产生和施加电压相反的内建电场，该内建电场和施加

信号叠加，实际调制波形发生了畸变（见图 7-7）[302]。

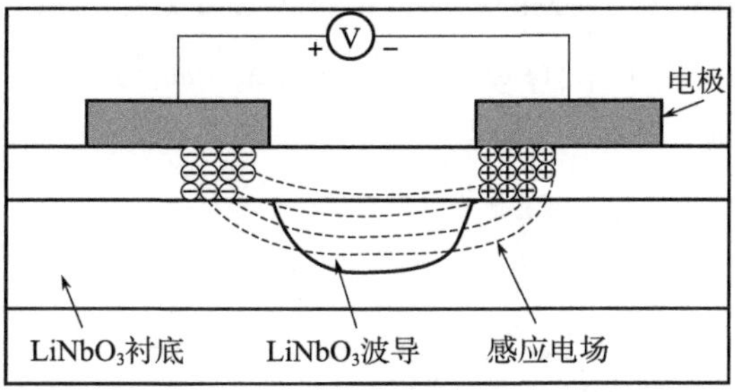

图 7-6　电光调制结构及可移动电荷示意图

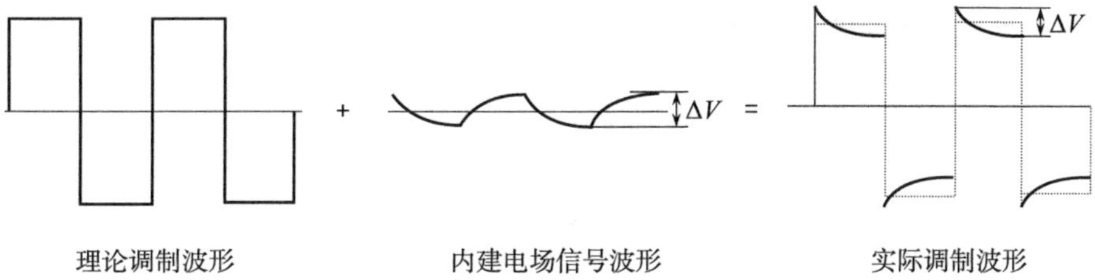

图 7-7　电荷漂移电场导致的信号波形畸变

（8）调制信号中的高次谐波

在实际应用中，由于调制器的背向反射、附加强度调制、偏振耦合等原因，在采用模拟信号进行相位调制时，实际输出光信号中将含有调制频率的高次谐波。下面以锯齿波调制为例说明调制过程中调制器引入的高次谐波。

如果输入调制器的光波电场分量表示为 $E_0\exp(\mathrm{i}\omega t)$，经过相位调制后的输出光波为

$$E(t)=E_0\exp[\mathrm{i}(\omega t-\beta L_0)]\exp[\mathrm{i}\phi(t)] \tag{7-14}$$

式中，E_0 为光场振幅；ω 为光波角频率；β 为光波传播常数；L_0 为调制区长度；t 为时间；$\phi(t)$ 为调制相位。

对于如图 7-8 所示的锯齿波调制

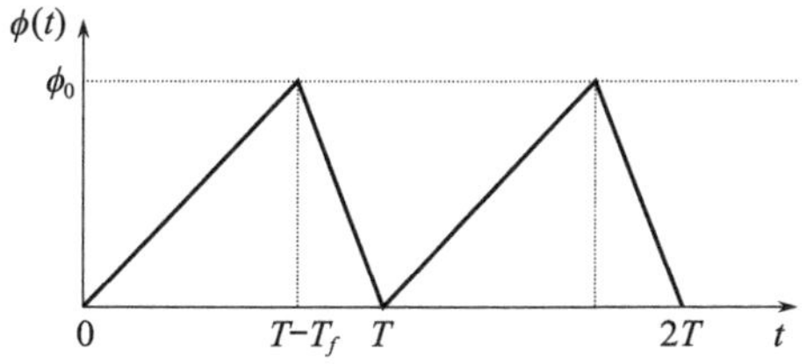

图 7-8　锯齿波调制波形

$$\phi(t)=\begin{cases}\dfrac{\phi_0}{T-T_f}t & t\leqslant T-T_f\\ \dfrac{\phi_0}{T_f}(T-t) & T-T_f<t<T\end{cases} \tag{7-15}$$

式中，ϕ_0 为锯齿波峰值相位；$T=2\pi/\omega_r$ 为锯齿波周期；ω_r 为角频率；T_f 为回扫时间。若铌酸锂调制器为理想相位调制器，将相位调制项展开成傅里叶级数，则有

$$\exp[\mathrm{i}\phi(t)]=\sum a_n \exp(\mathrm{i}n\omega_r t) \tag{7-16}$$

高次谐波的振幅为

$$\begin{aligned} a_n &= \frac{1}{T}\int\cos\left[\phi(t)-\frac{2n\pi}{T}t\right]\mathrm{d}t \\ &= \sin\left[\phi_0-2n\pi\left(1-\frac{T_f}{T}\right)\right]\left[\frac{1-\frac{T_f}{T}}{\phi_0-2n\pi\left(1-\frac{T_f}{T}\right)}+\frac{\frac{T_f}{T}}{\phi_0+2n\pi\frac{T_f}{T}}\right] \end{aligned} \tag{7-17}$$

所以高次谐波振幅仅与调制波形失真有关。

7.1.4 行波电极铌酸锂电光调制器技术

行波电极铌酸锂调制器中电极传输的电信号为电磁波，电磁波的频率可高达数10 GHz 甚至 100 GHz 以上，不仅要具有高频调制能力还要具备宽带调制能力。行波电极 $LiNbO_3$ 调制器的种类很多，包括马赫-曾德尔干涉（Mach - Zehnder Interferometer，MZI）型强度调制器、相位调制器、双驱 MZI 调制器、IQ 调制器和偏振复用 IQ 调制器等，各器件结构如图 7 - 9 所示。本节主要介绍行波电极强度调制器。

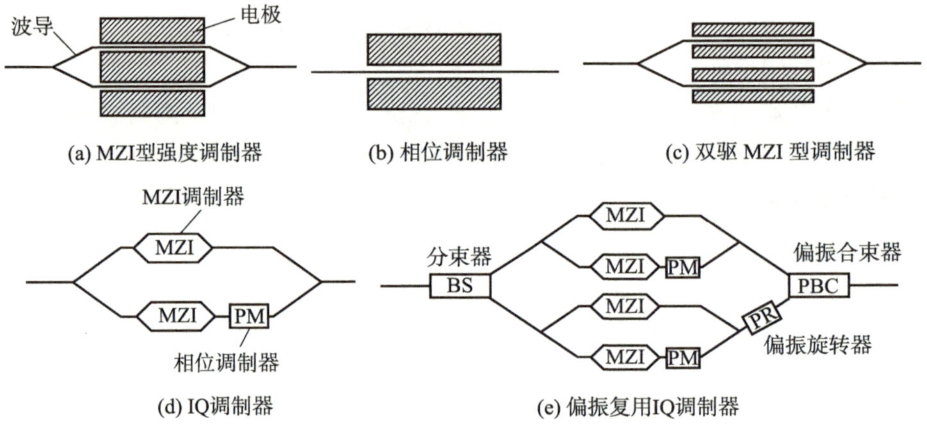

图 7 - 9 各种行波调制器结构示意图

7.1.4.1 铌酸锂强度电光调制器的工作原理

行波电极铌酸锂强度调制器原理结构如图 7 - 10 (a) 所示。芯片上的光路为马赫-曾德尔干涉仪结构，微波调制回路位于光波导上表面，通常为共面波导结构，如图 7 - 10 (b) 所示。输入光波经过输入直波导后在输入 Y 分支处被分成相等的两束，两束光受到微波调制，产生大小相等、方向相反的相位差，然后两束光信号在输出 Y 分支处产生干涉，干涉光路输出光强和微波幅值成比例关系，从而实现把电信号加载到光信号上。调制

器内通常集成了用于监测芯片内光信号的探测器，探测器将调制器输出信号信息传递给外部的闭环控制电路，电路通过分析判断工作点是否漂移并进行反馈，反馈信号加到芯片偏置电极上，实现工作点闭环锁定。

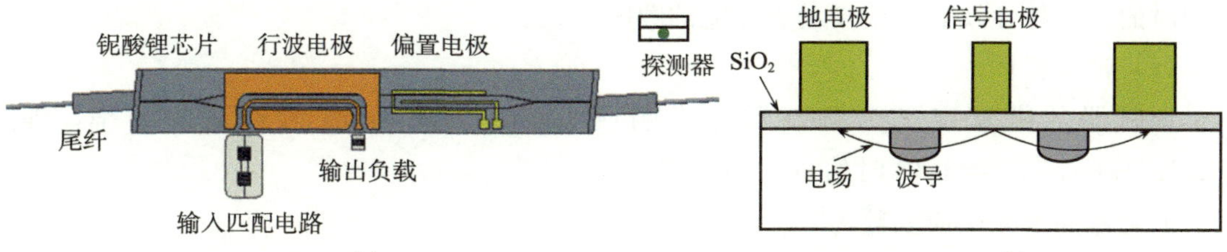

图 7－10 行波电极铌酸锂强度电光调制器原理结构（a）及电极-波导截面图（b）

在如图 7－10（a）所示的 MZI 型调制器中，输入调制器的光场电分量为

$$E_{\text{in}}(t)=E_0\exp(\mathrm{i}\omega_o t) \tag{7-18}$$

式中，E_0 为光电场振幅；ω_o 为光频率；t 为时间。输入光信号在输入 Y 分支处被平均分为两束 $E_1(t)$ 和 $E_2(t)$，即

$$E_1(t)=E_2(t)=\frac{1}{\sqrt{2}}E_0\exp(\mathrm{i}\omega_o t) \tag{7-19}$$

调制器加载的信号包括两部分，直流偏置信号 ϕ_b 和微波调制信号 ϕ_m，分别为

$$\phi_b=\frac{V_b}{V_{\pi b}}\pi \tag{7-20}$$

$$\phi_m=\frac{V_m\sin(\omega_m t+\phi)}{V_{\pi m}}\pi \tag{7-21}$$

则两个干涉臂上施加的调制信号为

$$\phi_i=\frac{V_{b,i}}{V_{\pi b}}\pi+\frac{V_{m,i}\sin(\omega_{m,i}t+\phi_i)}{V_{\pi m}}\pi \quad (i=1,2) \tag{7-22}$$

式中，V_b 为直流偏置电压；$V_{\pi b}$ 为直流电极的半波电压；ω_m 为调制频率；V_m 为微波信号的振幅；$V_{\pi m}$ 为微波电极的半波电压；ϕ 为初始相位。

两路光经输出 Y 分支干涉后输出光信号振幅为

$$\begin{aligned}E_{\text{out}}(t)&=E_1(t)+E_2(t)=\frac{\sqrt{2}}{2}[E_{\text{in}}(t)\exp(\mathrm{i}\phi_1)+E_{\text{in}}(t)\exp(\mathrm{i}\phi_2)]\\&=E_{\text{in}}(t)\cos\left(\frac{\phi_1-\phi_2}{2}\right)\exp\left(\mathrm{i}\frac{\phi_1+\phi_2}{2}\right)\end{aligned} \tag{7-23}$$

输出光强为

$$I_{\text{out}}(t)=|E_{\text{out}}(t)|^2=|E_{\text{in}}(t)|^2\cos^2\left(\frac{\phi_1-\phi_2}{2}\right)=\frac{1}{2}I_{\text{in}}[1+\cos(\phi_1-\phi_2)] \tag{7-24}$$

若发生干涉的两束光的相位差是 π 的偶数倍，两束光相干加强；若两束光的相位差是 π 的奇数倍，两束光相干抵消。通过控制两束光之间的相位差可实现输出功率的调制，由此可形成强度调制器、可调光衰减器、光开关等不同功能的器件。

7.1.4.2 铌酸锂强度电光调制器的主要性能参数及特性

在系统应用中主要关注行波调制器的调制频谱特性、电光信号转换的增益特性、强度调制时的开关特性及表征调制动态性能的啁啾特性。

(1) 带宽特性

调制器的带宽定义为调制器电光响应 $m(\omega)$ 下降 3 dB 时对应的频率，即当 $-10\lg[m(\omega_{3\text{ dB}})]=3$ dB 时的 $\omega_{3\text{ dB}}$ 即为带宽。

调制器的电光响应函数为[303]

$$m(\omega)=\frac{P_{\text{out}}(\omega)/V_{\text{in}}(\omega)}{P_{\text{in}}(0)/V_{\text{in}(0)}}=\frac{R_L+R_G}{R_L}\left|\frac{Z_{\text{in}}}{Z_{\text{in}}+Z_G}\frac{(Z_L+Z_0)F_+ +(Z_L-Z_0)F_-}{(Z_L+Z_0)\exp(\gamma_m L)+(Z_L-Z_0)\exp(-\gamma_m L)}\right|^2 \tag{7-25}$$

其中

$$Z_{\text{in}}=Z_0\frac{Z_L+Z_0\tanh(\gamma_m L)}{Z_0+Z_L\tanh(\gamma_m L)} \tag{7-26}$$

$$\gamma_m=\alpha_m+\mathrm{i}\frac{\omega}{c_0}n_m \tag{7-27}$$

$$F_{\pm}=\frac{1-\exp(u_{\pm})}{u_{\pm}} \tag{7-28}$$

$$u_{\pm}(\omega)=\pm\alpha_m L+\mathrm{i}\frac{\omega}{c_0}(\pm n_m-n_o)L \tag{7-29}$$

式中，$P_{\text{out}}(\omega)$ 为施加调制信号 $V_{\text{in}}(\omega)$ 时的输入光功率；$P_{\text{in}}(0)$ 为施加直流信号 $V_{\text{in}}(0)$ 时的输入光功率；ω 为微波信号角频率；γ_m 为微波信号传播常数；Z_{in} 为由行波电极入口看进去的阻抗；α_m 为微波衰减常数；L 为行波电极长度；n_m 为微波有效折射率；c_0 为真空光速；n_o 为光波折射率；Z_0 为电极特征阻抗；Z_G 为微波源阻抗；Z_L 为负载阻抗；$R_L=Z_L(0)=Z_{\text{in}}(0)$，$R_G=Z_G(0)$。

对 $LiNbO_3$ 电光调制器电极的一般要求为低驱动功率和大带宽，但两者难以同时实现最优。由式（7-25）～式（7-29）可知，限制带宽的因素有：光波与微波的速度失配，电极的微波损耗和阻抗失配。

(2) 调制频谱特性

调制器的光场输出如式（7-23），对于推挽式电极，$V_{b,1}=-V_{b,2}$，$\omega_{m,1}=\omega_{m,2}$，$V_{m,1}=-V_{m,2}$。将输出光信号进行贝塞尔函数展开可得

$$E_{\text{out}}(t)=\frac{E_0}{2}\exp[\mathrm{i}(\omega_o t+n\omega_m t)]\sum_{n=-\infty}^{\infty}J_n(m)[\exp(\mathrm{i}n\phi_1+\mathrm{i}\phi_b)+(-1)^n\exp(\mathrm{i}n\phi_2-\mathrm{i}\phi_b)] \tag{7-30}$$

式中

$$m=\frac{V_m}{V_{\pi m}}\pi \tag{7-31}$$

由上式可知，调制器的输出和微波信号幅度、初始相位及偏置电压有关。假设两干涉臂上施加的微波信号初始相位差为 $\Delta\phi=\phi_1-\phi_2$，偏置相位差为 $\Delta\phi_b=2\phi_b$，则调制器输出可表示为

$$E_{\text{out}}(t)=\frac{E_0}{2}\exp\left[\mathrm{i}(\omega_o t+n\omega_m t+\mathrm{i}\phi_b)\right]\sum_{n=-\infty}^{\infty}J_n(m)\left[1+(-1)^n\exp(\mathrm{i}n\Delta\phi-\mathrm{i}\Delta\phi_b)\right] \tag{7-32}$$

由上式可以看到调制器输出信号中含有多个高阶边带信号，分布在载波信号两边，且每个边带信号的幅值和第一类贝塞尔函数成正比，相位相同，相位噪声完全相关。当出现二阶及以上的边带信号时，调制器工作在非线性区。通常用谐波抑制比来衡量调制器的线性度。谐波抑制比定义为二阶边带和一阶边带的增益差。实际铌酸锂调制器的线性度很好，一般谐波抑制比可达到 50 dB 以上。

由式（7-32）可知，选取不同的工作点，可以实现特定的调制频谱。当 $\Delta\phi=2k\pi$，且 $\Delta\phi_b=\pi/2$ 时，式中 $1+(-1)^n\exp(\mathrm{i}n\Delta\phi-\mathrm{i}\Delta\phi_b)=1+(-1)^n(-\mathrm{i})$，此时调制器工作在双边带调制模式，当调制指数 m 较小时，输出光谱中主要包括中心载波和正负一阶边带，其他边带分量较小，可以忽略。当 m 较大时，输出光谱中的高阶分量不能忽略。

当 $\Delta\phi=(2k+1)\pi/2$，且 $\Delta\phi_b=\pm\pi/2$ 时，$1+(-1)^n\exp(\mathrm{i}n\Delta\phi-\mathrm{i}\Delta\phi_b)=1+(-1)^n\exp\left[\mathrm{i}(n\pm1)\pi/2\right]$，$n=0$ 时其值为 $1+\mathrm{i}$；$n=1$ 时其值为 0；$n=-1$ 时其值为 2，此时调制器工作在单边带调制模式。当调制指数较小时，输出光谱中主要包括中心载波和一条一阶边带，另一条一阶边带被抑制，其他高阶边带幅度较小，可以忽略。

当 $\Delta\phi=2k\pi$，且 $\Delta\phi_b=\pi$ 时，式中 $1+(-1)^n\exp(\mathrm{i}n\Delta\phi-\mathrm{i}\Delta\phi_b)=1+(-1)^{n+1}$，当 $n=0$ 时其值为 0，$n=\pm1$ 时其值为 2，此时调制器工作在载波抑制调制模式，当调制指数 m 较小时，输出光谱中主要包括正负一阶边带，中心载波被抑制，其他高阶边带分量较小，可以忽略。不同工作点的边带结构如图 7-11 所示[304]。

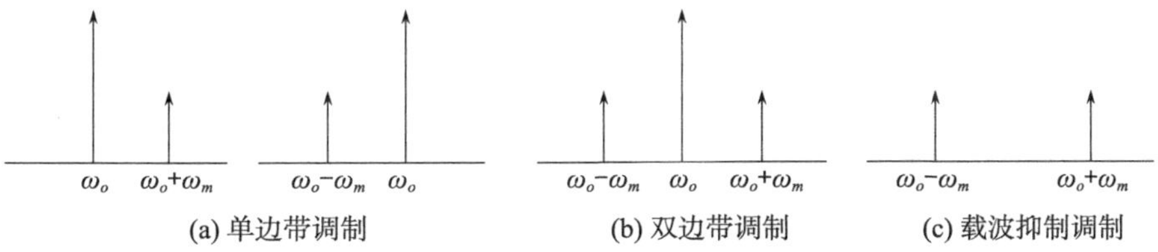

图 7-11　调制器调制模式

（3）增益特性

MZI 型强度调制器的输出光功率为

$$P_{M,O}=\frac{\alpha_O P_I}{2}\left[1+\cos\left(\frac{\pi v_M}{V_\pi}\right)\right] \tag{7-33}$$

式中，α_O 为调制器的光透过率；P_I 为调制器的输入光功率；V_π 为半波电压；v_M 为输入电信号的电压。输入调制电压可分为直流偏置电压 V_M 和信号电压 v_m 两部分，即

$$v_M=V_M+v_m \tag{7-34}$$

将上式代入式（7－33）并展开可得

$$P_{M,O}=\frac{\alpha_O P_I}{2}\left[1+\cos\left(\frac{\pi V_M}{V_\pi}\right)\cos\left(\frac{\pi v_m}{V_\pi}\right)-\sin\left(\frac{\pi V_M}{V_\pi}\right)\sin\left(\frac{\pi v_m}{V_\pi}\right)\right] \tag{7-35}$$

由上式看出输出光功率包括直流部分 p_{av} 和交流部分 p_{mod}，其中直流部分光功率为

$$P_{av}=\frac{\alpha_O P_I}{2} \tag{7-36}$$

交流部分光功率为

$$P_{\text{mod}}=\frac{\alpha_O P_I}{2}\left[\cos\left(\frac{\pi V_M}{V_\pi}\right)\cos\left(\frac{\pi v_m}{V_\pi}\right)-\sin\left(\frac{\pi V_M}{V_\pi}\right)\sin\left(\frac{\pi v_m}{V_\pi}\right)\right] \tag{7-37}$$

如果调制器工作在 Q 点（最大斜率点），即 $V_M=V_\pi/2$，此时输出交流光功率为

$$P_{\text{mod}}=\frac{\alpha_O P_I}{2}\sin\left(\frac{\pi V_M}{V_\pi}\right)\sin\left(\frac{\pi v_m}{V_\pi}\right) \tag{7-38}$$

由于 $v_m \ll V_\pi$，近似可得 $\sin\left(\frac{\pi v_m}{V_\pi}\right)\approx\frac{\pi v_m}{V_\pi}$，代入上式可得

$$P_{\text{mod}}=\frac{\alpha_O P_I}{2}\frac{\pi v_m}{V_\pi} \tag{7-39}$$

当调制信号频率较高时，调制信号在调制器中的传输损耗随频率增大，如果不同信号频率 ω 下的微波损耗系数为 $\alpha_M(\omega)$，输入调制信号的功率为 p_{in}，调制器的等效电阻为 R_M，则输入调制信号的电压为 $v_m=\sqrt{P_{\text{in}}\alpha_M(\omega)R_M}$，如果探测器的转换效率为 η_D，则光电探测器的输出光电流为

$$i_D=\eta_D P_{\text{mod}}=\eta_D\frac{\pi\alpha_O P_I}{2V_\pi}\sqrt{P_{\text{in}}\alpha_M(\omega)R_M} \tag{7-40}$$

通过探测器负载的电流为

$$i_l=\eta_D\frac{\pi\alpha_O P_I}{2V_\pi}\sqrt{P_{\text{in}}\alpha_M(\omega)R_M}\frac{R_D}{R_D+R_{\text{LOAD}}} \tag{7-41}$$

式中，R_D、R_{LOAD} 分别为探测器电阻和负载电阻。输出到负载的微波功率为

$$P_l=i_l^2R_L=\eta_D^2\left(\frac{\pi\alpha_O P_I}{2V_\pi}\right)^2P_{\text{in}}\alpha_M(\omega)R_M R_L\left(\frac{R_D}{R_D+R_{\text{LOAD}}}\right)^2 \tag{7-42}$$

在上述电-光-电的转换过程中的增益为

$$g_i=\frac{P_l}{P_{\text{in}}}=\eta_D^2\alpha_M(\omega)\left(\frac{\pi\alpha_O P_I}{2V_\pi}\right)^2\frac{R_{\text{LOAD}}R_M R_D^2}{(R_D+R_{\text{LOAD}})^2} \tag{7-43}$$

由式（7－43）可见，调制器的信号增益和光损耗 α_O 的平方成正比，和微波损耗 $\alpha_M(\omega)$ 成线性关系，即相对于微波损耗，光损耗对调制器增益的影响更大，如果光损耗增大 1 dB，那么调制器的增益就会下降 2 dB。微波损耗 $\alpha_M(\omega)$ 为频率的函数，损耗随频率提高而增大，因此，为了提高增益在工作频带内的平坦度，需要降低微波损耗随频率的增加速度。

（4）开关特性

开关特性是强度调制器的一个重要特性，用开关比来表征，开关比定义为调制器输出

光强响应曲线上最大光强和最小光强之差（dB）。开关比主要与两个 Y 分支的分光比和 Y 分支区域的泄露模有关。

①分光比影响

如图 7-12 所示 MZI 干涉仪的输入光强为 I_0，两个 Y 分支结构的强度分光比为 $k_1:(1-k_1)$ 和 $k_2:(1-k_2)$，则光经过分支 Y1 分束后，两臂的光电场分别为

$$E_u=\sqrt{k_1I_0} \tag{7-44}$$

$$E_d=\sqrt{(1-k_1)I_0} \tag{7-45}$$

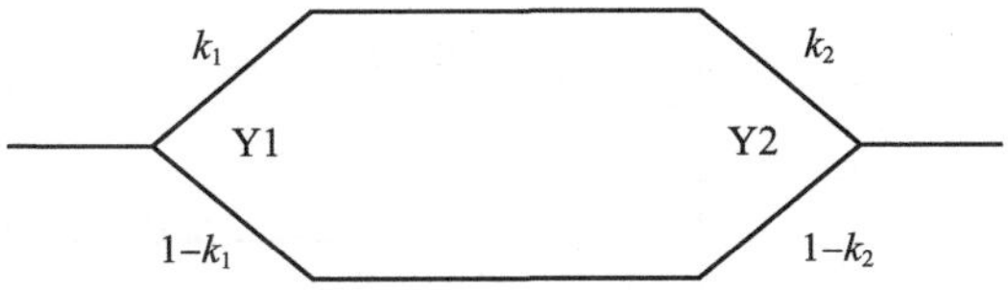

图 7-12　MZI 干涉仪波导结构

若经过相位调制后两臂之间的相位差为 ϕ，则在 Y2 发生干涉的两束光电场为

$$E_u=\sqrt{k_1k_2I_0}\exp(\mathrm{i}\phi/2) \tag{7-46}$$

$$E_d=\sqrt{(1-k_1)(1-k_2)I_0}\exp(-\mathrm{i}\phi/2) \tag{7-47}$$

输出干涉光强为

$$I_{\text{out}}=|(E_u+E_d)|^2=k_1k_2I_0+(1-k_1)(1-k_2)I_0+2I_0\sqrt{k_1(1-k_1)k_2(1-k_2)}\cos\phi \tag{7-48}$$

则开关比为

$$R_s=10\lg\frac{I_{\text{out,max}}}{I_{\text{out,min}}}=10\lg\frac{k_1k_2+(1-k_1)(1-k_2)+2\sqrt{k_1k_2(1-k_1)(1-k_2)}}{k_1k_2+(1-k_1)(1-k_2)-2\sqrt{k_1k_2(1-k_1)(1-k_2)}} \tag{7-49}$$

由式（7-49）可见，分子和分母中的前两项是相同的，开关比大小取决于第三项，第三项取最大值时，开关比也取最大值，第三项取最小值时，开关比也取最小值。当两臂的强度相同时，即 $k_1k_2=(1-k_1)(1-k_2)$ 时，$k_1k_2(1-k_1)(1-k_2)$ 取最大值，开关比最大。两臂强度相差越大，即 k_1k_2 和 $(1-k_1)(1-k_2)$ 相差越大，则开关比值越小。在波导结构设计时，Y 分支的分光比均为 50∶50，但受光刻精度和波导加工工艺一致性的限制，分光比会偏离 50∶50，分光比的误差将导致开关比的下降。

决定开关比的是最终发生干涉的两束光的光强差和相位差，两臂之间固有相位差通过偏置电压可以补偿，不会影响开关比。影响光强差的因素除了上述两个 Y 分支的分光比还有两个干涉臂之间的耦合。

②辐射模影响

在 MZI 光路的输出端，两个干涉臂通过过渡区合并为一根波导输出，在过渡区发生模式的转换。当调制器处于“关”状态，即输出功率最小时，两干涉光束的相位差为 π，干涉相消，两波导模转换为衬底模。在过渡区模式转换过程中，还有一部分光损耗，从过

渡区辐射出来，继续在衬底中传播，这些辐射模有可能会重新耦合回输出波导（见图 7－13），这样输出的光功率就不是零，器件的开关比下降。除了输出过渡区的辐射模，在输入端也存在类似的辐射模，这些模式都可能耦合进输出波导，降低开关比。如果输出波导为多模波导，干涉相消时产生的高阶模不会完全进入衬底，仍有一部分沿波导传输，降低开关比。

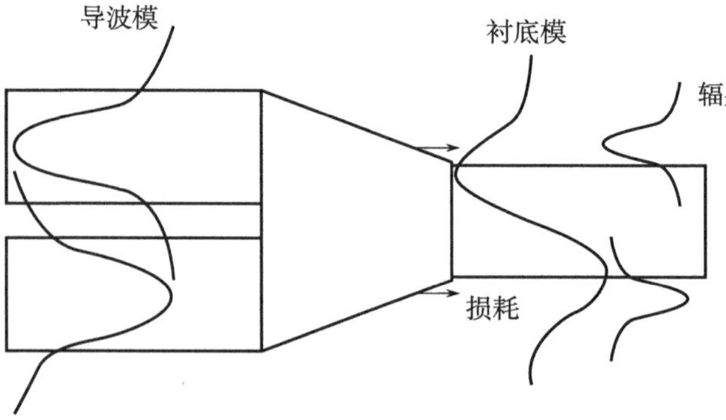

图 7－13　MZ 光路中分支处的模场变换及耦合

（5）啁啾特性

调制器的外加电信号通过两个干涉臂加到光波导上对光载波进行强度调制。理想条件下两个干涉臂完全对称，且两臂上的电信号等幅反相，不产生频率啁啾。但在实际制作调制器时，往往存在各种偏差，使干涉臂和外加信号不完全对称。另外，对于 z 切的铌酸锂 MZI 结构调制器，即使在波导对称条件下，由于电极和波导位置的不对称，作用在两波导臂上的电场也是不一样的。

设在两干涉臂上的调制相移分别为 ϕ_1 和 ϕ_2，经过第一个 Y 分支后，两干涉臂中光电场比值是 1∶K ，表征器件对称程度；若调制器输入端光电场为 $\frac{1+K}{2}E_i$ ，则调制器输出端的光电场 E_o 为[305]

$$E_o=\frac{1}{2}E_i\exp(\mathrm{i}\omega_0 t+\mathrm{i}\phi_1)+\frac{1}{2}KE_i\exp(\mathrm{i}\omega_0 t+\mathrm{i}\phi_2) \tag{7-50}$$

式中，ω_0 表示光载波的频率。由式（7－50）可以得出合波后的光强 I 和光相位 ϕ_0 的表达式

$$I=\frac{1}{4}E_i^2\left[1+K^2+2K\cos(\phi_1-\phi_2)\right] \tag{7-51}$$

$$\phi_0=\arctan\left(\frac{\sin\phi_1+K\sin\phi_2}{\cos\phi_1+K\cos\phi_2}\right) \tag{7-52}$$

调制器的啁啾参数 α 与瞬时相位变化和相对光强变化之比成正比，其表达式为[306]

$$\alpha=2\frac{\mathrm{d}\phi_0}{\mathrm{d}t}\Big/\left(\frac{1}{I}\frac{\mathrm{d}I}{\mathrm{d}t}\right) \tag{7-53}$$

由式（7－51）～式（7－53）可得出调制器的啁啾参数表达式

$$\alpha=\frac{\phi_1'+K^2\phi_2'+K(\phi_1'+\phi_2')\cos(\phi_1-\phi_2)}{-K(\phi_1'-\phi_2')\sin(\phi_1-\phi_2)} \tag{7-54}$$

式中，ϕ_1' 和 ϕ_2' 表示对时间的求导。根据铌酸锂电光调制器的原理，ϕ_1 和 ϕ_2 分别为

$$\phi_1=-\pi n^3\gamma\frac{\Gamma L}{G\lambda}V_1(t)=\eta V_1(t) \tag{7-55}$$

$$\phi_2=-\pi n^3\gamma\frac{\Gamma L}{G\lambda}[V_2(t)+V_b]=\eta[V_2(t)+V_b] \tag{7-56}$$

式中，n 为波导的折射率；Γ 为电信号与光载波的重叠积分因子；γ 为铌酸锂的电光系数；L 为电极长度；G 为电极间距；λ 是光载波波长；$V_1(t)$ 和 $V_2(t)$ 分别为加在波导上的瞬时电压；V_b 为电光调制器的直流偏置电压。

设外加电信号是频率为 ω_m 的正弦波，则式（7-54）可以表示为

$$\alpha=\frac{V_1+K^2V_2+K(V_1+V_2)\cos[\eta(V_1-V_2)\sin(\omega_m t)-\eta V_b]}{K(V_1-V_2)\sin[\eta(V_1-V_2)\sin(\omega_m t)-\eta V_b]} \tag{7-57}$$

从上式可以看出，当两臂上信号对称，即 $V_1=-V_2$ 且 $K=1$ 时，啁啾为零，这是一种理想状态，工程实际中，受工艺误差影响，两臂的相位不可能完全一样，两臂的光场也不可能完全相同，因此 MZI 结构波导调制器的啁啾一般也不为零。

由于相位对时间求导是角频率，因此调制器的频率啁啾 Δf 表示为

$$\Delta f=\frac{1}{2\pi}\frac{\mathrm{d}\phi}{\mathrm{d}t} \tag{7-58}$$

7.2 硅基电光调制器技术

硅基电光调制器具有体积小、便于集成、和集成电路工艺兼容等优点，在光纤通信、光电探测、激光测量等领域广泛应用。硅基调制器根据物理效应可分为基于热光效应的调制器和基于电光效应的调制器。由于热的传输速度较慢，对于微米量级的硅基波导开关时间为微秒量级，即 MHz 量级，此调制速度难以满足现代信息高速处理的需求。目前硅基调制器普遍基于电光效应实现调制。

7.2.1 硅基材料中的电光效应

单晶硅是中心反演对称晶体，不具有线性电光效应（泡克耳斯效应），仅具有微弱的二阶电光效应（克尔效应）。克尔效应非常弱，若产生 10^{-4} 的折射率变化，需要施加 10^6 V/cm 的电场，该电场强度已经超过了轻掺杂硅的击穿电压。硅中的另外一种电光效应是 Franz-Keldysh（F-K）效应，利用 F-K 效应可实现电吸收调制器或相位调制器，但该电光效应实现相位调制的难度较大，施加电场 10^5 V/cm 时，仅产生 10^{-5} 量级的折射率变化。目前硅调制器大多基于等离子色散效应。

半导体材料中，自由载流子浓度的改变将引起折射率和吸收系数的改变，这就是等离子色散效应。当材料中电子、空穴两种载流子同时存在时，只考虑了一种载流子对材料的

影响，材料的折射率和吸收系数分别为

$$n = n_0 - \frac{e^2\lambda_0^2}{8\pi^2\varepsilon_0 n_0 c^2}\left(\frac{N_e}{m_e^*} + \frac{N_h}{m_h^*}\right) \tag{7-59}$$

$$\alpha = \frac{e^3\lambda_0^2}{4\pi^2\varepsilon_0 n_0 c^3}\left[\frac{N_e}{(m_e^*)^2\mu_e} + \frac{N_h}{(m_h^*)^2\mu_h}\right] \tag{7-60}$$

式中，e 为电子电量；n_0 为没有载流子注入时的折射率；λ_0 为真空波长；ε_0 为真空介电常数；c 为真空光速；N_e 、N_h 分别为电子和空穴浓度；m_e^* 和 m_h^* 分别为电子和空穴的有效质量；μ_e 和 μ_h 分别为电子和空穴的迁移率。由式（7－59）和式（7－60）可知，随着半导体材料中载流子浓度的增大，其折射率将逐渐减小，而对光场的吸收将会逐渐增强。因此通过改变载流子浓度，可以改变光波的相位和光强，从而实现对光波的调制。

图 7－14～图 7－16 分别是波长为 1.3 μm 和 1.55 μm 时硅的折射率和吸收系数随载流子浓度的变化关系[307]，经数学拟合可得，λ_0 为 1.3 μm 和 1.55 μm 时，等离子色散效应可分别表示为

$$\lambda_0 = 1.3\ \mu\text{m 时，}\begin{cases}\Delta n = -\left[6.2\times10^{-22}\Delta N_e + 6.0\times10^{-18}(\Delta N_h)^{0.8}\right]\\ \Delta\alpha = 6.0\times10^{-18}\Delta N_e + 4.0\times10^{-18}\Delta N_h\end{cases} \tag{7-61}$$

$$\lambda_0 = 1.55\ \mu\text{m 时，}\begin{cases}\Delta n = -\left[8.8\times10^{-22}\Delta N_e + 8.5\times10^{-18}(\Delta N_h)^{0.8}\right]\\ \Delta\alpha = 8.5\times10^{-18}\Delta N_e + 6.0\times10^{-18}\Delta N_h\end{cases} \tag{7-62}$$

式中，Δn 、$\Delta\alpha$ 分别表示硅材料的折射率和光场吸收系数相对于本征情况的增量；ΔN_e 和 ΔN_h 表示材料中自由载流子浓度的增量，单位均为 cm^{-3}；$\Delta\alpha$ 的单位为 cm^{-1}。相对克尔效应和 Franz－Keldysh 效应，载流子的等离子色散效应引起的折射率要大很多。

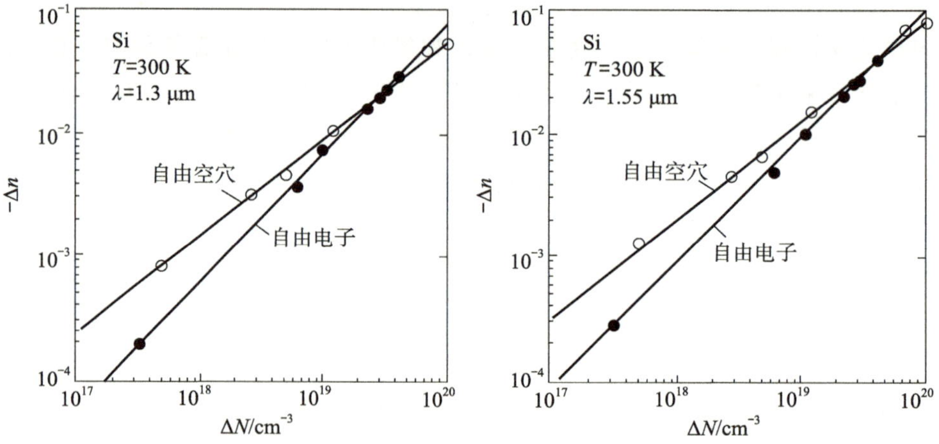

图 7－14　波长 1.3 μm 和 1.55 μm 时晶体硅的折射率与载流子浓度的关系

7.2.2　硅基电光调制器工作原理

硅调制器从光学结构上主要包括马赫-曾德尔干涉仪型、微环谐振腔型和法布里-珀罗谐振腔型。MZI 型调制器的优点是光学带宽宽，几乎可覆盖常规通信波段。然而，MZI

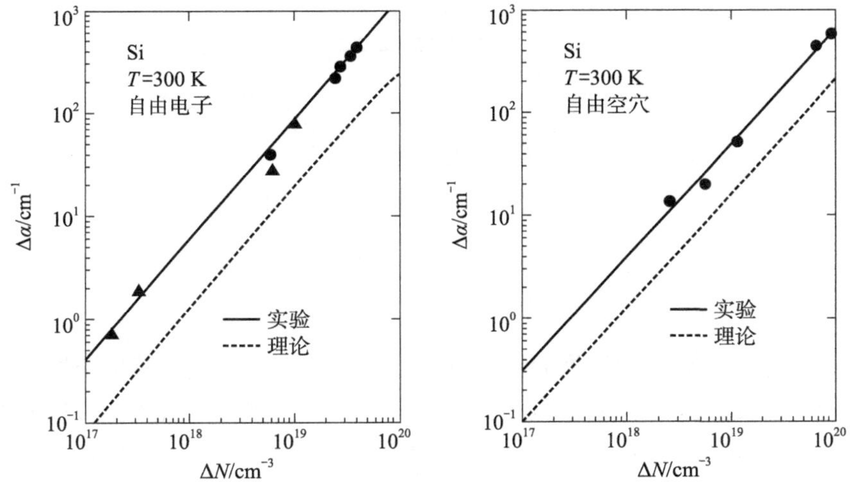

图 7 - 15　波长 1.3 μm 时晶体硅的吸收系数和电子、空穴浓度的关系

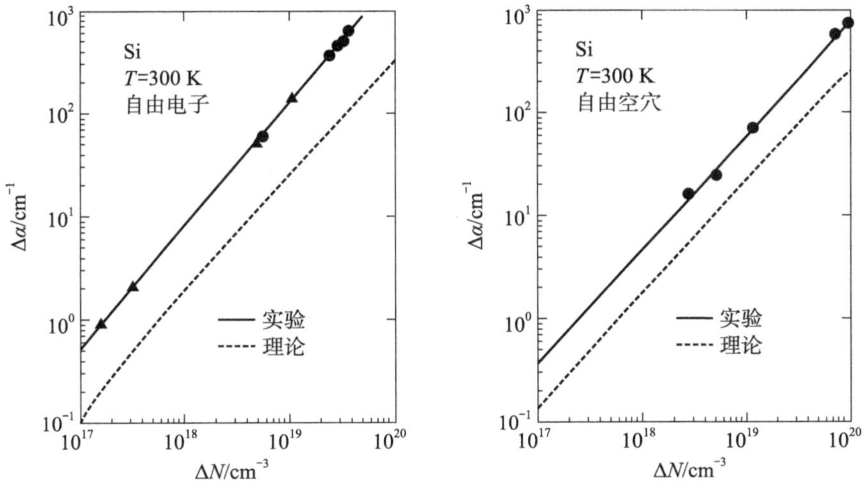

图 7 - 16　波长 1.55 μm 时晶体硅的吸收系数和电子、空穴浓度的关系

型调制器是基于干涉的，因此它的尺寸较大。相比之下，微环调制器和 F - P 腔调制器尺寸可以相对较小。微环调制器和 F - P 腔调制器都属于谐振型调制器，存在光学带宽窄的问题。而且谐振腔的谐振波长对温度十分敏感，调制效应很可能被热效应淹没。目前应用较多的是 MZI 型调制器。

MZI 型硅基调制器的光路结构如图 7 - 17 所示。对于利用等离子色散效应工作的硅基 MZI 型器件，由于载流子色散和载流子吸收是同时存在的，在对 MZI 的相移臂进行相位调制时，必然伴随着强度调制。这种伴随的强度调制将会在两臂之间产生不同的光场衰减，合束时的两束光的强度不再相等，从而使干涉仪输出端的调制深度下降（开关器件则降低了开关比）。同时，载流子吸收将使器件工作时产生额外的吸收损耗。

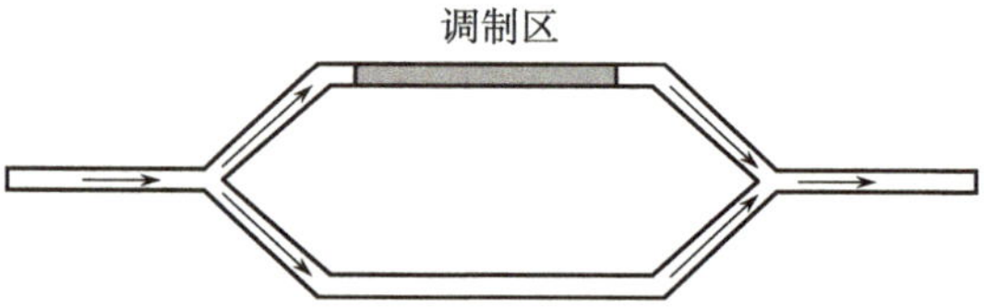

图 7-17　MZI 型硅基调制器的原理结构

7.2.3　硅基电光调制器的电注入结构

为了改变波导中的载流子浓度分布，可以采用多种不同的电学结构来实现自由载流子的注入、积累、耗尽、反转，从而引起折射率（或吸收系数）的变化。常用的电注入结构有正向偏置 PIN 二极管结构、反向偏置 PN 结结构、MOS 电容结构以及场效应晶体管结构等[308]。

（1）正向偏置 PIN 二极管结构

PIN 二极管结构由一个脊形波导上的 PIN 二极管构成，是广泛采用的电注入结构。波导芯区为轻掺杂的本征区，脊形的顶部或两侧平板分别为重掺杂的 p^+ 区和 n^+ 区（见图 7-18）。加正向偏置电压时，本征区注入大量非平衡少数载流子，由于载流子色散效应，脊形波导内的折射率和吸收系数随之同时变化。由于非平衡载流子在高阻低掺的硅中具有一定的扩散长度，因此波导折射率变化的区域与光场具有较大的交叠，调制效率较高。

PIN 电学结构有四种实现形式：顶部注入型、侧向注入型、非对称型以及肖特基型（见图 7-18），其中 p 和 n 的掺杂类型可以互换。设计时要兼顾载流子注入、漂移与扩散运动、吸收损耗等物理因素，尽可能地提高其调制效率和速率。相对而言，侧向注入型 PIN 二极管的制作工艺难度小，还可以通过减小两侧重掺杂区的间距来提高调制速率，是器件设计中常采用的结构。

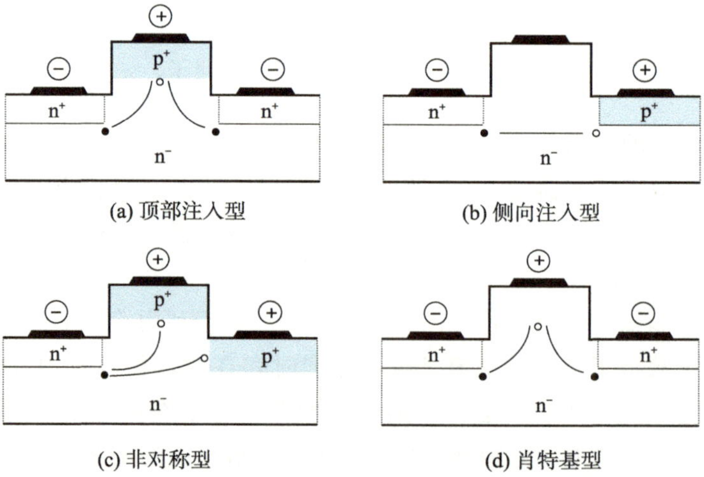

图 7-18　PIN 二极管注入结构的四种注入方式

(2) 反向偏置PN结结构

基于反向偏置PN结的注入结构横截面如图7-19所示，由一个PN结和p^+、n^+两个电极层组成，PN结在反向偏置下工作，波导核心区为中等浓度掺杂p型和n型的Si，形成水平或垂直的PN结。未调制时波导中已经有一定的载流子分布，而施加反向偏压时，增大耗尽区的宽度，同时降低了PN结附近载流子的浓度，载流子浓度分布变化将改变波导层的折射率。由于在反向偏置下PN结处于耗尽状态，载流子在电场作用下主要做漂移运动，其运动速度很快，理论上能够实现高达数百吉赫兹的调制速度。然而。由于在调制过程中载流子浓度变化的区域较小，仅集中在PN结附近的耗尽区，与光场的交叠积分也相应较小，因此调制效率较低。同时由于波导核心区为掺杂层，该层的光吸收变大，光损耗较大。尽管这种结构的调制效率较难直接提高，但其与微环等强谐振结构组合，可以降低电光调制过程对折射率变化量的要求，从而可以实现更好的调制效果，且调制速度还能进一步提高。

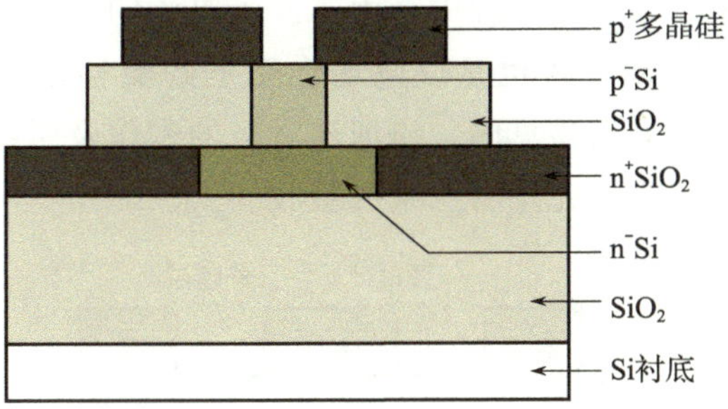

图7-19　反向偏置PN结注入结构示意图

(3) MOS电容结构

图7-20为MOS电容注入结构图，在脊形波导的p型和n型硅之间，插入一层极薄的栅氧层构成了电容结构。施加偏压时，在栅氧层的两边将会出现自由载流子的积累，载流子浓度变化会引起材料折射率的变化，从而获得调制输出。

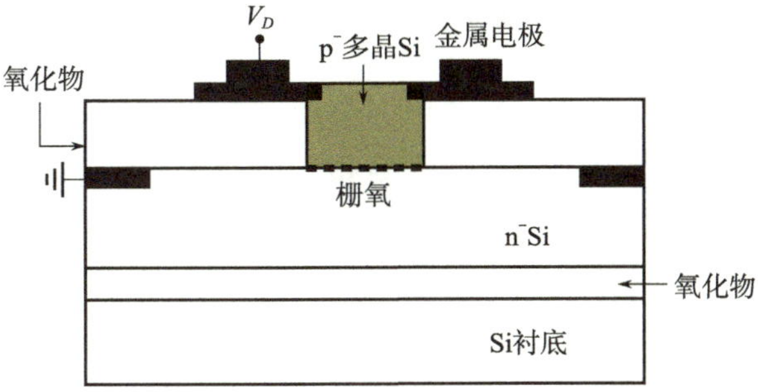

图7-20　MOS电容注入结构示意图

在外加电场下MOS结构的波导中载流子做漂移运动，而不是注入和扩散，因而它能够获得较高的调制速率，器件的调制速率主要由电极间波导层电阻和栅氧层电容决定。自由载流子在器件中的运动受电压控制而不是电流控制，因此在电路中没有直流器件，功耗大大降低，调制时受热光效应的干扰也很小。然而，虽然栅氧层位于光场中心处，但两边感应电荷的厚度很小，因此折射率变化区域与光场的交叠积分也较小，总的调制效率不高。栅氧层的引入使器件具有强烈的偏振相关特性，TE 模的调制效率远大于 TM 模。

（4）场效应晶体管结构

场效应晶体管注入结构包括双极性场效应管（Bipolar - Mode Field - Effect Transistor，BMFET）和双注入场效应管（Double Injected Field - Effect Transistor，DIFET）等，可达到较快的工作速度。BMFET 型调制器的结构如图 7 - 21 所示，它采用外延硅材料，波导的下包层为高掺杂的硅层（掺杂浓度越高，折射率越小），同时该层还是三端结构中的漏极，在波导的上部还制作有源极和栅极。在调制过程中，栅和源之间的 PN 结加正偏压栅极，由大小恒定的电流源驱动。通过调节源和漏之间的电压，可以调节由栅极注入的电流在波导中的走向，以及相应的载流子分布，从而同样可以起到对波导芯区进行折射率调节的作用。在调制过程中，由于注入电流的大小维持不变，变化的只是电流的走向，因此载流子的运动方式也是以电场作用下的漂移运动为主，调制速率也比较高。但这种结构的缺点也是显而易见的，掩埋层漏极的制作及引线封装都比较麻烦，更重要的是，下包层的高掺硅层会对光场有严重的吸收。

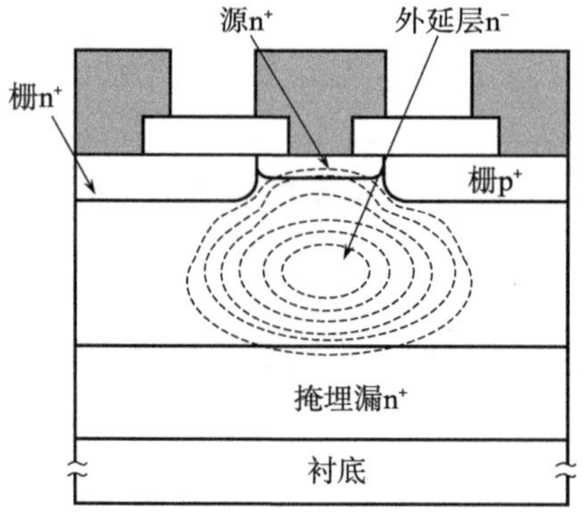

图 7 - 21　双极性场效应管注入结构示意图

DIFET 包括 PN 结或 MOS 栅、单个或多个结（栅）、SOS 或 SOI 等多种类型。这类器件在本质上与结型晶体管和场效应晶体管是相同的，其工作原理为：光波导层中含有晶体管的结区或栅区，利用结区或栅区的载流子耗尽与注入，引起光波导内折射率分布的变化。在电光调制过程中，同时利用了空穴和电子，其调制效率比单注入场效应晶体管要高。分析表明，由于 DIFET 结构只能改变波导表面或掺杂界面附近的折射率，经光强加权平均后等效折射率的改变量约为 $10^{-5}\sim10^{-4}\mu m/V$，调制效率仍比 PN 结二极管结构要低；而速度方面，与 PIN 型电注入结构相比，DIFET 实现高速率的潜力更大。

表 7 - 1 比较列出了几种常见电注入结构的特性。相对而言，正向偏置 PIN 二极管和反向偏置 PN 结结构是目前采用比较多的电注入结构[308]。

表 7-1　几种典型电注入结构的特性比较

电注入结构	正向偏置 PIN 二极管	反向偏置 PN 结	MOS 电容	FET
光场调制效率	较高	较低	低	较高
制作难度	较小	较大	大	较大
调制功耗	较大	较小	较小	大
热光效应影响	较大	较小	较小	大
光场吸收	较小	较大	较大	大
调制速率	较低	较高	较高	较高

7.2.4　硅基电光调制器的主要性能参数及特性

铌酸锂调制器的很多特性也适用于硅基调制器，本节将在 7.1.4.2 节的基础上介绍硅基调制器的特性，包括决定调制器带宽的高频响应特性、调制时的非线性特性及考虑载流子注入引起光吸收增强时的开关特性。

7.2.4.1　反偏 PN 结的高频特性

本节以反偏 PN 结为例说明硅基调制器的高频特性。为了方便理论分析，首先假设 PN 结属于突变结，其次假设 PN 结的结区或耗尽区宽度远远小于扩散长度，这样在 p 区和 n 区的少子分布在耗尽区和重掺杂区呈线性的浓度变化。在这些假设下反向偏置的耗尽区宽度 W_d 主要由掺杂浓度、外部施加电场和温度等决定，表示为

$$W_d=\sqrt{\frac{2\varepsilon(V_{\text{diff}}-V_a)}{e}\left(\frac{1}{N_a}+\frac{1}{N_d}\right)}=\sqrt{\frac{2\varepsilon(V_{\text{diff}}-V_a)(N_a+N_d)}{eN_aN_d}} \tag{7-63}$$

式中，N_a 、N_d 为 P 型和 N 型掺杂的浓度；e 为电子电量；ε 为介电常数；V_{diff} 为 PN 结的内建电势差；V_a 为外部施加电压。由上式可以看到，当 PN 结掺杂浓度相同时耗尽区宽度与掺杂浓度的开方成反比。内建电势由下式决定

$$V_{\text{diff}}=\frac{kT}{e}\ln\left(\frac{N_aN_d}{N_i^2}\right) \tag{7-64}$$

式中，k 为玻耳兹曼常数；T 为绝对温度；N_i 为本征硅材料的载流子密度，理论值为 1.45×10^{10}。其中，kT/e 定义为热电势 V_T， 近似数值为 26 mV。在掺杂浓度为 $10^{17}/\text{cm}^3\sim10^{18}/\text{cm}^3$ 的量级时，内建电势的数值在 0.84～0.96 V。为了使 PN 结在反向偏置状态下工作，所加的偏压应小于内建电势差。

在反向 PN 结调制器中有三种物理机制会影响调制器的调制速率：PN 结有源区本身的高频调制响应速率、有源区 PN 结耗尽层中载流子的漂移速率和调制器高频信号加载电极的电学损耗及电光匹配情况。

PN 结有源区的寄生效应所限制的高频响应时间常数 τ ，主要由有源区的耗尽层电容 C_j 和串联电阻 R_i 决定。在反向偏置 PN 结型硅光调制器中 RC 常数通常对调制器速率占有主导地位。由 RC 值决定的 3 dB 电学带宽为

$$f_{\mathrm{RC\_3\ dB}}=\frac{1}{2\pi R_i C_j} \tag{7-65}$$

对于高速调制器来说，时间常数要尽量小以保证调制器具有高的调制带宽，这就要求结电容和串联电阻要尽可能小。要想减小串联电阻需要使用高浓度掺杂和距离波导更近的掺杂区域，但这会受到光学损耗的限制。要想减小结电容需要降低掺杂浓度或者提高偏置电压，而这将使调制效率下降，因此，调制速率和半波电压之间要综合考虑。

载流子漂移时间 t_r 的定义是当 PN 结在一个特定的偏压下，载流子通过耗尽层所需要的时间。其时间由耗尽层宽度和漂移速率 v_d 共同决定。载流子漂移时间决定的带宽可表示为

$$f_{\mathrm{diff\_3\ dB}}=\frac{2.4}{2\pi t_r} \tag{7-66}$$

式中，$t_r=W_d/v_d$，漂移速率可以由反向偏置电压的场强和载流子迁移率求得 $v_d=\mu E$，其中 μ 为载流子迁移率，E 为耗尽层场强。场强 E 可以通过外加反向偏压和内建电势差之和与 PN 结的宽度求得。从上式可以看出，较窄的耗尽层宽度和较大的载流子漂移速率会减少载流子漂移时间，进而提高整体响应带宽。由 t_r 所决定的带宽在 100 GHz 的量级上，因此载流子漂移时间并不是限制带宽的主要因素。在耗尽区内当电场强度大于 10^5 V/cm 时，载流子会以饱和速度 10^7 cm/s 移动，因此在计算中可以按照饱和速度来计算，这时有源区载流子本征响应时间为 1.06 ps，对于带宽的限制几乎可以忽略。

上述分析为反向偏压 PN 结的高频特性，对于正向偏压 PN 结则完全不同。在正向偏压 PN 结中，上升时间对应于载流子注入过程，主要取决于载流子的扩散运动，而载流子的扩散运动是一个较慢的过程。撤掉电压后，载流子的运动过程主要是耗尽区内在内建电场作用下的漂移运动以及耗尽区外的扩散运动。漂移运动是较快的运动，所以下降时间一般都比上升时间短很多，器件的速度主要受限于上升时间。正向偏压 PN 结的上升时间一般在几纳秒到几十纳秒量级，此时带宽仅为百兆量级[309]。

7.2.4.2 调制非线性

硅基 MZI 调制器的非线性主要来源于两个方面：一是硅材料的本身电光特性引起的非线性；二是 MZI 干涉结构本身固有的调制边带特性引起的非线性。后者是 MZI 结构固有特性，并非硅基 MZI 调制器特有，因此本节主要介绍前者。

（1）等离子色散效应的非线性

式（7-59）、式（7-60）表明，折射率变化量随着载流子密度变化量的改变而线性变化。但在其推导过程中，自由载流子被看作带有电荷的小球，其运动遵从牛顿运动定律，忽略了载流子与载流子之间以及载流子与离子间的电磁相互作用，即采用了独立自由电子气假设。研究证明，忽略载流子之间的相互作用对模型的成立影响不大，但是在很多情况下，载流子与离子之间的相互作用不能忽略，否则会造成误差。而且，该模型只考虑了载流子一维运动的情况，实际的三维运动情况要复杂许多，这也会引入非线性。

由经验式（7-61）、式（7-62）可见，折射率变化量和载流子密度变化量呈线性关

系，但折射率变化量与空穴浓度变化量并非呈线性关系，两者呈 0.8 次指数关系，存在较大非线性。

根据式（7－59）和式（7－60）计算折射率和损耗随电子、空穴浓度的变化，可以看出，当空穴或电子浓度变化量增大时，折射率变化量增大，损耗也增大。且空穴浓度变化对折射率变化的影响比电子浓度变化的影响大得多，空穴浓度变化对损耗的影响与电子密度变化对损耗的影响差别不大。

（2）二阶电光效应引起的非线性

硅虽然不具有一阶泡克耳斯效应，但仍具有很弱的二阶克尔效应。在外加电场的作用下，会产生较弱的折射率改变，折射率变化随外加电场的平方而变化，从而引入非线性。硅的克尔效应表达式为

$$n = n_0 - \frac{3e^2(n_0^2 - 1)}{2n_0 M^2 \omega_0^4 r^2} E^2 \tag{7-67}$$

式中，n_0 为本征折射率；ω_0 为电荷的振荡角频率；r 为半径；M 为电子静止质量；E 为外加电场。代入各参数的参考值（$n=3.5$，$\omega_0=2\pi\times10^{15}$ rad/s，$r=10^{-9}$ m），当 $E=10^5$ V/cm 时，折射率改变量 $\Delta n=10^{-6}$，这会对硅光调制器的调制线性产生一定的影响。

（3）注入结构引起的非线性

硅基调制器的非线性通常是指输入电压与输出相位之间的非线性关系。等离子色散效应描述的是折射率和载流子变化量之间的关系，然而施加调制电压和注入载流子之间并非严格线性关系，这也会引入非线性。

根据泊松方程，PN 结耗尽区的宽度与加在 PN 结两端的电压、电子掺杂浓度、空穴掺杂浓度有关，如式（7－63）。因为折射率的调制与波导中 PN 结处的光场分布和自由载流子浓度变化量的空间分布有关，折射率变化与电压变化的关系为

$$\frac{\mathrm{d}n}{\mathrm{d}V_a} = \frac{k}{e\varepsilon A^2} C_j^2 \tag{7-68}$$

式中，k 是与波导对光场的限制程度和调制结构对载流子浓度的限制程度有关的经验常数；ε 为介电常数；C_j 为 PN 结结电容；A 为结电容的面积。

结电容可表示为

$$C_j = \frac{\varepsilon A}{W_d} \tag{7-69}$$

式中，W_d 为耗尽层宽度。

将上式代入式（7－68）可解得

$$\Delta n = \tilde{k} \ln\left(1 + \frac{V_a}{V_{bi}}\right) \tag{7-70}$$

其中

$$\tilde{k} = \frac{k}{2} \frac{N_a N_d}{N_a + N_d} \tag{7-71}$$

式中，V_a 为外加电场；N_a 和 N_d 分别为空穴掺杂浓度和电子掺杂浓度；V_{bi} 为内建电场。

由式（7-70）可知，自由载流子密度变化量与电压不是线性关系，而是呈对数关系。该对数关系会引入电压的高阶项，从而使调制关系呈现非线性。

改善调制非线性可以考虑以下方面[310]：

1）尽量增强空穴的载流子色散效应，减小电子的载流子色散效应，从而增强一阶线性，减少高阶非线性，从而提高线性度。所以，可以考虑适当提高 p 区空穴掺杂浓度来提高调制的线性度；

2）因为 p 区占主要调制作用，而调制区与波导区的耦合区域的增加能够增强电光相互作用，提高线性度，所以，可考虑把 p 区向 n 区偏移使得 p 区的调制区与波导区重叠增加，从而增强载流子色散效应，改善调制的线性度；

3）针对光场分布在波导中的非均匀性和掺杂浓度分布在调制区中的非均匀性问题，可通过优化掺杂方式和浓度分布来提高调制的线性度；

4）PN 结的调制方式不同，即正反向偏压不同，对调制的线性也有影响；

5）不同直流偏置电压下的调制曲线不同，也会影响调制线性。

7.2.4.3　开关特性

在 MZI 型硅基调制器中，两干涉臂中的一个臂被施加电压注入载流子进行调制时，通过该调制臂的光波的相位和光强都受到了调制，而另一个未施加电压的干涉臂中传输的光波的相位和光强均保持不变，此时两干涉臂光功率不再相等，导致器件调制开关比降低。

假设 MZI 结构中分束器分光均匀，即干涉臂的初始光强均为调制器输入光强 P_{in} 的一半，即

$$P_1 = P_2 = P_{in}/2 \tag{7-72}$$

式中，P_1、P_2 分别为两个干涉臂中的光强。设臂 1 为调制臂，为了简化分析，不考虑硅光波导的固有损耗，则发生相干的两臂光强分别为

$$P'_1 = P_1 \times 10^{-\Delta loss/10} = \frac{P_{in}}{2} \times 10^{-\Delta loss/10} \tag{7-73}$$

$$P'_2 = P_2 = P_{in}/2 \tag{7-74}$$

式中，$\Delta loss$ 为长度为 L 的调制臂中载流子注入引入的损耗

$$\Delta loss = -10\lg[\exp(\Delta\alpha L)] \tag{7-75}$$

式中，$\Delta\alpha$ 为载流子注入引起的光吸收系数变化。臂 1 由于载流子注入引起光功率损耗，从而造成了两臂光强不匹配，定义不匹配因子为

$$r = \frac{P'_1}{P'_2} = 10^{-\Delta loss/10} = \exp(\Delta\alpha L) \tag{7-76}$$

光强不匹配因子随注入载流子密度的变化如图 7-22 所示。当注入载流子密度从 $1\times10^{15}/cm^3$ 增加到 $1\times10^{19}/cm^3$ 时，光强不匹配因子从 1 附近减小到接近于 0。$r=1$ 表示注入的载流子比较少，载流子吸收很小，两干涉臂的光强基本上是完全相等的，不存在不匹配。$r=0$ 表示调制臂的光能量完全被注入的载流子吸收掉了，两干涉臂的光强完全不

匹配。

两干涉臂传输的光经过合束器相干后，输出光强可表示为

$$P'_{\text{out}}=\frac{P'_1}{2}+\frac{P'_2}{2}+2\sqrt{\frac{P'_1}{2}\frac{P'_2}{2}}\cos(\Delta\phi) \tag{7-77}$$

式中，$\Delta\phi$ 为两臂之间的相位差。由上式可得到考虑载流子吸收时输出光强 P'_{out} 与 P_{in} 的关系为

$$\frac{P'_{\text{out}}}{P_{\text{in}}}=\frac{1}{4}\left[1+\exp(-\Delta\alpha L)+2\exp(-\Delta\alpha L/2)\cos(\Delta\phi)\right] \tag{7-78}$$

$P'_{\text{out}}/P_{\text{in}}$ 随载流子注入量的变化如图 7－23 所示，考虑了载流子吸收的传输曲线，其峰值会随着注入载流子密度的增大而下降，其谷值会随着注入载流子的密度增大而升高。传输曲线最后会收敛于 0.25，这表明调制臂的光强几乎全部被载流子吸收，未调制臂有一半的光强到达了输出端。

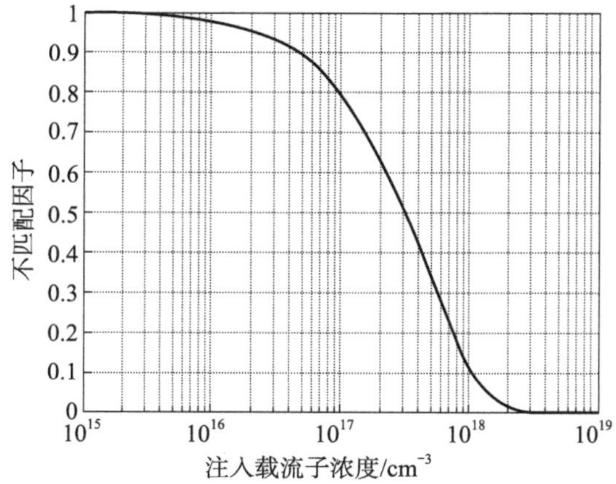

图 7－22　光强不匹配因子 r 随注入载流子密度的变化

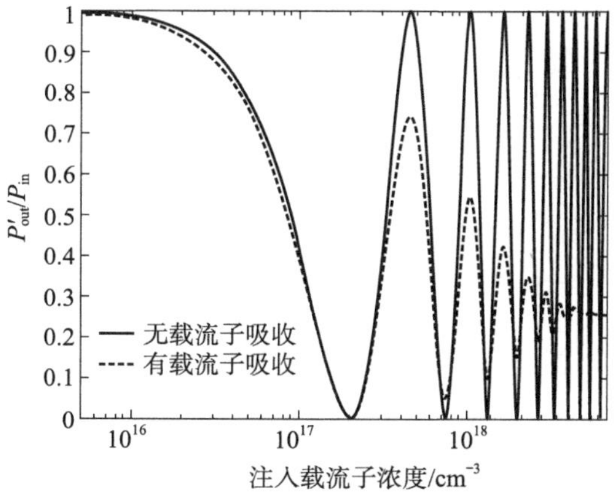

图 7－23　$P'_{\text{out}}/P_{\text{in}}$ 随注入载流子密度的变化

当调制臂未加调制信号时 $\Delta\phi=0$，$\Delta\alpha=0$，此时 MZI 干涉加强，由式（7－77）可得输

出光强最大值 P_{max} 和最小值 P_{min} 分别为

$$P_{max}=\left(\sqrt{\frac{P_1'}{2}}+\sqrt{\frac{P_2'}{2}}\right)^2=\frac{1}{2}\left(2\sqrt{\frac{P_{in}}{2}}\right)^2 \tag{7-79}$$

$$P_{min}=\left(\sqrt{\frac{P_1'}{2}}-\sqrt{\frac{P_2'}{2}}\right)^2=\frac{1}{2}\left(\sqrt{\frac{P_{in}}{2}}-\sqrt{\frac{P_{in}}{2}\times 10^{-\Delta loss/10}}\right)^2 \tag{7-80}$$

则可得到器件的开关比为

$$ER=10\lg\frac{P_{max}}{P_{min}}=10\lg\left[\frac{\frac{1}{2}\left(2\sqrt{\frac{P_{in}}{2}}\right)^2}{\frac{1}{2}\left(\sqrt{\frac{P_{in}}{2}}-\sqrt{\frac{P_{in}}{2}\times 10^{-\Delta loss/10}}\right)^2}\right]=20\lg\left(\frac{2}{1-\sqrt{r}}\right) \tag{7-81}$$

式（7－81）表明，考虑了载流子吸收的 MZI 器件的开关比不是理想的无穷大，而是强烈地依赖于两干涉臂的光强不匹配因子，即依赖于注入载流子对光的吸收。开关比跟光强不匹配因子的关系如图 7－24 所示。从图中可知，要获得大于 25 dB 的开关比，则 r 须大于 0.8。如果 MZI 的两干涉臂的光强不匹配程度比较严重，比如 $r<0.6$，那么器件的开关比不会超过 20 dB。对于最严重的情况，即 $r=0$，此时开关比为 6 dB。这种情况是因为调制臂的光能量都被注入的载流子吸收掉了，而另一臂的光能有一半传输到输出端。6 dB 开关比的调制是由注入的载流子吸收实现的，而不是注入载流子引起的相位调制实现的[311]。

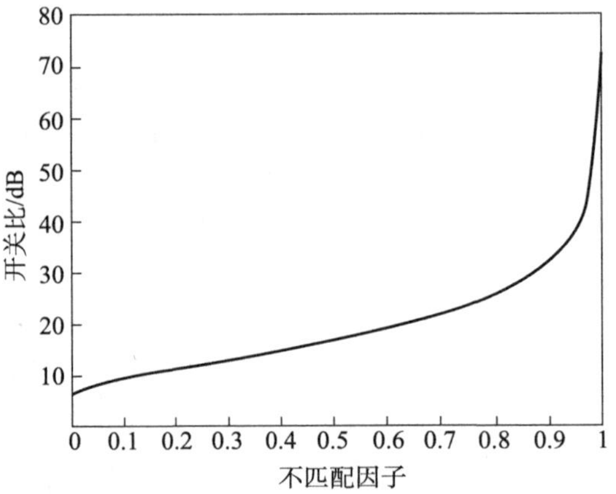

图 7－24 开关比 ER 随光强不匹配因子 r 的变化

7.3 铌酸锂电光调制器在宇航环境条件下的性能演变及抑制技术

铌酸锂材料是一种多功能的电光材料，具有较大的电光系数，可用于电光调制；具有压电效应，可用于声表面波器件；具有大的非线性系数，可用于红外激光、量子纠缠、太赫兹等领域；具有明显的热释电效应，是热释电探测器的一种选择。但从另外一个角度看，这些效应给铌酸锂器件的环境稳定性带来不利影响，如压电效应导致器件容易受力学环境影响，热释电效应导致器件对温度环境敏感，因此铌酸锂调制器在宇航环境下的性能演变是非常复杂的。

7.3.1 铌酸锂电光调制器在辐射环境条件下的性能演变及抑制技术

7.3.1.1 铌酸锂晶体及波导在辐射环境条件下的演变机理

铌酸锂晶体在辐射环境中的变化主要有两种效应，一是辐射诱导吸收效应，辐射在铌酸锂晶体产生色心缺陷，导致晶体的吸收系数增大；二是辐射诱导光折变效应，辐射引起离子电离，电离离子形成内建电场，内建电场通过电光效应引起折射率变化。

(1) 辐射诱导吸收

$LiNbO_3$ 晶体在 γ 射线辐射下点缺陷的产生过程比较复杂，根据缺陷平衡原理，在 γ 射线作用下，对于 $LiNbO_3$ 晶体中束缚着的和分解了的弗仑克尔缺陷可写成

$$(V_o^{2-} \cdot O_i) \Leftrightarrow V_o^{2-} + O_i$$

式中，V_o^{2-} 为含有两个电子的氧空位，即 F 心；O_i 为间隙氧原子。按照 $LiNbO_3$ 晶体的结构，不考虑晶格离子弛豫，每个 F 心有六个等距的最近邻格位，分别为两个 Nb^{5+}，两个 Li^+ 及两个空格位所占据，对 F 心构成一个三角棱柱体配位场。由于 $LiNbO_3$ 中 Nb-O 键具有强烈的共价键性，因此 F 电子云并非均匀地分布在六个最近邻格位，而将发生畸变，其重心偏离氧空位 V_o 而偏向 Nb^{5+}，构成 $[F^+, Nb^{4+}]$ 缔合色心。在此种晶格场影响下，它呈两个宏观吸收带，即图 7-25 中的 A 带（3.4 eV）和 B 带（2.7 eV），它们同时成对出现。

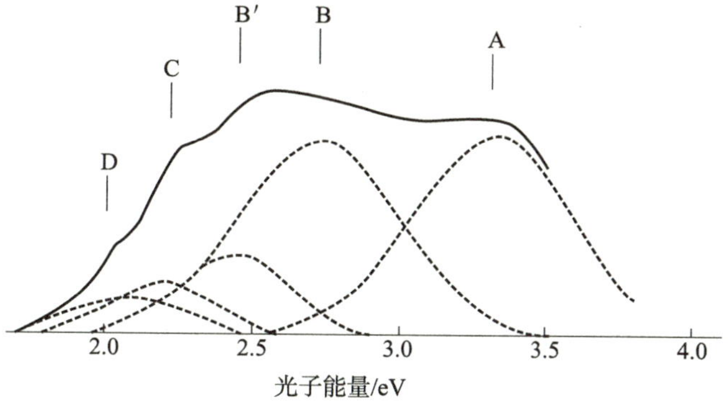

图 7-25 $LiNbO_3$:Fe 晶体辐射着色吸收谱的第二次谱峰分离

杂质的掺入对色心形成有重要影响，当 $LiNbO_3$ 中掺入铁离子后，处于 Li 格位上的 Fe^{3+} 有强烈的还原倾向，导致下列反应发生

$$V_o^{2-} + Fe^{3+} \longrightarrow V_o^{-} + Fe^{2+}$$

式中，V_o^- 为含有一个电子的氧空位，即 F^+ 心。这里的情形与含二价阳离子杂质的碱卤晶体中的 F_z 心相似。Fe^{3+} 俘获电子而形成的 Fe^{2+} 与由于 Fe^{2+} 取代 Li^+ 为维持电中性而产生的 Li 空位 V_{Li} 构成 I-V 偶极子（杂质离子-阳离子空位）。与碱卤晶体相似，它们将成为

填隙阴离子的陷阱，从而明显提高 $LiNbO_3$ 晶体中电子型色心的浓度和增长速率，同时伴随产生新的小吸收带 B′，该吸收带似乎与 F^+ 心有关。

$LiNbO_3$:Fe 在近红外的吸收带及其随辐射剂量的变化示于图 7-26。1 150 nm 附近的吸收带随辐射剂量增加而增大，该吸收带被认为由 Fe^{2+} 的 $^5A \rightarrow {}^5E$ 跃迁引起。实际上它是由大致位于 1 100 nm 和 1 250 nm 两个小峰组成。此外，C 带和 D 带与未掺杂 $LiNbO_3$ 的相似，可能是氧间隙原子与晶格氧离子结合形成的类 H 心[312,313]。

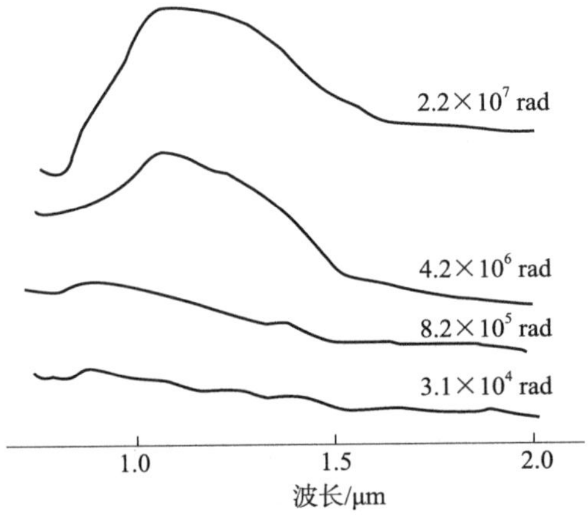

图 7-26 $LiNbO_3$:Fe 在近红外区的吸收带随 γ 射线辐射剂量的变化

(2) 辐射诱导吸收的退化

铌酸锂材料中扩散引起的离子对复合过程可以用如下经验公式描述

$$f(t)=\lambda\left[(1/\pi\lambda t)^{1/2}-\exp(\lambda t)\operatorname{erfc}(\lambda t)^{1/2}\right] \tag{7-82}$$

式中，$f(t)$ 为辐射电离离子对的寿命；λ 为代表离子对复合速率的常数。通过对 $f(t)$ 积分可以得到电离离子在晶体中的含量，即

$$F(t)=\lambda\int_0^{\infty} f(t)\mathrm{d}t=\exp(\lambda t)\operatorname{erfc}(\lambda t)^{1/2} \tag{7-83}$$

上式可近似简化得到 t 时刻离子对的数量

$$G(t)=G_0(1/\pi\lambda t)^{1/2}\lambda t\gg 1 \tag{7-84}$$

式中，G_0 为辐射后产生的初始电离离子对数量。上式描述了辐射后电离损伤的恢复过程[314]。

另一个描述辐射损伤恢复过程的动力学方程为

$$A=(A_0-A_f)(1+Ct)^{1/(1-n)}+A_f \tag{7-85}$$

式中，A_0 和 A_f 分别为初始辐射衰减和永久辐射衰减，$C=(2^{n-1}-1)/t_{1/2}$，$t_{1/2}$ 为辐射损伤的半寿命，数值 $n>1$。

图 7-27 为典型 1 300 nm 钛扩散波导在 X 射线辐射后，辐射诱导损耗随时间的恢复过程，同时图中给出了按公式（7-84）和式（7-85），$n=3$ 时的拟合曲线[315]，可以看到两公式和测试曲线符合得很好，即辐射诱导损耗和恢复时间成 $t^{-1/2}$ 的关系。由恢复曲线可知，辐射后 500 μs 辐射诱导衰减大约恢复了 2/3，根据拟合结果可知，如果辐射诱导衰减

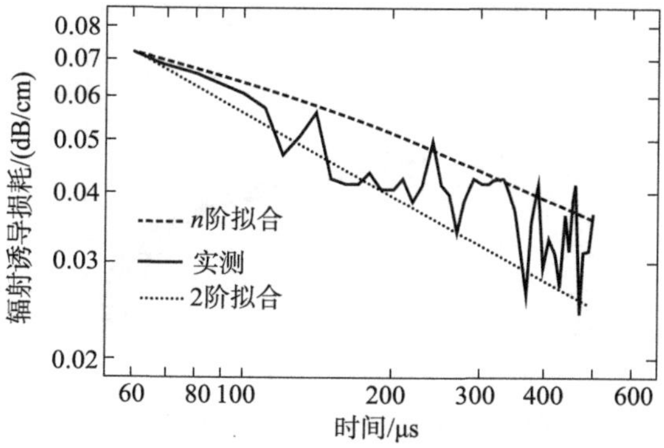

图 7-27　X 射线辐射后辐射诱导损耗随时间的衰减过程

要达到 99%的恢复大概需要 592 ms。

不同的材料和不同的辐射条件，展示出不同的辐射诱导吸收恢复过程。图 7-28 为几乎不含杂质的"纯净"铌酸锂晶体在 γ 射线和中子同时辐射后，辐射诱导吸收的恢复过程。透过率由如下公式进行拟合

$$-\ln(T)=-A\exp(-t/b)+C\exp(-t/d)+E\exp(-t/f) \tag{7-86}$$

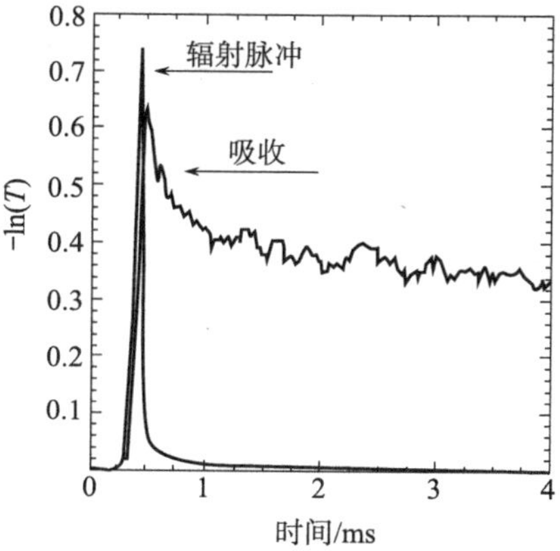

图 7-28　辐射诱导吸收随时间的退化

拟合后的各参数为 $A=0.137$，$b=4.23$，$C=0.291$，$d=37.5$，$E=0.189$，$f=0.183$。如果把图 7-28 中的吸收数据以损耗 dB/cm 为单位再和 t 进行拟合，如图 7-29 所示，在最初的 10 ms 内辐射诱导损耗和 $t^{-1/4}$ 成正比[316-317]，该恢复速度明显低于图 7-27 中的速度。这种辐射诱导损耗随时间退化的速度不同，可能是因为材料的成分不同，掺杂铌酸锂的恢复速度更慢。在纯石英光纤和掺杂石英光纤中也表现出类似的规律。

(3) 辐射诱导光折变

对于如图 7-30 所示的平行耦合波导，当由一个波导输入归一化光功率时，根据耦合波方程可得两输出端口的输出功率为

$$P_0(z)=\left[\cos^2(gz)+\frac{(\Delta\beta/2)^2}{g^2}\sin^2(gz)\right]\exp(-\alpha z) \tag{7-87}$$

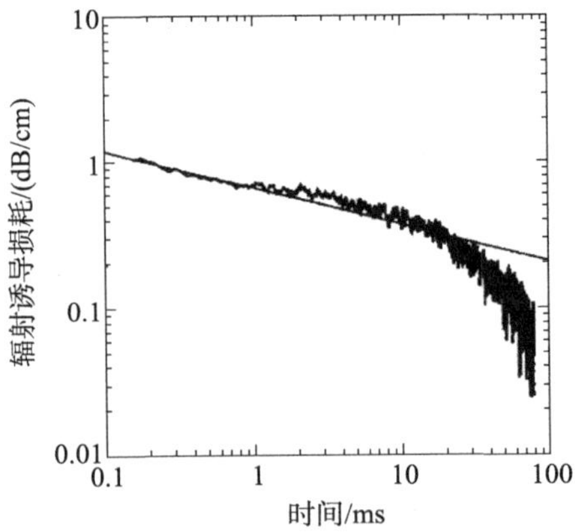

图 7-29　辐射诱导损耗随时间的变化及拟合曲线

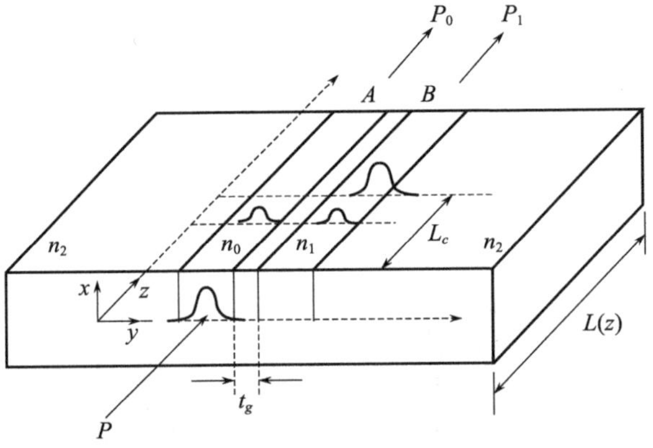

图 7-30　平行耦合波导结构

$$P_1(z)=\frac{k^2}{g^2}\sin^2(gz)\exp(-\alpha z) \tag{7-88}$$

式中，$g^2=k^2+(\Delta\beta/2)^2$；$z$ 为耦合长度；k 为耦合系数；α 为波导的损耗系数；$\Delta\beta$ 为两个波导中光传播常数的差。两波导之间通过耦合实现功率交换，最大交换量由 $\Delta\beta$ 决定。

具有如图 7-30 结构的典型器件在电子辐射后两输出端口的功率变化如图 7-31 所示，辐射总剂量为 75 krad (Si)，电子平均能量为 75 MeV，辐射时间为两虚竖线之间的时间段。经辐射后，TM 模的功率在两输出端口之间出现对称的振荡变化，并且在部分时间段（如 A 点）的输出总功率明显下降，这说明定向耦合器在辐射后发生了两个变化，一是波导的损耗增大；二是两波导折射率差发生了变化。由图中 A 点的功率耦合可计算两波导中的传播常数差 $\Delta\beta$，再通过 $\Delta\beta=(2\pi/\lambda)\Delta n$ 计算出辐射引起的折射率变化为 0.509×10^{-4}。由于波导设计为 TE 模的功率不发生耦合，因此图中 TE 模的功率变化反映了辐射诱导色心产生的吸收效应。该实验验证了辐射不仅产生色心诱导材料损耗增大，还存在类似于光折变效应的折射率变化[318]。

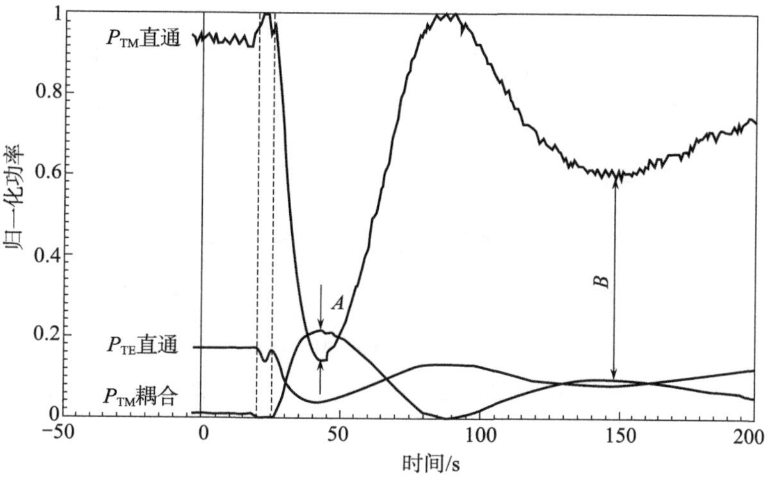

图 7-31　平行耦合波导结构在电子辐射后两输出端口的功率变化

(4) 掺杂对抗辐射的影响

前面提到，不同成分的铌酸锂材料辐射诱导损耗的退火衰退速度是不同的，不仅如此，不同成分的材料，不同工艺的波导也表现出不同的抗辐射性能。图 7-32 为未掺杂铌酸锂和掺 Mg 铌酸锂材料吸收系数随电子辐射剂量的变化。在未进行辐射时两种材料的吸收系数差别较小，在 8 krad 剂量范围内，两种材料的吸收系数都随剂量增加线性增大，且未掺杂铌酸锂的变化曲线的斜率明显高于掺 Mg 铌酸锂。剂量达到 7.5 krad 时，未掺杂和掺 Mg 铌酸锂的吸收系数几乎相差了 1 个数量级[316,317]。图 7-33 列出了 Ti 扩散（Ti）、质子交换（PE）、退火质子交换（APE）、Ni 扩散（Ni）、Zn 和 Ni 共掺（Zn/Ni）几种工艺制备的典型 $LiNbO_3$ 波导在 γ 射线辐射环境下损耗的变化情况。由图 7-33 可以看出，随着辐射剂量的增加，波导的损耗几乎呈线性增加，但是由于制备工艺不同，损耗增加的速度不同，退火质子交换工艺制备的波导具有较强的抗辐射性能。而其他工艺制备的波导抗辐射性能较差，当辐射剂量达到 10 Mrad 时，Ti 扩散 $LiNbO_3$ 波导的损耗将增加 2.7 dB/cm[319]。

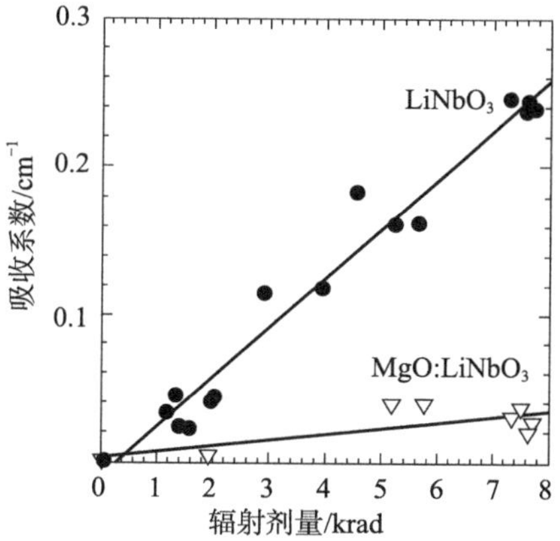

图 7-32　未掺杂和掺 Mg 铌酸锂吸收系数随辐射剂量的变化

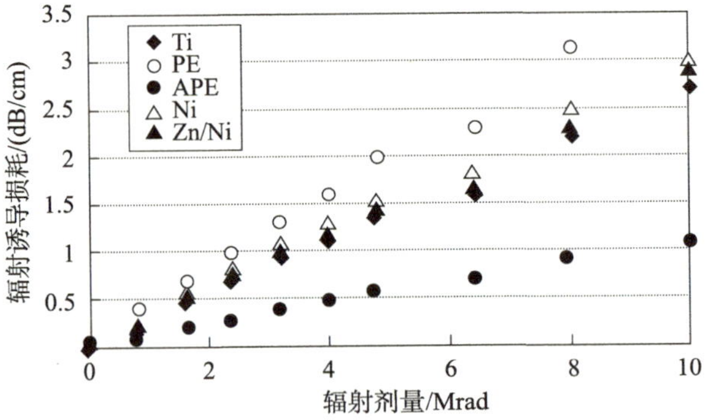

图 7-33　辐射条件下不同掺杂成分和工艺制作的 $LiNbO_3$ 波导辐射诱导损耗随辐射剂量的变化

7.3.1.2　Y 波导在辐射环境条件下的性能演变及抑制技术

(1) 质子辐射条件下的性能演变

图 7-34 为辐射模拟软件 SRIM 计算的质子直接辐射 Y 波导芯片时，入射质子能量与波导层附近损伤密集程度 N 的关系。在质子能量较低时，辐射损伤随着入射质子能量的升高而增加。当质子能量达到 10.0 keV～2.5 MeV 范围时，辐射造成的损伤达到最大。随着质子能量的提高，质子射入并停留到更深的位置，质子辐射损伤逐渐远离芯片表面的波导层，对器件性能参数的影响也随之降低。50.0 MeV 质子辐射对芯片波导造成损伤的密集程度比质子辐射损伤最严重时低了 3 个数量级。

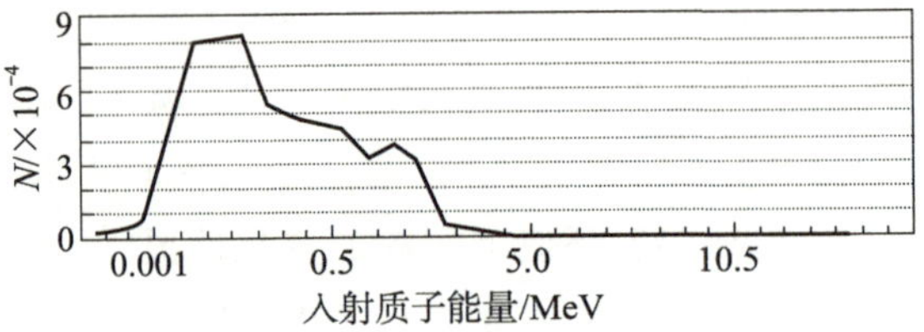

图 7-34　波导层附近损伤密集程度 N 随入射质子能量的变化

实际使用时的 Y 波导芯片通常被封装在可伐镀金管壳中，管壳对辐射粒子具有阻挡作用。图 7-35 为质子辐射作用于典型金属封装器件时，入射质子能量与波导层附近损伤密集程度的模拟结果，封装壳为 250 μm 厚的 4J29 可伐镀金材料。在 11.0～12.0 MeV 前后，波导层受到质子辐射位移损伤达到最大。当质子辐射能量继续上升，大部分质子没能停留在波导层附近，而是穿透过去，造成的损伤也随之降低。质子辐射的能量从 11.0 MeV 提高到 20.0 MeV，质子辐射对波导层的损伤降低了 1 个数量级。

比较图 7-34 和图 7-35 可以看出，厚度仅为 250 μm 的 4J29 可伐镀金盖板就可以使内部芯片少受到 1 个数量级以上的质子辐射损伤。可见，在改善器件抗质子辐射能力时，适当地增加器件金属外壳厚度是一个简单而有效的方法。

分别用能量为 3.5 MeV 和 5.5 MeV 的质子对典型器件进行辐射后测试其损耗变化，实验数据表明，器件插入损耗没有发生明显变化。而当用能量为 10 MeV 的质子辐射后，插入损耗发生了较明显的变化，但辐射前后器件插入损耗的变化量都不超过 1 dB，损耗变

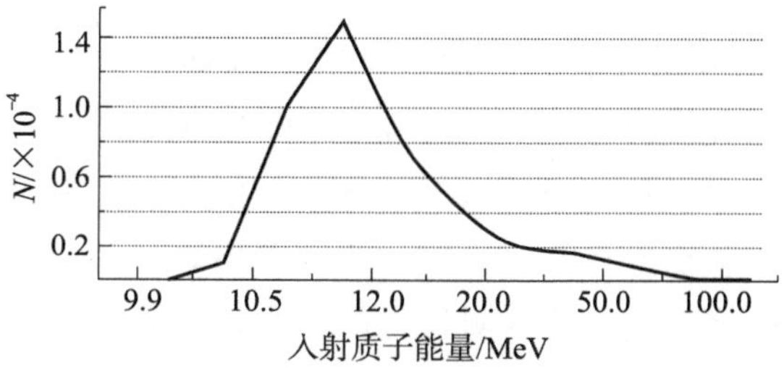

图 7-35 金属封装器件中波导层附近损伤密集程度随入射质子能量的变化

化量分布如图 7-36 所示。该实验结果与上述质子辐射模拟的结果基本一致，质子辐射的能量要上升到 10.0 MeV 左右，器件中的芯片才会受到较明显的损伤，低于这个能量的质子辐射，难以穿透器件的可伐合金上盖板。

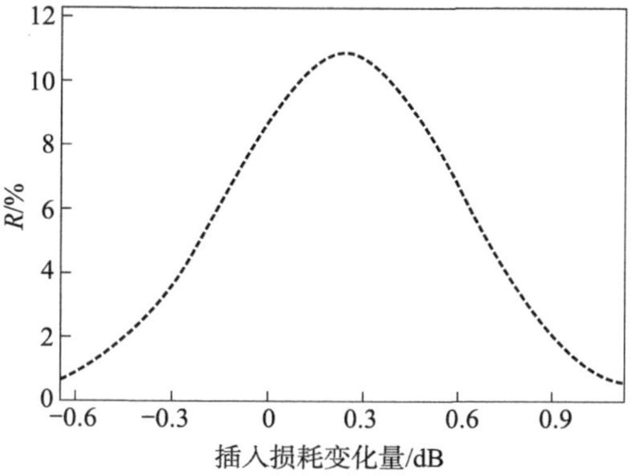

图 7-36 10 MeV 质子辐射后器件插入损耗变化量的分布

图 7-37 为不同质子辐射注量下典型器件插入损耗变化量的分布。低辐射注量 1×10^{8} p/cm^{2} 时，质子辐射引起的器件插入损耗变化高度集中在 0 附近。而当辐射注量提高到 1×10^{10} p/cm^{2} 和 1×10^{12} p/cm^{2} 后，质子辐射引起的器件插入损耗变化量分布情况明显发生了变化，变化量出现的范围虽仍然在 0 的附近，但集中度明显降低。说明当辐射注量提高后，器件插入损耗的变化量大于 0 的情况增多[320]。

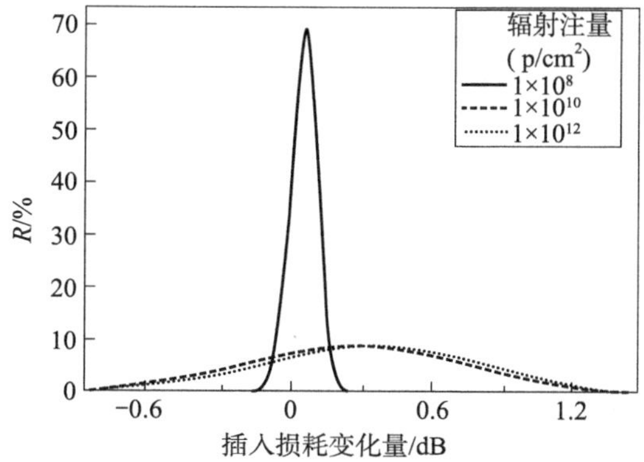

图 7-37 不同质子注量下器件插入损耗变化量的分布

（2）γ射线辐射下的性能演变

图 7－38 为典型 1 310 nm Y 波导输出功率随γ射线辐射剂量的变化，辐射剂量率为 50 rad（Si）/s。辐射总剂量在 0～500 krad 范围内，器件输出功率没有发现趋势性变化，波动量仅为 0.03 μW，该波动量处于测试误差水平。图 7－39 为典型 Y 波导分光比随γ射线辐射剂量的变化。辐射总剂量在 0～500 krad 范围内，器件分光比下降了 0.1%，这也在测试误差范围内，因此该剂量γ辐射对器件的分光比也几乎无影响。

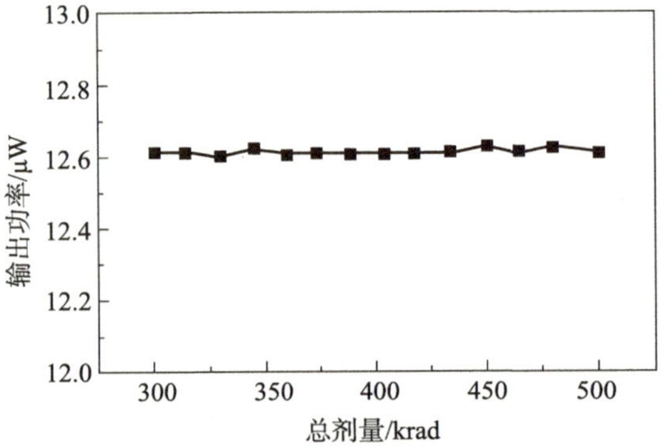

图 7－38　Y 波导器件输出功率随γ射线辐射剂量的变化

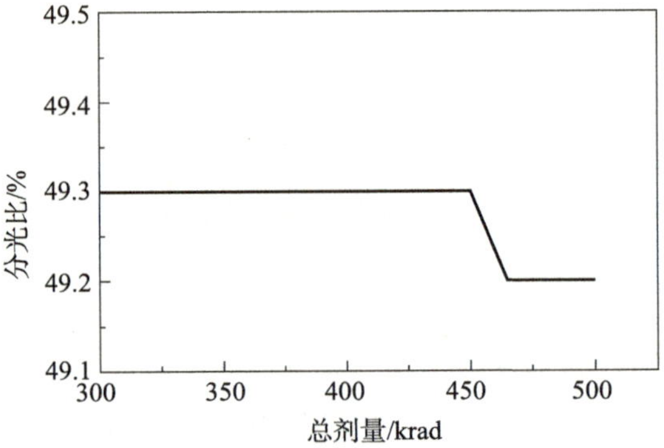

图 7－39　Y 波导器件分光比随γ射线辐射剂量的变化

7.3.1.3　铌酸锂电光强度调制器在辐射环境条件下的演变及抑制技术

（1）γ射线辐射环境条件下的性能演变

辐射引起铌酸锂材料微观结构变化，从而造成调制器的损耗性能变化，在相位调制器和强度调制器中都是相同的，即相位调制器在辐射环境下光学性能的变化规律基本也适用于强度调制器。强度调制器辐射性能研究重点关注其调制性能的变化。

在低剂量γ射线辐射实验中，1 550 nm 强度调制器表现出良好的稳定性。图 7－40 为剂量率为 50 rad/s，总辐射剂量为 100 krad 时典型调制器损耗、开关比和半波电压随辐射剂量的变化。在整个辐射过程中，强度调制器的损耗、开关比和半波电压都保持稳定，基本未受辐射影响。

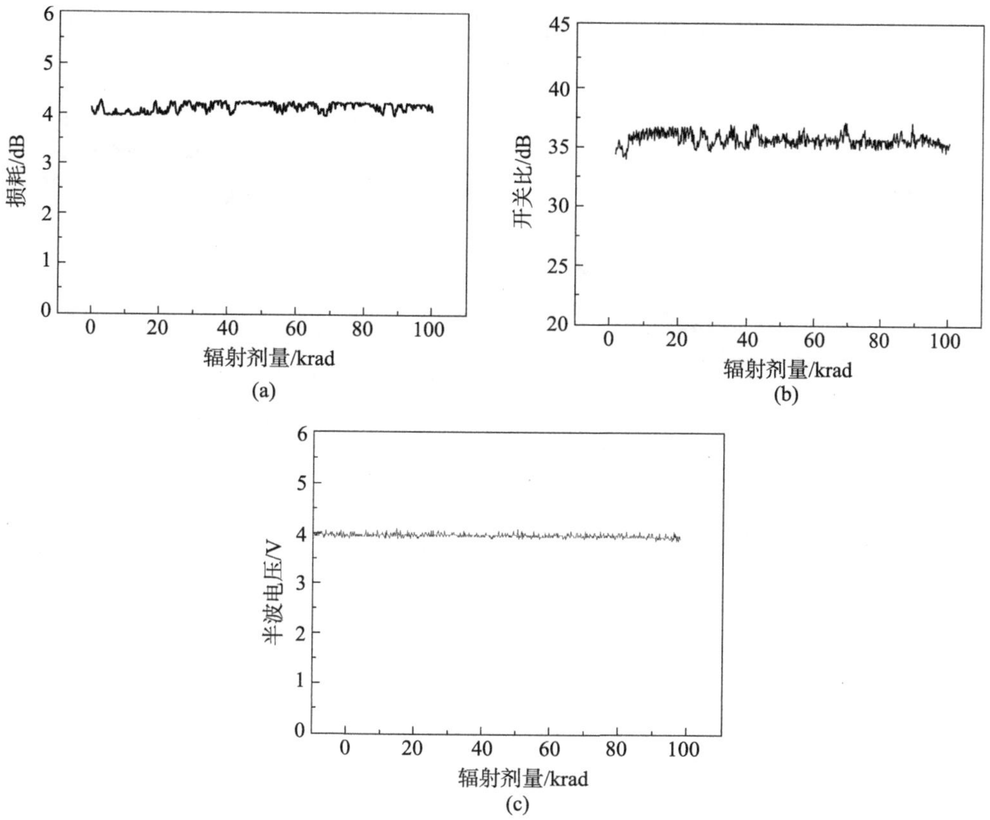

图 7－40　强度调制器损耗（a)、开关比（b）和半波电压（c）随辐射剂量的变化

在剂量率为 800 krad/h，总剂量达 10 Mrad 的高剂量 γ 射线辐射下，强度调制器的调制相关性能也是基本稳定的，随辐射剂量的增加只是有轻微的变化。调制器的光功率输出可表示为

$$P_{out}=G\sin\left(\frac{\pi V}{V_{\pi}}+\phi_0\right)+P_0 \tag{7-89}$$

式中，V 为调制电压；V_{π} 为半波电压；G 为调制器增益；ϕ_0 为偏置相位；P_0 为调制器输出的直流分量。辐射过程中调制器输出光功率可通过下式进行拟合

$$Y=K_0+K_1\sin\left[K_2(V+K_3)\right] \tag{7-90}$$

由拟合后的 K_2 可计算得到 V_{π}，由 K_2、K_3 可计算得到 ϕ_0。K_2 和 K_3/K_2 在整个辐射过程的变化分别如图 7－41 和图 7－42 所示。K_2 在辐射过程中基本保持不变，即调制器的半波电压基本不受辐射的影响。K_3/K_2 在辐射 200 min 时突然增大，并在随后的辐射过程中保持稳定。这可能是由于静电荷的累积造成的，静电荷的内建电场相当于施加额外的偏置电压，增大了 ϕ_0[321]。

（2）电子辐射环境条件下的性能演变

在电子辐射时，引起铌酸锂材料内部原子的电离，形成电子空穴对，电子空穴对在调制器调制电压的作用下发生分离，相当于在电极上增加了电阻负载，在调制电压上叠加了一个瞬态电压，在信号光上施加了一个附加相位，反映到调制器的输出光功率上，产生瞬态的光强变化。

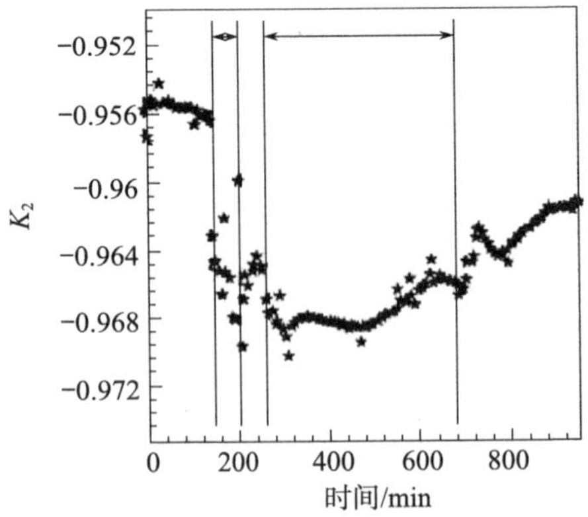

图 7-41　K_2 随辐射时间的变化

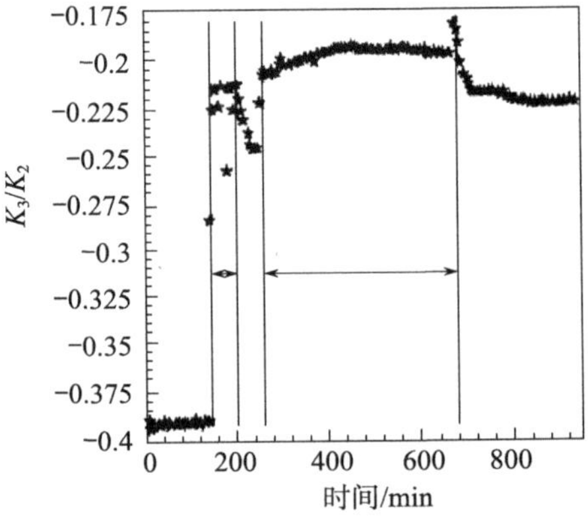

图 7-42　K_3/K_2 随辐射时间的变化

图 7-43 为辐射剂量率为 5×10^{10} rad（Si）/s 时，不同偏置电压下典型调制器输出光强的瞬态变化。实验表明，当调制器工作在不同工作点时，相同的辐射剂量率下，输出光功率的波动量不同。当工作点为 $\pi/2$ 时，辐射引起的功率变化（ΔI）最大，当工作点为 0 或 π 时，功率变化最小。光强变化测试数据的拟合结果表明，该剂量率下的辐射效应相当于产生了 $-\pi/9$ 的附加相位。

在辐射剂量率为（2～5）$\times10^{10}$ rad（Si）/s 的范围内调制器输出光强的变化和剂量率几乎成线性关系。瞬态影响的时间由辐射脉冲的持续时间决定，瞬态影响的恢复时间在秒量级。当辐射调制器芯片的不同部位时，辐射产生的影响程度不同，当辐射电光互作用区时，辐射产生的影响最大[322]。

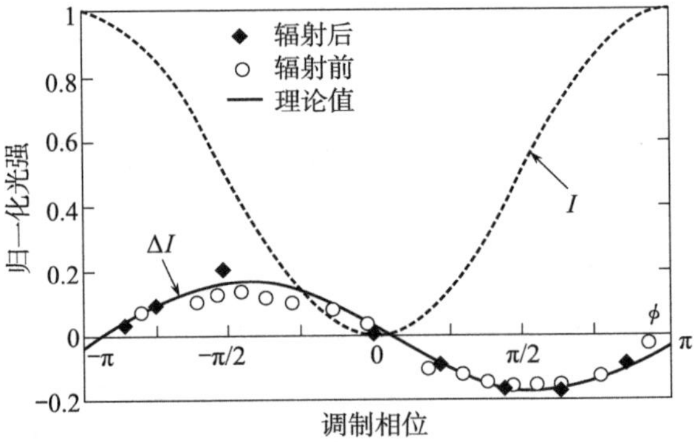

图 7-43　辐射剂量率为 5×10^{10} rad（Si）/s 时，不同偏置电压下调制器输出光强的瞬态变化

7.3.2 铌酸锂电光调制器在热环境条件下的性能演变及抑制技术

7.3.2.1 铌酸锂折射率和温度的关系

$LiNbO_3$ 晶体的折射率随温度的变化而变化，波长在 400～4 000 nm 范围内，晶体折射率随温度 T 变化的表达式为[323]

$$n_o^2 = 4.913 + \frac{1.173\times10^{-5} + 1.65\times10^{-2}T^2}{\lambda^2 - (2.12\times10^2 + 2.7\times10^{-5}T^2)^2} + 2.78\times10^{-8}\lambda^2 \tag{7-91}$$

$$n_e^2 = 4.5567 + 2.605\times10^{-7}T + \frac{0.97\times10^{-5} + 2.7\times10^{-2}T^2}{\lambda^2 - (2.01\times10^2 + 5.4\times10^{-5}T^2)^2} - 2.24\times10^{-8}\lambda^2 \tag{7-92}$$

式中，n_o 和 n_e 分别为 o 光和 e 光的折射率；λ 为波长。由上式可知 $LiNbO_3$ 晶体的非寻常光折射率 n_e 随温度的升高而变大，相位调制器的半波电压与非寻常光折射率 n_e 成反比例关系。这将导致从−45 ℃到+70 ℃，调制器的半波电压下降约 5%～8%。在工程应用时可以通过设计电路，实时监测调制器的半波电压，并根据实测值采取相应的措施进行闭环锁定或补偿。

7.3.2.2 铌酸锂电光调制器中的热释电效应

铌酸锂晶体结构由扭曲的氧八面体构成，如图 7 - 44 (a) 所示。铌酸锂晶体为顺电相时，Li 和 Nb 分别位于氧平面和氧八面体中心，无自发极化。当低于铌酸锂晶体的居里温度（1 210 ℃）时铌酸锂呈现铁电相，如图 7 - 44 (b) 所示，Li 和 Nb 都发生了沿 z 轴的位移，前者离开了氧八面体的公共面，后者离开了氧八面体的中心。由于 Li 和 Nb 的移动，造成了沿 z 轴的电偶极矩，即出现了自发极化，沿其 z 轴方向的自发极化强度为 0.72 C/m^2。当外部施加在铌酸锂晶体上的电场强度高于 21 kV/mm 时，铌酸锂的自发极化会发生反转。

铌酸锂的自发极化会产生一个空间电荷场，吸引表面的自由电荷进行补偿，从整体上看铌酸锂呈现电中性，如图 7 - 45 (a) 所示。温度变化时，Li^+ 和 Nb^{5+} 相对于氧平面运动，铌酸锂内部自发极化也会产生变化。当温度降低时，Li^+ 和 Nb^{5+} 会向 $+z$ 面运动，自发极化强度增大，$+z$ 面将呈现 P 型，$-z$ 面将呈现 N 型。当温度升高时，则会呈现相反的过程，释放出铌酸锂表面的自由电荷，如图 7 - 45 (b) 所示。沿 z 向铌酸锂上下表面分别释放出空穴或电子，如果在铌酸锂上镀上电极接通进行测试可以测到电流信号[324]。

温度的变化和自发极化 ΔP 的关系为[325]

$$\Delta P = \gamma \Delta T \tag{7-93}$$

式中，ΔT 为温度变化；$\gamma = [0 \quad 0 \quad \gamma_3]$ 为热电张量，$\gamma_3 = -4\times10^{-5}\,C/(K\cdot m^2)$。当温度发生变化时，自发极化引起的热电场 E 可以表示为

$$\varepsilon\varepsilon_0 E = D - \Delta P \tag{7-94}$$

式中，D 表示自由电荷电场的电位移；ε_0、ε 分别为真空介电常数和相对介电常数。在 $LiNbO_3$ 调制器芯片中可以认为 $D \approx 0$，则

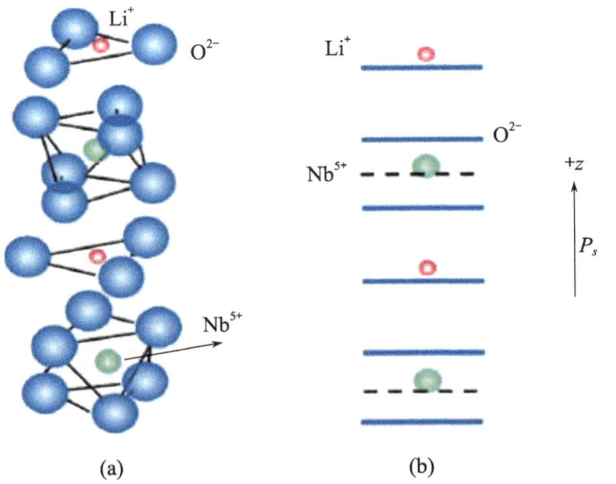

图 7－44　铌酸锂晶体结构和自发极化方向

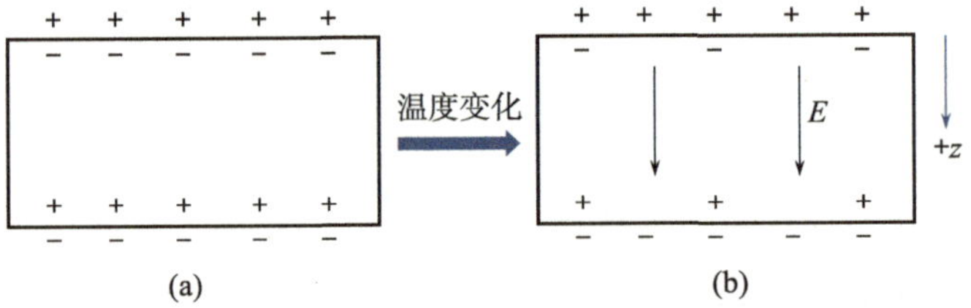

图 7－45　铌酸锂晶体在温度升高时表面电荷变化示意图

$$E = -\frac{\Delta P}{\varepsilon\varepsilon_0} = -\frac{\gamma \Delta T}{\varepsilon\varepsilon_0} \tag{7-95}$$

由于 γ 为负值，所以当温度升高时热电场 E 的方向与晶体的 $+z$ 轴一致；当温度降低时热电场的方向与 $-z$ 轴一致。

$LiNbO_3$ 波导在温度变化过程中将受到热电场的影响，热电场在晶片上沿 $+z$ 或 $-z$ 向。对于采用推挽电极结构的 x 切 y 传 $LiNbO_3$ 相位调制器，热电场和调制电场方向平行，热电场对两分支波导施加同向电场，但调制电场对两分支波导施加方向相反的电场，因此必然存在一个分支上热电场和调制电场同向，另一波导分支上两电场反向。

在铌酸锂晶体中还存在热电场弛豫现象。热电场弛豫是自由载流子补偿热电荷使得热电场逐渐减小的结果，在恒温下热电场随时间的变化可以表示为

$$E(t) = E_0 \exp(-\sigma t / \varepsilon\varepsilon_0) \tag{7-96}$$

式中，σ 为电导率；t 为时间；E_0 为热电场在 $t=0$ 时的值。

在相同的温变速率下，当温度较高时，由于热传导的增强，有助于自由载流子补偿热电荷而使热电场减小；当温度较低时，则会减弱自由载流子补偿热电荷，因此低温时的热电场弛豫时间要长于高温时的弛豫时间，从而导致低温时的热电场强度要大于高温时的热电场强度。

Y 波导的两个分支在－45 ℃至 70 ℃温度变化的过程中，在高温阶段，$LiNbO_3$ 热电

场弛豫现象能够有效减小调制电极间的热电压差，使得折射率降低的分支波导仍然能够保持光波在其中的单模传输特性；在低温阶段，由于热电场弛豫现象减弱，不能有效减小调制电极间的热电压差，当电压差足够大时将使折射率降低的分支波导进入单模截止区而不能保持光波在其中传输。更严重的情况是，当在加工过程中遇到温度急剧变化时，热电荷来不及弛豫，且电极间隙很小，仅为微米量级，此时电极上的热电场强度很大，导致局部区域的晶格反转、晶体表面放电等问题。

7.3.2.3　铌酸锂电光强度调制器在热环境条件下的偏置点漂移及抑制技术

7.1.3.2 节中所述缓冲层中可移动电荷引起的波形畸变是一种快速漂移现象，主要是一些激活能较小的可动电荷，在电场作用下发生快速移动，形成内建电场。除了这种短期快速漂移，在强度调制器中还存在一种长期的直流偏置点漂移现象。

强度调制器为了实现不同特点的边带调制特性，需要施加偏置电压，把调制器的工作点固定到所需的位置。理论上施加固定偏置电压实现稳定的偏置点锁定，但工程应用环境中，某一工作点对应的偏置电压在高温下会发生长期漂移，漂移可持续数分钟甚至数百天，这种长期漂移将限制调制器的长期连续工作。

直流漂移现象被认为是衬底、缓冲层中的可动电荷在外电场作用下的结果。在外加电压下，衬底、缓冲层等结构中的可动电荷如 H^+、K^+、Na^+ 等碱金属离子，会形成一个与外场方向相反的空间电荷场。该空间电荷场的存在降低了外电压作用在波导上的有效电场。可动电荷的激活与施加电压和温度有关，电压越高，温度越高，激活的电荷越多，漂移也越大。图 7－46 为不同偏置电压下典型强度调制器偏置点的漂移，图 7－47 为不同温度下典型强度调制器偏置点的漂移。

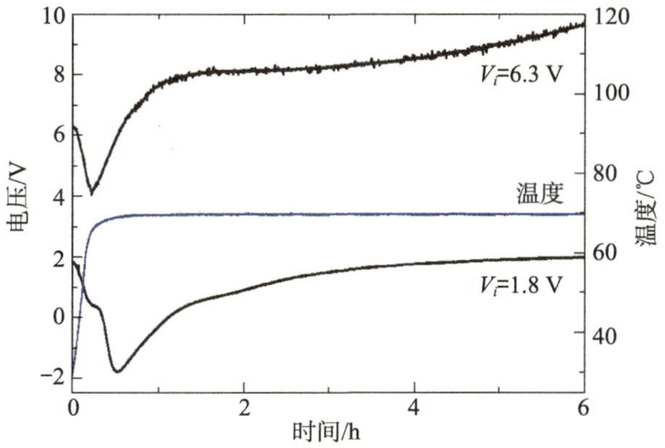

图 7－46　不同偏置电压下铌酸锂强度调制器的偏置点漂移

引起偏置点漂移的原因及抑制措施有以下几方面。

（1）晶体中的可移动电荷

铌酸锂调制器件通常采用二氧化硅作缓冲层材料。二氧化硅缓冲层中 OH、氧缺陷以及碱金属离子等杂质，对器件的直流漂移有很大影响。应该尽量避免表面缺陷的产生，保护好衬底表面，清洗干净衬底表面，避免衬底表面受到污染。在二氧化硅缓冲层表面淀积

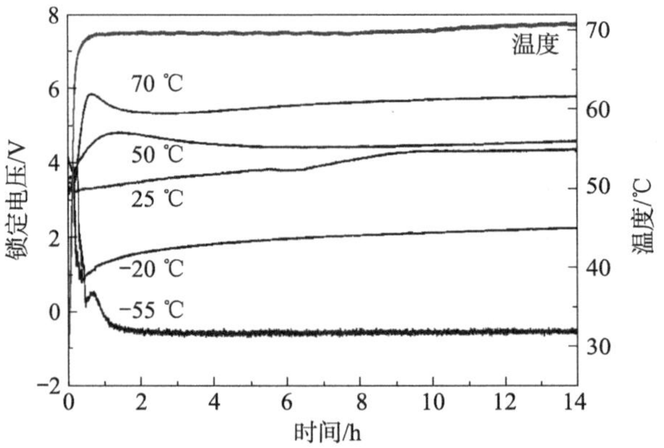

图 7-47　不同温度下铌酸锂强度调制器的偏置点漂移

一层 Si_3N_4 钝化层能够有效地阻止 SiO_2 受到碱金属离子的污染。这是因为碱金属离子在 Si_3N_4 中的扩散系数很小。采用掺 P 的二氧化硅缓冲层，也能有效地抑制碱金属离子的影响。腐蚀掉二氧化硅缓冲层，也获得了比较明显的抑制效果。但由于铌酸锂衬底表面存在着或多或少的缺陷，导致表面存在漏电流，由此产生的漂移难以完全消除。

（2）热释电效应

对于铌酸锂调制器件，加在波导上的有效调制电场应是外加电场与热电场的叠加。由于热电场的弛豫现象，在外加电压不变的情况下，调制相位将会发生相应的扰动。即使在热电场平衡的状态下，由于其分布不均匀，使作用于波导不同位置的有效调制电场不同，也使调制输出信号发生了较大的改变。导致热电场分布不均匀的原因有如下几种情况：一是由于铌酸锂晶体结构的非均匀性，如畴结构、缺陷（杂质、位错）的不均匀分布，可能使晶体内畴的取向偏差。二是在电极覆盖区和未被电极覆盖的区域，由于热电荷迁移能力的不同导致电荷密度分布不同，热电场分布不均。三是当环境温度发生变化时，芯片会存在一定的温度梯度，导致热电场分布不均匀。四是由于热电极的趋肤效应，导致中心电极部位与地电极部位间存在着温度差，从而使热电场分布不均匀。

抑制铌酸锂晶体的热释电效应采取的措施一是屏蔽热电荷，二是使形成的热电场分布均匀。对以 x 切铌酸锂为衬底的器件，为抑制热电效应，通过将晶体的两个 z 面金属化如沉积导电薄膜、涂导电胶等，并用导体将两面相连形成一个电学回路。当温度发生变化时，导电薄膜可使热电荷能在很短的时间内发生再分布，以形成均匀分布的热电场。或将导电回路与管壳等地相连，屏蔽由于温度变化产生的热电荷。对以 z 切铌酸锂为衬底的器件，产生在铌酸锂晶体 z 面上的不平衡热电荷是通过在 z 面上沉积半导体层或半绝缘层避免电荷的局部累积。

（3）热应力

铌酸锂晶体是压电体，在外加应力作用下表现出感应极化，极化强度和应力之间呈线性关系，可写成 $\boldsymbol{P}=\boldsymbol{d\sigma}$，式中矢量 $\boldsymbol{P}$ 是感应极化强度，$\boldsymbol{\sigma}$ 是二阶应力张量，$\boldsymbol{d}$ 是三阶压电张量。铌酸锂器件结构中应力的产生主要来自衬底、缓冲层、电极芯片下粘接胶和管壳等材料间的热膨胀系数差异，温度的变化将在晶体中产生应力，通过压电效应产生电场作用于波导，从而使器件的性能随温度变化[326]。

7.3.2.4 铌酸锂电光强度调制器在热真空环境条件下的性能演变

图 7-48 为典型强度调制器在 -30～60 ℃温度范围内进行真空环境高低温循环时器件损耗、开关比和半波电压的变化。热真空环境下器件损耗的峰峰值波动范围为 0.5 dB 左右，这和折射率随温度的变化、热应力随温度的变化等因素有关。开关比随温度的波动范围较大，约 5 dB，主要发生在变温阶段，这可能和热电效应及热应力有关。半波电压随温度的变化非常有规律，低温时的半波电压小，高温时的半波电压大，这主要是由铌酸锂电光系数随温度变化引起的，电光系数波动引起的半波电压变化量在该温度区间内一般不超过 10%。

由于调制器可认为是不发热器件，且器件体积较小，热的传导过程在真空环境和大气环境下的差异可以忽略，因此温度对器件的影响在两种环境下几乎没有区别。

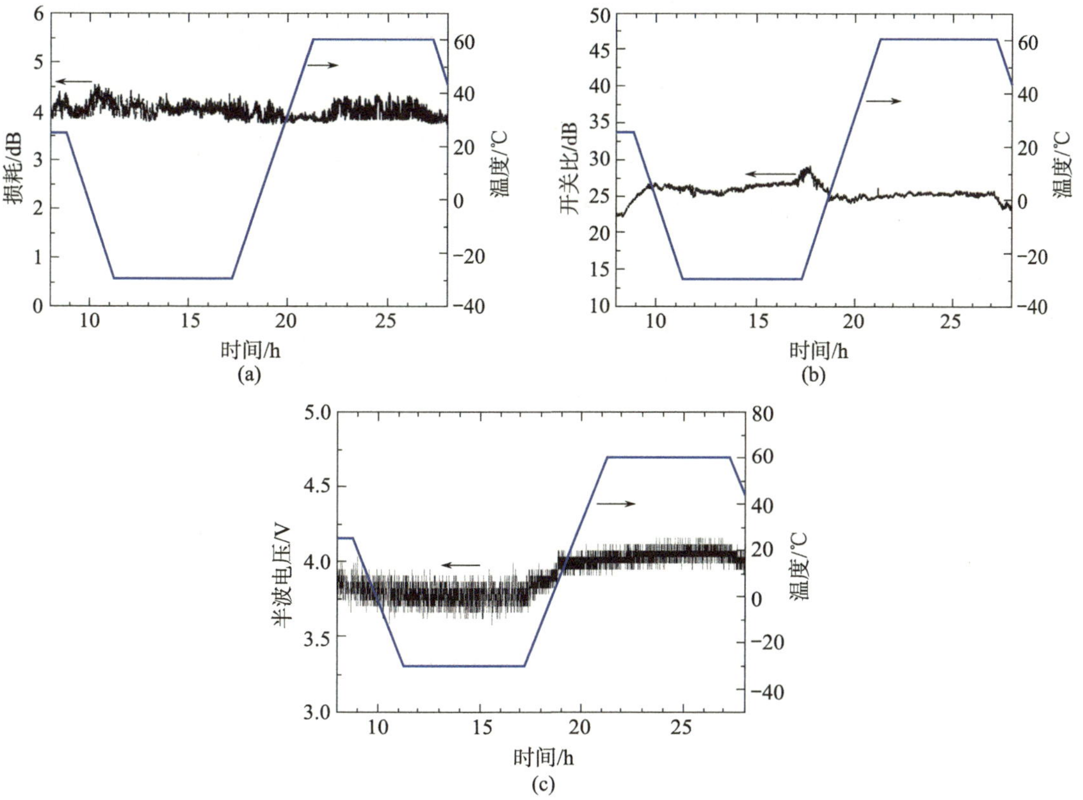

图 7-48　强度调制器损耗（a）、开关比（b）和半波电压（c）在热真空环境下的变化

7.3.3 铌酸锂电光调制器在高光功率下的性能演变及抑制技术

铌酸锂材料中存在光折变效应。光折变效应（Photorefractive effect）就是电光材料在光辐射下会由于光强的空间分布而产生折射率的变化。带输运模型[327,328]将光折变物理过

程描述为：在不均匀光辐射下，电光晶体内的施主杂质被电离产生光激发载流子；光激发载流子（在导带中的电子或价带中的空穴）通过密度扩散或在外加电场或光生伏打效应作用下做漂移运动；辐射区的迁移电荷可以被陷阱重新俘获，它们经过激发-迁移-俘获-再激发，直至到达暗区被处于深能级的受主重新俘获，形成了正、负电荷的空间分离，这种空间电荷的分离与光强的空间分布相对应；这些光致分离的空间电荷在晶体内建立了相应的空间电荷场；空间电荷场又通过电光效应在晶体内形成了与光强的空间分布相对应的折射率变化。

带输运模型同时考虑了材料中光激发载流子的三种迁移机制：1）在非均匀光强辐射下，亮区自由载流子密度高于暗区自由载流子密度，在密度梯度作用下形成扩散电流；2）载流子在电场作用下迁移形成漂移电流；3）光伏效应引起光电流。

（1）铌酸锂波导中的光折变效应

光折变对铌酸锂波导的影响可以通过光伏效应来描述。首先假设波导为宽度为 w 的矩形，并且注入光强在波导内是均匀分布的。光诱导电离产生的电子被波导边界捕获。晶体 z 轴为水平方向，且内建电场和外部施加电场均沿 z 轴方向，如图 7－49 所示。

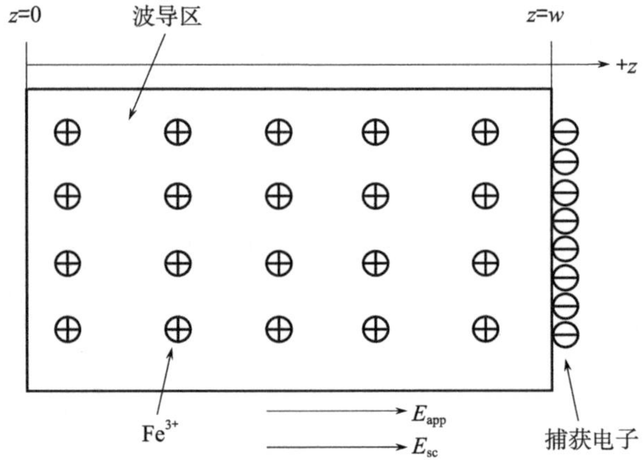

图 7－49　铌酸锂波导中的光电离过程

在波导外区域，z 向电流为

$$J=\sigma_d E_{app} \tag{7-97}$$

波导区的 z 向电流为

$$J(z,t)=K'\alpha I_0\left(\frac{z}{w}\right)+\sigma\left[E_{app}+E_{sc}(z,t)\right] \tag{7-98}$$

式中，$\sigma=\sigma_d+\sigma_{ph}$，$\sigma_d$ 为暗电导率；K' 为修正的玻璃常数；α 为铌酸锂中 Fe^{2+} 杂质的吸收系数；I_0 为波导的注入光强；σ_{ph} 为光电导率，随光强 I_0 的增大而增大；E_{app} 为外部施加电场；E_{sc} 为波导区光电离电子形成的内建电场。

光电离产生的电荷总是向 $+z$ 方向移动，直到在 $z=w$ 处被捕获，在波导边界处形成的内建电场为

$$E_{sc}(w,t)=-\frac{1}{\varepsilon_0\varepsilon}\int\left[J(w,t)-\sigma_d E_{app}\right]\mathrm{d}t \tag{7-99}$$

上式积分中第一项为被边界捕获的那部分电子形成的电流，第二项是在波导边界处未被捕获而穿过边界进入非波导区的那部分电子形成的电流。

将式（7－98）代入式（7－99）并求导可得

$$-\frac{\mathrm{d}E_{sc}(w,t)}{\mathrm{d}t}=\frac{1}{\varepsilon_0\varepsilon}\left[K'\alpha I_0+\sigma E_{sc}(w,t)+\sigma_{ph}E_{app}\right] \tag{7-100}$$

该式的解为

$$E_{sc}(w,t)=\left[\frac{\sigma_{ph}}{\sigma}E_{app}+\frac{K'\alpha I_0}{\sigma}-E_{sc}(w,0)\right]\times\left[1-\exp(-\sigma t/\varepsilon_0\varepsilon)\right]+E_{sc}(w,0) \tag{7-101}$$

假设在波导区电场强度线性变化，则波导区的平均电场为 $E_{app}+E_{sc}(w,t)/2$。对于推挽结构电极的 MZI 干涉仪，其输出光强为

$$I(t)=I_0\cos^2\left[\frac{\pi}{2}\frac{E_{app}}{E_\pi}+\phi(t)\right]+I_{min} \tag{7-102}$$

式中，I_{min} 和 I_0+I_{min} 分别为 MZI 干涉仪输出光强的最小值和最大值；E_π 为半波电压对应的电场强度；$\phi(t)$ 为光折变引起的相位差。假设外加电场 $E_{app}=0$ 时光折变引起的波导区折射率变化量和平均电场成正比，则

$$\phi(t)=\frac{\pi}{4E_\pi}\left\{\left[\frac{K'\alpha\Delta I_0}{\sigma}-\Delta E_{sc}(w,0)\right]\times\left[1-\exp(-\sigma t/\varepsilon_0\varepsilon)\right]+\Delta E_{sc}(w,0)\right\} \tag{7-103}$$

式中，ΔI_0 为两个干涉臂之间的光强差；$\Delta E_{sc}(w,0)$ 为 $t=0$ 时刻两臂之间的内建电场强度差。假设两臂相同，则光折变引起的折射率变化为

$$\Delta n=\frac{\lambda\phi(t)}{2\pi L} \tag{7-104}$$

式中，L 为波导的光折变区域长度。

当存在外加电场 E_{app} 时，式（7－103）为[329]

$$\phi(t)=\frac{\pi}{4E_\pi}\left\{\left[\frac{K'\alpha\Delta I_0}{\sigma}+\frac{\sigma_{ph}E_{app}}{\sigma}-\Delta E_{sc}(w,0)\right]\times\left[1-\exp(-\sigma t/\varepsilon_0\varepsilon)\right]+\Delta E_{sc}(w,0)\right\} \tag{7-105}$$

可见在光辐射电离作用下，Fe 等杂质离子被电离，电离产生的电子漂移，在波导臂累积，形成内建电场，内建电场通过电光效应改变波导的折射率，从而影响光的模场分布和相位。

图 7－50 为典型质子交换工艺制作的 x 切铌酸锂波导在输入波长 514 nm 光时，波导输出光功率随输入光功率的变化曲线[330]，图中数据已经扣除了波导端面的耦合损耗。随着输入光功率的增大，波导中的光功率密度也不断增大，如果没有光折变现象，那么输出光功率和输入光功率之间应该呈线性关系，直线的斜率代表了波导损耗的大小。随着输入光功率的增大输出光功率的变化可分为三个阶段：在输入光功率较小时（阶段Ⅰ），输出

光功率和输入光功率呈线性关系，没有发生光折变现象；在输入光功率较大时（阶段Ⅱ），输出光功率不再和输入光功率呈线性关系，输出光功率逐渐小于线性预测值；在输入光功率继续增大时（阶段Ⅲ），输出光功率不再随输入光功率的增大而增大，而是呈杂乱的振荡状态。这说明从阶段Ⅱ已经表现出光折变现象，当达到阶段Ⅲ时，光折变变得非常强烈。

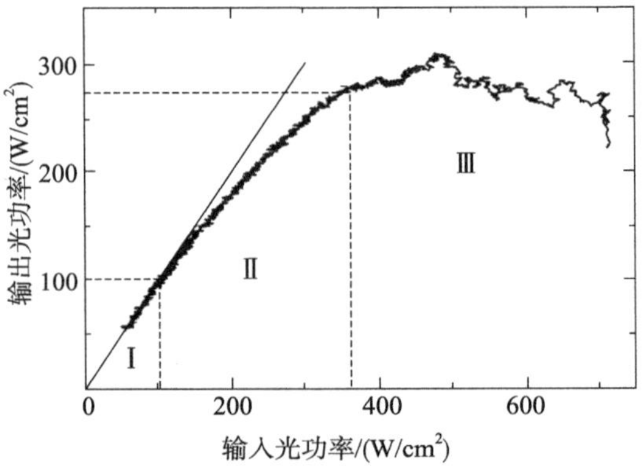

图 7-50　波导输出光功率随输入光功率的变化

图 7-51（a）为各个输入光强阶段典型波导输出的远场分布[330]。在阶段Ⅰ，模场较窄，且波长（角度）分布曲线非常光滑；在阶段Ⅱ，模场有所展宽，而且波长两侧出现边带；在阶段Ⅲ，模场进一步展宽，而且模场分布曲线上出现较多杂乱的边带和隆起。这说明了光折变效应对波导传输特性的影响。图 7-51（b）为典型 z 切质子交换铌酸锂波导输出模场随输入功率的变化[331]，其变化趋势和 x 切基本相同，随着输入光功率的增大，模场不断展宽。

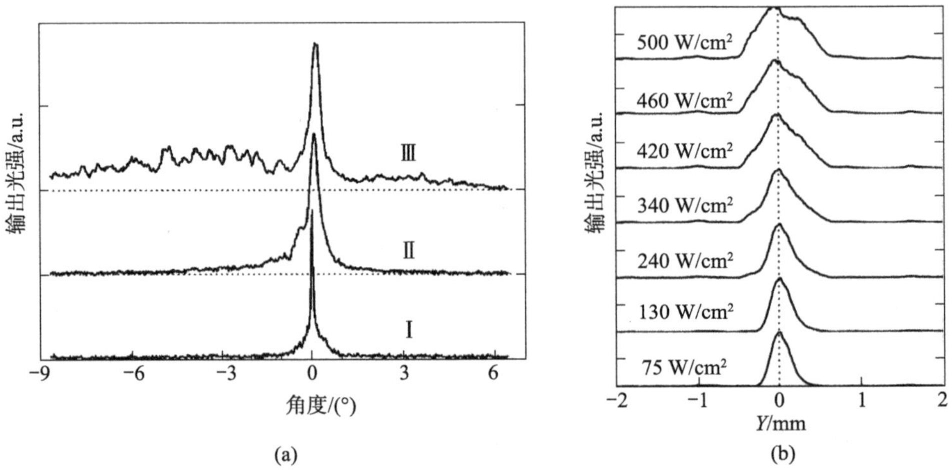

图 7-51　不同输入光功率时 x 切波导（a）和 z 切波导（b）输出的远场分布

图 7-52 为 x 切波导和 z 切波导归一化模场宽度随输入光功率的变化曲线，图中的测试数据表明 x 切波导展示出更剧烈的模场展宽，即发生了更严重的光折变现象。

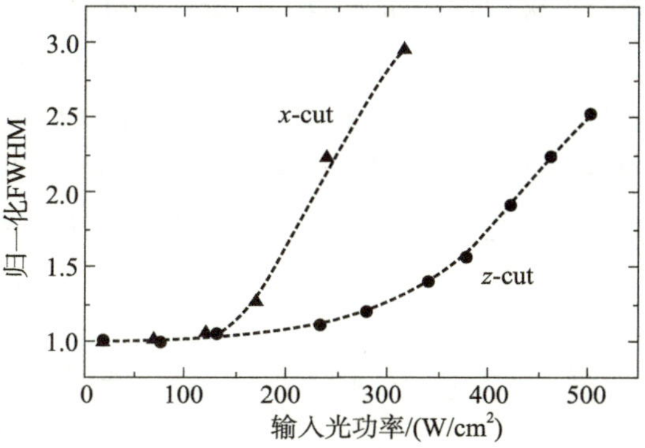

图 7－52　波导模场宽度随输入光功率的变化

图 7－53（a）为基于定向耦合器的光开关截面结构示意图[332]，定向耦合器的两根波导上加工了电极，给电极施加电压时可实现输出光在两个波导之间的路由。在光开关的一个输入端口输入波长 0.633 μm、功率分别为 1 nW 和 20 nW 光时，首先通过电极把波导之间的串扰调到最小，然后测量串扰在 1 h 内的变化，变化曲线如图 7－53（b）所示。当输入功率为 1 nW 时，串扰随时间以缓慢的速度不断地增大。当输入功率为 20 nW 时，在 10 min 内，串扰由－20 dB 快速增大到－15 dB，在接下来的 50 min 内缓慢地增大到－12 dB，并且串扰的增大趋于饱和状态，根据串扰可以计算出光折变引起的折射率变化约为 10^{-5}。

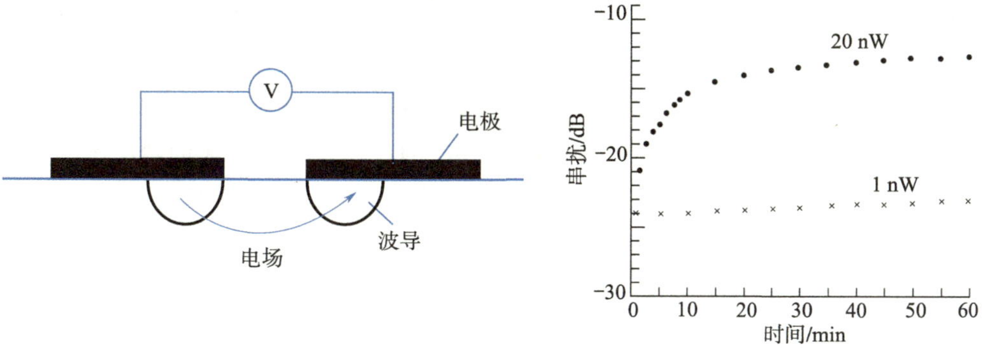

图 7－53　光开关结构（a）及其串扰随输入光功率的变化（b）

（2）光折变效应的抑制技术

光折变效应导致铌酸锂波导传输性能的劣化和不稳定，需要尽量抑制。掺杂调控是广泛应用的光折变抑制方法。抗光折变掺杂采用不易变价元素掺入晶体，以减少晶体的光折变中心。最早采用的光折变抑制方法是镁掺杂抑制方法，当铌酸锂晶体中掺镁量超过 4.6%（摩尔百分数）时，晶体的抗光折变能力可以提高 2 个数量级以上[333]。随后发现掺锌铌酸锂具有与掺镁铌酸锂晶体相似的高抗光折变性能；后来相继发现掺钪、掺铟、掺铪、掺锆、掺锡都能提高抗光折变性能。尤其是掺锆铌酸锂晶体在 514 nm 激光作用下，抗光损伤能力达到 2.0×10^{7} W/cm²，抗光损伤能力远优于掺镁铌酸锂晶体，其阈值浓度仅为 2.0%（摩尔百分数）左右，且分凝系数接近 1.0，容易生长出高质量单晶。更重要的是掺镁晶体在紫外光辐射下失去抗光折变能力，掺锆晶体在近紫外波段同样具有较强的抗光损伤能力。

除了通过掺杂抑制光折变效应，还曾提出通过光学清洗的方法抑制光折变效应[334]，将晶体升高到合适温度（～180 ℃）使用光照将保持电荷中性的离子转移到光照区域之外，经过清洗后区域的抗光损伤能力显著提升，但是这种方法效率低，且只对小区域清洗有一定效果。

7.4　硅基电光调制器在宇航环境条件下的性能演变及抑制技术

硅基电光调制器主要基于等离子色散效应，是典型的电注入半导体器件，辐射产生的缺陷会影响载流子的注入和复合，直接影响电光调制效率。另外，硅材料具有较大的热光系数，虽然可以作为热光调制器应用，但热光效应对电光调制是非常不利的，需要对硅调制器的温度稳定性进行重点关注。

7.4.1　硅基电光调制器在辐射环境条件下的性能演变及抑制技术

马赫-曾德尔干涉型硅调制器基于等离子色散效应，外界施加的信号电压在两干涉臂之间引入相位差，从而调制干涉仪输出的光强。施加一定的电压就会产生相应的相移，通过比较辐射前后同样电压下产生的相移 $\Delta\phi_{\text{before-irr}}$ 和 $\Delta\phi_{\text{post-irr}}$，即相对相移 $\Delta\phi_{\text{post-irr}}/\Delta\phi_{\text{before-irr}}$，可以评价辐射对调制器的影响。图 7－54 为典型硅调制器在 X 射线和中子辐射环境下相对相移随辐射剂量的变化曲线[335]。在中子辐射实验中中子能量为 20 MeV，直到中子注量达到 $3\times10^{16}/\text{cm}^2$ 时相对相移变化量很小，即中子辐射对调制器的调制特性影响很小。这是因为 $1\times10^{16}/\text{cm}^2$ 的中子注入大概产生 $1\times10^{16}/\text{cm}^3$ 的缺陷，辐射引入的缺陷数量约比有源区掺杂量低 1～2 个数量级，数量较少的缺陷对调制特性的影响不明显。

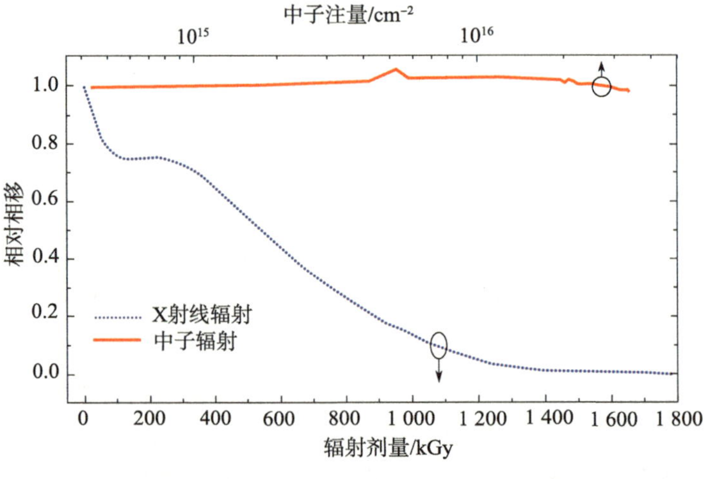

图 7－54　硅调制器相对相移随 X 射线和中子辐射剂量的变化

虽然中子辐射对调制器的影响较小，但总剂量辐射对调制器的影响是毁灭性的。X 射线辐射的剂量率为 1.1 kGy/min。随着辐射剂量的增加，相对相移急剧下降，当辐射剂量为 1.3 MGy 时，相对相移降为 0，即此时调制器施加调制信号后不再产生相移，完全丧失调制功能。理论仿真表明电离辐射对调制效应的影响机理为：当调制器受到电离辐射时，在 Si－SiO_2 界面产生正电荷，使得脊波导有源区和电接触区之间发生了夹断效应，有源区不能再注入载流子，也就不能改变相移[336]。

图 7－55 为不同脊波导刻蚀深度和有源区不同掺杂浓度的调制器辐射前后相对相移随电离辐射剂量的变化曲线[335]。图（a）为浅刻蚀脊波导，图（b）为深刻蚀脊波导。可以看到，浅刻蚀脊波导的调制器大约在辐射剂量为 200 kGy 时相对相移衰减为 0，而浅刻蚀脊波导器件在辐射剂量为 1 MGy 时，相对相移仍几乎没有衰减。对于正常掺杂的器件大约在 2 MGy 时相对相移出现急剧衰减，而重掺杂器件在辐射剂量为 3 MGy 时仍未见衰减。上述实验结果表明，通过采用重掺杂、浅刻蚀脊波导结构可以提高调制器的抗电离辐射能力。

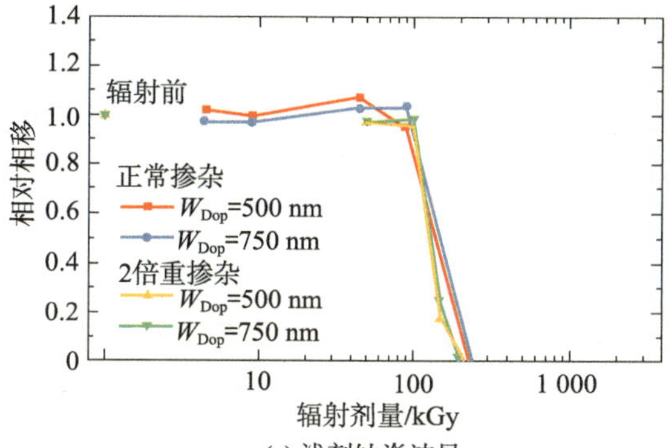

(a) 浅刻蚀脊波导

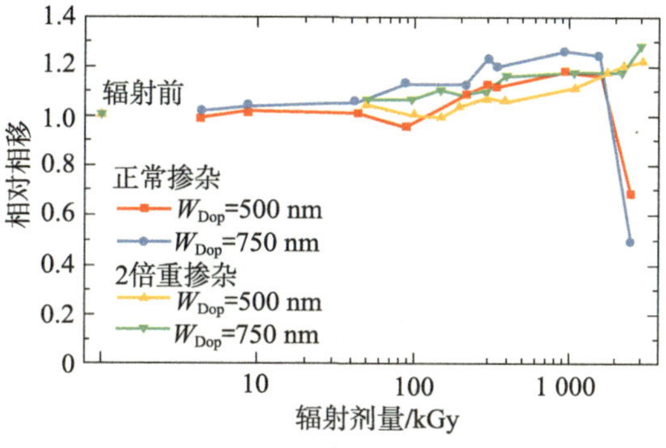

(b) 深刻蚀脊波导

图 7－55　不同脊波导刻蚀深度和有源区不同掺杂浓度的调制器相对相移随电离辐射剂量的变化曲线

7.4.2　硅基电光调制器在热环境条件下的性能演变及抑制技术

硅材料具有较大的热光系数，约为 $1.86\times10^{-4}\ K^{-1}$。当硅作为电光调制器使用时，外界温度变化必然通过热光效应干扰电光调制，因此硅调制器是一种温度敏感器件。

对于 MZI 型硅调制器，干涉光路为双光束干涉，其输出光强是波长的周期函数。如图 7－56 所示，在温度变化时，输出频谱曲线发生“红移”[337]。这对于调制器应用，意味着偏置工作点的漂移。

为了抑制硅调制器的温度敏感性，可通过优化波导结构设计实现。非对称结构的 MZI 型硅调制器结构如图 7－57 所示，调制器上臂的宽度为 W_1，上臂长度包括垂直部分的 L_1 和水平部分的 L 两部分，下臂长度包括垂直部分的 L_2 和水平部分的 L，水平波导宽度为 W_2，垂直部分宽度由 W_1 渐变为 W_2。调制器 MZI 干涉仪的干涉条件为

$$m\lambda_0 = n_{\text{eff}}\cdot\Delta L + \Delta n_{\text{eff}}\cdot L \tag{7-106}$$

式中，λ_0 为干涉相长波长；n_{eff} 为宽度为 W_1 的光导波中的模式有效折射率；$\Delta L=L_2-L_1$ 为两干涉臂长度差；Δn_{eff} 为宽度为 W_1 和 W_2 的两波导中的模式折射率差；m 为整数时，干涉

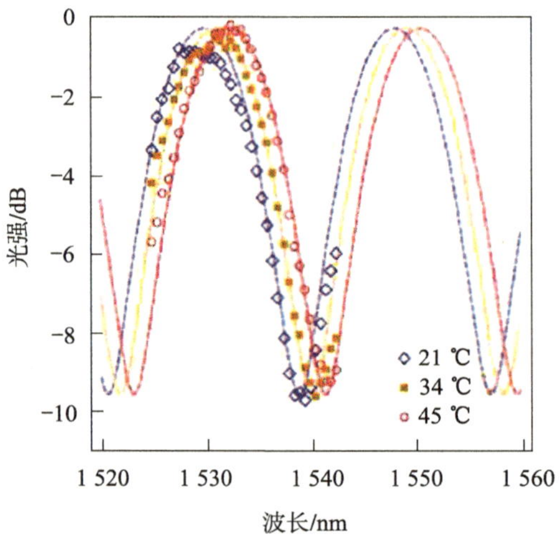

图 7-56　硅 MZI 干涉仪光谱响应随温度的变化

仪干涉相长，输出最大值，m 为半整数时，干涉仪干涉相消，输出最小值。由于波导的色散，干涉阶数 m 改写为[337]

$$M = m - \Delta L \frac{\partial n_{\mathrm{eff}}}{\partial \lambda} - L \frac{\partial \Delta n_{\mathrm{eff}}}{\partial \lambda} \tag{7-107}$$

当 m 一定时，干涉相消波长随温度变化。干涉相消波长的温度灵敏度表示为

$$\frac{\Delta \lambda_0}{\Delta T} = \frac{\Delta L}{M} \frac{\partial n_{\mathrm{eff}}}{\partial T} + \frac{L}{M} \frac{\partial \Delta n_{\mathrm{eff}}}{\partial T} \tag{7-108}$$

式中，右边第一项为有效折射率随温度改变的贡献，该项在硅基波导中一般为正数；第二项为不同宽度波导中有效折射率差随温度改变的贡献，该项通过合适的设计可以为负数。这就为实现温度不敏感调制器提供了可能。

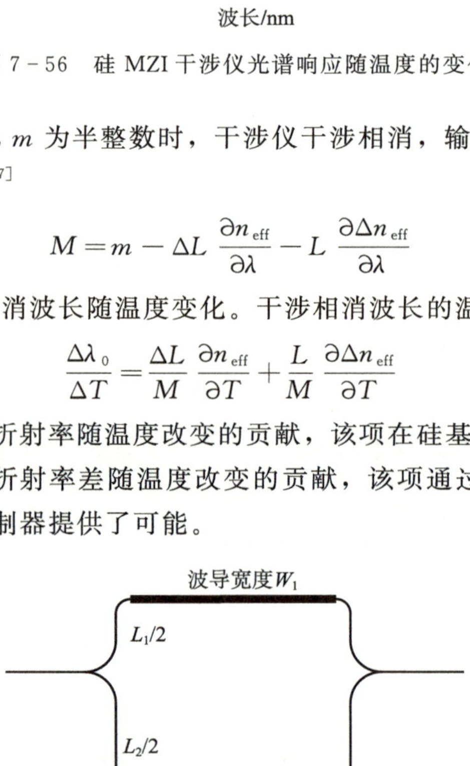

图 7-57　非对称结构的 MZI 型硅调制器结构

图 7-58 为不同补偿结构参数下的波长温度灵敏度 $\Delta\lambda/\Delta T$ [338]。图中虚线为未进行结构补偿时的温度灵敏度，约为 0.09 nm/K。图中实线为 $\Delta\lambda/\Delta T$ 的理论计算值，实心点为实际测量值，测量点数据为（L、ΔL）。可以看到在波导宽度一定时通过调节水平波导长度 L 和垂直波导长度差 ΔL 实现对 $\Delta\lambda/\Delta T$ 从正到负的调节，因此理论上可以实现对温度灵敏度的完全抑制。并且在实测数据中将波长温度灵敏度降低到了 0.005 nm/K。如果不

考虑色散，那么波长灵敏度不随波导结构变化，正是因为色散，通过结构补偿可以降低波长的温度灵敏度。

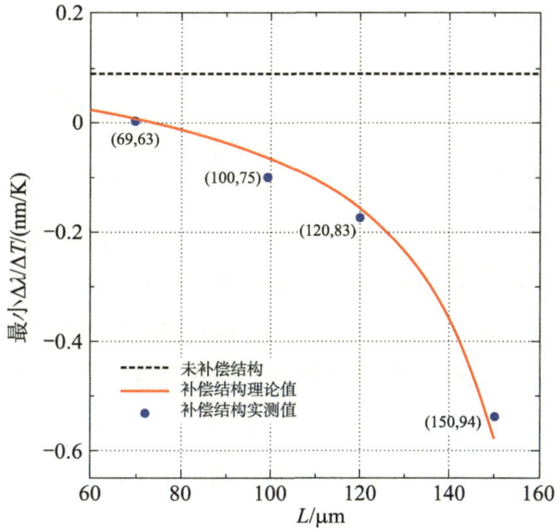

图 7－58 不同补偿结构参数下的 $\Delta\lambda/\Delta T$

7.5 典型电光调制器性能对应用系统的影响及抑制技术

电光调制器作为电-光转换器件，是光域与电域的界面器件，无论对通信系统、微波光子系统还是光纤传感系统都是核心器件，对系统性能都至关重要。本节将以微波光子系统和光纤陀螺为例说明电光调制器性能演变对系统的影响及抑制技术。

7.5.1 强度调制器性能对微波光子系统的影响及抑制技术

微波光子直调链路的噪声系数较大，较大的噪声系数严重影响了系统的灵敏度，只有通过在前端加上高增益的低噪声微波放大器才能降低系统的噪声系数，而这反过来又会严重影响系统的动态范围，也就是在直接调制的模拟光链路中很难在提高链路的动态范围的同时降低系统的噪声系数。相比于直调链路，外调制链路的结构和技术更复杂，但是非线性失真小，调制速率高。外调制链路的原理结构如图 7－59 所示，外调制链路的核心器件就是外调制器，目前外调制器普遍采用铌酸锂行波强度调制器。

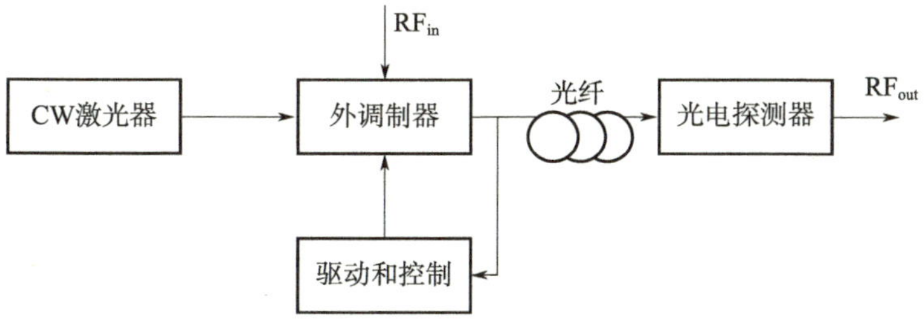

图 7－59 外调制微波光子链路的结构示意图

7.5.1.1　强度调制器性能演变对微波光子系统噪声系数的影响

微波光子链路的噪声系数定义为输入端信噪比与输出端信噪比的比值，将噪声系数表示成 dB 形式为

$$
\begin{aligned}
NF &= 10\lg\left(\frac{S_{in}/N_{in}}{S_{out}/N_{out}}\right) = 10\lg\left[\frac{S_{in}/N_{in}}{g_i S_{in}/(g_i N_{in} + N_{add})}\right] \\
&= 10\lg\left[\frac{S_{in}(g_i N_{in} + N_{add})}{g_i S_{in} N_{in}}\right] = 10\lg\left(1 + \frac{N_{add}}{g_i S_{in}}\right)
\end{aligned}
\tag{7-109}
$$

式中，S_{in} 为输入端信号功率；N_{in} 为输入端噪声功率；S_{out} 为输出端信号功率；N_{out} 为输出端噪声功率；g_i 为系统增益系数；N_{add} 为系统中产生噪声。

外调制链路的小信号模型如图 7－60 所示。假设调制器与射频源完全匹配，则输入匹配网络的射频功率与耦合到调制器的功率相等。探测器输出的平均光电流为

$$
\langle I_d \rangle = \eta_D \alpha_O \alpha_f P_I / 2 \tag{7-110}
$$

式中，η_D 为探测器光电转换效率；α_f 为光纤的光透过率；P_I 为输入光功率；α_O 为调制器的光透过率。

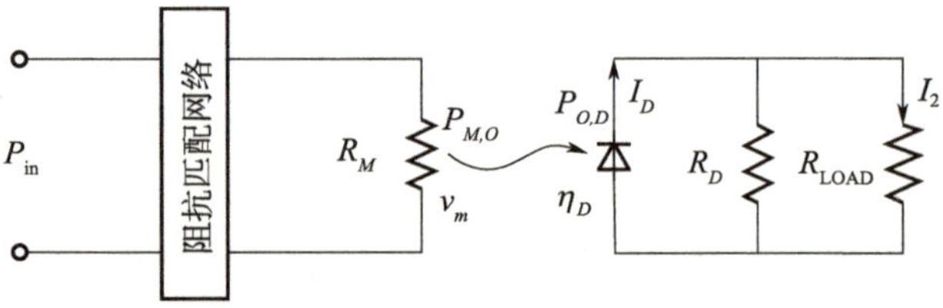

图 7－60　外调制链路的小信号模型

和直调链路一样，外调制链路的噪声也由三部分组成，即链路的热噪声，其噪声功率为 $kT\Delta f$，相对强度噪声 RIN，其噪声功率为 $\langle i_{rin}^2 \rangle R_{LOAD}$，以及散粒噪声 SN，其噪声功率为 $\langle i_{sn}^2 \rangle R_{LOAD}$。其中，$k$ 为玻耳兹曼常数；T 为温度；Δf 为检测带宽；i_{rin} 为相对强度噪声电流；i_{sn} 为散粒噪声电流；R_{LOAD} 为探测器负载电阻，则将其代入式（7－109）可得外调制链路的噪声系数为

$$
NF = 10\lg\left(1 + \frac{1}{g_i} + \frac{\langle I_D \rangle^2 10^{\frac{RIN}{10}} R_{LOAD}}{2 g_i k T} + \frac{2q\langle I_D \rangle R_{LOAD}}{g_i k T}\right) \tag{7-111}
$$

设调制器的光传输效率 $\alpha_O = 0.5$，阻抗为 50 Ω，探测器的转换效率为 0.85 A/W，阻抗为 1 000 Ω，负载阻抗为 50 Ω，相对强度噪声 RIN ＝－163 dBc/Hz，绝对温度 $T =$ 290 K，光纤的传输效率 $\alpha_f = 0.8$，则在不同输入光功率的情况下，链路的噪声系数与调制器半波电压的关系如图 7－61 所示。可见，随着调制器半波电压的降低，链路的噪声系数下降。以 $P_I = 40$ mW 为例，当 $V_\pi = 5$ V 时，链路的噪声系数为 34.38 dB，当 $V_\pi = 2$ V 时，链路的噪声系数为 26.43 dB。可见，将调制器的半波电压降低 3 V，链路的噪声系数降低 7.95 dB[339]。

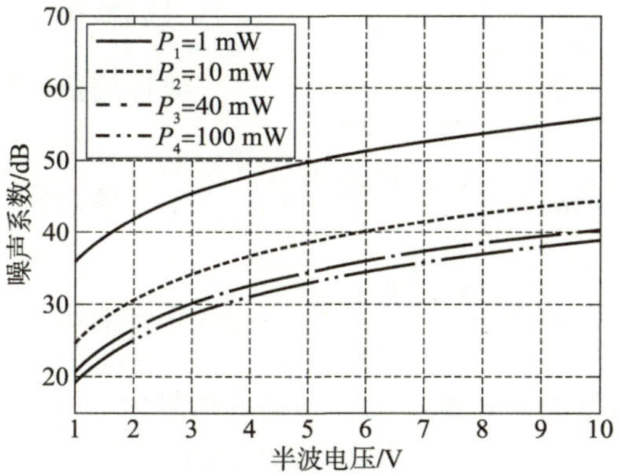

图 7－61　调制器的链路噪声系数与半波电压的关系

要降低链路的噪声系数，需要在直调链路中提高激光器的转换效率或在外调制链路中降低强度调制器的半波电压，降低光纤损耗和相对强度噪声；同时降低链路的光电流，也就是直流偏置功率也可以降低系统的噪声系数，但是直流偏置功率降低，会减小系统的动态范围，影响链路的性能。除了上述方法外，阻抗匹配技术[340]、差分技术[341]和平衡探测技术等都可以用来降低微波光链路的噪声系数。

7.5.1.2　强度调制器性能演变对微波光子系统非线性失真的影响

调制器输出的光功率为

$$P_{M,O}=\frac{\alpha_O P_I}{2}\left[1+\cos\left(\frac{\pi v_M}{V_\pi}\right)\right] \tag{7-112}$$

式中，P_I 为调制器的输入光功率；α_O 为调制器的传输效率。当调制电压 v_m 输入调制器，加载到直流偏置电压 V_M 上，则总瞬时调制电压为 $v_M=v_m+V_M$，将其代入式（7－112）得

$$P_{M,O}=\frac{\alpha_O P_I}{2}\left[1+\cos\left(\frac{\pi V_M}{V_\pi}+\frac{\pi v_m}{V_\pi}\right)\right] \tag{7-113}$$

若直流偏置电压 $V_M=V_\pi/2$，且调制器的 $\alpha_O=1$，则上式可化简为

$$P_{M,O}=\frac{P_I}{2}\left[1-\sin\left(\frac{\pi v_m}{V_\pi}\right)\right] \tag{7-114}$$

由于调制器是一个非线性器件，所以其输出响应可以展开成用输入电压 v_m 表示的泰勒级数，即

$$P_{M,O}=a_0+a_1 v_m+a_2 v_m^2+a_3 v_m^3+\cdots \tag{7-115}$$

其中泰勒系数为

$$\begin{cases} a_0 = P_{M,O}(0) & \text{（直流输出）} \\ a_1 = \left.\dfrac{\mathrm{d}P_{M,O}}{\mathrm{d}v_m}\right|_{v_m=0} & \text{（线性输出）} \\ a_2 = \dfrac{1}{2!}\left.\dfrac{\mathrm{d}^2 P_{M,O}}{\mathrm{d}v_m^2}\right|_{v_m=0} & \text{（平方输出）} \\ a_3 = \dfrac{1}{3!}\left.\dfrac{\mathrm{d}^3 P_{M,O}}{\mathrm{d}v_m^3}\right|_{v_m=0} & \text{（立方输出）} \end{cases} \tag{7-116}$$

首先考虑单频正弦信号加到调制器上，则输入信号为

$$v_m = V_0\cos(\omega_0 t) \tag{7-117}$$

则式（7－115）给出调制器输出光功率为

$$\begin{aligned} P_{M,O} &= a_0 + a_1 V_0\cos(\omega_0 t) + a_2 V_0^2\cos^2(\omega_0 t) + a_3 V_0^3\cos^3(\omega_0 t) + \cdots \\ &= \left(a_0 + \frac{1}{2}a_2V_0^2\right) + \left(a_1V_0 + \frac{3}{4}a_3V_0^3\right)\cos(\omega_0 t) + \frac{1}{2}a_2V_0^2\cos(2\omega_0 t) + \\ &\quad \frac{1}{4}a_3V_0^3\cos(3\omega_0 t) + \cdots \end{aligned} \tag{7-118}$$

1 dB 压缩点 $p_{\text{in-1 dB}}$ 为当非线性器件的输出功率比线性情况下降低 1 dB 时对应的输入功率。假设调制器是线性器件，则其输入输出关系为 $P_{M,O} = a_1 v_m = a_1 V_0\cos(\omega_0 t)$，即输出基频信号的幅度为 a_1V_0。在非线性情况下，由式（7－118）可得基频信号幅度为 $a_1V_0 + \frac{3}{4}a_3V_0^3$。根据 1 dB 压缩点的定义可得 $a_1V_0 10^{-0.05} = a_1V_0 + \frac{3}{4}a_3V_0^3$，可解得此时的输入信号的功率为

$$P_{\text{in-1 dB}} = V_0^2 = \frac{4a_1(1-10^{-0.05})}{3a_3} \tag{7-119}$$

由式（7－114）和式（7－116）计算得 $a_1 = -\frac{\pi P_I}{2V_\pi}$，$a_3 = -\frac{P_I}{12}\left(\frac{\pi}{V_\pi}\right)^3$，将两者代入式（7－119）可得

$$P_{\text{in-1 dB}} = V_0^2 = \frac{8V_\pi^2(1-10^{-0.05})}{\pi^2} \tag{7-120}$$

可得外调制链路线性动态范围的表达式为

$$\mathrm{DR}_l = P_{\text{in-1 dB}} - N_0 = \frac{8V_\pi^2(1-10^{-0.05})}{\pi^2} - N_0 \tag{7-121}$$

当输入双音信号 ω_1 和 ω_2 时

$$v_m = V_0\left[\cos(\omega_1 t) + \cos(\omega_2 t)\right] \tag{7-122}$$

此时输出光功率为

$$
\begin{aligned}
P_{M,O} &= a_0 + a_1 V_0 [\cos(\omega_1 t) + \cos(\omega_2 t)] + a_2 V_0^2 [\cos(\omega_1 t) + \cos(\omega_2 t)]^2 + \\
&\quad a_3 V_0^3 [\cos(\omega_1 t) + \cos(\omega_2 t)]^3 + \cdots \\
&= a_0 + a_1 V_0 \cos(\omega_1 t) + a_1 V_0 \cos(\omega_2 t) + \frac{1}{2} a_2 V_0^2 [1 + \cos(2\omega_1 t)] + \\
&\quad \frac{1}{2} a_2 V_0^2 [1 + \cos(2\omega_2 t)] + a_2 V_0^2 \cos[(\omega_1 + \omega_2) t] + a_2 V_0^2 \cos[(\omega_1 - \omega_2) t] + \\
&\quad a_3 V_0^3 \left[\frac{3}{4}\cos(\omega_1 t) + \frac{1}{4}\cos(3\omega_1 t)\right] + a_3 V_0^3 \left[\frac{3}{4}\cos(\omega_2 t) + \frac{1}{4}\cos(3\omega_2 t)\right] + \\
&\quad a_3 V_0^3 \left\{\frac{3}{2}\cos(\omega_2 t) + \frac{3}{4}[\cos(2\omega_1 - \omega_2) t] + \frac{3}{4}[\cos(2\omega_1 + \omega_2) t]\right\} + \\
&\quad a_3 V_0^3 \left\{\frac{3}{2}\cos(\omega_1 t) + \frac{3}{4}[\cos(2\omega_2 - \omega_1) t] + \frac{3}{4}[\cos(2\omega_2 + \omega_1) t]\right\} + \cdots
\end{aligned}
\tag{7-123}
$$

式中的 3 次项包含 6 个频率项 $3\omega_1$，$3\omega_2$，$2\omega_1+\omega_2$，$2\omega_2+\omega_1$，$2\omega_1-\omega_2$，$2\omega_2-\omega_1$。其中前四项和输入信号频率 ω_1、ω_2 距离较远，很容易通过滤波去除。但最后两个差频项位于输入信号频率附近，难以通过滤波去除，从而产生信号失真，这种效应称为三阶交调失真（见图 7-62）。

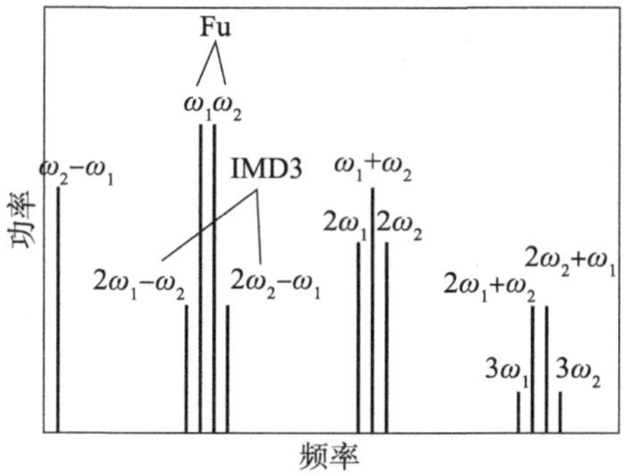

图 7-62　双音调制下的输出频谱（Fu 为基频，IMD3 为三阶交调失真）

调制器的三阶截止点 IIP_3 定义为调制器的线性输出曲线与三阶分量（$2\omega_2+\omega_1$，$2\omega_2-\omega_1$）输出曲线焦点对应的输入调制信号功率，即 $a_1V_0=\frac{3}{4}a_3V_0^3$ 时对应的输入调制信号功率，即

$$
IIP_3 = \frac{V_0^2}{R_{LOAD}} = \frac{4a_1}{3a_3R_{LOAD}} = \frac{8V_\pi^2}{\pi^2 R_{LOAD}} \tag{7-124}
$$

由上式可以看出，外调制链路的三阶截止点只与调制器的半波电压有关。不同半波电压下外调制链路三阶截止点的变化曲线如图 7-63 所示[304]。

链路的无杂散动态范围 SFDR 为

$$
SFDR = \frac{2}{3}(IIP_3 - NF + 174) = \frac{2}{3}\left(\frac{8V_\pi^2}{\pi^2 R_{LOAD}} - NF + 174\right) dB \cdot Hz^{2/3} \tag{7-125}
$$

由上式可见，调制器半波电压也会通过三阶截止点影响到三阶无杂散动态范围，且半波电压增加一倍，无杂散动态范围将增加 4 dB。

除了从器件角度通过降低调制器半波电压提高链路线性度外，从系统上提高微波光子链路线性度的方法可分为两类：电域线性化技术和光域线性化技术。电域线性化技术包括电域的预失真技术、反馈线性化技术及数字信号处理线性化技术等。光域线性化包括基于复杂调制器的线性化和光域信号处理的线性化等。基于复杂调制器的线性化的机理是通过调制器件的组合，例如串行或并行，通过参数的优化设置，使得组合以后的调制端整体的传输函数相较于单个调制器的传输函数更为线性。

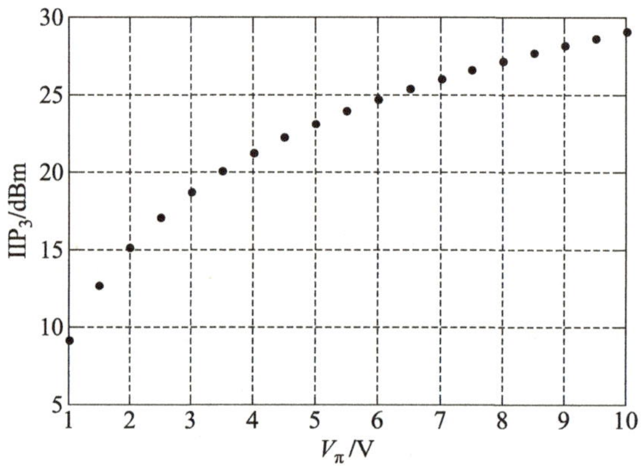

图 7-63　不同半波电压下外调制链路的三阶截止点

7.5.2　Y 波导性能对光纤陀螺的影响及抑制技术

Y 型质子交换 $LiNbO_3$ 相位调制器（Y 波导）是闭环光纤陀螺的关键器件，在宇航环境条件下如果其分光比、偏振串音、半波电压、背向反射等性能参数发生变化，会直接影响陀螺的性能[342]。

（1）分光比

Y 波导分光比的理想值是 50∶50，分光比如果偏离理想值，将增大探测信号中的直流分量而携带敏感信号的交流分量功率降低。除此之外，分光比偏离理想值还会在光路中引起非线性效应。

在光纤环中，光波具有较高的功率密度，会引起折射率 n 的非线性变化，反向传播的两束光波产生了不同的折射率非线性变化

$$\delta n_1 = \chi_e^{(3)} \varepsilon_0 (|E_1|^2 + 2|E_2|^2)/2n \tag{7-126}$$

$$\delta n_2 = \chi_e^{(3)} \varepsilon_0 (2|E_1|^2 + |E_2|^2)/2n \tag{7-127}$$

式中，$\chi_e^{(3)}$ 为光纤的三阶电极化率；E_1 和 E_2 为沿两个方向传播的光波电场。因而非互易折射率差为

$$\Delta n_k = \delta n_1 - \delta n_2 = \chi_e^{(3)} \varepsilon_0 (|E_2|^2 - |E_1|^2)/2n \tag{7-128}$$

它与双向传播的光波功率差（$|E_2|^2 - |E_1|^2$）成正比。对于 633 nm 波长和石英光纤

中的 $\chi_e^{(3)}$ 值单位强度差在单位长度上产生的非互易相移为

$$\Delta\phi_k / [L(|E_2|^2 - |E_1|^2)] \approx 2 \times 10^{-5}\ \mathrm{rad} \cdot \mu\mathrm{W}^{-1} \cdot \mathrm{km}^{-1} \tag{7-129}$$

光纤陀螺采用相干长度短的宽带光源后，非互易折射率差效应只是在光源相干长度上而非整个光纤环的长度上积分，显著降低了这种非互易折射率差引起的相位误差。

(2) 偏振串音

光纤陀螺中和 Y 波导有关的偏振串音主要有两种：1) 光波在 Y 波导尾纤中传输时，交叉耦合引起的偏振串音；2) 波导与光纤耦合时，由于两者的偏振主轴存在对准角度误差而引起的偏振串音。其中后者是陀螺偏振串音的主要来源，分析时可不考虑光纤的交叉耦合。对于退火质子交换 $LiNbO_3$ 光波导，波导输出光可近似为线偏振光。

如果输入的光波为线偏振光 E，两波导与尾纤的对准角度误差都为 θ，两尾纤的输出端将分别产生两种偏振波：一是偏振器的传输态（主波），沿尾纤的慢轴传播；二是偏振器的交叉态（串音），沿尾纤的快轴传播。

输出端 1 的两种偏振态沿光纤环传播，到达输出端 2 后，又各经历了一次交叉耦合，共产生四种光波：$E_{11} = \sqrt{2}/2E\exp[\mathrm{i}(\delta/2 + \phi_s/2)]$，经过输出端 1 和输出端 2 后仍为传输态，沿光纤的慢轴传播；$E_{12} = \sqrt{2}/2E\rho^2\exp[\mathrm{i}(-\delta/2 + \phi_s/2)]$，经过输出端 1 后为交叉态，经过输出端 2 后仍为传输态；$E_{13} = \sqrt{2}/2E\rho\exp[\mathrm{i}(\delta/2 + \phi_s/2)]$，经过输出端 1 后为传输态，经过输出端 2 后为交叉态；$E_{14} = \sqrt{2}/2E\rho\exp[i(-\delta/2 + \phi_s/2)]$，经过输出端 1 和输出端 2 后为交叉态。式中，δ 为光波沿光纤快慢轴传播时产生的相位差，ρ 为振幅耦合系数，ϕ_s 为干涉仪的 Sagnac 相移。后两种交叉态经过集成光路后被消光，可忽略不计。同样输出端 2 的两偏振态到达输出端 1 后，也产生四种光波，两传输态和两交叉态，其中两交叉态也可忽略。两传输态为：$E_{21} = \sqrt{2}/2E\exp[\mathrm{i}(\delta/2 - \phi_s/2)]$ 和 $E_{22} = \sqrt{2}/2E\rho^2\exp[-\mathrm{i}(\delta/2 + \phi_s/2)]$。因此干涉仪的输出端存在四种光波，采用宽带光源 SLD 后，E_{11}、E_{21} 与 E_{12}、E_{22} 不具有相干性，干涉仪的输出光强可表示为

$$\begin{aligned} I &= \langle (E_{11} + E_{21})^* (E_{11} + E_{21}) \rangle + \langle (E_{12} + E_{22})^* (E_{12} + E_{22}) \rangle \\ &= I_0(1 + \cos\phi_s + \rho^4 + \rho^4\cos\phi_s) \end{aligned} \tag{7-130}$$

假定光纤陀螺有一个 $\pi/2$ 的相位偏置，静止时，Y 波导偏振串音引起的相位误差为 $\Delta\phi \approx \rho^4$，所以只有当偏振串音小于 -30 dB 时，即光纤和波导的偏振轴对准角度误差小于 1.8° 时，可保证波导与光纤的对准误差引起的相位误差小于 10^{-6} rad。

(3) 半波电压

在采用数字相位斜波调制的闭环光纤陀螺中，假设反馈相移 ϕ_r 能完全补偿旋转引起的 Sagnac 相移 ϕ_s，并满足 $(M+1)\phi_r = 2\pi$，则前 M 个时钟周期的归一化输出信号可表示为

$$S(t) = 1 + \cos(\phi_0 + \phi_s + \phi_r) = 1 + \cos\phi_0 \tag{7-131}$$

式中，ϕ_0 为固有相移。在复位期间的一个时钟周期内，归一化输出信号可表示为

$$S_r(t) = 1 + \cos(\phi_0 + \phi_s + \phi_r - 2\pi) = S(t) \tag{7-132}$$

当调制器的半波电压发生变化时，会引起调制器的模拟电压增益变化，这时相位斜波

和 2π 复位都会发生变化，复位 2π 变为 $2\pi(1-\varepsilon_r)$，归一化输出信号变为

$$S'(t)=1+\cos[\phi_0+\phi_s+\phi_r(1-\varepsilon_r)]=1+\cos(\phi_0-\varepsilon_r\phi_r) \tag{7-133}$$

$$S_r'(t)=1+\cos[\phi_0+\phi_s+(\phi_r-2\pi)(1-\varepsilon_r)]=1+\cos(\phi_0+2\pi\varepsilon_r-\varepsilon_r\phi_r) \tag{7-134}$$

设 $\varepsilon_r(2\pi-\phi_r)\ll\phi_0$，则在整个阶梯波周期（$M+1$ 个时钟）内陀螺输出的平均误差为

$$\langle\Delta S(t)\rangle=\frac{M[S(t)-S'(t)]+[S_r(t)-S_r'(t)]}{M+1}\propto\varepsilon_r^3 \tag{7-135}$$

这说明，只要 D/A 转换器的位数足够产生合适的反馈相位阶梯以抵消旋转引起的 Sagnac 相移，在保证 $(M+1)\phi_r=2\pi$（存在复位误差时同样成立）的前提下，非理想的 2π 复位误差不会严重影响标度因数稳定性。由上式计算知，要得到 1×10^{-6} 的标度因数线性度，半波电压的精度需要控制在 1%以内。

在陀螺信号处理中采用另一反馈回路，根据调制器半波电压的变化，实时调整数字斜波的复位电压和补偿信号的调制增益，可以在确保陀螺标度因数精度的情况下进一步放宽对调制器半波电压变化量的要求。

（4）背向反射

由于光纤与波导的折射率不相等，在光波导输出端存在两个背向反射点，如图 7-64 所示，这会在 Sagnac 干涉仪的输出端产生六个波：

1）(A, A') 为两个反向传播的主波信号，构成 Sagnac 干涉；

2）(A_1, A_1') 为输入光在波导端面产生的背向反射光波；

3）(A_2, A_2') 为两个主波经过光纤环后返回波导端面时产生的背向反射光波。

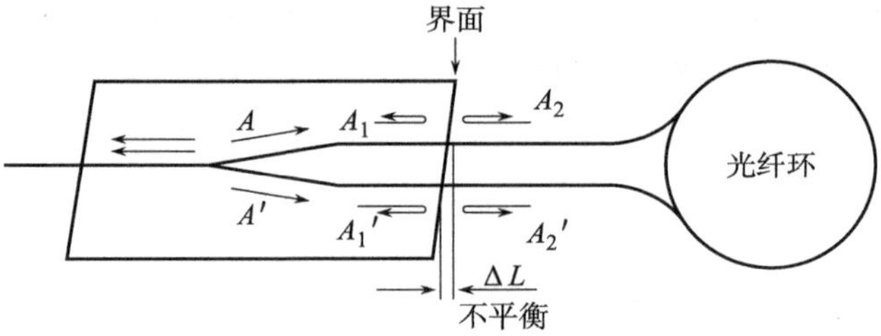

图 7-64 Y 波导端面的背向反射示意图

背向反射光波与主波 (A, A') 存在较大的光程差，对应着光纤环的长度，由于光源相干长度较短，反射光波与主波不具有相干性。此外，波导端面斜抛会引起分支波导长度的不对称，分支波导的典型间距为 400 μm，倾角为 10°，寄生的 (A_1, A_1') 迈克尔逊干涉仪的光程差 ΔL 为

$$\Delta L=2n_{\mathrm{LiNbO_3}}\cdot 400\cdot\tan 10^\circ\approx 300\ \mu\mathrm{m} \tag{7-136}$$

而光纤陀螺采用的宽带光源如超发光二极管的相干长度一般小于 50 μm。这样四个背向反射光波之间也失去了对比度，不具有相关性。在干涉仪的输出端，只余下了一个常值的菲涅耳反射光功率分量，四个背向反射光波与主波的 Sagnac 干涉信号只是光强相加。这时 70 dB 背向反射，可以引起 10^{-7} rad 的相位误差，通常可忽略不计。

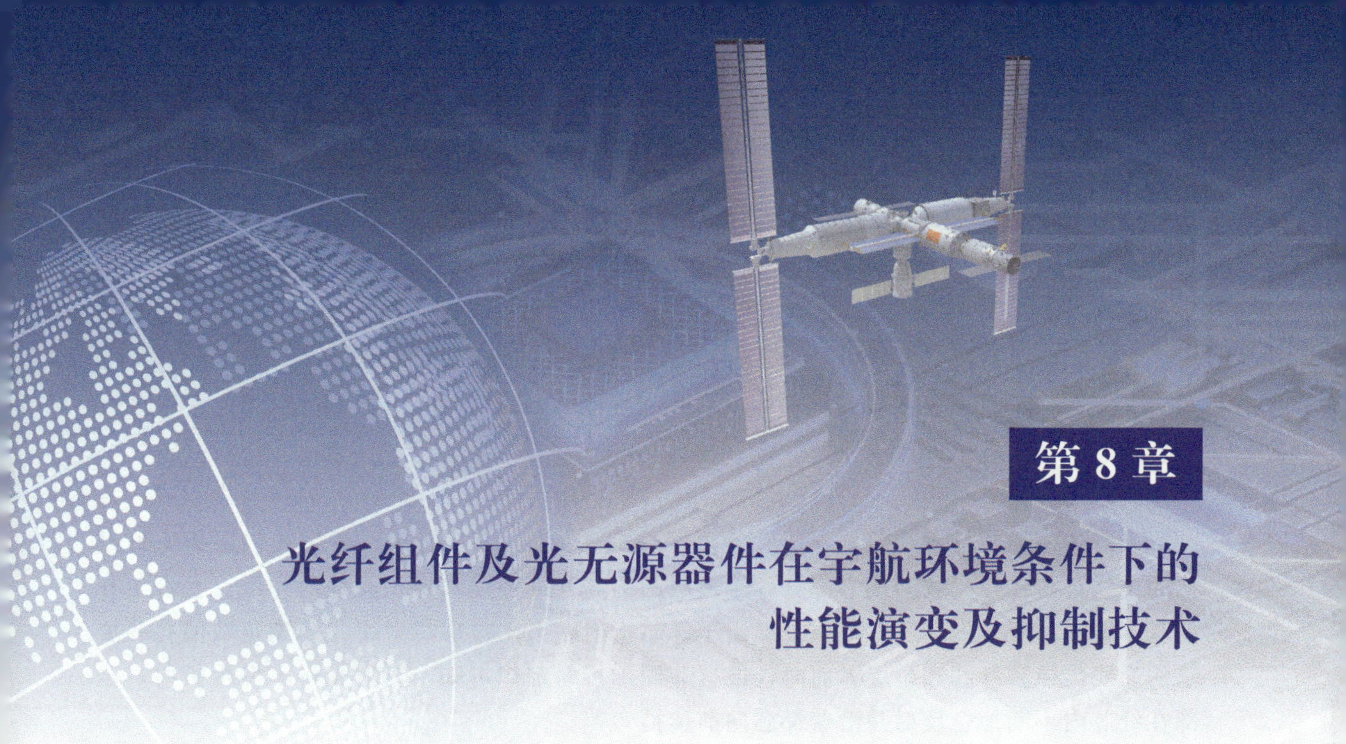

第8章

光纤组件及光无源器件在宇航环境条件下的性能演变及抑制技术

依据是否存在光电转换，光电子器件可分为光有源器件和光无源器件。光无源器件种类众多，按结构形式可分为分立元件型、全光纤型和波导型；按光偏振态传输特性可分为偏振无关型和偏振相关型，偏振相关器件又可分为偏振保持器件和单偏振器件。本章主要介绍光纤光栅、光纤耦合器、光分束器、光合束器、光偏振器、光隔离器、光环行器、光滤波器、光纤反射镜等光无源器件，并重点介绍光纤耦合器、光纤光栅等典型无源器件的宇航应用要求，以及光电子器件用典型胶粘剂在宇航环境条件下的特性演变机理、抑制技术，可供其他无源器件参考。

无源光纤及其组件是宇航光电系统中广泛采用的传输介质，在光的传输特性上可以认为是一种光无源器件，在本章一并介绍。

8.1 光纤及光纤组件技术

1966年，英籍华裔学者高锟（C. K. Kao）和英国学者霍克哈姆（C. A. Hockham）共同指出了“通过原材料的提纯制备适合于长距离通信使用的低损耗光纤”的发展方向，奠定了利用光纤进行信息传输的基础[343]。1970年，美国康宁（Corning）公司生产出了损耗为20 dB/km的低损耗光纤。1973年，美国贝尔（Bell）实验室发明了改进的化学气相沉积法（Modified Chemical Vapor Deposition，MCVD）制备石英光纤技术，把光纤损耗降低到2.5 dB/km。在之后的10年中，工作波长为1.55 μm的光纤损耗不断降低，1979年为0.20 dB/km，1984年为0.157 dB/km，1986年为0.154 dB/km，接近光纤最低损耗的理论极限。随着光纤技术的不断发展，光纤的类型不断丰富，应用领域不断拓展。根据光纤中光传播模式的多少可分为单模光纤和多模光纤，根据偏振传输特性可分为普通光纤和保偏光纤，根据光纤中是否有增益可分为有源光纤和无源光纤，根据传输原理还可以分为基于全反射的光纤和光子晶体光纤。光纤的分类方法还有很多，如根据材料、传输波段、色散特性、折射率结构等。本节重点介绍宇航领域应用较多的单模石英光纤、保偏石英光纤和具有较大发展潜力的光子晶体光纤。在光纤组件方面主要介绍光缆和光纤环。

8.1.1　光纤技术

8.1.1.1　单模光纤工作原理

（1）单模光纤结构

光纤的基本结构由纤芯、包层和涂覆层构成，如图 8－1 所示。纤芯和包层为光纤结构的主体，是传导光波的核心部分，涂覆层起提高光纤强度和保护光纤的作用。光纤工作的基本原理基于光的全反射现象，即由于纤芯折射率大于包层折射率，当满足数值孔径要求的光线传播到纤芯和包层界面时，根据菲涅尔折射定律可知，入射光将不发生折射，全部在纤芯内不断地全反射并沿着纤芯向前传播。

通信和传感用光纤多以石英玻璃为基质，纤芯中掺杂二氧化锗等材料以提高折射率。包层材料也主要是二氧化硅，其中掺杂微量三氧化二硼和氟，以降低包层的折射率。涂覆层材料一般为丙烯酸酯或硅酮，根据需要涂覆层可以为一层或多层。

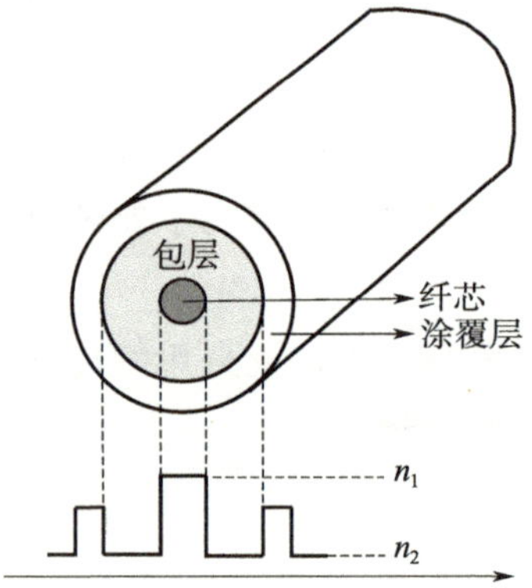

图 8－1　光纤结构示意图

（2）单模传输条件

根据光纤模式理论分析，阶跃光纤中所支持传导模式的数量由光纤的归一化频率 V 决定，其值为

$$V=\frac{2\pi a}{\lambda}\sqrt{n_1^2-n_2^2}=\frac{2\pi a}{\lambda}n_1\sqrt{2\Delta} \tag{8-1}$$

式中，a 为纤芯半径；λ 为工作波长；n_1 为纤芯折射率；n_2 为包层折射率，折射率差 $\Delta=\frac{n_1^2-n_2^2}{2n_1^2}\approx\frac{n_1-n_2}{n_1}$。

光纤的归一化频率与光纤纤芯半径、工作波长和光纤的相对折射率差有关，随着 V 值的增大，光纤中传导的模式数量将增加。因此，通过设计光纤结构和选择工作波长，可确定光纤中的传导模式。将只支持基模（HE_{11} 模或 LP_{01} 模）传输的光纤称为单模光纤，而将能同时传输多个模式的光纤称为多模光纤。由于单模光纤中只有一个模式在传输，不存在模式色散，在光通信、光传感中被广泛采用。

单模光纤中基模 LP_{01} 模的归一化截止频率可以为零，次最低阶模 LP_{11} 模的归一化截止频率为 2.405。单模传输条件是仅传输 LP_{01} 模，LP_{11} 模和其他高次模都被截止。因此，单模光纤的归一化工作频率 V 应满足

$$0 < V < 2.405 \tag{8-2}$$

定义使 LP_{11} 模截止的波长为单模光纤的截止波长 λ_c，单模光纤的理论截止波长 λ_c 为

$$\lambda_c = \frac{2\pi a}{2.405}\sqrt{n_1^2 - n_2^2} = 2.612 n_1 a\sqrt{2\Delta} \tag{8-3}$$

只有当光纤的工作波长大于截止波长时，才能处于单模工作状态。当折射率差 Δ 确定时，光纤的截止波长 λ_c 与纤芯半径 a 成正比。对于工作波长为 1 310 nm 的单模光纤，假设 $n_1 = 1.47$，$\Delta = 0.003$，则纤芯半径应小于 4.4 μm，才能保证单模工作。另外，由于在单模光纤中，有一小部分基模场进入包层作为倏逝波沿边界传播，如果包层没有足够厚，这部分场将到达包层的最外边并泄漏出去，产生衰减。

在 $V = 2.405$ 时，可以计算得到 LP_{01} 模所传输的总功率中，纤芯中的功率占 84%，包层中的功率占 16%。V 值越小，包层中的功率就越多，例如 $V = 1$ 时，纤芯中的功率占 30%，包层中的功率占 70%。实际的单模光纤归一化频率 V 通常选在 2.0～2.35 之间，这样既可保证单模传输条件，又可保证大部分的光功率在纤芯中传输，降低传输损耗。

8.1.1.2　保偏光纤工作原理

(1) 光纤双折射效应

在单模光纤中，LP_{01} 模可分解为两个正交的线偏振模，记为 LP_{01}^x 模和 LP_{01}^y 模。如果光纤为理想的圆对称光纤，这两个相互正交的线偏振模是完全简并的，具有相同的传播常数，即 $\beta_x = \beta_y$。而在实际的单模光纤中，由于存在残余内部应力，纤芯的不对称性，光纤的弯曲、扭转，外加电场、磁场等原因导致 LP_{01}^x 模和 LP_{01}^y 模失去简并性，即 $\beta_x \neq \beta_y$，从而引起两个正交的偏振模式在传输过程中产生附加的相位差，这就是单模光纤的双折射现象。双折射将引起单模光纤的偏振模色散，并使得 LP_{01} 模的偏振状态随传输距离发生变化。

可用模式双折射 $\Delta\beta$ 和归一化双折射 B 来表征光纤的双折射。模式双折射 $\Delta\beta$ 定义为单模光纤中两个正交的偏振模沿光纤轴向传输时的传播常数差，即

$$\Delta\beta = \beta_x - \beta_y = \frac{2\pi}{\lambda}(n_x - n_y) \tag{8-4}$$

式中，λ 为光在自由空间的波长；n_x 和 n_y 是两正交线偏振模的有效折射率。

归一化双折射 B 定义为

$$B = \frac{\Delta\beta}{\beta_{xy}} = \frac{\beta_x - \beta_y}{(\beta_x + \beta_y)/2} = \frac{n_x - n_y}{(n_x + n_y)/2} = \frac{\Delta n_b}{n_{eq}} \tag{8-5}$$

式中，$\Delta n_b = n_x - n_y$，$n_{eq} = (n_x + n_y)/2$，$\beta_{xy} = (2\pi/\lambda)n_{eq}$。归一化双折射 B 直接反映了单

模光纤中双折射的大小。一般单模光纤的 B 值为 $10^{-5}\sim10^{-6}$，当 $B<10^{-6}$ 时为低双折射光纤，当 $B>10^{-5}$ 时为高双折射光纤。

（2）保偏光纤结构

在制备光纤时，有意引入高双折射，使两个正交的线偏振基模的传播常数 β_x 和 β_y 相差较大，由于传播常数不匹配，两正交线偏振基模之间的耦合很弱，从而使光纤具有很强的保偏能力，这种光纤称为保偏光纤。

光纤中产生双折射的原因大致有两类，一种是由于光纤纤芯截面的非圆形对称引起的双折射，称为几何双折射或形状双折射，如椭圆芯光纤、哑铃纤芯光纤等；另一种是由于侧向不均匀应力产生折射率的不对称分布引起光纤的双折射，称为应力双折射。增加应力双折射，通常是在光纤包层中制备对称的应力区，这种应力区由掺杂硼或铝的石英材料构成，如熊猫型光纤、领结型光纤、椭圆包层型光纤。常见的四种保偏光纤端面结构如图 8-2 所示。另外光纤在受到弯曲、扭转、外加电场、磁场等外部因素影响时，也会产生光纤的双折射。

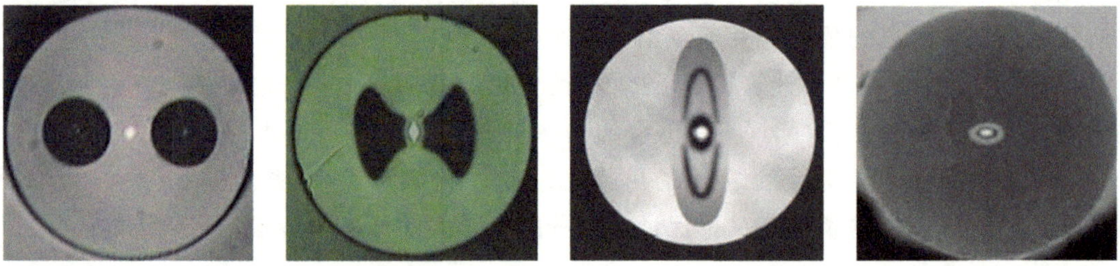

(a) 熊猫型　　(b) 领结型　　(c) 椭圆包层型　　(d) 椭圆芯型

图 8-2　几种典型保偏光纤的端面结构

8.1.1.3　有源光纤工作原理

有源光纤是指具有掺杂离子的光纤，当泵浦激光输入光纤时被掺杂的离子吸收，发生自发辐射和受激辐射，并实现自发辐射光和受激辐射光的放大。

（1）单包层有源光纤

单包层有源光纤的结构和无源单模光纤类似，如图 8-3 所示，泵浦光与信号光均在掺杂纤芯内，且单模光纤纤芯直径一般为 5～8 μm，使得纤芯对泵浦光的吸收能力较弱，难以实现高功率输出。

（2）双包层有源光纤

双包层光纤主要由纤芯、内包层、外包层以及保护层所组成，如图 8-4 所示。纤芯是产生并传输单模激光的区域，芯径通常设计为 20～30 μm，材料成分常为掺有稀土离子的二氧化硅、氧化锗、氧化铝、五氧化二磷等；内包层一般为纯的二氧化硅，直径为 400～600 μm；外包层常用折射率低于内包层的聚合物材料；保护层常采用折射率略高于内包层的紫外固化材料，可使外包层传输的光尽快泄漏掉，以免烧毁外包层。

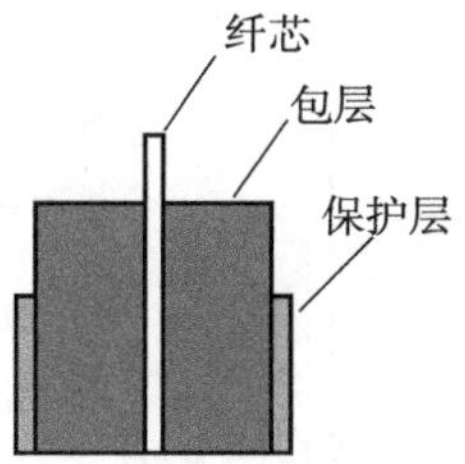

图 8-3　单包层光纤结构示意图

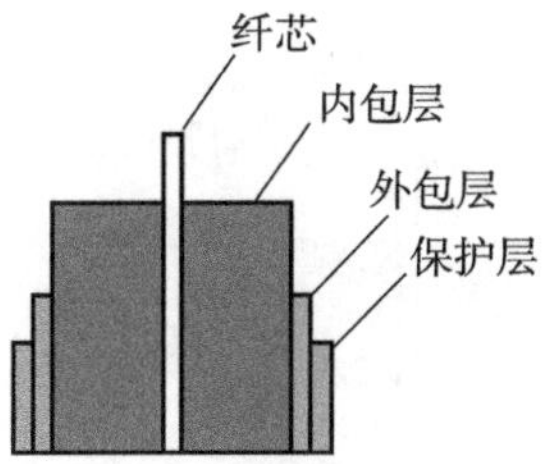

图 8-4　双包层光纤结构示意图

泵浦源发出的光通过双包层光纤的端面或者侧面耦合进内包层，由于有机涂覆外包层较石英内包层的折射率低，这就使得泵浦光在有机涂覆层上反射后进入内包层中传输，且不断穿越纤芯，被纤芯中的稀土离子吸收。双包层光纤对泵浦光的耦合面积由内包层尺寸决定，而不像传统单包层光纤仅由纤芯尺寸决定。这样，较传统单模光纤，双包层光纤可以吸收更多的泵浦光能量。

双包层光纤在进行高功率激光操作时，通常是通过增大纤芯尺寸同时减小纤芯数值孔径来抑制非线性效应的产生，保证输出光束质量。然而，这种方法是有极限的。实际中的芯层数值孔径极限是 0.04～0.05，如果继续减小数值孔径，传输光很容易从芯层泄漏。所以对于双包层光纤折射率分布的设计越来越多样化，如平方折射率光纤、凹形折射率光纤、三角折射率光纤、复合折射率光纤。经分析可知，复合折射率光纤在基模提取效率和有效模面积两方面有着较好的平衡和更多的设计空间。

（3）肩膀型有源光纤

肩膀型光纤由纤芯、肩膀包层、泵浦包层、低折射率有机涂覆层以及保护层所组成，如图 8-5 所示。该光纤结构主要是在双包层光纤的纤芯与泵浦包层之间添加一个肩膀包层。当泵浦光入射到泵浦包层时，将被肩膀层收集，这样泵浦光就被收集到较小面积的肩膀层结构中。也就是说，入射到泵浦包层的光会在有机涂覆层界面上反射不断穿过纤芯，同时被收集到肩膀结构中的泵浦光在泵浦包层界面上反射后也会不断穿过纤芯，有效地提高了泵浦光的吸收效率。肩膀层作为泵浦光收集器，在降低纤芯有效 NA 的同时还可提高芯区的稀土离子掺杂浓度。仅使用较短的肩膀型光纤长度即可获得足够的泵浦光吸收。肩膀型光纤可在实现高输出功率的同时，有效抑制非线性效应、模式不稳定等问题。同时通过对光纤组分的设计，例如在纤芯中掺杂 Al、P、Ce 等元素，达到抗光子暗化的效果。

（4）三包层有源光纤

三包层光纤由纤芯、泵浦包层、氟掺杂硅包层、低折射率有机涂覆层以及保护层所组成，如图 8-6 所示。该光纤结构在双包层光纤的泵浦包层和低折射率有机涂覆层之间增加一个氟掺杂硅包层。入射进来的泵浦光在氟掺杂硅包层上进行反射，后进入泵浦包层中传输，传输过程中不断穿越纤芯，泵浦光被纤芯中稀土离子逐渐吸收。石英包层较有机涂覆层具有更高的损伤阈值和热抵抗能力，因此三包层光纤较传统的双包层光纤具有更高的稳定性和更长的使用寿命。

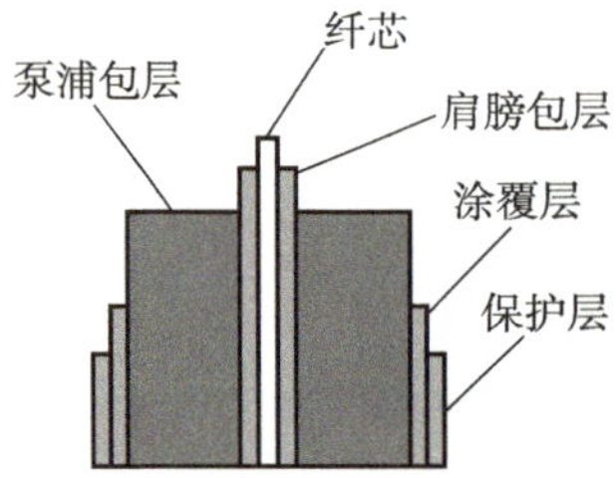

图 8-5 肩膀型光纤结构示意图

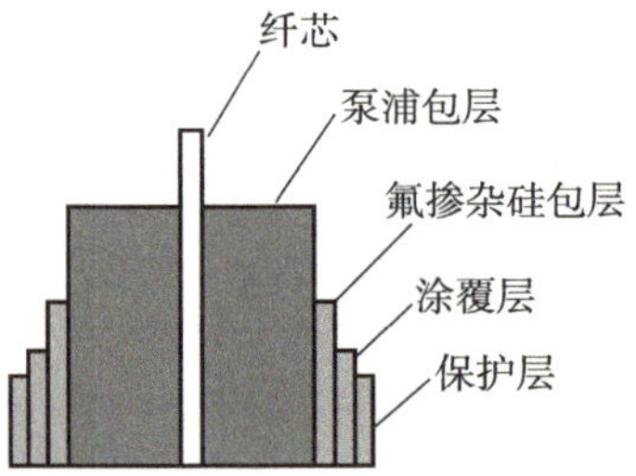

图 8-6 三包层光纤结构示意图

8.1.1.4 光子晶体光纤工作原理

光子晶体光纤与传统光纤类似，也包含纤芯和包层。但与传统光纤不同的是，光子晶体光纤的纤芯可以是实芯或空芯，与光纤的包层结构有关，包层通常由周期性分布的空气孔构成，如图 8-7 所示。空气孔直径为 d ，相邻空气孔间距为 Λ ，空气孔的存在会使光纤的导光特性发生显著变化[344]。根据导光机理的不同，光子晶体光纤通常可分为全内反射型光子晶体光纤和光子带隙型光子晶体光纤，两种光纤的端面结构如图 8-8 所示。

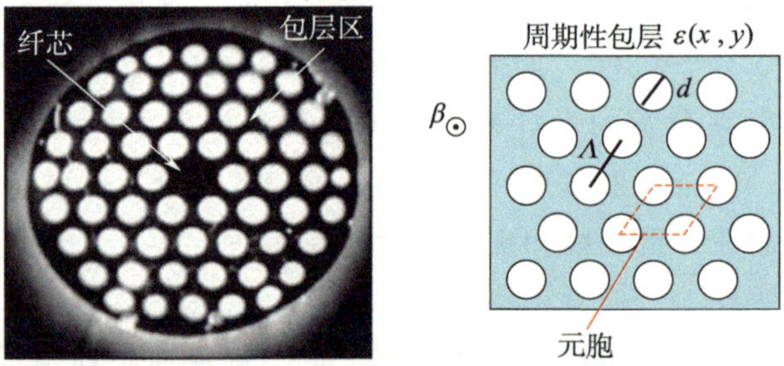

图 8-7 光子晶体光纤结构示意图

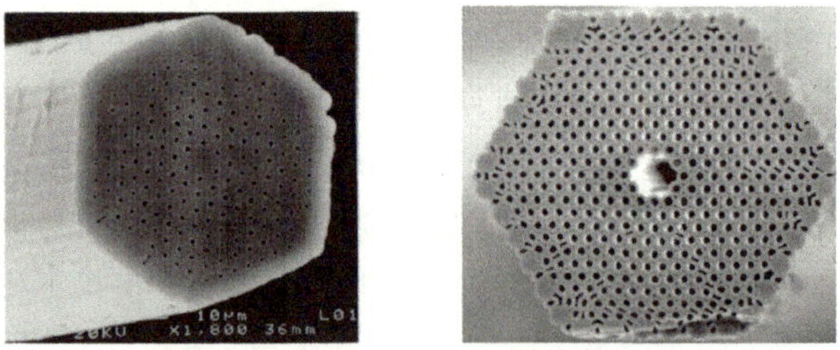

(a) 全内反射型光子晶体光纤　(b) 空心光子带隙型光子晶体光纤

图 8-8 光子晶体光纤端面结构

全内反射型光子晶体光纤的导光机制与传统光纤类似。这种光纤对包层中空气孔的形状和周期性没有严格的要求，中间区域缺失空气孔，即引入了空气孔排列缺陷，中间的缺陷区域和外围的周期性区域之间产生了有效折射率差。中间的缺陷相当于纤芯，而外围的周期性区域相当于包层，纤芯折射率高于周围多孔介质的有效折射率，形成全内反射型波导结构，光在纤芯中以全反射的形式传输。

对于光子带隙型光子晶体光纤，它是由石英材料中规则排列的空气孔构成其包层，光纤的核心是由一个破坏了包层结构周期性的缺陷构成，这个缺陷可以是实心的，也可以是空气孔。这种光纤对包层空气孔的形状和排列规则有严格的要求，当小孔间距和小孔直径满足一定条件时，光纤包层折射率周期性分布会产生光子带隙效应，其光子带隙范围对应波长的光波不能穿过周期性结构包层，当光波从光纤的纤芯注入后，光被限制在纤芯内传输。

8.1.1.5　光纤的主要性能参数及特性

光纤的性能参数主要包括光纤的传输特性参数、几何尺寸参数以及机械特性参数三个方面。光纤传输特性参数有损耗、色散、偏振模色散、截止波长、模场直径、偏振串音、拍长等；光纤几何尺寸参数有光纤的纤芯直径、包层直径、纤芯不圆度、包层不圆度、芯包同心度、涂覆层直径、涂覆层不圆度、涂覆层与包层同心度等；光纤的机械性能参数有筛选强度、疲劳参数、抗拉强度等。本节主要介绍光纤传输特性参数，其中，归一化频率、截止波长等前面已经提到，在此不再赘述。

（1）损耗

光纤损耗表明了光在光纤中传输时的衰减程度，光纤的损耗定义为

$$\mathrm{IL} = -10\lg \frac{P_{\mathrm{out}}}{P_{\mathrm{in}}} \tag{8-6}$$

式中，P_{in} 为注入光纤的光功率；P_{out} 为输出端光功率。若光纤的长度为 L ，则定义单位长度光纤引起的损耗为光纤的衰减系数 $\alpha(\lambda)$ ，即

$$\alpha(\lambda) = -\frac{10}{L}\lg \frac{P_{\mathrm{out}}}{P_{\mathrm{in}}} \tag{8-7}$$

（2）色散

色散是指不同波长的光波在光纤中以不同群速度传输所引起的单位光谱宽度下光脉冲的时间展宽，用 ps/nm 表示，称为时延差，它由光纤的色散特性和长度决定。时延差越大，色散越严重。定义光纤的色散系数 $D(\lambda)$ 是单位长度光纤的波长色散，单位是 ps/(nm · km)。若在波长 λ 下，长度为 L 的光纤群时延为 $\tau(\lambda)$ ，则波长色散系数 $D(\lambda)$ 为

$$D(\lambda) = \frac{\mathrm{d}\tau(\lambda)}{\mathrm{d}\lambda}\frac{1}{L} \tag{8-8}$$

光纤的色散主要包括：材料色散、波导色散、模式色散和偏振模色散；单模光纤没有模式色散。在光纤通信传输系统中，色散导致传输信号畸变，限制了光纤的传输速度和传输距离。在光纤传感系统中，若使用较短光纤或工作波长在光纤零色散波长附近，光纤色散则可忽略。

（3）模场直径

模场直径用于衡量光纤内光强度的分布范围及其同轴性。由模场直径可估算光纤的连接损耗、弯曲损耗和有效面积等参数，而且可以从模场直径随波长的变化谱估算光纤的色散值。模场是光纤中各导波模在空间的叠加强度分布。

模场直径 $2w$ 可由远场强度分布 $F(\theta)$ 来定义，θ 为远场角，模场直径定义为

$$2w = \frac{\lambda}{\pi}\left[\frac{2\int_0^{\frac{\pi}{2}} F^2(\theta)\sin\theta\cos\theta\,\mathrm{d}\theta}{\int_0^{\frac{\pi}{2}} F^2(\theta)\sin^3\theta\cos\theta\,\mathrm{d}\theta}\right]^{\frac{1}{2}} \tag{8-9}$$

(4) 偏振串音

偏振串音是保偏光纤的主要性能参数。沿保偏光纤快轴或慢轴方向只激励 HE_{11}^x 模时，由于在传输过程中存在偏振耦合，在输出端有两个正交的偏振模 HE_{11}^x 模和 HE_{11}^y 模，定义偏振串音为

$$\mathrm{CT} = 10\lg\frac{P_y}{P_x + P_y} \tag{8-10}$$

式中，P_x 为偏振模 HE_{11}^x 的输出光功率；P_y 为交叉耦合产生的偏振模 HE_{11}^y 的输出偏振光功率。

定义偏振消光比为

$$\mathrm{ER} = -10\lg\frac{P_y}{P_x} \tag{8-11}$$

(5) 拍长

拍长 L_b 是表征保偏光纤双折射程度的参数，同时也能反映保偏光纤抗外界环境应力干扰的能力。通常拍长越小，光纤抗干扰能力越强。

由于双折射，单模光纤中传输的两个正交模式不再简并，在传输过程中将产生一定相位差。拍长就是光纤中两个正交的线偏振模在传播过程中产生 2π 相位差时所对应的光纤长度，其定义为

$$L_b = \frac{2\pi}{\Delta\beta} = \frac{\lambda}{n_{eq}B} \tag{8-12}$$

式中，$\Delta\beta$ 为两正交模式传播常数差；n_{eq} 为两正交模式折射率的平均值；B 为归一化双折射系数。由上式可知，双折射系数越大拍长越短，一般高双折射光纤的拍长 L_b 值为 1～10 mm。

8.1.2 光纤组件技术

以光纤为主体并配以其他辅助材料或元件形成一个功能单元，在宇航工程应用中通常称为光纤组件，如在光纤上增加各种防护和加强材料，在光纤端头加装连接器和结构件形成环境适应性更强的光缆，用于各种严苛环境下工作的光电系统；将光纤按特定结构绕制并固化成型的光纤环，可用于光纤陀螺或微波光子系统。

8.1.2.1 光缆技术

由于石英光纤的主体为脆性玻璃材料，且纤芯尺寸很小，在生产过程中纤芯玻璃材料表面形成大量微裂纹，因此存在容易断裂的问题，为了提高光纤在工程应用中的抗力学性能、抗腐蚀性能、抗干扰性能等，需要进一步对其加固，即做成光缆。

（1）光缆结构和类型

根据应用环境不同光缆可分为室内光缆和室外光缆。室内光缆为非金属结构，尺寸小、质量轻、柔性好、便于操作和布线。室内光缆又可分为多用途室内光缆、分支光缆、互连光缆和微型气吹光缆，典型结构如图 8－9 所示[345]。多用途室内光缆由绞合的紧缓冲层光纤和非金属加强件（如芳纶纱）构成，光缆中的光纤数大于 6 时，光纤绕一根非金属加强件绞合形成一根强度更高的光缆。分支光缆用于中、短距离的独立布线和分支，相比于多用途光缆质量更重、成本更高、尺寸更大。互连光缆用于传输设备之间的互连，直径小，弯曲半径小，操作方便，可以作为跳线使用。微型气吹光缆专门为管道吹气安装设计，结构尺寸很小，一般直径为 6～8 mm，其刚度和柔韧性能满足小直径管道的安装要求。

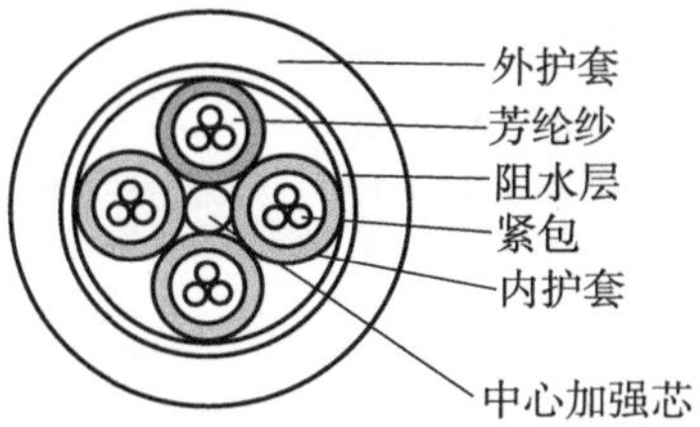

(a) 3芯单元12芯多用途室内光缆

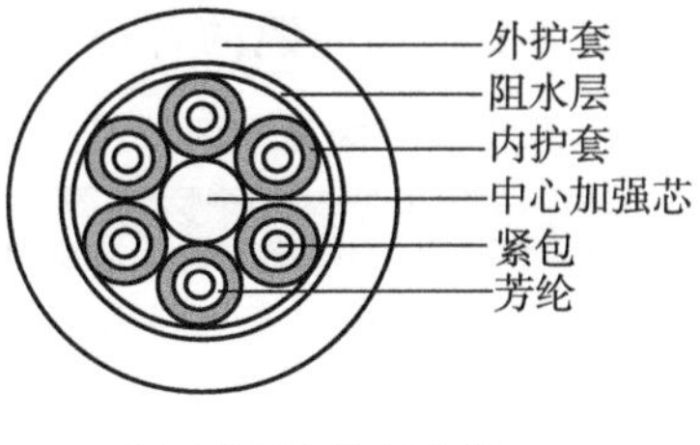

(b) 6芯室内分支光缆

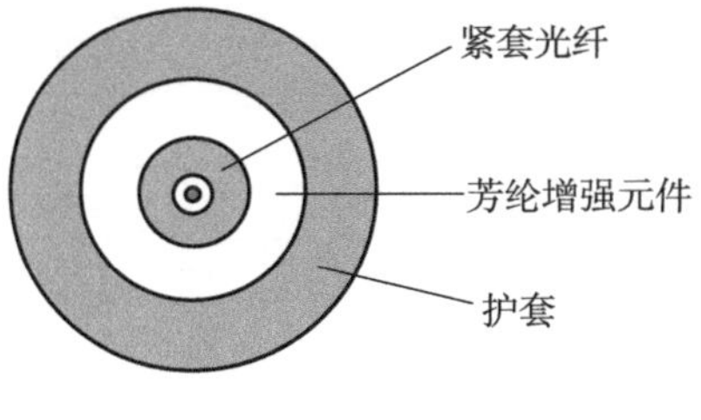

(c) 单纤互连光缆

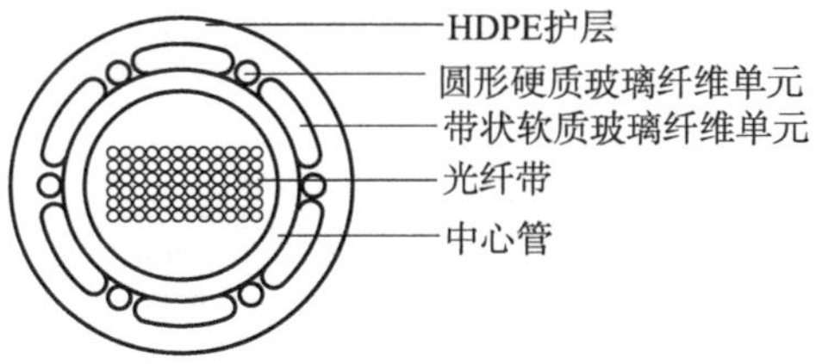

(d) 微型气吹光缆

图 8－9　典型室内光缆结构

室外光缆结构可分为 4 种基本形式。层绞式光缆是把松套光纤绕在中心加强件周围绞合而构成。这种结构的缆芯制造设备简单，工艺成熟，得到广泛应用。采用松套光纤的缆芯可以增强抗拉强度，改善温度特性。中心束管式光缆是把一次被覆光纤或光纤束放入大套管中，加强件配置在套管周围而构成。这种结构的加强件同时起着护套的部分作用，有利于减轻光缆的质量。骨架式光缆是把紧套光缆或一次被覆光纤放入中心加强件周围的螺旋形塑料骨架凹槽内而构成。这种结构的缆芯抗侧压力性能好，有利于对光纤的保护。带状式光缆是把带状光纤单元放入大套管内，形成中心束管式结构，也可以把带状光纤单元放入骨架凹槽内或松套管内，形成骨架式或层绞式结构。带状式缆芯有利于制造容纳几百根光纤的高密度光缆。

航天器用光缆与普通光缆结构类似，但是由于需要面临极端高低温和空间辐射等特殊环境，所以在材料和工艺上存在一定差别。国际空间站（International Space Station，ISS）用光缆的结构如图 8－10 所示。光缆由纤芯、包层、密封涂层、缓冲层、增强层和外护套组成。

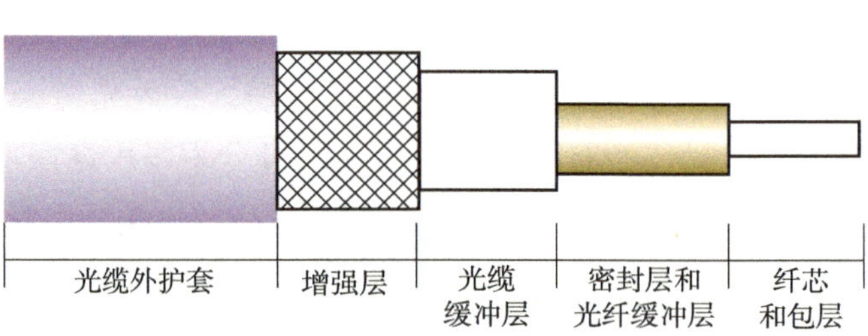

图 8-10　国际空间站用单芯光缆的结构

纤芯和包层利用掺锗的 SiO_2 和化学气相沉积工艺形成渐变折射率的 100/140 μm 多模光纤。在密封涂层和缓冲层，使用了碳涂覆工艺和聚酰亚胺、聚全氟乙丙烯-特氟龙（FEP-Teflon）材料提高耐辐射性能；同时，在光缆制造过程中，还使用了增强层和半松套管结构的外护套。表 8-1 为 ISS 用光缆的各层尺寸、材料和工艺[346]。

表 8-1　国际空间站用光缆的各层尺寸、材料和工艺

层结构	尺寸	材料	工艺
纤芯	100±2 μm	掺杂 SiO_2	拉丝
包层	140±2 μm	掺杂 SiO_2	拉丝
密封涂层	0.025～0.05 μm(厚度)	碳基密封	化学气相沉积
光纤缓冲层	170±2 μm	聚酰亚胺	加热涂覆
光缆缓冲层	(380～760)±25 μm	FEP-Teflon	挤压
增强层	1.6mm	聚四氟乙烯浸渍玻璃纤维	编织
光缆外护套	2.10±0.05mm 0.25 mm(厚度)	FEP-Teflon	挤压

(2) 光缆连接

光缆连接一般是指将一条光缆终端与下一条光缆的始端连接起来，以形成连续光缆线路。光缆中光纤间的连接点称为光纤接头，其质量好坏直接影响光缆线路的传输质量和可靠性，光纤连接要求光纤接头的附加损耗小、接头可靠性高、具有良好的机械性能和长期稳定性等。

光纤连接方法一般可分为两类：光纤的固定连接和活动连接。活动连接一般在地面调试、实验过程中使用，利用光法兰盘把带有连接头的光纤进行连接，该方法灵活方便、操作简单。光纤固定连接是工程产品中普遍采用的方法，包括熔接法和非熔接法两种。

光缆的活动连接通过光纤连接器实现光纤与器件、设备之间，设备和仪表之间或线路与测试仪表之间的活动连接，可以快速地连接和断开。连接器通过机械耦合使光纤的纤芯对准，使光线可以通过，光纤连接器通常要求低插损（小于 0.3 dB）、高回损（大于 50 dB）、重复性好、互换性好、插拔寿命长（大于 1 000 次）、价格低。

按照连接光纤数量，光纤连接器可分为单芯连接器和多芯连接器两大类。单芯光纤连接器按照结构和固定方式可分为 LC、SC、FC 等多种类型。多芯连接器通常包括 MPO (Multi Push On) 连接器、MTP (Multi-fiber Termination Push-on) 连接器等。其中

MTP 可认为是 MPO 标准连接器的改进版。

LC 型单芯连接器的典型结构如图 8－11（a）所示，包括壳体以及插置于壳体内的插芯组件，壳体的外面有一个用于配合卡接的弹性卡扣，方便连接器的组装和固定[347]。

MPO 多芯光纤连接器的典型结构如图 8－11（b）所示，该连接器包括一个带导引孔的母头和一个带导引针的公头，两者通过 MPO 适配器进行对准连接，装在插芯尾部的弹簧会对插芯提供一个推力，使其与适配器锁死，插芯的导引针会限制光纤之间的相对位置，保证光纤对接顺序。

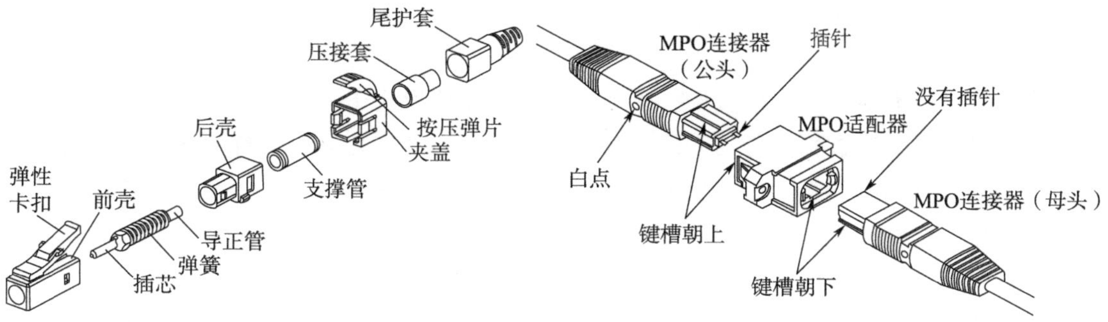

图 8－11　LC 型单芯连接器（a）和 MPO 多芯光纤连接器（b）结构示意图

光纤连接器端面连接方式主要有 FC 型、PC 型和 APC 型，不同结构的连接器接头端面示意图，如图 8－12 所示。

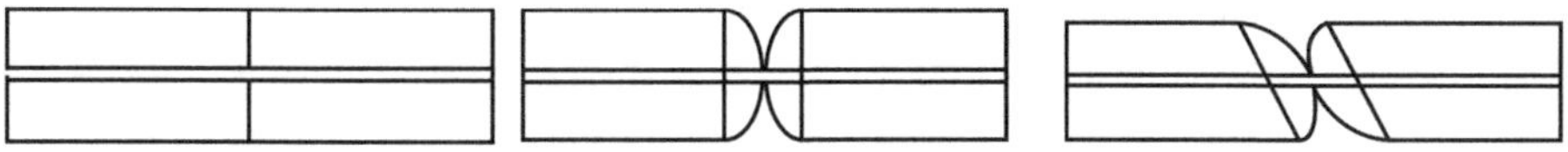

图 8－12　光纤连接器端面结构示意图

1）FC 型：其接头的对接方式为平面对接，优点是加工简单、成本低；缺点是背向反射大；

2）PC 型：是 FC 型的改进型，其对接面由平面变为拱形凸面，是广泛采用的类型，其减少了背向反射，背向反射损耗可达－48 dB；

3）APC 型：光纤端面是球面，端面法线与轴线成一定角度，使光难以返回光源，背向反射损耗可达－55 dB。

（3）光缆特性

对光缆机械特性和环境特性的要求由使用条件确定。光缆生产出来后，其拉力、压力、扭转、弯曲、冲击、振动和温度等特性要根据相关国家标准和应用要求进行试验验证。

①拉力特性

光缆能承受的最大拉力取决于加强件的材料和横截面积，一般要求大于 1 km 光缆的质量，多数光缆在 100～400 kg 范围。

②压力特性

光缆能承受的最大侧压力取决于护套的材料和结构，多数光缆能承受的最大侧压力在100～400 kg/10 cm。

③弯曲特性

弯曲特性主要取决于纤芯与包层的相对折射率差以及光缆的材料和结构。实用光纤最小弯曲半径一般为20～50 mm，光缆最小弯曲半径不能小于光纤最小弯曲半径，一般为200～500 mm。在以上条件下，光弯曲引起的光纤附加损耗可以忽略，若小于最小弯曲半径，附加损耗则急剧增加。

④温度特性

光纤本身具有良好的温度特性。光缆温度特性主要取决于光缆材料的选择及结构的设计，采用松套管二次被覆光纤的光缆温度特性较好。温度变化时，光纤损耗也会变化，主要是由于光缆材料（塑料）的热膨胀系数比光纤材料（石英）大2～3个数量级，在热胀冷缩过程中，光纤受到应力作用而产生的。

（4）光缆应用要求

对光缆的基本要求是保护光纤的机械强度和传输特性，防止布线过程和使用期间光纤断裂，保持传输特性稳定。为此，须根据使用环境对光缆结构进行设计，以保证光纤不受应力的作用和有害物质的侵蚀。

光缆和光缆组件在整个航天领域中的应用越来越多，广泛应用于航天各系统设备之间的高速互连。为增加宇航用光缆的强度，需要对光缆进行加固，同时为了便于航天器舱内铺设布线，一般要求光缆和光缆组件本身较柔软，若采用铠装加固或铠装管加固，质量会大幅度增加。因此，宇航光缆的加固需要综合考虑光缆结构和材料选用。影响光缆抗弯折性能的因素主要有两个：一是成缆材料的刚度，即弯曲模量；二是截面惯性矩，与光缆厚度有关。因此，一般通过选用弯曲模量较高的刚性材料、增加光缆厚度两种途径来提高光缆的抗弯折性能。但是，受设计尺寸限制，光缆外径不宜增加过大，故光缆加固设计主要从选用刚性较高的成缆材料入手。可选用高强高模的热塑性聚合物材料加固光缆，加固光缆由抗辐射光纤、刚性缓冲层、纤维增强层和刚性外护套组成。

在刚性加固方面，刚性缓冲层、纤维增强层和刚性外护套均选用高强高模的材料，材料自身硬度大，尺寸比普通光缆小，在保持外径不变的情况下使外护层壁厚增大，提高硬度横截面面积，增加光缆的硬度。在光缆温度性能方面，光纤外挤制一层低膨胀刚性缓冲层，较低的线膨胀系数可以有效缓冲温度应力对光纤的影响，使光缆满足宽温性能的要求。在宇航环境适应性方面，所选用的材料均能满足辐射、热真空释气和材料毒性等要求。在成缆工艺方面，刚性缓冲挤塑工艺和编织工艺较为成熟，已在舱外耐辐射光缆中得到应用。

8.1.2.2 光纤陀螺用光纤环技术

光纤环是光纤陀螺的角速率敏感单元，由数百米甚至数千米长的光纤按照对称性要求，逐匝逐层整齐绕制并固化成形。光纤环还可用于光信号处理中的延时单元。

(1) 光纤环特性要求及绕制方法

一般情况下，光纤环中光纤长度 L 与光纤环直径 D 的乘积越大，相同角速率下产生的相位差越大，即光纤陀螺的精度（灵敏度）越高，而动态范围越小。实际上，光纤陀螺的精度受制于光纤环的一些特性，如光纤环的长度越长，光纤环的热平衡时间越长，同时光纤环的对称性越难以保证，因此光纤环的长度在满足精度要求的一定范围内越短越好，这样可以减小光纤环受温度、力学、磁场等环境的干扰。

在光纤陀螺中，由于外界温度随时间变化，沿光纤环的不同方向存在时变的空间温度梯度，光纤环每一点的折射率都随温度变化而变化，而相向传播的两束光波经过该点的时间不同（除光纤环中点以外），两束光波经过光纤环后由于温度变化引起的相位变化不同，这个效应最初由 Shupe 发现，称为 Shupe 效应[348]。

Shupe 效应引起的光纤陀螺零偏漂移为

$$\Omega_e(t)=\frac{n}{LD}\frac{\mathrm{d}n}{\mathrm{d}T}\int_0^L\frac{\mathrm{d}T}{\mathrm{d}t}(z,t)(L-2z)\mathrm{d}z \tag{8-13}$$

式中，L 为光纤长度；D 为光纤环平均直径；n 为折射率；$\frac{\mathrm{d}n}{\mathrm{d}T}$ 为光纤的折射率温度系数；z 为温变点到输入端的距离；$\frac{\mathrm{d}T}{\mathrm{d}t}$ 为温度变化率。

从上式可以看出，为了降低 Shupe 效应，应尽量保证光纤线圈中点两侧的光纤关于中点温度变化率对称，此时

$$\Omega_e(z)=-\Omega_e(L-z) \tag{8-14}$$

则整个光纤线圈理论上就不受温度变化的影响。这种对称性可通过光纤环绕制方法来实现。

光纤环的绕制方法有对称和非对称两种。单极绕制法为非对称绕法，对称绕法有双极、四极、八极、十六极绕法等，还有采用分轴区的更复杂的绕制方式。四极和八极对称绕法是目前广泛采用的方法。

①四极对称绕法

在四极对称绕法中，绕制的光纤层数是 $4n$ 层，n 为正整数。四极对称绕制光纤环的轴向剖面结构如图 8－13 所示，当存在径向温度梯度时，虽然每一层光纤经历的温度场不同，但在一个四极内，可以认为相对光纤中点对称的两段光纤所受温度场的作用相同，从而有效减小温度带来的误差。对于四极对称绕法来说，光纤环每层的长度越长，Shupe 效应越明显，即光纤环采用宽而扁的结构不利于光纤陀螺的温度性能稳定。

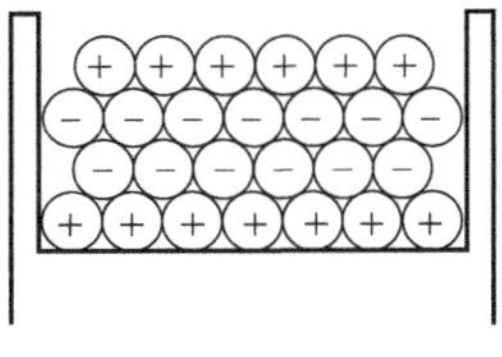

图 8－13　四极对称法绕制光纤环轴向剖面图

②八极对称绕法

八极对称绕制光纤环的轴向剖面结构如图 8－14 所示。绕制的光纤层数是 $8n$ 层，n 为正整数。相当于由首端光纤缠绕的两层上下夹住尾端光纤缠绕的两层构成了一个四极结构，紧接着再由尾端光纤缠绕的两层上下夹住首端光纤缠绕的两层又构成了一个四极结构，这两个四极结构前后排列组成了一个八层光纤的结构。

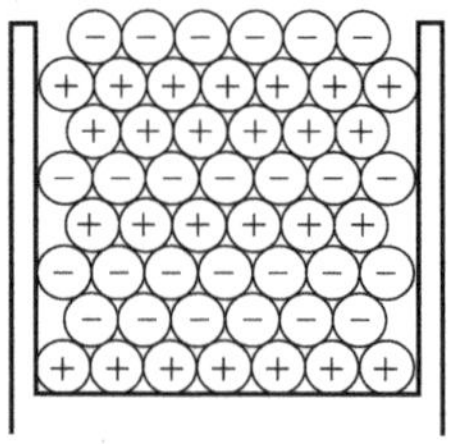

图 8－14　八极对称法绕制光纤环轴向剖面图

在光纤环的几种绕法中，单极绕法最容易实现，但由于不具有对称性，Shupe 效应明显，光纤环只能应用于精度要求很低的场合，而且通常采用的光纤较短。两极对称虽然是一种对称绕法，但存在温度梯度时，总是存在光纤环中点的某一侧光纤首先经历温度梯度，因而对称性不理想，较少采用。四极对称方法是一种比较理想的工艺，被广泛采用，八极对称在光纤环较长时可以考虑使用，和四极对称相比，八极对称更有利于减小 Shupe 效应。

（2）光纤环性能参数

光纤环的性能参数主要包括光纤的性能参数、光纤环长度、损耗、偏振串音、应变分布、偏振耦合分布参数。其中光纤环的分布参数对光纤陀螺的影响最为复杂。

①应力分布

光纤上应力对光纤环性能影响的根本原因在于附加应力改变了光纤中原始的应力分布，进而影响了光纤的折射率分布，引起了光纤中的双折射变化，改变了光纤的光传输特性。同时，光纤中引入的张力过大也会对光纤环的寿命造成一定的影响。通过应力分布检测可以判断光纤环的应力分布参数，如应力大小、应力分布的对称性和均匀性情况。目前检测光纤环应力分布的设备是光纤应力分布测试仪（布里渊时域反射计）。光纤应力分布测试仪的工作原理与光纤时域反射计有些类似，它是通过测试光纤中的布里渊散射光波的频率移动来测试光纤某一位置的应力状态。

②偏振耦合分布

光纤陀螺光路中保偏光纤焊点和保偏光纤环偏振交叉耦合均会造成偏振相位误差，准确地测试该偏振交叉耦合的强弱、位置和分布对于光纤环设计和工艺优化是非常必要的。采用白光干涉仪，可以测试光纤环中的偏振耦合分布。

8.1.3 光纤在宇航环境条件下的性能演变及抑制技术

8.1.3.1 光纤在辐射环境条件下的性能演变及抑制技术

（1）石英光纤在辐射环境条件下的性能演变

在 4.5.1.2 节介绍了辐射粒子在石英光纤中产生色心的机理。辐射产生的色心使光纤的损耗增大，这个过程称为“色心沉积”效应。在无源石英光纤中同样存在“光致褪色”效应。在辐射剂量率较大时，和“色心沉积”相比，“光致褪色”的作用要小得多，光纤的损耗会随辐射剂量不断增大。但是当剂量率较小时，由于“色心沉积”引起的光纤损耗相对较弱，“光致褪色”摧毁着色中心的作用就相对明显，光纤的损耗会有较明显的恢复。对于普通石英光纤，点缺陷的产生受光纤中的杂质离子（OH^-、Cl^-）影响。不同的辐射源对光纤的损伤会有一定的差异。

① γ 射线辐射环境条件下的性能演变

对典型熊猫型石英保偏光纤进行 γ 射线辐射试验，光纤工作波长为 1 310 nm，长度 500 m，采用三种不同的剂量率，分别为 0.01 Gy/s、0.02 Gy/s 和 0.083 5 Gy/s，总剂量分别为 32 Gy、63 Gy 和 326 Gy。图 8－15 为辐射过程中辐射诱导损耗随辐射剂量的变化过程，三种辐射剂量率下辐射诱导损耗均随辐射剂量呈线性变化。为了评估不同剂量率对辐射诱导损耗的影响，图 8－16 列出了三种剂量率辐射情况下辐射诱导损耗与剂量率比值随辐射时间的变化，可以看到三种辐射剂量率曲线几乎重合，这说明辐射诱导损耗主要和辐射剂量有关，和辐射剂量率关系不明显[349]。

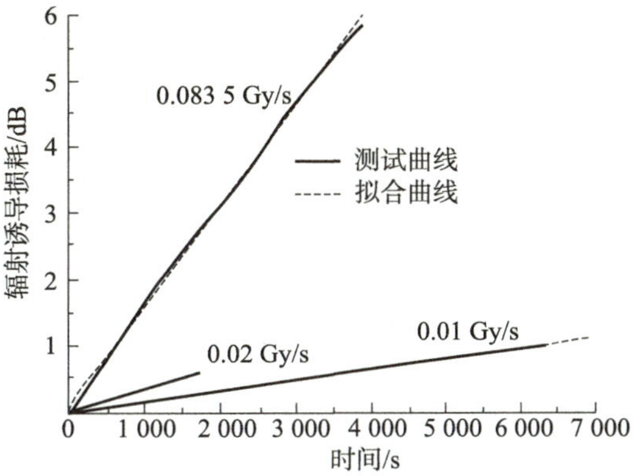

图 8－15 不同剂量率 γ 射线辐射时熊猫型石英光纤辐射诱导损耗随辐射时间的变化

②质子辐射环境条件下的性能演变

图 8－17 为 SRIM 软件模拟的不同能量质子在典型石英保偏光纤中的能量损失分布，质子能量为 1 MeV、2.3 MeV、2.6 MeV、3 MeV、3.4 MeV、6 MeV 和 10 MeV，入射质子角度为零，质子数量为 10^4 个。将光纤简化成 5 层结构：第 1 和第 5 层为光纤涂覆层，材料为丙烯酸树脂（$(C_3H_4O_2)_n$），厚度均为 45 μm；第 2 和第 4 层为包层，厚度均为 37 μm，材料为 SiO_2；第 3 层为纤芯，厚度为 6 μm，材料为 SiO_2+GeO_2。由图 8－17 可

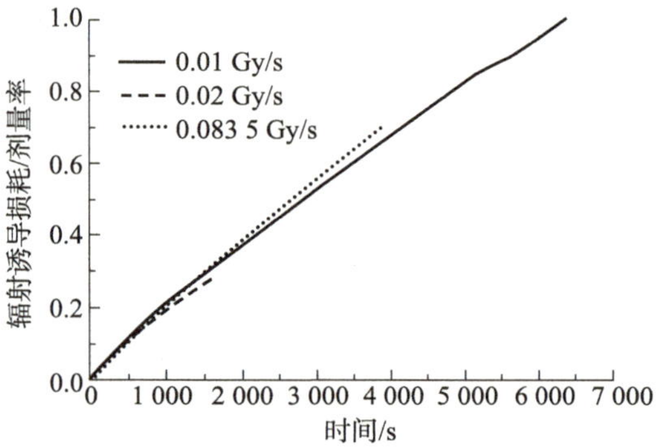

图 8-16　光纤辐射诱导损耗与剂量率的比随辐射时间的变化

知，质子在石英保偏光纤的入射深度随质子能量的升高而增加。当 1 MeV 电子辐射石英保偏光纤时，质子的所有能量都沉积在光纤涂覆层中，质子未能到达光纤主体的 SiO_2 包层；当质子能量为 2.3 MeV 时，质子的大多数能量沉积在石英光纤包层结构中，其射程未达到光纤纤芯；而当能量升至 2.6 MeV 时，质子正好入射到光纤纤芯中，此时对光纤的损耗影响最大。随着质子能量继续升高，质子穿越纤芯区，在纤芯的能量损失逐渐减小[350]。

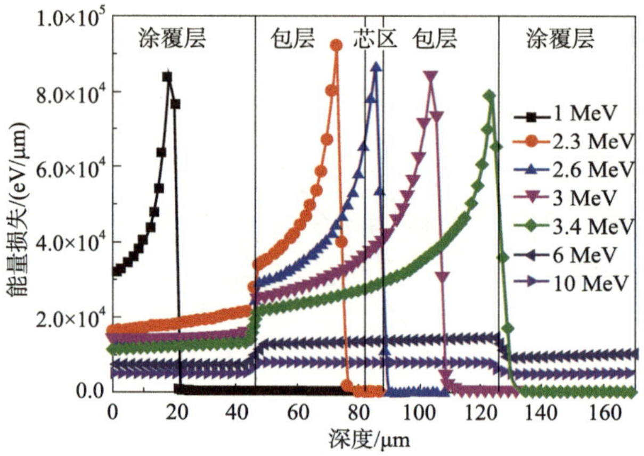

图 8-17　不同能量质子在石英光纤中的入射深度

图 8-18 为 2.3 MeV 和 2.6 MeV 质子辐射下典型熊猫型石英保偏光纤的辐射诱导损耗随质子注量的变化关系。由图 8-18 可见，光纤的损耗随质子注量的增加呈增长的趋势，辐射初始阶段，光纤损耗增长迅速，注量达到一定值后，增长趋势变缓。但是，熊猫型石英保偏光纤在 2.3 MeV 和 2.6 MeV 质子辐射下的辐射诱导损耗值却相差较大。在 2.6 MeV 质子辐射时，质子的入射深度正好到达光纤纤芯，在质子注量在 $1.4\times10^{14}/cm^2$ 时，光纤辐射诱导损耗高达 214 dB/km；而当 2.3 MeV 质子辐射石英光纤时，质子的射程达到光纤包层，对光传输影响较小，在质子注量为 $1.4\times10^{14}/cm^2$ 时，光纤损耗为 14 dB/km[350]。

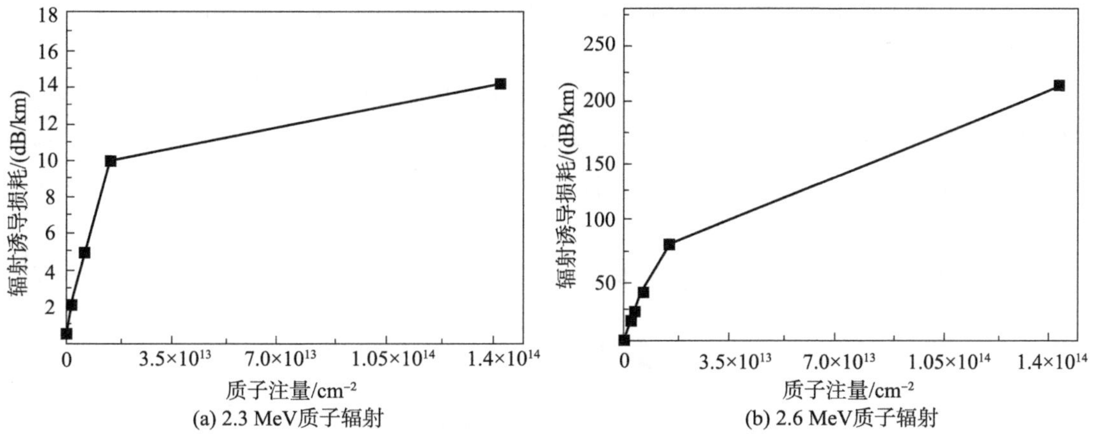

图 8-18　熊猫型石英保偏光纤辐射诱导损耗随质子注量的变化

③电子辐射环境条件下的性能演变

电子的静止质量为 9.10953×10^{-31} kg，因为质量比较小，所以，在电子与物质发生相互作用时，电子的运动方向改变较大，导致运动轨迹弥散程度较高。但是，电子毕竟存在一定质量，在材料不同深度处，主要能量沉积存在差别。如果辐射电子的能量高于 SiO_2 的原子移位能量阈值，会导致 SiO_2 中的 Si－O 键断裂产生电离现象，在其内部产生缺陷。辐射电子的能量越高，导致 SiO_2 中形成的缺陷浓度越大，其光学性能下降也越显著。

在 160 keV 电子辐射时，典型熊猫型石英保偏光纤辐射诱导损耗随注量的变化关系如图 8-19 所示[351]。其中电子束流密度分别是 0.3 μA/cm² 和 0.03 μA/cm²。由图可见，束流密度为 0.3 μA/cm² 时，辐射诱导损耗随电子注量增加先急剧增大，而后趋缓，最后达到饱和，饱和值为 37.9 dB/km，这表明电子辐射对光纤性能有非常显著的影响。而电子束流密度为 0.03 μA/cm² 时，由于总注量较小，辐射诱导损耗没有达到饱和值。在相同注量电子辐射下，束流密度为 0.3 μA/cm² 的辐射诱导损耗比束流密度为 0.03 μA/cm² 的辐射诱导损耗略大，注量越大，二者差值越大。

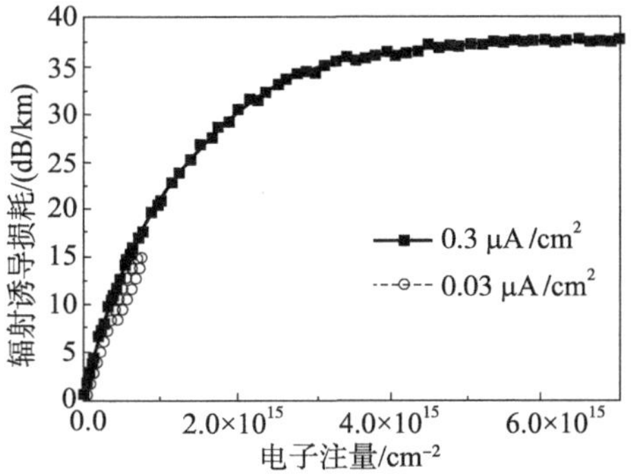

图 8-19　不同束流密度电子辐射时熊猫型石英光纤辐射诱导损耗随电子注量的变化

典型熊猫型石英保偏光纤在不同能量电子辐射时辐射诱导损耗随注量的变化关系如图 8－20 所示[351]，电子的能量分别是 160 keV 和 1 MeV。从图中可以看出，在相同注量情况下，与 160 keV 电子辐射相比，1 MeV 电子辐射产生的辐射诱导损耗较小。这两种能量电子辐射时，辐射诱导损耗饱和值分别是 37.9 dB/km 和 18.2 dB/km。另外，1 MeV 电子辐射时辐射诱导损耗达到饱和值所需的电子注量比 160 keV 电子辐射时大 1 倍以上。50 keV 电子辐射熊猫型石英保偏光纤，即使电子注量达到 $1\times10^{16}/cm^2$，也没有产生辐射诱导损耗，所以，电子辐射熊猫型石英保偏光纤产生辐射诱导损耗的能量阈值应该在 50～160 keV 之间。

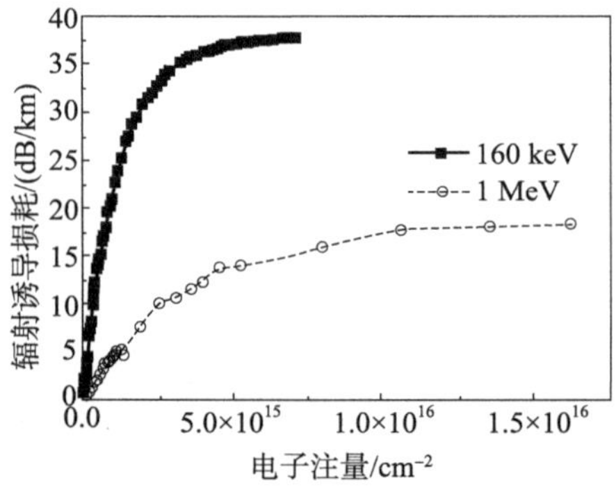

图 8－20　不同能量电子辐射时熊猫型石英光纤辐射诱导损耗随电子注量的变化

④中子辐射环境条件下的性能演变

图 8－21 和图 8－22 分别为典型渐变折射率多模光纤和单模光纤辐射诱导损耗随中子和 γ 射线辐射剂量的变化，图 8－23 为 γ 射线和中子辐射诱导损耗之比随辐射剂量的变化。图中 1、2 为渐变折射率多模光纤，3、4 为单模光纤，实线为 γ 射线辐射曲线，虚线为中子辐射曲线。辐射实验中中子能量为 14 MeV。由实验结果可见，两种光纤辐射诱导损耗均随辐射剂量增加而增大，但两种辐射引起的辐射诱导损耗明显不同，相同辐射剂量下 γ 射线辐射诱导损耗均约为中子辐射的 2～4 倍，通过计算两种辐射的诱导损耗之比可知，在辐射过程中（6 h），在辐射 250 s 前两种辐射的诱导损耗比值变化较大，250 s 后该比值基本保持不变。这可能是在辐射剂量低时辐射诱导损耗主要和光纤中原有缺陷有关，而当辐射剂量较大时，中子辐射引起的位移缺陷越来越多，辐射诱导损耗主要由位移缺陷决定[352]。

（2）光子晶体光纤在辐射环境条件下的性能演变

光子晶体光纤由于制造材料为纯石英，其抗辐射性能明显优于传统光纤。图 8－24 为相同 γ 辐射条件下典型熊猫型保偏光纤和光子晶体光纤输出光功率随辐射剂量的变化[353]。两种光纤长度均为 100 m，剂量率为 10 rad/s，总剂量为 100 krad（Si）。熊猫型保偏光纤的辐射诱导损耗为 1.2 dB，光子晶体光纤的辐射诱导损耗为 0.2 dB，比熊猫型保偏光纤小了 5 倍。

剂量率为 0.083 rad/s，总剂量为 50 krad（Si）的辐射实验条件下，典型光子晶体光纤和熊猫型保偏光纤损耗谱平均波长随辐射总剂量的变化如图 8－25 所示[353]。光子晶体光纤平均波长变化约为 0.02 nm，熊猫型保偏光纤平均波长变化为 0.2～0.35 nm，二者稳定性相差超过 1 个数量级。

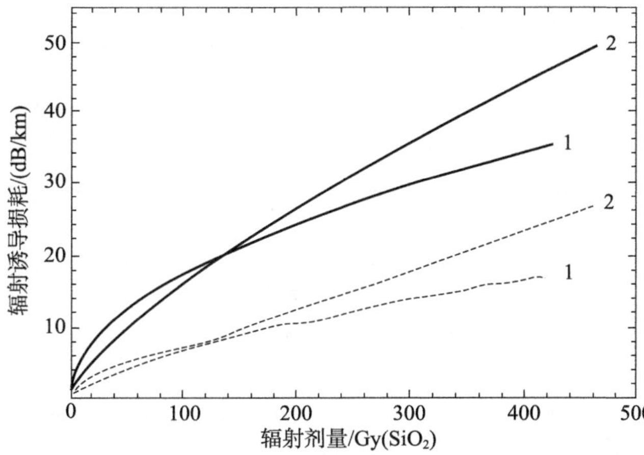

图 8-21　渐变折射率光纤辐射诱导损耗随中子和 γ 射线辐射剂量的变化

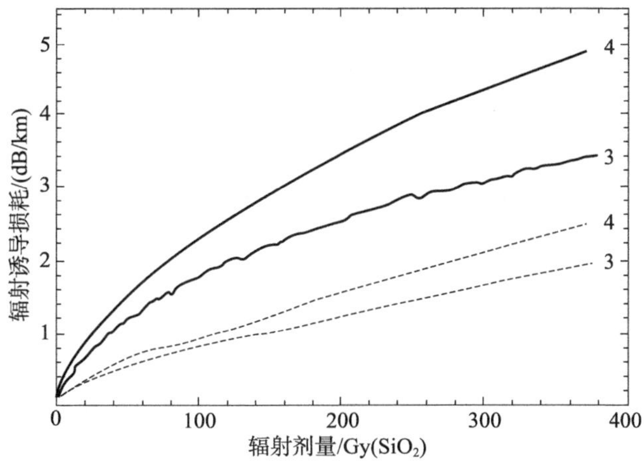

图 8-22　单模光纤辐射诱导损耗随中子和 γ 射线辐射剂量的变化

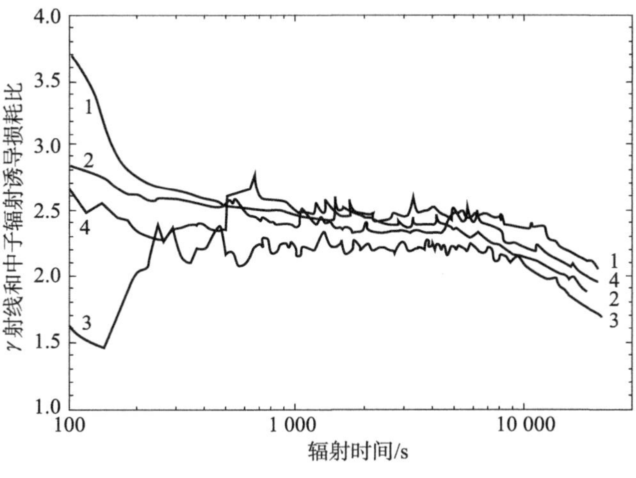

图 8-23　γ 射线和中子辐射诱导损耗之比随辐射时间的变化

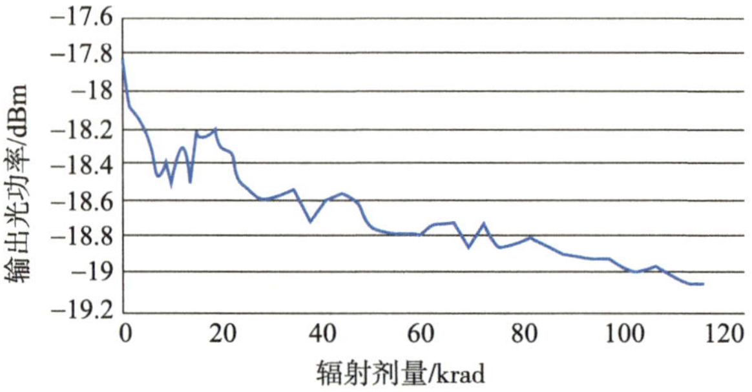

(a) 熊猫型保偏光纤

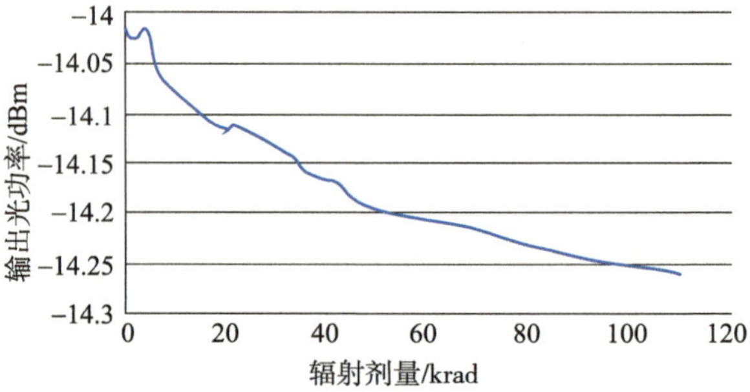

(b) 光子晶体光纤

图 8-24　相同γ辐射条件下普通保偏光纤和光子晶体光纤输出光功率随辐射剂量的变化

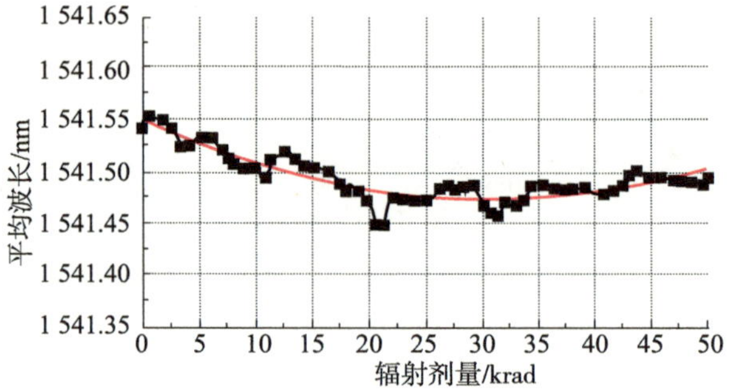

(a) 熊猫型保偏光纤

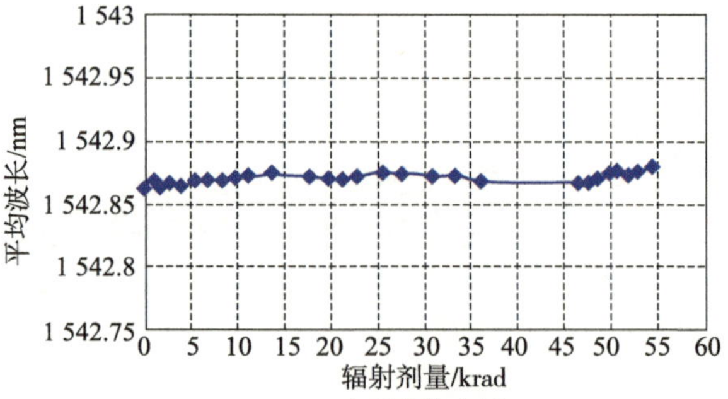

(b) 光子晶体光纤

图 8-25　光纤损耗谱平均波长随辐射剂量的变化

(3) 光纤的抗辐射加固技术

第 4 章中已介绍了有源光纤的抗辐射加固技术，其中气体加载、漂白、成分调节等措施在普通无源光纤中也都适用，对于单模光纤还可以通过掺氟提高抗辐射性能。

氟在石英玻璃中可以起到断网作用，取代网络结构中氧原子以（SiO_3F）的形式进入玻璃网络。由于 Si－F 键能量强于 Si－O 键，因此氟的引入会降低石英材料结构的断网概率，随着氟浓度的增加，材料中的辐致色心前驱体缺陷浓度越来越小。然而氟会降低玻璃材料的折射率，为了保持光纤的波导结构，还必须在纤芯中共掺锗、钛等其他掺杂剂，但锗、钛掺杂会增加光纤的损耗。同时当纤芯中掺有较高浓度氟时，光纤在近红外通信波段的损耗也会增加，不利于光纤的使用。

8.1.3.2　光纤在热环境条件下的性能演变及抑制技术

温度引起光纤形状的变化、密度的变化以及内部分子热运动的变化，这些变化反映为光纤长度、折射率、双折射及时间延迟的变化。

(1) 温度对折射率的影响

在温度变化的情况下，温度对光纤折射率的影响作用主要体现在两方面：一是随着温度的升高，光纤材料发生膨胀，造成介质密度的变化，从而使折射率发生改变；二是随着温度的升高，介质内原子和分子的振动加剧，从而改变电偶极子的平均极化强度，使介质的折射率发生改变。

由于光纤材料的热膨胀系数很小，温度变化造成光纤材料密度变化导致的折射率变化通常可以忽略。根据电偶极子模型，在线性光学近似下，光纤的热光系数可以近似表示为

$$\frac{\mathrm{d}n}{\mathrm{d}T} \approx \frac{\rho\eta C}{2\varepsilon_0 E^2} \tag{8-15}$$

式中，ρ 为材料密度；C 是材料的比热系数；η 为比例系数；ε_0 为介电常数；E 为光波电场强度。可以计算得到，石英光纤的热光系数约为 10^{-5}/℃量级。

(2) 温度对光信号延迟的影响

当光信号在固定长度的光纤中传输时，光信号会被延迟，而且该延迟量取决于光信号的传输路径。由于光纤热膨胀特性和热光特性的影响，光信号的延迟量是与外界温度相关的，如果不考虑光纤的色散，光信号的延迟量可以表示为

$$\Delta\tau = \left(\frac{L}{c}\frac{\mathrm{d}n}{\mathrm{d}T} + \frac{n}{c}\frac{\mathrm{d}L}{\mathrm{d}T}\right)\Delta T \tag{8-16}$$

式中，$\mathrm{d}n/\mathrm{d}T$ 代表光纤的热光特性；$\mathrm{d}L/\mathrm{d}T$ 代表光纤的热膨胀特性；ΔT 为温度变化量。由于光纤的热膨胀系数远小于光纤的热光系数，温度变化情况下，光信号的延迟量主要受光纤的热光系数影响。

(3) 温度对双折射的影响

实际的单模光纤截面不可能是理想的真圆，总有一定的椭圆度和形状畸变；光纤材料在纵向和横向上也不可能是理想均匀的，因而材料的热膨胀系数也是不均匀的，在不同的环境温度下会呈现不同的横向、纵向内应力，这就在单模光纤中引入了温度感生双折射。

温度感生双折射效应对线性双折射的影响要比圆双折射的影响大得多。下面仅分析温度感生线双折射。

在长度为 L 的光纤中，温度感生双折射引起的两偏振态的相位增量为[354]

$$\Delta\phi_x = \left(\frac{1}{L}\frac{\mathrm{d}L}{\mathrm{d}T} + \frac{1}{n}\frac{\mathrm{d}n}{\mathrm{d}T}\right)\phi_x \Delta T \tag{8-17}$$

$$\Delta\phi_y = \left(\frac{1}{L}\frac{\mathrm{d}L}{\mathrm{d}T} + \frac{1}{n}\frac{\mathrm{d}n}{\mathrm{d}T}\right)\phi_y \Delta T \tag{8-18}$$

则由温度感生双折射引起的两偏振态之间的相位差为

$$\Delta\phi_p = \Delta\phi_y - \Delta\phi_x = \left(\frac{1}{L}\frac{\mathrm{d}L}{\mathrm{d}T} + \frac{1}{n}\frac{\mathrm{d}n}{\mathrm{d}T}\right)(\phi_y - \phi_x)\Delta T \tag{8-19}$$

式中，$\phi_y - \phi_x = k_0 \Delta n L$ ，$\Delta n = n_y - n_x$ 为双折射系数，k_0 为波数；n_y 、n_x 为两偏振态的原始折射率。

则式（8－19）可写为

$$\Delta\phi_p = \left(\frac{1}{L}\frac{\mathrm{d}L}{\mathrm{d}T} + \frac{1}{n}\frac{\mathrm{d}n}{\mathrm{d}T}\right)k_0 \Delta n L \Delta T \tag{8-20}$$

由温度引起的两偏振态传播系数差为

$$\Delta\beta = \Delta\phi_p / L = \left(\frac{1}{L}\frac{\mathrm{d}L}{\mathrm{d}T} + \frac{1}{n}\frac{\mathrm{d}n}{\mathrm{d}T}\right)k_0 \Delta n \Delta T \tag{8-21}$$

（4）温度对保偏光纤双折射系数的影响

应力型保偏光纤的双折射是有应力区和其他区域的热膨胀系数不同引起的，因此双折射系数是光纤软化温度到工作温度之间温度差 ΔT 的函数，双折射可以表示为[355]

$$\Delta n = C(\lambda)\frac{E}{1+\gamma}\Delta\alpha \Delta T \varepsilon \tag{8-22}$$

式中，E 为光纤的杨氏模量；$C(\lambda)$ 为光弹常数，与波长 λ 有关；γ 为泊松比；$\Delta\alpha$ 为包层和应力区热膨胀系数的差；ε 为保偏光纤的椭圆度。由式（8－22）可以看出，光纤双折射系数和温度变化成线性关系。图 8－26 为典型熊猫型保偏光纤双折射系数随温度的变化曲线，可以看到理论值和测量值吻合得很好[356]。

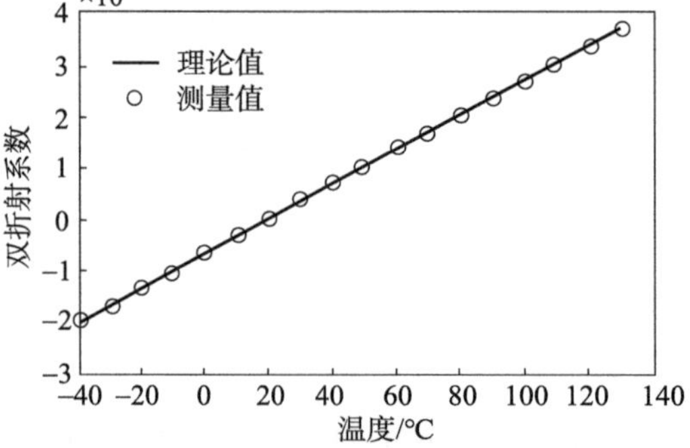

图 8－26　熊猫型保偏光纤双折射系数随温度的变化

8.1.3.3　光纤在力学环境条件下的性能演变及抑制技术

力学会对光纤的光学性能和可靠性产生影响。光纤受到应力时通过弹光效应会影响光纤的折射率，应力引起的变形也会改变光的传输特性。力学环境对光纤可靠性的影响对于宇航应用尤其重要。光纤在实际制备过程中，光纤中的玻璃体存在微小的不均性、表面应力分布不均匀性、表面裂纹、内部缺陷、杂质、气泡等因素导致光纤抗拉强度降低，需要研究光纤断裂的机理并采取措施防止在工程应用过程中发生断裂。

(1) 光纤的断裂强度

在理想的惰性环境条件下（低温、湿度为零、高真空），裂纹不会生长。仅当外界施加的应力增加到光纤的断裂强度时，光纤才会断裂。对非惰性环境条件下（如高温、潮湿、化学腐蚀等）的光纤，施加任何应力都会使裂纹生长，称作应力腐蚀。裂纹生长速率 V 与应力强度因子有关的经验公式为

$$V=\frac{\mathrm{d}L}{\mathrm{d}t}=AK_1^n \tag{8-23}$$

式中，L 为裂纹长度；t 为时间；K_1 为应力强度因子；n 为裂纹应力腐蚀敏感性参数（耐疲劳参数）；A 为与材料有关的参数。A 与 n 都与实际环境有关。n 值可表明裂纹生长速度快慢，n 值越大，裂纹生长越慢。

根据格里菲斯（Griffith）的脆性材料断裂理论，光纤表面微裂纹形状可用 U 形结构模拟，外界作用应力将集中在裂纹的尖端。假设外部应力 S 垂直于裂纹，裂纹尖端的应力 σ 可用下式来计算

$$\sigma=S\left(1+\frac{2L}{a}\right) \tag{8-24}$$

式中，a 为裂纹宽度的一半值。

玻璃脆性材料的断裂强度 σ_B 与裂纹长度 L 的关系为

$$\sigma_B=\left(\frac{2E\gamma}{\pi L}\right)^{\frac{1}{2}} \tag{8-25}$$

式中，E 是杨氏模量；γ 是表面能。用裂纹尖端的应力场表示应力强度因子 K_1，则有

$$K_1=\sigma_B\sqrt{\pi L} \tag{8-26}$$

将式（8－25）代入式（8－26），可得到玻璃光纤的断裂条件为

$$K_2=\sqrt{2E\gamma} \tag{8-27}$$

式中，K_2 是应力强度因子的最大值，称为断裂韧度。当裂纹应力强度因子由 K_1 增加到 K_2 时，光纤上的微裂纹将会生长、扩张直至断裂。

光纤强度性能是衡量光纤可靠性的一个重要指标，光纤的强度性能直接影响光纤在工程应用中的使用寿命。光纤中石英玻璃的理论强度是由 SiO_2 分子之间的键合力决定的，石英光纤的理论断裂强度 σ 为

$$\sigma=\sqrt{\frac{E\gamma}{A}} \tag{8-28}$$

式中，A 为 Si－O 化学键的键长。

除了外部应力导致光纤表面微裂纹扩大外，高温、化学腐蚀和光纤表面粗糙也可以产生零应力微裂纹扩张，造成光纤老化，强度降低，而且与温度密切相关，其对应关系为

$$\sigma_w = \sigma_0 e^{-at^{1/2}} \tag{8-29}$$

式中，σ_w 为老化后强度；σ_0 为初始强度；t 为老化天数；a 为老化参数。温度为 85 ℃、65 ℃、45 ℃时，a 值分别为 0.093、0.047、0.04。光纤在 65 ℃环境下存放 1 年，光纤强度降低为初始强度的 41%。

（2）光纤的断裂概率

一定长度的光纤，在应力 σ 的作用下，光纤的断裂累积概率可用威布尔（Weibull）分布来描述，即

$$F(L,\sigma) = 1 - \exp\left(-\frac{L\sigma^m}{L_0\sigma_0^m}\right) \tag{8-30}$$

式中，F 为小于或等于 σ 的应力下光纤断裂的累积概率；L_0 和 L 分别为标准试样长度和试样长度；m 为 Weibull 分布指数；σ_0 是在标准长度 L_0 下测得的与 36.8%的累积断裂概率相对应的强度；L_0、σ_0 和 m 均为常数。

对式（8－30）取二次对数可得到

$$\ln\left[\ln\left(\frac{1}{1-F}\right)\right] = m\ln(\sigma) + \left[\ln\left(\frac{L}{L_0}\right) - m\ln(\sigma_0)\right] \tag{8-31}$$

试验时，光纤试样长度相同，L_0、L 和 σ_0 均为常数。令 $y=\ln\{\ln[1/(1-F)]\}$，$x=\ln(\sigma)$，$b=\ln(L/L_0)-m\ln(\sigma_0)$，则有

$$y = mx + b \tag{8-32}$$

为了得到不同长度光纤断裂累积概率的 Weibull 分布，必须对光纤试样做拉伸试验，将光纤试样拉断，记下断裂的应力值，最后统计光纤在不同拉力强度下断裂累积概率分布，作出 Weibull 分布曲线（见图 8－27）来判断光纤抗拉强度。光纤断裂的累积概率分布是一条直线，直线的斜率 m 代表 Weibull 分布指数。

Weibull 指数 m 值是衡量光纤强度的一个重要参数，m 值越小，表示光纤低强度点的微裂纹越少，光纤强度就越大。另外，光纤高强度断裂点的强度水平越高，离散度越小；低强度断裂点越少，则说明光纤的强度越大。

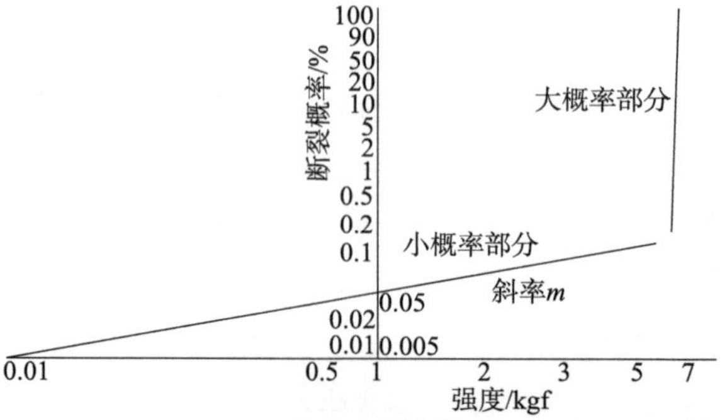

图 8－27　光纤抗拉强度的 Weibull 分布曲线

(3) 光纤寿命

光纤从接受应力开始到光纤断裂所经历的时间定义为光纤的寿命，则根据微裂纹断裂理论，经过应力 σ_p 筛选后的光纤在应力 σ_a 下的寿命可表示为[357]

$$t_a = t_p \left(\frac{\sigma_p}{\sigma_a}\right)^n \left\{ \left[1 - \frac{\ln(1-F)}{N_p L}\right]^{\frac{n+1}{m_d}} - 1 \right\} \tag{8-33}$$

式中，F 为光纤累积断裂概率；N_p 为每千米光纤断裂次数；L 为光纤长度；t_p 为有效筛选时间；n 为应力腐蚀敏感性参数（也称为疲劳参数）；m_d 为动态疲劳得到的惰性 Weibull 指数。

(4) 提高光纤在力学环境下寿命的方法

对于热力学环境下光纤的加固，主要从减小光纤受力、减少光纤受热、抑制光纤裂纹生长速度方面采取措施，避免光纤发生断裂失效。在光纤使用中，要减小光纤的拉伸、弯曲、扭转和挤压。涂覆层对光纤强度也有很大的影响，涂覆层的粘附力越大，致密性越好，对光纤微裂纹的保护作用就越明显，光纤强度就越高。因此，涂覆的材料、工艺、厚度、同心度以及光纤的拉丝工艺、环境洁净度等都会影响光纤的最终强度。

8.1.4　光缆在宇航环境条件下的性能演变

空间辐射对光缆的影响非常复杂，目前对于辐射导致光缆性能退化规律和损伤机理的研究较多，但主要集中在不同辐射总剂量和剂量率对光缆辐射诱导损耗的影响，以及不同掺杂元素对光缆抗辐射特性的影响，其影响规律及机理与光纤在辐射环境下的演变规律及机理类似。

光缆在航天器舱外应用时，其经受的空间环境非常严酷，主要受极端高低温循环和空间辐射影响。以低地球轨道航天器为例，太阳直射时表面温度最高可达 150 ℃，处在地影面时的温度最低会降至－150 ℃，且 90 min 左右经历一次温差达 300 ℃ 的热循环过程。如此严酷的热循环会使光缆材料经受反复的热应力，长期作用下会导致材料热疲劳。

(1) 光缆在温变环境条件下的性能演变

温度循环会导致光缆高分子有机材料性能退化，改变光缆应力分布。光缆不同结构材料的热膨胀系数与弹性模量各不相同，当温度变化剧烈时，材料之间的热失配会导致光缆不同界面间产生热应力和形变。在温度降低时，涂覆层的收缩相对较快，光纤的收缩相对较慢，故光纤受到涂覆层的轴向压力，在光纤表面产生较大应力和应变，轴向应力在温度交变环境下得不到释放，积累到一定程度就会导致光缆微弯，光缆的传输损耗增大，输出光功率降低。图 8－28 所示为不同厂家（Spectran，Brand Rex，W. L. Gore，Northern Lights）的光缆收缩率随温度循环次数的变化。温度循环温度范围为－30～＋140 ℃，温变速率为 1 ℃/min。可以看出，经过 10 个高低温循环后，大部分光缆都出现一定的收缩。图 8－29 为上述光缆输出光功率随温度循环次数的变化。光缆输出光功率随温度循环次数的增加呈现出不同程度的衰减，最大的衰减超过 50%[358]。

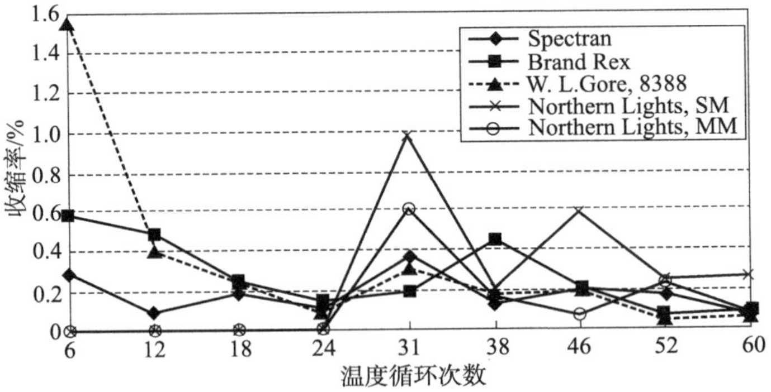

图 8-28　热循环过程中的收缩率变化

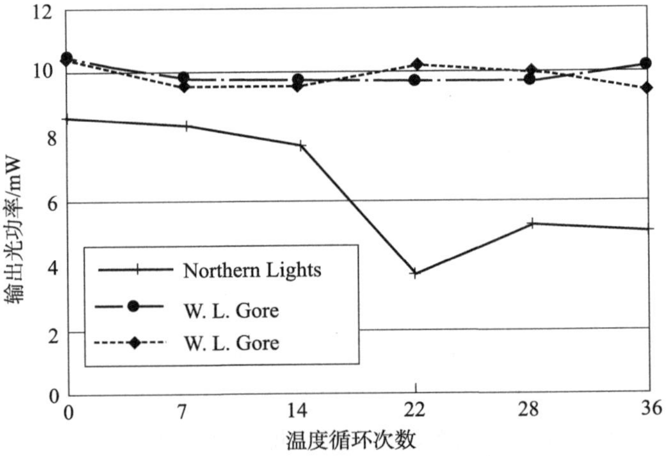

图 8-29　光缆输出光功率随温度循环次数的变化

（2）带连接器光缆组件在温变和振动环境条件下的性能演变

光缆之间通常采用光纤连接器进行机械连接，该机械连接在振动环境下的稳定性需要重点关注。图 8-30 为采用 12 芯 MTP 连接器连接的典型光缆组件，其在随机振动试验过程中输出光功率的变化如图 8-31 所示。随机振动条件根据宇航发射条件确定，见表 8-2。由图中结果可知，在随机振动条件下部分光缆的输出功率变大，部分光缆的输出功率变小，但总体变化量较小，所有光缆在所有方向下的波动量均不超过 0.5 dB，这说明在发射时的振动环境下不会对光缆连接的接触端面造成机械损伤[358]。

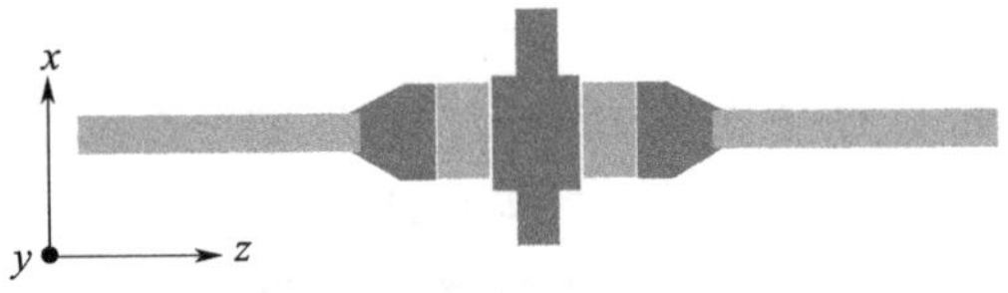

图 8-30　用 MTP 连接器连接的光缆组件结构示意图

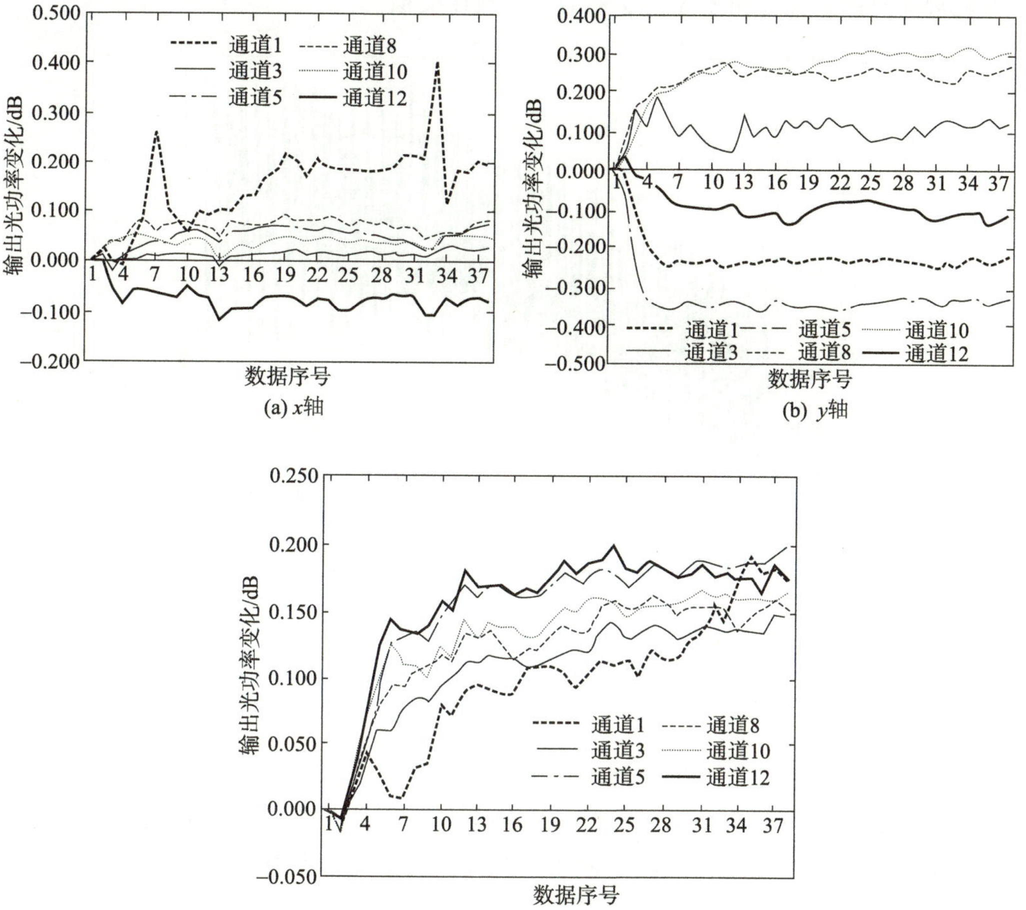

(a) x轴　(b) y轴　(c) z轴

图 8 - 31　各轴向振动过程中输出光功率的变化

表 8 - 2　光缆组件随机振动条件

频率	振动条件
20	0.026 g^2/Hz
20～50	+6 dB/oct
50～800	0.016
800～2 000	−6 dB/oct
2 000	0.026 g^2/Hz
总均方根加速度	14.1 g

对采用 12 芯 MTP 连接器连接的光缆组件在温变环境下的稳定性也进行了试验验证。循环温度范围为−20～+85 ℃，温变速率为 1 ℃/min。所有 12 个通道在单个循环中输出光功率变化最大值为 1.6 dB，在总共 38 个循环过程中，输出光功率变化最大值为 1.8 dB。图 8 - 32 为在温度循环条件下某通道输出光功率的变化。在整个温度循环实验过程中，各通道都大致呈现出光功率在初始阶段下降，然后逐步恢复，趋近于温度循环前的输出值。

这种变化规律与图 8－28 和图 8－29 中的变化规律类似[358]。

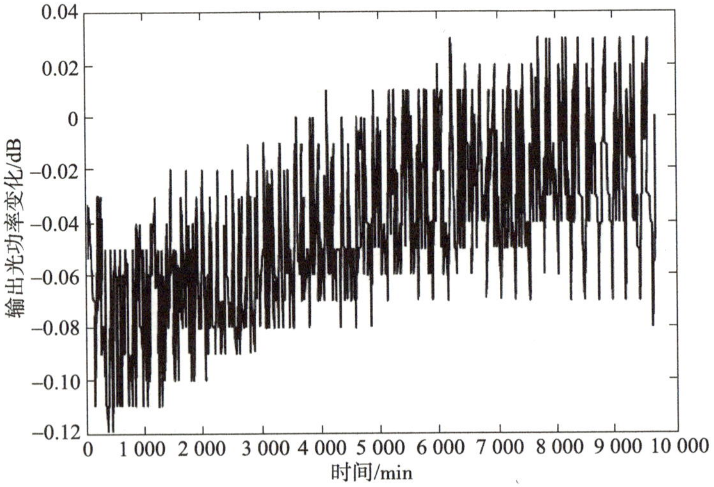

图 8－32　热循环过程中输出光功率的变化

8.2　光纤光栅技术

光纤光栅是一种纤芯折射率沿轴向存在周期性变化的光纤器件。当光波在光纤光栅中传播时，周期性折射率分布会对特定波长的光波产生影响，使光波的损耗、传播方向等发生变化。光纤光栅在窄带滤波、波分复用、光分插复用及光纤光源中均发挥着重要作用。另外，光纤光栅是一种重要的光纤传感器件，光纤光栅传感器可以对航天器的温度、应变、振动进行监测，相比传统电学传感器，光纤光栅传感器具备质量轻、不易受电磁干扰等优点。

8.2.1　光纤光栅的工作原理

以具有均匀周期的布拉格光栅为例，若光栅中折射率变化周期为 Λ ，光纤的有效折射率为 n_e ，当宽谱光入射时，满足 $\lambda_B = 2n_e\Lambda$ 的波长被光纤光栅反射回去，其他波长的光透射通过光栅，λ_B 称为布拉格波长，如图 8－33 所示。

光纤光栅的特性可以用模耦合理论进行解释[359]。将光纤光栅中的折射率周期变化视为对光纤折射率的微扰，则光栅区折射率沿纵向 z 的分布可表示为

$$n(z) = n_e + \delta n_e(z) \tag{8-34}$$

$$\delta n_e(z) = \overline{\delta n_e}(z)\left\{1 + v\cos\left[\frac{2\pi}{\Lambda}z + \phi(z)\right]\right\} \tag{8-35}$$

式中，n_e 为紫外曝光前光纤纤芯的有效折射率；$\overline{\delta n_e}$ 为整个光栅周期内折射率空间变化的平均值（折射率调制的直流成分）；v 为折射率调制系数；Λ 为光栅的空间周期；$\phi(z)$ 为光栅周期变化的相移，描述光栅的啁啾，均匀周期光纤光栅的折射率调制如图 8－34 所示。由

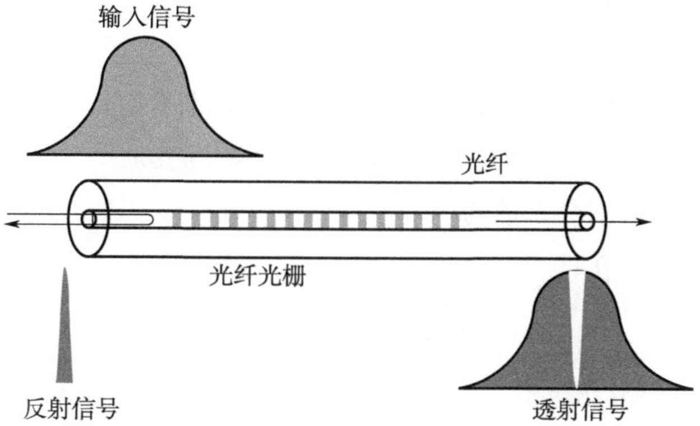

图 8-33　光纤光栅工作原理示意图

于折射率调制深度 $(\delta n_e)_{max}$ 很小，一般为 $10^{-5}\sim10^{-3}$ 量级，故可用耦合模理论分析光在光纤光栅中的传输过程。

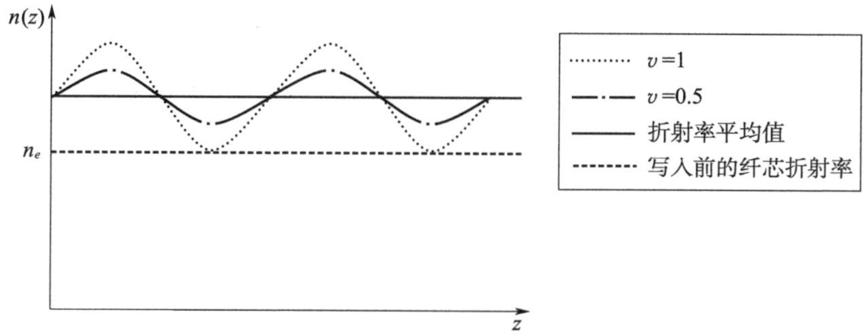

图 8-34　均匀周期光纤光栅中的折射率调制

根据波导的几何结构和折射率分布微小或者缓慢变化时的模式耦合幅度方程进行分析，模式耦合幅度方程如下

$$\frac{dA_\nu}{dz}=-j\sum_\mu(K^t_{\nu\mu}+K^z_{\nu\mu})A_\mu\exp[-j(\beta_\mu-\beta_\nu)z]-j\sum_\mu(K^t_{\nu\mu}-K^z_{\nu\mu})B_\mu\exp[j(\beta_\mu+\beta_\nu)z] \tag{8-36}$$

$$\frac{dB_\nu}{dz}=j\sum_\mu(K^t_{\nu\mu}-K^z_{\nu\mu})A_\mu\exp[-j(\beta_\mu+\beta_\nu)z]+j\sum_\mu(K^t_{\nu\mu}+K^z_{\nu\mu})B_\mu\exp[j(\beta_\mu-\beta_\nu)z] \tag{8-37}$$

$$K^t_{\nu\mu}=\frac{\omega\varepsilon_0}{4P}\iint_\infty(n^2-n_e^2)\boldsymbol{e}^*_{\nu t}\cdot\boldsymbol{e}_{\mu t}\,dx\,dy \tag{8-38}$$

$$K^z_{\nu\mu}=\frac{\omega\varepsilon_0}{4P}\iint_\infty\frac{n_e^2}{n^2}(n^2-n_e^2)\boldsymbol{e}^*_{\nu z}\cdot\boldsymbol{e}_{\mu z}\,dx\,dy \tag{8-39}$$

式中，ν 和 μ 表示波导中的不同阶的两个模式；A 、B 分别为正向传输模和反向传输模的幅度；A_μ 和 B_μ 分别为 μ 阶正向和反向传输模幅度；β_μ 和 β_ν 分别为 μ 阶和 ν 阶模传播常数；$K^t_{\nu\mu}$ 和 $K^z_{\nu\mu}$ 分别为模式 ν 和 μ 之间的横向和纵向耦合系数；$\boldsymbol{e}_{\nu t}$ 和 $\boldsymbol{e}_{\nu z}$ 分别为 ν 阶模横向和纵

向电场矢量；$\boldsymbol{e}_{\mu t}$ 和 $\boldsymbol{e}_{\mu z}$ 分别为 μ 阶模横向和纵向电场矢量；ε_0 是真空介电常数；P 为正规模的功率；ω 为光波角频率。

由于 $n = n_e + \delta n_e$，再者，折射率调制深度很小，即有 $\delta n_e \ll n_e$，据此可知

$$n^2 - n_e^2 = 2n_e\delta n_e + \delta n_e^2 \approx 2n_e\delta n_e \tag{8-40}$$

则模式 ν 和 μ 之间的横向耦合系数为

$$\begin{aligned} K_{\nu\mu}^t &= \frac{\omega\varepsilon_0}{4P}\iint_{\infty}(n^2 - n_e^2)\boldsymbol{e}_{\nu t}^* \cdot \boldsymbol{e}_{\mu t}\,\mathrm{d}x\,\mathrm{d}y \\ &\approx \frac{\omega\varepsilon_0}{4P}\iint_{\infty}\boldsymbol{e}_{\nu t}^* \cdot \boldsymbol{e}_{\mu t}\,\mathrm{d}x\,\mathrm{d}y\,2n_e\overline{\delta n_e}(z)\left\{1 + v\cos\left[\frac{2\pi}{\Lambda}z + \phi(z)\right]\right\} \\ &= \frac{\omega\varepsilon_0 n_e\overline{\delta n_e}}{2P}\iint_{\text{core}}\boldsymbol{e}_{\nu t}^* \cdot \boldsymbol{e}_{\mu t}\,\mathrm{d}x\,\mathrm{d}y\left\{1 + v\cos\left[\frac{2\pi}{\Lambda}z + \phi(z)\right]\right\} \end{aligned} \tag{8-41}$$

为简化横向耦合系数，引入两个新的参数，$\sigma_{\nu\mu}$ 为直流耦合系数，$k_{\nu\mu}$ 为交流耦合系数

$$\sigma_{\nu\mu}(z) = \frac{\omega\varepsilon_0 n_e\overline{\delta n_e}}{2P}\iint_{\text{core}}\boldsymbol{e}_{\nu t}^* \cdot \boldsymbol{e}_{\mu t}\,\mathrm{d}x\,\mathrm{d}y \tag{8-42}$$

$$k_{\nu\mu}(z) = \frac{v\sigma_{\nu\mu}}{2} \tag{8-43}$$

则横向耦合系数可以表示为

$$K_{\nu\mu}^t(z) = \sigma_{\nu\mu} + 2k_{\nu\mu}\cos\left[\frac{2\pi}{\Lambda}z + \phi(z)\right] \tag{8-44}$$

光栅用光纤通常为弱导光纤，纤芯和包层相对折射率差满足 $\Delta \ll 1$，则导模的纵向电场 $\boldsymbol{e}_z$ 及磁场分量 $\boldsymbol{h}_z$ 很小，可忽略，即 $\boldsymbol{e}_z \approx \mathbf{0}$、$\boldsymbol{h}_z \approx \mathbf{0}$。因此纵向耦合系数

$$K_{\nu\mu}^z = \frac{\omega\varepsilon_0}{4P}\iint_{\infty}\frac{n_e^2}{n^2}(n^2 - n_e^2)\boldsymbol{e}_{\nu z}^* \cdot \boldsymbol{e}_{\mu z}\,\mathrm{d}x\,\mathrm{d}y \ll K_{\nu\mu}^t \tag{8-45}$$

可被忽略。

对于布拉格光纤光栅，光栅与传输信号之间的主要相互作用是把振幅为 $A(z)$ 的前向传输模式耦合进入相同传播常数的振幅为 $B(z)$ 的后向传输模式，则耦合方程可简化为

$$\frac{\mathrm{d}A}{\mathrm{d}z} = -\mathrm{j}K(z)\left[A(z) + B(z)\exp(\mathrm{i}2\beta z)\right] \tag{8-46}$$

$$\frac{\mathrm{d}B}{\mathrm{d}z} = \mathrm{j}K(z)\left[A(z)\exp(-\mathrm{i}2\beta z) + B(z)\right] \tag{8-47}$$

为表述方便，式中省略了 A_ν、B_ν 的下标。式中，$K(z) = K_{\nu\mu}^t(z)\big|_{\nu=\mu}$，可展开为

$$K(z) = \sigma + k\exp\left[\mathrm{j}(2\pi z/\Lambda + \phi)\right] + k\exp\left[-\mathrm{j}(2\pi z/\Lambda + \phi)\right] \tag{8-48}$$

将式（8－48）代入式（8－47）、式（8－46），将出现快速振荡项 $\exp[\pm\mathrm{j}(2\pi z/\Lambda + \phi)]$、$\exp(\pm 2\mathrm{j}\beta z)$、$\exp[\pm\mathrm{j}(2\beta z + 2\pi z/\Lambda + \phi)]$，因为这些项对慢变振幅的变化贡献很小，所以可以忽略，耦合模方程变为

$$\frac{\mathrm{d}A}{\mathrm{d}z} = -\mathrm{j}\sigma A - \mathrm{j}kB\exp\left[\mathrm{j}(2\beta z - 2\pi z/\Lambda - \phi)\right] \tag{8-49}$$

$$\frac{\mathrm{d}B}{\mathrm{d}z}=\mathrm{j}\sigma B+\mathrm{j}kA\exp[-\mathrm{j}(2\beta z-2\pi z/\Lambda-\phi)] \tag{8-50}$$

令 $R=A\exp[-\mathrm{j}(\beta z-\pi z/\Lambda-\phi/2)]$ 和 $S=B\exp[\mathrm{j}(\beta z-\pi z/\Lambda-\phi/2)]$ 表示正向和反向传输模的复振幅，则式（8-49）、式（8-50）变为

$$\frac{\mathrm{d}R}{\mathrm{d}z}=-\mathrm{j}\left(\sigma+\beta-\frac{\pi}{\Lambda}-\frac{1}{2}\frac{\mathrm{d}\phi}{\mathrm{d}z}\right)R-\mathrm{j}kS \tag{8-51}$$

$$\frac{\mathrm{d}S}{\mathrm{d}z}=\mathrm{j}(\sigma+\beta-\frac{\pi}{\Lambda}-\frac{1}{2}\frac{\mathrm{d}\phi}{\mathrm{d}z})S+\mathrm{j}kR \tag{8-52}$$

定义直流自耦合系数 $\hat{\sigma}$ 为

$$\hat{\sigma}=\sigma+\delta-\frac{1}{2}\frac{\mathrm{d}\phi}{\mathrm{d}z} \tag{8-53}$$

式中，δ 为光栅的失谐量，表示光频偏离布拉格频率的大小。对于所有光栅而言，它都与 z 无关，定义如下

$$\delta=\beta-\frac{\pi}{\Lambda}=\beta-\beta_B=2\pi n_e\left(\frac{1}{\lambda}-\frac{1}{\lambda_B}\right) \tag{8-54}$$

在这里，$\lambda_B=2n_e\Lambda$ 是光纤光栅的反射波长（布拉格波长），n_e 为光纤的有效折射率，$\frac{1}{2}\frac{\mathrm{d}\phi}{\mathrm{d}z}$ 描述可能出现的啁啾，则耦合模方程进一步可化成

$$\frac{\mathrm{d}R}{\mathrm{d}z}=-\mathrm{j}\hat{\sigma}R-\mathrm{j}kS \tag{8-55}$$

$$\frac{\mathrm{d}S}{\mathrm{d}z}=\mathrm{j}\hat{\sigma}S+\mathrm{j}kR \tag{8-56}$$

对于单模光纤光栅，横向耦合系数为

$$K=\frac{\omega\varepsilon_0 n_e\overline{\delta n_e}}{2P}\iint_{\mathrm{core}}\boldsymbol{e}_t^{*}\cdot\boldsymbol{e}_t\,\mathrm{d}x\,\mathrm{d}y\left\{1+v\cos\left[\frac{2\pi}{\Lambda}z+\phi(z)\right]\right\} \tag{8-57}$$

因为

$$\int_s|\boldsymbol{e}_t|^2\mathrm{d}s=\frac{2\omega\mu_0 P}{\beta} \tag{8-58}$$

又据弱导条件可得横向耦合系数为

$$K=\frac{2\pi}{\lambda}\overline{\delta n_e}+\frac{2\pi}{\lambda}\overline{\delta n_e}v\cos\left(\frac{2\pi}{\Lambda}z\right) \tag{8-59}$$

由此得

$$\sigma=\frac{2\pi}{\lambda}\overline{\delta n_e} \tag{8-60}$$

$$k=\frac{\pi}{\lambda}v\overline{\delta n_e} \tag{8-61}$$

在均匀光纤光栅中，$\overline{\delta n_e}$、σ 和 k 均为常数。

对均匀光栅能直接利用边界条件求出耦合模方程的解析解。但对非均匀光纤光栅，严格求解耦合模方程十分困难。通常的解法是将耦合模方程化简为黎卡提（Riccati）微分方

程，然后用龙格-库塔法（Runge - Kutta）计算；另外一种方法是矩阵分析法。

8.2.2　光纤光栅的分类

光纤光栅按折射率分布可分为均匀周期光纤光栅和非均匀周期光纤光栅，均匀周期光纤光栅主要包括布拉格光纤光栅（也被称为短周期光纤光栅）和长周期光纤光栅，非均匀周期光纤光栅则包括啁啾光纤光栅、渐变光纤光栅、闪耀光纤光栅等。

（1）布拉格光纤光栅

布拉格光纤光栅（Fiber Bragg Grating，FBG）FBG 又称为短周期光纤光栅或反射光栅，周期在零点几微米至几微米之间。从模式耦合理论来看，FBG 是前向传输的纤芯模式与后向传输的纤芯模式之间的耦合，因而是反射型光栅。FBG 折射率调制深度和栅格周期均为常数，光栅波矢方向跟光纤轴向一致。FBG 在其布拉格波长处有一带宽很窄的反射峰，故可作为滤波器，用于多波长光通信网络中的滤波以及放大系统中自发辐射源（ASE）的噪声抑制和光子控制等；可作为光纤激光器的端面反射镜，制成各类光纤激光器；可用作密集波分复用系统（DWDM）中的复用/解复用器、波长转换器以及光栅路由器等；利用光纤光栅的温度、应力特性还可用于不同的光纤传感器。另外，它在非线性光学领域、光学开关等方面也有较好的应用前景。

（2）长周期光纤光栅

长周期光纤光栅（Long Period Fiber Grating，LPFG）的周期通常为几十微米到几百微米。LPFG 实现的是光纤内前向传输的纤芯模式与同向的各阶次包层模式之间的耦合，是透射型光栅，因而可作为波长选择性损耗元件，是光放大器增益平坦的理想元件。另外，它也可以作为一种带阻滤波的传输型全光纤器件，应用到光分插复用器或光交叉互联单元等波长路由器件中。长周期光纤光栅的另一个重要应用是作为应力或温度传感器，它比 FBG 的温度和应力灵敏度高得多，它的多个损耗峰不仅可以同时进行多轴应力及温度测量，而且也可以将级联的 LPFG 作为传感器阵列进行多参数分布式测量。

（3）啁啾光纤光栅

啁啾光纤光栅（Chirped Fiber Grating）的周期不是常数而是沿轴向呈线性变化的，因此能够产生宽带反射，带宽最大可超过 100 nm，远远大于均匀周期光栅的带宽。啁啾光栅最重要的应用是色散补偿，但由于其反射谱有较大的波动，使色散特性非常不平坦，不适合实际应用，因此提出了用切趾函数进行切趾处理。通过切趾处理，其反射谱波动性得到明显改善，但是在反射谱变得平滑的同时，其反射峰值和反射带宽都下降了。其原因是光栅调制折射率变化量在沿光栅两端逐渐减少时导致了光栅平均耦合系数的减小，所以峰值反射率就降低。线性啁啾光纤光栅能产生大而稳定的色散，可用于光纤 WDM 通信系统的色散补偿，亦可用于宽带反射滤波器、温度不敏感光纤光栅传感及光学傅里叶变换等。

（4）闪耀光纤光栅

在光栅制作过程中，当侧写紫外光束与光纤轴不严格垂直，而有一个小角度时，形成闪耀光纤光栅（Blazed Fiber Grating）。闪耀布拉格光栅的波矢方向与光纤轴线方向不完全一致，而是与其成一固定的角度。它不但引起反向导波模耦合，而且还将基阶模耦合至包层模中损耗掉。利用闪耀光纤光栅的包层模耦合形成的宽带损耗特性，可将其用于掺铒光纤放大器的增益平坦。当光栅法线与光纤轴向倾角较小时，还可以将闪耀光纤光栅用作空间模式耦合器，它可以将一种导波模耦合至另一种导波模中。

（5）相移光纤光栅

相移光纤光栅（Phase Shifted Fiber Grating）是在均匀周期光纤光栅的某些点上，通过一些方法破坏其周期的连续性而得到的。我们可以把它看作是若干个周期性光栅的不连续连接，每个不连续连接都会产生一个相移。它的主要特点是可以在周期性光栅的光谱阻带中打开透射窗口，使得光栅对某一波长或多个波长有更高的选择度。此类光栅在波分复用通信系统中的波长解复用器中有着潜在的应用价值。

（6）超结构光纤光栅

超结构光纤光栅（Superstructure Fiber Grating）亦称取样光栅（Sampled - Grating），其折射率调制不是连续的，而是周期性间断的，相当于在布拉格光栅的折射率正弦调制上加了一个方波型包络函数。这种光栅结构既有布拉格光栅的反射特性，亦有长周期光栅的包层模耦合特性。这种光栅的反射谱具有一组分立的反射峰，可用作梳状滤波器，在多波长光纤激光器、可调谐布拉格反射激光器，以及多通道色散补偿等方面有潜在的应用。另外，由于方波包络的周期通常为几百微米，因此，超结构光纤光栅亦可看作是一个长周期光纤光栅，它将引起基阶导波模与包层模之间的耦合，在光栅透射谱中产生宽带损耗峰。由于包层模耦合引起的共振峰与布拉格反射峰对外界环境参量（如温度、应变、折射率等）具有不同的响应特性，超结构光纤光栅是一种理想的多参量传感元件。

（7）切趾光纤光栅

切趾光纤光栅（Apodized Fiber Grating）是周期均匀、折射率调制按特定函数关系变化的光纤光栅。若把折射率变化反映到耦合系数上，则表现为其耦合系数由中部向两边逐渐递减，故称为切趾光纤光栅，它能有效地去除光纤光栅的旁瓣。

（8）莫尔光纤光栅

莫尔光纤光栅（Moire Fiber Grating）可由两个重叠写入的 FBG 形成。如果利用两块周期分别为 Λ_1 和 Λ_2 的掩模板对同一段光纤进行两次曝光写入。莫尔光纤光栅的折射率分布是一种具有慢变包络的快变结构。莫尔光纤光栅实现双波长输出，可以作为带通或梳状滤波器等。

根据光纤光栅的成栅机理可分为 4 种：Ⅰ型、ⅡA 型、Ⅱ型光纤光栅和热重生光纤光栅。

1）Ⅰ型光纤光栅：光栅刻写功率在石英材料的损伤阈值之下，折射率调制通常为正（$\Delta n>0$），在刻写过程中，平均折射率和折射率的调制深度随曝光能量而上升。其主要特点是其导波模的反射谱跟透射谱互补，几乎没有吸收或包层耦合损耗；另一特点是容易被“擦除”，即在不是很高的温度（200 ℃左右）下光栅会退化。

2）ⅡA 型光纤光栅：成栅于高掺锗（15%mol）光敏光纤或硼锗共掺光敏光纤上，曝光时间较长，成栅机理与Ⅰ型光纤光栅不同。在其刻写过程中的曝光初期，折射率调制深度随曝光时间增加而增加，形成Ⅰ型光纤光栅，但随着曝光量的持续增加，初始形成的光纤光栅被部分或全部擦除，直至产生负调制的折射率深度，形成了新的光栅，即ⅡA 型光栅，其温度稳定性优于Ⅰ型光纤光栅，直到 500 ℃附近才能观察到光栅的擦除效应，更适合于在高温下使用，如高温传感等。

3）Ⅱ型光纤光栅：由单个高能量光脉冲（大于 0.5 J/cm^2）曝光形成。高能脉冲激光与光纤材料发生光致电离和雪崩电离等强非线性效应，在激光焦点附近产生局域化的自由电子等离子体，经能量弛豫过程，最终导致材料特性的永久变化。该类型光栅有很高的温度稳定性，在 800 ℃下放置 24 小时无明显变化，在 1 000 ℃环境中放置 4 小时后大部分光栅才消失。

4）热重生光纤光栅：通过高温退火方法使Ⅰ型光纤光栅在擦除后重新生长的一种新型光纤光栅，可用于超高温（>1 000 ℃）温度测量。但是重生后的光纤光栅反射率会降低，且易碎，需要通过封装或镀金属膜等方式来保护。

8.2.3　光纤光栅的主要性能参数及特性

当选用光纤布拉格光栅时，应该仔细考虑 FBG 的性能指标。一些指标是通用的，几乎针对所有应用，有些指标可能是为满足特殊应用而定制的。

（1）中心波长

中心波长是指 FBG 反射谱中的尖峰位置对应的波长。中心波长随着应变和温度的改变而改变。当温度升高或应变增大时，FBG 传感器的峰值波长变大。

（2）工作带宽

工作带宽就是每个 FBG 反射峰所对应的 3 dB 带宽。理论上 FBG 的带宽越小测量精度越高，但从实际的制作工艺水平和可行的精度来看，合理的值应该在 0.2～0.3 nm 之间，通常取 0.25 nm。

（3）反射率

反射率是指光纤光栅反射光功率与入射光功率的比值。光纤光栅的反射率越高，返回到测量系统的光功率就越大，相应的测量距离就越大。而且反射率越高，光栅越稳定。反射率越小，噪声对其影响就越大。光栅反射率通常要求大于 90%。但是，强调高反射率的同时也要考虑边模抑制。

（4）边模抑制比

边模抑制比是指 FBG 的反射谱中，主峰两侧的旁瓣或边模与主峰之间的强度比值。边模抑制比反映了光栅的光谱纯度。边模抑制比直接决定了传感测量系统的信噪比。

（5）光栅长度

光栅长度是指单个光栅刻写范围的长短。光栅的长度决定了测量点的精确程度，理论上光栅的长度越短，测量位置越精确。而实际制造光栅时要综合光栅的各种参数，光栅越短，反射率越低，带宽越宽。很短的光栅，其反射率和带宽很难达到要求，因此要结合工程应用要求综合考虑。

8.2.4　光纤光栅在宇航环境条件下的性能演变及抑制技术

8.2.4.1　光纤光栅在辐射环境条件下的性能演变及抑制技术

如图 8－35 所示，辐射对光纤光栅特性的影响主要体现在两个方面[360]：1）辐射引起的缺陷吸收带使光纤的损耗增大；2）辐射引起光纤材料密度变化，从而引起折射率和光栅周期的变化，最终体现为光栅反射波长的漂移。

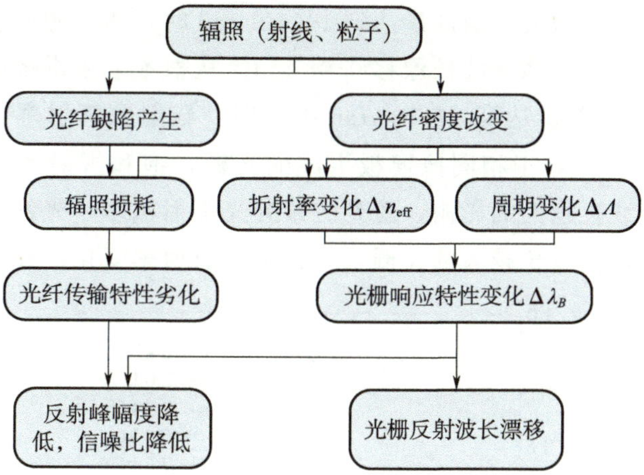

图 8－35　辐射对光纤光栅的影响机制

（1）光纤光栅在辐射环境下的演变机理

基于光纤色心模型，色心的浓度与峰值吸收系数成正比，玻璃吸收系数的变化与折射率的变化成正比。光栅的有效折射率的变化与其吸收辐射剂量之间存在 e 指数关系，可以表示为[361]

$$\Delta n_e = \phi n_0 \frac{k_d}{k_d + k_c}[1 - \exp(-k_d - k_c)D] \tag{8-62}$$

式中，Δn_e 为辐射引起的光栅有效折射率变化量；ϕ 为与辐射产生的色心类型及吸收光谱相关的常数；n_0 为光纤内固有缺陷的初始浓度；k_d 和 k_c 分别是色心产生速率和色心恢复成固有缺陷的概率；D 为辐射剂量。

由布拉格光栅公式

$$\lambda_{max} \approx \lambda_B = 2\Delta n_e \Lambda \tag{8-63}$$

可得

$$\Delta n_e = \frac{\Delta\lambda_B}{2\Lambda} \tag{8-64}$$

式中，λ_B 为布拉格波长；$\Delta\lambda_B$ 为反射峰值波长变化；Λ 为光栅周期。

因此，光纤光栅在辐射作用下的反射峰值波长变化与辐射剂量的关系可以表示为

$$\Delta\lambda_{\max} = \phi n_0 \frac{k_d}{k_d + k_c}[1 - \exp(-k_d - k_c)D] \cdot 2\Lambda \tag{8-65}$$

(2) 光纤光栅在辐射环境条件下的性能演变

①辐射对反射峰值波长的影响

图 8-36 为不同剂量 γ 射线辐射前后典型光纤光栅反射光谱的变化[361]。可以看出反射光谱发生了明显的红移，且随着辐射剂量的增加，光栅的反射光强越来越弱。这是因为随着辐射剂量的增加，辐射产生的色心不断增加，色心的累积导致折射率不断增大，光栅的反射波长和强度也随之变化。

图 8-37 为 1.2 MeV 电子辐射过程中典型光栅反射峰值波长的变化[362]。随着辐射剂量的增加峰值波长迅速地增大，当剂量达到 1×10^5 rad 时，增长的速度变慢，并在剂量达到 2×10^5 rad 时达到饱和，峰值波长漂移 0.08 nm。从根本上来讲峰值波长的变化就是有效折射率 n_e 的变化。在剂量达到 2×10^5 rad 附近时，辐射致折射率变化达到饱和，折射率变化量为 $10^{-5}\sim10^{-4}$。对于相同掩模板生成的光栅，饱和折射率改变量越大，也就是说，辐射前反射峰值波长越大的光栅，受到的紫外光辐射越多，光纤中先驱缺陷的数量也越多。所以，辐射前峰值波长越大的光栅，其辐射致折射率变化饱和量就越大。

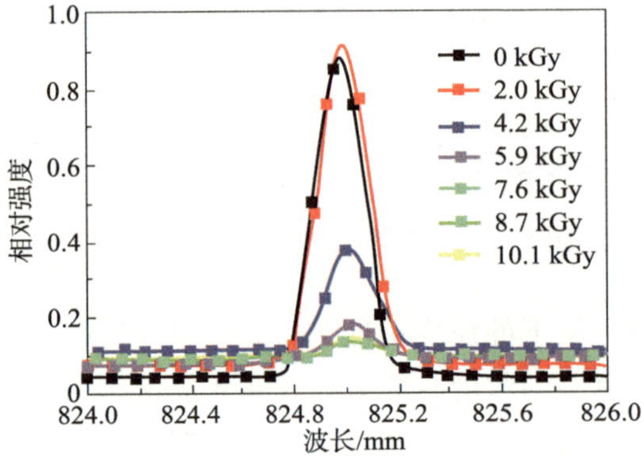

图 8-36　光纤光栅反射光谱随辐射剂量的变化

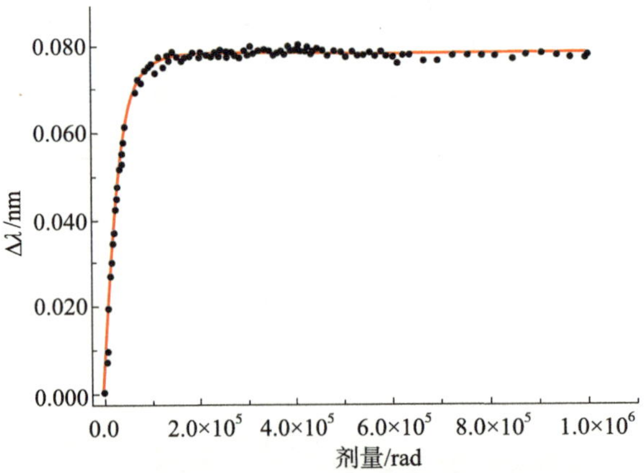

图 8-37　光纤光栅峰值波长随辐射剂量的变化

在波分复用（Wavelength Division Multiplexing，WDM）光纤通信系统中，按照信道间隔的不同，WDM 可分为粗波分复用（Coarse Wavelength Division Multiplexing，CWDM）和密集波分复用（Dense Wavelength Division Multiplexing，DWDM）。CWDM 的信道间隔为 20 nm，而 DWDM 的信道间隔从 0.2 nm 到 1.2 nm，光纤光栅若产生这个量级的波长偏移会引起星间/星内 DWDM 链路的串音增大。

②辐射对反射带宽及反射率的影响

图 8-38 为电子辐射前后典型光纤布拉格光栅反射谱的变化。经历 1×10^6 rad 的电子辐射后，光栅峰值波长未发生明显变化，光栅的反射谱型也没有明显变化，光栅的 3 dB 带宽增大了约 0.01 nm。辐射过程中布拉格光栅的带宽随辐射剂量的变化如图 8-39 所示，带宽在辐射过程中的波动范围在 0.01 nm 左右，这种量级的带宽变化一般不会对系统性能产生明显影响。直到辐射结束，光纤光栅的反射率一直介于 95%到 97%之间，变化不明显。同时，光栅的边模抑制比也无明显变化[362]。

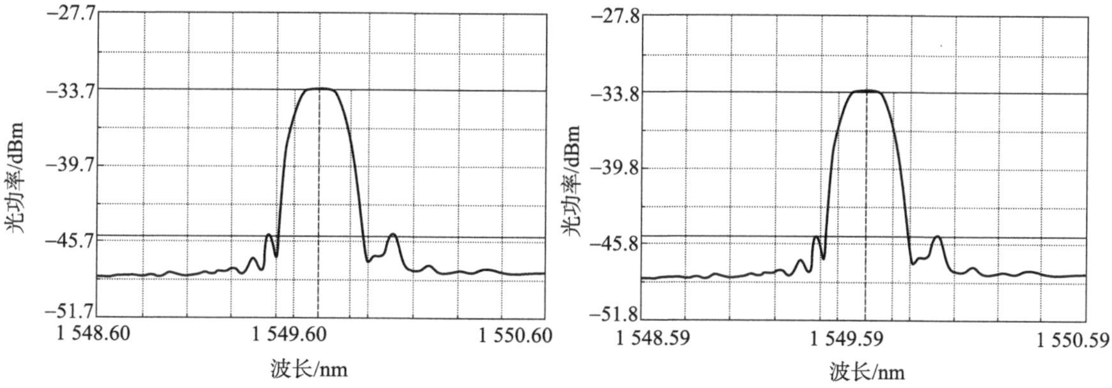

(a) 辐射前　(b) 辐射后

图 8-38　辐射前后光纤光栅的反射光谱

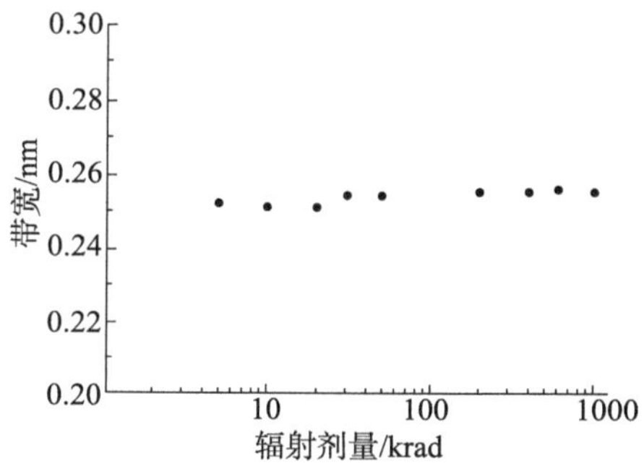

图 8-39　光纤光栅带宽随辐射剂量的变化

（3）光纤光栅抗辐射加固技术

辐射对光纤光栅的影响主要表现在反射峰强度降低和布拉格波长漂移两个方面。对于布拉格反射峰强度降低问题，可以通过采用多种不同的光纤光栅刻写方法来降低辐射对布拉格反射峰强度的影响。而对于布拉格波长漂移来说，除了防护、筛选等常规方法外，飞秒激光写入法制备的光栅表现出良好的抗辐射性能。

采用近红外 800 nm 飞秒激光在非载氢掺锗光纤或纯石英纤芯光纤中刻写的光纤光栅，在辐射剂量为 100 kGy 的条件下，可实现小于 15 pm 的波长漂移。这是因为用于光栅刻写的高激光峰值功率可以将先兆点位在光栅刻写过程中全部转化为点缺陷，在辐射环境下可以将点缺陷数量维持在一个稳定的状态，增强了光纤光栅的抗辐射性能。

另外，先采用飞秒激光在纯石英纤芯光纤或氟掺杂光纤中刻写Ⅱ型光栅，然后在 750 ℃的环境下退火，可进一步提升抗辐射和耐高温性能。实验结果表明，该类光纤可承受高达 3 MGy 的 X 射线、高达 2 kGy 的 γ 射线、$5\times10^{19}/cm^2$ 的快中子辐射，以及 $10^{13}/cm^2$ 的高能质子辐射[363]。

图 8－40 比较了典型传统Ⅰ型紫外光栅和飞秒激光写入近红外Ⅱ型光栅的辐射响应情况[363]。辐射条件为室温下 3×10^{12}/（cm^2·h）左右的质子流，质子总通量为 10^{13} p/cm^2，其相当于 9 kGy（SiO_2）的辐射总剂量。在辐射结束时，传统Ⅰ型光栅的中心波长漂移（Bragg Wavelength Shift，BWS）约为 18 pm，而抗辐射光纤光栅在整个辐射过程中几乎没有变化。

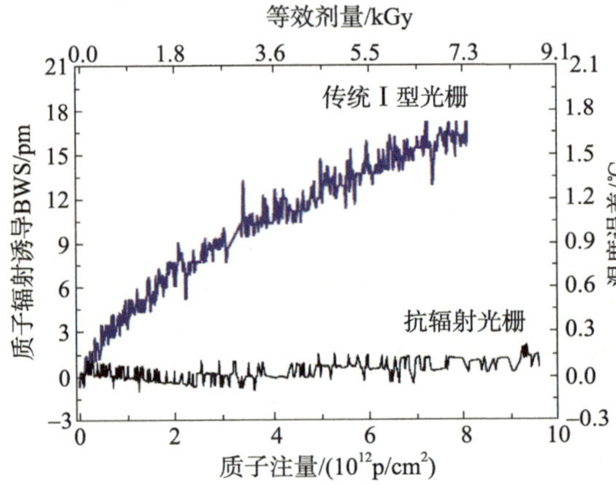

图 8－40 Ⅰ型紫外光栅和抗辐射光栅的 BWS 随质子注量的变化

图 8－41 为这种飞秒激光写入加退火的工艺制作的光纤光栅在 3 种不同温度条件下的 X 射线辐射响应。从图中可以看出，在不同环境温度（－20 ℃、30 ℃、230 ℃）下 X 射线辐射时，这种光纤光栅的 BWS 较小，对应的测量温度误差始终低于±1 ℃[360]。

8.2.4.2 光纤光栅在热及力学环境条件下的性能演变及抑制技术

（1）光纤光栅在热环境下的性能退化

①热导致的光纤光栅折射率退化机理

对于未载氢掺锗光纤来说，光纤光敏性即光致折射率调制量源自光纤中的缺氧锗缺陷中心（Germanium Oxygen Deficient Centers，GODC）。缺氧锗缺陷中心主要包括锗孤对中心（Germanium Lone Pair Center，GLPC）和中性氧单空位（Neutral Oxygen Monovacancy，NOMV）两种结构。在紫外光辐射时，这两种缺陷中心会与光子发生光化

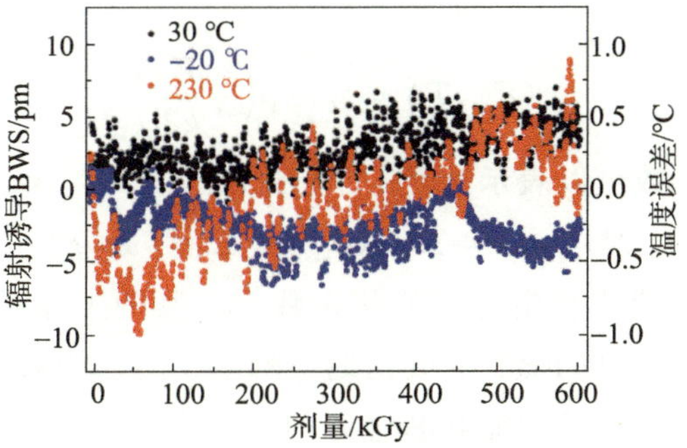

图 8 - 41　抗辐射光纤光栅在不同温度下 BWS 随辐射剂量的变化

学反应，并在石英光纤中产生 GeE′缺陷，引入能量势阱，使光纤纤芯发生折射率改变。GeE′缺陷由一个 Ge 原子，一个自由电子和三个 O 原子组成，由于氧空位缺陷的存在，GeE′缺陷具有非稳定的晶格结构。

对于载氢光纤来说，载氢后 H_2 分子会渗透入光纤中，当光纤受到紫外光的辐射，每个 Ge 原子都将在光子的作用下，与 H_2 发生反应，而不像普通光纤那样，完全依赖自身在制造过程中形成的 GODC 来改变折射率。载氢光纤在紫外光辐射下的光化学反应[364]

$$\equiv \mathrm{Ge{-}O{-}Si} \equiv + \mathrm{H{-}H} \rightarrow \equiv \mathrm{Ge{-}H} + \mathrm{H{-}O{-}Si} \equiv$$

$$\equiv \mathrm{Si{-}O{-}Ge{-}O{-}Si} \equiv + \mathrm{H{-}H} \rightarrow = \mathrm{Ge}: + 2(\mathrm{H{-}O{-}Si} \equiv)$$

载氢光纤中所有的 Ge 原子都将参与反应，并形成 GeE′缺陷。而未载氢光纤中只有 4%的 Ge 原子会形成 GODC，由 GODC 产生的 GeE′缺陷将远小于载氢光纤。

Ge—O 键和 Ge—O—Si 键断裂时将释放出自由电子并在断键位置留下空穴。然后，自由电子被 GeE′缺陷引入的能量势阱所捕获，被捕获的自由电子和留下的空穴形成了电偶极子对，这个电偶极子对产生的极化电场改变了光纤的折射率。

被势阱所捕获的自由电子并不是静态地“停留”在能量势阱中，而是以某个频率一直进行热振动。当自由电子从外界获得了热能之后，电子的振动频率会加剧，即自由电子的热振动能量增大。当自由电子的热振动能量超过能量势阱的势垒能量时，电子会从势阱中逃逸。逃逸的电子在库仑力的作用下，将和断键位置留下的空穴重新结合，从而电偶极子对消失，光纤的折射率调制衰减，光栅退化。

正常状态下，自由电子就在势能的极小值附近做热振动，自由电子振动频率大小为 ν_0，平均振动能量 $\approx kT$，T 为温度，k 为玻耳兹曼常数。能量势阱中的自由电子若要跳跃出势阱，就必须能越过势垒 E_0。E_0 一般为几个电子伏特的数量级，即使在 1 000 ℃的高温，原子振动能量 kT 也只有约十分之一电子伏特。所以，势阱电子的跳跃必须靠着偶然性的统计跳跃而获得大于 E_0 的能量时才能实现。

自由电子获得大于 E_0 的能量的跳跃概率为 $e^{-E_0/kT}$，势阱内自由电子每来往振动一次，都可以看作是跳出势阱势垒的一次尝试，但是，只有当它恰好具有大于 E_0 的能量时，才能成功地跳出势阱势垒。电子初始振动频率为 ν_0，则每秒钟的电子跳跃次数，即电子跳跃

率为

$$\nu(E_0,T)=\nu_0\exp\left(-\frac{E_0}{kT}\right) \tag{8-66}$$

势阱中的自由电子总数可以表示为[365]

$$N(T,t)=N_0\exp[-\nu(E_0,T)\cdot t] \tag{8-67}$$

式中，$N(T,\ t)$ 是能量势阱中自由电子的剩余数目，其随工作温度 T 的升高或者工作时间 t 的延长呈指数减少；N_0 是 FBG 形成初期势阱电子的初始数目。

因为只有受势阱束缚的电子才能和断键处的空穴形成电偶极子对，所以势阱电子数目 $N(T,\ t)$ 也就是电偶极子对数目。由电偶极子对产生的光纤折射率调制量为

$$\Delta n(T,t)=N(T,t)\Delta n_{\text{dip}} \tag{8-68}$$

式中，Δn_{dip} 为每个电偶极子对在光纤中产生的折射率调制量。结合式（8－66）和式（8－67），可得到光纤折射率调制量为

$$\Delta n(T,t)=N_0\cdot\exp\left[-\nu_0\cdot\exp\left(\frac{E_0}{kT}\right)t\right]\cdot\Delta n_{\text{dip}} \tag{8-69}$$

势阱电子借助外界热能逃逸出能量势阱，随着势阱电子数目减少 FBG 折射率将发生衰减。即在高温下光栅的折射率调制会退化，光栅的反射波长和峰值反射率会随之变化。

②热退化导致的光纤布拉格光栅反射峰值降低

在热导致的 FBG 退化研究中，外界热能的介入将诱发 FBG 折射率调制量 Δn 的衰减，这一衰减反映在 FBG 的性能上即是 FBG 的反射率下降。

对于均匀布拉格光栅，折射率调制量 Δn 和反射率峰值 R 的关系为[366]

$$R=\tanh^2\frac{\pi\Delta nL}{\lambda_B}\eta \tag{8-70}$$

式中，L 为光栅栅段长度；$\eta=1-1/V^2$ 是光纤中的整体模式强度，其中 V 是光纤的归一化频率。

将上式中的 Δn 表示为温度 T 和时间 t 的函数 $\Delta N(T,\ t)$，可以得到

$$R(T,t)=\tanh^2\frac{\pi\Delta n(T,t)L}{\lambda_B}\eta \tag{8-71}$$

③光纤光栅热退化抑制技术

光纤光栅制作完成后会随时间发生缓慢退化，其反射率、中心波长等参数也会发生变化，这会对光纤光栅的应用系统造成很大的影响。此外，在光纤光栅制作前，为了提高光敏性通常对光纤进行载氢处理。然而，在光纤光栅制作完成后，载氢光纤中还存有未反应的氢及其同位素，这些未反应的氢会缓慢逸出光纤，导致反射波长变化。

通过高温退火，加速残留的氢及其同位素的逸出，同时加速光栅的退化过程，使其在较短时间内度过高速消退期，进入相对的稳定期，从而获得特性稳定的光纤光栅。

根据光栅在加速温度 T_2 中放置的时间 t_2，可给出在一般温度 T_1 中放置的时间 t_1 的等效加速退化，可表示为[365]

$$t_2=e^{aT_0(T_1/T_2-1)}t_1^{T_1/T_2} \tag{8-72}$$

式中，a 和 T_0 为常数，由式（8－72）可知，光栅最初的衰减特别快，以后便减慢，因此一般要对光栅进行热处理，以保证其在使用过程中的稳定性。以某光纤光栅为例，将其置于 140 ℃的温度控制箱中保持 40 小时进行退火，其峰值反射率和反射光谱变化情况如图 8－42 所示[367]。

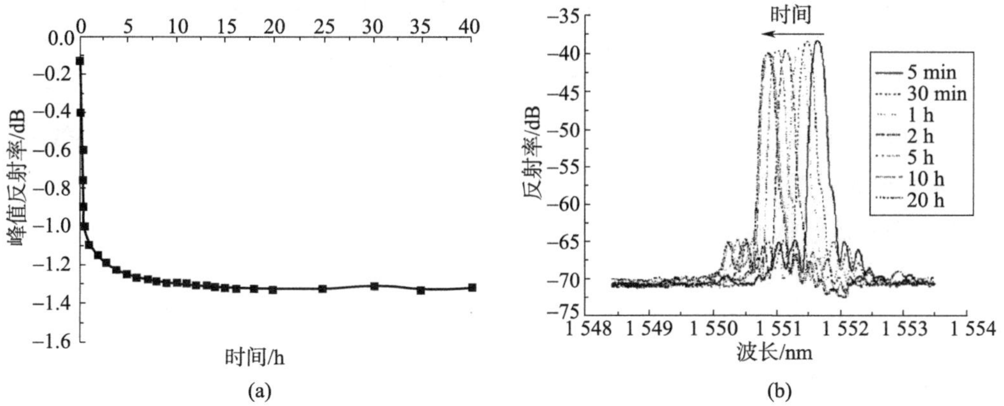

图 8－42　光纤光栅峰值反射率（a）和反射光谱（b）随退火时间的变化

光纤光栅在 140 ℃的老化过程中，开始的 1 个小时内光纤光栅的峰值反射率快速衰减，随后衰减趋于平缓。同时，光纤光栅的反射光谱在退火过程中向短波长漂移并在 10 小时后趋于稳定，在高温较短的时间内使得光纤光栅性能达到稳定状态。

（2）温度对光纤光栅中心波长的影响

当光纤布拉格光栅传感器受到温度或外力影响时，光栅周期和折射率会发生变化，导致中心波长的偏移，中心波长偏移量为

$$\Delta\lambda_B = 2n_e\Delta\Lambda + 2\Delta n_e\Lambda \tag{8-73}$$

式中，Λ 和 $\Delta\Lambda$ 表示光栅周期及其变化量；n_e 和 Δn_e 表示光栅有效折射率及其变化量。

假设光纤和周围环境之间不存在热交换，同时认为光纤是线性膨胀的，并且 FBG 所处温度场也是均匀的。此时温度变化 ΔT 将引起 FBG 反射光谱中心波长漂移量为[368]

$$\Delta\lambda_B = 2\left[\frac{\partial n_e}{\partial T}\Delta T + (\Delta n_e)_{ep} + \frac{\partial n_e}{\partial a}\Delta a\right]\Lambda + 2n_e\frac{\partial\Lambda}{\partial T}\Delta T \tag{8-74}$$

式中，a 为光纤光栅的直径；$(\Delta n_e)_{ep}$ 表示热膨胀通过弹光效应导致的折射率变化量；$\partial n_e/\partial a$ 为热膨胀导致光纤芯径变化而引起的波导效应。上式可以进一步表示为

$$\frac{\Delta\lambda_B}{\Delta T\lambda_B} = \frac{1}{n_e}\left[n_e\xi + (\Delta n_e)_{ep} + \frac{\partial n_e}{\partial a}\frac{\Delta a}{\Delta T}\right] + \alpha \tag{8-75}$$

式中，$\xi = \frac{1}{n_e}\frac{\partial n_e}{\partial T}$ 表示热光系数；$\alpha = \frac{1}{\Lambda}\frac{\partial\Lambda}{\partial T}$ 为光纤的热膨胀系数。

对于熔融石英光纤，其热光系数为 0.68×10^{-5}/℃，热膨胀系数为 5.5×10^{-7}/℃，由热膨胀系数引起的弹光效应和波导效应对光纤光栅波长影响很小，可以忽略，因此光纤光栅的温度灵敏度系数主要由热光系数和热膨胀系数决定，可表示为

$$K_T = \frac{\Delta\lambda_B}{\Delta T\lambda_B} = \xi + \alpha \tag{8-76}$$

（3）应力对光栅中心波长的影响

光纤光栅在外力作用下会发生变形，纤芯和包层直径都会变化，从而影响光栅周期、折射率，引起中心波长的偏移。应变引起的光纤光栅中心波长变化为

$$\Delta\lambda_B = 2\Lambda\left(\frac{\partial n_e}{\partial L}\Delta L + \frac{\partial n_e}{\partial a}\Delta a\right) + 2\frac{\partial\Lambda}{\partial L}\Delta L n_e \tag{8-77}$$

式中，ΔL 为光纤轴向长度变化量；Δa 为光纤纤芯直径变化量；$\partial n_e/\partial L$ 为弹光效应系数；$\partial n_e/\partial a$ 为波导效应系数。

由光纤光学传输特性可知

$$\Delta\left(\frac{1}{n_e^2}\right) = -\frac{2}{n_e^3}\Delta n_e \tag{8-78}$$

不考虑波导效应，且 $\Delta n_e = \frac{\partial n_e}{\partial L}$，则

$$\Delta\lambda_B = 2\Lambda\left[-\frac{n_e^3}{2}\Delta\left(\frac{1}{n_e^2}\right)\right] + 2n_e\varepsilon_z L\frac{\partial\Lambda}{\partial L} \tag{8-79}$$

式中，$\varepsilon_z = \Delta L/L$ 为光纤轴向伸缩应变。引入光纤材料弹光系数 p_{ij}，则光栅应变与中心波长偏移量之间的关系为

$$\frac{\Delta\lambda_B}{\lambda_B} = \left\{1 - \frac{n_e^2}{2}\left[p_{12} - (p_{11} + p_{12})\nu\right]\right\}\varepsilon_z = (1 - p_e)\varepsilon_z = K_\varepsilon\varepsilon_z \tag{8-80}$$

式中，ν 为泊松比；p_e 表示有效弹光系数；$K_\varepsilon = (1 - p_e)$ 表示光纤光栅应变灵敏度系数，主要由光纤自身材料属性以及光栅有效折射率决定。

（4）应变和温度对光栅的交叉影响

光纤光栅对温度和应变都是敏感的，当光纤光栅用于传感时，很难区分被测量的变化是由哪个变量引起的，这即是交叉敏感问题。

当外界的温度和轴向应力作用于光栅时，光栅的周期长度和折射率的大小都会随着这两个因素而发生变化，从而引起光栅的谐振波长发生红移或蓝移。因此，可以假定光栅的中心反射波长是关于温度和轴向应变的函数，即 $\lambda_B = \lambda_B(\varepsilon, T)$，对此式进行泰勒级数展开可得

$$\lambda_B(\varepsilon, T) = \lambda_B(\varepsilon_0, T_0) + \Delta\varepsilon\left(\frac{\partial\lambda_B}{\partial\varepsilon}\right)_{(\varepsilon_0, T_0)} + \Delta T\left(\frac{\partial\lambda_B}{\partial T}\right)_{(\varepsilon_0, T_0)} + \Delta\varepsilon\Delta T\left(\frac{\partial^2\lambda_B}{\partial\varepsilon\partial T}\right)_{(\varepsilon_0, T_0)} + \frac{1}{2!}\left[(\Delta\varepsilon)^2\left(\frac{\partial^2\lambda_B}{\partial\varepsilon^2}\right)_{(\varepsilon_0, T_0)} + (\Delta T)^2\left(\frac{\partial^2\lambda_B}{\partial T^2}\right)_{(\varepsilon_0, T_0)}\right] + \cdots \tag{8-81}$$

式中，$\Delta\varepsilon$ 和式（8-80）中 ε 的物理含义相同。

则反射谱的中心波长漂移量为

$$\begin{aligned}\Delta\lambda_B(\varepsilon,T)&=\lambda_B(\varepsilon,T)-\lambda_B(\varepsilon_0,T_0)\\&=\Delta\varepsilon\left(\frac{\partial\lambda_B}{\partial\varepsilon}\right)_{(\varepsilon_0,T_0)}+\Delta T\left(\frac{\partial\lambda_B}{\partial T}\right)_{(\varepsilon_0,T_0)}+\Delta\varepsilon\Delta T\left(\frac{\partial^2\lambda_B}{\partial\varepsilon\partial T}\right)_{(\varepsilon_0,T_0)}+\\&\quad\frac{1}{2!}\left[(\Delta\varepsilon)^2\left(\frac{\partial^2\lambda_B}{\partial\varepsilon^2}\right)_{(\varepsilon_0,T_0)}+(\Delta T)^2\left(\frac{\partial^2\lambda_B}{\partial T^2}\right)_{(\varepsilon_0,T_0)}\right]+\cdots\end{aligned}\tag{8-82}$$

由式（8-82）可以看出，导致光栅中心波长发生漂移的因素不仅有温度和应力，同时还有它们的交叉项和高阶项，但是在通常的研究范围内，同时也考虑到光栅自身的一些特点，温度和横向应力的变化量不是很大，$\Delta\varepsilon$ 和 ΔT 的高阶项相比于一阶项数值很小，可忽略不计。此时式（8-82）简化为

$$\frac{\Delta\lambda_B(\varepsilon,T)}{\lambda_B(\varepsilon,T)}=K_\varepsilon\Delta\varepsilon+K_T\Delta T+K_{\varepsilon T}\Delta\varepsilon\Delta T\tag{8-83}$$

式中

$$K_{\varepsilon T}=\frac{K_\varepsilon K_T}{\lambda_B^2}-2p_e\xi\tag{8-84}$$

$K_{\varepsilon T}$ 为交叉灵敏度系数，是交叉敏感项的系数，它实际上反映了在不同的应变（或温度）时，温度灵敏度（或应变灵敏度）不是一个常数，而是随着应变（或温度）的变化而变化，其大小描述了温度灵敏度（或应变灵敏度）偏离常数的程度。则由温度与应变之间的交叉敏感致使反射中心波长的漂移量为[369]

$$\frac{\Delta\lambda_{B,c}}{\lambda_B}=K_{\varepsilon T}\Delta T\Delta P=\left(\frac{K_\varepsilon K_T}{\lambda_B^2}-2p_e\xi\right)\Delta T\Delta P\tag{8-85}$$

如果不考虑温度和应力的交叉敏感系数，则

$$\frac{\Delta\lambda_B}{\lambda_B}=K_\varepsilon\Delta\varepsilon+K_T\Delta T\tag{8-86}$$

（5）温度应力交叉影响的抑制技术

由式（8-86）可知，FBG 中心反射波长的变化量同时受应变和温度的影响，通过检测单个光纤 Bragg 波长无法区分温度和应变的贡献比例，因此在实际的传感测量中，须采取措施对两个被测量进行分离。针对这一问题，提出了多种解决光纤光栅交叉敏感的方案，主要包括：双波长矩阵运算法、双参量矩阵运算法和应变（温度）补偿法。

①双波长矩阵运算法

由于不同中心波长的 FBG 温度和应变灵敏度不同，例如对于掺锗纤芯的光纤光栅，在 $\lambda_B=1\ 545$ nm 处的应变灵敏度为 0.001 3 nm/$\mu\varepsilon$，温度灵敏度为 0.011 6 nm/℃，而当 $\lambda_B=1\ 334$ nm 时，应变灵敏度变为 0.033 nm/$\mu\varepsilon$，温度灵敏度为 0.045 nm/℃。利用这个原理，如果把不同中心波长的光纤光栅叠加写入在光纤的同一位置上，利用解调装置分别检测其不同的波长漂移量，就可以同时测量出应变和温度。如果有两个波长 λ_1，λ_2 同时对两被测量敏感，则有

$$\begin{bmatrix}\Delta\lambda_1\\ \Delta\lambda_2\end{bmatrix}=\begin{bmatrix}K_{\varepsilon1} & K_{T1}\\ K_{\varepsilon2} & K_{T2}\end{bmatrix}\cdot\begin{bmatrix}\Delta\varepsilon\\ \Delta T\end{bmatrix} \tag{8-87}$$

式中，$K_{\varepsilon1}$、K_{T1}、$K_{\varepsilon2}$、K_{T2} 分别为两个波长光栅的应变和温度灵敏度系数。系数矩阵可通过实验测得。可以采用如图 8-43 所示的装置[370]，通过实验预先获得灵敏度待定矩阵系数，在实际应用中根据测得的两个光纤光栅的 $\Delta\lambda$，就可以通过矩阵运算得到应变和温度变化。

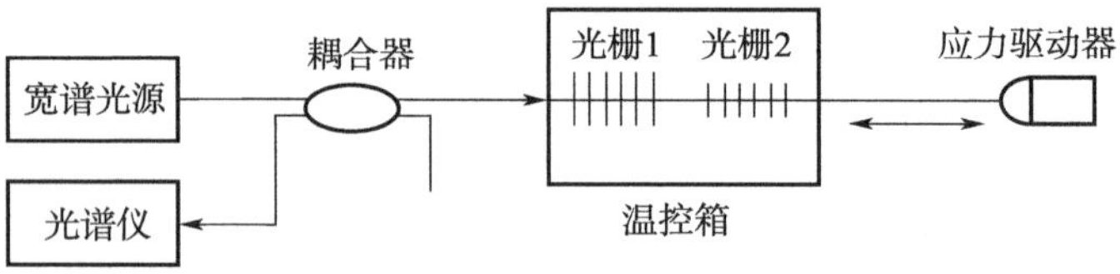

图 8-43　双光栅应变温度测量原理图

②双参量矩阵运算法

该方法的基本思想和双波长矩阵运算法类似，它是除了检测 Bragg 波长外，还需检测另外一个对应变、温度同时敏感并造成线性关系的物理量（如功率、频率和时间），以实现温度不敏感测量或应变、温度同时测量。假设存在一个物理量 ν，当应变和温度同时变化时，该物理量 ν 和 Bragg 波长的变化可以表示为

$$\begin{bmatrix}\Delta\nu\\ \Delta\lambda_B\end{bmatrix}=\begin{bmatrix}K_{\nu T} & K_{\nu\varepsilon}\\ K_{\lambda T} & K_{\lambda\varepsilon}\end{bmatrix}\cdot\begin{bmatrix}\Delta T\\ \Delta\varepsilon\end{bmatrix} \tag{8-88}$$

式中，$K_{\nu\varepsilon}$、$K_{\nu T}$ 分别为物理量 ν 的应变和温度灵敏度系数；$K_{\lambda\varepsilon}$、$K_{\lambda T}$ 分别为 Bragg 波长的应变和温度灵敏度系数。通过检测物理量 ν 和 Bragg 波长 λ_B 的变化，便可同时测量应变和温度。

③应变（温度）补偿法

该方案通过对传感单元进行特殊设计，使其某相对物理量对应变（温度）不敏感，从而达到测量温度（应变）或同时测量的要求。目前广泛采用的应变（温度）补偿法有：双 FBG 熔结法、封装法、温度增敏法和压力增敏法。

采用两个不同包层直径的 FBG 作为传感单元进行测量，其结构如图 8-44 所示[371]。两个 FBG 对温度灵敏度基本相同，而对应变则相差较大，因此通过测两个 Bragg 波长相对偏移量，可知应变的变化，若进而考虑绝对偏移量，可同时测量温度。

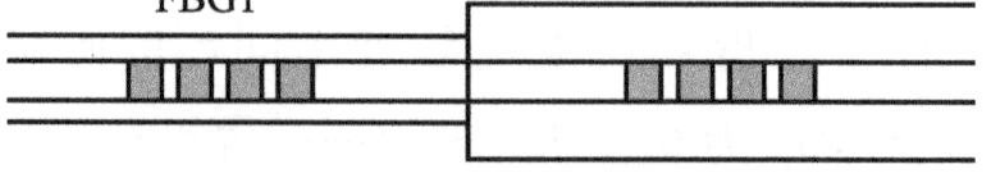

图 8-44　不同包层直径 FBG 示意图

此外，还可以通过封装、增敏等方法抑制交叉敏感问题。封装法主要利用封装技术改变光纤光栅对温度和应变响应灵敏度，从而达到对温度和应变的准确检测。温度增敏法将

FBG牢固地粘贴在另一种热膨胀系数不同的基底材料中，由于两种材料的热膨胀系数不同，所以当温度变化时不仅由于光纤本身的热膨胀和热光效应使Bragg波长发生变化，而且由于另一种材料的热膨胀会使光纤发生变形，同样会使Bragg波长发生变化，利用这种原理可以提高光纤光栅传感器的温度灵敏度。压力增敏法类似于温度增敏法，选用热膨胀系数较小的四氟乙烯材料作为基底材料，这种聚合物的热膨胀系数与光纤光栅的热膨胀系数相差不大，所以当温度变化时光栅的应变变化不会很大，而且这种材料有适当的弹性模量，可以进行有效的应变传递。采用这种方法可以将光纤光栅的压力灵敏度从4.36 pm/MPa提高到60 pm/MPa。

8.3　光分/合束器件技术

在光电系统中对光进行分束和合束是基本操作，分束/合束器在光电系统中应用数量远超其他器件。根据分/合束功能单元的类型可分为光纤型、平面波导型和晶体型，目前应用较多的是前两种。

8.3.1　光纤耦合器

光纤耦合器通常是将两根或多根光纤熔融拉锥，各光纤间的光信号相互耦合，实现光信号的分路或合路。熔融拉锥型光纤耦合器损耗低、结构简单、尺寸小、可靠性高、易于批量生产、成本较低。

8.3.1.1　光纤耦合器的工作原理

光波在光纤纤芯中传输时，有部分光场透入包层介质中并沿包层继续传输，透入包层中的这部分波场，称为倏逝场。当两波导靠近时，将会通过倏逝场进行能量交换，产生两波导之间的横向耦合，光纤耦合器的工作原理就建立在波导横向耦合理论的基础上。由两根光纤构成的熔锥型光纤耦合器如图8-45所示；不同归一化频率光纤中光功率的分布如图8-46所示。当导模进入熔锥区时，随着纤芯的不断变细，光纤的归一化频率V值逐渐减小，有越来越多的光功率进入光纤包层中；在输出端，随着纤芯的逐渐变粗，V值重新增大，光功率被两根纤芯以特定的比例“捕获”，在熔锥区，两光纤包层合并在一起，纤芯足够逼近，形成弱耦合。

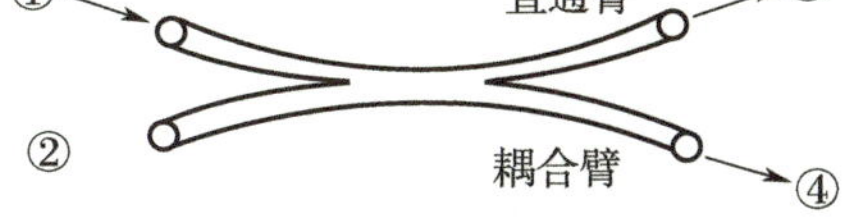

图8-45　熔锥型光纤耦合器的结构示意图

假定两个圆形光纤波导为无损耗的对称结构，两波导中的光功率分别为

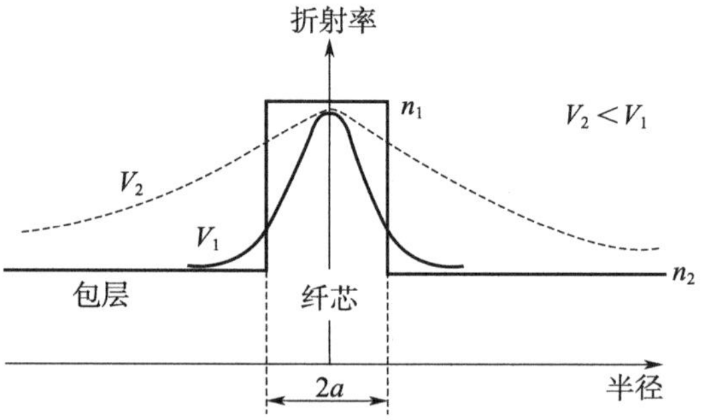

图 8-46　单模光纤的倏逝场示意图

$$\begin{cases} p_1(z)=|a_1(0)|^2\cos^2(KL) \\ p_2(z)=|a_1(0)|^2\sin^2(KL) \end{cases} \tag{8-89}$$

式中，$a_1(0)$ 为波导 1 中注入光信号的幅值；K 为平均耦合系数；L 为耦合距离。式（8-89）表明在耦合系数恒定时，光功率在两波导之间随 L 周期性地交替变化，如图 8-47 所示。由于实际拉锥制备光纤耦合器时，随着光纤熔融拉伸长度的增加，波导越来越细，耦合系数越来越大，所以功率交换周期逐渐缩短。当波导中传输的两光波相位差为 $\pi/2$ 时，光功率完全由波导 1 耦合到波导 2 中，则耦合距离应满足

$$\sin^2(KL)=1, L=m\frac{\pi}{2K} \quad m \text{ 为奇数} \tag{8-90}$$

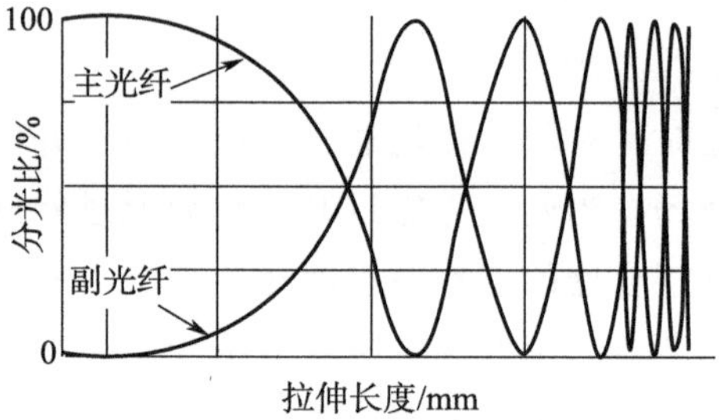

图 8-47　无损耗两耦合光纤的功率交换与拉伸长度的关系

一般情况下，两波导的传播常数不会完全相等，光功率不可能达到 100%交换。在熔融拉锥制备光纤耦合器时，通过控制拉伸长度停止点就可得到所需任意分光比的光纤耦合器。

两根光纤波导耦合区均匀一致时，耦合系数 K 为[372,373]

$$K=\frac{(2\Delta)^{1/2}U^2K_0(Wd/r)}{rV^3K_1^2(W)} \tag{8-91}$$

式中，r 为光纤纤芯半径；d 为两光纤中心的间距；n_1、n_2 分别为纤芯和包层的折射率；U、W 分别为光纤的纤芯和包层参量；V 为光纤的归一化频率；K_0、K_1 分别为零阶和一阶修正的第二类贝塞尔函数。其中

$$\begin{cases} U=r(k^2n_1^2-\beta^2)^{1/2} \\ W=r(\beta^2-k^2n_2^2)^{1/2} \\ \Delta=(n_1^2-n_2^2)/2n_1^2 \\ V=krn_1(2\Delta)^{1/2} \\ k=2\pi/\lambda \end{cases} \tag{8-92}$$

由式（8-91）可知，当光纤参数确定时，耦合系数主要与纤芯的半径和两光纤中心间距相关。减小 d 有利于提高耦合系数，减小耦合长度。工程中可通过提高火焰温度的强熔工艺，减小两光纤中心的间距来增大耦合系数。采用包层厚度较小的细径光纤，结合强熔拉锥工艺，也可减小拉伸长度，制备尺寸更小的光纤耦合器。由式（8-92）可知，两靠近光纤波导之间的耦合系数还与波长相关，利用这一特性，还可以制备光纤波分复用器。

8.3.1.2　光纤耦合器的主要性能参数及特性

（1）光纤耦合器性能参数

光纤耦合器的主要光学性能参数有分光比、插入损耗、附加损耗、回波损耗、偏振相关损耗、方向性、波长相关损耗（带宽特性）、偏振串音。其中，偏振相关损耗是单模光纤耦合器特有的性能参数，偏振串音是保偏光纤耦合器特有的性能参数。

①分光比

分光比（CR）定义为光纤耦合器各输出端口的输出光功率 $P_{\text{out},\,i}$ 的比值，即

$$\text{CR}=\left(\frac{P_{\text{out},1}}{\sum P_{\text{out},i}}\times 100\right):\left(\frac{P_{\text{out},2}}{\sum P_{\text{out},i}}\times 100\right):\cdots:\left(\frac{P_{\text{out},i}}{\sum P_{\text{out},i}}\times 100\right) \tag{8-93}$$

②插入损耗

插入损耗（IL）定义为输出端口 i 的光功率 $P_{\text{out},\,i}$ 相对输入端光功率 P_{in} 的减小值，该值通常以分贝（dB）表示，数学表达式为

$$\text{IL}_i=-10\lg\frac{P_{\text{out},i}}{P_{\text{in}}} \tag{8-94}$$

③附加损耗

附加损耗（EL）定义为所有输出端口的光功率总和相对于输入光功率的减小值，该值以分贝（dB）表示的数学表达式为

$$EL=-10\lg\frac{\sum P_{\text{out},i}}{P_{\text{in}}} \tag{8-95}$$

对于光纤耦合器来说，附加损耗是体现光纤耦合器制备工艺质量的指标，主要反映的是光纤耦合器制备过程带来的固有损耗。保偏光纤耦合器的附加损耗不仅与制备工艺相关，还与保偏光纤的性能参数和结构参数相关。

④回波损耗

回波损耗（RL）也称为背向反射损耗。光在光纤耦合器中传播时，绝大多数光信号都从光纤耦合器的输出端输出，只有很少的一部分光信号沿输入端反射回去，回波损耗就

是衡量后向反射光功率大小的参数。假定光纤耦合器输入端的光功率为 P_1，沿 1 端返回的光功率为 P'，则定义回波损耗为

$$\mathrm{RL} = -10\lg \frac{P'}{P_1} \tag{8-96}$$

⑤偏振相关损耗

偏振相关损耗（PDL）定义为在输入端光功率 P_0 不变的条件下，输出支路的光功率 P_i 随着输入端光偏振态改变时的最大相对变化量，称为此输出支路的偏振相关损耗，计算公式如下

$$\mathrm{PDL} = -10\lg \frac{P_{i,\min}}{P_{i,\max}} \tag{8-97}$$

⑥波长相关损耗

波长相关损耗实际上反映的是光纤耦合器的带宽特性参数，耦合器的插入损耗随着工作波长的不同而不同。通常波长相关损耗定义为工作带宽范围内插入损耗最大差值与带宽之比，单位为 dB/nm。

⑦偏振串音

偏振串音（ER）是保偏光纤耦合器的重要性能参数。沿被测保偏光纤耦合器输入端的工作轴注入线偏振光，每个输出端口工作轴和其正交轴的输出光强分别为 P_x 和 P_y，则其偏振串音为

$$\mathrm{ER} = -10\lg \frac{P_y}{P_x} \tag{8-98}$$

（2）单模光纤耦合器的主要特性

①偏振特性

单模光纤耦合器的偏振特性主要表现为器件对输入光信号偏振态的敏感性，在输入端光信号偏振态改变时，虽然各输出端的光功率之和基本保持不变，但分光比会发生波动。图 8-48 是一只 3 dB 单模光纤耦合器的分光比随输入端光信号线偏振方向的周期变化情况，分光比的最大变化量约为 2.0%。单模光纤耦合器对偏振敏感的原因主要有：

1）单模光纤介质波导中存在残余双折射和外界环境变化引起的双折射；

2）采用熔融拉锥法制备单模光纤耦合器过程中，由于温场分布不均匀、气流波动、光纤局部弯曲、扭转、拉伸造成纤芯几何形状变形以及光纤本身的缺陷等，导致光纤耦合器锥区存在残余双折射；

3）封装时，固化胶对光纤产生的不对称应力也会产生部分双折射。

普通 3 dB 单模光纤耦合器的偏振相关损耗一般为 0.05～0.15 dB，偏振态不稳定引起的光功率变化超过 3%。采用低双折射单模光纤和降低耦合器锥区双折射的拉锥工艺，可降低单模光纤耦合器的偏振相关损耗。

在光路系统中若采用低偏振光源，由于单模耦合器的偏振特性，光信号通过后，偏振度将会被不同程度放大。采用扭烧工艺制备的单模光纤耦合器起偏效应较明显，输出端光信号的偏振度可为输入端的 2～4 倍；而采用平烧工艺制备的单模光纤耦合器起偏效应较

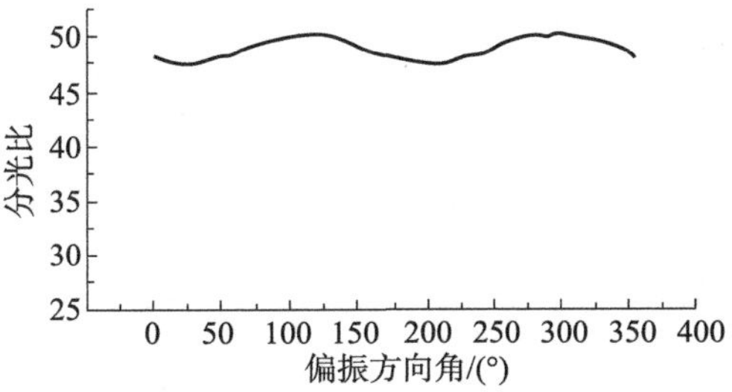

图 8-48　单模耦合器分光比与偏振方向角的关系

低，一般为 1～2 倍，采用强熔平烧工艺可制备偏振无关型单模光纤耦合器。

②带宽特性

光纤耦合器的带宽特性主要是指波长依赖特性，通常所说的器件分光比和插入损耗指标，均是在某一特定工作波长下测得的。对于 1 310 nm 和 1 550 nm 单模光纤耦合器而言，附加损耗相对波长变化较小，所以光纤耦合器的带宽特性主要是指分光比对波长的依赖关系。

在干涉型光纤陀螺仪中采用宽带光源时，如 SLD 光源和掺铒光纤光源，光谱宽度通常在 20～60 nm 之间，SLD 光源光谱为类高斯分布的对称型光谱，由于光纤耦合器的分光比与波长相关，光波经过光纤耦合器后，光谱形状会发生一定程度的改变，需要采用宽谱光纤耦合器。

将两根同样的光纤直接熔融拉锥而成的通常是窄带光纤耦合器，制备宽带光纤耦合器有两种常用的方法[374]：

1）对两根相同光纤中的一根光纤进行预拉伸，改变两耦合光纤的传播常数偏差，再和另一根光纤熔融拉锥制成宽带光纤耦合器；

2）直接采用两种结构参数不同的单模光纤来制备宽带光纤耦合器，通常是纤芯直径有差异。

图 8-49 是 1 310 nm 宽带单模光纤耦合器的分光比随工作波长的变化关系图，分光比的波长相关性约为 0.03/nm。

（3）保偏光纤耦合器的主要特性

①损耗特性

保偏光纤耦合器的附加损耗通常要比单模光纤耦合器大，较难做到低于 0.10 dB。保偏光纤耦合器附加损耗产生的原因主要有三个方面：

1）熔融拉锥时，应力区、纤芯形状发生变化，引起光信号模场及光纤衰减系数变化，增大了附加损耗；

2）拉锥后，由于应力区折射率低于包层折射率，从纤芯中溢出的光不能进入应力区，导致场强分布发生变化，引起附加损耗增大；

3）附加损耗与对轴精度、拉锥速度有很大关系，在加热参数固定的情况下，调节拉伸速度是降低附加损耗的有效办法。

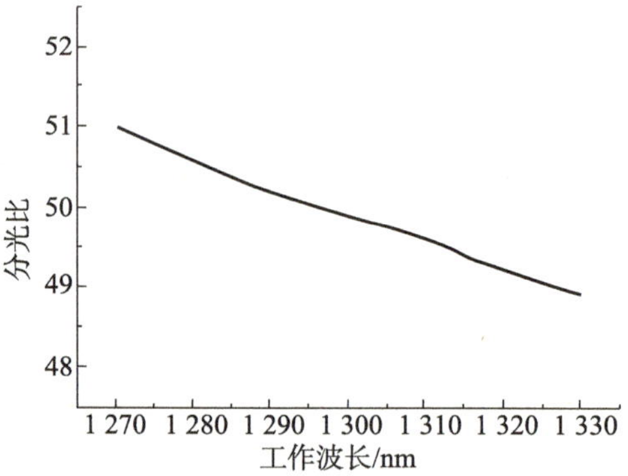

图 8-49 宽带光纤耦合器的分光比与工作波长的关系

制备保偏光纤耦合器的保偏光纤应力区和包层折射率差要求相对严格，折射率差不能太大，否则制备的保偏光纤耦合器附加损耗较大（可大于 1 dB）；如果折射率差过小（如小于 0.001），尽管可以降低附加损耗，但是不易定轴，给拉锥、光纤熔接等操作工艺带来困难。因此，制备保偏光纤耦合器的保偏光纤应力区和包层之间的折射率要近似匹配[375]，两者之间的折射率差通常为 0.001～0.003。

②快慢轴工作特性

由于保偏光纤中快慢轴的传播常数不一致，熔融拉锥时快慢轴的耦合系数存在一定的差异，因此保偏光纤耦合器在快慢轴切换工作时，分光比和附加损耗均会产生较大变化，其中分光比变化明显。以 50∶50 的保偏光纤耦合器为例，切换到另一轴工作时，分光比变化通常会超过 10%，甚至会达到 30%以上。快慢轴工作分光比偏差的大小，主要是与保偏光纤的结构设计、应力区的大小、纤芯间距离以及折射率的匹配程度相关，通常是应力区与包层折射率差越小，快慢轴工作分光比偏差也越小。

③偏振特性

保偏光纤耦合器的重要功能是保持传输光信号偏振态稳定，而在实际制备过程中，对轴精度、温度场的均匀性、拉锥的稳定性、平行保持工艺、拉锥后耦合锥区光纤结构变形、固化封装工艺等方面，都会引起偏振保持能力的退化。封装材料热匹配性能和工艺对偏振串音温度稳定性影响很大，因此应尽量减小封装材料在温度环境下对光纤产生的应力。目前，保偏光纤耦合器的偏振串音可以达到－25 dB 以下，温度在－45～70 ℃，偏振串音可优于－20 dB。

8.3.2 光分束器

8.3.2.1 微光元件型分束器

微光元件型分束器主要采用微型透镜、半反半透镜、自聚焦透镜等一些微型光学元器件组合来实现光信号的分路与合路，它不属于全光纤耦合器，光纤的耦合定位精度和微光学元件的固定方式对微光元件型分束器的性能影响较大。微光元件型分束器的制备工艺较复杂、生产效率偏低、成本高，有些微光元件型分束器还具有单向性，限制了该类型分束器的应用。图 8-50 是几种微光元件型分束器的结构示意图[376]。

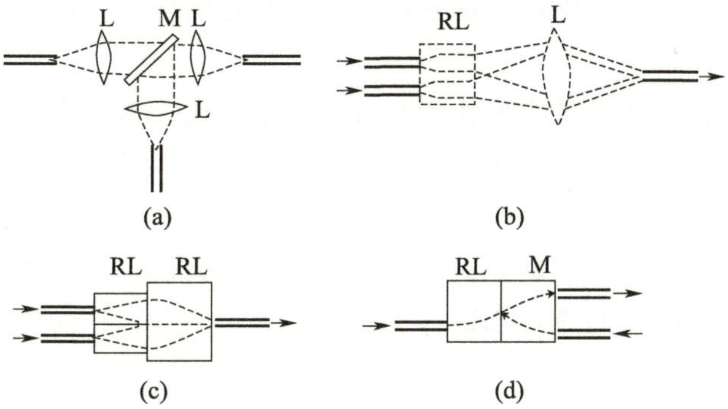

图 8-50 几种微光元件型分束器（L：透镜 M：半反半透镜 RL：自聚焦透镜）

常用的微光元件型分束器主要是 1×2 型单模和保偏光纤分束器，相比熔锥型光纤耦合器，封装长度可以更短，更适合小体积系统应用。微光元件型保偏分束器相比熔锥型保偏光纤耦合器，具有消光比高、温度稳定好等优势，尤其是尾纤输出消光比可以达到 30 dB 以上。微光元件型单模分束器与熔锥型单模光纤耦合器相比性能上相当，但成本偏高，分束比调整比例控制受限。

8.3.2.2 平面光波导分束器

采用平面光波导工艺也能制备各种不同结构与功能的光波导型分束器，如 SiO_2 基，$LiNbO_3$ 基、聚合物基光波导分束器等。集成光波导的工艺过程主要有沉积、光刻、扩散或交换、耦合等工序过程。集成光波导分束器的优点是全固态结构、体积小、性能优、带宽大、易于集成、机械及环境稳定性好、分束比易于精确控制等，特别适合制备分束比要求均分的光分束器。缺点是工艺过程复杂、对工艺设备要求高。1×2 型分束器是最简单的分束器，如图 8-51（a）所示。将多个 1×2 分支分束器级联可以构成 1×4、1×8 等分束器，如图 8-51（b）所示。对于分束超过 3 路时，采用光纤一次熔融拉锥工艺已较难制备，且各分路的一致性和器件带宽特性较差，平面集成光波导工艺则是优选方案。

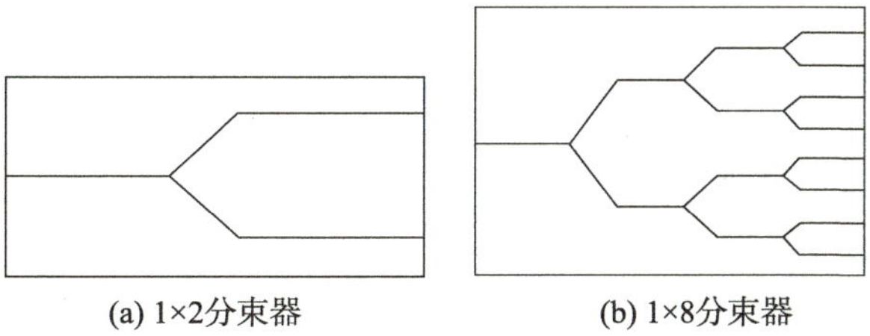

图 8-51 集成光波导分束器结构示意图

8.3.3 光纤合束器

8.3.3.1 光纤合束器的工作原理与分类

由于受热损伤、非线性效应、光端面损伤、热透镜效应等因素的制约，单根单模光纤激光器的输出功率不可能无限提升。基于光纤功率合束器的光纤激光合成技术可以实现全光纤化，具有结构紧凑、可靠性高、成本低、稳定性好的优势，广泛应用于大功率全光纤激光器系统中。

光纤激光器中光纤合束器的主要作用是进行光束合成，是将多路大功率光纤激光合成到一根光纤里输出，得到的输出功率为各路激光功率之和，提高输出光功率。如图 8－52 所示，光纤合束器的基本结构主要包括三个部分：输入光纤、熔锥光纤束和输出光纤。一般而言，要实现好的合成效果，输入光纤都是单模或者大模场面积光纤，输入光纤的数目和排布方式根据实际需要进行选择和设计。

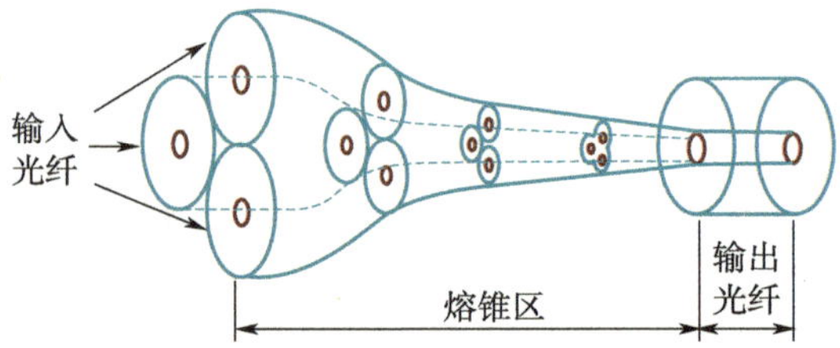

图 8－52　光纤合束器结构示意图

光纤合束器分类方法有：1）按光路应用类型分，可分为功率（能量）合束器和泵浦合束器。功率（能量）合束器将多路单模激光合束到一根光纤中输出，以提高激光输出功率（也称单模-多模光纤合束器）；泵浦合束器主要是将多路泵浦光合束到一根光纤中输出，主要用来提高总的泵浦光功率（也称多模-多模光纤合束器）。2）按有无信号光纤分，可分为不包含信号光纤的 $N\times1$ 光纤合束器和包含信号光纤的 $(N+1)\times1$ 光纤合束器，中间 1 根光纤为信号光使用。$(N+1)\times1$ 光纤合束器主要应用于光纤放大器中。3）按结构类型分，可分为端泵浦型和侧泵浦型两种。

8.3.3.2　光纤合束器的主要性能参数及特性

光纤合束器的性能参数指标主要有三项：耦合效率、耐受功率、热阻系数。另外光纤合束器的输入光纤要与泵浦激光器的输出尾纤和信号光尾纤匹配，输出光纤通常为高数值孔径的多模光纤。

1）耦合效率指每一路的耦合效率（等同于每路插入损耗），计算为对应输出光功率与输入光功率的比值。通常 7×1 光纤合束器的每路插入损耗低于 0.2 dB，耦合效率优于 97%。

2）耐受功率是指光纤合束器在工作环境下可承受的最高输入光功率，此项指标与光纤合束器的耦合效率、散热方式、工作环境直接相关，尤其是在高低温、热真空工作环境下，耐受功率存在差异，需要深入研究，使用时要适当降额，降低器件失效风险。

3）热阻系数 η（℃/W）是表征高功率光纤合束器耐热性能的技术指标，其定义为光纤合束器中单位光功率损耗 ΔP 在器件外壳所产生的温度变化值 ΔT（℃），即

$$\eta=\frac{\Delta T}{\Delta P} \tag{8-99}$$

由定义可知，光纤合束器热阻系数越高，相同光功率损耗产生的热量越多，光纤合束器越容易发热，温度升高达到极限时，易造成器件烧毁。研究表明，采用主动制冷和消除背向反射光均有利于降低热阻系数，尤其是采用主动制冷方式[377]。

8.3.3.3　光纤合束器的宇航应用要求

光纤合束器的主要材料为光纤、粘接胶及封装材料，其宇航环境适应性及可靠性要求与光纤耦合器等光纤无源器件类似。宇航应用时，重点要保证良好的散热条件，器件尾纤弯曲半径控制符合要求。另外，光纤合束器封装结构内部光纤较长，多根光纤拉锥后，光纤强度下降较多，尤其是熔锥区光纤，为提高力学性能，降低宇航发射时产品内部悬臂梁结构光纤断裂风险，通常需要对内部光纤进行固定，胶体硬度不能太高，且软化温度要求超过 100 ℃，越高越好。器件安装时，底部可采用导热性能好且有一定减振效果的材料粘接。

空间辐射环境对光纤合束器性能有一定影响。研究表明，辐射总剂量为 12 krad（Si）时，辐射前后采用相同抽运源测试光纤合束器每个抽运臂的通光耦合效率，辐射前后抽运纤 1 的耦合效率由 97.8% 下降到 90.2%；抽运纤 2 的耦合效率由 97.7% 下降到 89.3%[212]。主要是由于无源光纤受辐射后，在光纤纤芯和包层中均产生色心，引起衰减，造成耦合效率降低。另外，泵浦光源波长多为 980 nm 或 1 064 nm 波段，波长越短，光纤辐射衰减越明显。在宇航应用环境下，辐射引起光纤合束器插入损耗增大，损耗的光能量进而叠加原有泄漏光能量，可导致光纤合束器进一步温升，加速失效，因此，需要在热真空环境下，采取主动制冷散热方式，降低工作时注入光功率，采用辐射防护等措施，提高光纤合束器的宇航应用可靠性。

8.3.4　光纤耦合器在宇航环境条件下的性能演变及抑制技术

光纤耦合器、光纤合束器的材料主要为二氧化硅，平面波导型分束器的材料主要为二氧化硅或氮氧化硅，而且在工作原理上这类器件都是基于光模式的耦合，因此，从材料上和工作原理上都是非常相似的，在宇航环境下的演变机理也可以相互参考，本节主要介绍光纤耦合器在宇航环境下的演变及抑制技术。

8.3.4.1　光纤耦合器在辐射环境条件下的性能演变

(1) γ 射线辐射环境条件下的性能演变

光纤耦合器的主要材料为石英光纤，辐射环境对光纤耦合器的影响主要来自光纤在辐射环境下的性能演变。

采用 γ 射线对典型 3 dB 单模光纤耦合器进行辐射试验，辐射剂量率为 50 rad（Si）/s，总剂量为 500 krad（Si）。图 8 − 53 为辐射试验过程中，光纤耦合器（工作波长为 1 310 nm）的分光比和附加损耗在线测试，500 krad（Si）电离总剂量辐射结束后，光纤耦合器的分光比变化 0.1%，附加损耗增大 0.042 dB。可见，辐射前后器件性能变化较小，表现出很强的抗电离辐射性能。采用剂量率为 0.1 rad（Si）/s，总剂量为 100 krad（Si）的低剂量率电离总剂量辐射试验，辐射试验前后 3 只光纤耦合器的性能测试结果见

表 8－3，在低剂量率 γ 射线辐射条件下，光纤耦合器的性能几乎不受影响。

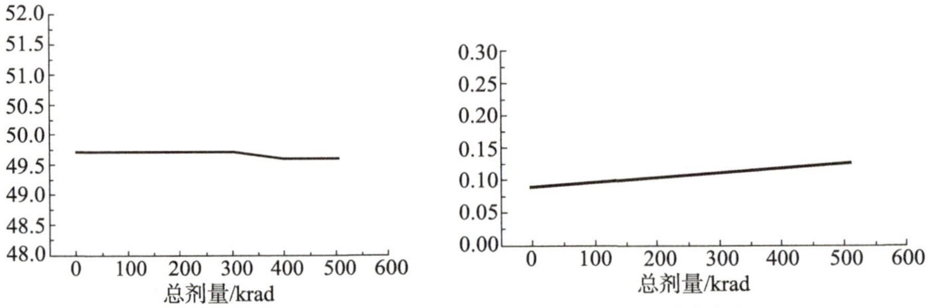

(a) 分光比　　(b) 附加损耗

图 8－53　单模光纤耦合器分光比和附加损耗随辐射剂量的变化

表 8－3　单模光纤耦合器低剂量率辐射前后的性能对比［100 krad（Si）］

器件编号	性能参数	辐射前	辐射后	变化量
L04042	分光比	49.8/50.2	50.0/50.0	0.2%
	附加损耗/dB	0.18	0.19	+0.01
L04048	分光比	48.1/51.9	48.0/52.0	0.1%
	附加损耗/dB	0.12	0.13	+0.01
L04049	分光比	49.2/50.8	49.2/50.8	0
	附加损耗/dB	0.28	0.29	+0.01

（2）电子辐射环境条件下的性能演变

为研究光纤耦合器的抗电子辐射性能，分别对两只典型单模光纤耦合器（工作波长为 1 310 nm）进行低能和高能电子辐射试验，试验前后测试器件性能变化见表 8－4，可以看出，光纤耦合器受电子辐射后，分光比性能稳定，仅附加损耗略有增加，且低能和高能电子辐射影响差异不大。电子辐射对光纤产生附加感生损耗机理与 γ 射线辐射相似，光纤耦合器通常使用的光纤长度较短，因此，器件本身受电子辐射引起的附加损耗增加较少。

表 8－4　单模光纤耦合器电子辐射前后的性能对比

器件编号	性能参数	辐射前	辐射后	变化量	电子辐射试验条件
L04051	分光比	49.3/50.7	49.4/50.6	0.1%	辐射通量：30 nA 电子能量：160 keV 辐射总注量：$10^{13}/cm^2$
	附加损耗/dB	0.12	0.15	+0.03	
L04052	分光比	48.8/51.2	48.7/51.3	−0.1%	辐射通量：300 nA 电子能量：160 keV 辐射总注量：$10^{13}/cm^2$
	附加损耗/dB	0.14	0.18	+0.04	

（3）中子辐射环境条件下的性能演变

为研究中子辐射对光纤耦合器的性能影响，对两只典型单模光纤耦合器（工作波长为 1 310 nm）进行中子辐射试验，注量率为 $4.46\times10^{10}/(cm^2\cdot s)$，总注量为 1.56×

$10^{14}/cm^2$。辐射试验过程中，光纤耦合器处于非工作状态，辐射试验结束后 3 个月进行性能测试，测试结果见表 8－5，可以看出，单模光纤耦合器经过中子辐射试验后，器件性能稳定，变化很小，对中子辐射不敏感。

表 8－5　单模光纤耦合器中子辐射前后的性能对比

器件编号	性能参数	辐射前	辐射后	变化量
H－1061	分光比	50.4/49.6	50.6/49.4	0.2%
	附加损耗/dB	0.17	0.18	+0.01
H－1065	分光比	48.8/51.2	48.9/51.1	0.1%
	附加损耗/dB	0.21	0.23	+0.02

（4）质子辐射环境条件下的性能演变

为研究光纤耦合器的抗质子辐射性能，对两只典型单模光纤耦合器（工作波长为 1 310 nm）分别进行高能和低能质子辐射试验，试验过程中光纤耦合器处于非工作状态，试验前后测试器件性能，试验测试结果见表 8－6，可以看出，质子辐射试验前后，光纤耦合器性能稳定，抗质子辐射性能优越。

表 8－6　单模光纤耦合器质子辐射前后的性能对比

器件编号	性能参数	辐射前	辐射后	变化量	质子辐射试验条件
L05031	分光比	50.5/49.5	50.4/49.6	0.1%	质子能量 5 MeV 辐射注量率 $2.08\times10^9/(cm^2\cdot s)$ 辐射总注量 $2.8\times10^{13}/cm^2$
	附加损耗/dB	0.15	0.17	+0.02	
L05032	分光比	49.2/50.8	49.3/50.7	0.1%	质子能量 350 keV 辐射注量率 $3.2\times10^9/(cm^2\cdot s)$ 辐射总注量 $1.2\times10^{12}/cm^2$
	附加损耗/dB	0.16	0.17	+0.01	

通过光纤耦合器 γ 射线辐射、电子辐射、中子辐射、质子辐射试验研究情况，可以看出光纤耦合器属于辐射不敏感器件，具备很强的抗辐射性能，满足宇航辐射环境常规应用要求。

8.3.4.2　光纤耦合器在热及真空环境条件下的性能演变

由于光纤耦合器通常采用石英 U 型槽固定封装熔融拉锥光纤，外加不锈钢管封装方式，不是气密器件。其失效模式及机理与温度应力密切相关，光纤粘接固定胶、内部填充剂、两端封堵胶等材料在高低温环境下的性能稳定性和耐久性、热胀冷缩特性等均会直接影响光纤耦合器的温度环境适应性及可靠性。

由于光纤耦合器在制备过程中残余的内应力、光纤和封装材料之间热匹配特性不一致，在温度应力作用下，耦合区产生拉伸或收缩应力，造成耦合器锥区光纤发生微变形，从而引起光学性能漂移。单模耦合器的温度性能主要与固化封装工艺技术相关。目前普通 2×2 单模光纤耦合器的温度稳定性可以达到较高水平，温度在－50～80 ℃，分光比的变化量小于 2.0%，附加损耗的变化量小于 0.1 dB。图 8－54 为典型 2×2 单模光纤耦合器温度性能在线测试结果，可以看出耦合器在低温段（−50～−20 ℃）的稳定性较差，分光比变化较大，在高温下则具有良好的稳定性。

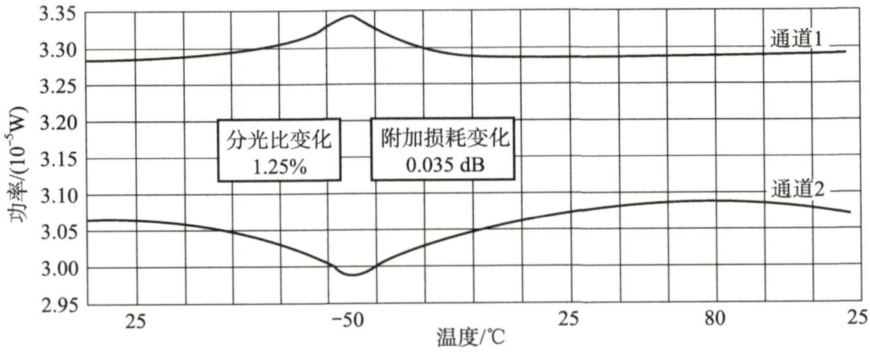

图 8－54　2×2 单模光纤耦合器温度性能测试曲线

表 8－7 为 6 只典型 3 dB 单模光纤耦合器热真空循环（−40～70 ℃）过程中分光比和附加损耗性能稳定性测试结果，可以看出单模光纤耦合器在热真空环境下的温度性能同大气环境温度性能相当。针对宇航真空及温度应用环境，光纤耦合器具备较强的适应性和可靠性，且有较大的降额设计余量。

表 8－7　光纤耦合器在热真空循环过程中的性能稳定性

器件编号	L11806	L11807	L11808	L11809	L11810	L11811	平均值
分光比变化量/%	1.02	1.38	1.56	0.89	1.45	1.16	1.24
附加损耗变化量/dB	0.02	0.03	0.03	0.02	0.02	0.03	0.025

8.3.4.3　光纤耦合器在力学环境条件下的性能演变及抑制技术

光纤耦合器的抗冲击和振动等力学特性是反映其工程应用特性的重要方面，与制备工艺和封装方式密切相关。普通光纤耦合器由于内部为光纤悬臂梁结构，只能在低于规定的力学环境要求下使用，否则其性能和可靠性无法保证。图 8－55 为典型普通 2×2 型单模光纤耦合器的扫频振动过程的测试结果，试验条件为：频率 20 Hz－2 000 Hz－20 Hz；峰值加速度 20 *g*，试验中测试耦合器两个输出端的光功率。可以看出，在频率为 1 200 Hz 附近，发生了谐振，导致光纤耦合器输出光功率异常跳变。

图 8－56 为典型普通光纤耦合器跌落冲击试验失效率情况，从图中可以看出跌落高度超过 1.5 m 后，器件失效率迅速增大，跌落高度达到 2.5 m 时，器件接近全部失效。而要提高其抗冲击水平，则需要采取抑制措施，如缩短光纤耦合器内部光纤弦长或通过内部填充实现全固态化均可有效提高其抗冲击性能。对 50 只普通光纤耦合器和 50 只全固态光纤耦合器进行机械冲击对比试验，冲击量级依次为 500 *g*/1 ms、1 000 *g*/0.5 ms、1 200 *g*/0.5 ms、1 500 *g*/0.5 ms、1 700 *g*/0.5 ms、2 000 *g*/0.5 ms，每个条件下冲击 5 次。每个条件冲击试验结束后，测试器件性能情况，普通光纤耦合器在 1 200 *g* 冲击条件下就有失效发生，所有冲击试验结束后，失效器件共 6 只，总失效率为 12%；而全固态光

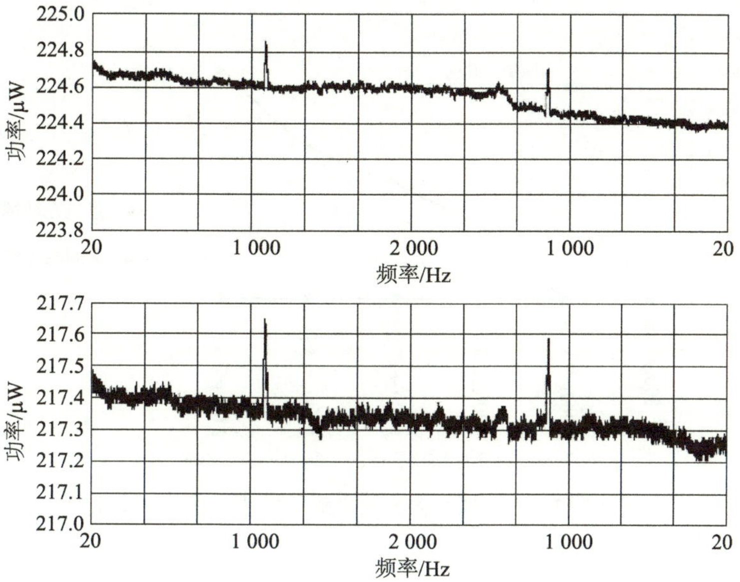

图 8-55 光纤耦合器输出功率在扫频振动过程中的变化

纤耦合器，所有冲击试验结束后，无失效器件。两种状态光纤耦合器机械冲击试验失效率情况如图 8-57 所示，明显看出，采取抑制措施后，全固态光纤耦合器抗冲击能力显著提升[378]。另外，还对全固态光纤耦合器进行了 5 000 g 的冲击试验，器件通过试验考核。

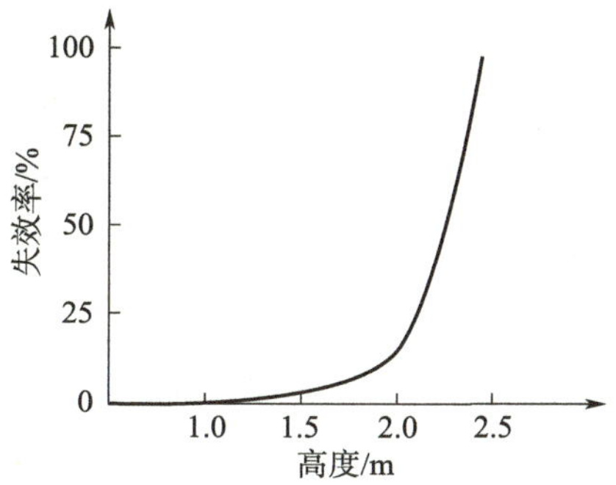

图 8-56 光纤耦合器失效率随跌落高度的变化

8.3.4.4 光纤耦合器的宇航应用要求及环境适应性提升技术

(1) 光纤耦合器的宇航应用要求

光纤耦合器在光路系统中通常用于光信号的分束和光源连接，根据光源的偏振度水平和光路系统光信号偏振控制要求，可采用单模或保偏耦合器。当光源偏振度较低（如小于10%）时，可使用单模耦合器，而在保偏光路系统中则要使用保偏光纤耦合器，便于保持光路偏振光信号的稳定，减小光路偏振干扰。在宇航应用环境下，要求光纤耦合器具有良好的性能稳定性和长期可靠性。

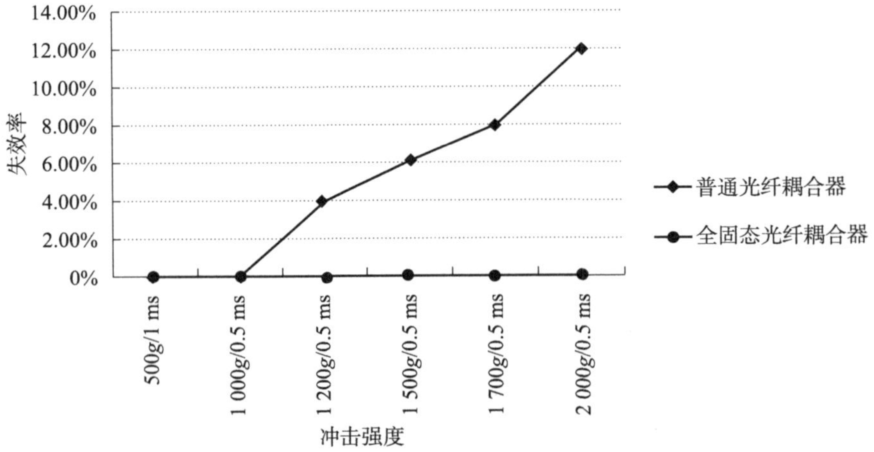

图 8-57 光纤耦合器失效率随机械冲击强度的变化

①分光比

光纤耦合器连接光源使用中，若光信号仅是前向传输，即经过光纤耦合器后，在不考虑损耗的情况下，各分支的输出光功率依据分光比进行了重新分配，分光比的性能变化则影响各分支输出光功率的稳定性。如果光功率的绝对变化量直接与系统性能相关，则要求光纤耦合器的分光比性能在宇航工作环境条件下和长期使用中保持较高的稳定水平，如 3 dB 光纤耦合器的分光比在高低温下及系统寿命要求时间内的变化量不超过 10%。

干涉型光纤传感器的信噪比主要与有效光功率相关，噪声与有效光功率的平方根的倒数成正比，假设光纤耦合器的分光比由 50∶50 变化到 40∶60 时，两束光干涉后的有效光功率仅相差 4%，传感器噪声为原来的 1.02 倍。目前，光纤耦合器的分光比较容易做到 (50±3)%，在 −50～+85 ℃，其稳定性可优于 2%，对该类型传感器的影响几乎可以忽略。宇航环境下，光纤耦合器的分光比失效判据按照变化量超过 5%判定时，其使用寿命可超过 30 年。

②附加损耗

光纤耦合器附加损耗是构成系统光路总损耗的一部分，对光信号的强度及稳定性产生影响。静态指标反映对光信号强度的绝对衰减，影响系统信噪比或测量参考基值；而附加损耗动态指标和长期稳定性则可直接影响测量误差和系统指标的稳定性。在光传输及光纤通信系统应用中，附加损耗指标对系统应用影响较小。

在干涉型光纤陀螺光路中，光信号两次经过光纤耦合器，当附加损耗增加 1 dB 时，噪声增大为原来的 1.26 倍。减小光纤耦合器的附加损耗，有利于提高光信号强度。目前光纤传感及光纤通信用 3 dB 单模和保偏光纤耦合器的附加损耗均可做到低于 0.50 dB，宇航环境下，光纤耦合器的附加损耗失效判据按照变化量超过 0.50 dB 判定时，其使用寿命可超过 30 年。

③偏振相关损耗

受单模光纤耦合器制备工艺的影响，单模光纤耦合器的偏振相关损耗通常在 0.01～0.15 dB 之间，因偏振随机性引起的光功率波动约为 1%～3.5%。对于需要严格控制光信号稳定性的系统而言，采用保偏光纤耦合器更有利。在光传输及光纤通信应用中，偏振相关损耗性能主要影响系统光信号噪声特性。在干涉型光纤传感器应用中，较多采用偏振光干涉信号，因此，在精度较高的应用场合，采用保偏光纤耦合器有利于降低偏振噪声。对于采用混偏光路的一些光纤传感，可用低偏振度光源，如低偏振 SLD 光源或掺铒光纤光源，但如果干涉返回到探测器检测的光信号为高偏振光，采用保偏光纤耦合器或偏振无关单模光纤耦合器（偏振相关损耗通常小于 0.05 dB），能够降低光纤传感器偏振噪声。

④偏振串音

保偏光纤耦合器偏振串音越低表示主工作轴光功率利用率越高，光路系统信噪比越高。当保偏光纤耦合器偏振串音发生变化时，在耦合器后端有偏振器的情况下，会引起光路光功率的变化，从而影响系统稳定性或测量误差。假设保偏光纤耦合器为完全对称结构，P_0 为假设保偏光纤耦合器偏振串音的绝对值无穷大时，通过器件后的光功率；当偏振串音的绝对值为 k 时，则通过器件后的主轴信号光功率为

$$P_1 = \frac{10^{k/10}}{1+10^{k/10}} P_0 \tag{8-100}$$

通常在光系统中引起的噪声仅为原来的 $\sqrt{\dfrac{1+10^{k/10}}{10^{k/10}}}$ 倍。可以计算出保偏光纤耦合器偏振串音指标与光路系统噪声之间对应关系见表 8-8。可以看出，保偏光纤耦合器偏振串音指标由 −30 dB 变化到 −10 dB 时，引起光路系统噪声变化较小。目前，保偏光纤耦合器的偏振串音指标典型值为 −20～−30 dB，在 −45～+70 ℃其稳定性可优于 5 dB，通常对系统的影响较小。宇航环境下，保偏光纤耦合器的偏振串音失效判据按照变化量超过 5 dB 判定时，其使用寿命可超过 30 年。

表 8-8　保偏光纤耦合器偏振串音与光纤传感器噪声关系

偏振串音值	−10 dB	−20 dB	≤−30 dB
实际噪声/理论噪声	1.049	1.005	≈1

⑤回波损耗

光纤耦合器的回波损耗通常都在 55 dB 以上，在系统中，对光信号干扰较小，对于单向传输光路工作方式来说，回波损耗可以不用考虑。若系统中回波光信号叠加系统工作光信号，则会产生一定的噪声干扰影响，应尽量消除干扰。在有些光纤传感器和光传输系统应用中，并不是用到光纤耦合器的所有端口，对于闲置光纤端口需要采用斜切或光信号引出等方式处理，以消除端面反射引起的回波损耗指标，减小反射光信号对系统稳定性的影响。光纤耦合器的回波损耗可保证高于 50 dB，因此，能够满足宇航环境下的长期使用要求。

（2）光纤耦合器宇航环境适应性提升技术

从目前的宇航应用需求来看，光纤耦合器主要是应用在舱内环境，系统要求器件使用寿命超过 20 年，平均失效时间（MTTF）需达到 10^7 h 以上。为进一步提高光纤耦合器宇航环境适应性、可靠性，以及性能长期稳定性，可采取如下措施：

1）采用高强度单模或保偏光纤，结合强熔拉锥工艺制备光纤耦合器；

2）采用低双折射光纤制备单模光纤耦合器改善其偏振特性；

3）烧结拉伸完成后，对光纤熔锥区及耦合区轴向设定张力预检，确保熔锥光纤强度；

4）采用包层直径为 80 μm 的细径光纤制备小尺寸光纤耦合器，缩小封装尺寸；

5）烧结拉锥完成初次固定封装后，立即进行内部裸光纤填充或涂覆，保护光纤，预防光纤裂纹及水汽侵入。

8.4　光偏振器件技术

光偏振器件包括只允许一个偏振态通过的光偏振器和通过对光偏振态进行操控实现特定传输功能的光隔离器、光环行器等。光偏振器件在光纤陀螺、光纤通信、光学探测与测量等领域均有应用。

8.4.1　光偏振器

光偏振器是只允许一个方向的偏振光通过，而将其他偏振方向的光滤除的器件。闭环干涉型光纤陀螺中使用的 Y 波导集成光学器件具有偏振器的功能，起到降低偏振噪声的作用；在光通信系统中光偏振器确保光信号在传输过程中保持稳定的偏振态，减少信号衰减和串扰，提高通信质量。

8.4.1.1　光偏振器工作原理及种类

光偏振器从工作原理上可分为模式衰减型和模式截止型两类。模式衰减型就是两个正交偏振模式传输损耗相差较大，传输一定距离后传输损耗大的模式因功率衰减而消失，只剩下一个模式。另一类光偏振器是让其中的一个模式（TE_0 模）截止，如双折射晶体包层光纤偏振器。金属包覆波导光纤偏振器既可以利用金属覆盖层对 TE_0、TM_0 模的不同吸收作用来实现，也可以让 TE_0 模因截止而辐射进入衬底来实现。

根据光纤类型不同，光纤偏振器又可分为单模光纤偏振器和保偏光纤偏振器。单模光纤偏振器不具备保偏特性，尽管输出尾纤很短，起偏后经尾纤输出光的偏振态仍会受到环境温度及各种应力的影响而随机变化。单模光纤偏振器主要有金属包覆型（磨抛型、D 型）、双折射晶体包覆型、多层膜系包覆型等结构类型。保偏光纤偏振器则是一种利用保偏光纤制备成的光纤偏振器，其工作原理为：利用光纤特种结构或晶体将两个偏振分量之一滤除出去（即高损耗），而另一个偏振分量以较低的损耗传输，从而在输出端获得线偏振光。保偏光纤偏振器主要有晶体偏振片型、金属包覆型、双折射晶体包覆型、集成光学晶体型、线圈型等结构类型。

（1）磨抛型（D 型）光纤偏振器

磨抛型保偏光纤偏振器的结构如图 8 - 58 所示[379]，在玻璃基片上开一个弧形槽，将保偏光纤快轴或慢轴平行于磨抛面定轴后嵌入槽中用胶固化，单模光纤则无须定轴，利用光学微加工技术磨抛到纤芯附近，研磨时需要对研磨深度精确控制，光纤包层磨抛过的那段光纤的横截面类似于大写英文字母 D（故也称为 D 型光纤偏振器），而在未磨抛过的光纤段，仍是圆柱形，然后采用蒸镀或溅射等技术镀上介质金属复合膜系（一般为带有 MgF 缓冲层和金属 Al 膜的光学复合膜系结构）。当光波到达此复合膜区时，在金属介质界面上产生的表面等离子体波将光纤内一个偏振模耦合损耗掉；另一偏振模不能激发表面等离子体波，可几乎无损耗地通过此区域，从而实现起偏功能。

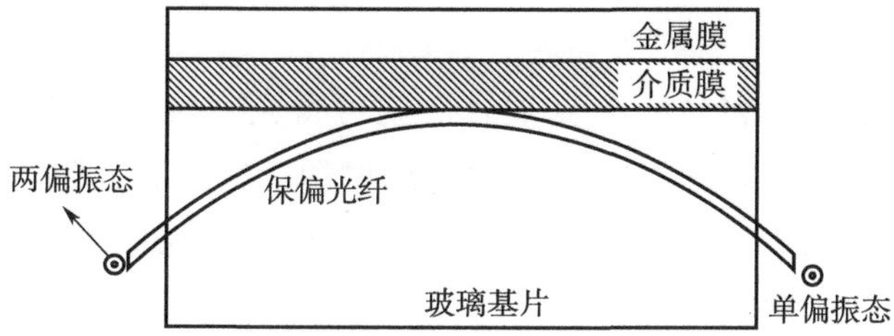

图 8 - 58　磨抛型保偏光纤偏振器结构示意图

基于此技术制作的光纤偏振器消光比一般为 30～40 dB，损耗小于 0.5 dB[380]。金属覆层磨抛型保偏光纤偏振器与其他类型的光纤偏振器相比，具有消光比高、与应用系统中其他光纤匹配性好、损耗低、工艺简单的特点。

（2）晶体包层熔锥型光纤偏振器

基于熔融拉锥技术的双折射晶体包层型光纤偏振器的结构如图 8 - 59 所示[381]，结构包括底座、基底、拉锥光纤和双折射晶体。采用熔融拉锥法制作单根锥形光纤，在高温加热的条件下，对去掉涂覆层的光纤进行熔融，同时向两侧拉伸，最终在加热区形成双锥形貌的特殊波导结构。然后采用定向温度梯度法在光纤锥腰部分生长双折射晶体。将拉锥光纤的锥腰区域等效成纤芯，双折射晶体等效成包层，e 光满足全反射条件无损耗通过锥区光纤，o 光不满足全反射条件部分泄漏出去，从而实现起偏功能。双折射晶体要求双折射性强、熔点高、性能稳定、不易潮解等，常用的双折射晶体有五硼酸钾晶体（$KB_5O_8 \cdot 4H_2O$）、硝酸钠（$NaNO_3$）晶体等。该工艺技术比 D 型光纤偏振器简单，难度和成本均降低。基于此技术制作的光纤偏振器，具有高消光比、低损耗、小尺寸优点，适合光纤传感系统应用。兼顾光纤熔锥区强度要求，选择合适工艺参数制备的光纤偏振器，消光比优于 30 dB，损耗小于 0.5 dB，且在−50～70 ℃温度范围内消光比变化小于 1.5 dB，损耗变化小于 0.5 dB，具有良好的温度性能。

（3）晶体型光偏振器

集成光学晶体型光偏振器的制备工艺较为复杂，但可以实现较高的偏振消光比。在铌酸锂基片上采用质子交换退火工艺形成长约十几至几十毫米的光波导，该光波导只能传输 TE 模，芯片固有的消光比可达到 60 dB 以上，通过保偏光纤对轴耦合后，1 m 长保偏光

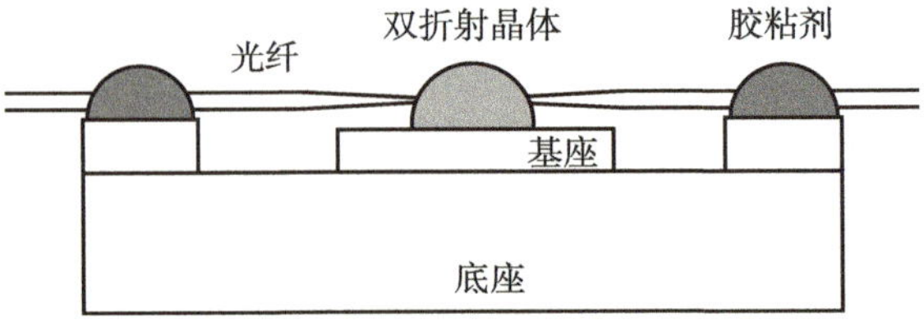

图 8-59　基于熔融拉锥技术的双折射晶体包层型光纤偏振器结构示意图

纤尾纤的消光比可优于 35 dB。但这种光偏振器的插入损耗较大，一般超过 2.0 dB，主要是与集成光波导本身的传输损耗和两端的耦合损耗相关。集成光学晶体型光偏振器的温度稳定性和长期可靠性高，−50～70 ℃温度范围内消光比变化小于 3.0 dB，插入损耗变化小于 0.3 dB。

另外，采用晶体偏振片和光纤准直耦合后就可得到一种简单而常用的晶体型光偏振器。晶体式偏振器根据工作原理不同可分为双折射型、反射型、吸收型和散射型偏振器。后三种偏振器因其存在消光比差，抗损伤能力低，有选择性地吸收等缺点，工程应用较少。目前广泛采用的是双折射型偏振器。

双折射型晶体偏振片的工作原理是利用材料的二向色性，即晶体内部垂直于光轴方向传播的 o 光和 e 光具有相差极大的吸收本领，因而其中之一在通过很短的距离后就被完全吸收。可根据材料的透射光谱特性，选择晶片制作偏振片，透过率通常均可超过 60%，消光比达到 50 dB 以上，谱宽超过 50 nm，而偏振片厚度通常仅有 1～2 mm。采用光纤耦合封装后，器件的消光比优于 35 dB，插入损耗低于 1.0 dB，且器件具备良好的温度稳定性和可靠性。晶体偏振片型光偏振器长度尺寸小，性能一致性好，制备工艺简单，成本低，被广泛应用。

8.4.1.2　光偏振器性能参数

插入损耗和消光比是光偏振器的两项重要性能参数。光偏振器的消光比定义为当相同功率的偏振光分别沿通过轴和消光轴入射时，通过轴向的透过光功率 P_{max} 和消光轴向的透过光功率 P_{min} 之比，即

$$ER = -10\lg \frac{P_{max}}{P_{min}} \tag{8-101}$$

在光偏振器中当入射偏振光和偏振器通过轴方向相同时，通过轴向透过光功率和输入光功率 P_{in} 之比定义为偏振器的插入损耗，即

$$IL = -10\lg \frac{P_{max}}{P_{in}} \tag{8-102}$$

光偏振器件的性能参数还包括回波损耗、工作波长及带宽，通常回波损耗性能参数指标较好，设计及工艺可保证。工作波长及带宽通常由光纤或其他波导材料特性决定，带宽可以达到 40 nm 以上。

8.4.2　光隔离器

8.4.2.1　光隔离器工作原理

光隔离器是一种单方向传输的光无源器件，正向传输具有较低的插入损耗，而对反向传输有很大衰减。光隔离器通常位于光源的输出端，其作用是防止后端光路中反向传输的信号光或光路中的反射光进入光源，从而引起宽带光源的激射或窄带光源的啁啾。

光隔离器主要是利用磁光晶体的法拉第效应。磁光材料引起的光偏振面旋转的方向取决于外加磁场的方向，与光的传播方向无关。迎着光观看，当线偏振光沿磁力线方向通过介质时，其偏振面向右旋转；当偏振光沿磁力线反方向通过介质时，其偏振面则向左旋转。旋转角度 θ 的大小与磁光材料的旋转特性、长度、工作波长及磁场强度相关。材料越长、磁场强度越大、工作波长越短，旋转角度将越大。温度也会对旋转角度 θ 产生影响，对大多数晶体来说，温度升高将导致旋转角减小，从而引起高低温下隔离器插入损耗的变化。法拉第旋转器（Faraday Rotator，FR）是光隔离器的核心部件，其旋光角度一般为 45°。理想的法拉第旋转器的磁光材料要求有大的法拉第旋转、低的光吸收损耗、低的法拉第旋转温度和波长系数以及低的饱和磁化场。法拉第旋转器普遍采用的磁光材料是掺铋稀土铁石榴石。

光隔离器根据偏振敏感特性可分为偏振相关型光隔离器和偏振无关型光隔离器[372,382,383]。保偏光隔离器属于偏振相关型隔离器，典型的偏振相关型隔离器结构如图 8-60 所示，由两个光纤准直器、两个偏振器和一个法拉第旋转器构成。当光正向入射时，偏振方向与起偏器 P_1 透光轴方向一致的入射光全部通过。经法拉第旋转器 FR 后，其偏振方向顺时针旋转 45°，恰好与检偏器 P_2 透光轴方向相同，因此正向光可以低损耗通过。当光反向入射时，只有与检偏器 P_2 透光轴一致的光能到达法拉第旋转器 FR，再经 FR 后偏振方向仍顺时针旋转 45°（由于法拉第旋转器的非互易性），正好与起偏器 P_1（起到检偏器的作用）透光轴垂直，从而被起偏器 P_1 阻止而不能够通过，即反向光不能通过光隔离器。偏振相关型光隔离器的两端尾纤为保偏光纤，且输入端光纤的偏振传光轴与起偏器 P_1 的透光轴平行；若输入为自然光或圆偏振光，则理论上会产生额外 3 dB 的损耗。

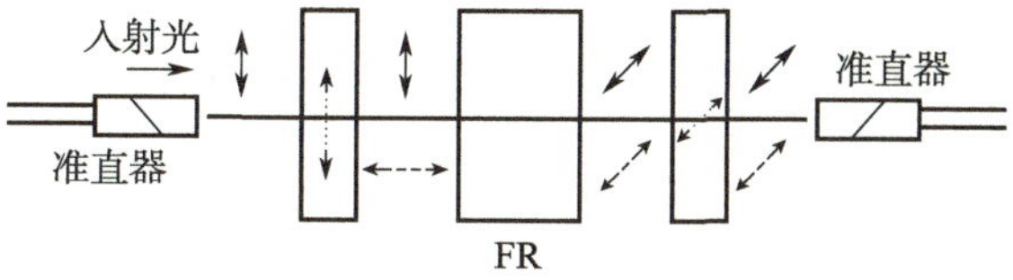

图 8-60　偏振相关型光隔离器结构示意图

偏振无关型光隔离器是一种对输入光偏振态依赖性很小的光隔离器，其核心结构由两块双折射晶体和法拉第旋转器构成，如图 8-61 所示。正向传输情况下，光信号经过准直器进入双折射晶体 C_1 后，光束被分为 o 光和 e 光，其偏振方向相互垂直，传播方向成一夹角，经过法拉第旋转器后，o 光和 e 光的偏振面各自向同一方向旋转 45°，由于第二个双

折射晶体 C_2 的晶轴相对第一个晶体正好成 45°夹角，所以 o 光和 e 光经 C_2 后，被折射到一起，经准直后可正向以较低损耗通过。由于法拉第效应的非互易性，当光束反向传输时，经过 C_2 后被分为偏振面与 C_1 晶轴成 45°角的 o 光和 e 光，这两束线偏振光经过法拉第旋转器后，振动面仍朝与正向光旋转方向相同的方向旋转 45°，相当于第一个晶体 C_1 的晶轴共旋转了 90°，出射的两束线偏振光被 C_2 进一步分开一个较大的角度，被斜面透镜偏折，不能耦合进光纤纤芯，从而实现反向隔离。

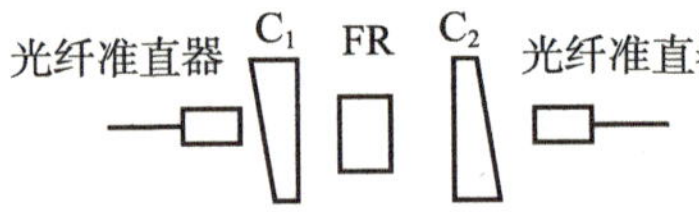

图 8-61　偏振无关型光隔离器结构示意图

8.4.2.2　光隔离器性能参数

光隔离器的性能参数主要包括插入损耗、隔离度、回波损耗、偏振相关损耗、带宽、消光比等，插入损耗、回波损耗及偏振相关损耗定义可参见 8.3.1.2 节，以下介绍隔离度及带宽参数。

(1) 隔离度

隔离度是隔离器的重要指标之一，它表征隔离器对反向传输光信号的衰减能力，理想隔离器反向光信号是完全不能传输的，实际的隔离度和偏振器与法拉第旋转器距离、光学元件表面反射率、偏振器楔角、间距、偏振器的消光比、偏振器晶轴相对角度、晶体厚度等因素相关。隔离度的定义为

$$I_{SO}=-10\lg\frac{P_{R-OUT}}{P_{R-IN}} \tag{8-103}$$

式中，P_{R-IN} 为反向输入光功率；P_{R-OUT} 为反向输出光功率。

(2) 带宽 (30 dB)

带宽 (30 dB) 是衡量光隔离器满足系统隔离度要求的工作波长范围。通过测量隔离度的输出波长响应曲线，隔离度由峰值隔离度下降 30 dB 所对应的波长范围区间即为隔离器的 30 dB 带宽。

8.4.3　光环行器

8.4.3.1　光环行器工作原理

光环行器是一种多端口输入输出的非互易性光无源器件，具有输出端口的反射光不能回到入射端口而由另一端口输出的特性。3 端口光环行器的光传输方向如图 8-62 所示，从端口 1 输入的光信号只能从端口 2 输出，而从端口 2 输入的光信号只能从端口 3 输出。

光环行器和光隔离器的工作原理类似，都是利用磁光晶体的法拉第效应。光环行器有多种设计结构，其中图 8-63 (a) 的结构为目前普遍使用的结构方式。以三端口光环行器为例，其结构方式如图 8-63 (a) 所示，该环行器可等效于两个光隔离器串联，其中

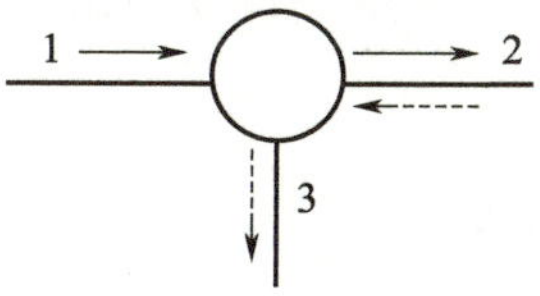

图 8-62　光环行器的传光方向

BC_1、BC_2、BC_3 为双折射晶体，BC_1、BC_2 的 o 光为 y 方向偏振，e 光为 x 方向偏振，BC_3 中的 o 光为 x 方向偏振，e 光为 y 方向偏振。FR 为法拉第旋光晶体，旋转角为 45°，R_{1P}、R_{2P} 为 P 型半波片，R_{1N}、R_{2N} 为 N 型半波片，P 型半波片和 N 型半波片的组合方式如图 8-63（b）所示，两者的光轴均和 y 方向成 67.5°[384]。

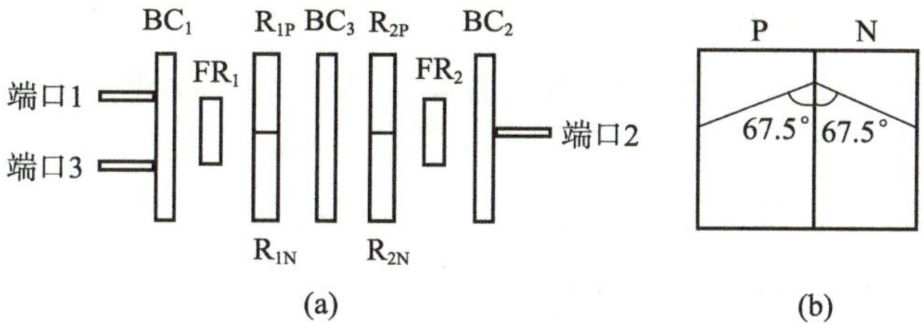

图 8-63　光环行器结构示意图

从端口 1 入射的任意光，通过 BC_1 分为两束相互垂直的线偏振光 o 光和 e 光。这两束偏振光通过法拉第旋光晶体 FR_1 后，光振幅矢量均被顺时针旋转 45°，o 光通过半波片 R_{1P} 后光振幅矢量沿顺时针旋转 45°，e 光通过半波片 R_{1N} 后光振幅矢量沿逆时针旋转 45°，此时 o 光和 e 光的偏振方向相同，且对导向晶体 BC_3 而言皆为 o 光，它们通过 BC_3 后传播方向不变。然后这两束偏振光分别通过半波片 R_{2N}、R_{2P} 时被沿顺时针和逆时针方向旋转 45°，此时两偏振态的偏振方向再次垂直，之后两偏振态同时被法拉第旋光晶体 FR_2 沿顺时针方向旋转 45°，两偏振态偏振方向仍然垂直，再经 BC_2 后两偏振态合为一束光，实现端口 1 到端口 2 的传输。类似地，当由端口 2 输入时，两束光经 BC_2、FR_2、R_{2N}、R_{2P} 后，两偏振态方向相同，但其方向相对于 BC_3 为 e 光，两者通过 BC_3 时传播方向将发生向下偏转，再经过 R_{1N}、R_{1P}、FR_1、BC_1 传输后由端口 3 输出。

8.4.3.2　光环行器性能参数

光环行器根据偏振特性要求不同可分为偏振无关型光环行器和保偏光环行器，插入损耗和隔离度是光环行器的两项重要性能参数，以三端口光环行器为例，插入损耗包括从端口 1 到端口 2 和从端口 2 到端口 3 的插入损耗；隔离度包括端口 2 到端口 1 和端口 3 到端口 2 的隔离度，其定义与光隔离器相似。

反映光环行器方向性的重要指标为串扰，端口 1 到端口 3 的串扰指当从端口 1 入射，端口 2 无光输入时，在端口 3 测试所得光功率与端口 1 入射光功率之比，即

$$CR = -10\lg \frac{P_3}{P_1} \tag{8-104}$$

式中，P_1 为端口 1 的入射光功率；P_3 为从端口 3 输出的光功率。光环行器的串扰指标通常都大于 50 dB。

8.4.4 光偏振器件的宇航应用要求

光偏振器件主要通过偏振晶体组合或光纤实现光偏振态的操控，不涉及光电转换和发热，且晶体材料在各种环境下的稳定性较好，因此原理上具有良好的宇航环境适应性，工程实际中重点要做好封装材料选型和封装工艺的可靠性验证。

（1）光偏振器的宇航应用要求

光偏振器用在光源之后时，起到偏振滤波作用，保证输出光为高品质线偏振光。如果光偏振器用在光信号检测端，主要作用是消除非工作轴信号的干扰，可提高检测光信号的稳定性，降低干扰和系统噪声。

1）光偏振器性能通常与光路系统的偏振噪声有关，因此要求光偏振器具有高的消光比和良好的温度稳定性；

2）光偏振器的主要材料为光纤，辐射作用机理类似光纤，主要影响器件插入损耗特性，器件本身光纤长度很短，因此，辐射感生损耗几乎可忽略；

3）要保证光偏振器良好的温度及力学环境适应性，需设计合适的封装结构、固定及密封材料；

4）光偏振器在应用时，要降低器件安装固定应力影响，包括对尾纤固定的影响，控制尾纤弯曲半径和扭转对偏振滤波效果的影响。

（2）光隔离器的宇航应用要求

在光纤传感及光传输等系统应用光隔离器时，要求隔离器尽可能隔离反向传输光信号，同时对正向传输光信号的干扰尽量小，比如要求低插入损耗、高隔离度、低偏振相关、大带宽、温度稳定性好等。

1）光隔离器要获得更高的隔离度，通常需采用双级结构，但会略微增大插入损耗；另外，在有光信号偏振保持要求的应用时，需要用到保偏光隔离器，消光比通常优于 20 dB；

2）光隔离器的主要材料为光纤和晶体，辐射作用机理类似光纤，主要影响器件插入损耗特性，器件本身光纤长度很短，辐射对光纤的影响较小；尽管内部晶体受辐射影响比光纤大，但晶体材料尺寸小，总体上光隔离器在 500 krad（Si）辐射后，插入损耗增大不超过 0.2 dB，其他指标基本不变，器件抗辐射性能良好；

3）要保证光隔离器良好的温度及力学环境适应性，需设计合适的封装结构、固定方式及密封材料；光隔离器在应用时，要降低器件安装固定应力影响，包括对尾纤固定的影响，控制尾纤弯曲半径和扭转对传输光信号光谱和偏振的影响；

4）很多应用场合需要小尺寸光隔离器，器件尾纤可采用包层直径为 80 μm 的细径光纤，目前器件封装尺寸可小于 ϕ3.2 mm×25 mm。

（3）光环行器的宇航应用要求

光环行器在材料、器件结构、生产工艺等方面和光隔离器类似，其在宇航环境下的性能演变机理和隔离器也类似，对环行器的宇航应用要求可参照光隔离器。

8.5　光滤波器件技术

光滤波器是利用光学元件对不同波长的光产生不同透过率来进行光滤波的器件。光滤波器可用在光源之后，对输出光谱进行滤波，获得系统需要的波段或特定的光谱谱型；另一种是用在信号检测光电探测器之前，对回到光电探测器的光信号进行滤波，消除干扰信号，提高测量准确性。光滤波器件在光纤传感、光纤光源、光纤通信等领域均有广泛应用。

光滤波器按工作原理主要分为两种类型：干涉型和衍射型。每一种根据其调谐能力又可分为固定滤波器和可调谐滤波器。干涉型光滤波器利用相干光干涉的原理实现窄带滤波，常见的滤波器有：模式耦合型滤波器、多层介质薄膜滤波器、法布里-珀罗（F-P）谐振腔型滤波器、微环滤波器。常见的基于衍射原理的滤波器有：体光栅滤波器、阵列波导光栅滤波器、光纤光栅滤波器等。目前应用较多的是多层介质膜型光纤滤波器、F-P光纤滤波器、马赫-曾德尔干涉（MZI）型光纤滤波器和光纤光栅滤波器。

8.5.1　多层介质膜型光纤滤波器

多层介质膜型光纤滤波器是利用光的薄膜干涉原理实现波长选择的器件，具有体积小、损耗低、温度稳定性好与可靠性高等优点。多层介质膜为在石英基底上按设计要求沉积的高低折射率交替的多层介质薄膜，其光学特性由膜系的层数、每层膜的厚度及膜的折射率所决定[373]，如图 8-64 所示。实际应用中的多层介质膜结构由十几层甚至上百层高（H）、低（L）折射率层交替组成，当光入射到高折射率层时，反射光没有相移；当光入射到低折射率层时，反射光有 π 的相移，在滤波器的前端面，当经过低折射率层反射的光与经过高折射率层反射的光同相时，干涉加强，可获得高的反射率；反之干涉减弱，获得高的透射率。两个界面反射光之间的相位差为波长的函数，因此只有某些特定波长的光透过，其他波长的光被反射，不能透过多层介质膜，形成波长滤波。由于透过波长随相位差变化是周期性的，因此透射波长也是周期性的。也可以在两组多层介质膜之间加入一个间隔层，构成滤波器。两组介质膜作为反射镜和间隔层构成 F-P 腔滤波器，透射波长由间隔层厚度决定。

多层介质膜光纤滤波器主要由光纤、光纤准直器、透镜、滤波片、玻璃管构成，结构如图 8-65 所示。工作原理为光信号通过光纤输入到准直器上，经过滤波片将信号中特定波长的光信号传输到输出准直器中，信号中其他波段光信号被滤波片滤除。

基于薄膜干涉滤波技术的光纤滤波器主要有带通滤波器、截止滤波器、增益平坦滤波器、高斯型滤波器等。其中增益平坦光纤滤波器是光纤通信用掺铒光纤放大器（EDFA）中的重要器件之一，而高斯型滤波器在光纤传感领域有较多应用。光纤滤波器的主要光学

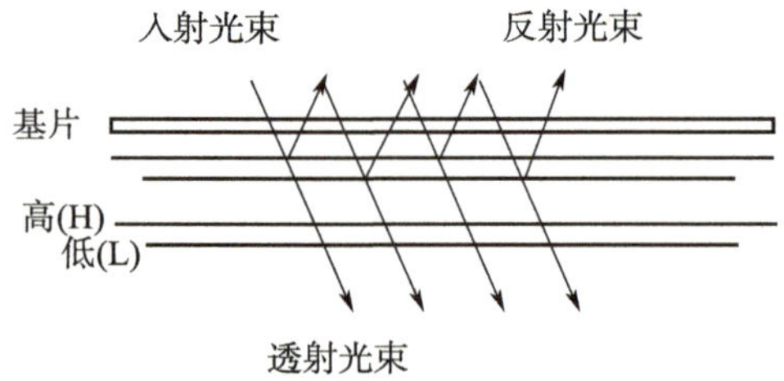

图 8-64　多层介质膜滤波原理示意图

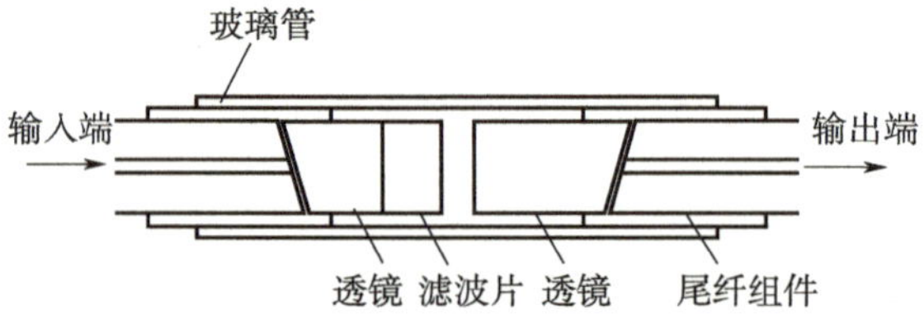

图 8-65　光纤滤波器结构示意图

性能参数有中心波长、带宽、峰值透射率（插入损耗）、回波损耗等。此类光纤滤波器通常具有低插入损耗（小于 0.5 dB）、方向性好、低回波损耗（优于 50 dB）、低偏振相关损耗（低于 0.1 dB）、高可靠性等优点。

8.5.2　F-P 光纤滤波器

F-P 光纤滤波器利用多光束干涉的原理，由 F-P 光纤谐振腔构成，其主要类型有本征型和非本征型两种[385]，具有体积小、质量轻、损耗小、精细度高、结构紧凑、便于组装、便于与光纤直接在线连接等优点。

（1）本征型 F-P 光纤滤波器

本征型 F-P 光纤滤波器的干涉腔介质是光纤，光在腔内来回反射的损耗较小。主要有 3 种结构：光纤两端镀膜、光纤两端镀膜后外接两根光纤、光纤两端镀膜后外接一根光纤，如图 8-66 所示。高反射膜之间光纤的长度即为腔长，一般为厘米到米级。因腔长比较长，F-P 光纤滤波器自由光谱区较小。本征型 F-P 光纤滤波器的腔长固定，不能实现调谐滤波。

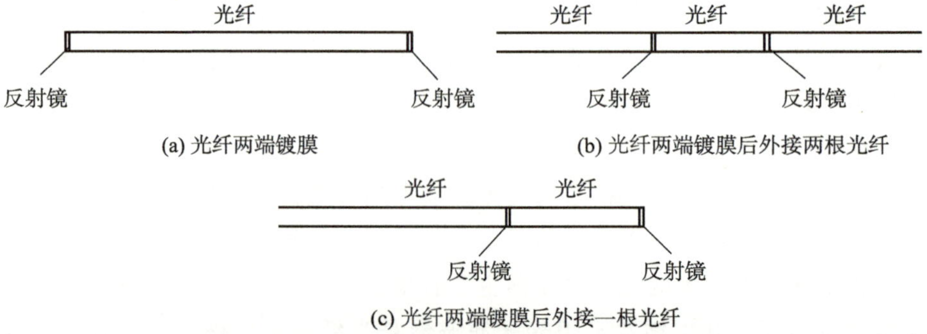

图 8-66　本征型 F-P 光纤滤波器的基本结构

(2) 非本征型 F-P 光纤滤波器

非本征型 F-P 光纤谐振腔适合制备成光纤滤波器或可调谐光纤滤波器。由于非本征型 F-P 光纤谐振腔的腔长很短（可短至几微米），可以实现非常宽的自由光谱区或非常宽的波长调节范围（可达几百纳米）。

一般的制备方法是在光纤的端面镀高反射膜，使两光纤的端面间形成介质为空气的 F-P 腔，空气隙型 F-P 光纤滤波器结构如图 8-67 所示。可以通过 PZT 改变空气间隙的长度来改变腔长，但是存在空气腔的模场分布和光纤的模场分布不匹配，导致插入损耗过大问题。

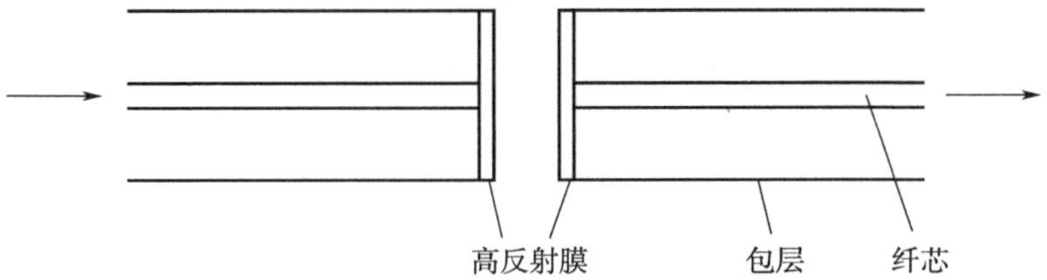

图 8-67　空气隙型 F-P 光纤滤波器结构

为了减小 F-P 腔的模场失配，可以在 F-P 腔中插入一段光纤或空芯光纤，在光纤端面间留有一个间隙以实现调谐，如图 8-68 所示。对于内插光纤的 F-P 腔，它的模式限制在光纤芯内，保证了光纤模式与谐振腔模式的匹配。假设 F-P 腔长为 l_c，则 F-P 腔的透射率为

$$\frac{I_t}{I_{\text{in}}}=\frac{k}{1+\left[2\,\frac{F}{\pi}\sin\left(\frac{2\pi n l_c}{\lambda}\right)\right]^2} \tag{8-105}$$

式中，n 为光纤的折射率；k 为反射膜的插入损耗，无损耗时 $k=1$；F 为理想的精细度。当 $m=\frac{2nl_c}{\lambda}$ 为整数时，式（8-105）有最大值，腔处于谐振状态。因此，改变 l_c 或 n，可以调整 F-P 谐振腔输出特性，如图 8-69 所示。

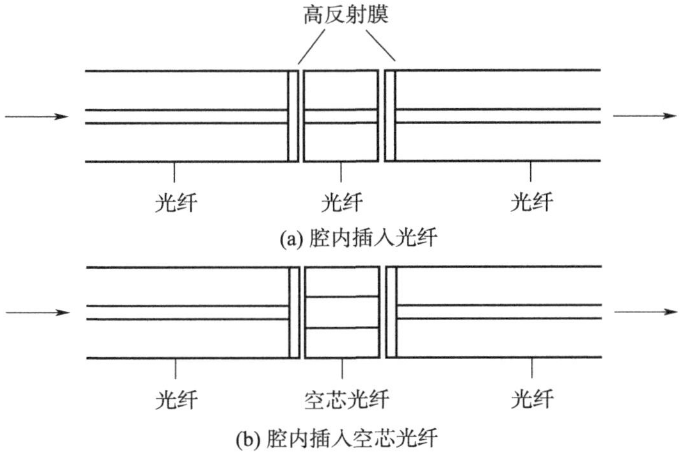

图 8-68　内插光纤的 F-P 光纤滤波器

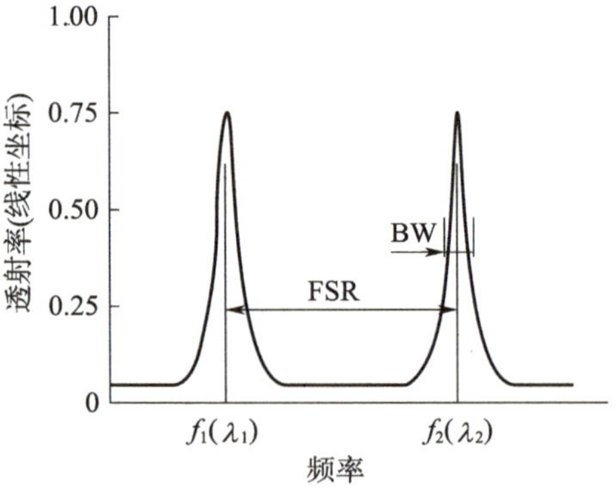

图 8-69 内插光纤 F-P 腔的输出特性

F-P 光纤滤波器的性能参数主要有自由光谱区（FSR）、3 dB 带宽（BW）、精细度（*F*）和峰值透过率（*T*）。如图 8-69 所示，自由光谱区定义为光纤滤波器的相邻两个透过峰之间的间距，就是光纤滤波器的调谐范围，$FSR=\lambda_2-\lambda_1$。3 dB 带宽描述 F-P 光纤滤波器谐振腔曲线的锐度，定义为透过率降为最大值一半时所对应的光谱宽度。精细度（*F*）定义为自由光谱区与 3 dB 带宽之比，即 $F=FSR/BW$。精细度决定了滤波器的选择性，即能分辨的最小频率差。假设谐振腔内部损耗忽略不计，则精细度由反射镜的反射率 *R* 决定，假设两个镜面的反射率相等，则有

$$F=\frac{\pi\sqrt{R}}{(1-R)} \tag{8-106}$$

由式（8-106）可知，反射率 *R* 越高，精细度 *F* 越高。

峰值透过率（*T*）是指光纤滤波器在峰值波长处测量的输出光功率和输入光功率之比。精细度和峰值透过率是反映光纤滤波器光学性能的两个重要指标。当谐振腔内存在损耗时，精细度越高，其峰值透过率就越低，主要是因为光在腔内的等效反射次数随精细度的提高而增大。提高反射镜的反射率并不能任意提高精细度，实际上受到腔内损耗的制约。腔内损耗主要由光纤端面与反射镜的耦合损耗引起，原因是反射镜与光纤端面之间的距离越大，损耗越大；光纤端面的不平度、光纤轴与反射镜平面法线不平行也会造成损耗增大。

利用 PZT 来调节腔长，可以达到很高的定位精度，能够确保 F-P 腔的稳定性、平坦性和重复性。

F-P 光纤滤波器的优点是调谐范围宽，可以做到与偏振无关，可集成在系统内，减少耦合损耗。缺点是使用压电调谐技术，调谐速度较慢。

8.5.3 光纤波分复用器

熔锥型光纤波分复用器（WDM）在结构和制作工艺上与光纤耦合器基本相同，但其功能不同，前者是对光信号的波长进行再分配，后者则是对光信号的光功率进行再分配。光纤波分复用器一般用于两个波长的复用和解复用，在光纤激光器、全固态激光器、掺铒

超荧光光源、光纤拉曼激光器中都会用到。

由式（8－92）可知，光纤耦合器的耦合系数与波长相关，因此在同样的耦合长度时，不同工作波长，分光比存在差异，利用这一特性可以用来制备光纤波分复用器，通过控制拉伸长度和周期数，可以实现两个不同波长的光信号分离，如图 8－70 所示。

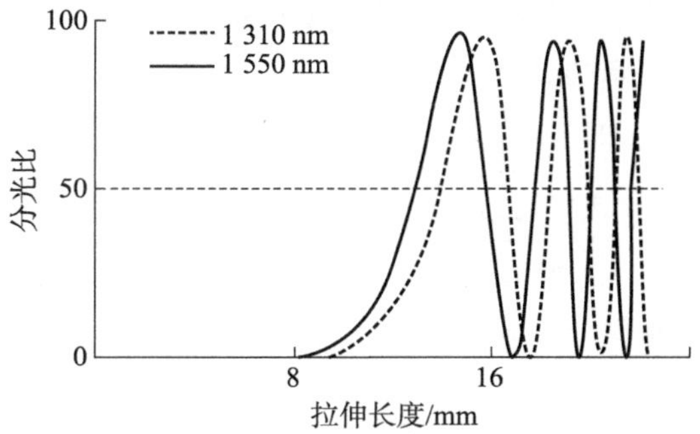

图 8－70　耦合器分光比与拉伸长度的关系

光纤波分复用器的工作原理如图 8－71 所示。当从注入端输入波长为 λ_1 的信号时，直通臂有接近 100％的光输出，耦合臂基本无光输出；而当注入端输入波长为 λ_2 的信号时，耦合臂有接近 100％的光输出，直通臂基本无光输出。所以当输入端有 λ_1 和 λ_2 两个波长的光信号同时输入时，则 λ_1 和 λ_2 的光信号分别从直通臂和耦合臂输出；由光路信号的可逆性可知，当直通臂和耦合臂分别有 λ_1 和 λ_2 的光信号输入时，也能将其合并从一个端口输出。所以波分复用器是一种分波和合波无源器件。波分复用器的性能参数主要有插入损耗、回波损耗、偏振相关损耗和隔离度。插入损耗、回波损耗、偏振相关损耗的定义可参考光纤耦合器，隔离度为非输出端口功率与指定输出端口功率之比，即

$$L_{12} = -10\lg\frac{P_2}{P_1} \tag{8-107}$$

式中，P_1 为指定输出端口的光功率；P_2 为非输出端口的光功率。

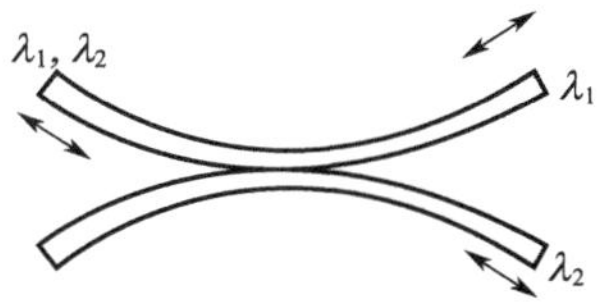

图 8－71　波分复用器工作原理

熔锥型 WDM 的特点是插入损耗低，工作带宽大，插入损耗典型值小于 0.30 dB，隔离度大于 20 dB。

光纤波分复用器在材料、器件结构、生产工艺等方面和光纤耦合器类似，其在宇航环境下的性能演变机理和光纤耦合器也类似，对波分复用器的宇航应用要求可参照光纤耦合器。

8.5.4 MZI 型光纤滤波器

MZI 型光纤滤波器的基本结构如图 8－72 所示，它由两个 3 dB 光纤耦合器串联而成，形成一个 MZI 干涉仪，干涉仪的两臂长度相差 ΔL，其中一个光纤臂可进行调谐以改变长度，从而改变干涉仪的两臂差 ΔL，进而控制滤波器的输出，调谐的方法通常为机械调谐方式、电磁调谐方式、热调谐方式等[373]。

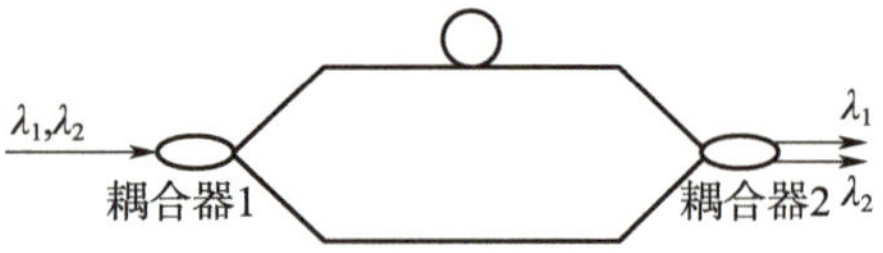

图 8－72 MZI 型光纤滤波器典型结构示意图

在如图 8－72 所示 MZI 型光纤滤波器中，入射光束经过耦合器 1 后被分为光束 1 和光束 2，两束光经过两个干涉臂的相位调谐后在耦合器 2 发生干涉。假设入射光波的振幅为 A_0，角频率为 ω，初相位为 ϕ，则两输出端口的输出光强分别为

$$I_1=|E_1|^2=4A_2^2\cos^2\left[\frac{nk(L_1-L_2)+\pi}{2}\right]\propto\sin^2\left(\frac{\pi nf\Delta L}{c}\right) \tag{8-108}$$

$$I_2=|E_2|^2=4A_2^2\cos^2\left[\frac{nk(L_1-L_2)}{2}\right]\propto\cos^2\left(\frac{\pi nf\Delta L}{c}\right) \tag{8-109}$$

式中，A_2 是与 A_0 有关的常数；n 为光纤的折射率；$k=2\pi/\lambda$；L_1、L_2 分别为 MZI 干涉仪两干涉臂的光纤长度；f 为光波频率；c 为真空中光速。由此可见，从干涉仪两端口输出的光强随光波频率 f 和 ΔL 呈正弦或余弦变化。若有两个频率分别为 f_1 和 f_2 的光波从 1 端输入，而且 f_1 和 f_2 分别满足

$$\begin{cases}\dfrac{\pi nf_1\Delta L}{c}=\pi m\\[2ex]\dfrac{\pi nf_2\Delta L}{c}=\pi\left(m+\dfrac{1}{2}\right)\end{cases}\quad(m=1,2,3\cdots) \tag{8-110}$$

则有

$$I_1=0,I_2=1,f=f_1$$
$$I_1=1,I_2=0,f=f_2$$

可见，在满足式（8－110）的条件下，从输入端注入频率不同的光波被分开，达到选频的目的。由式（8－108）和式（8－109）可知，该 MZI 干涉仪可以作为梳状滤波器，频率间隔需满足 $\Delta f=\dfrac{c}{2n\Delta L}$。图 8－73 为 MZI 型光纤滤波器透过特性曲线。这种滤波器的频率间隔必须精确控制为 Δf 的倍数，在使用时随着信道的增加，可以采用级联的方式实现滤波。当然，也可以作为增益平坦滤波器，通过调节两个耦合器的耦合系数，实现任意形状增益谱的平坦。

MZI 干涉仪构成的可调谐光纤滤波器制造成本低，偏振相关性和串扰低，但是调谐控

制复杂，调谐速度较慢。

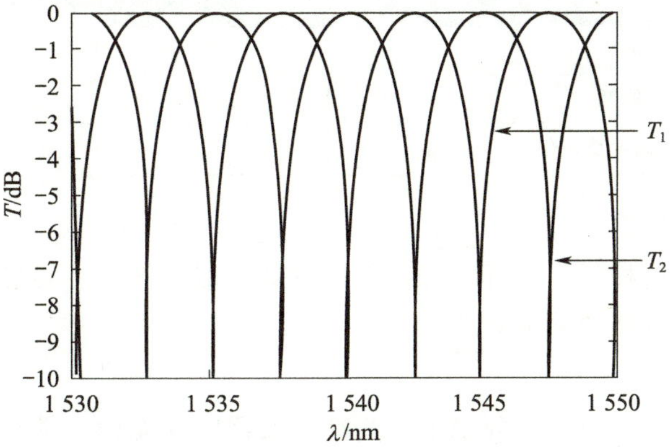

图 8－73　MZI 型光纤滤波器透过特性曲线

8.5.5　光滤波器的宇航应用要求

根据光路系统应用需要，通常在光源信号输出端增加光纤滤波器，对光源输出波形进行整形。以掺铒光纤超荧光光源在光纤传感系统中应用时的光谱整形滤波器为例，说明对该器件的宇航应用要求。

（1）性能指标要求

根据需要可采用光纤滤波器将掺铒光纤超荧光光源的输出光谱滤成平坦谱型、钟型、高斯型或其他形状，关注的主要指标为滤波精度、谱宽、插入损耗和中心波长。以平坦滤波为例，如果滤波精度高，光谱的平坦度可明显提高，如优于 1.0 dB。如对掺铒光纤光源的马鞍型光谱进行滤波，使其输出为高斯型光谱，1 530 nm 高斯型光谱在空间辐射环境下的稳定性明显优于马鞍型或平坦型光谱。表 8－9 和表 8－10 分别为针对掺铒光纤光源用平坦型光纤滤波器和高斯型光纤滤波器的主要性能参数及要求。

表 8－9　平坦型光纤滤波器性能参数及要求

性能参数	要求
插入损耗	≤0.10 dB
平坦度要求	±0.20 dB
PDL	≤0.10 dB
平均波长温度稳定性	≤1.0×10^{-6}/℃

表 8－10　高斯型光纤滤波器性能参数及要求

性能参数	要求
中心波长	1 531.0±1.0 nm
3 dB 谱宽	7.0±1.0 nm

续表

性能参数	要求
纹波	≤0.10 dB
插入损耗	≤1.0 dB
平均波长温度稳定性	$\leqslant 1.0\times10^{-6}$/℃

（2）抗辐射特性要求

光纤滤波器的主要材料为光纤，辐射作用机理类似光纤，主要影响器件的光损耗。宇航辐射环境对光纤滤波器的影响较弱。

（3）力学特性要求

在温度及机械应变应力作用环境下，光纤滤波器的性能稳定性比较重要，良好的封装材料和封装结构设计是保证其具备优越环境适应性的重要措施。光纤滤波器在应用时，要降低器件安装固定应力影响，控制尾纤弯曲半径和扭转对滤波效果的影响，如系统允许，尽可能采用小模场细径光纤。如果光纤滤波器应用在宇航舱外环境下，则需要研究提高器件在长期超低温（−90～−70 ℃）环境下的性能特性及可靠性，从工艺、结构及材料上采取改善措施。

8.6 光纤反射器件技术

光纤反射镜是一种实现光路中光反射的无源器件，在光纤传感、光纤光源、光学测量等领域均有应用。光纤反射镜主要有四种类型：1）利用反射膜增加光纤端面的反射率；2）法拉第旋转光纤反射镜；3）利用 3 dB 耦合器形成光纤环路反射镜实现反射；4）FBG 反射镜。光纤光栅已经在 8.2 节介绍，本节主要介绍其他三种反射镜。

8.6.1 介质膜光纤反射镜

介质膜反射镜的原理是建立在多光束干涉基础上的，常用的多层反射膜是由高、低折射率的两种材料交替蒸镀而成，每层膜的光学厚度为某一波长的四分之一。在这种条件下，多层介质膜各界面上的反射光矢量，振动方向相同。合成振幅随着薄膜层数的增加而增加，但由于膜层中的吸收、散射损失，当膜系到达一定层数时，反射率也不能再提高。一般的介质反射膜采用五氧化二钽（Ta_2O_5）与二氧化硅（SiO_2）材料，也可以用五氧化三钛（Ti_3O_5）和二氧化硅（SiO_2），可根据需要设计成宽带或窄带的反射膜。

由多层高低折射率相间的 $\lambda_0/4$ 膜组成的高反射膜如图 8 - 74 所示，A 为空气，H 为高折射率层，L 为低折射率层，G 为基底，可表示为

$$GHLHL\cdots HLHA = G(HL)^{P}HA \tag{8-111}$$

该多层膜系的反射率为

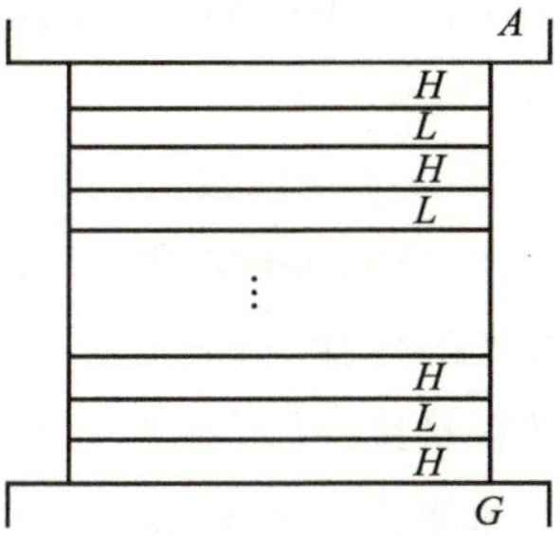

图 8 - 74　$\lambda_0/4$ 高反射膜系

$$R=\left[\frac{n_a-\frac{n_H^2}{n_L}\left(\frac{n_H}{n_L}\right)^{2P}}{n_a+\frac{n_H^2}{n_L}\left(\frac{n_H}{n_L}\right)^{2P}}\right]^2 \tag{8-112}$$

式中，n_H 、n_L 、n_a 分别为高折射率层、低折射率层和空气的折射率；P 为高低折射率层的对数。

常用的介质膜反射镜有两种结构：一种是采用真空镀膜技术在光纤端面上直接镀多层介质膜；另一种是在光纤端面上粘接介质膜反射镜片。这两种结构均能获得 95%以上的反射率。在这两种结构中，光纤端面均需要研磨抛光，并保证端面和轴成 90°。第一种结构的优点是利用成熟的镀膜技术，使光纤反射镜的制备更为简单；缺点是虽然采用冷镀膜，但是要监控炉温以免炉温过高损伤光纤涂覆层，另外膜层的牢固度与镀膜工艺相关。第二种结构的优点是反射膜镀在光学玻璃上，切割成小块后耦合粘接在光纤端面上，这样反射膜得到有效的保护；缺点是需要用胶粘接反射镜片，存在反射镜片移位的现象，进而影响反射率。

8.6.2　金属膜光纤反射镜

因金属中的外层电子（自由电子）并没有被原子核束缚，当金属被光波照射时，光波的电场使自由电子吸收了光的能量，而产生与光相同频率的振荡，此振荡又释放出与原来光束相同频率的光，形成光的反射。因此，可在光纤端面（保证端面与轴成 90°角）上镀金属反射膜，实现光的反射，一般在可见光区镀铝和银，在红外光区镀金、银和铜。由于铝、银、铜等材料在空气中很容易氧化而降低性能，还要在金属膜的外面镀上二氧化硅介质膜加以保护。金属反射膜的优点是镀膜工艺简单，工作的波长范围宽；缺点是光损耗较大，反射率难以做到很高。

8.6.3　法拉第旋转光纤反射镜

法拉第旋转光纤反射镜（FRM）是一种可以改变光偏振态的光纤反射镜。其工作原理是基于法拉第旋转的非互易性，使输入光的偏振态和返回光的偏振态形成固定角度的状态，常用光纤法拉第旋转光纤反射镜的旋转角为 90°，如图 8 - 75 所示，它的主要部件是法拉第旋转器。对于给定的磁光介质，光偏振面旋转的角度 θ 与光在磁光介质中传输的距离 L 及磁场强度 H 成正比，即

$$\theta = VHL \tag{8-113}$$

式中，V 为表征物质磁光特性的系数（Verdet 常数）。在法拉第旋转器中，光偏振面的旋转方向只由磁场的方向决定，而与光的传播方向无关，所以当光束经过磁光介质往返一周时，旋转角将倍增。传统的磁光材料是镱-铁石榴石（YIG），如利用稀土类铁石榴石膜作为磁光材料，可使得法拉第旋转器的体积大大减小。

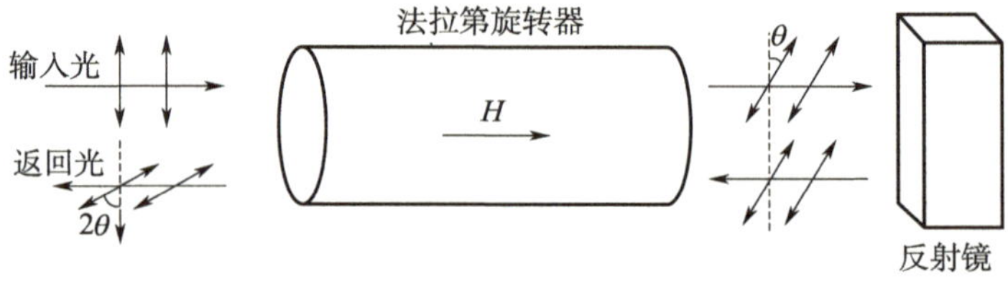

图 8-75　法拉第旋转反射镜结构示意图

8.6.4　光纤环路反射镜

光纤环路反射镜是将 3 dB 光纤耦合器的两个输出端连接在一起，如图 8-76 所示。由 1 端注入的光经过耦合器后，有 50%的光沿着光纤环路顺时针传播，50%的光沿着光纤环路逆时针传播，在不考虑附加损耗和回波损耗的情况下，耦合光束的相位较直通臂光束滞后 $\pi/2$，当传输光再次到达 1 端时，两传输光的相位差为零，相长干涉，光全部从 1 端输出，此时 2 端传输光相位差为 π，相消干涉，无光输出，这样就形成全反射镜[386]。

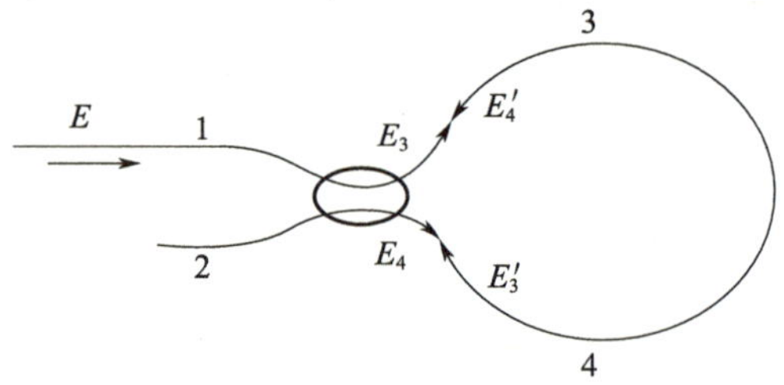

图 8-76　光纤环路反射镜结构示意图

假设耦合器的分光比为 $k:(1-k)$，n_2 为非线性克尔参数，L 为光纤环的长度，λ 为入射光波长。从 1 端注入的光场为 E，则 1 端的输出光强为

$$I_1 = 2k(1-k)|E|^2\{1+\cos[2(1-2k)\pi n_2|E|^2L/\lambda]\} \tag{8-114}$$

从式（8-114）可以看出 1 端的输出光强与分光比呈三角函数关系，当 $k=50\%$ 时，$I_1 = |E|^2$，即从 1 端注入的光全部从 1 端返回输出。因耦合的建立有一个过程，所以存在建立之初的脉冲问题[387]。光纤环路反射镜结构简单，附加损耗小。由于单模光纤耦合器的双折射容易受到环境的干扰，稳定性偏差。当光路信号为偏振光时，采用 3 dB 的保偏光纤耦合器作为全反射镜，可提高光路系统的稳定性。受到光纤最小弯曲半径的限制，光

纤环路反射镜在使用时需要较大的平面尺寸空间。

8.6.5　光纤反射镜的宇航应用要求

光纤反射镜的性能参数主要包括反射率（或称插入损耗）、工作波长、光学带宽等，这些指标均与镀膜材料及结构参数有关，其中反射率的高低还与光纤端面的角度有关，设计上要求光纤传输轴与端面垂直。

1）在工程应用中，光纤反射镜的质量问题主要是反射膜的脱落或破损导致器件失效，以及反射膜或反射镜片与光纤端面之间产生间隙导致反射率的下降和波动，图 8－77 为存在缺陷的光纤反射镜的反射率在高低温下的测试结果。可采用高低温贮存和快速温变温度循环试验方式进行器件的筛选。

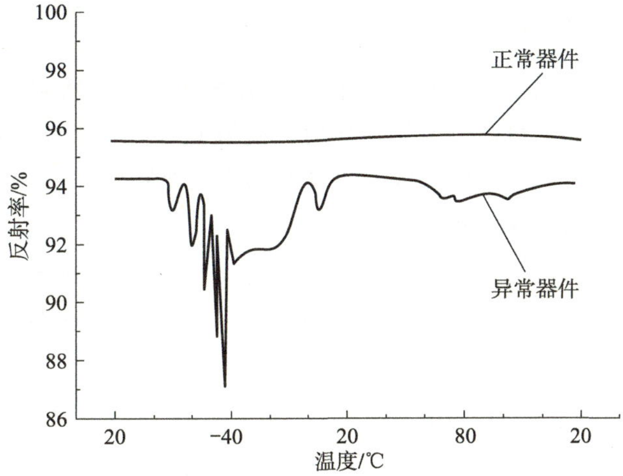

图 8－77　光纤反射镜反射率随温度的变化

2）在迈克尔逊干涉型光纤传感器中主要使用单模或保偏光纤反射镜，Sagnac 干涉型光纤电流传感器中通常使用低双折射光纤反射镜。另外，光纤反射镜还广泛应用在掺铒光纤光源等一些光电模块中。在掺铒光纤光源中，光纤反射镜与掺铒光纤熔接，反射率的大小直接影响掺铒光纤光源的光功率，通常要求光纤反射镜的反射率达到 95％以上；反射光谱会影响到掺铒光纤光源的谱形，理想的光纤反射镜的反射谱在整个光源的光谱范围内是平坦的，同时要求在泵浦激光器中心波长处的反射率低于 5％，否则反射回泵浦激光器中的光容易损伤光源。

3）光纤反射镜的主要材料为光纤、晶体及镀膜材料，其宇航环境适应性及抗辐射性能与光纤隔离器等光纤无源器件相似，可靠性要求一致。通过良好的封装结构和材料设计可保证光纤反射镜具备优越的宇航环境适应性。

4）在应用时，要降低器件安装固定应力影响，控制尾纤弯曲半径和扭转对反射光信号的影响。

5）如果光纤反射镜应用在宇航舱外环境下，则需要研究提高器件在长期超低温

(−90～−70 ℃) 环境下的性能特性及可靠性，从工艺、结构及材料上采取改进措施。

8.7　光电子器件用胶粘剂在宇航环境条件下的性能演变及抑制技术

在光电子器件、组件生产和使用过程中会用到各种胶粘剂，而胶粘剂可能成为影响器件环境稳定性和长期可靠性的主导因素之一。如光纤的涂覆层、光纤环的固化、光学芯片和光纤的耦合都会用到丙烯酸酯类紫外固化胶，光纤阵列的固定、光纤套管的固定、结构件的固定会用到环氧树脂类胶粘剂；器件内部的灌封、芯片的固定、活动尾纤根部的保护、器件安装的加固、发热器件的导热会用到有机硅胶粘剂。因此，对胶粘剂的研究是光电子器件研究的重要内容之一。

8.7.1　宇航用胶粘剂分类

胶粘剂在航天系统上的应用主要体现在 5 个方面：粘接、密封、灌封、修补、紧固，具体分类如图 8-78 所示。目前光电子器件用胶粘剂主要包括环氧树脂类胶粘剂、有机硅胶粘剂、丙烯酸酯类胶粘剂、氰酸酯胶粘剂和双马来酰亚胺胶粘剂，其中以环氧树脂类胶粘剂、丙烯酸酯类和有机硅胶粘剂应用最为广泛。

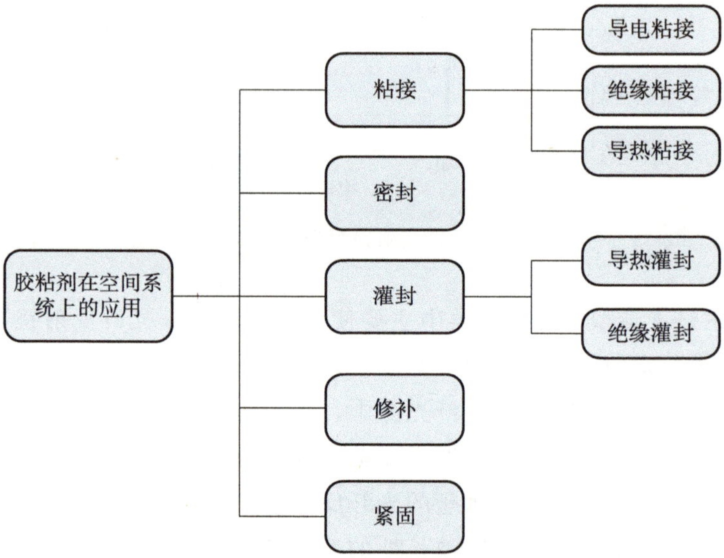

图 8-78　胶粘剂在航天系统中的应用

(1) 环氧树脂类胶粘剂

环氧树脂类胶粘剂由环氧树脂、固化剂、增塑剂、增韧剂、促进剂、稀释剂、填充剂、偶联剂、阻燃剂、稳定剂等组成。其中环氧树脂、固化剂是不可缺少的组分。环氧树脂大分子末端有环氧基，链中间有羟基和醚键，在固化过程中还会继续产生羟基和醚键，结构中含有苯环或杂环。这些结构决定了环氧树脂类胶粘剂具有如下特点：

1) 粘接力大，粘接强度高。高环氧树脂胶中含有环氧基、羟基、醚键、胺基、酯键等极性基团，对多种物质都具有很强的粘接力。环氧树脂固化后内聚力很大，同时环氧基在一定条件下还能与金属表面形成化学键结合，因而表现出很高的粘接强度。

2）收缩率小，尺寸稳定。环氧树脂胶在固化时几乎不放出低分子产物，线膨胀系数受温度影响也小，因此，粘接件的尺寸稳定性好。

3）易于改性，用途广泛。环氧树脂与很多橡胶（弹性体）及热塑性树脂相容性好，甚至发生化学反应；与填料分散性好，可在很大范围内改变环氧树脂胶的性能，提高强度、耐热性、韧性、阻燃性、耐磨性、导电性、耐腐蚀性等。

4）使用温度范围宽，适应性较强。一般的环氧树脂胶使用温度为－60～100 ℃，若采用新型环氧树脂、特殊的固化和填料，可配制出耐超低温胶（－196 ℃）、耐高温胶（350 ℃）、导电胶、导磁胶、导热胶、点焊胶、光敏胶、真空胶、密封胶、阻燃胶、水下胶等许多特种胶粘剂，满足各种性能的要求。

5）毒性较低，危害性小。采用新型固化剂可配制出气味小、无毒性的环保型胶粘剂。环氧树脂胶的固化产物无味无毒，无生理副作用，对人体无害。

6）韧性不佳，脆性较大。环氧树脂含有很多的苯环或杂环，分子链柔性小，加之固化后的交联结构不易变形，致使未增韧的环氧树脂胶韧性不好，脆性较大，难以剥离。

（2）有机硅类胶粘剂

有机硅类胶粘剂在宇航领域得到越来越重要的应用。与一般的有机橡胶相比，硅橡胶具有优异的电气绝缘性、透气性及生理惰性，耐高低温、耐候、耐臭氧、抗电弧、耐化学品。

（3）丙烯酸树脂类胶粘剂

丙烯酸树脂类胶粘剂是由丙烯酸酯类和甲基丙烯酸酯类及其他固化剂、稀释剂等组成的胶粘剂。丙烯酸酯体系在接触长波紫外光和可见光时会发生交联固化反应，同时根据添加剂的不同，丙烯酸胶粘剂可以表现出不同的颜色外观。由于丙烯酸分子链以线性长链结构为主，通过对主链分子上接枝不同的官能团可以有效地调节丙烯酸树脂的各项性能，相较于环氧树脂和有机硅树脂体系，丙烯酸树脂物理和化学特性变化更多。同时由于大部分丙烯酸树脂胶粘剂都为单组分体系，具备固化速度快，装配成本低等特点。

8.7.2　典型胶粘剂在宇航环境条件下的性能演变及抑制技术

（1）紫外线辐射效应及影响

对于应用在航天器舱外的胶粘剂，空间紫外线辐射对其性能及可靠性的影响不可忽视。紫外线辐射可引起高分子材料变脆变硬，甚至开裂；紫外光子与复杂有机聚合物相互作用会导致材料降解并改变材料的性能。能量较高的紫外线可引起高分子材料的价键断裂，从而释放出大量的气体分子，这些分子凝结在光学材料表面，会导致其透过率降低。这对于内部存在空间耦合光路的器件而言，可能会引起光路传输损耗增大，最终引起光路系统光功率或响应度下降。针对舱外应用光电子器件而言，需要选择既能适应长期高低温环境又能起到防护紫外线辐射的材料来封装或防护。聚酰亚胺是一种有机高分子聚合物材料，在宇航领域广泛应用，也适合作为光无源器件及光纤涂层的保护材料。

（2）原子氧效应及影响

太空环境中的原子氧会对暴露在外部的表面材料尤其是有机材料产生剥蚀和氧化腐蚀效应，产生质量损失，使光学、热学、电学及力学参数退化，造成结构性材料强度下降，功能性材料性能劣化。原子氧造成表面材料的退化程度直接与表面接受的原子氧束流通量成正比，同时与材料的反应系数有关。实验表明，对于仅含 C、H、O、N、S 的有机材料，原子氧反应系数大致相同，在 $2\times10^{-24}\sim4\times10^{-24}\,cm^2/AO$ 之间。经过氟化处理的碳基聚合物及硅树脂比常规有机材料原子氧反应系数低 1 个数量级甚至更多。常用金属材料表面致密的氧化膜会保护金属不与原子氧发生氧化反应，因此，对于常规金属材料（如不锈钢、铜等）气密封装的光无源器件而言，原子氧的影响可忽略。陶瓷材料，如二氧化硅、氟化镁等也表现出优异的抗原子氧性能，原子氧反应系数为 $0.4\times10^{-28}\sim2.3\times10^{-28}\,cm^2/AO$。绝大部分聚合物材料对原子氧效应都很敏感，对于带有尾纤的光电子器件若用在航天器舱外环境，由于光纤的外层保护材料通常是高分子聚合物材料，比如聚酰亚胺材料，聚酰亚胺膜层暴露在原子氧环境中，表面剥蚀严重，透明度变差，颜色加深，表面变得粗糙，如果膜层较薄，较短时间即可剥蚀失效。因此，需要增加光纤外保护层聚酰亚胺层的厚度，甚至再增加 PE 等护套，提高其抗原子氧及空间辐射环境适应性。

（3）真空效应及影响

聚合物材料长期在真空环境下，会引起材料的表面放气，使材料质量损失、尺寸变得不稳定、表面和内部构造发生改变，导致材料损伤，甚至造成污染。对于空间材料的放气污染，一般要求在 125 ℃、1.3×10^{-4} Pa 环境下 24 小时材料总失重不大于 1%，25 ℃收集面上的可凝性挥发成分不大于 0.1%[388]。

对光电子器件常用几种典型胶粘剂（环氧树脂胶 353ND、硅橡胶 GD414、紫外固化胶 NOA81）在真空中的总质量损失和收集到的可凝挥发物进行测试分析，实验真空度 3×10^{-3} Pa；试样室温度 125 ℃，保温 24 小时；收集板温度 25 ℃。实验结果表明这三种高分子材料均可满足空间应用标准要求。

（4）辐射效应及影响

胶粘剂用于光电子器件时，其抗辐射能力主要影响器件性能稳定性和长期可靠性。针对光电子器件用到的几种典型高分子材料开展了辐射特性研究，主要包括硅橡胶、环氧树脂胶、丙烯酸树脂胶，对其辐射前后的表面形貌、分子结构和力学性能进行对比分析[389]。采用 γ 射线辐射源，剂量率为 0.0138 Gy/s，总剂量为 1 000 Gy，累积辐射时间为 20 h。

①辐射对胶表面形貌的影响

对辐射前后胶样品的表面形貌进行微观成像研究，结果表明，1 000 Gy γ 射线辐射对硅橡胶、环氧树脂和丙烯酸树脂胶的表面形貌均没有产生明显的影响。主要是因为辐射的总剂量并不大，还不能对胶粘剂的材料表面造成明显的损伤。

②辐射对胶分子结构的影响

从辐射前后典型硅橡胶的红外谱图对比可以看出功能团峰的位置没有明显的变化，强度略有变化。表明缩聚型硅橡胶经 1 000 Gy 剂量的 γ 射线辐射后有小量的 Si—O 键的分解，如图 8 - 79 所示。

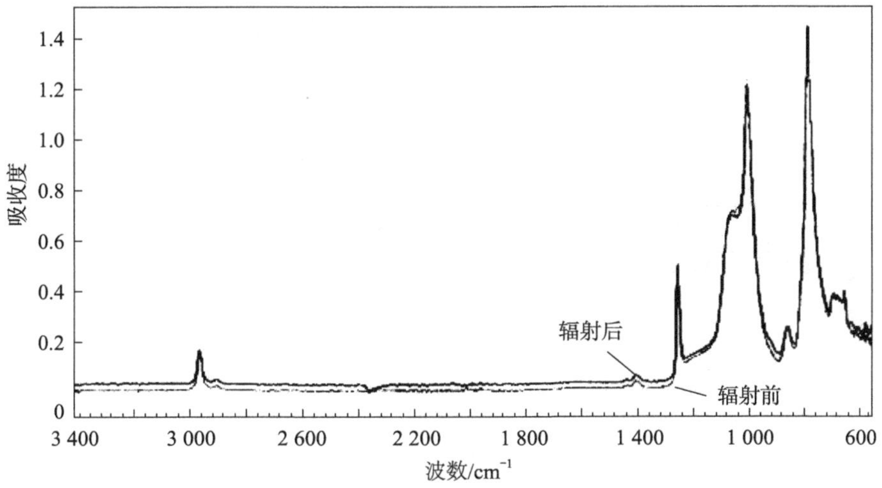

图 8 - 79　硅橡胶辐射前后的红外吸收光谱

从辐射前后典型环氧树脂胶的红外谱图可以看出，吸收峰的位置没有变化，强度有明显的变化，表明环氧树脂胶发生了侧链 C—H 键、N—H 键的降解。同时，环氧树脂胶在辐射作用下固化度有所增加，即存在进一步交联过程，如图 8 - 80 所示。

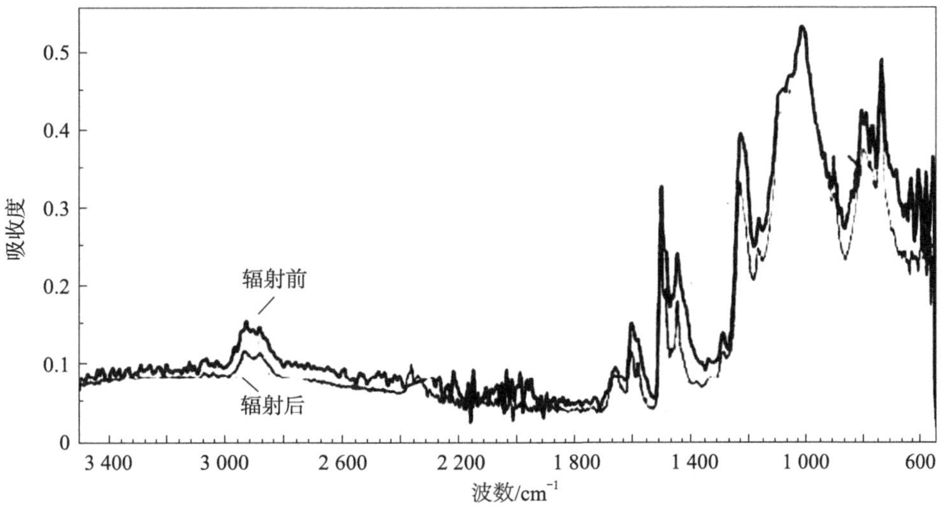

图 8 - 80　环氧树脂胶辐射前后的红外吸收光谱

从辐射前后典型丙烯酸树脂胶的红外谱图可以看出，吸收峰的位置没有明显的变化，强度也没有变化。表明所选用的丙烯酸树脂胶经 1 000 Gy 剂量的 γ 射线辐射后几乎没有发生化学键断裂，有着比较稳定的抗辐射性能，如图 8 - 81 所示。

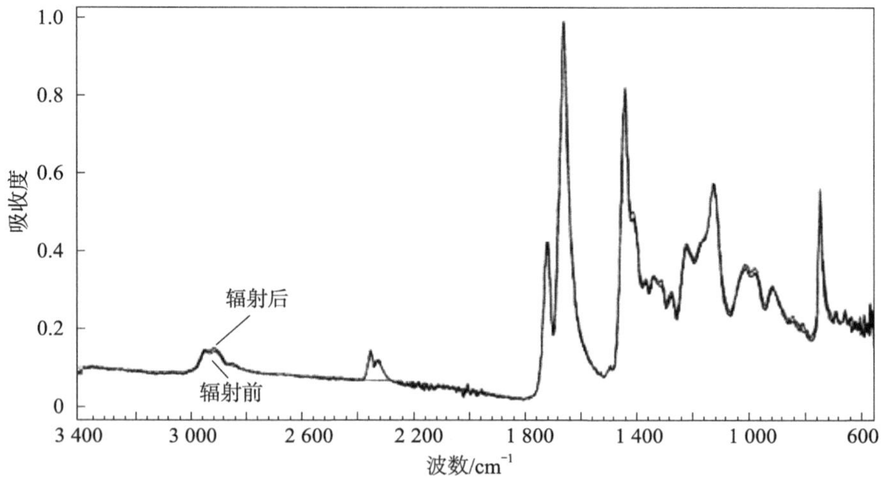

图 8-81 丙烯酸树脂胶辐射前后的红外吸收光谱

图 8-82 为典型硅橡胶辐射前后的热失重曲线。可以看出与辐射前相比，辐射后的热失重曲线有一定程度变化，说明辐射对硅橡胶有一定的影响。可能是侧链的辐射分解使得小分子量、低沸点的化合物增多，同时由于主链的分解生成了具有更低气化或分解温度的分解产物。此外，从曲线达到平衡时的残留量可以看出辐射以后还产生了具有更高分解温度的产物。

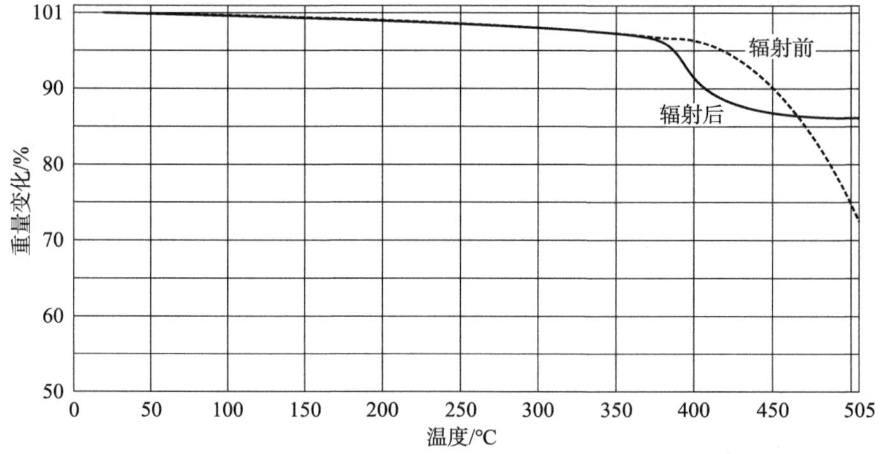

图 8-82 硅橡胶辐射前后的热失重曲线

图 8-83 为典型环氧树脂胶辐射前后的热失重曲线。由图 8-80 可知，辐射导致环氧树脂侧链基团的分解和主链的进一步交联，但辐射前后的 TGA 曲线几乎重合，这说明辐射导致的分解和交联的程度很小。

图 8-84 为典型丙烯酸树脂胶辐射前后的热失重曲线。辐射前后的热失重曲线差异很小，说明辐射对丙烯酸树脂胶的影响很小，只出现侧链的分解，使得小分子量、低沸点的化合物增多，但不存在主链的分解。

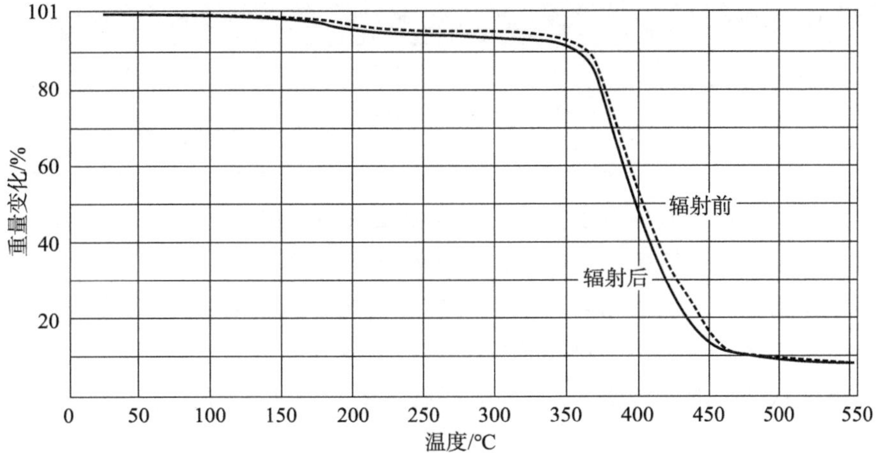

图 8-83　环氧树脂胶辐射前后的热失重曲线

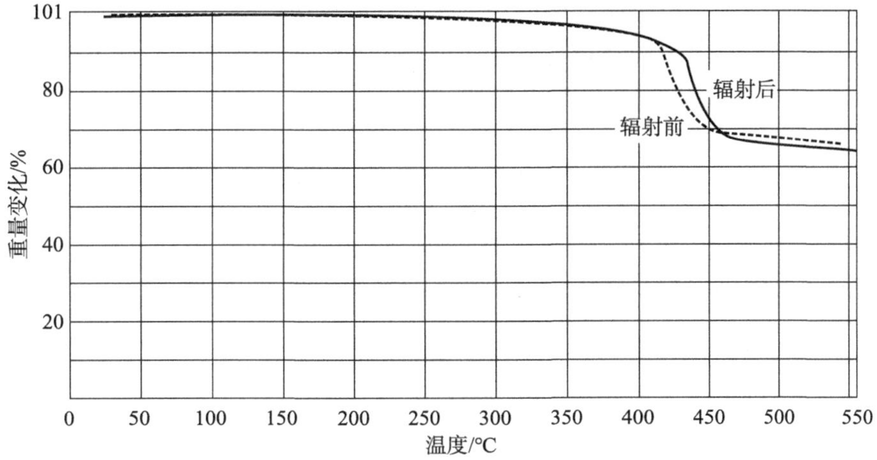

图 8-84　丙烯酸树脂胶辐射前后的热失重曲线

③辐射对胶力学性能的影响

对典型硅橡胶和丙烯酸树脂胶辐射前后的力学性能进行了测试，结果见表 8-11[389]。硅橡胶辐射后硬度和拉伸强度均略有下降，断裂伸长率有所增大，与红外光谱和 TGA 失重曲线结合起来综合考虑，说明缩聚型硅橡胶主要存在少量侧链和主链的降解。丙烯酸树脂胶辐射前后硬度和拉伸强度变化很小。结合红外光谱和 TGA 失重曲线可以看出紫外固化胶不存在主链的降解。总体上讲，硅橡胶和丙烯酸树脂胶的力学性能与红外光谱、热失重曲线的测试分析结果相吻合，且辐射对胶粘剂的力学性能影响不明显。

表 8-11　硅橡胶和丙烯酸树脂胶辐射前后性能测试结果

	硬度(邵氏 A)		拉伸强度/MPa		伸长率/%	
	辐射前	辐射后	辐射前	辐射后	辐射前	辐射后
硅橡胶	51	48	4.72	4.65	220	250
丙烯酸树脂胶	80	81	5.83	5.82	7.3	7.5

（5）典型胶粘剂在宇航环境条件下的性能演变及抑制技术

①环氧树脂在宇航环境条件下的性能演变及抑制技术

对于环氧树脂材料来说，辐射可能引发的主要化学变化有：1）辐射交联。辐射使聚合物主链线型分子之间通过化学键相连接，结果是聚合物分子量随吸收剂量增加而增加，直至形成三维网状结构的聚合物。2）辐射降解。辐射使聚合物发生主链断裂，结果分子量下降，最终形成分子量很小的低聚物。3）气体生成（主要是 H_2 和 CH_4 等）和不饱和度的变化。4）氧化反应。5）异构化和歧化反应。这些变化都可能反映到材料物性方面的改变。分子的交联或裂解都将严重影响分子量的大小和分布，从而使熔点、在溶剂中的溶解度和机械强度等各方面发生明显的变化。在高能辐射作用下，辐射交联和降解两个过程往往是同时存在的。当辐射剂量较低时，环氧树脂会发生初级活化，逸出一个电子，产生阳离子自由基[390]，如图 8-85 所示。

$$\mathrm{AB} \rightsquigarrow \longrightarrow \overset{+}{\mathrm{AB}}{}^{\bullet} + \mathrm{e}$$

图 8-85　辐射吸收引起的初级作用

阳离子自由基不稳定可离解成阳离子和自由基，如图 8-86 所示。

$$\overset{+}{\mathrm{AB}}{}^{\bullet} \longrightarrow \overset{+}{\mathrm{A}} + \mathrm{B}^{\bullet} + \mathrm{e}$$

图 8-86　不稳定离子自由基离解

当辐射注量继续增大时，辐射产生的阳离子较多。环氧树脂分子链会进一步发生开环的链增长反应，如图 8-87 所示。

图 8-87　环氧树脂分子链开环的增长反应

此时由于分子链的增长，环氧树脂内部的交联密度进一步提升，此时材料的物化性能如弹性模量、断裂伸长率等上升。随着辐射剂量的进一步增加，C—C 键含量降低，被高能电子打断，并且空气中的 O_2 分子被高能电子辐射后生成 O_3 分子，O_3 会对环氧树脂表面进一步氧化刻蚀，更多的 C—C 键发生断裂，导致环氧树脂的空间网络结构受到严重的破坏，使交联密度减小，力学性能随之下降。

环氧树脂受原子氧作用时，主要由于受到高能原子氧轰击，C—C 和 C—H 发生断键，引起表面腐蚀反应，持续生成挥发性的小分子物质（如 CO、CO_2、OH 和 H_2O 等），而且随着原子氧累积，总通量的增加，出现越来越多的、尺寸逐渐增大的腐蚀性“坑状”特征，最终导致环氧树脂材料的腐蚀深度越来越大。

通过向环氧树脂胶粘剂中添加纳米填料（二氧化硅颗粒、碳纳米管、石墨烯等）的方法可以有效提高环氧树脂在空间应用时的适应性，如二氧化硅纳米颗粒，添加量为 5 wt% 时，环氧树脂被紫外光辐射和原子氧的腐蚀率下降为纯环氧树脂的 1/3。

因此，纳米材料的加入不仅可以赋予环氧树脂一些特定的性能，如导电性、导热性等。同时还可以有效提高环氧树脂的空间环境适应性。

②硅橡胶在宇航环境条件下的性能演变及抑制技术

硅橡胶在宇航环境下应用的突出问题是在真空及高低温交变协同作用下的放气问题。由于硅橡胶在硫化过程中产生的副产物及少量未反应的低分子量物质，在真空条件下会从材料中逸出而凝结于附近的冷表面上，造成污染。为了使硅橡胶的热真空脱气性能符合宇航应用要求，一般对硅橡胶生胶进行预处理，以减少其挥发组分。对生胶的预处理大体上有热真空处理法和液-液提馏两种方法。

热真空处理法是将生胶在一定温度和高真空条件下进行一定时间的预处理，以除去生胶中的小分子物质。在处理中，升高温度、提高真空度及延长处理时间都有利于小分子物质的去除。液-液提馏法是选取适当的混合溶剂，连续提馏生胶中的小分子物质，以减小热真空下的质量损失。对于室温或低温硫化硅橡胶来说，用液-液提馏处理生胶具有更重要的意义。

低剂量质子辐射会诱导甲基硅橡胶材料表面形成交联结构，这些结构会引起材料拉伸强度与硬度增加，但是进一步增加质子辐射剂量，材料表面会生成裂纹，裂纹使材料出现降解现象，最终导致材料拉伸强度与硬度下降。

在受到原子氧作用时，原子氧取代了有机硅侧链上的甲基，并在材料表面生成少量的 SiO_x 相关物质，而 SiO_x 物质会引起硅橡胶体材料的粘附力有一定程度的降低。

为了提高有机硅树脂的空间适用性，常用的方法主要有添加纳米材料和对分子链改性。添加纳米材料（如 MgO、AgO 和 SiO_2 等）可以有效提高有机硅材料的抗辐射和耐原子氧性能。分子链改性是提高有机硅分子链中的 Si 和 O 原子，主要是通过共聚的形式“嫁接”到硅氧烷-聚合物复合材料分子链的主链或侧链上，例如笼状倍半硅氧烷，实验表明，硅氧烷-聚合物复合材料在受到原子氧轰击时，表面层能够迅速形成二氧化硅保护层，并且硅氧烷在聚合物中的分布高度均匀，所以二氧化硅保护层能够克服空间碎片碰撞造成的裂痕或缺陷并迅速“自愈”。二氧化硅保护层是连续且完整的，保护层受原子氧轰击发生反应的可能性很小，硅氧烷-聚合物复合材料的抗原子氧腐蚀性得到了明显提高。

③丙烯酸树脂在宇航环境条件下的性能演变及抑制技术

低剂量辐射会诱导丙烯酸树脂材料表面形成交联结构，这些结构会引起材料拉伸强度与硬度增加，但是进一步增加质子辐射剂量，材料表面会生成裂纹，裂纹使材料出现降解现象，最终导致材料拉伸强度与硬度下降。

原子氧会氧化腐蚀丙烯酸树脂，引发 C—C 断键，夺取 C 原子产生 C—O 等小分子物质挥发，从而腐蚀材料。

8.8 典型光纤组件及光无源器件性能对应用系统的影响及抑制技术

8.8.1 光纤环性能对光纤陀螺的影响及抑制技术

光纤陀螺的结构组成如图 4 - 82 所示，光纤环是产生 Sagnac 相移的核心器件，其性能是影响光纤陀螺测量精度和稳定性的关键器件。

(1) 光纤环损耗与陀螺噪声的关系

在光纤环中，由于光纤本身的材料吸收、瑞利散射、绕制的弯曲等原因造成光纤环的损耗，光纤环损耗是构成光纤陀螺光路总损耗的一部分，光路总损耗影响到达探测器的功率，进而影响探测器的散粒噪声大小。假设光纤环总损耗为 α ，则陀螺随机游走为

$$\Omega_{\min}=\frac{\lambda c}{2\pi DL}\frac{\sqrt{2e(1+\cos\phi_b)\Delta f}}{\sqrt{R_D P 10^{\frac{\alpha}{10}}\sin(\phi_b)}} \tag{8-115}$$

式中，P 为假设光纤环损耗为 0 时探测器接收到的光功率；λ 为波长；c 为光速；e 为电子电量；D 为光纤环平均直径；L 为光纤长度；R_D 为探测器响应度；ϕ_b 为偏置相位；Δf 为光子计数带宽。可以得出，在输入光功率不变的情况下，光纤环的总损耗每增加 3 dB，探测器接收到的光功率减小为原来的 1/2，对应的陀螺随机游走系数增加为原来的 $\sqrt{2}$ 倍。

在中低精度光纤陀螺中，光纤环长度较短，一般小于 1 km，光纤环的总损耗通常小于 1 dB，对陀螺的精度影响不大。但在高精度光纤陀螺中，光纤环的损耗对陀螺精度的影响较为明显。例如，光纤环长度为 300 m 的中低精度陀螺和 3 000 m 的高精度陀螺，光源功率不变的情况下，光纤损耗若为 1 dB/km，则总损耗分别增加 0.3 dB 和 3.0 dB，损耗引起的随机游走分别增加 3.5%和 41%，可以看出光纤环总损耗对高精度陀螺影响较大。因此对于高精度光纤陀螺，应尽量采用损耗较低的光纤绕制光纤环，并减少绕制引起的损耗。

从光纤陀螺系统考虑，为了降低光纤环损耗对陀螺精度的影响，可采取恒光功率控制技术进行损耗的抑制。

恒光功率控制技术是通过直接检测光源输出光功率，然后对驱动电流进行闭环反馈控制，使光源的输出功率保持恒定。光纤陀螺采用的光源组件自身带有一个背向探测器，其输出光电流反映光源发光功率，通过对背向探测器输出电流的检测控制驱动电流可以实现光源输出功率的恒定控制。但是由于背向探测器输出电流较小，灵敏度随温度变化大，实际应用中多在光纤陀螺耦合器空头接一个探测器来检测光源光功率的输出。

对于一般的应用场合，采用恒流控制方式或恒光功率控制方式是可以满足要求的，但是对于一些特殊场合，比如空间应用和长期应用的场合，陀螺内部光电子器件在辐照条件

下光路损耗增大，使到达探测器光功率下降，采用上述方式就不能满足要求了，需要通过对到达陀螺探测器光功率进行控制，如图 8－88 所示。

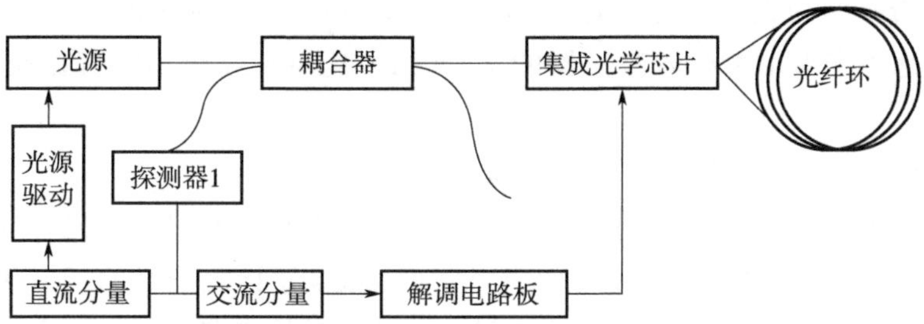

图 8－88　从探测器直流分量反馈光功率的光纤陀螺恒光功率控制原理框图

通过这种控制方案，可以对整个光路的光功率进行控制，有效防止光纤环损耗增加导致的陀螺光路损耗增大现象，有效解决高精度光纤陀螺温度长期稳定性以及空间环境适应性等难题。

（2）光纤环偏振串音与陀螺偏振误差的关系

偏振串音反映了光路中总的偏振交叉耦合，表示保偏光纤总的偏振保持能力。可以用一个简单的模型来计算光纤环中的偏振交叉耦合效应，沿光纤环的随机耦合可以认为是一些离散的耦合点产生的，每一个耦合点对应着一段消偏长度 L_d，强度耦合为 hL_d。假设光纤环长度为 L，则共有 $N=L/L_d$ 个耦合点，有 $N/2$ 对相对于光纤中点对称的点。每一对产生两个二阶波列，这两个二阶波列引起的相位偏置误差 $\Delta\phi_{ei}$ 相同。那么总的效应是以零为中心的独立随机变量 $\Delta\phi_{ei}$ 的和，因此总的相位误差 $\Delta\phi_e$ 的均值为零，均方根偏差的平方等于每个变量的均方根偏差的平方和，即

$$\sigma_{\Delta\phi_e}=\sqrt{N(\sigma_{\Delta\phi_{ei}})^2/2}=\varepsilon^2 hL/\sqrt{N} \tag{8-116}$$

式中，hL 为沿光纤环总的偏振耦合；ε 为 Y 波导的偏振消光比。

光纤环的偏振串音为

$$\mathrm{CT}=10\lg(hL) \tag{8-117}$$

则式（8－116）可写为

$$\sigma_{\Delta\phi_e}=\varepsilon^2 10^{\frac{\mathrm{CT}}{10}}/\sqrt{N} \tag{8-118}$$

可见，保偏光纤环的偏振串音越小（绝对值越大），偏振保持能力越强，交叉耦合模式的功率越小，则光纤陀螺强度型偏振误差越小，精度越高。

返回耦合器的两光束的相干度随着时间差增大而减小，同时相干度随着光谱宽度的增加而减小，因此采用宽谱光源可以减小寄生干涉的相干度，甚至对于某些特定的耦合光波，可以使其与主波之间的相干度或其相互之间的相干度接近于零，相应的寄生干涉则可以忽略，仅对主干涉信号形成一个背景，降低主干涉信号的对比度。

早期的光纤陀螺采用半导体激光器，光谱较窄，其相干长度较长。例如对于光谱宽度 0.2 nm、平均波长 1.3 μm 的光源，其相干长度为 0.67 mm，去相干长度为 2.55 mm，这意味着对于双折射率差为 5×10^{-4} 的保偏光纤，在快轴和慢轴内传播的光波经过长为

1.3 m 的光纤后仍具有较强的时间相干性，光纤的消偏长度（同时出发时，快轴和慢轴光波之间光程差等于去相干长度的光纤长度）则长达 16.8 m。目前经常采用的波长 1.3 μm 和 1.55 μm 宽带光源的光谱半最大值全宽达到 10～40 nm，对应的光纤的消偏长度仅为 8.4～48 cm，远小于采用半导体激光器的 16.8 m，从而有效减小了偏振交叉耦合产生的寄生干涉。

(3) 光纤环应力分布引起的非互易误差

光纤环绕制过程中，相邻的两层光纤存在的交叉接触点以及每一层光纤环贴紧骨架的边缘处，由于附加的机械应力改变了光纤的应力分布，改变了该处光纤的折射率。如果光纤上某点应力为固定值，则由于相向传播两束光波经过该点时的相移相同，不会引入误差。实际应用环境中，由于光纤线圈骨架或光纤线圈的热胀冷缩的影响，或光纤线圈受到环境应力的影响，应力引起的折射率变化沿光纤长度分布是随时间变化的，由于相向传播两束光波经过某一点（中点除外）的时间不同，因此累积的相移也不同，这产生了非互易相位误差。

对于光纤环应力分布引起的非互易误差，可采取光纤环精密对称绕制方法进行抑制，使应力引起的误差关于光纤环的中点精密对称，实现对称抑制消除。

8.8.2 光纤光栅性能对应变传感系统的影响及抑制技术

采用可调光纤 F-P 滤波器解调法的光纤光栅传感系统如图 8-89 所示。由光源发出的宽谱光，通过 3 dB 光纤耦合器传送到各个 FBG，每个 FBG 将满足布拉格波长条件的各波长的光束反射回，并经过耦合器引入到可调 F-P 滤波器中，通过在 F-P 腔的压电体（PZT）上施加锯齿波扫描电压调节其腔间隔，当 F-P 的透射波峰与 FBG 的反射波峰重合时，F-P 滤波器的透射光强最大，不同的扫描电压对应的透射光的波长不同，这样，就使多个 FBG 同一时刻反射回来的不同中心波长的光脉冲信号在同一扫描周期的不同时刻通过 F-P 腔，并从中测得各个 FBG 传感器的反射峰波长，实现 FBG 传感器的波长解调。

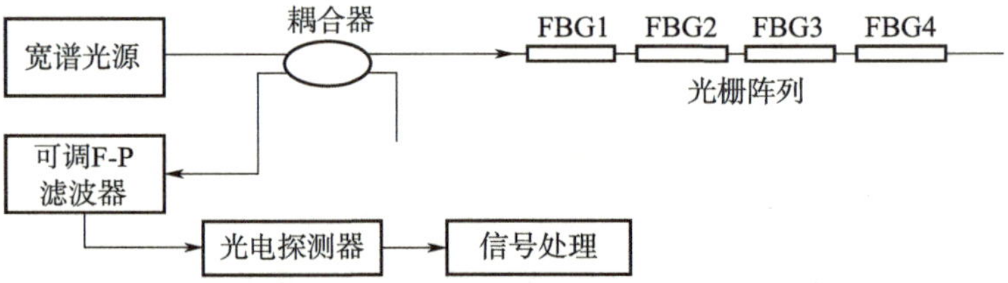

图 8-89 光纤光栅应变传感系统

在实际的大型结构健康监测中，一般采用两只以上串联分布的 FBG 传感器进行结构监测。当串联复用的 FBG 传感器性能良好且两传感器的波峰相距较远时，即使两只传感器存在旁瓣，且两只 FBG 传感器受到相反的作用力，出现反射旁瓣叠加现象，但是由于性能良好的传感器旁瓣叠加的峰值仍然很小，没有超过解调阈值 I_{G1}，旁瓣峰值不会被识别出来，因此，仍然可以得到正确的解调结果，如图 8-90 所示。

当 FBG 的性能退化时，边模抑制比下降，旁瓣相对于峰值增大。此时若两只 FBG 传

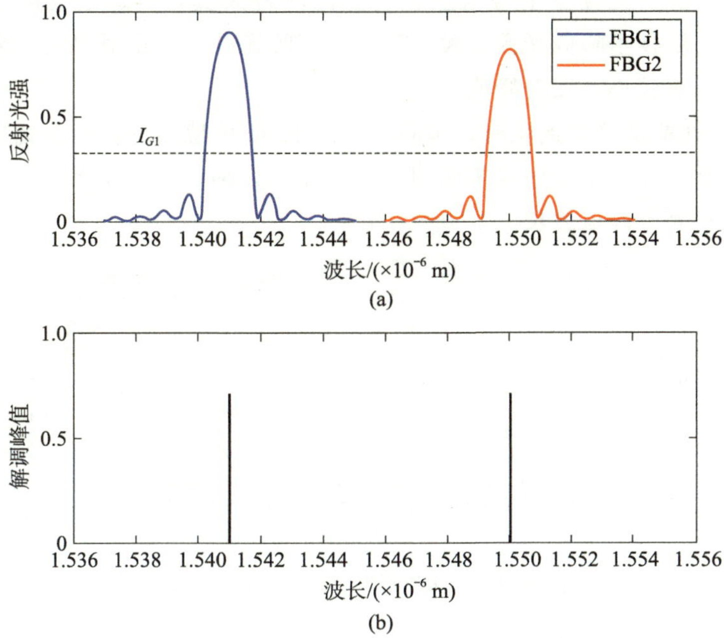

图 8－90　正常 FBG 的反射光谱（a）及解调波长分布（b）

感器受到相反的应变作用使光谱靠近到一定程度，反射旁瓣的光强相互叠加就会大幅度增强，在原有的两个光谱峰值中间额外增加了一个峰值。当叠加峰值强度超过解调系统识别阈值时，就会被解调系统识别为 FBG 信号，解调出的测量峰值波长数量多于 FBG 数量，如图 8－91 所示。

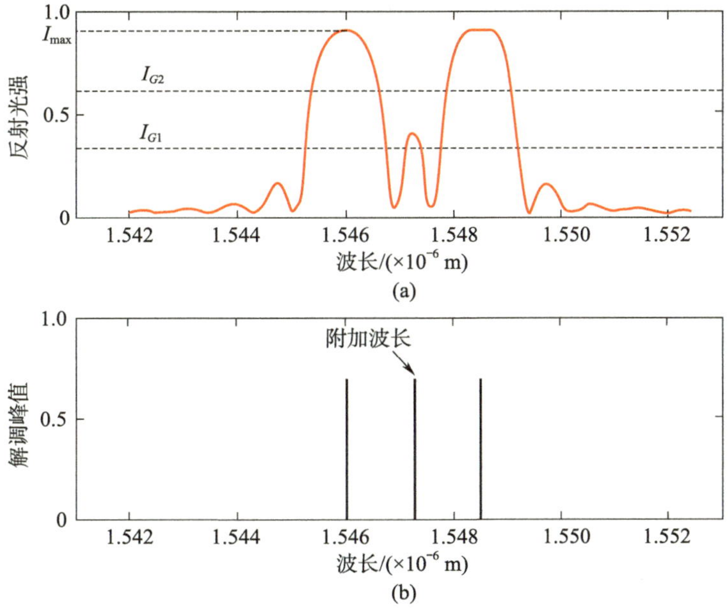

图 8－91　FBG 反射旁瓣重叠的反射光谱（a）及解调波长分布（b）

对于图 8－91 所示光栅反射旁瓣重叠引起的测量失真，可通过提高边模抑制比来抑制。如采用光栅切趾技术降低光栅旁瓣。高斯型切趾光纤光栅虽然具有一定的旁瓣抑制能力，但它的反射带宽较小，反射峰值较小。

当两只 FBG 性能都严重退化时，串联分布的 FBG 传感器的反射光谱的强度也会随之下降，甚至出现反射光强小于固定解调阈值的情况，如图 8－92 所示。当解调系统对此光谱解调时，不能检测到峰值波长。

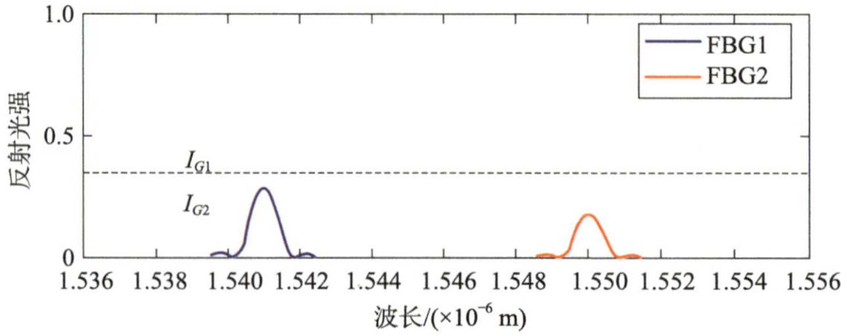

图 8－92　FBG 严重退化时的反射光谱

除了 FBG 性能严重退化，光源退化、链路接点退化、F－P 滤波器退化以及耦合器退化到一定程度时，都会出现如图 8－92 所示的测量失真。针对此类测量失真，可采用聚类分析法处理失真数据。对于大型结构而言，结构的自重是影响参数变化的主要原因，很多参数测点曲线的变化趋势缓慢。而由 FBG 性能退化引起的数据失真表现为跳变点。因此，可以通过应变数据变化率大小判断数据的失真性。找到正常曲线中数据点变化率的阈值，采集数据通过检测其变化率是否超过阈值就可判断是否为失真数据，通过相应的预处理可剔除失真数据的影响。阈值的选取是进行数据失真判断的关键。根据数据变化率值集中在某一区间内的特点，可通过采用聚类分析法寻找阈值[391]。

缩略语

AI	Artificial Intelligence	人工智能
APD	Avalanche Photodiode	雪崩光电二极管
APS	Active Pixel Sensor	有源像素传感器
AR	Anti – reflection	防反射
ASE	Amplified Spontaneous Emission	放大的自发辐射
BBT	Band – to – Band Tunneling	带间隧穿
BCCD	Body Charge Coupled Device	体沟道 CCD
BFL	Brillouin Fiber Laser	布里渊光纤激光器
BMFT	Bipolar – Mode Field – Effect Transistor	双极模式场效应晶体管
BOTDR	Brillouin Optical Time Domain Reflectometry	布里渊时域反射计
BPD	Balanced Photodetector	平衡探测器
BPSK	Binary Phase Shift Keying	二进制相移键控
BWS	Bragg Wavelength Shift	中心波长漂移
CCD	Charge Coupled Device	电荷耦合器件
CDS	Correlated Double Sample	相关双取样
CIS	CMOS Image Sensor	CMOS 图像传感器
CMOS	Complementary Metal Oxide Semiconductor	互补金属氧化物半导体
COD	Catastrophic Optical Damage	腔面光学灾变损伤
CTE	Charge Transfer Efficiency	电荷转移效率
CWDM	Coarse Wavelength Division Multiplexing	粗波分复用

DBR	Distributed Bragg Reflector	布拉格反射镜
DBRFL	Distributed Bragg Reflector Fiber Lasers	布拉格反射型光纤激光器
DCR	Dark Count Rate	暗计数率
DFB	Distributed Feedback	分布反馈
DIFET	Double Injected Field - Effect Transistor	双注入场效应管
DLTS	Deep Level Transient Spectroscopy	深能级瞬态谱
DPA	Destructive Physical Analysis	破坏性物理分析
DPSK	Differential Phase Shift Keying	差分相移键控
DPSLL	Diode Pumped Solid State Laser	全固态激光器
DSP	Digital Signal Process (Processor)	数字信号处理（器）
DWDM	Dense Wavelength Division Multiplexing	密集波分复用
ECLD	External Cavity Laser Diode	外腔激光器
EDF	Erbium Doped Fiber	掺铒光纤
EDFA	Erbium Doped Fiber Amplifier	掺铒光纤放大器
ESA	European Space Agency	欧洲空间局
ESD	Electro - static Discharge	静电放电
EYDFA	Erbium - Ytterbium Doped Fiber Amplifier	铒镱共掺光纤放大器
FBG	Fiber Bragg Grating	光纤布拉格光栅
FD	Floating Diffusion	悬浮扩散结
FET	Field Effect Transistor	场效应晶体管
FIB	Focused Ion Beam	聚焦离子束
F - K	Franz - Keldysh	Franz - Keldysh 效应
FMEA	Failure Mode and Effects Analysis	失效模式与影响分析
F - P	Fabry - Perot	法布里-珀罗
FR	Faraday Rotator	法拉第旋转器（镜）
GCR	Galactic Cosmic Rays	银河宇宙射线
GEO	Geostationary Earth Orbit	地球静止轨道
GM	Geiger Mode	盖革模式

GODC	Germanium Oxygen Deficient Centers	缺氧锗缺陷中心
HACC	Hole - Assisted Carbon Coated	孔辅助碳涂层
IM/DD	Intensity Modulation/Direct Detection	光强调制/直接检测
IPDA	Integrated Path Differential Absorption	积分路径差分吸收
IRFPA	Infared Focal Plane Array	红外焦平面阵列
JPL	Jet Propulsion Laboratory	（美国）喷气推进实验室
LD	Laser Diode	激光二极管
LED	Light - Emitting Diode	发光二极管
LEO	Low Earth Orbit	低地球轨道
LET	Linear Energy Transfer	线性能量传递
LM	Linear Mode	线性模式
LNOI	Lithium Niobate on Isolator	薄膜铌酸锂
LPFG	Long Period Fiber Grating	长周期光纤光栅
MCT	Mercury Cadmium Telluride	碲镉汞
MCVD	Modified Chemical Vapor Deposition	改进的化学气相沉积
MEO	Medium Earth Orbit	中地球轨道
Micro LED	Micro Light Emitting Diode	微发光二极管
MOSFET	Metal - Oxide - Semiconductor Field - Effect Transistor	金属 - 氧化物-半导体场效应管
MPP	Multi - Pinned - Phase	多针相（模式）
MTTF	Mean Time to Failure	平均无故障工作时间
MTF	Modulation Transfer Function	调制传递函数
MZI	Mach - Zehnder Interferometer	马赫-曾德尔干涉仪
NA	Numerical Aperture	数值孔径
NASA	National Aeronautics and Space Administration	美国国家航空航天局
NEDT	Noise Equivalent Temperature Difference	噪声等效温差
NIEL	Non - ionizing Energy Loss	非电离能量损失
NIR	Near Infrared	近红外
NOMV	Neutral Oxygen Monovacancy	中性氧单空位

OHC	Oxygen Hole Center	氧空位中心
OLED	Organic Light - Emitting Diode	有机发光二极管
OOK	On - Off Keying	开关键控
OPA	Optical Parametric Amplifier	光参量放大器
OPO	Optical Parametric Oscillator	光参量振荡器
PDE	Photon Detection Efficiency	光探测效率
PEO	Polar Earth Orbit	极地地球轨道
P - I	Power - Current	输出光功率-驱动电流
PMD	Pre - Metal Dielectric	金属前介质层
PPD	Pinned Photodiode	钳位光电二极管
PPS	Passive Pixel Sensor	无源像素传感器
PROM	Programmable Read - Only Memory	可编程只读存储器
PSD	Power Spectral Density	功率谱密度
QD	Quantum Dot	量子点
QCSE	Quantum - Confined Stark Effect	量子限制 Stark 效应
QPSK	Quadrature Phase Shift Keying	正交相移键控
QW	Quantum Well	量子阱
RCE	Resonant Cavity Enhanced	谐振腔增强型
RIA	Radiation Induced Attenuation	辐射诱导损耗
RICD	Radiation Induced Coating Degradation	辐射诱导涂覆层降解
RIE	Radiation Induced Emission	辐射诱导发光
RIN	Relative Intensity Noise	相对强度噪声
RIRIC	Radiation Induced Refractive Index Change	辐射诱导折射率变化
ROIC	Read - Out Integrated Circuit	读出集成电路
RWC	Random Walk Coefficient	随机游走系数
SAA	South Atlantic Anomaly	南大西洋异常区
SACM	Separate Absorption Charge Multiplication	吸收、倍增、电荷层分离结构
SAGCM	Separate Absorption Grading Charge Multiplication	吸收、渐变、电荷、倍增分离结构

SAGM	Separate Absorption Grading Multiplication	吸收、渐变、倍增分离结构
SAM	Separate Absorption Multiplication	吸收、倍增分离结构
SCCD	Surface - channel Charge - Coupled Device	表面沟道 CCD
SEFI	Single Event Functional Interrupt	单粒子中断
SEL	Single Event Latch - up	单粒子闩锁
SEM	Scanning Electron Microscope	扫描电子显微镜
SEP	Solar Energetic Particle	太阳能量粒子
SET	Single Event Transient	单粒子瞬态
SEU	Single Event Upset	单粒子翻转
SHR	Shockley - Hall - Read	SHR（复合）
SLD	Super Luminescent Diode	超辐射发光二极管
SNR	Signal - Noise Ratio	信噪比
SOA	Semiconductor Optical Amplifier	半导体光放大器
SPAD	Single - Photon Avalanche Diode	单光子雪崩二极管
STI	Shallow Trench Isolation	浅沟槽隔离区
SWIR	Short - wave Infrared	短波红外
TAT	Trap - assisted Tunneling	缺陷俘获隧穿
TDI	Time Delay Integration	时间延迟积分
TE	Transverse Electric	横电（模/波）
TEC	Thermoelectric Cooler	热电制冷器
TGA	Thermal Gravimetric Analysis	热失重分析
TM	Transverse Magnetic	横磁（模/波）
VCSEL	Vertical - Cavity Surface - Emitting Laser	垂直腔面发射激光器
V - I	Voltage - Current	电压-电流
VLWIR	Very Long Wave Infrared	甚长波红外
WDM	Wavelength Division Multiplexing (Multiplexer)	波分复用（器）
YAG	Yttrium Aluminum Garnet	钇铝石榴石
YLF	Yttrium Lithium Fluoride	氟化钇锂

参考文献

[1] 田芊，毛献辉，孙利群．光电子技术及其进展［J］．应用光学，2002，23（1）：1－4.

[2] Parise R J. Future all－electric transportation communication and recharging via wireless power beam［J］．Proceedings of SPIE，2001，4214：171－179.

[3] 唐亮，仲元昌，张成祥，等．激光无线传能关键技术研究现状及发展趋势［J］．激光杂志，2017，38（10）：28－32.

[4] 陈伯良，李向阳．航天红外成像探测器［M］．北京：科学出版社，2016.

[5] 范晋祥，杨建宇．红外成像探测技术发展趋势分析［J］．红外与激光工程，2012，41（12）：3145－3153.

[6] 王小勇，等．空间光学遥感器光电探测及控制［M］．北京：中国宇航出版社，2020.

[7] Lindgren N. Optical communications：A decade of preparations［J］．Proceedings of the IEEE，1970，58（10）：1410－1418.

[8] 白帅，王建宇，张亮，等．空间光通信发展历程及趋势［J］．激光与光电子学进展，2015，52（7）：070001.

[9] 王天枢，林鹏，董芳，等．空间激光通信技术发展现状及展望［J］．中国工程科学，2020，22（3）：92－99.

[10] 李学良．大气激光通信数字相干探测关键技术研究［D］．北京：中国科学院大学，2018.

[11] 王巍，丁东发，夏君磊．干涉型光纤传感用光电子器件技术［M］．北京：科学出版社，2012.

[12] Meltz G，Morey W W，Glenn W H. Formation of Bragg gratings in optical fiber by a transverse holographic method［J］．Optics Letters，1989，14：823－825.

[13] Wolfgang Ecke，Ines Latka，Reinhardt Willsch，et al. Fibre optic sensor network for spacecraft health monitoring［J］．Measurement Science and Technology，2001，12（7）：974－980.

[14] Ogisu T，Shimanuki M，Kiyoshima S，et al. Development of damage monitoring system for aircraft structure using a PZT actuator/FBG sensor hybrid system［C］．Smart Structures and Materials 2004. Industrial and Commercial Applications of Smart Structures Technologies，San Diego，CA，USA，2004：425－436.

[15] Mizutani T，Takeda N，Takeya H. On－board strain measurement of a cryogenic composite tank mounted on a reusable rocket using FBG sensors［J］．Structural Health Monitoring，2006，5（3）：205－214.

[16] Park S O, Moon J B, Lee Y G, et al. Usage of fiber Bragg grating sensors in low earth orbit environment [C]. Sensors and Smart Structures Technologies for Civil, Mechanical, and Aerospace Systems 2008. 2008, 6932: 69321T.

[17] Kim H I, Yoon J S, Kim H B, et al. Measurement of the thermal expansion of space structures using fiber Bragg grating sensors and displacement measuring interferometers [J]. Measurement Science and Technology, 2010, 21 (8): 085704.

[18] Takeda S I, Aoki Y, Nagao Y. Damage monitoring of CFRP stiffened panels under compressive load using FBG sensors [J]. Composite Structures, 2012, 94 (3): 813 - 819.

[19] Rickman S L, Richards W L, Christiansen E L, et al. Micrometeoroid/Orbital Debris (MMOD) Impact Detection and Location Using Fiber Optic Bragg Grating Sensing Technology [J]. Procedia Engineering, 2017, 188: 233 - 240.

[20] Kakei A, Epaarachchi J A, Islam M, et al. Evaluation of delamination crack tip in woven fibre glass reinforced polymer composite using FBG sensor spectra and thermo - elastic response [J]. Measurement, 2018, 122: 178 - 185.

[21] Barnoski K M, Rourke M D, Jensen S M, et al. Optical time domain reflectometer [J]. Applied Optics, 1977, 16 (9): 2375 - 2379.

[22] Rogers A J. Polarization - optical time - domain reflectometry [J]. Electronics Letters, 1980, 16 (13): 489 - 490.

[23] Hartog A H. A distributed temperature sensor based on liquid - core opticalfibres [J]. Journal of Lightwave Technology, 1983, 1 (3): 498 - 509.

[24] Dakin J P, Pratt D J, Bibby G W, et al. Distributed opticalfibre Raman temperature sensor using a semiconductor light source and detector [J]. Electronics Letters, 1985, 21 (13): 569 - 570.

[25] Hartog A H, Leach A P, Gdd M P. Distributed temperature sensing in solid - core fibers [J]. Electronics Letters, 1985, 21 (23): 1061 - 1062.

[26] Dakin J P, Pratt D J, Bibby G W, et al. Temperature distribution measurement using Raman ratio thermometry [J]. Proc. SPIE, 1985, 566: 249 - 253.

[27] Horiguchi T, Kurashima T, Tateda M. Tensile strain dependence of Brillouin frequency shift in silica optical fibers [J]. IEEE Photonics Technology Letters, 1989, 1 (5): 107 - 108.

[28] Culverhouse D, Farahi F, Pannell C N, et al. Stimulated Brillouin scattering: A means to realize tunable microwave generator or distributed temperature sensor [J]. Electronics Letters, 1989, 25 (14): 915 - 916.

[29] Culverhouse D, Farahi F, Pannell C N, et al. Potential of stimulated Brillouin scattering as sensing mechanism for distributed temperature sensors [J]. Electronics Letters, 1989, 25 (14): 913 - 915.

[30] Horiguchi T, Tateda M. BOTDA - nondestructive measurement of single - mode optics fiber attenuation characteristics using Brillouin interaction: Theory [J]. Journal of Lightwave Technology, 1989, 7 (8): 1170 - 1176.

[31] Horiguchi T, Tateda M. Optical - fiber - attenuation investigation using stimulated Brillouin scattering between a Pulse and a continuous wave [J]. Optics Letters, 1989, 14 (8): 408 - 410.

[32] Kurashima T, Horiguchi T, Izumita H, et al. Brillouin optical - fiber time domain reflectometry

[J]. IEICE Transactions on Communications，1993，E76 - B (4)：382 - 390.

[33] Maughan S M，Kee H H，Newson T P. A calibrated 27 - km distributed fiber temperature sensor based on microwave heterodyne detection of spontaneous Brillouin backscattered power [J]. Photonics Technology Letters，2001，13 (5)：511 - 513.

[34] Horiguchi T，Shimizu K，Kurashima T. Development of a distributed sensing technique using Brillouin scattering [J]. Journal of Lightwave Technology，1995，13 (7)：1296 - 1302.

[35] Song K Y，He Z，Hotate K. Distributed strain measurement with millimeter - order spatial resolution based on Brillouin optical correlation domain analysis [J]. Optics letters，2006，31 (17)：2526 - 2528.

[36] 王巍．干涉型光纤陀螺仪技术 [M]. 北京：中国宇航出版社，2010.

[37] Pircher G，G Hepner. Perfectionnements aux dispositifs du type gyromètre interférométrique a laser. French patent 1. 563. 720，1967.

[38] Vali V，R W Shorthill. Fiber ring interferometer [J]. Applied Optics，1976，15 (5):1099 - 1100.

[39] Cahill R F，Udd E. Phase - nulling fiber - optic laser gyro [J]. Optics Letters，1979，4 (3)：93 - 95.

[40] Burns W K，Moeller R P. Polarizer Requirements for Fiber Gyroscope with High - Birefringence Fiber and Broad - Band Sources [J]. Journal of Lightwave Technology，1984，LT - 2 (4)：430 - 435.

[41] Arditty H J，Bettini J P，Bourbin Y，et al. Integrated - optic gyroscope：progresses towards a tactical application [C]. Proceeding of OFS'84，1984：321 - 325.

[42] Sanders G A，Szafraniec B，Liu Renyong，et al. Fiber optic gyros for space，marine，and aviation applications [J]. Proceedings of SPIE，1996，2837：61 - 71.

[43] Sudhakar P Divakaruni，Steve J Sanders. Fiber Optic Gyros - A Compelling Choice for High Precision Applications [C]. The 18th International Optical Fiber Sensors Conference，2006，MC2.

[44] Sanders G A，Sanders S J，Strandjord L K，et al. Fiber optic gyro development at Honeywell [J]. Proceedings of the SPIE，2016，9852：985207.

[45] 王巍，冯文帅，张首刚，等．基于高精度光纤干涉仪的世界时测量技术研究 [J]. 导航与控制，2023，22 (5)：1 - 9.

[46] 郑百超，王学锋，薛渊泽，等．光纤传感技术的发展趋势 [C]. 第四届航天电子战略研究论坛论文集（新型惯性器件专刊），2018.

[47] 汪建科，何俊发，王红霞，等．分布式光纤温度传感器的研究现状与发展趋势 [J]. 光机电信息，2005，(7)：19 - 24.

[48] 王巍，于海成，冯文帅，等．高精度光纤陀螺仪技术 [M]. 北京：国防工业出版社，2021.

[49] 李红军. 航天器光纤测量子系统的研制 [D]. 哈尔滨：哈尔滨工业大学，2018.

[50] 张岩岫，王冰，雷萍，等．高能激光对抗系统的发展现状与趋势 [J]. 光电技术应用，2018，33 (6)：24 - 28.

[51] 陈京生，李清，吴红，等．国外激光武器及其标准化的研究进展 [J]. 兵器装备工程学报，2023，44 (10)：165 - 172.

[52] 程立，童忠诚，柳旺季．国外激光武器的发展现状与趋势 [J]. 舰船电子对抗，2019，42 (2)：56 - 58.

[53] 樊博璇，陈桂明，常亮，等．激光雷达技术在军事领域应用现状及发展趋势 [J]. 航天制造技术，2021，3：66-71.

[54] 赵建川．激光相干探测在国防及军事应用中的表现 [J]. 光电技术应用，2019，34 (1)：57-62.

[55] 倪树新，李一飞．军用激光雷达的发展趋势 [J]. 红外与激光工程，2003，32 (2)：111-114.

[56] 李路．星载高重频激光雷达光机结构设计及其稳定性研究 [D]. 合肥：中国科学技术大学，2021.

[57] 王立军，宁永强，等．高功率半导体激光器 [M]. 北京：国防工业出版社，2016.

[58] Kobayashi W，Tadokoro T，Ito T，et al. High - speed operation at 50 Gb/s and 60 - km SMF transmission with 1.3 - μm InGaAlAs - based DML [C]. ISLC 2012 International Semiconductor Laser Conference，2012：50-51.

[59] Nakahara Kouji，Wakayama Yuki，Kitatani Takeshi，et al. Direct Modulation at 56 and 50 Gb/s of 1.3 - μm InGaAlAs Ridge - Shaped - BH DFB Lasers [J]. IEEE Photonics Technology Letters，2015，27 (5)：534-536.

[60] Kuchta Daniel M，Rylyakov Alexander V，Doany Fuad E，et al. A 71 Gb/s NRZ Modulated 850 nm VCSEL - Based Optical Link [J]. IEEE Photonics Technology Letters，2015，27 (6)：577-580.

[61] 王跃明，韦丽清，郎均慰，等．先进焦平面与光谱成像技术现状 [J]. 光学与光电技术，2014，(1)：53-61.

[62] 韦丽清．短波红外高灵敏度成像关键技术与应用研究 [D]. 北京：中国科学院大学，2017.

[63] Prashanta Kharel，Christian Reimer，Kevin Luke，et al. Breaking voltage - bandwidth limits in integrated lithium niobate modulators using micro - structured electrodes：erratum [J]. Optica，2021，8 (9)：1218-1218.

[64] Yao B，Ohsono K，Kurosawa Y，et al. Low - loss holey fiber [C]. Proceedings of the 53rd IWCS/Focus，2004：135-139.

[65] 沈自才，闫德葵．空间辐射环境工程的现状及发展趋势 [J]. 航天器环境工程，2014，31 (3)：229-240.

[66] Ji X Y，Li Y Z，Liu G Q，et al. A brief review of ground and flight failures of Chinese spacecraft [J]. Progress in Aerospace Sciences，2019，107 (MAY)：19-29.

[67] 何世禹，杨德庄，等．空间材料手册：空间环境物理状态 [M]. 北京：中国宇航出版社，2012.

[68] 杨晓宁，杨勇，等．航天器空间环境工程 [M]. 北京：北京理工大学出版社，2018.

[69] 濮祖荫．空间物理前沿进展 [M]. 北京：气象出版社，1998.

[70] 刘洪彬．光纤传输系统在空间辐射环境中的适应性研究 [D]. 大连：大连理工大学，2010.

[71] Crabb R L. Solar cell radiation damage [J]. Radiation Physics and Chemistry，1994，43：93-103.

[72] 侯东辉，张珅毅，等．月球粒子辐射环境探测现状 [J]. 深空探测学报，2019，6 (2)：127-132.

[73] 丹尼尔·汉斯汀斯，亨利·格利特．航天器-空间环境相互作用 [M]. 杨晓宁，等译. 北京：中国宇航出版社，2020.

[74] 张海燕，李存惠，等．火星辐射环境探测最新进展 [C]. 中国地球科学联合学术年会，2017.

[75] 欧阳自远，肖福根．火星及其环境 [J]. 航天器环境工程，2012，29 (6)：591-601.

[76] Barth C A. The atmosphere of Mars [J]. Annual Review of Earth Science，1974，2：333-367

[77] 王兴，刘建军．小行星环境特性分析与研究现状 [J]. 航天器环境工程，2019，36 (6)：533-541.

[78] Tatsuaki Okada，Tetsuya Fukuhara，Satoshi Tanaka，et al. Thermal infrared imaging experiments

of C - type asteroid 162173 Ryugu on Hayabusa2 [J]. Space Science Reviews，2016，208：255 - 286.
[79] 曾声奎，任羿．可靠性设计分析基础 [M]. 北京：北京航空航天大学出版社，2015.
[80] 刘明治．可靠性试验 [M]. 北京：电子工业出版社，2004.
[81] 黄章勇．光纤通信用光电子器件和组件 [M]. 北京：北京邮电大学出版社，2001.
[82] Fukuda M. Laser and LED reliability update [J]. Journal of Lightwave Technology，1988，6 (10)：1488 - 1495.
[83] GR - 1221 - CORE. Generic Reliability Assurance Requirements for Passive Optical Components [S]. Bellcore. 1999.
[84] GR - 468 - CORE (issue1). Generic Reliability Assurance for Optoelectronics Devices Used in Telecommunication Equipment [S]. Bellcore. 1998.
[85] Kejian Luo，Aland K. et al. Long - term reliability of high power single mode 980 nm laser diodes. http：//www. axcelphotonics. com.
[86] 夏泓，余振醒．航天型号元器件工程 [M]. 北京：中国宇航出版社，2011.
[87] 蒋顺成．航天元器件监制和验收指导手册 [M]. 北京：中国宇航出版社，2019.
[88] 张磊，夏泓，龚欣．宇航元器件结构分析技术研究 [J]. 电子产品可靠性与环境试验，2012，30 (1)：53 - 57.
[89] 张洪伟，夏泓，江理东，等．宇航元器件极限评估技术研究 [J]. 电子元件与材料，2011，30 (11)：72 - 76.
[90] Kashima Y，Kobayashi M，Takano H，et al. High output power GaInAsP/InP superluminescent diode at 1.3 μm [J]. Electron. Lett.，1988，24 (24)，1507 - 1508.
[91] Kwong N S K，Lau K Y，Bar - Chaim N. High - power high efficiency GaAlAs superluminescent diode with an internal absorber for lasing suppression [J]. IEEE J. Quantum Electron.，1989，Qe - 25 (4)：696 - 704.
[92] Chen T R，Eng L，Zhuang Y H，et al. Quantum well superluminescent diode with very wide emission spectrum [J]. Appl. Phys. Lett.，1990，56 (14)：1345 - 1346.
[93] 黄章勇．光纤通信用光电子器件制作工艺基础 [M]. 北京：北京邮电大学出版社，2005.
[94] 胡先志．光器件及其应用 [M]. 北京：电子工业出版社，2010.
[95] Paul R Ashley，Mark G Temmen，Mohan Sanghadasa. Applications of SLDs in fiber optical gyroscopes [J]. Proceedings of SPIE，2002，4648：104 - 115.
[96] 江剑平．半导体激光器 [M]. 北京：电子工业出版社，2000.
[97] 高扬．半导体激光器噪声测试系统的研究 [D]. 长春：吉林大学，2005.
[98] 薛志伟．大功率半导体激光器高频调制特性的研究 [D]. 长春：长春理工大学，2012.
[99] 黄德修，黄黎蓉，洪伟．半导体光电子学 [M]. 北京：电子工业出版社，2018.
[100] 崔迎超，张书练，冯金垣．半导体光放大器的增益特性和偏振特性 [J]. 激光技术，2005，29 (5)：462 - 465.
[101] 刘文平．硅半导体器件辐射效应及加固技术 [M]. 北京：科学出版社，2013.
[102] Guolong Chang，Yanping Zhou，Jing Ma，et al. The impact model of cumulative damage on the detection threshold of space optical communication [J]. Proc. SPIE，2010，7658：765818.
[103] G P Agrawal，N K Dutta. Long wavelength Semiconductor Lasers [M]. New York：Van Nostrand

Reinhold，1986.

［104］ B H Rose，C E Barnes. Proton damage effects on light emitting diodes ［J］. J. Appl. Phys.，1982，53 (3)：1772－1982.

［105］ O Gilard. Theoretical Study of Radiation Effects on GaAs/AlGaAs and InGaAsP/InP Quantum－well Lasers ［J］. Journal of Applied Physics，2003，93 (4)：1884－1888.

［106］ 常国龙. 半导体激光器辐射效应及影响研究 ［D］. 哈尔滨：哈尔滨工业大学，2010.

［107］ Barnes C E. Development of Efficient，Radiation－Insensitive GaAs：Zn LEDs ［J］. IEEE Transactions on Nuclear Science，1978，24 (6)：2309－2314.

［108］ 丁东发. 1310 nm 干涉型光纤陀螺用光电子器件空间应用环境适应性研究 ［D］. 长春：长春理工大学，2015.

［109］ Jiao Jian，Tan Manqing，Zhao Miao，et. al. A neutron radiation hardened superluminescent diode ［J］. Journal of Semiconductors，2012，33 (9)：094006.

［110］ Lischka H，Henschel H，Kohn O，et al. Radiation effects in light emitting diodes laser diodes，photodiodes and optocouplers ［J］. The IEEE Proc RADECS，1994：226－231.

［111］ M Zhao，M Q Tan，X M Wu，et al. The effect of proton radiation on a superluminescent diode (SLD) ［J］. Nuclear Instruments and Methods in Physics Research B，2007，260 (2)：623－627.

［112］ 焦健，谭满清，赵妙. 超辐射发光二极管的总剂量辐射效应实验 ［C］. 第十届全国抗辐射电子学与电磁脉冲学术年会论文集，2009.

［113］ P B Lagov，V M Maslovsky. Detection of Unreliable Superluminescent Diode Chips Using Gamma－Irradiation ［C］. 2018 International Conference on "Nanostructured Materials，and Coatings"，2019，309－317.

［114］ J Baggio，C Brisset，J L Sommer，et. al. Electrical and optical response of a laser diode to transient ionizing radiation ［J］. IEEE Trans. Nucl. Sci.，1996，43 (3)：1038－1043.

［115］ 王俊，高欣，冯展祖. 空间光通信用量子点激光器辐射损伤效应研究 ［J］. 真空与低温，2019，25 (1)：41－45.

［116］ Ohyama H，Simoen E，Claeys C，et al. Impact of Neutron irradiation on optical performance of InGaAsP laser diodes ［J］. Thin Solid Films，2000，364 (1)：259－263.

［117］ Y F Zhao，A R Patwary，R D Schrimpf，et al. 200 MeV Proton Damage Effects on Multi－Quantum Well Laser Diodes ［J］. IEEE Trans. Nucl. Sci.，1997，44 (6)：1898－1905.

［118］ 黄绍艳，刘敏波，唐本奇，等. 多量子阱激光二极管质子辐射效应及其退火特性 ［J］. 强激光与粒子束，2009，21 (9)：1405－1410.

［119］ R Leon，S Marcinkevicius，J Siegert，et al. Effects of Proton Irradiation on Luminescence Emission and Carrier Dynamics of Self－Assembled III－V Quantum Dots ［J］. IEEE Trans. Nucl. Sci.，2002，49 (6)：2844－2851.

［120］ A H Johnston，B G Rax，L E Selva，et al. Proton degradation of light－emitting diodes ［J］. IEEE Trans. Nucl. Sci.，1997，46 (6)：1781－1789.

［121］ R J Walters，S R Messenger，G P Summers，et al. Correlation of proton radiation damage in InGaAs－GaAs quantum－well light emitting diodes ［J］. IEEE Trans. Nucl. Sci.，2001，48 (6)：1773－1777.

[122] Y F Zhao, R D Schrimpf, A R Patwary, et. al. Annealing Effects on Multi - Quantum WellLaser Diodes after Proton Irradiation [J]. IEEE Trans. Nucl. Sci., 1998, 45 (6): 2826 - 2832.

[123] Dan Sporea, Adelina Sporea, Ion Vata. Comparative study of gamma - ray and neutron irradiated laser diodes [J]. Proc. of SPIE, 2007, 6796 : 67962R.

[124] 宋雪．空间辐射环境对半导体激光器性能影响的实验研究 [D]. 哈尔滨：哈尔滨工业大学，2008.

[125] 陆建松．超辐射发光二极管抗辐照加固方法和技术研究 [D]. 重庆：重庆大学，2011.

[126] 林理彬，廖志君，祖小涛．1.3 μm InGaAsP 半导体激光器的电子辐照效应 [J]. 中国激光，2001，28 (6)：021401.

[127] 苏华．大功率半导体激光模块的散热与封装研究 [D]. 长春：吉林大学，2007.

[128] Nakwaski W. Dynamical thermal properties of broad - contact double - heterostructure GaAs - (AlGa) As laser diodes [J]. Opt Quant Electron, 1983, 15 (4): 313 - 324.

[129] 戴锅生．传热学 [M]. 北京：高等教育出版社，2001.

[130] 辛倩倩，万熠，毕文波，等．半导体激光器波长温度特性的建模与试验研究 [J]. 工具技术，2017，51 (12)：115 - 117.

[131] Donal M Byrne, Brian A Keating. A Laser Diode Model Based on Temperature Dependent Rate Equations [J]. IEEE Photo. Tech. Lett., 1989, 1 (11): 356 - 359.

[132] 李冬梅，安振锋，陈国鹰．大功率半导体激光器阵列热特性分析 [J]. 半导体技术，2006，31：843 - 846.

[133] Shi - Biao Xiang, Xu Xiang, Chang - Gen Feng. Effects of temperature on laser diode ignition [J]. Optik, 2009, 120 (2): 85 - 88.

[134] 何永勃，杨伟，范广永，等．基于速率方程的半导体激光器温度特性研究 [J]. 应用激光，2019，39 (5)：880 - 885.

[135] 陈苗，陈福深，肖勇．温度对半导体激光器特性的影响 [J]. 中国科技信息，2011 (3)：46 - 47.

[136] R E Hendron, C C Becker. Stackable wafer thin coolers for high power laser diode arrays [J]. Proceeding of SPIE, 1990, 1219: 330 - 340.

[137] Patel R M, Wagner D K, Danner A D, et al. Use of microchannel cooling for high - power two - dimensional laser diode arrays [C]. Laser Diode Technology and Applications IV. 1992.

[138] Zhao H, Li B, Wang W, et al. Water cooling radiator for solid state power supply in fast - axial - flow CO_2 laser [J]. Frontiers of Optoelectronics, 2016, 9 (4): 585 - 591.

[139] H C Neitzert. ESD sensitivity of AlGaAs and InGaAsP based Fabry - Perot laser diodes [J]. Microelectronics Reliability, 2010, 50 (9 - 11): 1563 - 1567.

[140] Ichikawa Hiroyuki, Ito Masashi, Hamada Kotaro, et al. Electrostatic - Discharge - Induced Degradation Caused by Argon Ion Bombardment in Facet - Coating Process of GaInAsP/InP Laser Diode [J]. Japanese Journal of Applied Physics, 2008, 47 (10): 7886 - 7889.

[141] Ichikawa H, Ito M, Fukuda C, et al. Analysis of GaInAsP laser diodes degraded by light absorption at an active layer of the facet [J]. Electronics and Communications in Japan, 2010, 93 (2): 32 - 38.

[142] 刘时彪，王光绪，吴小明，等．集成 Ag 基反射镜的 GaN 基 LED 薄膜芯片的静电失效演变 [J]. 光学学报，2020，40 (10)：1023001.

[143] 刘时彪．垂直结构 GaN 基 LED 薄膜芯片静电失效演变的表征与研究 [D]. 南昌：南昌大

学，2020.
[144] 黄欣竹．大功率半导体激光器静电损毁机制研究 [D]. 北京：北京工业大学，2017.
[145] 黄欣竹，崔碧峰，郭伟玲，等．GaAs 基大功率激光器静电失效现象的研究 [J]. 激光与红外，2017，47 (6)：698 - 702.
[146] M Vanzi，G Mura，G Marcello，et al. ESD tests on 850 nm GaAs - based VCSELs [J]. Microelectronics Reliability，2016，64：617 - 622.
[147] 程瑾．940 nm 垂直腔面发射激光器的设计制备及静电损毁研究 [D]. 北京：北京工业大学，2020.
[148] T C Wen，S J Chang，C T Lee，et al. Nitride - based LEDs with modulation - doped $Al_{0.12}Ga_{0.88}N$ - GaN superlattice structures [J]. IEEE Transactions on Electron Devices，2004，51 (10)：1743 - 1746.
[149] 刘伟．氮化镓基发光二极管抗静电性能改进的研究 [D]. 西安：西安电子科技大学，2013.
[150] C M Tsai，J K Sheu，P T Wang，et al. High efficiency and improved ESD characteristics of GaN - based LEDs with naturally textured surface grown by MOCVD [J]. IEEE Photonics Technology Letters，2006，18 (11)：1213 - 1215.
[151] Chung - Hsun Jang，J K Sheu，C M Tsai，et al. Effect of Thickness of the p - AlGaN Electron Blocking Layer on the Improvement of ESD Characteristics in GaN - Based LEDs [J]. IEEE Photonics Technology Letters，2008，20 (13)：1142 - 1144.
[152] Shih - Chang Shei，Jinn - Kong Sheu，Chien - Fu She. Improved Reliability and ESD Characteristics of Flip - Chip GaN - Based LEDs with Internal Inverse - Parallel Protection Diodes [J]. IEEE Electron Device Letters，2007，28 (5)：346 - 349.
[153] Chen C H，Chang S J，Su Y K. High electrostatic discharge protection of InGaN/GaN MQW LEDs by using GaN Schottky diodes [J]. Physica Status Solidi (A)，2003，200 (1)：91 - 94.
[154] Terence S Yeoh，John A Chaney，Martin S Leung，et al. Three - dimensional failure analysis ofhigh power semiconductor laser diodes operated in vacuum [J]. Journal of Applied Physics，2007，102 (12)：123104.
[155] Pedroza G，Bechou L，Ousten Y，et al. Long term in - vacuum reliability testing of 980 nm laser diode pump modules for space applications [C]. 2014 IEEE Aerospace Conference，2014：1 - 14.
[156] J Michaud，G Pedroza，L Béchou，et al. Investigations on electro - optical and thermal performances degradation of high power density GaAs - based laser diode in vacuum environment [J]. Microelectronics Reliability，2015，55 (9 - 10)：1746 - 1749.
[157] C Cox，G Betts，L Johnson. An Analytic and Experimental Comparison of Direct and External Modulation in Analog Fiber - Optic Links [J.]. IEEE Transactions on Microwave Theory and Techniques，1990，38 (5)：501 - 509.
[158] 金丽丽，陈福深，陈吉欣．微波光链路的噪声系数分析 [J]. 激光与光电子学进展，2009，46 (11)：92 - 96.
[159] 周寿桓，阎吉祥，冯国英．高平均功率高光束质量全固态激光器 [M]. 北京：国防工业出版社，2016.
[160] 陈家璧，彭润玲．激光原理及应用 [M]. 北京：电子工业出版社，2019.

[161] Paul F Wysocki，M J F Digonnet，B Y Kim，et al. Characteristics of erbium - doped superfluorescent fiber sources for interferometric sensor applications [J]. Journal of Lightwave Technology，1994，12 (3)：550 - 567.

[162] Donna Strickland，Gerard Mourou. Compression of amplified chirped optical pulses [J]. Optics Communications，1985，56 (3)：219 - 221.

[163] Yan Feng，Luke R Taylor，Domenico Bonaccini Calia. 150 W highly - efficient Raman fiber laser [J]. Opt. Express，2009，17 (26)：23678 - 23683.

[164] J W Nicholson，M F Yan，P Wisk，et al. Raman fiber laser with 81 W output power at 1480 nm [J]. Opt. Lett.，2010，35 (18)：3069 - 3071.

[165] 翁丹姝．基于布里渊散射的多波长光纤激光器 [D]. 成都：电子科技大学，2013.

[166] Alexis Debut，Stéphane Randoux，Jaouad Zemmouri. Linewidth narrowing in Brillouin lasers：Theoretical analysis [J]. Physical Review A，2000，62 (2)：023803.

[167] T S Rose，M S Hopkins，R A Fields. Characterization and control of gamma and proton radiation effects on the performance of Nd：YAG and Nd：YLF lasers [J]. IEEE Journal of Quantum Electronics，1995，31 (9)：1593 - 1602.

[168] Kaczmarek S，Mierczyk Z，Kopczynski K，et al. Interaction of ionizing radiation with rare - earth doped YAG crystals [J]. Proc. Intermol. Interact. Matter，1995：134 - 141.

[169] S M Kaczmarek. Influence of Ionizing Radiation on Performance of Nd：YAG Lasers [J] . Cryst. Res. Technol.，1999，34 (9)：1183 - 1190.

[170] Takayo Ogawa，Yoshiya Kawasaki，Yoshiyuki Takizawa，et al. Radiation Resistance of Nd - Doped Laser Crystals for Space Application [J]. Japanese Journal of Applied Physics，2009，48：088001.

[171] E Colby，G Lum，T Plettner，J Spencer. Gamma radiation studies on optical materials [J]. IEEE Transactions on Nuclear Science，2002，49 (6)：2857 - 2867.

[172] Zharikov E V，Kuratev I I，Laptev V V，et al. Effect of UV - and γ - Irradiation on the Lasing Characteristics of Neodymium Lasers [J]. Bull. Acad. Sci. USSR. Phys. Ser，1984，48 (7)：103 - 105.

[173] Acharekar M A，Kaplan M M，McCarthy D P. Radiation Hardness of Nd：YAG and Nd：Cr：GSGG Laser Rods [C]. Laser Induced Damage in Optical Materials，1988，1028：137.

[174] Freiberg R J，Halsted A S. Properties of low - order transverse modes in argon ion lasers [J]. Applied Optics，1969，8 (2)：355 - 362.

[175] 屈鹏飞．紧凑型高效能固体激光器关键技术研究 [D]. 西安：西安电子科技大学，2017.

[176] 陈梁．连续激光二极管端面泵浦 Nb：YAG 激光器噪声研究 [D]. 西安：西安电子科技大学，1998.

[177] 吕百达．固体激光器件 [M]. 北京：北京邮电大学出版社，2002.

[178] 索鑫鑫．抗辐射、低噪声、高稳定掺铒光纤光源研究 [D]. 北京：北京航空航天大学，2015.

[179] G M Williams，M A Putnam，E J Friebele. Space radiation effects on erbium - doped fibers [J]. Proceedings of SPIE，1996，2811：30 - 37.

[180] W C Goitsos. Radiation - induced loss studies in Er - doped fiber amplifier systems [J]. Proceedings of SPIE，1996，2699：306 - 309.

[181] 宋杉．掺铒光纤放大器在空间辐射环境中位移效应实验研究 [D]. 哈尔滨：哈尔滨工业大

学，2012.

[182] 邵冲云，于春雷，胡丽丽．面向空间应用耐辐照有源光纤研究进展 [J]. 中国激光，2020，47 (5)：0500014.

[183] Griscom D L. A minireview of the natures of radiation induced point defects in pure and doped silica glasses and their visible/near IR absorption bands，with emphasis on self - trapped holes and how they can be controlled [J]. Physics Research International，2013，2013 (1)：379041.

[184] Griscom D L. Nature of defects and defect generation in optical glasses [J]. Proceedings of SPIE，1985，541：38 - 59.

[185] Shao C Y，Ren J J，Wang F，et al. Origin of radiation induced darkening in $Yb^{3+}/Al^{3+}/P^{5+}$ - doped silica glasses：effect of the P/Al ratio [J]. The Journal of Physical Chemistry B，2018，122 (10)：2809 - 2820.

[186] Girard S，Laurent A，Pinsard E，et al. Radiation - hard erbium optical fiber and fiber amplifier for both low - and high - dose space missions [J]. Optics Letters，2014，39 (9)：2541 - 2544.

[187] Ladaci A，Girard S，Mescia L，et al. Optimized radiation - hardened erbium doped fiber amplifiers for long space missions [J]. Journal of Applied Physics，2017，121 (16)：163104.

[188] Girard S，Morana A，Ladaci A，et al. Recent advances in radiation - hardened fiber - based technologies for space applications [J]. Journal of Optics，2018，20 (9)：093001.

[189] Wang Qian，Tian Cuiping，Wang Yingying，et al. Review of radiation hardening techniques for EDFAs in space environment [J]. Proceedings of SPIE，2015，9521：95211D.

[190] Mady F，Guttilla A，Benabdesselam M，et al. Systematic investigation of composition effects on the radiation - induced attenuation mechanisms of luminosilicate，Yb - doped silicate，Yb - and Yb，Cedoped aluminosilicate fiber preforms [J]. Optical Materials Express，2019，9 (6)：2466 - 2489.

[191] Jetschke S，Unger S，Schwuchow A，et al. Role of Ce in Yb/Al laser fibers：prevention of photodarkening and thermal effects [J]. Optics Express，2016，24 (12)：13009 - 13022.

[192] Engholm M，Jelger P，Laurell F，et al. Improved photodarkening resistivity in ytterbium - doped fiber lasers by ceriumcodoping [J]. Optics Letters，2009，34 (8)：1285 - 1287.

[193] H Henschel. Radiation hardness of present opticalfibres [J]. Proceedings of SPIE，1994，2425：21 - 31.

[194] 曹维敏．掺氟石英光纤的耐辐照特性 [J]. 光纤与电缆及其应用技术，1996 (1)：8 - 10.

[195] M Vivona，S Girard，C Marcandella，et al. Influence of Cecodoping and H_2 pre - loading on Er/Yb - doped fiber：Radiation response characterized by Confocal Micro - Luminescence [J]. Journal of Non - Crystalline Solids，2011，357 (8 - 9)：1963 - 1965.

[196] Zhao Nan，Liu Yehui，Li Miao，et al. Mitigation of photodarkening effect in Yb - doped fiber through Na^+ ions doping [J]. Optics Express，2017，25 (15)：18191 - 18196.

[197] Griscom D L. Radiation hardening of pure - silica - core optical fibers by ultra - high - dose γ - ray pre - irradiation [J]. Journal of Applied Physics，1995，77 (10)：5008 - 5013.

[198] 李荣玉，殷宗敏，王建华，等．石英光纤抗辐照加固的研究 [J]. 上海交通大学学报，2000，34 (2)：215 - 217.

[199] Mashkov V A，Austin Wm R，Zhang Lin，et al. Fundamental role of creation and activation in

radiation - induced defect production in high - purity amorphous SiO_2 [J]. Physical Review Letter, 1996, 76 (16): 2926 - 2929.

[200] Söderlund M J, Ponsoda J J M I, Koplow J P, et al. Thermal bleaching of photodarkening in ytterbium - doped fibers [J]. Proceedings of SPIE. 2010, 7580: 75800B.

[201] Friebele E J, Gingerich M E. Photobleaching effects in optical fiber waveguides [J]. Applied Optics, 1981, 20 (19): 3448 - 3452.

[202] Xinxin Suo, Yuanhong Yang. High stability and radiation - resistance broadband fiber optic source [C]. Proceedings of SPIE, 2010, 7853: 78533z.

[203] 金露凡 . InGaAs PIN 光电探测器和 ASE 宽谱光源的老化研究 [D]. 天津：天津大学，2014.

[204] 薄生伟 . 卫星光通信中空间辐射对掺铒光纤放大器影响研究 [D]. 哈尔滨：哈尔滨工业大学，2009.

[205] 马承启，张雅婷，金露凡，等 . 伽马射线辐照增益光纤对光纤放大器低频噪声特性的影响 [J]. 光子学报，2021，50 (1)：0106002

[206] 马承启 . 空间辐射环境对铒镱共掺光纤放大器性能影响的研究 [D]. 天津：天津大学，2020.

[207] S Girard, A Laurent, E Pinsard, et al. Proton Irradiation Response of Hole - Assisted Carbon Coated Erbium - Doped Fiber Amplifiers [J]. Transactions on Nuclear Science, 2014, 61 (6): 3309 - 3314.

[208] Taymour A Hamdalla, Sherif S Nafee. Experimental and theoretical studies for the gain of the neutron irradiated erbium doped fiber amplifier [J]. Current Applied Physics, 2013, 13 (6): 981 - 984.

[209] 唐成 . 空间辐射环境对掺铒光纤放大器 (EDFA) 的性能影响研究 [D]. 哈尔滨：哈尔滨工业大学，2007.

[210] 王传才 . 电子辐照和温变环境对掺铒光纤放大器增益影响实验研究 [D]. 哈尔滨：哈尔滨工业大学，2011.

[211] 胡永刚，义理林，陈险峰 . 温度对 L 波段 EDFA 增益斜率影响的实验研究 [J]. 光通信研究，2012，(3)：62 - 64.

[212] 池俊杰，姜诗琦，张琳，等 . 光纤激光器辐照性能实验研究 [J]. 激光与光电子学进展，2018，55：061406.

[213] Mescia L, Girard S, Bia P, et al. Optimization of the design of high power Er^{3+}/Yb^{3+} - codoped fiber amplifiers for space missions by means of particle swarm approach [J]. IEEE Journal of Selected Topics in Quantum Electronics, 2014, 20 (5): 3100108.

[214] 王巍，王学锋，李晶，等 . 高精度光纤陀螺用掺铒光纤光源辐照性能试验 [J]. 红外与激光工程，2012，41 (7)：1826 - 1830.

[215] 谌鸿伟，陶蒙蒙，赵海川，等 . γ 射线作用下光纤激光器的功率特性及热效应分析 [J]. 中国激光，2020，47 (4)：0401004.

[216] 史云飞 . 分布反馈 (DFB) 光纤激光器温度特性研究 [C]. 全国第十三次光纤通信会议论文集，2007.

[217] 杨祥林 . 光纤放大器及其应用 [M]. 北京：电子工业出版社，2000.

[218] P C Becker, N A Olsson, J R Simpson. Erbium - doped fiberamplifiers : fundamentals and technology [M]. Academic Press, 1999.

[219] R M Gagliardi, S Karp. Optical Telecommunications [M]. Beijing: Publishing House of Electronics Industry, 1998.

[220] 李密. 卫星光通信中空间辐射环境对掺铒光纤放大器影响研究 [D]. 哈尔滨：哈尔滨工业大学，2009.

[221] 周彦平，常国龙，马晶，等. 半导体激光器辐射损伤对空间光通信误码率的影响 [J]. 红外与激光工程，2011，40 (3)：497-500.

[222] R P Moeller, W K Burns, N J Frigo. Open-loop output and scale factor stability in a fiber-optic gyroscope [J]. Journal of lightwave technology, 1989, 7 (2): 262-269.

[223] 周开军. 窄线宽单频光纤激光器噪声及应用研究 [D]. 广州：华南理工大学，2019.

[224] 刘恩科，朱秉升，罗晋生. 半导体物理学 [M]. 北京：电子工业出版社，2017.

[225] 叶良修. 半导体物理 [M]. 北京：高等教育出版社，2007.

[226] 李翠华，王巍. 闭环光纤陀螺光电探测器组件噪声特性 [J]. 中国惯性技术学报，2007，15 (4)：501-504.

[227] Anselm K A, Nie H, Lenox C, et al. Resonant-cavity-enhanced avalanche photodiodes grown by molecular beam epitaxy on InP for detection near 1.55 μm [J]. Journal of Vacuum Science & Technology B Microelectronics & Nanometer Structures, 1998, 16 (3): 1426-1429.

[228] Mcintyre R J. Multiplication noise in uniform avalanche photodiodes [J]. IEEE Transactions on Electron Devices, 1966, 25 (9): 164-168.

[229] Kang Y, Zadka M, Litski S, et al. Epitaxially-grown Ge/Si avalanche photodiodes for 1.3 μm light detection [J]. Optics Express, 2008, 16 (13): 9365-9371.

[230] 马健. 单光子雪崩二极管设计 [D]. 合肥：中国科学技术大学，2014.

[231] Mark A Itzler, Xudong Jiang, Mark Entwistle, et al. Advances in ingaasp-based avalanche diode single photon detectors [J]. Journal of Modern Optics, 2011, 58 (3-4): 174-200.

[232] Zhang J, Mark A Itzler, Zbinden H, et al. Advances in InGaAs/InP single-photon detector systems for quantum communication [J]. Light: Science & Applications, 2015, 4 (5): e286.

[233] M L Bourqui. Reliability investigations of 850 nm silicon photodiodes under proton irradiation for space application [J]. Microelectronic reliability, 2008, 48 (6): 1202-1207.

[234] Guillaume Pedroza, Olivier Gilard, Marie-Lise Bourqui, et al. Proton effects on low noise and high responsivity silicon-based photodiodes for space environment [J]. Journal of Applied Physics, 2009, 105 (2): 024513.

[235] 高欣，王俊，冯展祖，等. 空间高速 InGaAs-PIN 光电二极管辐射损伤效应试验研究 [J]. 航天器环境工程，2019，36 (2)：139-145.

[236] Anderson Betty Lise, Anderson Richard. 半导体器件基础 [M]. 邓宁，田立林，任敏，译. 北京：清华大学出版社，2008.

[237] Paul S, Roy J B, Basu P K. Empirical expressions for the alloy composition and temperature dependence of the band gap and intrinsic carrier density in $Ga_xIn_{1-x}As$ [J]. Journal of Applied Physics, 1991, 69 (2): 827-829.

[238] Bebb H B, Ratliff C R. Numerical Tabulation of Integrals of Fermi Functions Using $\vec{k} \cdot \vec{p}$ Density of States [J]. Journal of Applied Physics, 1971, 42 (8): 3189-3194.

[239] Laird J S, Onoda S, Hirao T, et al. Effects of gamma and heavy ion damage on the impulse response and pulsed gain of a low breakdown voltage Si avalanche photodiode [J]. IEEE transactions on nuclear science, 2006, 53 (6): 3786 - 3793.

[240] Th Kim, D Schmitz, J Schwenke, et al. Wavelength dependence of avalanche photodiode parameters [J]. Nuclear Instruments and Methods in Physics Research A, 1997, 387 (1 - 2): 202 - 204.

[241] Y Musienko, D Renker, Z Charifoulline, et al. Study of radiation damage induced by 82 MeV protons on multi - pixel Geiger - mode avalanche photodiodes [J]. Nuclear Instruments and Methods in Physics Research A, 2009, 610: 87 - 92.

[242] Xiang Fu, Biao Wei, Jianbin Kang, et al. Fast neutron irradiation effects on Si - and GaN - based avalanche photodiodes [J]. Results in Physics, 2022, 38: 105574.

[243] Y Musienko, D Renker, S Reucroft, et al. Radiation damage studies of multipixel Geiger - mode avalanche photodiodes [J]. Nuclear Instruments and Methods in Physics Research A, 2007, 581: 433 - 437.

[244] 杨孟. 空间量子通信硅雪崩光电二极管单光子探测器研究 [D]. 合肥：中国科学技术大学，2019.

[245] E Anisimova, B L Higgins, Jean - Philippe Bourgoin, et al. Mitigating radiation damage of single photon detectors for space applications [J]. EPJ Quantum Technology, 2017, 4: 10.

[246] Yong - Su Kim, Youn - Chang Jeong, Sebastien Sauge, et al. Ultra - low noise single - photon detector based on Si avalanche photodiode [J]. Review of Scientific Instruments, 2011, 82 (9): 093110.

[247] Xiaoli Sun, H Dautet. Proton radiation damage of Si APD single photon counters [C]. 2001 IEEE Radiation Effects Data Workshop, 2001: 146 - 150.

[248] Yue Chuan Tan, Rakhitha Chandrasekara, Cliff Cheng, et al. Silicon avalanche photodiode operation and lifetime analysis for small satellites [J]. Opt. Express, 2013, 21 (14): 16946 - 16954.

[249] Jin Gyu Lim, Elena Anisimova, Brendon L Higgins, et al. Laser annealing heals radiation damage in avalanche photodiodes [J]. EPJ Quantum Technology, 2017, 4: 11.

[250] Nightingale N S. A new silicon avalanche photodiode photon counting detector module forastronomy [J]. Experimental Astronomy, 1990, 1: 407 - 422.

[251] 郭赛，丁全心，羊毅. 雪崩光电探测器的噪声抑制技术研究 [J]. 电光与控制，2012，19 (3)：69 - 73.

[252] Prokes A. Influence of temperature variation on optical receiver sensitivity and its compensation [J]. Radio Engineering, 2007, 16 (3): 13 - 18.

[253] R J Mcintyre. Multiplication Noise in Uniform Avalanche Diodes [J]. IEEE Transactions on Electron Devices, 1966, 13 (1): 164 - 168.

[254] W N Grant. Electron and hole ionization rates in epitaxial silicon at high electric fields [J]. Solid - State Electronics, 1973, 16 (10): 1189 - 1203.

[255] 安毓英，曾晓东. 光电探测原理 [M]. 西安：西安电子科技大学出版社，2004.

[256] 刘韵，赵尚弘，杨生胜，等. 基于光探测器空间辐射效应的卫星光通信系统误码率特性 [J]. 光子学报，2014，43 (S1)：0106024.

[257] 刘韵，赵尚弘，杨生胜，等．基于光探测器位移损伤效应的卫星光通信误码率特性研究 [J]. 半导体光电，2013，34 (6)：1039－1042.
[258] 左维康，朱亚丹，邱敏，等．APD 探测器的性能对激光雷达反演 CO_2 浓度误差影响研究 [J]. 红外与激光工程，2018，47 (4)：0406002.
[259] 刘华峰．光电检测技术及系统 [M]. 杭州：浙江大学出版社，2020.
[260] 汪贵华．光电子器件 [M]. 北京：国防工业出版社，2020.
[261] 白廷柱．光电成像技术与系统 [M]. 北京：电子工业出版社，2016.
[262] 张建奇．红外探测器 [M]. 西安：西安电子科技大学出版社，2016.
[263] R D Mcgrath，J Doty，G Lupino，et al. Counting of deep－level traps using a charge－coupled device [J]. IEEE Transactions on Electron Devices，1987，34 (12)：2555－2557.
[264] Qian S，Ye B. Evaluation for the displacement damage on CCD caused by high－energy protons [J]. Proceedings of SPIE，2003，4853：621－629.
[265] A M Mohsen，M F Tompsett. The effects of bulk traps on the performance of bulk channel charge－coupled devices [J]. IEEE Transactions on Electron Devices，1974，21 (11)：701－712.
[266] T Hardy，R Murowinski，M J Deen. Charge Transfer Efficiency in Proton Damaged CCD's [J]. IEEE Transactions on Nuclear Science，1998，45 (2)：154－163.
[267] 赖祖武．抗辐照电子学－辐射效应及加固原理 [M]. 北京：国防工业出版社，1998.
[268] 文林，李豫东，郭旗，等．质子辐照导致科学级电荷耦合器件电离效应和位移效应分析 [J]. 物理学报，2015，64 (2)：024220.
[269] 张航，刘栋斌．线阵探测器 KLI－2113 总剂量辐照性能试验分析 [J]. 发光学报，2013，34 (5)：611－616.
[270] 李豫东，文林，郭旗，等．不同注量率质子辐照对 CCD 参数退化的影响分析 [J]. 现代应用物理，2018，19 (2)：020602.
[271] 肖志刚，唐本奇，李君利，等．中子辐照导致线阵电荷耦合器件电荷转移效率退化实验研究 [J]. 原子能科学技术，2007，41 (1)：117－120.
[272] 汪波，李豫东，郭旗，等．电荷耦合器件中子辐照诱发的位移效应 [J]. 发光学报，2016，37 (1)：44－49.
[273] Choisser J P，Ginaven R O，Hall G D，et al. Measurement of Electron Irradiation Damage to Thinned Fairchild and Texas Instruments Charge－Coupled Devices (CCDs) [J]. Proceedings of SPIE，1979，172：239－251.
[274] 李鹏伟，郭旗，任迪远，等．电荷耦合器件的 60Co γ 射线和电子辐射损伤效应 [J]. 原子能科学技术，2010，44 (1)：124－128.
[275] 宋谦．空间天文观测用电荷耦合器件高能辐射损伤研究 [D]. 北京：中国科学院研究生院，2002.
[276] 王祖军，唐本奇，肖志刚，等．CCD 辐射损伤效应及加固技术研究进展 [J]. 半导体光电，2009，30 (6)：797－802.
[277] 姚萍萍，孙亮，许孙龙，等．科学级 CCD 制冷系统设计及其温度特性分析 [J]. 光学学报，2020，40 (17)：1704001.
[278] 靳浩. 空间辐射对 CMOS 像感器性能影响的研究 [D]. 哈尔滨：哈尔滨工业大学，2012.
[279] Zujun Wang，Wuying Ma，Shaoyan Huang，et al. Characterization of total ionizing dose damage in

COTS pinned photodiode CMOS image sensors [J]. AIP Advances, 2016, 6 (3): 035205.
[280] 汪波，李豫东，郭旗，等．CMOS有源像素传感器的中子辐照位移损伤效应 [J]. 强激光与粒子束，2015，27（9）：094001.
[281] Xue Y Y, Wang Z J, Chen W, et al. Proton radiation effects on dark signal distribution of PPD CMOS image sensors: both TID and DDD effects [J]. Sensors, 2017, 17 (12): 2781.
[282] 蔡毓龙，李豫东，文林，等．0.18 μm CMOS有源像素图像传感器质子辐照效应 [J]. 红外与激光工程，2020，49（7）：20190433.
[283] Beaumel M, Hervé D, Aken D V, et al. Proton, electron and heavy ion single event effects on the HAS2 CMOS image sensor [J]. IEEE Transactions on Nuclear Science, 2014, 61 (4): 1909 - 1917.
[284] Lalucaa V, Goiffon V, Magnan P, et al. Single event effects in 4T pinned photodiode image sensors [J]. IEEE Transactions on Nuclear Science, 2013, 60 (6): 4314 - 4322.
[285] 吕玉冰，吴琼瑶，刘昌举，等．CMOS图像传感器抗电离辐射加固技术研究 [J]. 半导体光电，2020，41（3）：331 - 335.
[286] G Groeseneken, J P Colinge, H E Maes, et al. Temperature dependence of threshold voltage in thin - film SOI MOSFETs [J]. IEEE Electron Device Letters, 1990, 11 (8): 329 - 331.
[287] 杨国勇，宋安飞，冯耀兰．硅体费米势在（300～600 K）宽温区温度特性的研究 [J]. 电子器件，2001，24（4）：314 - 317.
[288] B G Streetman, S K Banerjee. Solid State Electronic Devices [M]. Pearson Prentice Hall, 2006.
[289] 董良，岳瑞峰，刘理天．基于 MOSFET 漏电流温度特性的室温红外探测器 [J]. 红外与激光工程，2002，(06)：534 - 539.
[290] Nakamura J. Image Sensors and Signal Processing for Digital Still Cameras [M]. CRC Press Taylor & Francis Group, 2005.
[291] 王东方．CMOS图像传感器温度噪声及去噪研究 [D]. 哈尔滨：哈尔滨工业大学，2017.
[292] 王帆，李豫东，郭旗，等．温度对4管像元结构CMOS像感器性能参数的影响 [J]. 发光学报，2016，37（3）：332 - 337.
[293] Jeremy D Bergeson, Ramana Bommenab, Stephen Faheya, et. al. Mid and long wavelength infrared HgCdTe photodetectors exposed to proton radiation [J]. Proc. of SPIE, 2014, 9226: 92260.
[294] 乔辉，廖毅，胡伟达，等．碲镉汞焦平面光伏器件的实时 γ 辐照效应研究 [J]. 物理学报，2008，57（11）：7088 - 7093.
[295] 乔辉，廖毅，邓屹，等．γ 辐射对碲镉汞光伏探测器的暂态损伤与永久损伤 [J]. 激光与红外，2009，39（11）：1163 - 1165.
[296] 黄杨程，乔辉，贾嘉，等．1 MeV 电子辐照对短波 Hg1 - xCdxTe 光伏探测器的影响 [J]. 强激光与粒子束，2005，17（1）：25 - 28.
[297] 王忆锋，田萦．碲镉汞器件空间辐射损伤研究的进展 [J]. 红外，2011，32（4）：1 - 6.
[298] 李鑫．星间激光通信中链路性能及通信性能优化研究 [D]. 哈尔滨：哈尔滨工业大学，2012.
[299] Korkishko Yu N, Fedorov V A. Ion Exchange in Single Crystals for Integrated Optics and Optoelectronics [M]. Cambridge International Science, 1999.
[300] Strake E, Bava G P, Montrosset I. Guided Modes of Ti: $LiNbO_3$ Channel waveguides: A Novel Quasi - Analytical Technique in Comparison with the Scalar Finite - Element Method [J].

J. Lightwave Tech. , 1988, 6 (6): 1126 - 1135.

[301] Lefevre H C, Vatoux S, Papuchon M, et al. Integrated optics: a practical solution for the fiber - optic gyroscope [J]. Proceedings of SPIE, 1986, 719: 101 - 112.

[302] Wei Wang, Junlong Wang. Study of modulation phase drift in an interferometric fiber optic gyroscope [J]. Optical Engineering, 2010, 49 (11): 114401 - 114403.

[303] Ghione G. Semiconductor devices for high - speed optoelectronics [M]. Oxford Univ. Press, 2009.

[304] 谭庆贵，蒋炜，梁栋，等．微波光子技术及应用 [M]. 上海：上海科学技术出版社，2019.

[305] 甘小勇，刘永智，张晓霞，等．Mach - Zehnder 电光波导调制器啁啾的研究 [J]. 应用光学，2004，25 (2)：11 - 14.

[306] Fumio Koyama, Kenichi Iga. Frequency chirping in external modulators [J]. J Lightwave Tech, 1988, 6 (1): 87 - 93.

[307] Soref R A, Bennett B R. Electrooptical effects in silicon [J]. IEEE Journal of Quantum Electronics, 1987, QE - 23 (1): 123 - 129.

[308] 余金中．硅光子学 [M]. 北京：科学出版社，2011

[309] 李淼峰．100 G 硅光调制器集成芯片研究 [D]. 武汉：华中科技大学，2018.

[310] 范诗佳．硅基光调制器的线性化基础研究 [D]. 成都：电子科技大学，2017.

[311] 赵勇．载流子色散型硅基光波导器件研究 [D]. 杭州：浙江大学，2011.

[312] 冯锡淇，徐良瑛，刘建成，等．掺铁铌酸锂晶体的辐照缺陷 [J]. 中国科学 A，1987，6：614 - 622.

[313] L Arizmendi, J M Cabrera, F Agullo - Lopez. Defects induced in pure and doped $LiNbO_3$ by irradiation and thermal reduction [J]. J. Phys. C: Solid State Phys. , 1984, 17 (3): 515 - 529.

[314] Edward W Taylor. Geminate Recombination Behavior of a X - ray Irradiated Single - Mode $LiNbO_3$: Ti Waveguide Operating at 1300 nm [J]. Journal of Optical Communications, 1988, 9 (2): 64 - 66.

[315] E W Taylor, V R Wilson, A D Sanchez, et al. A Comparison of Integrated and Fiber Optic Responses in the Presence of Nuclear Fields [J]. Proceedings of SPIE, 1988, 898: 42 - 45.

[316] P J Brannon. Transient Radiation - Induced Absorption at 1061 nm in $LiNbO_3$ and MgO: $LiNbO_3$ [J]. IEEE Transactions on Nuclear Science, 1994, 41 (3): 642 - 647.

[317] P J Brannon. Transient radiation - induced absorption in laser materials [J]. Proceedings of SPIE, 1994, 2119: 142 - 154.

[318] E W Taylor. Radiation effects in guided wave devices [J]. Proceedings of SPIE, 1992, 1794: 54 - 61.

[319] Cheng - Chih Lai, Chin - Yu Chang, Yuan - Yaw Wei, et al. Study of Gamma - Irradiation Damage in $LiNbO_3$ Waveguides [J]. Photonics Tech. Lett. , 2007, 19 (13): 1002 - 1004.

[320] 郑德晟，胡红坤．质子辐射对铌酸锂多功能集成光路器件的影响 [J]. 半导体光电，2011，32 (3)：343 - 347.

[321] T K Ohska, O Sasaki, T Murakami, et. al. Radiation Resistance of a Mach - Zehnder Optomodulator for analog signal transmission [C]. IEEE Nuclear Science Symposium and Medical Imaging Conference Record, 1995: 627 - 629.

[322] C D'hose, E Cassan, J Baggio, et al. Electrical and Optical Response of a Mach - Zehnder Electrooptical Modulator to Pulsed Irradiation [J]. IEEE Transactions on Nuclear Science, 1998,

45 (3): 1524 - 1530.

[323] A M Prokhorov, Y S Kuzminov. Physics and Chemistry of Crystalline Lithium Niobate [M]. Adam Hilger, 1990.

[324] 王晓丽 . 基于铌酸锂热释电效应增强的高灵敏度、宽带石墨烯光电探测器 [D]. 广州: 暨南大学, 2020.

[325] 孔勇发, 许京军, 等 . 多功能光电材料——铌酸锂晶体 [M]. 北京: 科学出版社, 2005.

[326] 李善勇, 吴重庆, 刘岚岚, 等 . 铌酸锂马赫-曾德调制器零点漂移特性的研究 [J]. 半导体光电, 2015, 36 (6): 968 - 972.

[327] N V Kukhtarev, V B Markov, S G Odulov, et al. Holographic storage in electrooptic crystals. Ⅰ. steady state [J]. Ferroelectrics, 1978, 22 (1): 949 - 960.

[328] N V Kukhtarev, V B Markov, S G Odulov, et al. Holographic storage in electrooptic crystals. II. beam coupling - light amplification [J]. Ferroelectrics, 1978, 22 (1): 961 - 964.

[329] R A Becker, R C Williamson. Photorefractive effects in $LiNbO_3$ channel waveguides: Model and experimental verification [J]. Applied Physics Letters, 1985, 47, 1024 - 1026.

[330] Alcazar de Velasco, J Rams, J M Cabrera, et al. Light - induced damage mechanisms in α - phase proton - exchanged $LiNbO_3$ waveguide [J]. Appl. Phys. B, 1999, 68 (5): 989 - 993.

[331] J Villarroel, O Caballero - Calero, B Ramiro, et al. Photorefractive non - linear single beam propagation in $LiNbO_3$ waveguides above the optical damage threshold [J]. Optical Materials, 2010, 33 (1): 103 - 106.

[332] R V Schmidt, P S Cross, A M Glass. Optically induced crosstalk in $LiNbO_3$ waveguide switches [J]. J. Appl. Phys. 1980, 51 (1): 90 - 93.

[333] Zhong G, Jin J, Wu Z. Measurement of optically induced refractive index damage of lithium niobate doped with different concentrations of MgO [J]. J. Opt. Soc. Am. , 1980, 70: 631 - 635.

[334] M Kösters, B Sturman, P Werheitl, et al. Optical cleaning of congruent lithium niobate crystals [J]. Nature Photonics, 2009, 3 (9): 510 - 513.

[335] Marcel Zeiler, Sarah Seif El Nasr - Storey, Stephane Detraz, et al. Radiation Damage in Silicon Photonic Mach - Zehnder Modulators and Photodiodes [J]. IEEE Transactions on Nuclear Science, 2017, 64 (11): 2794 - 2801.

[336] Sarah Seif El Nasr - Storey, Frederic Boeuf, Charles Baudot, et al. Modeling TID Effects in Mach - Zehnder Interferometer Silicon Modulator for HL - LHC Data Transmission Applications [J]. IEEE Transactions on Nuclear Science, 2015, 62 (6): 2971 - 2978.

[337] Mutsunori Uenuma, Teruaki Motooka. Temperature - independent silicon waveguide optical filter [J]. Opt. Lett. , 2009, 34 (5): 599 - 601.

[338] Biswajeet Guha, Alexander Gondarenko, Michal Lipson. Minimizing temperature sensitivity of silicon Mach - Zehnder interferometers [J]. Opt. Express, 2010, 18 (3): 1879 - 1887.

[339] 金丽丽. 高性能微波光子链路研究 [D]. 成都: 电子科技大学, 2010.

[340] E Ackerman, C Cox, G Betts, et al. Input impedance conditions for minimizing the noise figure of an analog optical link [J]. IEEE Trans. Microwave Theory Tech. , 1998, 46 (12): 2025 - 2031.

[341] E Ackerman, G Betts, W Burns, et al. Signal to noise performance of two analog photonic links

using different noise reduction techniques [J]. IEEE MTT - S Int. Microwave Symp. Dig., 2007, 6: 51 - 54.

[342] 王军龙，王巍，徐宇新．集成光路技术指标对光纤陀螺性能的影响 [J]. 中国惯性技术学报，2005，13 (4)：52 - 57.

[343] Kao K C, Hockham G A. Dielectric - fibre surface waveguides for optical frequencies [J]. Electromagnetic Wave Theory, 1967, 113 (3): 441 - 444.

[344] P Russell. Photonic Crystal Fibers [J]. Science, 2003, 299 (5605): 358 - 362.

[345] 李立高．通信光缆工程 [M]. 北京：人民邮电出版社，2016.

[346] ISS Fiber Optic Failure Investigation Root Cause Report. https://photonics.gsfc.nasa.gov/tva/issfoc/Root_Cause_part1.pdf.

[347] 深圳市夏裕精密部件有限公司．LC 型单工光纤连接器：中国，CN212933053 U [P]. 2021 - 04 - 09.

[348] D M Shupe. Thermally induced nonreciprocity in the fiber - optic interferometer [J]. Appl. Opt., 1980, 19 (5): 654 - 655.

[349] 梁珣，刘德文．保偏光纤电离辐射效应研究 [J]. 核技术，2010，33 (11)：854 - 856.

[350] 孙洪保．“熊猫”型石英保偏光纤空间辐照效应与机理研究 [D]. 哈尔滨：哈尔滨工业大学，2014.

[351] 张红晨．石英保偏光纤在辐照环境下性能退化规律与机理 [D]. 哈尔滨：哈尔滨工业大学，2013.

[352] H Henschel, O Kohn, W Lennartz, et al. Comparison between fast neutron and gamma irradiation of opticalfibres [C]. Fourth European Conference on Radiation and its Effects on Components and Systems, 1997, 430 - 438.

[353] 李晶．光子晶体光纤陀螺仪技术研究 [D]. 北京：中国运载火箭技术研究院，2014.

[354] 钱远义，杜嘉聪．单模光纤的偏振温度特性 [J]. 桂林电子科技大学学报，1990，10 (2)：29 - 32.

[355] J Noda, K Okamoto, Y Sasaki. Polarization - maintaining fibers and their applications [J]. J. Lightwave Tech., 1986, LT - 4 (8): 1071 - 1089.

[356] 宁提纲，秦曦，裴丽，等．新型保偏光纤温度特性的测试方法 [J]. 中国激光，2006，33 (8)：1078 - 1080.

[357] YD/T 4379 - 2023，光纤寿命预测模型 [S]. 北京：中华人民共和国工业和信息化部，2023.

[358] Charles E B, Melanie N O, Allan H J, et al. Recent photonics activities under the NASA electronic parts and packaging (NEPP) program [J]. Proc. SPIE, 2002, 4823: 189 - 204.

[359] C M Sterke, N G R Broderick. Coupled - mode equations for periodic super structure Bragg gratings [J]. Opt. Lett. 1995, 20 (20): 2039 - 2041.

[360] Sylvain Girard, Adriana Morana, Ayoub Ladaci, et al. Recent advances in radiation - hardened fiber - based technologies for space applications [J]. J. Opt., 2018, 20 (9): 093001.

[361] 熊伟晨，温世喆，王福娟，等．掺锗单模光纤布拉格光栅 γ 辐照损伤实验 [J]. 科学技术与工程，2018，18 (5)：76 - 80.

[362] 车驰．空间电离辐射对光纤布喇格光栅性能影响研究 [D]. 哈尔滨：哈尔滨工业大学，2008.

[363] A Morana, S Girard, E Marin, et al. Radiation - hardened fiber Bragg grating based sensors for

harsh environments [J]. IEEE Trans. Nucl. Sci.，2016，64（1）：68－73.
[364] V Grubsky，D S Starodubov，J Feinberg. Photochemical reaction of hydrogen with germanosilicate glass initiated by 3.4－5.4eV ultraviolet light [J]. Opt. Lett.，1999，24（11）：729－731.
[365] T Erdogan，V Mizrahi，P J Lemaire，et al. Decay of ultraviolet－induced fiber Bragg gratings [J]. Journal of Applied Physics，1994，76（1）：73－80.
[366] 赵勇．光纤光栅及其传感技术 [M]. 北京：国防工业出版社，2007.
[367] 赵丽燕．光纤光栅应变传感器的设计与研究 [D]. 南京：南京理工大学，2009.
[368] 何盼．星载光纤 Bragg 光栅传感解调系统研究 [D]. 天津：天津大学，2015.
[369] 耿胜各．光纤光栅温度传感器中应变与温度交叉敏感问题研究 [D]. 南京：南京邮电大学，2017.
[370] M G Xu，J L Archambault，L Reckie，et al. Discrimination between strain and temperature effects using dual－wavelength fiber grating sensors [J]. Electronics Letters，1994，30（13）：1085－1087.
[371] S W James，M L Dockney，R P Tatam. Simutaneous independent temperature and strain measurement using in－fibre Bragg grating sensors [J]. Electron. Lett.，1996，32（12）：1133－1134.
[372] 林学煌．光无源器件 [M]. 北京：人民邮电出版社，1998.
[373] 廖延彪．光纤光学 [M]. 北京：清华大学出版社，2000.
[374] Mortimore D B. Wavelenth－flaltened couplers [J]. Electroniccs Letters，1985，2（17）：742－743.
[375] Anjan Y，Habbel S. Environmental performance of fused PM fiber couplers for gyro application [J]. IEEE Photonics Technology Letters，1991，3（6）：578－580.
[376] 李玉权，崔敏．光波导理论与技术 [M]. 北京：人民邮电出版社，2002.
[377] 黄榜才，张鹏，龙润泽，等．高功率光纤合束器热阻系数的研究 [J]. 激光与红外，2015，45（7）：786－789.
[378] 丁东发，刘国军，王寸，等．一种高抗振性能熔锥型光纤耦合器 [J]. 中国惯性技术学报，2015，23（1）：111－114.
[379] 倪明，胡永明，陈哲，等．金属覆层保偏光纤偏振器的五层波导模型及理论分析 [J]. 光学学报，2001，21（2）：142－146.
[380] 张学亮，倪明，胡永明．磨抛型保偏光纤偏振器特性研究 [J]. 光电子·激光，2005，16（5）：538－540.
[381] 赵海军，谢良平，曹阳，等．基于熔融拉锥技术的双折射晶体包层型光纤偏振器的研究 [J]. 应用光学，2015，36（3）：492－496.
[382] 葛文萍，殷宗敏，刘惊惊，等．几种新型结构光纤隔离器 [J]. 光通信技术，2002，26（6）：42－45.
[383] 苏立国，刘振宇，董小鹏，等．光纤隔离器隔离度偏振敏感性的实验研究 [J]. 光学仪器，2001，23（3）：27－30.
[384] 向清，聂刚，黄德修．高隔离度光学环行器偏振灵敏度分析 [J]. 仪器仪表学报，1999，20（1）：41－44.
[385] 江毅，唐才杰．光纤 Fabry－Perot 干涉仪原理及应用 [M]. 北京：国防工业出版社，2009.
[386] 陈刚，刘兰芳，蒋光磊，等．非对称光纤反射镜的可调谐光纤激光器 [J]. 光电工程，2005，32（9）：23－26.
[387] 余有龙，曹雪，刘盛春，等．熔锥形光纤反射器特性研究 [J]. 物理学报，2007，56（11）：

6490－6495.

[388] 张丽新，杨士勤，何世禹，等．在空间环境因素作用下胶接材料的损伤行为［J］．中国胶粘剂，2001，10（4）：42－48.

[389] 陈军，王巍，李晶．^{60}Co γ射线辐照对光纤陀螺用高分子材料结构和性能的影响［J］．辐射研究与辐射工艺学报，2012，30（5）：274－279.

[390] 刘义．纳米材料/环氧树脂复合材料抗辐射性能研究［D］．天津：天津工业大学，2021.

[391] 张娅玲．光纤光栅应变传感系统性能蜕化特性研究［D］．重庆：重庆大学，2009.